Elektrotechnisches Auskunftsbuch.

Alphabetische Zusammenstellung

von

Bescchreibungen, Erklärungen, Preisen, Tabellen und Vorschriften.

Nebst Anhang, enthaltend Tabellen allgemeiner Natur.

Herausgegeben

von

S. HERZOG, INGENIEUR.

MÜNCHEN und BERLIN.

Druck und Verlag von R. Oldenbourg.

1904.

Vorwort.

Die ungeheuere Ausdehnung, welche die elektrotechnische Wissenschaft und die elektrotechnische Praxis genommen haben, bringt es mit sich, daß dem in der Praxis tätigen Elektrotechniker manchmal Schwierigkeiten dadurch entstehen, daß er gezwungen ist, oft mit sehr großem Zeitverluste eine umfangreiche Fachliteratur zu studieren, um über einen Begriff oder beispielsweise über das Gewicht oder den Preis irgend eines elektrotechnischen Artikels Aufschluß zu erhalten.

Diesem Übelstande zu steuern, soll nun vorliegende Arbeit dienen, welche in gedrängter Form über den größten Teil der in der Praxis vorkommenden Worte, Begriffe, Gegenstände, Materien, Preise usw. in alphabetisch geordneter Weise Aufschluß gibt. Der Arbeit selbst liegt ein umfangreiches und mühevolles Studium aller Zeitschriften und Literaturerscheinungen der letzten Jahre, sowie eine eingehende Sichtung der Kataloge, Preislisten und Broschüren der meisten europäischen elektrotechnischen Firmen zugrunde, denen gleich an dieser Stelle des Verfassers Dank abgestattet sein möge.

Der Verfasser gibt sich darüber keiner Täuschung hin, daß noch manche Worte und Begriffe in dieser Zusammenstellung fehlen und manche elektrotechnischen Spezialgebiete vielleicht doch noch etwas stiefmütterlich behandelt wurden. Dies läßt sich bei einer derartigen Arbeit wohl kaum vermeiden, weil sich gerade erst beim praktischen Gebrauche des Buches jene Lücken ergeben, deren sukzessive Behebung in den folgenden Jahrgängen eine Hauptaufgabe des Verfassers sein wird.

Immerhin wird dieses Werk in seinem heutigen Umfange wohl manchem Fachkollegen gerne willkommen sein, weil es für ihn einen sicheren und schnell Auskunft erteilenden Ratgeber bedeutet.

Zürich, Anfang 1904.

Der Verfasser.

A.

Ablenkungsregel. Wird der Daumen der rechten Hand in der Richtung der Bewegung, der Zeigefinger in der Richtung der Kraftlinien gehalten, so fließt der induzierte Strom in der Richtung des Mittelfingers (siehe **Induktion**).

Ableuchtlampen mit Schutzkorb werden zum Untersuchen von Akkumulatorenbatterien verwendet. Preis *ℳ 20—25.*

H. Köttgen & Ko., Berg.-Gladbach.

Abschalten von parallelgeschalteten Dynamos. Das Abschalten hat ebenso wie das Einschalten ohne Stromabgabe zu erfolgen, weil sonst starke Spannungsschwankungen im Leitungsnetze entstehen und durch zu starke Funkenbildung die Schaltapparate beschädigt werden können. Wenn automatische Schalter vorhanden sind, so erfolgt das Ausschalten der Maschine bloß durch Herabregulierung des Nebenschlußregulators.

Abschmelzsicherungen (siehe **Sicherungen**).

Ernst Pabst, Bellevue-Köpenick (*s. Inseratanh. S. 18*).
Albert Thode & Ko., Hamburg (*s. Inseratanh. S. 4*).
Bergmann-Elektrizitätswerke, Aktiengesellsch. (Abt. J), Berlin N., Henningsdorferstr. 33. 34. 35 (*s. vordere innere Deckelseite*).

Abschmelzstromstärke (siehe **Sicherungen** und **Sicherheitsvorschriften**).

Abschreibung, jährliche. Der jährliche Abschreibungsbetrag, welcher so bemessen sein muß, daß am Ende der Konzessionsdauer die gesamten Anschaffungskosten zur Verfügung stehen, berechnet sich nach der Formel $K = B \frac{\%_0}{(1+\%_0)^n - 1}$, worin K den jährlichen Abschreibungsbetrag, B die Gesamtsumme des zu tilgenden Betrages, $\%_0$ den Zinsfuß und n die Konzessionsdauer in Jahren ausgedrückt bedeuten.

Absorption, elektrische — Eigenschaft von Nichtleitern, Elektrizität aufzunehmen.

Abspanndrähte sollen glatte Oberfläche haben, aus bestem verzinkten Gußstahl von einer Bruchfestigkeit von mindestens 100 kg pro qmm gefertigt und gut galvanisiert sein. Der Draht soll zähe sein und eine Dehnung von mindestens 5 $\%_0$ aushalten, bevor ein Bruch eintritt. Der Durchmesser der Abspanndrähte beträgt 5—6 mm.

Albert Thode & Ko., Hamburg (*s. Inseratanh. S. 4*).

Abspannisolatoren für Bahnen *ℳ 8—16*; einfache mit Schalldämpfern *ℳ 12.*

Albert Thode & Ko., Hamburg (*s. Inseratanh. S. 4*).
Dr. Heinr. Traun & Söhne vorm. Harburger Gummikamm-Ko., Hamburg (*s. Inseratanh. letzte Seite*).

Abstimmung bei Wellentelegraphie hat den Zweck, eine verstärkte Wirkung der abgestimmten Wellen auf den abgestimmten Empfänger hervorzurufen, d. h. eine Erweiterungsfähigkeit der Distanz zu ermöglichen, und zweitens die Geheimhaltung der Depeschen zu erreichen, d. h. die Apparate so abzugleichen, daß kein fremder Strahl sie anspricht, und daß der abgestimmte Sender nur Wellen aussendet, die keinen fremden Apparat affizieren.

Abstoßung, elektrische (s. **Wechselwirkung, elektrische**).

Abstoßung, magnetische (s. **Wechselwirkung, magnetische**).

Abwasserreinigung. Wird durch Abwasser elektrischer Strom geleitet, so bilden sich an der positiven Elektrode Sauerstoff und beim Vorhandensein von Chlorverbindungen auch Chlor, welche beide Elemente desinfizierend wirken.

Abzweigdosen für Isolierröhren. Leitungsstrecken, die in größerer ununterbrochener Länge als 18 m ausgeführt werden müssen,

Runde Messingdosen für Rohre mit Durchmesser von

Schema	7,9 und 11 mm			13 und 16 mm			23 mm		
	Normale Ausführung	Mit einf. Mauerdurchführung	Mit dopp. Mauerdurchführung	Normale Ausführung	Mit einf. Mauerdurchführung	Mit dopp. Mauerdurchführung	Normale Ausführung	Mit einf. Mauerdurchführung	Mit dopp. Mauerdurchführung
	Preis pro 100 Stück ℳ	Preis pro 100 Stück ℳ	ℳ	Preis pro 100 Stück ℳ	Preis pro 100 Stück ℳ	ℳ	Preis pro 100 Stück ℳ	Preis pro 100 Stück ℳ	ℳ
	90	95	100	120	125	130	135	145	155
	95	100	105	125	130	135	140	150	160
	95	100	105	125	130	135	140	150	160
	100	105	110	130	135	140	145	155	165
	100	105	110	130	135	140	145	155	165
	100	105	110	130	135	140	145	155	165
	100	105	110	130	135	140	145	155	165
	105	110	115	135	140	145	150	160	170
	110	115	120	140	145	150	155	165	175
	95	100	105	125	130	135	140	150	160
	105	110	115	135	140	145	150	160	170
	115	120	125	145	150	155	160	170	180
	105	110	115	135	140	145	—	—	—
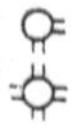	125	130	135	155	160	165	—	—	—
	105	110	115	135	140	145	150	160	170
	105	110	115	135	140	145	150	160	170
	105	110	115	135	140	145	150	160	170
	115	120	125	145	150	155	—	—	—

Dosen aus Isoliermaterial sind etwa um 50% billiger.

sind etwa in der Hälfte durch eine Abzweigdose zu unterteilen. Sind in einer Leitungsstrecke mehr als vier Krümmer anzubringen, so empfiehlt sich ebenfalls die Unterteilung der Strecke durch eine Abzweigdose. Abzweigdosen sind ferner überall dort anzuordnen, wo eine Abzweigung oder Leitungsteilung angebracht ist, sowie dort, wo eine Leitung endet. Bei der Verlegung der Isolierröhren unter Putz ist die Dose in demselben so zu verlegen, daß nur der Deckel etwas darüber hervorragt. Die Dosen werden an den Anschlußöffnungen mit Verstärkungsansätzen bzw. Rohrstützen zum Einkitten der Röhren versehen. Die Dosen werden durch Scharnier- oder Einlegedeckel verschlossen.

Bei der Verbindung der Anschlußdosen mit den Röhren ist darauf zu achten, daß die Röhre nicht in die Dose hineinragt. Zur Abdichtung dient ein besonderer Verbindungskitt, welcher vor dem Gebrauche erwärmt wird.

Abzweigkasten sind Konstruktionen von Kabelverbindungen, welche eine Abzweigung so ermöglichen, daß dieselbe leicht zugänglich und unterbrochen werden kann.

Abzweigmuffen (siehe auch **Muffen**).

Für Einfachkabel.

Kupferquerschnitt in qmm:	1–2,5	4–24	25–50	51–100	101–200	201–300	301–400	401–600	601–800	801–1000
Gewicht in kg:	3,8	5,5	6,3	7,0	18,5	19,8	23,0	33,0	40,4	45,8
Preis in Mark:	*7.70*	*9.90*	*12.10*	*13.20*	*25.30*	*26.95*	*32.45*	*41.80*	*47.85*	*52.25*

Für konzentrische Doppelkabel.

Kupferquerschnitt in qmm 2 ×	10–24	25–50	51–100	101–150	151–250	251–350	351–500
Gewicht in kg:	16	19	24	29	40	50	60
Preis in Mark:	*28.50*	*36.50*	*44.—*	*57.—*	*74.—*	*97.—*	*115.—*

Für verseilte Kabel.

	Doppelkabel					Dreifachkabel			
	Kupf.-Querschn. in qmm 2×					Kupf.-Querschn. in qmm 3×			
	10–24	25–50	51–100	101–120		10–24	25–50	51–100	101–120
Gew. in kg	21,5	31	38,5	49		31,5	37	49,5	64
Preis in ℳ	*38.—*	*45.50*	*57.—*	*71.—*	Niedersp.	*43.—*	*52.—*	*64.—*	*82.—*
» » »	*43.—*	*54.—*	*68.—*	*92.—*	Hochsp.	*48.50*	*61.—*	*75.—*	*102.—*

Abzweigschalter für Innenleitungen zur Herstellung von Abzweigungen ohne Verlötungen. Sie bestehen aus einem der Form der Dose angepaßten Porzellanstück mit Klemmen, unter die die Leitungen nach Einsetzen des Abzweigschalters in die Dose und Entfernung der Isolierung an der Verbindungsstelle festgeklemmt werden. Preise je nach Größe *ℳ 40—60* pro 100 Stück.

Achse, magnetische, ist die Verbindungslinie von Nord- und Südpol eines Magneten.

Adersches Mikrophon. Die aus Tannenholz bestehende, rechteckige Sprechplatte bildet die geneigte Fläche eines kleinen Wandpultes, das die Apparate enthält. Hinter der Sprechplatte sind prismatische Kohlenbalken, in deren Durchbohrungen Kohlenzylinder mit ihren Zapfen lose liegen, angeordnet.

Admittanz (Durchlässigkeit) ist der reziproke Wert der Impedanz.

Akkumulatoren sind Sekundärelemente. Die Akkumulatoren müssen folgenden Anforderungen entsprechen: Geringe Verschiebbarkeit des Plattensystems. — Verhinderung von Kurzschlüssen durch Krummziehen der Platten oder herabfallende Masse. — Möglichste Entlastung der Gefäßwände. — Durchsichtigkeit des Plattensystems. — Einfache Montage der Zellen.

Die Anzahl der Zellen bzw. der ab- und zuschaltbaren Zellen ergibt sich aus dem Spannungsunterschied, der am Ende der Entladung (1,85 Volt), am Anfang der Entladung (2,0—2,02 Volt) und am Ende der Ladung (2,5—2,7 Volt) einer jeden Zelle vorhanden ist. Nachstehende Tabelle ist hiernach aufgestellt.

Anzahl der Zellen für verschiedene Spannungen.

Betriebsspannung	Akkumulator				Anzahl der Zuschaltezellen	Ladespannung
	Zellenzahl	Spannung größte	Spannung kleinste	Differenz		
Volt		Volt	Volt	Volt		Volt
30	16	40	29,6	10,4	—	45
50	28	64	50	14	6	64
65	36	82	65	17	7	82
80	45	103	80	23	10	103
100	56	129	100	29	12	129
110	61	140	110	30	12	140
120	67	154	120	34	13	154
130	72	165	130	35	13	165
140	78	179	140	39	15	179
150	83	191	150	41	15	191
220	122	280	220	60	24	280

Der mittlere Preis pro Amperestunde einer Zelle beträgt bei Kapazitäten von

30	60	90	120	200—300	300—400	400—500	500—600	600—1000 A.-Std
60	*53*	*45*	*43*	*41*	*39*	*37,7*	*37,2*	*36,8* ₰.

(Siehe **Güteverhältnis und Kapazität.**)

Stationäre Akkumulatoren.

Entladezeit in Stunden	3	4	5	6	7	8	9	10	Ladestromstärke	Außenmaße der Zelle in mm: Länge	Breite	Höhe	Elektrodengewicht inkl. Bleileiste pro Zelle	Schwefelsäure 18 Bé in kg pro Zelle	Preis einer Zelle ℳ	Preis einer Batterie: 50 Volt 28 Zellen ℳ	65 Volt 36 Zellen ℳ	100 Volt 54 Zellen ℳ	110 Volt 60 Zellen ℳ
Kapazität . .	28	30	31	32,5	34	36	38	39	6	105	190	320	9	7	*15*	*420*	*540*	*810*	*900*
Entladestrom	9,5	7,5	6	5,4	4,9	4,5	4,2	3,9											
Kapazität . .	56	60	62	65	68	72	76	78	12	150	190	320	14	9	*21*	*588*	*756*	*1134*	*1260*
Entladestrom	19	15	12	10,8	9,8	9	8,4	7,8											
Kapazität . .	84	90	93	97	102	108	114	117	18,5	190	190	320	20	12	*27*	*756*	*972*	*1458*	*1620*
Entladestrom	28	22,5	18,7	16,2	14,5	13,5	12,7	11,7											
Kapazität . .	112	120	124	130	136	144	152	156	25	235	190	320	25	14	*35*	*980*	*1260*	*1890*	*2100*
Entladestrom	37	30	25	22	19,4	18	17	15,5											
Kapazität . .	140	150	155	162	170	180	190	195	31	280	190	320	31	16	*42*	*1176*	*1512*	*2268*	*2520*
Entladestrom	46,7	38	31	27	24	22,5	21	19,5											
Kapazität . .	168	180	186	195	204	216	228	234	37	320	190	320	38	19	*47*	*1316*	*1692*	*2538*	2820
Entladestrom	56	45	37	32	29	27	25	23											
Kapazität . .	196	210	217	227	238	252	266	273	43	375	190	320	45	21	*54*	*1512*	*1944*	*2916*	*3240*
Entladestrom	65	52	43	38	34	31	29	27											
Kapazität . .	225	240	250	270	295	320	350	375	50	285	300	320	47	23	*62*	*1736*	*2232*	*3348*	*3720*
Entladestrom	75	60	50	45	42	40	39	37,5											

Stationäre Akkumulatoren.

Entladezeit in Stunden	3	4	5	6	7	8	9	10	Ladestromstärke	Außenmaße der Zelle in mm: Länge	Breite	Höhe	Elektrodengewicht inkl. Bleileiste pro Zelle	Schwefelsäure 18 Bé in kg pro Zelle	Preis einer Zelle ℳ	Preis einer Batterie: 50 Volt 28 Zellen ℳ	65 Volt 36 Zellen ℳ	100 Volt 54 Zellen ℳ	100 Volt 60 Zellen ℳ
Kapazität . .	270	288	300	324	345	384	420	450	60	325	300	320	56	25	*72*	*2016*	*2592*	*3888*	*4320*
Entladestrom	90	72	60	54	49	48	47	45											
Kapazität . .	315	336	350	378	413	448	490	525	70	380	300	320	68	30	*85*	*2380*	*3060*	*4590*	*5100*
Entladestrom	105	84	70	63	59	56	54	52,5											
Kapazität . .	360	384	400	432	472	512	560	600	80	456	340	340	78	34	*96*	*2688*	*3456*	*5184*	*5760*
Entladestrom	120	96	80	72	67	64	62	60											
Kapazität . .	405	432	450	486	531	576	630	675	90	500	340	340	90	38	*106*	*2968*	*3816*	*5724*	*6360*
Entladestrom	135	108	90	81	76	72	70	67											
Kapazität . .	450	480	500	540	590	640	700	750	100	544	340	340	102	43	*116*	*3248*	*4176*	*6264*	*6960*
Entladestrom	150	120	100	90	84	80	78	75											
Kapazität . .	495	528	550	594	649	704	770	825	110	588	340	340	112	47	*129*	*3612*	*4644*	*6966*	*7740*
Entladestrom	165	132	110	99	93	88	85	82											
Kapazität . .	540	576	600	648	708	768	840	900	120	632	340	340	122	51	*140*	*3920*	*5040*	*7560*	*8400*
Entladestrom	180	144	120	108	101	96	93	90											
Kapazität . .	585	624	650	702	767	832	910	975	130	676	340	340	132	55	*150*	*4200*	*5400*	*8100*	*9000*
Entladestrom	195	156	130	117	109	104	101	97											

Kapazität . . Entladestrom	630 210	672 168	700 140	756 126	826 118	896 112	980 109	1050 105	140	720	340	340	142	59	*160*	*4480*	*5760*	*8640*	*9600*
Kapazität . . Entladestrom	675 225	720 180	750 150	810 135	885 126	960 120	1050 117	1125 112	150	764	340	340	152	63	*170*	*4760*	*6120*	*9180*	*10200*
Kapazität . . Entladestrom	720 240	768 192	800 160	864 144	944 135	1024 128	1120 124	1200 120	160	808	340	340	162	67	*180*	*5040*	*6480*	*9720*	*10800*
Kapazität . . Entladestrom	810 270	864 216	900 180	972 162	1062 152	1152 144	1260 140	1350 135	180	896	340	340	182	75	*202*	*5856*	*7272*	*10908*	*12120*
Kapazität . . Entladestrom	900 300	960 240	1000 200	1080 180	1180 168	1280 160	1400 155	1500 150	200	984	340	340	202	83	*224*	*6272*	*8064*	*12096*	*13440*
Kapazität . . Entladestrom	990 330	1056 264	1100 220	1188 198	1298 185	1408 176	1540 171	1650 165	220	1072	340	340	222	91	*246*	*6888*	*8856*	*13284*	*14760*
Kapazität . . Entladestrom	1080 360	1152 288	1200 240	1296 216	1416 202	1536 192	1680 187	1800 180	240	1160	340	340	242	99	*266*	*7448*	*9576*	*14364*	*15960*
Kapazität . . Entladestrom	1170 390	1218 312	1300 260	1404 234	1534 219	1664 208	1820 202	1950 195	260	1248	340	340	262	107	*285*	*7980*	*10260*	*15390*	*17100*
Kapazität . . Entladestrom	1260 420	1344 336	1400 280	1512 252	1652 236	1792 224	1960 218	2100 210	280	1336	340	340	282	115	*305*	*8540*	*10980*	*16470*	*18300*
Kapazität . . Entladestrom	1350 450	1440 360	1500 300	1620 270	1770 253	1920 240	2100 233	2250 225	300	1424	340	340	302	123	*325*	*9100*	*11700*	*17550*	*19500*
Kapazität . . Entladestrom	1440 480	1680 420	1750 370	1890 315	2065 297	2240 280	2450 272	2625 262	370	1610	340	340	330	142	*348*	*9744*	*12528*	*18792*	*20880*

Transportable Akkumulatoren mit Säure- oder Trockenfüllung.

Kapazität in Amperestunden	Maxim. Stromstärke in Amp.		Außenmaße der Gefäße in mm						Preis pro Zelle in Mark		Gewicht pro Zelle
			in Hartgummi			in Glas					
	bei Entladung	bei Ladung	Länge	Breite	Höhe bis Klemmen	Länge	Breite	Höhe bis Klemmen	in verschlossenem Hartgummikasetn	in verschlossenem Glaskasten	
4	0,5	0,5	35	78	115	38	83	150	*5.—*	*4.—*	10 Amperestunden pro 1 kg Zellengewicht
8	1	1	—	—	—	55	83	150	—.—	*5.75*	
10-12	1,5	1,5	—	—	—	78	83	150	—.—	*7.25*	
16	2	2	50	163	170	60	165	170	*14.—*	*10.50*	
25	3	3,5	70	163	170	80	165	170	*18.—*	*13.75*	
33	3,8	4	50	163	260	60	165	260	*22.—*	*18.—*	
50	5	6	70	163	260	80	165	260	*27.50*	*22.—*	
83	8,5	10	105	163	260	115	165	260	*32.—*	*28.50*	
117	12	14	150	163	260	160	175	260	*42.—*	*35.50*	
150	15	18	132	163	340	142	175	340	*55.—*	*48.50*	
200	20	25	168	163	340	178	175	340	*72.—*	*64.—*	

Akkumulatorenfabrik, Hagen i. W.
Akkumuatoren- und Elektrizitätswerke A.-G. vorm. Boese & Ko., Berlin.
Akkumulatorenwerke System Pollak, Frankfurt a. M.
Bleiwerk Neumühl, Morian & Ko., Neumühl (Rheinland).
Kölner Akkumulatorenwerke Gottfried Hagen.
Pflüger-Akkumulatorenwerke, Aktiengesellsch., Fabrik: Oberschöneweide b. Berlin. Zentralbureau: Berlin NW. 6. Bureaux: Breslau, Danzig, Dresden, Erfurt, Frankfurt a. M., Hamburg, Hannover, Köln, München, Stuttgart, London, Kopenhagen, Christiania, Stockholm, Sydney, Adelaide, Melbourne.
Schweiz Akkumulatoren-Ges. Tribelhorn, Olten, Schweiz.
Société Suisse pour la Construction d'Accumulateurs Électriques, Marly-le-Grand près Fribourg (Suisse).

Akkumulatoren für Telegraphenanlagen. Die Akkumulatoren eignen sich wegen ihres geringen Widerstandes zum gleichzeitigen Betrieb vieler Leitungen. Es genügt eine Kapazität von 12 Amperestunden, für die meisten Ämter 2 Batterien von je 40 Elementen. Dieselben werden entweder von einer bestehenden elektrischen Anlage oder durch Kupferelemente geladen. Größe der Ladebatterie so zu bemessen, daß sie für jede Leitung 0,002 Amp. liefert.

Akkumulatorenbetrieb für Straßenbahnen. Man unterscheidet: Reinen Akkumulatorenbetrieb, bei welchem der Akkumulator während der ganzen Tagesleistung die einzige Kraftquelle für den Wagen ist, Nachladebetrieb, bei welchem die Akkumulatorwagen an dem Endpunkt der Strecke während des Aufenthaltes geladen werden, und gemischten Betrieb, bei welchem die Wagen von einer Oberleitung aus Strom zum Betriebe und zum Laden der Batterie erhalten, um dann auf jenen Strecken, wo die Oberleitung fehlt, nur von der Batterie aus betrieben zu werden.

Reiner Akkumulatorenbetrieb. Vorteile: Entfall jeglicher Leitung; Arbeiten mit geringer Spannung; vorteilhaftes Aussehen. Nachteile: Geringe Ausnutzung der Kraftzentrale, da für die meisten Wagen nur eine Ladezeit von 5 Stunden verfügbar ist, während die Betriebszeit 19 Stunden beträgt, so daß die Maschinen zwei- bis dreimal größer sein müssen als bei direktem Betrieb; hohe Anschaffungskosten; geringere Lebensdauer und geringerer Wirkungsgrad (60 bis 65 %), da die Batterien alle Tage voll entladen werden; Unmöglichkeit, plötzlichen Betriebsänderungen (Schneefall etc.) gut zu entsprechen.

Nachladebetrieb. Vorteile: Ausnutzung der Kraftzentrale; kleinere Batterien; leichtere Wagen; hoher Wirkungsgrad, da die Platten auf Teilentladungen beansprucht werden. Nachteile: Notwendigkeit von Leitungsanlagen; längere Aufenthalte an den Endpunkten behufs Aufladung der Batterien.

Um die Aufladung der Batterien von der Aufmerksamkeit des Fahr- und Maschinenpersonals unabhängig zu machen, müssen die Nachladesysteme vollständig automatisch eingerichtet sein.

Gemischter Betrieb. Bei demselben müssen die Akkumulatoren möglichst leicht sein, um den Stromverbrauch auf der Oberleitungsstrecke nicht merklich zu erhöhen. Anderseits sollen die Akkumulatoren innerhalb der zulässigen Wirkungsgradgrenze möglichst voll in Anspruch genommen und die Oberleitung auf das geringste Maß, d. h. auf die Endstrecken und Steigungen, beschränkt werden.

Die Nachladung der Batterie erfolgt beim gemischten Betriebe von der Oberleitung aus unter automatischer Kontrolle. Die Größe der Ladestation muß so bemessen sein, daß sie nicht nur dem normalen Bedarfe genügt, sondern auch momentan vorkommende höhere Beanspruchungen bis zu etwa 50 % bewältigen kann. Die mit Akkumulatoren befahrenen automobilen Strecken werden mit einer, im Verhältnis der Entlade- zur Ladespannung der Akkumulatoren mäßigeren Geschwindigkeit befahren, was aber in den meisten Fällen keine Nachteile mit sich bringt, da die Akkumulatorenstrecken gerade in solchen Teilen der Stadt sich befinden, wo höhere Geschwindigkeiten nicht zulässig wären. Der Unterschied von Mehrverbrauch an Strom bei dem gemischten Systeme ist praktisch von keiner Bedeutung.

Akkumulatorenelektroden. Material reines Blei oder Legierungen von Blei mit Antimon, Blei mit Zink.

Akkumulatorenentladung. Dieselbe wird unterbrochen, sobald bei normalem Strom der Wert von 1,83 Volt erreicht ist.

Akkumulatorengefäße. Bei kleineren Modellen Glaszellen, bei fahrbaren auch Ebonitzellen, bei größeren Modellen Holzkasten, welche mit Blei ausgeschlagen und mit einem säurebeständigen Anstrich versehen sind.

Akkumulatorenkapazität. Kapazität einer Akkumulatorenzelle ist jene Elektrizitätsmenge, welche die voll geladene Batterie nach dem Schließen durch einen Widerstand abgibt, bis die Klemmenspannung um 10 % des anfänglichen Wertes gesunken ist. Die Kapazität wird in Amperestunden gemessen. Die Kapazität beträgt (nach Zacharias) im allgemeinen pro kg Elektrodengewicht: Planté- und Tudorplatten 4— 8 Amp.-Std.,
Gitterplatten 8—15 » »
Masseplatten 20—35 » »

Das Gewicht der Metallträger beträgt nach demselben bei Gitterplatten etwa die Hälfte, bei Masseplatten etwa ein Drittel des Plattengewichtes. Die aktive Masse gibt bei richtiger Aufbereitung und Behandlung bis zu 100 Amp.-Std. pro kg.

Akkumulatorenladung. Die Ladespannung wird bei normalem Ladestrom bei einer täglich benutzten Batterie etwa alle 15 Tage auf 2,7 Volt, sonst nur auf 2,5 Volt pro Zelle erhöht, doch ist auch Ladung mit konstanter Spannung von 2,4 Volt zulässig.

Akkumulatorenplatten. Gitterplatten der Electrical Power Storage Co. bestehen aus Gittern, deren Maschen eine solche Form haben, daß die eingefüllte aktive Masse die Form von kleinen Doppelpyramiden erhält. Bei den Hüberschen Gitterplatten wird die Plattenoberfläche dadurch vergrößert, daß die in den quadratischen Gittermaschen befindliche aktive Masse durchlocht ist. Bei den Corrensschen Platten wird das Herausfallen der aktiven Masse durch versetztes Gegenüberstellen zweier Gitterplatten, die durch Stege verbunden sind und deren Maschen sich nach außen verengen, verhindert, so daß die aktive Masse ein zusammenhängendes Ganzes bildet. Die Hagenschen Gitterplatten sind in gleicher Weise ausgeführt, doch sind die beiden Gitter nicht gegeneinander versetzt.

Massive Platten, System Tudor, besitzen gerippte oder gezahnte Oberfläche, welche mit der aktiven Masse bestrichen wird. Die massiven Platten von Pollak werden aus Walzbleibändern hergestellt, in welche Längs- und Querrippen sowie Zähne eingewalzt werden. Die Hagenschen massiven Platten werden mit tiefen Furchen versehen, in welche die aktive Masse eingestrichen wird.

Akkumulatorenprüfer dient zum Untersuchen der Zellen und besteht aus einem kleinen Spannungsmesser bis zu 3 Volt Meßbereich.

Akkumulatorensäure (siehe **Füllsäure**).

Akkumulatorenvorschriften.

Einrichtung und Betrieb von Anlagen zur Herstellung elektrischer Akkumulatoren aus Blei oder Bleiverbindungen.

Bekanntmachung des deutschen Reichskanzlers vom 11. Mai 1898.

Auf Grund der §§ 120e und 139a der Gewerbeordnung hat der Bundesrat über die Einrichtung und den Betrieb von Anlagen zur Herstellung elektrischer Akkumulatoren aus Blei oder Bleiverbindungen folgende Vorschriften erlassen:

§ 1. In Anlagen zur Herstellung elektrischer Akkumulatoren aus Blei oder Bleiverbindungen müssen die Arbeitsräume, in denen die Bearbeitung oder Verarbeitung von Blei oder Bleiverbindungen stattfindet, mindestens drei Meter hoch und mit Fenstern versehen sein, welche geöffnet werden können und eine ausreichende Lufterneuerung ermöglichen.

Die Räume zum Formieren (Laden) der Platten müssen mit wirksamen Ventilationseinrichtungen versehen sein.

§ 2. In den Räumen, in denen bei der Arbeit ein Verstäuben oder Verstreuen von Blei oder Bleiverbindungen stattfindet, muß der Fußboden so eingerichtet sein, daß er kein Wasser durchläßt. Die Wände und Decken dieser Räume müssen, soweit sie nicht mit einer glatten, abwaschbaren Bekleidung oder mit einem Ölfarbenanstrich versehen sind, mindestens einmal jährlich mit Kalk frisch angestrichen werden.

Die Verwendung von Holz, weichem Asphalt oder Linoleum als Fußbodenbelag, sowie von Tapeten als Wandbekleidung ist in diesen Räumen nicht gestattet.

§ 3. Die Schmelzkessel für Blei sind mit gut ziehenden, ins Freie oder in einen Schornstein mündenden Abzugsvorrichtungen (Fangtrichtern) zu überdecken.

§ 4. Wo eine maschinelle Bearbeitung der Bleiplatten (Gitter oder Rahmen) durch Bandsägen, Kreissägen, Hobelmaschinen oder dergleichen stattfindet, muß durch geeignete Vorrichtungen tunlichst dafür Sorge getragen werden, daß abgerissene Bleiteile und Bleistaub unmittelbar an der Entstehungsstelle abgefangen werden.

§ 5. Apparate zur Herstellung von metallischem Bleistaube müssen so abgedichtet und eingerichtet sein, daß weder bei dem Herstellungsverfahren noch bei ihrer Entleerung Bleistaub entweichen kann.

§ 6. Das Sieben, Mischen und Anfeuchten der zur Füllung der Platten dienenden Masse, sofern sie Blei oder Bleiverbindungen enthält, das Abziehen der aus Papier oder dergleichen bestehenden Hüllen von den getrockneten Platten sowie alle sonstigen mit Staubentwickelung verbundenen Hantierungen mit der trockenen Füllmasse dürfen nur unter wirksamen Abzugsvorrichtungen oder in Apparaten vorgenommen werden, welche so eingerichtet sind, daß eine Verstäubung nach außen nicht stattfinden kann.

§ 7. Geöffnete Behälter mit Bleistaub oder Bleiverbindungen sind auf einem Rost und mit diesem auf einem ringsum mit Rand versehenen Untersatz so aufzustellen, daß bei der Entnahme aus dem Behälter verstreute Stoffe in dem Untersatz aufgefangen werden.

§ 8. Die folgenden Vorrichtungen:

a) die maschinelle Bearbeitung der Bleiplatten, Gitter oder Rahmen (§ 4),
b) die Herstellung metallischen Bleistaubes (§ 5),
c) das Herstellen und Mischen der Füllmasse (§ 6), soweit es maschinell erfolgt,

müssen je in einem besonderen, von andern Arbeitsräumen getrennten Raum ausgeführt werden.

§ 9. Die Tische, auf denen die Füllmasse in die Platten (Gitter oder Rahmen) eingestrichen oder eingepreßt wird, müssen eine glatte und dichtgefügte Oberfläche haben; sie müssen täglich mindestens einmal feucht gereinigt werden.

Vorschriften zur Verhütung von Bleierkrankungen in Akkumulatorenwerken.

1. Der Fußboden der Arbeitsräume muß vollkommen dicht, jedenfalls aber frei von klaffenden Fugen sein; er ist stets (auf feuchtem Wege) sauber zu halten und soll möglichst nie trocken werden, damit ein Verstäuben des herabgelangenden Bleioxyds nicht stattfinden kann.

2. Über den zum Einschmelzen des Bleies bestimmten Gefäßen (Kesseln und Schalen) ist ein Fangtrichter mit einem ins Freie oder in einen Schornstein führenden Abzugsrohre und mit einer kräftig wirkenden Zugvorrichtung anzubringen.

3. Zur Herstellung des zum Löten verwendeten Wasserstoffes dürfen nur arsenfreie Chemikalien Verwendung finden.

4. Die in Fässern oder Kisten bezogenen Bleioxyde (Mennig, Glätte) sind in einem besonderen Vorratsraume auf einem Gitter derart aufzustellen, daß beim Entleeren verschüttete Oxyde nicht auf den Fußboden, sondern in ein unter dem Gitter befindliches Gefäß fallen. Das Mischen der Bleioxyde mit Säure, Benzin, Alkohol usw. muß, sofern nicht dichtgeschlossene Mischmaschinen Verwendung finden, unter einem Abzuge vorgenommen werden. Den hiermit Beschäftigten ist zum Schutze gegen das Einatmen von Staub ein Respirator oder ein Mundschwamm zu liefern.

5. Der Arbeitgeber hat alle Arbeiter, welche mit Blei oder Bleierzeugnissen in Berührung kommen, mit entsprechenden, den Körper vollständig deckenden Arbeitsanzügen aus dichten Geweben (einschließlich einer Mütze) zu versehen.

6. Den mit dem Einbringen der angefeuchteten, mehr oder weniger breiartigen Bleioxyde in die Bleirahmen oder Platten Beschäftigten sind zum Schutze der Hände Gummihandschuhe zu liefern. Diese Arbeiter dürfen innerhalb 48 Stunden nicht länger als 12 Stunden mit dieser Beschäftigung betraut sein.

7. Die Formier- oder Laderäume müssen durch einen kräftigen Ventilator in der Weise gelüftet werden, daß die mit Wasserstoff oder mit zerstäubter Schwefelsäure verunreinigte Luft nahe über dem Fußboden nach unten abgezogen, frische Luft unter der Decke zugeführt wird.

8. In den Räumen, in welchen die Bleirahmen gegossen, die Bleioxyde gemischt und die Rahmen eingefüllt werden, sowie in den Formier- und Laderäumen darf Arbeiterinnen und jugendlichen Arbeitern der Aufenthalt nicht gestattet werden.

9. Der Arbeitgeber hat die Überwachung des Gesundheitszustandes der von ihm beschäftigten Arbeiter einem dem Gewerbe-Aufsichtsbeamten (§ 139 b der Gewerbeordnung) namhaft zu machenden Arzte zu übertragen, welcher die Schmierer und Löter monatlich einmal, die übrigen Arbeiter alle zwei Monate einmal zu untersuchen und den Arbeitgeber von jedem Fall einer ermittelten Bleikrankheit in Kenntnis zu setzen hat.

Weiter empfiehlt es sich, die hierher gehörigen Bestimmungen der Bekanntmachung des Reichskanzleramts vom 12. April 1886, betreffend die Einrichtung und den Betrieb der Bleifarben- und Bleizuckerwerke, zu beachten bzw. vorzuschreiben. Vornehmlich die Vorschriften, welche sich auf die Aufbewahrung und Verteilung der Arbeitskleider, Respiratoren etc., auf die Einrichtung von Wasch- und Ankleideräumen, auf Badegelegenheit, Führung eines Krankenbuches und den Erlaß einer Werksordnung beziehen, bedürfen der Beachtung.

Nützlich dürfte es ferner sein, wenn den Arbeitern Milch als Getränk geliefert und dem letzten Waschwasser je ein Teelöffel voll Schwefelleber hinzugefügt würde. Schwefelleber führt das Blei in schwer lösliches Schwefelblei über und ist infolge der Schwarzfärbung ein vortrefflicher Indikator für Bleiverunreinigungen.

Akkumulatorenwirkungsgrad hängt von der Temperatur, der Lade- und Entladestromstärke ab. Er beträgt zwischen 60 % und 80 %.

Aktionsturbinen sind Druckturbinen, bei welchen das Wasser mit der dem ganzen Gefälle entsprechenden Geschwindigkeit eintritt und seine ganze lebendige Kraft auf das Laufrad überträgt.

Maschinenfabrik Geislingen in Geislingen, Württbg. (*s. Inseratanh. S. 19*).

Allan-Brownsches Relais. Dasselbe besitzt einen auf seiner Achse mit Reibung drehbaren Anker, wodurch der Kontaktdruck stets derselbe bleibt. Das Relais kann in jeder Ankerstellung ein neues Zeichen beginnen, der Kontakt öffnet sich sofort bei abnehmender Stromstärke.

Alternativleiter (siehe **Edison-Hopkinsonsches Dreileitersystem**).

Alternator (siehe **Generator**).

Alternierender Strom (siehe **Wechselstrom**).

Aluminium. Der Preis des Kupfers stellt sich zu dem des Aluminiums ungefähr wie 2 : 3. Die Dichtigkeit des Aluminiums ist ca. 2,7, d. h. ca. $^1/_3$ von der des Kupfers. Seine elektrische Leitungsfähigkeit ist ungefähr $57^1/_2$ % jener des Kupfers, seine Zerreißfestigkeit bei gezogenen Drähten ungefähr 22 kg pro qmm. Es ergibt sich für das Verhältnis des Kupfergewichtes zum Aluminiumgewicht bei gleichem Leitungswiderstand folgende Zahl:

$$\frac{\text{Aluminium}}{\text{Kupfer}} = \frac{100}{57,5} \times \frac{2,7}{8,9} = \frac{1}{1,89} = \text{ca. } \frac{1}{2}.$$

Es wiegt also bei gleichem Leitungswiderstand eine Aluminiumleitung ungefähr die Hälfte der Kupferleitung; der Querschnitt der Aluminiumleitung aber wird wegen der geringeren Leitungsfähigkeit des Aluminiums viel größer sein als der des Kupfers, und zwar wird das Verhältnis der beiden Querschnitte Aluminium : Kupfer wie 100 : 57,5 = 1,74 : 1 sein müssen. Das Verhältnis der Bruchfestigkeit der beiden Leitungen ergibt sich wie folgt:

$$\frac{\text{Bruchfestigkeit von Aluminium}}{\text{Bruchfestigkeit von Kupfer}} = \frac{1,74 \times 22,8}{45} = 0,882,$$

d. h. die Bruchfestigkeit der Aluminiumleitung wird 0,9 der Bruchfestigkeit der Kupferleitung betragen. Da aber das Gewicht der Aluminiumleitung nur die Hälfte des Gewichtes der Kupferleitung beträgt, so bietet die Aluminiumleitung in allen Fällen, wo sie nur ihr eigenes Gewicht zu tragen hat, einen bedeutenden Vorteil gegen die Kupferleitung.

Prozentgehalt des Drahtes an Aluminium		Leitfähigkeit (Kupfer = 100)
98,5 %		55,0
99,0 »		59,0
99,5 »		61,0
99,75 »		63,0—64,0
100,0 »	wahrscheinlich	66,0—67,0

Die chemischen Eigenschaften lassen das Aluminium für die Technik als außerordentlich wertvoll erscheinen, weil es sowohl gegen Säuren, wie gegen Alkalien, vor allen Dingen aber auch gegen die Einflüsse der Luft viel widerstandsfähiger ist als Kupfer. Dagegen bietet seine Lötung auch heute noch große Schwierigkeiten, und die Notwendigkeit, für Leitungen mit gleichem Widerstand bei

Vergleichende Tabelle der Durchmesser, Querschnitte und Gewichte von Kupfer- und Aluminiumdrähten.

Durchmesser		Querschnitt		Gewicht pro 1000 m		Durchmesser		Querschnitt		Gewicht pro 1000 m	
Kupfer mm	Alumin. mm	Kupfer qmm	Aluminium qmm	Kupfer (D = 8,91) kg	Aluminium (D = 2,7) kg	Kupfer mm	Alumin mm	Kupfer qmm	Aluminium qmm	Kupfer (D = 8,91) kg	Aluminium (D = 2,7) kg
1,0	1,32	0,7854	1,368	7,00	3,703	4,25	5,61	14,186	24,718	126,44	66,867
1,1	1,45	0,9502	1,651	8,47	4,480	4,50	5,94	15,904	27,712	141,75	74,986
1,2	1,58	1,1309	1,961	10,08	5,332	4,75	6,27	17,720	30,876	157,94	83,550
1,3	1,71	1,3273	2,296	11,82	6,252	5,00	6,60	19,635	34,212	175,00	92,575
1,4	1,85	1,5393	2,688	13,72	7,257	5,25	6,93	21,646	37,719	192,94	102,065
1,5	1,98	1,7661	3,079	15,75	8,332	5,50	7,26	23,759	41,396	211,75	112,016
1,6	2,11	2,0105	3,496	17,92	9,300	5,75	7,59	25,966	45,245	231,44	122,431
1,7	2,24	2,2698	3,940	20,23	10,702	6,00	7,92	28,273	49,265	252,00	133,308
1,8	2,37	2,5446	4,411	22,68	11,997	6,25	8,29	30,678	53,976	274,14	145,010
1,9	2,51	2,8352	4,948	25,27	13,368	6,50	8,58	33,182	57,818	295,75	156,451
2,0	2,64	3,1415	5,473	28,00	14,812	6,75	8,91	35,783	62,351	318,94	168,719
2,1	2,77	3,4636	6,026	30,87	16,330	7,00	9,24	38,483	67,055	343,00	181,447
2,2	2,90	3,8013	6,614	33,88	17,922	7,25	9,57	41,281	71,931	367,94	194,640
2,3	3,03	4,1547	7,229	37,03	19,489	7,50	9,90	44,177	76,977	393,75	208,293
2,4	3,17	4,5238	7,871	40,32	21,329	7,75	10,23	47,171	82,191	420,44	222,413
2,5	3,30	4,9087	8,541	43,75	23,143	8,00	10,56	50,264	87,579	448,00	236,992
2,6	3,43	5,3093	9,238	47,32	25,032	8,25	10,89	53,454	93,139	476,44	250,036
2,7	3,56	5,7255	9,962	51,03	26,995	8,50	11,22	56,743	98,869	505,75	267,442
2,8	3,70	6,1575	10,714	54,88	29,031	8,75	11,55	60,130	104,770	535,94	283,512
2,9	3,83	6,6052	11,493	58,87	31,142	9,00	11,88	63,605	110,843	567,00	299,943
3,0	3,96	7,0685	12,099	63,00	33,327	9,25	12,21	67,198	117,111	598,94	316,839
3,25	4,29	8,2958	14,434	73,94	39,114	9,50	12,54	70,880	123,501	631,75	334,196
3,50	4,62	9,6211	16,741	85,75	45,362	9,75	12,87	74,659	130,087	665,44	352,017
3,75	4,95	11,0446	19,217	98,44	52,075	10,00	13,20	78,537	136,593	700,00	370,300
4,00	5,28	12,5664	21,896	112,00	59,248						

Aluminium viel größere Querschnitte zu nehmen als bei Kupfer, verhindert seine Verwendung für isolierte Leitungen, weil besonders bei gut isolierten Drähten außer der Preisdifferenz zwischen Kupfer und Aluminium an sich noch die bedeutende Preisdifferenz zwischen der Isolierung eines Kupferdrahtes und eines Aluminiumdrahtes gleichen Leitungswiderstandes in Rechnung zu ziehen ist.

Aluminiumblech.

Dicke mm	Gewicht pro qm kg	Dicke mm	Gewicht pro qm kg
5,0	13,50	0,9	2,43
4,5	12,15	0,8	2,16
4,0	10,80	0,7	1,89
3,5	9,45	0,6	1,62
3,0	8,10	0,5	1,35
2,5	6,75	0,4	1,08
2,0	5,40	0,3	0,81
1,5	4,05	0,25	0,675
1,0	2,70		

Dr. Geitners Argentanfabrik, F. A. Lange, Auerhammer bei Aue i. S. (s. *Inseratanhang S. 5*).

Aluminium-Industrie-Akt.-Gesellschaft, Verkaufsbureau Berlin SW. 48.

Aluminiumdraht (siehe auch **Widerstand von Kupfer- und Aluminiumdrähten**).

Durchmesser des Drahtes mm	Widerstand bei 24° C		
	Anzahl Ohm pro 1000 m	m pro Ohm	Anzahl Ohm pro kg
11,68	0,26835	3727	0,0009428
10,40	0,33826	2956	0,001479
9,27	0,42655	2344	0,002607
8,25	0,53758	1903	0,003695
7,35	0,67823	1413	0,006020
6,54	0,85557	1169	0,009589
5,82	1,07844	925,37	0,01524
5,19	1,35988	735,39	0,02423
4,62	1,71488	583,13	0,03853
4,11	2,16247	462,43	0,06127
3,66	2,72706	366,49	0,09743
3,26	3,50411	293,87	0,15492
2,90	4,33528	230,66	0,24627
2,59	5,46825	182,87	0,38558
2,30	6,89392	145,05	0,62274
2,05	8,69352	115,03	0,99020
1,83	10,6230	91,22	1,5778
1,63	14,1671	70,50	2,5657
1,45	17,033	58,71	3,8852
1,29	21,977	45,50	6,3282
1,15	27,715	36,08	10,0636
1,02	34,948	28,614	16,002
0,90	45,325	22,062	26,913

Durchmesser des Drahtes mm	Widerstand bei 24° C		
	Anzahl Ohm pro 1000 m	m pro Ohm	Anzahl Ohm pro kg
0,81	55,572	17,995	40,459
0,72	70,074	14,709	64,331
0,64	88,323	11,322	102,243
0,57	111,427	8,9767	162,66
0,51	140,506	7,1171	258,65
0,45	177,171	5,6442	411,2
0,40	223,47	4,4747	654,1
0,36	281,72	3,5496	1 071
0,32	355,25	2,8149	1 653
0,29	447,96	2,2323	2 629
0,25	564,88	1,7704	4 180
0,23	695,95	1,4369	6 493
0,20	898,88	1,1133	10 571
0,18	1132,35	0,88310	16 800
0,16	1428,46	0,70007	26 731
0,14	1800,97	0,65527	42 500
0,13	2270,64	0,44039	67 549

Dr. Geitners Argentanfabrik, F. A. Lange, Auerhammer bei Aue i. S. (*s. Inseratanhang S. 5*).

Aluminium-Industrie-Akt.-Gesellschaft, Verkaufsbureau Berlin SW. 48.

Aluminiumleitungen werden bei kleinem Durchmesser nur durch Verwinden verbunden, bei dicken Drähten und Drahtseilen wird eine Hülse übergeschoben, die Leitungsenden aufgestaucht oder umgebogen und die Hülsen ausgegossen. Kupferbindedraht darf nicht verwendet werden, weil elektrolytische Wirkungen auftreten und, wenn harter Bindedraht verwendet wird, ein Durchscheuern eintritt.

Verbinder für Aluminiumdrähte: J. W. Hofmann, Kotzschenbroda.

Aluminium-Industrie-Akt.-Gesellschaft, Verkaufsbureau Berlin SW. 48.

Aluminiumröhren.

Äußerer Durchm. mm	Wandung mm	Gewicht pro lauf. m g	Äußerer Durchm. mm	Wandung mm	Gewicht pro lauf. m g
5	1	34,00	5	0,5	19,08
10	1	76,34	10	0,5	40,29
15	1	118,50	15	0,5	61,21
20	1	161,16	20	0,5	82,70
25	1	203,50	25	0,5	103,90
30	1	246,00	30	0,5	125,00
35	1	288,43	35	0,5	140,80
40	1	330,80	40	0,5	161,20
45	1	373,19	45	0,5	181,60
50	1	415,63	50	0,5	202,00
55	1	457,87	55	0,5	222,30
60	1	500,50	60	0,5	243,00
65	1	542,88			
70	1	582,48			
80	1	669,60			

Aluminium-Industrie-Akt.-Gesellschaft, Verkaufsbureau Berlin SW. 48.

Aluminium und Kupfer, Vergleich:

	Aluminium	Kupfer
Ungefährer Preis pro kg	ℳ 2.00—2.40	ℳ 1.40—1.70
Spezifisches Gewicht	2,68	8,93
Bruchlast in kg pro qmm	25	40
Elastizitätskoeffizient für Zug	6050	12000
Bruch durch Torsion nach Umdrehung	4—8	18—24
Spezifische Wärme	0,2236	0,0947
Linearer Ausdehnungskoeffizient . .	0,00002313	0,00001678
Widerstand in Mikro-Ohm pro cm . .	3,00	1,60

Ambroin (von den Ambroinwerken, G. m. b. H., Pankow b. Berlin, hergestellt) ist ein aus rezent fossilen Kopalen und Silikaten unter hohem Druck hergestelltes Isoliermaterial von dichtem, gleichmäßigem Gefüge. Spez. Gewicht 1,4—1,8, Bruchgrenze für Zugfestigkeit 151 kg pro qmm, Druckfestigkeit bei einem Würfel von 25 mm Seitenlänge 1216 kg. Ambroin läßt sich drehen, schleifen, bohren, polieren etc.

Ammeter (siehe **Amperemeter**).

Amortiseur. Derselbe besteht seiner Hauptsache nach aus einer Art Kurzschlußring, in dem die Magnete parallel zur Richtung der induzierten Armaturdrähte mit Nuten versehen sind, in welche massive Kupferbarren verlegt werden. An den Stirnflächen der Pole sind diese Barren untereinander durch Kupfer- oder Bronzeringe verbunden. Die Eigenschaften des Amortiseurs bestehen darin, daß er den Spannungsabfall einer Wechselstrommaschine durch Drosselung eines Teiles der Armaturreaktion vermindert (die größte Reduktion, welche sich durch den Amortiseur bewirken läßt, beträgt 30 %) und ferner die Maschine für das Parallelarbeiten stabiler gestaltet.

Ampere (siehe **Elektrische Maße**).

Ampereleiter ist gleich dem Produkte aus der Leiterzahl auf 1 cm Ankerumfang und der effektiven Stromstärke, die ein Leiter führt (auch Stromdichte genannt).

Tabelle der Ampereleiter pro cm Umfang für Drehstrommaschinen.

(Diese Werte gelten annähernd auch für Wechselstrommaschinen und Induktormaschinen pro Ring.)

Leistung in KW bei 1 Umdreh. p. Min.	Ampereleiter pro cm	Leistung in KW bei 1 Umdreh. p. Min.	Ampereleiter pro cm	Leistung in KW bei 1 Umdreh. p. Min.	Ampereleiter pro cm
0,81	84,5	7,1	88,8	15,2	178
1,25	89	8,0	95,4	15,7	106
2,0	158	8,5	118	16	184
2,8	225	10,7	147	18	79
3,8	138	11,7	155	24	158
5,6	156	12	166	34,4	120,5
6,4	124				
6,7	141				

Amperemanometer, bei welchem die Stromstärke nur durch den Überdruck des entwickelten Gases gemessen wird, besteht aus einem mit 2 % Natronlauge gefüllten Gefäße. Als Elektrodenmaterial wird Nickel verwendet. Das Knallgas geht in eine Kapillarröhre, welche mit einem Wassermanometer in Verbindung steht, dessen Skala für je ein Ampere den Wasserdruck von 1 cm anzeigt.

Amperemeter. Amperemeter sowie alle anderen Strommesser (Tangentenbussole und Voltameter) werden direkt in den Stromkreis geschaltet, dessen Stromstärke zu messen ist.

Amperemeter mit elektromagnetischem System.

Alle Meß-bereiche bis max. Amp.	Durchmesser der Grundplatte in mm			
	110	160	200	250
	Preis in Mark			
40	*18*	*20*	*27*	*30*
50	*19*	*23*	*28*	*31*
100	*20*	*24*	*29*	*32*
200	*24*	*26*	*30*	*33*
300	—	—	*32*	*35*
400	—	—	*36*	*39*
600	—	—	*43*	*46*
800	—	—	*51*	*54*
1000	—	—	*80*	*83*

Aperiodische Präzisions-Amperemeter mit einem Meßbereich.

Alle Meß-bereiche bis max. Amp.	Für Schalttafeln: Durchmesser der Grundplatte in mm				Für Montage: in Kästchen transportabel
	160	200	400	500	
	Preis in Mark				
20	*53*	*63*	*170*	*240*	*88*
80	*55*	*65*	*170*	*240*	*90*
100	*58*	*68*	*170*	*240*	*95*
150	*62*	*72*	*175*	*245*	*100*
200	*63*	*73*	*175*	*245*	*100*
400	—	*80*	*180*	*250*	*110*
600	—	*88*	*190*	*260*	*125*
750	—	*100*	—	—	—
1000	—	*115*	—	—	—
1500	—	*145*	—	—	—

Hitzdraht-Amperemeter.

Alle Meß-bereiche bis max. Amp.	Durchmesser der Grundplatte in mm 200	250	Viereckig in Holz-kästchen
	Preis in Mark		
3	70	75	90
5	70	75	90
10	70	75	90
50	80	85	95
200	80	85	115
300	95	100	135
400	105	110	145
500	115	120	155
600	120	125	165
750	135	148	175
1000	160	165	190

Kombinierte Amperemeter und Voltmeter mit elektromagnetischem System.

Meßbereich bis Volt	Ampere	Preis ℳ
35	30	85
65	50	90
120	50	92
120	150	95
240	50	95
240	150	100
120+240	50	100
120+240	150	105

Aperiodische Präzisions-Amperemeter mit mehreren Mefsbereichen.

Mefsbereich bis Ampere	Für Schalttafeln: Durchmesser der Grundplatte 200 mm	Für Montage: in Kästchen transportabel
	Preis in Mark	
0—1+3	68	93
0—3+6	68	93
0—2,5+5	68	93
0—5+10	68	93
0—10+20	68	93
0—15+30	70	95
0—5+50	70	95
0—30+120	72	97
0—50+150	77	102
0—125+250	80	105
0—150+300	85	110
0—1+3+6	73	98
0—3+6+30	75	100
0—3+30+120	77	102
0—12+120+240	85	110
0—150+300+600	98	135
0—6+60+600	98	135

Registrierendes Amperemeter.

Alle Meßbereiche bis max. Volt	Stationäre	Transportable
	Preis in Mark	
50	*350—450*	*400—500*
150	*375—475*	*425—525*
500	*400—500*	*450—550*
1000	*475—575*	*525—625*
1500	*525—625*	*575—675*
2000	*575—675*	*625—725*

Kombinierte, registrierende Präzisions-Volt- und Amperemeter.

Meßbereich		Stationäre		Transportable	
bis Volt	bis Amp.	Präzisions ℳ	Hitzdraht ℳ	Präzisions ℳ	Hitzdraht ℳ
120	30	*475*	*475*	*525*	*525*
120	50	*475*	*475*	*525*	*525*
120	75	*490*	*490*	*540*	*540*
120	100	*510*	*510*	*560*	*560*
120	150	*525*	*525*	*575*	*575*
120	200	*550*	*550*	*605*	*605*
180	30	*500*	*500*	*550*	*550*
180	50	*500*	*500*	*550*	*550*
180	75	*515*	*515*	*565*	*565*
180	100	*530*	*530*	*580*	*580*
180	150	*550*	*550*	*600*	*600*
180	200	*575*	*575*	*625*	*625*
240	30	*525*	*525*	*575*	*575*
240	50	*525*	*525*	*575*	*575*
240	75	*540*	*540*	*590*	*590*
240	100	*555*	*555*	*605*	*605*
240	150	*570*	*570*	*620*	*620*
240	200	*600*	*600*	*650*	*650*

Allgemeine Elektr.-Ges., Berlin.
Gans & Goldschmidt, Berlin.
Hartmann & Braun, Frankfurt a. M.
Keiser & Schmidt, Berlin.
Union Elektr.-Ges., Berlin.

Ampererolle (siehe **Wattstundenzähler** von Auer).

Amperesche Gesetze. Zwei parallele Stromleiter ziehen einander an, wenn sie von gleichgerichteten, stoßen einander ab, wenn sie von entgegengesetzten Strömen durchflossen werden. Kreuzen sich zwei benachbarte Stromleiter in einem beliebigen Winkel, so sind die anziehenden und abstoßenden Wirkungen zwischen ihren einzelnen Teilen so beschaffen, daß sie die Stromrichtung parallel und gleich zu stellen streben.

Amperes Schwimmregel. Denkt man sich mit dem Gesichte nach der Kraftlinienrichtung im Leiter schwimmend und mit demselben nach rechts bewegt, so schwimmt man mit dem durch diese Bewegung induzierten Strom, während bei einer nach links gerichteten Bewegung der Induktionsstrom gegen den Schwimmenden fließt, oder auch: Denkt man sich mit dem Kopfe voran im Strom schwimmend und richtet das Gesicht auf die Nordspitze der Magnetnadel, so gibt der ausgestreckte linke Arm die Richtung an, nach der die Nordspitze ausschlägt. — Denkt man sich mit dem Strom schwimmend, das Gesicht auf das Innere der Spule gerichtet, so gibt der ausgestreckte linke Arm die Richtung an, wo der Nordmagnetismus auftritt (erweiterte Schwimmregel).

Amperestunde = 3600 Coulomb (siehe **Elektrische Maſse**).

Ampere-Volt (siehe **Watt**).

Amperewindungen sind das Produkt aus Stromstärke und Windungszahl — Ausdruck für die magnetisierende Kraft eines Elektromagneten.

Amylazetatlampe (siehe **Hefnerkerze**).

Anion — der bei der Elektrolyse an der Anode sich abscheidende negative Bestandteil. Anione sind immer oxydierende Bestandteile oder auch negativ elektrisch geladene Ionen.

Anker ist bei elektrischen Maschinen derjenige Teil, in welchem durch die Einwirkungen eines magnetischen Feldes elektromotorische Kräfte erzeugt werden (Norm. d. V. d. E.). An einen Anker sind folgende mechanische Anforderungen zu stellen: Die Wickelungsdrähte müssen auf dem Ankereisen so befestigt sein, daß sie bei der Drehung weder aus ihrer Lage gebracht, noch beschädigt werden können. Dies wird durch Anwendung von Bandagen erreicht. Die Wickelung soll symmetrisch sein. Der Anker muß in bezug auf seine Drehungsachse gut ausbalanciert sein.

Anker, glatte, sind Anker, bei denen die Drahtwickelung auf die mit Isolationsstoff versehene, gut abgedrehte Oberfläche gelegt wird; sie finden nur bei Ringwickelung Anwendung.

Ankerarten: Glatte Anker, Loch-Anker, Nuten-Anker. — Flachring-, Kugel-, Rad-, Ring-, Scheiben-, I-Anker, Trommel-Anker.

Beim Flachringanker von Schuckert und Brush besteht das Ankereisen aus konzentrischen Eisenbandreifen oder Eisenbandspiralen, beim Trommelanker aus Eisenblechscheiben oder Eisenblechringen.

Ankerbelegpapier ist ein Isolationsseidenpapier, das frei von Säuren, metallischen und mineralischen Beimischungen sein muß. Preis pro kg *ℳ 72.*

Meirowsky & Ko., Köln-Ehrenfeld (*s. Inseratanh. S. 19*).

Ankerbleche, Isolierung derselben (siehe auch **Ankerscheiben**). Um den durch Wirbelströme, welche bei der Ankerrotation im Ankereisen induziert werden, hervorgerufenen Wattverlust auf ein Minimum zu reduzieren, wird der Ankerkern aus Blechscheiben von möglichst weichem Eisen und von Stärken bis zu 0,6 mm zusammengesetzt. Die einzelnen Bleche werden entweder durch einen Anstrich von Wasserglas oder einem Gemische von Asphalt, Benzol und Leinöl oder durch sehr dünne Papierscheiben bzw. durch Papier, welches mittels Schellacks auf die Bleche aufgeklebt wird, isoliert. Nachglühen der Ankerbleche nach erfolgtem Stanzen hat den Zweck, die Bildung einer Oxydschicht herbeizuführen.

Ankereisen. Das Material soll aus möglichst weichem Eisen mit einem hysteretischen Koeffizienten von nicht über 0,004 hergestellt werden (siehe **Ankerarten**).

Ankererhitzung. Die Ursachen dieser Erscheinung sind: Zu hohe Umdrehungszahl; Kurzschluß einer oder mehrerer Ankerspulen, durch Reparatur derselben zu beheben; schlechte oder zu harte oder zu stark aufgepreßte Bürsten; schlechte Fabrikation; verfehlte Berechnung; Entstehen von Wirbelströmen bei gefrästen Ankern; Funkenbildung am Kollektor und damit verbundene Wärmeübertragung auf den Anker; Behebung (siehe **Kollektor**).

Die Abkühlungsfläche des Ankers (bei kleineren Trommel- und Ringankern die Fläche des Zylindermantels und die beiden Seitenflächen, bei größeren Ankern und Ringankern die Fläche des Zylindermantels, der Inhalt der seitlichen Ringflächen und von der zylindrischen Innenfläche des Ankers die Hälfte, bei guter Lüftung die ganze Innenfläche) soll so bemessen sein, daß die Temperaturzunahme die umgebende Lufttemperatur, nach sechsstündigem Betriebe mit Vollbelastung, mit 40° — 50° C nicht überschreitet. Zur Abkühlung des Ankers werden oft besondere Luftkanäle im Eisenkerne (durch gewellte Bleche, gerippte Messingscheiben, Eisenbleche mit aufgenieteten Streifen) angeordnet.

Ankergeschwindigkeit. Bei Ringanker und Trommelanker soll die Umfangsgeschwindigkeit maximal 15 m, bei Scheibenanker maximal 25 m betragen.

Ankerleiter — die stromerzeugenden oder stromführenden Leiter auf dem Anker.

Ankerrückwirkung ist der schwächende Einfluß, welchen die Magnetisierung im Ankereisen auf die magnetisierende Wirkung der Feldmagnete ausübt und sich in einer Verschiebung des Magnetfeldes entgegengesetzt der Drehrichtung äußert.

Ankerscheiben. Preise für rohe Ankerscheiben pro 100 Stück siehe folgende Seite.

Preise für rohe Ankerscheiben pro 100 Stück.

Stärke der Bleche	Äußerer Durchmesser 50	60	70	80	90	100	110	120	130	140	150	160 mm
0,50 mm	3.50	3.50	3.75	4.—	4.—	4.25	4.50	5.—	5.50	5.50	6.50	6.50 ℳ
0,75 „	3.70	3.70	4.—	4.30	4.30	4.80	5.30	6.—	6.80	7.20	8.—	8.50 ℳ
1,— „	4.50	4.80	5.—	5.30	5.80	6.20	6.50	7.—	7.80	8.20	9.50	10.— ℳ
Einseitig mit Papier beklebt mehr pro 100 St.	—.70	—.80	—.90	1.—	1.—	1.10	1.20	1.20	1.30	1.30	1.35	1.35 ℳ
Doppelstg. m. Isolierlack überzog. m. p. 100 St	1.50	1.50	1.50	1.60	1.60	1.60	1.60	1.70	1.70	1.70	1.70	1.80 ℳ

Stärke der Bleche	Äußerer Durchmesser 170	180	190	200	210	220	230	240	250	260	270	280 mm
0,50 mm	7.50	8.—	8.50	9.—	10.—	10.50	11.50	12.—	13.—	13.50	14.—	15.— ℳ
0,75 „	9.50	10.—	10.50	11.—	12.—	12.50	13.50	14.—	15.—	16.50	17.—	18.— ℳ
1,— „	11.—	11.50	12.50	13.—	14.—	14.50	16.—	17.—	18.—	19.50	20.50	21.50 ℳ
Einseitig mit Papier beklebt mehr pro 100 St.	1.40	1.40	1.40	1.45	1.45	1.50	1.50	1.60	1.70	1.80	1.90	2.— ℳ
Doppelstg. m. Isolierlack überzog. m. p. 100 St.	1.80	1.90	2.—	2.10	2.20	2.30	2.40	2.50	2.60	2.80	2.90	3.— ℳ

Stärke der Bleche	Äußerer Durchmesser 290	300	310	320	330	340	350	360	370	380	390	400 mm
0,50 mm	16.—	17.—	18.—	19.—	20.—	22.—	24.—	26.—	28.—	30.—	32.—	34.— ℳ
0,75 mm	19.50	20.50	22.—	23.50	25.—	27.—	29.—	31.50	34.—	36.50	39.—	41.— ℳ
1,— mm	23.—	24.50	27.—	29.—	31.—	33.—	35.—	38.—	41.—	44.—	47.50	51.— ℳ
Einseitig mit Papier beklebt mehr pro 100 St.	2.10	2.20	2.30	2.40	2.50	2.60	2.70	2.80	2.90	3.—	3.10	3.20 ℳ
Doppelstg. m. Isolierlack überzog. m p. 100 St.	3.10	3.20	3.30	3.40	3.50	3.70	3.90	4.10	4.30	4.40	4.50	4.60 ℳ

(Hersteller: G. Fuhrmanns Sohn, Jessen/Halle a. S.)

Ankerwickelung. Dieselbe wird aus Kupferdraht, bei großen Querschnitten aus Kupferbändern oder aus Stäben hergestellt. Kupferdrähte von großem Querschnitt werden durch mehrere Leiter von kleinem Querschnitt ersetzt, da sich erstere schwer wickeln lassen. Die Isolierung der Drähte erfolgt durch zwei- bis dreifache, mit Schellacklösung getränkte Baumwollumspinnung, jene der Kupferbänder durch zwischen den Bändern gelegte Streifen aus Isolationsmaterial. Zur Verbindung der Stäbe bei der Stabwickelung werden aus Kupferblech geschnittene, gebogene Verbinder verwendet.

Ankerwickelung, einfach geschlossene — jene, bei welcher auf dem Anker nur ein Stromkreis vorhanden ist.

Ankerwickelung, geschlossene. Bei derselben bilden die Wickelungen einen in sich zurückkehrenden Stromkreis.

Ankerwickelung, mehrfach geschlossene — jene, bei welcher auf dem Anker mehrere voneinander getrennte Stromkreise vorhanden sind.

Ankerwickelung, offene. Bei derselben besitzt der Anker mehrere untereinander gleiche, voneinander unabhängige oder einen gemeinsamen Knotenpunkt besitzende Wickelungen.

Ankerwickelung, parallel geschaltete. Die Ankerwickelung wird bei den zweipoligen Maschinen durch die Bürsten in zwei Teilen parallel geschaltet. Bei mehrpoligen Maschinen werden die einzelnen zweipoligen Schaltungen aneinandergereiht, so daß zwischen je zwei Bürsten, deren Zahl jener der Pole gleichkommt, ein Ankerstromzweig liegt. Letztere werden durch Verbindung gleichnamiger Bürsten oder gewisser gleichgelegener Kollektorstege parallel geschaltet (Mordeysche Schaltung).

Ankerstern hat die Aufgabe, die Ankerbleche untereinander zusammenzuhalten. Er besteht aus zwei Platten, zwischen welchen die Ankerbleche durch Bolzen und Mutter eingepreßt werden.

Anlagekosten von kompletten elektrischen Kraftzentralen.

Primärstation mit Dynamo, Dampfmaschine und Kessel.*)

Leistung	Kraftbedarf	Dynamo mit Regulator, Schalttaf. etc.			Dampfmaschine mit Riemen			Kessel, ausschl. Mauerwerk		
		Kosten	Montage	Gewicht	Kosten	Montage	Gewicht	Kosten	Montage	Gewicht
KW	PS	ca. M	ca. M	ca. kg	ca. M	ca. M	ca. kg	ca. M	ca. M	ca. kg
6,6	10,5	*1440*	*140*	960	*2 650*	*265*	1 150	*3000*	*400*	4 400
11	17	*1920*	*180*	1500	*2 700*	*270*	1 200	*3800*	*410*	4 800
13,8	21,5	*2320*	*190*	1900	*3 300*	*330*	1 800	*4200*	*420*	5 500
20	31	*2660*	*230*	1600	*4 200*	*420*	3 800	*4500*	*430*	6 000
27	42	*3240*	*275*	2100	*4 800*	*460*	4 800	*4800*	*440*	7 500
36	55	*3900*	*330*	2700	*8 600*	*750*	7 500	*5200*	*450*	8 200
48	73,5	*4600*	*400*	3600	*9 500*	*850*	9 200	*6300*	*490*	9 300
72	108	*6400*	*520*	4500	*12 400*	*1000*	12 900	*7900*	*540*	11 600
84	126	*7500*	*580*	5800	*13 800*	*1100*	13 400	*8700*	*600*	12 800
100	150	*8600*	*660*	6800	*17 100*	*1200*	20 000	*9700*	*660*	15 800

*) Allgem. Elektr.-Ges., Berlin, Elektr. Kraftübertragung.

Leistung KW	Dampfpumpe, Injektor, Rohrleitung, Geländer etc. Kosten ca. ℳ	Montage ca. ℳ	Gewicht ca. kg	Gesamtpreis Dynamo mit Dampfmaschine und Kessel ca. ℳ	Maschinenraumdimensionen m a	b	c	Kesselraumdimensionen m a	b	c
6,6	*1130*	*220*	1500	*8 220*	7	4	3,5	8	4	5
11	*1170*	*220*	2200	*9 590*	8	4	3,5	8	4	5
13,8	*1200*	*230*	2500	*11 020*	8	4,5	4	9	4,5	5,5
20	*1300*	*240*	2700	*12 660*	9	4,5	4	9	4,5	5,5
27	*1440*	*250*	3200	*14 280*	9	4,5	4	9	4,5	5,5
36	*1930*	*260*	3500	*19 630*	10	5	4	9	4,5	5,5
48	*2060*	*280*	4000	*22 460*	10	5	4	9	4,5	5,5
72	*2440*	*300*	5000	*29 140*	11	5,5	4,5	10	5	6
84	*2500*	*320*	5500	*32 500*	11	5,5	4,5	10	5	6
100	*2680*	*360*	6500	*38 080*	12	6	4,5	10	5	6

Leistung KW	Kraftbedarf PS	Dynamo: Kosten einschl. Schalttafel und Leitungen von Dynamo nach Schalttafel etc. ca. ℳ	Dynamo: Montage ca. ℳ	Dampfmaschine*): Umdrehungen in der Minute	Dampfmaschine*): Kosten ca. ℳ	Dampfmaschine*): Montage ca. ℳ	Kessel: Kosten einschl. Dampfpumpe, Injekt., Rohrltg. Kanalabdeckplatten etc. ca. ℳ	Kessel: Montage ca. ℳ	Gesamtkosten ausschl. Montage ca. ℳ
200	300	*23 000*	*600*	125	*36000*	*2000*	*21 000*	*1200*	*8 0000*
500	750	*34 000*	*900*	107	*76000*	*3000*	*32 000*	*1500*	*14 2000*
1000	1500	*56 000*	*1400*	83	*115000*	*4000*	*59 000*	*2000*	*23 0000*

*) Liegende Mehrfach-Expansionsmaschine mit Kondensation.

Primärstation mit Dynamo und Lokomobile.

Leistung KW	Kraftbedarf PS	Dynamo mit Regulator, Schalttafel etc. Kosten ca. ℳ	Montage ca. ℳ	Gewicht ca kg	Lokomobile mit Riemen Kosten ca. ℳ	Montage ca. ℳ	Gewicht ca. kg	Gesamtpreis Dynamo mit Lokomobile ca. ℳ
3,3	5,5	*1250*	*130*	800	*5 000*	*550*	5 600	*7 250*
6,6	10,5	*1440*	*140*	960	*6 500*	*660*	6 700	*7 940*
8,3	13	*1700*	*160*	1200	*7 900*	*720*	8 000	*9 600*
11	17	*1920*	*180*	1500	*8 400*	*750*	8 600	*11 320*
13,8	21,5	*2320*	*190*	1900	*10 500*	*900*	11 500	*12 820*
20	31	*2660*	*230*	1600	*16 500*	*1200*	17 500	*19 160*
27	42	*3240*	*275*	2100	*19 000*	*1500*	21 000	*22 240*
36	55	*3900*	*330*	2700	*22 000*	*1600*	24 000	*25 900*
48	73,5	*4600*	*400*	3600	*26 500*	*2000*	30 000	*31 100*
72	10,8	*6400*	*520*	4500	*34 000*	*2300*	40 000	*40 400*

Anlagekosten für 6000 effektive Pferdestärken

O. v. Miller, Zeitschr. Elch. VII. 176.

	I. 5 Turbinen je 1200 PS, 1 Res.-Turb. 1200 PS ℳ	III. 4 Dampfm. je 1500 PS, 1 Reserve-Dampfm. 1500 PS ℳ
A. Kosten der Kraft an der Welle der Antriebsmotoren.		
1. Grunderwerb, Wasserrechte u. Vorarbeiten Summe 1	*100 000*	*50 000*
2. Bauarbeiten:		
a) Maschinenhaus inkl. Maschinenfundamente, Laufkran, Kesseleinmauerung, Schornstein und Wasserbeschaffung	*130 000*	*400 000*
b) Wehre, Reservoire inkl. Schützen und Rechen	*500 000*	—
c) Kanäle, Tunnels und Hauptrohrleitung	*570 000*	—
Summe 2	*1 200 000*	*400 000*
3. Maschinenanlage:		
a) Turbinen inkl. Anschlußrohre und Schieber bzw. Dampfmaschinen bzw. Gasmotoren	*300 000*	*690 000*
b) Dampfkessel inkl. Pumpen, Wasserreiniger, Rohrleitung und Kohlentransportanlagen bzw. Reinigungsanlage, Gasometer, Pumpen und Rohrleitung für die Gasmotoren	—	*660 000*
Summe 3	*300 000*	*1 350 000*
Anlagekosten bis einschl. Motorwelle Summe 1 + 2 + 3 = Summe a	*1 600 000*	*1 800 000*
Verfügbare Leistung an der Welle der Antriebsmotoren 6000 eff. PS		
Anlagekosten pro eff. PS $\frac{\text{Summe a}}{6000}$	*267*	*300*
B. Umwandlung der mechanischen Leistung in elektrische Energie und Ausnutzung dieser an Ort und Stelle.		
4. Dynamos, Verbindungsleitungen und Schaltanlagen Summe 4	*315 000*	*335 000*
Anlagekosten bis einschl. Schaltbrett Summe a + 4 = Summe b	*1 915 000*	*2 135 000*
Verfügbare elektrische Leistungen am Schaltbrett 6000 × 0,683 = 4100 KW		
Anlagekosten pro Kilowatt am Schaltbrett $\frac{\text{Summe b}}{4100}$	*467*	*517*

	I. 5 Turbinen je 1200 PS, 1 Res.-Turb. 1200 PS ℳ	III. 4 Dampfm. je 1500 PS, 1 Reserve-Dampfm. 1500 PS ℳ
C. Übertragung der mechanischen Energie (Kraftübertragung) auf 10 km Entfernung mittels Primärdynamos, Fernleitung für 10000 Volt und Sekundärmaschinen in der Unterstation. Gesamtverlust der Kraftübertragung 20 %.		
a) Elektrische Einrichtung der Primärstation, Dynamos und Zubehör laut Summe 4 .	315 000	335 000
b) Fernleitung, Kabel für 10000 Volt . . .	240 000	240 000
c) Sekundärmaschinen und Schaltanlage in der Unterstation	265 000	265 000
Anlagekosten der Kraftübertragung Summe 5	820 000	840 000
Anlagekosten bis einschl. Welle der Sekundärmaschine Summe a + 5 = Summe c	2 420 000	2 640 000
Verfügbare mechanische Leistung an der Welle der Sekundärmaschine 6000 × 0,80 = 4800 eff. PS		
Anlagekosten pro übertragene Pferdestärke $\frac{\text{Summe c}}{4800}$	504	550
D bis E. Übertragung der elektrischen Energie (Stromübertrag) auf 10 km Entfernung und Verwendung derselben in einer Unterstation.		
D. Als Wechselstrom, Gesamtverlust der Übertragung und Transformierung auf niedrig gespannten Wechselstrom 8 %.		
a) Kabelleitung für 10000 Volt (5 % Verlust)	240 000	240 000
b) Transformatoren und Schaltanlage in der Unterstation (3 % Verlust)	120 000	120 000
Anlagekosten der Stromübertragung Summe 6	360 000	360 000
Anlagekosten bis einschl. Schaltbrett der Sekundärstation Summe b + 6 = Summe d	2 275 000	2 495 000
Verfügbare Wechselstromleistung in der Sekundärstation 4100 × 0,92 = 3770 KW		
Gesamtanlagekosten pro übertragenes Kilowatt Wechselstrom $\frac{\text{Summe d}}{3770}$	603	660
E. Übertragung mittels Wechselstroms, Verwendung von Gleichstrom, Gesamtverlust der Übertragung und Umformung in Gleichstrom 23 %.		
a) Kabelleitung für 10000 Volt (5 % Verlust) .	240 000	240 000
b) Sekundärmaschinen, Gleichstromdynamos nebst Zubehör in der Unterstation (18 % Verlust	530 000	530 000
Summe 7	770 000	770 000

	I. 5 Turbinen je 1200 PS, 1 Res.-Turb. 1200 PS *M*	III. 4 Dampfm. je 1500 PS, 1 Reserve-Dampfm. 1500 PS *M*
Anlagekosten bis einschl. Gleichstrom-Schaltbrett der Sekundärstation Summe b + 7 = Summe e	*2 685 000*	*2 905 000*
Verfügbare Gleichstromleistung in der Sekundärstation 7100 × 0,77 = 3160 KW		
Gesamtanlagekosten pro übertragenes Kilowatt Gleichstrom $\frac{\text{Summe e}}{3160}$	*850*	*952*

Es können für Elektrizitätswerke als Anlagekosten gerechnet werden: Pro KW installierte Leistung *M 350,* pro installierte 16 NK-Glühlampe *M 40—90,* Dynamomaschinen pro KW ca. *M 120,* Dampfanlage pro installierte Pferdestärke (Dampfmaschinen, Kessel und Rohrleitungen) *M 200—230.*

Anlasser. Die Anlasser müssen derart bemessen sein, daß der Motor stoßfrei und kräftig anzieht und das Netz nicht übermäßig in Mitleidenschaft gezogen wird. Bei Drehstrommotoren hat der Anlasser, wenn er im Anker liegt, außerdem noch die Aufgabe, das Anzugsmoment zu erhöhen. Bei Gleichstrommotoren soll, bevor der Ankerstrom eingeschaltet wird, die volle größte Erregung zwangsläufig durch den Schaltermechanismus eingeschaltet werden. Die Konstruktion der Anlasser muß so durchgeführt sein, daß ein allzu plötzliches Einschalten ausgeschlossen ist, d. h. letzteres zuerst langsam und dann rasch mit dem richtigen Mindestmaß an Anlaufszeit erfolgt; das Ausschalten muß rasch erfolgen können und muß, wenn das Widerstandsmaterial nicht für Dauereinschaltung bemessen ist (bei Hebezeugmotoren soll dies immer sein), jede dauernde Zwischenstellung zwischen Ein- und Ausschaltstellung unmöglich gemacht sein. Wenn der Motor überlastet oder die Hauptleitung (bei Nebenschlußmotoren die Erregerleitung) unterbrochen wird, so muß der gesamte Anlaßwiderstand sofort selbsttätig wieder vorgeschaltet werden. Das Widerstandsmaterial soll einen beträchtlichen Widerstandskoeffizienten, geringen Temperaturkoeffizienten, große spezifische Wärme und einen großen Ausstrahlungskoeffizienten besitzen (Rheotan, Kruppin). Zur Erhöhung der Stufenzahl werden die Widerstände allmählich von Hintereinanderschaltung in Parallelschaltung gelegt. Die Anlasser müssen möglichst luftig, auf feuersicherer Unterlage und in feuersicherer Umgebung aufgestellt werden. Anlasser, welche in Gruben mit schlagenden Wettern aufgestellt sind, werden in einem dicht abgeschlossenen, mit Öl gefüllten Kasten eingesetzt.

Anlasser mit Ölkühlung werden hauptsächlich verwendet, wenn nicht häufig ein- und ausgeschaltet wird und keine Regulierung der Umdrehungszahl verlangt wird. Anlasser mit Luftkühlung sind zu empfehlen, wenn ein zeitweises häufiges Anlassen oder vorüber-

Gleichstromanlasser der Union Elektrizitäts-Gesellschaft, Berlin.

Motor- Leistung PS	Motor- Spannung Volt	Anlaßwiderstand: Bezeichnung: Type	Bezeichnung: Klasse: Anlaßstromstärke Amp.	Bezeichnung: Klasse: Gesamtwiderstand Ohm	Stromstärke auf dem ersten Kontakt Amp.	Form. 1. Ohne Kontaktbrett für Schaltung mittels Kontrollers: Gewicht ca. netto kg	Form. 1.: Gewicht ca. brtto kg	Form. 1.: Preis ℳ	Form. 2. Mit Kontaktbrett und Handschalthebel: Gewicht ca. netto kg	Form. 2.: Gewicht ca. brtto. kg	Form. 2.: Preis ℳ	Form. 2.: Verpack. ℳ	Form. 3. Mit Kontaktbr., Handschalthebel und selbsttät. Min-Ausschalt.: Gewicht ca. netto kg	Form. 3.: Gewicht ca. brtto kg	Form. 3.: Preis ℳ
11—14	110	AG	90	2	55	25	56	*85*	40	70	*130*	*5.50*	43	73	*165*
	220		45	6	36,5	28	59	*85*	43	73	*130*	*5.50*	46	76	*165*
	440	AR	20	25	17,5	20	50	*85*	35	65	*130*	*5.50*	37	72	*165*
	500		20	25	20	20	50	*85*	35	65	*130*	*5.50*	37	72	*165*
15—19	110	AG	120	1,5	73	27	55	*90*	40	75	*150*	*5.50*	42	77	*185*
	220		60	5	44	20	50	*85*	33	70	*150*	*5.50*	35	72	*185*
	440	AR	20	25	17,5	20	50	*90*	35	65	*130*	*5.50*	37	72	*165*
	500	AG	30	16	31	35	72	*90*	55	90	*150*	*6.50*	58	93	*185*
20—29	110	AG	180	1	110	35	65	*95*	50	87	*185*	*5.50*	53	90	*225*
	220		90	4	55	27	47	*95*	40	75	*185*	*5.50*	43	78	*225*
	440		45	12	38	30	60	*95*	40	80	*185*	*6.50*	43	86	*225*
	500		45	12	41,5	30	60	*95*	40	80	*185*	*6.50*	43	86	*225*
30—49	110	AG	240	0,75	146	49	79	*105*	65	95	*200*	*6.50*	68	101	*240*
	220		120	3	73	32	65	*105*	50	87	*200*	*6.50*	53	90	*240*
	440		90	8	55	37	77	*120*	55	90	*225*	*6.50*	58	93	*265*
	500		60	9	55,5	27	60	*105*	40	75	*200*	*6.50*	42	77	*240*
50—59	110	AG	360	0,5	220	60	100	*120*	117	173	*450*	*10.75*	—	—	—
	220		180	2	110	57	97	*120*	109	154	*300*	*10.75*	112	160	*340*
	440		120	6	73	80	125	*200*	90	130	*300*	*10.75*	92	147	*340*
	500		90	8	62,5	37	77	*120*	55	90	*225*	*6.50*	58	93	*265*

gehendes Regulieren erforderlich ist. Für Motoren, deren Drehrichtung rasch geändert werden muß, und für angestrengte Betriebe (Krane, Fördermaschinen) kommen Steuerwalzen mit Funkenlöschern zur Verwendung.

Die Prüfung der Anlasser hat mit zugehörigem belasteten Motor zu erfolgen. Die Temperatur der abziehenden Luft soll dicht am Widerstand gemessen 100—180° C nicht überschreiten. Die Anlasser müssen oft ein- und aus- bzw. umgeschaftet werden können, ohne daß eine merkliche Verschmorung oder unzulässige Erwärmung auftritt.

Anlasser mit Luft-Kühlung	Für Leistung in PS:								
	bis 9	10—28	29—50	51—75	76—105	106—135	136—175	176—210	211—260
Preis in Mark:	*50*	*100*	*200*	*380*	*450*	*520*	*600*	*740*	*300*

Anlasser mit Öl-Kühlung	Für Leistung in PS:													
	1	2	3	4	5	6	8	10	12	15	20	30	40	50
Preis in Mark:	*40*	*55*	*75*	*80*	*100*	*120*	*140*	*170*	*190*	*220*	*380*	*490*	*660*	*770*

Bei den Anlassern mit selbsttätiger Rückstellung wird die Regulierkurbel durch einen im Ankerstromkreise liegenden Magneten so lange in der Kurzschlußstellung gehalten, bis die Schleifringleitungen infolge Ausbleibens der Primärspannung oder Kurzschließens der Schleifringe am Motor stromlos werden. Beim Loslassen des Magneten wird die Regulierkurbel durch Feder oder Gewicht selbsttätig in die Ausschaltstellung zurückgezogen. Diese Anlasser sind nur dann verwendbar, wenn der Motor mit mindestens $^1/_4$ seiner normalen Belastung läuft, und sollen in der Regel für Motoren mit Ankerkurzschluß- und Bürstenabhebe-Vorrichtung angewandt werden; sie können jedoch auch für normale Drehstrommotoren mit Schleifringen Verwendung finden, wenn der Motor beim Ausbleiben der Primärspannung selbsttätig ausgeschaltet werden soll.

Maschinenfabrik Eßlingen in Eßlingen.
Fabr. elektr. App. Dr. Max Levy, Berlin N 4.
Siemens-Schuckertwerke, Berlin.
»Elektra«, Fabriken elektrischer Heiz- u. Kochapparate, Wädensweil (Schweiz), Lindau i. B., Bregenz (Österr.).

Anlasser für Drehstrommotoren von Dr. M. Levy, Berlin.

Stromstärke pro Schleifring Amp.	Verkettete Ankerspannung			
	ca 65 Volt Preis ℳ	ca. 110 Volt Preis ℳ	ca. 150 Volt Preis ℳ	ca. 200 Volt Preis ℳ
50	*125*	*145*	*165*	*185*
75	*150*	*165*	*200*	*215*
100	*165*	*180*	*210*	—
150	*190*	*200*	*225*	—
200	*210*	*220*	*235*	—

Gleichstromanlasser der Deutschen Elektrizitätswerke, vorm. Garbe, Lahmeyer & Ko., A.-G., Aachen.

Für Motoren bis PS	Spannung Volt	1. Preis mit Nebenschlußregulierung ohne Schutzgehäuse ℳ	1. Preis mit Nebenschlußregulierung mehr für Schutzgehäuse ℳ	2. Preis m. 50% Hauptstromregulierung ℳ	3. Preis m. Hauptstr. u. Nebenschl.-Regul. ℳ	Für Motoren bis PS	Spannung Volt	1. Preis mit Nebenschlußregulierung ohne Schutzgehäuse ℳ	1. Preis mit Nebenschlußregulierung mehr für Schutzgehäuse ℳ	2. Preis m. 50% Hauptstromregulierung ℳ	3. Preis m. Hauptstr. u. Nebenschl.-Regul. ℳ
	100—125	*60*		*38*	*48*		100—125	*175*		*175*	*225*
0,5	200—250	*62*		*38*	*48*	10	200—250	*165*		*160*	*210*
	440—550	*74*		*45*	*56*		440—550	*189*		*182*	*237*
	100—125	*60*		*52*	*72*		100—125	*190*	*40*	*195*	*245*
1	200—250	*62*		*52*	*72*	15	200—250	*180*		*180*	*230*
	440—550	*74*		*63*	*85*		440—550	*198*		*198*	*253*
	100—125	*62*	*25*	*72*	*92*		100—125	*242*		*250*	*315*
2	200—250	*64*		*72*	*92*	20	200—250	*228*		*230*	*290*
	440—550	*75*		*85*	*107*		440—550	*251*		*253*	*319*
	100—125	*72*		*100*	*120*		100—125	*265*		*280*	*345*
3	200—250	*74*		*100*	*120*	25	200—250	*245*	*50*	*250*	*315*
	440—550	*87*		*116*	*138*		440—550	*270*		*275*	*347*
	100—125	*118*		*120*	*160*		100—125	*300*		*320*	*390*
5	200—250	*115*		*120*	*160*	30	200—250	*270*		*280*	*350*
	440—550	*134*		*133*	*182*		440—550	*297*		*308*	*385*
	100—125	*130*	*30*	*140*	*180*		100—125			*490*	
7,5	200—250	*125*		*135*	*175*	40	200—250			*420*	
	440—550	*145*		*154*	*198*		440—550			*451*	

Anlaßvorrichtungen, selbsttätige, kommen zur Einschaltung von Elektromotoren in Verwendung, welche Pumpen antreiben, die zur Speisung einer Druckwasseranlage oder eines Sammelbassins dienen, welche also, wenn der Wasservorrat auf eine bestimmte Menge gesunken ist, selbsttätig eingeschaltet werden müssen. Als Antriebsmittel für selbsttätige Anlasser dienen Gewichte, Zentrifugalregulatoren, kleine Hilfselektromotoren und bei Wechselstrom Selbstinduktionsspulen.

Paul Firchow Nachfolger, Berlin W. 57, Potsdamerstr. 92.

Anlaßwiderstände haben im allgemeinen den Zweck, beim Anlauf die Netzspannung teilweise zu vernichten und dadurch den Anlaufsstrom zu verringern.

»Elektra«, Fabriken elektrischer Heiz- u. Kochapparate, Wädensweil (Schweiz), Lindau i. B., Bregenz (Österr.).

»Prometheus« G. m. b. H., Fabrik elektr. Koch- u. Heizapp., Frankfurt a. M.-Bockenheim (*s. Inseratanh. S. 20*).

Anleger (System Dietze) zum Aufsuchen von Isolationsfehlern mittels Telephons. Der Apparat besteht aus einem unterteilten Eisenring, der in zwei Halbringe aufgeschnitten ist, so daß er wie eine Zange geöffnet werden kann, durch eine Feder aber von selbst wieder schließt. Über jede Ringhälfte ist eine Spule mit Steckklemmen geschoben, die eine von ca. 200, die andere von ca. 1000 Windungen Kupferdraht. Zum Aufsuchen eines Erdschlusses in einer Hausinstallation, die mit Wechselstrom betrieben wird, verbindet man den einen Pol (am besten den fehlerhaften) mit der Verteilungsleitung, während man den anderen Pol an Erde legt. Der Anleger, an dessen Spule mit der hohen Windungszahl ein Telephon angeschlossen ist, wird nun der Reihe nach an den verschiedenen Verzweigungsstellen um die zugänglichen Teile der Leitung, wie Abschmelz- und Verteilungssicherungen, gelegt. Der Fehlerstrom macht sich dann im Telephon durch Brummen bemerkbar. Wird nun die Leitung so lange verfolgt, bis das Telephon schweigt, so ist die Fehlerstelle überschritten und ist in dem rückwärts liegenden Teile der Leitung mittels des Apparates enger einzugrenzen. Ist die Anlage mit Gleichstrom betrieben, so kann der Gleichstrom mittels eines geeigneten Ausschalters pulsierend gemacht werden, oder man schickt vermittelst eines Magnetinduktors Wechselstrom durch die Leitung. Preis *M 55.*

Hartmann & Braun, Frankfurt a. M.

Anode — positive Elektroden (siehe daselbst).

Ansammlungsapparat (siehe **Kondensator**).

Anschlußkontakte sind die leitenden Zwischenglieder, welche die Verbindung von Nebenleitungen mit Hauptleitungen oder von Apparaten und Instrumenten mit Leitungen herstellen (Stöpsel, Klemmen, Kabelschuhe) (siehe **Stöpselkontakte**).

Anschlußkontakte mit Ausschalter für Räume mit Explosionsgefahr. Dieselben kommen hauptsächlich in Pulver- und Sprengstoffabriken, chemischen Waschanstalten usw., überhaupt in Räumen, die mit explosiven Stoffen und Gasen angefüllt sind, zur Verwendung. Im Prinzip beruht ihre Konstruktion darauf, daß zur Beseitigung der Explosionsgefahr der Anschlußkontakt mit einem Ausschalter derart verbunden ist, daß das Herausziehen des Stöpsels nur in ausgeschaltetem Zustande erfolgen kann. Der Schalter selbst wird in einer besonderen Abteilung des gewöhnlich aus Gußeisen hergestellten Gehäuses wasser- und gasdicht nach außen und gegen die Anschlußkontakte abgeschlossen, um im Schaltergehäuse sich bildende Lichtbögen unschädlich zu machen.

Nähere Bezeichnung	Stromstärke bei 125 V. Amp.	Stromstärke bei 250 V. Amp.	Grundfläche mm	Preis pro Stück *M*
Anschlußkontakt mit Ausschalter	6	3	190 × 87	*9*
Stöpsel aus Hartgummi m. Verschraubung zum Abdichten des Kabels	6	3	—	*3*

Bergmann-Elektrizitätswerke, Aktiengesellsch. (Abt. J), Berlin N., Henningsdorferstr. 33. 34. 35 (s. *Inseratanh. vordere innere Deckelseite*).

Anschlußseile für Bogenlampen und Motoren bestehen aus zwei oder drei Kupferseilen, welche je durch eine Baumwollumspinnung, durch Gummibandlaugen, Längsfäden, über welche eine zweite Baumwollumspinnung kommt, isoliert und mit Hanffäden verseilt sind. Die äußere Umhüllung wird durch eine Bandumwickelung mit darüber befindlicher Baumwollumklöppelung hergestellt. (Hersteller: Siemens-Schuckertwerke.) (Siehe auch **Bogenlampen-Aufzugsvorrichtung.**)

Antenne ist ein langer vertikaler Draht, welcher mit dem Oszillator oder Wellenindikator verbunden wird und bei der drahtlosen Telegraphie zur Übertragung der Wirkung der elektrischen Wellen auf große Entfernungen dient.

Anthrazit ist eine sehr kohlenstoffreiche, aschefreie Steinkohlenart, die ohne zu backen oder mürbe zu werden und ohne Flamme verbrennt.

Antriebsmaschinen, vergleichende Tabellen derselben:

Curtisgenerator mit vertikaler Welle.

Type	Höhe	Durchmesser	Grundfläche	Umlaufszahl
500 KW	3710 mm	2350 mm	4,25 qm	1800
1500 »	5130 »	3050 »	7,23 »	900
3000 »	6720 »	4270 »	14,2 »	600
5000 »	8230 »	4520 »	16,1 »	500

Westinghouse-Parsonsturbogenerator mit horizontaler Welle.

Type	Höhe	Dimensionen	Grundfläche
400 KW	2140 mm	5800 × 1560 mm	8,7 qm
1000 »	2440 »	13100 × 2440 »	31,6 »
5500 »	4560 »	15220 × 3660 »	55,2 »

Stehende Verbundmaschine, Dynamo zwischen den Ständern.

Type	Dimensionen	Grundfläche	Umlaufszahl
500 KW	4560 × 6710 mm	30,4 qm	120
1000 »	6400 × 7320 »	46,6 »	110
1500 »	6710 × 8550 »	57 »	100
2500 »	7100 × 9750 »	68 »	90
3000 »	7100 × 10380 »	72,2 »	75

Anzeigeapparate für Haustelegraphen dienen zum Erkennen der rufenden Stelle (siehe **Fallscheibenapparate**).

Anziehung, elektrische (siehe **Wechselwirkung, elektrische**).

Anziehung, magnetische (siehe **Wechselwirkung, magnetische**).

Aperiodische Instrumente sind jene, bei welchen die Dämpfung so groß ist, daß der den Ausschlag verursachende Magnet ohne jegliche Schwingung sofort in die neue Gleichgewichtslage übergeht.

Apparatenanlagen. An eine Apparatenanlage sind folgende Anforderungen zu stellen: Bequeme Handhabung der Ausschalter, Umschalter und Reguliervorrichtungen, dabei gleichzeitige Ablesbarkeit der einzelnen Meßinstrumente, vorzügliche Isolation der einzelnen Teile gegen Erde und gegeneinander; die Leitungen und Apparate sowie ihre Verbindungen müssen leicht zugänglich sein, so daß sie jederzeit geprüft und leicht ausgewechselt werden können; Hoch- und Niederspannung müssen räumlich vollständig voneinander getrennt sein; es dürfen nur solche Apparate und nur solche Leitungsmaterialien verwendet werden, welche den Betriebsbedingungen in jeder Weise entsprechen; es dürfen ausschließlich nur unverbrennbare Materialien verwendet werden und soll die Isolierung der stromführenden Teile, namentlich bei Hochspannungs-Apparatenanlagen, durch Porzellan erfolgen; die Leitungen sollen einfach und übersichtlich angeordnet sein, so daß das Schema schon an der Leitungsanordnung erkannt wird; es sollen solche Sicherheitsvorrichtungen — Verriegelungssysteme — angewendet werden, durch deren Vorhandensein die Vornahme einer falschen und nicht sachgemäßen Ein- resp. Aus- oder Zusammenschaltung vollständig ausgeschlossen ist.

Das Gerüst der Apparatenanlage soll durchwegs aus Eisen erstellt sein. Zur Befestigung der Instrumente und Apparatenhebel und -handräder sollen Marmorplatten verwendet werden, doch muß ausdrücklich betont werden, daß diese Marmorplatten nur zur Verkleidung und nicht zur Isolation dienen dürfen. Die Instrumente, Hebel und Handräder, sowie die an den Marmortafeln angeordneten Apparate müssen gegen den Marmor selbst isoliert sein.

Besonderes Augenmerk ist auf eine gute Ventilation der Apparatenanlagen zu legen, was am leichtesten dadurch erreicht wird, daß die ganze Apparatenanlage freistehend angeordnet und mit perforiertem Blech verschalt wird.

Alle Teile im Innern einer Apparatenanlage, welche hochgespannten Strom führen, müssen so angeordnet sein, daß eine zufällige Berührung derselben ausgeschlossen ist. Zu diesem Zwecke werden diese Teile durch Blech- oder Netzverschalungen oder Geländer geschützt. Diese Schutzvorrichtungen müssen wieder gut isoliert sein.

Der Bedienungsgang im Innern von Apparatenräumen soll genügend breit, das Innere selbst gut beleuchtet sein. Der Fußboden des Bedienungsganges sowie der vor der Apparatenanlage befindliche Bedienungsplatz sollen durch Gummiteppiche isoliert sein.

Sämtliche Teile einer Apparatenanlage müssen so befestigt sein, daß eine willkürliche Platzveränderung einzelner Teile ausgeschlossen ist. In der Nähe der Apparatenanlage soll ein klares Schema derselben vorhanden sein.

Sämtliche elektrischen Apparate sollen in einer einzigen Apparatenanlage untergebracht sein. Letztere soll so plaziert sein, daß von ihrer Bedienungsbühne aus sämtliche Maschinengruppen übersehen werden können und umgekehrt von diesen aus eine sichere Beobachtung der Instrumente möglich ist. Namentlich die Generalinstrumente müssen weithin sichtbar sein und sollen deshalb so groß als möglich gewählt werden und drehbar eingerichtet sein. Die zur Beleuchtung der Apparatenanlage dienenden Lampen sollen einen eigenen Stromkreis besitzen und nicht an die übrige Beleuchtungsanlage angeschlossen sein, damit eine Störung in der letzteren keinen nachteiligen Einfluß auf die Beobachtungsmöglichkeit der Apparatenanlage ausüben kann. Anderseits soll es aber möglich sein, die zur Apparatenanlagebeleuchtung dienenden Lampen, falls in dem Stromkreis derselben eine Störung eintritt, sofort an das allgemeine Beleuchtungsnetz anzuschließen.

Die Apparatenanlage darf auf der Bedienungsseite keine stromführenden Teile tragen und soll allseitig abgeschlossen sein. Die Ausschaltung der einzelnen Speiseleitungen muß leicht durchführbar sein und soll bei Überlastungen automatisch erfolgen.

Bei Wasserkraftbetrieb sollen die zur Bedienung und Regulierung der Turbinen nötigen, vom Maschinisten zu bedienenden Apparate in der Nähe der Apparatenanlage aufgestellt sein.

Äquipotentialpunkte sind Punkte mit gleichen Spannungsverhältnissen.

Äquivalent, elektrochemisches. Nach Helmholtz wandert mit jeder Valenz von einem Grammolekül eines Ions in jeder Richtung die Elektrizitätsmenge von 96540 Coulomb.

Tabelle der elektrochemischen Äquivalente für 1 Coulomb in mg.

Aluminium	0,0935	Kalzium	0,207	Quecksilber	2,075
Antimon	0,414	Kobalt	0,305	Sauerstoff	0,0829
Blei	1,071	Kohlenstoff	0,0311	Schwefel	0,166
Brom	0,829	Kupfer	0,656	Silber	1,118
Chlor	0,367	Magnesium	0,126	Stickstoff	0,0485
Eisen	0,290	Mangan	0,284	Wasserstoff	0,0104
Gold	0,681	Natrium	0,239	Wismut	0,721
Jod	1,313	Nickel	0,304	Zink	0,338
Kadmium	0,580	Phosphor	0,107	Zinn	0,617
Kalium	0,405	Platin	0,504		

Äquivalentleitvermögen wässeriger Lösungen bei 18°.

Elektrolyt	$v = 1$	$v = 2$	$v = 10$	$v = 100$	$v = 1000$	$v = 10000$
$^1/_2\,H_2SO_4$	198	205	225	308	361	—
HNO_3	310	324	350	368	375	—
HCl	301	327	351	370	377	—
NH_3	0,89	1,35	3,3	9,6	28	—
KOH	184	197	213	228	234	—
$NaOH$	160	172	183	200	208	—
NH_4Cl	97,0	101,4	110,7	122,1	127,3	129,2
KCl	98,2	102,3	111,9	122,5	127,6	129,5
$NaCl$	74,4	80,9	92,5	102,8	107,8	109,7
$^1/_2\,ZnCl_2$	55	65	82	98	107	110
$^1/_2\,CuSO_4$	25,8	30,8	45,0	72,2	101,6	113,3
$^1/_2\,MgSO_4$	28,9	35,4	50,1	76,6	100,2	110,4
$^1/_2\,ZnSO_4$	26,6	32,3	46,2	73,4	98,4	109,3
KNO_3	80,4	89,7	104,4	118,1	122,9	124,7
$NaNO_3$	66,0	74,2	87,4	97,1	101,8	103,7
$AgNO_3$	67,8	77,8	94,7	108,7	114,0	115,5

Aräometergrade. Tabelle zur Umwandlung derselben in spez. Gewicht. In der Tabelle bedeutet *n* die Aräometergrade, während die Brüche das spez. Gewicht angeben.

Aräometer nach	Für Flüssigkeiten schwerer als Wasser	Für Flüssigkeiten leichter als Wasser
Beaumé 10° R oder 12,5° C	$\frac{145,88}{145,88-n}$	$\frac{145,88}{145,88+n}$
» 14° » » 17,5° »	$\frac{146,78}{146,78-n}$	$\frac{146,78}{146,78+n}$
Brix 12,5° » » 15,6° »	$\frac{400}{400-n}$	$\frac{400}{400+n}$
Beck 10° » » 12,5° »	$\frac{170}{170-n}$	$\frac{170}{170+n}$

Arbeit, elektrische, absolute Einheit derselben ist die von der absoluten Stromeinheit verrichtete Arbeit, wenn sie von der Einheit der elektromotorischen Kraft fortgetrieben wird.

Arbeitsdraht (siehe **Fahrdraht**).

Arbeitsdynamometer (siehe **Wattzähler**).

Arbeitsfähigkeit chemischer Vorgänge ausgedrückt in Kalorien für 1 Äquivalent.

	Cl	Br	$^1/_2 SO_4$	NO_3	J
$^1/_2$ Zn	49 000	42 000	44 000 — 34 000	40 000 — 32 000	30 000
$^1/_2$ Cd	30 000	35 000	36 000 — 26 000	33 000 — 25 000	24 000
$^1/_2$ Fe	38 000	—	34 000 — 24 000	—	—
$^1/_2$ Pb	—	30 000	—	30 000 — 21 000	—
$^1/_2$ Cu	23 000	16 000	19 000 — 9 000	18 000 — 10 000	—
Ag	24 000	21 000	—	—	15 000
Hg	24 000	16 000	—	—	12 000
$^1/_4$ Pt	10 000	—	—	—	—
$^1/_3$ Au	6 000	—	—	—	—

Arbeitsstrom — jener Strom der Linienbatterie, welcher nur zur Zeichengebung beim Telegraphieren geschlossen wird, im Ruhezustande aber geöffnet bleibt.

Arbeitsstrom-Elemente sind jene, welche im Augenblick ihrer Verwendung (Wirkung) Arbeit leisten (Verwendung für Haustelegraphie).

Arbeitsstrom-Relais (siehe **Relais**).

Arltscher Drahtbund (siehe **Bund**). Eine Kupferröhre mit ovalem Querschnitt wird über die beiden Drahtenden geschoben und mit ihnen fest verdrillt. Diese Drahtverbindung wird nur für Bronzedrähte verwendet.

Durchmesser des Drahtes mm	Hülsenlänge mm	Hülsenstärke mm
1,5	60	0,5
2	70	0,5
3	150	0,5

Armatur (siehe **Anker**).
H. Köttgen & Ko., Berg.-Gladbach.

Armaturdraht. Als solchen verwendet man Drähte mit zweifacher Bespinnung und einmaliger Beklöppelung und Schellakkierung oder dreifacher Bespinnung und Schellackierung. Im ersteren Falle werden die Drahtdurchmesser um 0,5 mm (für Drähte bis 1,5 mm Durchmesser) bis 0,6 mm, im letzteren Falle um 0,45 mm (für Drähte bis 1,5 mm Durchmesser) bis 0,55 mm vergrößert.

Armaturfirnis (hergestellt von der Standard Paint Company und der Sterling Varnish Company) dient zum Imprägnieren der Spulen und Anker. Von den beiden Arten — Leinölfirnisse und Spritlacke — trocknen letztere schnell an der Luft. Spritlacke dürfen nur in dünnen Schichten übereinander aufgetragen werden. Isolierend ist nur der Rückstand des getrockneten Spritlackes. Das Austrocknen von Sterlinglack muß möglichst bald nach dem Anstrich erfolgen, da sich gezeigt hat, daß die flüchtigen Bestandteile des Isolierlackes oxydierend wirken und, wenn sie nicht rechtzeitig und vollkommen im Trockenofen entfernt wurden, die Drahtisolierung gefährden. Oxydierte Drahtspulen erkennt man an einem, von Kupferoxyd herrührenden grünlichen Anflug. Preis von Armaturfirnis pro 100 kg *ℳ 300.*

Armaturkörper wird aus einzelnen Blechen mit dazwischen gelegten Papierscheiben oder aus einseitig lackierten Blechen hergestellt, welche durch Druckscheiben zusammengehalten werden.
H. Köttgen & Ko., Berg.-Gladbach. | Albert Thode & Co., Hamburg (*s. Inseratanh. S. 4*).

Aronzähler. Das Grundprinzip der Bauart dieser Zähler besteht in der elektromagnetischen Beeinflussung der Schwingungsdauer eines Pendels durch eine vom Strom durchflossene Spule, in welche die als Stahlmagnet ausgebildete Pendellinse hineinragt. Dieses beeinflußte Pendel wird durch einen Mechanismus mit einem zweiten normalen Pendel verglichen, und die aus diesem Vergleich sich ergebende Gangdifferenz beider Pendel ist der Stromstärke proportional. Das rechte Pendel, dessen Linse als Stahlmagnet ausgebildet ist, und das linke — normale — Pendel werden durch ein von Federkraft betätigtes Uhrwerk in Gang erhalten. Beide Pendel wirken auf ein gemeinsames Zählwerk, welches ihre Schwingungsdifferenz aufzeichnet. Der Zähler hat eine Anzahl von Zifferblättern, von denen eins die Einer, das zweite die Zehner, das dritte die Hunderter usw. verzeichnet. Die gelieferte Energiemenge wird erhalten, wenn man die totale Zahlenablesung mit der Konstanten des Instruments multipliziert. (Hersteller: H. Aron, Elektrizitätszählerfabrik, Charlottenburg.)

Der Eigenverbrauch der Aronzähler beträgt im Nebenschluß im Mittel 1,2—1,5 Watt und im Maximum 2 Watt pro ca. 110 Volt. (Preise siehe unter Wattstundenzähler.)

Die Aronzähler besitzen eine selbsttätige elektrische Aufzugsvorrichtung, welche aus einem hufeisenförmig gestalteten Elektromagneten besteht, der einen freischwingenden Anker, bevor sich die Triebfeder für das Werk ganz entspannt hat, anzieht und die letztere dabei von neuem anspannt. Seine Wickelung wird zu diesem Zwecke durch eine Kippvorrichtung zur rechten Zeit eingeschaltet und alsdann wieder ausgeschaltet, so daß der Anker ablaufen und die Feder das Werk des Zählers treiben kann. Wenn die Pendel verreguliert sind, d. h. bei Leerlauf nicht synchron schwingen, so muß je nach dem, welches der beiden Pendel schneller schwingt, eine Voreilung oder ein Rücklauf des Zeigerräderwerkes stattfinden, da sich die Antriebswelle entsprechend der Differenz der Schwingungen beider Pendel herumbewegen muß. Die so zustande kommenden Abweichungen können nun in der Weise ausgeglichen werden, daß die Bewegung der Antriebswelle auf das Zeigerräderwerk so übertragen wird, daß das letztere abwechselnd während einer gewissen Zeit links herum und während einer gleich großen Zeit rechts herum angetrieben wird. Zu diesem Zwecke sind auf einer Wippe zwei Zahnräder angebracht, von denen je nach der Stellung der Wippe das obere oder das untere die Verbindung der Antriebswelle mit dem Zeigerräderwerk herstellt. Durch das Uhrwerk des Zählers wird die Wippe immer nach derselben Zeit abwechselnd in ihre Links- und Rechtsstellung gebracht. Nach zwei Umschaltperioden müssen hiernach die Zeiger wieder ihren ursprünglichen Stand erreicht haben. Bei Belastung muß das Zeigerräderwerk natürlich dauernd vorwärts laufen, was auf folgende Weise erreicht wird:

Im demselben Augenblicke, in welchem die oben beschriebene mechanische Umschaltung erfolgt, um die durch die Gangdifferenzen beider Pendel bewirkten Abweichungen automatisch auszugleichen, wird die Richtung des durch die Pendelrollen fließenden Stromes umgekehrt. Wenn aber in einem Zähler der Sinn des Stromes entweder in den Nebenschlußspulen oder in den Hauptstromspulen allein umgekehrt wird, so dreht er sich entgegengesetzt herum wie vorher. Hier tritt der erstere Fall ein, und infolgedessen rotiert die Hauptantriebswelle nach der erfolgten Umschaltung im entgegengesetzten Sinne. Für das Zeigerräderwerk finden demnach bei Belastung 2 Umkehrungen statt, welche sich ebenso wie 2 Verneinungen aufheben. Das Zeigerräderwerk wird bei Belastung dauernd vorwärts laufen müssen, und trotzdem werden die Fehler, welche durch die Verregulierung der beiden Pendel in die Messung hineingebracht werden könnten, unbedingt aufgehoben.

Asbestfasern, weiß, geöffnet, pro kg *M 3.20.*

Asbestpapier in Rollen von 1 m Breite, in Stärke von 0,2 mm *M 1.80* pro kg, in Stärke von 0,5 mm *M 1.45* pro kg.

In Streifen von ca. 0,5 mm Stärke

Rollenbreite	12 mm	16 mm	20 mm	27 mm
pro kg	*M 2.40*	*M 2*	*M 1.80*	*M 1.70*

Asbestplatten, 1000 × 1000 mm, pro kg *M 1.20.*

Asbestschnüre, runde, geseilt, pro kg *M 3.60.*

Asbest-Zementplatten, 500 × 500 mm, 4—5 mm stark, pro Tafel *M 0.80.*

Aschenteller, tellerförmige Teile, welche am unteren Ende der Bogenlampenglocke befestigt werden und ein Herausfallen glühender Kohlenteilchen verhindern.

Asphaltdrähte. Kupferdraht mit drei entgegengesetzten Umspinnungen; die zwei inneren Lagen asphaltiert, die äußere gewachst; in allen Farben. Bei Leitungen, welche an Außenwänden entlang geführt werden und trocken liegen, ebenso in trockenen Innenräumen zu verwenden.

Kupferdraht-durchmesser	Gesamt-durchmesser ca.	Gewicht pro 100 m ca.	Länge des kg ca.	Preis pro kg *M*
0,8 mm	2,6 mm	1,000 kg	100 m	*2.50*
0,9 »	3,0 »	1,250 »	80 »	*2.50*
1,0 »	3,4 »	1,600 »	60 »	*2.50*

Astasierung (siehe **Astatische Magnetnadeln**).

Astatische Magnetnadeln sind solche, welche gegen die Einwirkung des Erdmagnetismus unempfindlich sind, daher durch irgend eine magnetische Kraft vollständig beeinflußt werden können. Herstellung solcher Nadeln: Durch derartige feste Verbindung zweier gleich starker, gleich langer Magnetnadeln, daß sie mit ihren magnetischen Achsen parallel, mit dem Pol jedoch entgegengesetzt gerichtet sind und als ein Stück um eine vertikale Achse drehbar sind.

Asynchronmotoren sind Motoren, bei welchen die Bewegung durch die Wechselwirkung zwischen dem Drehfelde und den von diesem im Läufer induzierten Strömen erfolgt. Dem Läufer wird also von außen kein Strom zugeführt (Induktionsmotoren). Der Asynchronmotor ist gekennzeichnet durch zwei Systeme von Bewickelungen, ein primäres oder induzierendes und ein sekundäres oder induziertes, welche je in den Nuten eines drehbaren und eines festen Ringes untergebracht sind. Die Asynchron-Einphasenmotoren beruhen auf dem Prinzip der Induktionsmotoren (siehe daselbst), können jedoch von selbst nicht angehen, da sich das Drehfeld erst bildet, wenn der Anker rotiert, d. h. der Motor besitzt im Stillstand kein Drehmoment. Wird der asynchrone Einphasenmotor überlastet, so fällt er schnell aus dem Gang und bleibt stehen.

Asynchrone Einphasen-Wechselstrommotoren.

Leistung in PS										
1/6	1/3	3/4	1	2	3,5	5	7	10	15	20
Gewicht in kg ca.										
30	35	50	70	115	200	235	330	575	950	1100
Preis in Mark ca.										
180	*220*	*290*	*350*	*500*	*700*	*1000*	*1200*	*1650*	*2700*	*3000*

Asynchrone Drehstrommotoren mit Kurzschlufsanker für Spannungen von 110, 190, 300, 500 und 1000 Volt.

Leistung in PS	1/4	1/2	1	1,5	3	5
Gewicht in kg ca.	30	35	50	70	110	200
Preis in Mark ca.	*180*	*220*	*290*	*350*	*500*	*700*

Asynchron-Drehstrommotor mit Schleifringen für Spannungen von 110, 190, 300, 500 und 1000 Volt.

Leistung in PS	10	15	20	25	30	40	50	60	70
Gewicht in kg ca.	320	550	650	950	1100	1450	1650	2100	2400
Preis in Mark ca.	*1200*	*1700*	*2000*	*2700*	*3000*	*3400*	*4000*	*5000*	*5500*

Leistung in PS	80	90	100	125	150
Gewicht in kg ca.	3500	3800	4300	5800	6200
Preis in Mark ca.	*7000*	*7200*	*8000*	*10 000*	*12 000*

(siehe Drehstrom- und Wechselstrommotoren).

Allgem. Elektr.-Ges.,
Berliner Maschinenbau-A.-G.
Braunschweiger Maschinenbau-Ges.
Elektr.-Werke, Aachen.
Lahmeyer & Ko., Stuttgart.
Maschinenfabrik Eßlingen in Eßlingen.
Maschinenfabrik Oerlikon, Schweiz.
Siemens-Schuckertwerke, Berlin.
Union Elektr.-Ges., Berlin.

Atmosphäre ist der Druck, den die trockene Luft bei dem Barometerstande von 760 mm ausübt. Eine Atmosphäre ist gleich dem Gewichte einer Quecksilbersäule von 1 qcm Querschnitt und 760 mm Höhe = 1,033 kg.

Atomgewichte.

Aluminium	Al	27,1
Antimon	Sb	120
Argon	A	39,9
Arsen	As	75,0
Baryum	Ba	137,4
Beryllium	Be	9,1
Blei	Pb	206,9
Bor	B	11
Brom	Bb	79,96
Caesium	Cs	133
Cerium	Ce	140
Chlor	Cl	35,45
Chrom	Cr	52,1
Eisen	Fe	56,0
Erbium	Er	166
Fluor	F	19
Gadolinium	Gd	156
Gallium	Ga	70
Germanium	Ge	72
Gold	Au	197,2
Helium	He	4
Indium	In	114
Iridium	Ir	193,0
Jod	J	126,85
Kadmium	Cd	112,4
Kalium	K	39,15
Kalzium	Ca	40
Kobalt	Co	59,0
Kohlenstoff	C	12,00
Krypton	Kr	81,8
Kupfer	Cu	63,6
Lanthan	La	138
Lithium	Li	7,03
Magnesium	Mg	24,36
Mangan	Mn	55,0
Molybdän	Mo	96,0
Natrium	Na	23,05
Neodym	Nd	143,6
Neon	Ne	20
Nickel	Ni	58,7
Niobium	Nb	94
Osmium	Os	191
Palladium	Pd	106
Phosphor	P	31,0
Platin	Pt	194,8
Praseodym	Pr	140,5
Quecksilber	Hg	200,3
Rhodium	Rh	103,0
Rubidium	Rb	85,4
Ruthenium	Ru	101,7
Samarium	Sa	150
Sauerstoff	O	16,00
Scandium	Sc	44,1
Schwefel	S	32,06
Selen	Se	79,1
Silber	Ag	107,93
Silizium	Si	28,4
Stickstoff	N	14,04

Strontium	Sr	87,6	Wasserstoff . . .	H	1,01
Tantal	Ta	183	Wismut	Bi	208,5
Tellur	Te	127	Wolfram	W	184
Thallium	Tl	204,1	Xenon	X	128
Thorium	Th	232,5	Ytterbium	Yb	173
Thulium	Tu	171	Yttrium	Y	89
Titan	Ti	48,1	Zink	Zn	65,4
Uran	U	239,5	Zinn	Sn	118,5
Vanadin	V	51,2	Zirkonium	Zr	90,7

Ätzung, elektrolytische, erfolgt in der Weise, daß der zu ätzende Gegenstand mit einem isolierenden Deckmittel (Wachs, Stearin u. a. m.) bedeckt, die zu ätzenden Stellen aber durch ein Reinigungsmittel bloßgelegt werden. Den so vorbereiteten Gegenstand bringt man als Anode in das Ätzbad, während man als Kathode Metall- oder Kohlenplatten verwendet. Wird der Stromkreis geschlossen, so löst sich an den bloßgelegten Stellen Metall auf, während die gedeckten Stellen unversehrt bleiben. Durch Regulierung des Stromes kann die Ätztiefe größer oder kleiner gemacht werden.

Aufbereitung, elektromagnetische, gestattet die Trennung der magnetischen von den unmagnetischen Mineralien durch die anziehende Wirkung der Pole eines Elektromagneten. Zur besten Ausnutzung der elektrischen Energie für Aufbereitungszwecke sind magnetische Ströme geringster Spannung und größter Dichte sowie die Durchführung des zu magnetisierenden Scheidegutes durch das Magnetfeld in geringster Entfernung von den Polen nötig. Die Scheidung erfolgt entweder durch bewegte Magnete, welche durch das Erz durchgeführt werden und das Magnetische anziehen, worauf die Magnete mit dem angezogenen Gut an Gegenmagneten vorübergeführt werden, welche eine Entmagnetisierung der bewegten Magnete herbeiführen und das angezogene Erz zum Abfallen bringen, oder durch feststehende Magnete. Bei der Aufbereitung durch letztere wird das Gut mittels Transportbänder, Scheiben oder durch den freien Fall vor den Magneten vorbeigeführt, welche die magnetischen Teile zwingen, eine andere Bahn einzuschlagen als die unmagnetischen Teile.

Auffangspitzen für Blitzableiter. Massive kupferne *M 4* bis *M 6.50*, mit Feuervergoldung *M 6* bis *M 8.50*.

Auffangstangen (siehe **Blitzableiter**). Konstruktion von G. Herrach, München: Auffangspitze, welche 20 mm stark, 100 mm hoch ist, wird aus Kupfer hergestellt und mit einer an ihr befestigten Hülse ohne Verschraubung oder Verlötung mit den Ableitungsdrähten, welche außen um die hohle Auffangstange geführt sind, in leitende Verbindung gebracht. Letztere dient nicht zur Ableitung, sondern nur als Träger der Spitze. Aufstellungsort der Auffangstange, wenn möglich, entfernt vom Kamine oder anderen Gasabführungsöffnungen wählen.

Massive Auffangstangen mit übergeschobenem Kupferrohr:

über Dach	2,5	3	3,5	4 m
M	*17.50*	*18*	*19*	*20*

(bei feuervergoldeter Spitze um je *M 2.20* mehr).

Hohe Auffangstangen für Blitzableiter, komplett mit Spitze:

über Dach	2,5	3	3,5	4 m
ℳ	*12*	*12.30*	*12.80*	*13.70*

(bei feuervergoldeter Spitze um je ℳ *2.20* mehr). (Hersteller: Joh. Biechteler, Kempten.)

Auffangstangen aus Mannesmannröhren.

Ganze Länge mm	Zulässige Belastung kg	Stückgewicht ca. kg	Stückpreis ℳ	Zulässige Belastung kg	Stückgewicht ca. kg	Stückpreis ℳ	Zulässige Belastung kg	Stückgewicht ca. kg	Stückpreis ℳ
1500	31	4	*3.75*	53	5	*3.85*	—	—	—
2000	23	5	*4.95*	40	6	*5.08*	—	—	—
2500	19	6	*6.16*	32	8	*6.30*	—	—	—
3000	16	7	*7.37*	27	9	*7.52*	34	9	*7.65*
3500	13	8	*8.58*	23	10	*8.75*	29	11	*8.95*
4000	12	9	*9.79*	20	12	*9.97*	26	12	*10.22*
4500	10	11	*11.—*	18	13	*11.20*	23	14	*11.50*
5000	9	12	*12.32*	16	15	*12.51*	20	15	*12.78*
5500	9	13	*13.42*	15	16	*13.82*	19	17	*14.06*
6000	8	14	*14.74*	14	18	*15.13*	17	18	*15.34*
6500	7	15	*15.95*	13	19	*16.45*	16	20	*16.62*
7000	7	16	*17.16*	12	21	*17.75*	15	21	*17.89*
7500	—	—	—	—	—	—	14	23	*19.17*
8000	—	—	—	—	—	—	13	24	*20.45*
8500	—	—	—	—	—	—	12	26	*21.73*
9000	—	—	—	—	—	—	12	27	*23.—*

Auffangvorrichtungen (siehe **Blitzableiter**).

Aufhängefäden für Magnetnadeln werden entweder aus den inneren Fäden des Kokons oder geschmolzenem Quarz oder Kies hergestellt. Letztere haben vor ersteren den Vorteil, daß sie nicht hygroskopisch sind und keine elastischen Nachwirkungen zeigen.

Aufhängung, bifilare. Bei derselben wird der Körper an zwei parallelen Drähten (Fäden) so aufgehängt, daß sein Schwerpunkt in die Mittellinie der beiden Drähte fällt.

Aufnahmefähigkeit (s. **Aufnahmevermögen, Suszeptibilität**).

Aufnahmefähigkeit eines Akkumulators (siehe **Kapazität**).

Aufzüge, elektrisch betriebene. Bestandteile: Elektromotor, Übersetzungsmechanismus (Schneckengetriebe oder Zahnräder), Anlaß- und Umsteuervorrichtungen, elektrische Sicherheitsvorrichtungen, Leitungen, Sicherungen und das Gegengewicht. Langsam laufende Aufzüge bis 0,8 m pro Sekunde Fahrgeschwindigkeit, schnellaufende bis zu 2 m pro Sekunde (in Amerika 3 m und darüber); Bergwerksaufzüge bis zu 15 m, Lastenaufzüge normal 0,4 m pro Sekunde Fahrgeschwindigkeit. Motorenstärke normal bis 30 PS.

Vorteilhafte Anordnung mit feststehender Winde, welche mittels Schneckengetriebe von dem Motor angetrieben wird. Anordnungen der Winde auf dem Fahrstuhl selbst sind nicht zu empfehlen. Die Steuerung muß vom Fahrstuhl aus möglich sein, ebenso die Etageneinstellung.

Personenaufzüge für Gleichstrom und Drehstrom.

Fahrgeschwindigkeit in m pro Stunde	30	30	30
Fahrstuhldimensionen in m . .	1,2×1,2	1,4×1,4	1,8×1,8
Leistung des Motors in PS . .	3	5	7,5
Gewicht d. kompl. Aufzuges ohne Gegengewichte in kg . . .	1700	2000	2600
Preis des kompl. Aufzuges ohne Gegengewichte in Mark . .	*3700*	*4500*	*5100*

Warenaufzüge für Gleichstrom und Drehstrom.

Fahrgeschwindigkeit in m	Fahrstuhldimensionen in m	Leistung des Motors in PS	Gewicht d. kompl. Aufzuges ohne Gegengew. in kg	Preis des kompl. Aufzuges ohne Gegengewichte in kg ℳ
30	1,2×1,2	3	1700	*3700*
30	1,4×1,4	5	2000	*4500*
30	1,8×1,8	7,5	2600	*5100*
20	1,0×1,0	1,5	950	*2300*
20	1,2×1,2	3,0	1150	*2800*
20	1,4×1,4	4,5	1400	*3250*
15	1,6×1,6	4,5	1650	*3500*
15	1,8×1,8	6	2150	*4400*
12	2,0×2,0	6	2650	*4600*
12	2,2×2,2	9	3450	*5500*
10	2,5×2,5	12	4650	*6700*
6	3,0×3,0	18	6200	*8100*

(Hersteller: Maschinenfabrik Oerlikon, Schweiz.)

Aufzugkabel (siehe **Bogenlampen-Aufhängevorrichtung**).

Aufzugseile (siehe **Bogenlampen-Aufhängevorrichtung**).

Bernhard Seiffert & Sohn, Chemnitz i. S.
Heinrich Puth, Blankenstein a. d. Ruhr.
D. Denzler, Zürich (*s. Inseratanh. S. 17*).
Albert Thode & Ko., Hamburg (*s. Inseratanh. S. 4*).

Aufzugwinden (siehe **Bogenlampen-Aufhängematerial**).

Maschinenfabrik Eßlingen in Eßlingen.
Albert Thode & Ko., Hamburg (*s. Inseratanh. S. 4*).

Aureole ist die um den in einer Geißlerschen Röhre entstehenden Funken auftretende Lichthülle, welche an der Anode eine rötliche, an der Kathode eine bläuliche Färbung hat.

Ausbrennmethode zur Auffindung von Erdschlüssen in einem unterirdischen Verteilungsnetz besteht darin, daß man durch das Kabel einen Strom von genügender Stärke schickt, um das

Durchbrennen der Isolation und die Entwickelung von Rauch zu veranlassen. Durch Beobachtung des Rauches kann der Ort der Beschädigung festgestellt werden. Vorteil dieser Methode: Das Zerschneiden der Kabel in Abteilungen kann entfallen. Nachteil: Möglichkeit von Explosionen und Zerstörungen größerer Kabelstrecken.

Ausgleichfaktor ist das Verhältnis des Minimalwertes zum Maximalwerte des Energieflusses. Er wechselt für das Einphasen-Wechselstromsystem von 0 bis — 1, für die Mehrphasensysteme von 0 bis + 1.

Ausgleichleiter (siehe **Edison-Hopkinsonsches Dreileitersystem**).

Ausgleichleitung (siehe **Dreileitersystem**).

Ausgleichmagnet hat die Aufgabe, bei ballistischen Galvanometern den Einfluß des Erdmagnetismus aufzuheben.

Ausgleichmaschinen werden bei dem Dreileitersystem angewendet, um bei wechselnder verschiedener Belastung der beiden Hälften des Systems einen kontinuierlichen gleichmäßigen Ausgleich herbeizuführen. Als Ausgleichmaschinen werden zwei in Reihe geschaltete Dynamos verwendet, deren beide Außenklemmen je mit einem Außenleiter, deren beide Innenklemmen mit dem Mittelleiter verbunden sind. Ist die eine Hälfte des Dreileitersystems weniger belastet als die andere, so fließt der überschüssige Strom in die an ihren Außenleiter angeschlossene Dynamo, welche als Motor die andere Dynamo treibt, die ihrerseits nun Strom in die andere stärker belastete Systemhälfte abgibt. Bei gleichmäßiger Belastung laufen beide Maschinen leer als Motoren. Je gleichmäßiger die Belastung der beiden Netzhälften ist, desto kleiner können die Maschinen bemessen werden. An Stelle der Ausgleichmaschinen kann dort, wo die Belastungsänderungen stets innerhalb derselben Grenzen stattfinden, eine Akkumulatorenbatterie zwischen die beiden Ausgleichleiter geschaltet werden, während der Mittelleiter an die Mitte der Batterie angeschlossen wird. Statt der gewöhnlichen Ausgleichmaschinen werden häufig Dreileiterdynamos verwendet, bei welchen durch geeignete Schaltung eine Spannungsteilung im Anker herbeigeführt wird.

Ausgleichpunkt — Punkt des gleichen Spannungsverlustes einer Leitung.

Ausgleichstrom zweier parallel geschalteter Dynamos ist jener Strom, welcher bewirkt, daß die Klemmenspannungen beider Maschinen einander gleich werden, wenn auch die elektromotorischen Kräfte verschieden sind.

Ausschalter müssen folgenden Bedingungen entsprechen: Zwischen den schließenden Schalterteilen muß guter Kontakt herrschen. Die zuführenden Leitungen müssen sicher eingeklemmt werden können. Beim Schließen muß die Kontaktfläche rasch zunehmen, beim Öffnen der bewegliche Teil rasch entfernt werden können. Die Grundplatte muß feuersicher, die Isolierung gut und dauernd sein. Die Kontaktflächen sollen leicht auswechselbar sein. Reichliche Querschnitte und Kontaktflächen, große Festigkeit und Unmöglichkeit der Momentunterbrechung bei Ausschaltern von Hochspannungs- oder Erregerstromkreisen sind unbedingte Erfordernisse. Die Kontakte werden aus gezogenem oder gegossenem Material hergestellt. Letzteres findet sich hauptsächlich bei amerikanischen Apparaten, ersteres bei den europäischen. Bei diesen werden im allgemeinen Messer und Schalthebel aus zwei Stücken, bei jenen aus einem Stück gefertigt. Im Allgemeinen sollen die Hoch- und Mittelspannungs-Ausschalter so angeordnet werden, daß nur der Hebel vor die Schaltwand, die Kontakte jedoch hinter dieselbe zu liegen kommen. In feuchten oder mit explosiven Gasen gefüllten Räumen müssen die Schalter vollständig abgeschlossen sein. Bei Ausschaltern für höhere Stromstärken müssen besondere Funkenlöschvorrichtungen angeordnet sein.

Sächsische Serpentinstein-Gesellschaft zu Zöblitz, G. m. b. H., Zöblitz i. S. (*s. Inseratanh. S. 19*).
Ernst Pabst, Bellevue-Köpenick (*s. Inseratanh. S. 18*).
Bergmann-Elektrizitätswerke, Aktiengesellsch. (Abt. J), Berlin N., Henningsdorferstr 33. 34. 35 (*s. vordere innere Deckelseite*).

Ausschalter, automatische, bewirken eine Unterbrechung des Stromkreises, sobald die Stromstärke unter ein gewisses zulässiges Maß heruntersinkt oder über einen als zulässig betrachteten Wert anwächst. Im ersteren Fall heißen sie Minimal-, im letzteren Maximalausschalter.

Albert Thode & Ko., Hamburg (*s. Inseratanh. S. 4*).

Ausschalter, wasserdichte, für Inneninstallation. Bei denselben werden die Eisengehäuse innen mit Isoliermasse ausgekleidet und die Deckel außen mit einer Hartgummischicht überzogen. Die Abdichtung zwischen Deckel und Gehäuse erfolgt durch einen Gummiring und an der Schaltwelle durch eine Stopfbüchse.

Ernst Pabst, Bellevue-Köpenick (*s. Inseratanh. S. 18*)
Albert Thode & Ko., Hamburg (*s. Inseratanh. S. 4*).
Bergmann-Elektrizitätswerke, Aktiengesellsch. (Abt. J), Berlin N., Henningsdorferstr. 33. 34. 35 (*s. vordere innere Deckelseite*).
Voigt & Haeffner, Frankfurt a. M.

Nähere Bezeichnung	Stromstärke bei 125 V. Amp.	Stromstärke bei 250 V. Amp.	Preis pro Stück ℳ
Einp. Ausschalter mit 11 mm Rohranschluß	2	1	2.20
do. mit Mauerdübel	2	1	2.45
Einp. Ausschalter mit 11 mm Rohranschluß	4	2	2.70
do. mit Mauerdübel	4	2	3.—
Einp. Ausschalter mit 11 mm Rohranschluß	6	4	3.10
do. mit Mauerdübel	6	4	3.45
Einp. Ausschalter mit 11 mm Rohranschluß	10	6	4.—
do. mit Mauerdübel	10	6	4.40
Einp. Ausschalter mit 16 mm Rohranschluß	10	6	4.10
do. mit Mauerdübel	10	6	4.50
Einp. Ausschalter mit 11 mm Rohranschluß	20	10	5.55
do. mit Mauerdübel	20	10	6.05
Einp. Ausschalter mit 16 mm Rohranschluß	20	10	5.65
do. mit Mauerdübel	20	10	6.15
Zweip. Ausschalter mit zwei 11 mm Rohranschl.	4	2	3.20
do. mit Mauerdübel	4	2	3.50
Zweip. Ausschalter mit zwei 11 mm Rohranschl.	6	4	3.60
do. mit Mauerdübel	6	4	3.95

Nähere Bezeichnung	Stromstärke bei 125 V. Amp.	Stromstärke bei 250 V Amp.	Preis pro Stück ℳ
Zweip. Ausschalter mit zwei 11 mm Rohranschl.	10	6	4.65
do. mit Mauerdübel	10	6	5.05
Zweip. Ausschalter mit zwei 16 mm Rohranschl.	10	6	4.75
do. mit Mauerdübel	10	6	5.15
Zweip. Ausschalter mit zwei 11 mm Rohranschl.	20	10	7.30
do. mit Mauerdübel	20	10	7.80
Zweip. Ausschalter mit zwei 11 mm Rohranschl.	20	10	7.40
do. mit Mauerdübel	20	10	7.90

Ausschlag, mittlerer, eines Meßinstrumentes mit Zeigerablesung ist das arithmetische Mittel aus mehreren in gleichen Zeiträumen beobachteten Ausschlägen.

Außenleiter (siehe **Dreileitersystem und Edison-Hopkinsonsches Dreileitersystem**).

Automobile, elektrische. Antrieb durch einen Motor, welcher auf eine oder beide Wagenachsen arbeitet, oder durch zwei Motoren, je einen für jede Achse. Vorteile der letzteren Anordnung: Entfall der komplizierten Übersetzungen, Vorhandensein einer Reserve, wenn ein Motor beschädigt ist. Nachteile: Größeres Gewicht. Verwendung besonders konstruierter transportabler Akkumulatoren. Geringe Betriebsspannung, dadurch geringere Zellenzahl, aber größere Zellen. Apparate: Doppelpolige Sicherung für die Batterie, automatischer Maximalausschalter, welcher bei Überschreiten der Stromstärke oder Bremsen in Tätigkeit tritt, Stöpselkontakt zum Anschluß der Batterie an die Ladestelle, ev. Voltmeter, elektrische Kurzschlußbremse und Spindelbremse. (Schuckert & Ko., Siemens & Halske, A.-G.)

Auvertsches System der Waggonbeleuchtung. Jeder Wagen ist mit einer Dynamo, welche von einer Wagenachse angetrieben wird, und einer Batterie ausgerüstet. Solange die Spannung der Dynamo niedriger ist als die Spannung der Batterie, wird der Stromkreis zwischen beiden durch einen automatischen Schalter offen gelassen und gibt dann die Batterie den Strom für die Lampen und die Schenkelerregung der Dynamo. Werden durch die wachsende Wagengeschwindigkeit Spannung der Dynamo und Batterie gleich, so schaltet der Automat beide parallel auf den Lampenstromkreis. Bei weiterer Geschwindigkeitssteigerung speist die Dynamo die Lampen, ladet zugleich die Batterie und besorgt die Schenkelerregung. Übersteigt die Dynamospannung eine gewisse Grenze, so wird in den Dynamostromkreis ein kleiner Serienmotor eingeschaltet, dessen Anker durch eine besondere Bremse derart festgebremst wird, daß er erst zu rotieren beginnt, wenn der durchfließende Strom die höchstzulässige Grenze überschreiten will. Die dann erzeugte Gegenspannung des Motors drückt die Spannung der Dynamo stets so weit herab, daß die Lampenspannung konstant bleibt. Ein automatischer Stromwender besorgt die Änderung der Stromrichtung bei Fahrtrichtungsänderung.

Automobilmotoren mit Kontroller.

Leistung in PS	Umdrehungen pro Minute ca.	Nettogewicht in kg ca.	Preise in Mark für Motor	Kontroller bei Verwendung eines Motors	Kontroller bei Verwendung von zwei Motor.
0,5	650	60	395	250	250
0,75	900	60	395	250	250
	650	69	465	250	250
1	1100	60	395	250	250
	990	69	465	250	250
	650	78	530	250	250
1,25	650	87	615	250	250
1,5	1550	60	395	250	250
	1100	69	465	250	250
	900	78	530	250	250
	600	100	675	250	250
2	1550	69	465	250	350
	1100	78	530	250	350
	900	87	615	250	350
	600	150	735	250	350
2,5	1100	87	615	250	350
	900	100	675	250	350
	600	162	820	250	350
2,75	1550	78	530	250	350
3	900	150	735	250	350
3,25	1100	100	675	250	350
3,5	1550	87	615	250	350
4	1100	150	735	350	350
	900	162	820	350	350
	600	200	950	350	350
4,5	1550	100	675	350	350
5	1100	162	820	350	450
5,5	1500	150	735	350	450
	900	200	950	350	450
7	1500	162	820	350	450
7,5	1100	200	950	350	450
10	1500	200	950	350	450

Siemens-Schuckertwerke, Berlin.
Allg. Elektr.-Ges., Berlin.
Ges. für elektr. Unternehmungen und Inst.-Mater., Berlin.

Axialturbinen. Bei denselben tritt das Wasser parallel zur Laufradachse in das Laufrad ein.

Maschinenfabrik Geislingen in Geislingen, Württbg. (*s. Inseratanh. S. 19*).

B.

Backenbremsen für Motorwagen werden vom Führerstande aus mittels Kurbel, Zugstange und Ketten oder Hebel betätigt. Die Backenbremsen werden als vier- und achtklötzige ausgeführt. Die Bremsbacken sollen an dem Bremsgestänge in einer Scharniere drehbar aufgehängt sein, um sich gleichmäßig an den Radumfang anlegen zu können. Das eigentliche Bremsstück wird aus weicherem Material als jenes der Radbandage angefertigt und behufs leichter Auswechselbarkeit durch Schrauben, Führungen etc. an den Bremsklotzhalter befestigt. Als Material für das Bremsstück verwendet man Gußeisen oder Hartholz. Obwohl die Vierklotzbremsen den Nachteil haben, daß sie die Lager, Achsen und das Untergestell mehr angreifen als achtklötzige Bremsen, gibt man ihnen im allgemeinen vor letzteren den Vorzug.

Bäder, galvanische — aus Metallsalzlösungen hergestellte Elektrolyten, aus welchen mit Hilfe des elektrischen Stromes Metalle ausgeschieden werden. Die Lösungsmittel müssen chemisch rein und die Badleitungsfähigkeit so groß als möglich (durch besondere Zusätze) gemacht werden; je nach der Art und Zusammensetzung des Bades ist eine bestimmte Temperatur, Spannung und Stromdichte erforderlich, um größte Leistungsfähigkeit zu erzielen. Die Bäder werden sowohl in Hintereinander- wie in Parallelschaltung betrieben.

Die Schaltung erfolgt in der Weise, daß die positive Klemme der Stromquelle mit der Anode, die negative mit der Kathode verbunden werden. Letztere wird durch den zu behandelnden Gegenstand gebildet. Die Reihenschaltung wird angewendet, wenn die Elektrodenflächen gleich groß sind, häufiger jedoch die Parallelschaltung, weil dann die Fläche der zu behandelnden Gegenstände beliebig verteilt werden kann.

Bäder, galvanotechnische — Elektrolyten, welche für galvanoplastische Prozesse dienen.

Bahnanlagen (siehe **Sicherheitsvorschriften**).

Bahnen, elektrisch betriebene. Man unterscheidet elektrisch betriebene Vollbahnen (Normalspurbahnen), Überlandbahnen (zur Verbindung kleinerer Orte) mit Normal- und Meterspur, Straßenbahnen mit Normal- und Meterspur, Industriebahnen und Meter- und Schmalspur (750 mm und 600 mm Spurweite) und Grubenbahnen. Nach der Stromart unterscheidet man Gleichstrom-, Einphasenwechselstrom- und Drehstrombahnen; nach der Stromabnahme unterscheidet man: Bügelsystem, Trolleysystem, Muldensystem, Rutensystem, Kontaktschuhsystem (bei dritter Schiene), Kanalsysteme, Teilleitersysteme, Akkumulatorenbahnen. Die ersten fünf gehören zu den Systemen mit oberirdischer Stromzuleitung, die beiden folgenden zu jenen mit unterirdischer Stromzuführung.

Gleichstrombahnen haben den Vorteil, daß nur ein Kontaktdraht nötig ist, wodurch größere Isolations- und Betriebssicherheit ermöglicht ist. Ihr Nachteil besteht in der Notwendigkeit großer Kupferquerschnitte. Der zum Betriebe notwendige Strom (500—800 Volt) wird sehr oft aus hochgespanntem Wechselstrom in Unterstationen durch rotierende Umformer erzeugt. Gut geeignet für Straßen-, Industrie- und Grubenbahnen.

Drehstrombahnen haben die Vorteile der Verwendung kleiner Kupferquerschnitte, Entfall der Umformerstationen, die Nachteile der Notwendigkeit von mindestens zwei Stromabnahmevorrichtungen, der schwer durchführbaren Isolierung der Fahrdrähte, und der größeren Gefährlichkeit. Anwendungsgebiet auf Bahnen mit eigenen Bahnkörpern (Vollbahnen, Bergbahnen).

Einphasenwechselstrombahnen vereinigen die Vorzüge beider Systeme. Es ist nur ein Arbeitsdraht notwendig, von welchem der hochgespannte Strom durch eine Kontaktrute abgenommen, einem im Zuge befindlichen Einphasenwechselstrom-Gleichstrom-Umformer zugeführt und von diesem an die Bahnmotoren abgegeben wird (System Oerlikon).

Bei den Kanalsystemen ist die Arbeitsleitung unterirdisch verlegt.

Bei den Teilleitersystemen sind alle Teile der Arbeitsleitung, mit Ausnahme jener, auf welcher sich der Motorwagen befindet, stromlos.

Akkumulatorenbahnen (siehe Akkumulatorenbetrieb für Straßenbahnen).

Bahnkosten.

Vergleichende Tabelle verschiedener Betriebsarten unter Ansetzung der Kosten bei elektrischem Betriebe mit 1.

Spezifikation	Elektrisch. Betrieb	Pferdebetrieb	Seilbetrieb
Fahrbahn	1	0,53	2,09
Betriebskraft . . .	1	1,63	1,21
Fahrzeuge	1	0,54	0,81
Betriebskosten . .	1	3,38	1,71
Abnutzung . . .	1	1,47	2,04

Bahnkurven. Minimaler Durchmesser für Straßenbahnen 20 m (bei Remisengeleisen 15 m). Auf Punkten, wo oft gehalten wird, und in Steigungen sollen Kurven vermieden werden. Kurvenerweiterungen werden durch Erweiterung der Schienenrillen (bis zu 3 mm) herbeigeführt.

Bahnmotoren. Bei hohen Umfangsgeschwindigkeiten von 20—25 m pro Sekunde rechnet man für jedes Kilogramm Drehmoment, ausgeübt am Umfang des Triebes $\left(Md = \frac{\text{Leistung in PS} \times 716}{\text{Umdrehungszahl}}\right)$, 15—20 kg Motorgewicht, bei größeren, halb offenen Vollbahnmotoren ca. 15 kg Motorgewicht.

Der Wirkungsgrad liegt bei Leistungen von 20—200 PS zwischen 80 % und 90 %.

Haupterfordernisse: Gedrungene Bauart, geringste Abmessungen, geringstes Gewicht, glatte Formen, staub- und feuchtigkeitssicherer

Verschluß, leichte Demontierbarkeit, leichte Ausbaufähigkeit aus dem Wagen, leichte Revision aller Teile, leichte Ersetzbarkeit der einzelnen Stücke, große Anzugskraft, funkenloses Arbeiten.

Zum Straßenbahnbetrieb sind, entsprechend der beim Anfahren auf das Vier- bis Fünffache gesteigerten Zugkraft, Motoren mit großer Anzugskraft erforderlich. Die Straßenbahnmotoren sind starken mechanischen und wechselnden elektrischen Beanspruchungen ausgesetzt, müssen daher kräftig gebaut sein. Da die Motoren unter dem Wagenkasten am Wagengestell aufgehängt sind, muß ihre Bauart zum Schutze gegen Feuchtigkeit und Staub wasserdicht sein. Mit Rücksicht auf das Gesamtgewicht der Wagen muß das Gewicht der Motoren möglichst gering sein. Die Wahl des Übersetzungsverhältnisses von Motor auf Laufrad bedingt kleine Umdrehungszahlen; die geringe verfügbare Höhe des niedrigsten Teiles des Motors über Schienenoberkante (80—110 mm zwischen Wagenkasten und Straßenboden) sowie die geringe ausnutzbare Breite zwischen den Rädern erfordern einen gedrungenen Bau der Motoren. Alle diese Bedingungen führten zu kastenförmigen Motoren, bei denen der zum Gehäuse ausgebildete Magnetkranz die Armatur vollständig umschließt und bei welchen alle Einzelteile der Motoren bequem und schnell auswechselbar sind. Die Bewegungsübertragung erfolgt durch Zahnradübersetzung. Übliche Übersetzungsverhältnisse 1 : 4 bis 1 : 7.

Nach den Vorschriften des V. d. E. darf bei Straßenbahnmotoren die nach einstündigem ununterbrochenem Betriebe mit normaler Belastung im Versuchsraum ermittelte Temperaturzunahme folgende Werte nicht übersteigen:

1. An isolierten Wickelungen und Schleifringen:
   bei Baumwollisolierung . . . 70° C,
   bei Papierisolierung . . . . . 80° C,
   bei Isolierung durch Glimmer, Asbest und deren Präparate 100° C,
2. an Kollektoren 80° C,
3. an Eisen, in das Wickelungen eingebettet sind, je nach der Isolierung der Wickelung die unter 1 angegebenen Werte.

 (s. Inseratanh. S. 4).

Balatariemen.

Dreifach		Vierfach		Fünffach		Sechsfach	
Breite mm	pro m ℳ	Breite mm	pro m ℳ	Breite mm	pro m ℳ	Breite mm	pro m ℳ
25	*—.50*	50	*1.65*	100	*4.22*	150	*7.25*
30	*—.60*	55	*1.84*	110	*4.69*	160	*7.72*
35	*—.63*	60	*2.—*	115	*4.86*	170	*8.16*
40	*—.74*	65	*2.17*	120	*5.07*	180	*8.63*
45	*—.84*	70	*2.33*	125	*5.25*	190	*9.10*
50	*—.98*	75	*2.52*	130	*5.46*	200	*9.53*
55	*1.21*	80	*2.70*	140	*5.83*	225	*10.68*
60	*1.44*	85	*2.86*	150	*6.23*	250	*11.83*
65	*1.58*	90	*2.99*	160	*6.62*	275	*13.—*
70	*1.68*	95	*3.20*	170	*7.—*	300	*14.10*
75	*1.84*	100	*3.36*	180	*7.40*	350	*16.38*

Dreifach		Vierfach		Fünffach		Sechsfach	
Breite mm	pro m ℳ	Breite mm	pro m ℳ	Breite mm	pro m ℳ	Breite mm	pro m ℳ
80	*1.97*	110	*3.78*	190	*7.79*	400	*18.66*
85	*2.13*	115	*3.94*	200	*8.16*	450	*20.92*
90	*2.29*	120	*4.12*	225	*9.17*	500	*23.21*
95	*2.45*	125	*4.23*	250	*10.11*	550	*25.48*
100	*2.50*	130	*4.43*	275	*11.10*	600	*27.74*
110	*2.84*	140	*4.81*	300	*12.02*	650	*30.01*
115	*2.94*	150	*5.18*	350	*13.99*	700	*32.29*
120	*3.10*	160	*5.53*	400	*15.91*	750	*34.57*
125	*3.20*	170	*5.83*	450	*17.85*	800	*36.82*
130	*3.33*	180	*6.14*	500	*19.77*	900	*41.37*
140	*3.60*	190	*6.53*				
150	*3.85*	200	*6.88*				

Ballastwiderstand — Widerstand zur Absorbierung von Energie —, welcher verschiedenen Apparaten und Instrumenten (z. B. Bogenlampen, Meßinstrumenten) vorgeschaltet wird (Vorschaltwiderstand).

Ballenelement (siehe **Meidingerelement**).

Ballistisches Galvanometer — jenes, welches einen Magneten enthält.

Ballscher Umformer (siehe **Umformer, rotierende**).

Bandagen dienen zur Befestigung der Ankerwickelung auf dem Ankerkörper bei glatten Ankern: Verzinnter Messingdraht, Duranadraht, Deltametalldraht, Siliziumbronzedraht. Die Drahtbandage wird auf eine Unterlage von Glimmerleinwand gelegt. Zu starke Bandagedrähte erzeugen Foucaultströme, wodurch starke Erhitzung bzw. Auflötung der Bandagen eintreten kann.

Bei Ankern mit halb geschlossenen Nuten können die Bandagen durch die Nuten verschließende, isolierende Keile ersetzt werden.

Die A. E. G. verwendet bis 1 m Ankerdurchmesser Bandagen, dann Keile. Letztere verwenden nahezu ausschließlich: Ganz & Ko., Bergmann, Bismarckwerke. Bandagen verwenden: Oerlikon, Lahmeyer, Kolben.

Bandeisendübel mit Porzellanrollen.

Rollenzahl	1	2	2	2	3	3	3	5	5	5
Rollenabstand in mm	—	50	70	90	50	70	90	50	70	90
Preis pro 100 Stück in Mark	*9*	*18*	*20*	*24*	*28*	*30*	*35*	*40*	*42*	*45*

Barometerstand, Reduktion des bei t^0 C abgelesenen auf 0^0 C. Man addiert, wenn t^0 eine Temperatur unter 0^0 ist, zur abgelesenen Länge 0,135 t hinzu; wenn t^0 über Null ist, subtrahiert man dieses Produkt von der abgelesenen Länge.

Baryumplatincyanürschirme (siehe **Durchleuchtschirme**).
Fabr. elektr. App. Dr. Max Levy, Berlin N 4.

Batterie ist die Vereinigung mehrerer Elemente zu einer einzigen Stromquelle. Je nach der Natur der Elemente unterscheidet man galvanische Batterien, Thermobatterien und Akkumulatorenbatterien. Die Elemente einer Batterie können in Reihen-, Parallel- und kombinierter Schaltung verbunden werden. Bezeichnen V die

Klemmenspannung, W_i den inneren, W_a den äußeren Widerstand, Z_h die Zahl der hintereinander, Z_p jene der parallel geschalteten Elemente und J die Stromstärke, so ist bei der

Reihenschaltung: $J = \frac{V \cdot Z_h}{W_i + W_a}$ Parallelschaltung: $J = \frac{V}{\frac{W_i}{Z_p} + W_a}$ kombinierten Schaltung: $J = \frac{V \cdot Z_h}{Z_h \cdot \frac{W_i}{Z_p} + W_a}$

Galvanische Batterien: Dr. Alb. Lessing, Nürnberg, (s. Inseratanh. S. I) | Batteriekohle: J. Zeller & Ko., Sonthofen, Algäu.

Batterieprüfer — Galvanoskop mit Magnetnadel und Skala, welches zur Untersuchung von galvanischen Elementen verwendet wird.

Dr. Rud. Franke & Ko, G. m. b. H., Hannover.

Batteriespannung — Klemmenspannung an den Abnahmeelementen.

Batteriespinde.

Für Elemente mit 16 cm hohen Gläsern.

Rauminhalt für	Fichtenholz, gebeizt		Eisenholz, braun gebeizt und gewachst, mit Schloſs		Nuſsbaumholz, furniert u. fein poliert, mit Schloſs	
	g	ℳ	g	ℳ	g	ℳ
2 Elemente	2000	2.—	2000	4.80	2500	9.30
3 »	3000	2.20	3000	5.20	3000	10.50
4 »	3900	2.40	3900	5.70	4000	11.70
5 »	4100	2.70	4200	6.30	5000	13.—
6 »	4400	2.90	4500	7.—	5500	14.20
7 und 8 Elemente . .	5900	3.30	6500	8.—	6700	15.40
9 Elemente	6800	3.70	7000	9.—	7500	16.60
10, 11 und 12 Elemente	7200	4.10	7500	10.—	8000	19.30

Für Elemente mit 25 cm hohen Gläsern.

Rauminhalt für	Kienholz, gebeizt		Eisenholz, braun gebeizt und gewachst, mit Schloſs		Nuſsbaumholz, furniert u. fein poliert, mit Schloſs	
	g	ℳ	g	ℳ	g	ℳ
2 Elemente	3 100	2.30	2 900	5.90	3 000	11.30
3 »	4 500	2.60	3 600	6.20	4 000	12.60
4 »	5 500	2.90	4 400	6.80	5 000	14.10
5 »	6 500	3.40	5 500	7.40	5 500	15.—
6 »	8 000	4.—	6 700	8.—	7 400	16.25
7 und 8 Elemente . .	9 000	4.50	7 900	9.30	9 500	17.80
9 Elemente	10 400	4.90	8 400	10.20	11 800	20.—
10, 11 und 12 Elemente	12 000	5.50	10 700	11.20	13 500	22.—

Batterieumschalter (siehe **Umschalter**).

Batteriewechsel sind Umschalter, welche beim Morsesystem die Aufgabe haben, die zur Disposition stehenden Batterien in die Linie ein- oder auszuschalten.

Baudotscher Telegraph. Bei diesem Apparat, welcher eine vierfache Depeschenübertragung gestattet, wird für jeden Buchstaben über eine einzige Leitung eine Reihe elektrischer Stromstöße gesendet, von denen einige negativ, die anderen positiv sind und deren Kombination für jeden Buchstaben eine andere ist. Jede Gebertaste wirkt auf ein Kontaktstück ein, und jedes derselben ist mit einer der Stromschlußplatten eines Stromverteilers verbunden. Ein mit der Leitung verbundener Kontaktarm wird aufeinander folgend mit den Verteilerplatten in Verbindung gebracht, so daß, wenn der Kontaktarm über alle Platten des Stromverteilers fortbewegt wird, alle von den Gebertasten beeinflußten Kontaktstücke der Reihe nach mit der Leitung verbunden gewesen sind. Wenn irgend eine Taste niedergedrückt wird, wird ein Stromstoß der einen Polarität in die Leitung gesendet, sobald der Kontaktarm mit der entsprechenden Platte des Stromverteilers in Verbindung steht, während Stromstöße der entgegengesetzten Polarität in die Leitung gesendet werden, sobald die Gebertasten nicht niedergedrückt sind. Die für jeden bei diesem Apparat übertragenen Buchstaben erforderliche Stromkombination treibt bestimmte Empfangs-, Festhalte- und Übertragungsapparate in der Weise an, daß ein Typenrad so gedreht wird, daß der den übertragenen Stromstößen entsprechende Buchstabe dem Druckwerke gegenübergestellt und darauf der betreffende Buchstabe abgedruckt wird.

Baumwolleumspinnung für normale Generatoren, Motoren und Transformatoren doppelt, bei hohen Spannungen und starken mechanischen Beanspruchungen (Straßenbahnen) dreifach.
Süddeutsche Kabelwerke A.-G., Mannheim.

Becquerelstrahlen sind unsichtbare Lichtstrahlen von äußerst ultravioletter Art, d. h. Querschwingungen des Lichtäthers von sehr kurzer Periode und Wellenlänge.

Becquerelelement. Die positive Elektrode des mit Diaphragma versehenen Elementes besteht aus Kupfer, die negative aus Zink, der Elektrolyt aus Zinksulfatlösung, der Depolarisator aus Kupfersulfatlösung. Die elektromotorische Kraft beträgt ca. 1 Volt.

Belastung, induktive. Bezeichnen W die vom Wattmeter angegebene wirkliche Leistung einer Wechselstrommaschine, e die zugehörige Spannung, i die zugehörige Stromstärke, so ist der Leistungsfaktor $\cos\varphi = \frac{W}{e \times i}$. Den Divisor $e \times i$ nennt man die scheinbare Leistung.

Belastung, induktionsfreie, einer Wechselstrommaschine ist jene, bei welcher eine Phasenverschiebung zwischen Strom und Spannung nicht besteht. Es ist dann $\cos\varphi = 1$.

Belastungsgrenze eines Drahtes ist jene Stromstärke, bei der unter normalen Abkühlungsverhältnissen des frei schwebenden Drahtes in dunkelm Raum Selbstleuchten des beanspruchten Leiters auftritt.

Belastungsvorschriften. Isolierte Kupferleitungen und Kabel, die nicht unterirdisch verlegt sind, dürfen höchstens mit den in nachstehender Tabelle verzeichneten Stromstärken dauernd belastet werden.

Querschnitt in qmm	Betriebsstromstärke in Amp.	Querschnitt in qmm	Betriebsstromstärke in Amp.	Querschnitt in qmm	Betriebsstromstärke in Amp.	Querschnitt in qmm	Betriebsstromstärke in Amp.
0,75	4	10	40	95	165	400	500
1	6	16	60	120	200	500	600
1,5	10	25	80	150	235	625	700
2,5	15	35	90	185	275	800	850
4	20	50	100	240	330	1000	1000
6	30	70	130	310	400		

Blanke Kupferleitungen bis 50 qmm Querschnitt unterliegen den gleichen Belastungsvorschriften, blanke Kupferleitungen mit über 50 qmm und unter 1000 qmm Querschnitt können mit 2 Amp. pro qmm belastet werden. Auf Freileitungen finden diese Zahlenwerte keine Anwendung.

Belege — Leiter eines Kondensators.

Belegeisen (siehe **Kabelverlegung**).

Beleuchtung ist das Verhältnis der auf eine ebene Fläche auftreffenden Lichtströme zu der Flächengröße.

Beleuchtung, indirekte, mittels Bogenlichts für große Säle vorteilhaft. Die untere Kohle ist bei dieser Beleuchtungsart die positive und stärkere, wodurch das Licht nach oben gegen eine weiße Decke oder einen Reflektor geworfen wird, welche es gleichmäßig im Raume zerstreuen, während das nach seitwärts und unten fallende Licht durch Diffusoren (Laternen für zerstreutes Licht) wieder zurückgeworfen und zerstreut wird.

Beleuchtungsstärken.

Beleuchtungsobjekt	Von der hemisphär. Intens. d. Bogenlamp. m. Glasgl. ist für 1 qm Bodenfl. zu rechnen
Restauration, große Geschäftslokale u. Konzertsäle	zwisch. 8—4 Kerz.
Fabrikhallen	» 4—2 »
Bahnhofshallen, Markthallen	» 2—1 »
Höfe von Fabriken	» 1—0,5 »

Beleuchtungswagen, fahrbare, für Nachtarbeiten, militärische Zwecke, bestehen aus einem mit einer Dynamo kombinierten Lokomobil sowie einem Raum, in welchem zerlegbare Masten, Bogenlampen, Leitungsmaterial und Montagewerkzeug untergebracht werden können.

Belichtung ist das Produkt aus Beleuchtung und Zeitdauer der Beleuchtung.

Bellsches Telephon. In jeder der beiden Stationen befindet sich ein mit einer Drahtspule umwickelter Stahlmagnet. Die beiden Drahtspulen sind miteinander zu einem geschlossenen Stromkreis verbunden. Vor jedem Stahlmagneten befindet sich eine, am Rande befestigte dünne Membran aus weichem Eisen, welche, durch das Sprechen in Schwingungen versetzt, in der einen Magnetspule einen Induktionsstrom erzeugt, welcher in die andere Spule gelangt, dort den Stahlmagneten mehr oder minder erregt, wodurch die vor ihm befindliche Membran in entsprechende Schwingungen versetzt wird und Schallwellen erzeugt.

Benzin für Benzinmotoren zum Antrieb kleiner Dynamos verwendet. Heizwert 10 700—11 000 WE, Gewicht pro Liter 0,68—0,7 kg.

Benzinmotoren für elektrischen Betrieb.

Pferdestärken	2	3	4	6	8	10	12	14	16	20	25	30
Preise in Mark	*2365*	*2565*	*2900*	*3250*	*3825*	*4200*	*5050*	*5450*	*5800*	*6850*	*7450*	*8650*
Nettogew. in kg	620	770	1050	1300	2150	2570	3280	3900	4160	4890	5650	6775
Norm. Umdrehungsz. p. Min.	260	260	240	240	220	220	200	200	200	190	190	170
Länge des Motors in mm	1540	1670	1820	1970	2185	2440	2700	2870	3075	3300	3460	3760
Breite des Motors in mm	740	805	945	1025	1595	1716	1940	2037	2110	2250	2350	2440
Höhe des Motors in mm	1400	1450	1500	1570	1695	1860	1930	2000	2050	2115	2130	2240
Durchm. des Schwungr. i. mm	1220	1320	1440	1540	1850	1960	2160	2390	2390	2530	2580	2760

Gebr. Körting, Körtingsdorf.

Berghausenscher Polsucher dient zur Polbestimmung. In einem mit einer reagierenden Flüssigkeit gefüllten Glasrohr tauchen die beiden mit kugelförmigen Enden versehenen Pole. Die am negativen Pol entstehende rote Färbung verschwindet wieder beim Umschütteln der Flüssigkeit.

Bergwerksbahnen, elektrisch betriebene. Spurweite 450 bis 600 mm, Fahrgeschwindigkeit ca. 5—7 km, Betriebsstrom max. 220 Volt Gleichstrom. Verwendung von gedrungenen Lokomotiven von großer Zugkraft. Besondere Kontrollerkonstruktionen und Motoreneinkapselung, um Funkenbildungen zu vermeiden. In explosionsgefährlichen Gruben werden Akkumulatorenlokomotiven verwendet.

Bernsteins Glühlampensystem (siehe **Glühlampen**).
Maschinenfabrik Eßlingen in Eßlingen.

Beruhigung (siehe **Dämpfung**).

Beruhigungswiderstand (siehe **Vorschaltwiderstand**).

Berührungselektrizität — die in galvanischen Elementen auftretende Elektrizität.

Betonplatten zum Kabelabdecken, 8 cm dick mit Eiseneinlage.

Breite in cm	Preis pro lfd. m	Breite in cm	Preis pro lfd. m
20	*M —.60*	30	*M —.85*
25	» *—.70*	40	» *1.15*

Betriebsarten. Nach den Vorschriften des V. d. E. unterscheidet man »Dauerbetrieb«, bei dem die Arbeitsperiode so lange ist, daß die Endtemperatur erreicht wird, »Kurzzeitigen Betrieb« (Stundenbetrieb), bei dem die Arbeitsperiode kürzer ist als nötig, um die Endtemperatur zu erreichen, und die Ruhepause lang genug, damit die Temperatur wieder annähernd auf die Lufttemperatur sinken kann, und »Intermittierenden Betrieb«, bei dem nach Minuten zählende Arbeitsperioden und Ruhepausen abwechseln (z. B. Motoren für Krane, Aufzüge, Straßenbahnen).

Betriebskosten einer Leitung berechnen sich in Mark nach der Formel $p \frac{2 l i^2}{609} + 2 l = (a + b q) z$, worin l die Länge der Leitung in m, q den Querschnitt derselben in qmm, i die Betriebsstromstärke, a die Kosten der Stützpunkte pro Längeneinheit, b jene von 1 m Kupferdraht von 1 qmm Querschnitt, p jene von 1 Watt im Jahre in Mark und z den Zinsfuß des Anlagekapitals bedeuten.

Betriebskosten elektrischer Anlagen. Kallmann berechnet die Erstellungskosten einer elektrischen Kraftzentrale pro Kilowatt mit *ℳ 2090*, wovon für die Maschinenanlage *ℳ 1160*, für die Verteilungsanlage *ℳ 930* entfallen. Nach den Angaben der Allgem. Elektr.-Ges. setzen sich die jährlichen Betriebskosten zusammen aus:

1. Betriebsmaterial:
   - a) Kohlen pro PS-Std. für Einzylinderdampfmaschinen 3 kg,
     » » » » Compound- » 2 » ,
     » » qm Heizfläche für Anheizen . . . 3 » ;
   - b) Wasser zu Kühlzwecken bei Gasanlagen pro PS-Std. 40—50 l;
   - c) Gasverbrauch pro PS-Std. 0,8—1 cbm;
   - d) Putz- und Schmiermaterial (ca. 20 % der Kosten für Kohlen oder Gas);
   - e) Glühlampen (je nach Lebensdauer);
   - f) Bogenlampenkohlen (3 ₰ pro Lampenbrennstunde).
2. Bedienung und Wartung (Gehälter und Löhne).
3. Reparaturen und Erneuerung.
4. Zinsen und Kapitalamortisierung.

Betriebskosten von elektrischen Kraftzentralen.

Betriebskosten für 6000 effektive Pferdestärken.

O. v. Miller, Zeitschr. Elch. VII. 176.

	I. 5 Turbinen je 1200 PS, 1 Reserveturbine 1200 PS	III. 4 Dampfmasch. je 1500 PS, 1 Reservedampfm. 1500 PS
A. Betriebskosten an der Welle der Antriebsmaschinen.		
1. Kapitalzins 4 % von Summe a[1]), Abschreibung u. Reparat., Bauten 1 ½ %, Maschinen 10 % bzw. 6 %	*ℳ 112 000*	*213 000*
2. Schmier- und Putzmaterial	*» 12 000*	*45 000*
3. Bedienung	*» 10 800*	*21 600*
Betriebskosten an der Welle der Antriebsmotoren exkl. Kosten für Kohle bzw. Gas . . . . Summe A	*ℳ 134 000*	*279 600*
Jährliche Leistg. 46000000 eff. PS-Std., daher Betriebskosten exkl. Kohle bzw. Gas an der Welle der Antriebsmaschinen . $\frac{\text{Summe A}}{46000000} \times 100$	*₰ 0,29*	*0,61*

[1]) Siehe Anlagekosten.

		I. 5 Turbinen je 1200 PS, 1 Reserveturbine 1200 PS	III. 4 Dampfmasch. je 1500 PS, 1 Reserve-dampfm. 1500PS		
Kohlenpreis pro kg bzw. Gaspreis pro cbm	₰	—	0,5	1	1,5
4. Kohlen- bzw. Gaskosten pro PS-Std.: 1 PS-Std. verbraucht 1 kg Kohle bzw. 3,5 cbm Gas	»	—	0,50	1,00	1,50
Gesamtbetriebskosten pro eff. PS-Std. an der Welle der Antriebsmaschinen	»	0,29	1,11	1,61	2,11

B. Umwandlung der mechanischen Leistung in elektrische Energie und Ausnutzung dieser an Ort und Stelle.

		I.	III.		
1. Kapitalzinsen, Abschreib. u. Reparat. der elektr. Maschinen und Apparate (4 + 10 %) von Summe 4)	ℳ	44 100	46 900		
2. Schmier- und Putzmat. für die elektr. Maschinen	»	3 000	3 000		
3. Bedienung der elektr. Maschinen .	»	5 000	5 000		
Betriebskosten d. Umwandlg. in elektr. Energie . . . . . . Summe IV	ℳ	52 100	54 900		
Betriebskosten am Schaltbrett exkl. Kosten für Kohle bzw. Gas Summe A + IV = Summe B	»	186 900	334 500		
Jährl. elektr. Leistung am Schaltbrett 46 000 000 × 0,683 = 31 500 000 KW-Std., daher Betriebskosten pro KW Std. am Schaltbrett . $\frac{\text{Summe B}}{31\,500\,000} \times 100$	₰	0,59	1,06		
4. Kohlen- bzw. Gaskosten pro KW-Std.: 1 KW-Std. verbraucht $\frac{1}{0{,}683} = 1{,}46$ kg Kohle bzw. $\frac{3{,}5}{0{,}683} = 5{,}1$ cbm Gas . .	»	—	0,73	1,46	2,19
Gesamtbetriebskosten pro KW-Std. am Schaltbrett	»	0,59	1,79	2,52	3,25

C. Übertragung der mechanischen Energie auf 10 km Entfernung mittels Primärdynamos. Fernleitung für 10 000 Volt und Elektromotoren in der Unterstation. Gesamtverlust der Kraftübertragung 20 %.

		I.	III.
1. Kapitalzins. 4 %, Abschreib. u. Reparat. für Maschinen 10 %, Leitung 3 %: a) für die elektrische Einrichtung der Primärstation u. der Unterstation .	ℳ	81 200	84 000
b) für die Linie	»	16 800	16 000
2. Schmier- u. Putzmaterial für die elektrische Einrichtung der Primärstation und Unterstation	»	5 000	5 000
3. Bedienung in der Primärstation und Unterstation	»	7 000	9 000
Betriebsk. d. Kraftübertragung Summe V	ℳ	112 000	114 800

	I 5 Turbinen je 1200 PS, 1 Reserveturbine 1200 PS	III. 4 Dampfmasch. je 1500 PS, 1 Reservedampfm. 1500 PS
Betriebskosten an der Welle der Sekundärmaschinen exkl. Kosten für Kohle bzw. Gas Summe A + V = Summe C	ℳ 246 800	394 400
Jährl. übertragene Leistung an der Welle der Sekundärmaschinen 46000000 × 80 = 36800000 PS-Std., daher Kosten pro übertrag. PS.-Std. exkl. Kohle bzw. Gas . . $\frac{\text{Summe C}}{36\,800\,000} \times 100$	₰ 0,65	1,07
4. Kohlen- bzw. Gaskosten pro übertr. PS-Std.: 1 PS-Std. an der Welle der Sekundärmaschine verbraucht primär $\frac{1}{0{,}80}$ kg = 1,25 kg Kohle bzw. $\frac{3{,}6}{0{,}80}$ cbm = 4,37 cbm Gas	» —	0,63 | 1,25 | 1,88
Gesamtbetriebskosten pro übertragene PS-Std. an der Welle der Sekundärmaschinen	» 0,65	1,70 | 2,32 | 2,95

D bis E. Übertragung der elektrischen Energie (Stromübertragung) auf 10 km Entfernung und Verwendung derselben in einer Unterstation.

D. Übertragung und Verwendung von Wechselstrom. Gesamtverlust der Übertragung und Transformierung auf niedrig gespannten Strom 8%.

	I	III
1. Kapitalzinsen 4%, Abschreibung und Reparatur 3% für Leitungen, 5% für Transformatoren:		
a) für die Linie	ℳ 16 800	16 800
b) für die Transformatoren	» 10 800	10 800
2. Bedienung für die Transformatoren .	» 1 500	1 500
Betriebskosten der Stromübertragung und Transformierung . . . Summe VI	ℳ 29 100	29 100
Betriebskosten am Schaltbrett der Sekundärstation exkl. Kosten für Kohle bzw. Gas Summe B + VI = Summe D	» 216 000	363 600
Jährliche übertragene Leistung am Schaltbrett d. Sekundärstat. 31500000 × 0,92 = 29000000 KW-Std., daher Kosten pro übertragene KW-Std. für Wechselstrom $\frac{\text{Summe D}}{29\,000\,000} \times 100$	₰ 0,74	1,25

		I. 5 Turbinen je 1200 PS, 1 Reserveturbine 1200 PS	III. 4 Dampfmasch. je 1500 PS, 1 Reservedampfm. 1500 PS		
3. Kohlen- bzw. Gaskosten pro übertragene KW-Std.: 1 KW-Std. sekundär verbraucht $\frac{1,46}{0,92}$ kg = 1,58 kg Kohle bzw. $\frac{5,1}{0,92}$ cbm = 5,54 cbm Gas . .	₰	–	*0,79*	*1,58*	*2,37*
Gesamtbetriebskosten pro übertragene KW-Std. am Schaltbrett der Sekundärstation für Wechselstrom	»	*0,74*	*2,04*	*2,83*	*3,26*

E. Übertragung mittels Wechselstroms und Verwendung von Gleichstrom. Gesamtverlust der Übertragung 23 %.

		I.	III.		
1. Kapitalzinsen 4 %, Abschreibung und Reparatur 3 % für Leitungen, 10 % für elektrische Maschinen:					
a) für die Linie	ℳ	*16 800*	*16 800*		
b) für die Unterstation	»	*74 200*	*74 200*		
2. Schmiermaterial für die Maschinen der Unterstation	»	*3 000*	*3 000*		
3. Bedienung für die Sekundär- und Gleichstrommaschinen	»	*4 000*	*4 000*		
Betriebskosten der Stromübertragung und Umformung . . . . . Summe VII	ℳ	*98 000*	*98 000*		
Betriebskosten am Schaltbrett der Sekundärstation exkl. Kosten für Kohle bzw. Gas Summe B + VII = Summe E	»	*284 900*	*332 500*		
Jährl. übertragene Leistung am Schaltbrett d. Sekundärstat. 32500000 × 0,77 = 24250000 KW-Std., daher Kosten pro übertragene KW-Std. für Gleichstrom $\frac{\text{Summe E}}{24\,250\,000} \times 100$	₰	*1,17*	*1,78*		
4. Kohlen- bzw. Gaskosten pro übertragene KW-Std.: 1 KW-Std. sekundär verbraucht $\frac{1,46}{0,77}$ = 1,9 kg Kohle bzw. $\frac{5,4}{0,70}$ = 6,62 cbm Gas	»	–	*0,95*	*1,90*	*2,85*
Gesamtbetriebskosten pro übertragene KW-Std. am Gleichstrom-Schaltbrett der Sekundärstation	»	*1,17*	*2,73*	*3,68*	*4,63*

Betriebskosten für Telegraphenanlagen.

beim Betriebe mit	100 Kilowattstunden (ungefähr 150 Leitungen)		50 Kilowattstunden (ungefähr 75 Leitungen)	
	der ersten Anschaffung ℳ	des Betriebes jährlich ℳ	der ersten Anschaffung ℳ	des Betriebes jährlich ℳ
Kupferbatterien	*8200*	*4200*	*4100*	*2100*
Sammlern, geladen aus Kupferbatterien . . .	*3600*	*2100*	*3000*	*1050*
Sammlern, geladen aus dem Elektrizitätswerk . . .	*6400*	*1350*	*6000*	*1260*

Betriebsverluste bei Dynamomaschinen sind: Wirbelströme im Anker und den Polstücken, Hysteresis des Ankereisens, Drahtwärme, Zapfen-, Bürsten- und Luftreibung.

Bezeichnungen für Pläne und Schemata (laut Sicherheitsvorschrift. u. Norm. d. V. d. E.).

Für Niederspannungsanlagen und Mittelspannungsanlagen.

 = Feste Glühlampe.

 = Bewegliche Glühlampe.

 = Fester Lampenträger mit Lampenzahl (5).

 = Beweglicher Lampenträger mit Lampenzahl (3)

Obige Zeichen gelten für Glühlampen jeder Kerzenstärke sowie für Fassungen mit und ohne Hahn.

 = Bogenlampe mit Angabe der Stromstärke (6) in Ampere.

 = Dauerbrandlampe mit Angabe der Stromstärke (6) in Ampere.

 = Dynamomaschine bzw. Elektromotor jeder Stromart mit Angabe der höchsten zulässigen Beanspruchung in Kilowatt (10).

 = Akkumulatoren.

 = Wandfassung, Anschlußdose.

 = Einpoliger bzw. zweipoliger bzw. dreipoliger Ausschalter mit Angabe der höchsten zulässigen Stromstärke (6) in Ampere.

 = Umschalter desgl.

 = Sicherung (an der Abzweigstelle).

 = Widerstand, Heizapparate u. dgl. mit Angabe der höchsten zulässigen Stromstärke (10) in Ampere.

 = Desgl. beweglich angeschlossen.

 = Transformator mit Angabe der Leistung in Kilowatt (7,5).

 = Drosselspule.

 = Blitzschutzvorrichtung.

 = Erdung.

 = Zweileiter- bzw. Dreileiter- oder Drehstromzähler mit Angabe des Meßbereichs in Kilowatt (5 bzw. 20).

 = Zweileiter-Schalttafel.

 = Dreileiter-Schalttafel oder Schalttafel für mehrphasigen Wechselstrom.

 = Einzelleitung.

 = Hin- und Rückleitung.

 = Dreileiter- oder Drehstromleitung.

 = Fest verlegte Mehrfachleitung jeder Art.

 = Nach oben führende Steigleitung.

 = Nach unten führende Steigleitung.

 = Blitzpfeil.

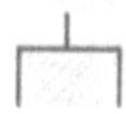 = Erdung.

 = Feste Glühlampe.

 = Bewegliche Glühlampe.

 = Fester Lampenträger mit Lampenzahl (5).

 = Beweglicher Lampenträger mit Lampenzahl (3).

Biegeapparat zum Biegen von stahlarmierten Isolierröhren. Preis pro Stück *M 35.*

Bergmann-Elektrizitätswerke, Aktiengesellsch. (Abt. J), Berlin N., Henningsdorferstr. 33, 34, 35 (*s. vordere innere Deckelseite*).

Bifilar gewickelte Drahtspule (Spule mit geringer Selbstinduktion) wird dadurch hergestellt, daß der Draht in seiner Mitte eingebogen und so aufgewickelt wird, daß die beiden Hälften immer nebeneinander liegen. Der Strom fließt dadurch in je zwei benachbarten Windungen immer nach der entgegengesetzten Richtung, so daß sich die Extraströme in den einzelnen Windungen gegenseitig aufheben.

Bifilarmagnetometer besteht aus einem auf zwei parallelen Drähten horizontal aufgehängten Magnetstab, durch dessen Lagenveränderung die erdmagnetische Intensität gemessen wird.

Bimetalldraht — ein mit einem gleichmäßigen Kupferüberzug versehener Stahldraht, der sich durch große Festigkeit und gute Leitfähigkeit auszeichnet. Er wird besonders für Fernsprech-Fernleitungen verwendet.

Tabelle über Bimetalldraht.

Firma	Nr.	Spez. Gewicht	Spez. Widerstand bei 15° C	Leitfähigkeit in % des reinen Kupfers	Absolute Festigkeit in kg-qmm	Dehnung bis zum Bruch i. %
Allgem. Elektriz.-Gesellschaft	—	8,9	0,0281	59	69	—
Basse und Selve, Altena	I	8,64	0,0193	87	50—55	1—1,5
	II	8,54	0,0280	60	65—70	0,75—1
	III	8,20	0,0500	33	70—75	0,75—1
Oberschl. Eisen-industrie-A.-G., Gleiwitz	—	8,55	0,021	80	40	1—2
	—	8,30	0,028	60	60	1—2
	—	8,10	0,045	37	80	1—2

Bindedraht. Derselbe muß aus demselben Material wie der Leitungsdraht gefertigt sein, um die Bildung von zerstörend wirkenden elektrolytischen Erscheinungen zu verhindern. Stärke desselben je nach Durchmesser der zu verbindenden Drähte. Bis etwa 3,5 mm Leitung nimmt man 1 mm, bis 6 mm Leitung 1,5 bis 2 mm als Bindedraht.

Biotit — schwarz gefärbter kanadischer Glimmer.

Biot-Savartsches Gesetz: Die magnetische Kraft, die ein Stromkreis ausübt, ist gleich der Kraft, welche ein kurzer Magnetstab ausüben würde, der senkrecht durch die Fläche des Stromkreises hindurchgesteckt ist und dessen Moment gleich dem Produkte aus der Stärke des Stromes und der Größe der vom Strom umflossenen Fläche ist.

Bipolar — zweipolig.

Birnenkontakte. Je nach Größe und Holzmaterial pro 100 Stück *ℳ 28—70.*

Sächs. Serpentinstein-Ges. zu Zöblitz, G. m. b. H., Zöblitz i. S. (*s. Inseratanh. S. 19*).

Ernst Pabst, Bellevue-Coepenick (*s. Inseratanh. S. 18*).

Bergmann-Elektrizitätswerke, Aktiengesellsch. (Abt J), Berlin N., Henningsdorferstr. 33. 34. 35 (*s. vordere innere Deckelseite*).

Bittit — ein aus gereinigtem und vulkanisiertem Bitumen hergestelltes Isoliermaterial, welches zur Isolierung der Callenderkabel verwendet wird.

Blättermagneten — die aus magnetisierten Stahlbändern (Blechlamellen) durch Verschraubung hergestellten permanenten Magnete.

Bláthyzähler besteht seiner Hauptsache nach aus einer der induzierenden Wirkung zweier Elektromagnetsysteme ausgesetzten Scheibe, deren Welle durch Zahnräder- und Schneckengetriebe-Übersetzungen ein Zählwerk betätigt. Das eine Elektromagnetsystem wird durch den zu messenden Wechselstrom, das andere durch einen von den Klemmen des Hauptstromes oder bei hochgespannten Strömen von den sekundären Klemmen eines Reduktors abzweigenden Nebenstrom erregt. Der im ersteren Magneten erzeugte Magnetismus ist dem Hauptstrome, der im zweiten Magneten erzeugte der Spannung proportional. Die dynamische Einwirkung beider Magnetsysteme auf die Scheibe hat eine Rotation derselben zur Folge welche selbst wieder der Scheibenbewegung entgegengesetzt wirkende induzierte Ströme hervorruft. Zwischen den drehenden und hemmenden Kräften tritt bei einer gewissen Geschwindigkeit Gleichgewicht ein. Diese Geschwindigkeit ist dem Energiebetrage proportional, welcher die Leitung passierte. Der hufeisenförmige, aus dünnen Eisenplatten bestehende Hauptmagnet, welcher vorne unter dem Zifferblatt angeordnet ist, trägt einige Windungen aus blankem Kupferdraht, dessen Enden zu den vier Klemmen führen, an welche der Hauptstrom angeschlossen ist. Der Nebenschlußmagnet trägt zwei hintereinandergeschaltete, mit ihren freien Enden an die Hauptleitung angeschlossene Spulen mit großer Selbstinduktion. Unter diesem Elektromagneten ist ein den magnetischen Stromkreis schließendes Eisenstück angeordnet. Die am oberen Ende der Scheibenachse angeordnete Schnecke greift in ein Schneckenrad des Zählwerkes ein. Unter den Polen des Nebenschlußmagneten befindet sich ein kupferner, durch eine endlose Schraube beweglicher Schirm, durch welchen das Nebenschlußfeld so beeinflußt werden kann, daß bei stromlosen Hauptspulen eine Nullstellung erzielt wird. (Hersteller: Ganz & Ko., Budapest.)

Blechbürsten — Bürsten aus Kupfer- oder Messingblechen (siehe **Metallbürsten**).

Bürstenstärke in mm	3-4	4,5-5,5	6-7	7,5-8	9	10	11	12	13
Pfennige	*4,5*	*5,75*	*7*	*8,5*	*9,5*	*10,5*	*11,5*	*12,5*	*13,5*

Bürstenstärke in mm	14	15	16
Pfennige	*14,5*	*15,4*	*16,5*

Bleche.

Gewichte von 1 qm Blech in Kilogramm.

Dicke in mm	Schweifs-eisen	Gufs-eisen	Gufs-stahl	Kupfer	Messing	Zink	Blei
0,25	1,95	1,81	1,97	2,23	2,14	1,73	2,85
0,75	5,84	5,44	5,90	6,68	6,41	5,18	8,55
1	7,79	7,25	7,87	8,90	8,55	6,90	11,4
2	15,58	14,50	15,74	17,80	17,10	13,80	22,8
3	23,37	21,75	23,61	26,70	25,62	20,70	34,2
4	31,16	29,00	31,48	35,60	34,20	27,60	45,6
5	38,95	36,25	39,35	44,50	42,75	34,50	57,0
6	46,74	43,50	47,22	53,40	51,30	41,40	68,4
7	54,53	50,75	55,09	62,30	59,85	48,30	79,8
8	62,32	58,00	62,96	71,20	68,40	55,20	91,2
9	70,11	65,25	70,83	80,10	76,95	62,10	102,6
10	77,90	72,50	78,70	89,00	85,50	69,00	114,0
11	85,69	79,75	86,57	97,90	94,05	75,90	125,4
12	93,48	87,00	94,44	106,80	102,60	82,80	136,8
13	101,27	94,25	102,31	115,70	111,15	89,70	148,2
14	109,06	101,50	110,18	124,60	119,70	96,60	159,6
15	116,85	108,75	118,05	133,50	128,25	103,50	171,0
16	124,64	116,00	125,92	142,40	136,80	110,40	182,4
17	132,43	123,25	133,79	151,30	145,35	117,30	193,8
18	140,22	130,50	141,66	160,20	153,90	124,20	205,2
19	148,01	137,75	149,53	169,10	162,45	131,10	216,6
20	155,80	145,00	157,40	178,00	171,00	138,00	228,0

Gewichte von 100 qcm Platinblech in Gramm

bei 1 mm Stärke	= 220 g	bei 0,15 mm Stärke	= 31 g
» 0,75 » »	= 165 »	» 0,10 » »	= 22 »
» 0,60 » »	= 132 »	» 0,05 » »	= 11 »
» 0,50 » »	= 110 »	» 0,04 » »	= 9 »
» 0,40 » »	= 86 »	» 0,03 » »	= 7,5 »
» 0,30 » »	= 66 »	» 0,025 » »	= 5,5 »
» 0,25 » »	= 55 »	» 0,02 » »	= 4,5 »
» 0,20 » »	= 43 »	» 0,01 » »	= 2,8 »

Blechisolation. Es verwenden Oerlikon, Lahmeyer, Siemens & Halske, Brown, Boveri & Ko., Bismarckwerke Papier, Bergmann, E.-W. Lack, A. E.-G. beides.

Blechschirme für Bogenlampen.

	Durchmesser in mm	470	670
Preis in Mark	lackiert	*2.10—2.70*	*2.60—3.20*
	emailliert	*4.80—5.60*	*7.50—8.30*

Bleiblech.

Stärke in mm	Gewicht in kg pro qm	Größte Breite m	Größte Länge m	Stärke in mm	Gewicht in kg pro qm	Größte Breite m	Größte Länge m	Stärke in mm	Gewicht in kg pro qm	Größte Breite m	Größte Länge m
0,2	2,28	0,5	3,0	1,75	19,9	2,0	8,0	6,0	68,2	3,0	10,0
0,3	3,42	0,5	3,0	2,00	22,7	2,5	10,0	6,5	73,9	3,0	10,0
0,4	4,56	0,75	3,0	2,25	25,6	2,5	10,0	7,0	79,5	3,0	10,0
0,5	5,7	1,5	3,0	2,5	28,4	2,5	10,0	7,5	85,2	3,0	10,0
0,6	6,8	1,0	3,0	2,75	31,2	3,0	10,0	8,0	90,9	3,0	10,0
0,7	7,9	1,0	3,0	3,0	34,1	3,0	10,0	8,5	96,6	3,0	10,0
0,8	9,1	1,0	3,0	3,5	39,8	3,0	10,0	9,0	102,3	3,0	10,0
0,9	10,2	1,0	3,0	4,0	45,5	3,0	10,0	9,5	107,9	3,0	10,0
1,0	11,3	1,5	8,0	4,5	51,1	3,0	10,0	10,0	113,6	3,0	10,0
1,25	14,2	2,0	8,0	5,0	56,8	3,0	10,0	11,0	125,0	3,0	10,0
1,5	17,0	2,0	8,0	5,5	62,5	3,0	10,0	12,0	136,4	3,0	10,0

Bleidraht.

Stärke mm	Gew. pro 100 m kg	Stärke mm	Gew. pro 100 m kg	Stärke mm	Gew. pro 100 m kg	Stärke mm	Gew. pro 100 m kg
0,3	0,08	1,—	0,9	3,5	10,5	9	72,5
0,4	0,15	1,15	1,2	4	14,2	10	89
0,5	0,28	1,25	1,5	4,5	18	11	107,5
0,6	0,33	1,5	2	5	22,2	12	128
0,7	0,45	2	3,6	5,5	26,8	13	150
0,75	0,52	2,25	4,6	6	32,2	14	174
0,8	0,6	2,5	5,6	7	43,5	15	200
0,9	0,74	3	8	8	57		

Albert Thode & Ko., Hamburg (*s. Inseratanh. S. 4*).

Bleidübel (siehe **Dübel**).

H. Köttgen & Ko., Berg.-Gladbach.

Bleikabel.

Induktionsfreie Schwachstrom-Bleikabel (Stanniolrückleitung) mit einfachem blanken Bleimantel.

Anzahl der Adern		6	9	12	16	20	24	30	36
Kupferadern 0,8 mm	pro 1000 m kg	366	473	540	650	700	764	865	965
	pro 1000 m ℳ	*374*	*492*	*580*	*723*	*849*	*970*	*1150*	*1340*

Schwachstrom-Bleikabel mit Faserisolation, System Berthoud-Borel.

Anzahl der Adern	Einfacher Bleimantel, blank				Doppelter Bleimantel, blank				Doppelter Bleimantel, Compound, 15 mm verzkt. Eisendrahtarmat.			
	Kupferadern 0,9 mm		Kupferadern 1,5 mm		Kupferadern 0,9 mm		Kupferadern 1,5 mm		Kupferadern 0,9 mm		Kupferadern 1,5 mm	
	Gewicht pro 1000 m ca. kg	Preis pro 1000 m ℳ	Gewicht pro 1000 m ca. kg	Preis pro 1000 m ℳ	Gewicht pro 1000 m ca. kg	Preis pro 1000 m ℳ	Gewicht pro 1000 m ca. kg	Preis pro 1000 m ℳ	Gewicht pro 1000 m ca. kg	Preis pro 1000 m ℳ	Gewicht pro 1000 m ca. kg	Preis pro 1000 m ℳ
1	125	*77*	185	*145*	235	*129*	315	*223*	490	*322*	600	*390*
2	260	*180*	310	*293*	435	*315*	490	*396*	790	*514*	850	*600*
3	300	*260*	365	*371*	475	*363*	570	*481*	850	*574*	970	*707*
4	320	*300*	420	*444*	510	*408*	630	*561*	900	*630*	1070	*805*
5	350	*343*	470	*518*	560	*456*	700	*642*	960	*687*	1150	*897*
6	385	*384*	520	*595*	600	*503*	770	*728*	1040	*750*	1240	*994*
7	410	*427*	570	*670*	640	*550*	830	*808*	1100	*807*	1330	*1091*

Schwachstrom-Bleikabel mit Guttaperchaisolation.

Anzahl der Adern	Einfacher Bleimantel, blank				Doppelter Bleimantel, blank			
	Kupferadern 0,9 mm		Kupferadern 1,0 mm		Kupferadern 0,9 mm		Kupferadern 1,0 mm	
	Gewicht pro 1000 m ca. kg	Preis pro 1000 m ℳ	Gewicht pro 1000 m ca. kg	Preis pro 1000 m ℳ	Gewicht pro 1000 m ca. kg	Preis pro 1000 m ℳ	Gewicht pro 1000 m ca. kg	Preis pro 1000 m ℳ
1	90	*100*	135	*170*	174	*190*	344	*330*
2	166	*220*	277	*370*	325	*350*	507	*550*
3	201	*270*	320	*450*	398	*420*	595	*650*
4	235	*330*	380	*500*	455	*500*	684	*740*
5	300	*410*	420	*580*	585	*590*	771	*840*
6	352	*470*	460	*660*	691	*670*	866	*940*
7	390	*530*	515	*740*	750	*760*	951	*1040*

Starkstromkabel, System Berthoud Borel.

Kupferquerschnitt	Blanke Bleikabel (zwei nahtlose Bleimäntel)			Asphaltierte Bleikabel (zwei nahtlose Bleimäntel, asphalt. Leinen)			Eisenbandarmierte Bleikabel (zwei nahtl. Bleimäntel, asphalt. Jute, doppelt. Eisenband, asph. Leinen)		
	Äußerer Durchmesser	Gewicht pro 1000 m	Preis pro 1000 m	Äußerer Durchmesser	Gewicht pro 1000 m	Preis pro 1000 m	Äußerer Durchmesser	Gewicht pro 1000 m	Preis pro 1000 m
qmm	ca mm	ca kg	ℳ	ca mm	ca. kg	ℳ	ca mm	ca. kg	ℳ
Einleiter-Bleikabel für Spannungen bis 700 Volt (Prüfspannung 1200 Volt Wechselstrom).									
16	12,7	956	*940*	16,7	1 021	*1 040*	22,7	1 466	*1 330*
25	14	1 148	*1 230*	18	1 218	*1 330*	24	1 705	*1 650*
35	15,2	1 332	*1 480*	19,2	1 408	*1 610*	26,4	2 262	*2 060*
50	17,2	1 718	*1 900*	21,2	1 802	*2 040*	28,4	2 684	*2 540*
70	18,9	2 050	*2 440*	22,9	2 142	*2 580*	30,1	3 104	*3 100*
95	20,7	2 444	*3 100*	24,7	2 544	*3 250*	31	3 582	*3 850*
120	22,6	2 960	*3 760*	26,6	3 068	*3 930*	34,6	4 457	*4 620*
150	24,7	3 475	*4 550*	28,7	3 593	*4 730*	36,7	5 080	*5 480*
185	26,6	3 989	*5 440*	30,6	4 114	*5 630*	39,6	5 779	*6 470*
240	29,6	4 774	*6 780*	33,6	4 913	*6 990*	42,6	6 714	*7 840*
310	32,7	5 936	*8 500*	36,7	6 089	*8 730*	45,7	8 056	*9 710*
400	35,7	7 077	*10 700*	39,7	7 243	*10 950*	48,7	9 359	*11 930*
500	39,7	8 712	*13 160*	43,7	8 895	*13 420*	53,7	11 322	*14 630*
625	43,2	10 255	*16 070*	47,2	10 455	*16 350*	57,2	13 051	*17 580*
800	48,4	12 825	*20 300*	52,4	13 047	*20 600*	62,4	15 910	*22 020*
1000	53,1	15 638	*25 100*	57,1	15 880	*25 450*	67,1	19 278	*27 070*
Zweileiter-Bleikabel für Spannungen bis 600 Volt (Prüfspannung 1200 Volt Wechselstrom).									
							2 × 0,5 mm Eisenband		
2 × 6	15	980	*1 000*	18	1 020	*1 220*	24	1 400	*1 360*
2 × 10	17	1 350	*1 340*	20	1 400	*1 590*	26	1 850	*1 790*
2 × 16	21	1 950	*1 970*	24	2 000	*2 250*	30	2 550	*2 500*
							2 × 1,0 mm Eisenband		
2 × 25	23	2 400	*2 590*	26	2 450	*2 880*	34	3 700	*3 430*
2 × 35	26	3 050	*3 290*	29	3 100	*3 600*	37	4 400	*4 210*
2 × 50	29	3 850	*4 260*	32	3 950	*4 600*	40	5 400	*5 270*
2 × 70	35	5 100	*5 550*	37	5 200	*5 910*	46	6 900	*6 600*
2 × 95	39	6 400	*7 110*	42	6 500	*7 530*	50	8 450	*8 270*
2 × 120	43	7 800	*8 680*	46	7 900	*9 130*	54	9 900	*9 930*
2 × 150	48	9 900	*11 040*	51	10 050	*11 500*	58	12 400	*12 590*
2 × 185	52	11 550	*13 130*	55	11 700	*13 630*	62	14 100	*14 780*
2 × 210	55	12 600	*14 620*	58	12 750	*15 120*	65	15 250	*16 330*
2 × 240	58	13 900	*16 380*	61	14 050	*16 920*	68	16 650	*18 140*
2 × 310	64	16 900	*20 530*	67	17 100	*21 120*	74	20 000	*22 480*
2 × 400	72	20 800	*25 780*	75	21 000	*26 420*	82	24 200	*28 000*

Kupferquerschnitt	Blanke Bleikabel (zwei nahtlose Bleimäntel)			Asphaltierte Bleikabel (zwei nahtlose Bleimäntel, asphalt. Leinen)			Eisenbandarmierte Bleikabel (zwei nahtl. Bleimäntel, asphalt. Jute, doppelt. Eisenband, asph. Leinen)		
	Äußerer Durchmesser	Gewicht pro 1000 m	Preis pro 1000 m	Äußerer Durchmesser	Gewicht pro 1000 m	Preis pro 1000 m	Äußerer Durchmesser	Gewicht pro 1000 m	Preis pro 1000 m
qmm	ca. mm	ca. kg	ℳ	ca. mm	ca. kg	ℳ	ca. mm	ca. kg	ℳ
Dreileiter-Bleikabel für Spannungen bis 600 Volt (Prüfspannung 1200 Volt Wechselstrom).									
							2 × 0,5 mm Eisenband		
3 × 6	15	1 150	*1 190*	18	1 200	*1 420*	24	1 600	*1 620*
3 × 10	18	1 600	*1 650*	21	1 650	*1 900*	27	2 100	*2 130*
3 × 16	23	2 350	*2 520*	26	2 400	*2 810*	32	3 000	*3 080*
							2 × 1,0 mm Eisenband		
3 × 25	25	2 900	*3 400*	28	3 000	*3 710*	36	4 250	*4 290*
3 × 35	28	3 700	*4 380*	31	3 800	*4 720*	39	5 200	*5 360*
3 × 50	31	4 650	*5 720*	34	4 750	*6 080*	42	6 300	*6 770*
3 × 70	37	6 200	*7 470*	40	6 300	*7 870*	48	8 100	*8 580*
3 × 95	42	7 900	*9 650*	45	8 050	*10 090*	53	10 100	*10 940*
3 × 120	46	9 600	*11 840*	49	9 750	*12 310*	57	12 050	*13 250*
3 × 150	51	11 950	*14 800*	54	12 100	*15 300*	61	14 850	*16 570*
3 × 185	55	14 100	*17 800*	58	14 220	*18 310*	65	17 300	*19 640*
3 × 210	59	15 550	*19 920*	62	15 700	*20 480*	69	18 900	*21 870*
3 × 240	62	17 300	*22 470*	65	17 500	*23 070*	72	20 700	*24 500*
3 × 310	68	21 400	*28 400*	71	21 600	*29 070*	78	25 000	*30 680*
3 × 400	76	26 200	*36 000*	79	26 450	*36 700*	86	30 400	*38 450*

Süddeutsche Kabelwerke, A.-G, Mannheim.
Land- und Seekabelwerke, Köln-Nippes.
Dr. Kassierer & Ko., Berlin.
Fr. Tobisch, Wien.

Bleikabel, asphaltierte, sind wie die blanken Bleikabel (siehe daselbst) hergestellt, jedoch noch mit einem asphaltierten Faserstoff umwickelt. Sie dürfen nur dort verwendet werden, wo sie gegen mechanische Beschädigungen geschützt sind (siehe **Bleikabel**).

Bleikabel, asphaltierte, armierte, sind wie die asphaltierten Bleikabel (siehe daselbst) hergestellt, jedoch noch mit Eisenband oder Eisendraht armiert. Bei diesen Kabeln für Ein- oder Mehrphasenstrom müssen sämtliche zu einem Stromkreis gehörenden Leitungen in demselben Kabel enthalten sein (siehe **Bleikabel**).

Bleikabel, blanke, bestehen aus einer oder mehreren Kupferseelen, starken Isolierschichten und einem wasserdichten einfachen oder mehrfachen Bleimantel. Sie dürfen nur dort verwendet werden, wo sie gegen mechanische und chemische Beschädigungen geschützt sind (siehe **Bleikabel**).

Bleikabel, einfaches, besteht aus dem Kupferleiter, der Isolation und dem Bleimantel.

Bleikabel, einfaches, Compound, ist ein einfaches Bleikabel, welches mit einem geteerten Gespinst versehen ist.

Bleikabel, geschlossene, sind eisenbandarmierte Bleikabel, welche mit verzinkten Eisendrähten, die den Eisenmantel vollständig bedecken, überzogen sind.

Bleikabel, offene, sind eisenbandarmierte Bleikabel, welche mit verzinkten Eisendrähten, die zwischen sich Spielraum lassen, überzogen sind.

Bleisicherungen (siehe **Sicherungen**).

Ernst Pabst, Bellevue-Köpenick (*s. Inseratanh. S. 18*).
Bergmann-Elektrizitätswerke, Aktiengesellsch. (Abt. J), Berlin N., Henningsdorferstr. 33. 34. 35 (*s. vordere innere Deckelseite*).

Blitzableiter (siehe **Franklinsches und Melsensches System**. Zweck: Schutz von Gebäuden und Gebäudeteilen gegen Beschädigung oder Entzündung durch Blitzschläge. Blitzableiter besteht aus der Auffangvorrichtung, einem am höchsten gelegenen Metallkörper, Turmspitzen, Eisenstangen etc., den Gebäudeleitungen, welche alle Auffangvorrichtungen verbinden, das ganze Gebäude zusammenhängend umfassen und die kürzeste Verbindung zwischen Auffangvorrichtungen und Erde herstellen sollen, und den Erdleitungen, welche an den Enden der Gebäudeleitungen angeschlossen und bis in das feuchte Erdinnere geführt sind. Der Blitzschutz ist um so sicherer, je zahlreicher die Auffangvorrichtungen, je reichlicher die Gebäudeleitungen sind und je größere Fläche die Erdleitungen haben. Gebäudeleitungen meistens aus Eisen. Für direkten Querschnitt nicht unter 100 qmm, für zusammenhängende nicht unter 50 qmm. Besonders gut eignen sich Röhren von großem Durchmesser. Sturmsichere Befestigung der Auffangvorrichtungen und Leitungen von großer Wichtigkeit. Höhe der Auffangstangen über First mindestens 3 m. Für je drei Auffangstangen mindestens eine Bodenleitung annehmen. Als Erdleitungen verwendet man verzinntes Kupferblech von mindestens 2 mm Stärke oder Netze aus verzinntem Kupferdraht von nicht weniger als 4 mm Durchmesser und Maschen von nicht weniger als 100 qcm Weite oder Metallbänder, Drahtseile etc., welche, in 1 m tiefen Gräben verlegt, um das Gebäude herumgeführt werden. Sind Gewässer in der Nähe des Gebäudes, so werden die Erdleitungen in dieselben versenkt. Wasser- und Gasleitungen sind mit ihren höchsten Stellen ebenfalls mit dem Blitzableiter zu verbinden.

Alle in einem Gebäude verlegten Metallrohrleitungen müssen in der Nähe der Gebäudeleitung und auf ihren höchsten Punkten mit ersterer verbunden sein. Hierzu verwendet man die zweiteiligen Samuelsonschen Schellen. Dieselben werden um die, um das blank gemachte Rohr gewundene Anschlußleitung geschraubt, der entstehende ringförmige Hohlraum mit Blei ausgegossen, letzteres am Einguß mit dem Rohr verstemmt, der Anschluß verkittet und mit einem Anstrich versehen.

Preis: Kupferspitzen *ℳ 5.—5.50,* Stachelspitzen, mit drei Stacheln mit Platinhüten versehen und vergoldet, *ℳ 12.50,* Kupferseile (9 Adern von je 1,9 mm Durchmesser) pro lfd. m *ℳ 0.60,* mit 12 Adern *ℳ 0.90,* Seilverbindungsklemmen *ℳ 0.40—0.60,* Auffangstangen, 4—5,5 m lang und 25 mm Durchmesser mit Reduktionsmuffen für die Kupferspitzen, *ℳ 7.—,* verzinkte Eisenrohre zum Schutze der Erdleitung pro lfd. m *ℳ 1.40,* Kupferplatten, 1,5 mm stark 330 × 660 mm

M 7.50, 1,5 mm stark 330 × 1000 mm *M 11.—*, 1,5 mm stark 500 × 1000 mm *M 16.—*.

Sächs. Kupfer- und Messingwerke F. A. Lange, Kupferhammer-Grünthal i.S. (*s. Inseratanh. S 5*).
H. Wölting, Bochum.

Aktiengesellschaft Mix & Genest, Berlin W., Bülowstr. 63—67 (*s. Inseratanh. S. 15*).

Leitsätze über den Schutz der Gebäude gegen den Blitz.

(Angenommen vom Elektrotechnischen Verein und dem Verbande deutscher Elektrotechniker.)

1. Der Blitzableiter gewährt den Gebäuden und ihrem Inhalte Schutz gegen Schädigung oder Entzündung durch den Blitz. Seine Anwendung in immer weiterem Umfange ist durch Vereinfachung seiner Einrichtung und Verringerung seiner Kosten zu fördern.

2. Der Blitzableiter besteht aus:

a) den Auffangvorrichtungen,
b) den Gebäudeleitungen und
c) den Erdleitungen.

a) Die Auffangvorrichtungen sind emporragende Metallkörper, -flächen oder -leitungen. Die erfahrungsgemäßen Einschlagstellen (Turm- oder Gibelspitzen, Firstkanten des Daches, hochgelegene Schornsteinköpfe und andere besonders emporragende Gebäudeteile) werden am besten selbst als Auffangvorrichtungen ausgebildet oder mit solchen versehen.

b) Die Gebäudeleitungen bilden eine zusammenhängende metallische Verbindung der Auffangvorrichtungen mit den Erdleitungen; sie sollen das Gebäude, namentlich das Dach, möglichst allseitig umspannen und von den Auffangvorrichtungen auf den zulässig kürzesten Wegen und unter tunlichster Vermeidung schärferer Krümmungen zur Erde führen.

c) Die Erdleitungen bestehen aus metallenen Leitungen, welche an den unteren Enden der Gebäudeleitungen anschließen und in den Erdboden eindringen; sie sollen sich hier unter Bevorzugung feuchter Stellen möglichst weit ausbreiten.

3. Metallene Gebäudeteile und größere Metallmassen im und am Gebäude, insbesondere solche, welche mit der Erde in großflächiger Berührung stehen, wie Rohrleitungen, sind tunlichst unter sich und mit dem Blitzableiter leitend zu verbinden. Insoweit sie den in den Leitsätzen 2, 5 und 6 gestellten Forderungen entsprechen, sind besondere Auffangvorrichtungen, Gebäude- und Erdleitungen entbehrlich. Sowohl zur Vervollkommnung des Blitzableiters, als auch zur Verminderung seiner Kosten ist es von größtem Wert, daß schon beim Entwurf und bei der Ausführung neuer Gebäude auf möglichste Ausnutzung der metallenen Bauteile, Rohrleitungen u. dgl. für die Zwecke des Blitzschutzes Rücksicht genommen wird.

4. Der Schutz, den ein Blitzableiter gewährt, ist um so sicherer, je vollkommener alle dem Einschlag ausgesetzten Stellen des Gebäudes durch Auffangvorrichtungen geschützt, je größer die Zahl der Gebäudeleitungen und je reichlicher bemessen und besser ausgebreitet die Erdleitungen sind. Es tragen aber auch schon metallene Gebäudeteile von größerer Ausdehnung, insbesondere solche, welche von den höchsten Stellen der Gebäude zur Erde führen, selbst wenn sie ohne Rücksicht auf den Blitzschutz ausgeführt sind, in der Regel zur Verminderung des Blitzschadens bei. Eine Vergröße-

rung der Blitzgefahr durch Unvollkommenheiten des Blitzableiters ist im allgemeinen nicht zu befürchten.

5. Verzweigte Leitungen aus Eisen sollen nicht unter 50 qmm, unverzweigte nicht unter 100 qmm stark sein. Für Kupfer ist die Hälfte dieser Querschnitte ausreichend; Zink ist mindestens vom ein- und einhalbfachen, Blei vom dreifachen Querschnitt des Eisens zu wählen. Der Leiter soll nach Form und Befestigung sturmsicher sein.

6. Leitungsverbindungen und Anschlüsse sind dauerhaft, fest, dicht und möglichst großflächig herzustellen. Nicht geschweißte oder gelötete Verbindungsstellen sollen metallische Berührungsflächen von nicht unter 10 qcm erhalten.

7. Um den Blitzableiter dauernd in gutem Zustande zu erhalten, sind wiederholte sachverständige Untersuchungen erforderlich, wobei auch zu beachten ist, ob inzwischen Änderungen an dem Gebäude vorgekommen sind, welche entsprechende Änderungen oder Ergänzungen des Blitzableiters bedingen.

Blitzableiter-Meßbrücken zur Kontrolle von Blitzableiteranlagen werden in Form besonderer Prüfkasten verwendet und bestehen aus mehreren Vergleichs-Widerstandsspulen, dem Meßdraht, welcher direkt über eine in Ohm geeichte Skala gespannt ist, Trockenelementen, einem Induktionsapparat, Telephon und Ausschalter. Preis *M 90.* (Hersteller: H. Wölting, Bochum.)

Dr. Rud Franke & Ko., G. m. b. H., Hannover.

Blitzpfeil — ein gewöhnlich roter Zickzackpfeil als Warnungszeichen der Gefährlichkeit in Hochspannungsanlagen.

Blitzplatten sind Blitzschutzvorrichtungen, welche aus zwei gezahnten Metallplatten bestehen, die in einem solchen Abstand voneinander fixiert sind, daß sie einen entsprechenden Luftspalt zwischen sich freilassen.

Blitzschutzvorrichtung für Wechselstrom der Neuen Elektr.-Ges., Berlin, für Primärstromkreise mit Spannungen von 1000—2000 Volt.

Bezeichnung	Maxim. Spanng. Volt	Gewicht ca. netto kg	Gewicht ca. brutto kg	Preis *M*
Blitzableiter, einpolig, für Innenmontage .	1000	2,0	4,0	*12*
Blitzableiter, einpolig, für Innenmontage .	2000	2,5	4,5	*13*
Blitzableiter, einpolig, für Außenmontage, mit Eisenschutzkasten	1000	4,8	8,0	*20*
Blitzableiter, einpolig, für Außenmontage, mit Eisenschutzkasten	2000	4,5	8,0	*21*
Blitzableiter, doppelpolig, für Innenmontage	1000	2,7	4,5	*18*
Blitzableiter, doppelpolig, für Innenmontage	2000	3,2	6,0	*21*
Blitzableiter, doppelpolig, für Außenmontage, mit Eisenschutzkasten	1000	8,4	12,0	*31*
Blitzableiter, doppelpolig, für Außenmontage, mit Eisenschutzkasten	2000	9,5	13,0	*34*

Albert Thode & Ko., Hamburg (*s. Inseratanh. S. 4*).

Blitzschutzvorrichtung, System Dr. P. Meyer, mit selbsttätiger Funkenlöschung *M 27.50* pro Stück.

Blitzschutzvorrichtungen haben die Aufgabe, elektrische Maschinen, Apparate und Leitungen gegen die schädlichen Wirkungen der vom Hauptstrahl des Blitzes oft bis auf einen Halbmesser von 20 m ausgehenden Seitenentladungen sowie gegen die atmosphärischen Funkenentladungen zu schützen. Einen Schutz gegen den direkten Blitzschlag, welcher übrigens in elektrischen Oberleitungen äußerst selten vorkommt, bieten die Blitzschutzvorrichtungen nicht. Zu den Blitzschutzvorrichtungen zählen gewissermaßen auch die Blitzableiter, welche zum Schutze der Gebäude gegen direkten Blitzschlag dienen (siehe **Blitzableiter**). Blitzschutzvorrichtungen bestehen im Prinzip aus einem guten Leiter, welcher mit der Erde in gut leitender Verbindung steht und vor der zu schützenden Maschine so angeordnet ist, daß ihn von derselben nur ein kurzer Zwischenraum (Funkenstrecke) trennt.. Die atmosphärische Entladung wird stets den Weg über die kleine Funkenstrecke durch die Erdleitung zur Erde wählen, weil hier ein bedeutend geringerer Widerstand als von der zu schützenden Maschine und deren Isolation geboten wird.

Das Prinzip der Wirkungsweise eines Blitzschutzapparats besteht darin, eine atmosphärische Entladung durch Einschaltung eines induktionslosen (Luft-) Widerstandes vor die zu schützenden Maschinen und Apparate möglichst direkt und vollkommen zur Erde abzuleiten. Das Hauptaugenmerk bei der Wahl eines Blitzschutzapparats muß darauf gerichtet sein, ob die betreffende Konstruktion so gehalten ist, daß der hochgespannte Leitungsstrom dem Lichtbogen, welcher durch den Blitzstrahl gebildet wird, folgt und letzterer erlischt.

Eine Blitzschutzvorrichtung muß folgende Bedingungen erfüllen: Der einer Funkenentladung etwa nachfolgende Lichtbogen darf nicht bestehen bleiben; es darf kein dauernder Strom zur Erde gehen; sie darf keine Schmelzdrähte enthalten; sie muß empfindlich sein, d. h. die Funkenstrecke darf nicht zu lang sein.

Die Hauptbedingungen für die Betriebssicherheit von Starkstrom-Blitzschutzapparaten sind erstens, daß bei ihrer Konstruktion keine beweglichen Teile vorkommen dürfen, und daß zweitens dem Blitze durch den Blitzableiter ein möglichst induktionsfreier Weg zur Erde geboten wird. Wenn die Blitzableiter in der Nähe von Generatoren, Motoren und Transformatoren angeordnet werden, so schaltet man zwischen diese und den Blitzschutzapparat etwas Selbstinduktion, was am besten dadurch geschehen kann, daß man die Leitung zu einer Spirale von etwa 8—12 Windungen von ungefähr 100 mm Durchmesser und 10 mm Abstand voneinander aufwickelt. Blitzschutzvorrichtungen für Hochspannungsfernleitungen werden am Anfangs- und Endpunkt der Leitungen sowie bei großer Netzausdehnung auch auf Zwischenpunkten angeordnet. In gewitterreichen Gegenden und im Gebirge muß eine größere Anzahl von Blitzschutzvorrichtungen in die Leitungen eingeschaltet werden. Besonders gefährdete Stellen werden durch mehrere parallel geschaltete Blitzschutzapparate gesichert. Ferner muß vor jeder Transformatorenstation und jedem Hochspannungsmotor eine Blitzschutzvorrichtung eingeschaltet werden, desgleichen bei Transformatoren auch an der

Abgangsstelle der Sekundärleitungen. In Gebirgsgegenden ist es empfehlenswert, jeden Mast mit einer Auffangstange zu versehen, welche durch einen Erddraht (gewöhnlich zum Schutze gegen Beschädigungen und Berührungen in einem Rohr verlegt) und daran angeschlossene Erdplatten oder Erdspiralen (siehe daselbst) mit dem feuchten Erdinnern in leitende Verbindung gebracht ist.

In neuester Zeit mehren sich auch Einrichtungen, welche, die Leitungen durch große, induktionslose Widerstände mit der Erde verbindend, eine ständige Abführung atmosphärischer Ladungen zur Erde bezwecken. Diese Einrichtungen scheinen sich gut zu bewähren, wenn sie auch gegen eigentliche starke Blitzschläge allein nicht hinreichend schützen. Es wird stets angezeigt sein, neben diesen Einrichtungen noch Blitzschutzapparate mit Funkenstrecken (wie z. B. die Hörnerblitzableiter) im Gebrauch zu haben.

Die Blitzschutzvorrichtungen zerfallen in solche, bei denen infolge Abkühlung und Unterteilung des Funkens der Lichtbogen überhaupt nicht zustande kommt, bei denen der Lichtbogen durch mechanische Bewegung zerrissen, durch ein magnetisches Gebläse durch seine Eigenwirkung ausgelöscht wird u. a. m. (siehe **Wirtsche, Wurtssche, Thomsonsche, Ölschläger-Schrottkesche, Müllersche, Benischkesche, Hörner-Blitzschutzvorrichtungen und Funkenstrecken**).

Blitzschutzvorrichtung von Benischke (Prinzip siehe **Ölschläger-Schrottkesche Blitzschutzvorrichtung**). Die Eigenwirkung des Lichtbogens wird durch ein magnetisches Gebläse unterstützt. Die Funkenstrecke wird von zwei in der Mitte horizontalen und gegen das Ende aufwärts gebogenen Messingbügeln gebildet, unter welchen sich ein aus unterteiltem Eisen hergestellter Elektromagnet befindet, dessen Wickelung in die Fernleitung eingeschaltet wird, so daß, wenn letztere Strom führt, der Magnet beständig erregt wird. Der eine Bügel ist an die Wickelung, der andere an die Erdleitung angeschlossen. (Hersteller: Allgem. Elektr.-Ges.)

Blitzschutzvorrichtung von Müller (Prinzip siehe **Ölschläger-Schrottkesche Blitzschutzvorrichtung**). Sie besteht aus zwei nach aufwärts gehenden, sich kreuzenden linearen Leitern, welche isoliert befestigt sind und an deren einem die Fernleitung, am anderen die Erdleitung angeschlossen sind. Die atmosphärische Entladung geht an der durch die Kreuzung gebildeten engsten Stelle über.

Blockwerke haben die Aufgabe, die Ein- und Ausfahrtsignale und -weichen von einer in der Bahnstation befindlichen Zentralstelle aus zu bedienen und selbsttätig zu verhindern, daß das auf »Halt« gestellte Signal früher auf »Fahrt« gestellt wird, bevor der ganze Zug die Weichen passiert hat.

Blondelscher Hysteresis-Meßapparat (siehe **Hysteresismessung**).

Böddinghausdübel (siehe **Dübel**).

Bogenlampen sind Vorrichtungen, welche bei Zuführung elektrischer Energie einen zur Beleuchtung dienenden konstanten Lichtbogen jederzeit liefern.

Der Lichtbogen der Bogenlampen darf nur so lang sein, daß die negative Kohle keinen zu langen Schatten wirft und das Licht ruhig bleibt.

Die Brenndauer einer Bogenlampe wird erhöht, indem man die Kohle in der Temperatur der aufsteigenden Luft unverbrennbar macht (Tränken der Kohlenstäbe mit Natriumwolframat, welches nicht in der Weißglühhitze, sondern erst bei der Lichtbogentemperatur verbrennt), oder indem man den Luftstrom von der Kohle abhält (die obere Kohle wird mit einem aus isolierendem Material hergestellten Ring umschlossen, welcher die Kohle dicht umgibt, ohne sie am Herabsinken zu hindern), oder indem man das Auftreten des Luftstromes verhindert (**Dauerbrandbogenlampen**, siehe daselbst)

Für eine 8 Ampere-Gleichstrombogenlampe, welche im Mittel 450 HE besitzt, gelten folgende Daten:

Für Hofbeleuchtung	2000	qm	pro	Lampe
» Bahnhofshallen	1400	»	»	»
» Gießereien, allgemeine Beleuchtung	500—600	»	»	»
» » spezielle »	200—250	»	»	»
» Maschinenfabriken	200	»	»	»
» Webereien und Spinnereien . . .	300	»	»	»

Ehrich & Graetz, Berlin SO. 36.

Bogenlampen-Aufhängematerial:

	ℳ
Differentialaufzug ohne Seil und Kabel	*40— 50*
Federaufzug ohne Seil und Kabel	*60— 65*
Überspannungen mit vertikaler Lampenbewegung	*25— 50*
Überspannungen mit vertikaler und horizontaler Lampenbewegung	*45— 65*
Aufzugswinden	*5*
Aufzugswinden für Einbau im Mastsockel . . .	*20*
Aufzugswinden für horizontale und vertikale Lampenbewegung	*35— 40*
Aufzugswinden für vereinigtes Drahtseil und Kabel	*65—120*
Regulierbare Gegengewichte	*2— 6*
Führungsrollen	*1— 3*
Vereinigtes Drahtseil und Kabel pro 100 m . .	*100—250*

H. Köttgen & Ko., Berg.-Gladbach.

Bogenlampen-Aufzugsseile mit Doppelleitung bestehen aus zwei isolierten Leitungen und einem verzinkten Flußstahldrahtseil, welche gemeinschaftlich mit Leinengarn umflochten sind.

Querschnitt jeder Leitung qmm	Konstruktion des Stahldrahtseiles: Litzen	zu je Drähten	Durchmesser der einzelnen Drähte mm	Hanfseil	Gewicht pro 1000 m ca. kg	Preis pro 100 m ℳ
2,5	3	7	0,40	—	145	*54*
4	5	7	0,40	1	195	*68*
6	5	5	0,55	1	300	*81*

H. Köttgen & Ko., Berg.-Gladbach.
Bernh. Seiffert & Sohn, Chemnitz i. S.
Albert Thode & Ko., Hamburg (*s. Inseratanh. S. 4*).
Fr. Tobisch, Wien.
A. E.-G., Berlin.
Siemens-Schuckertwerke, Berlin.

Bogenlampen-Aufzugswinden. Normalkonstruktion: In zylindrischem Gehäuse ist die mit einem Sperrad versehene Seiltrommel untergebracht. In die Sperradzähne greift ein durch Feder gespannter Einleger ein. Die Auslösung der Arretierung kann erst erfolgen, wenn ein kurzer Anhub mit der Kurbel vorausgegangen ist.

H. Köttgen & Ko., Berg.-Gladbach.
Eisenwerk Weserhütte, Bad Oeynhausen.
Albert Thode & Ko., Hamburg (s. Inseratanh. S 4).

Bogenlampen-Bockrollen. Gewicht: 0,6—2 kg, Preis pro 100 Stück *M 45—90.*

H. Köttgen & Ko., Berg.-Gladbach.

Bogenlampen-Drosselspulen.

Für Stromstärken bis Ampere . . .	6	8	10	12	15	20	25
Energieverbrauch bei 110 Volt ca. Watt	35	40	50	60	65	80	100
Preis pro Stück in Mark	*50*	*51*	*52*	*53*	*54*	*55*	*56*

Bogenlampen, farbige (siehe **Flammenbogenlampen**).

Bogenlampenglocken. Preis der Opal-Überfang-Glasglocken je nach Größe *M 2—8.*

Bogenlampen-Gegengewichte. Dieselben sind hohl, mit Schrotfüllung versehen und durch einen schmiedeeisernen Gewindepfropfen, der als Öse ausgebildet ist, abgeschlossen.

Preis für Gewichte von 3—5 kg *M 37* }
» » » » 5—7 » » *35* } pro 100 kg.
» » » » 7—10 » » *33* }

H. Köttgen & Ko, Berg.-Gladbach.
Eisenhüttenwerke Sorge, Sorge i. W.

Bogenlampenkabel.

Querschnitt qmm	Je nach Qualität der Gummiaderisolation pro 1000 m M
1,0	*90— 176*
1,5	*114— 200*
2,5	*155— 258*
4,0	*215— 333*
6,0	*291— 417*
10,0	*414— 615*
16,0	*610— 890*
25,0	*920—1300*

Süddeutsche Kabelwerk-A.-G., Mannheim.
Land- und Seekabelwerke, Köln-Nippes.
Dr. Cassierer & Ko., Berlin.
C. J. Vogel, Berlin.

Bogenlampenkohlen werden aus Ruß, Retortenkohle, einem aus Ruß und Steinkohlenteer hergestellten Bindemittel und verschiedenen chemischen Beimengungen hergestellt, unter hohem Drucke gepreßt und bei ca. 1300° C gebrannt.

Das Material wird auf einem endlosen Riemen vor einem Stahlmagneten vorübergeführt, um beigemengte Eisensplitter zu entfernen, da Eisenteilchen ein flackerndes Licht hervorrufen. Hierauf wird die Masse mit Salzsäure behandelt, gepreßt und wieder ausgewaschen. Dann wird die Kohle in einer Stangenpresse in zylindrische Form gebracht, wobei bei Dochtkohlen das Mundstück eine Nadel erhält, um der Kohle die Längsbohrung zu geben. Die Kohlen werden nun in passende Längen geschnitten, in Bündeln von 12 bis 15 Stück zusammengebunden und in Tiegeln gebrannt. Nach dem Brennen werden die Kohlen abgeputzt, poliert und auf Karborundumscheiben zugespitzt. Schließlich wird bei Dochtkohlen die Dochtmasse mittels einer Spritze oder Dochtmaschine eingebracht. Als Dochtmasse verwendet man zermahlene, schon gebrannte Ausschußlichtkohlen, als Bindemittel Wasserglas und Borsäure.

Die positive (obere) Kohle hat stärkeren Durchmesser als die negative Kohle und wird für Gleichstrom meist als Dochtkohle hergestellt. Durchmesser der oberen Dochtkohle im Mittel 28 qmm, der unteren Homogenkohle im Mittel 11 qmm. Für Wechselstrom sind obere und untere Kohle gewöhnlich gedochtet, von nahezu gleichem Durchmesser und gleicher Länge. Für große Stromstärken (Scheinwerfer) werden statt Dochtkohlen oft schwach verkupferte Homogenkohlen verwendet.

Bogenlampenkohlen.

Kohlendurchmesser, Stromstärken und Spannungen bei gleicher Kohlenlänge.

Stromstärke in Ampere	Spannung in Volt	Durchmesser in mm positive Kohle	Durchmesser in mm negative Kohle
2	40	8	5
4	42	13	8
6	43,5	16	10
8	44,5	17	11
10	45	18	12
12	46	20	13
15	47	21	13
20	48	22	13
25	49	25	17
30	50	25	17

Tabelle der Brenndauer.

Stromstärke in Amp.	Kohlenlänge in mm	Brenndauer in Stunden
2	110	6—8
4	110	6—8
6	180	10—12
8	180	10—12
10	180	10—12
12	235	14—16
15	235	14—16
20	235	14—16
25	270	18—20
30	270	18—20

Preis pro 100 m normaler Kohlen.

Durchm. mm	Dochtkohlen für Gleich- u. Wechselstrom ℳ	Homogene Kohlen ℳ	Durchm. mm	Dochtkohlen für Gleich- u. Wechselstrom ℳ	Homogene Kohlen ℳ
1	—	*10*	16	*52*	*48*
2	—	*10*	17	*60*	*54*
3	—	*10*	18	*66*	*60*
4	—	*10*	19	*75*	*66*
5	*14*	*12*	20	*82*	*75*
6	*15*	*12*	21	*90*	*82*
7	*18*	*15*	22	*100*	*90*
8	*21*	*18*	23	*110*	*100*
9	*24*	*21*	24	*120*	*110*
10	*27*	*24*	25	*135*	*125*
11	*30*	*27*	26	*140*	*132*
12	*33*	*30*	27	*150*	*140*
13	*36*	*33*	28	*160*	*145*
14	*39*	*36*	29	*165*	*155*
15	*45*	*40*	30	*190*	*170*

Preis pro 100 m Effektkohlen (Kohlen mit Leuchtzusätzen).

Durchmesser	Dochtkohlen. Farbe des Lichtes		Durchmesser	Dochtkohlen. Farbe des Lichtes	
	gelb	rot und milchweiſs		gelb	rot und milchweiſs
mm	ℳ	ℳ	mm	ℳ	ℳ
5	*22*	*30*	18	*103*	*139*
6	*23*	*31*	19	*116*	*157*
7	*28*	*38*	20	*126*	*171*
8	*32*	*45*	21	*139*	*189*
9	*38*	*51*	22	*155*	*211*
10	*41*	*57*	23	*168*	*230*
11	*45*	*62*	24	*190*	*256*
12	*50*	*68*	25	*208*	*283*
13	*55*	*76*	26	*225*	*304*
14	*61*	*83*	27	*233*	*317*
15	*69*	*96*	28	*246*	*334*
16	*81*	*110*	29	*258*	*351*
17	*95*	*127*	30	*271*	*367*

Planiawerke, Ratibor. | F. Henrion, Nancy.

Preis der Kohlenstäbe von Gebr. Siemens & Ko., Charlottenburg, in Pfennigen pro m.

Wechselstrom und Gleichstrom			Effektkohlen (Kohlen mit Leuchtzusätzen). Dochtkohlen	
Durchmesser in mm	Dochtkohlen	Homogene Kohlen	gelb	rot und milchweiß
2	—	*22*	—	—
3	—	*18*	—	—
4	—	*16*	—	—
5	*17*	*14*	*24*	*33*
6	*18*	*16*	*26*	*35*
7	*22*	*18*	*31*	*42*
8	*26*	*22*	*36*	*50*
9	*30*	*25*	*42*	*57*
10	*33*	*30*	*46*	*63*
11	*36*	*33*	*50*	*69*
12	*40*	*36*	*56*	*76*
13	*44*	*40*	*61*	*84*
14	*48*	*43*	*68*	*92*
15	*56*	*48*	*77*	*107*
16	*64*	*58*	*90*	*122*
17	*74*	*66*	*105*	*141*
18	*81*	*74*	*114*	*154*
19	*92*	*81*	*129*	*175*
20	*100*	*91*	*140*	*190*
21	*110*	*100*	*154*	*210*
22	*123*	*110*	*172*	*234*
23	*134*	*123*	*187*	*255*
24	*150*	*134*	*210*	*285*
25	*165*	*153*	*231*	*314*
26	*178*	*165*	*250*	*338*
27	*185*	*178*	*259*	*352*
28	*195*	*185*	*273*	*371*
29	*205*	*195*	*287*	*390*
30	*215*	*205*	*301*	*408*
35	*300*	*280*	*420*	*570*
40	*380*	*360*	*530*	*725*

Bogenlampenkompensatoren dienen zur Unterteilung einer gegebenen Netzspannung, um Apparate geringerer Klemmenspannung an Leitungen höherer Netzspannungen anschließen zu können. Die Apparate selbst befinden sich dabei untereinander in Hintereinanderschaltung, mit der Wickelung des Kompensators jedoch in Parallelschaltung.

Bogenlampenkompensatoren ermöglichen es, daß jede der sekundär angeschlossenen Lampen einzeln beliebig ausgeschaltet werden kann, ohne daß weder die übrigen Lampen gleichzeitig verlöschen, noch in ihrer Wirkungsweise beeinträchtigt werden. Preis pro Stück *M 80—100.*

Bogenlampenkuppelungen sind Vorrichtungen, welche bezwecken, das Zugseil der Bogenlampe herabzulassen, ohne daß die Leitungsdrähte, welche sich beim Herunterlassen selbstätig ausschalten, mit heruntergenommen werden müssen.

Bogenlampen-Kurbelwiderstände, zugleich als einpolige Ausschalter benutzbar, werden überall dort angewendet, wo während des Betriebes die Stromstärke der Bogenlampen verändert werden soll; auch eignen sich diese Widerstände bei Serienschatung von Bogenlampen als Anlasser und Vorschaltwiderstand, namentlich wenn die Lampen nur mit geringem Vorschaltwiderstand brennen.

Stromstärke in Ampere			Preis in Mark
minimale	mittlere	maximale	
1,5	2	3	*20*
2,5	3	4	*20*
3	4	6	*20*
4,5	6	8	*20*
6	8	10	*21*
7	10	12,5	*22*
11	15	18	*25*
16	20	23	*36*
20	25	30	*45*
25	30	35	*55*

Bogenlampen-Kurzschlußapparate. Dieselben werden mit Ersatzwiderstand versehen und finden hauptsächlich Anwendung bei größeren Serienschaltungen, um ein Verlöschen sämticher Lampen einer Serie zu verhüten, wenn eine Lampe derselben versagt. Der Apparat besteht aus einem kombinierten Elektromagneten mit einer Nebenschluß- und Hauptstromspule und einem gewöhnlich auf Porzellanrollen montierten Ersatzwiderstand. Preis pro Stück *M 40.*

Bogenlampenschaltungen. Sind die Lampen in Serie geschaltet, so wird gewöhnlich die Stromstärke durch die Maschine konstant gehalten. In diesem Falle können nur Nebenschluß- oder Differentiallampen verwendet werden und müssen die Lampen mit selbsttätigen Kurzschlußvorrichtungen versehen sein, damit beim Verlöschen einer Lampe der Stromkreis nicht unterbrochen wird. Wo nur Bogenlampen zur Anwendung kommen, werden sie in Reihen geschaltet, wobei die Lampen erst eingeschaltet werden, wenn die Maschine ihre normale Umdrehungszahl erreicht hat. Bei der einfachen Parallelschaltung erhält jede Lampe einen Vorschaltwiderstand, welcher bei einer Maschinenspannung von 65 Volt eine Spannungsreduzierung auf 45 Volt bewirkt. Bei der mehrfachen Parallelschaltung erhält jede Lampenreihe einen Vorschaltwiderstand. Bei Parallelschaltung werden die Lampen nach und nach ein- bzw. ausgeschaltet. Es sollen alle Lampen vor dem Abstellen der Maschine stets ausgeschaltet werden (siehe **Parallelschaltung, Gruppenschaltung und Reihenschaltung von Bogenlampen**).

An Glühlichtleitungen von 100—110 Volt Spannung schaltet man in jede parallele Abzweigung zwei oder mehrere Lampen hintereinander ein, während bei Wechselstrombogenlampen bis zu vier Lampen hintereinander geschaltet werden können.

Bogenlampen-Seilrollen.

Kranz-durch-messer mm	Rillen-breite mm	Rillen-tiefe mm	Loch-durch-messer mm	Naben-höhe mm	Gewicht für 1 Stück ca. g (Rohgewicht)	Preis für 100 Stück ℳ
70	9	6,5	8	17	150	*10.75*
80	9	6,5	8	17	165	*12.15*
90	10	8	8	19	235	*15.35*
100	11	8,5	10	19	255	*17.15*
115	12	9	10	21	400	*22.90*
130	13	10,5	12	23	525	*28.60*
150	14	11	14	25	675	*37.20*
175	16	12	16	28	1070	*57.20*
200	18	14	18	30	1460	*75.80*
225	20	15	20	33	2000	*94.40*
250	22	17	22	36	2280	*104.40*
275	24	18	24	39	3200	*137.30*
300	27	20	26	42	3560	*153.—*
350	30	22	26	46	5520	*237.40*

H. Köttgen & Ko., Berg.-Gladbach. | Eisenwerk Sorge, Sorge i. W.

Bogenlampenspannung hängt von der Kohlensorte, der Stromart, der Stromstärke und Bogenlänge ab. Bei den normalen Stromstärken von 6—14 Amp. und Bogenlängen von 2—4 mm für Gleichstrom beträgt die Klemmenspannung 40—50 Volt. Bei Bogenlampen mit beschränktem Luftzutritt (vielstündige Bogenlampen) mit Stromstärken von 2—5 Amp. und Bogenlängen über 6 mm beträgt die Klemmenspannung 80—85 Volt. Im allgemeinen ist bei Dochtkohlen unter gleichen Umständen die erforderliche Spannung kleiner als bei Homogenkohlen. Die mittlere Spannung, welche zur Erhaltung eines ruhigen Bogens nötig ist, ist bei spitzen Stromkurven geringer als bei flachen.

Bogenlampen, Summen derselben, hat seine Ursache darin, daß in den Metallteilchen und Hülsen der Reguliermechanismen, die in dem Nebenschluß zum Hauptstrom liegen, die kleinste vorkommende Stromänderung Ströme induziert, welche die Stromstärke des Hauptstromes verändern und dadurch Schall erzeugen.

Bogenlampensystem Křižik-Schuckert. Der Mechanismus, welcher den Lichtbogen bildet und ihn während des Brennens in normaler Länge erhält, hat weder Räderwerke noch Federn, weder Kontakt- noch Klemmvorrichtungen. Derselbe besteht im wesentlichen aus zwei Kupferdrahtspulen und einer Schnurrolle mit Schnur, an der die beiden Kohlenhalter befestigt sind. Die Hauptstromspule hat wenige Windungen von starkem Draht und ist hinter den Lichtbogen, die Nebenschlußspule hat viele Windungen von dünnem Draht und ist parallel zum Lichtbogen geschaltet. Die Spulen wirken, vom Strome durchflossen, auf zwei konisch geformte Weicheisenkerne, deren Blechrohrumhüllungen die oberen Verlängerungen der Kohlenhalter bilden. Infolge der Aufhängung der Kohlenhalter an einer gemeinsamen Tragschnur legen beide Kohlen stets gleiche Weglängen zurück und zwar die positive nach unten, die negative nach oben (Lampe mit aufrechtem Lichtbogen) oder umgekehrt (Lampe mit umgekehrtem Lichtbogen). Jeder Kohlenhalter hat eine doppelte Führung, durch welche sowohl das Verdrehen eines Kohlenhalters für sich, als auch das Versetzen der beiden Kohlenhalter gegeneinander verhütet wird, wenn die Lampe geneigt wird.

Die beiden Eisenkerne werden von den Spulen beim Stromdurchgange nach oben gezogen; diese Anziehungskräfte wirken einander entgegen, indem die Hauptstromspule ein Auseinandergehen, dagegen die Nebenschlußspule ein Zusammengehen der Kohlenspitzen herbeizuführen strebt. Je nachdem also die Stromstärke (bei zu kleinem) oder die Spannung (bei zu großem Lichtbogen) überwiegt, findet eine Entfernung oder eine Annäherung der Kohlenspitzen statt, bis die normale Lichtbogenlänge wieder erreicht ist und damit das Gleichgewicht eintritt.

Mit dem Abbrande der Kohlen ändert sich die relative Lage zwischen Spule und zugehörigem Eisenkern, indem der eine Kern in die Nebenschlußspule nach und nach weiter hineingezogen wird, hingegen der andere Kern aus der Hauptstromspule ebenso allmählich heraustritt. Damit der Lichtbogen hierdurch nicht beeinflußt wird, müssen die Anziehungskräfte zwischen Kern und Spule von ihrer gegenseitigen Lage unabhängig sein, was durch die eigentümliche konische Form der Eisenkerne erreicht ist.

Da der Lichtbogen von der negativen Kohle nur halb soviel verzehrt als von der positiven, so erhält die untere, homogene Kohle einen annähernd halb so großen Querschnitt als die obere Dochtkohle; folglich brennen beide Kohlenstäbe um gleiche Längen ab und erzeugen, wegen des gleich großen Nachschubs, den Lichtbogen während der ganzen Brenndauer an derselben Stelle. Der kleinere Durchmesser der negativen Kohle hat ferner zur Folge, daß von dem Lichtkegel, den der Krater der positiven Kohle nach unten wirft, nur ein kleiner Teil unter der negativen Kohle weggenommen wird, die Ausbeute der produzierten Lichtmenge also möglichst groß ist.

Bogenlampentransformatoren dienen dazu, Netzspannungen von 100 Volt und mehr auf die für ein, zwei oder drei Bogenlampen erforderliche Spannung zu transformieren.

Bezeichnung	Netzspannung Volt	Stromstärke Ampere	Preis ℳ
Transformatoren für eine Lampe	100, 110	6, 8, 10, 12	*55.—*
		15, 18, 20	*60.—*
Transformatoren f. zwei hintereinander geschaltete Lampen	115, 120 125	6, 8, 10, 12	*62.50*
		15, 18, 20	*69.—*
Transformatoren für eine Lampe	190, 200	6, 8, 10, 12	*55.—*
		15, 18, 20	*62.50*
Transformatoren f. zwei hintereinander geschaltete Lampen	210, 215	6, 8, 10, 12	*63.75*
		15, 18, 20	*87.75*
Transformatoren f. drei hintereinander geschaltete Lampen	220	6, 8, 10, 12	*75.50*
		15, 18, 20	*97.50*

Für Spannungen von 110—120 Volt:
Zum Brennen einer Lampe von 5—12 Amp. . . . . ℳ 65
» » » » » 15—25 » . . . . » 70
Zum gleichzeitigen Brennen von 2 Lampen von 5—12 Amp. » 75
» » » » » » » 15—25 » » 80
Zum wechselseitigen Brennen von 2 Lampen von 5—12 Amp. » 75
» » » » » » » 15—25 » » 80
Zum gleichzeit. u. wechselseit. Brennen v. 3 Lampen v. 5—12 Amp. » 80
» » » » » » » » » 15—25 » » 90

Für Spannungen von 200—220 Volt:
Zum Brennen einer Lampe von 5—12 Amp. . . . . ℳ 70
» » » » » 12—20 » . . . . » 75
Zum gleichzeitigen Brennen von 2 Lampen von 5—12 Amp. » 75
» » » » » » » 15—20 » » 110
» » » » 3 » » 5—12 » » 90
» » » » » » » 15—20 » » 120
» » » » 4 » » 5—12 » » 120
» » » » » » » 15—20 » » 150

Bogenlampen-Wattverbrauch und Leuchtkraft.

Ampere	Volt	Watt	Mittlere hemisphär. Lichtstärke NK	Watt pro NK
1,5	32,7	49	40	1,22
2	34,1	68,2	62	1,10
2,5	34,5	86,7	104	0,83
3	36,2	109	148	0,73
6	42,9	257	240	0,535
7,08	45,8	325	314	0,51
7,78	42,6	331	332	0,50
8,65	43,3	375	418	0,397
9,21	40,2	370	391	0,473
9,94	49,3	490	424	0,575
10,97	50,5	554	713	0,389
12,27	49,0	600	558	0,535
13,12	47,3	622	1131	0,274
18,09	47,7	863	863	0,50
19,97	48,5	968	968	0,50
22,84	47,3	1080	1080	0,50

Bogenlampenwiderstände.

Amp		Ohm / ℳ						
2	Ohm	18	25	36				
	ℳ	10.—	13.50	19.—				
3	Ohm	11,5	16	23				
	ℳ	10.—	13.50	19.—				
4	Ohm	8,0	12	16				
	ℳ	10.—	14.—	19.—				

Amp.		Ohm / ℳ						
6	Ohm	5,3	7,5	10,6	15,5	10,5	5,5	4,0
	ℳ	*10.—*	*14.—*	*19.—*	*28.—*	*19.—*	*11.—*	*10.—*
8	Ohm	3,5	5,4	7,0	11,5	8,0	4,2	3,0
	ℳ	*10.—*	*15.—*	19.—	*29.—*	*20.—*	*11.—*	*10.—*
10	Ohm	2,8	4,2	5,6	9,1	6,2	3,3	2,3
	ℳ	*10.50*	*16.—*	*20.—*	*30.—*	*22.—*	*11.50*	*10.—*
12	Ohm	2,2	3,3	4,4	7,5	5,0	2,5	1,7
	ℳ	*11.—*	*16.50*	*21.—*	*31.50*	*23.—*	*12.50*	*11.—*
15	Ohm	1,8	2,5	3,6	6,0	4,0	2,0	1,2
	ℳ	*12.—*	*17.—*	*23.—*	*34.—*	*25.50*	*14.50*	*13.—*
20	Ohm	1,2	1,9	2,4	4,5	2,9	1,4	0,9
	ℳ	*21.—*	*29.—*	*42.—*	*75.—*	*52.—*	*19.—*	*17.—*
25	Ohm	1,0	1,5	2,0	3,6	2,3	1,1	0,7
	ℳ	*23.—*	*31.—*	*46.—*	*90.—*	*56.—*	*23.50*	*21.—*
30	Ohm	0,7	1,3	1,4	2,9	1,9	0,8	0,5
	ℳ	*26.—*	*35.—*	*52.—*	*104.—*	*70.—*	*28.—*	*25.50*
		Passend für **Gleichstromlampen**			Passend für **Wechselstromlampen**			
		2 Stück bei 100–110 Volt od. 3 Stück b. 150 V.	2 Stück bei 110–125 Volt	2 Stück bei 200–220 Volt	1 Stück bei 100–120 Volt	2 Stück bei 100–120 Volt	3 Stück bei 110–120 Volt	3 Stück bei 100–110 Volt

Bogenlampen, Zischen derselben hat seine Ursache darin, daß, wenn der Strom zu stark wird (die Elektroden zu sehr genähert werden), die Entladung, wenn eine Stelle warm geworden ist, fortwährend sprungweise an eine andere Stelle übergeht, durch welches Hin- und Herspringen ein Ton entsteht und zugleich die Potentialdifferenz fällt. Das Zischen tritt auf, wenn die Stromstärke in der Anode 0,5 Amp. pro qmm überschreitet.

Bogenstücke für Isolierrohre können aus geraden Isolierröhren von Hand hergestellt werden, indem man die Röhren leicht erwärmt und dann biegt. Hierbei ist jedoch zu beachten, daß die im Schnitt leicht erkennbare Naht der Röhre die innere Seite des

Bogens bildet. Gewöhnlich verwendet man jedoch fabrikmäßig hergestellte Bogenstücke.

Preis pro 100 Stück.

Art	innerer Durchmesser mm	Radius mm	ohne Muffen M	mit 2 Muff. aus Isoliermaterial M	mit 2 Messingmuffen M	Art	Mit gefalzt. Überzug ohne Muffen M	Mit gefalzt. Überzug mit zwei Muffen M	Mit nahtlos. Überzug ohne Muffen M	Mit nahtlos. Überzug mit zwei Muffen M	Stahlrohre
Schwarze Normalkrümmer	7	80	10	17	25	Messingnormalkrümmer	14	35	—	—	—
	9	80	11	19.50	27.50		16	38	18	40	36
	11	80	12.50	21.50	30		18	40	21	43	40
	13	100	14	23	33		22	45	—	—	—
	16	120	16	26	36		24	54	27	57	54
	23	150	21	37	50		42	76	45	79	80
	29	170	27	47	70		63	110	—	—	—
	36	200	42	68	—		—	—	—	—	—
	48	220	85	115	—		—	—	—	—	—
Schwarze Krümmer m. großem Radius	7	120	15	22	30	Messingkrümmer mit großem Radius	23	44	—	—	—
	9	120	16.50	25	33		24	46	26	48	—
	11	120	18	27	36		26	48	28	50	—
	13	150	20	30	40		33	58	—	—	—
	16	200	23	34	44		40	70	42	72	—
	23	200	30	46	60		60	94	63	97	—
	29	250	38	58	72		—	—	—	—	—
	36	350	58	84	—		—	—	—	—	—
Schwarze Krümmer mit verlängertem Schenkel	7	80	13.50	17.50	21	Messingkrümmer mit verlängertem Schenkel	20	31	—	—	—
	9	80	15	19.90	24		22	33	25	36	48
	11	80	16.50	21	26		24	35	27	38	54
	13	100	18	23	29		30	42	—	—	—
	16	120	21	27	33		36	51	42	57	75
	23	120	29	37	44		50	67	57	74	120
	29	170	38	50	60		69	93	—	—	—
	36	200	54	68	—		—	—	—	—	—
Schwarze Krümmer mit kurzer Krümmung	7	60	10	14	18.50	Messingkrümmer mit kurzer Krümmung	15	26	—	—	—
	9	60	11	15.50	20		16	27	18	29	—
	11	60	12.50	17	21.50		18	29	21	32	—
	13	60	14	19	25		20	33	—	—	—
	16	100	16.50	23	29		24	39	27	42	—
	23	100	22	30	37		42	59	45	62	—

Bergmann-Elektrizitätswerke, Aktiengesellsch. (Abt. J), Berlin N., Hennigsdorferstr. 33. 34. 35 (*s. vordere innere Deckelseite*).

Allgem. Elektr.-Ges, Berlin.
Gebr. Adt, A.-G., Ensheim.
Siemens-Schuckertwerke, Berlin.

Bohrmaschinen, tragbare und fahrbare, mit elektrischem Antrieb. Für kleinere Bohrleistung tragbar, für größere fahrbar eingerichtet, letztere auch zum Aufhängen an Flaschenzügen und Kranen eingerichtet. Die Bewegungsübertragung von der Motorwelle auf den Bohrapparat erfolgt durch eine biegsame Welle, welche durch Verlängerungsrohre nach Bedarf verlängert werden kann. Die Bohrmaschinen werden mit und ohne Zahnradvorgelege ausgeführt.

Tragbahre Bohrmaschinen ohne Zahnradvorgelege.

Größter Bohrdurchmesser in mm		9	12	16	20	25	30
Leistung des Motors in PS		$^1/_{12}$	$^1/_8$	$^1/_6$	$^1/_4$	$^1/_2$	$^3/_4$
Stromverbrauch in Watt		120	170	220	300	530	750
Umdrehungszahl pro Minute bei	Gleichstrom	1600	1500	1400	1300	1200	1100
	Drehstrom	1400	1400	1400	1400	1400	1400
Gewicht des Motors in kg		10	15	20	26	40	50
Preis in Mark: Gleichstrom mit einer Spannung von	65 Volt	*140*	*160*	*190*	*225*	*330*	*410*
	110 »	*140*	*160*	*190*	*225*	*310*	*380*
	220 »	*145*	*165*	*200*	*235*	*310*	*380*
	500 »	*155*	*175*	*210*	*245*	*340*	*430*
Preis in Mark: Drehstrom mit einer Spannung von	110 »	*140*	*155*	*180*	*205*	*290*	*370*
	190 »	*145*	*160*	*180*	*205*	*290*	*360*
	220 »	*145*	*160*	*185*	*205*	*290*	*370*

Mit Zahnradvorgelege stellen sich die Preise um etwa ein Drittel höher.

Fahrbare Bohrmaschinen.

Größter Bohrdurchmesser in mm		30	40	50	65	80
Leistung des Motors in PS		$^1/_2$	$^3/_4$	1	2	3
Stromverbrauch in Watt		530	780	900	1900	2750
Umdrehungszahl pro Min bei	Gleichstrom	1200 bis 1700	1100 bis 1600	1050 bis 1500	1000 bis 1500	950 bis 1400
	Drehstrom	1400	1425	1450	1450	1450
Gewicht der Masch. in kg		105	130	150	180	240
Preis in Mark: Gleichstrom mit einer Spannung von	65 Volt	*620*	*720*	*860*	*980*	*1180*
	110 »	*620*	*720*	*860*	*980*	*1180*
	220 »	*630*	*730*	*860*	*980*	*1180*
	500 »	*650*	*750*	*885*	*1010*	*1250*
Preis in Mark: Drehstrom mit einer Spannung v.	110 »	*580*	*680*	*820*	*950*	*1150*
	190 »	*590*	*680*	*820*	*950*	*1150*
	220 »	*590*	*690*	*820*	*950*	*1150*

Albert Thode & Ko., Hamburg (*s. Inseratanh. S. 4*).
Allgem. Elektr.-Ges., Berlin.
Maschinenfabrik Oerlikon, Schweiz.
C. & E. Fein, Stuttgart.
Siemens & Halske, Berlin.
Thiemig & Streubel, Leipzig, Berlinerstr. 20 (*s. Inseratanh. S. 18*).

Booster (siehe **Spannungserhöhungsmaschinen**).

Boote, elektrische. Motor mit Schraubenwelle direkt gekuppelt unter dem Fußboden angeordnet, daher flache Bauart. Umdrehungszahl am günstigsten für den Wirkungsgrad der Schraube mit 500 zu wählen. Batterie unter dem Fußboden oder den Sitzbänken angeordnet, aus zwei Hälften bestehend, welche beim Anfahren parallel, später hintereinander geschaltet werden. Schalter neben dem Steuerrad anordnen. Besonders geeignet der Vulkantyp der Tribelhorn-Akkumulatoren-A.-G., da keine Lötstellen, nur Keilkontakte vorhanden sind. Zellengefäße aus Ebonit. Vergossene Elemente sind zu verwerfen. Elemente müssen mit Falzdeckel und Keilverschluß wasserdicht verschlossen sein.

Länge und Breite m Tiefgang . . . . m	7,00 × 1,6 0,55		9,0 × 1,7 0,65		11 × 2 0,75			13 × 2,3 0,9		
Tragfähigkeit kg Personen	700 10		1200 16		1800 25			300 40		
Kraftverbrauch in PS zu 900 Watt	1,6	2	2,5	3,5	3,6	5	7,5	6	12	13
Geschwindigkeit pro Stunde in km	8,5	9	10,0	10,8	10	10,5	11	11	8	12,5
Fahrtdauer in Stund. mit einer Ladung bei der größten zulässigen Batterie	5	4	7,5	4,5	7,5	5	3	7,5	5	3
Leistung des Motors in Watt	2700		4000		7000			10 000		
Größte zulässige Zahl der Elemente Batterie Type	a) 40 Elm. II BO 80 b) 80 Elm. I BO 80		a) 40 Elm. IV BO 80 b) 80 Elm. II BO 80		80 Elm. III BO 80 (VGO 50)			80 Elm. VBO 80		
Preis des Bootes fertig montiert mit einem Bootskörper a. Eichenholz	a) *5000* b) *5500*		a) *6900* b) *7500*		*9700*			*13 500*		

Akkumulatorenfabrik, A.-G., Berlin.

Börsendrucker sind automatisch sich ausschaltende Druck telegraphen, welche von einer Zentralstelle bedient werden und auf fortlaufenden Streifen die telegraphischen Übermittelungen niederschreiben, ohne in irgend einer Weise bedient werden zu müssen.

Boucherie ist ein Holzmasten-Imprägnierungsverfahren, bei welchem die Stämme ca. 10 Tage nach ihrer Fällung unter Druck mit Kupfersulfatlösung getränkt und hierauf getrocknet werden.

Branlysche Röhre. Es ist dies eine mit Metallpulver gefüllte Röhre, welche bei loser Schichtung einen außerordentlich hohen Widerstand für den elektrischen Strom bietet. Setzt man die Röhre einer elektrischen Spannung aus, so springen zwischen den benachbarten Körnchen unendlich kleine, mit dem Auge nicht wahrnehmbare Funken über und bilden durch Kondensation von Metalldämpfen eine Brücke, so daß ein elektrischer Strom die Röhre passieren kann. Eine kleine Erschütterung stellt den hohen Widerstand sofort wieder her (siehe **Kohärer**).

Braunkohle mit Steinkohlen vermischt oder rein zur Kesselfeuerung verwendet. Treppenrost am vorteilhaftesten. Man unterscheidet Lignite, Schiefer- und Pechkohlen. 1 cbm wiegt durchschnittlich 715 kg, eine 10-Tonnenladung faßt durchschnittlich 14 cbm.

Braunstein (siehe **Elemente**).

Braunsteinelemente. Preis pro Stück ca. *M 1—1.40.*

Bremerlampen. Bei denselben kommen 20—25 % Zusätze von Fluorverbindungen bzw. die Verbindungen von schwer verdampfbaren Metallsalzen und Flußmitteln zur Anwendung. Zur Erhöhung der Lichtwirkung wird die Temperatur um den Lichtbogen gesteigert. Die spezifische Weichheit des Lichtes und die Lichtfärbung werden durch die Einwirkung des Magnetfeldes günstig beeinflußt. Um die Einflüsse der abspringenden Schlackenpartikel aufzuheben und die Temperatur des Lichtbogens auch auf die negative Kohle einwirken zu lassen, wird die Kohlenanordnung (Patent Bremer) durch Parallelstellung mit nach unten gerichteten Spitzen getroffen. Die im Lichtbogen mitgerissenen Salzteilchen werden in dessen hoher Temperatur in Sauerstoffverbindungen verwandelt und, nachdem sie vorher ganz oder teilweise elektrolytisch zerlegt worden sind, zu heller Weißglut gebracht. Das Heraustreiben des Lichtbogens erfolgt durch den Strom selbst oder durch einen, im Nebenschluß liegenden, als Bläser wirkenden Elektromagneten. Der Lichtbogen tritt in einer fächerförmigen Flamme nach unten heraus und zwar um so mehr, je größer die angewendete Stromstärke ist. Bei Bogenlampen für kleinere Stromstärken ist der direkte Einfluß des Stromes zu schwach, und man benutzt zum besseren Vortreiben des Lichtbogens das magnetische Feld zweier seitlich angebrachten Magnetpole, die durch eine Hauptstromspule in dem Lampenkreis erregt werden. Nach dem Abbrand der Kohlen wird der Nachschub fortwährend durch das Gewicht der Kohlen und ein Zusatzgewicht bewirkt.

Die Wirkung auf das Auge ist eine sehr günstige, da der Flammenbogen angenehmer als das violette Licht der gewöhnlichen Lampen ist. Da das Licht von dem durch ein Magnetfeld ausgetriebenen Bogen ausgeht, wird die spezifische Intensität verringert. Durch entsprechende Zusätze kann dem Lichte jeder Farbenton gegeben werden. Im allgemeinen ist die Stromstärke anfangs höher als normal, sinkt jedoch nach kurzer Zeit, wenn die Spannung steigt. Der spezifische Verbrauch beträgt 0,125—0,20 Watt pro Kerze hemisphärisch.

Bremsdynamometer, elektrisches, besteht aus einem zwei- oder mehrpoligen magnetischen Feldsystem, das innerhalb weniger Grade um eine Achse drehbar angeordnet ist und von irgend einer Stromquelle aus erregt wird. Um das magnetische Feld ist ein Ring aus Eisen oder Stahl drehbar angeordnet und von einer Riemenscheibe auf einer gemeinsamen Achse angetrieben. Dieser Ring bildet die Bremse, welche die mechanische Arbeit bei Vermeidung von mechanischer Reibung absorbiert. Die dem Dynamometer zugeführte mechanische Arbeit wird in elektrische Energie verwandelt, welche direkt in Wärme umgesetzt wird. Letztere wird durch den rotierenden Eisenring an die äußere Umgebung abgegeben. Durch entsprechende Veränderung der Erregung kann das Drehmoment des Dynamometers bei gegebener Umdrehungszahl der jeweiligen Leistung des zu untersuchenden Motors angepaßt werden.

Dr. Rud. Franke & Ko., G. m. b. H., Hannover. | E. H. Rieter, Konstanz, Winterthur.

Bremskuppelungsdosen werden an den Stirnwänden der Fahrzeuge angeordnet. Sie dienen zum elektrischen Anschluß der Anhängewagen an die Motorwagen mittels flexibler Kabel und Steckkontakte, um den Bremsstrom in die Anhängewagen zu leiten.

Albert Thode & Ko, Hamburg (s. *Inseratanh S. 4*).

Bremsmagneten finden bei Anhängewagen Verwendung und haben die Aufgabe, die Achsen magnetisch oder durch Reibung zu bremsen, wenn der Motor auf den Elektromagneten geschlossen wird.

Brennmaterialien.

Art	Bestandteile in %				Gewicht pro cbm kg	Absolute Heizkraft WE
	Kohlenstoff	Wasserstoff	Wasser- u. Sauerstoff	Asche		
Holzluft trocken	48,3	0,5	50,0	1,2	320—400	4000
Torf trocken	54,1	1,3	38,6	6,0	350—400	3550
Braunkohle	65,0	5,0	25,0	5,0	600—750	5350
Steinkohle	80,5	4,5	12,0	3,0	750—850	7760
Koks	93,0	—	—	7,0	350—450	6860
Holzkohle	50,3	2,0	5,0	2,0	175—200	7750
Anthrazit	95,0	2,4	3,3	2,0	700—760	8110
Petroleum	84	14	—	—	780—900	1 0000
Leuchtgas	—	—	—	—	0,5—0,55	1 0500
Wassergas	—	—	—	—	0,65—0,70	4100

100 kg stündlich zu verbrennenden Brennstoffes erfordern:

Art des Brennmaterials	Gesamte Rostfläche qm
Steinkohlen	1,2 —1,6
Gute Braunkohle	0,8 —1,0
Erdige Braunkohle	0,55—0,8
Trockenes Holz und Torf	0,9 —1,2
Koks	1,5 —1,7

1 qm Heizfläche	erzeugt Dampf stündlich
Walzenkessel mit Siedern	10—14 kg
Flammrohrkessel	15—25 »
Flammrohrkessel mit Oberkessel	10—16 »
Wasserrohrkessel	10—15 »

Für Gasmotoren.

Art des Brennstoffs	pro cbm WE ca.	Brennstoff-verbrauch pro PS-Stunde bei voller Leistung	Anmerkung
Leuchtgas	5 000	0,4—0,7 cbm	Zunahme des Gasverbrauchs bei halber Belastung u. guten Gasmasch. 20% für 1 PS-Std.
Wassergas	2 500	0,9—1,3 »	
Kraft- (Dawson) Gas .	1 250	1,8—2,8 » (0,4—0,7 kg Anthrazit im Generator)	
90% Spiritus	4 800	0,4—0,5 kg	
Benzin und Benzol .	10 000	0,3—0,5 »	
Petroleum	9 050	0,4—0,6 »	

Brennstoffelemente sind Konstruktionen, durch welche die chemische Energie der Kohle ohne Zwischenmittel in elektrische umgewandelt werden kann (durch Verwendung der Kohle als Lösungsanode, durch Auflösung kohlenhaltiger Gase in einer Flüssigkeit und deren Oxydierung durch Sauerstoff, welcher ebenfalls in der Flüssigkeit gelöst ist, oder durch Verwendung der Brennmaterialien, um die Stoffe, welche in der Kette stromerzeugend in Verbindung getreten waren, wieder zu trennen).

Brennstundenzusammenstellung für elektrische Beleuchtungsanlagen.

Monatliche Brennzeit in Stunden.

Brennzeit	Januar	Februar	März	April	Mai	Juni	Juli	August	September	Oktober	November	Dezember
Von Sonnenuntergang bis 8 Uhr abends	125	89	67	36	6	—	—	21	54	87	117	140
» 9 » »	156	117	98	66	37	20	25	52	81	118	147	171
» 10 » »	187	145	129	96	68	50	56	83	114	149	177	202
» 11 » »	218	173	160	125	99	80	87	114	144	180	207	233
» 12 » »	249	201	191	156	130	110	118	145	274	211	237	264
» 2 » »	311	257	253	216	192	170	180	207	234	273	297	326
» 4 » »	373	313	315	276	254	230	242	269	294	335	357	388
Bis Sonnenaufgang von 4 Uhr morgens	125	92	69	32	3	—	—	24	51	75	103	154
» 5 » »	94	64	38	2	—	—	—	—	21	44	73	123
» 6 » »	63	36	7	—	—	—	—	—	—	13	43	92

Jährliche Brennzeit in Stunden:

Von 5 Uhr morgens bis Sonnenuntergang	459	Stunden,
» 6 » » » » »	254	
» 7 » » » » »	84	»
» 8 » » » » »	31	»

Von Sonnenuntergang bis 5 Uhr abends 115 Stunden,
» » » » 6 » » 264 »
» » » » 7 » » 477 »
» » » » 8 » » 742 »
» » » » 9 » » 1092 »
» » » » 10 » » 1456 »
» » » » 11 » » 1821 »
» » » » 12 » » 2186 »
» » » » Sonnenaufgang 4374 »

Britannialötstelle (siehe **Wickellötstelle**).

Bronzedraht. Verwendung für Fernsprechleitungen und zwar für größere Längen mit 3 mm, für kleinere Entfernungen mit 2 mm, als Bindedraht mit 1,5 mm Durchmesser.

Firma	Drahtart	Spez. Gewicht	Spez. Widerstand bei 15° C	Leitfähigkeit in % des reinen Kupfers	Absol. Festigkeit in kg/qmm	Dehnung bis zum Bruch in %
Allgemeine Elektrizitätsgesellschaft	Bronze I	8,9	0,0281	59	69	1,9
	» II	8,9	0,0278	60	20	1,9
Basse & Selve, Altena	Bronze I	8,99	0,0193	87	59	1,5
	» II	8,94	0,0189	88	52	1
	» III	8,99	0,0280	60	60—65	1
	» IV	8,86	0,0490	34	65—70	1
Heddernheimer Kupferwerke, Heddernheim bei Frankfurt a. M.	Doppelbronze I	8,90	0,0193	87	50—55	1
	» II	8,80	0,0280	60	60—65	0,75—1
	» III	8,74	0,0350	48	70—75	0,75—1
	Bronze I	8,93	0,0176	94	46	1,5
	» II	8,90	0,0200	83	50	1,5
	» III	8,70	0,0283	59	70	1
	» IV	8,78	0,0424	39	70	1
	» V	8,78	0,0564	30	80	1

Brücken sind Meßinstrumente zur Bestimmung von Widerständen elektromotorischer und magnetischer Kräfte.

Brückendraht ist ein bei Meßbrücken verwendeter Widerstandsdraht, welcher absolut gleiche Querschnitte und gleiches Material enthält, so daß gleichen Längen gleiche Widerstände entsprechen.

Buchstabenzahl der telegraphischen Worte. Im Durchschnitt enthält ein Wort

im Deutschen 5,5 Buchstaben,
» Italienischen 5,5 »
» Schwedischen 6,0 »
» Spanischen 4,8 »
» Französischen 4,8 »
» Englischen 4,8 »

Bügel. Der Bügel (Stromabnehmer für elektrisch betriebene Bahnen) besteht aus einem durch Federkraft gegen den Arbeitsdraht gedrückten Rahmen, welcher oben durch einen auswechselbaren, gebogenen Antifriktions- oder Aluminiumstreifen abgeschlossen ist, der längs des Arbeitsdrahtes gleitet. Vorteile: Kein seitlicher Druck, Entfall von Luftweichen, Rückwärtsfahren ohne vorherige Wendung des Stromabnehmers, sicherer Kontakt. Nachteile: Gleitende Reibung, öftere Auswechslung des Kontaktbügels, stärkere Abnutzung des Arbeitsdrahtes. Preis pro Stück komplett *M 320—450* (siehe **Stromabnehmer**).

Bügeleisen, elektrisch heizbare, Länge 18—20 cm, Gewicht 3,5—6,5 kg, Preis *M 30—45.*

»Elektra«, Fabriken elektrischer Heiz- u. Kochapparate, Wädensweil (Schweiz), Lindau i. B., Bregenz (Österr.).

»Prometheus« G. m. b. H., Fabrik elektr. Koch- u. Heizapp., Frankfurt a. M.-Bockenheim (s. *Inseratanh. S. 20*).

Bund ist die durch Bindedraht auf kaltem Wege hergestellte Befestigung der Leitungsdrähte an den Isolatoren oder die auf gleiche Weise hergestellte Verbindung der Enden zweier Drähte.

Bunsenelement. Das Ansetzen erfolgt auf folgende Weise: In das Standglas wird der Kohlezylinder, in diesen der Tonzylinder gestellt, in den Tonzylinder Schwefelsäure 1 : 20 Raumteile verdünnt, dann in den Kohlezylinder Salpetersäure, spezifisches Gewicht $1{,}_{32}$—$_{40}$ Beaumé, eingegossen und das Zink in den Tonzylinder eingesetzt. Um die Salpetersäure zu vermeiden, kann verdünnte Schwefelsäure sowohl in den Tonzylinder, als auch in den Kohlezylinder oder verdünnte Schwefelsäure in den Tonzylinder, Chromsäurelösung in den Kohlezylinder gefüllt werden.

Höhe in mm	420	310	210	190	170	130	110
Preis in Mark	*33.—*	*20.—*	*6.50*	*5.35*	*4.50*	*3.75*	*3.25*

Dr. Alb. Lessing, Nürnberg (s. *Inserat-anh. S. 1*).

Keiser & Schmidt, Berlin.

Bürstenauflagedruck normal 125 g pro qm.

Bürstenberührungsfläche. Bezeichnet i die Stromstärke pro Bürstensatz, so beträgt die Berührungsfläche zwischen Kollektor und Bürste bei Metallbürsten $4i$ bis $5i$ qmm,
» Kohlen » $12i$ » $25i$ »

Auflagefläche für Messingbürsten 0,2 Ampere pro qmm,
» » Kupfer » 0,27 » » »
» » Kohle » 0,06 » » »

Bürstenbrillen sind Konstruktionsteile, welche es ermöglichen, die Bürsten auf dem Umfange des Kollektors zu verschieben. Brille und zugehöriger Lagerstuhl müssen so konstruiert sein, daß sich erstere um 360° drehen läßt, ohne an letzteren oder an die Fundamentplatte anzustoßen.

Bürstenbrücke dient zur Befestigung der Bürstenhebel und deren Festhaltung in ihrer Lage um den Kollektor. Sie muß drehbar sein und in jeder Stellung festgehalten werden können. Die Bürstenbrücken werden meistens aus Gußeisen hergestellt.

Bürstenhalter müssen so konstruiert sein, daß die bereits abgenutzten Bürsten ungefähr mit gleichem Druck wie neue Bürsten auf dem Kollektor aufliegen, daß sich die Berührungsfläche bei Abnutzung der Bürste nicht wesentlich vergrößert und bei Abnutzung immer an derselben Stelle des Kollektors bleibt.

Meirowsky & Ko., Köln-Ehrenfeld (s. Inseratanh. S. 19). | G. Fuhrmanns Sohn, Jessen-Halle a. S.

Bürstenhalter für Blockkohlen.

Entfernung von Mitte Loch bis Mitte Kohle	35	55	80	100	110 mm
Breite des Blockkohlenhalters inkl. Kohle	15	20	28	32	35 mm
Bohrung des Klemmstückes . .	8	12	14	16	20 mm
Mittlerer Querschnitt der Blockkohle	150	350	500	750	900 qmm
Preis pro Stück Blockkohlenhalter	*1.80*	*2.25*	*2.75*	*3.50*	ℳ *4.—*
Preis pro Stück Blockkohle . .	*—.15*	*—.18*	*—.25*	*—.55*	ℳ *—.80*
Preis pro Schlüssel für Klemmschraube	—	—	*1.50*	*1.50*	ℳ *1.50*

Bürstenhalter für Flachkohlen.

Entfernung von Mitte Loch bis Mitte Flachkohle ca. .	70 mm
Breite des Flachkohlenhalters inkl. Kohle	35 mm
Bohrung des Klemmstückes	16 mm
Querschnitt der Flachkohle	400 qmm
Preis pro Stück Flachkohlenhalter	ℳ *3.—*
Preis pro Stück Flachkohle 14 × 28 × 80 mm	ℳ *—.60*
Preis pro Stück Schlüssel für Klemmschraube	ℳ *1.50*

Bürstenkohlen. Der Übergangswiderstand der Kohle ist um so größer, je härter die Kohle ist.

Zur Herstellung der Bürstenkohlen (siehe **Elektrodenkohlen**) darf die verwendete Kohlenmasse weder feines Mehl noch einzelne grobe Körner enthalten. Das Bindemittel muß so beschaffen sein, daß es nach dem Brennen keine glasharte Kruste bildet. Das Brennen erfolgt in Tiegeln. Von einer guten Bürstenkohle verlangt man, daß sie ohne allzu starken Druck guten Kontakt macht, einen geringen Widerstand und große Dauerhaftigkeit besitzt, nicht schmiert oder den Kollektor angreift (abschleift) und Funkenbildung vermeidet.

Galvanische Metallpapierfabrik, Aktiengesellschaft, Berlin N. 39, Gerichtstr. 2 (s. Inseratanh. S. 8). | Albert Thode & Ko., Hamburg (s. Inseratanh. S. 4). Dr. Alb. Lessing, Nürnberg (s. Inseratanh. S. 1).

Bürstenstern (siehe **Bürstenbrücke**).

Büschelentladung ist jene Lichterscheinung, bei welcher die von einer oder beiden Elektroden ausgesendeten, zum Glühen erhitzten Elektrodenteilchen die andere Elektrode nicht erreichen.

Büschellicht (siehe **Büschelentladung**).

Bussole des Morsesystems ist ein Galvanoskop, das den Telegraphisten in die Lage setzt, zu konstatieren, ob in der Leitung überhaupt Strom ist, ob derselbe seine normale Stärke hat, ferner um beim Versagen der Apparate zu erkennen, ob auf der Linie telegraphiert wird oder nicht. Die Bussolen werden liegend und stehend angeordnet.

C.

Callaudelement. Dasselbe besteht aus einer konzentrierten Kupfersulfatlösung, in welche eine Kupferplatte taucht, und einer verdünnten Zinksulfatlösung mit einem Zinkzylinder. Die elektromotorische Kraft dieses von der französischen Telegraphenverwaltung verwendeten Elementes beträgt 1,02 Volt.

Carcellampe (französische Einheitskerze) ist eine Runddochtlampe von 30 mm Dochtdurchmesser, 40 mm Flammenhöhe, welche 426 g Kolzaöl (gereinigtes Rüböl) in der Stunde braucht und eine Lichtstärke von 10,9 HK besitzt (siehe **Lichtstärke-Einheiten**).

Cardewscher Spannungsmesser ist ein Elektrokalorimeter, das aus einer 0,9 m langen Röhre besteht, in welcher ein 0,064 mm Platindraht ausgespannt ist. Letzterer wird von dem hindurchgehenden Strome erwärmt und dehnt sich infolgedessen aus. Die entstehende Verlängerung wird auf ein Zeigerwerk übertragen.

Celluvert (siehe **Vulkanfiber**).

C-G-S-System.

1 Dyn = 1 (CGS^{-2}) = Einheit der Kraft.
1 Grammgewicht = 981 Dyn.
1 Erg = 1 Zentimeterdyn = 1 (C^2GS^{-2}) = Einheit der Arbeit.
1 Joule = 10^7 Erg = 10^7 (C^2GS^{-2}) = 0,1019 mkg (1 kgm = 9,81 Joule).
Einheit der Trägheitsmomente = 1 (C^2G).
Einheit der Drehmomente = 1 (C^2GS^{-2}).
E = Mechanisches Äquivalent der Grammkalorie = 4,189 $\times 10^7$ Erg = 4,189 Joule.
1 Sekundenerg = 1 (C^2GS^{-3}).
1 Watt = 1 Sekunden-Joule = 10^7 (C^2GS^{-3}) = 0,1019 $\frac{\text{mkg}}{\text{sek}}$.
Einheit der magnetischen Momente = 1 ($C^{5/2}G^{1/2}S^{-1}$).
Einheit der magnetischen Kraft = 1 ($C^{-1/2}G^{1/2}S^{-1}$).
Elektrostatische Elektrizitätseinheit = 1 ($C^{3/2}G^{1/2}S^{-1}$).
Elektrostatische (mechanische) Stromeinheit = 1 ($C^{3/2}G^{1/2}S^{-2}$).
1 Ampere = 10^{-1} ($C^{1/2}G^{1/2}S^{-1}$).
1 Coulomb = 10^{-1} ($C^{1/2}G^{1/2}$).
1 Volt = 10^8 ($C^{3/2}G^{1/2}S^{-2}$).
1 Ohm = 10^9 (CS^{-1}).
Einheit des spezifischen Widerstandes = 1 (C^2S^{-1}).
Einheit der Leitungsfähigkeit = 1 ($C^{-2}S$).
1 Farad = 10^{-9} ($C^{-1}S^2$).
1 Mikrofarad = 10^{-15} ($C^{-1}S^2$).
1 Volt-Coulomb = 1 Joule = 10^7 (C^2GS^{-2}) = 1 Joule (siehe auch **Elektrische Maſse**).

Charakteristik einer Maschine ist die Kurve der EMK derselben, aufgetragen als Funktion der Amperewindungen im Magneten. Als Ordinaten werden die Ankerinduktionen, als Abszissen die zugehörigen magnetomotorischen Kräfte aufgetragen.

Charakteristik, äußere, ist jene Kurve, welche den Zusammenhang zwischen Klemmenspannung und Stromstärke darstellt (Kurve der Klemmenspannung).

Charakteristik, dynamische, ist jene Charakteristik, bei welcher die Ankerrückwirkung berücksichtigt ist.

Charakteristik, innere, ist jene Kurve, welche die Abhängigkeit der elektromotorischen Kraft des Ankers von der Stromstärke gibt (Hopkinsonsche Kurve).

Charakteristik, statische, wird erhalten, wenn man die erregenden Amperewindungen als Abszissen, die induzierte elektromotorische Kraft bei Leerlauf als Ordinaten aufträgt (Maschinencharakteristik).

Chaudronelement ist eine Thermosäule, welche aus Eisenblechstreifen und einer Legierung von Zink mit Antimon gebildet ist. Je 10 Elemente werden strahlenförmig vereinigt und bilden eine Reihe. Letztere werden übereinander angeordnet. Elektromotorische Kraft eines Elementes ca. 0,06 Volt.

Chromsäure-Element. Der Elektrolyt besteht aus einem Gemisch von Kalium- oder Natriumbichromatlösung und verdünnter Schwefelsäure, in welchem sich zwei Kohlenplatten und zwischen ihnen eine Zinkplatte befindet. Letztere wird nach Bedarf hineingetaucht oder herausgezogen (Tauchelement). Elektromotorische Kraft 1,9 Volt. Dr. Alb. Lessing, Nürnberg (*s. Inseratanh. S. I*).

Chronograph, elektromagnetischer, von Hipp dient zur Messung der Dauer eines Stromes mittels der Bewegung von Elektromagneten, die auf mit Anilin gefüllte Reißfedern, welche gegen einen Papierstreifen drücken, wirken.

Clamondelement. Die Elektroden dieser Thermosäule bestehen aus Eisenblechstreifen und einer Legierung von Wismut mit Antimon oder Zink mit Antimon. Die Elemente, deren jedes eine elektromotorische Kraft von ca. 0,02 Volt hat, werden in Form eines hohlen Zylinders angeordnet.

Clarkelement (modifiziert von Feußner), Normalelement der Physikalisch-Technischen Reichsanstalt. Es besteht aus einem von Glas umgebenen Platindraht, an welchem sich ein Platinblech befindet, das in eine Paste von Quecksilberoxydulsulfat taucht. Das Ganze ist von einer Tonzelle umgeben. Die zweite Elektrode ist ein Zinkstab, dessen oberer Teil mit Paraffin in ein Glasrohr eingegossen ist, dessen unterer, umgebogener Teil amalgamiert und von Zinksulfatkristallen bedeckt ist. Das ganze Element, welches versandfähig ist, ist mit Zinksulfatlösung angefüllt. Bei der von Carhart konstruierten tragbaren Form dieses Normalelementes ist eine Konzentrationsänderung der Zinksulfatlösung hintangehalten. Bei dieser Konstruktion ist das Zink mit einem Fuße gegossen, welcher zu dem Gefäße paßt. Dieser Fuß hält den gereinigten Asbest nieder, so daß eine Platzveränderung des Quecksilbers und Quecksilbersulfats während des Transportes vermieden wird. Die Zinksulfatlösung wird durch ein besonders zugerichtetes, in Paraffin gekochtes Korkstück abgedeckt, über welches eine Lage Siegellack kommt. Die elektromotorische Kraft dieses Elementes ist bei 0° C 1,4492 Volt, bei 15° C 1,4328 Volt.

Compound-Dampfdynamomaschine, Dampfmaschine mit Dynamo direkt gekuppelt. (Hersteller: Allg. Elektr.-Ges., Berlin.) (Tabelle siehe nächste Seite.)

Compounddraht (siehe **Bimetalldraht**).

Compoundkabel (siehe **Bleikabel**).

Compoundmaschine (siehe **Dampfmaschine**).

Größe	Zylinderdurchmesser mm	Hub mm	Gesamtfüllungsgrad in % ca.	Stündl. Dampfverbr. in kg pro ind. PS mit Kond.	Stündl. Dampfverbr. in kg pro ind. PS ohne Kond.	Modell der verwendeten Dynamomaschine	Spannung in Volt	Stromstärke in Ampere	Gesamtleistung in Watt ca.	Umdrehungen pro Minute ca.	Kraftbedarf PS ca.	Gew. d. kompl. Dampfdynamomaschine Netto ca. kg	Preis d. kompl. Dampfdynamomaschine *M*
CSD_{150}	130/220	140	10—15	10	13,8	SG_{150}	65 120	167 84	10850 10080	480 500	18,5 17	2010	*6270*
CSD_{200}	140/230	140	10—15	9,6	13,2	SG_{200}	65 120	225 112	14625 13440	450 440	23,5 21,5	2760	*7470*
CSD_{300}	190/310	160	10—15	9,3	12,8	SG_{300}	65 120	300 150	19500 18000	400 390	31 29	3510	*8150* *8230*
CSD_{400}	200/330	180	10—15	9	12,5	SG_{400}	65 120	400 200	26000 24000	360 355	41,5 37,5	4610	*9900* *9540*
CSD_{500}	230/370	200	10—15	9	12,5	SG_{500}	65 120	500 250	32500 30000	335 310	50 47	5340	*12050*
CSD_{600}	260/420	200	10—15	8,8	12,2	SG_{600}	120	335	40200	320	62	6000	*13100*
CSD_{700}	280/470	220	10—15	8,7	12	SG_{700}	120	545	65300	380	100	7700	*16950*
CSD_{800}	330/530	250	10—15	8,6	11,8	SG_{800}	120 140	540 270	64800 64800	250 250	100 100	8950	*19100*
CSD_{1000}	370/600	300	10—15	8,4	11,5	SG_{1000}	120	700	84000	200	127	12300	*28300*
CSD_{1000}	370/600	350	10—15	8,3	11,4	SG_{1000}	240	415	100000	175	150	16200	*29650*
CSD_{1250}	400/650	350	10—15	8,2	11,2	SG_{1250}	120 240	975 490	116000 116000	200 200	175 175	18200	*33600*

Compoundmaschine besitzt zwei Magnetwickelungen, von denen eine im Hauptstrom, die andere im Nebenschluß liegt. Maschine arbeitet ohne Regulierung bei veränderlicher Stromentnahme auf konstante Spannung. Nachteil: Parallelschalten zweier oder mehrerer Compoundmaschinen muß durch drei Leitungen erfolgen. Hauptanwendung dort, wo konstante Betriebsspannung gefordert wird. (Einzelanlage für Beleuchtung, Bahnanlagen mit öfterer Verwendung von übercompoundierten Maschinen.)

Compoundschaltung, charakterisiert durch konstante Spannung variabler Stromstärke, wird bis zu Spannungen von 100 Volt verwendet für Parallelbetrieb bei plötzlichen starken Belastungsschwankungen ohne Akkumulatoren.

Cornit ist ein für Hochspannungsisolation verwendetes Isoliermaterial von 1,6 kg spez. Gewicht, hitzbeständig, nicht hygroskopisch, von großer mechanischer Festigkeit, läßt sich bohren, sägen, polieren, gegen Witterungseinflüsse unempfindlich. Deformationstemperatur 250° C. (Hersteller: H. Weidmann, Rapperswyl.)

Cornitapparatengriffe. Preise für Witworthgewinde. (Für metrisches und Spezialgewinde Preise nach Vereinbarung.) (Hersteller: H. Weidmann, Rapperswyl.)

Type	Gewindelänge mm	Äußerer Gewindedurchm. mm	Abschlußscheibe Durchmesser mm	Abschlußscheibe Dicke mm	Grifflänge mm	Größte Griffstärke	Preis pro 100 Stück ℳ	Anmerkung
479	15	5	45	5	49	18	*32*	Zapfen als Schraube
480	25	8	56	7	66	28	*52*	do.
481	30	10	70	8	85	30	*72*	do.
482	40	12,7	90	9	98	38	*96*	do.
550	18	8	60	4	80	28	*60*	Zapfen als Schraube mit Ansatz
551	20	8	65	4	90	28	*72*	do.
553	20	10	75	4	95	34	*88*	do.
554	20	10	80	5	110	38	*112*	do.
691a	15	7,9	40	4	55	20	*40*	do.
691b	14	7,9	40	4	55	20	*48*	Zapfen als Mutter
692a	20	7,9	50	4	66	25	*56*	Zapfen als Schraube mit Ansatz
692b	18	7,9	50	4	66	25	*64*	Zapfen als Mutter
693a	20	9,8	5	60	80	30	*80*	Zapfen als Schraube mit Ansatz
693b	21	9,8	5	60	80	30	*88*	Zapfen als Mutter
694a	25	12,7	6	70	93	33	*100*	Zapfen als Schraube mit Ansatz
694b	26	12,7	6	70	93	33	*112*	Zapfen als Mutter

Cornwallkessel (siehe **Einflammrohrkessel**).

Correnscher Akkumulator (siehe **Akkumulatorenplatten**).

Coulomb ist die praktische Einheit der Elektrizitätsmenge, jene Menge, welche ein Strom von 1 Ampere in der Sekunde durch einen Leiter führt und der Zerlegung von 0,0935 mg Wasser oder der Ausscheidung von 1,11815 mg Silber aus Silbernitrat entspricht.

Coulombsches Gesetz. Die Kraft, welche zwei kleine elektrische Körper aufeinander ausüben, ist gleich dem Produkt ihrer Elektrizitätsmengen, dividiert durch das Quadrat ihrer Entfernung. Diese Kraft ist eine abstoßende, wenn die beiden Körper gleichnamig, eine anziehende, wenn sie ungleichnamig elektrisch sind.

Coulombzähler werden verwendet, wenn die Spannungsdifferenz konstant ist. Die Anzahl der Coulomb mit der konstanten Arbeit multipliziert, gibt die elektrische Arbeit. Als Coulombzähler kann jedes Voltameter oder jeder Amperezähler dienen, sobald nur noch die Zeit als weiterer Faktor hinzutritt.

Luxsche Industriewerke, A.-G., Ludwigshafen a. Rh. (*s. Inseratanh. S. 3*).

Coulombzähler von Aron besteht aus einem Differentialuhrwerk mit zwei Pendeln, von denen das eine statt der Pendellinse einen Stahlmagneten besitzt, welcher durch die Hauptstromspule beeinflußt wird, so daß das Pendel mehr oder weniger schnell schwingt. Dieser Zähler wird in die Leitung so eingeschaltet, daß der ganze Strom durch die Spule fließt.

Cupronelement. Dasselbe besteht aus einem viereckigen, durch einen Hartgummideckel verschlossenen Glasgefäß, in welchem sich zwischen zwei Zinkplatten eine poröse Kupferoxydplatte befindet. Das Gefäß ist mit Natronlauge von 20—22 Bé gefüllt. Das Cupronelement verhält sich während der Entladung wie ein Akkumulator, die Spannung behält innerhalb der Entladungsperiode ziemlich denselben Stand und fällt plötzlich um 30—40 %, sobald das Oxyd aufgebraucht und die Lösung gesättigt ist. Der Zinkverbrauch beträgt 1,2—1,25 g pro Amp.-Std., der Verbrauch an Ätznatron 4 g pro Amp.-Std. Das Cupronelement dient zum Betrieb kleinerer Glühlampen (1—4 NK), kleiner Elektromotoren bis zu $^1/_{10}$ PS und für elektrotechnische Zwecke.

Größe	I	II	III	IV
Elektromotor. Kraft in Volt . . .	0,85	0,85	0,85	0,85
Klemmenspannung bei norm. Strom	0,78—0,82	0,78—0,82	0,78—0,82	0,78—0,82
Klemmenspannung bei max. Strom .	0,70—0,75	0,70—0,75	0,70—0,75	0,70—0,75
Stromabgabe in Amp. norm.-max.	1—2	2—4	4—8	8—16
Kapazität in Amp.-Stunden . . .	40—50	80—100	160—200	350—400
Innerer Widerstand in Ohm . . .	0,06	0,03	0,015	0,0075
Wasser in Liter .	1,2	2	4,4	7
Ätznatron 1 Füllung in kg . .	0,2	0,4	0,8	1,6
Anzahl der »Cupronplatten« .	1 (120×100) mm	1 (150×145) mm	2 (150×145) mm	2 (200×200) mm
Länge, Breite und Höhe in mm .	190 × 55 × 190	190 × 85 × 240	200 × 130 × 280	250 × 140 × 350
Gewicht in kg . .	1,5	3	5	9
Preis in Mark . .	*5*	*9*	*16*	*27*

Curtis-Dampfturbine. Bei derselben sind mehrere konzentrische Ringe innerhalb der Leitschaufeln angeordnet. Letztere stehen mit einer Anzahl Eintrittsventile in Verbindung, durch die der Dampf je nach der gewünschten Belastung einströmt und mit der größten Geschwindigkeit in den äußersten Ring gelangt. Jeder der Ringe besteht aus einem feststehenden und beweglichen Teil. Dadurch, daß jeder folgende Ring die gleiche Schaufelzahl, jedoch stets größeren Querschnitt der einzelnen Kanäle besitzt, wird in jedem folgenden Ringe die Geschwindigkeit des Dampfes verringert. Die Zahl der Ringe hängt vom Dampfdrucke bzw. von der Dampfgeschwindigkeit, die Zahl der geöffneten Ventile von der Belastung ab. Die Welle dieser Turbine steht senkrecht, so daß eine geringe Grundfläche erforderlich ist. Bei Verwendung von trockenem Dampf ist der Wirkungsgrad (= mechanischer Wirkungsgrad der Turbine + Wirkungsgrad der Dynamo) = 0,85.

Type	Druck	Vakuum	Dampf pro KW-Std. volle Belastung	Dampf pro KW-Std. halbe Belastung	Dampf pro ind. PS-Std. volle Belastung
500 KW	13 Atm.	71 cm Hg	9,3 kg	10,6 kg	5,9 kg
1500 »	13 »	71 » »	9,3 »	10,4 »	5,9 »
3000 »	13 »	71 » »	9,3 »	9,8 »	5,9 »
5000 »	13 »	71 » »	9,3 »	9,55 »	5,9 »

(Siehe auch **Antriebsmaschinen.**)

D.

Dampfdynamo — eine mit einer Dampfmaschine direkt gekuppelte Dynamo.

Maschinenfabrik Eßlingen in Eßlingen.

Dämpfer haben die Aufgabe, das Tönen der Telegraphendrähte zu verhindern. Sie bestehen aus einem Stück Gummi, welches über den Draht gelegt wird. Über diesen Gummidämpfer kommt ein Bleimantel, dessen beide Enden mit einigen Drahtwindungen umschnürt und festgehalten sind.

Dampfkessel. Man unterscheidet: Walzenkessel, bei welchen die Heizgase den Zylindermantel bestreichen, Flammrohrkessel, bei welchen das Innere der Röhren als Feuerungsstelle dient, während ihre Außenseite vom Wasser umspült wird, Röhrenkessel, bei welchen entweder innerhalb der Heizröhren das Wasser und um dieselben die Heizgase zirkulieren — Wasserröhrenkessel —, oder solche, bei denen die Heizröhren innen von den Heizgasen und außen vom Wasser bespült werden — Heizröhrenkessel.

L. & C. Steinmüller, Gummersbach (Rheinprovinz). | R. & Th. Möller, Brackwede (Westf.).

Kesselart	Vorteile	Nachteile	stündl. Dampferzeugung pro qm Heizfl.
Walzenkessel	Einfache Konstruktion, bequeme Heizung, geringe Anschaffungskosten, großer Wasserraum, daher für stoßweise auftretende Überlastungen geeignet, leichte Reinigung	Geringe Verdampfungsfähigkeit, großes Raumerfordernis, schweres Anheizen	10—14 kg
Flammrohrkessel	Wirksame Heizfläche, reiner trockener Dampf, Zulässigkeit von unregelmäßiger Dampfentnahme, leichtes Anheizen	Großes Gewicht und Raumerfordernis, schwierige Reinigung	15—25 kg

Kesselart	Vorteile	Nachteile	stündl. Dampferzeugung pro qm Hezfl.
Wasserröhrenkessel	Vorzügliche Dampferzeugung, gering. Raumerfordernis, Möglichkeit hoher Dampfspannungen, große Sicherheit, schnelle Dampfentwickelung, leichtes Anheizen	Nicht für jedes Wasser geeignet, da sich die Röhren leicht verstopfen, kleiner Wasser- u. Dampfraum, daher unregelmäßige Dampfentwickelung, hohe Anschaffungskosten, gewöhnlich Dampftrockner noch nötig	15—20 kg
Heizröhrenkessel	do. Große Heizfläche	Nasser Dampf, schwierige Reinigung	12—15 kg

Feuerrohrkessel.

Heizfläche qm	Mantel Durchmesser mm	Mantel Länge mm	Feuerrohrdurchmesser mm	Überdruck Atm.	Kesselgewicht kg	Preis in ℳ
8	1100	2500	550	6	1700	*1100*
				7	1800	*1150*
10	1100	3000	550	6	1950	*1200*
				7	2100	*1250*
12	1150	3400	550	6	2200	*1300*
				7	2350	*1350*
14	1200	3500	550	6	2400	*1400*
				7	2600	*1450*
16	1250	4300	625	6	2900	*1550*
				7	3100	*1600*
18	1300	4300	625	6	3300	*1700*
				7	3450	*1750*
20	1400	4400	700	6	3800	*1800*
				7	4000	*1900*
22	1500	4600	750	6	4200	*2000*
				7	4400	*2100*
24	1500	5000	750	6	4500	*2150*
				7	4600	*2200*
26	1500	5150	750	6	4700	*2250*
				7	4800	*2300*
28	1500	5650	750	6	4900	*2350*
				7	5000	*2400*
30	1600	5650	750	6	5100	*2500*
				7	5500	*2600*

Mit Rücksicht auf die durch die Grundpreise bedingte Raumersparnis kommen hauptsächlich Wasserrohrkessel zur Anwendung. Wasserrohrkessel lassen stark schwankende Dampfentnahme zu, sind jedoch nur in geringem Maße überlastungsfähig. Die oft auftretenden Wasserschläge müssen unbedingt vermieden werden, der Kessel muß selbst bei stärkster Belastung trockenen Dampf liefern und mit Überhitzer ausgestattet sein. (Eine besondere Dampfentwässerung im Oberkessel allein genügt nicht.) Bei Anwendung von Überhitzern können Verdampfungen von stündlich 18—25 kg pro qm Heizfläche erzielt werden.

Röhrenkessel mit Cornwallkessel mit 2 Flammrohren.

Durchmesser beider Kessel m	Durchmesser der Flammrohre m	Länge der Oberkessel m	Länge der Unterkessel m	Zahl der Feuerröhr. von 78 mm Durchm.	Heizfläche qm	Gewicht inkl. kompletter Garnitur kg	Preis in Mark des Kessels	Preis in Mark der groben u. feinen Armatur
1,25	0,35	2	2,7	36	41	5 800	*2 600*	*1100*
1,25	0,35	2,5	3,2	36	51	7 000	*3 200*	*1200*
1,41	0,41	3	3,7	48	73	8 900	*4 200*	*1400*
1,41	0,41	3,5	4,2	48	83	10 000	*4 900*	*1500*
1,57	0,47	3	3,7	56	81	10 000	*5 000*	*1600*
1,57	0,47	3,5	4,2	56	96	12 500	*5 200*	*1700*
1,57	0,47	4	4,7	56	111	14 000	*5 700*	*1750*
1,73	0,55	3	3,7	72	100	13 500	*5 800*	*1800*
1,73	0,55	3,5	4,2	72	116	14 800	*6 400*	*1850*
1,73	0,55	4	4,7	72	133	16 100	*7 200*	*1900*
1,73	0,55	4,5	5,2	72	149	17 000	*7 800*	*2000*
1,73	0,55	5	5,7	72	165	19 000	*8 000*	*2050*
1,88	0,59	3,5	4,2	104	148	17 000	*8 500*	*2100*
1,88	0,59	4	4,7	104	178	19 000	*8 700*	*2150*
1,88	0,59	4,5	5,2	104	191	20 500	*9 200*	*2200*
1,88	0,59	5	5,7	104	211	22 000	*10 000*	*2250*

Mit der gleichzeitigen Anwendung von Cornwall- und Wasserrohrkesseln, wobei erstere für normalen Betrieb, letztere für Stunden hoher Anforderung herangezogen werden, sind gute Resultate erzielt worden.

Tabelle von Steinmüllerkesseln (L. & C. Steinmüller, Gummersbach).
(Für 6—20 Atm. Überdruck.)

Heizfläche qm	Zahl der Rohre	Durchm. des Oberkessels mm	Länge des Oberkessels mm	Länge des Mauerwerkes mm	Breite des Mauerwerkes mm	Höhe des Mauerwerkes mm
16,7	18	700	4200	3750	1630	3550
29,6	24	700	5400	4800	1800	3550
49,3	40	800	5400	4800	1970	3950
73,9	60	900	5400	5000	2290	4350
86,2	70	1050	5460	5000	2290	4500
106,1	70	900	6300	5700	2290	4350
121,2	80	1000	6300	5700	2550	4450
151,6	100	1100	6500	5700	2850	4550
181,7	120	1200	6500	5700	3200	4650
212,0	140	1300	6500	5700	3500	4750
242,3	160	1350	6500	5700	3840	4800
272,5	180	1450	6500	5700	4210	4900
303,0	200	1500	6500	5700	4550	5250
333,0	220	1500	6500	5700	4900	5250

Bei Vorhandensein von Pufferbatterien können die durch ihre Einfachheit sich auszeichnenden Flammrohrkessel verwendet werden.

Tabelle von Ein- und Zweiflammrohrkesseln mit und ohne Galloway-röhren.

(R. und Th. Möller, Brackwede, Westf.)

Kesselart	qm Heizfläche	Mantel Durchmesser mm	Mantel Länge mm	Kessel ohne Galloway-röhren Flammrohr-durchmesser vorn mm	Kessel ohne Galloway-röhren Flammrohr-durchmesser hinten mm	Kessel mit Galloway-röhren Flammrohr-durchmesser mm	Kessel mit Galloway-röhren Zahl d. Röhren	Gewicht in kg der Kessel 8 Atm.	Gewicht in kg der Kessel 10 Atm.	Gewicht in kg der Armatur feine	Gewicht in kg der Armatur grobe
Einflammrohrkessel	10	1200	2 800	600	580	—	—	2 400	2 850	100	700
	10	1200	2 700	—	—	600	2	2 550	2 850	100	700
	15	1250	3 900	620	600	—	—	3 400	4 000	110	850
	15	1250	3 720	—	—	620	3	3 500	3 850	110	850
	20	1300	4 900	650	620	—	—	4 400	4 950	130	950
	20	1300	4 700	—	—	650	3	4 450	5 100	130	950
	25	1400	5 600	700	670	—	—	5 350	6 300	130	1150
	25	1400	5 400	—	—	700	3	5 500	6 250	130	1150
	30	1500	6 250	750	720	—	—	6 500	7 700	150	1200
	30	1500	6 000	—	—	750	3	6 500	7 400	150	1200
	35	1600	6 800	800	750	—	—	7 780	9 180	150	1250
	35	1600	6 950	—	—	750	3	7 450	8 500	150	1250
	40	1600	7 800	800	750	—	—	9 000	10 250	200	1350
	40	1600	7 450	—	—	800	4	8 800	10 050	200	1350
	45	1700	8 100	850	800	—	—	10 250	11 700	200	1450
	45	1700	7 750	—	—	850	4	10 250	11 500	200	1450
	50	1800	8 500	850	800	—	—	12 200	13 600	230	1500
	50	1700	8 550	—	—	850	6	11 050	12 800	230	1500
	55	1800	9 500	900	850	—	—	13 250	14 800	230	1650
	55	1800	9 000	—	—	900	6	12 950	14 600	230	1650

Kesselart	qm Heizfläche	Mantel Durchmesser mm	Mantel Länge mm	Kessel ohne Galloway-röhren vorn mm	Kessel ohne Galloway-röhren hinten mm	Kessel mit Galloway-röhren Flammrohrdurchmesser vorn	Kessel mit Galloway-röhren Flammrohrdurchmesser hinten	Zahl d. Röhren	8 Atm.	10 Atm.	feine	grobe
Zweiflammrohrkessel	35	1700	5 600	600	550	—	—	--	7 250	8 700	170	1450
	35	--	5 200	—	—	600	600	6	7 550	8 650	170	1450
	40	1700	6 400	600	550	—	—	—	8 250	9 700	180	1550
	40	—	5 950	—	—	600	600	6	8 650	9 750	180	1550
	50	1800	7 350	650	600	—	—	—	10 600	12 000	220	1750
	50	—	7 050	—	—	650	600	8	10 600	12 000	220	1750
	60	1900	8 200	700	650	—	—	—	13 150	14 900	250	1900
	60	—	7 900	—	—	700	650	8	13 150	14 800	250	1900
	70	2000	8 900	750	700	—	—	—	15 600	17 550	280	2150
	70	1900	9 200	—	—	700	650	10	15 000	16 800	280	2150
	80	2100	9 650	800	750	—	—	—	18 600	21 250	320	2350
	80	2000	9 800	—	—	750	700	10	17 200	19 300	320	2350
	90	2200	10 200	850	800	—	—	—	21 550	24 500	360	2600
	90	2200	9 700	—	—	850	800	10	19 450	21 800	360	2600
	100	2300	10 750	900	850	—	—	—	24 600	28 300	380	2750
	100	2100	10 750	—	—	850	800	12	22 650	25 300	380	2750

Für eine effektive Pferdekraft ist erforderlich bei

einzylindrigen Maschinen	mit	Kondensation	1,45	qm Heizfläche,
»	»	ohne »	1,65	» »
Compound	»	mit »	1	» »
»	»	ohne »	1,2	» »

Dampfkesselausrüstung. Dieselbe besteht aus einem Sicherheitsventil, einem Dampfabsperrventil, einem Speiseventil, Ablaßhahn, Wasserstandskopf, zwei Probierhähnen und einem Manometer.

	Kesselheizfläche in qm									
	10	20	30	40	50	60	70	80	90	100
Preise der vollständigen Ausrüstung in Mark	*185*	*205*	*235*	*245*	*265*	*290*	*300*	*320*	*335*	*360*

Dampfkesseleinmauerung. Akkordpreis pro cbm *M 25* bis *M 33.*

Dampfmaschinen.

Heinrich Lanz, Mannheim.

Bauart	Vorteile	Nachteile
Einzylindrige Expansionsmaschine	Geringe Anschaffungskosten, leichte Zugänglichkeit und leichte Wartung. Für kleine und mittlere Leistungen empfehlensw. bei billigen Kohlenpreisen	Großer Kohlenverbrauch, geringere Ökonomie
Woolfsche Maschine	Gute Dampfausnutzung	Kann in Toterpunktstellung nicht angelassen werden, da die Kurbeln um 180° versetzt sind.
Compoundmaschine (Verbundmaschine)	Vorzügliche Dampfausnutzung, große Kohlenersparnis bzw. geringer Dampfverbrauch. Da die Kurbeln um 90° versetzt sind, kann die Maschine in jeder Stellung angelassen werden	Großer Raumbedarf, größere Anschaffungskosten
Tandemmaschine	do. Zylinder liegen hintereinander, daher geringerer Raumbedarf	Größere Anschaffungskosten

Bauart	Vorteile	Nachteile
Drei- und Mehrfachexpansions-Maschinen (Triplex- und Quadruplex-Maschinen)	Beste Dampfausnutzung, geringster Kohlenverbrauch, ökonomischstes Arbeiten	Hohe Anschaffungskosten, großer Raumbedarf.

Flachschiebersteuerungen kommen wegen der Schwierigkeit der Entlastung nur bei ganz kleinen Maschinen in Betracht. Kolbenschiebersteuerungen sind gegenüber den Ventilsteuerungen in bezug auf Regulierfähigkeit im Nachteil. In bezug auf die Regulierfähigkeit der Dampfmaschinen wird in der Regel verlangt, daß die Umdrehungszahl bei plötzlicher Entlastung der normal belasteten Maschine um 100% sich nicht mehr als 5% ändert. Die Ungleichförmigkeitsgrade sollen $^1/_{200}$ bis $^1/_{300}$, ev. noch darunter, betragen. Auspuffmaschinen kommen im allgemeinen in elektrischen Kraftzentralen nicht in Verwendung, doch soll jede Kondensationsmaschine auch mit Auspuff arbeiten können, um bei einer Störung der Kondensationsvorrichtung nicht den Betrieb einstellen zu müssen. Eine weitere Hauptforderung ist das Vorhandensein eines großen Schwungmomentes. Die Dampfmaschinen sollen mit Präzisionssteuerungen versehen sein. Große Generatoren werden durch Mehrfachexpansions-Maschinen betrieben. Die meisten Maschinen arbeiten mit Einspritzkondensation (65—70 mm Vakuum). Der Dampfdruck variiert zwischen $7^1/_2$ und 10 Atm., die Umdrehungszahl zwischen 52 und 150 pro Minute, 235 pro Minute bei Schnellläufern.

Der Dampfverbrauch schwankt zwischen 6,5—8,8 kg pro ind. PS bei gewöhnlichen Dampfmaschinen und 5,8—8,2 kg bei Compoundmaschinen und Kondensation.

Bedeutet: N_i die indizierte Leistung der Maschine in PS,
N_n die effektive » » » » » ($N_n = \eta N_i$),
η den Wirkungsgrad,
f den Querschnitt des Dampfzylinders in qcm,
c die sekundliche Kolbengeschwindigkeit in m,
p_i die mittl. indiz. Dampfspannung hinter dem Kolben in kg-qcm,
q den mittl. indiz. Gegendruck vor dem Kolben in kg-qcm, so ist

$$N_i = \frac{f(p_i - q)c}{75}$$

$$N_n = \frac{\eta \cdot f(p_i - q)c}{75}.$$

Tabelle der Wirkungsgrade in Prozenten von Kondensationsmaschinen.

Einzylindermaschinen	Zwillingsmaschinen	Compoundmaschinen	Dreifachexpansions-Masch.
82—86	85—88	83,5—86	80—83

Dampfverbrauch stehender, schnell laufender Dampfmaschinen von mehr als 100 PSi.

Art der Maschinen	Kondensation	Dampfdruck in Atm. absol.	Kolbengeschwindigkeit	Dampfverbrauch in kg pro PS
Zweifach Verbund . .	Mit	8—9	2—3	7,5—8,5
Zweifach Verbund . .	Ohne	8—9	2—3	10—12
Dreifach Verbund . .	Mit	11—13	2—3	5,8—7
Einzylinder	Mit	8—9	2—3	9—10
Einzylinder	Ohne	8—9	2—3	12,5—13

Bei gleicher Kolbengeschwindigkeit ist der Dampfverbrauch bei Maschinen mit kurzem Hube größer als bei langhubigen Maschinen.

Dampfverbrauch pro KW-Std.

Art der Maschinen	Beschaffenheit des Dampfes	Dampfverbrauch pro KW-Std.
Große Dampfdynamos	gesättigt	8,5—9,5
» »	überhitzt	7—8
Turbodynamos . . .	gesättigt	9—10

Große Dampfdynamos verbrauchen 0,9—1,05 kg Kohle zur Erzeugung einer Kilowattstunde.

Dampfmaschinenanlagen.

Kosten pro PS bei einem Grundpreis von ℳ 14 pro Tonne Kohle.

		In Einzelanlagen ohne Kondensat.						In Zentralanl. mit Kondensat.				
PS		2,5	5	10	25	50	100	500	1000	2000	5000	10 000
Jährl. Betriebsstd.	*1000*	*32.40*	*26.30*	*21.34*	*13.74*	*10.10*	*8.40*	*6.85*	*5.87*	*5.43*	*4.75*	*4.24*
	3000	*20.5*	*16.1*	*12.83*	*8.60*	*6.60*	*5.75*	*4.22*	*3.84*	*3.60*	*3.17*	*2.70*

Anlagen mit liegenden Einzylinder-Dampfmaschinen.

Leistung in PS		25—36	40—50	60—75	80—100
Preis pro eff. PS in Mark	ohne Kondens.	500—400	350—325	300—280	275—250
	mit Kondens.	— —	450—400	360—320	325—300

Anlagen mit liegenden Verbund-Dampfmaschinen.

Leistung in PS		100—200	250—400	500—800	900—1200
Preis pro eff. PS in Mark	ohne Kondens.	210—155	156—115	110—105	105—100
	mit Kondens.	230—170	160—125	120—115	115—110

Anlagen mit stehenden Verbund-Dampfmaschinen.

Leistung in PS		100—250	300—500	600—1000	1100—1500
Preis pro eff. PS in Mark	ohne Kondens.	235—165	150—125	125—120	115—113
	mit Kondens.	260—180	165—135	135—130	125—122

A. Borsig, Berlin.

Kosten von Dampfmaschinenanlagen (nach Haeder).

eff. PS	10	15	25	40	60	80	100	150
Dampfmaschine M	2000	3100	4000	5500	7500	10000	13000	16000
Fundament . . »	90	150	250	400	500	700	900	1400
Aufstellung . . »	50	75	100	130	160	200	250	400
Dampfkessel . . »	2000	3000	4500	6000	7500	10000	13000	16000
Fundament . . »	50	80	120	160	200	250	300	450
Einmauerung . . »	250	400	600	800	1000	1200	1500	2000
Dampfleitung . . »	150	300	500	700	1000	1300	1550	1900
Wasserabscheid. . »	60	90	120	150	180	210	250	320
Isolation d. Leit. »	15	30	45	60	80	100	130	180
Speiseleitung . . »	40	80	120	160	200	250	300	400
Speisevorrichtung »	300	400	500	650	800	900	1000	1200
Vorwärmer . . . »	200	300	400	500	600	750	950	1200
Kessel- und Maschinenhaus »	2000	3000	4000	5000	6000	7000	8000	9000
Schornstein . . »	800	1000	1350	1800	2500	3580	5000	7000
Diverse . . . . »	115	125	145	190	186	240	270	350
Kohlenverbrauch in 10 Std. . Ztr.	5,5	8	12	20	25	32	40	50
Gesamtpreis aus obig. Summanden M	8120	12400	16750	22200	28400	36600	46400	57800

Dampfmaschinenverordnungen.

Grundsätze und Anleitung, betreffend die Untersuchungen an Dampfkesseln und Dampfmaschinen zur Ermittelung ihrer Leistungen.

(Aufgestellt vom Verein deutscher Ingenieure und dem Verbande der Dampfkessel-Überwachungsvereine.)

Den Untersuchungen sind die folgenden Vorschriften mit sinngemäßer Anwendung und Auswahl für den einzelnen Fall zugrunde zu legen.

A. Allgemeine Bestimmungen.

I. Art der Untersuchungen.

a) Die Leitung einer Dampfkesselanlage ist zu untersuchen

1. auf das Maß der Dampferzeugung pro qm Heizfläche und Stunde; außerdem entweder
2. auf ihren Wirkungsgrad, d. h. auf das Verhältnis der an den Kesselinhalt abgegebenen Wärmemenge zu dem Heizwerte des aufgewendeten Brennstoffs unter gleichzeitiger Bestimmung der einzelnen Wärmeverluste,

   oder nur (für Versuche geringerer Bedeutung)
3. auf die Verdampfungsziffer, d. h. auf die Zahl der Kilogramm Wasser von bestimmter Temperatur, welche durch je 1 kg näher bezeichneten Brennstoffs in Dampf von gewisser Spannung verwandelt werden.

b) Bei der Untersuchung einer Dampfmaschine kann es sich handeln um die Ermittelung

1. der Arbeit in indizierten oder effektiven Pferdekräften,
2. des Wirkungsgrades, d. h. des Verhältnisses der durch die Bremse zu ermittelnden Nutzarbeit zu der durch den Indikator zu bestimmenden indizierten Arbeit,
3. des Dampfverbrauchs und der Vergleichung desselben mit der geleisteten Arbeit.

II. Allgemeine Versuchsbestimmungen, insbesondere Zahl und Zeit der Untersuchungen.

a) Um die zu prüfende Anlage im Betriebe kennen zu lernen, die zur Verwendung kommenden Apparate und Einrichtungen zu prüfen und die Hilfskräfte einzuüben, ist ein Vorversuch anzustellen.

b) Für jede Untersuchung, welche auf allgemeine Glaubwürdigkeit Anspruch machen soll, sind mindestens zwei Versuche hintereinander auszuführen, die nur dann als gültig erachtet werden, wenn sie nicht durch Störungen unterbrochen worden sind und wenn ihre Ergebnisse nicht um mehr voneinander abweichen, als unvermeidlichen Beobachtungsfehlern zugeschrieben werden darf. Aus den Versuchen mit annähernd gleichen Ergebnissen wird der Mittelwert als endgültig angenommen.

c) Zu Anfang und zu Ende jedes Versuches sollen überall gleiche Verhältnisse vorhanden sein, Maschinen bzw. Kessel sollen sich im Beharrungszustande befinden.

Bemerkung. Bei einem Betriebe mit Unterbrechungen bedarf die Feststellung des eingetretenen Beharrungszustandes besonderer Sorgfalt.

d) Alle für den Versuch nicht zur Anwendung kommenden Dampf- und Wasserröhren sind mittels Blindflanschen vom Versuchskessel bzw. der Maschine abzusperren und zwar möglichst nahe an denselben.

e) Jeder Versuch, welcher die Ermittelung des Brennmaterialverbrauchs und der durchschnittlichen Leistung eines Kessels oder des Dampfverbrauchs und der durchschnittlichen Kraftleistung zum Zwecke hat, soll, wenn er während des Fabrikbetriebs mit seinen gewöhnlichen Schwankungen und Unterbrechungen ausgeführt wird, a) bei Tagbetrieb je einen Tag lang und b) bei Tag- und Nachtbetrieb je einen Tag und eine Nacht lang dauern.

Bemerkung. Die Dauer der regelmäßigen Unterbrechungen (Mahlzeiten) und die Menge des während derselben verheizten Brennmaterials sowie die Art ihrer Verrechnung sind anzugeben.

f) Werden dagegen für die Versuche gleichmäßige Betriebsverhältnisse herbeigeführt, so hat ein Versuch bei Dampfkesseln mindestens 10, bei Dampfmaschinen mindestens 8 Stunden ohne Störung und Unterbrechung zu dauern.

g) Zu Versuchen über die Arbeitsleistung von Dampfmaschinen (A I b 1) genügt, wenn die Belastung eine nahezu gleichmäßige ist, ein Versuch von entsprechend kürzerer Dauer.

Für die Ermittelung des Verhältnisses der effektiven zur indizierten Leistung (A I b 2) sowie des Leerlaufswiderstandes ist die Dauer der Versuche ohne Einfluß, ebenso bei der Entnahme von Diagrammen zur Beurteilung der Dampfverteilung.

h) Bei Versuchen von besonderer Wichtigkeit, z. B. bei Garantieversuchen, von deren Ergebnissen Abnahme, Strafen oder Prämien abhängen, ist die Dauer derselben je nach der Bedeutung des damit verknüpften Interesses zu bemessen und vorher zu vereinbaren.

i) Das Maß der Abweichung von der versprochenen Leistung, welches zulässig sein soll, ohne die Zusage als verletzt erscheinen zu lassen, ist vor den Versuchen (sei es im Lieferungsvertrage, sei es bei Aufstellung des Programms) zu vereinbaren.

k) Unmittelbar nach Inbetriebnahme einer Anlage soll kein Garantieversuch ausgeführt werden; dem Lieferanten wird zu eigenen Vorversuchen und zu den etwa nötigen Verbesserungen eine Frist eingeräumt, deren Dauer bzw. Bedingungen möglichst bei Abfassung des Lieferungsvertrags festzustellen sind.

III. Einheitliche Maße und Gewichte für die Berechnungen.

a) Alle Wärmemessungen (Wärmeeinheiten, Temperaturgrade) beziehen sich auf das 100teilige Thermometer (Celsius).

b) Ist ohne nähere Angabe von Dampfdruck die Rede, so ist darunter stets der den Druck der Atmosphäre übersteigende Druck, Dampfüberdruck, zu verstehen.

c) Spannungen unter der atmosphärischen werden durch das Vakuum gemessen. Man versteht darunter den Unterschied zwischen der zu bestimmenden Spannung und der atmosphärischen.

d) Als Maßeinheit für den Überdruck sowohl, als für das Vakuum dient der Druck von 1 kg auf 1 qcm oder die metrische Atmosphäre.

Bemerkung. Federmanometer, offene Quecksilbermanometer, Indikatorfedern geben direkt den Überdruck oder das Vakuum an.

Sind die Skalen dieser Instrumente nach anderen Maßstäben eingeteilt, so hat Umrechnung ihrer Angaben in metrische Atmosphären stattzufinden.

Ist die Kenntnis der absoluten Dampfspannung von Wichtigkeit, so muß der jeweilige Atmosphärendruck mittels des Barometers gemessen und nach Umrechnung in metrische Atmosphären zum Überdrucke hinzugerechnet, bzw. es muß das Vakuum davon abgezogen werden.

e) Die Zugstärke von Schornsteinen wird durch eine in Millimeter geteilte Wassersäule gemessen; 1 mm = 0,0001 metrische Atmosphäre.

f) Die Angabe des Dampfdruckes eines Dampfkessels bezieht sich auf den durch die Konzessionsurkunde festgesetzten höchsten Druck, diejenige des Wasserstandes auf den tiefsten Stand.

g) Unter Heizfläche ist bei Dampfkesseln die Größe des Flächeninhalts der einerseits von den Feuergasen, anderseits vom Wasser berührten Wandungen des Kessels zu verstehen und dieselbe auf der Feuerseite zu messen.

Bemerkung. Zur Heizfläche gehören auch die in den Fuchs eingebauten Vorwärmer (Ekonomiser); doch ist deren Heizfläche stets gesondert aufzuführen. Überhaupt empfiehlt es sich, die verschiedenen Teile der Heizfläche gesondert anzuführen.

h) Die für die Leistung der Dampfmaschine maßgebende Dampfspannung ist die unmittelbar vor dem Eintritt in die Maschine vorhandene.

i) Für die Leistung einer Dampfmaschine gilt als Maßeinheit die Pferdekraft gleich 75 Sekundenmeterkilogramm. Ohne weitere Bezeichnung ist darunter stets die effektive (von der Kurbelwelle abgegebene, durch die Bremse meßbare) Leistung verstanden. Ist die indizierte Pferdekraft gemeint, so ist dies ausdrücklich auszusprechen. Die Angabe in nomineller Pferdekraft ist zu vermeiden.

k) Ist eine Garantie des Dampf- bzw. Brennstoffverbrauchs nicht gegeben, so ist bei Dampfmaschinen als normale Leistung diejenige anzunehmen, bei welcher die Maschine für eine Pferdekraft den geringsten Dampfverbrauch hat.

B. Ausführung der unter A I bezeichneten Untersuchungen.

I. Untersuchung der Dampfkesselanlage.

1. Brennstoff.

a) Probenahme. Von jeder Ladung (Karre, Korb u. dgl.) des zugeführten Brennstoffs wird eine Schaufel voll in eine mit einem Deckel versehene Kiste geworfen und aus dieser Masse eine Durchschnittsprobe entnommen.

Bemerkung. Hierbei kann in folgender Weise verfahren werden: Das Brennmaterial wird zerkleinert, gemischt, quadratisch ausgebreitet und durch beide Diagonalen in vier Teile geteilt. Zwei einander gegenüberliegende dieser Teile werden fortgenommen, die beiden anderen wieder zerkleinert, gemischt und geteilt. In dieser Weise wird fortgefahren, bis eine Probemenge von etwa 5 kg übrigbleibt, welche gut verschlossen zu chemischer Untersuchung zu bringen ist.

b) Die Zusammensetzung des Brennmaterials, d. h. dessen Gehalt an Kohlenstoff, Wasserstoff, Asche und hygroskopischem Wasser bzw. an Schwefel und Stickstoff, ist durch chemische Analyse, das Verhalten in der Hitze durch Verkokungsprobe zu ermitteln.

Zur Wasserbestimmung unter möglichstem Luftabschlusse soll während des Versuches eine Anzahl besonderer kleinerer Proben von dem zu verheizenden Brennstoffe in Gläser gefüllt werden, welche sofort luftdicht zu verschließen und zur Untersuchung zu bringen sind.

c) Berechnung des Heizwertes.

Enthält 1 kg des Brennstoffs
c kg Kohlenstoff,
h » Wasserstoff,
s » Schwefel,
o » Sauerstoff,
w » hygroskopisches Wasser,

so kann man den Heizwert nach der Annäherungsformel berechnen:

$$8100\,c + 29000\,(h - o/8) + 2500\,s - 600\,w \text{ WE.}$$

Bemerkung. Hierbei ist angenommen, daß das Wasser der Verbrennungsgase als Dampf von 20° entweicht.

d) Bestimmung der zur Verbrennung erforderlichen Luftmenge.

1 kg Brennstoff erfordert:

$$O = 2{,}667\,c + 8\,h + s - o \text{ kg}$$
$$= \frac{2{,}667\,c + 8\,h + s - o}{1{,}43} \text{ cbm Sauerstoff.}$$

$$L = \frac{(2{,}667\,c + 8\,h + s - o)}{21 \cdot 1{,}43}\,100 \text{ cbm Luft von 21 Vol.-\% Sauerstoffgehalt.}$$

2. Verbrennungsprodukte und Wärmeverluste.

a) Messung der Temperatur.

Die Temperatur der abziehenden Gase bis zu 360° wird durch Quecksilberthermometer mit Stickstofffüllung bestimmt, welche möglichst nahe der Stelle, wo die Gase den Kessel verlassen, aber jedenfalls vor dem Abschlußorgane, mit sorgfältiger Abdichtung in den Rauchkanal so eingesetzt werden, daß die Quecksilberkugel sich mitten im Gasstrome befindet. Die Ablesungen erfolgen jedesmal bei Entnahme der Gasproben (siehe unten). Temperaturen über 360° werden am besten kalorimetrisch bestimmt.

Die Temperatur der in die Feuerung tretenden Luft wird nahe der Feuerung gemessen, jedoch so, daß das Thermometer vor der Wärmestrahlung des Rostes geschützt ist.

Aus den erhaltenen Zahlen wird das arithmetische Mittel genommen und der Berechnung zugrunde gelegt.

b) Gasuntersuchung.

Während der Dauer des Heizversuchs werden in gleichmäßigen Zwischenräumen von 10—15 Minuten Gasproben durch ein luftdicht neben dem Thermometer eingesetztes Rohr (Glas oder Porzellan), dessen untere Mündung mitten in den Gasstrom reicht, entnommen und der Gehalt an Kohlensäure und Sauerstoff bestimmt. Zur Ermittelung eines Durchschnitts können außerdem die| Gase mittels gleichmäßig saugenden Aspirators entnommen werden.

Enthalten die Rauchgase nennenswerte Mengen Kohlenoxyd, so ist die Verbrennung unvollkommen. Soll dieser Fehler ziffernmäßig ermittelt werden, so sind Gasproben einzuschmelzen und im Laboratorium zu untersuchen.

Ergab die Gasanalyse k % Kohlensäure,
o » Sauerstoff,
n » Stickstoff,

so ist das Verhältnis der gebrauchten Luftmenge zu der theoretisch erforderlichen $1 : v$, also

$$v = \frac{n}{n - 79/21\,o} \text{ oder } \frac{21}{21 - 79\,o/n}.$$

Die Menge der Verbrennungsprodukte wird auf folgende Weise berechnet: 1 kg Kohle gibt:

$$1{,}854\,c = K \text{ cbm Kohlensäure,}$$
$$K\,o\,1/k = O \text{ cbm Sauerstoff,}$$
$$K\,n\,1/k = N \text{ cbm Stickstoff}$$

von 0° bei 76 cm Druck.

Die Menge des in den Rauchgasen enthaltenen Wasserdampfes W wird berechnet aus dem Wassergehalte der Kohle w, dem durch Verbrennung des Wasserstoffs gebildeten ($9\,h$) und dem in der Verbrennungsluft enthaltenen Wasser (falls letzteres bestimmt worden ist).

Die Gesamtmenge der Verbrennungsgase von 1 kg Kohle ist somit:

$$3{,}667\,c + 1{,}430\,O + 1{,}257\,N + W \text{ kg} = K + \frac{K\,(o + n)}{h} + \frac{W}{0{,}805} \text{ cbm}$$

von 0° und 76 cm Druck.

Um die Dichtigkeit des Mauerwerks festzustellen, werden gleichzeitig an mehreren Stellen der Feuerzüge entnommene Proben auf ihren Gehalt an Kohlensäure und Sauerstoff geprüft.

Bemerkung. Auf einfache Weise kann man starke Undichtigkeiten des Mauerwerks nachweisen, indem man den im Betriebe befindlichen Rost mit stark rauchendem Brennstoffe frisch beschickt und den Zugschieber schließt, oder auch dadurch, daß man beobachtet, ob die Flamme eines an dem Kesselmauerwerk entlang bewegten Lichtes angesaugt wird.

c) Bestimmung der Wärmeverluste.

1. Der Wärmeverlust durch die höhere (über der Eintrittstemperatur der Luft) Temperatur der Rauchgase T ist gleich der Summe der durch die Bestandteile derselben bewirkten Verluste, berechnet aus den Mengen derselben, multipliziert mit den spezifischen Wärmen und der Temperaturdifferenz gegen die äußere Luft (t). Zur annähernden Ermittelung des Wärmeverlustes kann man sich der Formel bedienen:

$$\left(0{,}23\,\frac{c \times 100}{0{,}536\,k} + 0{,}48\,(9\,h + w)\right) \times (T - t).$$

2. Der Wärmeverlust infolge unvollständiger Verbrennung, welcher dadurch entsteht, daß Brennstoffteilchen (unverbrannt) durch den Rost fallen und von den aus dem Verbrennungsraum entfernten Herdrückständen (Schlacke, Asche) eingeschlossen werden, ist in der Weise zu ermitteln, daß das Gewicht der Verbrennungsrückstände nach jedem Versuche bestimmt und aus ihnen eine Durchschnittsprobe behufs Feststellung des Gehaltes an unverbrannten Bestandteilen entnommen wird.
3. Der Wärmeverlust, welcher dadurch entsteht, daß Asche und Schlacke in heißem Zustande aus dem Verbrennungsraume beseitigt werden, ist zu vernachlässigen.

3. Verdampfung.

a) Wenn die Leistung eines Dampfkessels durch einen Verdampfungsversuch festgestellt werden soll, so ist die Art des Versuchs nach Maßgabe der unter A I und A II bemerkten zu vereinbaren.

b) Die Konstruktions- und Betriebsverhältnisse der Kesselanlage sind möglichst vollständig anzugeben und durch eine Zeichnung zu erläutern; insbesondere sollen diese Angaben enthalten:

1. Benetzte und dampfbespülte Heizfläche des Kessels.
2. Heizfläche etwaiger Speisewasservorwärmer in den Rauchkanälen.
3. Kubikinhalt des Wasser- und Dampfraumes bis zur Wasserstandsmarke sowie etwaiger Speisewasservorwärmer.
4. Verdampfungsoberfläche, gemessen in der Höhe der Wasserstandsmarke.
5. Gesamte und freie Rostfläche; die Größe etwaiger Schwelplatten ist besonders anzugeben.
6. Querschnitt der Feuerzüge an den wesentlichen Stellen.
7. Zugquerschnitt in jeder Stellung der betreffenden Absperrvorrichtung.
8. Höhe des Schornsteins (von der Rostfläche aus gemessen), Querschnitt desselben an der Ausmündung bzw. an der engsten Stelle.

c) Vor Beginn der Versuche ist der Kessel zu reinigen, innerlich und äußerlich zu untersuchen und auf seine Dichtigkeit zu prüfen; die Feuerzüge sind zu putzen, die Mauerfugen dicht zu verstreichen.

d) Nach dieser Reinigung muß der Kessel, je nach Beschaffenheit, einen oder mehrere Tage im normalen Betriebe gewesen sein, damit derselbe sich im Beharrungszustande befinde.

e) Der Wasserzustand und der Dampfdruck werden bei Beginn des Versuchs genau vermerkt und sollen während des Versuchs möglichst auf gleicher Höhe erhalten werden; der Dampfdruck wird durch Manometer gemessen und viertelstündlich vermerkt.

Bemerkung. Geringe Abweichungen des Wasserstandes oder des Dampfdruckes am Ende des Versuchs sind, falls sich dieselben nicht ganz vermeiden lassen, nach ihrem Wärmewerte zu ermitteln und bei der Rechnung zu berücksichtigen. Es genügt also nicht, das mehr oder minder im Kessel enthaltene Wasser am Schlusse des Versuchs dem Speisewasser ab- oder zuzuziehen, sondern es sind mit Rücksicht auf die Spannungen am Anfang und Ende des Versuchs die gesamten im Kessel enthaltenen Wärmeeinheiten zu ermitteln.

Besondere Sorgfalt verlangen in dieser Beziehung die Wasserröhrenkessel und ähnliche Konstruktionen mit stark schwankendem Wasserspiegel, bei denen außerdem während der Dampfentwickelung die im Wasser enthaltenen Dampfblasen erheblich vergrößert erscheinen.

f) Das Speisewasser wird entweder gewogen oder in tarierten Gefäßen, deren Inhalt gebotenen Falles nach der Temperatur des Wassers zu berichtigen ist, gemessen; bei genaueren Versuchen ist nur ersteres zulässig.

Die Speisungen müssen regelmäßig und möglichst ununterbrochen geschehen; kurz vor Beginn und kurz vor Schluß des Versuchs sind Speisungen zu vermeiden. Die Temperatur des Speisewassers wird im Behälter, aus welchem gespeist wird, gemessen, bei genauen Versuchen je nach Umständen auch kurz vor dem Eintritt in den Kessel, und zwar bei jeder Speisung, mindestens halbstündlich. Die Speisung durch Injektoren ist nur zulässig, wenn solche den Dampf aus dem Versuchskessel erhalten.

Findet gleichzeitig mit der Untersuchung der Dampfkesselleitung eine Untersuchung des Dampfverbrauchs einer von dem Kessel gespeisten Dampfmaschine statt, so ist die Verwendung von Dampfpumpen zur Speisung unzulässig, welche ihren Betriebsdampf aus dem Versuchskessel entnehmen, oder deren Abdampf mit dem Speisewasser in Berührung kommt. Der Kraft- bzw. Dampfverbrauch einer von der Versuchsmaschine betriebenen Speisepumpe kann vernachlässigt werden.

Alles Leckwasser an den Kesselgarnituren sowie ausgeblasenes Wasser ist aufzufangen und in Rechnung zu bringen. Das auf diese Weise ermittelte Wassergewicht ist umzurechnen auf Speisewasser von 0° und Dampf von 100°.

Bei der Bestimmung des Brennmaterialverbrauchs ist darauf zu achten, daß zum Beginne des Versuchs das Feuer in einen normalen Zustand der Beschickung und Reinigung gebracht, Asche und Schlacke aus dem Aschenfall entfernt werden; ist die Entleerung des Aschenfalls nicht möglich (Ten-Brink usw.), so sind die Rückstände in demselben vor und nach dem Versuche bis auf eine bestimmte Höhe zu bringen und abzugleichen. In demselben Zustande muß sich das Feuer am Ende des Versuchs befinden. Die Dauer und der Brennmaterialverbrauch des Anheizens werden vermerkt, bleiben aber außer Berechnung.

Das während des Versuchs zur Verwendung kommende Brennmaterial ist zu wiegen und angemessen zu zerkleinern; die Beschickung des Rostes geschieht möglichst regelmäßig.

h) Versuche, bei welchen nachweisbar erhebliche Wassermengen durch den Dampf mechanisch mitgerissen werden, sind ungenau; für die quantitative Bestimmung des mitgerissenen Wassers sind genau und genügend erprobte Methoden z. Z. nicht bekannt.

II. Untersuchung einer Dampfmaschinenanlage.

a) Wenn die Leistung einer Dampfmaschine untersucht werden soll, so ist die Untersuchung nach Maßgabe des unter A Ib und II Gesagten zu vereinbaren.

b) Die durch solche Untersuchungen zu ermittelnden Konstruktions- und Betriebsverhältnisse der Anlage sind nach Anleitung des folgenden Schemas festzustellen:

1. System der Maschine, Beschreibung ihrer Hauptteile; wenn möglich, Zeichnungen derselben.
2. Zylinderabmessungen und Größe der schädlichen Räume.
3. Kolbenhub und sonstige in Betracht kommende Abmessungen.
4. Normale Umdrehungszahl und zulässige Schwankungen derselben.
5. Normale und zulässige Dampfspannung.
6. Normale und höchste zulässige Leistung der indizierten oder effektiven Pferdekräfte.
7. Normaler, größter und kleinster Füllungsgrad.
8. Dampfverbrauch für je eine indizierte und effektive Pferdekraft.

Im Sinne des Absatzes 2 der Einleitung liegt es außerdem, die Länge der Dampf-Zu- und Ableitungsröhren, die Entwässerungsvorrichtungen, die Weite der Dampfkanäle, die Luftpumpenabmessungen sowie die Betriebsverhältnisse des Kessels zu ermitteln.

c) Wenn nicht anders bestimmt wird, so sind bei Indikator- und Bremsversuchen, deren Ergebnisse zur Bezifferung des relativen Dampfverbrauchs dienen sollen, folgende allgemeine Versuchsbedingungen zu beobachten:

1. Der Versuch soll nicht eher beginnen, als bis in der Maschine und den Meßinstrumenten vollständiger Beharrungszustand, sowohl bezüglich der Kräfte, als der Temperaturen, eingetreten ist.
2. Erstrecken sich solche Versuche bei regelmäßigem Fabrikbetriebe auf die Dauer eines Arbeitstages, so sind die erste und letzte Stunde des Arbeitstages von der eigentlichen Versuchszeit auszuschließen.
3. Dampfspannung und Belastung der Maschine müssen während der Versuchsdauer möglichst gleichmäßig erhalten werden; erforderlichen Falles ist die Gleichmäßigkeit der Belastung künstlich herzustellen.
4. Während der Versuchszeit soll die Maschine möglichst ununterbrochen in Betrieb stehen und genau so bedient werden (bezüglich Schmierung usw.) wie beim gewöhnlichen Betriebe.
5. Die Umdrehungszahl der Maschine wird durch fortwährend arbeitende Hubzähler gemessen und stündlich notiert.
6. In regelmäßigen Zeiträumen (etwa 15 Minuten) werden der Wasserstand im Kessel, die Spannungen in demselben, in der Dampfleitung unmittelbar vor der Maschine oder im Schieberkasten, im Zwischenbehälter (Receiver) und im Kondensator abgelesen, außerdem die Temperatur des abfließenden Kondensationswassers vermerkt.

Im übrigen richten sich die allgemeinen Versuchsbedingungen, insbesondere auch Zahl und Zeit der Versuche, nach den sub A II gegebenen Bestimmungen.

d) Soll die effektive Leistung behufs Vergleichung mit dem Dampfverbrauch ermittelt werden, so ist dieselbe, sofern die Art der Maschine solches zuläßt, mittels der Bremse zu messen. Diese muß so eingerichtet sein, daß sie die Belastung der Maschine direkt angibt.

Bremsapparate, bei denen Nebenwiderstände in Rechnung gezogen werden müssen, sind deshalb unzulässig. Während des Bremsversuchs darf ein die Beobachtung vereitelndes heftiges Schwanken des Bremsdynamometers nicht vorkommen.

Bemerkung. Zu diesem Zwecke ist es erforderlich, abgesehen von der guten Regulierung der Maschine, den Bremsapparat reichlich groß zu bemessen, elastische Spannvorrichtungen mit Selbstregulierung (Brauersche Bremse) in bester Ausführung anzuwenden, gleichmäßige Abkühlung und Schmierung (bei hölzernen Bremsbacken durch reines Wasser, bei eisernen Bandbremsen durch Öl) und sorgfältige Wartung zu sichern.

Die Ermittelung der effektiven Leistung aus der indizierten mit Hilfe von Leerlaufsdiagrammen ist als minder genau nur dann anzuwenden, wenn die Messung durch die Bremse nicht gut möglich ist.

e) Soll die indizierte Leistung behufs Vergleichung mit dem Dampfverbrauch ermittelt werden, so sind außer den sub B II c erwähnten allgemeinen Versuchsbedingungen noch folgende Regeln zu beobachten:

1. Die Indikatoren sind möglichst unmittelbar am Zylinder ohne lange und scharf gekrümmte Zwischenleitungen anzubringen. Die Verbindung beider Zylinderenden zu dem Zwecke der Verwendung nur eines Instrumentes für beide Kolbenseiten ist bei Dampfverbrauchsversuchen zu vermeiden.

   Bei genauen Versuchen ist an jedem Zylinderende ein Indikator anzubringen.

2. Bei rasch gehenden Maschinen mit kleiner Füllung sind gebotenen Falles Indikatoren mit reduzierten Maßen anzuwenden.

3. Die zur Verwendung kommenden Indikatoren und deren Federn müssen vor Beginn des Versuchs entweder durch direkte Belastung oder an offenen Quecksilber- bzw. Justiermanometern bei einer der mittleren Dampfspannung des Versuchs entsprechenden Temperatur geprüft werden.

   Diese Prüfung ist nach Versuchen von längerer Dauer zu wiederholen; ergeben sich Unterschiede, so ist der Mittelwert maßgebend; sind tägliche Federprüfungen während der Versuchszeit ausführbar, so sind diese vorzuziehen.

   Die Druckskalen sind durch Druckbelastung, die Vakuumskalen durch Luftleere festzustellen. Die Skalen sehr schwacher Vakuumfedern sind nach dem jeweiligen Barometerstande und in derselben Lage zur Horizontalen zu berichtigen, welche sie während des Versuchs inne haben.

4. Die Übertragung der Kohlenbewegung auf die Papiertrommel muß möglichst direkt mit Hilfe solcher Vorrichtungen geschehen, welche die Bewegungen genau proportional den Kolbenwegen wiedergeben. Durch die Übertragung darf kein toter Gang der Papiertrommel entstehen, auch sollen die Schnüre nicht peitschen.
5. Bei Entnahme von Diagrammen ist der Indikator gehörig vorzuwärmen; deshalb soll, bevor man den Stift schreiben läßt, der Kolben einige Spiele machen. Vor dem Ziehen der atmosphärischen Linie ist der Kolben je einmal auf- und einmal abwärts zu drücken und langsam in seine Gleichgewichtsstellung zurückzulassen. Weichen die erhaltenen Linien erheblich voneinander ab, so ist das Instrument zu reinigen. Der Kolben soll dann bei herausgenommener Feder in aufrechter Stellung des Indikators durch ein Gewicht gleichmäßig niedersinken.
6. Während des Versuches sind je nach der Gleichförmigkeit der Belastung alle 10—20 Minuten Diagramme an jedem Zylinderende möglichst gleichzeitig abzunehmen. Die Diagramme sind mit Ordnungsnummern und der Zeit der Entnahme zu versehen.
7. Jedes Diagramm ist mindestens zweimal zu schreiben und sollen sich die erhaltenen Linien nahezu decken. Die Diagramme dürfen außer leichten Wellenlinien, welche den wirklichen Verlauf der Kurve noch mit Sicherheit erkennen lassen, keine sichtbaren Einflüsse des Instrumentes zeigen.
8. Die Ausrechnung der Diagrammflächen geschieht mit Hilfe eines Polarplanimeters oder in anderer zuverlässiger Weise und ist der Kontrolle wegen zu wiederholen. Durchmesser des Dampfzylinders, Hub des Kolbens sind zu messen, der Querschnitt der Kolbenstange in Rechnung zu nehmen.

f) Soll lediglich der Wirkungsgrad der Maschine bei einer bestimmten Kraftleistung festgestellt werden, so genügen gleichzeitige Brems- und Indikatorversuche von kurzer Dauer.

Die solchergestalt ermittelte effektive Leistung kann zur annähernden Bezifferung des Dampfverbrauches der effektiven Pferdekraft benutzt werden, wenn die indizierte Leistung und der Dampfverbrauch der Maschine unter denselben Verhältnissen, bei welchen der Wirkungsgrad bestimmt wurde, durch einen Dauerversuch ermittelt worden sind.

g) Der Dampfverbrauch wird durch das in den Kessel gespeiste Wasser gemessen (vgl. B I 3f).

Die Berechnung des Dampfverbrauches aus den Diagrammen führt zu ungenauen Resultaten; dagegen ergibt sich eine Kontrolle desselben durch Bestimmung der Menge und der Temperatur des Kondensationswassers.

Das kondensierte Wasser der Dampfleitung soll vor dem Eintritt in die Maschine bzw. den Überhitzer abgefangen und von der Speisewassermenge abgezogen werden.

Das innerhalb der Maschine (Receiver, Mantel usw.) kondensierte Wasser gehört zum Verbrauche der Maschine und darf deshalb während des Versuches nicht ohne weiteres und ungewogen in den Kessel zurückgeleitet werden.

Bemerkung. Die Vorrichtungen zum Abfangen des Kondensierwassers (Kühlschlangen u. dgl.) sind derart einzurichten, daß Verluste durch Dampfbildung aus dem Kondensierwasser vermieden werden; zu Ende soll dasselbe auf mindestens 40° abgekühlt werden.

h) Die Dichtigkeit der Kolben, Dampfmäntel und Ventile usw. ist nicht durch Indikatormessungen, sondern durch besondere Versuche an der betriebswarmen Maschine derart zu ermitteln, daß die eine Seite des Kolbens (bei abgespreiztem Schwungrade), Ventils usw. mit Dampf belastet wird, während die andere Seite der Besichtigung zugänglich ist. Diese Belastung geschieht bei normalem Dampfdruck und sind die betreffenden Dichtungsflächen für undicht zu erachten, wenn der Dampf in anderer Form als in der von feinem Nebel oder Wasserperlen zum Vorschein kommt.

Dampfüberhitzer haben die Aufgabe, die Temperatur des gesättigten Dampfes so viel zu erhöhen, daß derselbe bis zum Ende der Ausnutzungsperiode seinen gasförmigen Zustand behält. Die Überhitzer werden entweder in den Verbrennungsraum oder in den Fuchs eingebaut oder durch eigene Feuerung betätigt. Die Größe der Überhitzerfläche ist mit und bis zu 50% der Kesselheizfläche zu bemessen. Die durch einen Überhitzer erzielten Ersparnisse sind aus nachstehender Tabelle ersichtlich.

Überhitzung auf °C	Überdruck in Atmosphären					
	4	6	8	10	12	14
	Ersparnis in %					
200	7,1	5,2	3,7	2,4	1,3	9,4
240	12,0	10,0	8,6	7,3	6,3	5,5
280	16,0	14,3	12,9	11,5	10,3	9,0
320	19,6	17,9	16,6	15,5	14,6	13,7
360	22,7	20,9	19,8	18,8	18,0	17,1
400	25,4	23,9	22,6	21,4	23,3	19,1
440	27,9	26,4	25,2	42,2	23,3	22,5

L. & C. Steinmüller, Gummersbach (Rheinprovinz).

Dämpfung ist eine Vorrichtung, durch welche die Schwingungen des Magneten eines Galvanometers oder irgend eines Meßinstrumentes, das durch den Ausschlag oder die Bewegung eines Magneten betätigt wird, schnell verringert werden, so daß der Magnet rasch zur Ruhe kommt (siehe **Induktion**). Bei der durch eine äußere Kraft hervorgerufenen Bewegung eines Drahtleiters in einem Magnetfelde sucht die zur Wirkung kommende elektrodynamische Kraft der Bewegung entgegenzuwirken (zu dämpfen). Die Dämpfung kann auf mechanischem Wege durch Überwindung eines Luftwiderstandes oder auf elektrischem Wege durch Induktionsströme erzielt werden.

Dämpfungen von Galvanometern haben den Zweck, die Schwingungsdauer der schwingenden magnetischen Teile abzukürzen. Am einfachsten wird Dämpfung erzielt, wenn der schwingende Körper im Hohlraum eines Kupferzylinders untergebracht wird. In letzterem werden durch die Bewegung des schwingenden Magneten Ströme induziert, welche seiner Bewegung entgegenwirken. Als weitere Dämpfungsmittel werden auch Luft und verschiedene Flüssigkeiten verwendet.

Dämpfungsverhältnis ist das konstante Verhältnis eines Schwingungsbogens zu dem darauffolgenden.

Daniellsches Normalelement von Flemings besteht aus einer U-förmigen Röhre, in welcher sich ein unamalgamierter Zinkstab in einer Zinksulfatlösung, ferner ein elektrolytischer Kupferstab in Kupfersulfatlösung befinden. Das Ansetzen erfolgt folgendermaßen: In das Standglas werden der Kupfer- und Tonzylinder eingesetzt, in letzteren Schwefelsäure mit Wasser 1 : 20 verdünnt eingegossen, in das Standglas Kupfervitriol in erbsengroßen Stücken gefüllt und mit Wasser aufgegossen. Zeitweise ist Kupfervitriol nachzufüllen und das verdunstete Wasser zu ersetzen.

Elektromotorische Kraft = 1,072 Volt.

Höhe des Standglases in mm	250	195	125	100
Preis in Mark des kompl. Elementes	*6.75*	*4.—*	*2.70*	*1.90*

Danielsonsche Schaltung bezweckt die Erzielung von vier verschiedenen Geschwindigkeiten bei Induktionsmotoren dadurch, daß zwei Motoren von gleicher Leistung, aber verschiedener Polzahl hintereinander, gegeneinander und je einzeln geschaltet werden.

D'Arcetsche Schmelzdrahtlegierung besteht aus 5 Teilen Blei, 3 Teilen Zinn und 8 Teilen Wismut, schmilzt bei 94° C.

D'Arsonvalsche Spannungsmesser haben den Vorzug, daß sie, da sie konstantes Magnetfeld besitzen, durch äußere Felder wenig beeinflußt werden. Entfernung zwischen zwei Instrumenten wenigstens 500 mm. Nachteil: Können für Wechselstrommessungen nicht verwendet werden.

D'Arsonvalsche Strommesser für Gleichstrom. Bei diesen Instrumenten wird nur ein sehr kleiner Teil des Gesamtstromes durch die wirksame Spule geleitet, während der Hauptstrom durch einen parallel geschalteten Abzweigwiderstand geht. Verbindungsleitungen zwischen Abzweigwiderstand und Instrument dürfen nur sehr kleinen Widerstand haben oder müssen schon bei der Eichung berücksichtigt werden.

Dauerbrandlampen besitzen eine Brenndauer von 100 bis 200 Stunden ohne Kohlenwechsel, was dadurch erzielt wird, daß man den Lichtbogen der Lampe in einer kleineren Glasglocke möglichst luftdicht einschließt. Da dadurch beim Einschalten der Lampe der in der Glocke befindliche Sauerstoff rasch aufgezehrt wird und neuer Sauerstoff nicht hinzutreten kann, wird die Verbrennung der Kohlen verzögert. Diese Lampen erfordern eine Klemmenspannung von ca. 80 Volt, so daß sie bei 110 Volt Betriebsspannung nur in Einzelschaltung verwendet werden können. Preis pro Stück *M 90—115.*

Dawsongas (siehe **Kraftgasanlagen**).

Deckendurchführungen. Durch Wände und Decken sind die Leitungen entweder der in den betreffenden Räumen gewählten Verlegungsart entsprechend hindurchzuführen, oder es sind haltbare Rohre aus Isoliermaterial zu verwenden, und zwar für jede einzeln verlegte Leitung und für jede Mehrfachleitung je ein Rohr.

Diese Durchführungsrohre müssen an den Enden mit Tüllen aus feuersicherem Isoliermaterial versehen und so weit sein, daß die Drähte leicht darin bewegt werden können.

In feuchten Räumen sind entweder Porzellanrohre zu verwenden, deren Enden nach Art der Isolierglocken ausgebildet sind, oder die Leitungen sind frei durch genügend weite Kanäle zu führen.

Über Fußböden müssen die Rohre mindestens 10 cm vorstehen und gegen mechanische Beschädigungen sorgfältig geschützt sein.

Bergmann-Elektrizitätswerke, Aktiengesellsch. (Abt. J), Berlin N., Hennigsdorferstr. 33. 34. 35 (*s. vordere innere Deckelseite*).

Deckenreflektoren dienen zur Beleuchtung bedeckter Räume mit zerstreutem (dem Tageslicht gleichem) Licht. Sie bedürfen einer weißen Decke und möglichst heller Wände. Die offenen Formen zeichnen sich durch schattenfreie Lichtfelder aus und eignen sich besonders für Bureauräume und Hörsäle, während die geschlossenen Formen, bei welchen die Absorptionsverluste durch die Abdeckung nicht ganz unbeträchtliche sind, dort verwendet werden, wo dies im Interesse der Feuergefährlichkeit, z. B. in staubhaltigen Räumen, wie Spinnereien, Holzbearbeitungswerkstätten, geboten ist.

Ehrich & Graetz, Berlin SO. 36.

Deckenrosetten aus Porzellan, pro 100 Stück ℳ 100—150.

H. Köttgen & Ko., Berg.-Gladbach.
Bergmann-Elektrizitätswerke, Aktiengesellsch. (Abt. J), Berlin N., Hennigsdorferstr. 33. 34. 35 (*s. vordere innere Deckelseite*).

De Forest und Smythesche Wellentelegraphie. Bei derselben dient als Empfänger der sog. Responder (siehe daselbst). Zwischen seinen Elektroden befindet sich eine weiche Paste, die aus einer teigartigen, zähen Masse, einer elektrolytischen Flüssigkeit und einer großen Anzahl durch die ganze Masse verteilter winziger Metallstückchen zusammengesetzt ist. Unter der Einwirkung einer kleinen Lokalbatterie bilden die letzteren eine leitende Brücke von verhältnismäßig geringem Widerstande zwischen den beiden Elektroden. Sobald elektrische Wellen durch den Apparat gehen, entstehen an der Kathode große Mengen kleiner Bläschen von freiem Wasserstoff, wodurch die Brücke unterbrochen wird, indem der Widerstand ganz erheblich zunimmt. Nach Aufhören der elektrischen Bestrahlung verbindet sich der Wasserstoff mit dem in der Paste enthaltenen Depolarisator und der Sauerstoff mit dem Metall der Anode. Die Wirkung geht augenblicklich vor sich; eine Erneuerung der Paste ist in der Regel erst in drei Tagen erforderlich. Als Empfänger selbst dient ein Telephon, das direkt in den Antikohärer-Stromkreis eingeschaltet werden kann. Als Vorzug des Senders wird angeführt, daß er ohne Anwendung besonderer Unterbrecher mit Wechselstrom von hoher Spannung arbeitet. Die Pole der Funkenstrecke sind nicht kugelförmig, sondern bestehen aus sphärischen Scheiben, die in einer Entfernung von $^1/_4$ Zoll übereinander angeordnet sind.

Dehnung ist das Verhältnis der durch Einwirkung einer Kraft hervorgerufenen Längenänderung eines stabförmigen Körpers zu seiner ursprünglichen Länge.

Dehnungskoeffizient ist jenes Längenstück, um welches ein stabförmiger Körper von der Längeneinheit durch die Einwirkung der Krafteinheit gestreckt wird.

Dekaden - Vorschaltwiderstände. Diese Präzisionswiderstände können entweder als Rheostaten für beliebige Zwecke oder auch als Vorschaltwiderstände für Gleichstromvoltmeter verwendet werden. Die Widerstandskasten werden gewöhnlich für ersteren Fall mit einer Bezeichnung in Ohm, für letzteren mit einer solchen in Volt versehen. Preise *M 40—100.*

Dekadenwiderstände — Widerstandssätze mit zehn gleichen hintereinander geschalteten Widerständen, welche durch Stöpselkontakte nach und nach eingeschaltet werden können.

Dr. Rud. Franke & Ko., G. m. b. H., Hannover.

Dekapieren — Reinigen der Oberfläche metallischer Körper, welche auf galvanischem Wege mit einem anderen Metalle überzogen werden sollen, vor ihrer Einbringung in das Bad.

Dekapierung (siehe **Galvanoplastik**).

Deklination ist die Abweichung der Magnetnadel von der SN-Richtung.

Dekohärer (siehe **Kohärer**) ist jener Teil des Fritters, welcher durch Anschlagen an demselben den Widerstand der zwischen den Elektroden befindlichen Teile wiederherstellt (Klopfer).

Dekrement, logarithmisches, ist der Logarithmus des Dämpfungsverhältnisses (siehe daselbst).

Delta-Glockenisolatoren besitzen zwischen Stützen und Bundrille vier Mantelflächen, welche verschiedene Neigungsflächen haben. Die Höhlungen sind nicht sehr tief und gestatten das Eindringen von Luft und Licht, so daß das Einnisten von Insekten hintangehalten wird. Die zwischen dem äußeren Mantel und der Stütze eingeschobenen drei Mantelflächen haben zur Folge, daß Regenwasser, wenn es von der äußeren Mantelfläche herabrinnt, nicht von der Stütze durch elektrostatische Wirkungen angezogen wird. Die Festigkeit bei horizontaler Beanspruchung der Bundrille beträgt ca. 1400 kg, bei vertikaler Beanspruchung der Scheitelrille ca. 1800 kg. Preis pro 100 Stück *M 200—250* für Niederspannung; für Hochspannung Preis pro 100 Stück *M 1000—1100.* (Hersteller: Porzellanfabrik Hermsdorf-Klosterlausnitz.)

Depolarisator ist jener Teil des Elektrolyten, welcher die Anode umgibt und die zur Anode wandernden Wasserstoffionen oxydiert. Als Depolarisatoren kommen feste, flüssige und gasförmige Oxydationsmittel zur Verwendung.

Deprez - D'Arsonvalsche Meßinstrumente besitzen eine aus wenigen Windungen hergestellte stromdurchflossene Spule, welche auf einen aus Kupfer oder Aluminium hergestellten Rahmen gewickelt ist. Letzterer kann sich über einen feststehenden Kern aus weichem Eisen zwischen den Polen eines permanenten Strahlmagneten drehen. Durch zwei Federn, welche gleichzeitig zur Stromzu- und -ableitung für die Spule dienen, wird der Rahmen bei Stromlosigkeit so eingestellt, daß der mit ihm fest verbundene

Zeiger auf Null steht. Diese Instrumente sind polarisiert, können also nur in einer Richtung vom Strom durchflossen werden. Durch den Kupfer- oder Aluminiumrahmen der Spule wird die aperiodische Einstellung des Zeigers erreicht, d. h. der Zeiger spielt, ohne hin und her zu schwingen, sofort auf den entsprechenden Ausschlag ein.

Vorteile der D'Arsonvalschen Meßinstrumente sind: Sie bedürfen keiner besonderen Aufstellung und keiner Zeigerarretierung, können in der Nähe von Maschinen, mit Ausnahme von Wechselstrommaschinen, verwendet werden, ohne Beeinflussung zu befürchten. Nachteil: Für Wechselstrommaschinen nicht anwendbar.

Dr. Rud. Franke & Ko., G. m. b. H., Hannover.

Detektor. Markon benutzt bei seiner Wellentelegraphie einen Detektor (Empfänger), welcher auf der Erscheinung beruht, daß die im Eisen auftretende magnetische Hysteresis abnimmt, falls sie unter gewissen Bedingungen der Wirkung Hertzscher Wellen von hoher Frequenz ausgesetzt wird. Der Empfänger besteht aus einem aus dünnem Eisendraht zusammengesetzten Stab oder Kern, auf welchem ein oder zwei Lagen isolierten Kupferdrahtes aufgewickelt sind. Letzterer ist mit Isoliermaterial bedeckt, über welches eine zweite, aber längere Lage dünnen Kupferdrahtes gewickelt ist. Die Enden des dem Eisenkern zunächst liegenden Kupferdrahtes sind mit den Platten resp. Drähten des Resonators oder, entsprechend der üblichen Praxis bei der Telegraphie ohne Draht, mit Erde oder einer Antenne verbunden. Man kann dieselben auch mit der Sekundärwickelung eines geeigneten Transformators, wie ein solcher bei syntonischer drahtloser Telegraphie Verwendung findet, in Verbindung bringen. Die Enden der anderen Wickelung werden mit den Klemmen eines Telephons oder eines anderen geeigneten Empfangsapparates verbunden. In nächster Nähe der Enden des Kernes ist ein Hufeisenmagnet angebracht, welchem mittels eines Uhrwerkes eine derartige Bewegung erteilt wird, daß er eine langsame, aber ununterbrochene Veränderung resp. allmähliche Umkehrung in bezug auf die Magnetisierung der Eisenkerne bewirkt.

Diakabel. Die Kupferseele ist mit starkem Manilapapier, welches vorher imprägniert wurde, umwickelt; das umwickelte Kabel wird dann nochmals imprägniert und mit einer Schicht »Dialit«, einer geheimgehaltenen Isolationsmasse, überzogen. Darüber kommt eine Umwickelung mit Isolierband, über diese eine mit Compound imprägnierte Umklöppelung.

Diamagnetische Körper sind solche, welche von den Magnetpolen abgestoßen werden und sich, wenn sie in linearer Form zwischen zwei Magnetpole gebracht werden, senkrecht zur magnetischen Achse stellen, z. B. Antimon, Wismut, Zink.

Diaphragma — ein aus porösem Ton hergestelltes Gefäß, welches zur Trennung der verschiedenen Elektrolyten in galvanischen Elementen dient.

Diattosystem (Teilleitersystem für Straßenbahnen). Das von dem Speisekabel abzweigende Zuleitungskabel trägt an seinem obersten Ende einen mit Quecksilber gefüllten Behälter. In das Quecksilber taucht eine Spindel, welche durch ein Ebonitgefäß hindurchgeführt ist. Auf dem in letzterem befindlichen Quecksilber schwimmt der Stromschlüssel, der sich vermittelst aufgeschraubter metallischer Teile in einem hermetisch abgeschlossenen Behälter befindet. Der eine Pol der über dem Straßenniveau befindlichen Elektromagnete wird durch die stromabnehmende Schiene, der andere von den Schienen gebildet. Letztere haben den Zweck, den magnetischen Kreis so weit als möglich zu schließen.

Dichte, elektrische, ist die an der Oberfläche eines Körpers pro Flächeneinheit vorhandene Ladung eines Körpers.

Dichtigkeit, elektrische (siehe **Dichte, elektrische**).

Dickinsonsche Rolle (siehe **Trolley**).

Dicksches System für Zug- und Einzelwagenbeleuchtung. Die stromerzeugende Dynamomaschine ist zum Teil an einer Waggonachse gelagert, zum Teil mit Hilfe von Puffern federnd am Truck aufgehängt. Der Antrieb der Armatur wird durch Zahnradübersetzung von der Wagenachse bewerkstelligt. In der Wagenmitte auf der unteren Seite des Wagenkastens befinden sich die im Aufhängekasten untergebrachten Akkumulatoren. Da die Zugsgeschwindigkeit oft eine variable ist, sind besondere Apparate zur Regulierung der an der Dynamo erzeugten Spannung und Stromstärke zu verrichten. Diese Regulierapparate sind insgesamt in einem verschlossenen Apparatenschrank oberhalb der Dynamo im Korridor untergebracht. Solange die Zugsgeschwindigkeit nicht unter 20 km pro Stunde heruntergeht, deckt die Dynamo allein den Strombedarf der Lampen. Bei niedriger Zugsgeschwindigkeit oder bei Stillstand des Zuges wird der Lampenstrom von den Akkumulatoren geliefert, welch letztere während der Stromabgabe an die Lampen gleichzeitig geladen werden. Ein automatischer Schaltapparat hat die Aufgabe, als Umschalter zu dienen, um die Pole der Dynamo je nach ihrer mit der Fahrtrichtung wechselnden Lage mit denjenigen der Batterien in Übereinstimmung zu bringen, ferner gleichzeitig als selbsttätiger Ein- und Ausschalter zur Zu- und Abschaltung der Dynamo an die Batterien bzw. Glühlampen zu funktionieren und endlich, um bei ausgeschalteter Dynamo einen Widerstand, welcher in der Zuleitung zwischen Dynamo und Glühlampengruppe liegt, kurzzuschließen oder denselben bei eingeschalteter Dynamo einzuschalten. Ein automatischer Regulator hat die Aufgabe, bei variabler Umdrehungszahl der Dynamo dafür zu sorgen, daß die von dieser an die Batterien bzw. Glühlampen abgegebene Stromstärke in den zulässigen Grenzen bleibt. Dieser Regulator beeinflußt die Erregerstromstärke der Dynamo durch Veränderung des Widerstandes des Erregerstromkreises.

Akkumulatorenfabrik Wuste & Rupprecht, Wien.

Dielektrikum — nicht leitender Körper.

Dielektrizität ist der Zustand eines Nichtleiters, der auf beiden Seiten entgegengesetzte elektrische Ladung besitzt.

Dielektrizitätskonstante eines Dielektrikums ist das Verhältnis der Kapazität eines Kondensators, wenn er das betreffende Dielektrikum als Zwischenschicht enthält, zu der Kapazität desselben Kondensators, wenn er Luft als Zwischenschicht enthält.

Dielektrizitätskonstanten.

Feste Körper:

Seide	1,6	Glimmer	5,0
Pech	1,8	Steinsalz	6,0
Manilapapier	1,8	Gips	6,33
Harz	1,77	Alaun	6,4
Wachs	1,86	Schwefel	3,0
Paraffin	2,15	Schellack	3,0
Wallrath	2,2	Glas	5,9—7,8
Kautschuk rein	2,12	Glas, bleifrei	7,11
Papier mit Terpentinöl getränkt	2,4	» mit 45 % PbO	7,44
Kautschuk vulkanisiert	2,5	Alkalinitrate	4,0
Ebonit	2,5	Glimmer	4,0—6,5
Kolophonium	2,5	Siegellack	4,31
Guttapercha	2,5—4,2	Porzellan	4,38
Jute m. Terpentinöl getränkt	2,7	Quarz	4,6
Vulkanisiertes Gummi	3,0	Flußspat	6,8
Ebonit	3,15	Kalkspat	8,0
Guttapercha	4,2	Selen	10,0

Flüssige Körper:

Petroleum	2,1	Olivenöl	3,1
Terpentinöl	2,3	Leinöl	3,3
Schwefelkohlenstoff	2,3	Äther	4,5
Benzol	2,3	Rizinusöl	4,7
Toluol	2,3	Anilin	7,5
Xylol	2,3	Amylalkohol	15,5
Paraffinöl	2,71	Äthylalkohol	26,6
Rüböl	2,9	Methylalkohol	32,7
Klauenöl	3,0	Destill. Wasser	80,0

Gasförmige Körper:

Luft 1,0

Differentialaufzug (siehe **Bogenlampen-Aufhängematerial**).

Differentialbogenlampe. Bei derselben erfolgt die Regulierung durch die Differenzwirkung einer Hauptstrom- und einer Nebenschlußspule, durch deren Wirkung das Verhältnis der Klemmenspannung zur Stromstärke (Lichtbogenwiderstand) konstant gehalten wird. Diese Lampen regulieren auf konstanten Widerstand.

Differentiallampen benötigen keinen Beruhigungswiderstand. Differentiallampen sind besonders dort geeignet, wo viele Lampen hintereinander brennen sollen. Zur Serienschaltung werden nur Differentiallampen verwendet.

Preis für Gleich- und Wechselstromlampen:

Für	10stündige	Brenndauer	*M* *70*
»	12—14	»	» *75*
»	16—18	»	» *79*

Bogenlampen- und Apparatefabrik Nürnberg.

Preise von Differentialbogenlampen für Wechselstrom, komplett mit Armatur.

Stromstärke in Ampere / Ungefähre Brenndauer in Stunden	Länge der Kohle mm	Preis in ℳ
6, 8, 10, 12, 15 Amp.	200	73
7, 8½, 11, 11, 11 Std.		
6, 8, 10, 12, 15, 18 Amp.	250	78
9, 11½, 15, 15, 14½, 17 Std.		
6, 8, 10, 12, 15, 18, 20 Amp.	300	84
11½, 15, 18½, 18½, 18½, 22, 23 Std.		
6, 8, 10, 12, 15, 18, 20 Amp.	350	90
14, 18, 22, 22, 23, 26, 27 Std.		

Differentialbogenlampe für Gleichstrom, System Schuckert. Der Reguliermechanismus besteht aus einem Laufwerk, welches infolge des Übergewichtes des oberen Kohlenhalters das Zusammenlaufen der Kohlen bewirkt, wenn der unter der Einwirkung eines Doppelsolenoides stehende, drehbar gelagerte Regulierhebel das Laufwerk freigibt. Ist die Lampe stromlos, so laufen die Kohlen zusammen, bis sie einander berühren. Nach dem Einschalten zieht die vom Hauptstrom durchflossene obere Hälfte des Solenoides den an dem Hebel befestigten Eisenkern kräftig in die Höhe; die am entgegengesetzten Hebelende befindliche Leitrolle, über welche die Kohlenhalterkette geführt ist, senkt sich und mit ihr die im unteren Kohlenhalter befindliche Kohle, wobei sich der Lichtbogen bildet. Bei normaler Stromstärke und Lichtbogenspannung halten die von der Hauptstrom- und Nebenschlußwickelung des Solenoides auf den Eisenkern ausgeübten magnetischen Zugkräfte einander das Gleichgewicht. Der Regulierhebel verbleibt dabei in einer solcher Lage, daß das Laufwerk eben noch arretiert bleibt. Mit dem Abbrand der Kohlen wächst die Lichtbogenspannung; die Zugkraft der Nebenschlußspule nimmt zu und zieht den Eisenkern nebst Hebel nach abwärts, wobei die Arretierung des Laufwerkes aufgehoben wird und der Kohlennachschub erfolgt. Dieser Vorgang wiederholt sich in kurzen Zeitintervallen so oft, bis die Kohlenstäbe bis auf die zulässig kleinste Länge abgebrannt sind, worauf die weitere Annäherung der Kohlenhalter, um dieselben vor dem Verbrennen zu schützen, durch Anschläge verhindert wird und die Lampe nach einiger Zeit erlischt. Der besseren Lichtbogenbildung wegen und um das zu hohe Ansteigen des Stromes beim Einschalten zu verhindern, erhalten die Lampen bei bestimmten Schaltungen und Stromstärken einen Anlaßwiderstand. Der Anlaßwiderstand ist größer als der Betriebswiderstand; letzterer, d. h. die ganze Spannungsdifferenz zwischen der Summe der Lampenspannungen und der Betriebsspannung, kann bei diesen Lampen auch in die Leitung verlegt werden.

Preis:	Lampe von	2—6 Amp.,	6—8 stünd.	Brenndauer	*ℳ 60—64*
»	»	4—12 »	10—12 »	»	» *65—69*
»	»	4—16 »	14—16 »	»	» *70—74*

Differentialbogenlampe für Wechselstrom, System Schuckert, besteht aus einem metallischen Rotationskörper und zwei Elektromagneten, von denen der eine vom Hauptstrom, der andere von einem schwachen Nebenstrom erregt wird. Die Magnete induzieren in dem Rotationskörper (einer Aluminiumscheibe) Wechselströme, welche gegen die Betriebsströme in den Magnetspulen zeitlich verschoben sind, so daß auf die Scheibe ein kräftiges Drehmoment wirkt. Die beiden Magnete sind so angeordnet, daß die Scheibe durch den einen im Sinne des Uhrzeigers, durch den andern im entgegengesetzten Sinne gedreht wird. Ein kleines Räderwerk überträgt die Drehung der Scheibe auf eine Rolle für die Kette, an welcher die beiden Kohlenhalter befestigt sind.

Bei normalem Lichtbogen sind die beiden auf die Scheibe einwirkenden Drehmomente einander gleich, und der ganze Mechanismus ist daher im Ruhezustande. Sobald aber mit dem Abbrande der Kohlen die Spannung steigt, dreht der Nebenschlußmagnet die Scheibe und das Kettenrad in dem Sinne, daß die Kohlenspitzen einander näher kommen. Wenn dagegen die Stromstärke zu groß wird, z. B. beim Einschalten der Lampe, so geht vom Hauptstrommagneten ein entgegengesetztes Drehmoment aus und die Kohlenspitzen werden so weit voneinander entfernt, bis Spannung und Stromstärke ihre normalen Werte haben. Für beide Kohlenstäbe oben und unten werden Dochtkohlen von gleicher Stärke und Länge genommen, so daß der Lichtbogen während der ganzen Brenndauer eine unveränderte Lage behält.

Preise:	Lampe von	6—25 Amp.,	8 stünd.	Brenndauer	*ℳ 60—75*
»	»	8—25 »	12 »	»	» *65—80*
»	»	12—30 »	16 »	»	» *76—85*

Differentialgalvanometer sind solche Galvanometer, bei welchen die durch die Spulen fließenden Ströme in entgegengesetztem Sinne auf die Magnetnadel einwirken.

Diffusoren (siehe **Indirekte Beleuchtung**).

Diplexbetrieb ist ein Telegraphenbetrieb, bei welchem in gleicher Richtung mehrfach gesprochen werden kann (Doppelsprechen).

Dissoziation, elektrische (siehe **Ionisation**).

Dochtkohlen. Der spezifische Widerstand der Dochtkohlen beträgt im Mittel 69 Ω.

Doppelbogenlampe. Diese Lampe ist charakterisiert als eine Vereinigung zweier selbständiger Regulierwerke, die auf einer gemeinsamen Grundplatte aufgebaut sind. Das Regulierwerk besteht aus einem mit Nebenschlußwickelung versehenen Magneten und einem Laufwerke, welches durch eine Zugstange mit dem Magnetanker verbunden ist. Die Gewichtsveränderung der Kohlenstifte wird durch entsprechende Lagerung des Laufwerkes unschädlich gemacht. Letzteres ist zur Verhinderung plötzlicher Bewegungen mit Luftdämpfern versehen. Der Vorteil der Doppelbogenlampe besteht darin, daß man sie bei 110 Volt einzeln, bei 120 Volt zu zweien schalten kann. (Hersteller: Körting-Mathiesen, A. E.-G., Berlin; Siemens-Schuckertwerke.).

Doppelbronzedraht ist ein Bronzedraht, welcher eine Seele aus Aluminiumbronze besitzt. Anwendung für Telegraphen- und Telephonleitungen.

Doppelgegensprechen (siehe **Quadruplexbetrieb**).

Doppelgestänge (siehe **Doppelständer**).

Doppelglockenisolatoren werden hauptsächlich für Telegraphenleitungen verwendet. In Deutschland sind drei Größen in Gebrauch.

Größen Nr.	Zugehörige Drahtstärke in mm: Eisendraht	Zugehörige Drahtstärke in mm: Bronzedraht	Höhe	Mantel- Durchmesser	Kopf- Durchmesser
			des Isolators in mm		
I	6, 5, 4	4, 3, 2	140	86	60
II	3	4, 3, 2	100	70	50
III		1, 5	80	60	40

Doppelleitungen finden für transportable Lampen Anwendung. Sie bestehen aus zwei Litzen von dünnen Kupferdrähten, welche einzeln umsponnen, isoliert, hierauf miteinander verseilt und mit einer gemeinsamen Umspinnung und Isolierung (ev. auch Bepanzerung) umgeben werden.

Doppelmetalldraht ist ein mit einer Stahlseele versehener Kupferdraht. Er besitzt hohe Leitungsfähigkeit = 60 % des reinen Kupfers und hohe Zugfestigkeit von 75—80 kg-qmm. Ein Doppel-

Tabelle über Doppelmetalldrähte.

Durchm. mm	Querschnitt qmm	Gewicht kg pro 1000 m	Elektr. Widerstand bei 0° in Ohm	Bruchbelastung 75—80 kg pro qmm: 75 kg	80 kg
1,0	0,7854	6,518	33,889	58,905	62,832
1,5	1,7671	14,657	15,06	132,532	141,368
2,0	3,1416	26,075	8,47	235,620	251,328
2,5	4,9087	40,742	5,42	368,152	392,696
3,0	7,0686	58,669	3,76	530,147	565,488
3,5	9,6211	79,855	2,76	721,582	769,688
4,0	12,5664	104,301	2,12	942,480	1005,312
4,5	15,9043	132,006	1,67	1192,822	1272,344
5,0	19,6350	162,970	1,35	1472,620	1570,800
5,5	23,7583	197,194	1,12	1781,872	1900,664
6,0	28,2743	234,677	0,94	2118,072	2261,944

Oberschl. Eis.-Industrie-A.-G., Gleiwitz.

metalldraht von 1,9 mm Durchmesser besitzt denselben Leitungswiderstand wie ein reiner Kupferdraht von 2,5 mm Durchmesser. Preis pro 100 kg eines 1,9 mm-Drahtes *M 38.50.* Die Dichtigkeit des Doppelmetalldrahtes beträgt 8,3 (siehe auch **Bimetalldraht**).

Vergleichende Tabelle zwischen Doppelmetall-, Kupfer-, Eisen- und Siliziumbronzedraht.

Doppelmetalldraht		Rein Kupfer		Eisen		Siliziumbronze	
Durchm.	Gewicht pro 1000 m	Durchm.	Gewicht pro 1000 m	Durchm.	Gewicht pro 1000 m	Durchm.	Gewicht pro 1000 m
0,5	1,630	0,388	1,049	0,955	5,587	0,707	3,532
0,6	2,347	0,465	1,510	1,146	8,046	0,848	5,086
0,7	3,194	0,543	2,055	1,337	10,951	0,990	6,922
0,8	4,172	0,620	2,684	1,528	14,303	1,131	9,042
0,9	5,280	0,698	3,397	1,719	18,103	1,273	11,444
1,0	6,519	0,775	4,194	1,910	22,349	1,414	14,129
1,1	7,888	0,853	5,075	2,101	27,042	1,555	17,095
1,2	9,387	0,930	6,043	2,292	32,183	1,697	20,345
1,3	11,017	1,008	7,091	2,483	37,770	1,838	23,877
1,4	12,776	1,085	8,224	2,674	43,804	1,980	27,692
1,5	14,666	1,163	9,440	2,865	50,285	2,121	31,789
1,6	16,697	1,240	10,740	3,056	57,213	2,262	36,169
1,7	18,859	1,318	12,125	3,247	64,589	2,404	40,832
1,8	21,130	1,395	13,593	3,438	72,411	2,545	45,777
1,9	23,534	1,473	15,145	3,629	80,680	2,687	51,005
2,0	26,076	1,550	16,781	3,820	89,396	2,828	56,516
2,1	28,746	1,628	18,500	4,011	98,559	2,969	62,310
2,2	31,552	1,705	20,304	4,202	108,169	3,111	68,386
2,3	34,486	1,783	22,192	4,393	118,226	3,252	74,744
2,4	37,548	1,860	24,163	4,584	128,730	3,394	81,384
2,5	40,750	1,938	26,219	4,775	139,681	3,535	88,307
2,6	44,068	2,015	28,358	4,966	151,079	3,676	95,513
2,7	47,520	2,093	30,581	5,157	162,924	3,818	103,001
2,8	51,104	2,170	32,888	5,348	175,216	3,959	110,771
2,9	54,825	2,248	35,279	5,539	187,955	4,101	118,825
3,0	58,671	2,325	37,754	5,730	201,141	4,242	127,161
3,5	79,850	2,713	51,375	6,685	273,775	4,949	173,055
4,0	104,304	3,100	67,124	7,640	357,584	5,656	226,060
4,5	132,000	3,488	84,925	8,595	452,575	6,363	288,610
5,0	163,000	3,875	104,850	9,550	558,700	7,070	353,230
5,5	197,200	4,263	126,875	10,505	676,050	7,777	427,390
6,0	234,677	4,650	150,984	11,459	804,570	8,484	508,640

Doppelspeiseleitungssystem von Hastings hat den Zweck, Unterbrechungen in der Stromlieferung durch Kabel zu vermeiden. Das System enthält eine Drosselspule, welche zwei zur Unterstation führende Leiter von zwei konzentrischen Kabeln verbindet und deren Wickelungsmittelpunkt mit dem Transformator verbunden ist. Beide Leiter sind in der Kraftzentrale durch Sicherungen geschützt. Solange beide Leiter intakt sind, verteilt sich der Strom gleichmäßig auf dieselben. Tritt in einem Kabel eine Störung auf, so schmilzt die Sicherung in der Kraftzentrale durch, und der Strom nimmt von der Unterstation durch das Kabel seinen Weg zum Fehler, wobei der Strom in einer der Spulenhälften umgekehrt wird. Dadurch steigt die Selbstinduktion und reduziert den Kurzschluß auf ein ungefährliches Maß. Der Überstrom im unbeschädigten Kabel ist infolge der Wirkung der entsprechend bemessenen Drosselspule zu gering, um die Sicherung durchzuschmelzen, so daß die Verteilung durch den Apparat, welcher durch die Reduktion der Spannung sofort das Vorhandensein eines Fehlers anzeigt, aufrecht erhalten wird.

Doppelspiraldübel je nach Länge *ℳ 7—13.*

Doppelsprecher (siehe **Diplexbetrieb**).

Doppelständer sind zwei parallel stehende Masten, welche durch verschiedene Querriegel verbunden sind. Anwendung, wenn eine große Zahl von Drähten zu befestigen ist, so daß ein Mast nicht ausreicht.

Doppelstifte (siehe **Innenleitungen**).

Doppelstrommaschinen sind eine Art rotierender Umformer, welche von einer Antriebsmaschine (Dampfmaschine, Turbine, Transmission) betätigt werden und gestatten, gleichzeitig verschiedenartige Ströme (z. B. Gleichstrom und Wechselstrom) abzunehmen.

Doppeltarif-Elektrizitätszähler dienen zur Messung der nach zweierlei Tarif an den Konsumenten abgegebenen elektrischen Energie. Bei dem Doppeltarifzähler der Allg. Elektr.-Ges. liegt folgendes Prinzip der Energiemessung zugrunde: Der Grundzähler registriert den Gesamtverbrauch, welcher in der zugehörigen Anlage stattfindet, ohne Rücksicht auf die Verschiedenartigkeit des Tarifs; das Zusatzzählwerk — Tarifapparat — registriert nur den während der Geltungsperiode des einen der beiden Tarife eingetretenen Energieverbrauch, so daß die Differenz der Angaben der beiden Teilapparate den Verbrauch an Energie nach dem Tarif 2 darstellt. Die Einrichtung besteht aus drei Einzelapparaten, nämlich dem eigentlichen Elektrizitätsmesser (Watt- oder Amperemesser), dem Tarifapparat oder Zusatzzählwerk und der Tarifuhr. Letztere ist mit einer Zeitkontaktvorrichtung ausgerüstet, welche mittelbar durch die Uhrzeiger nach Bedarf geschlossen und geöffnet werden kann, wodurch während der einen Zeitperiode der Schluß, während einer anderen die Öffnung eines Nebenschlußstromkreises herbeigeführt wird, in welchem der Tarifapparat liegt. Der Nebenschlußstromkreis enthält noch einen zweiten, zu seiner Öffnung und Schließung verwendbaren Kontakt, welcher während derjenigen Tarifperiode zu seiner Bedeutung gelangt, in welcher der Tarifapparat bzw. das Zusatzzählwerk in Betrieb ist. Dieser zweite Kontakt wird durch ein Organ des Haupt-Elektrizitätsmesser-Registrierwerkes periodisch betätigt und überträgt die den Energieverbrauch darstellende Differenzbewegung des Hauptmesserzählwerkes auf das Zusatzzählwerk.

Luxsche Industriewerke, A.-G., Ludwigshafen a. Rh. (*s. Inseratanh. S. 8*).

Doppelvoltmeter besitzen differential angeordnete Wickelungen, welche von der Spannung der Sammelschienen und der parallel zu schaltenden Dynamo entgegengesetzt beeinflußt werden und Spannungsgleichheit durch Nullstellung angeben.

Doppelzellenschalter (siehe **Zellenschalter**).

Dorsettsystem (siehe **Einziehsystem**). Aus einem Gemisch von Asphalt, Kohlenteer und feinem Sand hergestellte Blöcke mit zylindrischen Bohrungen werden durch Erwärmung der Stirnflächen und einer leichtflüssigen Schmelzmasse zu einem Stück verbunden, so daß lange zylindrische Kanäle entstehen, welche nach je 65 cm in ein Mannloch münden, von welchem aus das Ein- und Ausziehen der Kabel bewirkt wird. Statt dieser Blöcke hat man später 1,6 mm starke Röhren, in Gruppen angeordnet, in Zementguß eingebettet.

Doseneinheiten sind Widerstände von 1 Ω oder 1 SE. Sie bestehen aus einem bifilar gewundenen, doppelt besponnenen, gut lackierten Neusilberdraht, der in einer oben und unten offenen Dose untergebracht ist und dessen Enden an zwei, Klemmschrauben tragende Messingschienen angelötet werden. (Hersteller: Siemens-Schuckertwerke.)

Dosenrelais — polarisiertes Relais in Dosenform — (siehe **Polarisiertes Relais**).

Dosentelephon. Der halbkreisförmige Hufeisenmagnet ist in einer Dose untergebracht und stehen die Polschuhe senkrecht auf ihm, gegen den Dosendeckel zu.

Dosenumschalter, wasserdichte.

Bei Spannungen von Volt 125 für Stromstärken von Ampere	250 Ampere	550 Ampere	Schalter mit festem Griff ℳ	Schalter ohne Griff mit Bedienung durch Steckschlüssel ℳ	Steckschlüssel ℳ
		Einpolige			
6	6	2	*6.75*	*6.20*	*—.55*
10	10	4	*8.40*	*7.90*	*—.55*
20	20	6	*10.10*	*9.60*	*—.55*
40	40	20	*27.50*	*27.—*	*—.45*
		Zweipolige			
6	6	2	*8.40*	*7.90*	*—.55*
10	10	4	*10.—*	*9.60*	*—.55*
20	20	10	*11.80*	*11.20*	*—.55*
40	40	20	*28.—*	*27.50*	*—.45*

Drahtband (siehe **Bandagen**).

Drahtbund (siehe **Bund**).

Drahteinführungen sind dazu bestimmt, eine Freileitung an einem Gebäude oder einer Trägerstange herab nach einem Ausschalter oder einer Lampe zu führen. Preis für einfache Drahteinführungen *ℳ 30—60,* für doppelte Drahteinführungen *ℳ 100—160.*

Drahthalter für Bahnen, zum Einlöten, *ℳ 2.50,* zum Klemmen *ℳ 3,* für Verbindungen *ℳ 4.*

Drahtlehren.

Nr.	Birmingham	Standard		Amerik. B. & S.	Nr.	Birmingham	Standard		Amerik. B. & S.
	mm	Zoll	mm	mm		mm	Zoll	mm	mm
000000	—	0,464	11,785	—	23	0,635	0,024	0,6096	0,5733
00000	—	0,432	10,972	—	24	0,5588	0,022	0,5588	0,5105
0000	11,531	0,400	10,16	11,683	25	0,508	0,020	0,508	0,4546
000	10,794	0,372	9,448	10,404	26	0,4572	0,018	0,4572	0,4049
00	9,652	0,348	8,839	9,266	27	0,4064	0,0164	0,4166	0,3605
0	8,636	0,324	8,229	8,251	28	0,3556	0,0148	0,3759	0,3211
1	7,62	0,300	7,62	7,348	29	0,3302	0,0136	0,3454	0,2859
2	7,213	0,276	7,01	6,544	30	0,3048	0,0124	0,315	0,2545
3	6,579	0,252	6,401	5,827	31	0,254	0,0116	0,2946	0,2267.
4	6,045	0,232	5,893	5,19	32	0,2286	0,0108	0,2743	0,2019
5	5,588	0,212	5,385	4,621	33	0,2032	0,0100	0,254	0,1798
6	5,156	0,192	4,877	4,115	34	0,1778	0,0092	0,2337	0,1601
7	4,572	0,176	4,47	3,665	35	0,127	0,0084	0,2134	0,1426
8	4,191	0,160	4,064	3,263	36	0,1016	0,0076	0,193	0,127
9	3,759	0,144	3,657	2,906	37	—	0,0068	0,172	0,11
10	3,404	0,128	3,251	2,588	38	—	0,0060	0,150	0,10
11	3,048	0,116	2,947	2,305	39	—	0,0052	0,132	0,09
12	2,768	0,104	2,641	2,052	40	—	0,0048	0,122	0,08
13	2,413	0,092	2,337	1,828	41	—	0,0044	0,111	—
14	2,108	0,080	2,032	1,628	42	—	0,0040	0,101	—
15	1,829	0,072	1,829	1,449	43	—	0,0036	0,091	—
16	1,651	0,064	1,626	1,291	44	—	0,0032	0,081	—
17	1,473	0,056	1,422	1,15	45	—	0,0028	0,071	—
18	1,245	0,048	1,219	1,024	46	—	0,0024	0,061	—
19	1,067	0,040	1,016	0,9116	47	—	0,0020	0,0508	—
20	0,889	0,036	0,914	0,8118	48	—	0,0016	0,0406	—
21	0,8128	0,032	0,8128	0,7229	49	—	0,0012	0,0305	—
22	0,7112	0,028	0,7112	0,6438	50	—	0,0010	0,0254	—

Reduktionstabelle von englischen und amerikanischen Drahtlehren auf Millimeter.

Name der Lehre				Name der Lehre			
Board of Trade legal Standard Wire Gauge L. S. G.	Birmingham Wire Gauge B. W. G.	Amerikanische oder Brown&Sharpe Wire Gauge B. S. G.	Durchmesser in mm	Board of Trade legal Standard Wire Gauge L. S. G.	Birmingham Wire Gauge B. W. G.	Amerikanische oder Brown&Sharpe Wire Gauge B. S. G.	Durchmesser in mm
22	22	21	0,711	—	—	6	4,11
21	21	20	0,813	—	8	—	4,19
—	20	—	0,89	7	—	—	4,47
20	—	19	0,91	—	7	—	4,57
19	—	18	1,02	—	—	5	4,62
—	19	—	1,07	6	—	—	4,87
—	—	17	1,14	—	6	—	5,16
18	—	—	1,22	—	—	4	5,18
—	18	—	1,24	5	—	—	5,39
—	—	16	1,30	—	5	—	5,84
17	—	—	1,42	—	—	3	5,82
—	—	15	1,45	4	—	—	5,89
—	17	—	1,47	—	4	3	6,05
16	—	14	1,62	3	—	—	6,40
—	16	—	1,60	—	—	2	6,53
15	15	13	1,83	—	3	—	6,58
14	—	12	2,03	2	—	—	7,01
—	14	—	2,26	—	2	—	7,21
—	—	11	2,29	—	—	1	7,34
13	—	—	2,34	1	1	—	7,62
—	13	—	2,41	0	—	0	8,23
—	—	10	2,59	—	0	—	8,64
12	—	—	2,64	00	—	—	8,84
—	12	—	2,77	—	—	00	9,24
—	—	9	2,90	000	—	—	9,45
11	—	—	2,94	—	00	—	9,65
—	11	—	3,05	0000	—	—	10,16
10	—	8	3,25	—	—	000	10,39
—	10	—	3,40	—	000	—	11,05
9	—	7	3,65	—	0000	—	11,53
—	9	—	3,76	—	—	0000	11,68
8	—	—	4,06				

Drahtlose Telegraphie (siehe **Wellentelegraphie**).

Drahtseile. Drahtdicke bis 3,0 mm. Zahl der Drähte 36, 48, 54, 60, 66 usw. Seele aus Hanf oder Eisen. (Tabelle s. nächste Seite.)

Tabelle von runden Drahtseilen aus Gufsstahldraht.

Durchmesser mm	Gewicht p. l. m. kg	Zahl der Drähte	Drahtdurchmesser mm	Druckbelastung der Seile in kg
10	0,26	42	1,0	3 200
12	0,40	36	1,2	4 900
14	0,52	36	1,4	6 660
16	0,82	42	1,6	10 120
18	1,05	42	1,8	12 810
21	1,30	42	2,0	15 830
25	1,85	56	2,0	21 100
30	2,85	96	2,0	36 190
35	4,40	108	2,3	53 780
41	5,55	126	2,4	68 290
45	6,20	133	2,5	78 330
50	7,80	133	2,8	98 200

Drahtseile für elektrisch betriebene Laufkrane und Aufzüge.

Drahtseile aus Pflugstahldraht (170 kg Bruchfestigkeit pro qmm).

Seildurchmesser mm	Anzahl der Litzen und Drähte und Drahtdurchmesser mm	Bruchfestigkeit des Seiles kg	Preis pro 100 kg (blank) ℳ	Preis pro 100 kg (verzinkt) ℳ
8	6 × 19 × 0,55	4 300	*185*	*215*
10	6 × 19 × 0,65	6 000	*160*	*185*
12	6 × 19 × 0,8	9 000	*130*	*150*
14	6 × 19 × 0,95	12 000	*120*	*135*
16	6 × 31 × 0,9	16 000	*125*	*135*
18	6 × 31 × 1	20 000	*120*	*135*
20	6 × 37 × 0,95	25 000	*120*	*135*
24	6 × 37 × 1,15	36 000	*95*	*125*
28	6 × 37 × 1,3	48 000	*95*	*110*

Drahtseile aus Tiegelgufsstahldraht (135—150 kg Bruchfestigkeit pro qmm).

Seildurchmesser mm	Anzahl der Litzen und Drähte und Drahtdurchmesser mm	Bruchfestigkeit des Seiles kg	Preis pro 100 kg (blank) ℳ	Preis pro 100 kg (verzinkt) ℳ
8	6 × 19 × 0,55	3 650	*168*	*196*
10	6 × 19 × 0,65	5 100	*144*	*160*
12	6 × 19 × 0,8	7 650	*116*	*132*
14	6 × 19 × 0,95	10 200	*110*	*122*
16	6 × 31 × 0,9	13 600	*112*	*124*
18	6 × 31 × 1	17 000	*108*	*120*
20	6 × 37 × 0,95	21 000	*109*	*122*
24	6 × 37 × 1,15	30 500	*100*	*112*
28	6 × 37 × 1,13	40 500	*91*	*102*

Bedeuten N die Anzahl der zu übertragenden Pferdestärken, v die Seilgeschwindigkeit, so berechnet sich der Seildurchmesser d aus der Formel

$$d = 0{,}86 \sqrt{\frac{N}{v}}.$$

Drahtspannapparate für Leitungsdrähte pro Stück ℳ 2.80 [bis ℳ 3.

Drahttabelle, vergleichende.

Durchmesser des Drahtes mm	Aluminium m pro kg	Gewicht eines Drahtes von 1000 m Länge				
		Aluminium	Schmiedeeisen	Stahl	Kupfer	Messing
11,68	3,48	286,6	823,2	840,4	955,1	914,1
10,40	4,39	227,3	652,9	666,4	756,9	725,1
9,27	5,54	180,2	517,8	528,5	600,7	575,1
8,25	6,99	142,9	410,5	419,1	476,3	456,0
7,35	8,81	113,3	325,6	332,4	377,8	361,7
6,54	11,12	89,9	258,3	263,6	299,6	286,8
5,82	14,02	71,2	204,8	209,1	237,5	227,4
5,19	17,68	56,5	162,4	165,8	188,4	180,3
4,62	22,32	44,8	128,8	131,4	149,4	142,9
4,11	28,11	35,5	102,1	104,2	118,4	113,4
3,66	35,45	28,2	80,89	82,57	93,97	89,96
3,26	44,71	22,36	64,25	65,57	74,51	71,33
2,90	56,39	17,73	50,94	52,00	59,10	56,58
2,59	71,10	14,06	40,39	41,22	46,86	44,85
2,30	89,65	11,15	32,04	32,71	37,17	35,58
2,05	113,05	8,84	25,41	25,95	29,47	28,22
1,83	142,55	7,01	20,15	20,57	23,37	22,38
1,63	179,80	5,56	15,97	16,31	18,53	17,74
1,45	226,71	4,41	12,67	12,93	14,69	14,07
1,29	285,83	3,49	10,04	10,26	11,65	11,16
1,15	360,39	2,78	7,969	8,135	9,244	8,854
1,02	454,62	2,19	6,319	6,453	7,331	7,019
0,90	573,12	1,744	5,011	5,117	5,814	5,580
0,81	722,71	1,383	3,971	4,057	4,610	4,414
0,72	911,47	1,097	3,152	3,217	3,656	3,500
0,64	1149,1	0,8701	2,499	2,551	2,899	2,776
0,57	1449,1	0,6900	1,980	2,022	2,299	2,201
0,51	1827,3	0,5472	1,572	1,605	1,823	1,746
0,45	2304,2	0,4339	1,246	1,272	1,446	1,384
0,40	2905,2	0,3442	0,9886	1,009	1,146	1,098
0,36	3664,7	0,2728	0,7841	0,8003	1,9095	0,8706
0,32	4621,2	0,2163	0,6216	0,6346	0,7212	0,6903
0,29	5852,4	0,1716	0,4929	0,5032	0,5720	0,5473
0,25	7345,4	0,1361	0,3910	0,3992	0,4536	0,4342
0,23	9259,9	0,1080	0,3101	0,3165	0,3598	0,3445
0,20	11680,9	0,08560	0,2463	0,2516	0,2852	0,2730
0,18	14725,9	0,06792	0,1949	0,1991	0,2262	0,2165
0,16	18576,1	0,05380	0,1545	0,1578	0,1793	0,1716
0,14	23419,2	0,04263	0,1226	0,1251	0,1422	0,1361
0,13	29522,8	0,03388	0,0973	0,0992	0,1128	0,1080

Drahtverbindungen. (Vorschrft. d. V. d. E.) Drähte dürfen nur durch Verlöten oder eine gleich gute Verbindungsart verbunden werden. Drähte durch einfaches Umeinanderschlingen der Drahtenden zu verbinden, ist unzulässig.

Zur Herstellung von Lötstellen dürfen Lötmittel, welche das Metall angreifen, nicht verwendet werden. Die fertige Verbindungsstelle ist entsprechend der Art der betreffenden Leitungen sorgfältig zu isolieren. Abzweigungen von freigespannten Leitungen sind von Zug zu entlasten.

Drahtverlegung.

Bestimmungen der Berliner Elektrizitätswerke für Drahtverlegung.

Bezeichnung der Leitungen	Verwendungsort					
	Erdboden oder unter Putz	Außenräume	Trockene Räume	Feuchte Räume	Räume v. Gasen oder Dämpf. erfüllt	Beleuchtungskörper
Blanker Kupferdraht		Porzellanglocken				
Umsponnener Kupferdraht		Porzellanglocken	Porzellan- „ glocken „ rollen „ klemmen			
Isolierter Kupferdraht, verzinnt	In trockenem Putz in Metallrohr (mit Luftzutritt) verlegt	Porzellanglocken	Porzellan- „ glocken „ rollen „ klemmen Holzleisten „ klemmen Heftzwecken	Porzellanglocken Porzellanrollen	Porzellanglocken	Lose im Innern der Rohre, außen durch Metallstreifen od. Isolierband befestigt
Blankes Bleikabel		Holzklemmen Metallklemmen } m. weicher Unterlage	Holzleisten Holzklemmen Metallklemmen } m. weicher Unterlage			
Asphaltiertes Bleikabel	In trockenem Boden oder Putz in Metallrohr verlegt	Holzklemmen Metallklemmen	Holzleisten Holzklemmen Metallklemmen	Verzinnte Metallklemmen		Lose im Innern der Rohre, außen durch Metallstreifen od. Bindedraht befestigt
Asphaltiertes und eisenarmiertes Bleikabel	direkt zu verlegen	wie asphaltiertes Kabel	wie asphaltiertes Kabel	wie asphaltiertes Kabel		wie asphaltiertes Kabel

Drehfeld entsteht aus der Zusammensetzung von zwei periodischen Magnetfeldern, die miteinander einen Winkel einschließen und eine Phasendifferenz haben.

Drehfeldfernzeiger sind Instrumente zur Übertragung einer Zeigerstellung in die Ferne. Bei dem Instrumente der Allgem. Elektr.-Ges. besteht der Geber aus einer kreisförmig gebogenen Drahtspirale, der an zwei gegenüberliegenden Stellen Strom zugeführt und von der an drei um 120° auseinanderliegenden Stellen Strom abgenommen wird. Die beiden Zuführungen sind an einem, um den Mittelpunkt der Spirale drehbaren Arm befestigt, die drei Ableitungen führen zu drei um einen Magneten angeordneten Spulen, zwischen welchen ein magnetisches Feld erzeugt wird, dessen Richtung mit jener des drehbaren Armes des Gebers übereinstimmt und sich mit diesem asynchron bewegt.

Drehfeldmotor (siehe **Asynchronmotor**).

Drehklappen.

Tableaus mit Drehklappen und mechanischer Abstellung.

Anzahl der Klappen	Anzahl der Reihen	Rückwand Breite mm	Rückwand Höhe mm	Dübelabstellung horizont. mm	Dübelabstellung vertikal. mm	ℳ
1	eine	245	200	175	—	*8.—*
2	»	245	200	175	—	*12.—*
3	»	310	200	235	—	*16.—*
4	»	370	200	290	—	*20.—*
5	»	430	200	350	—	*24.50*
6	»	500	200	420	—	*29.—*
7	»	560	200	480	—	*33.50*
8	zwei	420	270	335	205	*38.—*
9	drei	360	355	285	280	*42.50*
10	zwei	485	270	400	205	*47.—*
11	»	540	270	460	205	*51.50*
12	»	540	270	460	205	*56.—*
13	»	610	270	530	205	*60.50*
14	»	610	270	530	205	*65.—*
15	drei	485	355	410	285	*69.50*
16	zwei	665	270	585	205	*74.—*
17	drei	555	365	475	285	*78.50*
18	drei	555	365	475	285	*82.90*
19	vier	485	415	410	350	*87.30*
20	»	485	415	410	350	*91.70*
21	drei	610	365	530	285	*96.10*
22	»	675	365	595	285	*100.40*
23	»	675	365	595	285	*104.70*
24	»	675	365	595	285	*109.—*

Anzahl der Klappen	Anzahl der Reihen	Rückwand Breite mm	Rückwand Höhe mm	Dübelabstellung horizont. mm	Dübelabstellung vertikal. mm	ℳ
25	fünf	495	495	420	420	*113.30*
26	drei	750	365	665	285	*117.60*
27	»	750	365	665	285	*121.90*
28	vier	625	435	540	350	*126.20*
29	drei	810	370	725	285	*130.50*
30	»	810	370	725	285	*134.80*

Drehkrane, elektrisch betriebene. Dieselben werden für Einmotoren- oder Zweimotorensystem gebaut. In ersterem Fall wird die Hub- und Drehbewegung durch einen Motor, in letzterem durch zwei gesonderte Motoren bewirkt (siehe **Laufkrane**). Die Stromzuführung erfolgt gewöhnlich durch den hohl ausgeführten Spurzapfen. (Über alle anderen Details siehe **Laufkrane.**)

Maschinenfabrik Eßlingen in Eßlingen. | Maschinenfabrik Oerlikon, Oerlikon bei Zürich (Schweiz).

Drehkrane, fahrbare, elektrisch betriebene, werden nach dem Einmotoren- oder Dreimotorensystem gebaut. In ersterem Fall werden Hub-, Dreh- und Fahrbewegung durch einen Motor, in letzterem durch drei gesonderte Motoren bewirkt. (Näheres siehe **Laufkrane.**) Die Schalt- und Regulierapparate werden auf der Wagenplattform angeordnet. Die Stromabnahme erfolgt von einem Kontaktdrahte aus mittels Trolley oder Bügel.

Maschinenfabrik Eßlingen in Eßlingen. | Maschinenfabrik Oerlikon, Oerlikon bei Zürich (Schweiz).

Tragkraft Tonn.	Normale Auslad. m	Normale Hubhöhe m	Geschwindigkeiten in m pro Minute: Hubbeweg. m	Drehbeweg. m	Fahrbeweg. m	Leistung der Motoren in PS bei voll. Belast.: Hubbeweg. PS	Drehbeweg. PS	Fahrbeweg. PS	Preis des kompl. Kranes inkl. Gegengewicht ℳ
1	6	6	20	120	90	6	1,0	4	*8 000*
1,5	6	6	20	120	90	9	1,5	5	*9 300*
2	5	5	15	100	75	9	1,5	5	*10 500*
3	5	5	12	100	75	11	2,0	6	*12 000*
4	5	5	10	80	60	12	2,0	6	*13 000*
5	4	5	8	80	60	12	2,5	7	*16 000*

Drehspulen-Meßinstrumente (siehe **Deprez - D'Arsonval-sche Mefsinstrumente**).

Drehstrom erhält man dann, wenn man drei Wechselstromquellen so miteinander verbindet, daß ihre elektromotorische Kraft in der Phase um 120° gegeneinander verschoben ist, d. h. daß eine elektromotorische Kraft ihr positives Maximum in einem Momente hat, in welchem die andere elektromotorische Kraft ihrem negativen Maximum entgegengeht, während die dritte von ihrem negativen Maximum nach Null abfällt.

Drehstromgeneratoren.

Tabelle der Raumabmessungen der Drehstromgeneratoren mit Riemenscheibe.

Leistung PS	Größte Länge mm	Größte Höhe mm	Fundamentplatte mm × mm	Höhe der Wellenmitte vom Fußboden mm
50	ca. 1550	ca. 1000	ca. 1300 × 850	500
70	» 1750	» 1000	» 1300 × 850	500
90	» 1850	» 1100	» 1600 × 950	550
120	» 1950	» 1100	» 1600 × 950	550
180	» 2000	» 1500	» 1900 × 1000	700
220	» 2250	» 1500	» 1900 × 1000	700
260	» 2350	» 1500	» 1900 × 1200	750
350	» 2400	» 1500	» 1900 × 1200	750
400	» 2450	» 2000	» 1900 × 1400	950
500	» 2450	» 2000	» 1900 × 1400	950

Preise und Gewichte von Drehstromgeneratoren.

KW bei $\cos\varphi = 1$	Umdrehungen pro Minute ca.	Gewicht ca. kg	Preis ca. ℳ
10	1 000	600	*1 700*
20	1 000	900	*2 400*
30	750	1 200	*3 000*
50	750	1 300	*4 000*
75	600	2 300	*6 200*
100	600	3 500	*7 000*
150	500	5 000	*11 000*
200	375	7 500	*12 500*
250	375	9 500	*14 000*
300	300	12 000	*19 000*
400	250	19 000	*30 000*
500	250	23 000	*35 000*
600	150	29 000	*47 000*
700	150	35 000	*55 000*
800	150	37 000	*62 000*
900	125	40 000	*70 000*
1000	110	50 000	*76 000*
1250	110	54 000	*84 000*
1500	95	67 000	*105 000*
1800	85	85 000	*125 000*
2000	80	95 000	*150 000*

Maschinenfabrik Eßlingen in Eßlingen. | Maschinenfabrik Oerlikon, Oerlikon bei Zürich (Schweiz).

Drehstromgeneratoren der Allgemeinen Elektrizitäts-Gesellschaft. Berlin.

Leistung in Kilo-Volt-Amp. Kilowatt × cos φ	Kraftbedarf mit Erregung in PS bei cos. φ = 1	Umdrehungen in der Minute bei 100 Wechs. in der Sekunde	Maxim. Gleichstrom-Erreg. bei Motorenbelastung in »Kilowatt«	Ausführung der Maschine ohne Riemen- oder Seilscheibe: mit 2 Lagerschildern oder mit 2 Lagern auf gemeinsamer Grundplatte		mit 3 Lagern, das dritte Lager auf separater Sohlplatte		mit 3 Lagern auf gemeinsamer Grundplatte		Direkt gekupp. Erreg.-Maschine für 100 Volt Spannung	
				Nettogewicht	Preis	Nettogewicht	Preis	Nettogew.	Preis	Gewicht	Preis
ca.	ca.	ca.	KW ca.	ca. kg	ℳ	ca. kg	ℳ	ca. kg	ℳ	ca. kg	ℳ
30	46		1,75	1 250	*2 600*	—	—	—	—		
40	61	750	1,8	1 500	*3 050*	—	—	—	—	210	*650*
50	76		1,9	1 700	*3 400*	—	—	—	—		
75	114		2,2	2 220	*4 150*	—	—	—	—		
50	76		2,3	2 100	*3 850*	—	—	—	—		
85	128	600	2,6	2 500	*4 800*	2 920	*5 150*	3 670	*5 550*	280	*800*
115	170		2,75	2 900	*5 550*	3 340	*5 950*	4 140	*6 350*		
145	214		2,9	3 300	*6 200*	3 750	*6 600*	4 600	*7 050*		
100	148		2,3	3 170	*6 850*	3 700	*7 400*	5 350	*8 200*		
125	185		3	3 630	*7 550*	4 250	*8 100*	5 900	*8 950*	370	*900*
150	222		3,4	5 600	*8 300*	6 270	*8 850*	6 600	*9 750*		
175	258	500	3,7	6 200	*8 850*	6 880	*9 450*	7 350	*10 350*	560	*1350*
200	295		4,05	6 780	*9 450*	7 530	*10 100*	8 000	*11 050*		
250	366		4,7	7 870	*10 500*	8 800	*11 200*	9 100	*12 200*	560	*1350*
300	440		5,3	8 650	*11 400*	9 750	*12 200*	10 330	*13 200*	560	*1350*
100	148		3	5 900	*8 950*	6 780	*9 600*	7 370	*9 800*		
125	185		3,3	6 450	*9 700*	7 320	*10 350*	7 940	*10 600*		
150	222		3,5	7 000	*10 450*	7 860	*11 100*	8 500	*11 350*	560	*1435*
175	258	375	4	7 550	*11 200*	8 400	*11 850*	9 080	*12 100*		
200	295		4,25	8 070	*11 850*	8 940	*12 500*	—	*12 750*		
250	366		4,8	9 150	*13 050*	10 000	*13 700*	—	*13 950*		
[illegible]	[illegible]		[illegible]	[illegible]	[illegible]	[illegible]	[illegible]		[illegible]	[illegible]	[illegible]
450	665		7,1	13 470	*16 900*	14 340	*17 550*	—	*17 900*	560	*1950*

Drehstromgeneratoren, Type D, der A.-G. Brown, Boveri & Ko., Baden (Schweiz), für 6000 Polwechsel entspr. 50 Perioden.

Type	Leistung KVA	Umdrehg. pro Minute	Kraftbedarf inkl. Erregung in PS ca. cos φ = 1	Kraftbedarf inkl. Erregung in PS ca. cos φ = 1	Maximale Spannung verkettet in Volt	Generatoren ohne Gleitschienen und Riemenscheiben: mit 1 Lager ohne Grundplatte, Gewicht ca. kg	mit 1 Lager ohne Grundplatte, Preis ℳ	mit 2 Lagern, Gewicht ca. kg	mit 2 Lagern, Preis ℳ	mit 3 Lagern, Gewicht ca. kg	mit 3 Lagern, Preis ℳ	Erregung: max. Bedarf KW	Erregung: normale Spanng. Volt	Mehr für direkt gekuppelten Erreger: Type	Gew. ca. kg	Preis ℳ
D 60	30	1000	45	36	2 000	—	—	1 000	*2 150*	Für Riemenantrieb sind von D 123 ab 3 Lager erforderlich.		0,75	65	01	115	*465*
D 61	40	»	60	48	2 500	—	—	1 300	*2 650*			0,8	»	01	»	*465*
D 62	50	»	75	60	3 000	—	—	1 500	*3 200*			1,5	»	01	»	*465*
D 82	65	750	95	75	4 000	—	—	2 000	*4 300*			1,4	»	02	185	*680*
D 83	85	»	125	100	4 000	—	—	2 300	*4 600*			1,75	»	02	»	*680*
D 122	100	»	150	120	5 000	3 000	*5 800*	3 700	*6 300*			2,2	»	03	»	*870*
D 123	130	»	195	158	5 000	3 400	*6 500*	4 100	*7 100*	4 500	*7 400*	2,7	»	03	»	*870*
D 124	170	»	255	205	6 000	4 200	*7 200*	5 300	*7 900*	6 000	*8 560*	3,3	»	04	370	*1120*
D 125	210	»	315	255	6 000	4 700	*8 300*	5 800	*9 100*	6 500	*9 680*	3,9	»	04	»	*1120*
D 126	270	»	400	325	7 000	5 300	*9 850*	6 400	*10 500*	7 100	*11 200*	4,6	»	04	»	*1120*
D 161	100	375	148	120	5 000	3 600	*6 100*	4 700	*6 800*	5 400	*7 450*	2,4	»	04	»	*1120*
D 163	170	»	250	200	6 000	4 400	*7 700*	5 500	*8 400*	6 200	*9 000*	3,5	»	04	»	*1120*
D 164	210	»	310	250	7 000	5 600	*8 500*	7 200	*9 500*	8 100	*10 300*	4,4	»	05	540	*1400*
D 165	270	»	400	325	8 000	6 400	*11 500*	8 000	*11 200*	8 900	*12 000*	5,2	»	05	»	*1400*
D 166	350	»	520	420	8 000	7 100	*12 300*	8 700	*13 200*	9 600	*14 100*	6,0	»	05	»	*1400*
D 202	160	300	235	190	7 000	5 200	*8 250*	6 800	*9 300*	7 700	*10 200*	3,8	»	05	»	*1400*
D 203	200	»	295	240	7 000	5 800	*9 300*	7 400	*10 300*	8 300	*11 900*	4,6	»	05	»	*1400*
D 204	260	»	380	310	8 000	7 600	*10 400*	10 000	*12 000*	11 300	*13 100*	5,6	»	06	720	*1800*
D 205	330	»	480	390	8 000	8 400	*12 300*	10 800	*13 900*	12 100	*15 000*	6,6	»	06	»	*1800*
D 206	420	»	615	500	9 000	9 400	*14 900*	11 800	*16 500*	13 100	*17 600*	7,6	»	06	»	*1800*
D 242	180	250	265	215	8 000	8 000	*10 250*	9 600	*12 200*	10 900	*13 100*	4,8	»	06	»	*1800*
D 243	240	»	350	285	8 000	9 000	*12 000*	10 600	*13 600*	11 900	*14 700*	5,6	»	06	»	*1800*
D 244	320	»	470	380	9 000	9 400	*13 900*	13 000	*16 000*	14 800	*17 600*	6,7	»	07	980	*2320*
D 245	400	»	560	470	10 000	10 400	*16 150*	14 000	*18 300*	15 800	*19 950*	7,9	»	07	»	*2320*
D 246	500	»	730	590	10 000	11 600	*19 200*	15 200	*21 500*	17 000	*23 000*	9,1	»	07	»	*2320*

(Siehe auch Einphasen-Mehrphasengeneratoren, Type D, der A.-G. Brown, Boveri & Ko.)

Drehstromgeneratoren der Maschinenfabrik Oerlikon (Schweiz) für Nor-

Type D	Perioden	Leistung KVA	Kraftverbrauch bei einem Leistungsfaktor von 1 PS	Umdrehungen in der Minute	Wirkungsgrad in % bei Volllast	Wirkungsgrad in % bei Halblast	Schw.-Radius m	Schw.-Gewicht kg	Riemenscheibe für Maschinen m. 2 Lagern Durchmesser	Riemenscheibe für Maschinen m. 2 Lagern Breite
6058	40	9	14	1200	85	80	0,11	40	250	140
	50	11	17	1500	87	83				
6060	40	20	31	800	87	83	0,13	135	300	200
	50	22	34	1000	88	84				
6061	40	35	54	800	88	84	0,16	190	400	280
	50	38	58	1000	89	85				
6062	40	40	61	800	88	84	0,16	280	450	320
	50	45	69	1000	89	85				
6063	40	55	84	600	89	85	0,19	340	450	350
	50	60	90	750	90	86				
6064	40	70	106	600	90	86	0,19	430	500	400
	50	80	120	750	91	86				
6065	40	100	150	480	91	86	0,33	520	650	500
	50	120	180	600	91	86				
6066	40	130	195	480	91	86	0,33	750	650	550
	50	150	225	600	91	86				
6067	40	150	225	400	91	87	0,33	900	700	600
	50	180	265	500	92	87				
6068	40	200	295	400	92	87	0,33	1150	3 Lager 800	650
	50	230	340	500	92	87				
6069	40	250	370	340	93	87	0,50	1450	3 Lager 1000	850
	50	280	410	430	93	87				
6070	40	300	440	340	94	88	0,50	1800	—	—
	50	350	510	430	94	88				
6080	40	450	660	300	94	88	0,60	2100	—	—
	50	500	730	375	94	88				
6090	40	500	730	240	94	88	0,67	3600	—	—
	50	550	800	300	94	88				
6100	50	500	730	167	94	88	1,07	4900	—	—
6102	40	550	800	200	94	88	1,07	4900	—	—
	50	600	880	250	94	88				
6110	50	780	1130	300	94	89	0,83	4500	—	—
6120	50	920	1340	250	94	89	1,05	9500	—	—
1630	50	800	1160	375	94	89	0,735	7600	—	—

malspannungen von 200, 400, 1900, 3600, 5200 Volt, Wechselpoltypen.

Gewichte in Kilogramm				Preis in Mark			
Generator mit Erreger		Erreger		Generator mit Erreger 200—1900 Volt		Generator mit Erreger 3600—5200 Volt	
2 Lager	3 Lager	Gewicht	Type	2 Lager	3 Lager	2 Lager	3 Lager
425	—	100	KM0	*2 050*	—	—	—
730	—	130	KM2	*2 750*	—	*3 250*	—
1 360	—	225	E 30	*3 850*	—	*4 000*	—
1 785	—	225	E 30	*4 760*	—	*4 960*	—
2 175	—	225	E 30	*5 360*	—	*5 600*	—
2 460	—	225	E 30	*6 230*	—	*6 460*	—
3 000	—	250	E 31	*7 360*	—	*7 750*	—
2 960	—	225	E 30	*7 650*	—	*7 650*	—
3 700	—	250	E 31	*8 960*	—	*9 480*	—
3 660	—	225	E 30	*8 880*	—	*9 400*	—
4 970	5340	395	E 43	*10 360*	*10 520*	*10 360*	*11 080*
5 225	5900	395	E 43	*12 160*	*13 900*	*12 680*	*13 640*
6 770	7350	395	E 43	*15 600*	*16 300*	*16 160*	*16 800*
8 675	9275	395	E 43	*17 600*	*18 700*	*18 400*	*19 280*
12 800	—	700	E 45	*21 600*	—	*22 850*	—
15 650	—	1450	E 50	*28 300*	—	*29 450*	—
18 000	—	1450	E 50	*29 000*	—	*32 300*	—
18 600	—	1450	E 50	*32 000*	—	*34 080*	—
21 450	—	1450	E 50	*31 280*	—	*33 600*	—
30 850	—	1450	E 50	*43 100*	—	*45 360*	—
31 750	—	970	NNV	*49 300*	—	*54 300*	—

Drehstromgeneratoren, Type F, mit 100 Polwechseln in der Sekunde für

Leistung in Kilowatt bei cos $\varphi = 1$	Umdrehungen in der Minute	Stromstärke in jeder Leitung bei Volt:							Kraftbedarf bei cos $\varphi = 1$		Wattverbrauch für die Erregung mit 110 Volt ca.	Riemenscheibe		Riemengeschwindigkeit m pr. Sekunde ca.
		120 Amp.	240 Amp.	550 Amp.	1000 Amp.	2000 Amp.	3000 Amp.	5000 Amp.	ohne Erregung ca. PS	mit angeb. Erreger ca. PS		Durchmesser mm	Breite mm	
20	1000	96	48	21	11,7	5,8	—	—	30	31,5	850	350	200	18,3
15	750	72	36	15,8	9	4,5	—	—	23	24,5	850	350	200	13,7
30	1000	145	72	31,5	17,5	8,7	5,8	—	45	47	1000	400	240	21,8
22	750	106	53	23	12,7	6,3	4,2	—	33	35	1000	400	240	15,6
40	750	192	96	42	23	11,6	7,7	—	60	62	1200	500	270	19,7
30	600	145	72	31,5	17,5	8,7	5,8	—	45	47	1200	500	270	15,6
50	750	240	120	52,5	29	14,5	9,6	—	75	77,5	1500	550	300	21,5
40	600	192	96	42	23	11,5	7,7	—	60	62,5	1500	550	300	17,2
65	600	312	156	68	37	18,5	12,6	7,5	96	99	1900	600	390	18,8
50	500	240	120	52,5	29	14,5	9,6	5,7	75	78	1900	600	390	13
80	600	385	193	84	46	23	15,4	9,2	120	123	2200	650	440	20,3
65	500	312	156	68	37	18,5	12,6	7,6	96	99	2200	650	440	17
100	500	480	240	105	58	29	19,3	11,6	150	154	2600	700	520	18,3
80	428	385	193	84	46	23	15,3	9,2	120	124	2600	700	520	15,6
125	500	600	300	131	73	36,5	24,3	14,6	185	190	3000	800	570	20,8
105	428	505	252	110	60	30	20	12	155	160	3000	800	570	18
150	428	720	360	158	88	44	29,3	17,6	220	226	3500	870	650	19,4
130	375	625	313	136	76	38	25,3	15,2	190	196	3500	870	650	17
180	375	870	435	190	105	52,5	35	21	270	276	3900	950	730	18,5
165	333	795	397	174	96	48	32	19,2	250	256	3900	950	730	16,4
220	333	1060	530	230	127	63,5	42,5	25,5	320	327	4300	1200	800	20,8
200	300	960	480	210	116	58	38,5	23	290	297	4300	1200	800	18,8
265	300	1280	640	280	154	77	51,3	30,5	380	388	4700	1400	850	22
240	273	1160	580	250	139	69,5	46,3	27,7	345	353	4700	1400	850	20

Riemenantrieb der El.-A.-G., vorm. W. Lahmeyer & Ko., Frankfurt a. M.

Gewicht		Preis						
ohne Erreger	mit Erreger	Preis der Maschine ohne Erreger						Mehrpreis für angebauten Erreger
unverpackt ca. kg		120 und 240 Volt	550 Volt	1000 Volt	2000 Volt	3000 Volt	5000 Volt	
		M	*M*	*M*	*M*	*M*	*M*	*M*
1 100	1 350	*2 650*	*2 700*	*2 825*	*2 850*	—	—	*750*
1 100	1 350	*2 650*	*2 700*	*2 825*	*2 850*	—	—	*750*
1 350	1 620	*3 125*	*3 190*	*3 325*	*3 425*	—	—	*750*
1 350	1 620	*3 125*	*3 190*	*3 325*	*3 425*	—	—	*750*
1 900	2 150	*3 800*	*3 880*	*4 035*	*4 075*	*4 150*	—	*900*
1 900	2 150	*3 800*	*3 880*	*4 035*	*4 075*	*4 150*	—	*900*
2 100	2 330	*4 525*	*4 620*	*4 800*	*4 850*	*4 940*	—	*900*
2 100	2 330	*4 525*	*4 620*	*4 800*	*4 850*	*4 940*	—	*900*
2 500	2 800	*5 450*	*5 565*	*5 750*	*5 800*	*5 925*	*6 010*	*1100*
2 500	2 800	*5 450*	*5 565*	*5 750*	*5 800*	*5 925*	*6 010*	*1100*
3 200	3 500	*6 450*	*6 680*	*6 800*	*6 865*	*7 010*	*7 110*	*1100*
3 200	3 500	*6 450*	*6 680*	*6 800*	*6 865*	*7 010*	*7 110*	*1100*
4 450	4 750	*7 800*	*7 960*	*8 200*	*8 280*	*8 440*	*8 560*	*1350*
4 450	4 750	*7 800*	*7 960*	*8 200*	*8 280*	*8 440*	*8 560*	*1350*
5 400	5 800	*9 200*	*9 385*	*9 675*	*9 770*	*9 950*	*10 100*	*1350*
5 400	5 800	*9 200*	*9 385*	*9 675*	*9 770*	*9 950*	*10 100*	*1350*
7 000	7 650	*10 750*	*10 970*	*11 300*	*11 410*	*11 630*	*11 800*	*1650*
7 000	7 650	*10 750*	*10 970*	*11 300*	*11 410*	*11 630*	*11 800*	*1650*
8 950	9 650	*13 250*	*13 520*	*13 950*	*14 085*	*14 330*	*14 550*	*1650*
8 950	9 650	*13 250*	*13 520*	*13 950*	*14 085*	*14 330*	*14 550*	*1650*
11 500	13 500	*16 150*	*16 480*	*16 975*	*17 150*	*17 550*	*17 700*	*2200*
11 500	13 500	*16 150*	*16 480*	*16 975*	*17 150*	*17 550*	*17 700*	*2200*
15 000	16 500	*19 300*	*19 700*	*20 280*	*20 475*	*20 850*	*21 150*	*2200*
15 000	16 500	*19 300*	*19 700*	*20 280*	*20 475*	*20 850*	*21 150*	*2200*

Drehstromgeneratoren der

Drehstromgenerator										Kraftbedarf (inkl. Erregung) bei Vollast u. cos φ = 1 ca. PS	Bei Vollast			
Bezeichnung				Wirkungsgrad (inkl. Erregung) in % bei cos φ = 1 und Belastung				Erregerleistung ca. in KW bei			Einphasengenerator Type ASN		Drehstrom-Synchronmotor Type ATN	
Type	Polzahl	KW bei cos φ = 1	Umdr. in der Min. bei 50 Perioden	5/4	1/1	3/4	1/2	cos φ=1	cos φ=0		Leistg. KW	Wirkg.-grad %	Leistg. PS	Wirkg.-grad %
ATN	4—	5—	1500	84	83,5	82,5	80,5	0,32	0,43	8	3,5	79,5	6	83,5
ATN	4—	7,5—	1500	88,5	88	87	85	0,40	0,54	11,5	5,2	84,5	9,5	88
ATN	4—	15—	1500	90,5	90	89	86,5	0,61	0,83	23	10,5	87	19,5	90
ATN	6—	10—	1000	88,2	88	87,5	86	0,43	0,54	15	7	85	12,5	88
ATN	6—	15—	1000	88,5	88	87,5	86	0,53	0,68	23	10,5	86	19	88
ATN	6—	20—	1000	91,5	91	90,5	88,5	0,57	0,75	30	14	88,5	26	91
ATN	8—	30—	750	92	91,5	91	89	0,89	1,13	45	20	89	40	91,5
ATN	8—	40—	750	93	92,5	91,5	90	1,05	1,35	59	28	90	55	92,5
ATN	8—	60—	750	94	93,5	92,5	91	1,15	1,52	90	42	91,5	80	93,5
ATN	10—	50—	600	91,5	91	89,5	86	1,28	1,62	75	35	88	70	91
ATN	10—	80—	600	93,5	93	92	89	1,60	2,06	120	56	91	110	93
ATN	10—	110—	600	94	93,5	92,5	90	1,95	2,48	160	76	91	150	93,5
ATN	10—	140—	600	94,5	94	93,5	91	2,30	2,94	200	100	92	190	94
ATN	12—	85—	500	94	93,5	92,5	90	1,70	2,17	125	60	91	115	93,5
ATN	12—	100—	500	94,5	94	93	91	1,75	2,20	145	70	91,5	135	94
ATN	12—	130—	500	94,5	94	93	91	2,00	2,53	190	90	92	175	94
ATN	12—	150—	500	95	94,5	94	92	2,20	2,80	215	105	92,5	200	94,5
ATN	12—	175—	500	95	94,5	94	92	2,55	3,25	250	120	92,5	240	94,5
ATN	16—	130—	375	94	93,5	92,5	90,5	2,45	3,08	190	90	91,5	175	93,5
ATN	16—	160—	375	94	93,5	92,5	90,5	2,65	3,25	235	110	92	215	93,5
ATN	16—	190—	375	94,5	94	93	91	2,90	3,70	275	135	92,5	250	94
ATN	16—	220—	375	95	94,5	93,5	91,5	3,20	4,06	320	155	93	300	94,5
ATN	16—	270—	375	95	94,5	93,5	91,5	3,60	4,57	390	190	93,5	375	94,5
ATN	20—	160—	300	94	93,5	92,5	90,5	3,10	3,93	230	110	91,5	220	93,5
ATN	20—	200—	300	94,5	94	93	91	3,30	4,27	290	140	92	270	94
ATN	20—	270—	300	95	94,5	93,5	91,5	4,0	5,13	390	190	92,5	400	94,5
ATN	20—	320—	300	95,5	95	94	92	4,5	5,60	460	225	93	450	95
ATN	24—	200—	250	94	93,5	92,5	90,5	3,9	4,92	290	140	91,5	275	93,5
ATN	24—	250—	250	94,5	94	93	91	4,2	5,28	360	175	92	340	94
ATN	24—	350—	250	95	94,5	93,5	91,5	5,1	6,50	500	245	93	475	94,5
ATN	24—	450—	250	95,5	95	94	92,5	5,8	7,32	645	315	93,5	625	95
ATN	28—	140—	214	92,7	92,5	92	90,5	3,6	4,56	205	100	90,5	185	92,5
ATN	28—	175—	214	93,5	93	92	91	3,7	4,60	255	120	91	235	93
ATN	28—	250—	214	94,5	94	93	91,5	4,5	5,72	360	175	92	340	94
ATN	28—	325—	214	95	94,5	93	92	5,2	6,50	465	230	92,5	450	94,5
ATN	28—	400—	214	95,5	95	94,5	93,5	5,7	7,32	570	280	93	550	95
ATN	28—	525—	214	96	95,5	95	94	6,8	8,50	750	370	94	725	95,5

Union El.-Ges., Berlin.

als: Einphasen-Synchronmotor Type ASN		Ausgeführt für Maximalspannung	Rotorgewicht	Mit Wellenstumpf		Mit Riemenscheibe und Spannschienen		Mit geschloss. Grundrahmen, 3. Lager, Riemenscheibe u. Spannschien.		Mit besonderem 3. Lager u. Riemenscheibe	
Leistung	Wirkg.-grad			Gewicht	Preis	Gewicht	Preis	Gewicht	Preis	Gewicht	Preis
PS	%	Volt	ca. kg	ca. kg	M	ca. kg	M	ca. kg	M	ca. kg	M
4	79,5	550	70	230	*765*	325	*825*	—	—	—	—
6,5	84,5	550	80	330	*940*	425	*1000*	—	—	—	—
13	87	550	120	580	*1 575*	680	*1650*	—	—	—	—
8,5	85	550	150	575	*1 735*	685	*1800*	—	—	—	—
13	86	550	190	745	*2 070*	860	*2150*	—	—	—	—
18	88,5	1100	250	845	*2 400*	965	*2500*	—	—	—	—
28	89	3300	320	1160	*3 265*	1300	*3400*	—	—	—	—
36	90	3300	375	1190	*3 455*	1350	*3600*	—	—	—	—
55	91,5	3300	475	1350	*4 195*	1725	*4400*	—	—	—	—
35	88	3300	500	1600	*5 740*	1825	*6000*	—	—	—	—
75	91	3300	725	2250	*6 315*	2475	*6600*	—	—	—	—
105	91	3300	935	2670	*6 750*	—	—	3800	*8 250*	3300	*7 250*
135	92	3300	1150	3075	*7 070*	—	—	4300	*8 700*	3800	*7 650*
80	91	5700	980	2700	*6 760*	3000	*7100*	—	—	—	—
95	91,5	5700	1100	2800	*8 150*	3150	*8600*	—	—	—	—
120	92	5700	1250	3250	*8 775*	—	—	4825	*10 650*	4150	*9 400*
140	92,5	5700	1450	3600	*10 100*	—	—	5375	*12 300*	4650	*10 800*
170	92,5	5700	1600	4050	*11 400*	—	—	6000	*13 800*	5200	*12 200*
120	91,5	5700	1500	4100	*9 100*	—	—	6150	*11 100*	5300	*9 800*
150	92	5700	1700	4500	*10 500*	—	—	6700	*12 800*	5800	*11 300*
175	92,5	5700	2050	5100	*11 550*	—	—	7500	*14 300*	6600	*12 500*
210	93	5700	2300	5650	*12 100*	—	—	8350	*15 000*	7350	*13 200*
275	93,5	5700	2700	6450	*12 800*	—	—	9400	*16 000*	8350	*14 100*

		Statorgewicht	Rotorgewicht	Mit geschlossenem Grundrahmen und Riemenscheibe		Mit geschloss. Grundrahmen, Spannschienen und Riemenscheibe		M. Grundrahm. für 2 Lager u. freistehendem 3. Lager und Riemenscheibe	
				Gew.	Preis	Gew.	Preis	Gew.	Preis
		ca. kg	ca. kg	ca. kg	M	ca. kg	M	ca. kg	M
150	91,5	3700	2100	8 600	*13 800*	8 800	*14 500*	8 300	*13 200*
190	92	3800	2850	9 900	*15 800*	10 000	*16 500*	9 500	*15 200*
280	92,5	4375	3800	12 200	*19 800*	—	—	11 800	*19 200*
300	93	5250	4550	15 000	*21 500*	—	—	14 500	*20 900*
185	91,5	4350	3000	11 000	*20 100*	11 200	*21 000*	10 600	*19 500*
240	92	4700	3600	12 700	*22 800*	—	—	12 250	*22 200*
330	93	5250	5250	15 600	*26 700*	—	—	15 000	*26 100*
425	93,5	6800	5650	19 000	*30 000*	—	—	18 400	*29 400*
130	90,5	4050	3250	11 200	*21 300*	12 200	*22 200*	11 500	*20 700*
165	91	4450	3750	15 200	*23 300*	15 400	*24 200*	14 300	*22 500*
230	92	5900	4400	16 000	*26 100*	—	—	15 100	*25 200*
310	92,5	6550	4900	18 600	*28 800*	—	—	17 700	*27 900*
375	93	7150	6000	22 100	*31 700*	—	—	21 000	*30 800*
500	94	8250	6900	24 600	*36 500*	—	—	23 300	*35 400*

Drehstrom - Gleichstromtransformatorensystem. Nach dem von Uppenborn 1889 gemachten Vorschlag wird in der Kraftzentrale hochgespannter Wechselstrom oder Drehstrom erzeugt, mit welchem Wechselstrom-Gleichstromumformer gespeist werden. Es ist ökonomisch, die Umformer in Unterstationen aufzustellen, welche Akkumulatorenbatterien enthalten, die ca. 40 % des Maximalstromes liefern können und deren Kapazität für drei Stunden ausreicht, so daß die Maschinenanlage nur für 60 % des Maximalstromes berechnet werden muß.

Maschinenfabrik Eßlingen in Eßlingen.

Drehstrommotoren sind charakterisiert durch Speisung des primären Teiles mit drei um 120° gegeneinander verschobenen Wechselströmen. Die Stromzuführung erfolgt durch drei Zuleitungen. Drehstrommotoren können unter Last ohne besondere Hilfsmittel anlaufen (siehe **Induktionsmotoren**).

Maschinenfabrik Eßlingen in Eßlingen.
Maschinenfabrik Oerlikon, Oerlikon bei Zürich (Schweiz).
Allgem. Elektr.-Ges., Berlin.
A.-G. Brown, Boveri & Ko., Baden (Schweiz).
El.-A.-G. vorm. W. Lahmeyer & Ko., Frankfurt a. M.
Berliner Maschinenbau-Akt.-Ges. vorm. L. Schwartzkopff, Berlin.
Siemens Schuckertwerke, Berlin.
Union-El.-G., Berlin.

Charakteristische Daten von Drehstrommotoren.

Leistung PS	Wirkungsgrad %	Stromverbrauch Watt	Verlust im Rotor pro Phase Watt	Schlüpfung %
1	75	980	16,0	5,5
2	78	1 880	29,0	5,0
3	80	2 760	36,0	5,0
5	82	4 480	53,0	4,5
7,5	85	6 500	63,0	4,0
10	87	8 480	73,0	4,0
15	88	12 550	98,0	4,0
20	88	16 700	131,0	3,5
25	89	20 700	150,0	3,5
30	89	24 700	180,0	3,5
40	90	32 800	217,0	3,5
50	90	41 000	267,0	3,5

Für die Charakterisierung der Drehstrommotoren ist die Größe des Leistungsfaktors, cos φ, von Wichtigkeit. Ist derselbe kleiner als 1, so werden der Wirkungsgrad des Motors schlechter, die Leitung und Generatoranlage unwirtschaftlicher.

Die an Drehstrommotoren für Hebezeuge zu stellenden Anforderungen sind: Die Schwankung der Umdrehungszahl zwischen Leerlauf und Normalbelastung soll sehr gering sein (bis zu einem 5 PS-Motor höchstens 6 %, für einen 100 PS-Motor höchstens 3 %); der Motor muß unter Belastung mit möglichst großem Moment anlaufen (Anzugsmoment 50 % und mehr über das Normale); der Wirkungsgrad soll sehr groß sein (bei Vollast bis 92 %, bei Halblast bis 85 %); die Motoren müssen in bedeutendem Maße überlastungsfähig sein und auch bei reduzierter Spannung die volle Leistung abgeben können.

Die Bremsung der Drehstrommotoren kann erfolgen: durch Vergrößerung der Polzahl (Verringerung der Umlaufszahl des Drehfeldes), durch Umkehrung der Drehfeldrichtung mittels Umschaltens der Feldwickelung und durch Speisung des Motors durch einen Strom von niedrigerer Periodenzahl, als seiner Winkelgeschwindigkeit entspricht (übersynchroner Antrieb). Bei unvorsichtigem Bremsen wird sich der Motor stark abnutzen und werden häufige Durchschläge auftreten.

Tabelle der Raumabmessungen für Dreh- und Wechselstrommotoren mit Schleifringen und Riemenscheibe.

PS	Totale Länge über Riemenscheibe und Schleifringe gemessen mm	Totale Höhe mm	Breite der Grundplatte mm	Höhe der Wellenmitte über Fußboden mm
1	290	330	560	180
2	440	330	560	180
3	550	370	720	210
4	600	390	720	220
5	630	450	880	250
8	730	500	880	270
12	920	610	1000	340
25	1020	700	1000	380
35	1180	1060	1320	550
50	1400	1070	1320	550
65	1540	1220	1500	640
80	1580	1220	1680	640
100	1600	1630	1680	810
120	1850	1630	1680	810
150	1930	1630	1950	810
180	2020	1640	1950	810
200	2030	1660	2000	810
250	2070	2030	2000	960
300	2080	2030	2200	960
350	2090	2260	2200	1050
500	2120	2450	2300	1150

Bei Drehstrommotoren ist die Umdrehungszahl von der Perioden- und Polzahl abhängig; sie läßt sich bei gegebener Periodenzahl in beliebigen Grenzen durch Ankervorschaltwiderstand in Form von Schlüpfung regeln, jedoch auf Kosten des Wirkungsgrades. Bei einem bestimmten Widerstand ist die Regulierung durch Ankerwiderstand um so wirksamer, je größer das aufzuwendende Moment ist. Für die Sternschaltung der Drehstrommotoren ist die Verbrauchsspannung gleich der Systemspannung geteilt durch $\sqrt{3}$, der Verbrauchsstrom selbst gleich dem Strom in der Hauptleitung. Für die Dreiecksschaltung ist die Verbrauchsspannung gleich der Systemspannung, der Verbrauchsstrom gleich dem Strom in der Hauptleitung geteilt durch $\sqrt{3}$. Die Arbeitsleistung eines Drehstrommotors ist gleich dem Produkte aus dem effektiven Strom in der Hauptleitung mal der effektiven Systemspannung mal dem Phasenverschiebungswinkel zwischen Klemmenspannung und Strom mal $\sqrt{3}$. Das Drehmoment und damit auch die Zugkraft des Drehstrommotors steigern sich unmittelbar mit wachsender Schlüpfung. Der Wirkungsgrad nimmt mit der Größe der Schlüpfung ab. Durch Einschalten von veränderlichen Widerständen in den Ankerstromkreis kann die Anzugkraft des Drehstrommotors beliebig bis zu ihrem höchsten Grenzwert gesteigert werden.

Zeigt der Drehstrommotor starke Erwärmung, was sich in stellenweiser heißer Ständerwickelung, in starkem Stromverbrauch und in geringer Zugkraft äußert, so ist Kurzschluß in einer Phase oder von einer Phase mit einer zweiten vorhanden, auch können eine Ankerspule oder mehrere verbrannt oder überbrüht sein. Erhitzt sich der Kurzschlußanker, was geringere Tourenzahl und Zugkraft zur Folge hat, so ist schlechter Kontakt der Stäbe im Kurzschlußring, welche verlötet und vernietet sein sollen, vorhanden. Erhitzt sich die Wickelung eines Schleifringläufers, was sich in Brummen des Motors beim Anlaufen und in schlechtem Andrehen äußert, so ist Kurzschluß in einer Phase oder von einer Phase mit einer zweiten vorhanden. Läuft der Motor nicht an, so ist in einer der drei Phasen (durch Unterbrechung einer derselben) kein Strom, oder die Stromstärken in den drei Phasen sind verschieden, was durch falsche Schaltung der Phasen oder Verwechselung des Anfangs und Endes einer Phase hervorgerufen und durch vertauschen der betreffenden Drähte behoben wird, oder es ist ein Defekt im Anlasser, oder der Läufer ist schlecht zentriert und schleift gegen das Ständereisen, oder der Motor brummt und es tritt großer Stromstoß auf, was seine Ursache darin hat, daß der Kurzschließer des Motors nicht geöffnet wurde. Läßt sich der Motor nicht überlasten, was sich dadurch zeigt, daß er leicht aus dem Tritt fällt, so ist zu niedrige Spannung oder falsche Schaltung, z. B. Stern- statt Dreieckschalung vorhanden.

Tabelle der Raumabmessungen von Drehstrom- und Wechselstrommotoren ohne Schleifringe mit Riemenscheiben.

PS	Größte Länge über Riemenscheibe gemessen mm	Totale Höhe mm	Breite der Grundplatte mm	Höhe der Wellenmitte über Fußboden mm
1/10	175	180	400	95
1/8	200	190	400	100
1/4	200	190	450	100
1/2	250	300	560	170
1	290	320	560	180
2	360	320	560	180
3	410	370	720	210
4	470	390	720	220
5	490	450	880	250
6	540	500	880	270
7	570	400	880	270
10	690	610	1000	340

Drehstrommotoren, Typen KD und LKD, mit Zahnradvorgelege der Allgem. Elektr.-Ges.

Modell	Leistung	Spannung zwischen 2 Leitungen	Stromstärke in jeder Leitung	Gesamtverbrauch in Volt-Amp.	Gesamtwattverbrauch	cos. φ	Übers.-Verhältn. des Zahnradvorgeleges	Umdr. d. Vorgelegew. in d. Min. b. 100 W. i. d. Sek.	Motor mit Kurzschlußanker einschließlich Vorgel. und Riemensch. Gewicht netto	Gewicht brutt.	Preis	Motor mit Stuf.-Ank. einschl. Vorgelege u. Riemensch. Gew. netto	Preis	Motor mit Regul.-Schleifringanker einschl. Vorgel. u. Riemensch. Gew. netto	Preis
	PS ca.	V. ca.	Amp ca.	V.-A. ca.	Watt ca.	ca.	ca.	ca.	ca. kg	ca. kg	ℳ	ca. kg	ℳ	ca. kg	ℳ
KD_5	½	115	2,9	570	485	0,85	1:4	360	73	105	*300*	—	—	—	—
		190	1,8	575	490										
		215	1,6	575	490										
KD_{10}	1	115	5,3	1035	930	0,89	1:4	360	93	125	*325*	—	—	—	—
		190	3,2	1045	940										
		215	2,8	1055	950										
KD_{20}	2	115	9,8	1940	1750	0,9	1:4	360	150	200	*425*	175	*560*	165	*560*
		190	5,9	1950	1760										
		215	5,3	1970	1770										
	1,7	500	2,1	1920	1570	0,86									
KD_{30}	3	115	14,7	2930	2630	0,9	1:4	360	190	250	*525*	218	*660*	205	*660*
		190	8,9	2930	2630										
		215	7,9	2940	2650										
	2,7	500	3,4	2940	2560	0,87									
KD_{50}	5	115	24,5	4880	4390	0,9	1:4	360	240	300	*700*	270	*875*	255	*875*
		190	14,8	4880	4390										
		215	13	4880	4390										
		500	5,7	4900	4400										
LKD_{60}	5	115	24,7	4930	4440	0,9	1:4	240	320	400	*900*	360	*1100*	345	*1100*
		190	15	4930	4440										
		215	13,2	4930	4440										
		500	5,7	4950	4450										
LKD_{60}	5	115	24,7	4930	4400	0,9	1:6	160	330	400	*900*	370	*1100*	350	*1100*
		190	15	4930	4440										
		215	13,2	4930	4440										
		500	5,7	4950	4450										

Drehstrommotoren, Type HD, der Allgem. Elektr.-Ges.

Modell	Leistung PS ca.	Spannung zwischen 2 Leitungen Volt ca.	Stromstärke in jeder Leitung Amp. ca.	Gesamtwattverbrauch Watt ca.	Gesamtverbrauch in Volt-Ampere V.-Amp. ca.	cos. φ ca.	Umdrehg. in d. Min. bei 100 Wechseln in der Sekunde ca.	Ausführung mit Lagerschildern oder mit 2 Lagern auf gemeinsamer Grundplatte ohne Riemenscheibe: Motor mit Kurzschlußanker, Gew. netto ca. kg	Motor mit Kurzschlußanker, Preis ℳ	Motor mit Regulierschleifringanker, Gewicht ca. kg	Motor mit Regulierschleifringanker, Preis ℳ	Motor mit Anlaßregulieranker, Gew. ca. kg	Motor mit Anlaßregulieranker, Preis ℳ	Mehrgew. und Mehrpr. f. verl. Welle u. dritt. Lag. mit separ. Sohlplatte, Gew. ca. kg	Mehrgew. und Mehrpr. f. verl. Welle u. dritt. Lag. mit separ. Sohlplatte, Pr. ℳ
$HD_{500/100}$	110	190—215 500 1000—3000 5000	304—268 115,5 57,7—19,3 11,55	90 000	100 000	0,9	480	2660	*6 140* *6 320*	2740	*6 560* *6 740*	2800	*6 730* *6 910*	—	—
$HD_{500/126}$	140	190—215 500 1000—3000 5000	387—340 147 73,4—24,5 14,7	114 100	127 000	0,9	480	3140	*6 830* *7 030*	3240	*7 250* *7 450*	3300	*7 420* *7 620*	—	—
$HD_{500/150}$	170	190—215 500 1000—3000 5000	468—414 178 89—29,7 17,8	138 200	153 500	0,9	480	4600	*8 100* *8 350*	4700	*8 610* *8 860*	4770	*8 780* *9 030*	400	*340*
$HD_{500/200}$	230	190—215 500 1000—3000 5000	629—555 238 119—97 23,8	186 000	206 500	0,9	480	5530	*9 410* *9 680*	5630	*9 920* *10 190*	5700	*10 090* *10 360*	480	*400*
$HD_{500/300}$	345	190—215 500 1000—3000 5000	939—830 357 178,5—59,5 35,7	277 000	307 500	0,9	480	7400	*11 540* *11 870*	7500	*12 050* *12 380*	7570	*12 290* *12 620*	600	*450*

$HD_{375/30}$	30	190—215 500	86,3—76,2 32,8	25 500	28 350	0,85		2300	*4 580*	2380	*5 030*	2440	*5 280*	—	—
$HD_{375/40}$	40	190—215 500	113,8—100,5 43,25	33 600	33 730	0,85		2640	*5 340*	2720	*5 790*	2780	*6 040*	—	—
$HD_{375/50}$	50	190—215 500	141,5—124,8 53,7	41 800	46 500	0,9		2960	*6 100*	3040	*6 550*	3100	*6 800*	—	—
$HD_{375/75}$	75	190—215 500	211,0—186,5 80,2	62 400	68 300	0,9		4360	*7 630*	4430	*8 080*	4500	*8 330*	—	—
$HD_{375/150}$	165	190—215 500 1000—3000 5000	457—405 174 87—29 17,4	135 200	150 500	0,9		6250	*10 990* *11 320*	6350	*11 450* *11 780*	6430	*11 740* *12 070*	750	*700*
$HD_{375/175}$	195	190—215 500 1000—3000 5000	535—473 203,5 101,6—33,9 20,3	158 500	176 000	0,9	360	6750	*11 970* *12 320*	6850	*12 420* *12 780*	6930	*12 710* *13 070*	750	*700*
$HD_{375/200}$	225	190—215 500 1000—3000 5000	615—543 233 416,5—38,8 23,4	181 800	202 000	0,9		7200	*12 940* *13 330*	7300	*13 400* *13 780*	7380	*13 690* *14 070*	750	*700*
$HD_{375/250}$	285	190—215 500 1000—3000 5000	778—687 295,5 147,8—49,25 29,6	203 000	255 500	0,9		8200	*14 700* *15 130*	8300	*15 160* *15 590*	8380	*15 450* *15 880*	750	*700*
$HD_{375/300}$	345	190—215 500 1000—3000 5000	939—830 356 178—59,5 35,7	277 000	308 000	0,9		9150	*16 050* *16 520*	9250	*16 510* *16 980*	9330	*16 790* *17 270*	800	*725*

Drehstrommotoren, System C. E. L. Brown, mit Kurzschlufsanker der A.-G. Brown, Boveri & Ko., Baden (Schweiz).

Größe Nr.	Leistung in PS bei 40∾ (4800 Polw.) pro Minute	Leistung in PS bei 50∾ (6000 Polw.) pro Minute	Spannung zwischen 2 Leitungen b. z. Volt	Nutzeffekt bei Vollbelast. ca. %	Umdrehungen pro Minute bei 40∾ (4800 Polw.) pro Minute	Umdrehungen pro Minute bei 50∾ (6000 Polw.) pro Minute	Riemenscheiben- Durchmesser	Riemenscheiben- Breite	Gewicht ca. kg	Preis des Motors *M*
0	0,25	0,3	250	70	1200	1500	60	40	35	*160*
	0,35	0,4	250	72	1200	1500	80	50	40	*200*
1	0,5	0,6	250	74	1200	1500	80	60	50	*225*
	0,7	0,8	250	76	1200	1500	100	60	60	*265*
2	1	1,2	250	78	1200	1500	100	80	70	*295*
	1,5	1,7	250	80	1200	1500	120	80	85	*335*
3	2	2,5	250	81	1200	1500	150	100	100	*365*
	3	3,5	250	82	1200	1500	180	100	120	*440*
4	4,5	5	250	83	1200	1500	220	120	145	*505*
	6	7	250	84	1200	1500	220	120	175	*585*
5	7,5	9	250	85	1200	1500	250	150	205	*655*
	9,5	11	250	86	1200	1500	250	170	235	*735*
	7	8	250	84	800	1000	250	170	235	*735*
6	8,5	10	250	85	800	1000	300	200	280	*840*
	10	12	250	86	800	1000	300	200	305	*895*
	13	15	250	88	800	1000	320	220	330	*960*

Drehstrommotoren, System C. E. L. Brown, mit gewickeltem Anker der A.-G. Brown, Boveri & Ko., Baden (Schweiz).

Größe Nr.	Leistung in PS bei 40∾	Leistung in PS bei 50∾	Spannung b. z. Volt	Nutzeffekt ca. %	Umdrehungen bei 40∾	Umdrehungen bei 50∾	Durchmesser	Breite	Gewicht ca. kg	Preis *M*
3	2	2,5	250	78	1200	1500	100	80	120	*555*
	3	3,5	250	80	1200	1500	120	80	140	*600*
4	4,5	5	350	82	1200	1500	150	100	170	*680*
	6	7	350	83	1200	1500	180	100	200	*760*
5	7,5	9	350	84	1200	1500	200	120	240	*880*
	9,5	11	350	85	1200	1500	220	120	270	*960*
	7	8	350	83	800	1000	220	120	270	*960*
6	8,5	10	500	84	800	1000	250	150	320	*1080*
	10	12	500	85	800	1000	250	150	345	*1160*
	13	15	500	87	800	1000	250	170	370	*1250*
7	16	20	500	88	800	1000	280	170	470	*1480*
	20	25	500	89	800	1000	320	200	550	*1680*
8	25	30	500	89	800	1000	320	220	660	*1900*
	30	35	500	90	800	1000	280	250	750	*2100*
9	35	40	500	90	800	1000	350	250	900	*2400*
	40	50	500	91	800	1000	350	280	1000	*2600*
10	40	50	500	91	600	750	400	310	1200	*2900*
	50	60	500	91	600	750	450	310	1300	*3080*
	60	70	500	92	600	750	450	350	1450	*3360*
11	75	85	500	92	600	750	500	350	1750	*3800*
	90	105	500	92	600	750	500	400	2000	*4200*
12	110	125	500	92	600	750	600	400	2350	*4700*
	130	150	500	93	600	750	600	450	2700	*5300*
13	155	175	500	93	600	750	650	500	3150	*5900*
	180	200	500	93	600	750	700	500	3600	*6500*

Drehstrommotoren, System C. E. L. Brown, für hohe Spannungen der A.-G. Brown, Boveri & Ko., Baden (Schweiz).

Größe Nr.	Leistung in PS bei 40~ (4800 Polw.) pro Minute	Leistung in PS bei 50~ (6000 Polw.) pro Minute	Spannung zwischen 2 Leitungen b.z. Volt	Nutzeffekt bei Vollbelast. ca. %	Umdrehungen pro Minute bei 40~ (4800 Polw.) pro Minute	Umdrehungen pro Minute bei 50~ (6000 Polw.) pro Minute	Riemenscheiben- Durchmesser	Riemenscheiben- Breite	Gewicht netto ca. kg	Preis des Motors ℳ
8	16	20	1000	83	600	750	320	220	660	*2050*
	20	25	1000	84	600	750	320	250	750	*2250*
9	25	30	1000	85	600	750	350	250	900	*2500*
	30	35	1000	86	600	750	350	280	1000	*2700*
10	35	40	1000	87	600	750	400	310	1200	*3080*
	40	50	1000	88	600	750	450	310	1300	*3250*
	50	60	1000	89	600	750	450	350	1450	*3500*
11	65	75	1000	89	600	750	500	350	1750	*4000*
	80	90	1000	90	600	750	500	400	2000	*4400*
12	95	110	1000	90	600	750	600	400	2350	*4950*
	110	130	1000	91	600	750	600	450	2700	*5300*
13	130	150	1000	91	600	750	650	500	3150	*6200*
	150	170	1000	91	600	750	700	500	3600	*6850*
9	20	25	2000	82	600	750	350	250	900	*2650*
	25	30	2000	83	600	750	350	280	1000	*2900*
10	30	35	2000	84	600	750	400	310	1200	*3250*
	35	40	2000	85	600	750	450	310	1300	*3800*
	40	50	2000	86	600	750	450	350	1450	*3700*
11	50	60	3000	87	600	750	500	350	1750	*4200*
	65	75	3000	88	600	750	500	400	2000	*4600*
12	80	90	5000	88	600	750	600	400	2350	*5200*
	95	110	5000	89	600	750	600	450	2700	*5750*
13	110	130	5000	89	600	750	650	500	3150	*6500*
	130	150	5000	90	600	750	700	500	3600	*7100*

Drehstrommotoren mit selbsttätiger Kurzschlufsvorrichtung der Maschinenfabrik Efslingen.

Modell A	Leistung in PS	Umdrehung pro Minute	Spannung Volt	Preis ℳ
$4^{43}/_{85}$	2	1430	120	*500*
			210	*500*
$4^{50}/_{85}$	3	1440	120	*580*
			210	*580*
			500	*630*
$4^{58}/_{85}$	5	1440	120	*785*
			210	*785*
			500	*860*
$4^{73}/_{85}$	7,5	1440	120	*860*
			210	*860*
			500	*920*

Modell A	Leistung in PS	Umdrehung pro Minute	Spannung Volt	Preise ℳ
$4^{80}/_{85}$	10	1440	120	*1060*
			210	*1060*
			500	*1120*
$6^{34}/_{85}$	2	920	120	*610*
			210	*610*
$6^{39}/_{85}$	4	920	120	*810*
			210	*810*
$6^{49}/_{85}$	5	940	120	*860*
			210	*860*
			500	*920*

Modell A	Leistung in PS	Umdrehung pro Minute	Spannung Volt	Preis ℳ
$6^{57}/_{85}$	7,5	950	120	*1080*
			210	*1080*
			500	*1120*
$6^{65}/_{85}$	10	960	120	*1300*
			210	*1300*
			500	*1380*
$6^{72}/_{95}$	15	960	120	*1650*
			210	*1650*
			500	*1720*
$6^{77}/_{95}$	20	960	120	*1900*
			210	*1900*
			500	*1980*
$6^{82}/_{100}$	25	960	120	*2100*
	25		210	*2100*
	25		500	*2170*
	22		1000	*2240*
$8^{80}/_{120}$	30	725	120	*2850*
	30		210	*2850*
	30		500	*2930*
$8^{80}/_{120}$	25	725	1000	*3050*
	25		2000	*3150*
	25		3000	*3200*
$8^{80}/_{150}$	45	730	120	*3400*
	45		210	*3400*
	45		500	*3450*
	40		1000	*3550*
	40		3000	*3600*
$8^{84}/_{150}$	60	730	120	*4050*
	60		210	*4050*
	60		500	*4100*
	50		3000	*4350*
	50		5000	*4550*
$10^{75}/_{260}$	75	575	120	*5600*
	75		210	*5600*
	75		500	*5700*
	75		1000	*6000*
	65		2000	*6050*
	65		3000	*6150*
	65		5000	*6250*

Drehstrommotoren mit Schleifringen der Maschinenfabrik Efslingen.

Modell AS	Leistung in PS dauernd	Leistung in PS intermitt.	Umdr. pro Min. bei Vollast u. 50 Perioden	Spannung Volt	Stromstärke ca. Ampere	Wattverbrauch ca.	cos φ ca.	Riemenscheiben Drch.-mess. mm	Riemenscheiben Breite mm	Gewicht des Motors ca. kg	Preis ℳ
$6^{49}/_{85}$	5	7,5	940	120	24,5	4 450	0,88	190	110	245	*800*
				210	14,0	4 450					*800*
				500	6	4 450					*860*
$6^{57}/_{85}$	7,5	11	950	120	36	6 500	0,88	240	140	300	*1000*
				210	20,4	6 500					*1000*
				500	9	6 500					*1060*
$6^{65}/_{85}$	10	15	960	120	46,5	8 650	0,9	270	150	380	*1225*
				210	26,5	8 650					*1225*
				500	12	8 650					*1285*
$6^{72}/_{95}$	15	22,5	960	120	69	12 800	0,9	275	170	470	*1570*
				210	39,4	12 800					*1570*
				500	17	12 800					*1640*
$6^{77}/_{95}$	20	30	960	120	91	17 000	0,9	280	190	620	*1800*
				210	52	17 000					*1800*
				500	22	17 000					*1870*
$6^{82}/_{100}$	25	37,5	960	120	114	21 200	0,9	308	190	700	*2000*
	25	37,5		210	65	21 200					*2000*
	25	37,5		500	28	21 200					*2070*
	22	33		1000	12,5	19 000					*2140*

Modell AS	Leistung in PS dauernd	Leistung in PS intermitt.	Umdr. pro Min. bei Vollast u. 50 Perioden	Spannung Volt	Stromstärke ca. Ampere	Wattverbrauch ca.	cos φ ca.	Riemenscheiben Dreh.-mess. mm	Riemenscheiben Breite mm	Gewicht des Motors ca. kg	Preis ℳ
$8^{80}/_{120}$	30	45	725	120	135	25 000	0,9	350	200	1000	2700
	30	45		210	77	25 000					2700
	30	45		500	33	25 000					2770
	25	35		1000	13,5	20 900					2890
	25	35		2000	6,5	20 900					2950
	25	35		3000	4,5	20 900					3000
$8^{80}/_{150}$	45	60	730	120	200	37 200	0,9	400	250	1200	3250
	45	60		210	114	37 200					3250
	45	60		500	48	37 200					3300
	40	60		1000	22	33 200					3350
	40	60		3000	7,5	33 200					3400
$8^{84}/_{150}$	60		730	120	262	49 000	0,9	480	280	1600	3900
	60			210	150	49 000					3900
	60			500	64	49 000					3950
	50			3000	8,8	41 000					4100
	50			5000	5,3	41 000					4300
$10^{75}/_{260}$	75		575	120	329	61 300	0,9	600	350	2200	5300
	75			210	190	61 300					5300
	75			500	80	61 300					5400
	75			1000	40	61 300					5600
	65			2000	17,5	54 000					5650
	65			3000	11,7	54 000					5700
	65			5000	7	54 000					5800
$12^{83}/_{260}$	100		492	120	428	80 000	0,9	700	400	3500	7000
	100			210	245	80 000					7000
	100			500	103	80 000					7200
	90			3000	15,7	73 000					7500
	80			5000	8,5	65 000					7650
$12^{83}/_{300}$	120		490	120	520	97 000	0,9	740	450	4100	7800
	120			210	297	97 000					7800
	120			500	125	97 000					7900
	110			3000	19	89 000					8300
	100			5000	10,5	81 000					8450
$12^{83}/_{350}$	150		490	120	645	120 000	0,9	850	500	4800	8500
	150			210	367	120 000					8500
	140			500	145	112 000					8600
	140			1000	73	112 000					8900
	130			3000	22,5	105 000					9000
	130			5000	13,5	105 000					9200
$14^{88}/_{290}$	210		420	120	900	167 000	0,9	1000	600	5900	auf Anfrage
	210			210	510	167 000					
	200			500	206	160 000					
	200			1000	103	160 000					
	180			3000	31	144 000					
	180			5000	18,5	144 000					

Drehstrommotoren, Typen DM und DMS, ohne und mit Schleifringen,

Klemmen-spannung	Dauerbetrieb			Intermittierender Betrieb			Umdr. pro Min.	
	Leistung	Energie-verbrauch	Stromstärke in jeder Leitung	Leistung	Energie-verbrauch	Stromstärke in jeder Leitung	bei Leerlauf	bei Vollauf
Volt	eff. PS	ca. KW.	ca. Amp.	eff. PS	ca. KW	ca. Amp.	ca.	ca.
110	1/3	0,42	3,5	1/2	0,64	5,2	1500	1380
220			1,7			2,6		
110	3/4	0,81	5,7	1	1,1	7,6	1500	1380
220			2,9			3,8		
110	1,5	1,5	9,7	2	2,0	13	1500	1400
220			4,9			6,5		
110	2,5	2,4	15	3,5	3,4	21	1500	1425
220			7,5			10,5		
110	2	2,0	13,5	3	2,9	20	1000	950
220			6,8			10		
110			25			36		
220	4,5	4,1	12,5	6,5	5,9	18	1500	1430
500			5,5			7,9		
110			21,5			31		
220	3,5	3,3	10,8	5	4,7	15,5	1000	955
500			4,8			6,8		
110			34			50		
220	6,5	5,7	17	9,5	8,4	25	1500	1430
500			7,5			11		
110			28			42		
200	5	4,5	14	7,5	6,7	21	1000	955
500			6,2			9,2		
110			44			64		
220	9	7,7	22	13	11,2	32	1500	1440
500			9,7			14		
1000			4,9			7		
110			39			57		
220	7,5	6,6	18,5	11	9,6	28,5	1000	955
500			8,6			12,6		
1000			4,3			6,3		
110			64			95		
220	12	11,1	32	19	16,2	48	1500	1440
500			14			21		
1000			7			10,5		
110			49			70		
220	13	7,8	24,5	13	11,3	35	1000	960
500			10,8			15,4		
1000			5,4			7,7		
110			43			63		
220	7,5	6,7	21,5	11	9,8	32	750	720
500			9,5			13,9		
1000			4,8			7		
110			88			127		
220	18	15,3	44	26	22	64	1500	1440
500			19,4			28		

50 Perioden, der El.-A.-G. vorm. W. Lahmeyer & Ko., Frankfurt a. M.

Riemenscheibe		Riemen-geschwindigkeit pro Sekunde	Gewicht		Preis	
Durchmesser	Breite		DM unverpackt	DMS unverpackt	Modell MD ohne Schleifringe	Modell DMS mit Schleifringen
mm	mm	m	ca. kg	ca. kg	*M*	*M*
100	60	7,8	25	—	*330*	—
					330	—
120	70	9,4	30	—	*370*	—
					370	—
140	80	11	65	—	*410*	—
					410	—
160	90	12,6	90	95	*480*	*565*
					480	*565*
160	90	8,4	90	95	*480*	*565*
					480	*565*
190	100	14,9	120	130	*590*	*680*
					590	*680*
					610	*710*
190	100	9,9	120	130	*590*	*680*
					590	*680*
					610	*710*
220	120	17,3	150	160	*690*	*785*
					690	*785*
					720	*820*
220	120	11,5	150	160	*690*	*785*
					690	*785*
					720	*820*
250	140	19,6	215	230	*800*	*900*
					800	*900*
					840	*935*
					880	*980*
250	140	13,1	215	230	*800*	*900*
					800	*900*
					840	*935*
					880	*980*
280	160	22	235	250	*920*	*1020*
					920	*1020*
					955	*1050*
					1000	*1100*
280	160	14,6	235	250	*920*	*1020*
					920	*1020*
					955	*1050*
					1000	*1100*
280	160	11	235	250	*920*	*1020*
					920	*1020*
					955	*1050*
					1000	*1100*
310	170	24,3	310	325	*1050*	*1160*
					1050	*1160*
					1100	*1200*

Drehstrommotoren, Type DM und DMS, ohne und mit Schleifringen,

Klemmenspannung	Dauerbetrieb			Intermittierender Betrieb			Umdr. pro Min.	
	Leistung	Energieverbrauch	Stromstärke in jeder Leitung	Leistung	Energieverbrauch	Stromstärke in jeder Leitung	bei Leerlauf	bei Vollauf
Volt	eff. PS	ca. KW	ca. Amp.	eff. PS	ca KW	ca. Amp.	ca.	ca.
1000	18	15,3	9,7	26	22	14	1500	1440
110			67			98		
220	13	11,2	33,5	19	16,3	49	1000	960
500			14,7			21,5		
1000			7,4			10,8		
110			61			88		
220	11	9,7	30,5	16	14	44	750	720
500			13,4			19,4		
1000			6,7			9,7		
110			133			190		
220	28	23,5	67	40	33,5	95	1500	1450
500			29,5			42		
1000			14,8			21		
110			100			150		
220	20	17	50	30	25,5	75	1000	965
500			22			33		
1000			11			16,5		
110			90			132		
220	17	14,7	45	25	21,5	66	750	725
500			20			29		
1000			10			14,5		
110			120			170		
220	25	21	60	35	29,5	85	1000	965
500			26,5			38		
1000			13,3			19		
110			113			164		
220	22	18,7	57	32	27	82	750	725
500			25			36		
1000			12,5			18		
110			180			260		
220			90			130		
500	36	30	40	52	43	57	1000	970
1000			20			29		
2000			10			14,5		
110			154			225		
220			77			113		
500	30	25	34	44	36,5	50	750	730
1000			17			25		
2000			8,5			12,5		
110			128			180		
220			64			90		
500	25	20,8	28,5	35	29	40	600	585
1000			14,3			20		
2000			7,2			10		

500 Perioden, der El.-A.-G. vorm. W. Lahmeyer & Ko., Frankfurt a. M.

Riemenscheibe		Riemengeschwindigkeit pro Sekunde	Gewicht		Preise	
Durchmesser	Breite		DM unverpackt	DMS unverpackt	Modell DM ohne Schleifringe	Modell DMS mit Schleifringen
mm	mm	m	ca. kg	ca. kg	*M*	*M*
310	170	24,3	310	325	*1165*	*1270*
					1050	*1160*
310	170	16,2	310	325	*1050*	*1160*
					1100	*1200*
					1165	*1270*
					1050	*1160*
310	170	12,2	310	325	*1050*	*1160*
					1100	*1200*
					1165	*1270*
					1300	*1425*
340	180	26,7	390	405	*1300*	*1425*
					1340	*1485*
					1400	*1535*
					1300	*1425*
340	180	17,8	390	405	*1300*	*1425*
					1340	*1485*
					1400	*1535*
					1300	*1425*
340	180	13,4	390	405	*1300*	*1425*
					1340	*1485*
					1400	*1535*
					1460	*1600*
380	190	19,9	500	520	*1460*	*1600*
					1500	*1650*
					1575	*1720*
					1460	*1600*
380	190	14,9	500	520	*1460*	*1600*
					1500	*1650*
					1575	*1720*
					1800	*1950*
					1800	*1950*
400	210	21	575	600	*1850*	*2000*
					1940	*2100*
					2035	*2200*
					1800	*1950*
					1800	*1950*
400	210	15,7	575	600	*1850*	*2000*
					1940	*2100*
					2035	*2200*
					1800	*1950*
					1800	*1950*
400	210	12,7	575	600	*1850*	*2000*
					1940	*2100*
					2035	*2200*

Drehstrommotoren der Maschinenfabrik Oerlikon (Schweiz) für 40 und 50 Perioden.

Type	Leistung PS	Absorbierte KW	Spannung Volt	Stromstärke in jed. Phase bei Vollast in Ampere	Zahl der Umdrehungen in der Minute bei 40 Period.	50 Period.	Scheinbarer Wirkungsgrad in % bei Vollast	Halblast	Wirklicher Wirkungsgrad in % bei Vollast	Halblast	Gewicht des Motors 2 Lager kg	3 Lager kg	Preis des Motors 2 Lager ℳ	3 Lager ℳ
0361	35	29,5	190	101			77	70	87	83			2650	—
			380	50,5										
	35	30	1750	11	790	980					950	—	2760	—
3061	25	21,5	3400	4,2			74	65	85	73			2880	—
			5000	2,9									3060	—
0362	50	42	190	143			78	73	88	84			3360	—
			380	72,5										
	50	42	1750	16	790	980					1220	—	3520	—
3062	35	30,2	3400	5,9			74	65	85	78			3640	—
			5000	4,0									3760	—
0363	65	53,8	190	190			80	73	89	85			3880	—
			380	95										
	65	54	1750	20,6	590	735					1470	—	4080	—
3063	50	42,4	3400	8			78	70	87	80			4280	—
			5000	5,5									4480	—
0364	80	65,4	190	233			80	75	90	85			4560	—
			380	112,5										
	80	65	1750	24,2	590	735					1950	—	4800	—
3064	60	50	3400	9,5			78	70	88	82			5040	—
			5000	6,5									5280	—
0365	100	82	190	280			80	75	90	85			5760	—
			380	140										
	100	82	1750	30,5	590	735					2400	—	6050	—
3065	75	62	3400	11,8			79	70	89	82			6320	—
			5000	8,1									6600	—
0852	120	95	190	334			80	75	90	86			6000	—
			380	167										
	120	95	1750	35	470	590					2800	—	6300	—
8052	100	83	3400	15,7			80	75	89	83			6580	—
			5000	10,8									6860	—
0366	150	122	190	406			82	75	90	86			6880	—
			380	203										
			1750	44,5	470	588					3000	—	7200	—
3066	125	104	3400	19,5			80	75	89	83			7480	—
			5000	12,6									7760	—
0367	180	144	380	248	395	490	81	75	92	87	4500	4900	8000	8650
	180	144	1750	54									8400	9100
3067	160	129	3400	24,3			81	75	91	85	4500	4900	8750	9400
			5000	16,6									9250	9750
0368	240	192	380	326	395	490	82	75	92	88	4800	5500	9600	10300
	240	192	1750	71									10060	10800
3068	200	159	3400	30,4			82	75	92	85	4800	5500	10480	11200
			5000	20,8									10880	11600

Type	Leistung PS	Absorbierte KW	Spannung Volt	Stromstärke in jed. Phase bei Vollast in Ampere	Zahl der Umdrehungen in der Minute bei 40 Period.	50 Period.	Scheinbarer Wirkungsgrad in % bei Vollast	Halblast	Wirklicher Wirkungsgrad in % bei Vollast	Halblast	Gewicht des Motors 2 Lager kg	3 Lager kg	Preis des Motors 2 Lager ℳ	3 Lager ℳ
0369	280	224	380	380	340	425	82	75	92	86	7000	8000	*12300*	*13700*
	280	225	1750	82,5									*12880*	*14280*
3069	250	200	3400	38			82	75	92	87	7000	8000	*13360*	*14760*
			5000	26									*13840*	*15650*
0370	350	276	380	474	340	425	82	75	93	89	8000	9250	*14800*	*16500*
	350	275	1750	103									*15500*	*17250*
3070	300	237	3400	45,5			82	75	93	89	8000	9250	*16100*	*17900*
			5000	31,2									*16800*	*18500*
0371	380	300	380	500	295	370	84	76	93	89	8500	9300	*16900*	*18400*
	380	300	1750	108									*17770*	*19200*
3071	350	276	3400	52			84	76	93	89	8500	9300	*18480*	*19900*
			5000	35,6									*19200*	*20600*
0372	500	390	380	660	295	370	84	76	94	90	12800	14300	*20800*	*22200*
	500	390	1750	144									*21760*	*22960*
3072	450	350	3400	66,5			84	76	94	90	12800	14300	*22560*	*23760*
			5000	45,6									*23360*	*24560*

Drehstrommotoren, Type DM, der Berliner Maschinenbau-A.-G. vormals L. Schwartzkopff.

Modell	Leistung PS	Umlaufszahl pro Minute ca.	Volt	Ampere pro Phase ca.	Energieverbrauch ca. KW	Wirkungsgrad % ca.	cos φ ca.	Riemenscheiben- Durchmesser mm	Breite mm	Gewicht des Motors ca. kg	Preis ℳ
Motoren mit Kurzschlußanker.											
DM_0	1/4	1425	110 190	1,72 1,0	0,255	72	0,78	100	40	30	*180*
DM_1	1/2	1425	110 190	3,1 1,8	0,49	75	0,83	100	40	35	*220*
DM_2	1	1425	110 190 300	5,85 3,4 2,15	0,95	78	0,85	110	50	50	*290*
DM_3	1,5	1425	110 190 300	8,4 4,85 3,1	1,37	81	0,86	120	60	72	*350*
DM_4	3	1425	110 190 300 500	16 9,3 5,9 3,5	2,66	83	0,87	135	70	115	*500*
DM_5	5	1430	110 190 300 500	26,5 15,4 9,7 5,85	4,40	84	0,87	150	80	200	*700*

Modell	Leistung PS	Umlaufszahl pro Minute ca.	Volt	Ampere pro Phase ca.	Energieverbrauch ca. KW	Wirkungsgrad % ca.	cos φ ca.	Riemenscheiben- Durchmesser mm	Riemenscheiben- Breite mm	Gewicht des Motors ca. kg	Preis ℳ
Motoren mit Schleifringen.											
DM_6	7	1430	110 190 300 500	36 20,9 13,2 8,0	6,05	85	0,88	160	90	235	*1000*
DM_7	10	1440	110 190 300 500	51,5 29,6 18,8 11,3	8,6	86	0,88	175	100	330	*1200*
DM_8	14	960	110 190 300 500	70 40,5 25,7 15,5	11,9	87	0,89	275	120	575	*1660*
	12,5	960	1000	6,9	10,6						*1800*
DM_9	20	960	110 190 300 500	99 57,5 36,3 21,8	16,8	88	0,89	300	130	650	*2000*
	18	960	1000	9,8	15,1						*2150*
DM_{10}	25	720	110 190 300 500	121 70 44,3 26,6	20,7	89	0,9	425	150	950	*2700*
	22	720	1000	11,7	18,2						*2900*
DM_{11}	30	720	110 190 300 500	143 83 52,5 31,5	24,5	90	0,9	450	175	1100	*3000*
	26	720	1000	13,7	21,3						*3250*
DM_{12}	40	720	110 190 300 500	190 110 70 42	32,7	90	0,9	475	200	1450	*3400*
	35	720	1000 2000	18,4 9,2	28,7						*3700*
DM_{13}	50	720	110 190 300 500	239 138 87,5 52,5	41	90	0,9	500	225	1650	*4000*
	44	720	1000 2000 3000	23,1 11,5 7,7	36						*4300*

Modell	Leistung PS	Umlaufszahl pro Minute ca.	Volt	Ampere pro Phase ca.	Energieverbrauch ca. KW	Wirkungsgrad % ca.	cos φ ca.	Riemenscheiben- Durchmesser mm	Riemenscheiben- Breite mm	Gewicht des Motors ca. kg	Preis ℳ
	60	575	110	285	49						5000
			190	165							
			300	105							
			500	63							
DM_{14}			1000	28,3		90	0,9	700	300	2100	
	54	575	2000	14,2	44,2						5400
			3000	9,45							
			4000	7,1							
	70	575	110	330	56,5						5500
			190	191							
			300	121							
			500	72,5							
DM_{15}			1000	32,7		91	0,9	750	325	2400	
	63	575	2000	16,4	51						5950
			3000	10,9							
			4000	8,2							
	90	480	110	425	73						7100
			190	246							
			300	156							
			500	93,5							
DM_{16}			1000	42,6		91	0,9	900	375	3900	
	82	480	2000	21,3	66,5						7700
			3000	14,2							
			4000	10,7							
			5000	8,55							
	110	480	110	520	89						8100
			190	300							
			300	190							
			500	114							
DM_{17}			1000	52		91	0,9	950	400	4300	
	100	480	2000	26	81						8750
			3000	17,3							
			4000	13							
			5000	10,4							
	140	410	110	655	112						10 000
			190	378							
			300	240							
			500	144							
DM_{18}			1000	64		92	0,9	1100	425	5800	
	125	410	2000	32,1	100						10 800
			3000	21,4							
			4000	16,1							
			5000	12,8							

Modell	Leistung PS	Umlaufszahl pro Minute ca.	Volt	Ampere pro Phase ca.	Energieverbrauch ca. KW	Wirkungsgrad % ca.	cos φ ca.	Riemenscheiben- Durchmesser mm	Riemenscheiben- Breite mm	Gewicht des Motors ca. kg	Preis M
DM_{19}	165	410	110	770	132	92	0,9	1200	450	6200	*11 200*
			190	445							
			300	282							
			500	170							
	150	410	1000	77	120						*12 100*
			2000	38,5							
			3000	25,7							
			4000	19,3							
			5000	15,4							

Drehstrommotoren, Modell hMD, für intermittierenden Betrieb der Siemens-Schuckertwerke.

Modell	Leistung PS	Drehmoment mkg	Touren pro Minute ca.	Motor ohne Riemenscheibe bei 115 bis 125 oder 200 bis 220 Volt Preis M	bei 500 Volt Preis M	bei anderen Spannungen bis höchstens Volt	Preis M
Drehstrommotoren, Modell hMD, mit Kurzschlußanker für 1500 Touren							
hMD 5,5 k—1500	0,75	0,39	1370	*162*	—	220	*172*
hMD 21 k—1500	1,25	0,65	1380	*210*	—	220	*225*
hMD 41 k—1500	2	1,04	1380	*235*	*275*	500	*275*
für 1000 Touren							
hMD 40 k—1000	0,75	0,58	920	*190*	*240*	500	*240*
hMD 70 k—1000	1,25	0,97	925	*295*	*340*	500	*340*
hMD 71 k—1000	2	1,54	930	*340*	*385*	500	*385*
Drehstrommotoren, Modell hMD, mit Schleifringen für 1500 Touren							
hMD 21—1500	1,25	0,65	1380	*330*	—	220	*355*
hMD 41—1500	2	1,04	1380	*370*	*405*	500	*405*
hMD 61—1500	3	1,55	1380	*410*	*440*	500	*440*
hMD 71—1500	4	2,05	1400	*460*	*505*	500	*505*
hMD 111—1500	6	3,03	1420	*555*	*600*	500	*600*
hMD 131—1500	9	4,55	1420	*725*	*770*	500	*770*
hMD 150—1500	12	6,0	1430	*915*	*975*	500	*975*
hMD 160—1500	16	8,0	1430	*1030*	*1070*	500	*1070*
hMD 170—1500	20	10,0	1440	*1150*	*1200*	500	*1200*
hMD 180—1500	25	12,5	1440	*1280*	*1340*	500	*1340*

Modell	Leistung PS	Drehmoment mkg	Touren pro Minute ca.	Motor ohne Riemenscheibe: bei 115 bis 125 oder 200 bis 220 Volt Preis M	bei 500 Volt Preis M	bei anderen Spannungen bis höchstens Volt	Preis M
			für 1000 Touren				
hMD 70—1000	1,25	0,97	925	*405*	*445*	500	*445*
hMD 71—1000	2	1,54	930	*455*	*485*	500	*485*
hMD 111—1000	3	2,3	940	*535*	*575*	500	*575*
hMD 131—1000	5	3,8	945	*685*	*745*	500	*745*
hMD 132—1000	6	4,55	945	*755*	*815*	500	*815*
hMD 150—1000	7	5,3	945	*875*	*935*	500	*935*
hMD 160—1000	9	6,8	950	*960*	*1020*	500	*1020*
hMD 170—1000	12	9	950	*1040*	*1080*	500	*1080*
hMD 180—1000	17	12,8	955	*1200*	*1260*	500	*1260*
hMD 190—1000	23	17,3	955	*1345*	*1395*	500	*1395*
hMD 200—1000	28	21	960	*1485*	*1545*	500	*1545*
hMD 210—1000	35	26	960	*1610*	*1680*	1000	*1720*
			für 750 Touren				
hMD 180—750	12	12	705	*1380*	*1440*	500	*1440*
hMD 190—750	15	15	710	*1555*	*1595*	500	*1595*
hMD 200—750	20	20	715	*1715*	*1765*	500	*1765*
hMD 210—750	25	25	715	*1910*	*1990*	500	*1990*
hMD 220—750	30	30	715	*2100*	*2170*	1000	*2250*
hMD 230—750	45	44,5	720	*2445*	*2595*	1000	*2695*
hMD 240—750	60	59,5	720	*2730*	*2880*	2000	*2990*
hMD 260/20—750	75	74	725	*3380*	*3460*	2000	*3600*
			für 600 Touren				
hMD 200—600	12	15,2	565	*1715*	*1785*	500	*1785*
hMD 210—600	17	21,5	570	*1860*	*1960*	500	*1960*
hMD 220—600	22	28	570	*2050*	*2130*	1000	*2230*
hMD 230—600	30	37,8	570	*2345*	*2495*	1000	*2595*
hMD 240—600	40	50	575	*2830*	*2980*	2000	*3130*
hMD 260/20—600	55	68,5	575	*3380*	*3460*	2000	*3610*
hMD 260/25—600	65	81	575	*3670*	*3750*	2000	*3870*
hMD 260/30—600	75	93	580	*4020*	*4100*	2000	*4220*

Geschlossene Drehstrommotoren, Modell hPMD, für intermittierenden Betrieb der Siemens-Schuckertwerke.

Geschlossene Drehstrommotoren, Modell hPMD, mit Kurzschlußanker für 1500 Touren

Modell	Leistung PS	Drehmoment mkg	Touren pro Minute ca.	Preis M	bei 500 Volt Preis M	bis höchstens Volt	Preis M
hPMD 5,5 k—1500	0,5	0,25	1380	*182*	—	220	*192*
hPMD 21 k—1500	1	0,5	1400	*230*	—	220	*255*
hPMD 41 k—1500	1,5	0,75	1400	*270*	*310*	500	*310*
			für 1000 Touren				
hPMD 40 k—1000	0,5	0,4	920	*220*	*270*	500	*270*
hPMD 70 k—1000	1	0,8	925	*330*	*375*	500	*375*
hPMD 71 k—1000	1,5	1,2	925	*375*	*420*	500	*420*

Modell	Leistung PS	Drehmoment mkg	Touren pro Minute ca.	Motor ohne Riemenscheibe: bei 115 bis 125 oder 200 bis 220 Volt Preis ℳ	bei 500 Volt Preis ℳ	bei anderen Spannungen bis höchstens Volt	Preis ℳ
Geschlossene Drehstrommotoren, Modell hPMD, mit Schleifringen für 1500 Touren							
hPMD 21—1500	1	0,5	1400	*370*	—	220	*395*
hPMD 41—1500	1,5	0,75	1400	*420*	*455*	500	*455*
hPMD 61—1500	2	1,0	1400	*480*	*510*	500	*510*
hPMD 71—1500	3,5	1,8	1410	*540*	*585*	500	*585*
hPMD 111—1500	5	2,5	1410	*635*	*680*	500	*680*
hPMD 131—1500	7	3,5	1420	*825*	*870*	500	*870*
hPMD 150—1500	10	5	1420	*1045*	*1105*	500	*1105*
hPMD 160—1500	12	6	1430	*1170*	*1210*	500	*1210*
hPMD 170—1500	15	7,5	1440	*1300*	*1350*	500	*1350*
hPMD 180—1500	20	10	1440	*1440*	*1500*	500	*1500*
für 1000 Touren							
hPMD 70—1000	1	0,8	925	*470*	*510*	500	*510*
hPMD 71—1000	1,5	1,2	925	*520*	*550*	500	*550*
hPMD 111—1000	2,5	1,9	930	*615*	*655*	500	*655*
hPMD 131—1000	4	3,1	935	*795*	*855*	500	*855*
hPMD 132—1000	5	3,8	940	*875*	*935*	500	*935*
hPMD 150—1000	6	4,5	950	*995*	*1055*	500	*1055*
hPMD 160—1000	7,5	5,7	650	*1090*	*1150*	500	*1150*
hPMD 170—1000	10	7,5	955	*1180*	*1220*	500	*1220*
hPMD 180—1000	15	11	955	*1350*	*1410*	500	*1410*
hPMD 190—1000	20	15	960	*1505*	*1555*	500	*1555*
hPMD 200—1000	25	18,5	960	*1655*	*1715*	500	*1715*
hPMD 210—1000	30	22,5	960	*1790*	*1860*	1000	*1900*
für 750 Touren							
hPMD 180—750	10	10	705	*1490*	*1550*	500	*1550*
hPMD 190—750	12	12	710	*1670*	*1710*	500	*1710*
hPMD 200—750	15	15	715	*1855*	*1905*	500	*1905*
hPMD 210—750	20	20	715	*2060*	*2140*	500	*2140*
hPMD 220—750	25	25	715	*2260*	*2330*	1000	*2410*
hPMD 230—750	35	35	720	*2615*	*2765*	1000	*2865*
hPMD 240—750	40	40	720	*2910*	*3060*	2000	*3170*
hPMD 260/20—750	50	50	725	*3590*	*3670*	2000	*3810*
für 600 Touren							
hPMD 200—600	10	12,5	565	*1830*	*1900*	500	*1900*
hPMD 210—600	15	19	570	*2000*	*2100*	500	*2100*
hPMD 220—600	20	25	570	*2190*	*2270*	1000	*2370*
hPMD 230—600	25	32	570	*2505*	*2655*	1000	*2755*
hPMD 240—600	35	44	570	*2990*	*3140*	2000	*3290*
hPMD 260/20—600	40	50	570	*3590*	*3670*	2000	*3820*
hPMD 260/25—600	50	63	570	*3890*	*3970*	2000	*4090*
hPMD 260/30—600	60	75	570	*4250*	*4330*	2000	*4450*

Geschlossene Drehstrommotoren für kurzzeitigen und für Dauerbetrieb der Siemens-Schuckertwerke.

Modell	Leistung bei kurzzeitigem Betrieb PS	Leistung bei Dauer-Betrieb PS	Bei voller Leistung ungef. Touren pro Min.	Bei voller Leistung Wirkungsg. ca. %	Bei voller Leistung cos φ	Gewicht netto kg	Gewicht brutto kg	Motor mit Riemenscheibe bei 115 bis 125 oder 200 bis 220 Volt Preis ℳ	Motor mit Riemenscheibe bei 500 Volt ℳ	b. anderen Spannung. bis höchstens Volt	b. anderen Spannung. Preis ℳ
Geschlossene Drehstrommotoren, Model PMD, mit Kurzschlußanker für 1500 Touren											
PMD 21k—1500	1/4	1/4	1380	69	0,75	39	60	*235*	—	220	*260*
PMD 41k—1500	1/2	1/2	1380	70	0,77	61	80	*275*	—	220	*315*
PMD 61k—1500	3/4	3/4	1390	72	0,77	72	95	*375*	—	220	*390*
PMD 71k—1500	1	1	1390	73	0,78	86	115	*450*	*490*	500	*490*
für 1000 Touren											
PMD 70k—1000	1/4	1/4	925	69	0,71	61	80	*335*	—	220	*380*
PMD 71k—1000	1/2	1/2	925	70	0,71	77	100	*380*	—	220	*425*
PMD 111k—1000	2/3	2/3	930	72	0,73	120	150	*470*	*510*	500	*510*
PMD 131k—1000	1	1	940	73	0,75	170	220	*610*	*650*	500	*650*
Geschlossene Drehstrommotoren, Modell PMD, mit Schleifringen für 1500 Touren											
PMD 21—1500	1/4	1/4	1380	69	0,75	45	65	*375*	—	220	*400*
PMD 41—1500	1/2	1/2	1380	70	0,77	65	85	*425*	—	220	*460*
PMD 61—1500	3/4	3/4	1390	72	0,77	77	100	*485*	—	220	*515*
PMD 71—1500	1	1	1390	73	0,78	90	120	*550*	*595*	500	*595*
PMD 111—1500	1,25	1,25	1400	75	0,80	127	160	*650*	*695*	500	*695*
PMD 131—1500	1,75	1,75	1420	77	0,82	175	225	*840*	*885*	500	*885*
PMD 150—1500	2,5	2,5	1430	79	0,84	270	330	*1060*	*1120*	500	*1120*
PMD 160—1500	3,5	3,5	1440	80	0,86	290	350	*1190*	*1230*	500	*1230*
PMD 170—1500	5	5	1450	81	0,87	315	390	*1320*	*1370*	500	*1370*
PMD 180—1500	7,5	7,5	1450	82	0,88	365	450	*1460*	*1520*	500	*1520*
für 1000 Touren											
PMD 70—1000	1/4	1/4	925	69	0,71	65	85	*475*	—	220	*515*
PMD 71—1000	1/2	1/2	925	70	0,71	83	110	*525*	—	220	*555*
PMD 111—1000	2/3	2/3	930	72	0,73	127	160	*630*	*670*	500	*670*
PMD 131—1000	1	1	940	73	0,75	175	225	*810*	*870*	500	*870*
PMD 132—1000	1,25	1,25	950	78	0,80	210	270	*890*	*950*	500	*950*
PMD 150—1000	1,5	1,5	950	76	0,78	270	330	*1010*	*1070*	500	*1070*

Modell	Leistung bei kurzzeitigem Betrieb PS	Leistung bei Dauer-Betrieb PS	Bei voller Leistung ungef. Touren pro Min.	Bei voller Leistung Wirkungsg. ca. %	Bei voller Leistung cos φ	Gewicht netto kg	Gewicht brutto kg	Motor mit Riemenscheibe bei 115 bis 125 oder 200 bis 220 Volt Preis M	Motor mit Riemenscheibe bei 500 Volt M	b. anderen Spannung. bis höchstens Volt	Preis M
Geschlossene Drehstrommotoren, Modell PMD, mit Schleifringen für 1000 Touren											
PMD 160—1000	2	2	950	78	0,80	290	350	*1110*	*1170*	500	*1170*
PMD 170—1000	2,5	2,5	955	79	0,82	340	430	*1200*	*1240*	500	*1240*
PMD 180—1000	3,5	3,5	955	80	0,83	395	490	*1370*	*1430*	500	*1430*
PMD 190—1000	5	5	960	81	0,85	425	520	*1530*	*1580*	500	*1580*
PMD 200—1000	7,5	7,5	960	82	0,86	490	600	*1690*	*1750*	500	*1750*
PMD 210—1000	10	9	965	83	0,87	560	670	*1830*	*1900*	1000	*1940*
PMD 220—1000	12	11	965	84	0,87	635	770	*1980*	*2040*	1000	*2160*
PMD 221—1000	13,5	12	965	84	0,87	705	830	*2110*	*2160*	1000	*2240*
PMD 230—1000	17	15	970	85	0,88	840	1000	*2350*	*2490*	1000	*2590*
PMD 240—1000	23	20	975	86	0,88	1000	1160	*2690*	*2830*	1000	*2980*
für 750 Touren											
PMD 180—750	2,5	2,5	705	77	0,75	395	490	*1510*	*1570*	500	*1570*
PMD 190—750	3,5	3,5	710	79	0,79	425	520	*1695*	*1735*	500	*1735*
PMD 200—750	5	5	715	80	0,80	490	600	*1890*	*1940*	500	*1940*
PMD 210—750	6	6	715	81	0,80	560	670	*2100*	*2180*	500	*2180*
PMD 220—750	8	7,5	715	82	0,81	635	770	*2310*	*2380*	1000	*2460*
PMD 230—750	12,5	11	720	83	0,82	840	1000	*2670*	*2820*	1000	*2920*
PMD 240—750	15	13	725	84	0,83	1000	1160	*2980*	*3130*	2000	*3240*
PMD 260/20—750	18	16	725	84	0,84	1220	1480	*3660*	*3740*	2000	*3880*
PMD 260/25—750	22	20	725	85	0,84	1345	1650	*3970*	*4040*	2000	*4170*
PMD 260/30—750	26	23	725	85	0,84	1470	1780	*4330*	*4430*	2000	*4530*
PMD 280/20—750	30	25	730	86	0,86	1620	2000	*4850*	*4930*	2000	*5000*
PMD 280/25—750	35	30	730	87	0,86	1860	2300	*5270*	*5420*	2000	*5490*
für 600 Touren											
PMD 200—600	3,5	3,5	565	79	0,77	490	600	*1865*	*1935*	500	*1935*
PMD 210—600	5	5	570	80	0,78	560	670	*2040*	*2140*	500	*2140*
PMD 220—600	6	6	570	81	0,79	635	770	*2240*	*2320*	1000	*2420*
PMD 230—600	10	9	570	82	0,80	840	1000	*2560*	*2710*	1000	*2810*
PMD 240—600	13	11	570	83	0,81	1000	1160	*3060*	*3210*	2000	*3360*
PMD 260/20—600	15	13	570	84	0,82	1220	1480	*3660*	*3740*	2000	*3890*
PMD 260/25—600	18	16	570	84	0,82	1345	1650	*3970*	*4050*	2000	*4170*
PMD 260/30—600	21	19	570	85	0,82	1470	1780	*4330*	*4410*	2000	*4530*
PMD 280/20—600	24	21	575	85	0,83	1620	2000	*4940*	*5040*	2000	*5140*
PMD 280/25—600	28	25	575	86	0,83	1860	2300	*5460*	*5560*	2000	*5710*

Drehstrommotoren der Union El.-G., Berlin.

Bezeichnung				Art des Rotors	Bei Vollast			Kraftbedarf in KW bei		Ausgeführt für	Rotor zweiphasig			Form mit Wellenstumpf		Form mit Riem.-Scheibe und Spannschienen	
Type	Polzahl	PS	Umdreh. in der Min. bei Leerlf.		Umdr. in der Minute	cos φ	Wirkungsgrad × cos φ	Leerlauf ca.	Volllast ca.	Maxim.-spanng. Volt	Strom p. Phase Amp.	Spann. p. Phase Volt	Gewicht ca. kg	Gew. netto ca. kg	Preis ℳ	Gew. netto ca. kg	Preis ℳ
JN	4 —	1/8	— 1500	Kurzschluß	1320	0,65	0,35	0,025	0,15	220	—	—	6	15	*112*	15,5	*115*
JN	4 —	1/4	— 1500	Kurzschluß	1350	0,75	0,52	0,033	0,30	220	—	—	7	17,5	*135*	18,5	*140*
JN	4 —	1/2	— 1500	Kurzschluß	1360	0,85	0,58	0,05	0,55	220	—	—	10	25	*160*	26	*166*
JN	4 —	1	— 1500	Kurzschluß	1410	0,90	0,67	0,08	1,0	220	—	—	20	40	*185*	50	*207*
JN	4 —	2	— 1500	Kurzschluß	1410	0,90	0,71	0,13	2,0	500	—	—	25	63	*260*	77	*285*
JN	4 —	4	— 1500	Kurzschluß	1440	0,90	0,75	0,226	3,6	500	—	—	35	90	*320*	109	*350*
JN	4 —	1	— 1500	Schleifring	1330	0,87	0,65	0,08	1,0	220	7	60	25	45	*300*	55	*322*
JN	4 —	2	— 1500	Schleifring	1350	0,89	0,65	0,13	2,0	500	12	73	30	68	*380*	82	*405*
JN	4 —	4	— 1500	Schleifring	1390	0,90	0,72	0,226	3,73	500	70	24	40	93	*470*	112	*500*
JN	4 —	6	— 1500	Schleifring	1420	0,90	0,73	0,288	5,4	500	76	32	50	154	*590*	188	*625*
JN	4 —	9,5	— 1500	Schleifring	1420	0,90	0,76	0,41	8,25	500	76	51	70	190	*780*	230	*825*
JN	6 —	12,5	— 1000	Schleifring	950	0,90	0,77	0,50	11,25	500	84	59	100	290	*1000*	330	*1055*
JN	6 —	18,5	— 1000	Schleifring	950	0,90	0,78	0,67	16,00	500	109	68	150	380	*1200*	423	*1260*
JN	6 —	25	— 1000	Schleifring	960	0,90	0,79	0,81	21,00	1000	95	100	200	475	*1375*	525	*1440*
JN	8 —	37,5	— 750	Schleifring	720	0,90	0,80	1,00	31,00	2000	105	137	250	740	*2450*	808	*2545*
JN	8 —	50	— 750	Schleifring	720	0,90	0,80	1,25	41,00	3000	120	162	320	880	*2850*	983	*2970*

Drehstromsystem. Anwendungsgebiet: Kraft- und Lichtübertragung auf große Entfernungen, Ausnutzung großer, von der Stromverbrauchsstelle entfernt gelegener Wasserkräfte, Stromversorgung von großen Gebieten von einer Kraftzentrale aus, für elektrotechnische Zwecke.

Drehstromtransformatorensystem ist in gleicher Weise wie das Wechselstromtransformatorensystem durchgeführt (siehe daselbst).

Maschinenfabrik Eßlingen in Eßlingen. | Maschinenfabrik Oerlikon, Oerlikon bei Zürich (Schweiz).

Drehstromübertragung für Licht- und Kraftverteilung vorzüglich geeignet wegen der günstigsten Ausnutzung der Generatoren, Motoren und Leitungen.

Dreibundmaschine = Triplexmaschine (siehe **Dampfmaschine**).

Dreieckschaltung (siehe **Verkettete Schaltung**).

Dreifachexpansionsmaschine (siehe **Dampfmaschine**).

Dreifach-Glockenisolatoren aus Porzellan.

Höchste zulässige Spannung		Größter zulässiger Leitungsquerschnitt	Pro 100 Stück	
im Freien Volt	in trockenen Räumen Volt	qmm	Gewicht kg	Preis ℳ
10 000	25 000	120	120	*250*
14 000	30 000	120	185	*345*
18 000	35 000	120	230	*400*
25 000	40 000	120	350	*520*

Gustav Richter, Charlottenburg-Berlin (s. *Inseratanh. S. 11*).

Dreileitermaschinen. Dieselben unterscheiden sich von den gewöhnlichen Gleichstrommaschinen durch einen auf der Welle außerhalb des Lagers sitzenden Schleifring, der zum Anschluß des Mittelleiters des Dreileiternetzes dient. Die Spannungsteilung wird

Dreileitermaschinen der Siemens-Schuckertwerke.

für 2×110 Volt				für 2×110/150 Volt			
Leistung KW	Wirkungsgrad etwa %	Touren pro Minute	Preis ℳ	Leistung KW	Wirkungsgrad etwa %	Touren pro Minute	Preis ℳ
8,5	84	1400	*1 350*	15	86	1200	*2 500*
11	85	1300	*1 650*	20	87	1100	*2 850*
14	86	1200	*2 050*	26	88	1000	*3 400*
18	87	1100	*2 500*	32	89	920	*4 150*
24	88	1000	*2 850*	43	90	850	*5 200*
32	89	950	*3 400*	57	91	800	*6 200*
40	90	890	*4 150*	70	91	740	*6 900*
54	91	840	*5 200*	85	91	660	*8 500*
72	91	770	*6 200*	105	91	590	*11 300*
85	91	710	*6 900*	130	91	530	*14 000*
110	91	650	*8 500*				
135	91	590	*11 300*				
165	91	530	*14 000*				

durch eine auf dem Anker untergebrachte Hilfswickelung bewirkt, so daß besondere zur Spannungsteilung nötige Apparate entfallen können.

Bei normalen Ausführungen kann der Mittelleiter bei jeder Belastung etwa 25 % des höchsten Außenleiterstromes aufnehmen; dabei weichen die Spannungen der beiden Netzhälften im Maximum um etwa 2 % von der halben normalen Außenleiterspannung ab. Größere Belastungen des Mittelleiters kommen im normalen Betrieb nicht vor, da man gegebenenfalls durch geeignete Verteilung der Belastung auf beide Dreileiterhälften den Strom im Mittelleiter stets auf die gewünschte Größe bringen kann. Durch Verwendung einer Dreileitermaschine können die sonst zur Speisung eines Dreileiternetzes nötigen zwei Dynamos oder eine Dynamo und Akkumulatorenbatterie erspart werden.

Maschinenfabrik Oerlikon, Oerlikon bei Zürich (Schweiz).
Siemens-Schuckertwerke, Berlin.

Deutsche Elektr.-Werke zu Aachen, Garbe, Lahmeyer & Ko., Akt.-Ges., Aachen.

für 2 × 250 Volt			
Leistung KW	Wirkungsgrad etwa %	Touren pro Minute	Preis ℳ
20	87	1100	*2 900*
27	88	1000	*3 500*
34	89	920	*4 300*
47	90	850	*5 300*
64	91	800	*6 400*
80	91	740	*6 900*
100	91	660	*7 900*
125	91	590	*10 700*
150	92	530	*12 800*

Dreileitermaschinen der Deutschen Elektrizitätswerke zu Aachen, Garbe, Lahmeyer & Ko., A.-G.

Leistung ca. KW	Stromstärke pro Netzhälfte ca. Amp.	Umdrehungen pro Minute ca.	Kraftbedarf ca. PS	Preis ℳ
		2 × 110 Volt.		
1,7	7,8	1750	3	*529*
2,5	11,5	1660	4,4	*650*
3,2	14,5	1580	5,4	*715*
4	18	1500	6,8	*780*
6	27	1400	9,8	*940*
8	36	1260	13	*1065*
10	46	1200	16	*1250*
12	55	1100	19	*1440*
16	72	980	25	*1980*
22	100	900	34	*2420*
28	125	850	43	*2760*
35	160	800	53	*3100*
44	200	750	66	*3900*
55	250	700	83	*4420*
66	300	650	99	*5050*
82	375	600	124	*5750*

Leistung ca. KW	Stromstärke pro Netzhälfte ca. Amp.	Umdrehungen pro Minute ca.	Kraftbedarf ca. PS	Preis ℳ
		2 × 220 Volt.		
1,7	3,8	1750	3	*520*
2,5	5,7	1660	4,4	*650*
3,2	7,2	1580	5,4	*715*
4	9	1500	6,8	*780*
6	13,5	1400	9,8	*940*
8	18	1260	13	*1065*
10	23	1200	16	*1250*
12	27	1100	19	*1440*
16	36	980	25	*1980*
22	50	920	34	*2420*
28	62	850	43	*2760*
35	80	800	53	*3100*
44	100	750	66	*3900*
55	125	700	83	*4420*
66	150	650	99	*5050*
82	187	600	124	*5750*

Dreileitermaschine von Dobrowolski. Dieselbe besteht im Prinzip aus einem Gleichstromanker mit zwei Bürsten für die Verbindung an den beiden Außenleitern und einer Drosselspule, deren Wickelungsmittelpunkt mit dem Nulleiter verbunden ist. Die beiden Enden der Wickelung dieser Drosselspule sind dauernd mit zwei elektrisch diametral gegenüberliegenden Punkten des Ankers unter Zwischenschaltung von Schleifringen usw. verbunden.

Dreiphasenstrom (siehe **Drehstrom**).

Dritte-Schiene-System für Gleichstrombahnen. Die Züge bestehen entweder aus lauter Motorwagen, welche zusammengekuppelt sind, oder aus einem Motorwagen, welcher die Anhängewagen zieht (Vollbahnen Wannsee, Mailand—Varese, Freiburg—Murten, Wiener Stadtbahn, Hochbahn von Chigago u. m. a.). Stromzuführung erfolgt durch eine isoliert verlegte dritte Schiene, welche mit elektrischen Schienenverbindungen, Dilatationsvorrichtungen, Verankerungen und hölzerner Verschalung (gegen Berühren) ausgerüstet ist. Stromspannung 600—800 Volt. Stromabnahme bei jedem Motorwagen durch auf beiden Seiten angeordnete Kontaktschuhe, welche durch Eigengewicht oder Federkraft auf der dritten Schiene schleifen. Letztere wird immer auf der den Stationshäuschen, der Ausgangsseite in Bahnhöfen, den benachbarten Straßen entgegengesetzten Seite verlegt. An Straßenkreuzungen wird die dritte Schiene unterbrochen, und der Wagen passiert erstere entweder infolge seiner lebendigen Kraft oder unter Strom, in welch letzterem Falle die Entfernung der beiden äußersten Kontaktschuhe so gewählt ist, daß sie größer als die Breite des Straßenüberganges ist, also ein Schuh immer mit der dritten Schiene Kontakt hat. Die Unterbruchstellen sind hier ebenso wie bei den Weichen durch unterirdisch verlegte Kabel verbunden. Als Schienenprofil wird gewöhnlich eine Vignolschiene gewählt. Die Stromrückleitung erfolgt durch die Laufschienen, welche 100—150 m mit ihrer Oberkante unter jener der dritten Schiene liegen. In großen Bahnhöfen mit ausgedehntem Rangierdienst erfolgt aus Sicherheitsgründen die Stromzuführung von einer kurzen Luftleitung mittels Bügelkontakts. Solche Bahnen erstellen Siemens-Schuckertwerke, Maschinenfabrik Oerlikon.

Maschinenfabrik Oerlikon, Oerlikon bei Zürich (Schweiz).

Drosselspule ist eine mit geteiltem Eisenkern versehene Drahtspule von kleinem Widerstand und hoher Selbstinduktion; sie findet bei gewissen Blitzschutzapparaten, bei Bogenlampenanlagen und in der Funkentelegraphie Verwendung. Drosselspulen bieten als Beruhigungswiderstände für Wechselstrom-Bogenlampen den Vorteil,

Amp.	Energieverbrauch in Watt bei		Spannung in Volt bei einer Kohlenlänge von je		
	110	120	200	250	325
	Volt		mm		
4,5	30	43	28	29	30
6	34	47	28	29	30
8	41	53	28	29	30
10	49	62	29	30	31
12	59	72	29	30	31
15	61	81	30	31	32
20	80	100	31	32	33
25	100	120	31	32	33

daß der Energieverbrauch nur einen Bruchteil des Energieverbrauches von gewöhnlichen Drahtwiderständen ausmacht, der Bogenlampenbetrieb also viel ökonomischer ist; doch ist zu bemerken, daß die Drosselspulen eine große Phasenverschiebung zwischen Spannung und Stromstärke hervorbringen. Für alle Fälle, wo dies nicht zulässig ist, sind Bogenlampentransformatoren vorzusehen (siehe **Bogenlampen-Drosselspulen**).

Sekundäre Spannung Volt	Stromstärke Amp.	Wattverbrauch ca.	Preis *M*
55	6	24	*31*
44	8—10	25	*31*
40	12—18	26 - 31	*31—33*
40	20—30	33—43	*34—38*
110	6—12	39—51	*37—44*
110	14—20	77—83	*55—58*
110	25—30	74-82	*55*
120	6—12	46—55	*46*
120	14—20	65—80	*55*

Druckknöpfe. Ein Druckknopf besteht aus einer Grundplatte, die mittels Holzschrauben auf einer hölzernen Grundlage (Holzwand, Dübel) befestigt wird und auf welcher zwei schneckenförmig gebogene Kontaktfedern mit je zwei Schrauben angeordnet sind. Am festen Ende der Federn werden die Leitungsdrähte mit ihren blanken Enden zwischen die Kontaktfedern und den nächsten Schraubenkopf festgeklemmt. Ein auf die Grundplatte aufgeschraubter, ausgehöhlter Deckel bedeckt die Federn und gibt dem auf der oberen Feder ruhenden Druckknopfe die Führung.

Sächs. Serpentinstein-Gesellschaft zu Zöblitz, G. m. b. H., Zöblitz i. Sa. (s. *Inseratanh. S. 19*).

Druckknopfschalter für Inneninstallation. Der Schaltkörper wird von einer festen Gleitbahn geführt und ist durch Spiralfedern mit einem Gleitstück verbunden, welches auf einer Wippe hin und her laufen kann. Letztere wird durch die nach außen hervortretenden Druckknöpfe betätigt. Der gesamte Schaltermechanismus ist in einem Metallrahmen montiert, welcher auch die zur Befestigung der Kontaktfedern erforderlichen Porzellanplatten trägt. Zwischen denselben sitzen auf der Innenseite mit Isoliermaterial ausgekleidete Blechplatten. Soll der Schalter in Mauerwerk eingelassen werden, dann setzt man ihn in besondere gußeiserne Gehäuse ein.

Bergmann-Elektrizitätswerke, Aktiengesellsch. (Abt. J), Berlin N., Hennigsdorferstr. 33. 34. 35 (*s. vordere innere Deckelseite*).

Bezeichnung	Deckelgröße mm	Höhe mm	Preis ℳ
Einpolig. Druckknopfschalter, Deckel Messing, poliert oder vernickelt . .	100 × 60	60	*4.80*
Zweipolig. Druckknopfschalter, Deckel Messing, poliert oder vernickelt . .	100 × 60	60	*6.40*
Druckknopfumschalter, Deckel Messing, poliert oder vernickelt	100 × 60	60	*6.40*

Druckknopfsteuerungen. Das Kennzeichnende der hauptsächlich für elektrisch betriebene Aufzüge verwendeten Druckknopfsteuerungen besteht darin, daß der Aufzug mittels Kontaktknöpfe, welche sowohl innerhalb der Kabine, wie auch außen an den Schachtzugängen angebracht werden können, unter Zuhilfenahme elektromagnetisch betätigter Schaltapparate in Bewegung gesetzt wird, während das Abstellen durch den Aufzugsmechanismus selbsttätig an derjenigen Etage erfolgt, deren Kontaktknopf die Einleitung der Bewegung besorgte, so daß ein Führer für den Fahrstuhl erspart werden kann. Bei der Schuckertschen Druckknopfsteuerung ist innerhalb der Kabine ein Kontaktknopfregister angebracht, welches für jedes Stockwerk nur je einen Kontaktknopf enthält, der sowohl für Auf-, wie auch für Abwärtsfahrt benutzt wird; außerdem enthält das Register noch einen Halteknopf, mittels dessen der Fahrstuhl in jedem Moment zum Stillstand gebracht werden kann. An jedem Schachtzugange befindet sich ein Kontaktknopf, welcher zum Heranholen des Fahrstuhles an diese Tür dient und der mit dem korrespondierenden Knopfe innerhalb der Kabine parallel geschaltet ist. Die zusammengehörigen Kontaktknöpfe stehen mit je einem Relais (Stockwerkrelais) in Verbindung, welches durch den mittels des zugehörigen Kontaktknopfes gegebenen Stromimpuls erregt wird, sodann das gegebene Kommando durch einen Hilfsstromkreis festhält und über die im Fahrschacht angebrachten Stockwerkschalter an einen selbsttätigen Umkehranlasser weitergibt. Diese Stockwerkschalter sind einfache, einpolige Umschalter, welche von der Kabine verstellt werden und mit Hilfe der obengenannten, auf der Grundplatte des selbsttätigen Umkehranlassers montierten Relais die Druckknöpfe so mit dem den Umkehranlasser betätigenden Elektromagnetsysteme verbinden, daß der Fahrstuhl selbsttätig die dem gedrückten Kontaktknopfe augenblicklich entsprechende Fahrrichtung ohne weiteres einschlagen muß. Bei Ankunft in der gewünschten Etage bringt die Kabine den dort angebrachten Stockwerkschalter in die Mittelstellung und unterbricht dadurch den Stromkreis des Elektromagnetsystems des Umkehranlassers, bei welchem infolgedessen durch Federkraft die der Ruhelage entsprechende Schaltung wiederhergestellt wird, wodurch gleichzeitig auch die Stockwerkrelais und der das Bremsgewicht lüftende Bremsmagnet stromlos werden.

Um zu verhindern, daß nach dem Ingangsetzen des Aufzuges die Bewegung durch Drücken eines weiteren Knopfes gestört wird, wird durch den Umkehranlasser, sobald er in Tätigkeit tritt, die Zuleitung zu den Druckknöpfen abgeschaltet; außerdem sind sämtliche Druckknöpfe derart elektrisch voneinander abhängig, daß selbst durch gleichzeitiges Drücken sämtlicher Knöpfe eine Störung der Bewegung nicht eintreten und der Fahrstuhl sich nur nach einem bestimmten Stockwerke in Bewegung setzen kann. Da die Zuleitung des Elektromagnetsystems außer über den in der Kabine angebrachten Haltekontakt auch über die an jeder Tür angebrachten Türkontakte führt, so ist eine Inbetriebnahme des Aufzuges, solange eine Tür offen steht, nicht möglich.

Druckkontakte sind Vorrichtungen zum Öffnen und Schließen eines Stromkreises, bei welchen Kontaktstromschluß durch Druck (Zusammenpressung) zweier Kontaktfedern (aus Neusilber), die in einem isolierenden Gehäuse untergebracht (Druckknöpfe, Kontaktbirnen usw.) und an welche die beiden Leitungsenden angeschlossen sind, hervorgebracht wird.

Druckplatten, galvanoplastische (siehe Klischees).

Druckrohrleitungen für hydro-elektrische Anlagen.

Wassermengen und Druckhöhenverluste in Rohrleitungen.

Q = Liter pro Sekunde. V = Wassergeschwindigkeit in Metern. h = Druckhöhenverlust in Metern auf 100 m Rohrleitungslänge.

V in m	Rohrdurchmesser in mm								Q h in m
	40	50	60	70	80	90	100	125	
0,20	0,251	0,394	0,568	0,768	1,005	1,270	1,570	2,450	Q
	0,249	0,184	0,144	0,118	0,100	0,0865	0,076	0,0585	h
0,25	0,314	0,492	0,708	0,960	1,256	1,590	1,960	3,080	Q
	0,389	0,286	0,226	0,184	0,156	0,135	0,119	0,0915	h
0,30	0,376	0,586	0,847	1,153	1,500	1,910	2,350	3,670	Q
	0,560	0,413	0,325	0,266	0,225	0,195	0,171	0,131	h

V in m	Rohrdurchmesser in mm 40	50	60	70	80	90	100	125	Q/h in m
0,40	0,501	0,785	1,130	1,538	2,010	2,540	3,140	4,900	Q
	0,990	0,735	0,580	0,474	0,400	0,346	0,306	0,234	h
0,50	0,629	0,980	1,410	1,920	2,510	3,170	3,930	6,130	Q
	1,550	1,150	0,904	0,740	0,625	0,542	0,478	0,366	h
0,60	0,753	1,176	1,680	2,310	3,020	3,810	4,710	7,360	Q
	2,240	1,650	1,300	1,070	0,902	0,780	0,685	0,525	h
0,70	0,876	1,370	1,975	2,680	3,510	4,450	5,490	8,600	Q
	3,050	2,250	1,770	1,450	1,220	1,060	0,935	0,715	h
0,80	1,005	1,570	2,250	3,080	4,020	5,100	6,280	9,800	Q
	4,000	2,930	2,320	1,900	1,600	1,390	1,220	0,935	h
0,90	1,125	1,770	2,540	3,450	4,510	5,720	7,080	11,000	Q
	5,050	3,710	2,930	2,400	2,030	1,750	1,540	1,190	h
1,00	2,253	1,960	2,830	3,850	5,020	6,350	7,850	12,250	Q
	6,220	4,600	3,600	2,950	2,500	2,170	1,910	1,460	h

V in m	Rohrdurchmesser in mm 1200	1300	1400	1500	1600	1700	1800	Q/h in m
1,25	1410	1660	1930	2210	2520	2850	3170	Q
	0,203	0,185	0,172	0,16	0,15	0,141	0,133	h
1,50	1685	2000	2310	2650	3020	3410	3820	Q
	0,29	0,267	0,248	0,23	0,216	0,203	0,192	h
1,75	1970	2330	2690	3100	3520	3980	4450	Q
	0,395	0,362	0,338	0,313	0,295	0,275	0,26	h
2,00	2260	2670	3080	3550	4025	4550	5100	Q
	0,515	0,473	0,44	0,408	0,383	0,36	0,34	h
2,25	2550	3000	3460	4000	4530	5110	5710	Q
	0,65	0,6	0,56	0,52	0,485	0,455	0,43	h
2,50	2815	3330	3850	4430	5030	5700	6350	Q
	0,805	0,74	0,69	0,64	0,6	0,56	0,53	h
2,75	3120	3670	4230	4870	5540	6250	7000	Q
	0,975	0,895	0,835	0,775	0,73	0,68	0,645	h
3,00	3370	4000	4620	5300	6040	6810	7630	Q
	1,16	1,07	0,99	0,92	0,865	0,81	0,77	h
3,25	3680	4330	5000	5760	6550	7400	8270	Q
	1,36	1,25	1,16	1,08	1,02	0,95	0,9	h
3,50	3970	4670	5400	6200	7050	7950	8900	Q
	1,58	1,45	1,35	1,25	1,18	1,1	1,04	h

Drucktelegraphen — Telegraphenapparate, welche die telegraphierten Worte in gewöhnlicher Druckschrift wiedergeben.

Dübel. Eisendübel werden entweder eingegipst oder ohne Bindemittel an oder in der Wand befestigt. Sie werden gewöhnlich aus Bandeisen hergestellt und besitzen entweder bereits die den an ihnen zu befestigenden Bestandteilen entsprechende Form oder tragen Isolationskörper (Isolierrollen etc.). Vorzuziehen sind die lösbaren Dübel, weil sie eine leichte Verlegung der Leitungen oder Apparate gestatten. Hierzu gehören die Keilverschraubungen und die Spiraldübel. Bei letzteren wird über das Schraubengewinde ein Draht gewunden und vom Schraubenende in umgekehrter Richtung spiralförmig zurückgeführt und das Ganze in die Mauer eingegipst, so daß eine Mutter gebildet wird (Böddinghausdübel). Statt der Drahtspiralen werden auch umgepreßte Bleibleche verwendet. Die Keilverschraubungen bestehen aus vier zu einem Hohlzylinder um die Schraube gelegten Gußstücken, welche nach Einbringung in das Loch durch die keilförmige Schraubenmutter auseinandergepreßt werden. Bei den Voltohmdübeln wird ein zylindrischer Holzpflock, der oben einen Metallring trägt, durch Eintreiben eines Keiles im Mauerloch gespalten und festgehalten. Stahldübel haben nagelförmige Form, jedoch statt der Spitze eine Scherfläche. Sie werden direkt in die Mauer eingetrieben und besitzen entweder einen plattenförmigen Kopf, welcher mit Löchern zum Befestigen der Isolierstücke versehen ist, oder hakenförmigen Kopf zum Umfassen von Isolierrohren oder Isolierringen (siehe **Innenleitungen**).

Einfache Bleidübel pro 100 Stück, 1,65—6,5 kg, Preis *ℳ 4.50—9.*
Doppelte Bleidübel mit 2 Rollen pro 100 Stück, 11—79 kg, *ℳ 12.50—52.*

Dunkelschalter. Dieselben enthalten in ihrem Innern einen Vorschaltwiderstand, welcher der Glühlampe vorgeschaltet wird, wodurch die der Lampe zugeführte Energie und damit ihre Leuchtkraft vermindert wird.

Duplexbetrieb ist ein Telegraphenbetrieb, bei welchem in entgegengesetzter Richtung mehrfach gesprochen werden kann (Gegensprecher).

Duplexwagen haben die Aufgabe, dasselbe Rollmaterial sowohl für den Sommer-, wie für den Winterverkehr zu verwenden. Die eigenartige Konstruktion dieser Wagen besteht darin, daß ihr Gerippe aus einer Anzahl gebogener Pfosten gebildet wird, welche an dem Wagenboden befestigt sind und ein doppeltes Dach mit der Ventilationslaterne tragen. Die obere Hälfte dieser Pfosten sowie das Dach sind zu einem Kreisbogen gekrümmt, dessen Radius gleich der halben Wagenbreite ist und in welchem seitlich der ganzen Länge noch Nuten eingefraist sind. In diesen Nuten lassen sich die Fenster sowie auch die unter denselben befindlichen Jalousien einzeln oder im Zusammenhang nach oben in das Innere des Daches schieben, wodurch der Wagen teilweise oder ganz geöffnet werden kann. Die Wagen werden mit offenen und geschlossenen Plattformen gebaut. Die Bänke sind als Quersitze ausgebildet, zwischen denen ein Gang freibleibt, da der Eingang bei geschlossenen Seitenwänden von den Plattformen aus erfolgen muß. Im geöffneten Zustande kann auch von den Seiten eingestiegen werden, zu welchem Zwecke an jeder Längsseite ein Trittbrett vorgesehen ist, welches bei geschlossenem Wagen aufgeklappt wird. Die Bänke sowie die Rücklehnen derselben bestehen aus Rohrgeflecht auf Eisenrahmen und können bei Wechsel der Fahrrichtung umgeklappt werden, wobei sich stets der Sitz entsprechend nach vorne verschiebt. Duplexwagen mit mehr als fünf Sitzbankreihen werden auf Drehgestellen, die kleineren dagegen auf zweiachsigen Untergestellen montiert.

Durchführungsstücke sind aus Porzellan oder anderem feuersicheren Material hergestellte Tüllen, welche in die Maueröffnung eingezogen werden und zur Aufnahme der in das oder aus dem Gebäude tretenden Leitungen dienen.

Durchhang von blanken Weichkupferdrähten.

Querschnitt qmm	Durchhang bei einer Spannweite von					
	25 m	30 m	35 m	40 m	45 m	50 m
6	0,480	0,690	0,940	1,230	1,560	1,920
10	0,410	0,590	0,810	1,050	1,330	1,640
16	0,366	0,528	0,720	0,937	1,190	1,460
25	0,342	0,450	0,612	0,800	1,014	1,250
35	0,318	0,457	0,624	0,815	1,012	1,270
50	0,308	0,445	0,604	0,790	1,010	1,230
70	0,290	0,418	0,566	0,742	0,940	1,160
95	0,278	0,396	0,540	0,705	0,904	1,100

Durchlässigkeit, magnetische, eines Stoffes ist das Verhältnis der Kraftlinienzahl auf die Flächeneinheit in dem Stoffe zur Kraftlinienzahl auf die Flächeneinheit in Luft (siehe **Permeabilität**).

Durchleuchtschirme finden Verwendung in der Röntgenphotographie. Als Größe der Bariumplatincyanürschirme empfiehlt sich mindestens 24×30, besser 30×40 oder 40×50 cm. Um einen kleineren, leichter handlichen Schirm zur Verfügung zu haben und gleichzeitig auch im unverdunkelten Zimmer durchleuchten und die Röhre kontrollieren zu können, ist die Beschaffung eines Fluoroskops mit herausnehmbarem Schirm 13×18 oder 18×24 cm sehr vorteilhaft. Preis von Durchleuchtschirmen in obigen drei Größen: *M 54, 82, 100,* von Fluoroskopen in obiger Größe *M 32, 48.*

Durchschlagsfestigkeit von Isolatoren (Widerstandsfähigkeit gegen quer durch das Material gehende Entladungen) hängt bei Porzellanisolatoren ab von der Zusammensetzung der Masse, von der technischen Behandlung des Isolators während des Brennens, von der Art der Glasierung und der Anzahl ihrer Schichten.

Dynamo (siehe **Generator**).

Dynamoblech. Stärke 0,5 mm. Spez. Gewicht 7,7. Preis pro 100 kg *M 30—45.*

Dynamobürsten werden als Kohlenbürsten und Metallbürsten ausgeführt (siehe daselbst).

Chemisch reiner Kupferdraht	160er Baumwolle				100er Baumwolle				60er Baumwolle				30er Baumwolle		
	einfach umsp.	doppelt umsp.	dreif. umsp.	einmal umsp. u. einm. umfl.	einfach umsp.	doppelt umsp.	dreif. umsp.	einmal umsp. u. einm. umfl.	einf. umsp.	dopp. umsp.	dreif. umsp.	einmal umsp. u. einmal umfl.	einf. umsp.	dopp. umsp.	dreif. umsp.
Durchm.-Zunahme durch d. Umspinnung	0,10 mm	0,20 mm	0,30 mm	0,60 mm	0,13 mm	0,26 mm	0,39 mm	0,63 mm	0,17 mm	0,34 mm	0,51 mm	0,67 mm	0,25 mm	0,50 mm	0,75 mm
Kupferdurchmesser mm															
0,20	4,90	6,15	—	—	3,95	4,60	—	—	—	—	—	—	—	—	—
0,25	4,10	4,95	—	—	3,45	4,—	—	—	3,20	3,90	—	—	—	—	—
0,30	3,65	4,40	—	—	3,15	3,60	—	—	2,90	3,30	—	—	—	—	—
0,35	3,30	3,90	—	—	2,90	3,35	—	—	2,70	3,—	—	—	—	—	—
0,40	2,95	3,50	—	—	2,65	2,95	—	—	2,50	2,70	—	—	—	—	—
0,50	2,55	2,95	—	—	2,35	2,60	—	—	2,20	2,40	—	—	—	—	—
0,60	2,50	2,85	—	—	2,25	2,45	—	—	2,15	2,30	—	—	—	—	—
0,70	2,37	2,65	—	—	2,14	2,31	—	—	2,04	2,17	—	—	—	—	—
0,80	2,22	2,44	2,95	3,85	2,03	2,19	2,55	3,45	1,96	2,09	2,36	3,26	—	—	—
1,0	2,12	2,34	2,80	3,50	1,96	2,09	2,38	3,10	1,90	2,—	2,23	3,—	1,86	1,95	—
1,2	2,06	2,23	2,63	3,15	1,90	2,—	2,25	2,76	1,85	1,92	2,11	2,60	1,82	1,90	—
1,4	2,—	2,18	2,55	2,80	1,86	1,94	2,18	2,40	1,81	1,86	2,04	2,30	1,78	1,82	1,96
1,6	—	—	—	—	1,81	1,90	2,10	2,30	1,77	1,82	1,97	2,10	1,75	1,79	1,90
2,0	—	—	—	—	1,77	1,85	2,02	2,15	1,72	1,79	1,90	2,05	1,70	1,75	1,83
2,5	—	—	—	—	1,75	1,84	—	1,96	1,72	1,78	1,88	1,92	1,70	1,75	1,83
3,0	—	—	—	—	—	—	—	1,90	1,69	1,75	1,85	1,85	1,68	1,72	1,80
3,5	—	—	—	—	—	—	—	1,88	1,67	1,72	1,83	1,83	1,65	1,68	1,77
4,0	—	—	—	—	—	—	—	1,86	1,67	1,70	1,81	1,81	1,65	1,67	1,76
5,0	—	—	—	—	—	—	—	1,85	1,66	1,69	1,80	1,80	1,64	1,66	1,75

Süddeutsche Kabelwerke, A.-G., Mannheim; C. J. Vogel, Berlin; Fr. Tobisch, Wien; Dr. Cassierer & Co., Berlin.

Dynamodrähte. Die in vorstehender Tabelle verzeichneten Drähte sind nicht schellackiert. Bei Schellackierung beträgt die Durchmesserzunahme ca. 0,03 mm.

Dynamofehler. Wenn die Dynamo keine Spannung gibt, so können folgende Ursachen vorhanden sein: Der Anker hat eine andere Drehrichtung als bei der Fabrikprobe, zu erkennen daran, daß die Dynamo mit Fremderregung volle Spannung mit verkehrten Polen gibt: durch Vertauschen der Nebenschlußenden zu beheben; die Magnetwickelung oder der Regulierwiderstand sind unterbrochen, zu erkennen daran, daß auch Fremderregung keine Spannung hervorruft; Kurzschluß von Ankerspulen, zu erkennen daran, daß Fremderregung nur wenig Spannung hervorruft und der Anker schnell heiß wird; umpolarisierte Maschine oder verloren gegangener remanenter Magnetismus, zu erkennen daran, daß die Dynamo mit Fremderregung volle Spannung gibt: durch Neumagnetisierung mit Fremdstrom unter Beachtung der Stromrichtung zu beheben.

Wenn die Dynamo nicht die volle Spannung gibt, so sind die Ursachen in falsch geschalteten Anker- oder Magnetspulen oder in verbrannten bzw. in sich kurzgeschlossenen Ankerspulen zu suchen, was am starken Brummen der Maschine, Erhitzen einiger Ankerspulen zu erkennen ist und provisorisch durch Ausschalten der beschädigten Spule bei gleichzeitigem Durchschneiden ihrer sämtlichen Windungen behoben werden kann.

Dynamomaschinen, Prüfung derselben. Dieselbe hat sich zu befassen mit den Messungen des Widerstandes, der Stärke des magnetischen Feldes, der Spannung bei verschiedener Belastung (bei Compoundmaschinen), der Messung des Isolationswiderstandes, der Stärke der Isolation gegen Durchschlagen und der Berechnung des elektrischen Widerstandes.

Dynamometer, elektrisches, beruht auf der Wechselwirkung zweier elektrischer Ströme, welche sich darin äußert, daß eine feste, vom Nutzstrom durchflossene Spule eine von einem der Nutzspannung entsprechenden Strome durchflossene bewegliche Spule beeinflußt.

Dynamostahl muß hohe Permeabilität (abhängig von der Reinheit des Materials und der Beschaffenheit des Kleingefüges) und magnetische Gleichförmigkeit (abhängig von der Homogenität und dem Kleingefüge) besitzen. Als Norm für guten Dynamostahl gilt die von Professor Ewing aufgestellte Analyse:

C	Si	Mn	P	S	Cu	Fe
0,11 %	0,20 %	0,15 %	0,05 %	0,025 %	0,04 %	99,425 %

Zur Aufnahme der Induktionskurve werden verschiedene Methoden angewendet: Jochmethode (von Hopkinson): Über den zu untersuchenden Probestab, welcher möglichst lang und nicht von zu großem Querschnitte sein soll, wird eine Magnetisierungsspule geschoben, durch deren Amperewindungen die Induktion erzeugt wird. Die aus wenigen Windungen bestehende Induktionsspule (Sekundärspule) wird, damit sie dicht um die Magnetisierungsspule ohne Luftzwischenraum schließt, direkt innerhalb der letzteren über den Probestab geschoben. In der Induktionsspule wird eine elektromotorische Kraft induziert, wenn die Richtung der Kraftlinien im Probestab plötzlich umgekehrt wird, oder wenn die Kraftlinien plötzlich verschwinden (bewirkt durch Umkehrung des Stromes in der Magnetisierungsspule oder Ausschalten des Stromes). Die in der Sekundärspule auftretende elektromotorische Kraft wird durch ein Galvanometer gemessen. Die Kraftliniendichte B ergibt sich aus der Formel

$$B = \frac{Q \cdot w}{2 \cdot m \cdot q},$$

worin q den Querschnitt des Probestabes, m die Windungszahl der Sekundärspule, w (in cgs Einheiten ausgedrückt) die gesamten elektrischen Widerstände des Galvanometerstromkreises (Einzelwiderstände der Sekundärspule + Galvanometerwiderstand + in den Stromkreis eingeschalteten Regulierwiderstand) und Q die Elektrizitätsmenge $\left(Q = \frac{2 \cdot q \cdot B \cdot m}{w}\right)$ bedeuten.

Magnetische Wagenmethode von Prof. Du Bois: Der von einer langen Magnetisierungskurve umgebene Probestab wird in zwei Backen eingespannt, dicht über deren horizontalen Flächen sich die Enden eines eisernen, ungleicharmigen Wagebalkens befinden, der zugleich als Joch für den magnetischen Kreis dient. Die durch ein Laufgewicht gemessene Differenz der durch die magnetische Anziehung entstehenden Drehmomente ist dem Quadrat der Kraftliniendichte proportional.

Köpsel-Kathsche Prüfungsmethode: Die totale Kraftlinienzahl wird gemessen durch die Ablenkung einer kleinen stromdurchflossenen Spule, welche in den magnetischen Kreis eingeschaltet ist (E. T. Z. 1898, S. 411). Der Probestab wird mittels Messingschrauben in die Backen eines Joches eingeschraubt, dessen zylindrisch ausgebohrte Unterbrechung durch einen mit einem kleinen Luftraum ausgebohrten Eisenzylinder, der eine drehbare kleine Ankerspule trägt, ausgefüllt ist. Der Probestab trägt eine Magnetisierungsspule. Mit der Ankerspule, welche proportional den durch den Eisenzylinder tretenden Kraftlinien abgelenkt wird, ist ein Zeiger verbunden, der auf einer Skala die Kraftliniendichte im Prüfungsstab angibt. Andere Prüfapparate sind von Fischer-Hinnen, Lamb & Walker.

Technisches und elektrotechnisches Bureau
Louis Patz,
Dresden-A. 19, Kyffhäuserstr. 26.

Dynamowellen berechnen sich nach der Formel

$$d = 20 \sqrt[3]{\frac{PS}{n}} = 23 \sqrt[3]{\frac{W}{n}},$$

worin d den Wellendurchmesser in der Kollektorbüchse in cm, n die minutliche Umdrehungszahl, PS Pferdestärken, W Watt bedeuten.

Dyne ist die Kraft, die der Masse von 1 g in einer Sekunde die Einheit der Beschleunigung erteilt $= \frac{1}{980{,}61}$ g (D).

E.

Ebonit ist eine durch Erhitzen auf höhere Temperatur und größeren Zusatz von Schwefel in eine harte, hornartige Masse umgewandelte Guttapercha. Ebonit läßt sich wie Horn verarbeiten (siehe **Hartgummi**).

Eckstücke können nur für offen verlegte Isolierrohre verwendet werden, bei denen die Leitungen nicht nachträglich eingezogen, sondern die Röhren und Verbindungsstücke nacheinander über die Drähte geschoben und befestigt werden.

Lichte Rohrweite in mm	7	9	11	13	16	23
Preis pro 100 Stück in Mark	*18*	*19*	*20*	*22*	*24*	*27*

Edisonakkumulator. Das Akkumulatorengefäß ist aus Stahlblech, welches behufs Verstärkung bis auf ca. $^2/_3$ seiner Höhe gewellt ist, angefertigt. Die Platten sind mit ihren senkrechten Kanten in mit Rinnen versehenen Hartgummirahmen, die an den Gefäßseiten angeordnet sind, untergebracht und ruhen auf ähnlichen Hartgummiunterlagen. Die negative Platte besteht aus Eisen, die positive aus Nickelsuperoxyd ($Ni\,O_2$), der Elektrolyt aus einer Kalilauge von ca. 20% Pottaschegehalt. Bei der Entladung wird die Nickelplatte reduziert, die Eisenplatte oxydiert. Die einzelnen Platten, welche durch Hartgummistreifen voneinander getrennt sind, sind aus einem sehr dünnen Stahlrahmen hergestellt, in dessen »Fenster« oder Ausschnitte »Briketts« oder Klötzchen aus Eisen und Graphit bzw. Nickel und Graphit (je nachdem es sich um Herstellung einer positiven oder negativen Platte handelt) auf hydraulischem Wege eingepreßt werden, und welcher außerdem zur Stütze mit einem Gitter bedeckt ist. Die positiven Platten werden sämtlich innerhalb der Zelle miteinander verbunden und an die positive Klemme angeschlossen, die durch eine im Deckel angeordnete Hartgummitülle nach außen geführt ist. Eine Mutter, welche durch einen Keil gegen Lockern geschützt ist, klemmt den Verbindungsdraht an der außerhalb der Zelle befindlichen Klemme fest. Die negative Klemme ist in derselben Weise durch den Deckel hindurchgeführt und stellt die Verbindung mit der positiven Klemme der benachbarten Zelle her.

Im Deckel befinden sich noch zwei andere Öffnungen, von denen die eine zum Füllen des Akkumulators, die andere zum Entweichen der sich entwickelnden Gase bestimmt ist. Die erstere besitzt einen mit Scharnier und Feder versehenen Verschluß, welcher sich beim Auslösen der Sperrvorrichtung öffnet. Das zum Entweichen von Gasen vorgesehene Ventil besitzt einen pilzförmigen Kopf, der beim Umstürzen des Akkumulators die beiden kleinen Gasauslässe in der mit Drahtgaze versehenen Kappe schließt, wodurch einem Ausströmen von Flüssigkeit vorgebeugt wird. Die feine Drahtgaze, deren Wirksamkeit auf demselben Prinzip wie die Davysche Grubenlampe beruht, verhindert ein Zurückschlagen der Flamme in die Zelle, falls das Gas einmal Feuer fangen sollte.

Der Deckel der Zelle paßt genau auf den oberen Rand des Akkumulatorgefäßes, so daß man einen wasser- und gasdichten Verschluß erhält.

Die Elemente, welche zu den sog. beständigen zählen, sind gegen natürliche Temperaturänderungen unempfindlich, da die 20 % Kalilauge bis zu — 30° Kälte keiner Aggregatsänderung unterworfen ist. Die Normalleistung pro kg Gesamtgewicht erreicht bei 3,5 stündiger Entladung 8,82 W., bei einstündiger Entladung 26,46 W.

Edisonfassung. Bei derselben wird der Kontakt zwischen den beiden Leitungszuführungen der Glühlampe einerseits durch die Gewindeverschraubung, anderseits durch eine metallische Kontaktverbindung im Innern der Fassung hergestellt.

Edisonfassungen können auf Schiffen und in Orten, die großen Erschütterungen ausgesetzt sind, nicht verwendet werden, da durch die Erschütterungen die Lampen in den Fassungen gelockert werden. Für solche Betriebsstellen empfiehlt sich die Swanfassung.

Preis je nach Ausführung und Fasson pro 100 Stück:

Normale Ausführung	*M* *45—90*	Schwarz	*M* *50— 95*
Gebeizt	» *44—88*	Verkupfert . . .	» *60—110*
Geschliffen	» *45—85*	Verzinnt	» *60—110*
Poliert	» *45—95*	Vernickelt	» *65—115*

Edisongewinde (Norm. d. V. d. E.).

Gewindehöhe . . . . = 3,63 mm (1/7" engl.),
» -durchmesser, äußerer = 26,6 »
» » innerer = 24,3 »

Das Gewindeprofil wird durch zwei tangential ineinander übergehende Kreisbogen von 1 mm Radius gebildet.

Tiefe der Lampenfassung . . . . = 18—20 mm
Einschraubbare Höhe des Fußes . . . = 21 »
Abstand von Unterkante Mittelkontakt bis
Unterkante Außenkontakt . . . . . . = 7—8 »
Größter Durchmesser des Mittelkontaktes = 15 »
» » » Isolierstückes . = 23 »

Gewindedurchmesser in mm.

Lampenfuß			Fassung			Lehren zur Prüfung von			
außen		innen	außen	innen		Fuß		Fassung	
kleinster	größter	größter	größter	kleinster	größter	außen	innen	außen	innen
26,3	26,55	24,25	26,65	24,35	24,6	26,5	24,2	26,7	24,4

Edison-Hopkinsonsches Dreileitersystem ist eine Kombination von zwei Zweileitersystemen, bei welcher die positive Leitung des einen Zweileitersystems mit der negativen Leitung des anderen Zweileitersystems zu einer einzigen Leitung (dem Nulleiter, Mittelleiter, Ausgleichleiter, Alternativleiter) vereinigt wird. Die Stromstärke und Stromrichtung in der Nulleitung ergibt sich aus der Differenz der Ströme in den beiden Außenleitern. Bei gleicher Belastung der letzteren ist daher die Belastung des Ausgleichleiters Null, weshalb derselbe gewöhnlich nur den halben Querschnitt eines Außenleiters erhält.

Edisonsches Parallelschaltungssystem. Bei demselben werden die von den Polen der Stromquelle ausgehende positive und negative Leitung durch die ganze Anlage geführt. Die Verzweigung dieser Leitungen erfolgt nach Bedürfnis ohne bestimmte Gesetzmäßigkeit.

Edisonsche Schmelzdrahtlegierung besteht aus 60 % Blei und 40 % Zinn, schmilzt bei 200° C.

Edisonsches Phänomen besteht in dem Übergang der Elektrizität von dem äußersten negativen Ende des Glühfadens einer gewöhnlichen Lampe zu einer im Innern derselben befindlichen Metallplatte. Dieses Phänomen rührt von einer durch die erhöhte Temperatur bedingten Leitfähigkeit der Gase her und davon, daß bei abnehmendem Drucke eine der Natur der Kathodenstrahlen ähnliche Strahlung auftritt.

Edison-Sicherungsstöpsel für Spannungen bis 250 Volt; Preis pro 100 Stück ℳ 27. Dieselben werden unverwechselbar aus Silberschmelzdraht mit Lichtbogenlöschung ausgeführt.

Edisonsockel. Bei demselben werden die beiden Lampenkontakte durch einen mit schwach steigendem Gewinde mit abgerundeten Kanten versehenen Messingring und eine in demselben zentrisch angeordnete Platte gebildet. Abänderung der Helios-A.-G. besteht in der Ganghöhe und Verwendung stärkerer Kontakte. Befestigung des Sockels am Glase durch Gips (in feuchten Räumen wegen Abbröckelung unverwendbar) oder Mischung von Glas- oder Porzellanmasse mit wenig Gips oder durch federnde Zungen (für feuchte Räume besonders empfehlenswert). (Hersteller: A. E.-G., Berlin; Ganz & Ko., Budapest; Dr. M. Fremery & Ko., Oderbruch; Helios-A.-G.; Siemens-Schuckertwerke.)

Effektbogenlampen (siehe **Flammenbogenlampen**).

Effloreszenz. Durch das Verdunsten des in galvanischen Elementen befindlichen Wassers scheiden sich die Salze in Form von Kristallen an den Gefäßwänden, auch an jenen, welche nicht von der Lösung berührt werden, aus.

Eichung von Meßinstrumenten erfolgt entweder durch Voltameter, und zwar für Instrumente für starke Ströme mittels Kupfervoltameters, für solche für schwache Ströme mittels Silbervoltameters, oder mittels Normalelements auf dem Wege der Kompensationsmethode.

Eigenerregung von Wechselstrommaschinen erfolgt dadurch, daß man den Wechselstrom, nachdem er den äußeren Stromkreis durchlaufen hat, mittels eines Kommutators gleichrichtet, in welchem Falle dann die Magnetspulen aus wenigen dicken Drähten bestehen müssen. Oder man nimmt die Gleichrichtung nur mit einem Zweigstrom vor, in welchem Falle die Magnetspulen aus vielen dünnen Windungen bestehen müssen. Schließlich kann auch der kommutierte Strom einzelner Ankerspulen zum Erregen der Maschine benutzt werden.

Einankerumformer sind rotierende Umformer, bei denen in denselben Windungen die Aufnahme von Gleichstrom und die Abgabe von Wechselstrom (Drehstrom) oder umgekehrt stattfindet, zu welchem Zwecke diese Maschinen mit Kollektor und Schleifringen ausgestattet sind.

Einfachleitungen, isolierte (siehe **Sicherheitsvorschriften**).

Süddeutsche Kabelwerke A.-G., Mannheim.

Einflammrohrkessel bis zu 8 Atm. Überdruck und bis zu 75 qm Heizfläche verwendet. Nachteile: Schwierige Kesselreinigung, großes Gewicht.

Einführungsrohre sind aus Isoliermaterial hergestellte, pfeifenartig geformte Rohre, welche durch die Einführungsmauer hindurchgehen und deren nach außen liegendes Ende trichterförmig nach abwärts gebogen ist, um Eindringen von Regenwasser in die Einführungsstelle zu verhindern.

Dr. Heinr. Traun & Söhne vorm. Harburger Gummikamm-Ko., Hamburg (*s. Inseratanh. letzte Seite*).

Einführungsstücke (siehe **Durchführungsstücke**).

Einheitskerzen (siehe **Lichtstärke-Einheiten**).

Einlegesystem ist ein Verlegungssystem von unterirdischen Leitungen in offenen Kanälen aus Mauerwerk, Zement, Moniermasse, Eisen etc., in welche blanke Leitungen auf isolierenden Unterlagen oder isolierte Leitungen direkt eingelegt und durch ein Deckelstück verschlossen werden. Anbringung von Lüftungsrohren zur Abführung von schädlichen Gasen nötig. Nachteile: Schwer durchführbare Isolation und Anschlüsse. Vorteil: Einfache Montage.

Einphasenwechselstrom — einfacher Wechselstrom.

Einphasenwechselstrom-Generatoren.

Leistung KW	Umdrehungen pro Minute ca.	Gewicht ca. kg	Preis ca. ℳ
10	1500	600	*1 550*
25	750	1 200	*3 200*
50	600	2 200	*6 400*
100	600	3 000	*7 000*
150	375	5 600	*12 000*
200	375	9 000	*15 000*
300	250	17 000	*26 000*
400	215	19 000	*30 000*
500	150	27 000	*46 000*
1000	85	70 000	*110 000*

Siemens-Schuckertwerke, Berlin.
Union E.-G., Berlin.
Allgem. El.-Ges., Berlin.
Berliner Maschb.-A.-G., Berlin.
Braunschweig. Maschb.-Ges., Braunschweig.
Lahmeyer & Ko., Frankfurt a. M.
Deutsche Elektr.-Werke, Aachen.
Maschinenfabrik Oerlikon, Schweiz.
A.-G. Brown, Boveri & Ko., Baden, Schweiz.

Einphasenwechselstrom-Generatoren, Type D, der A.-G. wechsel, entsprechend

Type	Leistung KVA	Umdrehungen pro Minute	Kraftbedarf inkl. Erregung ca. PS cos φ = 1	Kraftbedarf inkl. Erregung ca. PS cos φ = 0,9	Maximale Spannung Volt	Generatoren ohne mit 1 Lager ohne Grundplatte Gewicht ca. kg	Generatoren ohne mit 1 Lager ohne Grundplatte Preis ℳ
D 60	20	1000	30	27	2 000	—	—
D 61	28	»	42	38	2 500	—	—
D 62	35	»	52	47	3 000	—	—
D 82	45	750	67	60	4 000	—	—
D 83	60	»	90	81	4 000	—	—
D 121	52	500	78	71	5 000	2 700	*5 000*
D 122	70	»	105	95	5 000	3 000	*5 500*
D 123	90	»	135	122	5 000	3 400	*6 200*
D 124	120	»	178	161	6 000	4 200	*6 900*
D 125	150	»	223	202	6 000	4 700	*8 000*
D 126	190	»	280	253	7 000	5 300	*9 400*
D 161	70	375	104	94	5 000	3 600	*5 800*
D 162	90	»	134	121	6 000	3 900	*6 550*
D 163	120	»	178	161	6 000	4 400	*7 350*
D 164	150	»	223	203	7 000	5 600	*8 100*
D 165	190	»	280	253	8 000	6 400	*9 600*
D 166	250	»	370	335	8 000	7 100	*11 750*
D 201	85	300	127	115	6 000	4 700	*7 050*
D 202	110	»	164	148	7 000	5 200	*7 900*
D 203	140	»	208	188	7 000	5 800	*8 950*
D 204	180	»	267	240	8 000	7 600	*10 000*
D 205	230	»	340	307	8 000	8 400	*11 800*
D 206	300	»	445	402	9 000	9 400	*14 400*
D 241	100	250	148	134	7 000	7 400	*9 200*
D 242	125	»	185	167	8 000	8 000	*10 150*
D 243	165	»	245	221	8 000	9 000	*11 600*
D 244	220	»	325	295	9 000	9 400	*13 350*
D 245	280	»	415	375	10 000	10 400	*15 600*
D 246	350	»	520	470	10 000	11 600	*18 550*

Einphasenwechselstrom-Motoren sind charakterisiert durch Speisung des primären Teiles mit einem einzigen Wechselstrom. Die Stromzuführung erfolgt durch zwei Zuleitungen. Der Anlauf ist auch ohne Belastung nicht ohne besondere Hilfsvorrich-

Brown, Boveri & Ko., Baden (Schweiz), für 6000 Pol-50 Perioden.

Gleitschienen und Riemenscheiben				Erregung		Mehr für direkt gekuppelten Erreger		
mit 2 Lagern		mit 3 Lagern		max. Bedarf in KW	normale Spannung in Volt			
Gewicht ca. kg	Preis ℳ	Gewicht ca. kg	Preis ℳ			Type	Gewicht ca. kg	Preis ℳ
1 000	*2 100*	Für Riemenantrieb sind von D 123 ab 3 Lager erforderlich.		0,8	65	01	115	*465*
1 300	*2 550*			0,9	»	01	»	*465*
1 500	*3 050*			1,2	»	01	»	*465*
2 000	*3 750*			1,4	»	02	185	*680*
2 300	*4 400*			1,75	»	02	»	*680*
3 400	*5 500*			1,65	110	03	260	*870*
3 700	*6 000*			2,2	»	03	»	*870*
4 100	*6 700*	4 500	*7 100*	2,7	»	03	»	*870*
5 300	*7 600*	6 000	*8 250*	3,3	»	04	370	*1120*
5 800	*8 700*	6 500	*9 350*	3,9	»	04	»	*1120*
6 400	*10 150*	7 100	*10 400*	4,6	»	04	»	*1120*
4 700	*6 550*	5 400	*7 200*	2,4	»	04	»	*1120*
5 000	*7 250*	5 700	*7 900*	3,0	»	04	»	*1120*
5 500	*8 050*	6 200	*8 700*	3,5	»	04	»	*1120*
7 200	*9 100*	8 100	*9 900*	4,4	»	05	540	*1400*
8 000	*10 700*	8 900	*11 500*	5,2	»	05	»	*1400*
8 700	*12 800*	9 600	*13 600*	6,0	»	05	»	*1400*
6 300	*8 800*	7 200	*8 900*	3,2	»	05	»	*1400*
6 800	*8 900*	7 700	*9 700*	3,8	»	05	»	*1400*
7 400	*10 000*	8 300	*10 800*	4,6	»	05	»	*1400*
10 000	*11 600*	11 300	*12 700*	5,6	»	06	720	*1800*
10 800	*13 450*	12 100	*14 400*	6,6	»	06	»	*1800*
11 800	*16 000*	13 100	*17 100*	7,6	»	06	»	*1800*
9 000	*10 800*	10 300	*12 300*	4,1	»	06	»	*1800*
9 600	*11 800*	10 900	*12 900*	4,8	»	06	»	*1800*
10 600	*13 200*	11 900	*14 300*	5,6	»	06	»	*1800*
13 000	*15 400*	14 800	*17 100*	6,7	»	07	980	*2320*
14 000	*17 700*	15 800	*19 400*	7,9	»	07	»	*2320*
15 200	*20 700*	17 000	*22 300*	9,1	»	07	»	*2320*

tung möglich. Die Leistung beträgt ca. 60 % eines gleich großen Drehstrom- oder Zweiphasenmotors (siehe **Induktionsmotoren**).

Maschinenfabrik Oerlikon, Oerlikon bei Zürich (Schweiz).

Einphasenwechselstrom-Motoren der Maschinenfabrik Oerlikon (Schweiz) für 40 und 50 Perioden.

Type	Leistung PS	Absorbierte KV-Amp.	Spannung Volt	Stromst. b. Volllast in Amp.	Zahl d. Umdrehungen in der Min. bei 50 Perioden	Zahl d. Umdrehungen in der Min. bei 50 Perioden	Scheinbarer Wirkungsgrad in Prozenten bei Volllast	Scheinbarer Wirkungsgrad in Prozenten bei Halblast	Wirklicher Wirkungsgrad in Prozenten bei Volllast	Wirklicher Wirkungsgrad in Prozenten bei Halblast	Zahl der Lager	Gewicht des Motors kg	Preis des Motors ℳ
148	1/25	0,143	110	1,3	1100	1380	20	—	30	—		7	*105*
149	1/16	0,23	110	2,1	1100	1380	20	—	30	—	2	12	*120*
150	1/10	0,3	110 / 200	2,7 / 1,5	1100	1380	25	—	40	—	2	18	*145*
151	1/4	0,46	110 / 200	4,2 / 2,3	1130	1380	40	—	50	—	2	38	*175*
152	1/2	0,74	110 / 200	6,7 / 3,7	1130	1400	50	—	65	—	2	46	*225*
153	1	1,3	110 / 200	12 / 6,5	1140	1410	57	35	72	55	2	85	*415*
154	1 1/2	1,9	110 / 200	18 / 9,7	1140	1420	57	40	73	63	2	110	*480*
155	2	2,5	110 / 200	22 / 12	1140	1420	60	45	75	67	2	160	*575*
156	3	3,7	110 / 200	34 / 18	1150	1420	60	45	77	72	2	180	*650*
157	4	4,8	110 / 200	43 / 24	1150	1420	62	46	78	73	2	230	*705*
0153	1,5	1,8	110 / 200	18 / 9	1150	1450	60	45	75	68	2	88	*535*
0154	2	2,5	110 / 200	22 / 12	1160	1450	60	45	75	68	2	125	*625*
0155	3	3,4	110 / 200	31 / 17	1160	1450	65	50	80	76	2	175	*755*
0156	4,5	5,1	110 / 200	46 / 26	1160	1450	65	50	80	76	2	195	*830*
0157	5,5	6,2	110 / 200	56 / 31	1180	1470	65	50	80	76	2	255	*895*
0158	8	8,4	110 / 200	77 / 42	1180	1470	70	55	82	79	2	310	*1280*
0159	10	10,5	110 / 200	96 / 53	780	970	70	55	85	81	2	470	*1520*
0160	15	16	110 / 200	144 / 79	780	970	70	55	85	81	2	570	*2000*
0161	20	21	110 / 200	191 / 105	780	970	70	55	85	81	2	1000	*2650*
0162	30	32	110 / 200	286 / 157	780	970	70	55	85	81	2	1490	*3350*
0163	35	36,8	250	147	590	740	70	55	87	83	2	1800	*3880*
0164	45	47,3	250	190	590	740	70	55	87	83	3	2250	*4880*
0165	65	68,3	250	274	480	600	70	55	88	84	3	2900	*6160*
0166	75	78,6	250	315	470	590	70	56	89	85	3	3400	*7280*
0167	90	94,6	250	375	390	490	70	56	90	86	3	4800	*8550*
0168	120	126	250	505	390	490	70	56	90	86	3	5080	*10000*

Einphasenwechselstrom-Motoren der Union-El.-Ges., Berlin.

Bezeichnung				Art des Rotors	Bei Vollast			Kraftbed. in KW bei		Ausgef. für Max.-Spannung	Rot. zweiph.			Gewicht ca.	Preis
Type	Polzahl	PS	Umdreh. in der Minute bei Leerlauf		Umdreh. in d. Minute	cos φ	Wirkungsgrad × cos φ	Leerlauf ca.	Vollast ca.	Volt	Strom pro Phase in Amp.	Spannung pro Phase V.	Gewicht kg	nett. kg	M
JSN	4	1/10	1500	Kurzschluß	1320	0,50	0,30	0,05	0,15	220	—	—	6	15	*112*
JSN	4	1/5	1500	Kurzschluß	1350	0,60	0,40	0,07	0,25	220	—	—	7	17,5	*135*
JSN	4	1/3	1500	Kurzschluß	1360	0,70	0,50	0,09	0,4	220	—	—	10	25	*160*
JSN	4	2/3	1500	Kurzschluß	1410	0,83	0,58	0,13	0,75	220	—	—	20	40	*185*
JSN	4	1 1/2	1500	Kurzschluß	1410	0,83	0,65	0,2	1,5	500	—	—	25	63	*260*
JSN	4	2 1/4	1500	Kurzschluß	1440	0,83	0,70	0,22	2,0	500	—	—	35	90	*320*
JSN	4	2/3	1500	Schleifring	1330	0,80	0,51	0,15	0,8	220	7	60	25	45	*300*
JSN	4	1 1/2	1500	Schleifring	1350	0,82	0,52	0,22	1,7	500	12	73	30	68	*380*
JSN	4	2 1/4	1500	Schleifring	1390	0,83	0,58	0,25	2,4	500	70	24	40	93	*470*
JSN	4	3 1/2	1500	Schleifring	1420	0,85	0,62	0,40	3,5	500	76	32	50	154	*590*
JSN	4	5 1/4	1500	Schleifring	1420	0,85	0,64	0,45	5,0	500	76	51	70	190	*780*
JSN	6	7	1000	Schleifring	950	0,85	0,66	0,5	6,7	500	84	59	100	290	*1000*
JSN	6	10,5	1000	Schleifring	950	0,85	0,68	0,7	9,7	500	109	68	150	380	*1200*
JSN	6	14	1000	Schleifring	960	0,85	0,70	0,8	12,5	1000	95	100	200	475	*1375*
JSN	8	21	750	Schleifring	720	0,85	0,73	1,0	18,5	2000	105	137	250	740	*2450*
JSN	8	28	750	Schleifring	720	0,85	0,74	1,4	24,0	3000	120	162	320	880	*2850*

Einphasenwechselstrom-Übertragung zeichnet sich durch einfache Regulierung und Erfordernis von nur zwei Leitungsdrähten aus, hat aber den Nachteil, daß die Maschinen (Generatoren und Motoren) wegen ihrer geringen Leistung sehr groß ausfallen. Die Motoren benötigen für den Leerlauf noch Zwischenvorgelege und können nicht überlastet werden. Anwendungsgebiet dieser Kraftübertragungsart: Beleuchtungsanlagen ohne nennenswerte Kraftabgabe, Bahnbetrieb System Oerlikon und System Union.

Einsetzen ist ein Härtungsprozeß von schmiedeeisernen Gegenständen, durch welchen denselben an der Oberfläche Kohlenstoff zugeführt wird. Das Einsetzen erfolgt durch Glühen der betreffenden Gegenstände mit Holzkohle, Knochen, Horn, Hufen, Leder und darauf folgende Abkühlung im Wasser.

Einsteckkontakte (siehe **Stöpselkontakte**).

Einzelantrieb. Bei demselben besitzt jede Arbeitsmaschine einen eigenen Elektromotor, so daß die Unabhängigkeit der Maschine gewahrt ist. Ein weiterer Vorteil liegt in der Vermeidung von Energievergeudung, da nur so lange Energie aufgezehrt wird, als Arbeit zu leisten ist. Schließlich wird durch den Wegfall der Transmissionen die bei denselben auftretende Reibungsarbeit erspart, die Werkstätten selbst werden lichter, die Wartungs- und Schmierungskosten entfallen, der Betrieb ist geräuschlos und die Sicherheit der Arbeiter durch den Wegfall der Riemen erhöht.

Einziehsystem (nur für Schwachstromleitungen mit kleinen Querschnitten verwendbar) ist ein Verlegungssystem von unterirdischen Leitungen, bei welchem die Kabel in bzw. aus einem unterirdisch verlegten Schutzkörper streckenweise aus- bzw. eingezogen werden.

Einzylinder-Dampf-Dynamomaschinen (Dampfmaschinen direkt mit Dynamos gekuppelt).

(Hersteller: Allgem. Elektr.-Ges., Berlin.)

Größe	Zylinderdurchmesser mm	Hub mm	Gesamtfüllungsgrad ca. %	Stündlicher Dampfverbr. in kg p. ind. PS m. Kondensat.	Stündlicher Dampfverbr. in kg p. ind. PS ohne Kond.	Modell der verwendeten Dynamomaschine	Spannung in Volt	Stromstärke in Amp.	Gesamtleistung in Watt ca.	Umdrehungen in der Minute ca.	Kraftbedarf PS ca.	Gewicht der kompl. Dampfdynamomasch. netto ca. kg	Preis d. kompl. Dampfdyn.-M. ℳ
DD_{50}	120	100	20—30	13,5	17	NG_{50}	65	60	3900	750	6,2	900	*2690*
							110	30	3300	650	5,3		
DD_{75}	150	100	20—30	13,5	17	NG_{75}	65	75	4875	580	7,5	1240	*3220*
							110	37	4070	500	6,5		
DD_{100}	170	120	20—30	13	16,5	NG_{100}	65	100	6500	500	10,5	1720	*3860*
							110	50	5500	470	9		
DD_{125}	170	140	20—30	12,9	16,4	NG_{125}	110	61	6710	480	11	2160	*4425*
ESD_{150}	200	140	20—30	12,8	16,3	SG_{150}	65	167	10850	480	18,5	1660	*4650*
							120	84	10080	500	17		
ESD_{200}	230	140	20—30	12,8	16,3	SG_{200}	65	225	14625	450	23,5	2240	*5265*
							120	112	13440	440	21,5		
ESD_{300}	260	180	20—30	12	15	SG_{300}	65	300	19500	400	31	2950	*6040*
							120	150	18000	390	29		*6130*

Eisen. Leitungswiderstand des absolut reinen Eisens ist 7,6 Mikrohm-ccm.

Zugfestigkeit für verschiedene Eisensorten.

Eisenarten	Elastizitätsmodul	Elastizitätsgrenze	Absolute Festigkeit kg pro qmm
Gußeisen	10 000	12	23
Schweißeisen	21 000	15	38
Flußeisen	22 000	20	45
Schweißstahl	23 000	22	60
Bessemerstahl	22 000	33	70
Tiegelgußstahl	23 000	36	80
Schweißeisenblech, längs	21 000	18	36
» quer	21 000	17	34
Flußeisenblech, längs	21 000	21	42
» quer	21 000	21	42
Schweißeisendraht, geglüht	22 000	—	30
» hart gez.	23 000	—	60
Flußstahldraht	19 000	50	130

Werte von $H\left(H = \frac{B}{\mu}\right)$, B und μ verschiedener Eisensorten.

Schmiedeeisen.

H	1,4	3	3,6	4,7	6,8	9	14	29	65
B	5000	9000	10 000	11 000	12 000	13 000	14 000	15 000	16 000
μ	3570	3000	2 780	2 340	1 900	1 445	1 000	517	277

Gußeisen.

H	5,5	8,5	14	27	52	82	118	160
B	4000	5000	6000	7000	8000	9000	10 000	11 000
μ	728	588	428	259	154	110	85	68

Stahlguß.

H	1,2	2,4	3	3,7	4,8	6,4	9,3	18	52
B	5000	9000	10 000	11 000	12 000	13 000	15 000	14 000	16 000
μ	4160	3750	3 333	2 980	2 500	2 030	1 505	834	308

Eisenbahnbeleuchtung. Dieselbe erfolgt mittels reinen Akkumulatorenbetriebs oder gemischten Betriebs. Bei dem ersteren, dessen Ausrüstung pro Wagen im Durchschnitt 1050 kg beträgt, ist die stabile und mobile Anordnung zu unterscheiden. Bei dem stabilen Einbau der Batterien erfolgt die Ladung im Wagen; das Geleise führt bis an die Ladestation, von welcher aus die Ladung mittels flexibler Kabel und Steckkontakte erfolgt. Vorteile: Geringere Anzahl der Batterien, Schonung derselben, da sie nicht aus- und eingeladen werden müssen, leichte Manipulation, geringere Betriebskosten. Nachteile: Abhängigkeit von der Ladestation, längerer Aufenthalt der Wagen in der Ladestation, schlechte Ausnutzung der letzteren, da sich ihre Arbeitszeit nur auf die Zugsverkehrspausen beschränkt. Bei dem mobilen Einbau ist pro Wagen ein doppelter Batteriesatz nötig, daher große Anlagekosten; leichtere Zerstörung der Batterien ist eine Folge der beim Aus- und Einladen auftretenden Erschütterungen. Vorteile: Freizügigkeit der Wagen, kurzer Aufenthalt derselben in den Lade-(Auswechsel-)Stationen. Die Batterien werden gewöhnlich in einen unter dem Wagen befindlichen Behälter eingeschoben. Das Verteilen der Batterien unter den Sitzplätzen ist nicht empfehlenswert. Als Schaltung wird gewöhnlich einfache Parallelschaltung angewendet. Der Hauptausschalter wird vom Schaffner, die Nebenausschalter werden von den Reisenden bedient. Anbringung eines Amperestundenzählers empfehlenswert, um eine Entladung der Batterie über das Normale hintanzuhalten. Verwendung von Glühlampen mit geringer Spannungserfordernis. Gebräuchlich Lampen von 16, 18 und 20 Volt Spannung. Das Akkumulatorengewicht schwankt zwischen 55 und 135 kg pro abzugebende Kilowattstunde und hängt von der Konstruktion der Batterien ab. Bei dem gemischten Betriebe liefert eine mit der Wagenachse gekuppelte Dynamo während der Fahrt den Beleuchtungsstrom und ladet die

Batterie, welche während der Haltezeiten die Lampen speist (siehe **Vicarino-, Dick-, Auvert-, Stone-System**). Kosten pro Lampenbrennstunde auf eine 10 NK-Lampe bezogen *2—5* ₰.

Ehrich & Graetz, Berlin SO. 36.

Eisenbahnschienen.

Höhe	Fuß-breite	Kopf-breite	Steg-dicke	Gewicht pro lfd. m kg
45	36	22,5	6,5	5,0
50	40	22	7	6,0
55	45	28	7,5	8,0
60	52	24	7	9,5
65	48	23	4	6,7
105	107	59	17	38,0

Eisenblech. Gewalztes Eisenblech für Transformatoren und Anker hat gewöhnlich eine Stärke von 0,5 mm. Preise für Ankerblech in Tafeln von max. 1,2 × 1,2 m je nach Qualität und Tafelgröße *28—40* ₰ pro kg.

Detailpreis von Ankerblechen pro 100 Stück in Mark.

(Breuer & Probst, Kalk b. Köln; Maschinenbauanstalt Humboldt, Kalk b. Köln; G. Fuhrmanns Sohn, Jessen.)

Blechstärke mm	Äußerer Durchmesser in mm									
	50	60	70	80	90	100	110	120	130	140
0,50	3,50	3,50	3,75	4,00	4,00	4,25	4,50	5,00	5,50	5,50
0,75	3,70	3,70	4,00	4,30	4,30	4,80	5,00	5,60	6,20	6,20
1,00	4,00	4,00	4,30	4,50	4,70	5,20	5,50	6,50	7,00	7,20

Blechstärke mm	Äußerer Durchmesser in mm									
	150	160	170	180	190	200	210	220	230	240
0,50	6,50	6,50	7,50	8,00	8,00	8,50	9,00	9,50	10,50	11,50
0,75	7,50	7,50	8,50	9,50	9,50	10,00	10,70	11,50	12,50	13,50
1,00	8,70	8,90	10,00	11,00	11,00	11,50	12,60	13,50	15,00	16,00

Bechstärke mm	Äußerer Durchmesser in mm					
	250	260	270	280	290	300
0,50	12,50	13,00	14,00	14,50	15,00	16,50
0,75	14,80	15,50	17,00	17,50	18,00	19,50
1,00	17,50	18,50	20,00	21,00	22,00	23,50

(Bei größerer Abnahme Rabatt.)

Preis in Mark für das Einstanzen von Nuten in Ankerbleche für je 1000 Nuten.

Tiefe der Nuten mm	Breite der Nuten in mm									
	3	4	5	6	7	8	9	10	11	12
10	0,80	0,90	0,95	1,00	1,05	1,10	1,15	1,20	1,25	1,30
15	0,85	0,95	1,00	1,05	1,10	1,15	1,20	1,25	1,30	1,35
20	—	1,00	1,05	1,10	1,15	1,20	1,25	1,30	1,35	1,40
25	—	—	1,10	1,15	1,20	1,25	1,30	1,35	1,40	1,45
30	—	—	—	1,20	1,25	1,30	1,35	1,40	1,45	1,50

(Ist die Nutenzahl eine Primzahl, so tritt ein Preiszuschlag ein.)

Eisenblechprüfung. Normalien für die Prüfung von Eisenblech (Vorschriften des V. d. E.).

1. Der Gesamtverlust im Eisen ist mittels Wattmeters an einer aus vier Tafeln entnommenen Probe von mindestens 10 kg zu bestimmen und wird für $B_{max.} = 10\,000$ und 50 Perioden in Watt pro kg angegeben; diese Zahl heißt »Verlustziffer«.
2. Als normale Blechstärken gelten 0,3 und 0,5 mm; Abweichungen der Blechstärken dürfen an keiner Stelle $\pm$ 10% der vorgeschriebenen überschreiten.
3. Für die Messungen dient ein magnetischer Kreis, welcher ausschließlich Eisen der zu prüfenden Qualität enthält und nach der in den Ausführungsbestimmungen gegebenen Weise zusammengesetzt ist.
4. Als spezifisches Gewicht des Eisens soll 7,7 angenommen werden, soweit keine genaueren Bestimmungen vorliegen.
5. In Zweifelfällen gilt Untersuchung durch die Physikalisch-Technische Reichsanstalt, und zwar bei einer Eisentemperatur von etwa 30° C, als maßgebend.

Ausführungsbestimmungen.

Der magnetische Kreis des zur Untersuchung verwendeten Epsteinschen Apparates wird aus Kernen von je 500 mm Länge, 30 mm Breite und mindestens 2,5 kg Gewicht zusammengesetzt. Die einzelnen Bleche sind durch Seidenpapier so voneinander isoliert, daß an keiner Stelle eine Berührung stattfindet.

Die vier Kerne bilden ein Quadrat und werden durch Holzbacken in ihrer Lage fixiert. An den Meßstellen sind sie durch Preßspan von 0,15 mm getrennt.

Bei dem Zusammenbau ist darauf zu achten, daß die Kerne möglichst gut aneinander passen, was sich durch das Verstummen des Geräusches und geringsten Ausschlag des in den Magnetisierungsstromkreis eingeschalteten Amperemeters kundtut.

Die Magnetisierungsspulen bestehen aus Preßspanhülsen mit einer lichten Weite von 38 × 38 mm und einer Länge von 435 mm; dieselben enthalten 150 Windungen von 14 qmm Querschnitt, z. B. zwei parallele Flachkantdrähte von 2 × 3,5 mm, welche die Kerne gleichmäßig bedecken.

Eisendraht, verzinkter.

Durchmess. mm	Gewicht v. 1 km in kg	Festigkeit kg	Widerst. v. 1 km in Ohm	Verwendung
6	220	1130	4,65	Für internationale und
5	150	785	6,72	große inländ. Leitungen
4	100	502	10,47	Für Hauptlinien
3	55	282	18,60	Für Nebenlinien

Eisenkitte. Zum Auskitten von Gußstücken verwendet man ein Gemenge von 1 Teil Talg, 2 Teilen Fichtenharz, 8 Teilen gelben Wachses und 24 Teilen fein gesiebter Gußeisenspäne. Als Kitt für Eisen auf Eisen dient ein Gemenge von 3 Teilen Schwefel, 3 Teilen Bleiweiß und 1 Teil Borax. Als Kitt für Eisen in Stein verwendet man einen Brei aus 4 Teilen pulverisierten hydraulischen Kalks, 4 Teilen Ziegelmehl und 1 Teil Eisenfeilspäne.

Gewicht und Widerstand von weichen ausgeglühten Eisendrähten.

Kreisförmiger Querschnitt, spez. Gewicht = 7,7, Widerstand von 1 m 1 qmm bei 15° = 0,13 Ω (schwankt um ca. 15%).

Durchmesser mm	Querschnitt mm	Gewicht pro m g	Meterzahl pro kg	Widerstand pro m Ohm	Länge pro Ohm m
0,5	0,196	1,51	662	0,664	1,51
1,0	0,785	6,05	165	0,166	6,02
1,5	1,767	13,6	73,5	0,074	13,5
2,0	3,142	24,2	41,3	0,041	24,4
2,5	4,909	37,7	26,5	0,0265	37,7
3,0	7,07	54,4	18,4	0,0184	54,3
3,5	9,62	74,1	13,4	0,0235	74,1
4,0	12,57	96,8	10,3	0,0104	96,2
4,5	16,62	122	8,20	0,0077	123
5,0	19,64	151	6,62	0,0066	152
5,5	23,76	183	5,46	0,0055	182
6,0	28,27	217,5	4,60	0,00346	217

Eisenseile, blanke, für Blitzableiter.

Zahl der Adern	Durchm. der Ader mm	Querschnitt qmm	Gewicht kg pro lfd. m	Preis ℳ pro lfd. m
7	4,5	111	900	*0.35*
7	3,3	60	475	*0.20*

Eisenverluste in Wechselstrommagneten für Bleche von 0,3 mm Dicke.

Periodenzahl 100—300 in der Sekunde.

∾	B = 500	1000	1500	2000	2500	3000
	Watt pro kg Fe					
100	0,065	0,18	0,31	0,58	0,82	1,12
150	0,09	0,28	0,49	0,90	1,31	1,80
200	0,13	0,39	0,69	1,28	1,46	1,56
250	0,17	0,51	0,91	1,69	2,46	3,40
300	0,21	0,64	1,16	2,13	3,13	4,32
400	0,29	0,93	1,71	3,13	4,62	6,41
500	0,39	1,25	2,34	4,29	6,34	8,82
600	0,49	1,61	3,05	5,55	8,28	11,55

Elastizität ist die Eigenschaft eines Körpers, seine ursprüngliche Form wieder anzunehmen, nachdem die äußeren Kräfte, welche ihn aus derselben brachten, zu wirken aufgehört haben.

Elastizitätsgrenze ist die größte Kraft, welche die Formveränderung eines Körpers bewirkt, ohne daß diese Formveränderung eine bleibende ist.

Elastizitätsmodul ist der reziproke Wert des Dehnungskoeffizienten (siehe daselbst).

Schweißeisen	20 000	kg-qmm
Flußeisen	21 500	»
Flußstahl	22 000	»
Tiegelgußstahl (geh.) . .	25 000	»
Gußeisen	10 000	»
Kupferblech	11 000	»
Kupferdraht	12 100	»
Messingblech	6 400	»
Messingdraht	9 870	»
Zink	9 500	»
Blei	500	»
Bleidraht	700	»
Zinn	4 000	»
Silber	7 300	»
Gold	8 000	»
Platin	16 000	»
Aluminium	7 300	»
Holz (in Faserrichtung) .	1 100	»
Lederriemen	7,3	»

Elektrisches Feld ist der gesamte Raum, welcher die elektrisierten Körper umgibt und in welchem sich die elektrischen Erscheinungen abspielen.

Elektrische Größen, Bezeichnung derselben.

Größe oder Eigenschaft	Zeichen
1. Grundmaße:	
Länge	L, l
Maße	M, m
Zeit	T, t
2. Zahlen, geometrische und mechanische Größen:	
Windungszahl	N
Fläche, Oberfläche	S, s
Radius	R, r
Raum, Volumen	V
Winkel, Bogen	α, β ....
Geschwindigkeit	v
Drehzahl	d
Wechselgeschwindigkeit, Frequenz	n
Beschleunigung	a
Kraft	F, f
Arbeit	A
Leistung	P
Wirkungsgrad	h
Druck, Spannung	p
Trägheitsmoment	K
Dreh- und stat. Moment	D
Dichte, spez. Gewicht	δ
3. Wärme- und Lichtgrößen:	
Temperatur	$\mathfrak{T}$, t[1])
Wärmemenge	$\mathfrak{Q}$
Wärmeausdehnungskoeffizient	α
Lichtstärke	J[2])
Lichtstrom	Φ
Beleuchtung	E
Flächenhelle	e
Lichtabgabe	Q
4. Magnetische Größen:	
Magnetische Menge	$\mathfrak{m}$
Magnetisches Moment	$\mathfrak{M}$
Magnetisierungsstärke	$\mathfrak{J}$
Magnetische Kraft, magnetische Feldstärke	$\mathfrak{H}$
Magnetische Induktion	$\mathfrak{B}$
Magnetisierende oder magnetomotorische Kraft	$\mathfrak{F}$
Menge der Kraftlinien	$\mathfrak{Z}$, $\mathfrak{z}$
Magnetischer Widerstand	$\mathfrak{W}$
Magnetische Durchlässigkeit, Permeabilität	μ
Magnetisches Aufnahmevermögen, Suszeptibilität	$\varkappa$
Koeffizient der magnetischen Hysterese	η

[1]) $\mathfrak{T}$ für die absolute, t für die vom Eispunkt zu rechnende Temperatur.

[2]) Die Lichtgrößen sind durch Beschluß des Elektrotechnischen Vereins, des Verbandes deutscher Elektrotechniker und des Deutschen Vereins der Gas- und Wasserfachmänner festgesetzt.

Größe oder Eigenschaft	Zeichen
5. Elektrische Größen:	
Elektromotorische Kraft	E, e
Potentialdifferenz, Spannung	U, u
Widerstand	W, w
Stromstärke	I, i
Elektrizitätsmenge	Q, q
Kapazität	C, c
Selbstinduktionskoeffizient	Ls
Koeffizient der gegenseitigen Induktion	Lm
Spezifischer Widerstand	ϱ
Spezifisches Leitungsvermögen	γ
Dielektrizitätskonstante	$\mathfrak{d}$
Elektrochemisches Äquivalent	α
Wirbelstromkonstante	β
Elektrische Arbeit und Leistung werden wie mechanische Arbeit und Leistung bezeichnet	

Elektrische Maße. Ampere ist jene Stromstärke, welche aus einer wässerigen Lösung von Silbernitrat 0,001118 g Silber in einer Sekunde niederschlägt. — Ohm ist der elektrische Widerstand einer Quecksilbersäule von 1 qmm Querschnitt und 1063 mm Länge bei 0° C. — Volt ist jene elektromotorische Kraft, welche an den Enden eines Leiters von 1 Ohm Widerstand, durch den ein konstanter Strom von 1 Amp. fließt, besteht. — Watt (gleich Voltampere) ist die in einer Sekunde durch einen Strom von 1 Amp. in einem Leiter, an dessen Enden eine Spannungsdifferenz von 1 Volt besteht, geleistete Arbeit. (1 PS = 736 Watt = 75 Sek.-mkg: 1 HP [engl.] = 746 Watt = 550 engl. Fußpfund pro 1 Sekunde.) — Coulomb ist jene Elektrizitätsmenge, welche in einer Sekunde bei einer Stromstärke von 1 Amp. durch den Querschnitt eines Leiters fließt. — Farad ist die Kapazität eines Kondensators, der durch die Elektrizitätsmenge von 1 Coulomb auf die Spannungsdifferenz von 1 Volt geladen wird. — Megaohm = 1 000 000 Ohm. — Megavolt = 1 000 000 Volt usw. — Mikroohm = $\frac{1}{1\,000\,000}$ Ohm. — Mikrovolt = $\frac{1}{1\,000\,000}$ Volt usw. — Siemenseinheit ist der Widerstand einer Quecksilbersäule von 1 qmm Querschnitt und 1 m Länge bei 0° C.

Siemens-einheiten =	Ohm	Ohm =	Siemens-einheiten
1	0,94073	1	1,063
2	1,88146	2	2,126
3	2,82219	3	3,189
4	3,76292	4	4,252
5	4,70365	5	5,315
6	5,64438	6	6,378
7	6,58511	7	7,441
8	7,52584	8	8,504
9	8,46657	9	9,567
10	9,40730	10	10,630

Amperestunde ist jene Elektrizitätsmenge, welche im Verlaufe einer Stunde bei einer konstanten Stromstärke von 1 Ampere an einer Elektrode ein- oder austritt. — Wattstunde ist jene Arbeit, welche die Elektrizitätsmenge von 1 Amperestunde bei einer Spannung von 1 Volt leistet. — 1 Daniell ist gleich 1,12 Volt (1 Volt = 0,90 Daniell). — Joule ist die von einem Watt in einer Sekunde geleistete Arbeit (Wattsekunde). 1 Joule = 0,1019 mkg. — Henry (die Einheit der Induktion) ist die Induktion in einem Stromkreise, wenn die in diesem Stromkreise induzierte elektromotorische Kraft ein Volt ist, während der induzierende Strom in dem Verhältnis: ein Ampere pro Sekunde variiert. — Poncelet ist die neue französische Leistungseinheit = 981 Watt = 100 mkg-sek. — Die Einheit der Leitfähigkeit ist das Ohmzentimeter. Diese Leitfähigkeiteinheit besitzt ein zylindrischer Körper von 1 qcm Grundfläche und 1 cm Höhe, der den Widerstand von 1 Ohm hat. — Molekulare Leitfähigkeit ist die vorher erwähnte Leitfähigkeit, dividiert durch die Anzahl der im Kubikzentimeter gelösten Grammoleküle.

1 Hektowatt = 0,136 PS = 10,19 mkg-sek.
1 Kilowatt = 1,36 PS = 101,9 mkg-sek.
1 Wattstunde = 367 mkg.

Elektrizitätsmenge, absolute Einheit derselben ist jene Elektrizitätsmenge, welche von der absoluten Einheit der Stromstärke in einer Sekunde durch den Querschnitt eines Leiters gefördert wird.

Elektrizitätszähler (siehe **Zähler** und **Wattstundenzähler**).

Elektrochemie — Lehre von dem Zusammenhange zwischen der elektrischen und chemischen Energie und der Überführung der einen dieser Energiearten in die andere.

Elektrochemisches Äquivalent ist das Produkt aus dem chemischen Äquivalent eines Körpers und 0,010386.

Elektroden — Bezeichnung für die Enden stromführender Leiter und für die Metallteile, mittels welcher der elektrische Strom in einen Elektrolyten ein- bzw. ausgeführt wird.

Elektrodenkohlen. Zur Herstellung der Elektrodenkohlen kommen als Rohmaterial Anthrazit, Koks, Ruß, sog. Petroleumkoks (aus Petroleumrückständen), Steinkohlenteer, Graphit zur Verwendung. Das Material wird in Kugelmühlen fein zermahlen, mit Teer versetzt und in Mischmaschinen gemischt, schließlich zur Erreichung großer Homogenität bei den besseren Sorten zwischen den Walzen eines Kalanders hindurchgeführt, bei den minderen Sorten geknetet. Hierauf wird die Masse zu einem Klumpen zusammengestampft und in den Preßzylinder eingepackt, dessen Mundstück, durch welches die Masse herausgepreßt wird, für das Aussehen und die Güte der Kohle maßgebend ist. Nach dem Pressen werden die Enden sauber abgeschnitten und geglättet, die Löcher gebohrt, die Ansätze für die Fassungen und Zuleitungen gefraist. Die Kohlen werden nun in Kokspulver eingepackt (um Luftzutritt zu verhindern) und in Ringöfen, welche mit Steinkohlen- oder Wassergas geheizt sind, gebrannt.

Das Brennen wird so weit gesteigert, daß eine Verkokung der Masse herbeigeführt wird. Eine gut ausgepreßte Elektrodenkohle muß eine glatte Oberfläche haben, die so hart ist, daß man nicht ohne größte Anstrengung ein Messer in die Kohlenmasse stecken kann. Dr. Alb Lessing, Nürnberg (*s. Inseratanh. S. I*).

Elektrodynamik — Lehre von den mechanischen Kräften, die elektrische Ströme aufeinander ausüben.

Elektrodynamische Kraft (siehe **Dämpfungsprinzip**) entsteht, wenn durch einen in einem magnetischen Felde befindlichen Leiter ein elektrischer Strom gesendet wird. Durch die von der elektrodynamischen Kraft hervorgerufene Bewegung des Leiters wird ein mechanischer Effekt erzeugt.

Elektrodynamometer (siehe **Dynamometer, elektrisches**).

Elektrogravüre von J. Rieders. In einem mit Chlorammoniumlösung gefüllten Gefäße befindet sich ein Gipsblock, dessen obere Fläche als Negativ des zu gravierenden Bildes ausgebildet ist. Unter dem Gipsblocke ist die Kathode angeordnet, während die zu ätzende Stahlplatte die Anode bildet. Der Gipsblock tränkt sich mit dem Elektrolyten und wird nun, wenn der Stromkreis geschlossen wird, mit seiner Reliefoberfläche auf die Stahlplatte ätzend wirken. Das sich hierdurch bildende Eisenchlorid dringt in die Gipsporen ein, während nach und nach die Stahlplatte, ihrer Ausätzung entsprechend, auf den Gipsblock sinkt, bis die ganze Reliefgipsfläche mit der Stahlanode Kontakt hat. Die Klemmenspannung der Betriebsdynamo beträgt 12—15 Volt, die Stromstärke für Platten von 200 × 300 mm ca. 50 Ampere. (Hersteller der Elektrogravüremaschinen: Elektrogravüre, G. m. b. H., Leipzig.)

Elektrokalorimeter sind Instrumente, welche aus der durch den Strom herbeigeführten Erwärmung eines Leiters bzw. der dadurch hervorgerufenen Längenänderung desselben die Messung der Stromstärke, natürlich nur für schwache Ströme, ermöglichen. Bei dem Cardewschen Instrumente wird die Längenänderung eines in einer 900 mm langen Röhre eingespannten, 0,064 mm starken Platindrahtes auf einen Zeiger übertragen. Auf ähnlichem Prinzip beruhen die Instrumente von Hartmann & Braun und von Edelmann in München.

Elektrokapillarisches Licht. Wenn in einer mit Aluminium- oder Kupferelektroden versehenen engen Kapillarröhre, in welche Luft unter gewöhnlichem Druck eingeführt ist, die Entladung einer Induktionsspule hergestellt wird, so wird der Luftfaden blendend leuchtend.

Elektrolyse — Zerlegung einer zusammengesetzten Flüssigkeit durch den elektrischen Strom in ihre Bestandteile. Die Spannung des gesamten Stromes, durch den Elektrolyse erfolgen soll, muß mindestens gleich sein der Summe aus der elektromotorischen Kraft der Polarisation und dem durch den Widerstand des Bades hervorgerufenen Spannungsverlust. Der elektrolytische Prozeß wird um so vorteilhafter sein, je geringer die notwendige Stromspannung ist.

Elektrolyseur von Renard besteht aus einem gußeisernen Behälter, welcher als negative Elektrode dient. Die positive zylindrische Eisen- oder Nickelblechelektrode wird von einem aus Asbestgeflecht hergestellten porösen Zylinder umgeben, in dessen Boden ein rechtwinklig gebogenes Rohr angeordnet ist, durch welches das äußere und innere Gefäß kommunizieren.

Elektrolyseur von Schmidt. Die doppelpoligen Eisenblechelektroden sind hintereinander geschaltet. Am Rande gummierte Asbesttücher dienen als Isolationen und Dichtungen und zur Trennung der Gase. Der ganze Apparat ist mit einer Ätzkalilösung gefüllt, wodurch eine Ansammlung und Mischung der Gase verhindert wird. Die Vorderseiten der Elektroden stehen mit einem den Wasserstoff, die Rückseiten mit einem den Sauerstoff ableitenden Kanal in Verbindung. Der Apparat liefert pro KW-Std. 168 l Wasserstoff und 84 l Sauerstoff, wobei 134 g Wasser zersetzt werden.
Maschinenfabrik Oerlikon, Schweiz.

Elektrolyt ist eine leitende, zusammengesetzte Flüssigkeit, welche beim Durchgange des elektrischen Stromes zersetzt wird. Im Elektrolyten ist der elektrische Strom mit Bewegungen der Materie verbunden, und zwar bewegen sich Metallteilchen im Sinne des positiven Stromes, Säureteilchen im entgegengesetzten Sinne.

Preis verschiedener Elektrolyte:
100 kg technisch reine Kalilauge (34 %) ℳ 28.—
100 kg technisch reine Natronlauge (32 %) ℳ 17.50
100 kg chemisch reine Schwefelsäure (30 %) ℳ 7.—.

Es bedeutet in der folgenden Tabelle *w* den Widerstand in Ohm einer Säule von 100 mm Länge und 100 qmm Querschnitt bei 18° C.

	proz. Lös.	*w*		proz. Lös.	*w*
Chloride:			KJ	5	2,97
KCl	5	1,46		20	0,68
	15	0,49		40	0,31
	25	0,36		55	0,24
NaCl	5	1,50	NaJ	5	3,38
	15	0,60		20	0,88
	25	0,47		40	0,47
$CaCl_2$	5	1,57	Cyanide:		
	15	0,67	KCy	3,25	1,91
	25	0,56		6,5	0,98
	30	0,60	Nitrate:		
$MgCl_2$	5	1,47	KNO_3	5	2,21
	20	0,72		15	0,84
	30	0,95		20	0,66
$CuCl_2$ bei 9,25° ge-			NH_4NO_3	5	1,70
sättigt		1,455		10	0,90
doppelt verdünnt		2,379		30	0,35
4fach verdünnt .		4,157		50	0,24
KBr	5	2,16	$NaNO_3$	5	2,31
	10	1,08		10	1,29
	10	0,5		30	0,62
	36	0,29			

	proz. Lös.	w		proz. Lös.	w
Nitrate:			Na_2CO_3	5	2,23
$AgNO_3$	5	3,94		15	1,20
	20	1,16	Oxalate:		
	40	0,64	$K_2C_2O_4$	5	2,06
	60	0,48		10	1,09
			Hydrate:		
Sulfate:			KOH	4,2	0,68
K_2SO_4	5	2,12		8,4	0,37
	10	1,17		25	0,18
NH_4SO_4	5	1,82		33,6	0,19
	20	0,56		42	0,23
	30	0,44	NaOH	5	0,51
Na_2SO_4	5	2,46		15	0,29
	15	1,13		20	0,30
$MgSO_4$	5	3,82		40	0,86
	15	2,09	Saure Salze:		
	25	2,42	$KHSO_4$	5	1,23
$ZnSO_4$	5	5,29		10	0,66
	25	2,09		20	0,36
	30	2,27		25	0,31
$CuSO_4$	5	5,33		27	0,29
	15	2,39	$KHCO_3$	5	2,71
	17,5	2,19		10	1,46
Karbonate:			KH_2PO_4	5	4,23
K_2CO_3	5	1,79		10	2,52
	20	0,57		15	1,73
	40	0,46			
	50	0,68			

Säuren	proz. Lös.	spez. Gew.	w	Säuren	proz. Lös.	spez. Gew.	w
Schwefel-	1	—	2,199	Schwefel-	70	1,6146	0,468
säure	2,5	1,0161	0,925	säure	80	1,7320	0,914
H_2SO_4	5	1,0331	0,483	H_2SO_4	85	1,7827	1,030
	10	1,0673	0,257		90	1,8167	0,939
	15	1,1036	0,186		95	1,8368	0,985
	20	1,1414	0,154		97	1,8390	1,258
	25	1,1807	0,141		99,4	1,8354	11,8
	30	1,2207	0,137	Salzsäure	5	1,0242	0,255
	35	1,2625	0,139	HCl	10	1,0490	0,160
	40	1,3056	0,148		15	1,0744	0,135
	45	1,3508	0,164		20	1,1001	0,132
	50	1,3984	0,187		30	1,1524	0,1522
	60	1,5019	0,271		40	1,2007	0,196

Geschmolzene Salze Substanz	w	Schmelz-temperatur
Salpetersaures Kali	0,145	342
» Natron	0,0822	314
Kohlensaures Kali	0,4388	1150
Chlornatrium	0,1089	960
Chlorblei	0,0373	580
Zinkchlorid, eben geschmolzen . .	10,98	—
» eben erstarrend . . .	115,3	—

Elektrolytische Unterbrecher haben folgende Vorteile: Große Einfachheit, Fortfall jeglicher Reinigung, Möglichkeit, den Induktor mit sehr hohen Unterbrechungszahlen stark auszunutzen, kein Quecksilberverbrauch, Fortfall des Kondensators, daher billiger Induktorpreis. Zu ihren Ungunsten spricht der große Stromverbrauch (bei 110 Volt und 50 cm Induktor 15—20 Ampere) — dieser hat zur Folge stärkere Zuleitungen und höhere Betriebskosten —, ihr Geräusch sowie die Gasentwickelung. Die Anzahl der Unterbrechungen und die Leistung ist abhängig von der Belastung im sekundären Kreis, also dem veränderlichen Vakuum der Röntgenröhre.

Der Wehneltsche Unterbrecher besteht in seiner Hauptsache aus einem mit verdünnter Schwefelsäure gefüllten Glasgefäße, in welches eine Bleiplatte und ein unten horizontal abgebogener, in einer ebenso gebogenen Glasröhre geführter Platindraht eintauchen. Die Spitze des Platindrahtes ragt aus der Röhre heraus und steht der Bleiplatte gegenüber. Beide Elektroden sind in einem Stromkreis eingeschaltet, in welchem sich die Primärrolle eines Induktoriums befindet. Durch den, infolge Selbstinduktion der Spule ansteigenden Strom entwickeln sich an der Spitze Sauerstoff und Flüssigkeitsdämpfe, welche glühend werden, wodurch sich letztere in Wasserstoff und Sauerstoff zerlegen, welche ein größeres Volumen einnehmen, so daß der Abstand zwischen Spitze und Flüssigkeit so groß wird, daß der bisher von der Spitze durch die Gashülle zur Flüssigkeit gehende Strom unterbrochen wird. Es entsteht ein Öffnungsfunke, die Gasblasen steigen in die Höhe, wodurch die Flüssigkeit wieder mit der Spitze in Berührung kommt und der Stromkreis geschlossen wird. Preis *M 75.*

Andere Systeme von Caldwell u. a. m.

Elektromagnete sind Magnete, welche unter dem Einfluß eines um sie in Windungen herumgeführten elektrischen Stromes magnetisch werden, nach Unterbrechung des Stromes jedoch sofort ihren Magnetismus verlieren.

Elektromagnetismus — die Lehre von den Beziehungen der Ströme zum Magnetismus — der durch den elektrischen Strom hervorgerufene Magnetismus.

Elektrometallurgie — Gewinnung der Metalle auf elektrolytischem Wege.

Elektrometer sind Instrumente, welche den elektrischen Zustand anzeigen und gleichzeitig eine Messung der auftretenden Kräfte ermöglichen.

Elektromotoren.

Wattverbrauch bei:

PS	Wirkungsgrad von													
	0,75	0,76	0,77	0,78	0,80	0,81	0,83	0,85	0,87	0,89	0,91	0,93	0,95	0,97
1	980	970	955	945	920	910	885	865	845	825	810	791	775	758
1,5	1 472	1 453	1 434	1 416	1 380	1 363	1 330	1 302	1 269	1 240	1 214	1 187	1 163	1 139
2	1 963	1 940	1 911	1 887	1 840	1 818	1 774	1 732	1 690	1 654	1 618	1 583	1 550	1 518
2,5	2 494	2 461	2 429	2 384	2 338	2 309	2 253	2 165	2 110	2 065	2 025	1 979	1 937	1 897
3	2 945	2 906	2 868	2 832	2 750	2 726	2 661	2 596	2 535	2 481	2 427	2 396	2 325	2 277
3,5	3 435	3 389	3 346	3 306	3 220	3 181	3 102	3 031	2 958	2 895	2 831	2 771	2 713	2 656
4	6 392	3 874	3 838	3 775	3 680	3 636	3 547	3 464	3 376	3 308	3 236	3 166	3 099	3 031
4,5	4 416	4 358	4 302	4 247	4 140	4 089	3 991	3 897	3 800	3 722	3 647	3 562	3 487	3 415
5	4 907	4 849	4 779	4 718	4 600	4 544	4 434	4 329	4 223	4 135	4 044	3 957	3 874	3 794
5,5	5 398	5 327	5 256	5 190	5 160	4 988	4 875	4 763	4 648	4 550	4 450	4 353	4 262	4 174
6	5 889	5 811	5 736	5 662	5 520	5 452	5 321	5 196	5 076	4 962	4 853	4 748	4 649	4 553
6,5	6 380	6 427	6 219	6 133	5 980	5 907	5 764	5 629	5 499	5 376	5 258	5 145	5 036	4 934
7	6 870	6 779	6 691	6 606	6 440	6 365	6 208	6 062	5 922	5 790	5 662	5 542	5 426	5 312
7,5	7 360	7 264	7 174	7 088	6 900	6 825	6 652	6 495	6 345	6 210	6 075	5 937	5 814	5 691
8	7 852	7 758	7 676	7 550	7 360	7 272	7 096	6 928	6 768	6 616	6 480	6 362	6 202	6 070
9	8 820	8 730	8 595	8 505	8 280	8 190	7 983	7 794	7 613	7 430	7 290	7 123	6 977	6 828
10	9 800	9 700	9 550	9 450	9 200	9 100	8 850	8 650	8 450	8 250	8 100	7 910	7 750	7 580
12	11 760	11 640	11 460	11 330	11 040	10 920	10 644	10 392	10 140	9 900	9 720	9 492	9 300	9 096
15	14 700	14 550	14 325	14 175	13 800	13 650	13 305	12 990	12 690	12 400	12 150	11 870	11 630	11 390
20	19 600	19 400	19 100	18 900	18 400	18 200	17 740	17 320	16 900	16 550	16 200	15 830	15 500	15 180
25	24 500	24 250	23 875	23 625	23 000	22 750	22 175	21 625	21 100	20 650	20 250	19 790	19 370	18 970

Kosten von Elektromotorenanlagen.

Leistung eff. PS	Gesamtgewicht ca. kg	Preis der Anlage ℳ
1	180	*550*
1,5	250	*850*
2	250	*900*
2,5	360	*1200*
3	370	*1200*
3,5	600	*1200*
4	470	*1300*
6	470	*1300*
7	630	*1500*
8	830	*1550*
10	1000	*2200*
12	1450	*2200*
22	2120	*3100*
32	2400	*3700*
45	2650	*4500*
66	3750	*5800*
88	5100	*7000*

Berechnet für normalen Anlaßwiderstand, Schalttafel mit Schaltapparaten und Bleisicherungen, Verbindungsleitung zwischen Motor und Schalttafel nebst Verpackung.)

Maschinenfabrik Eßlingen in Eßlingen. Fabr.elektr.App.Dr.Max Levy, Berlin N 4. | Maschinenfabrik Oerlikon, Oerlikon bei Zürich (Schweiz).

Elektromotorenfehler. Läuft der Motor nicht an, so sind entweder die Magnetspulen falsch geschaltet, oder im Motor oder Anlasser ist der Nebenschlußstromkreis unterbrochen, was am starken Feuern des Ankers, wenn er mit der Hand gedreht wird, erkennbar ist, oder der Anlasser ist mit dem Motor falsch verbunden, in welchem Falle der Motor unter Belastung nicht, leer bei Nachhilfe mit der Hand angeht, oder Ankerspulen sind beschädigt (durchgeschlagen), was man daran erkennt, daß sich der Anker von Hand nur ruckweise und schwer drehen läßt, oder Anlasser bzw. Sicherungen sind unterbrochen. Bei Drehstrommotoren kommen noch hinzu: Stromlosigkeit einer Phase, falsche Stellung der Phasen, durch Vertauschen der betreffenden Drähte zu beheben, beschädigter Anlasser, schlecht zentrierter Läufer, zu niedrige Spannung. Statt Dreieckschaltung Sternschaltung oder umgekehrt, zu erkennen daran, daß der Motor leicht außer Tritt fällt, oder zu niedrige Spannung haben zur Folge, daß der Motor sich nicht überlasten läßt. Kurzschluß in einer Phase oder zwei Phasen hat große Ständerhitzung, geringe Zugkraft und starken Stromverbrauch zur Folge.

Elektromotorische Kraft, absolute Einheit derselben ist jene elektromotorische Kraft, welche in einem magnetischen Feld von der Stärke 1 in einem geraden Leiter erzeugt wird, welcher sich mit der Geschwindigkeit von 1 cm-sek. senkrecht zu sich selbst und zu den Kraftlinien bewegt (absolute Spannungseinheit).

Elektronen sind die den Leiter erfüllenden, außerordentlich kleinen Träger beider Elektrizitätsarten. Die positiven Elektronen sind an die Materie gebunden und nehmen teil an den Verrückungen der Moleküle um Gleichgewichtslagen, wie sie durch die jeweilige absolute Temperatur bedingt werden. Die negativen Elektronen sind in Wanderung begriffen und bringen dadurch die Leitung zustande. Je größer die Anzahl der durch den Querschnitt wandernden Elektronen ist, ein um so besseres Leitvermögen besitzt der betreffende Leiter.

Elektroradiophon ist die Kombination eines Kohärers (siehe daselbst) mit einem Telephon.

Elektroskope sind Apparate, welche den elektrischen Zustand eines Körpers anzeigen (siehe **Goldblattelektroskop**).

Elektroskop von Bohnenberger besteht aus zwei Glast röhren, in welchen kleine Papierscheiben übereinandergeschichtesind. Die Papierscheiben bestehen je aus einem Gold- und Silberpapier, welche mit der Papierseite zusammengeklebt sind. Die einzelnen Scheiben sind so übereinandergeschichtet, daß die ungleichen Metalle aufeinanderliegen. Dabei ist die Anordnung getroffen, daß in der einen Röhre die oberste Fläche eine Goldpapierfläche, die unterste eine Silberpapierfläche, in der anderen Röhre die oberste eine Silberpapierfläche, die unterste eine Goldpapierfläche ist. Die beiden untersten Flächen der beiden Röhren sind leitend verbunden, während die Goldfläche der einen Röhre den positiven Pol (positiven Konduktor), die Silberfläche der anderen Röhre den negativen Pol (negativen Konduktor) bilden. Zwischen beiden Kondnktoren hängt ein Goldblatt.

Elektrostatik — Lehre von den Erscheinungen der atmosphärischen und Reibungselektrizität.

Elektrostatische Einheit der |Elektrizitätsmenge (siehe **Dyne**).

Elektrostatische Erscheinungen sind jene Erscheinungen, welche mit dem unveränderlichen Zustand des betreffenden Körpers verknüpft sind.

Elektrostatische Festigkeit der Dielektra ist das Verhältnis der Spannung, die nötig ist, um das Dielektrikum zu durchschlagen, zur Dicke des Dielektrikums.

Nötige Spannungen zum Durchschlagen einer Platte von 1 cm Dicke:

für	Terpentinöl	90 000	Volt
»	Paraffinöl	87 000	»
»	Paraffin, geschmolzen .	60 000	»
»	» fest	135 000	»
»	Papier, paraffiniert . .	360 000	»
»	Schwefel, kristallisiert .	33 000	»
»	Luft	21 000	»

Elemente. (Tabelle siehe nächste Seite.)

Element	Zeichen	Verbindungsreihe	Valenz	Atomgew.	Äquivalent	Elektrochem. Äquiv. in mg pro Cb	Ausscheidung pro Ampere-Std. in g	Spez. Gewicht
Aluminium	Al	—	3	27,04	9,013	0,09361	0,3370	2,603
Antimon .	Sb	A-ige Säure	3	119,6	39,87	0,4151	1,494	—
Arsen . .	As	A-ige Säure	3	74,9	24,97	0,260	0,936	—
Barium . .	Ba	—	2	136,9	68,45	0,7123	2,566	—
Beryllium .	Be	Oxyd	2	9,08	4,54	0,0473	0,1702	—
Blei . . .	Pb	—	2	206,39	103,195	1,0718	3,8584	11,37
Bor . . .	Bo	—	2	10,9	3,63	0,0378	0,136	—
Brom . . .	Br	—	1	79,76	79,76	0,8284	2,982	3,15
Chlor . . .	Cl	—	1	35,37	35,37	0,3674	1,323	1,33
Chrom . .	Cr	Oxydul	2	52,4	26,2	0,2728	0,982	—
„ . . .	„	Oxyd	3	52,4	17,47	0,1819	0,6548	—
Eisen . . .	Fe	Oxydul	2	55,88	27,94	0,2909	1,047	7,88
„ . . .	„	Oxyd	3	55,88	18,63	0,1939	0,698	7,88
Fluor . . .	F	—	1	19,1	19,1	0,1989	0,7159	—
Gold . . .	Au	—	3	196,7	65,57	0,681	2,452	19,32
Jod . . .	J	—	1	126,53	126,53	1,314	4,730	4,95
Kalzium .	Ca	—	2	39,91	19,95	0,2077	0,7477	—
Kadmium .	Cd	—	2	111,7	55,85	0,5814	2,093	—
Kalium . .	K	—	1	39,03	39,03	0,4054	1,459	0,87
Kobalt . .	Co	Oxydul	2	58,6	29,3	0,3050	1,098	—
„ . . .	„	Oxyd	3	58,6	19,53	0,2033	0,732	—
Kohlenstoff	C	—	4	11,97	2,99	0,03113	0,1118	—
Kupfer . .	Cu	Oxydul	1	63,18	63,8	0,6560	2,3616	8,92
„ . . .	„	Oxyd	2	63,18	31,59	0,3280	1,1808	8,92
Lithium . .	Li	—	1	7,01	7,01	0,073	0,2627	—
Magnesium	Mg	—	2	24,3	12,15	0,1262	0,4543	1,74
Mangan . .	Mn	Oxydul	2	54,8	27,4	0,2853	1,027	—
„ . . .	„	Oxyd	3	54,8	18,17	0,1902	0,6848	—
Natrium . .	Na	—	1	22,99	22,99	0,2388	0,8596	0,978
Nickel . .	Ni	Oxydul	2	58,6	29,3	0,304	1,096	8,9
„ . . .	„	Oxyd	3	58,6	19,5	0,202	0,731	8,9
Palladium .	Pd	Oxydul	2	106,2	53,1	0,5528	1,990	—
Phosphor .	P	Ph-ig.-Säure	3	30,96	10,32	0,1074	0,3868	—
Platin . .	Pt	Oxyd	4	194,4	97,2	1,009	3,6324	21,5
Quecksilber	Hg	Oxydul	1	199,8	199,8	2,076	7,470	13,55
„	„	Oxyd	2	199,8	99,9	1,038	3,735	13,55
Sauerstoff .	O	—	2	15,96	7,98	0,0829	0,298	0,00143
Schwefel .	S	—	2	31,98	15,99	0,1664	0,5993	—
Selen . . .	Se	S-ige Säure	2	78,0	39,5	0,4112	1,480	—
Silber . .	Ag	—	1	107,66	107,66	1,1183	4,0260	10,53
Silizium . .	Si	—	4	28,3	7,07	0,0736	0,2649	—
Stickstoff .	N	Salp. Säure	3	14,01	4,67	0,0486	0,175	—
Strontium .	Sr	—	2	87,3	43,65	0,4545	1,636	—
Tellur . .	Te	T-ige Säure	2	125,0	62,5	0,651	2,343	—
Thalium .	Tl	—	2	203,7	101,85	1,06	3,817	—
Titan . . .	Ti	—	4	48,0	12,0	0,102	0,450	—
Wasserstoff	H	—	1	1	1	0,010386	0,037390	0,0000896
Wismut .	Bi	Oxyd	3	207,3	69,1	0,7194	2,590	—
Zink . . .	Zn	—	2	65,10	32,55	0,3381	1,2172	7,15
Zinn . . .	Sn	Oxydul	2	118,8	59,4	0,6169	2,221	7,29

Elemente, galvanische.

Bezeichnung	Zusammensetzung	Elektromotorische Kraft	Widerstand	Kosten einer im äußeren Stromkreise verfügbaren Pferdekraftstd. ℳ
Groveelement	Zink(amalgam.)in verd. H_2SO_4 (1:10) Poröse Tonzelle Platin in Salpetersäure (Spez. Gew. 1,33)	1,9 Volt	0,7 Ω	*1.7*
Bunsenelement	Zink(amalgam.) in verd. H_2SO_4 (1:10) Poröse Tonzelle Retortenkohle in HNO_3	1,8 »	0,24 »	*2.4*
Daniellelement	Zink(amalgam.) in verd. H_2SO_4 (1:10) Poröse Tonzelle Kupfer in konz. $CuSO_4$-Lösung	1,06 »	0,7 »	*2.6*
Leclanchéelement	Zink in Salmiaklösung Poröse Tonzelle Kohle in einem Gemenge von gepulvertem Braunstein und Retortengraphit	1,48 »	0,25 »	*4.2*
Meidingerelement	Zn in $MgSO_4$-Lösung Cu in konz. $Cu\text{-}SO_4$-Lösung	1 »	9,9 »	—

Elemente, irreversible (nicht umkehrbare) — Gegenteil von versiblen Elementen (siehe daselbst).

Elemente, konstante, sind jene, bei welchen die Polarisation (siehe daselbst) durch neu hinzukommende chemische Wirkungen entweder bedeutend verringert oder beseitigt wird, so daß sie konstanten Strom liefern.

Elemente, umkehrbare (versible), sind solche, bei denen eine vollständige Rückbildung der chemischen Verbindungen dadurch bewirkt werden kann, daß man einen elektrischen Strom in umgekehrter Richtung durch sie hindurchfließen läßt, so daß sie wie Akkumulatoren nach der Erschöpfung neu geladen werden können.

Element, magnetisches, ist ein System, welches aus zwei einander unendlich nahen magnetischen Massen von gleichem Betrage und entgegengesetztem Vorzeichen besteht.

Elmorekupfer (siehe **Kupfer**).

Elmoresches Verfahren zur Herstellung nahtloser Kupferröhren auf elektrolytischem Wege: In einem Bad von schwefelsaurem Kupfer befindet sich als negative Elektrode eine Eisenwalze, welche fortwährend gedreht und an der das Kupfer niedergeschlagen wird, wobei ein Achatstein ununterbrochen auf der rotierenden Walze hin und her gleitet und dadurch das gefällte Kupfer glatt und dicht macht. Als positive Elektrode dient Kupferschrot von Chilikupfer. Der Strom wird der rotierenden Walze durch Schleifbürsten zugeführt. Jedes Bad wird mit 1 Volt Spannung betrieben. Nachdem der Kupferniederschlag die gewünschte Dicke erreicht hat, wird die Eisenwalze unter Erwärmung und Druck aus der niedergeschlagenen Kupferröhre herausgezogen.

Elmsfeuer — eine durch elektrische Büschellichtentladung an den Spitzen hoher Masten, Kamine, Stangen usw. hervorgerufene Lichterscheinung.

Empfänger des Morsesystems (siehe **Schreibapparat**).

Empfangsdraht (siehe **Marconisches System**).

Empfangsstation bei der Funkentelegraphie besteht aus dem Kohärer (Empfänger, Fritter, Frittröhre), welcher im Stromkreise einer Lokalbatterie und den Elektromagnetwindungen eines Relais wirkt.

Endanschlüsse von Kabeln haben die Aufgabe, den Übergang von Kabeln zu freien oder Innenleitungen zu vermitteln.

Endverschlüsse für Kabel zum Anschluß an Apparatenanlagen.

Endverschlüsse für Einfachkabel.

Kupferquerschnitt	Mit Öse für Kabel mit litzenförmigem Leiter ohne Prüfdraht		Mit Kontaktschraube für Kabel m. litzenförmigem Leiter ohne Prüfdraht		Mit Kontaktschraube für Kabel m. litzenförmigem Leiter mit Prüfdraht	
qmm	Gewicht kg	Preis *M*	Gewicht kg	Preis *M*	Gewicht kg	Preis *M*
25	0,12	*3.85*	0,3	*5.80*	0,35	*9.20*
35	0,12	*3.85*	0,27	*5.80*	0,36	*9.20*
50	0,13	*3.85*	0,27	*5.80*	0,37	*9.20*
70	0,14	*4.30*	0,36	*6.30*	0,43	*9.70*
95	0,17	*4.30*	0,37	*6.30*	0,43	*9.70*
120	0,47	*9.—*	0,56	*9.—*	0,88	*14.20*
150	0,47	*9.—*	0,57	*9.—*	0,92	*14.20*
185	0,47	*9.—*	0,59	*9.—*	0,96	*14.20*
240	0,49	*11.55*	0,70	*11.55*	0,9	*17.60*
310	0,50	*11.55*	0,72	*11.55*	1,0	*17.60*
400	0,60	*12.60*	0,85	*12.60*	1,1	*18.70*
500	0,75	*14.30*	1,06	*14.30*	1,4	*22.10*
625	1,0	*17.05*	1,3	*17.05*	1,7	*24.80*
800	1,3	*21.45*	1,77	*21.45*	2,1	*28.60*
1000	1,3	*21.45*	1,6	*21.45*	2,3	*28.60*

Endverschlüsse für konzentrische Doppelkabel.

Kupferquerschnitt des Kabels qmm 2×	10–24	25–50	51–100	101–150	151–250	251–350	351–500
	Bis 1000 Volt ohne Prüfdrähte.						
Gewicht in kg	1	1,4	1,6	3	4	4,5	5,5
Preis in Mark	*15.40*	*21.50*	*30.50*	*33.—*	*41.—*	*42.—*	*53.—*
	Bis 1000 Volt mit Prüfdrähten.						
Gewicht in kg	—	1,9	2,7	3	4	4,5	5,5
Preis in Mark	—	*37.50*	*42.—*	*47.—*	*55.—*	*62.—*	*71.—*
	Bis 2000 Volt ohne Prüfdrähte.						
Gewicht in kg	1,2	1,5	2,7	3	4	4,5	5,5
Preis in Mark	*17.70*	*23.20*	*33.—*	*37.50*	*43.—*	*49.—*	*59.—*
	Über 2000 Volt ohne Prüfdrähte.						
Gewicht in kg	1,2	1,5	2,7	3	4	4,5	—
Preis in Mark	*23.20*	*30.—*	*41.—*	*53.—*	*73.—*	*73.—*	—

Endverschlüsse für konzentrische Dreifachkabel für Niederspannung.

Kupferquerschnitt des Kabels qmm 3×	10—24	25—50	51—100	101—150	151—250	251—310
	Kabel ohne Prüfdrähte.					
Gewicht in kg	2	2,5	5,2	5,7	7,5	8,5
Preis in Mark	*30.—*	*37.50*	*55.—*	*61.—*	*75.—*	*80.—*
	Kabel mit drei Prüfdrähten.					
Gewicht in kg	—	3,6	5,2	5,7	7,5	8,5
Preis in Mark	—	*64.—*	*73.—*	*80.—*	*99.—*	*106.—*

Endverschlüsse für verseilte Doppelkabel.

Kupferquerschnitt . . qmm 2 ×		10—24	25—50	51—100	101—120
Niederspannung	Gewicht in kg	6,6	12,8	17	20
	Preis in Mark	*25.50*	*31.—*	*36.50*	*44.—*
Hochspannung	Gewicht in kg	6,6	12,8	17	20
	Preis in Mark	*26.50*	*33.—*	*41.—*	*53.—*

Endverschlüsse für verseilte Dreifachkabel.

Kupferquerschnitt . . qmm 3×		10—24	25—50	51—100	101—120
Niederspannung	Gewicht in kg	8	14	18	21
	Preis in Mark	*30.—*	*34.50*	*44.—*	*52.—*
Hochspannung	Gewicht in kg	8	14	18	21
	Preis in Mark	*32.—*	*40.—*	*48.50*	*61.—*

Bergmann-Elektrizitätswerke, Aktiengesellsch. (Abt. J), Berlin N., Henningsdorferstr. 33. 34. 35 (*s. vordere innere Deckelseite*).

Cassierer & Ko., Deutsche Kabelwerke, Land- und Seekabelwerke, Köln-Nippes.

Energie, elektrische (siehe **Arbeit, elektrische**).

Entladung, stille, ist die Entweichung von Elektrizität aus Leitern in die Luft.

Entladungspotential ist die zur Entstehung eines Funkens nötige Potentialdifferenz. Dasselbe wächst mit dem Abstande zwischen den Elektroden.

Erdarbeiten. Preise:

Aufwerfen von Gräben . . . . . pro l. m	ca. ℳ 0.8 — 1.3
Kabelziehen . . . . pro l. m	» » 0.15— 0.5
Wiederaufschüttung und Entfernung des übriggebliebenen Materials . . . pro qm	» » 0.15— 0.30
Abheben, Aufstapeln und Wiederverlegen von Basaltpflaster . . . . pro l. m	» » 1.80— 2.80
Abheben, Aufstapeln und Wiederverlegen von Gußasphalt . . . . pro qm	» » 3.50— 6.00
Abheben, Aufstapeln und Wiederherstellen von Stampfasphalt . . . . . . pro qm	» » 15.00—25.00

Erdelektroden (siehe **Erdplatten, Erdspiralen**).

Erden, einen Gegenstand, im Sinne der Norm. d. V. d. E. heißt, ihn mit der Erde derart leitend verbinden, daß er eine für unisoliert stehende Personen gefährliche Spannung nicht annehmen kann.

Erdleitungen werden aus Kupferdraht, bei feuchtem Erdinnern aus verzinktem Eisendraht hergestellt. In letzterem Falle muß der dreifache Querschnitt des zu schützenden Leitungsdrahtes gewählt werden. Zum Schutze der über den Boden führenden Erdleitung ist ein Eisenrohr zu verwenden. Letzteres soll so lang sein, daß sein oberes Ende von einer am Boden stehenden Person auch mit ausgestreckten Händen nicht erreicht werden kann (siehe **Blitzableiter** und **Masten**). An Erdleitungs-Kupferdrähten, die mit Zement oder Kalkmörtel in direkter Berührung verlegt worden sind, zeigt sich, namentlich an nicht ganz trockenen Orten, nach einiger Zeit Korrosion; es erscheint also angezeigt, Erdleitungen von diesen Substanzen, z. B. auch bei Durchführung durch Mauern und Böden, getrennt zu halten. Durchaus verwerflich ist es, Erdleitungen mit Krampen an Mauerwerk zu befestigen, besonders in Fällen, wo die Krampen in Holzdübel eingetrieben sind und das Mauerwerk nicht trocken ist; an solchen Stellen tritt die Feuchtigkeit am ehesten aus und haftet an den Drähten, oder sie wird vom Holz aufgesogen und sammelt sich an der Befestigungsstelle an.

Mit Rücksicht auf elektrolytische Wirkungen erscheint es auch wichtig, die Erdleitungen so anzulegen, daß ein Kontakt und ein allfälliger Stromübergang zur Erde nur an der Stelle eintreten kann, die hierzu gewählt und bestimmt ist und wo die den Kontakt vermittelnden Organe dementsprechend eingerichtet sind.

Erdmagnetismus — der von der Erde ausgeübte Magnetismus. Der magnetische Nordpol bzw. Südpol liegt beim geographischen Südpol bzw. Nordpol.

Erdplatten werden aus Kupferblech, bei starker Erdfeuchtigkeit aus verzinktem Eisenblech hergestellt. Sie müssen genügend groß gewählt werden. Ihre Fläche soll nicht weniger als $^1/_2$ qm betragen. Es ist vorteilhafter, an Stelle einer großen mehrere miteinander parallel geschaltete und in Entfernungen von wenigstens 2 m verlegte kleinere Platten zu wählen. Der Übergangswiderstand zwischen Erdplatte und Erde soll 20 Ohm nicht wesentlich übersteigen. Getrennte Erdplatten sind im allgemeinen, namentlich bei großen Anlagen und hohen Betriebsspannungen, einer gemeinsamen Erdplatte auch deshalb vorzuziehen, da im ersteren Falle Kurzschlüsse durch Blitzableiter bei weitem nicht so heftig auftreten können als bei Verwendung einer gemeinsamen Erdplatte. Die Erdplatten sind, wenn irgend möglich, in das Grundwasser zu legen. Ist das Grundwasser nicht zu erreichen, so ist die Erdplatte zur Erreichung einer guten Erdverbindung in feingemahlenen und gehörig festgestampften Koks und Erde zu betten, wozu etwa 2 cbm erforderlich sind. Das Eintauchen von Erdplatten in Gewässer ist nicht zulässig.

Erdschlußanzeiger, elektrischer, System Fort Wayne Electric Works, beruht auf dem gleichen Prinzip wie alle elektrostatischen Instrumente. Das Drehmoment wird durch die Anziehung statischer Ladungen erzeugt. Handelt es sich um Einphasenleitungen, so werden die beiden Leiter mit den beiden festen Platten, welche aus gezackten Aluminiumplatten (ähnlich den gewöhnlichen Zackenblitz-Schutzvorrichtungen) bestehen, und der bewegliche Teil, der, um die Spitzenwirkung voll auszunutzen, in ähnlicher Weise wie die festen Platten geformt ist, mit der Erde verbunden. Solange die Leitungen intakt sind, wird der bewegliche Teil von beiden Seiten gleich stark angezogen und der Zeiger steht auf Null. Bekommt eine Leitung Erdschluß, so wird die entsprechende Ladung neutralisiert; es entsteht eine Differenz der Kräfte, und der Zeiger gibt einen Ausschlag, aus dessen Richtung und Stärke sich die Lage und Stärke des Fehlers erkennen läßt.

Preis für Gleichstrom-Zweileitersystem ℳ *8—12,* für Dreileitersystem ℳ *12,* für Drehstromsystem ℳ *12* pro Stück.

Dr. P. Meyer, A.-G., Berlin.

Erdschlußanzeiger für Gleich- und Wechselstrom.

Anzahl der Stromkreise	Gewicht ca. netto kg	Gewicht ca. brutto kg	Preis ℳ	Verwendbar für
2	0,600	0,900	*9.—*	Zweileitersystem für 110 bzw. 220 Volt
3	0,650	0,975	*11.—*	
4	0,700	1,050	*12.50*	
5	0,750	1,125	*13.50*	
—	1,150	1,725	*13.50*	Dreileitersystem für 2 × 110 bzw. 2 × 220 Volt
—	0,750	1,125	*13.50*	Drehstrom

Union Elektr.-Ges., Berlin.

Erdströme.

Leitsätze, betreffend den Schutz metallischer Rohrleitungen gegen Erdströme elektrischer Bahnen.

(Auf 2 Jahre vom V. d. E. probeweise angenommen.)

I. Geltungsbereich der Leitsätze.

§ 1.

Die nachfolgenden Leitsätze beziehen sich nur auf solche Gleisstrecken neu anzulegender elektrischer Gleichstrombahnen mit stromführenden Gleisen, bei denen nicht durch Anwendung sehr gut entwässerter, daher schlecht leitender oder geradezu isolierender Unterbettung (z. B. Holzschwellen auf grobem Kies, Asphalteinbettung usw.) eine erhebliche Erdstrombildung und somit auch eine gefährliche Stromüberleitung in fremden Eigentümern gehörige Metallrohre verhindert wird.

§ 2.

Für schon bestehende Bahnstrecken und für mäßige Betriebs- oder Streckenerweiterung solcher kann von der Anwendung der Leitsätze abgesehen werden, wenn nicht unzweifelhaft festzustellen ist, daß wegen Nichtbefolgung dieser Leitsätze elektrolytische Schädigung fremden Eigentums entstanden oder doch den örtlichen Verhältnissen nach mit Sicherheit zu erwarten ist.

Dagegen empfiehlt sich die Befolgung der Leitsätze bei Erweiterungen an bestehenden Bahnen, sofern dabei die beim Inkrafttreten dieser Vorschriften bestehenden Werte von Stromdichte oder Spannungsabfall um mehr als 30 % überschritten werden.

II. Gefahrzustand und Gefahrzone.

§ 3.

Ein Gefahrzustand besteht nicht bei Metallrohren, deren Verbindungsstellen den Strom schlecht leiten. Es besteht jedoch die Möglichkeit einer elektrolytischen Gefährdung bei kontinuierlich leitenden Metallrohren, und zwar in um so höherem Maße, je größer ihre Längserstreckung und je kleiner ihre Entfernung von den Gleisen, ferner je größer die Potentialdifferenz im Boden entlang den Rohren ist.

§ 4.

Die Gefährdung ist dagegen um so geringer, je weniger die chemische Beschaffenheit des Bodens elektrolytische Wirkung begünstigt und je größer die Erdübergangswiderstände der Rohre und Gleise sind, ferner je geringer die Stromdichte an den stromaussendenden Stellen des Rohrmantels ist.

Als ungefährdet gelten alle Rohrkomplexe, deren nächster Punkt mindestens 1 km von den Gleisen entfernt ist.

Metallisch verbundene Rohre und Rohrkomplexe, deren größte Ausdehnung im wesentlichen in der Längsrichtung der Bahn liegt, gelten als ungefährdet, wenn sie innerhalb zweier in der Richtung gegen die Bahn zu konvergierenden Graden liegen, die mit der Bahnlinie Winkel von 30° einschließen und deren Schnittpunkte mit den Gleisen voneinander nicht so weit entfernt sind, daß innerhalb dieser Strecke ein Spannungsunterschied in der Erde dicht neben dem Gleise von 0,3 Volt, bezogen auf den Jahresdurchschnitt der Belastung, überschritten wird.

Metallisch verbundene Rohre und Rohrkomplexe, deren größte Ausdehnung im wesentlichen senkrecht zur Bahn liegt, gelten als ungefährdet, wenn der Spannungsabfall in der Erde dicht neben dem der Bahn nächsten und entferntesten Punkt des Rohres oder Rohrkomplexes 0,3 Volt, bezogen auf den Jahresdurchschnitt der Belastung, nicht überschreitet.[1]).

Im Falle, daß die Ausdehnung des metallisch verbundenen Rohrkomplexes in der Längsrichtung der Bahn nicht sehr verschieden ist von jener in der Richtung senkrecht dazu, gilt der Rohrkomplex als ungefährdet, wenn die beiden obengenannten Bedingungen gleichzeitig erfüllt sind.

Rohre und Rohrkomplexe, deren metallischer Zusammenhang durch isolierende Zwischenlagen an den Rohrverbindungsstellen unterbrochen ist, gelten überhaupt als ungefährdet.

III. Maßnahmen zur Verminderung von Erdströmen und zum Selbstschutz der Rohrleitungen.

§ 5.

Bei Bahnen nach dem Zweileitersystem ist (sofern nicht eine regelmäßige, mindestens täglich einmalige Umkehrung der Polarität stattfindet) das Gleis mit dem negativen Pol der Stromquelle zu verbinden. Wenn der Spannungsabfall in der Verbindungsleitung 2 Volt übersteigt, so ist diese isoliert zu verlegen.

§ 6.

Die Schienen müssen an den Stößen derart leitend verbunden werden, daß der Widerstand des verlegten Gleises durch die Stöße

---

[1]) Eine Formel zur Vorausberechnung dieser vorerwähnten Potentialdifferenz ergibt sich aus folgendem: Wird der Abstand des Rohres vom nächsten Schienenpunkte mit d, in Metern gemessen, bezeichnet, und ist V das durchschnittliche negative Potential an diesem Schienenpunkt, ferner V_d das Potential der Erde in der Nähe des Rohres, so kann dessen Abhängigkeit von dem Abstande d mit einiger Annäherung durch die Formel

$$V_d = \frac{aV}{1 + bd}$$

dargestellt werden.

Bei gleichmäßiger Bodenbeschaffenheit und ungehindertem Kontakt zwischen Schienen und Boden hat a die Größe 1. Bezeichnet ferner V_0 das am Rückleitungspunkt sich als Jahresdurchschnittswert ergebende Potentialmaximum im Gleise, so ist das Erdpotential V_d in der Umgebung eines im Abstande d von den Gleisen in der senkrecht durch den Rückleitungspunkt gelegten Ebene befindlichen Rohres angenähert ausgedrückt durch

$$V_d = \frac{a_1 \triangle l}{1 + bd}.$$

Dabei ist $\triangle$ die im Jahresdurchschnitt am Rückleitungspunkte sich ergebende Stromdichte in Amp. für 1 qcm Schienenquerschnitt und l die Länge der freitragenden Gleisstrecke in Metern. Die Konstanten a, a_1 und b hängen von der Schienenleitung und den Gleisübergangswiderständen ab. Bei gleichmäßiger Bodenbeschaffenheit ist

$$a_1 = \frac{V_0}{\triangle l},$$

d. i. ungefähr 0,001; b ist ungefähr $= 0{,}1$.

Für eine zweigleisige, in gleichmäßig leitendem Boden liegende Bahn würde hiernach das Erdpotential im Abstande $d = 10$ m von den Schienen gleich der Hälfte des am Rückleitungspunkt herrschenden Potentialmaximums V_0, im Abstande von 100 m der elfte, im Abstande von 1000 m von den Gleisen nur noch der hundertste Teil sein.

um nicht mehr als 0,03 Ω auf 1 km einfaches Gleis vermehrt wird.

Außerdem erhalten die zwei Schienen eines Gleises an jedem zehnten Stoß eine Querverbindung; bei Doppelgleisen erhalten die zwei Gleise an jedem zwanzigsten Stoß eine Querverbindung.

An sämtlichen Weichen und Kreuzungspunkten sind die Schienen durch besondere Verbindungen in gut leitenden Zusammenhang zu bringen.

§ 7.

Um die in § 4 angegebene Potentialdifferenz von 0,3 Volt nicht zu überschreiten, ist darauf zu achten, daß das Produkt Stromdichte Δ mal Länge l der freitragenden Gleisstrecke entsprechend klein ausfällt. Die Speisepunkte der Gleise sind möglichst entfernt von den zu schützenden Rohren, insbesondere von Kreuzungsstellen und an das Gleis heranreichenden Rohrausläufern, anzulegen. Keinesfalls dürfen die Gleise mit den Rohren leitend verbunden sein oder besondere Erdableitungen erhalten.

§ 8.

Zur Verminderung der Potentialdifferenz in den Schienen dienen — außer starkem Schienenprofil und gut leitenden Bunden — Rückleitungskabel, Saugdynamos und Ausgleichskabel. Anderseits steht der Verminderung der Potentialdifferenz an den Schienen als ein wesentliches Mittel zum Schutz der Rohre gegenüber: die Erhöhung des Widerstandes an den Rohrverbindungsstellen durch Einfügung von isolierenden Zwischenstücken oder dergleichen. Dieser Selbstschutz der Rohre ist in allen Fällen zu empfehlen und verdient jedenfalls da den Vorzug, wo die sonst erforderliche Verminderung der Schienenpotentiale mit zu hohen Kosten verbunden wäre.

§ 9.

Bei stationären Motoren, deren Zuleitung an ein Bahnnetz angeschlossen ist, muß die Rückleitung mit dem Gleise verbunden sein; sie ist zu isolieren, wenn der Spannungsabfall in ihr 2 Volt übersteigt. Das Gestell des Motors kann geerdet werden, darf aber dann nicht mit der Rückleitung verbunden sein.

IV. Beobachtungsmittel.

§ 10.

Die Belastungsverteilung in den Gleisen ist durch Spannungsmessung an den Rückleitungspunkten (Schienenspeisepunkten) zu kontrollieren. Zu diesem Zwecke ist durch Prüfdrähte dafür zu sorgen, daß in der Stromerzeugungs- oder Verteilungsstation die Spannung der wichtigen Schienenpunkte gemessen werden kann.

Die Größe der Spannungsdifferenzen zwischen den Gleisen und Rohrleitungen liefert keinen zutreffenden Maßstab für die Erdströme und den Gefahrzustand für die Rohre. Die Messungen müssen vielmehr, wie in § 4 vorgeschrieben, zur Ermittelung der Potentiale in der Erde gemacht werden.

Zur Messung dieser Potentialdifferenzen sind Metallstangen als Erdelektroden zu verwenden. Sie sind in einer seitlichen Entfernung von etwa 10 cm vom Schienenfuß bzw. Rohr, mindestens bis zur Tieflage derselben einzutreiben. Eine im Grundwasser liegende Erdplatte oder ein Wasserleitungsrohr sind nicht als Punkte mittleren Erdpotentials anzusehen, da beide von etwaigen Erdströmen beeinflußt sein können.

Als Maßstab für die absolute Größe der Erdströme können Strommessungen in den Gleisen und Rohren dienen, wobei jedoch durch die Strommeßmethode wesentliche Veränderungen der Erdpotentiale infolge Schaffung anderer Stromverteilung nicht herbeigeführt werden dürfen oder entsprechend berücksichtigt werden müssen. In der Regel empfiehlt es sich, statt der direkten Strommessung indirekte Methoden (Nebenschluß-, Kompensations-Differentialmethoden) anzuwenden.

Da die Stromdichte der aus den Rohren austretenden Ströme den Intensitätsmaßstab der elektrolytischen Einwirkung bildet, so ist zur Beurteilung des Gefahrzustandes von Rohren nach erfolgtem Nachweis der absoluten Stärke der Erdströme die Stromaustrittsfläche der gefährdeten Rohrteile an der Hand der Rohrpläne zu ermitteln. In Fällen wahrscheinlich hoher Austrittsstromdichte sind durch Freilegung der betreffenden Rohrstellen etwaige lokale elektrolytische Erdstromwirkungen zu untersuchen.

Erdung (siehe **Erden**).

Erg ist jene Arbeit, die ein Dyne verrichtet, wenn sie den Angriffspunkt der Masse von einem Gramm um 1 cm bewegt.

Erregermaschinen haben die Aufgabe, den Kraftlinienstrom in einem Magnetgestelle zu erzeugen, da sich bei Wechselstrom die im Anker induzierte Elektrizität hierzu nicht verwenden läßt, nachdem die Magnete ihre Pole nicht wechseln dürfen. Als Erregermaschinen werden ausschließlich Nebenschlußmaschinen verwendet. Die Erregermaschinen werden bei großen Einheiten durch spezielle Antriebsmaschinen, bei kleineren entweder von der die Wechselstrommaschine betätigenden Antriebsmaschine angetrieben oder mit ihrem Anker direkt auf die Welle der Wechselstrommaschine aufgesetzt.

Erregerstrom (siehe **Wattstrom**).

Ersatzwiderstände werden als Ersatz für eine oder mehrere Gleichstrombogenlampen verwendet. Als Ersatzwiderstand für eine Gleichstrombogenlampe

von 2 Amp.	und 34	Volt	Lampenspannung	sind nötig	17	Ohm
» 3 »	» 36	»	»	» »	12	»
» 4,5 »	» 37	»	»	» »	8,2	»
» 6 »	» 38	»	»	» »	6,3	»
» 8 »	» 40	»	»	» »	5	»
» 10 »	» 41	»	»	» »	4	»
» 12 »	» 41	»	»	» »	3,4	»
» 15 »	» 43	»	»	» »	2,9	»
» 20 »	» 44	»	»	» »	2,2	»
» 25 »	» 44	»	»	» »	1,75	»

Erschütterer (siehe **Dekohärer**).

Etalon (siehe **Lichtstärke-Einheiten**).

Ewingscher Hysteresis-Meßapparat (siehe **Hysteresismessung**).

Exhaustoren mit direktem elektrischen Antrieb dienen zur Bewegung großer Luftmengen mit geringer Pressung und können sowohl zum Saugen als auch zum Blasen verwendet werden. Sie finden hauptsächlich Verwendung zur Ventilation von Arbeitsräumen.

Spannung	Ungefährer Kraftbedarf	Querschnitt der Ausblase-öffnung	Bewegte Luft pro Minute	Preis
Volt	PS	mm	cbm	ℳ
110	0,5	160 × 160	30	*515*
110	1,3	250 × 250	65	*860*
110	2,5	330 × 330	125	*1120*
220	0,5	160 × 160	30	*515*
220	1,3	250 × 250	65	*860*
220	2,5	330 × 330	125	*1120*
500	0,5	160 × 160	30	*550*
500	1,3	250 × 250	65	*860*
500	2,5	330 × 330	125	*1120*

Albert Thode & Ko., Hamburg (*s. Inseratanh. S. 4*). | Bergmann, Elektr.-Werke, Berlin.

Expansionsmaschine, einfache (siehe **Dampfmaschine**).

Extraströme — die durch einen Strom in seiner eigenen Bahn erzeugten Induktionsströme (Selbstinduktion).

F.

Fadenaufhängung (siehe **Aufhängefäden**).

Fadenkontakte dienen zur Sicherung von Räumen, Oberlicht- oder sonstigen Fenstern gegen Eindringen und beruhen darauf, daß ein an der zu sichernden Stelle ausgespannter Faden bei dem versuchten Eindringen oder Öffnen seitwärts gedrückt oder zerrissen wird und dadurch einen Arbeitstrom schließt, bzw. einen Ruhestrom unterbricht, wodurch eine Läutvorrichtung betätigt wird.

Fahrdraht. Der gebräuchlichste Durchmesser ist 7—8 mm. Die Oberfläche des Fahrdrahtes soll glatt und frei von Rissen sein, die Leitfähigkeit soll 98 % derjenigen des chemisch reinen Kupfers betragen, die Bruchfestigkeit bei 7 mm- bis 8 mm-Drähten soll zwischen 30—40 kg pro qmm, die Elastizitätsgrenze zwischen 36 bis 37 kg Zugsbeanspruchung pro qmm liegen. Die Ausdehnung des Drahtes bis zum Bruch soll zwischen + 10° und 15° C maximal 1,5 % der Drahtlänge betragen, jene bei Temperaturzunahme pro 1° C zwischen 0°—50° C 0,11681 mm pro 1 m Länge nicht übersteigen.

Die Höhe der Aufhängung des Fahrdrahtes über Schienenoberkante beträgt 6—7 m. Die Aufhängung muß zwei- oder dreifach isoliert gegen Erde sein und erfolgt an Abspanndrähten, welche zwischen Masten und Mauerrosetten gespannt sind, oder an Auslegermasten. Die einzelnen Linien müssen durch Streckenausschalter und Streckenisolatoren leicht stromlos gemacht werden können. Zum Schutze gegen Telephon- und Telegraphenleitungen sind Schutznetze oder Fahrdrahtreiter aus Holz vorzusehen.

Fahrdrahtisolatoren. Dieselben sollen den Fahrdraht so umfassen, daß mindestens das untere Drittel desselben freibleibt, um ein funkenloses Gleiten der Stromabnehmer zu erhalten. Ferner sollen die Isolatoren eine durch die Temperaturschwankung hervorgerufene Längenänderung des Fahrdrahtes gestatten. Es darf bei den Isolatoren nur eine Metallart verwendet werden, um die Bildung von zerstörend wirkenden kleinen Elementen zu verhindern. Die Form der Fahrdrahtisolatoren bzw. jene ihrer Aufhängearme soll so gestaltet sein, daß den in dem Tragwerke auftretenden Kräften Rechnung getragen wird. Die Befestigung des Fahrdrahtes am Isolator erfolgt entweder durch Festklemmen mittels Klemmbacken und Schrauben oder durch Löten und durch Umfassen des Fahrdrahtes mittels besonderer Spezialkonstruktionen. Die Befestigung mittels Schrauben und Klemmbacken hat den Vorteil einer leichten, bequemen Montage und einer leichten Auswechselbarkeit des Isolators, den Nachteil, daß durch die Stöße der Kontaktabnahmevorrichtung sich die Schrauben mit der Zeit lockern, so daß eine besonders scharfe, oftmalige Kontrolle und Revision des Fahrdrahtes nötig ist. Die Befestigung mittels Löten hat den Vorteil, daß eine feste Verbindung zwischen Fahrdrahtisolator und Fahrdraht hergestellt wird, was die Betriebssicherheit erhöht, jedoch den Nachteil, daß das Abspannen schwerer auszuführen ist, und daß außerdem die Härte und Struktur des Leitungsdrahtes nachteilig beeinflußt wird.

Fahrgeschwindigkeit von Straßenbahnwagen: In bebauten Straßen, einschließlich aller Haltungen auf der Linie, 8—15 km pro Stunde, außerhalb der Stadt bis 30 km pro Stunde.

Fahrstuhlsteuerungen. Man unterscheidet mechanische und elektrische Steuerungen. Bei ersteren bedient ein Hebel- oder ein Handrad in Verbindung mit einem Seil den in der Nähe des Motors angeordneten Hauptschalter, der als Umschalter ausgebildet ist, und ein im Ankerstromkreis des Motors liegender Widerstand wird gleichzeitig automatisch stufenweise ausgeschaltet. Diese Ausschaltung erfolgt entweder durch die Wirkung der Schwere oder einen elektromagnetischen Mechanismus, welcher mit dem Hauptausschalter zugleich eingeschaltet wird. Bei der elektrischen Steuerung wird der Hauptausschalter elektromagnetisch eingeschaltet. Die Elektromagnete selbst, welche nur schwache Ströme führen, werden vom Fahrstuhl aus mit Strom versehen. Druckknopfsteuerungen (siehe daselbst).

Fairbairnkessel (siehe Lancashirekessel).

Faktis (Faticcs, Fakties, Fastice) sind Kautschuksurrogate, welche durch Behandlung von Pflanzenölen mit Schwefel oder Schwefelverbindungen auf warmem Wege bereitet werden. Das Rohmaterial ist Repsöl, Leinöl, Rizinusöl, Erdnußöl, Baumwollsamenöl (Kettenöl), denen mitunter noch Mineralöle, Vaselin, Paraffin, Teeröl, Harze, Asphalt zugesetzt werden. Weiße Faktis werden nur aus Rüböl, braune Faktis (schwarze) durch Erhitzen von Ölen mit Schwefelblumen gebildet.

Fallbremsen für Motorwagen werden durch keilförmige Klötze gebildet, welche vor den Rädern angehängt sind, durch einen mit der Bremskurbel kombinierten Mechanismus ausgelöst werden und vor die Räder fallen.

Fallklappen (siehe **Fallscheibenapparate**).

Fallscheibenapparate haben bei Läutwerkanlagen die Aufgabe, durch eine sichtbar gewordene Nummer die rufende Stelle zu bezeichnen. Das Prinzip dieser Fallscheibenapparate ist folgendes: Der Anker des in die Leitung eingeschalteten Elektromagneten ist als zweiarmiger Hebel ausgebildet, dessen einer Arm der eigentliche Anker, während der andere als Sperrhaken ausgebildet ist, der in die Nase eines zweiten Hebels eingreift, welcher eine Nummer trägt. Wird der Anker angezogen, so wird der Sperrhaken die Nase des Nummernhebels freigeben und die Nummer herunterfallen. Eine derartige Vorrichtung wird in jede Rufleitung eingeschaltet, und sämtliche Vorrichtungen werden in einem Tableau vereinigt. Die Rückführung der Nummern in ihre Ruhelage erfolgt entweder durch Druckstifte — Fallscheibenapparate mit mechanischer Abstellung — oder durch den Strom — Fallscheibenapparate mit Stromwechselklappen.

Preise von Fallscheibenapparaten mit mechanischer Abstellung.

Anzahl und Einteilung der Felder		Breite der Rückwand mm	Preis ℳ	Anzahl und Einteilung der Felder		Breite der Rückwand mm	Preis ℳ
2	einreihig	245	*5.80*	17	dreireihig	530	*33.10*
3	»	310	*6.75*	18	»	530	*34.35*
4	»	370	*8.45*	19	vierreihig	465	*36.85*
5	»	430	*10.20*	20	»	465	*38.10*
6	»	500	*12.—*	21	dreireihig	665	*39.85*
7	»	565	*14.40*	22	»	665	*42.85*
8	zweireihig	420	*15.75*	23	»	665	*44.10*
9	dreireihig	360	*18.10*	24	»	665	*45.35*
10	zweireihig	480	*19.20*	25	fünfreihig	520	*47.40*
11	»	555	*21.85*	26	vierreihig	676	*50.40*
12	»	555	*23.10*	27	»	676	*51.—*
13	»	590	*25.50*	28	»	676	*51.85*
14	»	590	*26.75*	29	fünfreihig	623	*53.50*
15	dreireihig	480	*28.75*	30	»	623	*55.25*
16	zweireihig	665	*30.40*				

Preise von Fallscheibenapparaten mit Stromwechselklappen.

Anzahl und Einteilung der Felder		Breite der Rückwand mm	Preis ℳ	Anzahl und Einteilung der Felder		Breite der Rückwand mm	Preis ℳ
2	einreihig	240	*8.—*	17	dreireihig	530	*43.—*
3	›	300	*10.50*	18	›	530	*45.50*
4	›	360	*13.—*	19	vierreihig	465	*48.—*
5	›	430	*15.50*	20	›	465	*50.50*
6	›	500	*18.—*	21	dreireihig	665	*53.—*
7	›	565	*20.25*	22	›	665	*55.50*
8	zweireihig	400	*22.50*	23	›	665	*57.—*
9	›	480	*24.75*	24	›	665	*59.50*
10	›	480	*26.—*	25	fünfreihig	520	*62.—*
11	›	555	*28.25*	26	vierreihig	676	*64.50*
12	›	555	*30.50*	27	›	676	*67.—*
13	›	590	*33.—*	28	vierreihig	676	*69.50*
14	›	590	*35.50*	29	fünfreihig	623	*72.—*
15	dreireihig	480	*38.—*	30	›	623	*74.50*
16	zweireihig	665	*40.50*				
Ernst Pabst, Bellevue-Köpenick *(s. Inseratanh. S. 18).*				F. Butzke & Ko., Berlin.			

Farad ist die Einheit der Ladungsfähigkeit und zwar jene Kapazität eines Leiters, der durch ein Coulomb bis zu einer Spannung von einem Volt geladen wird (siehe **Elektrische Masse**).

Faradaysche Gesetze. Die Menge des an einem Pol aus einem Elektrolyten ausgeschiedenen Zersetzungsproduktes ist der durchgeleiteten Elektrizitätsmenge proportional. Von einem bestimmten Stoff wird beim Durchgang derselben Elektrizitätsmenge stets dieselbe Gewichtsmenge abgeschieden, in welcher Verbindung sich auch der Stoff befindet. Die abgeschiedene Stoffmenge für verschiedene Substanzen ist proportional mit dem chemischen Äquivalentgewicht.

Faradaysche Regel. Denkt man sich so in das magnetische Feld gelegt, daß die Kraftlinien zu den Füßen ein- und zum Kopfe austreten und das Gesicht der Bewegungsrichtung zugekehrt ist, so ist der induzierte Strom stets nach rechts gerichtet.

Faradayscher Käfig. In das Innere eines aus Drahtnetz hergestellten Käfigs kann keine Ladung eindringen, da statische Ladungen nur an der Oberfläche sitzen. Wenn man eine Luftleitung mit einem solchen Drahtnetz, das mit der Erde leitend verbunden ist, umgibt, so kann in der Leitung keine atmosphärische Entladung auftreten.

Faradisation — Benutzung der Induktionsströme zur Elektrisierung des menschlichen Körpers.

Farbschreiber — Telegraphenapparate, bei welchen der zeichengebende Stift die Zeichen mit Farbe auf das vorbeiziehende Papier aufdrückt.

Farbschreiber, polarisierter. Der den Farbstift tragende Anker wird von einem permanenten Magneten, welcher durch den Linienstrom bloß verstärkt oder geschwächt wird, angezogen. Bei nicht permanenten Magneten wird nämlich die Feder den Anker nach Aufhören des Stromes nicht sofort genügend schnell zurückziehen, so daß ungenaue Zeichen entstehen, was bei Verwendung eines permanenten Magneten vermieden wird.

Faserstoffkabel. Die einzelnen Leiter werden mit getränkter Jute umsponnen, hierauf konzentrisch verseilt und mit Band umsponnen. Hierauf wird das Kabel mit Isoliermasse getränkt und mit einem Bleimantel umpreßt. Zum Schutze gegen äußere Beschädigungen werden die Kabel mit Band, mit Flachdraht, Bunddraht, Bandeisen oder Stahldraht umsponnen (bewehrt).

Fassungen (siehe **Edisonfassung, Swanfassung**).

Fassungsadern.

Normalien des V. d. E. für Fassungsadern
(Bezeichnung FA)
(geeignet zur Installation von Beleuchtungskörpern).

Die Fassungsader besteht aus einem massiven oder mehrdrähtigen Leiter von 0,75 qmm Kupferquerschnitt.

Die Kupferseele ist feuerverzinnt und mit einer vulkanisierten Gummihülle umgeben, deren Wandstärke 0,6 mm betragen soll. Über dem Gummi befindet sich eine Umklöppelung aus Baumwolle, Hanf, Seide oder ähnlichem Material, welches auch in geeigneter Weise imprägniert sein kann, und darf der äußere Durchmesser der Ader 2,7 mm nicht übersteigen.

Die Toleranz der Dimensionen beträgt 5 %.

Die so bezeichnete Ader ist, wenn 5 m lang, doppelt zusammengedreht, in trockenem Zustande einer halbstündigen Durchschlagsprobe mit 100 Volt Wechselstrom zu unterziehen.

Fassungsdoppelader
(Bezeichnung F A 2)
(geeignet zur Installation von Beleuchtungskörpern).

Die Fassungsdoppelader besteht aus zwei nebeneinander liegenden nackten Fassungsadern, welche eine gemeinsame Umklöppelung aus Baumwolle, Hanf, Seide oder ähnlichem Material haben, die auch imprägniert sein kann.

Die äußersten Dimensionen dürfen 5,4 mm nicht übersteigen.

Die Toleranz der Dimension beträgt 5 %.

Die so bezeichnete Fassungsdoppelader ist in trockenem Zustande einer halbstündigen Durchschlagsprobe mit 1000 Volt Wechselstrom zu unterziehen.

Fassungsadern für Beleuchtungskörper.

Kupfer-querschnitt	Anzahl und Stärke der Kupferdrähte jeder Leitung	Der verzinnte Kupferleiter ist mit vulkanisiertem Gummi isoliert und mit Baumwolle umklöppelt und imprägniert: Äußerer Durchmesser	Gewicht pro 1000 m	Preis pro 1000 m	mit Glanzgarn umklöppelt: Äußerer Durchmesser	Gewicht pro 1000 m	Preis pro 1000 m	mit Seide umklöppelt: Äußerer Durchmesser	Gewicht pro 1000 m	Preis pro 1000 m
qmm	mm	ca. mm	ca. kg	ℳ	ca. mm	ca. kg	ℳ	ca. mm	ca. kg	ℳ
I. Fassungsader mit massivem Leiter:										
0,75	1×1,0	2,6	14,5	*92*	2,6	13,5	*100*	2,6	12,6	*152*
II. Fassungsader mit litzenförmigem Leiter:										
0,75	15×0,25	2,7	16,5	*113*	2,7	15,0	*120*	2,7	14,5	*176*
III. Fassungsdoppelader mit massivem Leiter (zwei Adern wie I oval umflochten):										
2×0,75	1×1,0	2,9×5,2	31,0	*178*	2,9×5,2	29,0	*192*	2,9×5,2	28,0	*285*
IV. Fassungsdoppelader mit litzenförmigem Leiter (zwei Adern wie II oval umflochten):										
2×0,75	15×0,25	2,9×5,3	31,5	*210*	2,9×5,3	30,0	*225*	2,9×5,3	28,5	*330*

Südd. Kabelwerke, A.-G., Mannheim.
Land- und Seekabelwerke, Köln-Nippes.
Franz Tobisch, Wien.
Kabelfabrik Bondy, Wien.
Dr. Cassierer & Ko., Berlin.
C. J. Vogel, Berlin.

Fassungsdoppeladern für Beleuchtungskörper (Ausführung wie Fassungsadern).

Kupferquerschnitt jeder Art qmm	Umflechtung mit	Preis pro 1000 m ℳ
0,75	Glanzgarn	*183*
0,75	Seide	*240*
0,75	Baumwolle, imprägniert . . .	*155*

Fassungsschnüre für Pendel und Schnurzugpendel (Ausführung wie Fassungsschnüre).

Kupferquerschnitt jeder Art qmm	Tragschnur aus	Umflechtung mit	Preis pro 1000 m ℳ
0,75	Hanf	Glanzgarn	*259*
0,75	Hanf	Seide	*397*
0,75	Stahllitze	Glanzgarn	*261*
0,75	Stahllitze	Seide	*399*

Fauresches Verfahren. Bei demselben werden die Bleiplatten mit einer Mennigschichte, welche an ihnen mittels eines Bindemittels festgehalten wird, überzogen und mit Flanell oder Filz bedeckt.

Federaufzug (siehe **Bogenlampen-Aufhängung**).

Feilichtröhre (siehe **Kohärer**).

Felddichte ist die Anzahl der auf die Flächeneinheit entfallenden Kraftlinien.

Feld, homogenes magnetisches, ist jenes, in welchem die magnetischen Kraftlinien in gleichen Abständen und parallel verlaufen.

Feld, magnetisches, ist der Raum, in welchem magnetische Kräfte auftreten.

Feldstärke — Größe der magnetischen Kräfte, die in einem magnetischen Felde wirken, oder die Anzahl der Kraftlinien pro qcm.

Feldstärke, absolute Einheit derselben ist jene Feldstärke, welche auf einen zu den Kraftlinien senkrechten Magnetstab vom Moment 1 die Einheit des Drehungsmomentes ausübt.

Ferndrucker (siehe **Börsendrucker**).

Fernhörer (siehe **Telephon**).

Fernleitungskosten.

Querschnitt qmm	Kosten pro km ℳ	Montage pro km ℳ
10	*850*	*250*
25	*1500*	*250*
50	*3000*	*300*
95	*6000*	*300*

Fernphotographie beruht darauf, Linsenbilder direkt mit Hilfe von Selenzellen in die Ferne zu übertragen. Die Apparate sind in der Hauptsache Kopiertelegraphen mit einem oder mehreren Leitungsdrähten, bei denen auf der Aufnahmestation eine oder mehrere lichtempfindliche Zellen eingeschaltet sind. Diese werden durch das Licht des zu übertragenden Linsenbildes beeinflußt. Auf der Empfangsstation findet die Umsetzung der Stromwellen in Lichtwellen statt. Das Prinzip des Gebers beruht auf den Eigenschaften des Selens, durch Belichtung seinen großen elektrischen Widerstand zu verlieren; das Grundprinzip des Empfängers besteht darin, daß das zu reproduzierende Bild von Strahlungen der obigen Art aufgezeichnet wird, die durch die vom Geber gesandten elektrischen Ströme reguliert werden, indem diese Ströme eine in die Leitung von einem Teslapol zu der wirksamen Elektrode eingeschaltete Funkenstrecke verkleinern bzw. vergrößern. Beim Geber spielt eine sehr empfindliche Selenzelle die Hauptrolle. Der die Zelle umgebende Schirm dient zum Schutze gegen äußere Lichteinflüsse und besitzt ein kleines Fenster, vor welchem das transparente Bild, das telegraphiert werden soll, zeilenweise vorbeigezogen wird, während es einer intensiven Belichtung ausgesetzt ist. Den verschieden hellen und dunklen Stellen des Originals entsprechend, wird der Gleichstrom einer kleinen Akkumulatorenbatterie fortgesetzt Veränderungen unterworfen, die dadurch entstehen, daß die in ihm eingeschaltete Selenzelle bei Belichtung besser und bei Verdunklung schlechter leitet und die sich an einem in demselben Stromkreise, jedoch schon im Empfänger befindlichen Galvanometer durch veränderlichen Ausschlag ausprägen. Verbindet man einen mit der Galvanometernadel sich synchron mitbewegenden Metallstift mit einem Pole der sekundären Spule eines Teslaapparates, deren anderer Pol an eine große Kapazität angeschlossen ist, und befestigt in großer Nähe der Nadel eine mit der Erde in Kontakt stehende Metallspitze derart, daß sie auch im Ruhezustande von der beweglichen durch einen kleinen Zwischenraum getrennt ist, so muß dieser zur Funkenstrecke des Teslastromes werden. Da die vom Galvanometer abhängige Nadel diesen Zwischenraum fortwährend verändert, wenn das Bild vor der Selenzelle wandert, so wird die Funkenstrecke verschieden groß werden, und es müssen daher im Teslastrome Schwingungsdifferenzen entstehen, deren Größen untereinander ebenso und in demselben Verhältnisse verschieden sind, wie sich die Helligkeiten der Bildstellen zueinander verhalten, und auch dergestalt im Teslaleitungsdrahte bzw. an dessen Oberfläche in den photographierenden Teil des Empfängers übergehen.

Der Empfänger ist in den Wechselstromkreis in der Weise eingeschaltet, daß er sich zwischen der feststehenden Metallspitze und der Erdung befindet. Er besteht aus einer luftverdünnten Röhre, die mit Stanniol umkleidet ist und nur ein kleines quadratisches Fenster enthält. Um die Röhre bewegt sich synchron mit dem Bildträger ein Hohlzylinder, dessen Innenseite mit einem lichtempfindlichen Film belegt ist. Das Film wird vor dem Fenster der Röhre in genau gleicher Weise vorbeigeführt wie die quadratische Scheinöffnung vor dem Bildträger und wird durch die verschieden starke Strahlung in derselben Weise beeinflußt wie die Selenzelle der Empfangsstation.

Fernschalter haben die Aufgabe, auf größere Entfernungen Stromkreise ein- und auszuschalten, ohne daß man genötigt ist, die Leitungen von den Verbrauchsstellen nach den Schaltstellen für die hohen Stromstärken hin- und zurückzuführen.

Die selbsttätigen Fernausschalter werden gewöhnlich mit elektromagnetischer Auslösung versehen; die Wickelung des Elektromagneten liegt in einem besonderen Stromkreise, welcher zweckmäßig von dem durch den Fernausschalter gehenden Hauptstrom abzweigt, wobei, von der Stromquelle aus gerechnet, die Abzweigstelle hinter dem Fernausschalter liegen muß, damit beim Öffnen des letzteren der Stromkreis des Elektromagneten ebenfalls unterbrochen wird.

Die Fernschalter sind von besonderer Wichtigkeit bei Kraftverteilungen mit hochgespanntem Wechselstrom, da bei denselben der Leerlaufsverlust in den Transformatoren oft so groß wird, daß die Rentabilität der Anlage in Frage gestellt wird. Wenn jedoch die einzelnen Stellen parallel geschaltet sind, so kann, ohne eine Störung in der Gesamtverteilung zu verursachen, die Primärwickelung jedes einzelnen Transformators für sich nach Bedarf ein- und ausgeschaltet werden, wodurch die Leerlaufsverluste hinfällig werden. Da diese Ein- und Ausschaltung wegen der damit verbundenen

Gefährlichkeit dem Konsumenten nicht überlassen werden kann, wendet man Fernschalter an. Diese Fernschalter werden gewöhnlich durch eine Lokalbatterie, welche, durch einen Umschalter ein- oder ausgeschaltet, den Eisenkern eines Elektromagneten betätigt, der auf die Stellung des Fernschalters einwirkt, ein- und ausgeschaltet. Hochspannungsfernschalter sind jedoch erst bei einem 7—8 KW-Transformator bei einer täglichen Mindestbetriebszeit von 2 Stunden ökonomisch.

Fernschreibapparat (siehe **Telegraph**).

Fernschrift (siehe **Telegraphie**).

Fernsehapparat von Dussand zur Fernübertragung von Bildern. Der Sender besteht aus einer, in gleiche Quadrate von 5 cm Seitenlänge geteilten ebenen Platte aus Isoliermaterial. In die Quadrate sind kleine Spulen eingelassen, die aus einem isolierenden Kern und zwei dünndrähtigen Kupferwickelungen bestehen. Das Kupfer ist von einer Schicht Selen bedeckt. Die eine Wickelung ist von einem, etwa der Intensität eines Telephonstromes entsprechenden Strom durchflossen. Dadurch, daß das Selen bei der Belichtung einen von der Helligkeit abhängenden Widerstand annimmt, entstehen Stromschwankungen, die auf den zweiten Draht übertragen werden, welcher in Serie mit einer Glühlampe des Empfängers liegt. Dort ist eine ähnliche Platte vorhanden, deren Quadrate kleine Lämpchen enthalten, deren Lichtstärke der ursprünglichen Belichtung entspricht, so daß Bilder auf große Entfernungen reproduziert werden können.

Fernsprechapparat (siehe **Telephon**).

Fernsprechautomaten haben die Aufgabe, öffentliche Sprechapparate gegen Errichtung einer bestimmten Gebühr in das Fernsprechnetz einzuschalten. Die Einrichtung ist im Prinzip die, daß die einfallende Münze zwei Federn miteinander leitend verbindet und dadurch den Anrufinduktor einschaltet, so daß das Amt angerufen werden kann. Bei den von der Automatic Telephone Co. erstellten Apparaten ragen aus dem Gehäuse zwei Druckknöpfe heraus; ein Druck auf den einen Knopf veranlaßt die zwischen den beiden Federn steckende Münze durch einen Schlitzkanal in einen offenen Behälter an der Außenseite des Gehäuses zu fallen, während die Münze durch einen Druck auf den andern Knopf in einen zweiten Schlitzkanal geworfen wird, dessen unteres Ende einer kleinen Glocke gegenübersteht, gegen die die herabfallende Münze aufschlägt, ehe sie in die Kassette gelangt. Je nachdem die verlangte Verbindung hergestellt werden kann oder nicht, ersucht der Beamte den Anrufenden, den letztgenannten oder den erstgenannten Knopf zu drücken. Im ersteren Falle stellt der Beamte, sobald er den Schlag auf die Glocke vernommen und sich dadurch von der erfolgten Zahlung überzeugt hat, die verlangte Verbindung her, im letzteren Falle dagegen erhält der Anrufende das eingesteckte Geld wieder zurück.

Fernsprechkabel werden mit einer entsprechenden Anzahl Doppelleitungen verwendet, welche aus Kupferdraht von 0,7—8 mm Durchmesser bestehen und von denen ein Draht verzinnt, der andere unverzinnt ist. Jede Leitung ist mit einer einfachen oder doppelten Papierlage hohl umsponnen und dadurch gut isoliert. Die Adern sind paarweise oder gruppenweise zur Kabelseele vereinigt, welche mit Baumwollen- oder Nesselband umsponnen ist, über welches ein Mantel aus Blei mit Zinnzusatz angeordnet ist. Über den Bleimantel kommt eine Umwickelung aus Baumwolle oder Jute, über dieselbe eine Panzerung von verzinkten Flacheisendrähten.

Fernsprech-Schalteinrichtung, System Cerebotani, kann für kleinere Sprechnetze als Ersatz für Anlagen mit Zentralumschaltern verwendet werden. Das System ist gekennzeichnet dadurch, daß sich die Teilnehmer selbst anrufen und mehrere Gespräche verschiedener Teilnehmer gleichzeitig stattfinden können.

Telephon-teilnehmer	Anschluß-klappen	Preise ℳ
4	3	*13.20*
5	4	*16.50*
6	5	*19.25*
7	6	*22.—*
8	7	*24.75*
9	8	*27.50*
10	9	*30.25*
11	10	*33.—*
Jede weitere Klappe kostet mehr		*3.—*
Stöpsel . . . . . pro Stück		*3.20*

Elektr. Bogenlampen-App.-Fabr. Nürnberg.

Fernstromzeiger finden in Anlagen Verwendung, bei denen von zwei entfernten Kraftstationen auf ein gemeinsames Netz gearbeitet wird, um zu ermöglichen, daß jede Station den Konsum der anderen kennt. Bei Verwendung von Stromzeigern, die nicht direkt in die Leitung, sondern parallel zu den Meßwiderständen in die Leitungen geschaltet werden, können die Stromstärken in der entfernten Station derart gemessen werden, daß von dem Meßwiderstand in der Leitung der einen Station zwei Meßleitungen zur entfernten Station gezogen und dort das Meßgerät aufgestellt wird.

Fernzeiger für Umlaufszahlen sind Apparate zum Anzeigen der Umlaufszahl einer Maschine an einer von ihr entfernten Stelle. Sie bestehen aus einer kleinen elektrischen Maschine, die von der zu überwachenden Maschine aus mittels Riemens oder Schnurlaufs angetrieben werden und deren Spannung mit wachsender Geschwindigkeit wächst. An der entfernten Stelle, an der die Umlaufszahl angezeigt werden soll, ist ein Spannungsmesser angeordnet, der diese Spannungsschwankungen anzeigt, dessen Zifferblatt aber nicht in Volt, sondern in Umdrehungen pro Minute eingeteilt ist.

Ernst Pabst, Bellevue-Köpenick (*s. Inseratanh. S. 18*).

Ferrarisches Prinzip (siehe **Induktionszähler**).

Ferrariszähler. Dieselben bestehen aus einem mit vier Polansätzen versehenen Magnetgestell. Zwischen ersteren befindet sich ein feststehender Eisenzylinder. Zwischen beiden bewegt sich eine Aluminiumtrommel. Zwei der gegenüberliegenden Polansätze werden durch den Gebrauchsstrom, die beiden anderen von einem Strom durchflossen, der gegen die Verbrauchsspannung eine Phasenverschiebung von 90° besitzt. Verwendung: Zur Messung von Wechsel- und Drehstrom.

Luxsche Industriewerke, A.-G., Ludwigshafen a. Rh. (*s. Inseratanh. S. 8*). | Siemens-Schuckertwerke, Berlin.

Festigkeit ist der Widerstand eines Körpers, den er der mechanischen Überwindung seiner Molekularkräfte entgegensetzt (Zug-, Druck-, Biegungs-, Scher-, Knickungs- und Torsionsfestigkeit).

Festigkeitskoeffizienten.

Material	Zulässige Belastung pro qcm kg				Elastizitätsmodul	
	Zug	Druck	Schub	Dehnung	für Zug und Druck	für Schub
Schmiedeeisen	600	600	480	240	2 000 000	800 000
Gußeisen	200	600	160	130	1 000 000	400 000
Stahl	900	900	700	360	2 000 000	800 000
Gußstahl	1000	1000	800	400	2 150 000	800 000
Bronze	200	400	150	100	700 000	280 000
Ziegelmauerwerk	—	10	—	—	—	—

Festigkeitskoeffizienten und **Tragmodul** für Zug und Druck.

Material	Festigkeitsmodul		Tragmodul	
	Zug	Druck	Zug	Druck
Stabeisen	40	22	15	15
Eisendraht	70	—	30	—
Kupferdraht	40	—	12	—
Kupferblech	21	—	3	—
Kupfer, gehämmert	30	70	2,5	2,75
Messing	12	110	4,8	—
Messingdraht	50	—	13	—
Blei	1,3	5	1	—
Münzmetall	—	—	—	—
Bronze	—	—	4,3	—
Phosphorbronze	—	—	13,8	—
Zinn	—	—	—	—
Platin	—	—	—	—
Gold	30,35	—	—	—
Silber	18,28	—	—	—
Kalkstein	12,30	5	—	—
Sandstein	—	7	—	—
Ziegelstein	—	0,59	—	—
Mauerwerk, Ziegel	0,6	0,40	—	—
» Sandstein	—	1,50	—	—

(Siehe auch **Elastizitätskoeffizienten.**)

Feuermelder. In mittleren und größeren Städten erfolgt die Feuermeldung fast durchgängig durch sog. automatische Melder, welche mit Morseschreibapparaten in Verbindung stehen, die auf der Wache aufgestellt sind. Für je 6—8 Melder wird gewöhnlich 1 Morseapparat vorgesehen. Im Ruhezustand sind die Melder ausgeschaltet, erst durch Öffnen der Tür erfolgt die Einschaltung in die Leitung.

Die Feuermeldung erfolgt durch Zug an einem Griff. Die Konstruktion der Melder ist nun derartig, daß durch diesen Zug ein Uhrwerk aufgezogen wird, welches dann selbsttätig abläuft und hierbei das sog. Typenrad in Rotation versetzt. Dieses Rad besitzt an seinem Rande kürzere und längere Ausschnitte, welche in bestimmter Reihenfolge angebracht sind; diese Ausschnitte verursachen Unterbrechungen des Stromkreises auf kürzere oder längere Dauer. Die kürzeren Unterbrechungen markieren sich auf dem Papierstreifen des Morseapparates als Punkte, die längeren Unterbrechungen als Striche. Die Aufeinanderfolge der kürzeren oder längeren Ausschnitte der Typenräder wird bei jedem der in einer Leitung liegenden Melder verschieden angeordnet, und ist deshalb an den Zeichen, welche der Morseapparat wiedergibt, zu erkennen, von welchem Apparat die Meldung erfolgt ist.

Damit auch telephonische Gespräche von den Meldern aus mit der Wache geführt werden können, sind solche entweder mit einem Mikrophon und Telephon ausgestattet, oder aber es ist eine Einrichtung getroffen, um transportable Telephone einschalten zu können.

Die Melder besitzen noch ein Läutwerk, welches dazu dient, dem Meldenden von der Wache aus ein Zeichen zu geben, daß die Meldung richtig eingegangen ist. Preis je nach Größe und Ausführung *ℳ 250—300.*

Feuermelder, automatisch wirkender, System Siemens-Schuckertwerke. Derselbe besteht aus einer in einem Sockel so eingeführten Glaspatrone, daß der rechtwinklig umgebogene Fortsatz eines Hebels angehoben wird und sich fest an die Glaspatrone anpreßt. Die in der Kugel und Kapillarröhre befindliche Flüssigkeit steigt bei zunehmender Temperatur in der Kapillarröhre, bis schließlich die Kugel platzt. Dadurch springt die vorher erwähnte Feder in ihre Ruhelage zurück und betätigt einen Kontakt, durch welchen das Meldesignal bewirkt wird.

Feuersichere Gegenstände im Sinne der Verbandsvorschriften d. V. d. E. sind jene, die nicht entzündet werden können oder nach Entzündung nicht von selbst weiterbrennen.

Fibre. Spezifischer Widerstand in Megohm (15° C) pro ccm:

In trockenem Zustande 8 Tage lang einer Temperatur von 30° C ausgesetzt	800
24 Stunden der Zimmerluft ausgesetzt	45
Konstant bleibender Wert nach 4 Wochen in feuchter Luft	6

Finsenapparat — zur Heilung gewisser Krankheiten dienendes Bogenlicht, welches besonders reich an ultravioletten Strahlen ist und statt der Kohlenstäbe Eisenelektroden besitzt.

Gewicht pro lfd. m in kg.

Dicke	Breite in mm														
in mm	10	15	20	25	30	35	40	45	50	55	60	65	70	75	80
4	0,312	0,467	0,623	0,779	0,935	1,091	1,249	1,402	1,558	1,714	1,870	2,025	2,181	2,337	2,493
5	0,390	0,584	0,789	0,974	1,169	1,363	1,558	1,753	1,948	2,142	2,337	2,532	2,727	2,921	3,116
6	0,467	0,701	0,935	1,169	1,402	1,636	1,870	2,103	2,337	2,571	2,804	3,038	3,272	3,506	3,739
7	0,545	0,818	1,091	1,363	1,636	1,909	2,181	2,454	2,727	2,999	3,272	3,644	3,817	4,090	4,362
8	0,623	0,935	1,246	1,558	1,870	2,181	2,493	2,804	3,116	3,428	3,739	4,051	4,362	4,674	4,986
9	0,701	1,051	1,402	1,753	2,103	2,454	2,804	3,155	3,506	3,856	4,207	4,557	4,908	5,258	5,609
10	0,779	1,169	1,558	1,948	2,337	2,727	3,116	3,506	3,895	4,285	4,674	5,064	5,453	5,843	6,232
11	0,857	1,285	1,714	2,142	2,571	2,999	3,428	3,856	4,285	4,713	5,141	5,570	5,998	6,427	6,855
12	0,935	1,402	1,870	2,337	2,804	3,272	3,739	4,207	4,674	5,141	5,609	6,076	6,544	7,011	7,478
13	1,013	1,519	2,025	2,532	3,038	3,640	4,051	4,557	5,064	5,570	6,076	6,583	7,089	7,595	8,102
14	1,090	1,636	2,181	2,727	3,270	3,917	4,362	4,908	5,453	5,998	6,544	7,089	7,634	8,180	8,725
15	1,169	1,753	2,337	2,921	3,506	4,190	4,674	5,258	5,843	6,420	7,011	7,595	8,180	8,764	9,348
16	1,246	1,870	2,493	3,116	3,739	4,462	4,986	5,609	6,232	6,855	7,478	8,102	8,725	9,348	9,971
17	1,324	1,986	2,649	3,311	3,973	4,635	5,297	5,959	6,622	7,284	7,946	8,608	9,270	9,932	10,59
18	1,402	2,103	2,804	3,506	4,207	4,998	5,609	6,310	7,011	7,712	8,414	9,114	9,815	10,52	11,22
19	1,480	2,220	2,960	3,700	4,440	5,180	5,920	6,660	7,401	8,141	8,88	9,62	10,36	11,10	11,84
20	1,558	2,337	3,116	3,895	4,674	5,453	6,232	7,011	7,790	8,569	9,35	10,13	10,91	11,69	12,46
21	1,636	2,454	3,272	4,090	4,907	5,726	6,544	7,362	8,180	8,997	9,82	10,63	11,45	12,27	13,09
22	1,714	2,571	3,428	4,285	5,141	5,998	6,855	7,712	8,569	9,426	10,28	11,14	12,00	12,85	13,71
23	1,792	2,688	3,585	4,479	5,375	6,271	7,167	8,063	8,959	9,854	10,75	11,65	12,54	13,44	14,33
24	1,870	2,804	3,739	4,674	5,609	6,544	7,478	8,413	9,348	10,28	11,22	12,15	13,09	14,02	14,96
25	1,948	2,921	3,895	4,869	5,843	6,816	7,790	8,764	9,738	10,71	11,69	12,66	13,63	14,61	15,58
26	2,025	3,038	4,051	5,064	6,076	7,089	8,102	9,114	10,13	11,14	12,15	13,17	14,18	15,19	16,20
27	2,103	3,155	4,207	5,258	6,310	7,362	8,413	9,465	10,52	11,57	12,62	13,67	14,72	15,77	16,83
28	2,181	3,272	4,422	5,523	6,644	7,734	8,825	9,915	11,00	12,00	13,09	14,18	15,27	16,36	17,45
29	2,259	3,389	4,518	5,648	6,777	7,907	9,036	10,17	11,30	12,43	13,55	14,68	15,81	16,94	18,07
30	2,337	3,506	4,674	5,843	7,011	8,180	9,348	10,52	11,69	12,86	14,02	15,19	16,36	17,53	18,70
35	2,727	4,090	5,453	6,816	8,180	9,543	10,91	12,27	13,63	14,99	16,36	17,72	19,09	20,45	21,81
40	3,116	4,674	6,232	7,790	9,348	10,91	12,46	14,02	15,58	17,14	18,70	20,25	21,81	23,37	24,93
45	3,506	5,258	7,011	8,764	10,52	12,27	14,02	15,77	17,53	19,28	21,03	22,78	24,54	26,29	28,04
50	3,895	5,843	7,790	9,738	11,69	13,63	15,58	17,53	19,48	21,42	23,37	25,32	27,27	29,21	31,16

Dicke in mm	Breite in mm 85	90	95	100	110	120	130	140	150	160	170	180	190	200
4	2,649	2,804	2,960	3,116	3,428	3,739	4,051	4,362	4,674	4,986	5,297	5,609	5,920	6,20
5	3,311	3,506	3,700	3,895	4,285	4,674	5,064	5,453	5,843	6,232	6,622	7,011	7,401	7,78
6	3,973	4,207	4,440	4,674	5,141	5,609	6,076	6,544	7,011	7,478	7,946	8,413	8,881	9,34
7	4,635	4,908	5,180	5,453	5,998	6,544	7,089	7,634	8,180	8,725	9,270	9,815	10,36	10,90
8	5,297	5,609	5,920	6,232	6,855	7,478	8,102	8,725	9,348	9,971	10,59	11,22	11,84	12,5
9	5,959	6,310	6,660	7,011	7,712	8,413	9,114	9,815	10,52	11,22	11,92	12,62	13,32	14,0
10	6,622	7,001	7,401	7,790	8,569	9,348	10,13	10,91	11,69	12,46	13,24	14,02	14,80	15,6
11	7,284	7,712	8,141	8,569	9,426	10,28	11,14	12,00	12,85	13,71	14,57	15,42	16,28	17,1
12	7,946	8,413	8,881	9,348	10,28	11,22	12,15	13,09	14,02	14,96	15,89	16,83	17,76	18,7
13	8,608	9,114	9,621	10,13	11,14	12,15	13,17	14,18	15,19	16,20	17,22	18,23	19,24	20,2
14	9,270	9,815	10,36	10,91	12,00	13,09	14,18	15,27	16,36	17,45	18,54	19,63	20,72	21,8
15	9,932	10,52	11,10	11,69	12,85	14,02	15,19	16,36	17,53	18,70	19,86	21,03	22,20	23,3
16	10,59	11,22	11,84	12,46	13,71	14,96	16,20	17,45	18,70	19,94	21,19	22,44	23,68	24,9
17	11,26	11,92	12,58	13,24	14,57	15,89	17,22	18,54	19,86	21,19	22,51	23,84	25,16	26,4
18	11,92	12,62	13,32	14,02	15,42	16,83	18,23	19,53	21,03	22,44	23,84	25,24	26,64	28,0
19	12,58	13,32	14,06	14,80	16,28	17,76	19,24	20,72	22,20	23,68	25,16	26,64	28,12	28,5
20	13,24	14,02	14,80	15,58	17,14	18,70	20,25	21,81	23,37	24,93	26,49	28,04	29,60	31,1
21	13,91	14,72	15,54	16,36	17,99	19,63	21,27	22,90	24,54	26,17	27,81	29,45	31,08	32,6
22	14,57	15,42	16,28	17,14	18,85	20,57	22,28	23,99	25,71	27,42	29,13	30,85	32,56	34,3
23	15,23	16,13	17,02	17,92	19,71	21,50	23,29	25,08	26,88	28,67	30,46	32,25	34,04	35,2
24	15,89	16,83	17,76	18,70	20,57	22,44	24,30	26,17	28,04	29,91	31,79	33,65	35,52	37,7
25	16,55	17,53	18,50	19,48	21,42	23,37	25,32	27,27	29,21	31,16	33,11	35,06	37,00	38,9
26	17,22	18,23	19,24	20,25	22,28	24,30	26,33	28,36	30,38	32,41	34,43	36,46	38,48	40,5
27	17,88	18,93	19,98	21,03	23,14	25,24	27,34	29,45	31,55	33,65	35,76	37,86	39,96	41,9
28	18,54	19,63	20,72	21,81	23,99	26,17	28,36	30,54	32,72	35,00	37,08	39,26	41,44	44,1
29	19.20	20,33	21,46	22,59	24,85	27,11	29,37	31,63	33,89	36,15	38,40	40,66	42,92	45,0
30	19,86	21,03	22,20	23,37	25,71	28,04	30,38	32,72	35,06	37,39	39,73	42,07	44,40	46,7
35	23,17	24,54	25,90	27,27	29,96	32,72	35,44	38,17	40,90	43,62	46,35	49,08	51,80	54,5
40	26,49	28,04	29,60	31,16	34,28	37,39	40,51	43,62	46,74	49,86	52,97	56,09	59,20	62,2
45	29,80	31,55	33,30	35,06	38,56	42,07	45,57	49,08	52,58	56,09	56,59	63,10	66,60	69,8
50	33,11	35,06	37,00	38,95	42,85	46,74	50,64	54,53	58,43	62,32	66,22	70,11	74,01	77,6

Flacheisen. (Tabelle siehe Seite 226 und 227).

Flächenberechnung.

1. Dreieck: Seitenlängen $= a, b, c$, Höhe $= h$, $(a + b + c) = s$.

$$F = \sqrt{(s-ab)\,(s-ac)\,(s-bc)\,s}$$

2. Viereck: Seitenlängen $= a, b, c, d$, Länge einer Diagonale, welche die Seiten a, b und c, d scheidet $= l$, $(a + b + l) = s_1$, $(c + d + l) = s_2$.

$$F = \sqrt{(s_1 - ab)\,(s_1 - al)\,(s_1 - bl)\,s_1} + \sqrt{(s_2 - cd)\,(s_2 - cl)\,(s_2 - dl)\,s_2}$$

3. Quadrat: Seitenlänge $= a$.

$$F = a^2.$$

4. Rechteck: Seitenlängen $= a, b$.

$$F = a \cdot b.$$

5. Trapez: Basislänge $= a$, die Länge der zur Basis parallelen Seite $= b$, Höhe zwischen a und $b = h$.

$$F = \frac{(a + b)\,h}{2}.$$

6. Kreis: Radius $= r$.

$$F = r^2 \cdot \pi.$$

7. Kreissektor: Länge des Kreisbogens $= l$, Radius $= r$, totaler Peripheriewinkel $= \alpha$.

$$F = \frac{l\,r}{2} = 0{,}0174\alpha r^2.$$

Flächenhelligkeit ist das Verhältnis der Lichtstärke einer als punktförmig betrachteten hellen ebenen Fläche zu deren scheinbarer Flächengröße.

Flachkupfer. Spez. Gewicht 9,0. Preis pro 100 kg ℳ *190* bis *200* (siehe **Kupfer**).

Flachringanker sind Ringanker, deren Länge, parallel zur Achse gemessen, kleiner als die radiale Tiefe ist.

Flammenbogenlampen besitzen Kohlen, die mit Bariumoxyd, Strontiumoxyd usw. getränkt sind, welche Beimengungen im Flammenbogen verdampfen und in Dampfform kein kontinuierliches Spektrum, sondern vor allem leuchtende farbige Strahlen aussenden. Die Beimengungen gestatten eine große Lichtausbeute und die Erzielung einer guten Lichtfarbe (siehe auch **Effektbogenlampe**).

Stromstärke in Ampere / Ungefähre Brenndauer in Stunden	Länge jeder Kohle mm	Länge der kompletten Lampe mm	Preis der kompletten Lampe mit Armatur ℳ
Für Gleichstrom:			
6 8 10 12 15 Amp. / $5\frac{1}{2}$ $5\frac{3}{4}$ $6\frac{1}{4}$ $6\frac{3}{4}$ $7\frac{1}{4}$ Stdn.	250	750	*80*
6 8 10 12 15 Amp. / $6\frac{1}{2}$ $7\frac{1}{4}$ $7\frac{3}{4}$ $8\frac{1}{4}$ $8\frac{3}{4}$ Stdn.	300	850	*85*
10 12 15 Amp. / 10 $11\frac{1}{4}$ 12 Stdn.	350	950	*90*

Stromstärke in Ampere / Ungefähre Brenndauer in Stunden	Länge jeder Kohle mm	Länge der kompletten Lampe mm	Preis der kompletten Lampe mit Armatur ℳ
Für Wechselstrom:			
12 15 18 Amp. / 9 9 9 Stdn.	250	750	*90*
12 15 18 Amp. / 11 11½ 11½ Stdn.	300	850	*95*
15 18 Amp. / 13½ 13½ Stdn.	350	950	*100*

Körting & Mathiesen.
Elektr.-Ges. Hansen.
Siemens-Schuckertwerke.

Anker-Elektr.-Ges. Leipzig-Lindenau.
Stralsunder Bogenlampenfabrik.

Flammenbognlpe. freier Lichtbogen			Norm. Bogenlpe. freier Lichtbogen			Vorteile der Flammenbogenlampe gegenüber der normalen Lampe.					
Stromstärke Amp.	Kerzenst. mittl. hem. HK	Kohlenverbr. pro 100 Stdn. in Mark	Stromstärke Amp.	Kerzenst. mittl. hem. HK	Kohlenverbr. pro 100 Stdn. in Mark	Stromersp. pro 500 Std. b. Fl.-Bgnlpe. in Mk.	Kohlenmehrverbr. p. 100 St. Fl.-Bglpe. in Mk.	Betr.-Kost.-Ersp. in Mk. bei Flbg.-Lampe in Mark	Betr.-Kost.-Ersp. in Mk. bei norm. Bognlpe. in Mark	Lichtmehrerzeugung der Flbglpe. (mittl. hem.) in HK	Lichtmehrerzeugung der Flbglpe. (mittl. hem.) in %
7	1320	*3.91*	7	610	*1.50*	—	*12.05*	—	*12.05*	710	116
			8	751	*1.75*	*16.5*	*10.80*	*5.70*	—	570	73
9	1700	*4.01*	9	895	*1.93*	—	*10.40*	—	*10.40*	805	90
			10	1045	*2.13*	*16.5*	*9.45*	*7.05*	—	655	63
			11	1200	*2.34*	*33.0*	*8.38*	*24.62*	—	500	42
12	2125	*4.42*	12	1365	*2 33*	—	*10.45*	—	*10.45*	760	56
			13	1550	*2.48*	*16.5*	*9.74*	*6.76*	—	575	37
			14	1740	*2.64*	*33.0*	*8 94*	*24.06*	—	385	22
			15	1946	*2.80*	*49.5*	*8.15*	*41.35*	—	180	9

Flammenhöhe, Messung derselben erfolgt durch zwei parallele Drähte, deren Abstand (Flammenmaß) gleich der zu messenden Flammenhöhe ist, oder bei roheren Messungen durch einen Zirkel.

Flammenmaß (siehe **Flammenhöhe**).

Flammenmessung (siehe **Flammenhöhe**).

Flammrohrkessel (siehe **Dampfkessel**).

Flaschenkreis. Bei der Braunschen Wellentelegraphie werden die elektrischen Schwingungen in einem Kreis, welcher große Leydnerflaschen enthält — Flaschenkreis — erzeugt und von letzterem der Sendedraht und Erddraht abgeleitet. Leydnerflaschen ermöglichen die Erzeugung langer elektrischer Wellen, welche ihrerseits die Erzeugung hoher Energie besser ermöglichen als kurze Wellen.

Flemingsche Regel. Ist der Zeigefinger der rechten Hand in der Richtung der Kraftlinien, der Daumen in der Richtung der

Bewegung, dann zeigt der rechtwinklig zum Zeigefinger und Daumen gestellte Mittelfinger nach der Richtung der elektromotorischen Kraft und des Stromes.

Flockengraphit (Dixons), eine Graphitart, welche in den Minen von Ticonderoga (New York) vorkommt und sich durch besondere Reinheit auszeichnet. Er wird trocken oder mit Öl und Wasser vermischt verwendet und überzieht die Schmierflächen mit einem glatten Überzug, der alle Unebenheiten ausfüllt.

In Blechdosen à 1 kg brutto .	ℳ	*3.30*	pro Stück
» » à 3 » » .	»	*8.50*	» »
» » à 5 » » .	»	*13.30*	» »
In Kisten à 12,5 kg Nettoinhalt	»	*2.50*	pro kg
» » à 25 » »	»	*2.40*	» »
» » à 50 » »	»	*2.20*	» »

Persicaner & Ko., Berlin W., Bülowstr. 57.

Flüssigkeitswiderstände. Dieselben haben, namentlich für größere Motoren, den Vorteil geringer Raumbeanspruchung, gestatten ein ganz allmähliches, stetiges Einschalten, eine ohne nachteilige Funkenbildung vor sich gehende Stromunterbrechung auf der Oberfläche und sind außerdem sehr billig. Die Gefäße bestehen aus Gußeisen oder mit Blech ausgeschlagenem Holz. Als Widerstandsflüssigkeit kommt Sodalösung ($^1/_2$—1 kg Soda auf einen Liter Wasser) zur Verwendung. Je größer die Betriebsspannung, desto geringer muß die Konzentration sein. Zur Verhinderung des Auskristallisierens der Soda wird der obere Gefäßrand mit mineralischem Fett bestrichen. Das Einschalten der Platten erfolgt meist mittels Handrads und steilgängiger Spindel, seltener mittels Handhebels. Die Eintauchplatten müssen in ausgeschalteter Stellung sicher stehen bleiben und die Gefäße stets mit Flüssigkeit gefüllt sein.

Maschinenfabrik Oerlikon, Oerlikon bei Zürich (Schweiz).

Flußeisen (siehe **Schmiedbares Eisen**).

Flußkabel (siehe **Kabel**). Zum Verlegen eines Flußkabels wird im Flußbette eine Rinne ausgebaggert, in welche das Kabel verlegt wird. Diese Rinne versandet sehr bald, so daß das Kabel genügend geschützt ist. An den Ufern wird das Kabel durch zwei mit einer Querrille versehene, zusammengeschraubte Holzbalken (Kabelhalter) gehalten.

Flußstahl (siehe **Schmiedbares Eisen**).

Förderanlagen, elektrisch angetriebene. Bedingungen, welchen eine elektrisch angetriebene Förderanlage entsprechen muß: Die Bewegungs- und Sicherheitsvorkehrungen einer derartigen Anlage müssen jenen gleichwertig sein, welche für mit Dampf betriebene polizeilich vorgeschrieben sind. Das Widerstandsmaterial muß so reichlich bemessen sein, daß, ohne schädliche Erwärmung desselben, durch Ein- und Ausschaltung der Widerstände die Seilgeschwindigkeit bei allen zulässigen Belastungen innerhalb der vorgeschriebenen Grenzen beliebig geändert, die Maschine angelassen, abgestellt, umgesteuert und allmählich oder im Notfalle auch rasch zum Stillstand gebracht wird. Dazu sind erforderlich ein Wendeanlasser (zwangläufige Verbindung von Anlasser und Umschalter) und Bremsen (mechanische oder elektrische). Anlaß-

und Umschalthebel müssen mit dem Bremshebel zwangläufig verbunden sein. Die Elektromotoren sollen direkt auf die Seiltrommel gesetzt werden, um jedes Zwischengetriebe zu vermeiden.

Maschinenfabrik Oerlikon, Oerlikon bei Zürich (Schweiz).

Formierung. Zur Formierung benutzt man als Elektrolyten für Faureplatten verdünnte Schwefelsäure von 1,17 spez. Gew. für beide Elektroden oder Magnesium- oder Aluminiumsulfatlösung mit Zusatz von Magnesia bzw. Aluminiumhydroxyd zum Neutralisieren für die Anode, ohne diesen Zusatz für die Kathode, für Plantéplatten (Anoden) Kaliumperchloratlösung mit Zusatz von Schwefelsäure oder verdünnte Schwefelsäure von 40—60° C bei Konstanthalten der Zellenspannung von 2 Volt oder Natriumthiosulfatlösung mit schwefliger Säure (siehe **Plantésches Verfahren**).

Fortschell-Läutwerke sind solche, die beim einmaligen Druck auf den Kontakt fortarbeiten.

Durchmesser der Schale mm	ℳ
70	*3.70*
80	*3.80*
90	*4.35*
100	*5.—*
120	*6.70*

Fortschellwecker mit Hartholzkästchen, Seidendrahtspulen, Platinkontakten je nach Ausführung ℳ *4—6*.

Foucaultsche Ströme (siehe **Wirbelströme**).

Francisturbinen sind Überdruckturbinen mit äußerer radialer Beaufschlagung. Die Vorzüge der Francisturbinen, welche sich im allgemeinen für kleine und mittlere Gefälle und auch für höhere Gefälle bei größeren Wassermengen, die nicht sehr variabel sind (höchstens bis $^1/_3$ der Beaufschlagung), eignen, sind: Leichte Ausnutzung des ganzen Gefälles vom Oberwasserspiegel bis zum Unterwasserspiegel durch teilweises Sauggefälle, wodurch die Turbinen hoch über das Unterwasser gestellt werden können, ohne Gefälle zu verlieren, die leichte Regulierbarkeit mittels drehbarer Leitradschaufeln und die hohen Umdrehungszahlen, die sie zulassen.

Maschinenfabrik Geislingen in Geislingen, Württ. *(s. Inseratanh. S. 19).*

Franklinsches Blitzableitersystem ist gekennzeichnet durch wenige, jedoch hohe Auffangstangen, die durch Gebäudeleitungen mit den Erdleitungen verbunden sind.

Franklinsche Tafel (siehe **Kondensator**) ist eine so auf beiden Seiten mit Stanniol beklebte Glastafel, daß ringsum ein freier Glasflächenrand von 2—3 cm bleibt.

Freidrahtöfen. Bei diesem Heizkörper werden blanke Drähte gerade oder in Spiralform aus Material von hohem elektrischen Widerstande (Nickelin, Neusilber, Kruppin etc.) isoliert auf Rahmen montiert. Spiralen müssen aus entsprechend dicken Drähten sein, da bei dünnen, dicht nebeneinander hängenden

Spiralen leicht Kurzschlüsse eintreten; durchgezogene Asbestschnüre bewähren sich nicht, da sie in Berührung mit glühenden Drähten kieselsaure Schlacke niederschlagen. Glatte, gerade Drähte werden mit federnden Spannvorrichtungen verwendet, so daß sie gegen Kurzschluß gesichert sind und bei der Erwärmung sich frei ausdehnen können.

Heizregister für Schaufenster der A. E.-G., Berlin.

	Pro lfd. m		
	Wattverbrauch	Spann. in Volt	Gewicht in kg
Schaufensterwärmer in Längen von $^1/_2$—3 m bei 150 mm Breite	330	110 u. 120	5

Heizregister für Strafsenbahnen der V.-E.-G., Berlin.

	Watt-verbr.	Spann. Volt	Gew. kg	Heizkr. pro cbm
Heizregister zum Befestigen unter den Sitzen in Straßenbahnwagen mit Längssitzen. Eisenrahmen mit Schutzmantel aus perforiertem Eisenblech	1500	500	20	8
Desgl. mit 2 Heizöfen zu 750 Watt .	1500	250	20	8

Heizkörper, System Eckmann, Fabrik für elektr. Heizung, Berlin.

Stromverbrauch Watt-Std.	Abmessungen in mm Höhe	Breite	Tiefe	Spannung Volt	Heizkraft pro cbm
1500	500	360	220	220	80—125
2250	—	—	—	220	125—175
3000	—	—	—	220	175—225

Freileitungen — Leitungen auf Isolatoren, die auf Masten oder Häusermauern befestigt sind, verlegt.

Freileitungen im Sinne der Verbandsvorschriften d. V. d. E. sind alle oberirdischen Leitungen außerhalb von Gebäuden, die weder metallische Umhüllung noch Schutzverkleidung haben. Schutznetze und Schutzdrähte gelten nicht als Verkleidung.

Die Leitungen für Niederspannung müssen im Freien mindestens 4 m über dem Boden verlegt werden, wenn blankes Leitungsmaterial verwendet wird. Die Entfernung von mehreren auf demselben Gestänge verlegten blanken Leitungen muß bei Spannweiten über 6 m mindestens 300 mm, bei Spannweiten von 4—6 m mindestens 200 mm, bei kleineren Spannweiten mindestens 150 mm und von Wänden mindestens 100 mm betragen. Der zwischen zwei Masten gespannte Draht bildet annähernd eine Parabel. Der Durchhang des Drahtes muß mit Rücksicht auf Wind, Schnee- und Eisbelastungen sowie auf Temperaturänderungen in gewissen Grenzen gehalten werden. Die nachstehende Tabelle ergibt den Durchhang von Kupferdrähten für verschiedene Spannweiten und Temperaturen, wobei die zulässige Beanspruchung bei — 20° C mit 4 kg angenommen ist.

Temperatur	Durchmesser in mm bei einer Spannweite von			
°C	20 m	30 m	40 m	50 m
— 20	114	250	440	700
— 15	130	280	475	750
— 10	150	300	510	770
— 5	170	340	550	800
0	195	380	585	840
+ 5	220	390	620	880
+ 10	240	420	660	920
+ 15	260	450	690	960
+ 20	280	470	720	1000
+ 25	300	500	750	—

Für irgend ein Drahtmaterial berechnet sich der Durchhang nach der Formel $D = \frac{G \times a^2}{8 \times S}$, worin G das Gewicht des Drahtes von 1 m Länge in kg, a die Entfernung der Aufhängepunkte in m, S die Spannung und D den Durchhang in der Mitte bezeichnen. Die wirkliche Länge des Drahtes L zwischen den beiden Aufhängepunkten berechnet sich nach der Formel $L = a + \frac{8\,D^2}{3\,a}$.

Freileitungen für Hochspannungsanlagen müssen mindestens 6 m, bei Wegübergängen mindestens 7 m von der Erdoberfläche entfernt sein. Sie müssen mit Rücksicht auf mechanische Festigkeit einen Mindestquerschnitt von 10 qmm haben.

Spannweite und Durchhang müssen derart bemessen werden, daß Gestänge aus Holz mit 10facher und aus Eisen mit 5facher Sicherheit und Leitungen bei — 25° C mit 5facher Sicherheit ausgeführt sind. Dabei ist der Winddruck mit 125 kg für 1 qm senkrecht getroffener Fläche in Rechnung zu bringen.

Hackethaldraht-Gesellschaft m. b. H.,
Hannover (*s. Inseratanh. S. 15*).

Freileitungs-Bleikabel, induktionsfreie (Hersteller: A.-G. Mix & Genest, Berlin). Bei Verlegung einer größeren Anzahl Leitungen im Freien, an Mauern feuchter Räume u. dgl. sind zweckmäßiger induktionsfreie Kabel mit Bleimänteln anzuwenden, da letztere vollkommene Gewähr gegen Feuchtigkeit bieten. Diese Kabel bestehen aus 0,8 mm starken Kupferdrähten, welche dreifach mit paraffinierter Baumwolle umsponnen und mit Stanniol bewickelt sind. Diese Adern und eine blanke Kupferlitze sind alsdann zusammen mit gummiertem Band bewickelt und mit einem Bleimantel umpreßt.

Anzahl der Adern	Gesamtdurchmesser ca. mm	Gewicht pro 100 m ca. kg	Länge pro 100 kg ca. m	Preis pro m ℳ
6	10	37,0	270	*—.50*
9	11	45,3	220	*—.65*
12	12	54,75	183	*—.80*
16	14	70,0	142	*1.10*
20	15,5	75,0	133	*1.30*
24	16	92,0	109	*1.50*
30	—	—	—	*1.80*

Freileitungsdrähte, blanke.

Benennung	Durchmesser mm	Gew. pro 100 m ca. kg	Länge pro kg ca. m	Preis pro kg ℳ
Eisendraht, verzinkt	2	2,380	42	—.36
» »	3	5,885	17	—.32
» »	4	9,010	11	—.30
Eisenwickeldraht, verzinkt, weich	0,7	0,305	30	—.70
Eisenbindedraht, » »	2	2,380	42	—.40
Gußstahldraht (Pat. Tiegelguß), verzinkt	2,2	2,860	335	—.70
Kupferdraht für Ab- und Zuleitungen in Gebäuden	2	2,780	36	2.—
Kupferseil aus 3 Drähten, je 2 mm dick, für Erdanschlüsse bei Telephonanlagen	4	8,100	12,5	2.10
Siliziumbronzedraht	1	0,740	135	2.40
»	1,2	1,050	95	2.30
»	1,5	1,665	60	2.20
»	2	2,960	34	2.10
Siliziumbronze-Bindedraht, weich	0,8	0,475	210	2.50

Fremderregung von Wechselstrommaschinen hat den Vorteil, daß Unregelmäßigkeiten im Gange der Antriebsmaschinen der ersteren keinen Einfluß auf die Erregung haben (siehe auch **Erregermaschinen**).

Frequenz ist die Anzahl der in einer Sekunde auftretenden Wechsel. Die Vorschriften des V. d. E. empfehlen für Neuanlagen eine Frequenz von 25 oder 50.

Frequenzmessungen (siehe **Wechselzahlbestimmung**).
Dr. Rudolf Franke & Ko., G. m. b. H., Hannover.

Friktionsbremsen für Motorwagen bestehen aus nur einer Rolle oder Walze, auf welcher eine Kette aufgewickelt ist; letztere wird an dem Bremshebel befestigt. Die Walze wird durch zwei Friktionsscheiben angetrieben, welche der Wagenführer von Hand oder Fuß aus mittels eines Hebels miteinander kuppelt. Diese Bremsen wirken gut, sind einfach, billig und leicht zu handhaben, erfordern aber verhältnismäßig sehr viel Raum unter dem Wagen, so daß sie nur bei einmotorigen Wagen und breiter Spur verwendet werden können.

Friktionselektrizität (siehe **Reibungselektrizität**).

Fritter (siehe **Kohärer**).

Froschklemme — zangenartiges Instrument zum Fassen und Spannen von Eisenleitungen.

Führungsrollen (siehe **Bogenlampen-Aufhängematerial**).

Füllsäure. Zum erstmaligen Füllen von Akkumulatoren wird verdünnte reine Schwefelsäure vom spez. Gewicht 1,17—1,20 bei 20° C, zum Nachfüllen je nach der Säuredichte destilliertes Wasser oder Säure von verschiedener Dichte bis zu 1,20 verwendet.

Zur Herstellung von 100 l Schwefelsäure vom spez. Gewicht 1,18 sind erforderlich:

Liter v. Säure,	v. spez. Gewicht	v. Grad Beaumé	u. Liter dest. Wasser
69,80	1,25	28,8	30,7
73,00	1,24	27,9	27,48
76,41	1,23	26,9	24,01
80,21	1,22	26,0	20,14
84,38	1,21	25,0	15,90
89,02	1,20	24,0	11,17
94,19	1,19	23,0	5,91

Brunnen- und Leitungswasser, die meist chlorhaltig sind, dürfen zur Herstellung von Füllsäure nicht verwendet werden, ebensowenig Kondenswasser.

Füllsäure muß frei von Chlor, Stickstoff, organischen Säuren, Eisen und Kupfer sein.

Fünfleitersystem ist ein verdoppeltes Dreileitersystem, wobei ein Außenleiter gemeinsam ist. Im Vergleiche zum Dreileitersystem erfordert das Fünfleitersystem ca. 50 % weniger Leitungsmaterial, doch sind dafür erhöhte Aufwendungen an Montage, Verlegungsmaterial, Isolatoren etc. nötig; immerhin verbleiben als resultierende Ersparnis ca. 40 %. Auch sind die Spannungsverluste in der Leitung geringer als beim Drehstrom. Trotz dieser Vorteile eignet sich das Fünfphasensystem nur für große Übertragungen, namentlich für Motoren, doch kann auch Licht abgenommen werden, sobald eine Nulleitung gezogen wird.

Fundamente. Die für elektrische Maschinen verwendeten Fundamentarten sind Stampfbeton (1 Teil Portlandzement, 3 Teile Sand, 5 Teile Schotter), welcher schichtenweise aufgetragen wird, oder Backsteinmauerwerk, welches mit Portlandzementmörtel gebunden wird. Erstere Art soll wenigstens 24 Stunden, letztere wenigstens 6 Tage zum Trocknen Zeit haben, ehe die Maschine aufgestellt und die Schraubenlöcher ausgegossen werden.

Der Beton soll graugrün sein und muß beim Stampfen schwitzen.

Romanzement, der sehr geringe Bindefähigkeit hat, soll nicht verwendet werden.

Der Fundamentsockel soll wenigstens 150 mm über den Maschinenboden hervorragen.

Dort, wo Holzrahmen zwischen Fundament und Maschine zur Verwendung kommen, wird der Rahmen mit Leinöl getränkt oder geteert und durch Schrauben mit versenkten Muttern mit dem Fundamente verbunden.

Zur Herstellung der Ziegelfundamente sind aus Ringofenziegeleien stammende, festgebrannte und hell klingende Ziegel zu verwenden. Vor der Verwendung sind die Ziegel zu nässen.

Der Mörtel wird aus Zement und Sand, ohne Kalk, in nachstehender Mischung hergestellt: 1 Teil Portlandzement wird mit 3—4 Teilen körnigem, nicht lehmhaltigem Sand gemischt.

Die Aussparungen für die Ankerbolzen resp. Steinschrauben sind nach dem Einbringen derselben und nach dem Ausrichten der Maschine mit Zementguß, 1 Teil Zement mit 1—2 Teilen feingesiebtem Sand, auszugießen. Das Untergießen der Maschinen erfolgt mit der gleichen Mischung, nachdem um die Grundplatte der Maschine ein Lettenwulst angebracht ist, der das Untergießen ermöglicht. Die Färbung der Mörtelmischung soll grün, ins Graue spielend sein.

Der Auflagedruck soll für Ziegelmauerwerk mit Zementmörtel höchstens 0,06 kg, bei Sandstein mit Zementunterguß höchstens 0,1 kg pro qmm betragen, die höchste zulässige Beanspruchung des Erdbodens selbst 0,02 kg.

Funke, elektrischer, ist eine außerordentlich schnell auftretende, von einer kurzen Lichterscheinung begleitete Ausgleichung entgegengesetzter Elektrizitäten.

Funkenbildung am Kollektor. Ursache: Zwischen zwei Lamellen ist die Isolation angefressen; der Kollektor ist unrund und schlägt; die Isolation tritt durch Lockerwerden des Kollektors hervor; innere Ausgleichströme, hervorgerufen durch ungenaue Zentrierung des Ankers, was ungleiche Lufträume einzelner Pole zur Folge hat; Verzerrung des Magnetfeldes bei mehrpoligen Maschinen durch Kurzschluß oder Überbrückung einer einzelnen Magnetspule; falsche Bürstenstellung; schlecht eingeschliffene Kontaktfläche der Bürsten.

Funkenbildung an Bürsten ist teils auf elektrische, teils auf mechanische Ursachen zurückzuführen. Elektrische Ursachen sind: Hohe Belastung der Bürsten, hervorgerufen durch Selbstinduktion und gegenseitige Induktion der kommutierenden Spulen; hohe Belastung der Bürsten durch den Betriebsstrom; hohe Belastung der Bürsten durch Kurzschlußströme, welche in den kurzgeschlossenen Spulen durch Bewegung derselben im äußeren Kraftlinienfelde entstehen. Mechanische Ursachen sind: Unrundlaufen des Kollektors und vorstehende Isolation zwischen den Segmenten; zu große Bürstenreibung und dadurch bedingte Erwärmung der Bürsten.

Ursache der Funkenbildung bei Gleichstrommaschinen: Zu große Windungszahl der Spule (Hintanhaltung: Nur eine Windung pro Spule), zu schnelle Änderung der Felddichte an den Enden der Polschuhe (Hintanhaltung: Allmähliche Vergrößerung der Ausbohrung an den Enden der Polschuhe).

Funkenentladung ist jene Lichterscheinung, bei welcher die von den Elektroden ausgesendeten, zum Glühen erhitzten Elektrodenteilchen eine solche Geschwindigkeit besitzen, daß sie die andere Elektrode erreichen.

Funkenentladungen, atmosphärische, entstehen entweder dadurch, daß Staubteilchen, Wasserbläschen oder trockene Schneeflocken ihre elektrischen Ladungen an die Leitungsdrähte abgeben, oder durch statische Induktion, durch aufziehende Gewitterwolken oder Verschiebung des elektrischen Gleichgewichtes in den über den Drähten befindlichen Wolken, ferner durch induzierte Ladungen, die dadurch hervorgerufen werden, daß in der Nähe der Leitung ein Blitzschlag zur Erde geht oder eine Entladung zwischen zwei Wolken über der Erde stattfindet (sog. Rückschläge). Schutz gegen Funkenentladungen durch Blitzschutzvorrichtungen.

Funkeninduktoren (siehe **Induktorien**).

Funkenlänge cm	Spannung Volt	Gewicht kg	Preise mit Platinunterbrecher ℳ	mit Deprezunterbrecher ℳ	mit Quecksilberwippe ℳ
15	12—14	27,500	*305*	*310*	*320*
20	12—14	34	*355*	*360*	*370*
25	14—16	53	*445*	*450*	*460*
30	16—18	60	*525*	*530*	*540*
35	16—18	85	*625*	*630*	*640*
40	20—22	95	*785*	*790*	*800*
50	18—30	116	*1165*	*1185*	*1180*

Funkenlängen in atmosphärischer Luft bei 18° C und 745 mm Druck.

Funkenlänge mm	Spannung in Kilowatt bei einem Durchmesser *d* der beiden Kugeln, zwischen welchen der Funke erzeugt wird, in mm $d = 50$	$d = 20$	$d = 10$	$d = 5$
1	—	4,1	4,5	4,8
2	—	7,9	8,4	8,6
3	—	11,4	11,9	11,4
4	—	14,8	14,9	13,7
5	17,8	17,9	17,7	15,5
6	21,1	20,8	20,0	17,0
8	27,5	26,2	24,0	19,1
10	33,4	30,9	27,1	20,5
12	39,2	35,0	—	—
14	44,6	38,7	31,4	—
16	49,6	42,0	—	—
20	—	47,5	—	23,8

Funkenlöscher sind Elektromagnete, deren Kraftlinienfluß in den Bereich der Funkenbildung, d. h. der elektrischen Strömung fällt, die beim Öffnen der Kontakte zwischen diesen durch die Luft geht und einen Lichtbogen erzeugt. Durch die Ablenkung, welche der Lichtbogen erfährt, verlängert sich seine Größe und damit der Widerstandsweg, so daß der Lichtbogen infolge der dadurch herbeigeführten Abschwächung des Stromes schnell erlischt und der infolge Abbrennens der Kontakte hervorgerufene Materialverbrauch sehr gering ausfällt.

Albert Thode & Ko., Hamburg (*s. Inseratanh. S. 4*).

Funkenstrecken für Hörnerblitzschutzvorrichtungen, Länge derselben:

Für Netzspannungen bis	1000 Volt . .	2 mm
» » »	3000 » . .	3 »
» » »	6000 » . .	6 »
» » »	10000 » . .	10 »
» » »	20000 » . .	17 »

Funkenstrecken bei unterirdischen Stromleitungen haben die Aufgabe, eine ungefährliche Entladung herbeizuführen, wenn durch irgend einen Umstand die Spannung jene Grenze überschreitet, die der Netzisolierung schaden könnte. Die Funkenstrecke ist wie eine Blitzplatte konstruiert (siehe daselbst). Die eine der Platten ist mit dem äußeren Leiter des Kabels verbunden, die andere mit der Erde in leitende Verbindung gebracht.

Funkenstrecken für Kabelnetze.

Zweipolig			Dreipolig		
Betriebsspannung	ℳ	ca. kg	Betriebsspannung	ℳ	ca. kg
1 000	*12*	3,0	1 000	*16*	3,5
6 000	*28*	16,0	6 000	*35*	18,0
10 000	*33*	16,0	10 000	*40*	18,0

Funkentelegraphie (siehe **Wellentelegraphie**).

Apparate für Funkentelegraphie: Paul Kröplin, Werkstatt f. Präzisionsmechanik u. Elektrotechnik, Bützow i. M.

Funkenzünder (siehe **Zünder, elektrische**).

Funkenzündung (siehe **Minenzündung, elektrische**).

Kontrollapparate für Funkenzündung: Dr. Rudolf Franke & Ko., G. m. b. H., Hannover.

G.

Gallowaykessel ist ein Flammrohrkessel mit radialen Quersiedern. Vorteil: Gute Wärmeausnutzung. Nachteile: Schwierige Kesselreinigung, hohe Preise wegen des großen Gewichtes.

Gallsche Gelenkketten für elektrisch betriebene Laufkrane.

Tragkraft	Teilung	Des Mittelbolzens		Zapfendurchmesser	Platten-			Form	Gewicht pro lfd. m	Preis pro lfd. m in Mark			
		Länge	Durchmesser		Zahl pro Glied	Dicke	Breite			ohne	mit	ohne	mit
										Unterlegscheiben			
										vernietet		versplintet	
kg	mm	mm	mm	mm		mm	mm		ca. kg				
75	13	10	5	4	2	1½	11	geschweift	0,6	*4.25*	*6.—*	*7.—*	*9.—*
100	15	12	5	4	2	1½	12	geschweift	0,7	*4.50*	*6.50*	*8.—*	*10.—*
250	20	15	8	6	2	2	15	geschweift	1,0	*5.—*	*7.—*	*9.—*	*11.—*
500	25	18	10	8	2	3	18	geschweift	2,0	*5.50*	*7.50*	*9.50*	*11.50*
750	30	20	11	9	4	2	20	geschweift	2,7	*6.50*	*8.—*	*10.—*	*12.—*
850	30	20	11	9	4	3	20	geschweift	3,0	*6.75*	*9.—*	*10.50*	*12.50*
1 000	35	22	12	10	4	2	26	geschweift	3,8	*7.—*	*10.—*	*11.—*	*13.—*
1 250	35	22	13	11	4	3	26	geschweift	4,2	*7.50*	*11.—*	*13.—*	*13.50*
1 500	40	25	14	12	4	3	30	geschweift	5,0	*8.—*	*12.—*	*15.—*	*16.—*
2 000	45	30	17	14	4	3	35	geschweift	7,1	*10.—*	*13.—*	*17.50*	*18.—*
3 000	50	35	22	18	6	3	38	geschweift	11,2	*13.—*	*13.50*	*22.50*	*23.—*
4 000	55	40	24	21	6	4	40	geschweift	16,5	*15.—*	*16.—*	*29.—*	*30.—*
5 000	60	45	26	23	6	4	46	geschweift	19,0	*19.—*	*20.—*	*31.—*	*32.—*

Tragkraft gk	Teilung mm	Des Mittelbolzens Länge mm	Des Mittelbolzens Durchmesser mm	Zapfendurchmesser mm	Platten- Zahl pro Glied	Platten- Dicke mm	Platten- Breite mm	Platten- Form	Gewicht pro lfd. m ca. kg	Preis pro lfd. m in Mark, ohne Unterlegscheiben, vernietet	mit Unterlegscheiben, vernietet	ohne Unterlegscheiben, versplintet	mit Unterlegscheiben, versplintet
6 000	65	45	28	25	6	4½	52	gerade	24,7	*21.—*	*22.—*	*35.—*	*36.—*
7 500	70	50	32	28	8	4½	52	gerade	32,0	*24.—*	*25.—*	*40.—*	*41.—*
8 500	75	55	34	30	8	4½	56	gerade	34,0	*26.—*	*27.—*	*42.—*	*43.—*
10 000	80	60	36	32	8	4½	60	gerade	37,0	*28.—*	*29.—*	*44.—*	*44.50*
12 500	85	65	38	34	8	5½	65	gerade	45,5	*31.—*	*32.—*	*48.—*	*49.—*
15 000	90	70	40	37	8	5½	70	gerade	50,6	*35.—*	*36.—*	*50.—*	*52.—*
17 500	95	75	43	39	10	5½	72	gerade	64,5	*44.—*	*45.—*	*55.—*	*60.—*
20 000	100	80	46	41	10	5½	80	gerade	82,0	*56.—*	*57.—*	*60.—*	*67.—*
25 000	110	90	50	44	10	6	90	gerade	96,0	*64.—*	*65.—*	*67.—*	*70.—*
30 000	120	110	54	47	10	6½	100	gerade	112,0	*71.—*	*72.—*	*75.—*	*80.—*

Nohl & Ko., Köln a. Rh.

Galvanographie — Herstellung von Zink- oder Kupfer-Druckplatten auf galvanischem Wege. Auf die mit einer Ätzschicht überzogene Platte wird die Zeichnung mittels einer Nadel ausgeführt und hierauf die Platte als Anode in den entsprechenden Elektrolyten eingebracht. Beim Stromdurchgang werden an den gezeichneten Stellen Metallteilchen entfernt, so daß die Zeichnung vertieft erscheint.

Galvanometer sind Galvanoskope, welche das Vorhandensein von elektrischen Strömen anzeigen und ihre Stärke messen.

Galvanometer, absolute, sind jene, bei welchen aus der Stromstärke und den Galvanometerangaben direkt die Wirkung des Stromes berechnet werden kann, ohne daß eine vorhergehende Eichung des Instruments erforderlich ist.

Galvanometer, elektromagnetische. Bei denselben wird entweder unmittelbar die vom stromleitenden Gewinde oder Ringe bewirkte Ablenkung eines beweglichen Magneten aus dem magnetischen Meridian, also der Ablenkungswinkel gemessen (Tangentenbussole), oder man dreht das stromleitende Gewinde der abgelenkten Nadel nach, bis deren magnetische Achse wieder in der Windungsebene liegt, und mißt dann den Drehungswinkel des Gewindes (Sinusbussole), oder aber man macht die Ablenkung des Galvanometermagneten durch eine Federkraft rückgängig, wobei man den Torsionswinkel der den Aufhängungsfaden umgebenden Spiralfeder mißt (Torsionsgalvanometer von Siemens & Halske).

Galvanometer von D'Arsonval besteht aus einem Hufeisenmagneten, zwischen dessen Schenkeln ein Drahtrahmen leicht beweglich angeordnet ist. Letzterer trägt eine Vorrichtung (Spiegel oder einen auf einer Skala spielenden Zeiger), welche das Ablesen der Ablenkungsgröße gestattet.

Tabelle über die Eigenschaften der Galvanometer, wobei Empfindlichkeit in bezug auf Stromstärke, sowie Effekt auf 1 mm Ablenkung bei 1 m Skalenentfernung bezogen sind.

	Widerstand in Ω	Konstante in $10^6\ \Omega$	Empfindlichkeit in 10^{-6} A	Effekt in 10^{-12} VA
Thomson-Carpentier . .	12 840			
Doppelschwingung 8,5″ .		810	0,00123	0,02
» 10″ .		1 025	0,00097	0,012
» 11″ .		1 290	0,00078	0,008
» 17″ .		3 050	0,00033	0,0013
» 24″ .		6 100	0,00016	0,00033
» 27″ .		7 600	0,00013	0,00022
» 36″ .		13 100	0,00076	0,000075
Deprez-D'Arsonval . . .	3 306	1 050	0,00095	0,58
(Edelmann)	680	1 050	0,00095	0,12
für Thermoströme . . .	0,8	—	0,2	0,032
» Nervenströme . . .	2 300	200	0,005	0,06
» gewöhnliche Zwecke .	100	20	0,05	0,25
Siemens & Halske . . .	350	1 230	0,00081	0,00023

Dr. Rudolf Franke & Ko., G. m. b. H., Hannover.

Galvanoplastik — Herstellung von Metallniederschlägen auf der Oberfläche von Körpern durch Zersetzung einer Metallsalzlösung auf elektrolytischem Wege. Zu diesem Zwecke müssen die mit einem metallischen Niederschlag zu versehenden Körper von Verunreinigungen (auf mechanischem [durch Bürsten] oder chemischem [Eintauchen in Säuren] Wege) befreit — dekapiert — werden (Dekapierung). Die Gefäße für galvanische Bäder werden aus Glas, Porzellan, asphaltiertem Lärchen- oder Pitsch-pine-Holz oder emailliertem Gußeisen hergestellt. Die verschiedenen Formen, in welchen das Kupfer auf galvanoplastischem Wege ausgeschieden wird, sind folgende: In Pulver-, Schwamm- oder Sandform wird das Kupfer ausgeschieden, wenn die Stromstärke so groß ist, daß mit dem Metall gleichzeitig Wasserstoffentwickelung auftritt; in grobkristallinischer Form wird das Kupfer abgeschieden, wenn die Stromstärke noch lange nicht hinreicht, eine Wasserstoffentwickelung zu veranlassen; als zäher, gediegener, feinkörniger Niederschlag wird das Kupfer ausgeschieden, wenn die Stromstärke möglichst groß ist, jedoch noch keine Wasserstoffentwickelung auftritt. Die absolute Festigkeit und die Härte des Kupfers nehmen mit der Stromdichte zu, die Zähigkeit mit der Zunahme der Stromdichte ab. Die Elastizitätsgrenze zeigt zwischen 10—15 Ampere Stromdichte ein Maximum. Als Stromspannung verwendet man höchstens eine Klemmenspannung von 15 Volt. Ist eine galvanoplastische Anlage an eine Zentrale angeschlossen, so werden, da deren Spannungen gewöhnlich 110—250 Volt betragen, die Bäder aber nur Spannungen von 3—6 Volt benötigen, rotierende Umformer benutzt unter gleichzeitiger Parallelschaltung von Akkumulatoren zur Dynamomaschine, damit diese eventuell als Reserve die Stromlieferung übernehmen kann.

Galvanoskope sind Instrumente, welche das Vorhandensein von elektrischen Strömen anzeigen, ohne deren Menge genau zu messen.

Benennung	ℳ
Taschengalvanoskop mit horizontal schwingendem Zeiger und Arretiervorrichtung, in vernickeltem Gehäuse, 44 mm Skalendurchmesser	7.50
do. mit horizontal schwingendem Zeiger, in rundem, lackiertem Messinggehäuse, 65 mm Skalendurchm.	10.—
do. mit vertikaler Skala, in grün lackiert. Zinkgehäuse	6.50
do. mit Glasskala (Modell der Reichspost)	15.—
Galvanoskop in Mahagonischutzkasten	20.—
Monteurgalvanoskop, bestehend aus einem Galvanoskop mit zweierlei Wickelungen und einem Vorschaltwiderstand, mit Voltskala und Kreiseinteilung	15.—

Sie dienen zum schnellen und bequemen Messen von Isolationswiderständen, zum Prüfen von Verbindungsstellen und zu ähnlichen Zwecken. Ihre Wirkung beruht auf der Ablenkung der Magnetnadel durch den in vielen Windungen um die Magnetnadel geführten Strom. Der Nachteil der Galvanoskope liegt darin, daß in ihrer Nähe befindliche Eisenmassen oder magnetische Felder dieselben beeinflussen, so daß die auf der Skala angegebenen Widerstände eigentlich nur die Größenordnung des Isolationswiderstandes und nicht seine absolute wirkliche Größe angeben.

Meßbereich	Preis pro Stück ℳ
1 000 bis 500 000 cbm	29
2 000 » 1 000 000 »	35
4 000 » 2 000 000 »	48
10 000 » 10 000 000 »	225

Allg. Elektr.-Ges., Berlin.

Galvanostegie — Herstellung von Metallüberzügen (Vergoldung, Versilberung usw.) auf elektrochemischem Wege.

Gasgewinde.

Zoll, englische	Lichte Rohrweite mm	Äußerer Durchmesser mm	Tiefe der Schraubengänge mm	Anzahl der Gänge pro mm
1/8	3,2	10,5	0,58	7,2
1/4	6,5	13	0,8	7,5
3/8	9,5	16	0,8	7,5
1/2	12,5	20,5	1	5,5
5/8	15,88	23,02	1,17	5,5
3/4	19	26	1	5,5
1	25,4	32	1,6	4,33
1 1/4	32	41	1,6	4,33
1 1/2	38,5	47	1,6	4,33
1 3/4	44,5	54	1,6	4,33
2	50,8	60	1,6	4,33

Gasmotoren. Gebrüder Körting wählen für einzylindrige Gasmotoren nach dem Viertaktsystem (bis 165 PS) einen Ungleichförmigkeitsgrad von 1 : 80, welcher für elektrische Beleuchtung ohne Anwendung von Akkumulatoren genügt, für doppelwirkende Zweitaktmotoren bei einzylindrigen Aggregaten einen Ungleichförmigkeitsgrad von mindestens 1 : 140, bei zweizylindrigen einen solchen von mindestens 1 : 200.

In neuerer Zeit geht man dazu über, die Gasmotoren für größere Kraftleistungen doppelwirkend zu machen. Bei den Deutzschen Gasmotoren — doppelwirkender Viertakt — erfolgt die Regulierung nicht durch Veränderung des Gasreichtums der Ladung, sondern durch Änderung der Gesamtladungsmenge unter Aufrechterhaltung des Mischungsverhältnisses von Gas und Luft. Dies wird durch ein Einströmventil bewirkt, welches aus einem oben gelegenen Gasventil, einem darunter gelegenen Luftschieber und einem dritten Ventil für das Gemenge besteht, die gleichzeitig öffnen und schließen. Die Veränderung der Füllungsmenge wird dadurch bewirkt, daß der vom Exzenter gesteuerte Einströmhebel einen vom Regulator veränderten Stützpunkt erhält. Beim Viertaktmotor wirkt der Regulator auf das in der Einströmperiode zutretende Gemisch, welches unmittelbar darauf komprimiert und entzündet wird. Bei den Viertaktmaschinen kommen auf vier Hübe (zwei Umdrehungen) eine Verpuffung und eine Ausdehnung, so daß die Maschine bei der ersten Umdrehung als Pumpe, bei der zweiten als Verbrennungszylinder dient. Die Viertaktmaschinen haben die Nachteile: Große Gewichte und Kraftverluste durch Reibung und Abkühlung, schweres Angehen, ungleichmäßigen Gang. Bei den Zweitaktmaschinen, mit Ausnahme der ganz kleinen, werden diese Übelstände durch eine separate Ladungspumpe großenteils behoben. Die Zündung erfolgt meistens durch den elektrischen Funken, das Anlassen dort, wo die Gasmotoren zum Antrieb von Dynamos dienen, indem man letztere, z. B. durch eine Batterie gespeist, als Motoren laufen läßt, bis die normale Umdrehungszahl erreicht ist.

Kosten von Gasmotorenanlagen.

Normale Leistung eff. PS	Gesamtgewicht ca. kg	Preis der Anlage ℳ
3	2 500	*4 000*
4	3 000	*4 300*
6	3 700	*5 000*
10	4 500	*6 800*
12	5 500	*8 000*
16	8 000	*8 500*
20	9 000	*9 500*
30	13 000	*12 000*
40	15 000	*14 000*
50	17 000	*15 500*
60	20 000	*17 000*
100	30 000	*23 000*

(Berechnet mit Fundamentanker Rohrleitungen, Schutzgeländer und Riemen nebst Verpackung.)

Liegende Gasmotoren von Gebrüder Körting, Körtingsdorf, Hannover.

Pferdestärken		20	25	30	35	40	50	60	80
Preis der Gasmaschine*) für Gewerbebetrieb	ℳ	*6400*	*6900*	*7800*	*8500*	*10 800*	*12 200*	*14 200*	*16 400*
» » » » elektr. Betrieb	»	*6600*	*7200*	*8400*	*8900*	*11 300*	*12 600*	*15 000*	*17 600*
Angenäherte Gewichte der Gasmotoren, für Gewerbebetrieb, netto	kg	4000	4570	5760	6530	8 460	11 230	13 350	16 500
Angenäherte Gewichte der Gasmotoren, für Gewerbebetrieb, brutto	»	4390	5110	6340	7150	9 120	11 910	14 040	17 280
Angenäherte Gewichte der Gasmotoren, für elektr. Betrieb, netto	»	4890	5650	6775	7800	10 430	13 170	16 470	20 400
Angenäherte Gewichte der Gasmotoren, für elektr. Betrieb, brutto	»	5280	6200	7360	8425	11 090	13 850	17 165	21 200
Normale Umdrehungszahl in der Minute	»	190	190	170	170	160	160	140	140
Angenäherte Länge des Motors	mm	3300	3460	3760	4070	4 415	4 665	5 100	5 565
» Breite » »	»	2250	2350	2440	2530	2 615	2 870	3 315	3 455
» Höhe » »	»	2115	2130	2240	2350	2 520	2 625	2 840	3 040
Durchmesser des Schwungrades für Gewerbebetrieb	»	2420	2430	2640	2820	2 960	3 200	3 440	3 590
Durchmesser des Schwungrades für elektr. Betrieb	»	2530	2580	2760	2940	3 140	3 350	3 600	3 750
Durchmesser der normalen Riemenscheibe	»	1000	1000	1200	1200	1 300	1 300	1 500	1 700
Breite der normalen Riemenscheibe	»	470	550	640	740	750	850	950	1 050
» des Riemens	»	220	260	300	350	350	400	450	500
Preis der normalen Riemenscheibe	ℳ	*300*	*350*	*480*	*510*	*610*	*650*	*840*	—
» der Fundamentanker und Schrauben	»	*60*	*85*	*90*	*115*	*125*	*165*	*200*	*240*
Größe der Gasuhr für Leuchtgas	Flammenzahl	100	100	150	150	200	200	250	300
Anschluß an die Leuchtgaszuleitung	Zoll	2	2	$2^1/_2$	$2^1/_2$	3	3	90 mm	90 mm
Durchmesser der Auspuffleitung	mm	100	100	125	125	150	150	175	175
Preis des Gasdruckregulators bei Leuchtgasbetr.	ℳ	*100*	*100*	*185*	*185*	*250*	*250*	*250*	*250*
» eines zweiten Auspufftopfes	»	*190*	*190*	*240*	*240*	*360*	*360*	*380*	*380*
» der Klinkvorrichtung zum Einstellen des Schwungrades	»	—	—	—	—	*65*	*65*	*65*	*76*

Druckluftanlaßvorrichtung, bestehend aus:

1. Ladeventil und Druckluftkessel mit Manometer und Ventilen ohne Rohrleitung für Maschinen von 14—35 PS . . . . ℳ *275*
2. Druckluftpumpe für Riemenbetrieb mit Druckluftkessel wie oben, für die Motoren von 40—80 PS . . . . » *850*

*) Einbegriffen in den Preisen sind: Elektrische Zündung, 1 Auspufftopf, 1 Gummibeutel bis 80 PS, 1 Reserve-Zünderdeckel mit Kontakthebel, 1 Blechmantel für den Kolben, 1 Klemme für die Kolbenringe, 2 Ölkannen, Reinigungswerkzeuge, 1 Satz Schraubenschlüssel, Asbestdichtungen, Putzwolle, Schmirgelleinen, ausgeschlossen Riemenscheibe.

Gay-Lussacsches Blitzableitersystem (siehe Franklinsches Blitzableitersystem).

Gebäudeleitungen (siehe Blitzableiter).

Gefälle, wirksames, ist bei Turbinen ohne Saugrohr der lotrechte Abstand des Oberwasserspiegels — unmittelbar über der Turbine gemessen — bis zu der horizontalen Ebene, in welcher die Schwerpunkte der Ausflußöffnungen der Laufradzellen liegen, wenn das Laufrad über Wasser arbeitet; wenn dasselbe unter Wasser arbeitet, so versteht man unter wirksamem Gefälle den lotrechten Abstand des Oberwasserspiegels — unmittelbar über der Turbine gemessen — bis zum Unterwasserspiegel. Bei Turbinen, denen das Wasser durch Rohrleitungen zugeführt wird, ist der Gefällsverlust in der Rohrleitung abzuziehen, d. h. es ist die manometrische Druckhöhe in Rechnung zu ziehen. Bei den Turbinen mit Saugrohr ist das wirksame Gefälle der lotrechte Abstand des Oberwasserspiegels — unmittelbar über der Turbine gemessen — bis zum Unterwasserspiegel.

Gegengewicht für Aufzüge beträgt $^1/_4$—$^1/_2$ der Nutzlast.

Gegengewichte, regulierbare (siehe Bogenlampen-Aufhängematerial).

Gegenkraft, elektromotorische (siehe Polarisation).

Gegenschaltung bei mehrphasigen Motoren hat die Aufgabe, bei Motoren, die nur selten angelassen werden und dann längere Zeit ruhig laufen, die kostspielige Einrichtung mit Schleifringen und regulierbaren Widerständen zu ersetzen. Das Prinzip der Gegenschaltung beruht darin, daß man den Läufer mit mehreren getrennten Wickelungen versieht, deren elektromotorische Kräfte beim Anlaufen entgegengesetzt gerichtet sind. Hat der Motor eine gewisse Geschwindigkeit erreicht, so werden diese Gruppen parallel geschaltet, so daß der Motor von da ab in seiner normalen, ökonomisch arbeitenden Wickelungsanordnung weiterläuft.

Gegensprechen (siehe Duplexbetrieb).

Gegenstromrelais finden hauptsächlichste Verwendung in Verbindung mit rotierenden Umformern, die in Parallelschaltung mit Umformern oder einer Akkumulatorenbatterie arbeiten, da bekanntlich, wenn aus irgend einem Grunde die Wechselstromzuleitung unterbrochen wird, der Umformer verkehrt läuft und dadurch gefährdet wird. Die Verwendungsart von Gegenstromrelais geht aus folgendem hervor: Zwei Schaltschienen der Kraftzentrale sind mit zwei Schaltschienen der Unterstation durch zwei Leitungen in Verbindung, deren Enden in der Kraftzentrale an den Maximalumschalter angeschlossen sind. Wenn nun in einer der Leitungen eine plötzliche Überlastung oder ein Kurzschluß entsteht, so öffnet der exzessive Strom sofort den Überstromautomaten und unterbricht die Leitung an einem Ende. Der Strom, der von der Unterstation fließen könnte, wird durch den Gegenstromautomaten unterbrochen, so daß die Leitung an beiden Enden geöffnet ist. Der Gegenstromautomat wirkt in der Regel in der Weise, daß ein Relais einen Ausschalter oder ein optisches oder akustisches Signal betätigt, welch letztere Verwendungsart speziell beim Parallelschalten von Wechselstrommaschinen Anwendung findet, und zeigt dann der Apparat sofort an, wenn eine Maschine als Motor läuft.

Der verbreitetste Typ von Gegenstromrelais besteht im Prinzip aus einem kleinen Gleichstrommotor von etwa $^1/_8$ PS. Die Feldmagnete des Motors werden durch einen Stromtransformator, der in Serie mit der Leitung liegt, gespeist, während die Armatur durch einen Spannungstransformator, der im Nebenschluß zur Linie liegt, mit Strom versehen wird. Wenn der Strom durch die zu schützenden Leitungen in der verlangten Richtung fließt, sucht sich die Armatur, welche an der Ausführung einer ganzen Umdrehung in einem Sinne gehindert ist, in einem gewissen Sinne zu drehen. Auf dem Gestell ist ein Arm befestigt, der zwei Kontakte trägt, die gegeneinander geneigt sind. Ein auf der Motorwelle befestigtes Kohlenstück ist so geformt, daß es in den zwischen den Kontakten freibleibenden trapezförmigen Raum hineinpaßt. Die beiden Kontakte bilden die Enden des Stromkreises, welcher die Spulen des Ausschaltelektromagneten trägt. Hat der Linienstrom die normale Richtung, so dreht sich der Motor von der Kontaktstelle weg, hat er jedoch eine falsche Richtung, so dreht sich die Armatur etwa um $^1/_8$ einer vollen Umdrehung; der Kontakt wird bewerkstelligt, indem das Kohlenstück zwischen die beiden geneigten Kontakte eingreift, und dadurch wird die verlangte Bewegung, wie Unterbrechen des Ausschalters, Einschalten der Signalglocke oder der Lampe, bewirkt.

Gegenstromrollen (siehe **Induktanzrollen**).

Geleisekosten.

Einfaches Geleise mit Ausweichen *ℳ 20000—30000* pro km.
Doppeltes » » » » *35000—50000* » »

Generator oder Dynamo ist jede rotierende Maschine, die mechanische in elektrische Leistung verwandelt (Norm. d. V. d. E.). Für Generatoren, welche mit Dampfturbinen direkt gekuppelt sind, empfiehlt es sich wegen der infolge der hohen Umdrehungszahlen auftretenden großen Zentrifugalkraft, feststehenden Anker und rotierendes Feld zu wählen, weil dann die mechanischen Schwierigkeiten der Wickelungsbefestigung auf eine Wickelung beschränkt werden, in der nur geringe Spannungen auftreten.

Generatorgasanlagen (siehe **Kraftgasanlagen und Sauggas-Generator-Kraftanlagen**).

Gesamtcharakteristik ist jene Kurve, welche den Zusammenhang zwischen der Gesamtstromstärke und der gesamten elektromotorischen Kraft einer Nebenschlußmaschine angibt.

Gesamtwiderstand einer Maschinenkonstruktion ist gleich der Nutzlast, dividiert durch das Produkt aus den einzelnen Getrieben, welche für die betreffende Konstruktion in Aussicht genommen sind. Bei dem Entwurf der Konstruktion ist der Gesamtwiderstand immer an Stelle der Nutzlast in Rechnung zu stellen.

Geschwindigkeit, kritische, von Gleichstrommotoren ist die ideelle Grenzgeschwindigkeit, welche unter der Annahme eintreten würde, daß der Motor im Leerlauf auch ganz reibungslos und ohne sonstige Widerstände arbeitet, der Stromverbrauch also vollständig auf Null herabsinkt und damit die elektromotorische Gegenkraft ihren ideellen größten Wert erreicht, d. h. gleich der Bürstenspannung wird.

Geschwindigkeiten.

Geschwindigkeit d. Windes, wenn	Stille . .	0	bis	0,5 m pro Sek.
» » » »	schwach	0,5	»	4 » » »
» » » »	mäßig .	4	»	7 » » »
» » » »	frisch .	7	»	11 » » »
» » » »	stark . .	11	»	17 » » »
» » » »	Sturm . .	17	»	28 » » »
» » » »	Orkan .		über	28 » » »
» eines trabenden Pferdes . .				4 » » »
» » galoppierenden Pferdes				14 » » »
» einer Brieftaube				48 » » »
» eines Güter-, Kurierzuges .		10	bis	20 » » »
» des Schalles bei 0° C . . .				333 » » »
» der in den leeren Raum ausströmenden Luft von 0° C				396 » » »
» eines Punktes d. Erdäquators				464 » » »
» des Lichtes und der Elektrizität (nach Delambre) . .		311 180 000		» » »

Gestänge (siehe (**Masten, Mannesmannrohrmasten**).

Gewebebürsten — Bürsten aus Kupfer- oder Messinggeweben (siehe **Metallbürsten**).

	Preis pro qcm:											
Bürstenstärke in mm:	3—4	4,5—5,5	6—7	7,5—8	9	10	11	12	13	14	15	16
Pfennige:	*3,5*	*4,5*	*5*	*5,5*	*6*	*6,5*	*7*	*8*	*9*	*10*	*11*	*12*

Gewichtsvoltameter — Voltameter, bei welchen die Stromstärke nach dem Gewichte der Zersetzungsprodukte (zum Unterschiede gegen Volumenvoltameter) bestimmt wird.

Gewitter. Das Wesen derselben ist nach Duffek in atmosphärischen Wirbeln in den höheren Luftschichten, ähnlich den Windhosen der niederen Luftschichten, zu suchen. Die wahrscheinlichste Ursache dieser Luftwirbel dürfte in der ungleichen Dichte und Temperatur unmittelbar übereinander gelagerter Luftschichten zu suchen sein.

Girardturbinen sind Aktionsturbinen mit ventiliertem Laufrad und werden sowohl voll als partiell beaufschlagt. Das Wasser tritt bei diesen Turbinen mit der der ganzen Gefällshöhe zukommenden Geschwindigkeit aus dem Leitapparat in das Laufrad ein. Girardturbinen eignen sich nur für solche Gefälle, wo das Laufrad frei über dem Unterwasserspiegel arbeitet. Diese Turbinen sind dort empfehlenswert, wo es sich um billige Anlagen bei stark wechselnden Wassermengen handelt und auch bei sehr partieller Beaufschlagung noch ein guter Nutzeffekt erzielt werden soll.

Gittermasten. Als Ersatz für Rohrmasten werden, wenn besonders große Beanspruchungen und besondere Höhen in Frage kommen, aus Fassoneisen hergestellte Gittermasten verwendet, welche auf Betonsockel montiert werden. Empfehlenswert ist die Befestigung durch lösbare Schrauben, um eventuell den Gittermast leicht versetzen zu können. Hauptsächlichste Anwendung für Telegraphen-, Telephon- und Beleuchtungsanlagen.

Gitterplatten (siehe **Akkumulatorenplatten**) für Batterien sind solche Platten, bei welchen die wirksame Masse durch Gitter gehalten wird.

Glanz ist die von einer Fläche pro Flächeneinheit ausgesendete Lichtstärke.

Glasglocken (siehe **Bogenlampenglocken**). Matte Glasglocken verursachen einen Lichtverlust, der bei

mattgeschliffenem Glas 15 %, Opalglas . . . . 20 %,
Alabasterglas . . . . 15 %, Milchglas . . . 30 % beträgt.

E. Heckmann & Ko., Berlin C. 19, Seydelstr. 3. | Albert Thode & Ko, Hamburg (s. *Inseratanh S. 4*).

Glasglocken, lichtstreuende, schonen das Auge und vermeiden harte Schlagschatten. Sie bestehen aus rauhem Glas, Opalglas, am besten Alabasterglas. Der Lichbogen ist bei diesen Glocken nicht sichtbar, da sie selbst leuchtend erscheinen.

Albert Thode & Ko., Hamburg (s. *Inseratanh. S. 4*).

Gleichpoltypen (siehe **Induktortypen**).

Gleichrichter (von Liebenow) besteht aus einem kleinen synchronen Wechselstrommotor, dessen Welle einen Kollektor trägt, und der mit zwei isolierten Schleifringen versehen ist. Letzteren wird Wechselstrom zugeführt, während von dem Kollektor durch vier Bürstensysteme, von denen je zwei leitend verbunden sind, Gleichstrom abgenommen wird.

Gleichstrom — elektrischer Strom, der dauernd dieselbe Richtung hat.

Gleichstrombogenlampen (siehe **Bogenlampen**).

Tabellen für Gleichstrombogenlampen.

Spannung Amp.	Spannung Volt	Lichtbogenlänge mm	Maximale Lichtstärke HK	Prakt.-hemisph. Lichtstärke nackt	Prakt.-hemisph. Lichtstärke mit Überfangglocke
2	40	0,8	128	70	53
3	41	1	256	139	106
4	42	1,4	392	212	117
5	43	1,7	560	308	214
6	43,5	1,9	730	400	240
7	44	2,2	920	505	392
8	44,4	2,5	1 130	620	480
9	44,8	2,8	1 350	740	575
10	45,2	3	1 570	860	670
11	45,5	3,3	1 800	990	770
12	46	3,5	2 060	1125	880
14	46,5	3,8	2 560	1390	1080
16	47	4	3 130	1710	1330
18	47,5	4,3	3 650	2000	1560
20	48	4,5	4 240	2300	1800
25	49	5	5 800	3180	2500
30	50	5,4	7 600	4140	3250
35	51	5,7	9 600	5200	4400
40	52	6	11 700	6400	5000

Stromstärke Amp.	Spannung Volt	Kohlendimensionen in mm: Positiv Durchm.	Positiv Länge	Negativ Durchm.	Negativ Länge	Größe des Lichtbogens mm	Brenndauer in Stunden
2	40	9	110	6	110	0,8	6— 7
3	41	11,5	110	7	110	1	6— 7
4	42	13	110	8	110	1,5	6— 7
4	42	13	180	8	180	1,5	11—12
5	43	15	180	9	180	1,8	12
6	43	15	235	9	235	2	15
8	44	18	235	11	235	2,5	15
10	45	20	235	12	235	3,5	16
12	46	20	235	13	235	4	16
16	47	24	235	16	235	4,5	17

Ehrich & Graetz, Berlin SO. 36.

Gleichstromdynamo, Wirkungsgrad. Derselbe beträgt bei den vollkommensten und größten Maschinen bis ca. 94 % (totaler Wirkungsgrad).

Leistung der Masch. in PS	1000	500	100	50	20	10	5	3	1
Totaler Wirkungsgrad in %	94	93	92	91	90	88	84	81	75
Watt pro PS	690	685	680	670	665	645	620	595	550

Maschinenfabrik Eßlingen in Eßlingen. | Maschinenfabrik Oerlikon, Oerlikon bei Zürich (Schweiz).

Gleichstromdynamos, Type NG, der Allgem. Elektr.-Ges., Berlin.

Größe	Dynamo: Spannung in Volt	Dynamo: Stromstärke in Ampere	Dynamo: Gesamtleistung in Watt ca.	Dynamo: Umdrehungen pro Min. ca.	Dynamo: Kraftverbrauch PS ca.	Motor: Spannung in Volt	Motor: Verbrauch in Ampere	Motor: Gesamtverbrauch in Watt ca.	Motor: Umdrehungen pro Min. ca.	Motor: Leistung PS ca.	Maschine mit Anker u. normaler Riemenscheibe, ohne Fundamentschienen: Gew. netto ca. kg	Preis d. Masch. ℳ
NG_{15}	65	25		1750		65	29		1600			
	110	15	1650	1600	3	105	18	1890				*465*
	150	10		1850					1400	2		
	220	7,5		1660		210	9					
						440	4,3	1900	1420		230	*500*
						500	3,8		1550			
	65	15	975	930	1,8	65	16,5	1070	750			*465*
	90	9	810	1100								
	110	8	880	880	1,6	105	10			1		
	150	5		950				1050	640			*500*
						210	5					
NG_{25}	65	50		1480		65	49		1250			
	90	34		1700								
	110	30		1350	5,5	105	30	3170				*630*
	150	20	3300	1600					1120	3,5	400	
	220	15		1350		210	15,3					
	440	7,5		1350	5,6	440	7,5	3300	1200			*650*
	500	6,6		1450		500	6,7		1300			

Größe	Dynamo: Spannung in Volt	Dynamo: Stromstärke in Ampere	Dynamo: Gesamtleistung in Watt ca.	Dynamo: Umdrehungen pro Min. ca.	Dynamo: Kraftverbrauch PS ca.	Motor: Spannung in Volt	Motor: Verbrauch in Ampere	Motor: Gesamtverbrauch in Watt ca.	Motor: Umdrehungen pro Min. ca.	Motor: Leistung PS ca.	Maschine mit Anker u. normaler Riemenscheibe, ohne Fundamentschienen: Gew. netto ca. kg	Maschine mit Anker u. normaler Riemenscheibe, ohne Fundamentschienen: Preis d. Masch. *M*
NG_{25}	65	30	1950	780	3,3	65	34	2210	600	2,25		
	90	21		900								
	110	15	1650	700	2,8	105	16,5	1735				*630*
	150	11		800							400	
	220	7,5	1650	720	3	210	8,3	1750	550	1,75		
	300	5,5		830								*650*
NG_{50}	65	100		1400		65	101		1200			
	90	70		1650								
	110	60		1270		105	61	6500	1060			*840*
	150	40		1500								
	220	30	6600	1300	10,5	210	31		1080	7,5		
	300	21		1550								
	440	15		1200		440	15	6600	1080		560	*875*
	500	13,2		1300		500	13,2		1180			
	65	60	3900	750	6,2	65	65	4225	580	4,75		
	90	43		880								*840*
	110	30		650	5,3	105	30,5	3300				
	150	20	3300	760					500	3,5		
	220	15		680	5,5	210	16	3400				
	300	11		800								*875*
NG_{75}	90	90		1300		65	126		970			
	110	75		990		105	76,5	8050				*1000*
	150	55		1200					880			
	220	37,5	8250	990	13	210	38,5			9,5		
	300	26		1200								
	440	18,7		970		440	19	8300	900		785	*1050*
	500	16,5		1050		500	16,5		980			
	65	75	4875	580	7,5	65	81	5265	480	6		
	90	54		680								*1000*
	110	37		500								
	150	27	4070	600	6,5	105	40	4200	420	4,5		
	220	18,5		500		210	20					*1050*
NG_{100}	65	180	11700	950	18	65	177	11500	820	13		
	90	130		1150								
	110	100		900		105	102					*1230*
	150	73	11000	1050	17			10700	770	12,5		
	220	50		950		210	51					
	300	36		1100								
	440	22,5	10000	950	16	440	22,5	10000	770	11,3	1075	*1280*
	500	20		1040	15,5	500	20		850	11,5		
	65	100	6500	500	10,5	65	107	6960	400	8		
	90	70		585								*1230*
	110	50	5500	470	9,0	105	53	5570	360	6,5		
	150	36		550								
	220	22,5	4950	490	8,4	210	26,5					*1280*

Größe	Dynamo: Spannung in Volt	Dynamo: Stromstärke in Ampere	Dynamo: Gesamtleistung in Watt ca.	Dynamo: Umdrehungen pro Min. ca.	Dynamo: Kraftverbrauch PS ca.	Motor: Spannung in Volt	Motor: Verbrauch in Ampere	Motor: Gesamtverbrauch in Watt ca.	Motor: Umdrehungen pro Min. ca.	Motor: Leistung PS ca.	Maschine mit Anker- u. normaler Riemenscheibe, ohne Fundamentschienen: Gew. netto ca. kg	Maschine mit Anker- u. normaler Riemenscheibe, ohne Fundamentschienen: Preis d. Masch. ℳ
NG_{125}	110	125	13750	940	21,5	105	131	13750	780	16,5		*1600*
	150	92		1100								
	220	62,5		920		210	65,5		770			
	300	45		1080								
	440	31	13650	1000	21	440	32	14000	900	16,75	1400	*1650*
	500	27		960		500	28		860			
	65	125	8125	530	13,5	65	130	8450	480	9,5		*1600*
	90	90		625								
	110	61	6710	480	11	105	67	7035	400	8,25		
	150	44		550								
	220	31	6800	490	10,5	210	32	6700	410	8		*1650*

Gleichstromdynamos, Type SG, der Allgem. Elektr.-Ges., Berlin.

Größe	Dynamo: Spannung in Volt	Dynamo: Stromstärke in Ampere	Dynamo: Gesamtleistung in Watt ca.	Dynamo: Umdrehungen pro Min. ca.	Dynamo: Kraftverbrauch PS ca.	Motor: Spannung in Volt	Motor: Verbrauch in Ampere	Motor: Gesamtverbrauch in Watt ca.	Motor: Umdrehungen pro Min. ca.	Motor: Leistung PS ca.	Maschine mit Anker u. normaler Riemenscheibe, ohne Fundamentschienen: Gew. netto ca. kg	Maschine mit Anker u. normaler Riemenscheibe, ohne Fundamentschienen: Preis d. Masch. ℳ
SG_{400} 4 polig mit 2 Lagern	65	740	48000	620	73,5	—	—	—	—	—		*4 000*
	90	530		700								
	120	400		660		110	406	44660	580	54		
	160	300		730		—	—	—	—	—		
	240	200		660		220	203	44660	585	54		*3 550*
	320	150		730		—	—	—	—	—		
	500	96		760		500	96	48000	690	57,5		*3 850*
	550	87		800								
	65	400	26000	360	41,5	—	—	—	—	—		
	90	290		390		—	—	—	—	—	2500	*3 650*
	120	150	18000	260	29	110	159	17500	210	20		
	160	120		280		—	—	—	—	—		*3 650*
	120	200	24000	355	37,5	110	205	22550	300	26		*3 650*
	160	160		380		—	—	—	—	—		
	120	275	33000	430	51	110	280	31000	390	36		
	120	300	36000	480	55	110	305	33550	430	40		*3 650*
	160	240		520		—	—	—	—	—		
	240	100	24000	380	38	220	103	22600	300	26		*3 900*
	240	150	36000	480	55	220	153	33600	430	40		*3 650*

Größe	Dynamo: Spannung in Volt	Dynamo: Stromstärke in Ampere	Dynamo: Gesamtleistung in Watt ca.	Dynamo: Umdrehungen pro Min. ca.	Dynamo: Kraftverbrauch PS ca.	Motor: Spannung in Volt	Motor: Verbrauch in Ampere	Motor: Gesamtverbrauch in Watt ca.	Motor: Umdrehungen pro Min. ca.	Motor: Leistung PS ca.	Maschine mit Anker- u. normaler Riemenscheibe, ohne Fundamentschienen: Gew. netto ca. kg	Maschine mit Anker- u. normaler Riemenscheibe, ohne Fundamentschienen: Preis d. Masch. ℳ
SG_{500} 6 polig mit 2 Lagern	120	500	60000	630	91	110	506	55600	545	66	2560	*4 100*
	160	375		700		—	—	—	—	—		
	240	250		620		220	253	55600	560	66		*4 350*
	320	185		700		—	—	—	—	—		
	500	120		660		500	120	60000	610	72		*4 400*
	550	109		675								
	850	60	51000	700	82	800	60	48000	625	57		*4 350*
	65	500	32500	335	50	—	—	—	—	—		*4 100*
	90	360		365		—	—	—	—	—		
	120	250	30000	310	47	110	255	28000	280	32,5		*4 350*
	160	200		340		—	—	—	—	—		
	120	400	48000	460	74	110	405	44500	390	52		
	160	320		500		—	—	—	—	—		*4 350*
	240	125	30000	320	47	220	128	28200	250	32,5		*4 350*
	240	200	48000	470	75	220	205	45100	410	53,5		*4 400*
	240	230	55000	575	84	220	235	52000	520	61		
SG_{600} 6 polig mit 2 Lagern	120	600	72000	540	108	110	610	67100	460	81	3200	*4 900*
	160	450		600		—	—	—	—	—		
	240	300		540		220	305	67100	465	81		*4 950*
	320	220		600		—	—	—	—	—		
	500	144		540		500	144	72000	490	87		*4 900*
	550	130		560								
	850	85		600		800	85	68000	540	82		*5 300*
	65	600	39000	275	61	—	—	—	—	—		*4 900*
	90	430		300		—	—	—	—	—		
	65	850	55000	485	84	—	—	—	—	—		*5 300*
	120	300	36000	285	55	110	310	34100	225	40		*5 100*
	160	240		310		—	—	—	—	—		
	120	335	40200	320	62	110	335	36800	260	44		*5 200*
	120	500	60000	430	91	110	505	55000	380	66		
	240	150	36000	260	55	220	155	34100	210	40		
	240	200	48000	360	75	220	205	45100	320	53,5		*5 100*
SG_{700} 6 polig mit 3 Lagern	120	700	84000	470	126	110	710	78000	415	95	4300	*6 650*
	150	560		525		—	—	—	—	—		
	240	350		470		220	355	78000	415	95		
	300	280		525		—	—	—	—	—		
	500	168		475		500	170	85000	445	104		
	550	152		490								
	850	98		520		800	100	80000	—	—		*6 500*
	120	350	42000	235	65	110	360	40000	195	48		*6 650*
	150	280		270		—	—	—	—	—		
	120	545	65300	380	100	110	560	62000	300	75		*6 375*
	240	170	41000	235	64	220	175	38500	205	45		*6 650*
	300	136		270								
	500	100	50000	310	77	500	—	—	—	—		*6 350*

Größe	Dynamo: Spannung in Volt	Stromstärke in Ampere	Gesamtleistung in Watt ca.	Umdrehungen pro Min. ca.	Kraftverbrauch PS ca.	Motor: Spannung in Volt	Verbrauch in Ampere	Gesamtverbrauch in Watt ca.	Umdrehungen pro Min. ca.	Leistung PS ca.	Maschine mit Anker u. normaler Riemenscheibe, ohne Fundamentschienen: Gew. netto ca. kg	Preis d. Masch. ℳ
SG_{800} 8 polig mit 3 Lagern	65	1550		350		—	—	—	—	—		7 700
	120	835		355		110	850	93500	310	115		
	150	660		385		—	—	—	—	—		
	240	415	100000	355	150	220	425	93500	315	115		7 200
	300	330		390		—	—	—	—	—		
	550	180		370		500	200	100000	335	122		7 300
	850	117		400		800	117	93600	360	115		
	65	900	58500	190	88	—	—	—	—	—		
	120	335	40200	145	62	110	345	37950	125	45	5100	
	120	415	50000	180	76	110	425	46750	160	56		7 200
	120	540	64800	250	100	110	550	60500	220	73		
	120	1000	120000	420	180	110	1030	113000	370	140		7 600
	240	210	50000	180	76	220	213,5	47000	150	56		
	240	270	64800	250	100	220	275	60500	220	73		
	240	335	80500	300	122	—	—	—	—	—		7 200
	240	500	120000	420	180	220	515	113000	370	140		
	550	120	66000	260	100	500	125	62500	220	75		
SG_{1000} 10 pol. mit 3 Lagern	120	1000		285		110	1030	113300	265	140		
	150	800		330		—	—	—	—	—		11 500
	240	500		300		220	515	113300	265	140		
	300	400	120000	340	180	—	—	—	—	—		11 300
	550	220		290		500	227	113300	270	140		11 400
	850	140		320		800	140	112000	290	135		11 475
	120	700	84000	200	127	110	715	78650	175	97		
	120	800	96000	235	145	110	815	89650	200	108	7600	11 600
	240	250	60000	150	91	220	260	57200	125	70		11 500
	240	350	85000	160	127	220	350	77000	145	95		11 400
	300	280				—	—	—	—	—		
	240	415	100000	175	150	220	425	94000	155	115		11 000
	220	450				220	460	101000	160	124		11 400
	550	155	85000	190	127	500	155	77500	175	96		
	500	270	135000	320	200	500	275	137000	300	170		11 400
	550	245		340								
SG_{1250} 10 pol. mit 3 Lagern	65	2300		260		—	—	—	—	—		15 000
	120	1250		250		110	1280	140000	225	175		13 200
	150	1000		275		—	—	—	—	—		
	240	625	150000	250	220	220	640	140000	225	175		13 200
	300	500		275		—	—	—	—	—		
	550	275		260		500	280	140000	225	175	8640	13 400
	120	625	75000	125	125	110	640	70500	110	86		13 200
	120	900	108000	180	165	110	910	100000	160	125		13 200
	120	975	116000	200	175	110	990	109000	175	135		13 200
	240	490				220	495					13 200
	240	275	66000	115	100	220	280	61500	100	75		13 200
	240	700	168000	265	245	220	725	160000	245	200		13 200

Gleichstromdynamos, Type 0, der A.-G. Brown, Boveri & Ko., Baden (Schweiz).

Größe	Zahl der Lager	Leistung	Touren pro Minute	Stromstärke	Kraftverbrauch	Riemenscheibe Durchmesser	Riemenscheibe Breite	Nettogewicht	Preis der kompl. Maschine ohne Spannschienen Nebenschluß	Preis der kompl. Maschine ohne Spannschienen Compound
		KW	ca.	ca. Amp.	ca. PS	mm	mm	ca. kg	M	M
					Für 115 Volt.					
00	2	1	2100	8,7	2,2	80	50	60	*350*	*370*
0	2	2	1900	17,4	3,5	100	60	90	*430*	*450*
1	2	3	1700	26	5	170	70	130	*530*	*540*
2	2	6	1550	52	9,5	200	90	200	*670*	*690*
3	2	9	1400	78	14	250	120	300	*880*	*920*
4	2	13	1250	113	20	300	150	440	*1 160*	*1 200*
5	2	18	1150	156	27,5	350	180	600	*1 500*	*1 560*
6	2	26	1000	226	39	420	210	830	*2 000*	*2 050*
7	2	35	850	305	52	500	250	1140	*2 600*	*2 700*
8	2	46	730	400	68	600	300	1460	*3 300*	*3 300*
9	2	65	600	560	96	720	350	2000	*4 200*	*4 300*
10	2	100	500	870	148	850	450	3250	*6 160*	*6 500*
11	3	140	450	1220	210	950	550	5000	*8 800*	*9 200*
12	3	190	400	1650	285	1050	650	7200	*11 800*	*12 100*
13	3	250	350	2180	375	1200	750	9500	*14 800*	*15 200*
11	2	Für direkte Kuppelung (ohne Riemenscheibe).						4400	*8 300*	*8 700*
12	2							6000	*10 800*	*11 200*
13	2							7800	*13 400*	*13 800*
					Für 230 Volt.					
00	2	1	2100	4,3	2,2	80	50	60	*350*	*370*
0	2	2	1900	8,6	3,5	100	60	90	*430*	*450*
1	2	3	1700	13	5	170	70	130	*530*	*540*
2	2	6	1550	26	9,5	200	90	200	*670*	*690*
3	2	6	1400	39	14	250	120	300	*880*	*920*
4	2	13	1250	56,5	20	300	150	440	*1 160*	*1 200*
5	2	18	1150	78	27,5	350	180	600	*1 500*	*1 560*
6	2	26	1000	113	39	420	210	830	*2 000*	*2 050*
7	2	35	850	152	52	500	250	1140	*2 600*	*2 700*
8	2	46	730	200	68	600	300	1460	*3 300*	*3 400*
9	2	65	600	280	96	720	350	2100	*4 200*	*4 300*
10	2	100	500	435	148	850	450	3250	*6 300*	*6 500*
11	3	140	450	610	206	950	550	5000	*8 800*	*9 200*
12	3	190	400	825	280	1050	650	7200	*11 700*	*12 100*
13	3	250	350	1090	370	1200	750	9500	*14 800*	*15 200*
11	2	Für direkte Kuppelung (ohne Riemenscheibe).						4400	*8 300*	*8 700*
12	2							6000	*10 800*	*11 200*
13	2							7800	*13 400*	*13 850*

Größe	Zahl der Lager	Leistung	Touren pro Minute	Stromstärke	Kraftverbrauch	Riemenscheibe		Nettogewicht	Preis der kompl. Maschine ohne Spannschienen	
						Durchmesser	Breite		Nebenschluß	Compound
		KW	ca.	ca. Amp.	ca. PS	mm	mm	ca. kg	ℳ	ℳ

Für 470 Volt.

Größe	Zahl der Lager	Leistung KW	Touren pro Minute ca.	Stromstärke ca. Amp.	Kraftverbrauch ca. PS	Durchmesser mm	Breite mm	Nettogewicht ca. kg	Nebenschluß ℳ	Compound ℳ
1	2	2,8	1900	6	4,7	170	70	130	*525*	*520*
2	2	5,5	1700	12	8,8	200	90	200	*670*	*665*
3	2	9	1550	19	14	250	120	300	*880*	*920*
4	2	12	1400	25,5	18,5	280	150	440	*1 160*	*1 200*
5	2	17	1250	36	26	320	180	600	*1 500*	*1 560*
6	2	24	1100	51	36	380	210	830	*2 000*	*2 050*
7	2	34	950	72	51	450	250	1140	*2 600*	*2 680*
8	2	45	800	96	66,5	550	300	1460	*3 000*	*3 400*
9	2	65	675	138	96	650	350	2100	*4 200*	*4 300*
10	2	100	550	215	146	750	450	3500	*6 000*	*6 300*
11	3	140	500	300	205	850	550	5400	*8 550*	*8 950*
12	3	190	450	405	278	950	650	7200	*11 700*	*12 100*
13	3	250	400	530	365	1050	750	9500	*14 800*	*15 200*
11	2	Für direkte Kuppelung (ohne Riemenscheibe).						4800	*8 080*	*8 480*
12	2							6000	*10 800*	*11 200*
13	2							7800	*13 400*	*13 850*

Für 550 Volt.

Größe	Zahl der Lager	Leistung KW	Touren pro Minute ca.	Stromstärke ca. Amp.	Kraftverbrauch ca. PS	Durchmesser mm	Breite mm	Nettogewicht ca. kg	Nebenschluß ℳ	Compound ℳ
1	2	2,8	1900	5	4,7	170	70	130	*525*	*520*
2	2	5,5	1700	10	8,8	200	90	200	*670*	*665*
3	2	9	1550	16,5	14	250	120	300	*880*	*920*
4	2	12	1400	22	18,5	280	150	440	*1 160*	*1 200*
5	2	17	1250	31	26	320	180	600	*1 500*	*1 560*
6	2	24	1100	43,5	36	380	210	830	*2 000*	*2 050*
7	2	34	950	62	51	450	250	1140	*2 600*	*2 680*
8	2	45	800	82	66,5	550	300	1460	*3 300*	*3 400*
9	2	65	675	118	96	650	350	2100	*4 200*	*4 300*
10	2	100	550	182	146	750	450	3500	*6 000*	*6 300*
11	3	140	500	255	205	850	550	5400	*8 550*	*8 950*
12	3	190	450	345	278	950	650	7200	*11 700*	*12 100*
13	3	250	400	455	365	1050	750	9500	*14 800*	*15 200*
11	2	Für direkte Kuppelung (ohne Riemenscheibe).						4800	*8 080*	*8 480*
12	2							6000	*10 800*	*11 200*
13	2							7800	*13 400*	*13 850*

Gleichstromdynamos für Doppelspannung der Deutschen Elektrizitätswerke zu Aachen, Garbe, Lahmeyer & Ko., A.-G.

Stromstärke		Umdrehungen pro Minute	Kraftbedarf	Preis	Stromstärke		Umdrehungen pro Minute	Kraftbedarf	Preis
110 Volt	150 Volt				110 Volt	150 Volt			
Amp.		ca.	ca. PS	ℳ	Amp.		ca.	ca. PS	ℳ
Für 110/150 Volt.									
15,5	11,5	2175	3	*400*	145	105	1210	25	*1650*
23	16,5	2060	4,4	*500*	200	147	1125	34,5	*2100*
29	21	1960	5,4	*550*	250	184	1060	42,5	*2400*
36	27	1860	6,8	*600*	320	235	1000	53,5	*2700*
54	40	1740	9,8	*750*	400	294	940	66,5	*3400*
72	53	1560	13	*850*	500	367	875	83	*3850*
90	67	1490	16	*1000*	600	440	812	99,5	*4400*
110	80	1360	19	*1200*	750	550	750	124	*5000*
Für 220/300 Volt.									
7,8	5,7	2175	3	*400*	72	53	1220	25	*1650*
11,5	8,4	2050	4,4	*500*	100	73,5	1125	34,5	*2100*
14,5	10,5	1950	5,4	*550*	125	91,5	1060	42,5	*2400*
18	13,5	1850	6,8	*600*	160	117	1000	53,5	*2700*
27	20	1730	9,8	*750*	200	146,5	940	66,5	*3400*
36	27	1550	13	*850*	250	183	875	83	*3850*
46	33	1480	16	*1000*	300	220	812	99,5	*4400*
54	40	1260	19	*1200*	375	275	750	124	*5000*
Für 440/600 Volt.									
3	2,2	2175	2,54	*435*	29	21	1240	21	*1735*
4,5	3,3	2060	3,6	*540*	40	29	1050	28	*2200*
5,8	4,2	1980	4,5	*600*	50	36	1080	35	*2520*
7,2	5,3	1850	5,7	*650*	66	48	980	45	*2835*
11	8	1730	8,3	*810*	82	60	930	56	*3570*
14,5	10,5	1510	11,0	*920*	100	73	900	68	*4050*
18	13	1440	13,5	*1080*	125	92	820	84	*4620*
22	16	1360	16	*1260*	155	114	740	105	*5250*

Gleichstr.-Dynamos d. E.-A.-G. vorm. W. Lahmeyer & Ko., Frankfurt a. M.

Leistung KW	Spannung Volt	Stromstärke Amp. ca.	Umdrehungen in der Minute ca.	Kraftbedarf bei voller Beanspruch. ca. PS	Riemenscheibe Durchmesser mm	Riemenscheibe Breite mm	Riemengeschwindigk. m. pr. Sek. ca.	Gewicht unverpackt ca. kg	Preis ℳ
			Modell NB XII.						
15	110	136	850	24,5	350	180	15,6	800	*1365*
15	110/150	122/100	1020	24,5	»	»	18,7	»	»
7,5	110	68	440	13	»	»	8,1	»	»
15	220	68	850	24,5	»	»	15,6	»	»
15	220/300	61/50	1020	24,5	»	»	18,7	»	»
7,5	220	34	440	13	»	»	8,1	»	»
12,5	440	28,5	850	20,5	»	»	15,6	»	»
12,5	500	25	970	20,5	»	»	17,8	»	»
			Modell NB XIII.						
25	110	227	750	39,5	420	250	16,5	1070	*1850*
25	110/150	202/167	900	40	»	»	19,8	»	»
12,5	110	113	380	21	»	»	8,1	»	»
25	220	113	750	39,5	»	»	16,5	»	»
25	220/300	101/83	900	40	»	»	19,8	»	»
12,5	220	57	380	21	»	»	8,1	»	»
22	440	50	750	35	»	»	16,5	»	»
22	500	44	850	35	»	»	18,7	»	»
			Modell NB XIV.						
40	110/150	325/266	780	62	500	300	20,4	1600	*2340*
20	110	182	330	32	»	»	8,7	»	»
40	220	182	650	62	»	»	17	»	»
40	220/300	163/133	780	62	»	»	20,4	»	»
20	220	91	330	32	»	»	8,7	»	»
36	440	82	650	56	»	»	17	»	»
36	500	72	740	56	»	»	19,4	»	»
			Modell NB XV.						
50	110/150	410/333	660	77	600	380	20,7	1980	*3200*
25	110	227	280	41	»	»	8,8	»	»
50	220	227	550	76	»	»	17,3	»	»
50	220/300	205/166	660	77	»	»	20,7	»	»
25	220	114	280	41	»	»	8,8	»	»
45	440	102	550	69	»	»	17,3	»	»
45	500	90	620	69	»	»	19,5	»	»
			Modell NB XVI.						
75	110	682	525	113	700	450	19,3	3400	*4300*
75	110/150	610/500	630	114	»	»	23,1	»	»
38	110	346	270	59	»	»	9,9	»	»
75	220	341	525	113	»	»	19,3	»	»
75	220/300	305/250	630	114	»	»	23,1	»	»
38	220	173	270	59	»	»	9,9	»	»
75	440	170	525	113	»	»	19,3	»	»
75	500	150	600	113	»	»	22,0	»	»

Gleichstr.-Dynam., K-Type, für 65 u. 480 V. d. Maschinenfabrik Eßlingen.

Modellbezeichnung	Leistung KW	Umdreh. pro Minute ca. n	Spannung Volt	Stromstärke Amp.	Kraftbedarf ca. PS	Preis der Maschine mit Grundplatte ℳ	Ungef. Gewicht der Maschine m. Grundplatte netto kg	Durchmesser und Breite der Riemenscheibe mm
K 1	1,04	2000	65	16	1,9	*330*	100	100× 60
»	0,52	1050	»	8	1,1	»	»	»
K 2	2,34	1750	»	36	3,9	*400*	170	120× 70
»	1,17	950	»	18	2,2	»	»	»
K 2½	3,9	1600	»	60	6,3	*500*	230	140× 80
»	1,95	850	»	30	3,3	»	»	»
K 3	5,2	1500	»	80	8,3	*630*	325	160× 90
»	2,6	800	»	40	4,3	»	»	»
K 4	8,6	1400	»	132	13,2	*870*	435	180×110
»	4,3	750	»	66	7	»	»	»
K 5½	10,4	1300	»	160	16,3	*1050*	630	200×120
»	5,2	700	»	80	8,5	»	»	»
K 6	13	1250	»	200	20	*1500*	750	230×140
»	7,15	650	»	110	12	»	»	»
K 7	16,2	1250	»	250	25	*1800*	1000	260×160
»	9,1	650	»	140	15	»	»	»
K 1	0,88	1600	110	8	1,6	*330*	100	100× 60
»	0,44	850	»	4	0,9	»	»	»
K 2	1,98	1400	»	18	3,3	*400*	170	120× 70
»	0,99	750	»	9	1,8	»	»	»
K 2½	3,3	1300	»	30	5,3	*500*	230	140× 80
»	1,65	700	»	15	2,8	»	»	»
K 3	4,4	1200	»	40	7	*630*	325	160× 90
»	2,2	650	»	20	3,6	»	»	»
K 4	7,25	1100	»	66	11,5	*870*	435	180×110
»	3,63	600	»	33	6	»	»	»
K 5½	8,8	1100	»	80	14	*1050*	630	200×120
»	4,4	600	»	40	7,2	»	»	»
K 6	12,1	1000	»	110	19	*1500*	750	230×140
»	6,05	520	»	55	10	»	»	»
K 7	15,4	1000	»	140	24	*1800*	1000	260×160
»	7,7	520	»	70	12,5	»	»	»
K 2	1,98	1400	220	9	3,3	*420*	170	120× 70
K 2½	3,3	1300	»	15	5,3	*520*	230	140× 80
»	1,65	700	»	7,5	2,8	*530*	»	»
K 3	4,4	1200	»	20	7	*650*	325	160× 90
»	2,2	650	»	10	3,6	*670*	»	»
K 4	7,2	1100	»	33	11,5	*900*	435	180×110
»	3,5	600	»	16	5,8	*960*	»	»
K 5½	8,8	1100	»	40	14	*1080*	630	200×120
»	4,4	600	»	20	7,2	*1120*	»	»
K 6	12,1	1000	»	55	19	*1550*	750	230×140
»	6,15	520	»	28	10	*1600*	»	»
K 7	15,4	1000	»	70	24	*1850*	1000	260×160
»	7,7	520	»	35	12,5	*1900*	»	»

Modell-bezeichnung	Leistung KW	Umdreh. pro Minute ca. n-	Spannung Volt	Stromstärke Amp.	Kraftbedarf ca. PS	Preis der Maschine mit Grundplatte ℳ	Ungef. Gewicht der Maschine m. Grundplatte netto kg	Durchmesser und Breite der Riemenscheibe mm
K 3	3,2	850	320	10	5,2	*690*	325	160× 90
K 4	5,12	800	»	16	8	*920*	435	180×110
K 5½	6,4	800	»	20	10	*1150*	630	200×120
»	3,2	420	»	10	5,3	*1170*	»	»
K 6	9	750	»	28	14,2	*1600*	750	230×140
»	4,5	400	»	14	7,5	*1630*	»	»
K 7	11,2	750	»	35	17,5	*1950*	1000	260×160
»	5,75	400	»	18	9,5	*2000*	»	»
K 3	4,8	1300	480	10	7,7	*690*	325	160× 90
K 4	7,7	1200	»	16	12	*920*	435	180×110
K 5½	9,6	1200	»	20	15	*1150*	630	200×120
»	4,8	650	»	10	8	*1170*	»	»
K 6	13,4	1100	»	28	21	*1600*	750	230×140
»	6,7	600	»	14	11	*1630*	»	»
K 7	16,8	1100	»	35	26	*1950*	1000	260×160
»	8,65	600	»	18	14	*2000*	»	»

Gleichstromgeneratoren der Maschinenfabrik Oerlikon (Schweiz). Spezialtypen.

Type	Leistung KW	Kraftverbrauch PS	Spannung Volt	Stromstärke Amp.	Umdrehungen pro Minute	Wirkungsgrad bei Vollast %	Wirkungsgrad bei Halblst. %	Riemenscheibe Durchmesser	Riemenscheibe Breite	Gewicht kg	Preis ℳ
NN XV	350	520	250	1400	380	94	91	1200	1200	2 Lager 11 100 3 Lager 12 600	2 Lager *21 600* 3 Lager *23 200*
G 66	280	410	190	1500	450	94	91	—	—	2 Lager 7 500	*16 400*
G 100	190	280	550	346	90	92	90	—	—	17 000	*31 500*
G 102	170	250	280	600	100	92	90	—	—	11 000	*22 400*
G 104	290	430	140	2070	110	92	90	—	—	13 500	*24 500*
G 110	300	440	550	545	120	93	91	—	—	19 000	*36 700*
G 120	510	750	550	927	100	94	91	—	—	26 200	*47 900*
G 122	520	760	300	1750	95	94	91	—	—	26 500	*48 800*
G 150	700	1000	550	1370	90	94	90	—	—	44 100	*76 000*

Gleichstromgeneratoren der Maschinenfabrik Oerlikon (Schweiz). Normaltypen.

Type	Leistung KW	Kraftverbrauch PS	Spannung Volt	Stromstärke Amp.	Umdrehungen in der Minute	Wirkungsgrad bei Vollast %	Wirkungsgrad bei Halblast %	Riemensch. f. Maschinen m. 2 Lagern Durchmesser	Riemensch. f. Maschinen m. 2 Lagern Breite	Gewicht i. kg Maschine mit 2 Lager	Gewicht i. kg Maschine mit 3 Lager	Preise in Mark f. Maschine mit Nebenschl.-Wickel. 2 Lager	Preise in Mark f. Maschine mit Nebenschl.-Wickel. 3 Lager
G 6	½	0,97	125 250	4 2	1700	70	65	120	80	60	—	*280*	—
G 10	1	1,8	125 250	8 4	1700	75	68	120	80	70	—	*360*	—
G 15	2	3,5	125 250	16 8	1600	77	70	120	80	80	—	*560*	—
G 21	3	5,0	125 250	24 12	1600	80	70	120	80	100	—	*640*	—
G 27	5	8,3	125 250	40 20	1200	82	75	180	100	145	—	*800*	—
G 30	7	11,2	125 250	56 28	1200	85	77	200	110	200	—	*960*	—
G 32	10	15,8	125 250	80 40	1200	86	79	220	120	260	—	*1180*	—
G 36	13	20	125 250	104 52	1200	88	81	250	140	365	—	*1450*	—
G 40	13 18	20 27,5	125 250 125 250	104 52 144 72	800 1100	88 89	81 82	275	170	465	—	*1680*	—
NN V	18	27,5	125 250	144 72	950	89	78	300	200	970	1 175	*2000*	*2 700*
NN VI	22	33	125 250	176 88	900	90	82	350	240	1075	1 250	*2250*	*3 000*
NN VII	33	49	125 250	265 132	900	91	84	400	280	1575	1 750	*2900*	*3 820*
NN VIII	44	65	125 250	352 176	700	92	89	450	350	2050	2 350	*3850*	*5 100*
NN VIIIa	60	90	125 250	480 240	600	92	89	450	350	2450	2 850	*5350*	*7 100*
NN IX	75 80 88	110 120 130	125 250 110	600 320 800	500 630	92 93	89	500	400	3050	3 600	*6550*	*8 700*
NN XI	100 120	148 175	125 250 120	800 400 1000	420 550	92 93	89	700	500	4300	5 000	*8000*	*10 500*
NN XIII	130 170 86	190 250 130	125 250 120	1040 680 720	350 420 250	93 91	90 87	850	600	5800	6 800	*10 900*	*14 500*
NN XIV	200 90	295 135	125 250 115	1600 800 780	320 200	93 91	90 87	3 Lager 1000	700	7650 9750	9 300 11 500	*17 000*	*22 700*

Gleichstromdynamos der Siemens-Schuckertwerke für Riemenantrieb.

für 110 oder 110/150 Volt						für 220 oder 220/300 Volt						für 440 oder 500 Volt				
Leistung	Kraftbedarf bei voller Leistung	Wirkungsgrad bei voller Leistung	Touren pro Minute bei 110 Volt	Touren pro Minute bei 110/150 Volt	Preis mit Riemenscheibe	Leistung	Kraftbedarf bei voller Leistung	Wirkungsgrad bei voller Leistung	Touren pro Minute bei 220 Volt	Touren pro Minute bei 220/300 Volt	Preis mit Riemenscheibe	Leistung	Kraftbedarf bei voller Leistung	Wirkungsgrad bei voller Leistung	Touren pro Minute	Preis mit Riemenscheibe
KW	PS	ca. %			ℳ	KW	PS	ca. %			ℳ	KW	PS	ca. %		ℳ
1,2	2,1	76	2000	2440	*360*	1,2	2,1	76	2000	2440	*370*	1,2	2,2	74	2300	*410*
1,6	2,8	78	1800	2200	*420*	1,6	2,8	78	1800	2200	*430*	1,6	2,9	76	2000	*470*
2	3,4	80	1600	1950	*490*	2	3,4	80	1600	1950	*490*	2	3,5	78	1850	*530*
3,5	5,8	82	1450	1770	*570*	3,5	5,8	82	1450	1770	*570*	3,5	6,0	80	1700	*630*
5	8,2	83	1350	1650	*720*	5	8,2	83	1350	1650	*720*	5	8,3	82	1550	*790*
7,5	12,2	84	1250	1520	*860*	7,5	12,2	84	1250	1520	*860*	7,5	12,3	83	1450	*930*
9,5	15,2	85	1200	1460	*1030*	9,5	15,2	85	1200	1460	*1 030*	9,5	15,4	84	1350	*1 100*
12,5	20	86	1150	1400	*1300*	12,5	20	86	1150	1400	*1 300*	12,5	20	85	1300	*1 380*
10	16	85	1200	1460	*1070*	10	16	85	1200	1460	*1 070*	10	17	83	1400	*1 170*
12,5	20	86	1100	1340	*1300*	12,5	20	86	1100	1340	*1 300*	12,5	20	84	1300	*1 430*
16	25	87	1050	1280	*1650*	16	25	87	1050	1280	*1 650*	16	26	85	1200	*1 800*
20	31	88	950	1160	*2100*	20	31	88	950	1160	*2 100*	20	32	86	1080	*2 250*
25	38	89	850	1040	*2400*	25	38	89	850	1040	*2 400*	25	39	88	980	*2 550*
32	48	90	800	975	*2700*	32	48	90	800	975	*2 700*	32	49	89	900	*2 800*
40	61	90	750	915	*3200*	40	61	90	750	915	*3 200*	40	61	90	850	*3 300*
54	81	91	700	850	*4150*	54	81	91	700	850	*4 150*	54	81	91	800	*4 200*
72	108	91	650	790	*5300*	72	108	91	650	790	*5 300*	72	108	91	740	*5 300*
85	127	91	600	720	*6400*	85	127	91	600	720	*6 000*	85	127	91	650	*5 700*
110	165	91	550	660	*7700*	110	165	91	550	660	*7 100*	110	165	91	600	*6 600*
						135	200	92	500	600	*9 400*	135	200	92	540	*8 900*
						165	244	92	450	540	*11 900*	165	244	92	480	*10 900*

Gleichstromkabel, einfache, mit und ohne Prüfdraht bis 700 Volt (Norm. d. V. d. E. u. d. Vereins d. Elektrizitätsw.).

Toleranz 5 % für sämtliche Dimensionen mit Ausnahme der Länge, der Isolationsstärke und des im Leitungswiderstande oder der Leitungsfähigkeit ausgedrückten Querschnittes.

Effektiver Kupferquerschnitt	Zahl der Drähte – Kabel ohne Prüfdraht	Zahl der Drähte – Kabel mit Prüfdraht	Durchmesser ein. jed. Drahtes bei Kabeln mit Prüfdraht	Prüfdr. – Querschnitt der Kupferseele	Isolierhülle – Konstruktion	Isolierhülle – Minimaldicke Toler. 0,25 mm	Bleimantel – einfch. (Gesamtdicke)	Bleimantel – doppelter (Gesamtdicke)	Bespinnung des Bleimantels – Konstruktion	Bespinnung des Bleimantels – Dicke	Blechstärke der Armierung	Dicke der Bewickelung des armierten Kabels ca.	Äußer. Durchmesser des fertigen Kabels – ohne Prüfdraht	Äußer. Durchmesser des fertigen Kabels – mit Prüfdraht	Maximal-Prüfungsspannung
qmm	Minim.-Zahl	Minim.-Zahl	mm	qmm			mm	mm		mm	mm	mm	mm	mm	
16	7	3	2,60	1	imprägnierte Faserisolation	2,0	1,5	2×0,9	säurefreie, imprägnierte Jute	2,0	2×0,5	2,0	23	24	1200 Volt Wechselstrom
25	7	6	2,30			2,0	1,5	2×0,9		2,0	2×0,5	2,0	24	25	
35	7	6	2,73			2,0	1,6	2×0,9		2,0	2×0,8	2,0	25	26	
50	19	6	3,26			2,0	1,6	2×1,0		2,0	2×0,8	2,0	29	30	
70	19	13	2,60			2,0	1,7	2×1,0		2,0	2×0,8	2,0	31	32	
95	19	13	3,10			2,0	1,7	2×1,0		2,0	2×0,8	2,0	32	33	
120	19	13	3,42			2,0	1,8	2×1,1		2,0	2×1,0	2,0	35	36	
150	19	18	3,26			$2^1/_4$	1,9	2×1,1		2,0	2×1,0	2,0	37	38	
185	37	26	3,00			$2^1/_4$	2,0	2×1,1		2,5	2×1,0	2,0	40	41	
240	37	29	3,25			$2^1/_2$	2,1	2×1,2		2,5	2×1,0	2,0	43	44	
310	37	36	3,31			$2^1/_2$	2,2	2×1,2		2,5	2×1,0	2,0	46	47	
400	37		3,76			$2^1/_2$	2,3	2×1,2		2,5	2×1,0	2,0	49	50	
500	37		4,20			$2^3/_4$	2,4	2×1,3		3,0	2×1,0	2,0	54	55	
625	37		4,70			$2^3/_4$	2,6	2×1,3		3,0	2×1,0	2,0	58	59	
800	37		5,32			3,0	2,8	2×1,4		3,0	2×1,0	2,0	63	64	
1000	37		5,95			3,0	3,0	2×1,5		3,0	2×1,0	2,0	67	68	

Der Isolationswiderstand der Kabel soll bei Abnahme im Werk mindestens 500 Megohm pro km bei einer Temperatur von 15° C betragen.

(Siehe auch **Kabel**.)

Gleichstromkraftübertragung. Wenn nur ein Elektromotor angetrieben wird, ist Reihenschaltung vorzuziehen, da die Bürsten bei Belastungsänderung nur wenig verstellt werden müssen, der Wirkungsgrad bei Hauptschlußmaschinen mit der Belastung weniger abnimmt als bei Nebenschlußmaschinen, die Umdrehungszahl des Motors, wenn die Dynamo die normale Geschwindigkeit beibehält, bei abnehmender Belastung nahezu gleichbleibt und die Apparatenanlage einfach ausfällt. Nachteile: siehe **Hauptstrommotoren**.

Bei Anschluß von Nebenschlußmotoren an Gleichstromnetze müssen die Motoren einen Anlaßwiderstand erhalten. Es sind hauptsächlich Nebenschlußmotoren zu verwenden, welche kleinen Ankerwiderstand und kräftiges Feld besitzen, weil bei diesen auch bei wechselnder Belastung die Umdrehungszahl konstant bleibt.

Gleichstrommotoren, Wirkungsgrad. Derselbe ist im allgemeinen abhängig von der Größe des Motors und beträgt ungefähr:

Leistung des Motors PS	Totaler Wirkungsgrad %	Watt pro eff. PS
200	93	792
100	92	800
75	92	800
60	91	809
50	91	809
30	91	809
20	90	818
10	88	837
5	84	876
2	78	943
1	65	1132

Charakteristische Daten von Gleichstrommotoren.

Leistung PS	Wirkungsgrad %	Stromverbrauch Watt	Anlaufstrom %	Verluste im Anker Watt
1/2	70	530	90	32
1	75	980	75	49
2	78	1 880	66	83
3	80	2 760	60	110
5	82	4 480	54	161
7,5	85	6 500	45	195
10	87	8 480	39	220
15	88	12 550	36	300
20	88	16 700	36	400
25	89	20 700	33	455
30	89	24 700	33	544
40	90	32 800	30	655
50	90	41 000	30	820
65	90	53 200	30	1064
80	91	64 700	27	1160
100	92	80 000	24	1280

Maschinenfabrik Eßlingen in Eßlingen, Maschinenfabrik Oerlikon, Oerlikon bei Zürich (Schweiz). Akt.-Ges. Brown, Boveri & Ko., Baden (Schweiz).

Deutsche Elektr.-Werke zu Aachen, Garbe, Lahmeyer & Ko., A.-G., Aachen. Siemens-Schuckertwerke, G. m. b. H., Berlin. Union Elektr.-Ges., Berlin.

Gleichstrommotoren, Type O, der A.-G. Brown, Boveri & Ko., Baden (Schweiz).

Größe	Zahl der Lager	Leistung ca. PS	Touren pro Min. ca.	Kraftverbrauch ca. KW	Stromstärke ca. Amp.	Riemensch. Durchmesser mm	Riemensch. Breite mm	Nettogewicht ca. kg	Preise in Mark der kompletten Maschine ohne Spannschienen: Nebenschluß	Preise in Mark der kompletten Maschine ohne Spannschienen: Compound
				Für 110 Volt.						
10	2	124	430	100	910	850	450	3250	*6 150*	*6 480*
11	3	170	380	137	1240	950	550	5000	*8 800*	*9 200*
12	3	230	330	186	1690	1050	650	7200	*11 700*	*12 200*
13	3	300	290	242	2200	1200	750	9500	*14 800*	*15 200*
11	2	für direkte Kuppelung (ohne Riemenscheibe)						4400	*8 300*	*8 700*
12	2	für direkte Kuppelung (ohne Riemenscheibe)						6000	*10 800*	*11 200*
13	2	für direkte Kuppelung (ohne Riemenscheibe)						7800	*13 400*	*13 800*
				Für 220 Volt.						
10	2	124	430	100	455	850	450	3250	*6 150*	*6 480*
11	3	170	380	136	620	950	550	5000	*8 800*	*9 200*
12	3	230	330	184	835	1050	650	7200	*11 700*	*12 150*
13	3	300	290	240	1090	1200	750	9500	*14 800*	*15 200*
11	2	für direkte Kuppelung (ohne Riemenscheibe)						4400	*8 600*	*8 700*
12	2	für direkte Kuppelung (ohne Riemenscheibe)						6000	*10 800*	*11 200*
13	2	für direkte Kuppelung (ohne Riemenscheibe)						7800	*13 400*	*13 800*
				Für 440 Volt.						
10	2	126	450	100	237	850	450	3500	*6 000*	*6 300*
11	3	175	420	138	313	950	550	5400	*8 550*	*8 950*
12	3	230	370	182	414	1050	650	7200	*11 750*	*12 150*
13	3	300	330	237	540	1200	750	9500	*14 800*	*15 200*
11	2	für direkte Kuppelung (ohne Riemenscheibe)						4800	*8 080*	*8 480*
12	2	für direkte Kuppelung (ohne Riemenscheibe)						6000	*10 800*	*11 200*
13	2	für direkte Kuppelung (ohne Riemenscheibe)						7800	*13 450*	*13 850*
				Für 500 Volt.						
10	2	126	450	100	200	850	450	3500	*6 000*	*6 300*
11	3	175	420	138	275	950	550	5400	*8 550*	*8 950*
12	3	230	370	182	365	1050	650	7200	*11 750*	*12 150*
13	3	300	330	237	475	1200	750	9500	*14 800*	*15 200*
11	2	für direkte Kuppelung (ohne Riemenscheibe)						4800	*8 080*	*8 480*
12	2	für direkte Kuppelung (ohne Riemenscheibe)						6000	*10 800*	*11 200*
13	2	für direkte Kuppelung (ohne Riemenscheibe)						7800	*13 450*	*13 850*

Gleichstrommotoren für Dauerbetrieb der Deutschen Elektr.-Werke zu Aachen, Garbe, Lahmeyer & Ko., A.-G.

Leistung ca. PS	Energieverbrauch ca. KW	Umdrehg. pro Minute ca.	Preis in Mark offen	Preis in Mark ventiliert-gekapselt	Leistung ca. PS	Energieverbrauch ca. KW	Umdrehg. pro Minute ca.	Preis in Mark offen	Preis in Mark ventiliert-gekapselt
				220 Volt-Motoren					
32	27	955	*2100*	*2250*	55	45	670	*3400*	*3640*
34	28,5	750	*2400*	*2570*	55	45	500	*3850*	*4120*
35	29	565	*2700*	*2890*	50	41	345	*4400*	*4700*
33	27,5	400	*3400*	*3640*	51	42	255	*5000*	*5350*
34	28,5	300	*3850*	*4120*	66	54	840	*3400*	*3640*
33	27,5	225	*4400*	*4700*	69	56	625	*3850*	*4120*
30	26	150	*5000*	*5350*	66	54	470	*4400*	*4700*
40	33	910	*2400*	*2570*	62	51	320	*5000*	*5350*
44	36	710	*2700*	*2890*	82	67	760	*3850*	*4120*
44	36	530	*3400*	*3640*	82	67	590	*4400*	*4700*
40	33	370	*3850*	*4120*	82	67	430	*5000*	*5350*
41	34	285	*4400*	*4700*	100	81	710	*4400*	*4700*
41	34	210	*5000*	*5350*	103	84	550	*5000*	*5350*
52	43	850	*2700*	*2890*	123	100	650	*5000*	*5350*
				440 Volt-Motoren					
26	23	950	*2200*	*2355*	45	38	670	*3570*	*3820*
27	23	770	*2520*	*2700*	45	38	500	*4050*	*4335*
28	24	570	*2835*	*3035*	40	34	350	*4620*	*4950*
27	23	410	*3570*	*3820*	40	34	270	*5250*	*5620*
28	24	310	*4050*	*4335*	52	44	800	*3570*	*3820*
27	23	225	*4620*	*4950*	55	46	650	*4050*	*4335*
25	22	155	*5250*	*5620*	52	44	460	*4620*	*4950*
33	29	890	*2520*	*2700*	50	42	320	*5250*	*5620*
36	31	720	*2835*	*3035*	66	55	760	*4050*	*4335*
35	30	535	*3570*	*3820*	66	55	600	*4620*	*4950*
34	29	370	*4050*	*4335*	66	56	430	*5250*	*5620*
32	27	290	*4620*	*4950*	80	67	700	*4620*	*4950*
32	28	210	*5250*	*5620*	84	70	540	*5250*	*5620*
42	36	850	*2835*	*3035*	100	84	650	*5250*	*5620*
				550 Volt-Motoren					
26	23	930	*2200*	*2355*	45	38	670	*3570*	*3820*
27	23	750	*2520*	*2700*	45	38	470	*4050*	*4335*
28	24	560	*2835*	*3035*	40	34	360	*4620*	*4950*
27	23	380	*3570*	*3820*	40	34	270	*5250*	*5620*
28	24	310	*4050*	*4335*	52	44	780	*3570*	*3820*
27	23	210	*4620*	*4950*	55	46	630	*4050*	*4335*
25	22	165	*5250*	*5620*	52	44	440	*4620*	*4950*
33	29	940	*2520*	*2700*	50	42	335	*5250*	*5620*
36	31	720	*2835*	*3035*	66	55	750	*4050*	*4335*
35	30	515	*3570*	*3820*	66	55	590	*4620*	*4950*
31	29	390	*4050*	*4335*	66	56	400	*5250*	*5620*
32	27	285	*4620*	*4950*	80	67	740	*4620*	*4950*
32	28	200	*5250*	*5620*	84	70	540	*5250*	*5620*
42	36	870	*2835*	*3035*	103	86	675	*5250*	*5620*

Schnellaufende Elektromotoren, Type K, für 65—480 Volt der Maschinenfabrik Efslingen.

Modell-bezeichnung	Leistung PS	Umdreh. pro Minute ca. n-	Spannung Volt	Stromverbrauch Amp.	Preis des Motors mit Grundplatte ℳ	Ungef. Gew. d. Mot. m. Grundplatte netto kg	Durchmess. u. Breite der Riemenscheibe mm
K 1/8	1/6	2700	65	3,8	*225*	30	60 × 30
K 1/4	1/3	2200	»	6,3	*270*	40	70 × 40
K 1/2	3/4	2000	»	12	*300*	65	80 × 50
K 1	1	1750	»	15	*330*	100	100 × 60
K 2	2,5	1450	»	35	*400*	170	120 × 70
K 2 1/2	3	1250	»	40,5	*500*	230	140 × 80
»	4	»	»	54	*520*	»	»
»	5	»	»	67	*540*	»	»
K 3	6	1100	»	80	*630*	325	160 × 90
»	7	»	»	93	*650*	»	»
K 4	8	1050	»	104	*870*	435	180 × 110
»	10	»	»	130	*900*	»	»
K 5 1/2	12	1000	»	156	*1050*	630	200 × 120
»	14	»	»	181	*1090*	»	»
K 1/8	1/8	2400	105	1,8	*225*	30	60 × 30
K 1/4	1/4	2000	»	2,9	*270*	40	70 × 40
K 1/2	1/2	1800	»	5	*300*	65	80 × 50
K 1	1	1600	»	9,4	*330*	100	100 × 60
K 2	2	1300	»	17	*400*	170	120 × 70
K 2 1/2	3	1150	»	25	*500*	230	140 × 80
»	4	»	»	33	*520*	»	»
K 3	5	1000	»	41	*630*	325	160 × 90
»	6	»	»	50	*650*	»	»
K 4	7	950	»	57	*870*	435	180 × 110
»	8	»	»	65	*900*	»	»
»	9	»	»	72	*930*	»	»
K 5 1/2	10	900	»	80	*1050*	630	200 × 120
»	12	»	»	97	*1090*	»	»
K 6	14	850	»	112	*1500*	750	230 × 140
»	16	»	»	128	*1550*	»	»
K 7	18	800	»	144	*1800*	1000	260 × 160
»	20	»	»	160	*1850*	»	»
K 1	1	1600	210	4,7	*340*	100	100 × 60
K 2	2	1300	»	8,5	*420*	170	120 × 70
K 2 1/2	3	1150	»	12,5	*520*	230	140 × 80
»	4	»	»	16,5	*540*	»	»
K 3	5	1000	»	20,5	*650*	325	160 × 90
»	6	»	»	25	*670*	»	»
K 4	7	950	»	28,5	*900*	435	180 × 110
»	8	»	»	32,5	*930*	»	»
»	9	»	»	36	*960*	»	»

Modell-bezeichnung	Leistung PS	Umdreh. pro Minute ca. n-	Spannung Volt	Stromverbrauch Amp.	Preis des Motors mit Grundplatte ℳ	Ungef. Gew. d. Mot. m. Grundplatte netto kg	Durchmess. u. Breite der Riemenscheibe mm
K $5^1/_2$	10	900	210	40	*1080*	630	200 × 120
»	12	»	»	48,5	*1120*	»	»
K 6	14	850	»	56	*1550*	750	230 × 140
»	16	»	»	64	*1600*	»	»
K 7	18	800	»	72	*1850*	1000	260 × 160
»	20	»	»	80	*1900*	»	»
K $2^1/_2$	2,5	860	320	7	*550*	230	140 × 80
K 3	3,5	760	»	9,5	*690*	325	160 × 90
K 4	6	720	»	16	*920*	435	180 × 110
K $5^1/_2$	9	680	»	24	*1150*	630	200 × 120
K 6	12	650	»	32	*1620*	750	230 × 140
K 7	15	600	»	40	*1950*	1000	260 × 160
K $2^1/_2$	3,5	1050	440	7	*550*	230	140 × 80
K 3	5	1000	»	10	*690*	325	160 × 90
K 4	8	950	»	15,5	*920*	435	180 × 110
K $5^1/_2$	12	900	»	23,5	*1150*	630	200 × 120
K 6	15	850	»	29	*1620*	750	230 × 140
K 7	18	800	»	35	*1950*	1000	260 × 160
K $2^1/_2$	4	1200	480	7,4	*550*	230	140 × 80
K 3	6	1050	»	11	*690*	325	160 × 90
K 4	9	1000	»	16	*920*	435	180 × 110
K $5^1/_2$	12	950	»	21,5	*1150*	630	200 × 120
K 6	16	900	»	28,5	*1620*	750	230 × 140
K 7	20	840	»	35,5	*1950*	1000	260 × 160

Gleichstrommotoren der Maschinenfabrik Oerlikon (Schweiz).
Offene Motoren, Type G.

Type	Dauerleistung des Motors PS	Absorbierte KW	Spannung Volt	Stromstärke Amp.	Umdrehungen in der Minute	Wirkungsgrad des Motors in % bei Volllast	bei Halblast	Motor mit Riemenscheibe Gewicht kg	Preis ℳ
			Für 110 und 220 Volt.						
G 6	0,5	0,53	110 220	4,8 2,4	1500	70	65	50	*280*
G 10	1	0,98	110 220	8,9 4,5	1500	75	68	60	*360*
G 15	2	1,95	110 220	17,7 8,8	1270	76	69	80	*560*
G 21	3	2,8	110 220	25,5 12,8	1270	78	70	100	*640*
G 27	5	4,6	110 220	42 21	950	80	72	145	*790*
G 30	7	6,2	110 220	56 28	950	83	75	200	*960*

Type	Dauerleistung des Motors PS	Absorbierte KW	Spannung Volt	Stromstärke Amp.	Umdrehungen in der Minute	Wirkungsgrad des Motors in % bei Volllast	bei Halblast	Motor mit Riemenscheibe Gewicht kg	Preis ℳ
Für 110 und 220 Volt.									
G 32	10	8,8	110 220	80 40	950	84	79	260	*1175*
G 36	14	11,8	110 220	108 59	950	87	80	365	*1440*
G 40	15	12,8	110 220	116 58	600	86	80	465	*1680*
	20	16,6	110 220	150 75	800	89	82		
Für 500 Volt.									
G 15	1	1	500	2	1450	74	70	80	*560*
G 21	1,5	1,45	500	2,9	1450	77	70	100	*640*
G 27	4	3,8	500	7,6	1100	78	72	145	*790*
G 30	6	5,5	500	11	1100	80	75	200	*960*
G 32	9	8	500	16	1050	83	80	260	*1175*
G 36	12	10,4	500	21	1050	85	80	365	*1440*
	12	10,3	500	20,6	700	86	80	455	*1680*
G 40	20	16,7	500	33,5	900	88	80		

Gleichstrommotoren der Maschinenfabrik Oerlikon (Schweiz).
Geschlossene und halbgeschlossene Motoren, Type H.

Für 110 und 220 Volt.

Type	Dauerleistung des Motors PS	Absorbierte KW	Spannung Volt	Stromstärke Amp.	Umdrehungen in der Minute	Wirkungsgrad des Motors in % bei Volllast	bei Halblast	Motor mit Riemenscheibe Gewicht kg	Preis ℳ
H 6	0,25	0,26	110 220	2,4 1,2	1500	70	—	65	*205*
H 10	0,5	0,53	110 220	4,8 2,4	1500	70	—	75	*375*
H 15	1	1,05	110 220	9,5 4,8	1475	70	—	92	*600*
H 21	1,5	1,6	110 220	15,5 7,8	1475	70	—	115	*680*
H 27	3	2,95	110 220	27 13,5	1100	75	65	170	*835*
H 30	5	4,2	110 220	38 19	1100	80	70	230	*1000*
H 32	7	6,5	110 220	60 30	1100	80	70	300	*1230*
H 36	10	8,7	110 220	79 39,5	1100	85	75	420	*1480*
H 40	10	8,8	110 220	80 40	750	83	75	530	*1750*
	14	12,3	110 220	104 52	900	85	75		
H 41	20	17,1	110 220	156 78	900	86	79	700	*2320*
H 44	35	29	110 220	263 182	900	90	83	1200	*2880*

Type	Dauerleistung des Motors PS	Absorbierte KW	Spannung Volt	Stromstärke Amp.	Umdrehungen in der Minute	Wirkungsgrad des Motors in % bei Volllast	bei Halblast	Motor mit Riemenscheibe Gewicht kg	Preis ℳ
				Für 500 Volt.					
H 15	0,75	0,8	500	1,6	1650	70	—	92	*600*
H 21	1	1	500	2	1650	73	—	115	*680*
H 27	2,5	2,45	500	5	1200	75	65	168	*835*
H 30	4	3,80	500	7,6	1200	78	70	230	*1000*
H 32	6	5,5	500	11	1150	80	70	300	*1230*
H 36	8	7,2	500	14,4	1150	82	75	420	*1480*
H 40	8	7,1	500	14,2	800	83	75	530	*1750*
	14	12,5	500	25	1000	82	75		
H 41	20	17,5	500	35	1000	85	78	700	*2320*
H 44	35	30	500	60	1000	89	82	1200	*2880*

Gleichstrommotoren der Siemens-Schuckertwerke für Riemenantrieb.

Für 110 Volt: Leistung PS	Amp	Wirkungsgrad ca. %	Touren pro Minute	Preis mit Riemenscheibe ℳ	Für 220 Volt: Leistung PS	Amp.	Wirkungsgrad ca. %	Touren pro Minute	Preis mit Riemenscheibe ℳ
1,5	13	76	1550	*360*	1,5	6,5	76	1550	*370*
2	17	78	1450	*420*	2	8,5	78	1450	*430*
2,5	21	80	1350	*490*	2,5	10,5	80	1350	*490*
4	33	82	1200	*570*	4	16,5	82	1200	*570*
6	48	83	1150	*720*	6	24	83	1150	*720*
9	72	84	1100	*860*	9	36	84	1100	*860*
12	94	85	1050	*1 030*	12	47	85	1050	*1 030*
16	124	86	1000	*1 300*	16	62	86	1000	*1 300*
12	94	85	1050	*1 070*	12	47	85	1050	*1 070*
15	116	86	1000	*1 300*	15	58	86	1000	*1 300*
20	154	87	960	*1 650*	20	77	87	960	*1 650*
25	190	88	870	*2 100*	25	95	88	870	*2 100*
32	240	89	780	*2 400*	32	120	89	780	*2 400*
40	296	90	740	*2 700*	40	148	90	740	*2 700*
50	370	90	700	*3 200*	50	185	90	700	*3 200*
67	492	91	650	*4 150*	67	246	91	650	*4 150*
90	660	91	600	*5 300*	90	330	91	600	*5 300*
110	810	91	540	*6 400*	110	405	91	540	*6 000*
140	1030	91	500	*7 700*	140	515	91	500	*7 100*
					170	618	92	450	*9 400*
					210	765	92	410	*11 900*

Für 440 Volt					Für 500 Volt				
Leistung PS	Amp.	Wirkungsgrad ca. %	Touren pro Minute	Preis mit Riemenscheibe ℳ	Leistung PS	Amp.	Wirkungsgrad ca. %	Touren pro Minute	Preis mit Riemenscheibe ℳ
1,5	3,4	74	1750	*410*	1,5	3	74	1750	*410*
2	4,4	76	1650	*470*	2	3,9	76	1650	*470*
2,5	5,4	78	1550	*530*	2,5	4,7	78	1550	*530*
4	8,4	80	1400	*630*	4	7,4	80	1400	*630*
6	12,2	82	1300	*790*	6	10,8	82	1300	*790*
9	18,1	83	1250	*930*	9	16	83	1250	*930*
12	24	84	1200	*1 100*	12	21	84	1200	*1 100*
16	32	85	1150	*1 380*	16	28	85	1150	*1 380*
12	24	83	1200	*1 170*	12	22	83	1200	*1 170*
15	30	84	1150	*1 430*	15	27	84	1150	*1 430*
20	39	85	1100	*1 800*	20	34	85	1100	*1 800*
25	49	86	1000	*2 250*	25	43	86	1000	*2 250*
32	61	88	900	*2 550*	32	53	88	900	*2 550*
40	75	89	840	*2 800*	40	67	89	840	*2 800*
50	93	90	790	*3 300*	50	82	90	790	*3 300*
67	123	91	740	*4 200*	67	108	91	740	*4 200*
90	165	91	690	*5 300*	90	145	91	690	*5 300*
110	202	91	590	*5 700*	110	178	91	590	*5 700*
140	258	91	540	*6 600*	140	226	91	540	*6 600*
170	309	92	490	*8 900*	170	272	92	490	*8 900*
210	382	92	435	*10 900*	210	336	92	435	*10 900*

Gleichstrommotoren der Union El.-G., Berlin.

Bezeichnung				Spannung	Mit Wellenstumpf		M. Riemensch. u. Spannschien.		Verpackung	
Type	Polzahl	PS	Umdr. in der Minute	Volt	Gew. ca. kg	Preis ℳ	Gew. ca. kg	Preis ℳ	Gew. ca. kg	Preis ℳ
R	2	$2^1/_2$ $2^1/_2$ $2^1/_2$ $2^1/_2$	1100 1100 1100 1250	110 220 440 500	130	*440*	156	*470*	30	*7.50*
R	2	4 $3^1/_2$ 3 3	1800 1800 1800 2000	110 220 440 500	130	*440*	156	*470*	30	*7.50*
R	4	$4^1/_2$ $4^1/_2$ $4^1/_2$ $4^1/_2$	950 950 950 1100	110 220 440 500	150	*610*	180	*645*	30	*7.50*
R	4	6 6 $5^1/_2$ $5^1/_2$	1600 1600 1600 1850	110 220 440 500	150	*610*	180	*645*	30	*7.50*

Bezeichnung				Spannung	Mit Wellenstumpf		M. Riemensch. u. Spannschien.		Verpackung	
Type	Polzahl	PS	Umdr. in der Minute	Volt	Gew. ca. kg	Preis ℳ	Gew. ca. kg	Preis ℳ	Gew. ca. kg	Preis ℳ
		7½	900	110						
R	4	7½	900	220	230	*800*	265	*840*	35	*8.—*
		6½	900	440						
		6½	1025	500						
		8	1400	110						
R	4	8	1400	220	230	*800*	265	*840*	35	*8.—*
		9	1400	440						
		9	1600	500						
		11	850	110						
R	4	11	850	220	325	*1000*	375	*1050*	50	*11.—*
		10	850	440						
		10	950	500						
		12	1250	110						
R	4	12	1250	220	325	*1000*	375	*1050*	50	*11.—*
		12	1250	440						
		12	1450	500						
		15	800	110						
R	4	15	800	220	360	*1375*	415	*1430*	75	*13.50*
		15	800	440						
		15	900	500						
		19	1000	110						
R	4	19	1000	220	360	*1375*	415	*1430*	75	*13.50*
		19	1000	440						
		19	1100	500						
		20	700	110						
R	4	20	700	220	540	*1750*	610	*1820*	110	*16.—*
		16	700	440						
		18	800	500						
		25	950	110						
R	4	25	950	220	540	*1750*	610	*1820*	110	*16.—*
		23½	950	440						
		26	1100	500						
		25	650	110						
R	4	27	650	220	760	*2100*	830	*2180*	225	*23.—*
		22½	650	440						
		25	750	500						
		30	900	110						
R	4	30	900	220	760	*2100*	830	*2180*	225	*23.—*
		25	900	440						
		25	1000	500						
		30	630	110						
R	4	30	630	220	850	*2300*	930	*2390*	230	*25.50*
		25	630	440						
		25	715	500						
		35	800	110						
R	4	35	800	220	850	*2300*	930	*2390*	230	*25.50*
		27	800	440						
		30	950	500						

Bezeichnung				Spannung	Mit Wellenstumpf		M. Riemensch. u. Spannschien.		Verpackung	
Type	Polzahl	PS	Umdr. in der Minute	Volt	Gew. ca. kg	Preis ℳ	Gew. ca. kg	Preis ℳ	Gew. ca. kg	Preis ℳ
		36	550	110						
R	4	36	550	220	1100	*2700*	1215	*2820*	250	*26.50*
		27	550	440						
		30	680	500						
		45	750	110						
R	4	45	750	220	1100	*2700*	1215	*2820*	250	*26.50*
		40	750	440						
		40	825	500						
		45	540	110						
R	4	45	540	220	1400	*3150*	1530	*3280*	250	*26.50*
		40	540	440						
		40	610	500						
		60	700	110						
R	4	60	700	220	1400	*3150*	1530	*3280*	250	*26.50*
		60	700	440						
		65	775	500						
		60	510	110						
R	6	60	510	220	1600	*3800*	1780	*3980*	250	*26.50*
		60	450	440						
		65	510	500						
		75	650	110						
R	6	75	650	220	1600	*3800*	1780	*3980*	250	*26.50*
		72	560	440						
		80	650	500						
		75	450	110						
R	6	75	450	220	2100	*4750*	2335	*4970*	400	*28.—*
		72	390	440						
		80	450	500						
		85	600	110						
R	6	85	600	220	2100	*4750*	2335	*4970*	400	*28.—*
		76	520	440						
		85	600	500						

Gleichstrommotor-Betriebsstörungen. Läuft der Motor nicht an, so ist entweder kein Ankerstrom vorhanden, weil der Anlasser oder die Sicherungen unterbrochen sind; ist Ankerstrom vorhanden und der Anker läßt sich von Hand leicht drehen, funkt aber dabei stark, dann ist im Motor oder Anlasser der Nebenschlußstromkreis unterbrochen, oder die Magnetspulen sind gegeneinander so geschaltet, daß falsche Pole entstehen. Läuft der Motor, wenn man mit der Hand nachhilft, leer an und läßt sich dann belasten, so ist eine falsche Verbindung des Anlassers mit dem Motor vorhanden, so daß der Magnetstrom nicht vor, sondern hinter dem Anlasser abgezweigt ist. Ist Anker- und Magnetstrom vorhanden und läßt sich der Anker von Hand aus nur schwer und ruckweise drehen, so sind eine oder mehrere Ankerspulen defekt, verbrannt oder durchgeschlagen.

Gleichstrommotor mit Nebenschlußschaltung (siehe **Nebenschlufsmotoren**).

Gleichstrommotor mit Serienschaltung (siehe **Hauptstrommotor**).

Gleichstromsystem. Vorteile: Geringere Gefährlichkeit bei hohen Spannungen, große Betriebssicherheit durch die Möglichkeit der Verwendung von Akkumulatorenbatterien, aus gleichem Grunde beste Ausnutzung der Anlage, Regulierbarkeit der Motoren, hoher Wirkungsgrad für Beleuchtung durch Bogenlampen.

Anwendungsgebiet: Für Straßenbahnen, kleinere Licht- und Kraftzentralen, Fabriken, Wohn- und Geschäftshäuser, für chemische Fabriken (Karbidfabrikation etc.).

Gleichstromtransformator (siehe **Gleichstromumformer**).

Gleichstromumformer bestehen entweder aus einer Gleichstrommaschine, deren Anker zwei Wickelungen besitzt, oder aus einem Gleichstrommotor, der eine Dynamo betätigt.

Gleichstrom-Wechselstrom-Umformer (siehe **Umformer, rotierende**).

Gleichstromzähler der Siemens-Schuckertwerke, Modelle GK, GB, GW, sind nach dem Prinzip eines reinen Wattmeters ohne Eisen gebaut und bestehen aus drei Hauptbestandteilen: dem Motor, der Dämpfung und dem Zählwerk. Der Motor enthält weder im Anker, noch im Feldmagneten Eisen, es fallen daher die Angaben des Zählers bei auf- und absteigender Messung zusammen. Die Hauptstromspulen werden von dem zu registrierenden Strom durchflossen, während der mit der Trommelwickelung versehene Anker unter Vorschalten von Widerständen von der Spannung beeinflußt wird; es ist also die Kraft des Motors dem Produkt aus Strom und Spannung, den Watts, proportional.

Die von dem Motor entwickelte mechanische Arbeit wird durch eine auf der Motorachse sitzende und zwischen den Polen kräftiger Dämpfungsmagnete rotierende Kupferscheibe aufgenommen. Durch diese Dämpfung wird die Geschwindigkeit des Zählers derart beeinflußt, daß die Umdrehungszahl im ganzen Meßbereich des Zählers stets genau den Watts proportional ist, die in dem zu kontrollierenden Stromkreise verbraucht werden. Die Summe der Umdrehungen des Motors innerhalb einer gewissen Zeit gibt daher ein genaues Maß für die während dieser Zeit verbrauchte elektrische Energie.

Die Umdrehungszahl wird durch den dritten Bestandteil des Zählers, das Zählwerk, summiert. Dasselbe ist mit springenden Ziffernscheiben versehen. Eine auf die Motorachse aufgekeilte Messingschnecke überträgt die Bewegung auf ein Schneckenrad und dieses auf die einzelnen Zifferblätter. Bei den Zählwerken greift ein auf der Achse des Schneckenrades sitzender Trieb in ein Zahnrad ein, auf dessen Achse die erste Ziffernscheibe sitzt. Diese hat daher schleichende Bewegung; bei jedem Umgang hebt sie ein kleines Gewicht, welches beim Niederfallen die übrigen

Ziffernscheiben sprungweise weiterrückt. An dem Zifferblatt wird der Verbrauch der Kilowattstunden direkt abgelesen, so daß keine Multiplikation mit einer Zählerkonstante nötig ist. Um die Reibung der Motorachse, die an sich sehr gering ist, da dieselbe auf einem feinpolierten Edelstein läuft, völlig aufzuheben, ist eine Hilfsspule angeordnet, die in den Ankerstromkreis eingeschaltet wird. Diese Spule ist verstellbar und wird so eingestellt, daß ihre dauernd auf den Anker ausgeübte Kraft genau die Reibung balanciert und der Zähler daher bei dem geringsten Verbrauchsstrom anläuft. Die GK-Zähler werden als Zwei- und Dreileiterzähler für Stromstärken von 3—20 Ampere und Spannungen bis 600 Volt, die GB-Zähler als solche für Stromstärken von 3—100 Ampere und Spannungen bis 600 Volt, die GW-Zähler als solche für Stromstärken von 3—4000 Ampere und Spannungen bis 1000 Volt gebaut.

Albert Thode & Ko., Hamburg (s. *Inseratanh. S. 4*). | Luxsche Industriewerke A.-G., Ludwigshafen a. Rh. (s. *Inseratanh. S. 8*).

Gleislose Bahnen. Dieselben eignen sich für Städte unter 30000 Einwohner und zur Verbindung kleinerer Ortschaften untereinander. Die Wagenkasten ähneln jenen der modernen Omnibusse, sind jedoch sehr leicht gehalten und mit besonders guter Federung, meist Compoundfederung (Blatt- und Spiralfederung gleichzeitig), versehen. Je nach der Lenkungsanordnung werden die Vorder- oder Hinterräder angetrieben und zwar so, daß jedes Rad durch einen eigenen Motor betätigt wird. Die Bewegungsübertragung auf die Laufräder erfolgt durch Kettenantrieb ohne Vorgelege. Als Motoren werden leicht gebaute Hauptstrommotoren verwendet, welche ähnlich wie die Straßenbahnmotoren gebaut sind. Sie sind einerseits auf der Wagenachse, anderseits am Wagenkasten federnd aufgehängt. Die Kontroller haben Schaltstellungen zum Parallel- und Hintereinanderschalten der Motoren, ferner eine Brems- und eine Haltstellung. Die Lenkung erfolgt durch Schloßzapfenlenkung oder Ringlenkung, wie bei den durch Tiere gezogenen Wagen, oder durch Schenkellenkung, bei welcher die Lenkräder tangential zur befahrenden Kurve gestellt werden können. Die Stromabnahme erfolgt entweder durch die Dickinsonsche Kontaktvorrichtung, wie dieselbe bei Straßenbahnen verwendet wird, oder nach dem Lombard-Gérinschen System oder nach dem Marcherschen System. Erstere besteht aus einer Kontaktrolle, welche am Ende einer Kontaktstange in einem Universalgelenk gelagert ist, während die Stange selbst auf dem Wagendache um eine horizontale und vertikale Achse drehbar ist, so daß die Rolle über die Gleismitte bei genügender Länge der Rollenstange je 3 m ausschlagen kann. Das Lombard-Gérinsche System hat eine Stromabnehmervorrichtung, welche aus einem kleinen Dreiphasenmotor besteht, der mit dem Antriebsmotor synchron läuft. Der Motor, dessen äußerer induzierter Teil sich dreht, ist auf der Achse der beiden Kontaktrollen federnd aufgehängt. Eine besondere Vorrichtung bewirkt bei der Bremsstellung des Kontrollers das Festklemmen der vom kleinen Motor angetriebenen Kontaktrollen, so daß der Kontaktwagen auf steigender Kontaktleitung bei Außerbetriebsetzung nicht zurückrollen kann. Bei dem Marcherschen System wird der Kontaktwagen nicht elektrisch, sondern mechanisch mittels Spindel, Zahnräder und Schnurlauf angetrieben.

Gliederketten für elektrisch betriebene Laufkrane.

Stärke des Ketteneisens mm	Gewicht pro 100 m kg	Zulässige Belastung kg	Geprüfte Tragfähigkeit kg
6,5	80	500	1 000
7	108	750	1 500
8	130	850	1 850
9	160	925	1 950
10	223	975	1 500
11	320	1 250	2 700
13	413	1 950	3 900
15	540	2 250	4 500
16	640	2 925	5 850
18	763	3 500	7 000
20	913	4 375	8 750
21	1040	5 175	10 350
23	1200	5 725	11 450
25	1390	6 575	13 150
26	1600	7 375	14 750
33	2400	11 250	22 500
40	3520	15 000	30 000

H. Schlieper Sohn, Grüne bei Iserlohn.

Glimmer. Dieses zu den Silikaten gehörende Mineral kommt in Kristallform zusammen mit Feldspat und Quarz vor und wird meistens im Tagbau gewonnen. Die chemische Zusammensetzung variiert je nach Qualität und Fundstelle. Allen Arten ist als charakteristisches Merkmal die unendlich große, basische Spaltbarkeit gemeinsam; im Handel kommen Platten von 0,01 bis 0,02 mm Dicke vor. Die Hauptproduktionsstätten befinden sich in Asien, Nordamerika und Nordeuropa.

Die besten, durchsichtigen Qualitäten setzen sich aus Aluminiumsilikaten und Pottasche mit verschwindend geringen Mengen von Wasser zusammen; in den weniger guten, gefleckten und undurchsichtigen Qualitäten befindet sich Magnesia und Eisen; häufig rühren die Flecke auch von erdigen Bestandteilen her.

Nicht hygroskopisch, unverbrennbar, von außerordentlich hoher Durchschlagsfestigkeit, großem Isolierwiderstand, leicht und genau auf $^1/_{100}$ mm Dicke zu kalibrieren, vollständig flach und biegsam, ist es das beste bis heute bekannte Isoliermaterial und durch kein anderes zu ersetzen. Berührung mit Öl setzt die Isolierfähigkeit des Glimmers herab. Für allgemeine Isolationszwecke genügt gewöhnliche, nicht ganz durchsichtige Qualität, nur für Kondensatoren und Widerstände empfiehlt sich die Verwendung des besten, durchsichtigen und gänzlich fleckenlosen Rubyglimmers.

Kollektorglimmer darf nicht zu hart sein, da er sich sonst weniger abnutzt als das Kollektormetall und Anlaß zum Funken gibt.

Das spez. Gewicht des Glimmers schwankt zwischen 2, 8 und 3.

Der Durchschlagspunkt einer 0,25 mm dicken, hellen Platte ohne jeden Fehler liegt bei ca. 30,000 Volt, kann jedoch je nach Qualität bis auf ca. 600 Volt heruntergehen. Man unterscheidet: Rubyqualität, leicht gefleckt, lieferbar in rundlichen oder ovalen Stücken; grün gefleckte Qualität, sehr weich, ohne Eisenflecke, gleichmäßige Abnutzung mit Kupfer, lieferbar in rechteckig geschnittenen Stücken.

Meirowsky & Ko., Köln-Ehrenfeld (*s. Inseratanh. S. 19*).

Albert Thode & Ko., Hamburg (*s. Inseratanh. S. 4*).

Preis für rechteckig geschnittene Platten und Streifen in natürlichen Stärken (grüne weiche, rötlich gefleckte Qualität).

mm	Preis pr. kg ℳ	mm	Preis pr. kg ℳ	mm	Preis pr. kg ℳ	mm	Preis pr. kg ℳ	mm	Preis pr. kg ℳ
25× 38	*2.—*	39×239	*20.—*	50×190	*16.40*	63×113	*8.40*	69×303	*26.80*
25× 44	*2.—*	39×252	*20.40*	50×202	*19.60*	63×126	*9.60*	76× 76	*4.40*
25× 50	*2.—*	39×265	*21.—*	50×215	*20.40*	63×139	*10.—*	76× 89	*8.40*
25× 63	*3.—*	39×278	*21.60*	50×221	*20.80*	63×152	*10.60*	76×101	*8.60*
25× 76	*3.—*	39×291	*22.40*	50×226	*21.20*	63×165	*12.40*	76×113	*9.—*
25× 89	*3.60*	39×303	*24.60*	50×239	*21.60*	63×177	*16.60*	76×126	*9.60*
25×101	*4.—*	44× 44	*2.—*	50×245	*21.80*	63×190	*17.60*	76×132	*9.80*
25×113	*4.40*	44× 50	*2.40*	50×252	*22.—*	63×202	*20.—*	76×139	*10.50*
25×126	*6.—*	44× 63	*3.—*	50×265	*22.80*	63×215	*20.80*	76×152	*11.—*
25×139	*8.—*	44× 76	*3.—*	50×278	*24.—*	63×221	*21.20*	76×158	*11.20*
25×152	*9.—*	44× 89	*4.—*	50×291	*25.—*	63×226	*21.60*	76×165	*13.—*
25×165	*10.—*	44×101	*5.—*	50×303	*26.—*	63×239	*22.—*	76×177	*17.—*
25×177	*13.60*	44×113	*5.20*	56× 56	*2.40*	63×245	*22.20*	76×190	*17.80*
25×190	*16.—*	44×126	*6.80*	56× 63	*3.—*	63×252	*22.40*	76×202	*21.20*
25×202	*17.20*	44×139	*8.80*	56× 76	*4.40*	63×265	*23.60*	76×215	*21.60*
25×215	*20.40*	44×152	*10.—*	56× 89	*5.60*	63×278	*25.—*	76×221	*21.80*
25×226	*19.—*	44×165	*10.80*	56×101	*6.60*	63×291	*25.80*	76×226	*22.—*
25×239	*19.50*	44×177	*14.40*	56×113	*7.20*	63×303	*26.80*	76×239	*22.40*
25×252	*20.—*	44×190	*18.—*	56×126	*8.20*	69× 69	*3.20*	76×245	*22.80*
25×265	*20.40*	44×202	*18.80*	56×139	*9.20*	69× 76	*4.40*	76×252	*23.—*
25×278	*21.—*	44×215	*20.—*	56×152	*10.20*	69× 89	*6.80*	76×265	*24.—*
25×291	*22.—*	44×226	*20.40*	56×158	*10.60*	69×101	*8.—*	76×278	*25.80*
25×303	*23.—*	44×239	*21.20*	56×165	*12.40*	69×113	*8.40*	76×291	*26.—*
39× 38	*2.—*	44×252	*21.60*	56×177	*15.20*	69×119	*9.20*	76×303	*27.—*
39× 44	*2.—*	44×265	*22.20*	56×190	*16.80*	69×126	*9.60*	82× 82	*7.—*
39× 50	*2.—*	44×271	*22.40*	56×202	*20.—*	69×138	*9.80*	82× 89	*8.40*
39× 63	*3.—*	44×278	*22.80*	56×215	*20.40*	69×152	*10.80*	82×101	*8.80*
39× 76	*3.—*	44×291	*23.80*	56×226	*21.20*	69×158	*10.80*	82×113	*9.20*
39× 89	*3.60*	44×303	*25.60*	56×239	*21.80*	69×165	*12.40*	82×126	*9.60*
39×101	*4.—*	50× 50	*2.—*	56×252	*22.20*	69×177	*16.60*	82×132	*10.—*
39×113	*4.40*	50× 63	*3.—*	56×265	*23.20*	69×190	*17.80*	82×139	*10.80*
39×126	*6.20*	50× 75	*4.—*	56×271	*23.60*	69×202	*21.—*	82×152	*11.20*
39×139	*8.40*	50× 89	*4.80*	56×278	*24.60*	69×215	*21.20*	82×165	*13.—*
39×152	*9.60*	50×101	*6.40*	56×291	*25.20*	69×226	*21.80*	82×177	*17.20*
39×165	*10.80*	50×113	*6.80*	56×303	*26.20*	69×239	*22.20*	82×190	*18.20*
39×177	*14.—*	50×126	*8.—*	63× 63	*3.—*	69×252	*22.80*	82×202	*22.—*
39×190	*16.—*	50×139	*9.20*	63× 69	*3.—*	69×265	*23.80*	82×208	*22.—*
39×202	*17.60*	50×152	*10.—*	63× 76	*4.40*	69×271	*24.—*	82×215	*22.—*
39×215	*19.—*	50×165	*12.—*	63× 89	*6.80*	69×278	*25.20*	82×226	*22.40*
39×226	*19.60*	50×177	*14.80*	63×101	*7.60*	69×291	*25.80*	82×239	*22.60*

mm	Preis pr. kg ℳ	mm	Preis pr. kg ℳ	mm	Preis pr. kg ℳ	mm	Preis pr. kg ℳ	mm	Preis pr. kg ℳ
82×252	*23.60*	89×165	*13.40*	96× 96	*8.80*	96×239	*25.—*	101×158	*13.20*
82×265	*24.60*	89×177	*17.20*	96×101	*9.20*	96×252	*25.80*	101×165	*16.—*
82×278	*26.—*	89×190	*18.40*	96×108	*9.60*	96×265	*26.80*	201×177	*19.60*
82×286	*26.40*	88×202	*22.40*	96×113	*10.—*	96×278	*27.20*	101×190	*20.40*
82×291	*26.80*	89×215	*22.60*	96×126	*10.—*	96×286	*27.60*	101×202	*24.60*
82×297	*27.20*	89×221	*23.—*	96×132	*10.20*	96×291	*27.08*	101×215	*26.—*
82×303	*27.60*	89×226	*23.20*	96×139	*11.20*	96×297	*28.—*	101×226	*25.60*
82× 89	*8.60*	89×239	*23.70*	96×152	*12.80*	96×303	*28.80*	101×239	*26.—*
89× 95	*8.80*	89×245	*23.80*	96×165	*13.80*	101×101	*9.60*	101×252	*26.40*
89×101	*9.—*	89×252	*24.60*	96×177	*18.20*	101×108	*10.—*	101×258	*26.80*
89×113	*9.60*	89×265	*25.60*	96×190	*18.80*	101×113	*10.—*	101×265	*27.60*
89×126	*10.—*	89×278	*26.40*	96×202	*22.40*	101×126	*10.60*	101×271	*28.—*
89×139	*11.—*	89×291	*27.—*	96×208	*23.20*	101×138	*12.40*	101×278	*28.40*
89×152	*11.60*	89×297	*27.80*	96×215	*25.20*	101×144	*12.80*	101×291	*29.—*
89×158	*11.80*	89×303	*28.40*	96×226	*24.60*	101×152	*13.—*	101×297	*29.60*

Für durchsichtigen, ganz klaren Glimmer, sog. Rubyqualität, tritt eine Preiserhöhung von 50—100% ein.

Glimmerlamellen für Kollektorisolation.

Preis pro kg in Mark.

Breite	20—29	30—39	40—49	50—59	60—69	70—79	80—89	90—99	100 bis 110 mm
Länge bis mm									
90	*4.—*	*4.—*	*4.—*	*4.—*	*4.20*	*4.40*	*5.—*	*5.25*	*5.45*
100	*4.25*	*4.20*	*4.40*	*4.50*	*4.65*	*4.75*	*5.25*	*5.50*	*5.75*
110	*4.50*	*5.—*	*5.25*	*5.50*	*5.75*	*6.—*	*6.—*	*6.25*	*6.25*
120	*4.75*	*5.25*	*5.50*	*5.75*	*6.—*	*6.25*	*6.50*	*6.75*	*7.—*
130	*5.—*	*5.40*	*5.60*	*5.80*	*6.20*	*6.65*	*6.90*	*7.25*	*7.75*
140	*5.40*	*5.65*	*5.90*	*6.20*	*6.50*	*6.90*	*8.05*	*8.25*	*8.35*
150	*6.40*	*6.65*	*6.80*	*7.—*	*7.25*	*7.65*	*8.—*	*8.25*	*8.65*
160	*7.—*	*7.10*	*7.25*	*7.50*	*7.75*	*8.25*	*8.75*	*9.20*	*9.40*
170	*8.25*	*8.50*	*8.75*	*9.—*	*9.25*	*9.50*	*10.25*	*11.—*	*11.50*
180	*10.—*	*10.—*	*10.25*	*10.50*	*10.75*	*11.25*	*11.75*	*12.25*	*12.75*
190	*11.65*	*11.65*	*12.—*	*12.25*	*12.60*	*12.95*	*13.30*	*13.70*	*14.—*
200	*12.50*	*13.—*	*13.75*	*14.25*	*14.75*	*15.35*	*15.75*	*16.15*	*16.50*
210	*13.—*	*15.50*	*14.50*	*15.25*	*16.—*	*17.—*	*17.30*	*17.70*	*18.—*
220	*14.—*	*15.50*	*16.25*	*17.—*	*17.70*	*18.25*	*18.70*	*19.10*	*19.50*
230	*16.—*	*17.—*	*17.50*	*18.—*	*18.75*	*19.50*	*20.—*	*20.30*	*20.75*
240	*18.—*	*18.—*	*18.75*	*19.25*	*20.—*	*20.75*	*21.20*	*21.60*	*22.—*
250	*19.—*	*19.40*	*19.75*	*20.50*	*21.50*	*22.40*	*22.60*	*22.80*	*23.—*
260	*20.25*	*20.50*	*21.25*	*22.—*	*22.75*	*23.50*	*23.65*	*23.90*	*24.—*
270	*21.25*	*21.50*	*22.50*	*23.50*	*24.50*	*25.60*	*25.70*	*25.85*	*26.—*
280	*22.—*	*22.—*	*23.25*	*24.50*	*25.75*	*27.—*	*27.30*	*27.65*	*28.—*
290	*23.—*	*23.40*	*24.50*	*26.—*	*28.—*	*30.—*	*30.30*	*30.65*	*31.—*
300	*26.—*	*26.—*	*27.75*	*29.—*	*30.50*	*32.—*	*32.30*	*32.65*	*33.—*

Meirowsky & Ko., Köln-Ehrenfeld (*s. Inseratanh. S. 19*).
Albert Thode & Ko., Hamburg (*s. Inseratanh. S. 4*).
FrankfurterGlimmerwarenfabrik, Landsberg & Ollendorff, Frankfurt a. M.-Bockenheim.
H. Weidmann, Rapperswyl.

Glühlampen. Normale Typen von 5, 8, 10, 16, 25, 32 und 50 Kerzen. Lebensdauer abhängig von der Fadenqualität, dem Vakuum und spezifischen Verbrauch. Es ist unökonomisch, Lampen bis zum Reißen des Fadens auszunutzen. Am rationellsten sind Lampen mit geringem spezifischen Anfangsverbrauch (2—2,5 Watt). Die Lichtstärke ist proportional der dritten Potenz des aufgewendeten Effektes und der 6. bis 7. Potenz der Klemmenspannung. Der spezifische Verbrauch ist umgekehrt proportional der 4. bis 5. Potenz der Klemmenspannung. Die dreiwattige Lampe ist gegen Schwankungen der Betriebsspannung widerstandsfähiger als die zweiwattige Lampe.

Für Spannungen von 150—220 Volt wird der Kohlenfaden zu seiner Eigenversteifung sinusartig oder schleifenförmig gebogen, oder es werden in derselben Birne zwei hintereinander geschaltete Fäden angeordnet. 220 Volt-Lampen werden bis auf 6 NK herab erzeugt. Stromverbrauch für Lampen von 18 und 2 NK 3,8 bis 4 Watt, für kleinere 4—4,5 Watt. Bei Lampen über 150 NK wird der Kohlenfaden mit Platinösen festgehalten, welche auf eingeschmolzenen Glasstöpseln aufruhen.

Bei horizontalen und schief liegenden Glühlampen verhindert man das Zugrundegehen derselben infolge der Senkung des Glühfadens und der dadurch herbeigeführten Berührung desselben mit dem Glase, indem man die Lampe nach einer gewissen Brenndauer um 180° verdreht, was eine große Anzahl von Fassungskonstruktionen (die Edisonfassung erlaubt dies nicht) gestattet.

Die Glühlampen werden meistens parallel geschaltet, nur bei Lampen von 50—55 Volt werden je zwei hintereinander geschaltet.

Wenn Glühlampen in Reihe geschaltet sind, muß jede Glühlampe eine automatische Kurzschlußvorrichtung besitzen. Dieselbe wird entweder dadurch erhalten, daß die Zuführungsdrähte beim Durchbrennen des Kohlenfadens durch Federkraft in Kontakt kommen (System Bernstein), oder daß beim Fadenbruch eine zwischen den beiden Polen befindliche dünne Isolierschicht durchgeschlagen wird.

Um mit Rücksicht auf neuere Bestimmungen, denen zufolge zu Dekorationszwecken bestimmte Glühlampen zur Vermeidung jeder Feuersgefahr keine offenen, stromführenden Fassungen besitzen dürfen, Fassungen irgend welcher Art überhaupt unnötig zu machen, werden in neuerer Zeit Glühlampen hergestellt, deren Fuß vollständig aus Isoliermaterial besteht. Die Enden des Kohlenfadens sind mit zwei innerhalb des Lampenfußes angeordneten Metallröhren verbunden, in welche sich mit biegsamen Leitungsschnüren versehene Stöpsel einführen lassen, derart, daß mittels der letzteren die beliebige Anzahl von Lampen je nach Bedarf hintereinander oder parallel geschaltet werden kann.

Albert Thode & Ko., Hamburg (*s. Inseratanh. S. 4*).

Tabelle der approximativen Stromstärken von Glühlampen bei verschiedenen Spannungen, Kerzenstärken und Wirkungsgraden (siehe folgende Seite).

Kerz.-Stärke	20	22	25	30	33	35	40	42	43	45	50	55	60	65
							$2^1/_2$ Watt pro Kerze.							
5	0,624	0,57	0,5	0,42	0,38	0,36	0,31	0,3	0,29	0,28	0,25	0,23	0,21	0,19
8	1,0	0,91	0,8	0,67	0,61	0,57	0,5	0,48	0,46	0,44	0,4	0,37	0,33	0,31
16	2,0	1,82	1,6	1,34	1,21	1,14	1,0	0,95	0,93	0,89	0,8	0,73	0,67	0,62
25	3,12	2,84	2,5	2,09	1,89	1,78	1,56	1,49	1,45	1,39	1,25	1,13	1,04	0,96
32	4,0	3,64	3,2	2,66	2,42	2,29	2,0	1,91	1,86	1,78	1,6	1,45	1,33	1,23
50	6,24	5,67	5,0	4,18	3,79	3,58	3,12	2,98	2,92	2,79	2,5	2,27	2,08	1,94
							3 Watt pro Kerze.							
5	0,75	0,68	0,6	0,5	0,45	0,43	0,37	0,36	0,35	0,33	0,3	0,27	0,25	0,23
8	1,2	1,09	0,96	0,8	0,73	0,69	0,6	0,57	0,56	0,53	0,48	0,44	0,40	0,37
16	2,4	2,18	1,94	1,6	1,46	1,37	1,2	1,14	1,12	1,06	0,96	0,87	0,80	0,74
25	3,74	3,4	3,0	2,5	2,28	2,14	1,87	1,78	1,74	1,66	1,5	1,36	1,25	1,15
32	4,8	4,35	3,84	3,2	2,92	2,75	2,4	2,28	2,24	2,12	1,92	1,74	1,6	1,47
50	7,48	6,8	6,0	5,0	4,55	4,28	3,75	3,58	3,5	3,33	3,0	2,72	2,5	2,3
							$3^1/_2$ Watt pro Kerze.							
5	0,87	0,79	0,7	0,58	0,53	0,5	0,44	0,42	0,41	0,39	0,35	0,32	0,29	0,27
8	1,4	1,27	1,12	0,93	0,85	0,8	0,7	0,67	0,65	0,62	0,56	0,51	0,47	0,43
16	2,8	2,54	2,24	1,87	1,69	1,6	1,4	1,33	1,3	1,24	1,12	1,02	0,93	0,86
25	4,36	3,98	3,5	2,92	2,65	2,5	2,19	2,08	2,03	1,94	1,75	1,59	1,45	1,34
32	5,6	5,1	4,48	3,74	3,4	3,2	2,8	2,67	2,6	2,48	2,24	2,04	1,86	1,72
50	8,7	7,95	7,0	5,84	5,3	5,0	4,39	4,17	4,06	3,89	3,5	3,18	2,92	2,69
							4 Watt pro Kerze.							
5	1,0	0,91	0,8	0,67	0,6	0,57	0,5	0,48	0,46	0,44	0,4	0,36	0,33	0,31
8	1,6	1,46	1,27	1,07	0,97	0,91	0,8	0,76	0,74	0,71	0,64	0,58	0,53	0,5
16	3,2	2,91	2,56	2,14	1,94	1,83	1,6	1,5	1,48	1,42	1,28	1,16	1,06	0,99
25	5,0	4,5	4,0	3,34	3,03	2,86	2,5	2,38	2,32	2,22	2,0	1,81	1,66	1,53
32	6,4	5,8	5,1	4,26	3,88	3,66	3,2	3,05	2,98	2,84	2,56	2,32	2,13	1,97
50	10,0	9,08	8,0	6,65	6,06	5,7	5,0	4,77	4,65	4,45	4,0	3,64	3,33	3,08

Kz.-St.	70	75	80	85	90	95	100	105	110	115	120	200	210	220	230
							$2^1/_2$ Watt pro Kerze.								
5	0,18	0,17	0,16	0,15	0,14	0,13	0,12	0,12	0,11	—	—	—	—	—	—
8	0,29	0,27	0,25	0,24	0,22	0,21	0,2	0,19	0,18	0,17	0,17	0,1	—	—	—
16	0,57	0,53	0,5	0,47	0,44	0,42	0,4	0,38	0,36	0,34	0,33	0,2	0,19	0,18	0,17
25	0,89	0,83	0,78	0,73	0,69	0,66	0,62	0,59	0,57	0,54	0,52	0,31	0,3	0,28	0,27
32	1,14	1,06	1,0	0,94	0,89	0,84	0,80	0,76	0,73	0,69	0,67	0,4	0,38	0,36	0,35
50	1,78	1,66	1,56	1,47	1,38	1,31	1,25	1,18	1,13	1,09	1,04	0,62	0,59	0,54	0,54
							3 Watt pro Kerze.								
5	0,21	0,2	0,19	0,18	0,17	0,16	0,15	0,14	0,13	0,13	0,12	—	—	—	—
8	0,34	0,32	0,3	0,28	0,26	0,25	0,24	0,23	0,22	0,21	0,2	0,12	0,11	0,11	0,1
16	0,69	0,64	0,6	0,56	0,53	0,5	0,48	0,46	0,44	0,42	0,4	0,24	0,23	0,22	0,21
25	1,07	0,99	0,94	0,88	0,83	0,79	0,75	0,71	0,68	0,65	0,63	0,37	0,36	0,34	0,33
32	1,37	1,28	1,2	1,12	1,06	1,01	0,96	0,91	0,87	0,83	0,8	0,48	0,46	0,44	0,42
50	2,14	2,0	1,87	1,76	1,66	1,57	1,50	1,42	1,36	1,31	1,25	0,75	0,71	0,68	0,65

Kz.-St.	70	75	80	85	90	95	100	105	110	115	120	200	210	220	230
							$3^1/_2$ Watt pro Kerze.								
5	0,25	0,23	0,22	0,21	0,19	0,18	0,17	0,17	0,16	0,15	0,14	—	—	—	—
8	0,4	0,37	0,35	0,33	0,31	0,3	0,28	0,27	0,26	0,24	0,23	0,14	0,13	0,13	0,12
16	0,8	0,74	0,7	0,66	0,62	0,59	0,56	0,53	0,51	0,48	0,47	0,28	0,26	0,25	0,24
25	1,23	1,16	1,09	1,03	0,97	0,92	0,87	0,83	0,79	0,76	0,73	0,44	0,42	0,4	0,38
32	1,59	1,49	1,39	1,32	1,24	1,17	1,12	1,06	1,01	0,97	0,93	0,56	0,53	0,51	0,49
50	2,5	2,33	2,18	2,06	1,94	1,83	1,75	1,66	1,58	1,52	1,46	0,87	0,83	0,79	0,76
							4 Watt pro Kerze.								
5	0,28	0,26	0,25	0,23	0,22	0,21	0,2	0,19	0,18	0,17	0,16	—	—	—	—
8	0,46	0,43	0,4	0,38	0,36	0,34	0,32	0,31	0,29	0,28	0,27	0,16	0,15	0,14	0,14
16	0,91	0,85	0,8	0,75	0,71	0,67	0,64	0,61	0,58	0,55	0,53	0,32	0,31	0,29	0,28
25	1,42	1,33	1,25	1,17	1,1	1,05	1,0	0,95	0,9	0,87	0,83	0,5	0,47	0,45	0,43
32	1,82	1,7	1,6	1,5	1,42	1,34	1,28	1,22	1,16	1,11	1,06	0,64	0,61	0,58	0,55
50	2,83	2,66	2,5	2,35	2,22	2,1	2,0	1,9	1,81	1,74	1,66	1,0	0,95	0,91	0,87

Kerzen HK	Volt	Mittlere Stromstärke bei Volt	Amp.	Preis ℳ
5	20— 35	25	0,70	
5	45— 75	65	0,27	
5	90—130	110	0,16	
10	45— 75	65	0,54	
10	90—160	110	0,32	*—.55*
16	45— 75	65	0,86	
16	90—160	110	0,51	
25	45— 75	65	1,35	
25	90—160	110	0,80	
32	45— 75	65	1,72	*—.90*
32	90—160	110	1,02	*—.55*
5	180—220	200	0,12	
10	180—250	220	0,18	
16	180—250	220	0,25	*—.90*
25	180—250	220	0,4	
32	180—250	220	0,5	
50	180—250	220	0,8	*1.20*
100	180—250	220	1,6	*6.—*
200	65—130	65 110	9,2 5,5	*10.—*
200	131—160	150	4	*11.50*
300	65—130	65 110	13,8 8,2	*12.50*
300	131—160	150	6	*14.50*
400	65—130	65 110	18,5 10,9	*15.—*
400	131—160	150	8	*17.50*

Pilzlampen: 50—130 NK 5—32 Volt pro Stück *M* *53.40*
140—170 » 5—32 » » » » *63.70*
180—250 » 5—32 » » » » *72.20*

Für matte Lampen wird *M 5* pro 100 Stück mehr gerechnet.

Kugelglühlampen von 5—32 NK 50—125 Volt pro Stück *M* *—.75*
» » 5—32 » 130—250 » » » » *1.—*
» mattiert mehr » » um » *—.10*
» gefärbt » » » » » *—.25*

Glühlampenbeleuchtung, öffentliche — Lampen auf Kandelabern oder Konsolen montiert, mit Wetterschutzgläsern und Reflektor versehen. Lampenentfernung in belebten Straßen 20 bis 30 m, in minder belebten Straßen 35 m, in Nebengassen 40 m. Kerzenstärke in letzterem Falle 16 HE, in den beiden übrigen Fällen 25 und 32 HE.

Glühlampenbeleuchtungsstärke. Weiße Schirme erhöhen die Helligkeit; je größer die zu beleuchtende Fläche ist, desto flacher soll der Schirm gewählt werden. Die Lichtquelle soll dem Schirme so nahe als möglich sein.

Beleuchtungsstärke in Lux in der Mitte	Höhe der Glühlampe in m bei 10 HE über der Mitte	Höhe der Glühlampe in m bei 16 HE über der Mitte	Beleuchtungsstärke in Lux am Rande	Radius in m bei 10 HE	Radius in m bei 16 HE
der von der Glühlampe unter ihr befindlichen Kreisfläche					
50	0,45	0,56	9,6	0,64	0,8
40	0,5	0,63	7,7	0,71	0,9
30	0,57	0,73	5,8	0,81	1,0
25	0,63	0,80	4,8	0,90	1,1
20	0,71	0,89	3,8	1,0	1,3
15	0,82	1,03	2,9	1,2	1,5
10	1,00	1,26	1,9	1,4	1,8

Dimensionen des Raumes: Grundfläche qm	Dimensionen des Raumes: Höhe m	Anzahl der 16 HE-Lampen	Höhe der Lampen über dem Fußboden m
22	3,8	2— 3	2,3—2,5
32	4,4	5— 6	2,3—2,5
56	5,3	9— 12	2,5—2,8
100	6,9	16— 20	2,8—3,1
156	9,4	25— 30	3,5—3,8
246	12,5	40— 45	4,0—4,4
350	14,0	60— 70	4,7—5,3
450	15,7	100—120	5,6—6,3

Glühlampenbezeichnung erfolgt mit jener Spannung, welche der ebenfalls angegebenen Leuchtkraft entspricht. Abweichung bei Lieferungen von 2% nach oben und unten zulässig. Bei Prüfungen sind Abweichungen von 6% in jedem Sinne für Leuchtkraft und Energieverbrauch zulässig.

Glühlampenbirnen - Formen. Normalform: birnenförmig; ferner kugelförmig; für Dekorationszwecke: walzenförmig, röhrenförmig, flammenförmig, oval, kegelförmig.

Glühlampen-Doppelleitungen (siehe **Gummibandschnüre** und **Gummiaderschnüre**).

Glühlampenfabrikation (siehe **Glühlampenfäden**).

Glühlampenfäden werden aus reiner Zellulose hergestellt und gepreßt, unter Luftabschluß bei hoher Temperatur verkohlt, mit Hilfe des elektrischen Stromes mit einem dichten Kohlenniederschlag versehen (präpariert) und mit den in einen Glasstöpsel eingeschmolzenen zwei Platindrähten, welche an einem Ende mit Nickeldrähten, am anderen mit Kupferdrähten verlängert sind, ebenfalls durch auf elektrischem Wege herbeigeführten Kohlenniederschlag verbunden; hierauf werden die Fäden in die Glasbirne eingeschmolzen und schließlich letztere ausgepumpt, wobei der Faden unter Strom ist.

Dr. Albert Lessing, Nürnberg (Kohlen zu deren Herstellung) (*s. Inseratanh. S. 1*).

Glühlampenfassungen. Prüfungsvorschriften für Glühlampenfassungen (Norm. d. V. d. E.): Die stromführenden Teile müssen auf feuersicherer Unterlage montiert und durch feuersichere Umhüllung, die jedoch nicht unter Spannung gegen Erde stehen darf, vor Berührung geschützt sein. Isoliermaterialien, die brennbar oder hygroskopisch sind oder bei einer Temperatur von 300° C eine Formveränderung erleiden, dürfen im Innern der Fassung nicht verwendet werden. Fassungen für Spannungen über 200 Volt dürfen keinen Hahn haben. Die Hähne müssen Momentschalter sein. Der Griff des Hahnes muß, wenn ausgeschaltet, rechtwinkelig zur Mittellinie der Fassung stehen. Letztere muß so konstruiert sein, daß die Verbindung der Kontakte mit den Zuleitungen durch Schrauben erfolgt, und daß eine Berührung zwischen beweglichen Teilen des Schalters und den Zuleitungsdrähten ausgeschlossen ist. Sämtliche Schrauben, welche Kontakte vermitteln, müssen ihr Muttergewinde in Metall haben. Der Hahngriff darf aus Metall bestehen, muß aber von den Spannung führenden Teilen isoliert sein. Die Fassung muß in eingeschalteter Stellung zwischen den einzelnen Kontakten, jedem derselben und dem Gehäuse sowie dem Hahngriff und zwischen den Kontakten des Hahnes in ausgeschalteter Stellung eine Wechselspannung vom doppelten Betrag der Betriebsspannung, mindestens aber 750 Volt fünf Minuten lang aushalten. Um die allgemeine Gebrauchsfähigkeit der Hahnfassung zu prüfen, wird ein induktionsfreier Widerstand von 150 Ohm angeschlossen und bei 250 Volt in drei Minuten 90 mal ein- und 90 mal ausgeschaltet.

Glühlampenfassungen, wasserdichte, Preis pro 100 Stück je nach Größe und Ausführung *ℳ 140—435.*

Glühlampenfehler. Zuleitungsfehler zeigen sich dadurch, daß die Lampen beim Einschalten stromlos bleiben, ohne daß der Kohlenfaden irgend welche Verletzung zeigt. Ursachen: Fehlerhafte Verbindungsdrähte zwischen dem Kohlenfaden und den Metallkontakten; elektrolytische Zersetzung der Verbindungsdrähte, wenn dieselben in Kitt liegen und Feuchtigkeit hinzukommt; Reißen der in das Glas eingeschmolzenen Platindrähte. Schiefsitzen der Kohlenfäden hat seine Ursache entweder in Fabrikationsfehlern oder in starken Stößen und Erschütterungen der Lampen beim Transporte. Schlechtes Passen in den Fassungen. Kohlenfadenfehler sind daran zu erkennen, daß man die Lampen in einem dunklen Raum schwach dunkelrot glühen läßt, wobei der Faden eine ganz gleichmäßige Farbe haben muß. Dann wird die Spannung langsam bis über 10 % der Normalspannung erhöht, wobei ebenfalls der Faden überall gleichmäßige Glühfarbe zeigen muß, jedoch die Verbindungsstellen zwischen Fäden und Metallfüßen nicht glühen dürfen, was sich am besten durch plötzliches Ausschalten konstatieren läßt. Anliegen der Kohlenfäden an den Glaswandungen hat seine Ursache entweder in Fabrikationsfehlern oder, namentlich bei hochvoltigen Lampen, im Brennen mit zu hoher Spannung. Kräftiges Schütteln der Lampe hilft gewöhnlich. Bei horizontal oder schräg montierten Lampen wird das mit der Zeit auftretende Senken des Glühfadens durch zeitweises Verdrehen der Lampen um 180° behoben. Schlechtes Vakuum, Ursachen: Schlechte Fabrikation, fehlerhafte Einschmelzungen der Platindrähte, so daß mit der Zeit Luft eindringen kann. Bei schlechtem Vakuum brennen die Kohlenfäden je nach dem Grade derselben sofort oder nach ganz kurzer Zeit unter heller Lichterscheinung durch, wobei an der Durchbrennstelle die beiden Fadenenden sehr fein zugespitzt erscheinen. Bei diesem Durchbrennen wird die Lampe sehr schnell heiß. Lampen mit gutem Vakuum zeigen im Dunkeln eine nur äußerst schwache, grünlich fluoreszierende Lichterscheinung, wenn man sie am oberen Glockenende anfaßt, ihren Kontaktfuß an den einen Pol eines Funkeninduktors von ca. 5 mm Schlagweite legt und mit der anderen Hand den anderen Pol des Induktors berührt. Die erste Spur von Luft zeigt sich in einer schwach bläulichen Lichtfarbe, die bei mehr Luftgehalt hellblau-milchig wird. Nach Vorschrift der englischen Postbehörde müssen Gleichstromlampen von 100 und 105 Volt eine stufenweise Erhöhung der Spannung bis 225 bzw. 230 Volt 3½ Minuten aushalten, bevor der Kohlenfaden durchbrennt. Bei langsamer, gleichmäßiger Vermehrung der Spannung innerhalb 2½ Minuten bis auf 170 Volt und bei nachfolgender Verminderung auf die normale Spannung soll die Leuchtkraft bei einer 16kerzigen Lampe nicht weniger als 14,4 und nicht mehr als 17,6 Kerzen betragen, während der Kraftverbrauch pro Kerze 4 Watt nicht übersteigen darf.

Glühlampen, mattierte, d. h. mit mattierten Glasbirnen, schützen das Auge vor der direkten Einwirkung des leuchtenden Kohlenfadens und verteilen das Licht gleichmäßiger, ohne daß dadurch die Lichtintensität stark vermindert wird.

Glühlampenöfen (siehe **Heizkörper, leuchtende**).

Glühlampen-Prüfapparat. Derselbe ist ein kleines Amperemeter, welches zwischen Fassung und Lampe eingeschaltet wird und die von der Lampe erforderte Stromstärke abzulesen gestattet. Das Zifferblatt des Instrumentes besitzt zwei Skalen, beide von 0—1,5 Amp., eine schwarze Skala für Gleichstrom und eine rote Skala für Wechselstrom. (Hersteller: Elektrotechn. Inst. Frankfurt, G. m. b. H., Frankfurt a. M.)

Glühlampenreflektoren:

emailliert	300 mm Durchm.		ℳ	*—.70*
»	350 »	»	»	*1.—*
Doppelkegelreflektor	350 »	»	»	*2.40*

H. Köttgen & Ko., Berg.-Gladbach.

Glühlampenschirme. Preis pro 100 Stück, je nach Größe und Ausführung:

Milchglas	ℳ	*50—100*
» grün überfangen	»	*200—300*
lackiert	»	*60— 80*
emailliert	»	*70—100*

Glühlampen-Schutzgläser kommen bei Glühlampen für öffentliche Beleuchtung zur Anwendung, um Regen- und Schneewasser abzuhalten. Die Abdichtung erfolgt durch einen zwischengepreßten wulstigen Gummiring, wenn das Schutzglas in das Gewinde der Kappe eingeschraubt wird. Dieselbe Verschraubung dient gleichzeitig auch zur Befestigung des Schirmes und Schutzkorbes.

Glühlampen-Schutzkörbe. Preis ℳ *—.80—1.*

Glühzünder (siehe **Minenzündung, elektrische**, und **Zünder, elektrische**).

Gold. Unter Annahme der Leitungsfähigkeit von Quecksilber = 1 ist bei

Feingehalt	1,000	die Leitungsfähigkeit	39,75
»	0,951	» »	13,38
»	0,751	» »	7,14

Goldbad, galvanisches. Eine Lösung von 10 Teilen Gold in 25 Teilen Salzsäure und 12,5 Teilen Salpetersäure wird mit einer Lösung von 20 Teilen Cyankali in 1000 Teilen Wasser gemischt. Stromdichte: 0,07—0,15 Amp. pro qdm.

Goldblattelektroskop besteht aus einer Messingstange, welche durch eine isolierende Schicht hindurch in ein Glasgefäß hineinragt und unten zwei parallel herabhängende Goldplättchen, oben außerhalb des Gefäßes eine Messingplatte oder -kugel trägt. Bei Berührung eines elektrischen Körpers mit letzteren divergieren die Goldplättchen, bei Annäherung eines zweiten elektrischen Körpers divergieren sie stärker, wenn derselbe gleichnamig elektrisch ist, oder sie fallen zusammen, wenn er ungleichnamig elektrisch wie der erste Körper ist.

Gradierwerke (siehe **Kühlvorrichtungen**).

Grammatom ist das Atomgewicht eines Körpers in Gramm ausgedrückt.

Grammion ist die Summe der Grammatome eines Stoffes im Ionenzustand.

Grammkalorie = 0,424573 mkg = 4,1642 Joule = jene Wärmemenge, welche erforderlich ist, um bei 760 mm Quecksilberdruck ein Gramm Wasser von 0° auf 1° C zu erwärmen.

Grammolekül (siehe **Mol**).

Graphit ist ein freier Kohlenstoff, welcher erst bei 3200° C verbrennt. Soll nur in ganz reinem Zustande als Schmiermittel verwendet werden, da die mikroskopisch kleinen Beimengungen von Quarzkörnern einen schnellen Verschleiß der reibenden Flächen herbeiführen.

Persicaner & Ko., Berlin W., Bülowstr. 57.

Graphitwiderstände, System »Graphit«. Dieselben haben die äußere Form eines Heizkörpers, der aus mit Graphit gefüllten Eisenringen besteht, welche auf beiden Seiten mit Asbest isoliert sind. Die Ringe sind durch starke Eisenplatten abgedeckt, durch welche die entwickelte Wärme nach außen abgeleitet wird.

Die Graphitwiderstände der Siemens-Schuckertwerke bestehen aus einem mit einem Metallmantel umgebenen Hartgummizylinder, in welchem sich eine mit Graphit eingeschmierte Nut befindet. Die Graphitwiderstände aus Glas von Cohn & Arens bestehen aus einer Glasplatte, welche mit Graphitlinien und mit Graphit ausgefüllten Kreisen bedeckt ist. Auf letzteren sind kleine, mit Quecksilber gefüllte Glasröhren aufgekittet, die die Elektroden bilden, während die Graphitstriche selbst die Widerstände bilden. Die Quecksilberelektroden stehen mit andern Quecksilbergefäßen, welche die Umschaltung ermöglichen, in Verbindung.

Grayscher Telautograph (siehe **Kopiertelegraphen**).

Grenzturbinen sind Druckturbinen mit einer durch die Kanalwandungen erzwungenen Form des Wasserkörpers im Laufrad. Der Querschnitt der Laufradschaufeln wird derart gewählt, daß das Produkt aus Kanalquerschnitt und relativer Geschwindigkeit konstant bleibt (Rückschaufeln). Bei den Grenzturbinen tritt das Wasser mit der, der ganzen Gefällshöhe zukommenden Geschwindigkeit aus dem Leitapparat in das Laufrad, wobei der Wasserstrahl die Zellen bei voller Beaufschlagung ganz ausfüllt, so daß diese Turbinen auch geeignet sind, unter Wasser zu arbeiten. Grenzturbinen finden dort gute Verwendung, wo es sich um stark wechselnde Wassermengen oder um ganz kleine Gefälle handelt und die Turbine bei größerem Rückstau auch im Unterwasser laufen muß.

Maschinenfabrik Geislingen in Geislingen, Württbg. (*s. Inseratanh. S. 10*).

Groveelement. Dasselbe besitzt einen amalgamierten Zinkzylinder, der in verdünnte Schwefelsäure taucht, und eine Platinplatte, die in konzentrierte Salpetersäure taucht, welche sich in einem Tonbecher befindet. Elektromotorische Kraft 1,9 Volt.

Grubenkabel. Der Leiter wird aus verzinnten Kupferdrähten hergestellt, mit Vulkanisiergummi, hierauf mit gummiertem Band umwickelt, vulkanisiert und mit einer besonderen Imprägnierung versehen. Die auf solche Weise präparierten Adern werden miteinander und mit präparierter Jute verseilt und nochmals mit Jute umwickelt. Hierauf werden die Kabel zum Schutze gegen äußere Einflüsse mit Blei umpreßt, mit Juteumwickelung und einer Asphalt-Compound-Isolation versehen. Oft wird das Kabel mit einer Armierung von verzinkten weichen Stahldrähten, über welche eine asphaltierte Juteumspinnung kommt, versehen.

Grubenlampe, elektrische, von Sußmann. Der Lampenuntersatz wird von dem Batteriekasten gebildet, einem Zinngefäß, mit Papier beklebt oder gefirnißt, in welchem zwei Zellen in Vulkanitkasten, voneinander durch Zwischenwände getrennt, untergebracht sind. Jede Zelle hat zwei Platten, deren Füllmasse bei der einen aus Bleisuperoxyd, bei der anderen aus fein verteiltem Blei besteht. Der Elektrolyt ist vegetabilischer Natur. Die Zellen sind oben durch Teer abgedeckt und untereinander sowie mit der Lampe durch flexible Kabel verbunden. Die Lampe, welche mit einer Vorrichtung zum Anzeigen schädlicher Gase versehen ist, erfordert zum Laden 6 Volt.

Albert Thode & Ko., Hamburg (*s. Inseratanh. S. 4*).

Grubenlampen, elektrische. Lichtstärke 1—4 NK. Sie besitzen eine kleine Batterie, welche aus einigen kleinen Zellen mit Ebonitgefäßen besteht. Die Batterie ist in einem Holz- oder Metallkästchen unterhalb oder neben der Lampe angeordnet. Die zum Betriebe nötige Schwefelsäure wird durch Zusatz von Wasserglas gelatiniert. Die Lampe wird von einer Hülle aus starkem Drahtnetz eingeschlossen.

Gruppenantrieb. Derselbe ist dann vorteilhaft, wenn es sich um den Antrieb von ununterbrochen arbeitenden, gleichmäßig belasteten und, wenn möglich, gleichartigen Maschinen handelt. Wegen der Instandhaltungskosten der Transmissionen ist der Gruppenantrieb nur unter ganz besonders günstigen Umständen dem Einzelantrieb vorzuziehen.

Gruppenschalter (siehe **Umschalter, wasserdichte**).

Gruppenschalter für Akkumulatorenbetrieb. Dieselben werden speziell bei kleineren Anlagen verwendet, wo sich die Beschaffung einer Zusatzdynamo nicht lohnt, und dienen zur direkten Ladung der Batterien. von den Betriebsmaschinen aus, welche dabei mit konstanter Spannung arbeiten. Hierzu wird die Batterie in drei Teile zerlegt, deren Zellenzahl so bemessen ist, daß zwei Teile in Hintereinanderschaltung von der Betriebsspannung aus geladen werden können, was umschichtig erfolgt, d. h. 1. und 2. Teil, dann 2. und 3. Teil, dann 1. und 3. Teil. Vorteil: Die Betriebsmaschine arbeitet konstant mit jener günstigsten Spannung, für die sie gebaut ist. Zum Ausgleich des Spannungsunterschiedes zwischen Anfang und Ende der Ladung wird ein Widerstand eingeschaltet.

Preis:	*M 85*	*130*	*240*	für Stromstärken.
	von 30 Amp.	100 Amp.	200 Amp.	

Bergmann-Elektrizitätswerke, Aktiengesellsch. (Abt. J), Berlin N., Henningsdorferstr. 33. 34. 35 (*s. vordere innere Deckelseite*).

Gruppenschaltungslampe (siehe **Nebenschlußlampe**).

Gruppenschaltung von Bogenlampen. Bei derselben wird in jedem Stromzweige ein Vorschaltwiderstand angeordnet, welcher bei etwaigem Versagen der Bogenlampen einen Kurzschluß der ganzen Leitung verhindert.

Gummiaderleitungen — geeignet zur festen Verlegung für Spannungen bis 1000 Volt und zum Anschluß beweglicher Apparate bis 500 Volt (Norm. d. V. d. E.).

Die Gummiaderleitungen sind mit massiven Leitern in Querschnitten von 0,75—16 qmm, mit mehrdrähtigen Leitern in Querschnitten von 0,75—1000 qmm zulässig.

Die Kupferseele ist feuerverzinnt und mit einer wasserdichten vulkanisierten Gummihülle umgeben.

Die Beschaffenheit der Gummihülle muß eine derartige sein, daß die Leitungen nach 24 stündigem Liegen unter Wasser der halbstündigen Einwirkung eines Wechselstromes von 2000 Volt zwischen Kupferseele und Wasser, dessen Temperatur 25° C nicht übersteigen darf, widerstehen.

Die Wandstärke der Gummihülle soll betragen:

Kupferquerschnitt qmm	höchstens mm	mindestens mm	Mindestzahl der Drähte bei mehrdrähtigen Leitern
0,75	1,1	0,8	7
1,0	1,1	0,8	7
1,5	1,1	0,8	7
2,5	1,4	1,0	7
4,0	1,4	1,0	7
6,0	1,4	1,0	7
10,0	1,7	1,2	7
16,0	1,7	1,2	7
25,0	2,0	1,4	7
35,0	2,0	1,4	19
50,0	2,3	1,6	19
70,0	2,3	1,6	19
95,0	2,6	1,8	19
120,0	2,6	1,8	37
150,0	2,8	2,0	37
185,0	3,0	2,2	37
240,0	3,2	2,4	61
310,0	3,4	2,6	61
400,0	3,6	2,8	61
500,0	4,0	3,2	91
625,0	4,0	3,2	91
800,0	4,5	3,5	127
1000,0	4,5	3,5	127

Die Toleranz der Dimensionen beträgt 5%.

Jede Leitung muß über dem Gummi von einer Hülle gummierten Bandes umgeben sein. Als Einzelleitung verwendet, muß dieselbe außerdem eine imprägnierte Umklöppelung erhalten, bei Mehrfachleitungen kann die Umklöppelung gemeinsam sein.

Preis für Gummiaderleitungen für feuchte Räume zur festen Verlegung für Spannungen bis 1000 Volt.

Querschnitt qmm	Gewicht pro 1000 m ca. kg	Preis pro 1000 m ℳ	Querschnitt qmm	Gewicht pro 1000 m ca. kg	Preis pro 1000 m ℳ
Draht			Kabel		
0,75	26	*120*	16,0	221	*780*
1,0	30	*133*	25,0	329	*1110*
1,5	37	*156*	35,0	428	*1450*
2,5	56	*198*	50,0	595	*1950*
4,0	74	*270*	70,0	816	*2575*
6,0	98	*345*	95,0	1073	*3354*
10,0	147	*503*	120,0	1338	*4080*
16,0	209	*698*	150,0	1680	*4980*

Gummiaderschnüre — geeignet zur festen Verlegung für Spannungen bis 1000 Volt und zum Anschluß beweglicher Apparate bis 500 Volt (Norm. d. V. d. E.).

Gummiaderschnüre sind in Querschnitten von 0,75—6 qmm zulässig. Die Kupferseele besteht aus feuerverzinnten Kupferdrähten von höchstens 0,3 mm Durchmesser, welche miteinander verseilt sind. Die Kupferseele ist mit Baumwolle umsponnen und darüber mit einer wasserdichten vulkanisierten Gummihülle umgeben.

Die Beschaffenheit der Gummihülle muß eine derartige sein, daß die Gummiader nach 24stündigem Liegen unter Wasser einer 1/2stündigen Einwirkung eines Wechselstromes von 2000 Volt zwischen Kupferseele und Wasser, dessen Temperatur 25° C nicht übersteigen darf, widersteht.

Die Wandstärke der Gummihülle soll betragen bei einem Querschnitt von

0,75 qmm	höchstens 1,1 mm,	mindestens 0,8 mm
1,0 »	» 1,1 »	» 0,8 »
1,5 »	» 1,1 »	» 0,8 »
2,5 »	» 1,4 »	» 1,0 »
4,0 »	» 1,4 »	» 1,0 »
6,0 »	» 1,4 »	» 1,0 »

Die Toleranz der Dimensionen beträgt 5%.

Jede Einzelleitung muß über dem Gummi mit einer Schutzhülle umgeben sein, deren Art je nach dem Verwendungszweck zu wählen ist. Bewegliche Leitungen sind außerdem mit einer gemeinsamen geeigneten Umhüllung zu umgeben.

Gummiaderschnüre bestehen aus feuerverzinnten, mit Baumwolle umsponnenen Kupferlitzen, welche mit vulkanisiertem Gummi wasserdicht umpreßt, umklöppelt und verseilt werden.

Preis für biegsame Doppelleitungen für Glühlampen für Spannungen bis 1000 Volt und zum Anschlufs beweglicher Apparate bis 500 Volt.

Querschnitt qmm	Anzahl der Kupferdrähte jeder Ader	Stärke mm der Kupferdrähte jeder Ader	Preise in Mark für 1000 m, mit äußerer Umhülle von Glanzgarn	Seide
0,75	25	0,20	*240*	*414*
1,0	32	0,20	*290*	*460*
1,5	30	0,25	*338*	*548*
2,5	35	0,30	*474*	*728*
4,0	56	0,30	*615*	*930*
6,0	85	0,30	*900*	*1185*

Süddeutsche Kabelwerke, A.-G., Mannheim.
Land- und Seekabelwerke, Köln-Nippes.
Fr. Tobisch, Wien.
O. Bondy, Wien.
Dr. Cassierer & Ko., Berlin.
C. J. Vogel, Berlin.

Gummibandleitungen — geeignet zur Verlegung in trockenen Räumen für Spannungen bis 250 Volt (Norm. d. V. d. E.).

Gummibandleitungen sind mit massiven Leitern in Querschnitten von 0,75—16 qmm, mit mehrdrähtigen Leitern in Querschnitten von 0,75—150 qmm zulässig.

Die Kupferseele ist feuerverzinnt, mit Baumwolle umgeben und darüber mit unverfälschtem, technisch reinem, unvulkanisiertem Paraband umwickelt.

Die Parabandhülle muß für 100 m einadriger Leitung folgende Gewichte aufweisen:

Kupferquerschnitt qmm	Gummigewicht g	Mindestzahl der Drähte bei mehrdrähtigen Leitern
0,75	120	7
1,0	130	7
1,5	155	7
2,5	190	7
4,0	230	7
6,0	280	7
10,0	340	7
16,0	420	7
25,0	550	7
35,0	650	19
50,0	800	19
70,0	1000	19
95,0	1200	19
120,0	1400	19
150,0	1550	19

Über der Parabandhülle befindet sich eine Umwickelung mit Baumwolle und über dieser eine Umklöppelung aus Baumwolle, Hanf oder ähnlichem Material, das in geeigneter Weise imprägniert ist. Die Toleranz der Dimensionen und Gewichte beträgt 5 %.

Die so bezeichneten Leitungen werden einer Durchschlagsprobe nicht unterworfen.

Diese Leitungen können, wenn mehrdrähtig ausgeführt, als Mehrfachleiter in beliebiger Anordnung benutzt werden und sind als solche in trockenem Zustande einer halbstündigen Durchschlagsprobe mit 500 Volt Wechselstrom zu unterziehen.

Preis für Gummibandleitungen zur Verlegung in trockenen Räumen für Spannungen bis 250 Volt.

Querschnitt qmm	Gewicht pro 1000 m ca. kg	Preis pro 1000 m ℳ	Querschnitt qmm	Gewicht pro 1000 m ca. kg	Preis pro 1000 m ℳ
	Draht			Kabel	
0,75	13	*68*	16,0	167	*525*
1,0	15	*75*	25,0	254	*755*
1,5	20	*93*	35,0	345	*1015*
2,5	31	*126*	50,0	485	*1380*
4,0	47	*173*	70,0	690	*1885*
6,0	67	*233*	95,0	910	*2515*
10,0	107	*338*	120,0	1163	*3150*
16,0	163	*500*	150,0	1466	*3900*

Gummibandschnüre — geeignet zur Verlegung in trockenen Räumen für Spannungen bis 125 Volt (Norm. d. V. d. E.).

Die Gummibandschnüre sind in Querschnitten von 0,75 bis 4 qmm zulässig. Die Kupferseele besteht aus feuerverzinnten Kupferdrähten von höchstens 0,3 mm Durchmesser, welche miteinander verseilt sind. Die Kupferseele ist mit Baumwolle umsponnen und darüber mit unverfälschtem, technisch reinem, unvulkanisiertem Paraband umwickelt. Die Überlappung der Umwickelung muß mindestens 2 mm betragen.

Das Gewicht der Parabandhülle muß für 100 m einadriger unverseilter Leitung

bei 0,75	qmm	mindestens	120	g
» 1,00	»	»	130	»
» 1,5	»	»	155	»
» 2,5	»	»	190	»
» 4,00	»	»	230	»

betragen.

Über der Parabandhülle jeder Einzelleitung befindet sich eine Umwickelung mit Baumwolle und über dieser eine Umklöppelung aus widerstandsfähigem Material, das nicht brennbarer sein darf als Seide oder Glanzgarn.

Die Toleranz der Dimensionen und Gewichte beträgt 5 %.

Die so bezeichneten Leitungen sind in trockenem Zustande einer ½ stündigen Durchschlagsprobe mit 500 Volt Wechselstrom zu unterwerfen.

Gummidrähte. Gummidrähte müssen unbedingt verzinnt werden, da das Kupfer von dem im Gummi enthaltenen Schwefel angegriffen wird.

Gummihandschuhe dienen zum Arbeiten an unter Strom stehenden Leitungen. Eine absolute Sicherheit gewähren sie nicht. Preis *M 9—15.*

Gummihütchen dienen für kleinere Kabel als Endverschlüsse. Bei der Verwendung von Gummihütchen müssen die Litzendrähte so weit verlötet werden, daß die Verlötung durch das Gummihütchen zum Teil noch überdeckt wird. Das Gummihütchen wird durch Anwärmen und Abbinden mittels Schnur und Drahtes dicht schließend gemacht.

Gummi-Isolierbänder sollen dünnes, aber dichtes Gewebe und haltbare Gummierung haben, gut kleben und nicht abschmierend sein. Preis pro kg *M 4.*

Albert Thode & Ko., Hamburg (*s. Inseratanh. S. 4*).
Bergmann-Elektrizitätswerke, Aktiengesellsch. (Abt. J), Berlin N., Henningsdorferstr. 33. 34. 35 (*s vordere innere Deckelseite*).

Gummikabel. Die einzelnen Leiter werden mit Gummi umpreßt und mit Band besponnen, hierauf konzentrisch verseilt und wieder mit Band umsponnen, schließlich mit einem Bleimantel umpreßt.

Albert Thode & Ko., Hamburg (*s. Inseratanh. S. 4*).

Gülchersche Säule — eine Thermokette — besteht aus einem bankartigen Gestell mit zwei Handgriffen, in dessen Mitte sich ein Gaszuleitungsrohr mit den Öffnungen für die Brenner befindet. Über letzteren befinden sich die röhrenförmige Gestalt besitzenden, verlöteten Metalle, welche aus Nickel und einer antimonhaltigen Legierung bestehen. Wird die Lötstelle erhitzt, so entsteht ein Strom, der vom Nickel zur Antimonlegierung geht.

Gußeisen wird durch Umschmelzen von grauem Roheisen in Kupolöfen oder Tiegelöfen hergestellt. Man unterscheidet, entsprechend den verwendeten Gießformen: Lehmguß, Hartguß (Coquillenguß), Sandguß. Die Dichte, Festigkeit und Härte des Gußeisens hängen von der Gattierung des Schmelzgutes und von der Art des Schmelzvorganges ab. Spez. Gewicht = 7,25. Schwindmaß = 10,42 mm auf 1 m. Preis ℳ *22—35* pro 100 kg, je nach Größe und Form des Gußstückes.

Technisch. u. Elektrotechnisch. Bureau
Louis Patz,
Dresden-A. 19, Kyffhäuserstr. 26.

Kurvenresultate der Prüfungen der Reichsanstalt,
vorgenommen an Gußeisenproben des Gußstahlwerkes G. Krautheim, Chemnitz-Altendorf:

H	B	H	B
+ 2,85	+ 340	+ 20,4	+ 8 490
+ 6,05	+ 1 410	+ 13,1	+ 7 930
+ 11,3	+ 4 140	+ 4,35	+ 6 980
+ 15,1	+ 5 370	+ 1,2	+ 6 460
+ 20,0	+ 6 410	— 1,5	+ 5 890
+ 27,9	+ 7 460	— 4,1	+ 5 130
+ 36,3	+ 8 230	— 6,75	+ 3 560
+ 48,3	+ 9 020	— 11,4	— 2 210
+ 64,2	+ 9 790	— 15,5	— 4 380
+ 82,8	+10 570	— 20,2	— 5 910
+118,1	+11 610	— 27,8	— 7 240
+154,1	+12 410	— 36,1	— 8 120
+117,3	+11 790	— 48,1	— 8 970
+ 82,4	+11 010	— 64,0	— 9 780
+ 63,2	+10 460	— 82,7	—10 580
+ 49,6	+ 9 930	—117,5	—11 610
+ 37,8	+ 9 440	—154,1	—12 410
+ 28,9	+ 9 010		

Güteverhältnis, scheinbares, eines Motors ist der Quotient aus der wirklichen mechanischen Leistung, welche geliefert würde, wenn keine inneren Verluste und Phasenverschiebungen vorhanden wären.

Güteverhältnis, wirtschaftliches, eines Akkumulators ist der Quotient aus wiedergewonnener und eingeladener elektrischer Energie. Für gute Zellen beträgt das wirtschaftliche Güteverhältnis 80—84%, doch soll dasselbe für praktische Verhältnisse nur mit 75% angenommen werden.

Guttapercha wird aus dem Milchsaft der Sapotazeen gewonnen. Die besten Sorten sind weiß mit einem Stich ins Rötliche oder Gelbe. Guttapercha besteht aus einem Gemenge von Gutta und Oxydationsprodukten derselben und enthält außerdem noch geringe Mengen von Gerbstoffen, Salzen und zuckerähnlichen Substanzen.

Widerstand bei verschiedenen Temperaturen.

Temperatur	Widerstand der Guttapercha	Temperatur	Widerstand der Guttapercha	Temperatur	Widerstand der Guttapercha	Temperatur	Widerstand der Guttapercha
0	100,00	10	28,97	20	8,45	30	2,99
2	84,14	12	23,18	22	6,82	32	2,48
4	64,66	14	16,89	24	5,51	34	1,92
6	47,65	16	14,37	26	4,47	36	1,68
8	37,15	18	11,05	28	3,51	38	1,33

Guttaperchakabel.

Guttaperchakabel mit geteertem Band.

Kupferdraht mit Guttaperchaüberzug, mit Baumwollengarn doppelt besponnen, mit Band bewickelt und geteert, für feuchte Räume und Einführungen.

Anzahl der Adern	Kupferdrahtdurchm. mm	Guttaperchadurchm. ca. mm	Gesamtdurchm. ca. mm	Gewicht pro 100 m ca. kg	Länge pro kg ca. m	Preis pro m *M*
1	0,9	1,8	2,8	1,540	65	*—.06*
1	1,0	2,2	3,7	2,000	50	*—.08*
1	1,0	4,0	4,5	2,300	43,5	*—.20*
2	je 0,9	je 1,8	4,5	2,600	39	*—.15*
3	» 0,9	» 2,2	5,4	5,700	17	*—.25*

Induktionsfreies Guttaperchakabel.

Anzahl der Adern	Guttaperchadurchm. jed. Ader ca. mm	Gesamtdurchm. ca. mm	Gewicht pro 100 m ca. kg	Länge pro 100 kg ca. m	Preis pro m *M*
6	2,3	8	10,000	1000	*—.45*
9	2,3	9	15,240	656	*—.60*
12	2,3	10	19,850	503	*—.75*
16	2,3	11	25,170	397	*1.—*
20	2,3	12	32,000	309	*1.20*
24	2,3	14	38,000	263	*1.40*
30	2,3	15	47,000	213	*1.70*

Guttaperchamischung zum Isolieren von Kabellötstellen. Preis pro kg *M 8.*

Guttaperchapapier. Gew. pro 100 m 7 kg, Preis pro 100 m *M 60*

Albert Thode & Ko., Hamburg (*s. Inseratanh. S. 4*).

Gyrotrop (siehe **Stromwender**).

H.

Hackethaldraht. Der Draht wird mit einem billigen Faserstoff umhüllt und die Hülle mit Mennig und Leinöl getränkt. Diese Masse erhärtet an der Luft und besitzt in hartem Zustande ein hohes Isolationsvermögen, so daß ein derartig isolierter Draht vor der Berührung mit anderen Drähten, Baumzweigen usw. nicht geschützt werden muß.

Hackethaldraht-Gesellschaft m. b. H., Hannover (*s. Inseratanh. S. 15*). | Albert Thode & Ko., Hamburg (*s. Inseratanh. S. 4*).

Hackethaldrahtisolatoren. Dieselben bezwecken ein engeres Aneinanderführen der Hin- und Rückleitung einer Fernsprech-Doppelleitung, so daß mehr derselben als gewöhnlich an einem Gestänge geführt werden. Zu diesem Zwecke haben die Isolatoren zwei gegenüberstehende, oberhalb der Bundrolle angeordnete Ansätze, auf denen je ein Draht der Doppelleitung befestigt wird. In der Mitte zwischen zwei aufeinander folgenden Isolatoren werden die beiden Drähte einer Doppelleitung gekreuzt und an der Kreuzungsstelle durch besonders umwickelte, mit Mennig getränkte Bänder sowohl mechanisch miteinander verbunden, als auch elektrisch voneinander isoliert. Die hierdurch hergestellte Dreiecksverbindung macht die Doppelleitung steif gegen seitliche Schwingungen. Zugleich ist die enge Anordnung, verbunden mit einer Kreuzung, ein vorzügliches Mittel gegen Induktion.

Hackethaldraht-Gesellschaft m. b. H., Hannover (*s. Inseratanh. S. 15*).

Haftintensität — die den Ionen innewohnende Kraft, vermöge welcher sie ihre elektrische Kraft festhalten.

Hagenscher Akkumulator (siehe **Akkumulatorenplatten**).

Hakenstützen sind hakenförmig gebogene Isolatorstützen (siehe daselbst).

Albert Thode & Ko., Hamburg (*s. Inseratanh. S. 4*).

Halbleiter: Alkohol, Äther, Glaspulver, Schwefelblüte, trockenes Holz, Marmor, Schiefer, Papier, Stroh, Eis bei 0° C.

Handbohrmaschinen mit elektrischem Antrieb werden mit und ohne Zahnradvorgelege ausgeführt. Auf der Welle des eingekapselten Motors ist das Bohrfutter befestigt. Zum Halten dienen zwei gegenüberstehende Handhaben, zur Ausübung des nötigen Druckes eine Brustplatte. Um das Gewicht zu verringern, werden einzelne Teile oft aus Aluminium hergestellt. Das Anbringen von Widerständen entfällt, da sich infolge der bei diesen Elektromotoren gewöhnlich angewendeten Wickelungsart die Umdrehungszahl des Bohrers dem Durchmesser des zu bohrenden Loches entsprechend reguliert. Statt der Brustplatten verwendet man auch Handräder mit Schraubenspindel und Gegenspitze, um größeren Druck, d. h. größere Bohrleistungen, zu erzielen.

Größter Bohrdurchmesser in mm	4	6,5	9	12	15	18
Stromverbrauch . . . in Watt	80	95	120	170	220	300
Leistung des Motors . in PS	$^1/_{20}$	$^1/_{16}$	$^1/_{12}$	$^1/_8$	$^1/_6$	$^1/_4$
Umdrehungszahl pro Minute bei Gleichstrom	1800	1700	1600	1500	1400	1300
Umdrehungszahl pro Minute bei Drehstrom (50 Per. pro Sek.)	1400	1400	1400	1400	1400	1400

Gewicht ohne Bohrhalter in kg	Gußeisen		6	8	10	12	19	24
	Aluminium		5	7	8,5	10	16	21
Preis in Mark	Gleichstrom mit einer Spannung von	65 Volt	*95*	*120*	*145*	*170*	*200*	*240*
		110 »	*95*	*120*	*145*	*170*	*200*	*240*
		220 »	*100*	*125*	*150*	*175*	*210*	*250*
		500 »	—	*140*	*165*	*185*	*220*	*260*
	Drehstrom mit einer Spannung von	110 »	*120*	*130*	*145*	*160*	*185*	*220*
		190 »	*125*	*135*	*150*	*165*	*185*	*220*
		220 »	*125*	*135*	*150*	*170*	*195*	*220*

Allgem. Elektrizitäts-Gesellschaft.
Albert Thode & Ko., Hamburg (*s. Inseratanh S. 4*).
C. & E. Fein, Stuttgart.
Maschinenfabrik Oerlikon, Oerlikon bei Zürich (Schweiz).
Siemens-Schuckertwerke, Berlin.

Handschrifttelegraphen (siehe **Kopiertelegraphen**).

Hanfseile. Bedeuten N die Anzahl der zu übertragenden PS, v die Seilgeschwindigkeit, d den Seildurchmesser (gewöhnlich 4—5 cm), so berechnet sich die Anzahl der nötigen Seile z aus der Formel: $z = \frac{15\,N}{v \cdot d^2}$.

Der Gesamtquerschnitt der Litzen verhält sich zu dem Querschnitt des das Seil umschließenden Kreises wie 0,8 : 1. Pro qcm des umschließenden Kreises kann man für fest geschlagene Seile 150 kg, für lose geschlagene 100 kg rechnen.

Seil-durch-messer	Lose geschlagene Seile		Fest geschlagene Seile	
	Zulässige Belastung	Gewicht pro l. m	Zulässige Belastung	Gewicht pro l. m.
mm	kg	kg	kg	kg
10	79	0,08	118	0,12
12	113	0,11	170	0,17
15	178	0,18	268	0,27
20	314	0,31	471	0,47
25	491	0,49	736	0,74
30	707	0,70	1 060	1,06
35	962	0,96	1 443	1,44
40	1257	1,25	1 885	1,88
45	1590	1,59	2 386	2,39
50	1963	1,96	2 945	2,94
55	2376	2,38	3 564	3,56
60	2827	2,83	4 241	4,24
65	3318	3,32	4 977	4,98
70	3848	3,85	5 773	5,77
75	4418	4,42	6 627	6,63
80	5027	5,03	7 541	7,54
85	5675	5,67	8 512	8,51
90	6362	6,36	9 543	9,54
95	7088	7,09	10 623	10,62
100	7850	7,85	11 781	11,78

D. Denzler, Zürich (*s. Inseratanh. S. 17*).

Hängeisolatoren, einfache, für gerade Strecken, *ℳ 5.50*, für Kurven *ℳ 12*; doppelte *ℳ 16*.

Albert Thode & Ko., Hamburg (*s. Inseratanh. S. 4*).

Dr. Heinr. Traun & Söhne vorm. Harburger Gummikamm-Ko., Hamburg (*s. Inseratanh. letzte Seite*).

Härteskala.

Substanz	Härte	Substanz	Härte
Achat	7	Kalkspat	3
Adular	6	Karborundum . .	9,5
Alabaster	1,7	Korund	9
Albit	6 — 6,5	Kupfer	2,5 — 3
Andalusit . . .	7 — 7,5	Labradorit . . .	6
Anorthit	6	Magneteisenerz .	6
Anthrazit	2,2	Marmor	3 — 4
Antimon	3,3	Meerschaum . .	2 — 3
Apatit	5	Oligoklas	6
Arragonit	3,5	Opal	4 — 6
Augit	6	Orthoklas . . .	6
Beryll	7,8	Palladium . . .	4,8
Bor	9 — 10	Platin	4,3
Diamant	10	Platiniridium . .	6,5
Disthen	5 — 7	Quarz	8 — 8,5
Dolomit	3,5 — 4	Rutil	6 — 6,5
Eisen	4,5	Schwefel	1,5 — 2,5
Feldspat	6	Schwerspat . . .	2,5 — 3,5
Feuerstein . . .	7	Serpentin . . .	3 — 4
Flußspat	4	Silber	2,5 — 3
Galmei	5	Steinkohle . . .	2 — 2,5
Gips	1,6 — 2	Steinsalz	2,5
Glimmer	2,8	Talk	1
Gold	2,5 — 3	Topas	8
Granat	7	Turmalin	7,3
Graphit	0,5 — 1	Wachs	0,2
Greenockit . . .	3,5	Wismut	2,5
Iridium	6	Zinnstein . . .	6 — 7
Iridosmium . . .	7	Zirkon	7,5

Hartgummiröhren, biegsame, für Isolierzwecke.

Lochweite mm	Wandstärke mm	pro 100 m kg	pro kg m
7	1 — 1¹/₄	4—4¹/₂	22 — 26
9	1¹/₄ — 1¹/₂	6¹/₂ — 7¹/₄	14 — 16
11	1¹/₄ — 1¹/₂	8—9	11 — 13
13	ca. 1¹/₂	10¹/₂ — 11	9 — 9¹/₂
16	1³/₄ — 2	14 — 15	6¹/₂ — 7

Süddeutsche Kabelwerke A. G., Mannheim.
J. Ambor, Hamburg.

Dr. Heinr. Traun & Söhne, vorm. Harburger Gummikamm-Ko., Hamburg (*s. Inseratanh. letzte Seite*).

Hartguttapercha (siehe **Ebonit**).

Hartkupferdraht (siehe **Bronzedraht**).

Albert Thode & Ko., Hamburg (*s. Inseratanh. S. 4*).

Hartlot für Eisen und Kupfer besteht aus 2 Teilen Kupfer und 1 Teil Zink. Schmelztemperatur ca. 425—460°. Je größer der Zinkgehalt, desto geringer die Festigkeit und desto niedriger die Schmelztemperatur. Gelbes Schlaglot besteht aus 4 Teilen zerkleinerten Messingabfällen und 1—2 Teilen Zink; Schmelztemperatur 400 bis 425°. Weißes Schlaglot besteht aus 80 Teilen Messingabfällen, 16 Teilen Zinn und 4 Teilen Zink; Schmelztemperatur 426°. Flußmittel für Hart- und Schlaglote ist Borax.

Hauptschlußmaschine. Der Magnet liegt im Hauptstromkreise. Magnetismus ist nur von der Nutzstromstärke abhängig. Regulierung seltener durch Bürstenverschiebung (wegen zu starker Funkenbildung nur mit Maschinen von großer Ankerrückwirkung möglich), meistens durch einen im Hauptstrom oder parallel zum Magneten eingeschalteten Regulator. Hauptverwendung für Kraftübertragung und zum Betriebe von in Serie geschalteten Bogenlampen.

Hauptstrombogenlampe. Der das Regulierwerk auslösende Elektromagnet liegt im Hauptstromkreis der Lampe. Diese Lampe eignet sich besonders als Einzellampe oder für Parallelschaltung einzelner Lampen. Hauptstrombogenlampen regulieren selbsttätig auf konstante Stromstärke. Soll die Hauptstrombogenlampe angehen, so muß ihr Stromkreis geschlossen sein. Dies besorgt der Reguliermechanismus, welcher im stromlosen Zustand die Kohlenstäbe bis zur Berührung einander nähert. Für jede Stromstärke in weiteren Grenzen ist eine andere Bewickelung der Regulierspule nötig. Hauptstrombogenlampen sind für direkte Reihenschaltung nicht verwendbar.

Hauptstrommotoren sind Elektromotoren, bei denen die Feldspulen in Reihe mit dem Anker liegen, also von demselben Strom durchflossen werden, wodurch die Erregung der Magnete direkt vom Ankerstrom abhängig ist. Der Hauptstrommotor läuft bei großer Last langsam, bei kleiner Last schneller und geht vollkommen entlastet durch. Die Hauptstrommotoren eignen sich besonders für Hebezeuge, bei denen die Belastung Null nicht auftreten kann oder ein Durchgehen wirksam verhindert ist. Hauptstrommotoren kann man nicht unbelastet laufen lassen, weil die Umdrehungszahl leicht eine Höhe erreicht, welche für die Ankerbandagen gefährlich werden kann. Bei ganz kleinen Motoren verhindert die Leerlaufarbeit die Erreichung einer für die Ankerbandagen gefährlichen Umdrehungszahl.

Die Geschwindigkeit der Hauptstrommotoren läßt sich auf drei verschiedene Arten in den weitesten Grenzen verändern. Erstens dadurch, daß man Widerstandsspulen vor den Motor legt, die einzeln abgeschaltet oder verschiedenartig kombiniert werden können, und zwar alle hintereinander, dann in einer Reihe von Gruppen teilweise parallel, teilweise hintereinander und schließlich alle parallel. Zweitens durch Unterteilung der Erregerwickelung, indem die einzelnen Spulen der Erregung in verschiedener Weise hintereinander und parallel gruppiert werden. Drittens dadurch, daß parallel zur Feldwickelung ein regulierbarer Widerstand gelegt wird, wodurch der Erregerstrom und die Kraftlinienzahl beliebig geändert werden können. Nach der Spragueschen Methode kann eine Regulierung auch durch Zu- und Abschalten zusätzlicher Nebenschlußwickelungen, die das Reihenfeld entweder stärken oder schwächen, erreicht werden.

Zur Konstanthaltung der Umdrehungszahl von Hauptstrommotoren empfiehlt sich die Verwendung eines Thuryregulators (siehe daselbst). Wird nur eine außergewöhnliche Steigerung der Umlaufszahl zu verhindern getrachtet, so empfiehlt sich die Verwendung eines Hauptstromsolenoides, das, sowie es wenig oder keinen Strom bekommt, einen Eisenkern derart bewegt, daß er Widerstand vorschaltet (siehe **Gleichstrommotoren**).

Maschinenfabrik Oerlikon, Oerlikon bei Zürich (Schweiz).

Hauptstromregulatoren werden in den Hauptstrom eingeschaltet und dienen zur Vernichtung einer überschüssigen Spannung. Hauptsächlichste Verwendung: Bei hintereinander geschalteten Bogenlampen, wo der Widerstand als Ersatz für ausgeschaltete Bogenlampen zu dienen hat; in Speiseleitungen, um die Spannung in den Speisepunkten konstant zu halten.

Hauptstromschaltung, geeignet für Kraftübertragung für einen Motor oder für mehrere Lampen oder Motoren in Serienschaltung, ist durch konstante Stromstärke bei veränderlicher Spannung charakterisiert. Wird für Spannungen bis zu 2000 Volt verwendet.

Hauptuhren (siehe **Uhren, elektrische**).

Haustelegraphenanlagen.

Tabelle der Batteriestärke und des Drahtdurchmessers für gewöhnliche Anlagen.

Apparate	Apparatwiderstand	Erforderl. Strom	Zahl der Elemente	Leitungswiderstand	Maximale Länge eines Kupferdrahtes von 0,8 mm	0,9 mm	1,0 mm	1,2 mm	1,5 mm
	Ohm	Amp.	h *)	Ohm	in Metern				
Unterbr.-Glocke, 6—8 cm Durchm. ……. Tiroler Glocke, 9—12 cm Durchm. …….	mittel 5	0,15	2	2	230	290	360	520	810
			3	15	435	550	675	975	1515
			4	22	635	805	995	1430	2220
Unterbr.-Glocke, 10—25 cm Durchm. …….	10	0,2	3	5	145	180	225	325	505
			4	10	290	365	450	650	1010
			5	15	435	550	675	975	1515
Tiroler Glocke, 15—18 cm Durchm., mit gewöhnl. Drahtwickelung …	mittel 9	0,15	3	11	315	400	495	715	1110
			4	16	460	585	720	1040	1615
			5	24	695	875	1085	1560	2425
2 Glocken, 6—8 cm Durchmesser, nebeneinander.	2,5	0,3	3	7	200	255	315	455	705
			4	10	290	365	450	650	1010
			5	13	375	475	585	845	1315

*) h = hintereinander geschaltet.

Apparate	Apparatwiderstand	Erforderl. Strom	Zahl der Elemente	Leitungswiderstand	Maximale Länge eines Kupferdrahtes von 0,8 mm	0,9 mm	1,0 mm	1,2 mm	1,5 mm
	Ohm	Amp.	h*)	Ohm	in Metern				
3 Glocken, 6—8 cm Durchmesser, nebeneinander .	1,5	0,45	5	9	260	330	405	585	910
			6	11	315	400	495	715	1110
3 Glocken, 6—8 cm Durchmesser, hintereinander .	15	0,15	4	12	345	440	540	780	1210
			5	18	520	660	810	1170	1820
10 Tyroler Glocken, 15 cm Durchm. m. fein. Wickel. (à 50 Ohm Widerstand), nebeneinander	50:10		6	7	200	255	315	455	705
	= 5	10·0,05 = 0,5	8	11	315	400	495	715	1110
			10	15	435	550	675	975	1515
1 Tableau . . } hintereinander	3								
1 Glocke, 6—8 cm Durchm. . . } hintereinander	5	0,15	4	16	460	585	720	1040	1615
			5	22	635	805	995	1430	2220
1 Relaisklappe . } hintereinander	3								
Stromwechselklap. (allein)	6	0,10	3	24	695	875	1085	1560	2425
			4	16	460	585	720	1040	1615
a) mit einer Glocke zusammen	11	0,15	5	22	635	805	995	1430	2220
b) 10 Stromwechselklap. hintereinander . .	10 · 0,7	0,25	4	9	260	330	405	585	910
(Abstellung in 10 Nr.-Tableaus)	= 7		5	13	375	475	585	845	1315
Fortschell- u. Markirglocke, 9—10 u. 10—15 cm Durchmesser	mittel	0,25	5	9	260	330	405	585	910
	11		6	13	375	475	585	845	1315
Universalwecker, 10, 12 u. 15 cm Durchm. . . . . Tiroler Glocke mit weitem Schlag, 8 u. 12 cm Durchmesser	5	0,25	4	11	315	400	495	715	1110
Wecker in wasserdichtem Gehäuse, 12 und 15 cm Durchmesser			5	15	435	550	675	975	1515
Einschlagglocke u. Tiroler Glocke mit weit. Schlag, 15 u. 18 cm Durchm. .	10	0,30	5	7	200	255	315	455	700
			6	10	290	365	450	650	1015
Wecker in wasserdichtem Gehäuse, 20 und 25 cm Durchmesser	13	0,3	6	7	200	255	315	455	700
Motorwecker:									
mit 30 cm Durchm. .	6	0,6	8	7	—	—	315	455	707
» 40 » » .	6	0,6	12	14	—	—	631	910	1414
» 50 » » .	14	0,3	20	46	—	—	2076	2990	4646
Relais verschiedener Art:									
a) für Hausbetrieb . .	10			190	5320	6840	8550	12350	19190
b) für Stadtbetrieb . .	40	0,01	2	160	4480	5760	7200	10400	16160
c) für Fernbetrieb . . .	110			90	2520	3240	4050	5850	9090

Ernst Pabst, Bellevue-Köpenick (*s. Inseratanh. S. 18*).

Aktiengesellschaft Mix & Genest, Berlin W., Bülowstr. 63—67, (*s. Inseratanh. S. 15*).

*) h = hintereinander geschaltet.

Hebeböcke für Straßenbahnwagen ℳ *650—800.*

Albert Thode & Ko., Hamburg (*s. Inseratanh. S. 4*).

Hebelschalter.

	Zulässige Stromstärke Amp.	Zulässige Spannung Volt	Preis ℳ
Einpolige	5	250	*5*
Zweipolige	5	250	*10*
Dreipolige	5	250	*14*
Einpolige	50	500	*8*
	100	500	*12*
	200	500	*18*
	400	500	*30*
Zweipolige	50	500	*16*
	100	500	*24*
	200	500	*34*
	400	500	*56*
Dreipolige	50	500	*24*
	100	500	*32*
	200	500	*48*
	400	500	*84*

	Zulässige Stromstärke Amp.	Zulässige Spannung Volt	Preis ℳ
Einpolige	200	1000	*40*
	400	1000	*55*
	700	1000	*95*
	1000	1000	*135*
	1500	1000	*195*
	2000	1000	*270*
Zweipolige	200	1000	*80*
	400	1000	*115*
	700	1000	*180*
	1000	1000	*260*
	1500	1000	*375*
	2000	1000	*520*
Dreipolige	200	1000	*120*
	400	1000	*170*
	700	1000	*275*
	1000	1000	*390*
	1500	1000	*550*
	2000	1000	*775*

Albert Thode & Ko., Hamburg (*s. Inseratanh. S. 4*).
Allgem. Elektrizitäts-Ges., Berlin.
Maschinenfabrik Oerlikon, Schweiz.)
Siemens-Schuckertwerke, Berlin.
Voigt & Haeffner, Frankfurt a. M.

Bergmann-Elektrizitätswerke, Aktiengesellschaft (Abt. J), Berlin N., Henningsdorferstr. 33. 34. 35 (*s. vordere innere Deckelseite*).
Thiemig & Streubel, Leipzig, Berlinerstr. 20 (*s. Inseratanh. S. 18*).

Hebezeugmotoren. Die normale Leistung derselben bewegt sich zwischen 5 und 35 PS, doch kommen für Fördermaschinen und große Hafendrehkranen-Motoren bis zu 600 PS in Verwendung. Die Umdrehungszahl pro Minute, welche im allgemeinen niedrig gehalten wird, bewegt sich zwischen 600 und 1500. Die nachstehende Tabelle gibt annähernd die durchschnittlichen Gewichte der derzeit üblichen Hebezeugmotoren.

Leistung PS	Gleichstrom Umdreh. pro Min.	Gleichstrom Gewicht kg	Drehstrom Umdreh. pro Min.	Drehstrom Gewicht kg
2	1500	85	1400	45
4	1500	105	1400	80
6	1100	150	1100	120
10	1100	280	1100	190
15	1100	375	1100	290
20	950	450	800	350
25	650	800	800	550
50	550	2000	750	1800
100	500	3000	500	4000

Maschinenfabrik Eßlingen in Eßlingen.

Maschinenfabrik Oerlikon, Oerlikon bei Zürich (Schweiz).

Hefnerkerze. Diese Lichteinheit wird dargestellt durch die Leuchtkraft einer in ruhiger atmosphärischer Luft frei brennenden Flamme, welche aus dem horizontalen Querschnitt eines massiven, mit Amylazetat ($C_7 H_{14} O_2$) gesättigten Dochtes aufsteigt, der ein kreisrundes Dochtröhrchen aus Neusilber von 8 mm innerem und 8,3 mm äußerem Durchmesser sowie 25 mm frei stehender Länge vollkommen ausfüllt, bei einer Flammenhöhe von 40 mm vom Rande des Dochtröhrchens aus und nicht vor 10 Minuten nach dem Anzünden gemessen.

Heftstifte (siehe **Innenleitungen**).

Heisinglack — verwendet zum Anstrich von Akkumulatorenräumen. Pro qm Wandfläche sind für zweimaligen Anstrich zirka 0,7 kg zu rechnen. Preis pro kg ca. *M 1.50*, pro qm gestrichene Wandfläche *M 1.05*.

Heizkörper, elektrische. Bei der Konstruktion derselben müssen folgende Punkte beachtet werden: Die Wärme ist durch Strahlung und Leitung möglichst auszunutzen. Die Wärmeabgabe muß alsbald nach Stromeinschaltung erfolgen. Die Heizkörper müssen für verschiedene Wärmegrade bequem regulierbar sein. Raumbeanspruchung und Eigengewicht sollen gering sein. Horizontale Ofenflächen müssen zur Vermeidung der Staubablagerung auf das kleinste Maß beschränkt sein. Schadhafte Teile müssen leicht und rasch ausgewechselt werden können. Die Heizkörper müssen Spannungsschwankungen bis 20% über der angegebenen Spannung unbeschädigt vertragen können. Wegen Betriebssicherheit sollten auch bei allen Heizkörpern Glühlampen derart eingeschaltet sein, daß diese bei Inbetriebsetzung des Ofens leuchten (siehe **Freidrahtöfen, Heizkörper mit isolierten Leitern, Heizkörper, leuchtende, Wechselstromheizkörper**).

Heizkörper, elektrische, für Motorwagen.

Anzahl der Elemente	Max.-Strom HW	Dimensionen Länge mm	Breite mm	Höhe mm	Gewicht ca. kg	Preis M
1	5	400	200	80	7	*30*
1	5	400	150	100	8	*35*
2	10	750	200	80	11	*50*
3	15	1100	200	80	16	*65*
4	20	1400	200	80	21	*80*
1	6	460	130	170	11	*30*
2	12	750	150	170	21	*50*

»Elektra« Fabriken elektrischer Heiz- u. Kochapparate, Wädensweil (Schweiz), Lindau i. B., Bregenz (Österr.)
Albert Thode & Ko., Hamburg (*s. Inseratanh. S. 4*).
»Prometheus« G. m. b. H., Fabrik elektr. Koch- u. Heizapp., Frankfurt a. M.-Bockenheim (*s. Inseratanh. S. 20*).

Heizkörper, leuchtende. Bei denselben wird die direkte strahlende Wärme der leuchtenden Körper ausgenutzt. Bei diesen

Heizkörpern handelt es sich nur um zeitweilige Erwärmung bestimmter Räume und Plätze. Diese Glühlampenöfen, welche nach dem System Prometheus-Dowsing durchgeführt sind, bestehen aus großen Glühlampen, die für große Heizkraft und geringe Leuchtwirkung eigens gebaut sind. Die Wärmewirkung wird außerdem noch durch passende Anordnung von Kupferreflektoren wesentlich unterstützt. Die Glühlampen werden gewöhnlich für 120 Volt gebaut und parallel geschaltet.

Radiatoren, System Prometheus-Dowsing.

Ausstattung des Gestelles mit Reflektoren	Lampenzahl	Abmessungen in mm		Normaler Wattverbrauch				Gewicht kg
		Höhe	Größte Breite					
Ganz Kupfer	2	550	350	500	1000	—	—	3,0
» »	4	550	500	—	1000	1500	2000	5,0
Mess.-Rahm.	4	650	550	—	1000	1500	2000	7,5
» »	4	750	700	—	1000	1500	2000	5,5
» »	4	750	600	—	1000	1500	2000	5,0
» »	4	750	650	—	1000	1500	2000	5,0
Schmiedeeis.	4	750	700	—	1000	1500	2000	—
Mess.-Bronz.	4	800	750	—	1000	1500	2000	—

»Prometheus« G. m. b. H., Fabrik elektr. Koch- u. Heizapp., Frankfurt a. M.-Bockenheim (*s. Inseratanh. S. 20*). | Siemens-Schuckertwerke, Berlin.

Heizkörper mit isolierten Leitern. Diese Heizkörper werden mit gutem Erfolge in vielen Systemen bei annähernd gleichem Wattverbrauch hergestellt. Die elektrischen Leiter sind in Isoliermassen, hauptsächlich Hartglas, Glimmer, Emaille, Kieselerde, Steinkitt, Asbest, eingebettet, wobei die große Wärmefesthaltung durch die in freier Luft liegenden Heizdrähte vermieden und die starke strahlende Wärme zur Ausnutzung gebracht wird, zu welchem Zwecke die ausstrahlenden Flächen Hochpoliturglanz oder mattschwarze Farbe erhalten. Der Luftströmung wird häufig ein zwangläufiger Weg vorgeschrieben. Diese Heizkörper können leicht als Massenware hergestellt werden, da man sie aus einer beliebigen Zahl von Elementen, bestehend aus Leiter, Isolationsmaterial und einer Metallfläche, zusammensetzen kann, wodurch man dem Körper jede gewünschte Form geben kann. Als Leiter verwendet man Nickelin, Kupfernickel, Stahlnickel, Kruppin etc., auch Edelmetalllegierungen.

Bei größeren Öfen sollen wenigstens zwei Wärmeabstufungen, noch besser drei bis fünf vorgesehen werden. Kleine Öfen bis 10 Amp. bedürfen keiner Regulierung. Die Vornahme der Regulierung muß außerhalb der Heizkörper bequem und rasch erfolgen können. Am besten sind am Heizkörper direkt angebrachte Umschalter, welche durch ein kleines, außen liegendes Handrad aus Papiermaché oder Hartgummi bedient werden.

Tragbare Regulieröfen, Patent Helberger.

(Siehe auch **Heizschlangen.**)

Abmessungen mm Höhe	Breite	Tiefe	Stromstärke Amp.	Spannung Volt	Gewicht kg	Heizkraft cbm
A. Flache.						
1000	350	300	10—50	100—110	25	120
800	300	24	5—25	100—110	18	60
B. Runde.						
Durchmesser		Höhe				
150		400	10	100—110	5	25
200		600	10 u. 20	100—110	7,5	50
C. Eckige.						
Sechseckig . . .			10 u. 20	100—110	19,5	50
Viereckig			5 u. 25	100—110	32,5	60
»			10 u. 50	100—110	32,5	120

Hummel & Helberger, München-Thalkirchen.

Heizkörper, System Schindler-Jenny.

Elementenform	Abmessungen einschließlich Rippen mm Länge	Breite	Höhe	Stromverbrauch Watt	Spannung Volt
Flaches Elem., doppelrippig	300	90	100	600	bis zu 250
Flaches Element, einseitig gerippt . . .	300	90	55	500	» » »
Flaches plattes Elem.	300	120	22	400	» » »
Rund. Rippenelement	205	—	105	800	» » »

»Elektra«, Fabriken elektrischer Heiz- u. Kochapparate, Wädensweil (Schweiz), Lindau i. B., Bregenz (Österr.).

Prometheus-Heizöfen.

Höhe mm	Anzahl der Kontakte	Stromverbr. bei 110 Volt Amp.	Gewicht kg	Heizkraft pro cbm
330	2	3	0,85	Miniatur
470	2	6—7	2,8	20— 25
730	3	12—14	5,2	40— 50
760	3	24—26	8,0	70— 80
400	2	6—7	1,7	20— 25
400	3	12—14	2,1	40— 50
660	3	24—26	4,5	70— 80
660	3	30—35	5,2	100—110
700	3	45—50	8,7	140—150

»Prometheus« G. m. b. H., Fabrik elektr. Koch- u. Heizapp., Frankfurt a. M.-Bockenheim (*s. Inseratanh. S. 20*).

Siemens-Schuckertwerke, Berlin.

Heizregister (siehe **Freidrahtöfen**).

»Elektra« Fabriken elektrischer Heiz- u. Kochapparate, Wädensweil, (Schweiz) Lindau i. B., Bregenz (Österr.)

»Prometheus« G. m. b. H., Fabrik elektr. Koch- u. Heizapp., Frankfurt a. M.-Bockenheim (*s. Inseratanh. S. 20*).

Heizröhrenkessel (siehe **Dampfkessel**).

Heizschlangen, elektrische, System Helberger, bestehen aus rohrförmigen Heizelementen von 0,75 m langen und 500 mm weiten Messingrohren, welche mit Heizdrähten umwickelt sind, die durch schwer schmelzbare Glasperlen isoliert sind. Diese Heizschlangen werden für Luft- oder Wasserheizung (zu Badezwecken) verwendet.

Abmessungen mm			Strom-stärke	Span-nung	Regulierung	Ge-wicht
Länge	Höhe	Tiefe	Amp	Volt		kg
Heizschlangen für Badezwecke.						
1000	800	140	200	110	vierf. zu je 50 Amp.	70
600	800	140	100	110	zweif. » » » »	40
Heizschlangen für Straßenbahnen.						
720	250	200	1—5	100—500	—	20
Heizschlangen für Schiffskabinen.						
480	285	130	10	100—110	—	6,4
500	155	110	5	100—110	—	4,3

Hummel & Helberger, München-Thalkirchen.

»Prometheus« G. m. b. H., Fabrik elektr. Koch- u. Heizapp., Frankfurt a. M.-Bockenheim (*s. Inseratanh. S. 20*).

Hektowatt = 100 Watt (siehe **Elektrische Maße**).

Henry ist die Einheit der Selbstinduktion (s. **Elektrische Maße**).

Hertzscher Resonator ist ein zusammengebogener Draht, welcher an einer Stelle unterbrochen und daselbst mit gegenüberstehenden kleinen Metallkugeln ausgerüstet ist.

Heulen der Anker hat seine Ursache in Blechpaketen, die durch isolierte Bolzen nicht fest genug angezogen wurden und deshalb vibrieren. Das Geräusch wird durch die Nutenform beeinflußt. Anker mit wenig offenen Nuten neigen stark zum Heulen. Letzteres wird durch anormal lange Pole erhöht. Abhilfe: Größere Nutenzahl, möglichst geschlossene Nutenform, festes Zusammenziehen der Blechpakete.

Heulen von Maschinen läßt sich durch Abflachen oder Abschrägen der Polschuhe beheben.

Heurekalamellen sind durch Schmieden in Gesenken hergestellte Kollektorlamellen.

Hewittlampe. Die Lampe besteht aus einer geschlossenen Glasröhre, an deren beiden Enden sich die Elektroden befinden, und aus einer angeschmolzenen gläsernen Kühlkammer. Die Lampe wird entweder mit zwei Quecksilberelektroden oder mit einer Quecksilberelektrode (negativen) und einer Eisenelektrode (positiven) ausgerüstet. Die Verbindung der Elektroden mit der Stromzuleitung erfolgt durch in die Glaswand eingeschmolzene Platindrähte. Die Länge der Gasstrecke, d. h. des zwischen den beiden Elektroden befindlichen Teiles der Röhre, auf welchem die Stromleitung durch das in der Röhre enthaltene Gas von Elektrode zu Elektrode erfolgt, sowie ihr Durchmesser hängen von der beabsichtigten elektrischen Charakteristik und Kerzenstärke ab. Die Eisenelektroden werden in Form von dünnwandigen Tiegeln oder in Tiegelform gebogenen Drahtspiralen hergestellt. Statt Eisen kann auch Nickel verwendet werden. Die negative Elektrode erhält außen einen Metallbelag, der durch einen Draht mit dem positiven Pol verbunden ist. Die kugelförmige Ausbuchtung, welche außerhalb der Stromstrecke liegt, hat den Zweck, die Gasspannung im Innern der Lampe so niedrig zu halten, daß die Lampe die gewünschte Stromstärke einhält. Je größer die Kühlkammer, desto niedriger der Gasdruck. Letzterer beträgt bei normalen Lampen ca. 2 mm Quecksilber während des normalen Brennens. Die Lampe wird evakuiert und zugeschmolzen, enthält also weiter kein Gas als den von den Elektroden stammenden Quecksilberdampf. Zur weiteren Ausrüstung der Lampe gehören ein Anlaßapparat und ein Ballastwiderstand, welcher normalerweise 5—20% der Leitungsspannung aufnimmt.

Die Lampe brennt mit außerordentlich ruhigem, starkem, scheinbar weißem Lichte, welches bei reinem Quecksilberdampf als Stromleiter mehr ein bleiches Blaugrün ohne jedes Rot im Spektrum ist.

Hicksche Transformatoren sind Transformatoren mit einer einzigen Wickelung. Da bei ihnen eigentlich nur ein Teil des sekundären Effektes wirklich transformiert, der andere Teil direkt aus dem Primärkreis übergeleitet wird, weisen sie kleinere Verluste als gewöhnliche Transformatoren, daher größere Leistung auf.

Hilfeleistung; Anleitung zur ersten Hilfeleistung bei Unfällen in elektrischen Betrieben.

(Genehmigt von dem Verbande deutscher Elektrotechniker auf der Jahresversammlung zu Hannover 1899.)

I. Verbrennungen.

1. Bei bloßer Rötung und Schmerz kühle man durch kaltes Wasser (Wasserleitung) oder Eis, lege einen Verband mit Watte an, die in Brandsalbe getaucht ist, und befestige darüber eine Binde.

2. Bei Blasenbildung sind die Blasen nicht abzureißen, sondern mit einer Nadel, die vorher ausgeglüht ist, aufzustechen, damit das Wasser herausfließt. Nach dem Auslaufen der Flüssigkeit ist eine vierfache Lage von Jodoformgaze und darüber Watte und eine Binde zu legen. (Vor dem Abschneiden der Gaze sind die Hände auf das sorgfältigste in Wasser und hierauf in Sublimatlösung 1 : 1000 zu waschen.)

3. Bei Verkohlungen und Schorfbildungen ist auf die betreffende Stelle eine vierfache Lage von Jodoformgaze und darauf Watte und Binde zu legen.

II. Bewußtlosigkeit.

1. Unter allen Umständen ist sofort nach einem Arzt zu schicken.

2. Alle den Körper des Verunglückten beengenden Kleidungsstücke (Hemdkragen, Beinkleider) sind zu öffnen.

3. Man lege den Verunglückten auf den Rücken und überzeuge sich vor allem davon, ob noch eine Spur von Atmung vorhanden ist. In diesem Falle bringe man den Kopf in etwas erhöhte Lage und mache Umschläge mit kaltem Wasser oder Eis auf die Stirn. Ferner empfiehlt es sich in diesem Falle, eine Einspritzung mit Kampheröl (eine Spritze voll) unter die Haut zu machen. Die Einspritzung ist nach 10 Minuten zu wiederholen, falls noch kein Arzt gekommen sein sollte.

4. Ist keine Atmung mehr nachweisbar, so lege man den Verunglückten auf den Rücken und bringe ein Polster aus zusammengelegten Kleidungsstücken, z. B. einen zusammengerollten Mantel, unter die Schultern. Das Polster muß so groß sein, daß das Rückgrat gestützt wird, der Kopf dagegen frei nach hinten überhängt. Nun knie man hinter dem Kopf des Betäubten nieder, das Gesicht ihm zugewandt, ergreife beide Arme unterhalb der Ellenbogen und ziehe sie über seinen Kopf hinweg, so daß man sie über seinem Kopf fast ganz zusammenbringt — Einatmung. In dieser Lage sind die Arme 2 — 3 Sekunden lang festzuhalten. Dann bewege man sie abwärts, beuge sie und presse die Ellenbogen mit dem eigenen Körpergewicht fest gegen die Brustseiten des Betäubten — Ausatmung. Nach 2 — 3 Sekunden strecke man die Arme wieder über dem Kopfe des Betäubten aus und wiederhole das Ausstrecken und Anpressen der Arme möglichst regelmäßig und ohne Übereilung etwa 15 mal in der Minute.

Sind zwei Helfer zugegen, so fasse der zweite während dieser Versuche die Zunge des Betäubten mit einem Taschentuche, ziehe sie kräftig heraus, so oft die Arme über den Kopf gezogen werden, und lasse sie zurückgehen, wenn die Arme zur Brust geführt werden. Diese Maßregel befördert die Atmung sehr. Wenn der Mund nicht leicht aufgeht, öffne man ihn gewaltsam mit einem Stück Holz oder dergl.

Sind noch mehr Helfer zur Hand, so sind die oben aufgeführten Versuche von zweien auszuführen, indem jeder einen Arm ergreift und beide gleichzeitig auf das Kommando 1, 2, 3, 4 diese Bewegungen machen.

Die beschriebene künstliche Atmung ist so lange fortzusetzen, bis die regelmäßige natürliche Atmung wieder eingetreten ist. Wenn das nicht der Fall ist, muß die künstliche Atmung bis zur Ankunft des Arztes, mindestens aber zwei Stunden lang, fortgesetzt werden, ehe man auf weitere Wiederbelebungsversuche verzichten darf.

5. Das Einflößen irgend welcher Flüssigkeiten durch den Mund ist zu unterlassen.

Hitzdrahtinstrumente. Die durch die Stromwärme verursachte Verlängerung bzw. Durchbiegung eines kurzen, stromdurchflossenen Platinsilberdrahtes wird auf ein mit Spitzen in Steinen gelagertes, drehbares System mit Messerzeiger übertragen; eine auf der Systemachse angeordnete Aluminiumscheibe, die sich in dem starken, durch einen permanenten Magnet hervorgerufenen Felde bewegt, erfährt eine wirksame Dämpfung, so daß die Zeigereinstellung vollständig aperiodisch erfolgt. Der besondere Vorzug der Hitzdrahtinstrumente besteht darin, daß ihre Angaben unabhängig sind von der Stromart, Stromkurve und Polwechselzahl, woraus der weitere große Vorteil vor allen anderen Wechselstrominstrumenten resultiert, daß sie mit Gleichstrom unter Verwendung exakt zeigender Präzisions-Drehspulinstrumente oder eines Kompensationsapparates als Normalien geeicht werden können. Benachbarte Starkstromleitungen und äußere Magnetfelder sind ohne Einfluß auf die Angaben.

Hitzdraht-Wattmeter sind energetische Instrumente, d. h. die Verschiebung des Zeigers ist beim Hitzdraht abhängig von einer Leistung. Bei Phasengleichheit sind die Angaben des Instrumentes für den Fall einer Dreieckkurve und einer Sinuskurve vollkommen richtig. Als Hitzdrähte verwendet Ingenieur Bauch 0,15—0,28 mm starke Platinsilberdrähte. Bei einer von Ingenieur Bauch angegebenen Ausführung des Instrumentes werden zwei Hitzdrähte verwendet, von denen jeder mit einem Ende in einen Bock fest eingespannt ist, während die beiden anderen Enden an einem sehr kurzen, zweiarmigen Hebel befestigt sind. Letzterer ist mittels zweier feiner, als Gelenk wirkender Blattfedern an einem kräftigen Querarm befestigt, welcher in der Mitte einer Spannfeder sitzt, die als beiderseits fest eingespannter Träger ausgebildet ist. An dem früher erwähnten kurzen zweiarmigen Hebel ist ein zu ihm senkrecht stehender großer Hebel befestigt, welcher an das Übertragungssystem angreift.

Hochdruckventilatoren mit direktem elektrischen Antrieb. Dieselben werden als Zentrifugalventilatoren ausgeführt und dienen zur Erzeugung von verhältnismäßig hochgepreßtem Wind. Hauptsächlichste Verwendung für Kupolöfen, Schweißöfen, Schmiedefeuer, künstlichen Zug für Kesselfeuerungen, Transport leichter Abfallsubstanzen.

Spannung Volt	Ungefährer Kraftbedarf	Durchm. der Ausblaseöffng. mm	Bewegte*) Luft pro Minute cbm	Preise *M*
110	1,0—1,8	120	10	*690*
	1,8—2,5	150	16	*945*
	2,8—3,5	200	25	*1260*
220	1,0—1,8	120	10	*690*
	1,8—2,5	150	16	*945*
	2,8—3,5	200	25	*1260*
500	1,0—1,8	120	10	*725*
	1,8—2,5	150	16	*945*
	2,8—3,5	200	25	*1260*

Bergmann, Elektr.-Werk, Berlin. | Allgem. Elektr.-Ges., Berlin.
Siemens-Schuckertwerke, Berlin. | Maschinenfabrik Oerlikon, Schweiz.

Hochfrequenzströme sind Wechselströme von 12000 bis 100000 Perioden (siehe **Teslaströme**).

*) Die angegebenen Leistungen verstehen sich bei 120—200 mm Druck Wassersäule.

Hochspannungsausschalter. Dieselben werden mit geeigneten Löschvorrichtungen versehen, um die Öffnungsfunken im Entstehen zu ersticken, entweder durch Unterbringung der Kontakte in isolierenden Röhren oder unter Öl. Derartige Ausschalter müssen überall dort angewendet werden, wo der abzuschaltende Strom sich nicht unter ein gewisses Maß herabdrücken läßt (Leerlaufstrom von größeren Motoren, bei Fernleitungen, parallel arbeitenden Generatoren usw.).

Zulässige		Preise in Mark	
Stromstärke Amp.	Spannung Volt	Zweipolig	Dreipolig
50	3 000	*290*	*320*
200	6 000	*350*	*420*
500	9 000	*400*	*500*
200	15 000	*350*	*450*

Voigt & Haeffner, Frankfurt a. M. Siemens-Schuckertwerke, Berlin. | Allgem. Elektr.-Ges., Berlin. Maschinenfabrik Oerlikon, Schweiz.

Hochspannungsfernschalter werden angewendet, um die Leerlaufsarbeit der Transformatoren bei außer Betrieb befindlichen Anlagen zu sparen. Solche Hochspannungsfernschalter bestehen aus einer Einrichtung, die den Transformator an der Hochspannungsseite ein- oder ausschaltet, wenn an der Niederspannungsseite des Transformators Strom entnommen oder der entnommene Strom abgestellt wird.

Hochspannungsisolatoren müssen genügende mechanische Festigkeit gegen Zug und Druck (ca. 1700 kg abs. Bruchfestigkeit), große Oberflächenisolation, hohe Durchschlagsfestigkeit und Sicherheit gegen Randentladungen (vom Bund nach der Stütze hin) besitzen. Sie müssen ferner Schutz dafür gewähren, daß durch Regenwasser oder von unten kommendes Spritzwasser keine zusammenhängenden leitenden Flächen entstehen, was durch entsprechende Anordnung von zwei oder mehreren Mänteln, Verwendung von Öl etc. erreicht wird. In Tropengegenden müssen derart geformte Isolatoren verwendet werden, daß ein Einnisten von Insekten (wodurch leitende Verbindungen entstehen) unmöglich gemacht wird.

Gustav Richter, Charlottenburg-Berlin (*s. Inseratanh. S. 11*). Meirowsky & Ko., Köln-Ehrenfeld (*s. Inseratanh. S. 19*). | Dr. Heinr. Traun & Söhne vorm. Harburger Gummikamm Co., Hamburg (*s. Inseratanh. letzte Seite*).

Hochspannungsleitungen. Dieselben werden außerhalb von größeren Städten als Luftleitungen und Gestänge verlegt. In der Nähe von Häusern, bei Straßenübergängen, Kreuzungen mit Bahnlinien müssen sie von Schutznetzen vollständig eingehüllt sein. In vielen Ländern wird verlangt, daß Kreuzungen von Hochspannungsleitungen mit Bahnlinien unterirdisch erfolgen. Die Hochspannungsleitungen münden in diesem Falle in Unterführungstürme, welche zu beiden Seiten des Bahnkörpers in genügender Entfernung von demselben angeordnet und mit Blitzschutz- und Sicherungsapparaten versehen sind. An den Überführungstürmen werden die Leitungen (im Innern der Türme oder außerhalb derselben, jedoch über Mannshöhe verschalt) zur Erde geführt und durch ein unterirdisch verlegtes Kabel verbunden. Die Einführung von Hochspannungsleitungen in Häuser erfolgt durch Porzellan- oder Glasröhren mit nach abwärts gebogenen Trichteröffnungen, am besten jedoch durch Maueröffnungen, die mit Glas verschlossen sind, welches mit Löchern (doppelt so groß als der Drahtdurchmesser) zur Durchführung der Drähte versehen ist. In der Nähe von Schwachstromleitungen müssen die Hochspannungsleitungen verdrillt werden, um die von ihnen ausgehenden Induktionserscheinungen abzuschwächen, was mit um so mehr Erfolg erreicht wird, je öfter die Drähte verdrillt werden. Die am Hochspannungsgestänge gezogenen Telephonleitungen müssen ebenfalls verdrillt werden (etwa nach jeder 7. Stange).

In Städten werden die Hochspannungsleitungen unterirdisch als Kabel verlegt (siehe **Kabel, Kabelverlegungen**).

Holzdruckknöpfe. Je nach Größe und Holzmaterial pro 100 Stück *ℳ 14—37.*

Holzgestänge. Entwurf zu Vorschriften über die Herstellung und Unterhaltung von Holzgestängen für elektrische Starkstromanlagen (herausgegeb. v. V. d. E.):

1. Stangen mit geringerer Zopfstärke als 15 cm sind nur für Niederspannung bis 250 Volt gegen Erde zulässig. Stangen für Hochspannung müssen mindestens 18 cm Zopfstärke haben.

2. Die Stangen sind je nach der Bodengattung und Länge entsprechend tief einzugraben (im mittleren Boden je nach ihrer Länge auf eine Tiefe von in der Regel mindestens 1,5—2,5 m), gut zu verrammen (in weichen Boden einzubetonieren) und in allen Winkelpunkten zu verstärken, zu verankern oder zu verstreben. Wenn für die Aufstellung der Leitungstragstangen die Wahl der Straßenseite freisteht, so empfiehlt sich die Benutzung der Ostseite, weil dann die eventuell durch den am häufigsten auftretenden Weststurm umgeworfenen Stangen nicht auf die Straße fallen.

Bei Leitungen, welche heftigen Stürmen ausgesetzt sind, soll auch in geraden Strecken jede fünfte Stange mit Verankerungen derart versehen sein, daß ein Auffallen der Stangen auf die Verkehrswege infolge von Stangenbrüchen möglichst ausgeschlossen wird.

3. An den Stangen muß bezeichnet sein:
   a) die fortlaufende Nummer,
   b) die Art der eventuellen Imprägnierung durch einen Buchstaben:
   C — Kupfervitriol. Q — Quecksilberchlorid. K — Kreosot.

4. Für die Standpunkte der Stangen dürfen in geraden Strecken nachfolgende Maximalabstände nicht überschritten werden:

Für Linien mit einem Gesamtquerschnitt der Leitungsdrähte und Schutzdrähte
   a) von 100—200 qmm 45 m,
   b) von 200—300 qmm 40 m,
   c) darüber 35 m.

In Kurven, bei Kreuzungen mit anderen elektrischen Leitungen, mit Eisenbahnen bei Wegüberführungen müssen die Stangenabstände den Umständen entsprechend geringer gewählt werden.

An Straßen- und Wegübergängen muß bei Hochspannungsleitungen auf jeder Seite der Straße eine Stange stehen, deren Umfallen auf die Straße durch Verstärkung der Verankerung oder Verstrebung zu verhindern ist. Ist der Gesamtquerschnitt der Leitungen größer als 300 qmm, oder muß infolge besonderer Umstände, wie z. B. bei Flußübergängen, zu größeren Stangenabständen, als oben angegeben, gegriffen werden, so sind entweder Stangen von stärkeren Dimensionen oder gekuppelte Stangen anzuwenden.

Holzleisten (siehe **Innenleitungen**) bestehen aus einem mit Nuten versehenen Grundbrett, in welchem die Leitungsstränge ohne jede weitere Befestigung frei ruhen und mittels einer Deckleiste geschlossen werden. Die Mittelstege sind etwas niedriger als die Randstege, um besseren Verschluß herbeizuführen. Das Grundbrett wird mit Dübeln an der Mauer befestigt. Grundbrett und Deckleiste sind vor dem Gebrauche öfters mit Leinölfirniß zu durchtränken. Teeranstrich ist zu verwerfen. Bei feuchten Wänden werden unter das Grundbrett Porzellanrollen geschoben.

Holzmasten. Fällungszeit November bis Februar. Masten müssen möglichst lufttrocken zur Imprägnierung kommen. Lebenszeit nicht imprägnierter Masten 7 Jahre, imprägnierter Masten 20—25 Jahre. Nach dem J. Rütgersschen Verfahren erfolgt die Imprägnierung mit Chlorzinklösung unter Zusatz von karbolsäurehaltigem Teeröl. Das Imprägnierverfahren mit Kupfervitriol schützt den der Luft ausgesetzten Teil des Mastes nicht, aber den im Erdboden steckenden. Um letzteren zu schützen, ist für leichtere Maste das Fischersche Verfahren empfehlenswert. Bei diesem wird der in der Erde steckende Teil mit einer mit schwalbenschwanzförmigen Falten versehenen Pappe umgeben. Die Falten kommen parallel zur Achse des Mastes zu stehen. Die Faltenhohlräume werden mit antiseptischen Stoffen ausgefüllt. Besser ist das Verfahren von Liebau, bei welchem der im Boden steckende Holzstrunk mit einer axialen Bohrung versehen wird, welche von Zeit zu Zeit mit Kreosotöl gefüllt wird. Der Durchmesser tannener Stangen darf nicht weniger betragen als:

	am Fußende	am Kopfende
bei 8 m Länge	180 mm	120 mm
» 10 » »	200 »	120 »
» 12 » »	240 »	150 »
» 16 » »	280 »	150 »
» 20 » »	320 »	150 »

Die Tiefe der Eingrabung beträgt an Böschungen $^1/_4$, in gewöhnlichem Boden $^1/_5$, in Felsen $^1/_7$ der Mastlänge. In den Kurven müssen die Masten so verankert oder durch Streben so gestützt werden, daß die Wirkung der Strebe oder Verankerung der Zugrichtung entgegengesetzt ist.

In Amerika benutzt man, dort, wo die Bodenbeschaffenheit es gestattet, um die Fußpunkte der Drahtanker von Masten im Erdboden bequem zu befestigen, kurze Erdbohrer, deren oberes Ende eine Öse zur Aufnahme des Ankerendes trägt.

Die Holzmasten sollen mit einem zweimaligen Ölfarbenanstrich versehen werden und an ihrem Ende eine Gußkappe tragen. Zum Schutze gegen das Hinaufklettern dient ein über Mannshöhe spiralförmig gewundener Stacheldraht.

Holzmasten dürfen bei zehnfacher Sicherheit mit 70 kg-qcm auf Biegung beansprucht werden. Verankerung erfolgt durch verzinkte Eisendrähte, die durch eingeschraubte Haken an dem Maste einerseits, an einem in den Boden getriebenen Rundholz oder durch eine Steinpackung anderseits befestigt sind. Ersatz des Verankerungsdrahtes bei Raummangel durch Holz- oder Eisenstreben. Wenn viele Leitungsdrähte aufzunehmen sind, so werden zwei Stangen im Winkel oder parallel zueinander gestellt und durch einen oder mehrere Querriegel versteift, sog. Doppelständer oder Doppelgestänge.

Preise durchschnittlich je nach Lieferart für rohe Stangen *M 22—32* pro cbm. Imprägnierte Stangen kosten in der Regel *M 10* pro cbm mehr. (Hersteller: Berliner Holzkontor.)

Die Imprägnierungskosten pro cbm Holz betragen beim:

Chlorzinkverfahren . .	*M 5.90*
Kupfervitriolverfahren .	» *6.50*
Quecksilberchloridverfahren	» *10.70*
Kreosotverfahren . . .	» *14.30*

Holzwandtaster mit Beindruckknöpfen *M 9—12* pro 100 St.

Homogenkohlen. Der spezifische Widerstand der Homogenkohlen beträgt im Mittel 62 *Ω*.

Dr. Alb. Lessing, Nürnberg (*s. Inserat-anh. S. I*).

Hooperdrähte sind Kupferdrähte von 0,8—2,0 mm Durchmesser mit Isolationsüberzug von Guttapercha oder Umspinnung.

Hopkinsonsche Kurve (siehe **Charakteristik, innere**).

Hopkinsonsches Dreileitersystem hat gleiche Wirkung wie zwei in Serie geschaltete Parallelstromkreise. Hauptleiter haben den vierten Teil des Querschnittes wie bei einfacher Parallelschaltung. Der Mittelleiter hat den vierten oder halben Teil des Querschnittes der Außenleiter. Anwendungsgebiet bei 110 Volt Spannung ca. 1,5 km im Umkreise, bei 220 Volt Spannung ca. 3 km.

Horchanzeiger für Fernsprechanlagen ermöglichen es den Teilnehmern, zu kontrollieren, ob und wie lange die Beamten auf dem Fernsprechamte »horchen«, d. h. sich in die hergestellten Verbindungen einschalten, um zu prüfen, ob das Gespräch zustande gekommen oder bereits beendet ist. Die Einrichtung besteht aus einer im Fernsprechamte befindlichen Kontrollbatterie und einem am Fernsprechgehäuse des Teilnehmers angebrachten Galvanoskop mit zugehörigem Ausschalter. Die Batterie ist einerseits geerdet, anderseits mit der Mitte des Beamtenfernhörers verbunden. Die beiden Enden des Galvanoskops sind über dem Ausschalter mit den beiden Drähten der Teilnehmerleitung verbunden, während die Mitte des Galvanoskops geerdet ist. Wenn der Beamte seinen Fernsprechhörer in eine bestehende Verbindung einschaltet, so schickt die Batterie einen Strom über die Doppelleitung und den Ausschalter und durch das Galvanoskop zur Erde, so daß letzteres so lange einen Ausschlag gibt, so lange der Beamte seinen Fernsprechhörer eingeschaltet hat.

Horizontalstärke ist die horizontale Komponente des Erdmagnetismus, welche die Ablenkung einer in nur horizontaler Ebene beweglichen Magnetnadel hervorruft.

Hörnerausschalter von Erlacher. Jeder Pol besteht aus einem auf einem Hochspannungsisolator montierten Lamellenkontakt mit beweglichem Kontaktmesser. Über den Stromschlußstücken sind die Hörner angeordnet und zwar so, daß sich in der Stromschlußlage ein Horn mit starker Reibung zwischen zwei andere hineinschiebt. Die Schaltbewegung wird durch einen Handhebel oder eine Kurbel eingeleitet.

Hörnerblitzableiter. Dieselben bestehen aus zwei nach aufwärts gebogenen, auf Isolatoren befestigten, 8—10 mm starken Kupferdrähten, von denen der eine mit der Erde, der andere mit der Leitung verbunden ist. Ein zwischen den beiden Hörnern entstehender Lichtbogen wird durch die dynamo-elektrische Wirkung und durch die erwärmte Luft nach oben getrieben und reißt infolge des immer größer werdenden Zwischenraumes endlich ab. Die Entfernung der beiden Kupferdrähte ist so zu wählen, daß für je 1000 Volt 1 mm gerechnet wird. Hörnerblitzableiter für Spannungen bis 1000 Volt *M 20*, bis 15000 Volt *M 30* (siehe auch **Ölschläger-Schrottkesche Blitzschutzvorrichtung**).

Huberscher Akkumulator (siehe **Akkumulatorenplatten**).

Hughesscher Telegraphenapparat besteht aus einem Räderwerk, welches das Typenrad und die Nebenapparate in Bewegung setzt, dem Regulator, Elektromagneten und der Klaviatur. Die Typenräder, welche auf ihrem Umfange die Buchstaben, Zahlen und Interpunktionszeichen tragen, müssen an der Aufgabe- und Empfangsstation sich gleich rasch drehen und sich stets in gleicher Lage befinden, d. h. es muß Synchronismus der Bewegungen an beiden Stationen herrschen, was durch den Regulator bewirkt wird. Der Strom kann immer nur dann an die Empfangsstation gesendet werden, wenn der zu druckende Buchstabe des Typenrades an die unterste Stelle gelangt ist. Umgekehrt wird im Apparate der Empfangsstation durch eine sog. Stiftscheibe, über welcher ein Läufer rotiert, der Strom erst dann eingelassen, wenn der zu druckende Buchstabe dort gerade an der untersten Stelle über dem sog. Druckrade ankommt.

Hughessches Telephon. Bei demselben ist der Transmitter ein Mikrophon. Dasselbe liegt in einem Stromkreis, durch den ein Strom eines Elementes fließt. Das Sprechen verstärkt oder schwächt den vorhandenen Strom.

Hultmotor. Die Konstruktion des Hultmotors ist in ihren Grundzügen folgende: Auf einer hohlen Welle ist eine feste gußeiserne Trommel, in welcher radial eine frei bewegliche Klappe sitzt, angeordnet. Die Trommel und die Klappe rotieren mit der Welle exzentrisch in einem Zylinder auf Rollenlagern. Der Zylinder selbst ist wieder auf Rollen gelagert. Der Dampf tritt durch die hohle Welle und einen Kanal in den Raum zwischen Trommel, Zylinder und Klappe und übt auf letztere einen Druck aus, so daß sie sich nach aufwärts bewegt und der wirksame Raum vergrößert wird. Die Drehung der Klappe bewirkt durch Zwischenmechanismen die Regulierung des Dampfein- und -austrittes. Wenn der Hultmotor zwei- oder dreiklappig ausgeführt wird, so hat er keinen toten Punkt und geht bei entsprechendem Dampfdruck in jeder Stellung an. Der Hultmotor wird mit dem Generator direkt gekuppelt.

Tabelle der Leistungen, Umdrehungszahlen und des Dampfverbrauchs von Hultmotoren mit dreiklappiger Ausführung.

Maschinentyp	Normale Umdrehungszahl	Dampfverbrauch pro eff. PS bei 8 Atm.			Dampfverbrauch pro eff. PS bei 10 Atm.		
		eff. PS	mit Kondensation	ohne Kondensation	eff. PS	mit Kondensation	ohne Kondensation
DAH_3	1300	5	17,7	23,4	6	16,5	21,9
DA_3	1100	10	14,9	19,8	12	13,8	18,4
DB_3	1000	20	13,8	18,4	23	13,0	17,4
DCD_3	850	30	12,3	16,5	34	12,0	16,0
DE_3	750	45	11,5	15,3	50	11,2	15,0
DEF_3	625	70	10,7	14,2	78	10,5	14,0
DG_3	525	100	10,3	13,7	115	9,9	13,3

Hydraulische Widerstandsregulatoren für Tourenregulierung von Turbinen, welche direkt mit Generatoren gekuppelt sind.

Umdrehungszahl pro Minute	Bremsleistung PS	Durchmesser der Antriebsscheibe mm	Pendelscheibe Durchm. mm	Pendelscheibe Umdrehungen pro Minute	Preis M
800	1	150	200	500	*595*
1300	3	150	200	500	*595*
600	2	200	240	450	*665*
1200	8	200	240	450	*665*
550	5	300	240	450	*825*
950	15	300	240	450	*825*
505	12	450	280	400	*1055*
860	35	450	280	400	*1055*
450	25	600	280	400	*1465*
750	70	600	280	400	*1465*

Turbinenbauanstalt J. J. Rüsch, Dornbirn.

Hysteresis ist das Beharrungsvermögen des Magnetismus, infolgedessen er hinter der magnetisierenden Kraft zurückbleibt, oder mit anderen Worten, sie ist der Widerstand, welchen das Eisen der magnetisierenden Kraft entgegensetzt. Die Hysteresis tritt um so stärker hervor, je größer die molekulare Reibung, d. h. je härter das Eisen oder der Stahl ist.

Die in 1 ccm eines magnetischen Metalles durch Hysteresis verbrauchte Arbeit ist nach Steinmetz $\mathfrak{U} = \eta\, \mathfrak{B}^{1,6}$, worin η folgende Werte haben kann:

Schmiedeeisen, Eisenblech, Stahlblech	η = 0,0012—0,0055
Gußeisen	η = 0,011—0,016
Weicher Gußstahl und Mitismetall .	η = 0,0032—0,012
Harter Gußstahl	η = bis 0,028
Schmiedestahl	η = 0,015—0,025
Magneteisenstein	η = 0,020—0,024
Nickel	η = 0,013—0,039
Kobalt	η = 0,012

Hysteresisarbeit ist die bei der Hysteresis auftretende Reibungsarbeit.

Hysteresismessung. Bei dem Apparate von Ewing wird die stabförmige Eisenprobe um eine horizontale Achse zwischen den Polen eines C-förmigen Magneten gedreht, welcher um die gleiche Achse rotieren kann. Die infolge der Hysteresis nach ihrem Verlassen der Pole magnetisch bleibende Probe zieht dann den Magneten hinter sich her. Der Winkel, um welchen der ein kleines Gewicht hebende Magnet abgelenkt wird, wird mittels eines auf einer Teilung spielenden Zeigers abgelesen. Aus der Größe dieser Ablenkung wird der Betrag der Hysteresis durch Vergleichung mit einem bereits geprüften Eisen- oder Stahldraht ermittelt.

Bei dem Apparate von Blondel dreht sich der Magnet und lenkt das mit einem Zeiger verbundene ringförmige Probestück, das durch eine Spiralfeder in der Ruhelage gehalten wird, ab.

Hysteresisverlust ist der für die Ummagnetisierung nötige Energieaufwand.

Bei gegebenem Eisenkörper und gegebener Klemmenspannung werden die Hysteresisverluste um so kleiner, je größer die Periodenzahl gewählt wird.

Der Hysteresisverlust in Dynamoankern und Transformatoren wird in Watt nach der Formel von Steinmetz: $W = \eta \cdot B^{1,6} \cdot \omega \cdot V \cdot 10^{-7}$ bestimmt, worin η durch die Eisenprüfung gegeben, B maximale Kraftliniendichte, ω sekundliche Periodenzahl und V das Eisenvolumen in ccm bedeuten.

I.

Igeltransformator (siehe **Swinburnescher Transformator**).

Impedanz ist der Widerstand, den der Stromkreis der treibenden elektromotorischen Kraft entgegensetzt (Undurchlässigkeit, scheinbarer Widerstand), oder es ist die Widerstandsvermehrung bei Wechselströmen gegenüber dem gewöhnlichen Ohmschen Widerstand bei konstanten Strömen.

Bedeutet R_s Impedanz, R den Ohmschen Widerstand, L_s den Koeffizienten oder die Selbstinduktion, p die Anzahl der Perioden, so ist

$$R_s = \sqrt{R^2 + (2\,\pi\,p\,L_s)^2}.$$

Impedanzspulen (siehe **Drosselspulen**).

Imprägnierung (siehe **Holzmasten**).

Indifferenzpunkt. Der in der Mitte zwischen zwei Magnetpolen liegende Punkt eines Magneten besitzt keine anziehende Kraft, da die beiden ungleichnamigen Magnetismen sich hier aufheben.

Indifferenzzone ist die Bezeichnung für die Mitte eines Magnetstabes, da derselben die Fähigkeit fehlt, eine Kraftwirkung auszuüben.

Indikatoren sind Apparate, mit deren Hilfe das Vorhandensein, die Eigenschaften und das Verhalten elektromagnetischer Wellen erkannt werden können. Die meisten Indikatoren sind nur Hertzsche Resonatoren, welche mit solchen Abänderungen versehen sind, daß das Auftreten der Schwingungen an ihnen leicht erkannt werden kann.

Induktanz ist der Widerstand eines Leiters mit Selbstinduktion. Induktanz $= 2\,\pi\,p\,L_s$, worin p die Anzahl der Perioden und L_s den Selbstinduktionskoeffizienten bedeuten, oder es ist das Produkt aus dem Selbstinduktionskoeffizienten und der Winkelgeschwindigkeit der den Wechselstrom darstellenden Vektoren (siehe Selbstinduktionskoeffizient).

Drahtdurchmesser	Induktanz, ausgedrückt in Millihenry für eine Doppelleitung von 1 km Totallänge (0,5 km einfacher Länge) bei einem Drahtabstand von		
mm	500 mm	750 mm	1000 mm
4	1,155	1,240	1,292
5	1,110	1,190	1,247
6	1,070	1,150	1,219
7	1,044	1,129	1,183
8	1,017	1,087	1,155
9	0,990	1,070	1,127

Induktanzrollen sind Elektromagnete, deren Bewickelungswiderstand gegen den Widerstand des Hauptstromkreises klein ist. Sie haben die Aufgabe, den nachteiligen Einfluß der Kapazität eines langen Kabels auszugleichen, und werden in eine Abzweigung vom Kabel zur Erde geschaltet.

Induktion ist jener Erzeugungsvorgang von Elektrizität, welcher stattfindet, wenn ein Drahtleiter durch eine auf ihn wirkende Kraft in einem Magnetfelde bewegt wird. Durch diese Bewegung werden die Kraftlinien des letzteren geschnitten und in ihm elektromotorische Kräfte erzeugt, welche, wenn der Drahtleiter geschlossen ist, in demselben elektromotorische Kräfte hervorrufen. Oder es ist jene Erscheinung, daß, wenn ein elektrischer Strom in einem Stromkreis geöffnet oder geschlossen wird, in einem benachbarten geschlossenen Leiter ein momentaner elektrischer Strom entsteht. Letzterer heißt Induktionsstrom.

Grundgesetze: Jede Änderung des elektrischen Stromes hat eine Entstehung von magnetischen Kräften und Kraftlinien zur Folge. Jede Änderung der magnetischen Kraft erzeugt elektromotorische Kräfte und elektrische Ströme. Ein Abnehmen der durch einen Leiter hindurchgehenden Kraftlinien induziert in dem Leiter einen direkten Strom, d. h. einen Strom in positiver Richtung, ein Zunehmen der Kraftlinien induziert einen indirekten, dem ersten entgegengesetzten Strom (in negativer Richtung). Die induzierte elektromotorische Kraft steht im Verhältnis mit der Änderung der Zahl der magnetischen Linien.

Induktion, magnetische, Stärke derselben. Die Stärke der magnetischen Induktion 𝔅 ist gleich der Summe aus der Stärke des magnetischen Feldes ℌ und der von letzterem in der Querschnittseinheit des Eisens erzeugten Kraftlinien $4\pi\mathfrak{J}$, wobei $\mathfrak{J}$ die Polstärke für die Querschnittseinheit ist (siehe **Influenz, magnetische**).

Induktionsfluß — Anzahl der Kraftlinien pro qcm.

Induktionskapazität, spezifische (siehe **Dielektrizitätskonstante**).

Induktionsmotoren sind Wechselstrommotoren, bei welchen der um eine Achse drehbare Anker von dem Drehfeld mitgenommen wird. Man unterscheidet Induktionsmotoren mit Kurzschlußwickelung oder mit offener Wickelung. Die Induktionsmotoren bestehen aus dem feststehenden Gehäuse (Stator, Lauf) und dem in demselben drehbar gelagerten Läufer (Rotor). Das Charakteristische des Induktionsmotors liegt darin, daß nur der Wickelung des einen von außen her Strom durch eine Leitung zugeführt wird, während die für den Betrieb in dem anderen Teil notwendigen Ströme durch »Induktion« auf ihn übertragen werden (siehe auch **Asynchronmotoren**).

Induktionsstrom (siehe **Induktion**).

Induktionszähler sind Wechselstromzähler, welche auf der Wechselwirkung zweier in Phase verschobener Magnetfelder auf einen metallisch geschlossenen drehbar gelagerten Leiter beruhen (siehe **Ferrarisches Prinzip**).

Induktive Kuppelung (siehe **Flaschenkreis**). Anstatt bei der Wellentelegraphie den Sendedraht direkt an den Flaschenkreis anzuschließen, werden dessen Schwingungen durch Induktion auf eine Drahtrolle übertragen, an welche der Sender angeschlossen ist.

Induktive Leiter sind mit Selbstinduktion behaftete Leiter.

Induktoren sind Transformatoren, welche unsymmetrische Wechselströme liefern. Sie transformieren die primäre elektromotorische Kraft oder Spannung nach aufwärts.

Die Eisenkerne kleiner Induktoren werden aus Bündeln feiner Drähte hergestellt. Bei großen Induktoren werden die Eisenkerne (Siemens-Schuckertwerke) aus dünnen asphaltierten Eisenblechen, welche zu einem Zylinder zusammengesetzt sind, hergestellt.

Tabelle der Verhältnisse zwischen Funkenlänge und Kerndimensionen.

Funkenlänge	Eisenkern- Länge	Eisenkern- Durchm.	Querschnitt
mm	mm		qmm
6	100	13	133
12	130	16	201
25	180	20	314
50	290	25	490
75	300	30	707
155	480	38	1134

Die Spulen kleiner Induktoren bestehen aus Hartholz oder aus einer Papierröhre aus starkem gutem Papier, das mit dünnem Leim auf eine Glas- oder Holzröhre aufgeleimt wird, bei größeren Induktoren aus Ebonit. Die Primär- und die Sekundärrolle werden aus gut ausgeglühtem, seidenübersponnenem Kupferdraht hergestellt, wobei letzterer wegen der hohen Spannung noch mit Paraffin getränkt wird.

Preise von Funkeninduktoren.

Norm. Funkenlänge in cm	Ausführung	Minimale Betriebsspannung bei Batteriebetrieb in Volt	Preise in Mark mit Kondensator	Preise in Mark ohne Kondensator f. elektrolytischen Unterbr.	Mehrpreis für Primärspule m. veränderlicher Selbstinduktion
					ℳ
2	Zündindukt. f. Automob. m. Platinunterbr.	4	*45*	—	—
5	mit Platinunterbr., Stromwender u. Sicher.	6	*140*	—	—
10	„ „ „ „ „	10	*210*	—	—
15	„ „ „ „ „	12	*290*	—	—
20	ohne „ „ „ „	14	*310*	*250*	*40*
25	„ „ „ „ „	16	*375*	*300*	*40*
30	„ „ „ „ „	16	*520*	*350*	*40*
35	„ „ „ „ „	18	*650*	*475*	*40*
40	„ „ „ „ „	20	*800*	*625*	*50*
45	„ „ „ „ „	24	*1000*	*775*	*50*
50	„ „ „ „ „	28	*1200*	*975*	*60*
60	„ „ „ „ „	36	*1650*	*1400*	*60*
70	„ „ „ „ „	48	*2200*	*1800*	*60*
80	„ „ „ „ „	60	*2700*	*2300*	—
90	„ „ „ „ „	100	*3200*	*2800*	—
100	„ „ „ „ „	100	*3700*	*3200*	—

Fabr. elektr. App. Dr. M. Levy, Berlin.

Kraftverbrauch zum Betriebe von Funkeninduktoren für Röntgenstrahlen bei Benutzung von Akkumulatoren: Die Stromstärke für Induktoren mittlerer Größe beträgt 4—6 Amp. Es sind erforderlich für:

5	cm Funkenlänge	6 Volt	=	3 Zellen
8	» »	8 »	=	4 »
10—15	» »	10 »	=	5 »
15—20	» »	12 »	=	6 »
20	» »	14 »	=	7 »
25—35	» »	16 »	=	8 »
30	» »	18 »	=	9 »
35—40	» »	20 »	=	10 »
40	» »	22 »	=	11 »
50	» »	24—32 »	=	12—16 »
550	» »	40 »	=	20 »
600	» »	48 »	=	24 »

Induktortypen sind Wechselstrommaschinen mit ruhenden Wickelungen. Eignen sich nur für mittlere Leistungen. Nachteile: Schwierigkeit der Herstellung und der Montage der großen Magnetspulen, große Kraftlinienstreuung. Bei den Induktortypen stehen im allgemeinen den beiden Magnetkörperhälften zwei Anker gegenüber. Die Erzeugung der elektromotorischen Kraft erfolgt dadurch, daß das Kraftlinienbündel von Positiv bis nahezu Null schwankt. Die in dem Magnetkörper parallel zur Achse vermittelst der konzentrischen Erregerspule erzeugten Kraftlinien treten durch den einen Satz Pole in den einen, diesen Polvorsprüngen gegenüberstehenden Anker, von demselben durch ein gemeinsames Joch in den zweiten Anker und von dessen Peripherie über in den zweiten Satz von Polen und von diesen in den Magnetkörper zurück.

Induzierender Strom (siehe **Induktion**) — der den Induktionsstrom erzeugende Strom.

Influenz, magnetische – Vorgang, bei welchem durch Annäherung eines Eisenstückes an einen Magneten in ersterem Magnetismus erzeugt wird.

Influenzmaschinen sind Mechanismen, welche mit Hilfe einer geringen Anfangsladung große Mengen von Elektrizität erzeugen.

Inklination — Abweichung einer um eine horizontale Achse drehbaren Magnetnadel von der Horizontalen.

Innenleitungen. Die Befestigung derselben erfolgt durch stählerne Doppelstifte, Holzstifte, Zwecken oder Krampen, welche gegen Rosten durch Verzinnung geschützt werden, durch Klemmenstücke aus Holz, Glas, Porzellan, die durch Schrauben niedergedrückt werden. Holzklemmen dürfen nur in ganz trockenen Räumen verwendet werden. Nach den Sicherheitsvorschriften des V. d. E. müssen Klemmen den Draht in mindestens 5 mm Abstand von der Wand halten. Zum Befestigen der Klemmunterlagen dienen Holz- oder Eisendübel. Erstere haben den Nachteil, daß sie durch das Schwinden locker werden. Weitere Befestigungsmittel sind Porzellanrollen, Holzleisten, Isolierrohre.

Innenpol-Gleichstrommaschinen bestehen aus einem außen rotierenden Anker, innerhalb dessen ein Magnetstern mit radial nach außen gerichteten Polvorsprüngen angeordnet ist. Besitzen großen Schwungradeffekt. Werden jetzt seltener angewendet.

Innenpol - Wechselstrommaschinen bestehen aus einem gußeisernen Gehäuse, in dem der ringförmige Anker festgehalten wird. Innerhalb des Ankers rotiert ein Schwungrad mit aufgesetzten Polen. Innenpolmaschinen eignen sich für große Leistungen am besten und ebenso zur direkten Kuppelung, da die einzelnen Pole auf das Schwungrad der Dampfmaschine aufgeschraubt werden können. Der rotierenden Magnetwickelung wird der zur Erregung nötige Strom mittels zweier Schleifringe zugeführt. Die Stromabnahme aus der Ankerwickelung erfolgt durch drei Klemmen.

Bei den Innenpolmaschinen wird die elektromotorische Kraft in der Ankerwickelung dadurch erzeugt, daß die Ankerspulen abwechselnd von positiven und negativen Kraftlinienbündeln geschnitten werden.

Installationsmaterial.

Vorschriften für die Konstruktion und Prüfung von Installationsmaterial, aufgestellt v. V. d. E.

Die nachstehenden Vorschriften finden Anwendung auf die Prüfung von Installationsmaterial, welches bei normaler Verwendung einer Spannung bis zu 500 Volt ausgesetzt ist, soweit hierfür anderweitige Bedingungen nicht besonders angegeben oder ver einbart sind.

Allgemeines in bezug auf Materialprüfung.

Die Prüfung zerfällt in zwei Teile:

a) Die Feststellung, ob die Konstruktion und Materialbeschaffenheit mit den Sicherheitsvorschriften und Normalien des Verbandes deutscher Elektrotechniker übereinstimmt.

b) Die experimentelle Feststellung der Brauchbarkeit.

Dosenaus- und -umschalter.

Zu a) Konstruktion und Material.

§ 1. Die stromführenden Teile müssen auf Unterlagen montiert sein, die nicht hygroskopisch und nicht brennbar sind. Als nicht brennbar gilt ein Körper, der, in der verwendeten Form auf eine Temperatur von 100° C gebracht und entzündet, nicht von selbst weiterbrennt. Gehäuse und Griffe müssen entweder aus Isoliermaterial bestehen oder mit einer haltbaren Schicht von Isoliermaterial überzogen oder ausgekleidet sein.

§ 2. Die Schalter müssen Momentschalter sein, d. h. die Stromunterbrechung muß durch eine plötzlich eintretende Bewegung des Kontaktstückes erfolgen. Die Kontakte sollen Schleifkontakte sein.

§ 3. Die normale Stromstärke für Dauerbetrieb und die zugehörige Spannung sind so zu vermerken, daß die Schrift im montierten Zustande bei abgenommener Kappe leicht zu erkennen ist. Die Angaben können auf dem festen Teil des Schalters in Bruchform erfolgen, wobei die Stromstärke im Zähler, die Spannung im Nenner steht. Für Bezeichnung auf dem Sockel im Innern ist Gummistempel zulässig.

§ 4. Als normale Stromstärken gelten 2, 4, 6, 10, 15, 20, 30, 40, 60, 80, 100 Amp. Für Wechselschalter und Umschalter gilt in beschränkter Weise auch 1 Amp.

§ 5. Als normale Spannungen gelten 125, 250, 500 Volt.

§ 6. Der Schalter muß so konstruiert sein, daß sein Anschluß an die Leitung durch Schrauben bewirkt wird.

§ 7. Sämtliche Schrauben, welche Kontakte vermitteln, müssen ihr Muttergewinde in Metall haben.

§ 8. Dient der Griff des Schalters zugleich zur Befestigung des Gehäuses auf dem Sockel, so muß er derart auf seiner Achse befestigt sein, daß er sich beim Rückwärtsdrehen nicht ohne weiteres abschrauben läßt.

Zu b) Experimentelle Untersuchung.

§ 9. Der Schalter muß in eingeschalteter Stellung gegen die Befestigungsschrauben, gegen eine am Griff angebrachte Stanniolumwickelung und gegen das Gehäuse, ferner in ausgeschalteter Stellung zwischen seinen Klemmen eine Überspannung von 1000 Volt Wechselstrom über die auf ihm vermerkte höchste Betriebsspannung 5 Minuten lang aushalten.

§ 10. Die Kontaktteile der Schalter dürfen nach einstündiger Belastung bei geschlossenem Gehäuse keine übermäßige Temperatur annehmen. Bei Belastung für diesen Versuch gilt bei Schaltern bis 10 Amp. das 1,5fache und bei Schaltern über 10 Amp. das 1,25-fache der höchsten auf dem Schalter verzeichneten Stromstärke. Die Temperatur gilt als übermäßig, wenn es gelingt, eine Stelle zu finden, an der ein Kügelchen reinen Bienenwachses, das vorher auf die Stelle gelegt wurde, nach Beendigung des Versuches zerschmolzen ist.

§ 11. Um die mechanische Haltbarkeit des Schalters zu prüfen, wird er mittels Antriebsvorrichtung, aber ohne Strom zu führen, in fünf oder mehr Stunden 5000 mal eingeschaltet und 5000 mal ausgeschaltet. Schmierung vor dem Versuch ist zulässig. Nach Beendigung dieses Versuches muß der Schalter für den in § 12 vorgeschriebenen Versuch noch brauchbar sein.

§ 12. Um festzustellen, daß bei rasch wiederholtem Gebrauch des Schalters sich kein dauernder Lichtbogen bildet, ist der Schalter bei den auf ihm verzeichneten Spannungen und den entsprechenden Stromstärken, welche um den in der Tabelle angegebenen Prozentsatz zu erhöhen sind, bei induktionsfreier Belastung in Tätigkeit zu setzen und zwar mit geschlossenem Gehäuse.

Die Versuchsdauer ist 3 Minuten, und in dieser Zeit ist die in nachstehender Tabelle angegebene Zahl von Stromunterbrechungen vorzunehmen:

Größe des Schalters . . . Amp.	bis 10	15—40	60—100
Die den Spannungen entsprechenden Stromstärken sind zu steigern um %	30	25	20
Zahl der Ausschaltungen in 3 Min.	90	60	30

Glühlampenfassung mit und ohne Hahn.

Zu a) Konstruktion und Material.

§ 13. Die stromführenden Teile müssen auf feuersicherer Unterlage montiert und durch feuersichere Umhüllung, die jedoch nicht unter Spannung gegen Erde stehen darf, vor Berührung geschützt sein.

Isoliermaterialien, die brennbar (vgl. § 1) oder hygroskopisch sind oder bei einer Temperatur von 300° C eine Formveränderung erleiden, dürfen im Innern der Fassung nicht verwendet werden.

§ 14. Fassungen für Spannungen über 250 Volt dürfen keinen Hahn haben.

§ 15. Die Hähne müssen Momentschalter sein (vgl. § 2). Der Griff des Hahnes muß, wenn ausgeschaltet, rechtwinklig zur Mittellinie der Fassung stehen.

§ 16. Die Fassung muß so konstruiert sein, daß die Verbindung der Kontakte mit den Zuleitungen durch Schrauben erfolgt und daß eine Berührung zwischen beweglichen Teilen des Schalters und den Zuleitungsdrähten ausgeschlossen ist. Sämtliche Schrauben, welche Kontakte vermitteln, müssen ihr Muttergewinde in Metall haben. Der Hahngriff darf aus Metall bestehen, muß aber von den Spannung führenden Teilen isoliert sein.

Zu b) Experimentelle Untersuchung.

§ 17. Die Fassung muß, in eingeschalteter Stellung, eine Wechselspannung vom doppelten Betrag der Betriebsspannung, mindestens aber 750 Volt 5 Minuten lang aushalten, und zwar

a) zwischen den einzelnen Kontakten,

b) zwischen jedem Spannung führenden Kontakt und dem Gehäuse,

c) zwischen jedem Spannung führenden Kontakt und dem Hahngriff,

d) zwischen den Kontakten des Hahnes in ausgeschalteter Stellung.

§ 18. Um die mechanische Haltbarkeit des Hahnschalters zu prüfen, wird wie in § 11 verfahren.

§ 19. Um die allgemeine Gebrauchsfähigkeit der Hahnfassung zu prüfen, wird ein induktionsfreier Widerstand von 150 Ohm angeschlossen und bei 250 Volt in 3 Minuten 90 mal ein- und 90 mal ausgeschaltet.

Stöpselsicherungen bis zu 60 Amp.

Zu a) Konstruktion und Material.

§ 20. Die stromführenden Teile von Sockel und Einsatz müssen auf Unterlagen montiert sein, die nicht hygroskopisch und nicht brennbar (vgl. § 1) sind und bei einer Temperatur von 300° C eine Formveränderung nicht erleiden.

§ 21. Der Sockel muß so konstruiert sein, daß sein Anschluß an die Leitung durch Schrauben bewirkt wird. Sämtliche Schrauben, welche Kontakte vermitteln, müssen ihr Muttergewinde in Metall haben.

§ 22. Die Normalstromstärke und die Maximalspannung sind auf dem Schmelzeinsatz zu verzeichnen.

§ 23. Als normale Stromstärken gelten 2, 4, 6, 10, 15, 20, 30, 40, 60 Amp.

§ 24. Als normale Spannungen gelten 125, 250, 500 Volt.

§ 25. Stöpselsicherungen von 6 Amp. aufwärts müssen in dem Sinne unverwechselbar sein, daß eine fahrlässige oder irrtümliche

Verwendung von Einsätzen für zu hohe Stromstärken ausgeschlossen ist.

§ 26. Der Berührung zugängliche Metallteile des Sockels und des Einsatzes müssen von unter Spannung stehenden Teilen isoliert sein.

Zu b) Experimentelle Untersuchung.

§ 27. Die Sicherung muß bei eingesetztem Stöpsel gegen die Befestigungsschrauben und gegen die der Berührung zugänglichen Metallteile am Sockel und Stöpsel, ferner nach herausgenommenem Stöpsel zwischen den Kontakten eine Spannung von 1000 Volt Wechselstrom über die Betriebsspannung 5 Minuten lang aushalten.

§ 28. Sicherungen sind hinsichtlich ihres Funktionierens mit Gleichstrom zu prüfen. Als Stromquelle dient entweder eine Dynamomaschine oder eine Batterie oder beides. Von der Stromquelle führen zwei Leitungen zu den Anschlußpunkten der Sicherung. In diese Leitungen ist einzusetzen ein Schalter und ein regulierbarer Widerstand, der kurzgeschlossen werden kann. Die Sicherung wird jenseits des Schalters und des regulierbaren Widerstandes als Kurzschluß zu den Leitungen angeordnet. Die Spannung zwischen den Anschlußklemmen des offenen Schalters muß um 10 % höher sein als die normale Betriebsspannung, für welche die Sicherung bestimmt ist. Sicherungen sind zu prüfen sowohl bei plötzlichem Kurzschluß, als auch bei allmählich anwachsendem Strom.

§ 29. Für die Prüfung bei Kurzschluß gelten folgende Vorschriften:

Die Leistungsfähigkeit der Stromquelle und der Widerstand der Zuleitungen sind so zu bemessen, daß im Augenblick des Abschmelzens der Sicherung der gesamte Spannungsabfall von Stromquelle und Zuleitungen 1 % nicht übersteigt. Diese Bedingung gilt als erfüllt, wenn unter Ersatz der Sicherung durch einen zweiten regulierbaren Widerstand der durch ihn fließende Strom das 20fache des normalen Betriebsstromes der Sicherung, mindestens aber 400 Amp. beträgt und gleichzeitig die Spannung an den Anschlußklemmen dieses Widerstandes nicht kleiner ist als die normale Betriebsspannung, für welche die Sicherung bestimmt ist.

Sind Stromquelle und Leitungen den hier angegebenen Bedingungen entsprechend bemessen, so wird der Schalter geöffnet, der zweite Widerstand entfernt und an seine Stelle die Sicherung eingesetzt. Bei Schluß des Schalters muß diese abschmelzen, ohne einen dauernden Lichtbogen zu erzeugen und ohne gefährliche Explosionserscheinungen hervorzurufen.

§ 30. Für die Prüfung bei allmählich ansteigendem Strom gelten folgende Vorschriften: Der in § 29 erwähnte Widerstand wird entfernt und der in § 28 erwähnte Widerstand wird benutzt zur Regulierung der Stromstärke.

Sicherungen bis einschließlich 50 Amp. Normalstromstärke müssen mindestens die $1\frac{1}{4}$fache Normalstromstärke dauernd tragen können. Vom kalten Zustande aus plötzlich mit der doppelten Normalstromstärke belastet, müssen sie in längstens 2 Minuten abschmelzen.

Steckkontakte bis 6 Amp.

Zu a) Konstruktion und Material.

§ 31. Die stromführenden Teile müssen auf Unterlagen montiert sein, die bei Dose und Stecker nicht hygroskopisch und bei Dose auch nicht brennbar (vgl. § 1) sind und bei einer Temperatur von 300° C keine Formveränderung erleiden. Für den Stecker ist Hartgummi zulässig. Das Gehäuse der Dose und der Handgriff des Steckers müssen aus Isoliermaterial bestehen. Eine Ausnahme machen Stecker und Dosen für Anlagen mit geerdetem und in den Installationen blank durchgeführtem Mittelleiter, sofern dieser an das Gehäuse und den Stecker metallisch angeschlossen und der letztere so eingerichtet ist, daß eine Vertauschung der Pole unmöglich ist. Die normale Stromstärke für Dauerbetrieb und die zugehörige Spannung müssen auf Dose und Stecker vermerkt sein.

§ 32. Als normale Spannungen gelten 125, 250 und 500 Volt.

§ 33. Dose und Stecker müssen so konstruiert sein, daß der Anschluß an die Leitungen durch Schrauben bewirkt wird. Schrauben, welche Kontakte vermitteln, müssen ihr Muttergewinde in Metall haben. Nach Einsetzen des Steckers dürfen keine unter Spannung stehenden Metallteile von außen zugänglich sein.

§ 34. Doppelpolige Sicherungen für 2, 4 oder 6 Amp. dürfen in den Dosen untergebracht werden. Der Kontakt darf nicht durch weiches oder plastisches Material vermittelt werden, sondern es müssen die Schmelzeinsätze mit Backen aus Kupfer, Messing oder gleichartigem Material versehen sein.

Zu b) Experimentelle Untersuchung.

§ 35. Der Steckkontakt muß bei eingesetztem Stecker eine Wechselspannung von 1000 Volt über die Betriebsspannung gegen die Befestigungsschrauben 5 Minuten lang aushalten und ebenso gegen eine an seinem Griff angebrachte Stanniolumwickelung.

Bei ausgezogenem Stecker müssen die Kontakthülsen gegeneinander und ebenso die Kontaktstifte gegeneinander 1000 Volt Wechselspannung 5 Minuten lang aushalten.

§ 36. Um die mechanische Brauchbarkeit des Steckkontaktes zu prüfen, ist der Stecker 100 mal stromlos einzusetzen. Nach dieser Probe muß er sich ebenso sicher einschieben lassen und ebenso fest sitzen wie vorher.

§ 37. Die Sicherungen in den Dosen sind nach § 28—30 zu prüfen.

Steckkontakte über 6 Amp.

Zu a) Konstruktion und Material.

§ 38. Die stromführenden Teile müssen auf Unterlagen montiert sein, die bei Dose und Stecker nicht hygroskopisch und bei Dose auch nicht brennbar (vgl. § 1) sind und bei einer Temperatur von 300° C keine Formveränderung erleiden. Dose und Stecker müssen aus Isoliermaterial bestehen oder mit einer haltbaren Schicht von Isoliermaterial überzogen oder ausgekleidet sein. Die normale Stromstärke für Dauerbetrieb und die zugehörige Spannung müssen auf Dose und Stecker vermerkt sein. Im übrigen finden die § 33, 34 sinngemäße Anwendung.

§ 39. Die Stecker müssen so konstruiert sein, daß sie nicht in Dosen für höhere Stromstärken eingesetzt werden können.

§ 40. Als normale Stromstärken gelten 10, 15, 20, 30, 40, 60 Amp.

§ 41. Als normale Spannungen gelten 125, 250, 500 Volt.

Zu b) Experimentelle Untersuchung.

§ 42. Die Prüfung erfolgt, wie in § 35, 36, 38 vorgesehen, und außerdem ist der Steckkontakt eine Stunde lang mit dem Anderthalbfachen des auf ihm verzeichneten Betriebsstromes zu belasten und darf dabei nicht so heiß werden, daß der Stift unmittelbar nach Herausziehen reines Bienenwachs zum Schmelzen bringen kann.

Integralzähler (siehe **Coulombzähler**).

Luxsche Industriewerke, A.-G., Ludwigshafen a. Rh. (*s. Inseratanh. S. 3*).

Integrierinstrumente (siehe **Meßinstrumente, integrierende**).

Intensität eines Feldes (siehe **Feldstärke**).

Interferrikum — Bezeichnung für den zwischen Magnet und Anker befindlichen Raum.

Interruptor (siehe **Unterbrecher**).

Ionen sind Komplexe, die bei der Lösung des Elektrolyten — unter teilweisem Zerfall — in die Lösung gehen und sich elektrisch laden.

Ionisation ist die Erscheinung der Spaltung der Körper in Ionen.

Ionisierung eines Gases besteht darin, daß die Atome zerlegt werden in einen positiven Hauptbestandteil (positiv geladenes Atom) und in ein negatives Elektron, das keine träge Masse besitzt, dem aber eine elektromagnetische Trägheit zukommt gleich $^1/_{1000}$ der Trägheit eines Wasserstoffatoms.

Ionten (siehe **Ionen**).

Isolackiertes Papier in Bogen von ca. 700 × 1000 mm. Preis pro qm *ℳ 1.20—1.40.*

Melrowsky & Ko., Köln-Ehrenfeld (*s. Inseratanh. S. 19*).

Isolationsprüfer, aperiodischer. Die Apparate bestehen aus einem empfindlichen Meßinstrument, welches mit einer Trockenbatterie und einem Vorschaltwiderstand in Serie geschaltet und in einem tragbaren Kasten untergebracht ist.

Meßbereich Ohm	Spannung der Batterie Volt	Dimensionen	Preis ℳ
0— 500 000	6	105 × 160 × 125	*65*
0—2 000 000	18	105 × 160 × 220	*85*
0—3 000 000	30	105 × 160 × 315	*105*

Albert Thode & Ko., Hamburg (*s. Inseratanh. S. 4*).

Isolationsprüfer von Siemens & Halske enthält eine Batterie von Trockenelementen, deren einer Pol mit der einen Klemme eines Galvanometers von 30000 Ohm Widerstand verbunden wird, während der zweite Batteriepol und die zweite Galvanometerklemme zu zwei, an dem die Batterie enthaltenden Kasten befindlichen Klemmen geführt werden. Mit letzteren wird der zu messende Widerstand verbunden und aus dem Ausschlag des Galvanometers mittels einer beigegebenen Tabelle der Wert des Widerstandes bestimmt.

Isolationswerte. Niederspannungsanlagen sind mit wenigstens 100 Volt, womöglich aber mit der Betriebsspannung zu prüfen. Der Isolationszustand muß derart sein, daß der Stromverlust auf jeder Teilstrecke zwischen zwei Sicherungen oder hinter der letzten Sicherung bei der Betriebsspannung ein Milliampere nicht überschreitet. Der Isolationswert einer derartigen Leitungsstrecke muß hiernach wenigstens betragen: 1000 Ohm multipliziert mit der Voltzahl der Betriebsspannung. Der Isolationswiderstand von Freileitungen muß für Niederspannungsanlagen bei feuchtem Wetter mindestens 20000 Ohm pro km betragen.

Bei Mittelspannungsanlagen muß der Isolationswiderstand für die in Innenräumen isoliert verlegten Teile des Leitungsnetzes mindestens $\frac{3\,000\,000}{n}$ Ohm betragen. Außerdem muß für jede Hauptabzweigung die Isolation mindestens $10\,000 + \frac{3\,000\,000}{n}$ Ohm betragen.

In diesen Formeln ist unter n die Zahl der an die betreffende Leitung angeschlossenen Glühlampen zu verstehen, einschließlich eines Äquivalents von 10 Glühlampen für jede Bogenlampe, jeden Elektromotor oder anderen stromverbrauchenden Apparat. Der Isolationswiderstand von Freileitungen für Mittelspannungsanlagen muß bei Regenwetter mindestens 100000 Ohm pro km einfacher Länge betragen.

Isolationswiderstand, spezifischer.

Material	Spezifischer Widerstand pro cm-qcm Megohm
Guttapercha	$7 \cdot 10^9$ $0{,}45 \cdot 10^9$
Reiner Gummi	$10{,}9 \cdot 10^9$
Vulkanisierter Gummi	$1{,}5 \cdot 10^9$
Papier mit Terpentinöl getränkt	$3 \cdot 10^9$
Jute » » »	$11{,}9 \cdot 10^9$
Schellack	$9 \cdot 10^9$
Paraffinwachs	$24 \cdot 10^9$
Mitra	$0{,}084 \cdot 10^9$
Wasser	0,1188 0,0091 0,00034

Isolatoren. An die Isolatoren müssen folgende Anforderungen gestellt werden: Das Isolationsmaterial muß eine möglichst große Elastizität besitzen, damit die häufigen Ausdehnungen und Zusammenziehungen in ihnen keine Risse und Brüche hervorrufen, durch welche der elektrische Leiter mit der metallenen Oberfläche in Berührung geriete; es muß hohe Schmelztemperatur besitzen, um nicht bei unvorhergesehenen Überbeanspruchungen des Drahtes zu schmelzen; Isolationsmaterial und Leiter müssen gleiche Ausdehnungskoeffizienten besitzen und gleichzeitig in Wirkung treten; das Isolationsmaterial muß ein festes Bindemittel zwischen Leiter und Metalloberfläche sein; es dürfen sich keine Luftbläschen bilden können, welche bei Ausdehnung durch die Hitze eine dünne Isolierschicht zersprengen würden.

Isolatoren. Zum Schutze gegen Steinwürfe verwendet man bei Hochspannungsleitungen braune, blaue oder grau glasierte Isolatoren, welche ein schlechteres Ziel bieten. In Amerika werden vielfach Glasisolatoren auf hölzernen Bolzen verwendet.

	Einfache Porzellanisolatoren			Krückenisolatoren			Porzellanisolatoren für Hochspannung		
Für Leitungsquerschnitte bis qmm	95	25	16	95	25	10	120	120	120
Nettogewicht pro 100 Stück in kg	92	60	28	65	35	21	170	155	150
Preis pro 100 Stück in Mark	*51*	*29*	*18*	*55*	*39*	*29*	*230*	*145*	*85*
Spannung bis Volt	500	500	500	500	500	500	10000	9000	7500

Hackethaldraht-Gesellschaft m. b. H., Hannover (*s. Inseratanh. S. 15*).
Sächs. Serpentinstein-Gesellschaft zu Zöblitz, G. m. b. H., Zöblitz i. S. (*s. Inseratanh. S. 19*).
Gustav Richter, Charlottenburg-Berlin (*s. Inseratanh. S. 11*).
Albert Thode & Ko., Hamburg (*s. Inseratanh. S. 4*).

Spezifische Widerstände von Isolatoren nach mehrere Minuten langer Elektrisierung.

Name	Widerstand eines ccm in Megohm	Temperatur
Vulkanfieber	$1,2 \cdot 10^{12}$	20°
Glimmer	$84 \cdot 20^{12}$	20°
Guttapercha	$450 \cdot 10^{12}$	24°
Kautschuk, vulk.	$450 \cdot 10^{12}$	15°
Gummilack	$9\,000 \cdot 10^{12}$	28°
Hoopermasse	$15\,000 \cdot 10^{12}$	28°
Fowlersche Masse	$7\,300 \cdot 10^{12}$	15°
Waringsche »	$7\,000 \cdot 10^{12}$	15°
Ebonit	$28\,000 \cdot 10^{12}$	46°
Paraffin	$34\,000 \cdot 10^{12}$	46°
Flintglas	$20\,000 \cdot 10^{12}$	20°
Luft	∞	—

Isolatorenbefestigung. Für die Befestigung der Isolatoren auf den Stützen kommt man allgemein wieder auf Hanf mit Leinöl,

Mennig oder auch Asphalt als Bindemittel zurück, nachdem mit dem Vergießen mit Metallzement u. dgl., auch mit Bleiglätte und Glyzerin schlechte oder unbefriedigende Erfahrungen gemacht worden sind. Selbst bei Verwendung galvanisierter Stützen wird ein Sprengen festgegossener Isolatoren auf die Dauer nicht vermieden.

Isolatoren für Telegraphenleitungen, Befestigung derselben. Der oberste Isolator wird 6 cm unterhalb des tiefsten Punktes der Abschrägung an dem Mastende eingeschraubt, die folgenden Isolatoren abwechselnd auf der einen oder anderen Seite in normaler Entfernung von 24 cm, in minimaler Entfernung von 15 cm.

Isolatorenprüfung. 200 Isolatoren werden mit der Öffnung nach aufwärts, ca. 15 mm aus der Flüssigkeit herausragend, in verdünnte Salzlösung gestellt, durch ein eggenförmiges Metallgitter, dessen Spitzen in die Isolatoren eingreifen, verbunden und die Glockenränder sorgfältig getrocknet. Der Isolationswiderstand wird nach der Methode des direkten Ausschlages mit Hilfe einer Batterie von 200 Volt Spannung gemessen. Der gefundene Widerstand mit 200 multipliziert gibt den Isolationswiderstand eines Isolators.

Isolatorstützen. Die Isolatorstützen werden entweder mit Holzschraubengewinde versehen, zum direkten Einschrauben in Holzmasten, wobei außer dem Gewinde noch ein Teil der eigentlichen Stütze in das Holz eindringen muß, oder sie werden mit Metallschraubengewinde versehen und auf Flacheisen oder Winkeleisen bzw. [-Eisen befestigt. Bei hakenförmigen Stützen muß sich die Befestigungsschraube in einer Linie mit dem Isolierhals befinden.

Man verwendet gerade Eisenbolzen oder S-förmige Bügel; Befestigung der Glocke auf den Stützen durch Verschraubung, wobei die Stütze mit leinölgetränktem Hanf umwickelt wird, oder mittels Kitte oder mittels besonderer Zemente. Gips allein ist zu verwerfen. Das Aufsetzen auf die Stützen erfolgt vor der Befestigung der letzteren auf der Tragkonstruktion.

	Gerade Stützen						Gebogene Stützen			Einfache Hängestützen				Doppel- Hängestützen			
Nettogewicht pro 100 Stück in kg:	105	100	95	56	32	18	135	80	40	160	84	40	35	235	120	60	50
Preis pro 100 Stück in Mark:	*42*	*40*	*97*	*26*	*19*	*14*	*44*	*27*	*16*	*47*	*25*	*16*	*10*	*108*	*84*	*68*	*50*

Albert Thode & Ko., Hamburg (*s. Inseratanh. S. 4*).

Isolierbänder sind Leinwandstreifen mit aufgestrichener oder aufgewalzter Isoliermasse von verschiedenem Gummigehalt oder mit Asphalt- oder Teermischung getränkt. Preis pro 100 kg, Primaqualität, *M 700.*

Persicaner & Ko., Berlin W., Bülowstr. 57.
Albert Thode & Ko., Hamburg (*s. Inseratanh. S. 4*).

Bergmann-Elektrizitätswerke, Aktiengesellschaft (Abt. J), Berlin N., Henningsdorferstr. 33. 34. 35 (*s. vordere innere Deckelseite*).

Isolierkugeln für Abspanndrähte aus Ambroin ℳ *1.20* bis *1.40.*

Isolierlack. Anforderungen an denselben: Der Isolierlack muß nicht nur bei gewöhnlicher Temperatur, sondern auch bei erhöhter Temperatur gut isolieren, d. h. er darf bei derselben nicht weich werden, da sich sonst die Isolierfähigkeit vermindert. Der Lack muß elastisch sein, so daß die lackierten Gegenstände gebogen werden können, ohne daß der schützende Überzug dabei leidet. Die Adhäsion, mit welcher der Isolierlack an den verschiedenen Substanzen haften muß, muß sehr groß sein.

Isolierlacke für Erdkabel und bloßliegende Starkstromleitungen: a) 2 Teile deutscher Asphalt werden mit 0,4 Teilen Schwefel zusammen geschmolzen, 5 Teile Leinölfirnis, Leinöl oder Baumwollsamenöl hinzugefügt, dann 5—6 Stunden auf 160° C gehalten, hierauf nach Bedarf Terpentinöl hinzugegossen. b) 3 Teile Elaterit werden mit 2 Teilen Leinölfirnis 5—6 Stunden auf 200° gehalten, dann 3 Teile deutscher Asphalt geschmolzen, beide zusammengegossen und abermals 3—4 Stunden auf 200° C gehalten, dann 1 Teil Leinölfirnis und nach Bedarf Terpentinöl zugesetzt.

Isolierlacke für Dynamomaschinen und Leitungen mit schwacher Stromspannung: a) 4 Teile Schellack, 2 Teile Sandarak, 2 Teile Leinöl- oder Holzölsäure, 15 Teile Alkohol. b) 4 Teile Schellack, 4 Teile Sandarak, 1 Teil Elemi, 20 Teile Alkohol.

Melrowsky & Ko., Köln-Ehrenfeld (*s. Inseratanh. S. 19*).
Albert Thode & Ko., Hamburg (*s. Inseratanh. S. 4*).

Isoliermaterialien, Zusammenstellung ihrer Eigenschaften.

Ätnamaterial = Große Widerstandsfähigkeit gegen Temperaturveränderungen, in geringem Maße hygroskopisch;
Ambroin = Große Isolierfähigkeit, große Zugfestigkeit, wetterbeständig, fast nicht hygroskopisch;
Eburin = Wetterbeständig und fest;
Hartgummi = Große Isolierfähigkeit, große Haltbarkeit an der Luft und im Wasser. Bei höheren Temperaturen geringere Festigkeit. Nachteilige Schwefelabsonderungen;
Ohmit = Nicht hygroskopisch, große Festigkeit auch bei hohen Temperaturen, große Isolierfähigkeit;
Porzellan = Große Isolierfähigkeit, leicht zerbrechlich;
Stabilit = Gleiche Isolierfähigkeit wie Hartgummi, in geringem Maße hygroskopisch, widerstandsfähig gegen Erschütterungen;
Vulkanit-Asbest = Fest, wetterbeständig, gut isolierend;
Vulkanfiber = Mittlere Isolierfähigkeit, geringe Festigkeit, stark hygroskopisch;
Wiederaufgebauter Granit = Frostbeständig, wird nur von Flußsäure angegriffen.

H. Köttgen & Ko., Berg.-Gladbach.
Melrowsky & Ko., Köln-Ehrenfeld (*s. Inseratanh. S. 19*).
Thiemig & Streubel, Leipzig, Berlinerstr. 20 (*s. Inseratanh. S. 18*).
Bergmann-Elektrizitätswerke, Aktiengesellschaft (Abt. J), Berlin N., Henningsdorferstr. 33. 34. 35 (*s. vordere innere Deckelseite*).

Isolierröhren (siehe **Innenleitungen**). In Längen von 3—4 m und mit lichter Weite von 7—48 mm hergestellt. (Bergmann, Elektr. Werke; Siemens-Schuckertwerke.) Hergestellt aus mehreren spiralförmig gewundenen Papierstreifen, welche mit Kohlenwasserstoff durchtränkt werden, um sie wasserdicht, hart und etwas elastisch zu machen. Sie müssen im Innern vollständig glatt sein. Zuerst wird das Rohrnetz verlegt und dann die Leitungen mittels Stahlbandes durchgezogen. Für die Biegungen werden besonders gekrümmte Stücke verwendet. Verbindung der einzelnen Rohrstücke durch Rohrmuffen, welche vor dem Aufziehen leicht erwärmt und, nachdem die Rohrenden eingefügt sind, durch eine besondere Würgzange so eingekerbt werden, daß die Verbindung vollständig wasserdicht wird. Die Rohre können nach leichter Erwärmung gebogen werden. Die Rohre werden innerhalb des Verputzes oder auf demselben verlegt und durch Rohrschellen befestigt. In feuchten Räumen, oder wo Dünste und Dämpfe sind, müssen die Verbindungsstellen besonders gut abgedichtet werden. Die Mannheimer Gummifabrik stellt Hartgummi-Isolierröhren her, welche biegsam sind, so daß bei ihrer Verwendung besondere Fassonstücke entfallen können.

Zum Einziehen der Leitungen in die verlegten Isolierrohre wird, um im Rohrinnern große Glätte zu erzeugen, Specksteinmehl eingeblasen und hierauf das zum Einziehen bestimmte Stahlband oder Stahlseil, welches vorne mit einer kleinen Metallkugel versehen ist, von einer Dose aus eingezogen, bis die Kugel zur nächsten Dose gelangt, worauf der am Ende des Stahlbandes in einer Öse befestigte Leitungsdraht eingezogen wird.

In ähnlicher Weise erfolgt das Befreien der Röhren von Feuchtigkeit, indem an das Stahlseil ein Knäuel von Baumwollengarn (Lampendocht) befestigt und durchgezogen wird (siehe **Messingröhren** und **Isolierröhren, schwarze**).

Isolierrohre mit verbleitem Überzug kommen hauptsächlich in chemischen Fabriken und solchen Betrieben in Verwendung, die dem Einfluß von Säuren stark ausgesetzt sind. Rohre und Zubehör werden aus Eisenblech hergestellt und mit einem fest haftenden, zähen Bleimantel von großer mechanischer Festigkeit versehen. Die Preise sind dieselben wie für Messingrohre (siehe daselbst).

Bei Anwendung des Rohrsystems als geerdeter Leiter kann es vorkommen, daß die von den Rohren zu führende Strommenge so groß ist, daß die Wandstärke der Rohre keinen genügend großen Querschnitt aufweist, daß also ein zu großer Spannungsabfall eintreten würde, und daß man, um den Spannungsabfall zu vermeiden, die Rohrwandquerschnitte verstärken müßte. Dies ist jedoch für die praktische Ausführung unzweckmäßig, da dickwandige Rohre sehr teuer und sowohl in der Bearbeitung wie in der Verlegung sehr unbequem sein würden. Besser hilft man sich in diesem Falle durch Parallelschalten eines blanken Kupferdrahtes, welcher entweder mit Krampen neben dem Rohr verlegt und an geeigneten Stellen mit dem Rohrsystem verbunden oder gemeinsam mit dem isolierten Leiter in das Rohr eingezogen wird. Ein solcher blanker Draht verteuert die Anlage nur ganz unwesentlich und beseitigt alle Bedenken.

Isolierröhren, schwarze, ohne Bleimantel (siehe **Isolierröhren**).

Bergmann-Elektrizitätswerke, Aktiengesellschaft (Abt. J), Berlin N., Henningsdorferstr. 33. 34. 35 (*s. vordere innere Deckelseite*).

Preis pro 100 m.

Lichte Weite der Röhren mm	Ohne Muffen ℳ	Mit 1 Muffe aus Isoliermaterial ℳ	Mit 1 Messingmuffe ℳ
7	*14.—*	*16.—*	*17*
9	*15.—*	*17.—*	*18*
11	*16.50*	*18.50*	*20*
13	*20.—*	*22.—*	*24*
16	*27.—*	*30.—*	*31*
23	*34.—*	*38.—*	*40*
29	*43.—*	*48.—*	*52*
36	*78.—*	*84.—*	—
48	*112.—*	*120.—*	—

Kostenvergleichung der verschiedenen Systeme.

Isolierrohr mit Stahlpanzer			Isolierrohr mit Messingüberzug			Rollen auf Dübeln		Stahlrohr	
2 bzw. 3 isol. Leitungen im Rohr	1 bzw. 2 isol. Leitung. und 1 blanke Leit. im Rohr	1 bzw. 2 isol. Leitungen im Rohr, 1 Leitg. gekrampt	2 bzw. 3 isol. Leitungen im Rohr	1 bzw. 2 isol. Leitung. und 1 blanke Leit. im Rohr.	1 bzw. 2 isol. Leitungen im Rohr, 1 blanke Leit. gekrampt	2 bzw. 3 isol. Leitungen	1 bzw. 2 isol. Leitung. und 1 blanke Leit. gekrampt	2 Leitung. in 1 Rohr, Schutzsystem	1 Leitung im Rohr. Rohr geerdet. Leit.
Kosten der gesamten Installation, einschließlich Leitungsmaterial.									
ℳ	ℳ	ℳ	ℳ	ℳ	ℳ	ℳ	ℳ	ℳ	ℳ
5651	*5587*	*5323*	*4100*	*4161*	*3898*	*3247*	*2155*	*4202*	*3221*

Vorschriften des V. d. E.

Papierrohre ohne Metallüberzug dürfen nicht unter Putz verlegt werden.

Drahtverbindungen innerhalb der Rohre sind nicht statthaft.

Die lichte Weite der Rohre, die Zahl und der Radius der Krümmungen sowie die Anzahl und Lage der Verbindungsdosen müssen so gewählt sein, daß man die Drähte leicht einziehen und entfernen kann.

Drähte, welche Wechsel- oder Mehrphasenstrom führen, müssen, wenn sie in metallenen oder metallüberzogenen Rohren liegen, so zusammengelegt werden, daß die Summe der durch das Rohr gehenden Ströme Null ist. Im übrigen ist es gestattet, drei Drähte bis zu 6 qmm Kupferquerschnitt in ein einziges Rohr zu verlegen (vgl. außerdem § 26h). Rohre für mehr als einen Draht müssen mindestens 11 mm lichte Weite haben.

In Metallrohren, auch solchen mit Längsschlitz, ohne isolierende Auskleidung müssen die Drähte mindestens nach § 7c isoliert sein.

Die Rohre sind so herzurichten, daß die Isolierung der Leitungen durch vorstehende Teile und scharfe Kanten nicht verletzt werden kann.

Die Rohre sind so zu verlegen, daß sich an keiner Stelle Wasser ansammeln kann.

Isolierrohrverbindungen werden hergestellt, indem die zu verbindenden Rohrenden mit einer kleinzähnigen Säge gerade abgesägt, vermittelst des Rohranfraisers (siehe daselbst) vom Grate befreit, etwas angewärmt und in die Verbindungsmuffe (siehe daselbst) so eingeschoben werden, daß sich der Stoß in der Mitte der Muffe befindet. Bei Verwendung von Messingmuffen (siehe daselbst) wird letztere nachher mittels einer Verbindungszange an beiden Rohrenden gewürgt, wodurch die Muffe fest an die Isolierröhren angepreßt und eine absolut dichte Verbindung hergestellt wird.

Bergmann-Elektrizitätswerke, Aktiengesellschaft (Abt. J), Berlin N., Henningsdorferstr. 33. 34. 35 (*s. vordere innere Deckelseite*).

Isolierrohrverlegung. Bei der Vornahme derselben sind folgende Gesichtspunkte zu beachten: Die Verlegung muß so erfolgen, daß sich an keiner Stelle Wasser ansammeln kann; um den Durchzug von feuchten Luftströmen, die Wasser abscheiden könnten, zu verhindern, müssen die Röhren sofort nach der Verlegung an der höher gelegenen Mündung des Rohrkanals luftdicht verschlossen werden; die Röhren sind stets mit entsprechendem Gefälle zu verlegen; sämtliche Verbindungsstellen müssen vollkommen luftdicht hergestellt werden; die lichte Weite der Rohre, die Zahl und der Radius der Krümmungen sowie die Zahl der Dosen müssen so gewählt werden, daß man die Leitungen jederzeit leicht einziehen und entfernen kann; Drahtverbindungen dürfen nicht innerhalb der Röhren, sondern nur in Verbindungsdosen ausgeführt werden; bei Neubauten dürfen die Leitungsdrähte erst nach vollendeter Austrocknung der Wände eingezogen werden; die Röhren dürfen nicht in solche Wände verlegt werden, die häufiger Benetzung ausgesetzt sind; Isolierröhren ohne Metallüberzug dürfen nicht unter Putz verlegt werden; in ununterbrochenen Rohrstrecken darf der maximale Abstand von Dose zu Dose nicht mehr als 180 mm betragen; mehr als drei Leiter sollen nicht in einem Rohre verlegt werden; Haupt- und Steigleitung müssen für Hin- und Rückleitung getrennte Röhren erhalten; bei unter Putz verlegten Röhren darf der Leitungsdraht erst nach dem Eintrocknen des Putzes verlegt werden; Messingmuffen dürfen nur in trockenen Räumen verwendet werden; Isolierröhren sollen immer liegend aufbewahrt werden.

Isolierrollen zum Befestigen von Innenleitungen sollen an der Auflagefläche verjüngt sein, um zu verhindern, daß Schwitzwasser auf den Mantel gelangt und zwischen Draht und Wandfläche eine leitende Verbindung hergestellt wird. Je mehr Wulste eine Isolierrolle hat, desto besser isoliert sie, da durch dieselben der Abstand zwischen Draht und Wandfläche vergrößert wird und für das Schwitzwasser bessere und reichlichere Ablaufwege geschaffen werden. In besonders feuchten Räumen sind Isolatoren mit Ölringen zu verwenden, da letztere die Feuchtigkeitsschicht unterbrechen. Die Isolierrollen werden entweder mit durchgehender Schraube befestigt oder mit einem Bolzen versehen, der eingekittet wird.

H Köttgen & Ko, Berg-Gladbach
Gustav Richter, Charlottenburg-Berlin (s *Inseratanh S 11*)
Albert Thode & Ko, Hamburg (s *Inseratanh S 4*)

J.

Jablochkoffsche Kerze besteht aus zwei dünnen, parallelen, durch eine Kaolinschicht getrennten, nebeneinander aufgestellten Kohlenstäbchen, deren untere Enden in Messingröhren stecken, in welche die Zuleitungsdrähte eingeführt werden. Zwischen den oberen Enden, die aus der Kaolinschicht herausragen, ist ein kleines Holzkohlenstück eingeklemmt, welches beim Schließen des Stromes glühend wird und verbrennt, während der Lichtbogen zurückbleibt. Die Jablochkoffschen Kerzen können nur mit Wechselstrom betrieben werden. (Sie sind nicht mehr in Verwendung.)

Jacobische Einheit ist jene Stromstärke, welche in 1 Minute 1 ccm Knallgas und 760 mm Druck liefert.

Jacquins System der elektrischen Zugbeleuchtung verwendet eine Doppelbatterie. Die Lampen erhalten in der Regel nur Strom von einer der beiden Batterien, während die andere Batterie geladen wird. Von Zeit zu Zeit wird automatisch umgeschaltet, so daß die Batterie, welche die Speisung der Lampen besorgt, an die Dynamo und die frisch geladene Batterie an die Lampen gelegt wird. Bei Aufenthalten werden beide Batterien parallel geschaltet, um eine ungleichmäßige Beanspruchung derselben zu vermeiden. Die Umschaltung der Batterien erfolgt automatisch. Vorteil des Systems Verwendung kleiner Batterien

Janduslampe ist eine Dauerbrandlampe (siehe daselbst), welche ohne besonderen Mechanismus arbeitet, indem sie die Oberkohle samt einem oben konisch zulaufenden Kern unter der Einwirkung eines Solenoids so hoch gegen ein feststehendes Schlußstück zieht, daß die Wirkung des Solenoids und des Gewichtes der gehobenen Teile einander gerade das Gleichgewicht halten. Die Kohlenauswechselung erfolgt alle 100—150 Stunden

Dr Albert Lessing, Nürnberg (Kohlen zum Betrieb derselben) (s *Inseratanh S. 1*)

Janussystem ist charakterisiert durch die doppelte Benutzungsweise ein und desselben Privatapparates als Post- und Haustelephon.

Japanpapier (Waterproof-Felt) besitzt große Zähigkeit, Geschmeidigkeit, gute Isolierfähigkeit, trägt sehr wenig auf und bietet, wenn mit einem guten Isolierlack behandelt, eine vorzügliche Isolation. Rollenlänge ca. 90 m, Rollenbreite ca. 900 mm, Rollengewicht ca. 7—8 kg. Preis ungummiert pro m je nach Qualität *M —.70—1.10.* Gummiert in Rollen von ca. 130 m je nach Breite

	12,5 mm	15 mm	19 mm	25 mm
pro Rolle *M*	*1.70*	*2.40*	*2.80*	*3.20*

Jodkaliumpapier gibt unter die Poldrähte gelegt am positiven Pol eine schwache Färbung.

Joulesches Gesetz. In jedem Leiterstück ist die in der Zeiteinheit entwickelte Wärmemenge gleich dem Widerstand des Leiterstücks, multipliziert mit dem Quadrate der Stromstärke.

Joulesche Wärme — die durch den elektrischen Strom erzeugte Wärme.

K.

Kabel. In neuerer Zeit werden die Kabel mit Papierisolation (Allgem. Elektr.-Ges.) ausgeführt, wobei dem Papier durch ein Imprägnierverfahren jener hohe Grad von Geschmeidigkeit verliehen wird, den das Kabel besitzen muß, um bei der Verlegung nicht beschädigt zu werden. Die Verlegung von Papierkabeln ist bei Frostwetter durchaus unzulässig. Die einzelnen Adern dieser Kabel werden zunächst mit einer aus vielen Lagen Papier bestehenden Isolationshülle versehen, das vorher mit einer es geschmeidig machenden Tränkmasse imprägniert war, darauf werden sie verseilt und erhalten wiederum eine Papierumspinnung. Nach gründlicher Trocknung im Vakuumschrank und nochmaliger Tränkung mit einer Spezialmasse im Vakuumkessel wird der Bleimantel über das Kabel gepreßt, worauf dann die Armierung in der üblichen Weise vor sich geht. Um die einzelnen Adern unterscheiden zu können, erhalten dieselben in der Regel über der obersten Papierlage noch eine Umspinnung mit farbiger Leinwand. Der Preis eines Kabels von gegebenem Querschnitt wird dann ein Minimum sein, wenn es gelingt, das erforderliche Kupfer mit der notwendigen Isolation in einem möglichst kleinen Gesamtvolumen unterzubringen.

Die Prüfung der Kabelisolation, welche von der Betriebsspannung abhängig ist, erfolgt, nachdem die Kabel mehrere Tage bei einer gleichbleibenden Temperatur von 25° C im Wasser gelegen sind. Der Isolationswiderstand soll mit allen Muffen und Kabelkasten, jedoch ohne Hausanschlüsse, bei fertig verlegten Kabeln, welche mit der Betriebsspannung zu prüfen sind, mindestens 10 Megohm betragen. Um die Kabel gegen Durchschlag zu prüfen, werden sie bei einer Betriebsspannung bis zu 3000 Volt mit der doppelten, über 3000 Volt mit einer um 3000 Volt vermehrten Betriebsspannung geprüft.

Süddeutsche Kabelwerke A.-G., Mannheim.
Hackethaldraht-Gesellschaft m. b. H., Hannover (*s. Inseratanh. S. 15*).
Aubert, Grenier & Ko., Kabelfabrik, Cossonay-Gare (*s. Inseratanh. S. 7*).

Konzentrische Dreifachkabel.

Kupfer-querschnitt	Blanke Bleikabel			Asphaltierte Bleikabel			Eisenbandarm. Bleikab.		
	Äußer. Durchmesser	Gewicht pro km	Preis pro km	Äußer. Durchmesser	Gewicht pro km	Preis pro km	Äußer. Durchmesser	Gewicht pro km	Preis pro km
qmm	mm	kg	ℳ	mm	kg	ℳ	mm	kg	ℳ
Für eine Betriebsspannung von 600 Volt.									
3× 10	24,2	2 369	*2 095*	28,2	2 668	*2 250*	35,8	4 355	*2 822*
3× 16	26,4	2 834	*2 594*	30,4	3 144	*2 741*	38,0	4 976	*3 404*
3× 25	28,0	3 259	*3 234*	32,0	3 589	*3 369*	39,6	5 507	*4 080*
3× 35	31,1	3 938	*3 878*	35,1	4 305	*4 113*	43,1	6 568	*4 952*
3× 50	34,0	4 756	*5 037*	38,0	5 157	*5 217*	46,0	7 601	*6 110*
3× 70	37,2	5 654	*6 395*	41,2	6 093	*6 592*	49,2	8 734	*7 554*
3× 95	40,1	6 788	*7 961*	44,1	7 249	*8 168*	52,5	10 272	*9 207*
3×120	45,3	8 304	*9 908*	49,3	8 834	*10 140*	57,7	12 207	*11 381*
3×150	48,0	9 577	*12 126*	52,0	10 148	*12 366*	60,4	13 696	*13 704*
3×185	53,1	11 325	*14 588*	57,1	11 934	*14 862*	65,5	15 837	*16 391*
Für eine Betriebsspannung von 1000 Volt.									
3× 10	24,2	2 369	*2 305*	28,2	2 668	*2 475*	35,8	4 355	*3 104*
3× 16	26,4	2 834	*2 853*	30,4	3 144	*3 015*	38,0	4 976	*3 744*
3× 25	28,0	3 259	*3 557*	32,0	3 589	*3 706*	39,6	5 507	*4 488*
3× 35	31,1	3 938	*1 266*	35,1	4 305	*4 524*	43,1	6 568	*5 447*
3× 50	34,0	4 756	*5 541*	38,0	5 157	*5 739*	46,0	7 601	*6 721*
3× 70	37,2	5 654	*7 035*	41,2	6 093	*7 251*	49,2	8 734	*8 309*
3× 95	40,1	6 788	*8 757*	44,1	7 249	*8 985*	52,5	10 272	*10 128*
3×120	45,3	8 304	*10 899*	49,3	8 834	*11 154*	57,7	12 207	*12 519*
3×150	48,0	9 577	*13 339*	52,0	10 148	*13 603*	60,4	13 696	*15 074*
3×185	53,1	11 325	*16 047*	57,1	11 934	*16 348*	65,5	15 837	*18 030*
Verseilte Dreifachkabel.									
Für eine Betriebsspannung von 1000 Volt.									
3× 10	23,8	2 376	*2 365*	27,8	2 669	*2 537*	35,4	4 341	*3 135*
3× 16	27,2	2 990	*3 043*	31,2	3 308	*3 207*	38,8	5 186	*3 959*
3× 25	29,3	3 613	*3 656*	33,3	3 963	*3 881*	42,3	6 273	*4 929*
3× 35	32,8	4 277	*4 686*	36,8	4 667	*4 907*	44,8	7 028	*5 876*
3× 50	36,5	5 255	*6 075*	40,5	5 681	*6 283*	48,5	8 279	*7 319*
3× 70	40,1	6 397	*7 688*	44,1	6 858	*7 926*	52,5	9 881	*9 075*
3× 95	44,4	7 797	*9 678*	48,4	8 315	*9 939*	56,8	11 629	*11 246*
3×120	49,1	9 344	*12 012*	53,1	9 926	*12 295*	61,5	13 551	*13 820*
3×150	53,0	10 926	*14 608*	57,0	11 539	*14 919*	65,4	15 431	*16 601*
Für eine Betriebsspannung von 2000 Volt.									
3× 10	29,4	3 270	*2 720*	33,4	3 620	*2 835*	41,4	5 779	*3 450*
3× 16	32,7	3 880	*3 336*	36,7	4 269	*3 540*	44,7	6 625	*4 415*
3× 25	35,7	4 624	*4 220*	39,7	5 043	*4 400*	47,7	7 592	*5 328*
3× 35	38,7	5 436	*5 088*	42,7	5 886	*5 310*	50,7	8 612	*6 303*
3× 50	41,9	6 417	*6 293*	45,9	6 910	*6 504*	54,3	10 055	*7 638*
3× 70	45,5	7 517	*7 853*	49,5	8 051	*8 093*	57,9	11 437	*9 350*
3× 95	49,8	9 000	*9 900*	53,8	9 590	*10 149*	62,2	13 257	*11 568*
3×120	53,5	10 449	*12 021*	57,5	11 070	*12 317*	65,9	14 994	*13 863*

Kabelabzweigungen. Kosten derselben inklusive Material und Montage:

Kabelquerschnitte qmm	Muffen		Lötstellen	
	einpolig	zweipol.	einpolig	zweipol.
50	ℳ *20*	ℳ *28*	ℳ *8*	ℳ *15*
100	» *25*	» *35*	» *9*	» *17*
200	» *35*	» *45*	» *10*	» *19*
500	» *50*	» *70*	» *12*	» *22*

Kabelarmaturen (siehe **Kabelverteilkasten, -abzweigmuffen, -verbindungsmuffen, -endverschlüsse**). Preis in Mark.

Kupferquerschnitt qmm	Gußeiserne Verbindungsmuffen	Gußeiserne Abzweig- (T) muffen	Gußeiserne Kreuz- (+) muffen	Gußeiserne Doppelabzweig- ╥ muffen	Hartgummi-Endverschlüsse mit Kabelschuhen
		Einleiter-Niederspannunngs-Bleikabel.			
25	*10.—*	*15.—*	*21.25*	*21.25*	*1.65*
50	*12.50*	*18.75*	*27.50*	*27.50*	*2.25*
70	*12.50*	*18.75*	*27.50*	*27.50*	*3.—*
95	*12.50*	*18.75*	*27.50*	*27.50*	*3.50*
120	*18.75*	*27.50*	*37.50*	*37.50*	*4.10*
150	*18.75*	*27.50*	*37.50*	*37.50*	*4.50*
185	*18.75*	*27.50*	*37.50*	*43.75*	*5.65*
240	*18.75*	*27.50*	*37.50*	*43.75*	*6.25*
310	*25.—*	*37.50*	*50.—*	—	*7.50*
400	*25.—*	*37.50*	*50.—*	—	*11.25*
500	*25.—*	*37.50*	*50.—*	—	*13.75*
625	*31.25*	*47.50*	*62.50*	—	*16.25*
800	*31.25*	*47.50*	*62.50*	—	*21.25*
1000	*37.50*	*56.25*	*75.—*	—	*25.—*

Kupferquerschnitt qmm	Gußeiserne Verbindungsmuffen	Gußeiserne Abzweig- (T) muffen	Gußeiserne Kreuz- (+) muffen	Gußeiserne Endverschlüsse	Hartgummi-Endverschl. ohne Kabelschuhe
		Für Zweileiter.			
2 × 16	*25.—*	*33.75*	*50.—*	*31.25*	*7.50*
2 × 50	*31.25*	*41.25*	*56.25*	*37.50*	*12.50*
2 × 120	*37.50*	*50.—*	*68.75*	*43.75*	—
2 × 185	*43.75*	*56.25*	*75.—*	*50.—*	—
2 × 310	*50.—*	*62.50*	*81.25*	*62.50*	—
2 × 400	*56.25*	*75.—*	*100.—*	*75.—*	—
		Für Dreileiter.			
3 × 10	*25.—*	*35.—*	*50.—*	*32.25*	*12.—*
3 × 35	*31.25*	*41.25*	*56.25*	*37.50*	*12.50*
3 × 95	*37.50*	*50.—*	*68.75*	*43.75*	—
3 × 150	*43.75*	*56.25*	*75.—*	*50.—*	—
3 × 240	*50.—*	*62.50*	*81.25*	*62.50*	—

Dr. Cassierer & Ko., Berlin. | Fr. Tobisch, Wien.
Südd. Kabelwerke, A.-G., Mannheim. | C. J. Vogel, Berlin.

Kabel, einfaches (siehe **Bleikabel**).

Kabelhalter (siehe **Flußkabel**).

Kabelisolationen werden aus Jute, Hanf, Baumwolle etc., welche mit Isoliermitteln imprägniert sind und durch Bleimantel gegen Feuchtigkeit geschützt werden, hergestellt. Der Bleimantel selbst wird entweder mit geteerter Hanf-, Jute- oder Baumwollumspinnung oder mit spiralförmig in entgegengesetzter Richtung aufgewickelten Eisenbändern oder bloß mit einem Teeranstrich versehen. An Stelle der Gespinstisolationen werden auch Papierisolationen verwendet. Besondere Sorgfalt ist der Isolation der Kabelenden und Kabelabzweigstellen zuzuwenden. Garantien für Kabelisolationen gelten stets pro km bei 15° C. Die Preise der für Kabelisolationen verwendeten Materialien sind pro 1000 kg:

Paragummi	*M* *8000.—*
Kongogummi	» *6000.—*
Zelluloid	» *4000.—*
Bernsteinöl, Schmelzpunkt 115° F	» *520.—*
Konsistentes Fett, Schmelzpunkt 114—116° F	» *660.—*
Raffiniertes Spezialbaumwollöl	» *325.—*
Oxydiertes Baumwollöl, fast steif	» *520.—*
Dickflüssiges Harzöl	» *225.—*
Gewöhnliches Harzöl	» *120.—*
Harz	» *120.—*
Mineralöl	» *90.—*
Pech	» *40.50*
Stearin	» 100.*30*

Die Stoffe, auf welche diese Isoliermaterialien aufgetragen werden, haben annähernd folgende Preise pro kg:

Ägyptische Baumwolle	*M* *1.30*
Leinengarn, ungebleicht	» *1.30*
Manilapapier	» *—.95*
Jute	» *—.60*
Holzfaserpapier	» *—.33*

Kabelmeßwagen. Dieselben sind mit den für Kabelmessungen notwendigen Instrumenten ausgerüstet. Ein derartiger Wagen muß mindestens folgende Ausrüstung haben: Galvanometer (Deprez-D'Arsonval) Batterie, Isolationsschaltung mit Vergleichswiderstand, Schlüssel, Umschalter und Nebenschluß zum Galvanometer, Zellenschalter, Brücke zur Fehlerbestimmung an Kabeln mit zugehörigem Vergleichswiderstand, Wheatstonesche Brücke, Kondensator, Präzisionsvoltmeter, Telephonhörmuschel, Thermometer, Werkzeuge, Meßleinen. Preis eines Wagens je nach Ausstattung *M 3500—4000.*

Dr. Rudolf Franke & Ko., G. m. b. H.,
Hannover.

Kabelquerschnitte, englische, und Leitungsdrähte, Reduktion derselben auf mm.

L. S. G.-Drahtlehre Nr.	Durchmesser mm	Querschnitt mm	Gewicht pro km kg	Widerstand pro km Kupfer bei 16° C
22	0,711	0,397	3,5	45,06
21	0,813	0,518	4,6	34,50
20	0,914	0,656	5,8	27,25
19	1,02	0,810	7,1	22,07
18	1,22	1,167	10,4	15,33
17	1,42	1,588	13,5	11,26
16	1,62	2,075	18,3	8,624
15	1,83	2,626	23	6,816
14	2,03	3,242	28	5,520
13	2,34	4,287	37	4,174
12	2,64	5,480	48	3,266
11	2,94	6,774	60	2,625
10	3,25	8,302	73	2,156
9	3,65	10,50	93	1,703
8	4,06	12,97	115	1,380
7	4,47	15,65	139	1,100
6	4,87	18,67	165	0,924
3/25	1,07	0,585	5	29,07
3/23	1,29	0,893	8	20,19
3/22	1,50	1,216	11	14,83
3/20	1,95	2,000	17,8	8,96
3/18	2,44	3,547	31,7	4,93
7/25	1,54	1,423	13,0	12,43
7/24	1,67	1,741	15,6	10,059
7/23	1,83	2,075	18,3	8,630
7/22	2,13	2,849	25,2	6,337
7/21 ½	2,28	3,242	28,7	5,525
7/21	2,43	3,676	32,7	4,754
7/20 ½	2,51	3,923	37,0	4,561
7/20	2,74	4,65	41,6	3,835
7/19	3,04	5,77	51,5	3,108
7/18	3,66	8,30	74,0	2,158
7/17	4,27	11,28	100,6	1,585
7/16	4,88	14,73	131,8	1,213

Kabelschuhe. Preise für Kabelschuhe zum Anschluß an Apparatenanlagen:

Kabelschuhe für Verlötung je nach Stromstärke bis *M* 5 pro Stück
» » Verschraubung » » » » » 6 » »

J. W. Hofmann, Kötzschenbroda.

Kabelschuhe, normale mit Muffe und angegossener Öse.

Ampere	Bohrung der Muffe mm	Verwendete Schrauben Zoll engl.	Gewicht kg	Preis ℳ
10	2,5	1/4	0,015	*—.36*
20	4,5	1/4	0,015	*—.36*
30	6	1/4	0,017	*—.48*
40	7	1/4	0,017	*—.48*
75	9,5	5/16	0,025	*—.60*
85	10,5	3/8	0,055	*—.92*
100	11,5	3/8	0,055	*—.92*
120	13,5	1/2	0,120	*1.60*
150	15	1/2	6,115	*1.60*
225	18	3/4	0,285	*3.—*
300	22	3/4	0,160	*3.—*

Kabelschutzeisen (siehe **Kabelverlegung**).

Kabelspleißung. Bei der Herstellung der Spleißstellen müssen die beiden Enden durch Verspleißung oder Muffen so fest verbunden werden, daß die eigentliche Lötstelle vollständig von Zug entlastet ist. Die Lötmuffen werden nach sorgfältiger Trocknung des Innern mit Isoliermasse ausgegossen. Sind verschiedenartig hergestellte Kabel miteinander zu verbinden, so erfolgt dies am besten durch Zwischenlegung eines wetterbeständigen Gummikabels. Luftkabel werden durch Überschieben einer mit Isoliermasse auszugießenden Muffe über die Spleißungsstelle verbunden.

Kabelsteine (siehe **Kabelverlegung**).

Kabelverbindungen. Kosten derselben inklusive Material und Montage:

Kabelquerschnitt bis qmm	Muffen einpolig ℳ	Muffen zweipolig ℳ	Lötstellen einpolig ℳ	Lötstellen zweipolig ℳ
50	*15*	*22*	*7*	*12*
100	*20*	*30*	*8*	*15*
200	*25*	*40*	*10*	*18*
500	*40*	*50*	*12*	*20*

Kabelverlegung. Bei der Verlegung der Kabel ist an Hand der Gas-, Wasserrohr- und Kanalpläne dafür zu sorgen, daß Kreuzungen mit Gas- und Wasserrohren sowie mit Abzugskanälen vermieden werden. In offenem Terrain sollen die Kabel nie in der Nähe von humusreichem Boden und Düngerlager vorbeigeführt werden. Um sich sofort über die Pole orientieren zu können, wird das Kabel, von der Kraftzentrale aus gesehen, rechts verlegt und mit Bügeln aus verzinktem Eisenblech bezeichnet. Die + Kabel werden zum Unterschiede mit Bleistreifen versehen.

Zum Schutze der Kabel werden dieselben entweder nur mit einer einfachen Backsteinabdeckung versehen, oder es werden, um auch seitlichen Schutz zu erreichen, die Backsteine zu beiden Seiten des Kabels nebeneinander gereiht und oben durch eine Backsteinlage abgedeckt. Bei sorgfältiger Ausführung werden Kanäle aus Backsteinen gemauert. An Stelle der Backsteinkanäle verwendet man ferner Kabelsteine mit gefalztem oder ungefalztem Deckel. Die vereinigten Ziegelfabriken Thaingen und Hofen, Zündel & Ko., Kanton Schaffhausen, stellen vier Profile her mit folgenden Maßen:

Profil Nr.	Innenmaße	Länge d. Kanals	Länge d. Deckels
1	85× 85 mm	80 cm	40 cm
2	85×120 »	80 »	40 »
3	85×125 »	80 »	40 »
4	110×150 »	80 »	40 »

Der Zwischenraum zwischen Kabel, Kanalwänden und Deckel wird mit Sand ausgefüllt. Eine weitere Verlegungsart ist die Kabelverlegung in Tonrohren, welche in einer Tiefe von 70—90 cm eingebettet werden. Als Ersatz für Kabelkanäle verwendet man Kabelschutzhüllen aus Stampfbeton. Als Kabelschutz kommen ferner in ausgedehntem Maße Zores- oder Belegeisen als Schutzdecke oder kanalförmige Umhüllung des Kabels in Anwendung (Kabelschutzeisen).

Kabelverlegung, direkte in Erde: Dieselbe erfolgt in mäßiger, frostfreier Tiefe auf reiner Sandschicht. Bei Straßen- oder Geleiseübergängen wird das Kabel durch ein eisernes Rohr oder Zoreseisen besonders, gegen Spatenhiebe durch quer überlegte Ziegel oder Drahtnetze geschützt. Die Führung der Kabel vor Jauchepläzen, knapp an Abfuhrkanälen ist zu vermeiden.

Bei Verlegung in Holzkanälen werden diese durch eingegossene Asphaltstege streckenweise unterteilt, damit eventuell eindringendes Leuchtgas keine offene Bahn findet.

Nach dem Verfahren der Ges. f. Kabelschutzanlagen, G. m. b. H., Berlin-Zehlendorf, werden an Stelle der kurzen, fabrikationsmäßig hergestellten Formstücke in den Verlegungsgraben selbst gegossene und daher nahtlose Drähte verwendet. Die Kanäle werden dadurch gebildet, daß entsprechend lange, rohrförmige, mit einem leicht schmelzbaren Gemisch von Paraffin und Graphit dünn umkleidete Kerne in der Grube in der gewünschten Lage fixiert und sodann mit Zement umstampft werden. Nach dem Erstarren wird Dampf oder heißes Wasser in die Kerne geleitet, wodurch letztere infolge des Abschmelzens der Umkleidung leicht herausgezogen werden können. Die auf dem Boden der Kanäle verbleibende fettige Masse imprägniert die Wandungen und erleichtert das Einziehen der Kabel.

Herstellen von Kabelgräben: 60 cm breit, 70 cm tief mit eingefüllter 20 cm hoher Sandschicht, Zufüllen, Feststampfen, Abfuhr des überflüssigen Materials pro lfd. km. *ℳ 1500* Erstellungskosten. Verlegen und Abdecken der Kabel mit Betonplatten oder Ziegelsteinen ohne Material pro lfd. km *ℳ 150*.

Zur Röhrenverlegung von Kabeln verwendet man auch oft 3 m lange Eisenrohre, welche mittels Hanfs und Blei gedichtet werden. In Abschnitten von je 200 m mündet der Rohrstrang in einen gemauerten, einsteigbaren Brunnen. Die Kabel werden in die Röhren mittels eines Hilfsdrahtes oder eines dünnen Drahtseiles, das an dem einen Kabelende befestigt wird, eingezogen.

Kabelverteilungskasten. Preis von viereckigen Kasten inklusive Anschlußstücke:

Zweileitersystem.

für 4 × 2 Einfachkabel, 500 × 400 Deckelöffnung *M* *230*
» 6 × 2 » 500 × 400 » » *275*
» 8 × 2 » 770 × 520 » » *440*

Dreileitersystem.

für 4 × 3 Einfachkabel, 500 × 400 Deckelöffnung *M* *300*
» 6 × 3 » 770 × 520 » » *460*
» 8 × 3 » 1160 × 520 » » *560*

Preise von runden Kasten inklusive Zubehör für konzentrische Kabel, für Doppelkabel von Kupferquerschnitten:

bis 2 × 120 qmm, Deckelöffnung 380 mm *M* *110*
über 2 × 120 » » 460 » » *175*
für 3 oder 4 Dreifachkabel, Deckelöffnung 600 mm *M* *480*
» 5 » » 700 » » *580*
» 6 oder 7 » » 700 » » *630*

Käfiganker — Anker, dessen Wickelung aus geraden Stäben hergestellt ist, welche in Nuten untergebracht und auf beiden Stirnseiten durch Ringe von vernachlässigbar kleinem Widerstande verbunden sind.

Kalorie ist jene Wärmemenge, welche erforderlich ist, um 1 kg Wasser von 0° auf 1° C zu erwärmen.

Kaltlichtlampe (siehe unter **Mooresche Glühlampe**).

Kamelhaarriemen.

Breite mm	Preis *M*	Breite mm	Preis *M*	Breite mm	Preis *M*	Breite mm	Preis *M*
40	*1.80*	120	*5.25*	260	*13.50*	525	*32.25*
45	*1.90*	130	*5.75*	270	*14.10*	550	*34.—*
50	*2.—*	140	*6.25*	280	*14.70*	575	*36.—*
55	*2.20*	150	*6.75*	290	*15.30*	600	*38.—*
60	*2.40*	160	*7.25*	300	*16.—*	625	*40.—*
65	*2.60*	170	*7.75*	320	*17.50*	650	*42.—*
70	*2.80*	180	*8.25*	340	*19.—*	675	*44.—*
75	*3.—*	190	*8.80*	360	*20.50*	700	*46.—*
80	*3.25*	200	*9.40*	380	*22.—*	725	*48.—*
85	*3.50*	210	*10.10*	400	*23.50*	750	*50.—*
90	*3.75*	220	*10.80*	425	*25.25*	775	*52.50*
95	*4.—*	230	*11.50*	450	*27.—*	800	*55.—*
100	*4.25*	240	*12.20*	475	*28.75*	900	*65.—*
110	*4.75*	250	*12.80*	500	*30.50*	950	*68.50*
—	—	—	—	—	—	1000	*72.—*

Schwanitz & Ko., Berlin. | C. Scholtz, Hamburg-Barmbeck.

Kamine, eiserne, werden zylindrisch oder nach oben verjüngt angelegt. Sie müssen durch Seile oder Spannketten gut verankert werden und sind nach jeder Reinigung zu teeren.

Heizfläche des Dampfkessels	PS	Kamindurchmesser	Kaminhöhe	Mittlere Blechstärke	Gewicht
qm		m	m	mm	kg
1,2	1	0,14	12	4,6	200
2,5	2	0,20	12	4,6	325
5,0	4	0,28	13	4,8	500
7,5	6	0,30	14	4,8	650
10	8	0,34	16	5,0	950
12	10	0,42	18	5,0	1100
15	12	0,46	20	5,0	1250
20	16	0,53	21	5,0	1600
25	20	0,58	22	5,0	1850
30	24	0,62	23	5,5	2250
35	28	0,67	24	5,5	2650
40	32	0,72	25	5,8	3000
45	36	0,76	25	5,8	3600
50	40	0,80	27	6,0	3750
55	44	0,84	28	6,0	4250
65	52	0,87	29	6,0	4500
75	60	0,90	30	6,5	6250
90	72	1,00	32	7,0	6750
105	84	1,08	34	7,4	8000
125	100	1,15	36	7,7	9269

Kaminkühler (siehe **Kühlvorrichtungen**).

Kaolin — für Herstellung von Beleuchtungskohlen verwendet. Preis pro 100 kg *ℳ 100—200.*

Kapazität ist das Verhältnis der Elektrizitätsmenge zur Spannung.

Kapazität, absolute, Einheit derselben ist die Kapazität jenes Leiters, welcher, mit der absoluten Einheit der Elektrizitätsmenge geladen, die absolute Spannungseinheit liefert.

Kapazität eines Kondensators ist das Verhältnis der auf der Kondensatorplatte befindlichen Spannung zu der Spannung derselben, wenn sie mit der Erde in leitender Verbindung steht.

Kapazität eines Leiters ist das Verhältnis der in ihm befindlichen Elektrizitätsmenge zu der von letzterer hervorgerufenen Spannung.

Kapazität eines Sammlers (Batterie) ist das Produkt aus der Stärke des zulässigen maximalen Entladestromes und der Zeit. Sie hängt von der Größe der Fläche ab, auf der die wirksame Masse mit dem Bleikörper der Elektroden in Verbindung ist.

Kapazität, elektrische, des menschlichen Körpers beträgt nach den Untersuchungen von G. de Metz bei gewöhnlicher Stellung im Mittel rd. 0,00011 Mikrofarad, nach Bordier 0,0025, nach Dubois 0,165 Mikrofarad. Sie ist bei unbekleidetem Körper um 5—10 % geringer als bei bekleidetem Körper.

Kapillarelektrometer dienen zur Messung des Unterschiedes zweier Spannungen aus der Änderung des Meniskus einer Quecksilberoberfläche. Das Kapillarelektrometer von Lippmann besteht aus einer mit verdünnter Schwefelsäure und Quecksilber gefüllten Kapillarröhre. In jede Flüssigkeit taucht eine Elektrode. Je nach der zwischen beiden Flüssigkeiten herrschenden Spannung verschiebt sich die Berührungsstelle beider Flüssigkeiten; die Verschiebung wird mittels Mikroskopes gemessen. Das Instrument dient nur zur Messung kleiner Spannungen (siehe **Elektrometer**).

Kapselmotoren sind vollständig eingeschlossene Typen, um die vitalen Stromabnehmerteile sowie die Ankerwickelung gegen Eindringen von Feuchtigkeit und Staub und gegen etwaige böswillige Eingriffe zu schützen. Kapselmotoren werden gewöhnlich mit Ventilationslöchern versehen, um günstigere Abkühlungsverhältnisse zu erzielen. Besonders bei Straßenbahnen, Kranen und in staubigen oder feuchten Werkstätten angewendet.

Maschinenfabrik Eßlingen in Eßlingen. | Maschinenfabrik Oerlikon, Oerlikon bei Zürich (Schweiz).

Kapselpumpen (siehe **Zentrifugalpumpen**).

Karborundumpapier. Dasselbe kommt in verschiedenen Härtegraden in den Handel und eignet sich besonders gut als Kollektorschleifmittel.

Kaskadenschaltung wird bei Wechselstrombahnen verwendet, um ähnlich wie bei den Gleichstrombahnen Geschwindigkeitsvariationen zu ermöglichen. Bei der Kaskadenschaltung wird der im ersten Motor induzierte Strom zum Induzieren des zweiten Motors verwendet. Es laufen dann beide Motoren mit ungefähr der halben Geschwindigkeit, die jeder Motor allein hätte.

Kathode — negative Elektrode (siehe daselbst). An derselben scheiden sich die Metalle und der Wasserstoff aus.

Kathodenstrahl ist ein Strom negativ elektrisierter Partikelchen.

Kation — der bei der Elektrolyse an der Kathode sich abscheidende positive Bestandteil (Metalle bzw. Wasserstoff), d. h. ein positiv elektrisch geladenes Ion.

Kautschuke sind Körper, welche aus dem Milchsafte tropischer Pflanzen durch Ausscheiden der festen Substanz auf natürlichem oder künstlichem Wege gewonnen werden. Fundorte: Indien (weiß, gelblich, rötlich), Madagaskar, Nubien und Angola (bläulich), Borneo außen schmutzig weißgrau, innen weißlich oder rötlich).

Dr. Heinr. Traun & Söhne vorm. Harburger Gummikamm-Ko., Hamburg, (s. *Inseratanh. letzte Seite*).

Keile zum Befestigen der Anker, Rotoren auf den Wellen werden als Längskeile ausgeführt und erhalten einen Anzug von 1 : 100 bis 1 : 150. Man verwendet meistens Nutenkeile oder

Flachkeile, sehr selten Hohlkeile, fast nie Tangentialkeile. Bedeutet d den Wellendurchmesser in cm, so beträgt die

$$\text{Keilbreite } b = 0{,}8\sqrt{d} \text{ bis } \sqrt{d}\,\text{cm},$$

$$\text{Keilhöhe } h = 0{,}5\sqrt{d} \text{ bis } 0{,}6\sqrt{d}\,\text{cm}.$$

Wellen-durch-messer	Keil-		Wellen-durch-messer	Keil-		Wellen-durch-messer	Keil-	
	Breite	Höhe		Breite	Höhe		Breite	Höhe
mm	mm	mm	mm	mm	mm	mm	mm	mm
30	12	6	100	26	13	180	42	21
40	14	7	110	28	14	200	46	23
50	16	8	120	30	15	220	50	25
60	18	9	130	32	16	240	54	27
70	20	10	140	34	17	260	58	29
80	22	11	150	36	18	280	62	31
90	24	12	160	38	19	300	66	33

Keileisen. Spez. Gewicht 7,7. Preis *M 45—95* pro 100 kg. Der Preis steigt im umgekehrten Verhältnis mit den Abmessungen.

Kellerisolatoren aus Porzellan.

Für Leitungs-querschnitte bis qmm	Spannung bis Volt	Höhe mm	Nettogewicht pro 100 Stück kg	Preis pro 100 Stück M
120	1000	74	34	*32*
50	1000	60	17	*16*
60	500	44	6	*8*

H Köttgen & Ko , Berg -Gladbach. | Albert Thode & Ko , Hamburg (*s Inseratanh S 4*)

Kernmagnete sind Elektromagnete, bei welchen der Anker vor den Spulen liegt.

Kerntransformatoren sind jene, bei welchen sich innerhalb der Wickelung ein Eisenkern befindet. Letzterer wird aus Blechen von höchstens 0,5 mm hergestellt. Querschnitt der Kerne rechteckig. Um Wirbelströme zu vermeiden, wird statt dicker Drähte eine größere Anzahl von dünndrähtigen Spulen, welche parallel geschaltet sind, gewählt.

Kernverluste in Ankern ist die Summe der beiden durch die Ummagnetisierung verursachten Verluste (Hysteresisverluste + Wirbelstromverluste).

Kerze (siehe **Lichtstärke-Einheiten**).

Ketten, irreversible (siehe **Elemente, irreversible**).

Kettenräder für elektrisch betriebene Laufkrane mit Gallschen Gelenkketten.

Kettenteilung	15 mm		20 mm		25 mm		30 mm		35 mm	
Anzahl der Zähne	Äuß. Durchmesser mm	Preis pro Stück ℳ	Äuß. Durchmesser mm	Preis pro Stück ℳ	Äuß. Durchmesser mm	Preis pro Stück ℳ	Äuß. Durchmesser mm	Preis pro Stück ℳ	Äuß. Durchmesser mm	Preis pro Stück ℳ
8	47	*4.—*	64	*4.50*	79	*6.—*	93	*7.—*	108	*9.—*
9	52	*4.25*	70	*4.65*	87	*6.25*	104	*7.45*	116	*9.70*
10	57	*4.40*	76	*4.80*	95	*6.50*	112	*7.90*	129	*10.40*
11	61	*4.55*	82	*5.—*	103	*6.80*	121	*8.35*	140	*11.10*
12	66	*4.70*	88	*5.15*	111	*7.10*	131	*8.80*	151	*11.80*
13	71	*4.85*	95	*5.30*	118	*7.40*	141	*9.25*	162	*12.50*
14	76	*5.—*	101	*5.50*	126	*7.70*	150	*9.70*	173	*13.20*
15	81	*5.15*	107	*5.65*	134	*8.—*	159	*10.15*	185	*13.90*
16	86	*5.30*	114	*5.80*	142	*8.30*	169	*10.60*	196	*14.60*
17	91	*5.45*	121	*6.—*	150	*8.60*	178	*11.10*	207	*15.10*
18	96	*5.60*	127	*6.15*	159	*8.90*	188	*11.55*	218	*15.80*
19	100	*5.75*	133	*6.30*	166	*9.20*	197	*12.—*	229	*16.50*
20	105	*5.90*	140	*6.50*	175	*9.50*	207	*12.50*	240	*17.20*
21	109	*6.05*	147	*6.65*	182	*9.80*	216	*13.—*	251	*17.90*
22	113	*6.20*	152	*6.85*	191	*10.20*	225	*13.50*	263	*18.70*
23	118	*6.35*	160	*7.—*	199	*10.50*	235	*14.—*	274	*19.50*
24	123	*6.50*	165	*7.20*	206	*10.90*	244	*14.50*	285	*20.20*
25	128	*6.65*	171	*7.40*	214	*11.20*	254	*15.—*	296	*21.—*
26	133	*6.80*	177	*7.60*	222	*11.60*	263	*15.50*	307	*21.70*
27	138	*7.—*	183	*7.80*	229	*11.90*	273	*16.—*	318	*22.50*
28	143	*7.15*	190	*8.—*	237	*12.20*	283	*16.40*	329	*23.20*
29	148	*7.30*	197	*8.25*	245	*12.50*	292	*16.80*	340	*24.—*
30	153	*7.50*	203	*8.50*	253	*12.90*	302	*17.20*	352	*24.70*
31	157	*7.65*	210	*8.75*	261	*13.20*	311	*17.70*	363	*25.50*
32	162	*7.80*	216	*9.—*	269	*13.50*	321	*18.20*	374	*26.20*
33	167	*8.—*	223	*9.15*	277	*13.80*	331	*18.70*	385	*27.—*
34	172	*8.10*	229	*9.30*	285	*14.10*	341	*19.20*	396	*28.—*
35	176	*8.25*	235	*9.50*	293	*14.40*	350	*19.70*	407	*28.70*
36	181	*8.40*	242	*9.75*	301	*14.70*	359	*20.20*	418	*29.50*
37	186	*8.50*	248	*10.—*	309	*15.—*	368	*20.70*	429	*30.30*
38	191	*8.65*	255	*10.25*	317	*15.30*	377	*21.10*	441	*31.—*
39	196	*8.80*	262	*10.50*	325	*15.60*	387	*21.60*	452	*31.80*
40	200	*9.—*	267	*10.75*	333	*16.—*	397	*22.—*	463	*32.50*
45	224	*9.75*	299	*12.25*	373	*17.60*	445	*25.—*	519	*36.50*
50	247	*10.50*	331	*14.—*	412	*19.20*	492	*28.—*	564	*40.50*
55	271	*11.25*	363	*15.50*	452	*20.70*	540	*31.—*	630	*45.—*
60	296	*12.25*	395	*17.—*	492	*22.50*	588	*34.—*	686	*49.—*
65	320	*13.10*	427	*18.50*	532	*24.50*	635	*37.—*	741	*55.—*
70	343	*14.—*	458	*20.50*	572	*27.—*	683	*41.—*	798	*60.—*
75	367	*15.—*	490	*22.—*	615	*30.—*	731	*45.—*	853	*64.—*
80	391	*16.—*	522	*23.50*	651	*33.—*	778	*50.—*	909	*70.—*
85	415	*17.50*	554	*25.50*	691	*36.—*	826	*55.—*	965	*76.—*
90	439	*19.—*	585	*27.50*	731	*39.—*	874	*60.—*	1020	*83.—*
95	463	*20.15*	617	*30.—*	770	*42.—*	922	*65.—*	1075	*90.—*
100	487	*21.50*	649	*31.—*	810	*45.—*	971	*70.—*	1131	*96.—*

Kettenteilung	40 mm		45 mm		50 mm		55 mm		60 mm	
Anzahl der Zähne	Äuß. Durchmesser mm	Preis pro Stück ℳ	Äuß. Durchmesser mm	Preis pro Stück ℳ	Äuß. Durchmesser mm	Preis pro Stück ℳ	Äuß. Durchmesser mm	Preis pro Stück ℳ	Äuß. Durchmesser mm	Preis pro Stück ℳ
8	122	9.—	139	10.50	160	11.50	176	14.50	187	16.50
9	133	10.—	153	12.—	174	14.—	192	16.50	205	19.—
10	146	11.—	166	13.50	190	15.75	209	19.—	224	22.—
11	159	12.—	181	15.—	205	17.50	225	21.50	243	25.—
12	171	13.—	195	16.50	221	19.—	244	24.—	262	28.—
13	184	14.—	209	18.—	238	20.75	258	26.—	280	31.—
14	197	15.—	223	19.50	253	22.50	275	28.50	299	34.—
15	210	16.—	237	21.—	268	24.—	291	31.—	318	37.—
16	221	17.—	251	22.50	284	25.75	310	33.—	337	40.—
17	235	18.—	266	24.—	300	27.50	327	35.—	356	43.—
18	248	19.—	281	25.50	316	29.25	345	38.—	375	46.—
19	260	20.—	295	27.—	330	31.—	362	40.50	394	49.—
20	273	21.—	309	28.50	347	32.50	380	43.—	414	52.—
21	286	22.—	323	30.—	362	34.25	398	45.—	433	55.—
22	299	23.—	337	32.—	378	36.—	416	48.—	452	58.—
23	311	24.—	352	33.50	394	38.—	433	50.—	471	61.—
24	324	25.—	366	35.—	410	40.—	451	52.—	490	64.—
25	337	26.—	381	36.50	426	42.—	468	53.50	510	67.—
26	350	27.—	395	38.—	442	44.—	486	55.—	529	70.—
27	362	28.—	410	39.50	458	45.50	503	57.—	548	73.—
28	375	29.—	424	41.—	475	47.50	521	59.—	567	76.—
29	388	30.—	439	42.50	491	49.—	539	61.—	586	78.—
30	400	31.—	453	44.—	506	51.—	556	63.—	606	80.—
31	413	32.—	467	45.—	522	53.—	572	65.—	625	83.—
32	426	33.—	472	46.50	537	55.—	590	66.50	644	86.—
33	439	34.—	486	48.—	553	56.50	608	68.—	663	88.—
34	451	35.50	510	49.—	569	58.—	625	70.—	682	90.—
35	464	36.50	525	50.—	585	60.—	643	72.—	700	92.—
36	477	37.50	539	51.50	601	62.—	660	73.50	719	95.—
37	489	38.50	553	53.—	617	64.—	677	75.—	738	98.—
38	502	39.50	567	54.—	634	66.—	695	77.—	757	100.—
39	515	41.—	582	55.50	649	68.—	712	79.—	776	103.—
40	528	42.—	596	57.—	665	70.—	730	81.—	796	106.—
45	591	48.—	668	63.—	745	80.—	818	90.—	891	116.—
50	655	55.—	739	69.—	825	90.—	905	100.—	986	130.—
55	719	62.—	810	75.—	906	98.—	993	115.—	1082	150.—
60	782	68.—	881	81.—	984	105.—	1081	130.—	1177	170.—
65	846	74.—	953	88.—	1063	115.—	1169	150.—	1273	190.—
70	910	80.—	1025	95.—	1143	124.—	1256	170.—	1368	230.—
75	973	90.—	1096	104.—	1224	133.—	1343	200.—	1454	260.—
80	1037	98.—	1168	112.—	1303	142.—	1430	230.—	1558	300.—
85	1100	106.—	1240	125.—	1382	151.—	1519	260.—	—	—
90	1164	115.—	1312	133.—	1461	160.—	—	—	—	—
95	1228	120.—	1383	140.—	1540	170.—	—	—	—	—
100	1291	125.—	1454	150.—	1621	180.—	—	—	—	—

Kettenteilung	65 mm		70 mm		75 mm		80 mm		85 mm	
Anzahl der Zähne	Äuß. Durchmesser mm	Preis pro Stück ℳ	Äuß. Durchmesser mm	Preis pro Stück ℳ	Äuß. Durchmesser mm	Preis pro Stück ℳ	Äuß. Durchmesser mm	Preis pro Stück ℳ	Äuß. Durchmesser mm	Preis pro Stück ℳ
8	201	*20.50*	221	*24*	236	*28*	247	*33*	294	*38*
9	222	*24.—*	243	*28*	259	*32*	274	*38*	262	*43*
10	243	*27.—*	265	*32*	283	*37*	298	*43*	319	*49*
11	262	*31.—*	287	*35*	306	*41*	323	*48*	347	*55*
12	283	*34.—*	308	*39*	330	*46*	349	*54*	374	*62*
13	303	*38.—*	330	*43*	352	*50*	374	*60*	402	*68*
14	324	*41.—*	352	*47*	375	*55*	400	*65*	430	*75*
15	344	*44.—*	374	*51*	399	*60*	424	*70*	456	*82*
16	364	*48.—*	396	*55*	423	*65*	450	*76*	481	*90*
17	385	*51.—*	419	*59*	446	*70*	476	*82*	507	*98*
18	406	*54.—*	441	*63*	469	*75*	502	*87*	533	*106*
19	426	*58.—*	463	*66*	493	*80*	527	*92*	561	*113*
20	447	*61.—*	485	*70*	519	*85*	553	*98*	588	*120*
21	468	*64.—*	508	*74*	543	*90*	578	*104*	615	*128*
22	489	*67.—*	530	*78*	567	*95*	603	*110*	642	*133*
23	510	*70.—*	552	*81*	591	*100*	629	*115*	669	*139*
24	531	*74.—*	574	*85*	614	*105*	655	*120*	697	*144*
25	551	*77.—*	597	*89*	638	*110*	680	*128*	723	*150*
26	572	*80.—*	619	*93*	663	*115*	706	*136*	750	*156*
27	591	*83.—*	641	*97*	687	*120*	731	*144*	778	*163*
28	612	*85.—*	663	*100*	711	*125*	756	*152*	805	*170*
29	633	*88.—*	686	*104*	736	*130*	781	*160*	833	*177*
30	654	*90.—*	708	*108*	758	*135*	807	*168*	859	*185*
31	675	*93.—*	730	*112*	781	*140*	833	*175*	885	*193*
32	696	*96.—*	752	*117*	805	*145*	859	*183*	912	*200*
33	717	*98.—*	775	*122*	828	*150*	883	*191*	939	*208*
34	738	*100.—*	798	*126*	852	*155*	909	*200*	966	*216*
35	758	*103.—*	820	*130*	876	*160*	935	*210*	993	*224*
36	779	*105.—*	842	*134*	900	*165*	960	*220*	1020	*232*
37	800	*108.—*	865	*138*	924	*170*	986	*230*	1047	*240*
38	820	*111.—*	886	*142*	949	*175*	1011	*240*	1073	*250*
39	841	*113.—*	908	*146*	973	*180*	1036	*250*	1100	*260*
40	862	*115.—*	931	*150*	996	*185*	1062	*260*	1128	*270*
45	964	*130.—*	1042	*170*	1115	*210*	1189	*270*	1263	*330*
50	1068	*150.—*	1153	*190*	1235	*240*	1316	*320*	1398	*400*
55	1171	*180.—*	1265	*210*	1356	*280*	1443	*370*	—	—
60	1275	*210.—*	1377	*240*	1474	*320*	—	—	—	—
65	1379	*250.—*	1489	*300*	—	—	—	—	—	—
70	1484	*300.—*	—	—	—	—	—	—	—	—
75	1586	*350.—*	—	—	—	—	—	—	—	—

Kettenteilung	90 mm		95 mm		100 mm		110 mm		120 mm	
Anzahl der Zähne	Äuß. Durchmesser mm	Preis pro Stück *M*	Äuß. Durchmesser mm	Preis pro Stück *M*	Äuß. Durchmesser mm	Preis pro Stück *M*	Äuß. Durchmesser mm	Preis pro Stück *M*	Äuß. Durchmesser mm	Preis pro Stück *M*
8	282	*42*	298	*50*	309	*52*	341	*60*	372	*75*
9	310	*48*	327	*55*	342	*60*	376	*70*	410	*90*
10	338	*55*	356	*62*	373	*70*	411	*80*	447	*105*
11	366	*62*	386	*70*	405	*80*	446	*90*	485	*120*
12	393	*70*	416	*77*	436	*90*	482	*102*	523	*135*
13	421	*78*	447	*84*	468	*100*	517	*114*	562	*150*
14	449	*85*	477	*91*	500	*110*	551	*126*	600	*165*
15	478	*93*	507	*98*	531	*120*	586	*138*	639	*180*
16	507	*102*	537	*105*	562	*130*	621	*150*	676	*195*
17	537	*110*	568	*113*	592	*140*	656	*162*	714	*210*
18	565	*118*	598	*121*	624	*150*	691	*174*	752	*225*
19	594	*126*	628	*130*	658	*160*	726	*188*	790	*240*
20	623	*134*	658	*138*	691	*170*	762	*200*	829	*255*
21	652	*142*	688	*146*	725	*180*	797	*214*	868	*270*
22	681	*148*	718	*154*	756	*190*	831	*228*	906	*285*
23	709	*154*	748	*162*	788	*200*	866	*242*	944	*300*
24	738	*160*	777	*170*	819	*210*	901	*256*	983	*320*
25	767	*168*	808	*178*	851	*220*	936	*270*	1020	*340*
26	795	*176*	838	*186*	883	*230*	970	*284*	1058	*360*
27	823	*184*	868	*194*	914	*240*	1005	*300*	1097	*380*
28	852	*192*	899	*202*	946	*250*	1040	*315*	1135	*400*
29	881	*200*	928	*210*	978	*260*	1075	*330*	1173	*420*
30	910	*209*	958	*220*	1010	*270*	1110	*345*	1211	*440*
31	938	*218*	989	*230*	1042	*282*	1146	*360*	1250	*460*
32	967	*227*	1019	*240*	1074	*294*	1181	*375*	1288	*480*
33	995	*236*	1049	*252*	1106	*306*	1216	*390*	1326	*500*
34	1024	*246*	1079	*264*	1138	*318*	1251	*410*	1364	*525*
35	1052	*256*	1109	*280*	1170	*330*	1285	*430*	1402	*550*
36	1081	*266*	1139	*300*	1201	*345*	1320	*450*	1441	*575*
37	1109	*280*	1170	*320*	1232	*360*	1355	*470*	1479	*600*
38	1138	*290*	1200	*340*	1264	*375*	1390	*490*	1517	*625*
39	1167	*300*	1230	*360*	1296	*390*	1426	*510*	1555	*650*
40	1195	*310*	1259	*380*	1328	*410*	1460	*550*	—	—
45	1340	*380*	—	—	—	—	—	—	—	—

Nohl & Ko., Köln.

Ketten, reversible (siehe **Elemente, reversible**).

Kilogrammkalorie (kg-Kalorie). 1,157 Wattstunden = 424,7 mkg.

Kilogrammeter ist jene Arbeit, die nötig ist, um 1 kg in einer Sekunde 1 m hoch zu heben.

75 kgm = 1 eff. PS,
76 kgm engl. = 1 horse power (HP).

Kilo-Volt-Ampere ist das Produkt aus Kilowatt mal cos φ.

Kilowatt (KW) = 1000 Watt = $101{,}98 \frac{\text{mkg}}{\text{Sek.}}$ = 1,360 PS = 1,346 HP (engl.) (siehe **Elektrische Maſse.**).

Kilowattstunde = 1000 Wattstunden = 864,5 kg-Kalorien = 367114 mkg.

Kirchhoffsche Gesetze. An der Vereinigungsstelle mehrerer Ströme ist die Summe der Intensitäten der hinfließenden Ströme gleich der Summe der Intensitäten der abfließenden Ströme. In einem geschlossenen Teile des verzweigten Systems muß die Summe aller Spannungsverluste gleich der in diesem Teil faktisch wirkenden elektromotorischen Kraft sein.

Klarglasglocken absorbieren von allen Glockenarten am wenigsten Licht. Die von ihnen ausgehenden Lichtstrahlen verlaufen nahezu radial. Der Anblick des Lichtbogens von Bogenlampen bleibt bei diesen Glocken für das Auge unangenehm, mildert sich aber, wenn die Glocke hoch gehängt wird.

Klauenpoltypen, zuerst von der Maschinenfabrik Oerlikon für die Kraftübertragung Lauffen—Frankfurt gebaut, sind Innenpolmaschinen mit nur einer Magnetspule. Das Magnetsystem besteht aus zwei kongruenten Stahlgußkörpern, welche zu beiden Seiten eines Stahlgußzylinders gegeneinander mit ihren Polreihen versetzt angeordnet sind. Nachteile: Für große Leistungen muß die Magnetspule erst am Verwendungsorte gewickelt werden, zwischen beiden Magnethälften tritt große Streuung auf, ferner die durch die Rotation der großen Magnetspule verursachten Übelstände.

Kleinmotoren.

Drehstrom-Kleinmotoren mit Schleifringen.

Leistung	Offene				Geschlossene			
	für Umdrehungen pro Minute							
	1500	1000	750	600	1500	1000	750	600
PS	Preis in Mark ca.							
1,25	*300*	*400*	—	—	*600*	*800*	—	—
2	*350*	*450*	—	—	*900*	*1100*	*1500*	—
4	*450*	*600*	—	—	*1200*	*1400*	*1700*	*1900*
9	*700*	*950*	—	—	*1500*	*1700*	*2300*	*2400*
12	*900*	*1000*	*1350*	*1700*	—	*1950*	*2600*	*2900*
16	*1000*	*1200*	*1550*	*1800*	—	*2400*	*2900*	*3700*
20	*1100*	*1300*	*1700*	*1900*	—	*2700*	*3700*	*4100*
25	*1200*	*1400*	*1900*	*2100*	—	—	*4200*	*5000*
30	—	*1500*	*2100*	*2300*	—	—	*4800*	*5800*
35	—	—	*2200*	*2500*	—	—	*5000*	—
40	—	—	*2300*	*2800*	—	—	—	—
45	—	—	*2400*	*3000*	—	—	—	—
50	—	—	*2550*	*3300*	—	—	—	—
60	—	—	*2700*	*3400*	—	—	—	—
70	—	—	*3200*	*3800*	—	—	—	—

Gleichstrom-Kleinmotoren.

Leistung PS	Umdrehungen pro Minute	Preis ca. ℳ
1/12	2800	*100*
1/6	2600	*120*
1/3	2500	*160*
1/2	2400	*200*
2/3	2300	*250*

Wechselstrom-Kleinmotoren.

Leistung PS	Umdrehungen pro Minute	Preis ca. ℳ
1/100	2000	*50*
1/50	1600	*60*
1/40	1400	*70*
1/30	1400	*75*
1/16	1400	*85*

Siemens-Schuckertwerke, Berlin.
Allg. El.-Ges., Berlin.
Union El.-Ges., Berlin.
Berliner Maschb.-Ges.
Braunschw. Maschb.-Ges.
Deutsche Elektr.-Werke, Aachen.
Maschinenfabrik Oerlikon Schweiz.
Brown, Boveri & Ko., Baden, Schweiz.

Klemmen dürfen bei Inneninstallationen nur in normal trockenen Räumen verwendet werden. Sie müssen entweder aus Isoliermaterial oder aus Metall mit isolierenden Ein- und Unterlagen bestehen. Die Kanten der Klemmen müssen abgerundet sein, um eine Beschädigung der Leitungsisolierung zu verhindern.

Klemmenbretter dienen zur Befestigung der von den Bürstenhalterzapfen abgehenden flexiblen Kabel. Von dem Klemmenbrett wird dann der Strom weiter abgenommen. Klemmenbretter für Wechselstrommaschinen sollen mit isolierenden Schutzkappen versehen sein. An Stelle von Klemmenbrettern verwendet man auch isolierte Kabelösen, welche in den Maschinenkörper eingeschraubt werden.

Dr. Heinr. Traun & Söhne vorm. Harburger Gummikamm-Co., Hamburg, (*s. Inseratanh. letzte Seite*).

Klemmenspannung ist die Potentialdifferenz an den Enden eines Leiters oder Apparates.

Klemmisolatoren dienen zur Befestigung von Leitungsschnüren auf Wandflächen. Sie bestehen aus zwei knopfartigen Scheiben aus Isoliermasse, deren Profilierung so gewählt ist, daß durch ihre Zusammensetzung eine Rille zur Aufnahme der Leitungsschnüre entsteht, wobei die Form der Knöpfe so gewählt sein muß, daß die Leitungsschnur in einer gewissen Entfernung von der Mitte gehalten wird, damit keine Berührung mit den Befestigungsschrauben stattfindet, ferner aus einem aus Isoliermaterial hergestellten Schaft, um den vorgeschriebenen Abstand von 10 mm von der Wand zu sichern, einer Wandrosette aus Isoliermaterial zur Erzielung eines guten Wandabschlusses und einer Befestigungsschraube bzw. Stahldübel. Beide Teile werden durch eine gemeinschaftliche Schraube an der Wand bzw. Decke befestigt, wobei man die Schraube nicht vollständig festzieht, so daß das Deckelchen lose aufsitzt und um einige Millimeter, d. h. die Dicke einer Schnurlitze, gehoben werden kann. Auf diese Weise werden zunächst sämtliche Isolierklemmen angeschraubt und zwar, je nach Umständen, 30—80 cm voneinander entfernt. Dann bildet man an den betreffenden Stellen der Schnur durch Aufdrehung je eine Öse. Die Ösen sind so groß zu machen, daß man dieselben bequem über die angeschraubten Deckelchen stülpen und dann die zwei Litzen derart zwischen Ober- und Unterteil einschieben kann, daß dieselben zu beiden Seiten des konischen Zapfens liegen und durch die Kerben des Unterteiles die Schnur in gerader Richtung gehalten wird. Nunmehr dreht man die Schnur, so weit als angängig, wieder zusammen, zieht dieselbe straff und schraubt die Schraube vollständig ein, so daß die ganze Rolle fest sitzt und die Schnur angespannt und festgeklemmt wird. Preise je nach Größe: pro 100 St. *M 6—8* unglasiert, *M 12—20* glasiert und aus Steatit gefertigt.

Gustav Richter, Charlottenburg-Berlin
(s. *Inseratanh. S. 11.*)

Klemmrollen (siehe **Klemmisolatoren**).

Klemmstücke (siehe **Innenleitungen**).

Klemmverbindungen sind Drahtverbindungen, bei welchen die Drahtenden mittels Verschraubungen metallisch verbunden werden. Können bei Luftleitungen wegen der daselbst auftretenden Zugbeanspruchungen nicht verwendet werden.

Klinker sind verglaste, hartgebrannte Ziegel aus kalkhaltigem, mit Quarzsand gemischtem Ton. Abmessungen wie Ziegel (siehe daselbst).

Klischees — auf galvanoplastischem Wege hergestellte Druckplatten. Als Material wird zumeist Kupfer, welches oft noch mit einem Stahl-, Kobalt-, Nickel- oder Silberüberzug versehen ist, oder, für gröbere Zeichnungen, Zink verwendet.

Klopfer (siehe **Dekohärer**).

Knallgasvoltameter. Dasselbe besitzt als Elektrolyten chemisch reine, verdünnte Schwefelsäure, in welche zwei Platinblechelektroden tauchen. Ein Ampere scheidet bei 0° C und 760 mm Druck in einer Minute 10,44 ccm Knallgas aus.

Das Knallgasvoltameter von Kohlrausch besteht aus einem mit Teilung versehenen zylindrischen Rohr, in welches oben ein Thermometer eingeschmolzen ist, und das an seinem unteren Ende in ein mit Schwefelsäure gefülltes Gefäß eingeschliffen ist. Die Platinelektroden haben einen Abstand von 3 mm. Der Widerstand des Apparates beträgt 0,3 Ω.

Kniehebelklemme — eine Art Froschklemme, welche mit Bronze ausgefüttert ist und zum Fassen und Spannen von Bronzeleitungen dient.

Knopturbinen geben für veränderliche Gefälle und Wassermengen fast konstante Nutzeffekte und arbeiten gleich vorteilhaft im Unterwasser oder frei über demselben. Sie werden meist als

Axialturbinen ausgeführt. Die offene Bauart, bei welcher die Leiträder von oben her ohne weiteres zugänglich sind, werden bei niederen Gefällen angewendet, wenn die Welle der angetriebenen Maschine über dem Oberwasserspiegel liegt; die geschlossene Bauart, bei welcher das Leitrad den Boden eines für einen seitlichen Rohranschluß eingerichteten Wasserkastens bildet, kommt nur bei hohen Gefällen, wenn die Welle der von der Turbine direkt angetriebenen Maschine unter dem Oberwasserspiegel liegt, zur Anwendung.

Kobalt-Kupferlegierungen. Die elektrischen Eigenschaften des Kupfers werden durch geringe Zusätze von Kobalt stark verändert. Durch Zufügung von 3—5 % Kobalt zu Kupfer erreicht der Temperaturkoeffizient der Legierung mit 0,00077 ein Minimum, die Thermokraft gegen Kupfer mit 33 Mikrovolt für 1° Temperaturdifferenz ein Maximum; der bis hierher rapid auf 9,5 Mikroohm-cm-qcm angestiegene spezifische Widerstand nimmt bei weiterem Kobaltzusatz nur langsam zu.

Koeffizient, ökonomischer (siehe **Wirkungsgrad, elektrischer**).

Koerzitivkraft — die dem Eisen innewohnende Kraft, vermöge welcher es den Strömen der Magnetismen einen Widerstand entgegensetzt, also die beim Magnetisieren des Eisens zur Überwindung der gegenseitigen Reibung der Moleküle nötige Kraft.

Kohärer. Kohärer sind Instrumente, welche als feines Reagenzmittel auf elektrische Wellen dienen. Der Kohärer besteht aus einer Röhre aus Glas oder Ebonit, in welcher zwei Silber- oder Stahlelektroden in einer Entfernung von ca. 1 mm eingepaßt sind. Der schmale Raum zwischen den beiden Elektroden ist mit Stahlspänen oder Hartnickelspänen, welchen ca. 4 % Silberfeilicht beigemengt ist, ausgefüllt. Die Späne sind gleichmäßig und eckig und bilden im Ruhezustande einen großen Widerstand, der durch Einwirkung von elektrischen Wellen auf 5—6 Ohm reduziert wird, so daß Strom durch dieselben fließen kann. Durch einen Klöppel, welcher an die Röhre anschlägt, wodurch die Späne erschüttert werden, wird nach Aufhören der Wellensendung der Widerstand wiederhergestellt (siehe **Wellenentelegraphie**.)

Der Kohärer von Marconi wird durch eine 4—6 cm lange Glasröhre von 3—4 mm innerem Durchmesser gebildet, in welcher sich zwei nahezu dicht schließende Silberzylinder befinden, deren einander zugekehrte, ebene und parallele Endflächen ca. ½ mm voneinander entfernt sind. Der Zwischenraum zwischen beiden ist durch Feilspäne (eine Mischung von 96 % Nickel und 4 % Silberspänen) ausgefüllt.

Der Kohärer von Solari hat einen Quecksilbertropfen zwischen einer Elektrode aus Eisen und einer Elektrode aus Kohle. Der Kohärer von Braun enthält Stahlpulver zwischen Elektroden aus Stahl.

Kohle. Der Widerstandskoeffizient der Kohle ist 0,0075 Ohm-cm, jener eines Kohlenstabes von 1 m Länge und 1 qmm Querschnitt 75 Ohm bei 0° C. Unter Zugrundelegung einer Leitungsfähigkeit von Quecksilber = 1 ist die Leitungsfähigkeit von:

Graphit	gereinigtem deutschen	0,395
	Ceylongraphit . . .	0,0693
	Mischung beider . .	0,0436
Gaskohle		0,0386
Bunsens Kohle		0,0029

Kohle, negative, bei Gleichstrombogenlampen nimmt eine kegelförmige Gestalt an. Das sich bildende pilzförmige Hütchen fällt bei fortschreitender Verzehrung der Kohlenelektroden ab. Die Spitze hat eine Temperatur von ca. 2500° C und trägt ca. 10% zur leuchtenden Strahlung bei.

Gebr. Siemens & Ko., Charlottenburg (*s. Inseratanh. S. 2*). | Dr. Alb. Lessing, Nürnberg (*s. Inseratanh. S. 1*).

Kohle, positive, bei Gleichstrombogenlampen brennt kraterförmig aus. Die Kratertiefe nimmt bei gleichbleibender Stromstärke mit abnehmender Bogenlänge, der Kraterdurchmesser mit wachsender Stromstärke zu. Die kraterförmige Höhlung leuchtet am stärksten, hat die höchste Temperatur, ca. 3500° C, und trägt ca. 85% zur leuchtenden Strahlung bei.

Gebr. Siemens & Ko., Charlottenburg (*s. Inseratanh. S. 2*). | Dr. Alb. Lessing, Nürnberg (*s. Inseratanh. S. 1*).

Kohlenbürsten dürfen nicht zu weich sein, weil sie sonst die Oberfläche des Kollektors verschmieren, und nicht zu hart, weil sie dann einen zu hohen Übergangwiderstand haben, leicht abbröckeln und Funken bilden. Die Kohlenbürsten der Aktiengesellschaft Le Carbone zeichnen sich durch große Festigkeit, Homogenität, hohe Leitungsfähigkeit aus und gestatten eine Stromstärke von 15—20 Amp. pro qcm.

Kohlenbürsten werden oft noch galvanisch verkupfert. Geschlitzte Kohlenbürsten haben den Zweck, den Kurzschlußstrom, welcher sich bildet, wenn die Bürste zwei oder mehrere Lamellen kurzschließt, gering zu machen.

Kohlenbürsten werden oft mit Metallbürsten kombiniert und zwar entweder vor letzteren angeordnet, bei Motoren, oder hinter

Kombinierte Kohlenbürsten[1]) mit Spiralmantel, System Pfister.

Bürsten-dicke mm	Bürstenbreite in mm									
	10	11/15	16/20	21/25	26/30	31/35	36/40	41/45	46/50	51/55
	M	*M*	*M*	*M*	*M*	*M*	*M*	*M*	*M*	*M*
10	*3.—*	*4.50*	*6.—*	*7.50*	*9.—*	*10.50*	*12.—*	*13.50*	*15.—*	*16.50*
11	*3.30*	*4.95*	*6.60*	*8.25*	*9.90*	*11.55*	*13.20*	*14.85*	*16.50*	*18.15*
12	*3.60*	*5.40*	*7.20*	*9.—*	*10.80*	*12.60*	*14.40*	*16.20*	*18.—*	*19.80*
13	*3.90*	*5.85*	*7.80*	*9.75*	*11.70*	*13.65*	*15.60*	*17.55*	*19.50*	*21.45*
14	*4.20*	*6.30*	*8.40*	*10.50*	*12.60*	*14.70*	*16.80*	*18.90*	*21.—*	*23.10*
15	*4.50*	*6.75*	*9.—*	*11.25*	*13.50*	*15.75*	*18.—*	*20.25*	*22.50*	*24.75*
16	*4.80*	*7.20*	*9.60*	*12.—*	*14.40*	*16.80*	*19.20*	*21.60*	*24.—*	*26.40*
17	*5.10*	*7.65*	*10.20*	*12.75*	*15.30*	*17.85*	*20.40*	*22.95*	*25.50*	*28.05*
18	*5.40*	*8.10*	*10.80*	*13.50*	*16.20*	*18.90*	*21.60*	*24.30*	*27.—*	*29.70*
19	*5.70*	*8.55*	*11.40*	*14.25*	*17.10*	*19.95*	*22.80*	*26.65*	*28.50*	*31.35*
20	*6.—*	*9.—*	*12.—*	*15.—*	*18.—*	*21.—*	*24.—*	*27.—*	*30.—*	*33.—*

[1]) Die Länge der in der Tabelle angeführten Kohlenbürsten beträgt 200 mm.

Bürsten-dicke mm	Bürstenbreite in mm								
	56/60 ℳ	61/65 ℳ	66/70 ℳ	71/75 ℳ	76/80 ℳ	81/85 ℳ	86/90 ℳ	91/95 ℳ	96/100 ℳ
10	*18.—*	*19.50*	*21.—*	*22.50*	*24.—*	*25.50*	*27.—*	*28.50*	*30.—*
11	*19.80*	*21.45*	*23.10*	*24.75*	*26.40*	*28.05*	*29.70*	*31.35*	*33.—*
12	*21.60*	*23.40*	*25.20*	*27.—*	*28.80*	*30.60*	*32.40*	*34.20*	*36.—*
13	*23.40*	*25.35*	*27.30*	*29.25*	*31.20*	*33.15*	*35.10*	*37.05*	*39.—*
14	*25.20*	*27.30*	*29.40*	*31.50*	*33.60*	*35.70*	*37.80*	*38.90*	*42.—*
15	*27.—*	*29.25*	*31.50*	*33.75*	*36.—*	*38.25*	*40.50*	*42.75*	*45.—*
16	*28.80*	*31.20*	*33.60*	*36.—*	*38.40*	*40.80*	*43.20*	*45.60*	*48.—*
17	*30.60*	*33.15*	*35.70*	*38.25*	*40.80*	*43.35*	*45.90*	*48.55*	*51.—*
18	*32.40*	*35.10*	*37.80*	*40.50*	*43.20*	*45.90*	*48.60*	*51.30*	*54.—*
19	*34.20*	*37.05*	*39.90*	*42.75*	*45.60*	*48.45*	*51.30*	*54.15*	*57.—*
20	*36.—*	*39.—*	*42.—*	*45.—*	*48.—*	*51.—*	*54.—*	*57.—*	*60.—*

denselben, bei Dynamos. Die Kombination von einer Metallbürste mit beiderseitig angeordneten Kohlenbürsten wird bei Motoren mit zwei Drehrichtungen angewendet. Reibungskoeffizient für Kohlenbürsten = 0,3. Der Auflagedruck soll so klein als möglich gewählt werden, da hierdurch die Reibungsarbeit auf ihr Minimum reduziert wird, während die Verluste durch Stromwärme nur wenig steigen. Kohlenbürsten »Le Carbone« 40 × 20 × 15 mm. Preis pro Stück ℳ *1.*

Kohlenfadentemperatur einer Glühlampe beträgt bis 2100° C abs.

Kohlenplatten.

Länge mm	Breite mm	Dicke mm	pro 100 Stück ℳ	Länge mm	Breite mm	Dicke mm	pro 100 Stück ℳ
55	8	10	*8*	150	40	10	*13*
65	25	5	*8*	150	110	20	*55*
70	25	8	*8*	155	80	5	*14*
70	30	5	*8*	160	40	8	*12*
75	45	10	*9*	160	40	10	*14*
100	90	8	*16*	160	50	8	*14*
105	55	8	*11*	160	50	10	*17*
110	100	10	*22*	160	75	10	*24*
115	40	10	*11*	160	80	5	*14*
120	60	10	*16*	160	80	10	*24*
120	100	8	*20*	170	40	8	*13*
130	30	10	*10*	170	40	10	*15*
130	35	10	*11*	170	60	15	*29*
130	40	5	*8*	175	50	10	*18*
130	40	10	*12*	180	30	10	*12*
130	100	20	*45*	180	40	10	*16*
140	50	10	*15*	185	55	10	*21*
140	120	10	*31*	190	40	10	*17*
150	40	5	*8*	190	50	10	*20*

Länge mm	Breite mm	Dicke mm	pro 100 Stück ℳ	Länge mm	Breite mm	Dicke mm	pro 100 Stück ℳ
200	40	8	*14*	270	50	15	*37*
200	40	10	*17*	270	70	12	*40*
200	60	10	*24*	270	175	15	*128*
210	40	10	*18*	280	40	10	*22*
210	50	10	*21*	280	60	10	*31*
210	55	10	*23*	280	70	12	*42*
210	80	10	*31*	300	75	8	*33*
210	80	15	*44*	300	75	15	*57*
210	200	10	*82*	300	120	10	*60*
220	55	15	*33*	310	45	10	*26*
230	50	10	*23*	310	120	20	*114*
240	50	10	*24*	310	250	10	*140*
240	55	10	*25*	310	250	20	*280*
240	130	10	*53*	320	140	10	*73*
250	50	8	*21*	320	140	20	*130*
250	50	10	*24*	370	50	15	*48*
255	160	10	*80*	400	400	8	*212*
255	160	20	*137*	400	400	15	*400*
260	35	10	*17*	410	250	10	*180*
265	55	10	*28*	410	250	20	*360*
265	60	15	*45*	560	180	30	*500*
270	50	10	*26*	580	320	20	*600*

Dr. Albert Lessing, Nürnberg (*s. Inseratanh. S. 1*).

Kohlenrheostat (siehe **Lampenbatterie**).

Kohlenschleifkontakte.

Größe der Kohlen cbm	Preis ℳ	Größe der Kohlen cbm	Preis ℳ
1	*—.09,5*	16	*—.18,*
2	*—.10,5*	17	*—.18,5*
3	*—.11,5*	18	*—.19,*
4	*—.12,5*	19	*—.19,5*
5	*—.14,*	20	*—.20,*
6	*—.14,5*	21	*—.20,5*
7	*—.15,*	22	*—.21,*
8	*—.15,5*	23	*—.21,5*
9	*—.15,75*	24	*—.22,*
10	*—.16,*	25	*—.22,5*
11	*—.16,*	26	*—.23,*
12	*—.16,5*	27	*—.23,5*
13	*—.16,75*	28	*—.24,*
14	*—.17,25*	29	*—.24,5*
15	*—.17,5*	30	*—.25.*

Für Verkupferung sind 20% Aufschlag in Anrechnung zu bringen.

Galvanische Metall-Papier-Fabrik, Aktiengesellschaft Berlin N. 39, Gerichtstr. 2 (*s. Inseratanh. S. 8*).

C. Conradty, Fabrik elektr. und galvan. Kohlen, Nürnberg.

Albert Thode & Ko., Hamburg (*s. Inseratanh. S. 4*).

Dr. Alb. Lessing, Nürnberg (*s. Inseratanh. S. 1*).

Schumann & Ko., Dresden-Cotta.

Kohlenzylinder.

Länge mm	Durchmesser mm	pro 100 St. ℳ	Länge mm	Durchmesser mm	pro 100 St. ℳ	Länge mm	Durchmesser mm	pro 100 St. ℳ	Länge mm	Durchmesser mm	pro 100 St. ℳ
65	50	*15*	120	60	*25*	175	40	*24*	240	50	*36*
85	75	*32*	125	25	*15*	175	80	*64*	240	70	*62*
90	70	*26*	125	30	*15*	180	40	*25*	240	80	*83*
90	75	*34*	130	60	*28*	180	70	*48*	240	95	*115*
95	80	*37*	130	70	*36*	180	90	*83*	260	50	*38*
100	70	*29*	140	80	*52*	190	35	*22*	280	70	*71*
100	80	*39*	160	25	*15*	200	40	*27*	300	60	*58*
110	50	*19*	160	30	*15*	200	90	*91*	300	130	*280*
120	20	*15*	170	60	*36*	210	80	*74*	360	130	*330*
120	30	*15*									

Albert Thode & Ko., Hamburg (*s. Inseratanh. S. 4*). | Dr. Alb. Lessing, Nürnberg (*s. Inseratanh. S. 1*).

Kokonfäden (siehe **Aufhängefäden**).

Kolbenpumpen — bis zu einer Saughöhe von 8 m verwendet. Kolbengeschwindigkeit normal bis zu 60 m in der Minute, maximal bis zu 100 m. Man unterscheidet einfach- und doppelwirkende Pumpen. Letztere für größere Leistungen verwendet. Bei Saughöhen über 8 m ist die Einschaltung eines Windkessels in der Nähe des Saugventils nötig.

Der Arbeitsbedarf N der Kolbenpumpen in PS berechnet sich, wenn Q die minutliche Wassermenge in cbm, H die Summe aus Förderhöhe und Widerstandshöhe in m und η den Wirkungsgrad (0,85—0,93) bedeuten, nach der Formel:

$$N = \frac{1000 \cdot Q \cdot H}{\eta \cdot 75} \text{ PS.}$$

Kollektor — der aus Metallsektoren, die mit der Ankerwickelung verbunden und die untereinander und gegen die Welle isoliert sind, bestehende Teil der Dynamo, welcher zur Stromabnahme mittels der darauf schleifenden Bürsten dient. Die einzelnen Kollektorlamellen müssen voneinander gut isoliert sein und auch dann noch fest zusammenhalten, wenn der Kollektor abgenutzt ist.

Temperaturzunahme von Kollektoren $T = \frac{300 \cdot \ddot{U} \cdot R}{O \cdot (1 + 0{,}1\, U)}$, worin $\ddot{U}$ Übergangverlust zwischen Bürsten und Kollektor, R Reibungsverlust durch Reibung der Bürsten auf dem Kollektor, O Abkühlungsoberfläche und U Umfangsgeschwindigkeit des Kollektors bedeuten. $\ddot{U}$ berechnet sich aus $\ddot{U} = J^2 \cdot w$, worin J Stromstärke pro Bürstenhalterzapfen, w = Übergangswiderstand sämtlicher Bürsten bedeuten.

R berechnet sich aus $R = 10 \cdot P \cdot U \cdot \varrho$, worin $P = 0{,}15$ kg pro qcm und ϱ = Reibungskoeffizient für Kohlenbürsten mit 0,3, für Metallbürsten mit 0,2 angenommen werden können.

Das Abdrehen der Kollektoren soll nur durch kundige Hand ausgeführt werden. Nach dem Abdrehen ist äußerst genau zu untersuchen, ob sich Kupferspäne von einer Lamelle zur anderen gezogen haben. Dieselben sind mit größter Peinlichkeit zu entfernen.

Zum Abdrehen ist ein Drehstahl mit scharfer Spitze zu verwenden, um den Glimmer gleichzeitig mit abzudrehen. Drehgeschwindigkeit maximal 7 m pro Minute.

Zum Abschleifen darf kein Schmirgel, in welcher Form auch immer, verwendet werden. Empfehlenswert sind einige Tropfen Öl mit Glaspapier oder Karborundumpapier.

Kollektorerhitzung. Ursachen: Schlechtes Bürstenmaterial; zu hoher Auflagedruck; starkes Funken; zu breite Kollektorlamellen.

Kollektorisolation. Bei Verwendung von Glimmer beträgt die Stärke zwischen zwei benachbarten Lamellen:

bei Spannungen bis	250	1000	über 1000 Volt
	0,5—0,8	0,8—1	1—1,2 mm.

Die Stärke der Isolationen zwischen Kollektorlamellen und Kollektorbüchse beträgt:

bei Spannungen bis	250	1000	über 1000 Volt
	1,5—3	3—4	4—5 mm.

Kollektorlamellen. Dieselben müssen aus homogenem Material hergestellt und für denselben Kollektor von gleicher Härte sein. Die Stärke der Lamellen soll nicht mehr als 8—10 mm betragen. Die Lamellen werden aus Kupferbarren im Gesenke geschmiedet oder aus gezogenem, hartem Profilkupfer ausgesägt oder ausgestanzt oder aus stark kupferhaltiger Phosphorbronze gegossen.

Geringste Breite 5—6 mm. Der Querschnitt einer Kollektorlamelle muß mindestens so groß sein, daß die Stromdichte 1 Amp. pro qmm nicht übersteigt.

Kollektorschleifpapier — Glaspapier und Karborundumpapier.

Kollektorschmirgelapparat, System Stachow & Küppers, Berlin. Der Apparat besteht aus einem, durch einen verstellbaren Handhebel zu handhabenden Holzkasten, welcher auf der einen Seite eine Klemmvorrichtung zur Befestigung der Schmirgelleinen, auf der anderen Seite eine Aushöhlung, den sog. Staubkasten, zur Aufnahme des abgeschmirgelten Kupferstaubes trägt. Das Schmirgelleinen oder, wenn der Apparat zum Polieren des Kollektors verwendet wird, das Poliertuch, liegt auf einer elastischen Unterlage auf. Der Staubkasten wird durch Gummiwände abgeschlossen und trägt am äußersten Ende noch eine Bürste, die den letzten Rest von Kupferstaub vom Kollektor beseitigt. Die Gummiwände sind behufs Befestigung in kleine Holzleisten eingelassen. Bei größeren Apparaten erhält der Handhebel einen Stützpunkt in Form eines Bolzens, der an der Fundamentplatte oder an einem anderen günstigen Punkt befestigt wird.

Kommutator (siehe **Kollektor**).

Kompaß (siehe **Bussole**).

Kompaßmethode zur Auffindung von Erdschlüssen in einem unterirdischen Verteilungsnetz besteht darin, daß man einen Gleichstrom von ungefähr 10 Amp., welcher vorher zu einem automatisch wirkenden Stromwender geführt wird, durch das Kabel schickt. Der Stromwender kehrt die Richtung des Stromes in Zeitintervallen von 10 Sekunden um. Ungefähr in der Mitte der ganzen Kabelausdehnung wird ein Einsteigschacht geöffnet, ein Taschenkompaß auf den Bleimantel des fehlerhaften Kabels gelegt und etwa eine halbe Minute beobachtet. Liegt der Erdschluß noch weiter von der Stromquelle des Versuchsstromes entfernt als die Kabelmitte, so schwingt die Magnetnadel nach jeder Umkehr des Stromes um 180°. Hierauf wird in einem, 2 km über die Mitte hinaus gelegenen Einsteigschacht dieselbe Prozedur wiederholt. Zeigt sich hier nun keine Bewegung der Nadel, so liegt der Erdschluß zwischen den beiden Beobachtungsstellen, innerhalb welchen die gleiche Methode so lange wiederholt wird, bis der Ort des Erdschlusses zwischen zwei unmittelbar benachbarten Einsteigschächten festgelegt ist. Als Stromquelle verwendet man für dieses Verfahren, welches auch während des Betriebes durchgeführt werden kann, am besten eine Serienmaschine, wobei man, um letztere vor Beschädigung zu wahren, in den Versuchsstromkreis eine Drosselspule einschaltet. Diese Methode ist bei Kabelsystemen, bei denen die Erde als Rückleitung dient, nicht anwendbar.

Kompensationsleitung — Ausgleichsleitung — Mittelleitung des Dreileitersystemes.

Kompensationsvorrichtung hat die Aufgabe, bei Meßinstrumenten, wo die Anordnung eines astatischen Nadelpaares untunlich ist, den Einfluß der erdmagnetischen Kraft durch einen kräftigen Hilfsmagneten, welcher in entsprechender Entfernung von der Magnetnadel aufgestellt wird, aufzuheben.

Kompensatormagnet ist ein Magnet, der die Einwirkung der erdmagnetischen Kraft auf eine Magnetnadel aufhebt, zu welchem Zwecke er über letzterer so angeordnet wird, daß seine Mitte über den Drehpunkt der Magnetnadel und sein Nordpol nach Norden zu liegen kommt (siehe **Ausgleichsmagnet**).

Komponente, wattlose des Stromes (s. **Wattloser Strom**).

Kompositionsbürsten — Kohlen- oder Graphitbürsten in Verbindung mit Metallgeweben oder -blättern oder Kohlenbürsten mit Kupfergehalt oder Kupferüberzug.

Kompositionsdübel sind aus harter Bleikomposition gegossene Dübel. Sie besitzen vor den aus gepreßtem Weichblei hergestellten Dübeln den Vorzug, daß die Gewindegänge nicht ausreißen können.

Bezeichnung		Preis pro 100 Stück ℳ	Gewicht pro 100 Stück kg	Bezeichnung		Preis pro 100 Stück ℳ	Gewicht pro 100 Stück kg
Mit verzinkten halbrundköpfigen Schrauben	20 × 6	*4.50*	1,140	Mit verzinkten halbrundköpfigen Schrauben	45 × 11	*5.—*	2,500
	35 × 6	*4.50*	1,150		50 × 11	*5.—*	2,600
	45 × 6	*4.50*	1,650		55 × 12	*5.50*	3,000
	55 × 6	*5.—*	1,800		60 × 11	*5.50*	3,200
	30 × 7	*4.50*	2,000		70 × 13	*6.50*	4,000
	35 × 8	*4.50*	1,600		75 × 16	*9.—*	6,500
	40 × 8	*4.50*	1,700		100 × 20	*15.50*	16,000
	45 × 8	*4.50*	2,000				

H. Köttgen & Ko., Berg.-Gladbach.

Kondensator ist jeder Körper, der imstande ist, eine gewisse Elektrizitätsmenge aufzunehmen. Im Prinzipe besteht ein Kondensator aus zwei leitenden Flächen, welche durch eine isolierende Schichte getrennt sind. Die Kondensatoren werden durch alternierende Übereinanderschichtung von Stanniolblättern und Blättern aus gutem Isoliermaterial hergestellt, wobei die Metallbeläge abwechselnd mit einer und der andern Elektrode verbunden werden. Die Höhe der Kapazität hängt von der Elementenzahl ab und wird durch Veränderung derselben reguliert. Als Dielektrikum wird paraffiniertes oder in Leinölfirnis oder Kolophonium getränktes Papier verwendet.

Siemens-Schuckertwerke.
Berthoud, Borel & Ko.
Hutin & Lablanc.
Tobler.
Ganz & Ko.
Dr. Rudolf Franke & Ko., G. m. b. H., Hannover.

Konduktanz — Leitfähigkeit.

Konduktanz, magnetische (siehe **Durchlässigkeit, magnetische**).

Konduktivität, elektrische (siehe **Leitungsfähigkeit**).

Konduktoren — Bezeichnung für gute Leiter (siehe daselbst).

Konstantan. Spezifischer Widerstand = 0,5, Temperaturkoeffizient = 0,0001. (Hersteller: Basse & Selve, Altena.)

Konstantandraht.

Durchmesser mm	Querschnitt qmm	Gewicht pro m g	Widerstand pro m Ohm	Preis pro kg ℳ	Durchmesser mm	Querschnitt qmm	Gewicht pro m g	Widerstand pro m Ohm	Preis pro kg ℳ
0,05	0,0020	0,020	250	*10.—*	0,28	0,0616	0,560	8,1	*4.80*
0,08	0,0050	0,055	100	*9.—*	0,30	0,0707	0,655	7,0	*4.75*
0,10	0,0079	0,081	62	*8.—*	0,35	0,0962	0,900	5,2	*4.60*
0,11	0,0095	0,095	52	*7.50*	0,40	0,1260	1,120	4,0	*4.40*
0,12	0,0113	0,110	44	*7.—*	0,45	0,1590	1,410	3,1	*4.30*
0,13	0,0133	0,121	37	*6.50*	0,50	0,1960	1,750	2,6	*4.20*
0,14	0,0154	0,140	32	*6.30*	0,55	0,2370	2,120	2,1	*4.15*
0,15	0,0177	0,170	28	*6.20*	0,60	0,2830	2,570	1,71	*4.10*
0,16	0,0201	0,185	25	*6.10*	0,65	0,3320	2,950	1,55	*4.05*
0,17	0,0227	0,220	22	*6.—*	0,70	0,3850	3,400	1,21	*4.—*
0,18	0,0255	0,251	20	*5.80*	0,80	0,5030	4,450	0,91	*3.90*
0,19	0,0283	0,260	19	*5.30*	0,90	0,6360	5,680	0,71	*3.80*
0,20	0,0314	0,290	16	*5.20*	1,—	0,7850	7,080	0,63	*3.70*
0,22	0,0380	0,350	13	*5.10*	1,20	1,1310	10,980	0,44	*3.65*
0,25	0,0491	0,440	10,2	*5.—*	1,50	1,7670	15,780	0,28	*3.60*

Dr. Geitners Argentanfabrik F. A. Lange, Auerhammer bei Aue in Sachsen (*s. Inseratanh. S. 5*).

Konstanten eines Sammlerelements sind seine elektromotorische Kraft und sein Widerstand. Erstere wächst mit der Säurekonzentration und ist abhängig von der Temperatur; letzterer schwankt je nach der Größe der Sammlerplatten zwischen 0,01 Ω und 0,001 Ω.

Kontaktbirnen.

Benennung	g	ℳ
Kontaktbirne aus Metall, zum Aufhängen an einer Leitungsschnur, vergoldet	55	2.—
Kontaktbirne aus Metall, Altsilber	55	1.80
» » » vergoldet	95	2.80
» » » vernickelt, verkupfert, bronziert oder cuivre poli	95	2.20
Birne, schwarz poliert oder in Nußbaum-, Eichen-, Mahagoniholz, mit Beintülle und -drücker . . .	28	—.35
Perlbirne in denselben Holzarten wie zuvor . .	23	—.45
Eichelbirne » » » » » . .	20	—.35
Blattbirne » » » » » . .	26	—.90
Pfeifenbirne » » » » » . .	23	—.90
Preßkontakt » » » » » . .	16	—.60
» » » » » » . .	20	—.60
Sternbirne » » » » » . .	30	1.—
Preßkontakt aus Elfenbein	28	3.75
Elfenbeinbirne	35	5.—
»	50	7.—
Birne mit 2 Kontakten in denselben Holzarten wie zuvor	30	—.80
Birne mit 3 Kontakten in denselben Holzarten wie zuvor	50	1.80

Kontaktdraht (siehe **Fahrdraht**).

Kontakt, elektrischer — Berührung zweier Elektrizität führenden Leiter.

Kontaktelektrizität (siehe **Berührungselektrizität**).

Kontaktknöpfe.

Kontaktknöpfe aus Holz.

Benennung		Durchmesser mm	g	schwarz poliert ℳ	Nußbaum, Eichen, Mahagoni ℳ
Knopf mit Porzellandrücker		50	22	—.15	—.—
»	mit Beindrücker	50	24	—.20	—.25
»	mit Beindrücker	40	15	—.17	—.22
Perlknopf . . .	mit Beindrücker	50	22	—.25	—.30
Blattknopf . .	mit Beindrücker	50	22	—.35	—.40
Knopf	mit Beindrücker	50	22	—.17	—.22
Pfeifenknopf .	mit Beindrücker	50	22	—.45	—.50
Rillenknopf . .	mit Beindrücker	65	35	—.40	—.45
» .	mit Beindrücker	75	45	—.45	—.50
Wulstenknopf .	mit Beindrücker	65	35	—.40	—.45
» .	mit Beindrücker	75	45	—.45	—.50
Kugelknopf . .	mit Beindrücker	65	25	—.40	—.45
» .	mit Beindrücker	75	40	—.45	—.50

Kontaktknöpfe aus Metall.

Benennung	Durchmesser mm	g	Bronze, cuivre verkupf. oder vernickelt ℳ	vergoldet ℳ
Metallknopf mit Holzboden . .	50	45	—.70	—.75
» » » . .	50	45	—.70	—.75
» » Hartgummiboden	45	32	—.80	—.95
» » Holzboden . .	45	32	—.65	—.80
» » Hartgummiboden	50	70	1.30	1.40
» » Holzboden . .	50	70	—.90	1.—
» » Hartgummiboden	50	70	1.25	1.40
» » Holzboden . .	50	70	—.90	1.—
» » Hartgummiboden	60	155	1.50	1.75
» » Holzboden . .	60	155	1.10	1.25
» » Hartgummiboden	50	50	1.20	1.35
» » Holzboden . .	50	50	—.85	1.—

Kontaktköpfe — jene Konstruktionsteile, in welchen die Kontaktrollen von Trolley gelagert sind. Dieselben sollen selbstschmierend eingerichtet sein und werden entweder aus Rotguß, Preis ℳ *4.50—5.50* pro Stück, oder Temperguß, Preis ℳ *3—4*, hergestellt.

Albert Thode & Ko., Hamburg (*s. Inseratanh. S. 4*).

Kontaktrollen für Trolleys pro Stück ℳ *4.50—5.50*. Selbstschmierende Rollen mit Ölmagazin ℳ *4.50—5*.

Albert Thode & Ko., Hamburg (*s. Inseratanh. S. 4*).

Kontaktrute ist eine bei Einphasenwechselstrombahnen verwendete Stromabnehmervorrichtung, welche aus einer elastischen metallischen Stange besteht, die mit einem derartigen Gelenk auf dem Wagendache befestigt ist, daß sie sich seitwärts, oberhalb oder unterhalb des Arbeitsdrahtes stellen kann. (Hersteller: Maschinenfabrik Oerlikon, Schweiz.)

Kontaktstangen für Trolleys von elektrisch betriebenen Bahnen, gewöhnlich aus Stahlrohr hergestellt. Normale Länge 3,5—4 m. Preis pro Stück je nach Ausführung und Material ℳ *12.50—18*.

Albert Thode & Ko., Hamburg (*s. Inseratanh. S. 4*).

Kontaktstangenhalter ist jener Teil des Trolleys, welcher auf dem Trolleybock aufgeschraubt und zur Aufnahme der Trolleystange dient. Die Kontaktstangenhalter werden mit verschiedenen Federspannvorrichtungen versehen, um einen sicheren Kontakt zwischen Kontaktrolle und Fahrdraht zu erzielen. Preis je nach Konstruktion ℳ *80—200*.

Albert Thode & Ko., Hamburg (*s. Inseratanh. S. 4*).

Kontaktvoltmeter, System Hartmann & Braun. In einem horizontal angeordneten Solenoid ist ein Weicheisenkern frei schwingend aufgehängt, derart, daß Schwankungen der bestimmten

Normalspannung, für welche der betreffende Apparat justiert ist, verhältnismäßig große Verschiebungen hervorrufen. Ein an dem Eisenkern angebrachter Winkelhebel, der, wenn es sich um Gleichstrom handelt, an seinem einen Ende eine Kontaktscheibe, wenn für Wechselstrom bestimmt, einen durch eine Spiralfeder gehaltenen Platinstift trägt, schwingt infolge der Bewegung des Kernes zwischen zwei Kontaktscheiben, wodurch nach beiden Richtungen sicherer Kontakt erfolgt. Für Spannungen von

65—130 Volt	ℳ 75	für Gleichstrom,	ℳ 79	für Wechselstrom,
140—150 »	» 80	» »	» 84	» »
200—210 »	» 85	» »	» 89	» »
220—250 »	» 90	» »	» 94	» »
300—350 »	» 95	» »	» 99	» »
400—450 »	» 105	» »	» 109	» »
500—550 »	» 110	» »	» 114	» »
600 »	» 115	» »	» 119	» »
700 »	» 120	» »	» 124	» »

Dr. Rudolf Franke & Ko., G. m. b. H., Hannover.

Kontraströhren sind Röntgenröhren, welche nach dem System Dr. M. Levy, Berlin, eine Antikathode besitzen, die aus einem metallischen und nichtmetallischen isolierenden Material zusammengesetzt ist, um die am Antikathodenblech entstehende Wärme zurückzuhalten, so daß der Spiegel ins Glühen kommt. In diesem Zustande gibt nämlich die Röntgenröhre die kontrastreichste und durchdringendste Strahlungsart ab. Die Röhre wird auch mit einer Vorrichtung zur Regenerierung des Vakuums mit Hilfe von Platinlegierung versehen.

	Preis d. Kontraströhr. ohne Platinregenerierung ℳ	mit Platinregenerierung ℳ
1. Kontraströhren ohne Wasserfüllung für Induktoren von 30—40 cm und Batteriebetrieb	28	33
2. Kontraströhren mit Wasserfüllung für Induktoren von 30 cm an und Strahlunterbrecher oder elektrolytische Unterbrecher	40	45

Kontrollapparate, elektr., für Wächter. Die Apparate bestehen aus einem Uhrwerk mit feststehendem Zeiger und sich drehendem Zifferblatt. Letzteres wird durch leicht auswechselbare runde Papierscheiben gebildet, die außer mit radialen Linien, welche die Zeit anzeigen, mit so viel konzentrischen Ringen versehen sind, als Kontrollstellen vorhanden sind. Unterhalb des Zifferblattes ist für jede Kontrollstelle ein Elektromagnet angebracht. An den Kontrollstellen befinden sich Druckkontakte, welche mit den Magneten des Apparates in Verbindung stehen. Die Anker der Elektromagneten sind mit Spitzen versehen, welche in die Papierscheibe einstechen, sobald die Kontakte geschlossen werden. Die Spitzen sind so angeordnet, daß jede in einen andern der konzentrischen Ringe eindrückt. An den Löchern ist demnach zu ersehen, welche Kontrollstelle den Kontakt bewirkt hat und zu welcher Zeit dies geschehen ist. Die Kontrollapparate werden oft noch mit einem Alarmläutwerk kombiniert. Wächterkontrollapparat mit

1 Elektromagneten	ℳ	*100*	6 Elektromagneten	ℳ	*160*
2 »	»	*112*	7 »	»	*172*
3 »	»	*124*	8 »	»	*184*
4 »	»	*136*	9 »	»	*196*
5 »	»	*148*	10 »	»	*210*

Dr. Rudolf Franke & Ko., G. m. b. H., Hannover. | Stöcker & Ko., Leipzig.

Kontrollautomaten haben die Aufgabe, den Anschluß des Pauschalstromabonnenten bei Überschreitung der höchst zulässigen Stromstärke vom Netz abzutrennen. Sie bestehen im wesentlichen aus einem selbsttätigen Ausschalter, welcher bei Überschreitung einer gewissen Stromstärke so lange die Leitung abwechselnd unterbricht und schließt, bis die zulässige Stromstärke wiederhergestellt ist.

Aktiengesellschaft für automatische Zünd- und Löschapparate, Zürich. | P. Meyer, A.-G., Berlin.

Kontroller für Motorwagen haben die Aufgabe, den Stromkreis beim Anfahren zu öffnen, beim Anhalten zu schließen, das Vor- und Rückwärtsfahren zu ermöglichen und die Geschwindigkeit zu regulieren, ev. auch eine elektrische Bremse zu betätigen. Der Hauptsache nach bestehen die Fahrschalter aus zwei Schaltwalzen mit den dazu gehörigen Kontakten, nämlich einer kleineren Umschaltwalze und einer größeren Hauptschaltwalze. Mit Hilfe der Umschaltwalze werden die Verbindungen für Vor- und Rückwärtslauf der Motoren hergestellt. Die Hauptwalze dient zum Schließen und Öffnen des Motorstromkreises, zum Ein- und Ausschalten der Regulierwiderstände (ev. auch zum Ein-, Ausschalten und Regulieren einer elektrischen Kurzschlußbremse) sowie bei zweimotorigen Schaltern zur Hintereinander- und Parallelschaltung der Motoren. Die Fahrschalter sollen mit einer sicher und schnell wirksamen Funkenlöschung versehen sein, welche jedes Verbrennen oder Anschmoren der Kontakte unbedingt verhüten muß. Die Kontaktflächen sollen genügend groß, leicht kontrollierbar und auswechselbar sein. Die Fahrschalter müssen einen möglichst ruckfreien Übergang von einer Schaltstellung auf die andere gestatten. Eine Berührung des Fahrschalters darf keine elektrischen Schläge zur Folge haben. Die an den Fahrschalter anschließenden Leitungen müssen über dem Plattformboden im Innern des Fahrschalters angeschlossen und gelöst werden können. Eine zweckmäßige Bezeichnung der einzelnen Schaltstufen soll auf dem Deckel des Fahrschalters ersichtlich sein. Um das Überspringen des bei den hohen Betriebsspannungen entstehenden großen Lichtbogens nach benachbarten Metallstücken zu verhindern, verwendet man statt einer mehrere Trennstellen (die hintereinander geschaltet werden), durch welche der Strom an mehreren Stellen gleichzeitig unterbrochen wird. Das Verbrennen der Kontakte selbst wird durch Anwendung von kräftigen magnetischen Funkenlöschungen verhindert. Damit das Auftreten von Stromunterbrechungen an der Umschaltwalze verhindert wird, müssen die beiden Schaltwalzen durch geeignete Sperrvorrichtungen in der Weise gegeneinander verriegelt werden, daß eine Bewegung der Umschaltwalze nur dann möglich ist, wenn sich die Hauptwalze in der Nullstellung befindet und der Motorstromkreis unterbrochen ist. Umgekehrt soll auch die Hauptwalze nicht gedreht werden können, solange die Umschaltwalze auf Halt steht. Im allgemeinen soll ein jeder Gleichstromfahrschalter folgende drei Bedingungen erfüllen: 1. Für jede Schaltstellung soll ein neuer Kontaktfinger in Tätigkeit treten; 2. die Unterbrechungsstellen sollen durch feuersichere Zwischenlagen getrennt sein; 3. muß eine magnetische Funkenlöschung vorhanden sein.

Die Fahrschalter werden für ein und zwei Motoren ausgeführt.

Das Anlassen nach dem Prinzip der Serienparallelschaltung erfolgt gewöhnlich folgendermaßen: Zunächst werden die Motoren mit vorgeschaltetem Widerstand, dann ohne denselben in Serie angelassen, darauf ebenfalls mit und zuletzt ohne Widerstand in Parallelbetrieb laufen gelassen. Die Kontroller haben mehrere Stellungen für Serienschaltung und mehrere für Parallelschaltung. Außer den Fahrtstellungen ermöglichen diese Apparate noch sog. Bremsstellungen der Motoren, bei denen die parallel geschalteten Motoren auf den Regulierwiderstand als Generatoren stromerzeugend arbeiten und infolgedessen die lebendige Kraft des Wagens in elektrische Energie umsetzen.

Preis pro Stück:

bis	80 Amp.	(ca. 600 Volt)	*M 750—800*
»	150 »	» » »	» *950—1100*
»	250 »	» » »	» *1200—1500*

Konverter sind rotierende Umformer, bei welchen die gleiche Ankerwickelung zwei voneinander verschiedene Stromarten aufnimmt bzw. abgibt. Ein Drehstrom-Gleichstrom-Konverter ist also eine konstruktive Vereinigung eines Drehstrommotors und einer Gleichstromdynamo, besitzt mithin Schleifringe zur Aufnahme des Drehstromes und einen Kollektor zur Abnahme des Gleichstromes. Wechselstrom- und Gleichstromspannung stehen zueinander in einem festen Abhängigkeitsverhältnis. Um also die Gleichstromspannung zu ändern, muß auch die Wechselstromspannung (z. B. durch einen Transformator mit abschaltbaren Windungen) geändert werden (siehe **Umformer, rotierende; Einankerumformer**).

Konzentrationselement erhält man, wenn man zwei gleichartige Metallstücke in zwei verschieden konzentrierte, sich berührende Salzlösungen desselben Metalles taucht.

Kopiertelegraphen sind Apparate, welche die Übertragung von Handschriften, Zeichnungen etc. auf elektrischem Wege besorgen.

Bei dem Grayschen Prinzip ist der Schreibstift an zwei Schnüren, welche einen rechten Winkel miteinander bilden, befestigt. Die beiden Schnüre, die durch Federn stets gespannt sind, werden beim Schreiben hin und her gezogen und betätigen dabei je ein

Schaltwerk. Letztere entsenden kurze Stromstöße in je eine Fernleitung. Die Stromstöße folgen um so schneller aufeinander, je schneller die Stiftbewegung in der jeweiligen Bewegungskomponente ist. Auf jede Verschiebung von $^1/_2$—$^1/_4$ mm kommt ein Stromstoß. Am Empfangsorte betätigen die Stromstoßfolgen ein Schaltwerk, welches mittels Sperrklinken und Zahnräder zwei rechtwinklig zueinander stehende Zugstangen hin und her bewegt. An den Zugstangen ist genau wie am Geber ein Schreibstift befestigt.

Bei dem Gruhnschen Apparat, welcher auf demselben Prinzip beruht, werden nicht Stromstöße entsandt, sondern kontinuierliche, aber in ihrer Stärke schwankende Gleichströme. (Hersteller: Kopiertelegraph-Gesellschaft, Dresden.)

Korkzieherregel. Die elektromotorische Kraft hat die Richtung der rotierenden Bewegung eines in der Richtung des magnetischen Feldes fortschreitenden Korkziehers, wenn der die Stromfläche durchsetzende magnetische Fluß abnimmt.

Körnermikrophone (siehe **Mikrophone**). Die variablen Kontakte werden durch Kohlenkörner gebildet, welche sich in einem durch die Schallmembran und einen gezackten Kohlenblock gebildeten Zwischenraum befinden. Die Kohlenkörner müssen so beschaffen sein, daß ein Zusammenbacken infolge der durch den Strom herbeigeführten Erwärmung unmöglich ist.

Ernst Pabst, Bellevue-Köpenick (*s. Inseratanh. S. 18*).

Körperinhalte und -oberflächen. (J = Inhalt, O = Oberfläche.)

1. Zylinder: Radius der Basis = r, Höhe des Zylinders = h.

$$O = 2\pi r h, \quad J = \pi r^2 h.$$

2. Kugel: Radius = r.

$$O = 4\pi r^2, \quad J = \frac{4}{3}\pi r^3.$$

3. Kugelausschnitt: Radius = r, Höhe der Kalotte = h, Durchmesser der Kugelabschnittsbasis = $\varkappa$.

$$O = \frac{\pi r}{2}(4h + \varkappa), \quad J = \frac{2}{3}\pi \varkappa^2 h.$$

4. Kugelabschnitt: Radius = r, Höhe = h.

$$O = 2\pi r h, \quad J = \pi h^2 \left(r - \frac{h}{3}\right).$$

5. Prisma: Basislängen = a, b, h = Höhe

$$O = \text{Summe aller Vierecksflächen}, \quad J = a\ b\ h.$$

6. Würfel: Seitenlänge = a.

$$O = 6a^2, \quad J = a^3.$$

7. Pyramide und Kegel: Grundfläche = g, Höhe = h, Erzeugende des Kegels = l.

$$O = f + \text{Mantelfläche}, \quad J = \frac{g \cdot h}{3}.$$

Mantelfläche der Pyramide = Summe aller Manteldreiecke,
des Kegels = $\pi \cdot r \cdot l$.

Korrespondenzschalter sind Schalter, welche, an verschiedenen Orten angeordnet, das Ein- oder Ausschalten ein- und derselben Lampe von diesen verschiedenen Orten aus gestatten.

Korrosion, elektrische — die durch die Einwirkung des elektrischen Stromes hervorgerufene Zerstörung in unterirdisch verlegten Metallröhren.

Kraft, anziehende und abstoßende. Anziehende Kräfte herrschen zwischen einem elektrischen und einem unelektrischen Körper, einem positiv und einem negativ elektrischen Körper, abstoßende Kräfte zwischen zwei gleichnamig magnetischen oder gleichnamig elektrischen Körpern.

Kraft, magnetisierende, nennt man die von einer mit Luftkern versehenen Stromspule hervorgebrachte Felddichte $H = \frac{4 \pi N \cdot i}{10 \cdot L}$, worin N = Windungszahl, L Länge der Stromspule und i Stromstärke bedeuten.

Kraft, magnetomotorische (siehe **Kraft, magnetisierende**).

Kraftfluß ist das Verhältnis der magnetomotorischen Kraft zum magnetischen Widerstand.

Die Intensität des magnetischen Kraftflusses ist gleich der magnetomotorischen Kraft multipliziert mit der magnetischen Leitfähigkeit.

Kraftgasanlagen. Dieselben dienen zur Erzeugung von Kraftgas (Generatorengas) durch Vergasung von Anthrazit oder Koks.

Die Vergasung erfolgt in dem Generator. Der in angemessener Höhe aufgeschichtete Brennstoff wird unter Zuführung eines Luftdampfgemisches zum Glühen gebracht; dadurch verbrennt der Kohlenstoff zunächst zu Kohlensäure, welche beim Durchströmen der darüber liegenden glühenden Schichten sich in Kohlenoxyd umwandelt. Durch Zumischung von Wasserdampf zur Vergasungsluft erhält das Gas einen Zusatz von Wasserstoff, welcher den Heizwert des Gases erhöht. Der bei der Zersetzung des Wassers freiwerdende Sauerstoff bewirkt eine Verminderung der erforderlichen Luftmenge, also damit eine Verminderung des unnützen Stickstoffgehaltes im Gase. Ferner sorgt die Wasserzersetzung dafür, daß der Generator kühler arbeitet, daß er also haltbarer wird und daß die Schlacke sich nicht so leicht festsetzt.

Sofern man Wasserdampf in genügender Menge hinzusetzt, erhält das Kraftgas ungefähr folgende Zusammensetzung: 27 % Kohlenoxyd, 7 % Kohlensäure, 18 % Wasserstoff, 47 % Stickstoff und etwas Sumpfgas. Der Wärmewert beträgt im Mittel 1300 WE in 1 cbm Gas. — Bei geringerem Wasserzusatz sinkt der Wasserstoffgehalt und steigt der Stickstoffgehalt; der Heizwert des Gases wird geringer, der Generator geht heißer. Es ist also darauf zu sehen, daß, wenn möglich, immer genügend Wasserdampf hinzugesetzt wird.

Je nach der Beschaffenheit der verwandten Brennstoffe muß das Gas eine schwächere oder stärkere Reinigung erfahren.

Zwischen den Kraftgasanlagen und den Gasmaschinen werden vielfach Regler eingeschaltet, welche den ungleichmäßigen Verbrauch des Gases mit der Gaserzeugung in Einklang bringen. (Hersteller: Gebrüder Körting, Körtingsdorf.)

Man unterscheidet Kraftgasanlagen mit besonders zu heizendem Hochdruckdampfkessel, der zum Betriebe eines Dampfgebläses dient, das Luft mit Wasserdampf gemischt unter den Rost des Generators drückt, und solche ohne Dampfkessel, bei denen die Wärme der Gase für die Verdampfung des zur Gasbildung nötigen Wassers benutzt wird. Die Zuführung der Vergasungsluft erfolgt entweder durch einen Ventilator, der die Luft unter den Rost drückt — Ventilatorgasanlage — oder das Gas aus dem Generator saugt und der Verwendungsstelle unter Druck zuführt — kombinierte Saug- und Druckgasanlage —, oder der Motor saugt das Gas selbst aus der Generatoranlage an — Sauggasanlage.

Kraftlinie ist die Bahnlinie, welche ein magnetisches Teilchen, das nur nördlichen oder südlichen Magnetismus enthalten und sich in einem magnetischen Felde frei beweglich befinden würde, beschreibt, die alle Niveauflächen senkrecht durchschneidet, so daß in jedem Punkte dieser Bahn die Tangente derselben die Kraftrichtung anzeigt.

Kraftliniendichte — Zahl der Kraftlinien pro qcm. Dieselbe schwankt für Anker aus weichem Eisenblech zwischen 10000 und 16000, für Magnetgestelle aus Schmiedeeisen zwischen 10000 bis 16000, für solche aus Stahlguß zwischen 9000—15000, für solche aus Gußeisen zwischen 6000—8000 Kraftlinien pro qcm.

Kraftlinien, magnetische, Zahl derselben im Material (siehe **Induktion, magnetische, Stärke derselben**).

Kraftlinienstreuung ist die Erscheinung, daß ein Teil der durch eine Stromspule in einem geschlossenen Eisenkörper erzeugten Kraftlinien aus demselben heraustritt und sich durch die Luft schließt (siehe auch **Streuung**).

Kraftröhre, magnetische, ist jener Raum, der durch die Gesamtheit aller Kraftlinien, welche durch eine geschlossene Raumkurve gehen, begrenzt wird.

Kraftverteilung, elektrische, in Fabriken: Nach Silv. P. Tompson kann die Ursache der durch die elektrische Kraftverteilung in Fabriken bewirkten größeren Ersparnis unter folgende zwei Rubriken gebracht werden:

1. Direkte Ersparnisse: Die Vereinigung der Dampferzeugung in einer oder zwei großen Einheiten von hohem Wirkungsgrad anstatt einer Anzahl kleiner verstreuter Einheiten vermeidet die sonst großen Verluste für Dampfleitungen und lange Wellen und gestattet die Verwendung größerer und besserer Maschinen. Daraus entsteht eine direkte Ersparnis an Kohlen, Wasser, Öl und Arbeit. Bei den meisten Fabriken beträgt die in den langen Wellenleitungen verbrauchte Kraft bis zu 40 % der ganzen Leistung und geht manchmal über 50 % hinaus. Bei allen Belastungen und ganz besonders bei halben und noch kleineren Belastungen hat die elektrische Anlage einen viel höheren Wirkungsgrad. Die Kosten der Erneuerung und Wiederherstellung der elektrischen Kabel und Motoren sind sehr viel geringer als die der Wellen und

Riemen. Die Erweiterung einer solchen neuen Anlage ist viel weniger kostspielig als die Verwendung von Wellenleitungen und Riemen. Da der elektrische Betrieb viel gleichförmiger ist, leidet auch die Betriebsmaschine weniger. Man spart an Raum bei der Verteilung der Arbeitsmaschinen, da man nicht nötig hat, sie nach den langen geraden Wellenleitungen zu gruppieren.

2. Indirekte Ersparnisse: Selbst bei großen Schwankungen in der Belastung kann die Geschwindigkeit sehr gleichmäßig gehalten werden, so daß Störungen, Brüche und Kraftverluste vermieden werden. Maschinen mit sehr großer und solche mit sehr kleiner Geschwindigkeit können, wenn gewünscht, in unmittelbarer Nähe voneinander aufgestellt und betrieben werden, da die Motoren voneinander unabhängig sind. Da der Raum über den Arbeitsmaschinen durch keinerlei Antriebsvorrichtungen in Anspruch genommen wird, so können die Werkstücke leicht von einem Teil der Werkstatt zum anderen transportiert werden, wodurch in vielen Fabriken die Leistungsfähigkeit ganz außerordentlich vermehrt wird. Die hervorragende Schmiegsamkeit der elektrischen Kraftübertragung vermeidet die Schwierigkeiten, welche bei Riemen- und Wellenleitungen eintreten, wenn die Werkstätten in mehreren Stockwerken übereinander liegen. Der Betrieb ist außerordentlich reinlich und nimmt wenig Licht weg.

Maschinenfabrik Oerlikon, Oerlikon bei Zürich (Schweiz).

Kraftzentralen. Als Betriebskraft kommen Wasser, Dampf und Gaskraft in Betracht, und man unterscheidet reine hydro-elektrische Anlagen oder hydro-elektrische Anlagen mit Dampfbetrieb oder Gasmotorenbetrieb als Reserve, reine Dampfanlagen und Kraftgasanlagen. Im allgemeinen soll die Anzahl der Maschinengruppen und ihre Größe so bemessen werden, daß immer eine entsprechende Reserve vorhanden ist. Man wird also, auch bei den kleinsten Anlagen, wenigstens zwei hydro-elektrische Gruppen oder zwei Dampfdynamos bzw. zwei Kesselanlagen oder zwei Gasmotoren mit zugehörigen Generatoren aufstellen.

Die Apparatenanlagen sollen so viel als möglich zentralisiert angelegt werden; das Schaltungsschema soll leicht erkennbar sein. Alle Instrumente müssen von jedem Punkte der Maschinenhalle, und alle Maschinen sollen von der Bedienungsbühne der Apparatenanlage leicht gesehen werden können. Vor der Apparatenwand sollen keine stromführenden Teile angeordnet sein. Alle Apparate und Leitungen sollen leicht zugänglich sein und leicht stromlos gemacht werden können. Die Beleuchtung der Apparatenanlage muß unabhängig vom übrigen Lichtnetz erfolgen. Die Konstruktion und Anordnung der Apparate müssen durch geeignete Verriegelungssysteme in der Hinsicht gesichert sein, daß falsche Schaltmanipulationen unmöglich sind. Die Verwendung von Gleichstrom-Kraftzentralen empfiehlt sich nur dann, wenn keine größeren Entfernungen als 4 km in Betracht kommen. Darüber hinaus ist nur Wechselstrom bzw. Drehstrom ökonomisch. Für jährliche Reparatur und Instandhaltungskosten kann, in Prozenten des Anlagekapitals ausgedrückt, gerechnet werden für:

Gebäude . . . . $^1/_2$—1%	Transformatoren . 1—2%
Kessel . . . . . $1^1/_2$ »	Akkumulatoren . 2—3 »
Dampfmaschinen . $1^1/_2$ »	Apparatenanlagen 2 »
Turbinen . . . . $1^1/_2$ »	Freileitungen . . 2 »
Gasmotoren . . . $1^1/_2$ »	Kabel . . . . . $^1/_2$—1 »
Generatoren . . $1^1/_2$ »	

Maschinenfabrik Oerlikon, Oerlikon bei Zürich (Schweiz).

Krampen, gewöhnlich verkupfert, dienen zum Befestigen von Isolierröhren, wo Schellen oder Schlingen nicht verwendet werden können. Preis pro 100 Stück ℳ *0.80—1* (siehe **Innenleitungen.**)

Bergmann-Elektrizitätswerke, Aktiengesellsch.(Abt.J.), Berlin N., Henningsdorferstr. 33. 34. 35. (*s. vordere innere Deckelseite*).

Krane, elektrisch betriebene. Ausrüstung für Dreimotorensysteme: Ein Motor für die Hubbewegung mit Anlaßapparat (Wendeschalter), ein Motor für die Querbewegung beim Laufkran, Drehbewegung beim Drehkran, mit Anlaßapparat, ein Motor für die Längsbewegung beim Laufkran, Fahrbewegung beim fahrbaren Drehkran, mit Anlaßapparat, ein Generalausschalter zur Abstellung des Betriebsstromes von allen drei Motoren, Ausschalter und Sicherungen für die Motoren im Führerstand, Meßinstrumente im Führerstand, Stromabnahmevorrichtungen für die Längs- und Querbewegung beim Laufkran, Fahrbewegung beim fahrbaren Drehkran, Stromzuführungen, Bremsvorrichtungen.

Maschinenfabrik Eßlingen in Eßlingen. Zobel, Neubert & Ko., Eisengießerei und Maschinenfabrik, Schmalkalden, (Thüringen).

Kranmotoren.

Drehstrommotoren für Spannungen von 190 und 380 Volt und 40 und 50 Perioden.

Leistung PS	Absorbierte KW-Amp.	Umdrehungen pro Minute bei 40 Perioden	Umdrehungen pro Minute bei 50 Perioden	Preise ℳ
1	1,8	1120	1400	*240*
2	2,7	1130	1410	*420*
3	3,6	1135	1420	*500*
5	5,2	1135	1420	*630*
10	9,7	1150	1440	*830*
12	11,6	1150	1450	*1000*
16	15,2	1150	1450	*1240*
20	19,2	780	970	*1450*
50	24,4	780	970	*1930*

Gleichstrommotoren für Spannungen von 120, 240 und 500 Volt.

Leistung in PS	2	3	5	10	12	16	20	25
Absorbierte KW	1,9	2,8	4,8	8,9	10,8	13,4	15,8	21
Umdrehungen pro Minute	1500	1500	1150	1150	1150	1150	1150	980
Preise in Mark	*600*	*650*	*700*	*1200*	*1250*	*1500*	*1650*	*1750*

Maschinenfabrik Eßlingen in Eßlingen.
Siemens-Schuckertwerke.
Allg. El.-Ges., Berlin.
Kolben & Ko., Prag.
Maschinenfabrik Oerlikon, Schweiz.

Kreisdurchmesser, Kreisumfänge, Kreisinhalte, Quadrate, Kubusse, Quadrat- und Kubikwurzel.

Kreis-durch-messer n	Kreis-umfang $n\pi$	Kreisinhalt $\frac{n^2\pi}{4}$	Quadrat n^2	Kubus n^3	Quadrat-wurzel $\sqrt{n}$	Kubik-wurzel $\sqrt[3]{n}$
1	3,142	0,7854	1	1	1,0000	1,0000
2	6,283	3,1416	4	8	1,4142	1,2599
3	9,425	7,0686	9	27	1,7320	1,4422
4	12,566	12,5663	16	64	2,0000	1,5874
5	15,708	19,6349	25	125	2,2361	1,7099
6	18,849	28,2743	36	216	2,4494	1,8171
7	21,991	38,4845	49	343	2,6457	1,9129
8	25,132	50,2654	63	512	2,8284	2,0000
9	28,274	63,6173	81	729	3,0000	2,0800
10	31,415	78,5397	100	1 000	3,1623	2,1544
11	34,558	95,0334	121	1 331	3,3166	2,2239
12	37,699	113,0976	144	1 728	3,4641	2,2894
13	40,841	132,73	169	2 197	3,6055	2,3513
14	43,982	153,93	196	2 744	3,7417	2,4101
15	47,124	176,71	225	3 375	3,8730	2,4662
16	50,265	201,06	256	4 096	4,0000	2,5198
17	53,407	226,98	289	4 913	4,1231	2,5713
18	56,548	254,46	324	5 832	4,2426	2,6207
19	59,690	283,52	361	6 859	4,3589	2,6684
20	62,832	314,16	400	8 000	4,4721	2,7144
21	65,973	346,36	441	9 261	4,5826	2,7589
22	69,115	380,13	484	10 648	4,6904	2,8021
23	72,256	415,47	529	12 167	4,7958	2,8438
24	75,398	452,39	576	13 824	4,8990	2,8845
25	78,540	490,87	625	15 625	5,0000	2,9241
26	81,681	530,93	676	17 576	5,0990	2,9624
27	84,823	572,55	729	19 683	5,1961	3,0000
28	87,964	615,75	784	21 952	5,2915	3,0366
29	91,106	660,52	841	24 389	5,3851	3,0723
30	94,248	706,86	900	27 000	5,4772	3,1072
31	97,389	754,76	961	29 791	5,5677	3,1414
32	100,531	804,24	1024	32 768	5,6568	3,1748
33	103,672	855,30	1089	35 937	5,7445	3,2075
34	106,814	907,92	1156	39 304	5,8309	3,2396
35	109,956	962,11	1225	42 875	5,9160	3,2710
36	113,097	1017,87	1296	46 656	6,0000	3,3019
37	116,239	1075,21	1369	50 653	6,0827	3,3327
38	119,380	1134,11	1444	54 872	6,1644	3,3620
39	122,522	1194,59	1521	59 319	6,2450	3,3912
40	125,664	1256,64	1600	64 000	6,3245	3,4200
41	128,805	1320,25	1681	68 921	6,4031	3,4482
42	131,947	1385,44	1764	74 088	6,4807	3,4760
43	135,088	1452,20	1849	79 507	6,5574	3,5034
44	138,230	1520,53	1936	85 184	6,6333	3,5303
45	141,372	1590,43	2025	91 125	6,7082	3,5569

Kreis-durch-messer n	Kreis-umfang $n\pi$	Kreisinhalt $\frac{n^2\pi}{4}$	Quadrat n^2	Kubus n^3	Quadrat-wurzel $\sqrt{n}$	Kubik-wurzel $\sqrt[3]{n}$
46	144,513	1661,90	2116	97 336	6,7823	3,5830
47	147,655	1734,94	2209	103 823	5,8556	3,6088
48	150,796	1809,56	2304	110 592	6,9282	3,6342
49	153,938	1885,74	2401	117 649	7,0000	3,6593
50	157,080	1963,50	2500	125 000	7,0711	3,6840
51	160,221	2042,82	2601	132 651	7,1414	3,7084
52	163,363	2123,72	2704	140 608	7,2111	3,7325
53	166,504	2206,18	2809	148 877	7,2801	3,7563
54	169,646	2290,22	2916	157 464	7,3485	3,7798
55	172,788	2375,83	3025	166 375	7,4162	3,8030
56	175,929	2463,01	3136	175 616	7,4833	3,8250
57	179,071	2551,76	3249	185 193	7,5498	3,8485
58	182,212	2642,08	3364	195 112	7,6158	3,8709
59	185,354	2733,97	3481	205 379	7,6811	3,8930
60	188,496	2827,44	3600	216 000	7,7459	3,9149
61	191,637	2922,47	3721	226 981	7,8102	3,9365
62	194,779	3019,07	3844	238 628	7,8740	3,9579
63	197,920	3117,25	3969	250 047	7,9373	3,9791
64	201,062	3216,99	4096	262 144	8,0000	4,0000
65	204,204	3318,31	4225	274 625	8,0623	4,0207
66	207,345	3421,20	4366	287 496	8,1240	4,0412
67	210,487	3525,66	4489	300 763	8,1854	4,0615
68	213,628	3631,68	4624	314 432	8,2462	4,0817
69	216,770	3739,28	4761	328 509	8,3066	4,1016
70	219,912	3848,46	4900	343 000	8,3666	4,1213
71	223,053	3959,20	5041	357 911	8;4261	4,1408
72	226,195	4071,51	5184	373 248	7,4853	4,1602
73	229,336	4185,39	5329	389 017	8,5440	4,1793
74	232,478	4300,85	5476	405 224	8,6023	4,1983
75	235,620	4417,87	5625	421 875	8,6603	4,2172
76	238,761	4536,47	5776	438 976	8,7178	4,2358
77	241,903	4656,63	5929	456 533	8,7750	4,2543
78	245,044	4778,37	6084	474 552	8,8318	4,2727
79	248,186	4901,68	6241	493 039	8,8881	4,2908
80	251,328	5026,56	6400	512 000	8,9443	4,3089
81	254,469	5153,00	6561	531 441	9,0000	4,3268
82	257,611	5281,02	6724	551 368	9,0554	4,3445
83	260,752	5410,62	6889	571 787	9,1104	4,3621
84	263,894	5541,78	7056	592 704	9,1651	4,3795
85	267,036	5674,51	7225	614 125	9,2195	4,3968
86	270,177	5808,81	7396	636 056	9,2736	4,4140
87	273,319	5944,69	7569	658 503	9,3247	4,4310
88	276,460	6082,13	7744	681 472	9,3808	4,4480
89	279,602	6221,15	7921	704 969	9,4340	4,4647
90	282,744	6361,74	8100	729 000	9,4868	4,4814
91	285,885	6503,89	8281	753 571	9,5394	4,4979
92	289,027	6647,62	8464	778 688	9,5917	4,5144

Kreis-durch-messer n	Kreis-umfang $n\pi$	Kreisinhalt $\frac{n^2\pi}{4}$	Quadrat n^2	Kubus n^3	Quadrat-wurzel $\sqrt{n}$	Kubik-wurzel $\sqrt[3]{n}$
93	292,168	6 792,92	8 649	804 357	9,6436	4,5307
94	295,310	6 939,79	8 836	830 584	9,6954	4,5168
95	298,452	7 088,23	9 025	857 375	9,7468	4,5629
96	301,593	7 238,24	9 216	884 736	9,7980	4,5789
97	304,735	7 389,82	9 409	912 673	9,8488	4,5947
98	307,876	7 542,98	9 604	941 192	9,8995	4,6104
99	311,018	7 697,70	9 801	970 290	9,9499	4,6361
100	314,15	7 853,97	10 000	1 000 000	10,0000	4,6416
101	317,30	8 011,96	10 201	1 030 301	10,0499	4,6570
102	320,41	8 171,30	10 404	1 061 208	10,0995	4,6723
103	323,58	8 332,30	10 609	1 092 727	10,1489	4,6875
104	326,72	8 494,88	10 816	1,124 864	10,1980	4,7027
105	329,86	8 659,03	11 025	1 157 625	10,2470	4,7177
106	333,00	8 824,75	11 236	1 191 016	10,2956	4,7326
107	336,15	8 992,04	11 449	1 225 043	10,3441	4,7475
108	339,29	9 160,90	11 664	1 259 712	10,3923	4,7622
109	342,43	9 331,33	11 881	1 295 029	10,4403	4,7769
110	345,57	9 503,34	12 100	1 331 000	10,4881	3,7914
111	348,71	9 676,91	12 321	1 367 631	10,5357	4,8059
112	351,85	9 852,05	12 544	1 404 928	10,5830	4,8203
113	355,01	10 028,77	12 769	1 442 897	10,6301	4,8346
114	358,14	10 207,05	12 996	1 481 544	10,6771	4,8488
115	361,28	10 386,91	13 225	1 520 875	10,7238	4,8629
116	364,42	10 568,34	13 456	1 560 896	10,7703	4,8770
117	367,56	10 751,34	13 689	1 601 613	10,8167	4,8910
118	370,70	10 935,90	13 924	1 643 032	10,8628	4,9049
119	373,81	11 122,04	14 161	1 685 159	10,9087	4,9187
120	376,99	11 309,76	14 400	1 728 000	10,954	4,932
121	380,13	11 499,04	14 641	1 771 561	11,000	4,946
122	383,27	11 689,89	14 884	1 815 848	11,045	4,959
123	386,41	11 882,31	15 129	1 860 867	11,090	4,973
124	389,55	12 076,31	15 376	1 906 624	11,135	4,986
125	392,70	12 271,87	15 625	1 953 125	11,180	5,000
126	395,84	12 469,01	15 876	2 000 376	11,225	5,013
127	398,98	12 667,71	16 129	2 048 383	11,269	5,026
128	402,12	12 867,99	16 384	1 097 152	11,313	5,039
129	405,26	13 069,84	16 641	2 146 689	11,357	5,052
130	408,10	13 273,26	16 900	2 197 000	11,401	5,065
131	411,54	13 478,24	17 161	2 248 091	11,445	5,078
132	414,69	13 694,80	17 424	2 299 968	11,489	5,091
133	417,83	13 892,94	17 689	2 352 637	11,532	5,104
134	420,97	14 102,64	17 956	2 406 104	11,575	5,117
135	424,11	14 313,91	18 225	2 460 375	11,619	5,129
136	427,25	14 526,75	18 496	2 515 456	11,661	5,142
137	430,39	14 741,17	18 769	2 571 353	11,704	5,155
138	433,54	14 957,15	19 044	2 628 072	11,747	5,167
139	436,68	15 174,71	19 321	2 685 619	11,789	5,180

Kreis-durch-messer n	Kreis-umfang $n\pi$	Kreisinhalt $\frac{n^2\pi}{4}$	Quadrat n^2	Kubus n^3	Quadrat-wurzel $\sqrt{n}$	Kubik-wurzel $\sqrt[3]{n}$
140	439,82	15 393,84	19 600	2 744 400	11,832	5,192
141	443,96	15 614,53	19 881	2 803 221	11,874	5,204
142	446,10	15 836,80	20 164	2 863 288	11,916	5,217
143	449,24	16 060,64	20 449	2 924 207	11,958	5,229
144	452,39	16 286,05	20 736	2 985 984	12,000	5,241
145	455,53	16 513,03	21 025	3 048 625	12,041	5,253
146	458,67	16 741,58	21 316	3 112 136	12,083	5,265
147	461,81	16 971,70	21 609	3 176 523	12,124	5,277
148	464,95	17 203,40	21 904	3 241 792	12,165	5,289
149	468,09	17 436,66	22 201	3 307 949	12,206	5,301
150	471,24	17 671,50	22 500	3 375 000	12,247	5,313
151	474,38	17 907,90	22 801	3 442 951	12,288	5,325
152	477,52	18 145,88	23 104	3 511 808	12,328	5,336
153	480,66	18 385,42	23 409	3 581 577	12,369	5,348
154	483,80	18 626,54	23 716	3 652 264	12,409	5,360
155	486,94	18 869,23	24 025	3 723 875	12,449	5,371
156	490,08	19 113,49	24 336	3 796 416	12,489	5,383
157	493,23	19 359,32	24 649	3 869 893	12,529	5,394
158	496,37	19 606,72	24 964	3 944 312	12,569	5,406
159	499,51	19 855,69	25,281	4 019 679	12,609	5,417
160	502,65	20 106,24	25 600	4 096 000	12,649	5,428
161	505,79	20 358,35	25 921	4 173 281	12,688	5,440
162	508,93	20 612,03	26 244	4 251 528	12 727	5,451
163	512,08	20 867,20	26 569	4 330 747	12,767	5,462
164	515,22	21 124,11	26 896	4 410 944	12,806	5,473
165	518,36	21 382,51	27 225	4 492 125	12,845	5,484
166	521,50	21 642,48	27 556	4 574 296	12,884	5,495
167	524,64	21 904,02	27 889	4 657 463	12,922	5,506
168	527,78	22 167,12	28 224	4 741 632	12,961	5,517
169	530,93	22 431,80	28 561	4 826 809	13,000	5,528
170	534,07	22 698,06	28 900	4 913 000	13,038	5,539
171	537,31	22 965,88	29 241	5 000 211	13,076	5,550
172	540,35	23 235,27	29 584	5 088 448	13,114	5,561
173	543,49	23 506,23	29 929	5 177 717	13,152	5,572
174	546,03	23 778,77	30 276	5 268 024	13,190	5,582
175	549,78	24 052,87	30 625	5 359 375	13,228	5,593
176	552,92	24 328,55	30 976	5 451 776	13,266	5,604
177	556,06	24 605,79	31 329	5 545 233	13,304	5,614
178	559,20	24 884,61	31 684	5 639 752	13,341	5,625
179	562,34	25 165,00	32 041	5 735 339	13,379	5,635
180	565,48	25 446,96	32 400	5 832 000	13,416	5,646
181	568,62	25 730,48	32 761	5 929 741	13,453	5,656
182	571,71	26 015,58	33 124	6 028 568	13,490	5,667
183	574,91	26 302,26	33 489	6 128 487	13,527	5,677
184	578,05	25 590,50	33 856	6 229 504	13,564	5,687
185	581,19	26 880,31	34 225	6 331 625	13,601	5,698
186	584,33	27 171,69	34 596	6 434 856	13,638	5,708

Kreis-durch-messer n	Kreis-umfang $n\pi$	Kreisinhalt $\frac{n^2\pi}{4}$	Quadrat n^2	Kubus n^3	Quadrat-wurzel $\sqrt{n}$	Kubik-wurzel $\sqrt[3]{n}$
187	587,47	27 464,65	34 969	6 539 203	13,674	5,718
188	590,62	27 759,17	35 344	6 644 672	13,711	5,728
189	593,76	28 055,27	35 721	6 751 269	13,747	5,738
190	596,90	28 352,94	36 100	6 859 000	13,784	5,748
191	600,04	28 652,17	36 481	6 967 871	13,820	5,758
192	603,18	28 952,98	36 864	7 077 888	13,856	5,768
193	606,32	29 255,36	37 249	7 189 057	13,892	5,778
194	609,47	29 559,31	37 636	7 301 384	13,928	5,788
195	612,61	29 864,83	38 025	7 414 875	13,964	5,798
196	615,75	30 171,92	38 416	7 529 536	14,000	5,808
197	618,89	30 480,60	38 809	7 645 373	14,035	5,818
198	622,03	30 790,82	39 204	7 762 392	14,071	5,828
199	625,17	31 102,52	39 601	7 880 599	14,106	5,838
200	628,32	31 416,00	40 000	8 000 000	14,142	5,848
201	631,46	31 730,94	40 401	8 120 601	14,177	5,857
202	634,60	32 047,46	40 804	8 242 408	14,212	5,867
203	637,74	32 365,54	41 209	8 365 427	14,247	5,877
204	640,88	32 685,20	41 616	8 489 664	14,282	5,886
205	644,02	33 006,43	42 025	8 615 125	14,317	5,896
206	647,16	33 329,23	42 436	8 741 816	14,352	5,905
207	650,31	33 653,60	42 849	8 869 743	14,387	5,915
208	653,45	33 979,54	43 264	8 998 912	14,422	5,924
209	656,59	34 307,05	43 681	9 129 329	14,456	5,934
210	659,73	34 636,14	44 100	9 261 000	14,491	5,943
211	662,87	34 966,79	44 521	9 393 931	14,525	5,953
212	666,01	35 299,01	44 944	9 528 128	14,560	5,962
213	699,16	35 632,81	45 369	9 663 597	14,594	5,972
214	672,30	35 968,17	45 796	9 800 344	14,628	5,981
215	675,44	36 305,11	46 225	9 938 375	14,662	5,990
216	678,58	36 643,62	46 659	10 077 696	14,696	6,000
217	681,72	36 983,70	47 089	10 218 313	14,730	6,009
218	684,86	37 325,34	47 524	10 360 232	14,764	6,018
219	688,01	37 668,56	47 961	10 503 459	14,798	6,027
220	691,15	38 013,36	48 400	10 648 000	14,832	6,036
221	694,29	38 359,72	48 841	10 793 861	14,866	6,045
222	697,43	38 707,65	49 284	10 941 049	14,899	6,055
223	700,57	39 057,51	49 729	11 089 567	14,933	6,064
224	703,71	39 408,23	50 176	11 239 424	14,966	6,073
225	706,86	39 760,87	50 625	11 390 625	15,000	6,082
226	710,00	40 115,09	51 076	11 543 176	15,033	6,091
227	713,14	40 470,87	51 529	11 697 083	15,066	6,100
228	716,28	40 828,23	51 984	11 852 352	15,099	6,109
229	719,42	41 187,16	52 441	12 008 989	15,132	6,118
230	722,54	41 547,66	52 900	12 167 000	15,165	6,126
231	725,70	41 909,72	53 361	12 326 391	15,198	6,135
232	728,85	42 273,36	53 824	12 487 168	15,231	6,144
233	731,99	42 638,58	54 289	12 649 337	15,264	6,153

Kreis-durch-messer n	Kreis-umfang $n\pi$	Kreisinhalt $\frac{n^2\pi}{4}$	Quadrat n^2	Kubus n^3	Quadrat-wurzel $\sqrt{n}$	Kubik-wurzel $\sqrt[3]{n}$
234	735,13	43 005 36	54 756	12 812 904	15,297	6,162
235	738,27	43 373 71	55 225	12 977 875	15,329	6,181
236	741,41	43 743,63	55 696	13 144 256	15,362	6,179
237	744,55	44 115,11	56 169	13 312 053	15,394	6,188
238	747,68	44 488,18	56 644	13 481 272	15,427	6,197
239	750,88	44 862,83	57 121	13 651 919	15,459	6,205
240	753,98	45 239,04	57 600	13 824 000	15,491	6,214
241	757,12	45 616,81	58 081	13 997 521	15,524	6,223
242	760,26	45 996,16	58 564	14 172 488	15,556	6,231
243	763,40	46 377,08	59 049	14 348 907	15,588	6,240
244	766,52	46 759,57	59 536	14 526 784	15,620	6,248
245	769,92	47 143,63	60 025	14 706 125	15,652	6,257
246	772,83	47 529,26	60 516	14 886 936	15,684	6,265
247	775,97	47 916,46	61 009	15 069 223	15,716	6,274
248	779,11	48 305,24	61 504	15 252 992	15,748	6,282
249	782,25	48 695,58	62 001	15 438 249	15,779	6,291
250	785,40	49 087,50	62 500	15 625 000	15,811	6,299
251	788,54	49 480,98	63 001	15 813 251	15,843	6,308
252	791,68	49 876,04	63 504	16 003 008	15,874	6,316
253	794,82	50 272,66	64 009	16 194 277	15,906	6,324
254	797,96	50 670,86	64 516	16 387 064	15,937	6,333
255	801,10	51 070,63	65 025	16 581 375	15,968	6,341
256	804,24	51 471,96	65 536	16 777 216	16,000	6,349
257	807,39	51 874,88	66 049	16 974 593	16,031	6,357
258	810,53	52 279,36	66 564	17 173 512	16,062	6,366
259	813,67	52 685,41	67 081	17 373 979	16,093	6,374
260	816,81	53 093,04	67 600	17 576 000	16,124	6,382
261	819,97	53 502,23	68 121	17 779 581	16,155	6,390
262	823,09	53 912,99	68 644	17 984 728	16,186	6,398
263	826,24	54 325,33	69 169	18 191 447	16,217	6,406
264	829,38	54 739,23	69 696	18 399 744	16,278	6,415
265	832,52	55 154,71	70 225	18 609 625	16,278	6,423
266	835,66	55 571,76	70 756	18 821 096	16,309	6,431
267	838,80	55 990,38	71 289	19 034 163	16,340	6,439
268	841,94	56 410,56	71 824	19 248 832	16,370	6,447
269	845,09	56 832,32	72 361	19 465 109	16,401	6,455
270	848,23	57 255,66	72 900	19 683 000	16,431	6,463
271	851,37	57 680,56	73 441	19 902 511	16,462	6,471
272	854,51	58 107,03	73 984	20 123 648	16,492	6,479
273	857,65	58 535,07	74 529	20 346 417	16,522	6,487
274	860,79	58 964,69	75 076	20 570 824	16,552	6,495
275	863,94	59 393,87	75 625	20 796 875	16,583	6,503
276	867,08	59 828,63	76 176	21 024 576	16,613	6,510
277	870,22	60 262,95	76 729	21 253 933	16,643	6,518
278	873,36	60 698,85	77 284	21 484 952	16,673	6,526
279	876,50	61 136,32	77 841	21 717 639	16,703	6,534
280	879,64	61 573,36	78 400	21 952 000	16,733	6,542

Kreis-durch-messer n	Kreis-umfang $n\pi$	Kreisinhalt $\frac{n^2\pi}{4}$	Quadrat n^2	Kubus n^3	Quadrat-wurzel $\sqrt{n}$	Kubik-wurzel $\sqrt[3]{n}$
281	882,78	62 015,96	78 961	22 188 041	16,763	6,549
282	885,93	62 458,14	79 524	22 425 768	16,792	6,557
283	889,07	62 901,90	80 089	22 665 187	16,822	6,565
284	892,21	63 347,22	80 656	22 906 304	16,852	6,573
285	895,35	63 794,11	81 225	23 149 125	16,881	6,580
286	898,49	64 242,57	81 796	23 393 656	16,911	6,588
287	901,63	64 692,61	82 369	23 639 903	16,941	6,596
288	904,78	65 144,21	82 944	23 887 872	16,970	6,603
289	907,92	65 597,39	83 521	24 137 569	17,000	6,611
290	911,06	66 052,14	84 100	24 389 000	17,029	6,619
291	914,20	66 508,45	84 681	24 642 171	17,059	6,627
292	917,34	66 966,34	85 264	24 897 088	17,088	6,634
293	920,48	67 475,80	85 849	25 153 757	17,117	6,642
294	923,63	67 886,83	86 436	25 412 184	17,146	6,649
295	926,77	68 349,43	87 025	25 672 375	17,175	6,657
296	929,91	68 813,60	87 616	25 934 336	17,205	6,661
297	933,05	69 279,34	88 209	26 198 073	17,234	6,672
298	936,19	69 746,66	88 804	26 463 592	17,263	6,679
299	939,33	70 215,54	89 401	26 730 899	17,292	6,687
300	942,48	70 686,00	90 000	27 000 000	17,320	6,694
301	945,62	71 158,02	90 601	27 270 901	17 349	6,702
302	948,76	71 631,62	91 204	27 543 608	17,378	6,709
303	951,90	72 106,78	91 809	27 818 127	17,407	6,716
304	955,04	72 583,52	92 416	28 094 464	17,435	6,724
305	958,18	73 061,83	93 025	28 372 625	17,464	6,731
306	961,32	73 541,71	93 636	28 652 616	17,493	6,739
307	964,47	74 023,16	94 249	28 934 443	17,521	6,746
308	967,61	74 506,18	94 864	29 218 112	17,549	6,753
309	970,75	74 990,77	95 481	29 503 629	17,578	6,761
310	973,89	75 476,94	96 100	29 791 000	17,607	6,768
311	977,03	75 964,67	96 721	30 080 231	17,635	6,775
312	980,17	76 453,93	97 344	30 371 328	17,663	6,782
313	983,32	76 944,85	97 969	30 664 297	17,692	6,789
314	986,45	77 437,29	98 596	30 959 144	17,720	6,797
315	989,60	77 931,31	99 225	31 255 875	17,748	6,804
316	992,74	78 426,89	99 856	31 554 496	17,776	6,811
317	995,88	78 924,06	100 489	31 855 013	17,804	6,818
318	999,02	79 422,78	101 124	32 157 432	17,832	6,826
319	1002,17	79 923,08	101 761	32 461 759	17,860	6,833
320	1005,31	80 424,96	102 400	32 768 000	17,888	6,839
321	1008,45	80 928,40	103 041	33 076 161	17,916	6,847
322	1011,59	81 433,41	103 684	33 386 248	17,944	6,854
323	1014,73	81 939,99	104 329	33 698 267	17,972	6,861
324	1017,88	82 448,15	104 976	34 012 224	18,000	6,868
325	1021,02	82 957,87	105 625	34 328 125	18,028	6,875
326	1024,16	83 469,17	106 276	34 645 976	18,055	6,882
327	1027,30	83 982,60	106 929	34 965 783	18,083	6,889

Kreis-durch-messer n	Kreis-umfang $n\pi$	Kreisinhalt $\frac{n^2\pi}{4}$	Quadrat n^2	Kubus n^3	Quadrat-wurzel $\sqrt{n}$	Kubik-wurzel $\sqrt[3]{n}$
328	1030,44	84 496,47	107 584	35 287 552	18,111	6,896
329	1033,58	85 012,48	108 241	35 611 289	18,138	6,903
330	1036,72	85 530,06	108 900	35 937 000	18,166	6,910
331	1039,86	86 049,20	109 561	36 264 691	18,193	6,917
332	1043,01	86 569,92	110 224	36 594 368	18,221	6,924
333	1046,15	87 092,22	110 889	36 926 037	18,248	6,931
334	1049,29	87 616,08	111 556	37 259 704	18,276	6,938
335	1052,43	88 141,51	112 225	37 595 375	18,303	6,945
336	1055,57	88 668,51	112 896	37 933 056	18,330	6,952
337	1058,71	89 197,09	113 569	38 272 753	18,357	6,959
338	1061,86	89 727,23	114 244	38 614 472	18,385	6,966
339	1065,00	90 258,95	114 921	38 958 219	18,412	6,973
340	1068,14	90 792,24	115 600	39 304 000	18,439	6,979
341	1071,28	91 327,09	116 281	39 651 821	18,466	6,986
342	1074,27	91 863,52	116 964	40 001 688	18,493	6,993
343	1077,56	92 401,15	117 649	40 353 607	18,520	7,000
344	1080,71	92 941,09	118 336	40 707 584	18,547	7,007
345	1083,85	93 482,23	119 025	41 063 625	18,574	7,014
346	1086,99	94 024,94	119 716	41 421 736	18,601	7,020
347	1090,13	94 569,22	120 409	41 781 923	18,628	7,027
348	1093,27	95 115,08	121 104	42 144 192	18,655	7,034
349	1096,41	95 662,50	121 801	42 508 549	18,681	7,040
350	1099,56	96 211,50	122 500	42 875 000	18,708	7,047
351	1102,70	96 762,06	123 201	43 243 551	18,735	7,054
352	1105,84	97 314,20	123 904	43 614 208	18,762	7,061
353	1108,98	97 867,90	124 609	43 986 977	18,788	7,067
354	1112,12	98 423,18	125 316	44 361 864	18,815	7,074
355	1115,26	98 980,03	126 025	44 738 875	18,841	7,081
356	1118,40	99 538,45	126 736	45 118 016	18,868	7,087
357	1121,55	100 098,43	127 449	45 499 293	18,894	7,094
358	1124,69	100 660,00	128 164	45 882 712	18,921	7,101
359	1127,83	101 223,13	128 881	46 268 279	18,947	7,107
360	1130,97	101 787,84	129 600	46 656 000	18,974	7,114
361	1134,11	102 354,11	130 321	47 045 881	19,000	7,120
362	1137,25	102 921,95	131 044	47 437 928	19,026	7,127
363	1140,40	103 491,31	131 769	47 832 147	19,053	7,133
364	1143,54	104 062,35	132 496	48 228 544	19,079	7,140
365	1146,68	104 634,91	133 225	48 627 125	19,105	7,147
366	1149,82	105 209,04	133 956	49 027 896	19,131	7,153
367	1152,96	105 784,74	134 689	49 430 863	19,157	7,159
368	1156,10	106 362,00	135 424	49 836 032	19,183	7,166
369	1159,25	106 940,84	136 161	50 243 409	19,209	7,173
370	1162,39	107 521,26	136 900	50 653 000	19,235	7,179
371	1165,53	108 103,22	137 641	51 064 811	19,261	7,185
372	1168,67	108 686,79	138 384	51 478 848	19,287	7,192
373	1171,81	109 271,91	139 129	51 895 117	19,313	7,198
374	1174,95	109 858,62	139 876	52 313 624	19,339	7,205

Kreisdurchmesser n	Kreisumfang $n\pi$	Kreisinhalt $\frac{n^2\pi}{4}$	Quadrat n^2	Kubus n^3	Quadratwurzel $\sqrt{n}$	Kubikwurzel $\sqrt[3]{n}$
375	1178,10	110 446,87	140 625	52 734 375	19,365	7,211
376	1181,24	111 036,71	141 376	53 157 376	19,391	7,218
377	1184,38	111 628,11	142 129	53 582 633	19,416	7,224
378	1187,52	112 221,09	142 884	54 010 152	19,442	7,230
379	1190,66	112 815,64	143 641	54 439 939	19,468	7,237
380	1193,80	113 411,76	144 400	54 872 000	19,493	7,243
381	1196,94	114 009,46	145 161	55 306 341	19,519	7,249
382	1200,09	114 608,70	145 924	55 742 968	19,545	7,256
383	1203,23	115 209,54	146 689	56 181 887	19,570	7,262
384	1206,37	115 811,94	147 456	56 623 104	19,596	7,268
385	1209,51	116 415,91	148 225	57 066 625	19,621	7,275
386	1212,65	117 021,45	148 996	57 512 456	19,647	7,281
387	1215,79	117 628,57	149 769	57 960 603	19,672	7,287
388	1218,94	118 237,25	150 544	58 411 072	19,698	7,294
389	1222,08	118 846,51	151 321	58 863 869	19,723	7,299
390	1225,22	119 459,06	152 100	59 319 000	19,748	7,306
391	1228,36	120 072,73	152 881	59 776 471	19,774	7,312
392	1231,50	120 687,70	153 664	60 236 288	19,799	7,319
393	1234,64	121 304,24	154 449	60 698 457	19,824	7,325
394	1237,79	121 922,43	155 236	61 162 984	19,849	7,331
395	1240,93	122 542,03	156 025	61 629 875	19,875	7,337
396	1244,07	123 163,28	156 816	62 099 136	19,899	7,343
397	1247,21	123 786,10	157 609	62 570 773	19,925	7,349
398	1250,35	124 410,10	158 404	63 044 792	19,949	7,356
399	1253,49	125 036,46	159 201	63 521 199	19,975	7,362
400	1256,64	125 664,00	160 000	64 000 000	20,000	7,368
401	1259,78	126 293,10	160 801	64 481 201	20,025	7,374
402	1262,92	126 923,88	161 604	64 964 808	20,049	7,380
403	1266,06	127 556,02	162 409	65 450 827	20,075	7,386
404	1269,20	128 189,84	163 216	65 939 264	20,099	7,392
405	1272,34	128 825,23	164 025	66 430 125	20,125	7,399
406	1275,48	129 462,10	164 836	66 923 416	20,149	7,405
407	1278,63	130 100,71	165 649	67 419 143	20,174	7,411
408	1281,77	130 740,82	166 464	67 917 312	20,199	7,417
409	1284,91	131 382,49	167 281	68 417 929	20,224	7,423
410	1288,05	132 025,74	168 100	68 921 000	20,248	7,429
411	1291,19	132 670,55	168 921	69 426 531	20,273	7,435
412	1294,32	133 316,93	169 744	69 934 528	20,298	7,441
413	1297,48	133 964,89	170 569	70 444 997	20,322	7,447
414	1300,62	134 614,41	171 396	70 957 944	20,347	7,453
415	1303,76	135 265,51	172 225	71 473 375	20,371	7,459
416	1306,90	135 918,18	173 056	71 991 296	20,396	7,465
417	1310,04	136 572,42	173 889	72 511 713	20,421	7,471
418	1313,18	137 228,22	174 724	73 034 632	20,445	7,477
419	1316,32	137 885,69	175 561	73 560 059	20,469	7,483
420	1319,47	138 544,56	176 400	74 088 000	20,494	7,489
421	1322,61	139 205,08	177 241	74 618 461	20,518	7,495

Kreis-durch-messer n	Kreis-umfang $n \cdot \pi$	Kreisinhalt $\frac{n^2 \cdot \pi}{4}$	Quadrat n^2	Kubus n^3	Quadrat-wurzel $\sqrt{n}$	Kubik-wurzel $\sqrt[3]{n}$
422	1325,75	139 867,17	178 084	75 151 448	20,543	7,501
423	1328,89	140 530,83	178 929	75 686 967	20,567	7,507
424	1332,03	141 196,07	179 776	76 250 024	20,591	7,513
425	1335,18	141 862,87	180 625	76 765 625	20,615	7,518
426	1338,32	142 531,25	181 476	77 308 776	20,639	7,524
427	1341,46	143 201,19	182 329	77 854 483	20,664	7,530
428	1344,60	143 872,71	183 184	78 402 752	20,688	7,536
429	1347,74	144 545,80	184 041	78 953 589	20,712	7,542
430	1350,88	145 220,46	184 900	79 597 000	20,736	7,548
431	1354,02	145 896,68	185 761	80 062 991	20,760	7,554
432	1357,17	146 574,48	186 624	80 621 568	20,785	7,559
433	1360,33	147 253,85	187 489	81 182 737	20,809	7,565
434	1363,45	147 934,80	188 356	81 746 504	20,833	7,571
435	1366,59	148 617,31	189 225	82 312 875	20,857	7,577
436	1369,73	149 301,39	190 096	82 881 856	20,881	7,583
437	1372,87	149 987,05	190 969	83 453 453	20,904	7,589
438	1376,02	150 674,27	191 844	84 027 672	20,928	7,594
439	1379,16	151 362,87	192 721	84 604 519	20,952	7,600
440	1382,30	152 053,44	193 600	85 184 000	20,976	7,606
441	1385,44	152 745,37	194 481	85 766 121	21,000	7,612
442	1388,58	153 438,88	195 364	86 350 888	21,024	7,617
443	1391,72	154 133,96	196 249	86 938 307	21,048	7,623
444	1394,87	154 830,61	197 136	87 528 384	21,071	7,629
445	1398,01	155 528,83	198 025	88 121 125	21,095	7,635
446	1401,15	156 228,62	198 916	88 716 536	21,119	7,640
447	1404,29	156 929,98	199 809	89 314 623	21,142	7,646
448	1407,43	157 632,92	200 704	89 915 392	21,166	7,652
449	1410,57	158 337,42	201 601	90 518 849	21,189	7,657
450	1413,72	159 043,50	202 500	91 125 000	21,213	7,663
451	1416,86	159 751,14	203 401	91 733 851	21,237	7,669
452	1420,00	160 460,36	204 304	92 345 408	21,260	7,674
453	1423,14	161 171,14	205 209	92 959 677	21,284	7,680
454	1426,28	161 883,50	206 116	93 576 664	21,307	7,686
455	1429,42	162 597,43	207 025	94 196 375	21,331	7,691
456	1432,56	163 312,93	207 936	94 818 816	21,354	7,697
457	1435,71	164 030,20	208 849	95 443 993	21,378	7,703
458	1438,85	164 748,64	209 764	96 071 912	21,401	7,708
459	1441,99	165 468,85	210 681	96 702 579	21,424	7,714
460	1445,13	166 190,64	211 600	97 336 000	21,448	7,719
461	1448,27	166 913,99	212 521	97 972 181	21,471	7,725
462	1451,41	167 638,91	213 444	98 611 128	21,494	7,731
463	1454,56	168 365,41	214 369	99 252 847	21,517	7,736
464	1457,70	169 093,47	215 296	99 897 344	21,541	7,742
465	1460,84	169 823,11	216 225	100 544 625	21,564	7,747
466	1463,98	170 554,32	217 156	101 194 696	21,587	7,753
467	1467,12	171 287,10	218 089	101 847 563	21,610	7,758
468	1470,26	172 021,44	219 024	102 503 232	21,633	7,764

Kreis-durch-messer n	Kreis-umfang $n\pi$	Kreisinhalt $\frac{n^2\pi}{4}$	Quadrat n^2	Kubus n^3	Quadrat-wurzel $\sqrt{n}$	Kubik-wurzel $\sqrt[3]{n}$
469	1473,41	172 757,36	219 961	103 161 709	21,656	7,769
470	1476,55	173 494,86	220 900	103 823 000	21,679	7,775
471	1479,69	174 233,92	221 841	104 487 111	21,702	7,780
472	1482,83	174 974,55	222 784	105 154 048	21,726	7,786
473	1485,97	175 716,75	223 729	105 823 817	21,749	7,791
474	1489,11	176 460,45	224 676	106 496 424	21,871	7,797
475	1492,26	177 205,87	225 625	107 171 875	21,794	7,802
476	1495,36	177 952,79	226 576	107 850 176	21,817	7,808
477	1498,54	178 701,27	227 529	108 531 333	21,840	7,813
478	1501,68	179 451,53	228 484	109 215 252	21,863	7,819
479	1504,82	180 202,96	229 441	109 902 239	21,886	7,824
480	1507,96	180 956,16	230 400	110 592 000	21,909	7,830
481	1511,10	181 712,92	231 361	111 284 641	21,932	7,835
482	1514,25	182 467,26	232 324	111 980 168	21,954	7,840
483	1517,39	183 225,18	233 289	112 678 587	21,977	7,846
484	1520,53	183 984,66	234 256	113 379 904	22,000	7,851
485	1523,67	184 745,71	235 225	114 084 125	22,023	7,857
486	1526,81	185 508,33	236 196	114 791 256	22,045	7,862
487	1529,95	186 272,53	237 169	115 501 303	22,069	7,868
488	1533,10	187 038,29	238 144	116 214 272	22,091	7,873
489	1536,24	187 805,63	239 121	116 930 169	22,113	7,878
490	1539,38	188 574,51	240 100	117 649 000	22,136	7,884
491	1542,52	189 345,01	241 081	118 370 771	22,158	7,889
492	1545,66	190 117,06	242 064	119 095 480	22,181	7,894
493	1548,80	190 890,68	243 049	119 823 157	22,204	7,899
494	1551,94	191 665,87	244 036	120 553 784	22,226	7,905
495	1555,09	192 442,63	245 025	121 287 375	22,249	7,910
496	1558,23	193 220,96	246 016	122 023 936	22,271	7,916
497	1561,37	194 000,86	247 009	122 763 473	22,293	7,921
498	1564,51	194 782,34	248 004	123 505 992	22,316	7,926
499	1567,55	195 565,38	249 001	124 251 499	22,338	7,932
500	1570,80	196 350,00	250 000	125 000 000	22,361	7,937
501	1573,94	197 136,18	251 001	125 751 501	22,383	7,942
502	1577,08	197 923,94	252 004	126 506 008	22,405	7,948
503	1580,22	198 713,26	253 009	127 263 527	22,428	7,953
504	1583,36	199 504,16	254 016	128 024 864	22,449	7,958
505	1586,50	200 296,63	255 025	128 787 625	22,472	7,963
506	1589,64	201 090,67	256 036	129 554 216	22,494	7,969
507	1592,79	201 886,28	257 049	130 323 743	22,517	7,974
508	1595,93	202 683,46	258 064	131 096 512	22,539	7,979
509	1599,07	203 487,70	259 081	131 872 229	22,561	7,984
510	1602,21	204 282,54	260 100	132 651 000	22,583	7,989
511	1605,35	205 084,43	261 121	133 432 831	22,605	7,995
512	1608,49	205 887,84	262 144	134 217 728	22,627	8,000
513	1611,64	206 692,93	263 169	135 005 697	22,649	8,005
514	1614,78	207 499,53	264 196	135 796 744	22,672	8,010
515	1617,92	208 307,71	265 225	136 590 875	22,694	8,016

Kreis-durch-messer n	Kreis-umfang $n\pi$	Kreisinhalt $\frac{n^2\pi}{4}$	Quadrat n^2	Kubus n^3	Quadrat-wurzel $\sqrt{n}$	Kubik-wurzel $\sqrt[3]{n}$
516	1621,06	209 117,46	266 256	137 388 096	22,716	8,021
517	1624,20	209 928,78	267 289	138 188 413	22,738	8,026
518	1627,34	210 741,66	268 324	138 991 832	22,759	8,031
519	1630,49	211 556,12	269 361	139 798 359	22,782	8,036
520	1633,63	212 372,16	270 400	140 608 000	22,803	8,041
521	1636,77	213 189,76	271 441	141 420 761	22,825	8,047
522	1639,93	214 008,93	272 484	142 236 648	22,847	8,052
523	1643,05	214 829,67	273 529	143 055 667	22,869	8,057
524	1646,19	215 651,99	274 576	143 877 824	22,891	8,062
525	1649,34	216 475,87	275 625	144 703 125	22,913	8,067
526	1652,48	217 301,33	276 676	145 531 576	22,935	8,072
527	1655,62	218 128,35	277 729	146 363 183	22,956	8,077
528	1658,76	218 956,95	278 784	147 197 952	22,978	8,082
529	1661,90	219 787,12	279 841	148 035 889	23,000	8,088
530	1665,04	220 618,86	280 900	148 877 000	23,022	8,093
531	1668,18	221 452,16	281 961	149 721 291	23,043	8,098
532	1671,33	222 287,04	283 024	150 568 768	23,065	8,103
533	1674,47	223 123,50	284 089	151 419 437	23,087	8,108
534	1677,61	223 961,52	285 156	152 273 304	23,108	8,113
535	1680,75	224 801,11	286 225	153 130 375	23,130	8,118
536	1683,89	225 642,27	287 296	153 990 656	23,152	8,123
537	1687,04	226 484,01	288 369	154 854 153	23,173	8,128
538	1690,18	227 329,31	289 444	155 720 872	23,195	8,133
539	1693,32	228 175,19	290 521	156 590 819	23,216	8,138
540	1696,46	229 022,64	291 600	157 464 000	23,238	8,143
541	1699,60	229 871,65	292 681	158 340 421	23,259	8,148
542	1702,74	230 722,24	293 764	159 220 088	23,281	8,153
543	1705,88	231 574,40	294 849	160 103 007	23,302	8,158
544	1709,03	232 428,13	295 936	160 989 184	23,324	8,163
545	1712,17	233 283,43	297 025	161 878 625	23,345	8,168
546	1715,31	234 140,30	298 116	162 771 336	23,367	8,173
547	1718,45	234 998,74	299 209	163 667 323	23,388	8,178
548	1721,59	235 858,76	300 304	164 566 592	23,409	8,183
549	1724,73	236 720,34	301 401	165 469 149	23,431	8,188
550	1727,88	237 583,50	302 500	166 375 000	23,452	8,193
551	1731,02	238 448,22	303 601	167 284 151	23,473	8,198
552	1734,16	239 314,52	304 704	168 196 608	23,495	8,203
553	1737,30	240 182,38	305 809	169 112 377	23,516	8,208
554	1740,44	241 051,82	306 916	170 031 464	23,537	8,213
555	1743,58	241 922,83	308 025	170 953 875	23,558	8,218
556	1746,72	242 795,41	309 136	171 879 616	23,579	8,223
557	1749,87	243 669,56	310 249	172 808 693	23,601	8,228
558	1753,01	244 545,28	311 364	173 641 112	23,622	8,233
559	1756,15	245 422,57	312 481	174 676 879	23,643	8,238
560	1759,29	246 301,44	313 600	175 616 000	23,664	8,243
561	1762,43	247 181,87	314 721	176 558 481	23,685	8,247
562	1765,57	248 063,87	315 844	177 504 328	23,706	8,252

Kreis-durch-messer n	Kreis-umfang $n\pi$	Kreisinhalt $\frac{n^2\pi}{4}$	Quadrat n^2	Kubus n^3	Quadrat-wurzel $\sqrt{n}$	Kubik-wurzel $\sqrt[3]{n}$
563	1768,72	248 947,45	316 969	178 453 547	23,728	8,257
564	1771,86	249 832,59	318 096	179 406 144	23,749	8,262
565	1775,00	250 719,34	319 225	180 362 125	23,769	8,267
566	1778,14	251 607,60	320 356	181 321 496	23,791	8,272
567	1781,28	252 497,36	321 489	182 284 263	23,812	8,277
568	1784,42	253 388,88	322 624	183 250 432	23,833	8,282
569	1787,57	254 281,88	323 761	184 220 009	23,854	8,286
570	1790,71	255 176,64	324 900	185 193 000	23,875	8,291
571	1793,85	256 072,60	326 041	186 169 411	23,896	8,296
572	1796,99	256 970,31	327 184	187 149 248	23,916	8,301
573	1800,13	257 869,59	328 329	188 132 517	23,937	8,306
574	1803,27	258 770,45	329 476	189 119 224	23,958	8,311
575	1806,42	259 672,87	330 625	190 109 375	23,979	8,315
576	1809,56	260 576,87	331 776	191 102 976	24,000	8,320
577	1812,70	261 482,43	332 929	192 100 033	24,021	8,325
578	1815,84	262 388,57	334 084	193 100 552	24,042	8,330
579	1818,98	263 298,28	335 241	194 104 539	24,062	8,335
580	1822,12	264 288,56	336 400	195 112 000	24,083	8,339
581	1825,26	265 120,46	337 561	196 122 941	24,104	8,344
582	1828,41	266 033,82	338 724	197 137 368	24,125	8,349
583	1831,55	266 948,82	339 889	198 155 287	24,145	8,354
584	1834,69	267 865,38	341 056	199 176 704	24,166	8,359
585	1837,83	268 783,57	342 225	200 201 625	24,187	8,363
586	1840,97	269 703,21	343 396	201 230 056	24,207	8,368
587	1844,11	270 624,49	344 569	202 262 003	24,228	8,373
588	1847,26	271 547,33	345 744	203 297 472	24,249	8,378
589	1850,40	272 471,75	346 921	204 336 469	24,269	8,382
590	1853,54	273 397,74	348 100	205 379 000	24,289	8,387
591	1856,68	274 325,29	349 281	206 425 071	24,310	8,392
592	1859,82	275 254,42	350 464	207 474 688	24,331	8,397
593	1862,96	276 185,12	351 649	208 527 857	24,351	8,401
594	1866,11	277 117,39	352 836	209 584 584	24,372	8,406
595	1869,25	278 051,23	354 025	210 644 875	24,393	8,411
596	1872,39	278 986,64	355 216	211 708 736	24,413	8,415
597	1875,53	279 923,62	356 409	212 776 173	24,433	8,420
598	1878,67	280 862,18	357 604	213 847 192	24,454	8,425
599	1881,81	281 802,30	358 801	214 921 799	24,474	8,429
600	1884,96	282 744,00	360 000	216 000 000	24,495	8,434
601	1888,10	283 687,26	361 201	217 081 801	24,515	8,439
602	1891,24	284 632,10	362 404	218 167 208	24,536	8,444
603	1894,38	285 578,55	363 609	219 256 227	24,556	8,448
604	1897,52	286 526,48	364 816	220 348 864	24,576	8,453
605	1900,66	287 476,03	366 025	221 445 125	24,597	8,458
606	1903,80	288 426,15	367 236	222 545 016	24,617	8,462
607	1906,95	289 379,84	368 449	223 648 543	24,637	8,467
608	1910,09	290 334,10	369 664	224 755 712	24,658	8,472
609	1913,23	291 289,93	370 881	225 866 529	24,678	8,476

Kreis-durch-messer n	Kreis-umfang $n\pi$	Kreisinhalt $\frac{n^2\pi}{4}$	Quadrat n^2	Kubus n^3	Quadrat-wurzel $\sqrt{n}$	Kubik-wurzel $\sqrt[3]{n}$
610	1916,37	292 247,34	372 100	226 981 000	24,698	8,481
611	1919,51	293 206,31	373 321	228 099 131	24,718	8,485
612	1922,65	294 166,85	374 544	229 220 928	24,739	8,490
613	1925,80	295 128,97	375 769	230 346 397	24,758	8,495
614	1928,94	296 092,65	376 996	231 475 544	24,779	8,499
615	1932,08	297 057,91	378 225	232 608 375	24,799	8,504
616	1935,22	298 024,74	379 456	233 744 896	24,819	8,509
617	1938,36	298 993,14	380 689	234 885 113	24,839	8,513
618	1941,50	299 963,00	381 924	236 029 032	24,859	8,518
619	1944,65	300 934,64	383 161	237 176 659	24,879	8,522
620	1947,79	301 907,76	384 400	238 328 000	24,899	8,527
621	1950,93	302 882,44	385 641	239 483 061	24,919	8,532
622	1954,07	303 858,69	386 884	240 641 848	24,939	8,536
623	1957,21	304 836,51	388 129	241 804 367	24,959	8,541
624	1960,35	305 815,91	389 376	242 970 624	24,980	8,545
625	1963,50	306 796,87	390 625	244 140 625	25,000	8,549
626	1966,64	307 779,41	391 876	245 314 376	25,019	8,554
627	1969,78	308 763,41	393 129	246 491 883	25,040	8,559
628	1972,92	309 749,19	394 384	247 673 152	25,059	8,563
629	1976,06	310 736,44	395 641	248 858 189	25,079	8,568
630	1979,20	311 725,26	396 900	250 047 000	25,099	8,573
631	1982,34	312 715,64	398 161	251 239 591	25,119	8,577
632	1985,49	313 707,58	399 424	252 435 968	25,139	8,582
633	1988,63	314 701,14	400 689	253 636 137	25,159	8,586
634	1991,77	315 696,64	401 956	254 840 104	25,179	8,591
635	1994,91	316 692,91	403 225	256 047 875	25,199	8,595
636	1998,05	317 691,15	404 496	257 259 456	25,219	8,599
637	2001,19	318 690,97	405 769	258 474 853	25,239	8,604
638	2004,34	319 692,35	407 044	259 694 072	25,259	8,609
639	2007,48	320 695,31	408 321	260 917 119	25,278	8,613
640	2010,62	321 699,84	409 600	262 144 000	25,298	8,618
641	2013,76	322 705,93	410 881	263 374 721	25,318	8,622
642	2016,90	323 713,60	412 164	264 609 288	25,338	8,627
643	2020,04	324 722,84	413 449	265 847 707	25,357	8,631
644	2023,19	325 733,65	414 736	267 089 984	25,377	8,636
645	2026,33	326 746,03	416 025	268 336 125	25,397	8,640
646	2029,47	327 759,98	417 316	269 586 136	25,416	8,644
647	2032,61	328 775,50	418 609	270 840 023	25,436	8,649
648	2035,76	329 792,60	419 904	272 097 792	25,456	8,653
649	2038,89	330 811,26	421 201	273 359 449	25,475	8,658
650	2042,04	331 831,50	422 500	274 625 000	25,495	8,662
651	2045,18	332 853,40	423 801	275 894 451	25,515	8,667
652	2048,32	333 876,68	425 104	277 167 808	25,534	8,671
653	2051,46	334 901,62	426 409	278 445 077	25,554	8,676
654	2054,60	335 928,14	427 716	279 726 264	25,573	8,680
655	2057,74	336 956,23	429 025	281 011 375	25,593	8,684
656	2060,88	337 985,89	430 336	282 300 416	25,612	8,689

Kreis-durch-messer n	Kreis-umfang $n\pi$	Kreisinhalt $\frac{n^2\pi}{4}$	Quadrat n^2	Kubus n^3	Quadrat-wurzel $\sqrt{n}$	Kubik-wurzel $\sqrt[3]{n}$
657	2064,03	339 017,12	431 649	283 593 393	25,632	8,693
658	2067,17	340 049,92	432 964	284 890 312	25,651	8,698
659	2070,31	341 084,29	434 281	286 191 179	25,671	8,702
660	2073,45	342 120,24	435 600	287 495 000	25,690	8,706
661	2076,59	343 157,75	436 921	288 804 781	25,710	8,711
662	2079,73	344 196,33	438 244	290 117 528	25,729	8,715
663	2082,88	345 237,49	439 569	291 434 247	25,749	8,719
664	2086,02	346 279,71	440 896	292 754 944	25,768	8,724
665	2089,16	347 323,51	442 225	294 079 625	25,787	8,728
666	2092,30	348 368,88	443 556	295 409 296	25,807	8,733
667	2095,44	349 416,40	444 889	296 740 963	25,826	8,737
668	2098,58	350 464,32	446 224	298 077 632	25,846	8,742
669	2101,73	351 514,30	447 561	299 418 309	25,865	8,746
670	2104,87	352 566,06	448 900	300 763 000	25,884	8,750
671	2108,01	353 619,28	450 241	302 111 711	25,904	8,753
672	2111,15	354 674,07	451 584	303 464 348	25,923	8,759
673	2114,29	355 730,43	452 929	304 821 217	25 942	8,763
674	2117,43	356 788,37	454 276	306 182 024	25,961	8,768
675	2120,58	357 847,87	455 625	307 546 875	25,981	8,772
676	2123,72	358 908,95	456 976	308 915 776	26,000	8,776
677	2126,86	359 971,59	458,329	310 288 733	26,019	8,781
678	2130,00	361 035,81	449 684	311 665 752	26,038	8,785
679	2133,14	362 101,60	461 041	313 046 839	26,058	8,789
680	2136,28	363 168,96	462 400	314 432 000	26,077	8,794
681	2139,42	364 237,88	463 761	315 821 241	26,096	8,798
682	2142,57	365 308,38	465 124	317 214 568	26,115	8,802
683	2145,71	366 380,40	466 489	318 611 987	26,134	8,807
684	2148,85	367 454,10	467 856	320 013 504	26,153	8,811
685	2151,99	368 529,31	469 225	321 419 125	26,172	8,815
686	2155,13	369 605,60	470 596	323 828 856	26,192	8,819
687	2158,27	370 684,45	471 969	324 242 703	26,211	8,824
688	2161,42	371 764,37	473 344	325 660 672	26,229	8,828
689	2164,56	372 845,87	474 721	327 082 769	26,249	8,832
690	2167,70	373 928,94	476 100	328 509 000	26,268	8,836
691	2170,84	375 013,57	477 481	329 929 371	26,287	8,841
692	2173,98	376 099,78	478 864	331 373 888	26,306	8,845
693	2177,12	377 187,56	480 249	332 812 557	26,325	8,849
694	2180,27	378 276,91	481 636	334 255 384	26,344	8,853
695	2183,41	379 367,83	483 025	335 702 375	26,363	8,858
696	2186,55	380 460,32	484 416	337 153 536	26,382	8,862
697	2189,69	381 554,38	485 809	338 608 873	26,401	8,866
698	2192,83	382 650,02	487 204	340 068 392	26,419	8,870
699	2195,97	383 747,22	488 601	341 532 099	26,439	8,875
700	2199,12	384 846,00	490 000	343 000 000	26,457	8,879
701	2202,26	385 945,52	491 401	344 472 101	26,476	8,883
702	2205,40	387 048,26	492 804	345 948 408	26,495	8,887
703	2208,54	388 151,74	494 209	347 428 927	26,514	8,892

Kreis-durch-messer n	Kreis-umfang $n\pi$	Kreisinhalt $\frac{n^2\pi}{4}$	Quadrat n^2	Kubus n^3	Quadrat-wurzel $\sqrt{n}$	Kubik-wurzel $\sqrt[3]{n}$
704	2211,68	389 256,80	495 616	348 913 664	26,533	8,896
705	2214,82	390 363,43	497 025	350 402 625	26,552	8,900
706	2217,96	391 471,63	498 436	351 895 816	26,571	8,904
707	2221,11	392 581,40	499 849	353 393 243	26,589	8,908
708	2224,25	393 692,74	501 264	354 894 912	26,608	8,913
709	2227,39	394 805,65	502 681	356 400 829	26,627	8,917
710	2230,53	395 920,14	504 100	357 911 000	26,645	8,921
711	2233,67	397 035,19	505 521	359 425 431	26,664	8,925
712	2236,81	398 152,89	506 944	360 944 128	26,683	8,929
713	2239,96	399 273,01	508 369	362 467 097	26,702	8,934
714	2243,10	400 393,73	509 796	363 994 344	26,721	8,938
715	2246,24	401 516,11	511 225	365 525 875	26,739	8 942
716	2249,38	402 640,02	512 656	367 061 696	26,758	[illegible],946
717	2252,52	403 765,50	514 089	368 601 813	26,777	8,950
718	2255,66	404 892,54	515 524	370 146 232	26,795	8,954
719	2258,81	406 021,16	516 961	371 694 959	26,814	8,959
720	2261,95	407 151,36	518 400	373 248 000	26,833	8,963
721	2265,09	408 283,32	519 841	374 805 361	26,851	8,967
722	2268,23	409 416,45	521 284	376 367 048	26,870	8,971
723	2271,37	410 551,25	522 729	377 933 067	26,889	8,975
724	2274,51	411 687,93	524 176	379 503 424	26,907	8,979
725	2277,66	412 825,87	525 625	381 078 125	26,926	8,983
726	2280,80	413 965,24	527 076	382 657 176	26,944	8,988
727	2283,94	415 106,06	528 529	384 240 583	26,963	8,992
728	2287,08	416 249,43	529 984	385 828 352	26,991	8,996
729	2290,22	417 393,76	531 441	387 420 489	27,000	9,000
730	2293,36	418 539,66	532 900	389 017 000	27,018	9,004
731	2296,50	419 687,12	534 361	390 617 891	27,037	9,008
732	2299,65	420 836,14	535 824	392 223 168	27,055	9,012
733	2302,79	421 986,78	537 289	393 832 837	27,074	9,016
734	2305,93	423 138,96	538 756	395 446 904	27,092	9,020
735	2309,07	424 292,71	540 225	397 065 375	27,111	9,023
736	2312,21	425 442,03	541 696	398 688 256	27,129	9,029
737	2315,35	426 604,93	543 169	400 315 553	27,148	9,033
738	2318,50	427 763,39	544 644	401 947 272	27,166	9,037
739	2321,64	428 923,43	546 121	403 583 419	27,184	9,041
740	2324,78	430 085,04	547 600	405 224 000	27,203	9,045
741	2327,92	431 248,21	549 081	406 869 021	27,221	9,049
742	2331,06	432 412,96	550 564	408 518 488	27,239	9,053
743	2334,20	433 579,28	552 049	410 172 407	27,258	9,057
744	2337,35	434 747,17	553 536	410 830 784	27,276	9,061
745	2340,49	435 916,63	555 025	413 493 625	27,295	9,065
746	2343,63	437 087,66	556 516	415 160 936	27,313	9,069
747	2346,77	438 260,26	558 009	416 832 723	27,331	9,073
748	2349,91	439 434,48	559 504	418 508 992	27,349	9,077
749	2353,05	440 610,18	561 001	420 189 749	27,368	9,081
750	2356,20	441 787,50	562 500	421 875 000	27,386	9,086

Kreis-durch-messer n	Kreis-umfang $n\pi$	Kreisinhalt $\frac{n^2\pi}{4}$	Quadrat n^2	Kubus n^3	Quadrat-wurzel $\sqrt{n}$	Kubik-wurzel $\sqrt[3]{n}$
751	2359,34	442 966,38	564 001	423 564 751	27,404	9,089
752	2362,48	444 146,84	565 504	425 259 008	27,423	9,093
753	2365,62	445 328,86	567 009	426 957 777	27,441	9,098
754	2368,76	446 512,46	568 516	428 661 064	27,459	9,102
755	2371,90	447 697,63	570 025	430 368 875	27,477	9,106
756	2375,04	448 884,37	571 536	432 081 216	27,495	9,109
757	2378,19	450 072,68	573 049	433 798 093	27,514	9,114
758	2381,33	451 262,56	574 564	435 519 512	27,532	9,118
759	2384,47	452 454,01	576 081	437 245 479	27,549	9,122
760	2387,61	453 647,04	577 600	438 976 000	27,568	9,126
761	2390,75	454 841,63	579 121	440 711 081	27,586	9,129
762	2393,89	456 037,87	580 644	442 450 728	27,604	9,134
763	2397,04	457 235,53	582 169	444 194 947	27,622	9,138
764	2400,18	458 435,83	583 696	445 943 744	27,640	9,142
765	2403,32	459 635,71	585 225	447 697 125	27,659	9,146
766	2406,46	460 838,16	586 756	449 455 096	27,677	9,149
767	2409,60	462 042,18	588 289	451 217 663	27,695	9,154
768	2412,74	463 247,76	589 824	452 984 832	27,713	9,158
769	2415,88	464 454,92	591 361	454 756 609	27,731	9,162
770	2419,03	465 663,66	592 900	456 533 000	27,749	9,166
771	2422,17	466 873,96	594 441	458 314 011	27,767	9,169
772	2425,31	468 085,83	595 984	460 099 648	27,785	9,173
773	2428,45	469 299,27	597 529	461 889 917	27,803	9,177
774	2431,59	470 514,29	599 076	463 684 824	27,821	9,181
775	2434,74	471 730,87	600 625	465 484 375	27,839	9,185
776	2437,88	472 949,03	602 176	467 288 576	27,857	9,189
777	2441,02	474 168,75	603 729	469 097 433	27,875	9,193
778	2444,16	475 390,05	605 284	470 910 952	27,893	9,197
779	2447,30	476 612,92	606 841	472 729 139	27,910	9,201
780	2450,44	477 837,36	608 400	474 552 000	27,928	9,205
781	2453,58	479 063,36	609 961	476 379 541	27,946	9,209
782	2456,73	480 290,94	611 524	478 211 768	27,964	9,213
783	2459,87	481 520,10	613 089	480 048 687	27,982	9,217
784	2463,01	482 750,82	614 656	481 890 304	28,000	9,221
785	2466,15	483 983,11	616 225	483 736 625	28,018	9,225
786	2469,29	485 216,97	617 796	485 587 656	28,036	9,229
787	2472,43	486 452,41	619 369	487 443 403	28,053	9,233
788	2475,48	487 689,73	620 944	489 303 872	28,071	9,237
789	2478,72	488 927,99	622 521	491 169 069	28,089	9,240
790	2481,86	490 168,14	624 100	493 039 000	28,107	9,244
791	2485,00	491 409,85	625 681	494 913 671	28,125	9,248
792	2488,14	492 653,14	627 264	496 793 088	28,142	9,252
793	2491,28	493 898,20	628 849	498 677 257	28,160	9,256
794	2494,43	495 144,43	630 436	500 566 184	28,178	9,260
795	2497,57	496 392,43	632 025	502 459 875	28,196	9,264
796	2500,71	497 642,40	633 616	504 358 336	28,213	9,268
797	2503,85	498 893,14	635 209	506 261 573	28,231	9,271

Kreisdurchmesser n	Kreisumfang $n\pi$	Kreisinhalt $\frac{n^2\pi}{4}$	Quadrat n^2	Kubus n^3	Quadratwurzel $\sqrt{n}$	Kubikwurzel $\sqrt[3]{n}$
798	2506,99	500 145,86	636 804	508 169 592	28,249	9,275
799	2510,13	501 400,14	638 401	510 082 399	28,266	9,279
800	2513,28	502 656,00	640 000	512 000 000	28,284	9,283
801	2516,42	503 913,42	641 601	513 922 401	28,302	9,287
802	2519,56	505 172,43	643 204	515 849 608	28,319	9,291
803	2522,70	506 432,98	644 809	517 781 627	28,337	9,295
804	2525,84	507 695,52	646 416	519 718 464	28,355	9,299
805	2528,98	508 958,83	648 025	521 660 125	28,372	9,302
806	2532,12	510 224,11	649 636	523 606 616	28,390	9,306
807	2535,27	511 490,96	651 249	525 557 943	28,408	9,310
808	2538,41	512 759,38	652 864	527 514 112	28,425	9,314
809	2541,55	514 029,11	654 481	529 475 129	28,443	9,318
810	2544,69	515 300,94	656 100	531 441 000	28,460	9,322
811	2547,83	516 574,07	657 721	533 411 731	28,478	9,325
812	2550,97	517 848,77	659 344	535 387 328	28,496	9,329
813	2554,12	519 125,05	660 969	537 367 797	28,513	9,333
814	2557,26	520 402,85	662 596	539 353 144	28,531	9,337
815	2560,40	521 682,31	664 225	541 343 375	28,548	9,341
816	2563,54	522 663,30	665 856	543 338 496	28,566	9,345
817	2566,68	524 245,86	667 489	545 338 513	28,583	9,348
818	2569,82	525 529,98	669 124	547 343 432	28,601	9,352
819	2572,97	526 815,68	670 761	549 353 259	28,618	9,356
820	2576,11	528 102,96	672 400	551 368 000	28,636	9,360
821	2579,25	529 391,80	674 041	553 387 661	28,653	9,364
822	2582,39	530 682,21	675 684	555 412 248	28,670	9,367
823	2585,53	531 974,39	677 329	557 441 767	28,688	9,371
824	2588,67	533 267,75	678 976	559 476 224	28,705	9,375
825	2591,82	534 562,87	680 625	561 515 625	28,723	9,379
826	2594,96	535 859,57	682 276	563 559 976	28,740	9,383
827	2598,10	537 159,83	683 929	565 609 283	28,758	9,386
828	2601,24	538 457,62	685 584	567 663 552	28,775	9,390
829	2604,38	539 759,08	687 241	569 722 789	28,792	9,394
830	2607,52	541 062,06	688 900	571 787 000	28,810	9,398
831	2610,66	542 366,60	690 561	573 856 191	28,827	9,401
832	2613,81	543 672,72	692 224	575 930 368	28,844	9,405
833	2616,95	544 980,52	693 889	578 009 537	28,862	9,409
834	2620,09	546 289,68	695 556	580 093 704	28,879	9,413
835	2623,23	547 600,51	697 225	582 182 875	28,896	9,417
836	2626,37	548 912,91	698 896	584 277 056	28,914	9,420
837	2629,51	550 226,39	700 569	586 376 253	28,931	9,424
838	2632,64	551 542,43	702 244	588 480 472	28,948	9,428
839	2635,80	552 859,58	703 921	590 589 719	28,965	9,432
840	2638,94	554 178,24	705 600	592 704 000	28,983	9,435
841	2642,08	555 498,49	707 281	594 823 321	29,000	9,438
842	2645,22	556 820,32	708 964	596 947 688	29,017	9,443
843	2648,36	558 143,72	710 649	599 077 107	29,034	9,447
844	2651,51	559 468,69	712 336	601 211 584	29,052	9,450

Kreisdurchmesser n	Kreisumfang $n\pi$	Kreisinhalt $\frac{n^2\pi}{4}$	Quadrat n^2	Kubus n^3	Quadratwurzel $\sqrt{n}$	Kubikwurzel $\sqrt[3]{n}$
845	2654,65	560 795,23	714 025	603 351 125	29,069	9,454
846	2657,79	562 123,34	715 716	605 495 736	29,086	9,458
847	2660,93	563 452,82	717 409	607 645 423	29,103	9,461
848	2664,07	564 784,28	719 104	609 800 192	29,120	9,465
849	2667,21	566 117,10	720 801	611 960 049	29,138	9,469
850	2670,36	567 451,59	722 500	614 125 000	29,155	9,473
851	2673,50	568 787,46	724 201	616 295 051	29,172	9,476
852	2676,64	570 125,00	725 904	618 470 208	29,189	9,480
853	2679,78	571 464,10	727 609	620 650 477	29,206	9,483
854	2682,92	572 804,78	729 316	622 835 864	29,223	9,487
855	2686,06	574 147,03	731 025	625 026 375	29,240	9,491
856	2689,20	575 490,85	732 736	627 222 016	29,257	9,495
857	2692,35	576 836,24	734 449	629 422 793	29,274	9,499
858	2695,49	578 183,20	736 164	631 628 712	29,292	9,502
859	2698,63	579 531,73	737 881	633 839 779	29,309	9,506
860	2701,77	580 881,84	739 600	636 056 000	29,326	9,509
861	2704,91	582 233,51	741 321	638 277 381	29,343	9,513
862	2708,05	583 586,75	743 044	640 503 928	29,360	9,517
863	2711,20	584 941,57	744 769	642 735 647	29,377	9,520
864	2714,34	586 297,95	746 496	644 972 544	29,394	9,524
865	2717,48	587 655,91	748 225	647 214 625	29,411	9,528
866	2720,66	589 015,41	749 956	649 461 896	29,428	9,532
867	2723,76	590 376,54	751 689	651 714 363	29,445	9,535
868	2726,90	591 739,20	753 424	653 972 032	29,462	9,539
869	2730,05	593 103,44	755 161	656 234 909	29,479	9,543
870	2733,19	594 469,26	756 900	658 503 000	29,496	9,546
871	2736,33	595 836,44	758 641	660 776 311	29,513	9,550
872	2739,47	597 205,59	760 384	663 054 848	29,529	9,554
873	2742,61	598 576,91	762 129	665 338 617	29,546	9,557
874	2745,75	599 948,21	763 876	667 627 624	29,563	9,561
875	2748,90	601 321,87	765 625	669 921 875	29,580	9,565
876	2752,04	602 697,11	767 376	672 221 376	29,597	9,568
877	2755,18	604 073,91	769 129	674 526 133	29,614	9,572
878	2758,32	605 451,49	770 884	676 836 152	29,631	9,575
879	2761,46	606 832,24	772 641	679 151 439	29,648	9,579
880	2764,60	608 213,76	774 400	681 472 000	29,665	9,583
881	2767,74	609 596,84	776 161	683 797 841	29,682	9,586
882	2770,89	610 981,50	777 924	686 128 968	29,698	9,590
883	2774,03	612 367,74	779 689	688 465 387	29,715	9,594
884	2777,17	613 755,54	781 456	690 807 104	29,732	9,597
885	2780,31	615 144,91	783 225	693 154 125	29,749	9,601
886	2783,45	616 535,85	784 996	695 506 456	29,766	9,604
887	2786,59	617 928,37	786 769	697 864 103	29,782	9,608
888	2789,75	619 322,45	788 544	700 227 072	29,799	9,612
889	2792,88	620 718,11	790 321	702 595 369	29,816	9,615
890	2796,02	622 115,34	792 100	704 969 000	29,833	9,619
891	2799,16	623 514,13	793 881	707 347 971	29,850	9,623

Kreis-durch-messer n	Kreis-umfang $n\pi$	Kreisinhalt $\frac{n^2\pi}{4}$	Quadrat n^2	Kubus n^3	Quadrat-wurzel $\sqrt{n}$	Kubik-wurzel $\sqrt[3]{n}$
892	2802,30	624 914,50	795 664	709 732 288	29,866	9,626
893	2805,44	626 316,44	797 449	712 121 957	29,883	9,630
894	2808,59	627 719,95	799 236	714 516 984	29,900	9,633
895	2811,73	629 124,35	801 025	716 917 375	29,916	9,637
896	2814,87	630 531,68	802 816	719 323 136	29,933	9,640
897	2818,01	631 939,90	804 609	721 734 273	29,950	9,644
898	2821,15	633 349,70	806 404	724 150 792	29 967	9,648
899	2824,29	634 760,13	808 201	726 572 699	29,983	9,651
900	2827,44	636 174,00	810 000	729 000 000	30,000	9,655
901	2830,58	637 588,50	811 801	731 432 701	30,017	9,658
902	2833,72	639 004,58	813 604	733 870 808	30,033	9,662
903	2836,86	640 422,22	815 409	736 314 327	30,050	9,666
904	2840,00	641 841,44	817 216	738 763 264	30,066	9,669
905	2843,14	643 262,23	819 025	741 217 625	30,083	9,673
906	2846,28	644 684,74	820 836	743 677 416	30,100	9,676
907	2849,43	646 108,52	822 649	746 142 643	30,116	9,680
908	2852,57	647 534,02	824 464	748 613 312	30,133	9,683
909	2855,71	648 961,09	826 281	751 089 429	30,150	9,687
910	2858,85	650 389,74	828 100	753 571 000	30,166	9,690
911	2861,99	651 819,95	829 921	756 058 031	30,183	9,694
912	2865,13	653 251,73	831 744	758 550 528	30,199	9,698
913	2868,29	654 684,00	833 569	761 048 497	30,216	9,701
914	2871,42	656 120,81	835 936	763 551 944	30,232	9,705
915	2874,56	657 554,98	837 225	766 060 875	30,249	9,708
916	2877,70	658 994,58	839 056	768 575 296	30,265	9,712
917	2880,84	660 432,22	840 889	771 095 213	30,282	9,715
918	2883,98	661 875,42	842 724	773 620 632	30,298	9,719
919	2887,13	663 318,20	844 561	776 151 559	30,315	9,722
920	2890,27	664 762,56	846 400	778 688 000	30,331	9,726
921	2893,41	666 208,48	848 241	781 229 961	30,348	9,729
922	2896,55	667 655,97	850 084	783 777 448	30,364	9,733
923	2899,69	669 103,47	851 929	786 330 467	30,381	9,736
924	2902,83	670 555,67	853 776	788 889 024	30,397	9,740
925	2905,98	672 007,87	855 625	791 453 125	30,414	9,743
926	2909,12	673 461,65	857 476	794 022 776	30,430	9,747
927	2912,26	674 916,99	859 320	796 597 983	30,447	9,750
928	2915,40	676 373,91	861 184	799 178 752	30,463	9,754
929	2918,54	677 832,40	863 041	801 765 089	30,479	9,757
930	2921,68	679 292,46	864 900	804 357 000	30,496	9,761
931	2924,82	680 754,08	866 761	806 954 491	30,512	9,764
932	2927,97	682 217,30	868 624	809 557 568	30,529	9,768
933	2931,11	683 682,06	870 489	812 166 237	30,545	9,771
934	2934,25	685 148,40	872 356	814 780 504	30,561	9,775
935	2937,39	686 616,31	874 225	817 400 375	30,578	9,778
936	2940,53	688 085,79	876 096	820 025 856	30,594	9,783
937	2943,67	689 556,85	877 969	822 656 953	30,610	9,785
938	2946,82	691 029,47	879 844	825 293 672	30,627	9,789

Kreis-durch-messer n	Kreis-umfang $n\pi$	Kreisinhalt $\frac{n^2\pi}{4}$	Quadrat n^2	Kubus n^3	Quadrat-wurzel $\sqrt{n}$	Kubik-wurzel $\sqrt[3]{n}$
939	2949,96	692 503,67	881 721	827 936 019	30,643	9,792
940	2953,10	693 979,44	883 600	830 584 000	30,659	9,796
941	2956,24	695 456,77	885 481	833 237 621	30,676	9,799
942	2959,38	696 935,68	887 364	835 896 888	30,692	9,803
943	2962,43	698 416,14	889 249	838 561 807	30,708	9,806
944	2965,67	699 898,21	891 136	841 232 384	30,724	9,810
945	2968,81	701 381,83	893 025	843 908 625	30,741	9,813
946	2971,95	702 867,02	894 916	846 590 536	30,757	9,817
947	2975,09	704 352,25	896 809	849 278 123	30,773	9,820
948	2978,23	705 841,80	898 704	851 971 392	30,790	9,823
949	2981,37	707 332,02	900 601	854 670 349	30,806	9,827
950	2984,52	708 821,84	902 500	857 375 000	30,822	9,830
951	2987,66	710 316,54	904 401	860 085 351	30,838	9,834
952	2990,72	711 811,16	906 304	862 801 408	30,854	9,837
953	2993,94	713 307,34	908 209	865 523 177	30,871	9,841
954	2997,08	714 805,10	910 116	868 250 664	30,887	9,844
955	3000,22	716 304,43	912 025	870 983 875	30,903	9,848
956	3003,36	717 805,33	913 936	873 722 816	30,919	9,851
957	3006,51	718 307,80	915 849	876 467 493	30,935	9,854
958	3009,65	720 811,84	917 764	879 217 912	30,951	9,858
959	3012,79	722 317,45	919 681	881 974 079	30,968	9,861
960	3015,93	723 834,64	921 600	884 736 000	30,984	9,865
961	3019,07	725 333,39	923 521	887 503 681	31,000	9,868
962	3022,21	726 843,71	925 444	890 277 128	31,016	9,872
963	3025,36	728 355,61	927 369	893 056 347	31,032	9,875
964	3028,50	729 869,07	929 296	895 841 344	31,048	9,878
965	3031,64	731 384,11	931 225	898 632 125	31,064	9,882
966	3034,78	732 900,72	933 156	901 428 696	31,080	9,885
967	3037,92	734 418,90	935 089	904 231 063	31,097	9,889
968	3041,06	735 938,64	937 024	907 039 232	31,113	9,892
969	3044,21	737 459,96	938 961	909 853 209	31,129	9,895
970	3047,35	738 982,86	940 900	912 673 000	31,145	9,899
971	3050,49	740 507,32	942 841	915 498 611	31,161	9,902
972	3053,63	742 033,35	944 784	918 330 048	31,177	9,906
973	3056,77	743 560,95	946 729	921 167 317	31,193	9,909
974	3059,91	745 090,13	948 676	924 010 424	31,209	9,912
975	3063,06	746 620,87	950 625	926 859 375	31,225	9,916
976	3066,20	748 153,19	952 576	929 714 176	31,241	9,919
977	3069,36	749 687,07	954 529	932 574 833	31,257	9,923
978	3072,48	751 222,53	956 484	935 441 352	31,273	9,926
979	3075,62	752 759,56	958 441	938 313 739	31,280	9,929
980	3078,76	754 298,16	960 400	941 192 000	31,305	9,933
981	3081,90	755 838,32	962 361	944 076 141	31,321	9,936
982	3085,05	757 380,06	964 324	946 966 168	31,337	9,940
983	3088,19	758 923,38	966 289	949 862 087	31,353	9,943
984	3091,33	760 468,26	968 256	952 763 904	31,369	9,946
985	3094,47	762 014,71	970 225	955 671 625	31,385	9,950

Kreis-durch-messer n	Kreis-umfang $n\pi$	Kreisinhalt $\frac{n^2\pi}{4}$	Quadrat n^2	Kubus n^3	Quadrat-wurzel $\sqrt{n}$	Kubik-wurzel $\sqrt[3]{n}$
986	3097,61	763 562,73	972 196	958 585 256	31,401	9,953
987	3100,75	765 110,54	974 169	961 504 803	31,416	9,956
988	3103,89	766 663,49	976 144	964 430 272	31,432	9,960
989	3107,04	769 216,23	978 121	967 361 669	31,448	9,963
990	3110,18	768 770,18	980 100	970 299 000	31,464	9,966
991	3113,32	771 326,41	982 081	973 242 271	31,480	9,970
992	3116,46	772 883,86	984 064	976 191 488	31,496	9,973
993	3119,60	774 442,88	986 049	979 146 657	31,512	9,977
994	3122,75	776 003,47	988 036	982 107 784	31,528	9,980
995	3125,89	777 565,63	990 025	985 074 875	31,544	9,983
996	3129,03	779 129,36	992 016	988 047 936	31,559	9,987
997	3132,17	780 694,66	994 009	991 026 973	31,575	9,990
998	3135,31	782 261,54	996 004	994 011 992	31,591	9,993
999	3138,45	783 829,98	999 001	997 002 999	31,607	9,997
1000	3141,60	785 400,00	1 000 000	1 000 000 000	31,623	10,000

Kreiselpumpen (siehe **Zentrifugalpumpen**).

Kreuzmuffen.

Für Einfachkabel.

Kupfer-querschnitt qmm	Gewicht kg	Preis ℳ
4—24	7,5	*18.70*
25—100	10	*22.—*
101—300	24	*45.10*
301—600	40	*53.80*
601—1000	50	*103.40*

Für konzentrische Doppelkabel.

Kupfer-querschnitt qmm 2 ×	Gewicht kg	Preis ℳ
10—24	20	*42*
25—50	23	*50*
51—100	30	*62*
101—150	35	*80*
151—250	50	*106*
251—350	60	*138*
351—500	70	*168*

Für verseilte Doppelkabel.

Kupfer-querschnitt qmm 2 ×	Gewicht kg	Für Niederspannung Preis in Mark	Für Hochspannung Preis in Mark
10—24	30	*46.50*	*57*
25—50	41	*63.—*	*75*
51—100	49	*80 —*	*95*
101—120	64	*102.—*	*119*

Für verseilte Dreifachkabel.

Kupfer-querschnitt qmm 3 ×	Gewicht kg	Für Niederspannung Preis in Mark	Für Hochspannung Preis in Mark
10—24	40	*53*	*64*
25—50	48	*71*	*82*
51—100	63	*91*	*106*
101—120	88	*115*	*132*

H. Köttgen & Ko., Berg.-Gladbach. Bergmann-Elektrizitätswerke, Aktiengesellsch. (Abt. J), Berlin N., Henningsdorferstr. 33. 34. 35. (*s. vordere innere Deckelseite*).

Kreuzstücke für Bahnen mit oberirdischer Stromzuführung. Preis pro Stück:

nicht isoliert,	beweglich	ℳ	*36*
» »	fest	»	*24*
isoliert	»	»	*56*
»	beweglich	»	*105*

Bergmann-Elektrizitätswerke, Aktiengesellsch. (Abt. J), Berlin N., Henningsdorferstr. 33. 34. 35 (*s. vordere innere Deckelseite*).

Kreuzungsschalter (siehe **Umschalter, wasserdichte**).

Bergmann-Elektrizitätswerke, Aktiengesellsch. (Abt. J), Berlin N., Henningsdorferstr. 33. 34. 35. (*s. vordere innere Deckelseite*).

Kröpfungsstücke für Isolierröhren. Preis pro 100 Stück:

Innerer Durchmesser mm	Ohne Muffen ℳ	Mit 2 Muffen aus Isoliermaterial ℳ	Mit 2 Messingmuffen ℳ
7	*25.—*	*33*	*37*
9	*27.—*	*36*	*40*
11	*30.50*	*40*	*43*
13	*34.—*	*44*	*50*
16	*40.—*	*52*	*57*
23	*52.—*	*67*	*74*
29	*65.—*	*85*	*100*

Bergmann-Elektrizitätswerke, Aktiengesellsch. (Abt. J), Berlin N., Henningsdorferstr. 33. 34. 35. (*s. vordere innere Deckelseite*).

Krügersches Element. Im oberen Teile des Gefäßes hängt auf dem oberen Rande desselben vermittelst nasenförmiger Ansätze ein Zinkzylinder. Die zweite Elektrode wird durch eine viereckige oder kreisrunde Bleiplatte gebildet, welche sich bald mit metallischem Kupfer überzieht. Im unteren Teile des Gefäßes ist konzentrierte Kupfervitriollösung, auf welcher infolge ihres geringeren spezifischen Gewichtes eine Zinkvitriol- oder Bittersalzlösung schwimmt. Von der Bleiplatte führt ein nicht isolierter Bleistab nach außen.

Verwendet für Telegraphenanlagen. Preis pro Element ca. *M 1*; jährliche Unterhaltungskosten ca. *M —.8—1*. Man rechnet auf 60 bis 70 Ω Totalwiderstand 1 Element. Aus einer Krügerbatterie, deren Elementezahl sich nach der längsten Leitung richtet, können 5 oberirdische Morseleitungen, 3 oberirdische Hughesleitungen oder 2 unterirdische Morseleitungen gespeist werden (siehe **Strombedarf für Telegraphie**.)

Kruppin.

Durchmesser	Gewicht pro m	Pro kg	Widerstand pro m bei 20° C	Drahtlänge pro Ohm	Wattverbrauch pro m bei Erhöhung der Temperatur von 20 C° auf:		
mm	g	m	Ohm	m	80° C	120° C	200° C
0,50	1,588	629,7	4,343	0,230	1,0	2,0	3,3
0,75	3,581	279,3	1,926	0,519	1,5	3,0	5,0
1,00	6,360	157,2	1,084	0,922	2,0	4,0	6,6
1,25	9,941	100,6	0,6938	1,441	2,5	5,0	8,2
1,50	14,32	69,8	0,4818	2,076	3,0	6,0	10,0
1,75	19,49	51,3	0,3540	2,825	3,5	7,0	11,6
2,00	25,46	39,3	0,2709	3,691	4,0	8,0	13,2
2,25	32,21	31,0	0,2141	4,671	4,5	9,0	15,4
2,50	39,77	25,1	0,1734	5,767	5,0	10,0	16,6
2,75	48,13	20,8	0,1433	6,976	5,5	11,0	18,0
3,00	57,27	17,5	0,1205	8,303	6,0	12,0	20,2
3,50	77,95	12,8	0,0884	11,302	7,0	14,0	23,2
4,00	101,84	9,8	0,0677	14,766	8,0	16,0	26,2
4,50	128,82	7,8	0,0535	18,677	9,0	18,0	29,8
5,00	159,12	6,3	0,0433	23,071	10,0	20,0	33,0

Kryptoskop. Dieser Apparat, welcher bei Untersuchungen mit X-Strahlen verwendet wird, besteht aus einem durch einen Kasten abgedeckten Baryum-Platincyanürschirm.

Kubikwurzeln (siehe **Kreisdurchmesser** etc.).

Kubusse (siehe **Kreisdurchmesser** etc).

Kugelglühlampen (siehe **Glühlampen**).

Kugellager für Generatoren und Motoren sind Lager mit universell einstellbaren, in der Mitte kugelig abgedrehten Lagerschalen.

Kühlung von elektrischen Maschinen. Zur Erzielung einer guten Kühlung werden Luftgeschwindigkeit und bewegte Luftmenge möglichst hoch gehalten, die Abkühlungsfläche wird durch Anbringung von Ventilationsschlitzen und -kanälen vergrößert, welche dem Luftlauf günstig dimensioniert sind und zu denen die Luft in richtiger Weise durch Leitbleche u. dgl. geführt wird. Auch werden die Maschinen oft mit besonderen Kühlvorrichtungen (Luft- und Wasserkühlungen) versehen.

Kühlvorrichtungen sind dort anzuwenden, wo die örtlichen Verhältnisse die leichte Beschaffung des Kühlwassers nicht gestatten. Kühlteiche wegen der teueren Bodenpreise und großen erforderlichen Wasseroberfläche (3 qm pro PS) seltener. Gradierwerke werden aus Latten oder dünnen Brettern hergestellt und erfordern bei einer Abkühlung bis um 30° zumindest 0,3 qm pro PS Abkühlungsfläche. Sie werden mit natürlichem und künstlichem Luftzug ausgeführt. Bei den Kaminkühlern, welche bis zu 30 m hoch sind, werden die Gradierwerke von gemauerten oder hölzernen Kaminen umgeben. Der dadurch erzielte Luftzug gestattet den Entfall von Gebläsen. Als weitere Kühlvorrichtung werden auch Strahlapparate verwendet.

Widerstand in Ohm auf eine Drahtlänge von 1 m bei einer Temperatur von			Stromstärke in Ampere auf eine Drahtlänge von 1 m bei einer Temperatur von		
80° C	120° C	200° C	80° C	120° C	220° C
4,525	4,647	5,950	0,469	0,60	0,816
2,007	2,060	2,195	0,854	1,1	1,51
1,129	1,16	1,236	1,33	1,73	2,31
0,7065	0,7425	0,7910	1,88	2,41	3,21
0,5020	0,5155	0,5490	2,45	3,12	4,11
0,3689	0,3788	0,4035	3,08	3,91	5,36
0,2822	0,2897	0,3090	3,76	4,76	6,54
0,2230	0,2291	0,2440	4,5	5,68	7,94
0,1806	0,1855	0,1977	5,26	6,69	9,17
0,1493	0,1533	0,1634	6,05	7,22	10,5
0,1255	0,1289	0,1373	6,91	8,8	12,13
0,0921	0,0946	0,1008	8,72	11,07	15,17
0,0705	0,0724	0,0772	11,55	13,5	18,44
0,0558	0,0573	0,0610	12,7	16,13	22,1
0,0451	0,0464	0,0494	14,9	18,9	25,8

Kunstgranit ist eine Isolationsmasse, welche aus pulverisiertem Granit besteht, der unter sehr hohem Drucke gepreßt und sodann einer Temperatur von 1500° C ausgesetzt wird. Er besitzt eine Druckfestigkeit von 700—1000 kg pro qcm und eine Zugfestigkeit von 60 bis 70 kg pro qcm, ist gegen Temperatureinflüsse, Säuren und Alkalien, mit Ausnahme von Fluorwasserstoffsäure, widerstandsfähig und hat einen bedeutenden elektrischen Widerstand. Infolgedessen eignet er sich besonders als Isolationsmaterial für hohe Spannungen, namentlich wenn es sich um Konstruktionen handelt, die Wettereinflüssen, Stößen usw. ausgesetzt sind, wie z. B. für dritte Schienen bei Bahnen.

Kupfer.

Gewichtstabelle über Quadrat- und Flachkupfer.

Querschnitt qmm	Gewicht pro m kg	Querschnitt qmm	Gewicht pro m kg	Querschnitt qmm	Gewicht pro m kg	Querschnitt qmm	Gewicht pro m kg	Querschnitt qmm	Gewicht pro m kg
1	0,0089	8	0,0712	15	0,1335	22	0,1958	29	0,2581
2	0,0178	9	0,0801	16	0,1424	23	0,2047	30	0,2670
3	0,0267	10	0,0890	17	0,1513	24	0,2136	31	0,2759
4	0,0356	11	0,0979	18	0,1602	25	0,2225	32	0,2848
5	0,0445	12	0,1068	19	0,1691	26	0,2314	33	0,2937
6	0,0534	13	0,1157	20	0,1780	27	0,2403	34	0,3026
7	0,0623	14	0,1246	21	0,1869	28	0,2492	35	0,3115

Querschnitt qmm	Gewicht pro m kg	Querschnitt qmm	Gewicht pro m kg	Querschnitt qmm	Gewicht pro m kg	Querschnitt qmm	Gewicht pro m kg	Querschnitt qmm	Gewicht pro m kg
36	0,3204	49	0,4361	62	0,5518	75	0,6675	88	0,7832
37	0,3293	50	0,4450	63	0,5607	76	0,6764	89	0,7921
38	0,3382	51	0,4539	64	0,5696	77	0,6853	90	0,8010
39	0,3471	52	0,4628	65	0,5785	78	0,6942	91	0,8099
40	0,3560	53	0,4717	66	0,5874	79	0,7031	92	0,8188
41	0,3649	54	0,4806	67	0,5963	80	0,7120	93	0,8277
42	0,3738	55	0,4895	68	0,6052	81	0,7209	94	0,8366
43	0,3827	56	0,4984	69	0,6141	82	0,7298	95	0,8455
44	0,3916	57	0,5073	70	0,6230	83	0,7387	96	0,8544
45	0,4005	58	0,5162	71	0,6319	84	0,7476	97	0,8633
46	0,4094	59	0,5251	72	0,6408	85	0,7565	98	0,8722
47	0,4183	60	0,5340	73	0,6497	86	0,7654	99	0,8811
48	0,4272	61	0,5429	74	0,6586	87	0,7743	100	0,8900

Elastizität und Festigkeit von Elmorekupfer.

Des Streifens			Elastizitätsgrenze	Bruchbelast.	Verhältnis der Belast. aus der Elastizitätsgrenze z. Bruchbel.	Entfernung zwisch. den Körnern	Dehnung	Kontraktion
Breite mm	Dicke mm	Querschnitt mm	kg/qmm	kg/qmm		mm	%	%
31,80	3,76	119,57	37,20	40,23	0,924	102	21,2	66,0
31,87	3,76	119,83	34,00	40,56	0,840	102	20,7	67,6
31,87	3,73	118,88	33,50	39,26	0,850	102	21,0	61,6
47,75	3,61	172,38		39,09		{254 {204	12,3 14,1	
47,75	3,61	172,38		38,68		{254 {204	11,8 13,9	
31,62	3,43	108,46	34,75	41,94	0,828	102	12,9	70,5
30,08	3,33	100,17	39,10	42,27	0,925	102	17,5	63,5
32,30	3,33	107,56	36,30	40,86	0,888	102	14,3	66,0
31,14	1,24	38,61		61,93		254	5,21	
31,01	1,27	39,38		66,60		254	7,0	
37,77	1,27	47,96	28,45	43,34	0,65	254	6,2	
38,20	1,27	48,51	26,18	42,19	0,62	254	7,7	
38,30	2,13	81,58	23,31	46,41	0,50	254	3,8	
37,85	2,06	77,97	22,63	47,58	0,48	254	3,5	
50,32	2,00	100,64	21,93	45,40	0,59	254	3,4	
50,32	1,52	76,49	26,31	45,22		254	3,3	
35,05	1,52	53,28		40,90		76	20,0	
35,05	1,52	53,28		41,94		76	19,0	ausgeglüht
35,18	1,52	53,47		23,26		76	62,3	
50,98	1,27	64,74		43,84		76	4,0	
50,80	1,32	67,06		42,79		76	6,7	

Kupferaufwand — Vergleichungen für verschiedene Stromsysteme bei gleichen prozentualen Verlusten bei gleichen Betriebsspannungen.

Gleichstrom und Wechselstrom:

Zweileitersystem 100
Dreileitersystem (Mittelleiter mit halbem Querschnitt) . . . 31,3
» (» » vollem » ») . . . 37,5
Vierleitersystem (Innenleiter mit halbem Querschnitt) . . . 16,7
» (» » vollem ») . . . 22,2

Mehrphasenstrom:

Unverkettetes Zweiphasensystem (4 gleich starke Leitungen). 100
Verkettetes Zweiphasensystem (gemeinschaftliche Rückleitung von $\sqrt{2}$-fachem Querschnitt) 72,9
Verkettetes Zweiphasensystem (mit 3 gleich starken Leitungen) 75
Dreiphasensystem 75
Dreiphasensystem mit neutralem Leiter v. halbem Querschnitt 29,2
» » » » » vollem » 33,3
» » » » » halbem » 28,2
» » » » » vollem » 31,3
Monozyklisches System mit Kraftleitung v. halbem Querschnitt 125

Kupferbleche. Gewichtstabelle.

1 qm Kupferblech wiegt:

Dicke des Bleches mm	Gewicht kg	Dicke des Bleches mm	Gewicht kg	Dicke des Bleches mm	Gewicht kg	Dicke des Bleches mm	Gewicht kg
0,10	0,90	2,0	18,0	4,8	43,2	7,6	68,4
0,15	1,35	2,1	18,9	4,9	44,1	7,7	69,3
0,20	1,80	2,2	19,8	5,0	45,0	7,8	70,2
0,25	2,25	2,3	20,7	5,1	45,9	7,9	71,1
0,30	2,70	2,4	21,6	5,2	46,8	8,0	72,0
0,35	3,15	2,5	22,5	5,3	47,7	8,1	72,9
0,40	3,60	2,6	23,4	5,4	48,6	8,2	73,8
0,45	4,05	2,7	24,3	5,5	49,5	8,3	74,7
0,50	4,50	2,8	25,2	5,6	50,4	8,4	75,6
0,55	4,95	2,9	26,1	5,7	51,3	8,5	76,5
0,60	5,40	3,0	27,0	5,8	52,2	8,6	77,4
0,65	5,85	3,1	27,9	5,9	53,1	8,7	78,3
0,70	6,30	3,2	28,8	6,0	54,0	8,8	79,2
0,75	6,75	3,3	29,7	6,1	54,9	8,9	80,1
0,80	7,20	3,4	30,6	6,2	55,8	9,0	81,0
0,85	7,65	3,5	31,5	6,3	56,7	9,1	81,9
0,90	8,10	3,6	32,4	6,4	57,6	9,2	82,8
0,95	8,55	3,7	33,3	6,5	58,5	9,3	83,7
1,0	9,0	3,8	34,2	6,6	59,4	9,4	84,6
1,1	9,9	3,9	35,1	6,7	60,3	9,5	85,5
1,2	10,8	4,0	36,0	6,8	61,2	9,6	86,4
1,3	11,7	4,1	36,9	6,9	62,1	9,7	87,3
1,4	12,6	4,2	37,8	7,0	63,0	9,8	88,2
1,5	13,5	4,3	38,7	7,1	63,9	9,9	89,1
1,6	14,4	4,4	39,6	7,2	64,8	10,0	90,0
1,7	15,3	4,5	40,5	7,3	65,7		
1,8	16,2	4,6	41,4	7,4	66,6		
1,9	17,1	4,7	42,3	7,5	67,5		

Kupferdrähte, Gewicht und Querschnitt derselben bei 50° C. Kreisförmiger Querschnitt. Spezif. Gewicht = 8,9. 1 m käuflicher Kupferdraht von 1 qmm Querschnitt angenommen zu 0,01740 Ohm bei 15° C oder zu 0,01646 Ohm bei 0° C. Leitungsfähigkeit bei 0° C 60,8.

Durchm. mm	Querschn. qmm	Gewicht pro m g	Meterzahl pro kg	Widerstand pro m Ohm	Länge pro Ohm m
0,37	0,1075	0,957	1 045	0,1618	6,180
0,4	0,126	1,118	894	0,1384	7,223
0,45	0,159	1,416	706,4	0,1094	9,141
0,5	0,196	1,748	572	0,0886	11,28
0,55	0,238	2,115	472,9	0,0732	13,66
0,6	0,283	2,516	397,2	0,0615	16,25
0,65	0,332	2,954	338,6	0,0524	19,08
0,7	0,385	3,426	292,0	0,04525	22,12
0,8	0,503	4,474	223,5	0,03463	28,90
0,9	0,636	5,66	176,6	0,02735	36,57
1,0	0,785	6,99	143,0	0,02215	45,14
1,1	0,950	8,46	117,9	0,01831	54,6
1,2	1,131	10,07	99,3	0,01539	65,0
1,3	1,327	11,81	84,6	0,01311	76,3
1,4	1,539	13,70	73,0	0,01131	88,5
1,5	1,767	15,73	63,6	0,00985	101,6
1,6	2,011	17,90	55,9	0,00865	115,6
1,7	2,270	20,20	49,50	0,00767	130,5
1,8	2,545	22,65	44,15	0,00684	146,2
1,9	2,835	25,24	39,62	0,00614	163,0
2,0	3,142	27,96	35,76	0,00554	180,5
2,1	3,464	30,83	32,44	0,00503	199,0
2,2	3,801	33,84	29,56	0,004577	218,5
2,3	4,155	36,98	27,04	0,004187	238,8
2,4	4,524	40,27	24,83	0,003845	260,1
2,5	4,909	43,69	22,89	0,003544	282,1
2,6	5,31	47,26	21,16	0,003277	305,2
2,7	5,73	51,0	19,62	0,003039	329,1
2,8	6,16	54,8	18,25	0,002826	353,9
2,9	6,61	58,8	17,01	0,002634	379,7
3,0	7,07	62,9	15,89	0,002462	406,3
3,1	7,55	67,2	14,89	0,002305	433,3
3,2	8,04	71,6	13,97	0,002163	462,3
3,3	8,55	76,1	13,14	0,002034	491,7
3,4	9,08	80,8	12,37	0,001916	522
3,5	9,62	85,6	11,68	0,001809	553
3,6	10,18	90,6	11,02	0,001709	585
3,7	10,75	95,7	10,45	0,001618	618
3,8	11,34	101,0	9,91	0,001534	652
3,9	11,95	106,3	9,41	0,001457	687
4,0	12,57	111,9	8,94	0,001385	722
4,1	13,20	117,5	8,51	0,001318	759
4,2	13,85	123,3	8,11	0,001256	796
4,3	14,52	129,3	7,74	0,001198	835

Durchm. mm	Querschn. qmm	Gewicht pro m g	Meterzahl pro kg	Widerstand pro m in Ohm bei 15° C	Länge pro Ohm in m bei 15° C
4,4	15,21	135,4	7,39	0,001145	874
4,5	15,90	141,5	7,06	0,001094	914
4,6	16,62	147,9	6,76	0,001047	955
4,7	17,35	154,4	6,48	0,001003	997
4,8	18,10	161,1	6,21	0,000961	1040
4,9	18,86	167,9	5,96	0,000923	1084
5,0	19,64	174,8	5,72	0,000886	1128
5,1	20,43	181,8	5,50	0,000852	1174
5,2	21,24	189,0	5,29	0,000819	1221
5,3	22,06	196,3	5,09	0,000789	1267
5,4	22,90	203,8	4,907	0,000760	1316
5,5	23,76	211,5	4,729	0,000732	1366
5,6	24,63	219,2	4,562	0,000706	1414
5,7	25,52	227,1	4,403	0,000682	1466
5,8	26,42	235,1	4,254	0,000659	1517
5,9	27,34	243,3	4,110	0,000636	1572
6,0	28,27	251,6	3,972	0,000615	1625
6,5	33,18	295,4	3,386	0,000524	1908
7,0	38,49	342,6	2,920	0,0004525	2212
7,5	44,18	393,2	2,543	0,0003939	2539
8,0	50,3	447,4	2,235	0,0003463	2890
8,5	56,7	505	1,980	0,0003066	3261
9,0	63,6	566	1,766	0,0002735	3657
9,5	70,9	631	1,585	0,0002455	4073
10	78,5	699	1,430	0,0002215	4515
11	95,0	846	1,179	0,0001831	5460
12	113,1	1007	0,993	0,0001539	6500
13	132,7	1181	0,846	0,0001311	7630
14	153,9	1370	0,730	0,0001131	8850
15	176,7	1573	0,636	0,0000985	10160
16	201,1	1790	0,559	0,0000865	11560
17	227,0	2020	0,4950	0,0000767	13050
18	254,5	2265	0,4415	0,0000684	14620
19	283,5	2524	0,3962	0,0000614	16300
20	314,2	2796	0,3576	0,0000554	18050
21	346,4	3083	0,3244	0,0000503	19900
22	380,1	3384	0,2956	0,00004577	21850
23	415,5	3698	0,2704	0,00004187	23880
24	452,4	4027	0,2483	0,00003845	26010
25	490,9	4369	0,2289	0,00003544	28210
26	531	4726	0,2116	0,00003277	30520
27	573	5096	0,1962	0,00003039	32910
28	616	5480	0,1825	0,00002826	35390
29	661	5880	0,1701	0,00002634	37970
30	707	6290	0,1589	0,00002462	40630
31	755	6720	0,1489	0,00002305	43380
32	804	7160	0,1397	0,00002163	46230
33	855	7610	0,1314	0,00002034	49170
34	908	8080	0,1237	0,00001916	52200

Die Grundpreise der Kupferdrähte richten sich nach dem jeweiligen Stand des Kupfermarktes. Zu diesen Grundpreisen müssen folgende Zuschlagspreise, welche durch die Drahtfabrikation bedingt sind, für dünnere und Fassondrähte hinzugerechnet werden. (Diese Zuschläge gelten nur annähernd und ermäßigen sich mit der Höhe des Auftrags.)

Zuschlagspreise für dünnere Drähte:

1,39—1,10 mm Durchmesser . .	ℳ *3.—*
1,09—0,80 » » . .	» *5.—*
0,79—0,70 » » . .	» *7.50*
0,69—0,60 » » . .	» *10.—*
0,59—0,55 » » . .	» *16.—*
0,54—0,50 » » . .	» *22.—*

Für dünne Kupferdrähte von 1,4 mm Durchmesser aufwärts gelten die Grundpreise.

Zuschlagspreise für Fassondrähte und Stangen:

Kupferdraht von quadratischem oder ovalem Querschnitt	ℳ *5.—*
Flachkupfer in Drähten und Stangen sowie halbrundes und solches mit abgerundeten Kanten	» *12.50*
Konisches Kupfer und alle anderen Fassons	» *27.50*
Chemisch reines Rundkupfer in Stangen	» *10.—*

Für das Verzinnen von Kupferdrähten wird pro 100 kg folgender Zuschlag berechnet:

Für Drähte von 1,10 mm Durchmesser und darüber	ℳ *15.—*
» » » 1,09—0,80 mm Durchmesser . . .	» *20.—*
» » » 0,79—0,70 » » . . .	» *22.50*
» » » 0,69—0,60 » » . . .	» *25.—*
» » » 0,59—0,55 » » . . .	» *27.50*
» » » 0,54—0,50 » » . . .	» *30.—*

Für das Verbleien von Kupferdrähten werden ca. ℳ 5 Zuschlag mehr als für das Verzinnen berechnet.

Für das Verseilen von Kupferdrähten wird pro 100 kg folgender Zuschlag berechnet:

Für Drähte von 1,40 mm Durchmesser und darüber	ℳ *7.50*
» » » 1,39—1,10 mm Durchmesser . . .	» *20.—*
» » » 1,09—0,80 » » . . .	» *30.—*
» » » 0,79—0,70 » » . .	» *40.—*
» » » 0,69—0,60 » » . . .	» *55.—*
» » » 0,59—0,50 » » . . .	» *70.—*

Für genau vorgeschriebene Längen bzw. Gewichte und genau vorgeschriebene Durchmesser von Drahtringen kommen weitere ℳ *5* für 100 kg als Zuschlag. Ferner für Kupferdrahtringe von 90 bis 150 kg Gewicht bzw. entsprechenden Längen kommen außerdem ℳ *10*, für solche über 150 kg Gewicht ℳ *12.50* für 100 kg als weiterer Zuschlag hinzu.

Kupferdrahtwiderstand von 1 m Kupferdraht bei 15° C in Ohm, abhängig vom Querschnitt, der von 1 m bei 1 qmm Querschnitt zu 0,01740 Ω angenommen ist.

(Alle übrigen in der nachstehenden Tabelle nicht angegebenen Werte sind durch Einsetzen eines einfachen dekadischen Verhältnisses leicht zu ermitteln.)

Querschn. qmm	0	1	2	3	4	5	6	7	8	9	Differenz
1,0	0,01740	0,01723	0,01705	0,01689	0,01673	0,01657	0,01642	0,01626	0,01611	0,01596	18—15 $\times 10^{-5}$
1,1	0,01582	0,01568	0,01554	0,01540	0,01526	0,01513	0,01500	0,01487	0,01475	0,01462	14—12 » »
1,2	0,01450	0,01438	0,01426	0,01414	0,01403	0,01392	0,01381	0,01370	0,01359	0,01349	12—10 » »
1,3	0,01338	0,01328	0,01318	0,01308	0,01298	0,01289	0,01276	0,01270	0,01261	0,01252	10— 9 » »
1,4	0,01243	0,01234	0,01225	0,01217	0,01208	0,01200	0,01192	0,01184	0,01176	0,01168	9— 8 » »
1,5	0,01160	0,01152	0,01145	0,01137	0,01130	0,01123	0,01115	0,01108	0,01101	0,01094	8— 7 » »
1,6	0,01087	0,01081	0,01074	0,01067	0,01061	0,01055	0,01048	0,01042	0,01036	0,01030	7— 6 » »
1,7	0,01024	0,01018	0,01012	0,01000	0,01000	0,00994	0,00989	0,00983	0,00978	0,00972	6— 5 » »
1,8	0,00967	0,00961	0,00956	0,00951	0,00946	0,00941	0,00935	0,00930	0,00926	0,00921	6— 4 » »
1,9	0,09160	0,00911	0,00006	0,00902	0,00897	0,00892	0,00888	0,00883	0,00879	0,00874	5— 4 » »
	00	05	10	15	20	25	30	35	40	45	
2	0,00870	0,00849	0,00829	0,00809	0,00791	0,00773	0,00756	0,00740	0,00725	0,00710	21—15 $\times 10^{-5}$
3	0,00580	0,00570	0,00561	0,00552	0,00544	0,00535	0,00527	0,00519	0,00512	0,00504	10— 7 » »
4	0,004050	0,004296	0,004244	0,004193	0,004143	0,004094	0,004047	0,004000	0,003955	0,003910	54—45 $\times 10^{-6}$
5	0,003480	0,003446	0,003412	0,003379	0,003346	0,003314	0,003283	0,003252	0,003222	0,003193	34—29 » »
6	0,002900	0,002876	0,002852	0,002829	0,028060	0,002784	0,002762	00,02740	0,002719	0,002698	24—21 » »
7	0,002486	0,002468	0,002451	0,002434	0,002467	0,002400	0,002384	0,002367	0,002351	0,002336	18—15 » »
8	0,002175	0,002161	0,002148	0,002135	0,002122	0,002109	0,002096	0,002084	0,002071	0,002059	14—12 » »
9	0,001933	0,001923	0,001912	0,001902	0,001891	0,001881	0,001871	0,001861	0,001851	0,001841	11—10 » »
	50	55	60	65	70	75	80	85	90	95	
2	0,00696	0,00682	0,00669	0,00657	0,00644	0,00633	0,00621	0,00611	0,00600	0,00590	14—10 $\times 10^{-5}$
3	0,004971	0,004901	0,004833	0,004767	0,004703	0,004640	0,004579	0,004519	0,004462	0,004405	70—57 $\times 10^{-6}$
4	0,003867	0,003824	0,003783	0,003742	0,003702	0,003663	0,003625	0,003588	0,003551	0,003515	43—36 » »
5	0,003164	0,003135	0,003107	0,003080	0,003053	0,003026	0,003000	0,002974	0,002949	0,002924	29—25 » »
6	0,002677	0,002656	0,002636	0,002617	0,002597	0,002578	0,002559	0,002540	0,002522	0,002504	21—18 » »
7	0,002320	0,002305	0,002289	0,002275	0,002260	0,002245	0,002231	0,002217	0,002203	0,002189	16—14 » »
8	0,002047	0,002035	0,002023	0,002012	0,002000	0,001989	0,001977	0,001966	0,001955	0,001944	12—11 » »
9	0,001832	0,001822	0,001813	0,001803	0,001794	0,001785	0,001776	0,001766	0,001758	0,001749	10— 8 » »

Kupferlamellen, hart gezogen und fertig geschnitten. Spez. Gewicht 9,0. Preis pro 100 kg *ℳ 300.*
Albert Thode & Ko., Hamburg *(s. Inseratanh. S. 4).*

Kupfernormalien (siehe **Leitungsnormalien**).

Kupferquerschnitt in Quadratmillimetern als Funktion der Belastung und des Spannungsabfalles.

Belastung in Amp.	Spannungsabfall in Volt pro 1000 m einfache Länge für Cu von 97 % Leitfähigkeit						
	0,5	1,0	1,5	2,0	3,0	4,0	5,0
1,0	34,000	17,00	11,334	8,500	5,667	4,250	3,400
1,5	51,000	25,500	17,000	12,750	8,500	6,375	5,100
2,0	68,000	34,000	22,668	17,000	11,334	8,500	6,800
2,5	85,00	42,50	28,34	21,25	14,17	10,63	8,50
3,0	102,00	51,00	34,00	25,50	17,00	12,75	10,20
3,5	119,00	59,50	39,67	29,75	19,84	14,88	11,90
4,0	136,00	68,00	45,34	34,00	22,67	17,00	13,60
4,5	153,00	76,50	51,00	38,25	25,50	19,13	15,30
5,0	170,00	85,00	56,67	42,50	28,34	21,25	17,00
5,5	187,00	93,50	62,34	46,75	31,17	23,38	18,70
6,0	204,0	102,0	68,0	51,00	34,00	25,50	20,40
6,5	221,0	110,5	73,7	55,25	36,85	27,62	22,10
7,0	238,0	119,0	79,4	59,50	39,7	29,75	24,80
7,5	255,0	127,50	85,0	63,75	42,50	31,88	25,50
8,0	272,0	136,0	90,7	68,00	45,4	34,00	27,20
8,5	289,0	144,5	96,4	72,25	48,2	36,13	28,90
9,0	306,0	153,0	102,0	76,50	51,00	38,25	30,60
9,5	323,0	161,5	107,5	80,75	53,75	40,38	32,31
10	340,0	170,0	113,4	85,00	56,67	42,50	34,00
11	374,0	187,0	124,6	93,5	62,3	46,75	37,40
12	408,0	204,0	136,0	102,0	68,0	51,0	40,8
13	443,0	221,5	147,2	110,8	73,6	55,4	44,3
14	476,0	238,0	158,6	119,0	79,3	59,5	47,6
15	510,0	255,0	170,0	127,5	85,0	63,8	51,0
16	545,0	272,5	181,0	136,2	90,5	68,1	54,5
17	578,0	289,0	192,7	144,5	96,4	72,3	57,8
18	612,0	306,0	204,0	153,0	102,0	76,5	61,2
19	647,0	323,5	215,0	161,7	107,6	80,8	64,7
20	680,0	340,0	226,7	170,0	113,4	85,0	68,0
21	714,0	357,0	238,0	178,5	119,0	89,3	71,4
22	748,0	374,0	249,2	187,0	124,6	93,5	74,8
23	783,0	391,5	260,5	195,8	130,3	97,9	78,3
24	816,0	408,0	272,0	204,0	136,0	102,0	81,6
25	850,0	425,0	283,4	212,5	141,7	106,3	85,0
26	885,0	443,0	294,4	221,5	147,2	110,8	88,6
28	952,0	476,0	318,0	238,0	158,6	119,0	95,2
30	1020,0	510,0	340,0	255,0	170,0	127,5	102,0
32	1090,0	545,0	362,0	272,0	181,0	136,2	109,0
34	1156,0	578,0	385,4	289,0	192,7	144,5	115,6
36	1224,0	612,0	408,0	306,0	204,0	153,0	122,4
40	1360,0	680,0	453,4	340	226,7	170,0	136,0

Belastung in Amp.	Spannungsabfall in Volt pro 1000 m einfache Länge für Cu von 97 % Leitfähigkeit							
	6,0	7,0	8,0	9,0	10	12	14	16
1,0	2,834	2,430	2,125	1,889	1,7000	1,417	1,215	1,063
1,5	4,250	3,645	3,188	2,834	2,550	2,126	1,823	1,594
2,0	5,667	4,860	4,250	3,778	3,400	2,834	2,430	2,125
2,5	7,09	6,08	5,32	4,73	4,25	3,55	3,04	2,66
3,0	8,50	7,29	6,38	5,67	5,10	4,26	3,65	3,19
3,5	9,92	8,50	7,44	6,62	5,95	4,96	4,26	3,72
4,0	11,34	9,72	8,50	7,56	6,80	5,67	4,86	4,25
4,5	12,75	10,94	9,57	8,50	7,65	6,38	5,47	4,79
5,0	14,17	12,15	10,63	9,45	8,50	7,09	6,08	5,32
5,5	15,59	13,37	11,69	10,39	9,35	7,80	6,69	5,85
6,0	17,00	14,58	12,75	11,34	10,20	8,51	7,29	6,38
6,5	18,43	15,8	13,81	12,28	11,05	9,20	7,90	6,90
7,0	19,85	17,00	14,87	13,20	11,90	9,92	8,50	7,43
7,5	21,25	18,23	15,94	14,17	12,75	10,63	9,12	7,97
8,0	22,70	19,43	17,00	15,10	13,60	11,35	9,71	8,50
8,5	24,10	20,70	18,65	16,10	14,46	12,05	10,35	9,33
9,0	25,50	21,87	19,13	17,00	15,30	12,76	10,94	9,57
9,5	26,88	23,10	20,19	17,95	16,16	13,44	11,55	10,95
10	28,34	24,30	21,25	18,89	17,00	14,17	12,15	10,63
11	31,15	26,72	23,38	20,80	18,7	15,58	13,36	11,69
12	34,0	29,2	25,5	22,7	20,4	17,00	14,60	12,75
13	36,8	31,6	27,7	24,6	22,2	18,4	15,8	13,85
14	39,7	34,0	29,8	26,5	23,8	19,8	17,0	14,9
15	42,5	36,5	31,9	28,4	25,5	21,3	18,3	16,0
16	45,3	38,9	34,1	30,2	27,3	22,7	19,9	17,0
17	48,2	41,4	36,13	32,2	28,9	24,1	20,7	18,7
18	51,0	43,8	38,25	34,0	30,6	25,5	21,9	19,2
19	53,8	46,2	40,4	35,9	32,5	26,9	23,1	20,2
20	56,7	48,6	42,5	37,8	34,0	28,4	24,3	21,3
21	59,5	51,1	44,7	39,7	35,7	29,8	25,6	22,4
22	62,3	53,5	46,8	41,6	37,4	31,2	26,8	23,4
23	65,2	55,8	48,9	43,5	39,2	31,6	27,9	24,5
24	68,0	58,4	51,0	45,4	40,8	34,0	29,2	25,5
25	70,9	60,8	53,2	47,3	42,5	35,5	30,4	26,6
26	73,6	63,2	55,4	49,2	44,3	36,8	31,6	27,7
28	79,3	68,0	59,5	53,0	47,6	39,7	34,0	29,8
30	85,0	72,9	63,8	56,7	51,0	42,6	36,5	31,9
32	90,5	77,8	68,1	60,4	54,5	45,3	38,9	34,1
34	96,4	82,8	72,3	64,4	57,8	48,2	41,4	36,2
36	102,0	87,5	76,5	68,0	61,2	51,1	43,8	38,3
40	113,4	97,2	85,0	75,6	68,0	56,7	48,6	42,5

Belastung in Amp.	Spannungsabfall in Volt pro 1000 m einfache Länge für Cu von 97 % Leitfähigkeit									
	18	20	25	30	40	50	70	100	150	200
1,0	0,945	0,850	0,680	0,567	0,425	0,340	0,243	1,170	0,114	0,085
1,5	1,417	1,275	1,020	0,850	0,638	0,510	0,365	0,255	0,170	0,128
2,0	1,889	1,700	1,360	1,134	0,850	0,680	0,486	0,340	0,227	0,170
2,5	2,37	2,13	1,70	1,42	1,06	0,85	0,61	0,43	0,29	0,22
3,0	2,84	2,55	2,04	1,70	1,28	1,02	0,73	0,51	0,34	0,26
3,5	3,31	2,98	2,38	1,99	1,49	1,19	0,85	0,60	0,40	0,30
4,0	3,78	3,40	2,72	2,27	1,70	1,36	0,97	0,68	0,46	0,34
4,5	4,26	3,83	3,06	2,55	1,91	1,53	1,10	0,77	0,51	0,39
5,0	4,73	4,25	3,40	2,84	2,13	1,70	1,22	0,85	0,57	0,43
5,5	5,20	4,68	3,74	3,12	2,34	1,87	1,34	0,94	0,63	0,47
6,0	5,67	5,10	4,08	3,40	2,55	2,04	1,46	1,02	0,68	0,51
6,5	6,14	5,53	4,42	3,69	2,76	2,21	1,58	1,10	0,74	0,55
7,0	6,60	5,95	4,76	3,97	2,97	2,48	1,70	1,19	0,79	0,60
7,5	7,09	6,38	5,10	4,25	3,19	2,55	1,83	1,25	0,85	0,64
8,0	7,55	6,80	5,44	4,54	3,40	2,72	1,95	1,36	0,91	0,68
8,5	7,23	7,23	5,78	4,83	3,62	2,89	2,07	1,45	0,96	0,73
9,0	8,50	7,65	6,12	5,10	3,83	3,06	2,19	1,53	1,02	0,77
9,5	8,98	8,08	6,48	5,38	4,04	3,24	2,31	1,62	1,08	0,81
10	9,45	8,50	6,80	5,67	4,25	3,40	2,43	1,70	1,14	0,85
11	10,40	9,35	7,48	6,23	4,68	3,74	2,68	1,87	1,25	0,94
12	11,35	10,20	8,16	6,80	5,10	4,09	2,92	2,04	1,36	1,02
13	12,30	11,08	8,86	7,36	5,54	4,43	3,16	2,22	1,48	1,18
14	13,25	11,90	9,52	7,93	5,95	4,76	3,40	2,38	1,59	1,2
15	14,2	12,8	10,2	8,5	6,4	5,1	3,7	2,6	1,27	1,3
16	15,1	13,6	11,0	9,1	6,8	5,5	3,9	2,7	1,8	1,4
17	16,1	14,5	11,6	9,7	7,3	5,8	4,2	2,9	1,9	1,5
18	17,0	15,4	12,2	10,2	7,7	6,1	4,4	3,1	2,1	1,6
19	18,0	16,2	13,0	10,8	8,1	6,5	4,7	3,3	2,2	1,7
20	18,9	17,0	13,6	11,4	8,5	6,8	4,9	3,4	2,3	1,7
21	19,9	17,9	14,3	11,9	8,9	7,2	5,1	3,6	2,4	1,8
22	20,8	18,7	15,0	12,5	9,4	7,5	5,4	3,8	2,5	1,9
23	20,8	19,6	15,8	13,1	9,8	7,9	5,6	3,9	2,6	2,0
24	22,7	20,4	16,4	13,6	10,2	8,2	5,9	4,1	2,7	2,1
25	23,7	21,3	17,0	14,2	10,6	8,5	6,1	4,3	2,9	2,2
26	24,6	22,2	17,8	14,8	11,1	8,9	6,3	4,5	3,0	2,3
28	26,5	23,8	19,0	15,9	11,9	9,5	6,8	4,8	3,2	2,4
30	28,4	25,5	20,4	17,0	12,8	10,2	7,3	5,1	3,4	2,6
32	30,2	27,2	21,8	18,1	13,7	10,9	7,8	5,5	3,6	2,7
34	32,2	28,9	23,2	19,3	14,5	11,6	8,3	5,8	3,9	2,9
36	34,0	30,6	24,5	20,4	15,3	12,3	8,8	6,1	4,1	3,1
40	37,8	34,0	27,2	22,7	17,0	13,6	9,7	6,8	4,6	3,4

Kupferscheiben.

Gewichte und Flächeninhalte von Kupferscheiben.

Durchmesser m	Inhalt qm	Gewicht bei 1 mm Stärke kg	Durchmesser m	Inhalt qm	Gewicht bei 1 mm Stärke kg	Durchmesser m	Inhalt qm	Gewicht bei 1 mm Stärke kg	Durchmesser m	Inhalt qm	Gewicht bei 1 mm Stärke kg
0,250	0,0491	0,4419	0,720	0,4072	3,664	1,190	1,112	10,008	1,660	2,164	19,476
0,260	0,0531	0,4779	0,730	0,4185	3,766	1,200	1,131	10,179	1,670	2,190	19,710
0,270	0,0573	0,5157	0,740	0,4301	3,870	1,210	1,150	10,350	1,680	2,217	19,953
0,280	0,0616	0,5544	0,750	0,4418	3,976	1,220	1,169	10,521	1,690	2,243	20,187
0,290	0,0661	0,5949	0,760	0,4536	4,082	1,230	1,189	10,701	1,700	2,269	20,421
0,300	0,0707	0,6362	0,770	0,4657	4,191	1,240	1,208	10,872	1,710	2,297	20,673
0,310	0,0755	0,6795	0,780	0,4778	4,300	1,250	1,227	11,043	1,720	2,324	20,916
0,320	0,0804	0,7236	0,790	0,4902	4,411	1,260	1,247	11,223	1,730	2,351	21,159
0,330	0,0855	0,7695	0,800	0,5026	4,523	1,270	1,267	11,403	1,740	2,378	21,402
0,340	0,0908	0,8172	0,810	0,5153	4,637	1,280	1,287	11,583	1,750	2,405	21,645
0,350	0,0962	0,8658	0,820	0,5281	4,752	1,290	1,307	11,763	1,760	2,433	21,897
0,360	0,1018	0,9162	0,830	0,5410	4,869	1,300	1,327	11,943	1,770	2,461	22,149
0,370	0,1075	0,9675	0,840	0,5542	4,987	1,310	1,348	12,132	1,780	2,488	22,392
0,380	0,1134	1,021	0,850	0,5675	5,107	1,320	1,368	12,312	1,790	2,516	22,644
0,390	0,1195	1,076	0,860	0,5809	5,228	1,330	1,389	12,501	1,800	2,544	22,896
0,400	0,1257	1,131	0,870	0,5945	5,350	1,340	1,410	12,690	1,810	2,573	23,157
0,410	0,1320	1,188	0,880	0,6082	5,473	1,350	1,431	12,879	1,820	2,602	23,418
0,420	0,1385	1,247	0,890	0,6221	5,598	1,360	1,453	13,077	1,830	2,630	23,670
0,430	0,1452	1,307	0,900	0,6362	5,725	1,370	1,474	13,266	1,840	2,659	23,931
0,440	0,1521	1,369	0,910	0,6504	5,853	1,380	1,496	13,464	1,850	2,688	24,192
0,450	0,1590	1,432	0,920	0,6648	5,983	1,390	1,517	13,653	1,860	2,717	24,453
0,460	0,1662	1,496	0,930	0,6793	6,113	1,400	1,539	13,851	1,870	2,746	24,714
0,470	0,1735	1,562	0,940	0,6940	6,246	1,410	1,561	14,049	1,880	2,776	24,984
0,480	0,1810	1,629	0,950	0,7088	6,379	1,420	1,584	14,256	1,890	2,806	25,254
0,490	0,1886	1,697	0,960	0,7238	6,515	1,430	1,606	14,454	1,900	2,835	25,515
0,500	0,1964	1,767	0,970	0,7390	6,651	1,440	1,629	14,661	1,910	2,865	25,785
0,510	0,2043	1,838	0,980	0,7543	6,788	1,450	1,651	14,859	1,920	2,895	26,055
0,520	0,2124	1,911	0,990	0,7698	6,928	1,460	1,674	15,066	1,930	2,926	26,334
0,530	0,2206	1,985	1,000	0,7854	7,068	1,470	1,697	15,273	1,940	2,956	26,604
0,540	0,2290	2,061	1,010	0,8012	7,210	1,480	1,720	15,480	1,950	2,986	26,874
0,550	0,2376	2,138	1,020	0,8171	7,353	1,940	1,744	15,696	1,960	3,017	27,153
0,560	0,2463	2,216	1,030	0,8332	7,498	1,500	1,767	15,903	1,970	3,048	27,432
0,570	0,2552	2,296	1,040	0,8495	7,645	1,510	1,791	16,119	1,980	3,079	27,711
0,580	0,2642	2,377	1,050	0,8659	7,793	1,520	1,815	16,335	1,990	3,110	27,990
0,590	0,2734	2,460	1,060	0,8825	7,942	1,530	1,839	16,551	2,000	3,141	28,269
0,600	0,2827	2,544	1,070	0,8992	8,092	1,540	1,863	16,767	2,010	3,173	28,557
0,610	0,2922	2,629	1,080	0,9161	8,244	1,550	1,886	16,974	2,020	3,205	28,845
0,620	0,3019	2,717	1,090	0,9331	8,397	1,560	1,911	17,199	2,030	3,237	29,133
0,630	0,3117	2,805	1,100	0,9503	8,552	1,570	1,936	17,424	2,040	3,269	29,421
0,640	0,3217	2,895	1,110	0,9677	8,709	1,580	1,961	17,649	2,050	3,300	29,700
0,650	0,3318	2,986	1,120	0,9852	8,866	1,590	1,986	17,874	2,060	3,333	29,997
0,660	0,3421	3,078	1,130	1,0020	9,018	1,600	2,010	18,090	2,070	3,365	30,285
0,670	0,3526	3,173	1,140	1,0200	9,180	1,610	2,036	18,324	2,080	3,398	30,582
0,680	0,3632	3,268	1,150	1,0390	9,351	1,620	2,061	18,549	2,090	3,431	30,879

Heddernheimer Kupferwerke, Heddernheim.

Kupferseile, blanke, für Blitzableiter.

Zahl der Adern	Durchmesser der Adern mm	Querschnitt qmm	Gewicht g p. l. m.	Preis ℳ p. l. m.
12	2	38	360	—.*90*
9	2	28	250	—.*70*
7	3,3	60	560	*1.50*
7	2,4	32	290	—.*75*

Kupferstreifen, endlose. Preis pro 100 kg:

Bis 1 mm stark ℳ *155*
0,99—0,50 » » » *167*
0,49—0,30 » » » *177*
0,29—0,25 » » » *187*
0,24—0,20 » » » *197*

0,19—0,17 mm stark ℳ *207*
0,16—0,15 » » » *217*
0,14—0,12 » » » *237*
0,11—0,10 » » » *262*

Karl Berg, Eveking (Westfalen).

Kupfer- und Aluminiumdrähte, Vergleich derselben. Zugrunde gelegt ist ein Aluminiumwiderstand von 0,02874 Ohm bei 15° C für 1 m bei 1 qmm Querschnitt. Angabe der Allg. El.-Ges. Kabelwerke.

Leitungswiderstand pro 1000 m bei 15° C	Querschnitt qmm		Anzahl der einzelnen Drähte		Durchmesser der einzelnen Drähte mm		Gesamtdurchmesser ca. mm		Nettogewicht pro 1000 m ca. kg	
Ohm	Kupfer	Aluminium	Kupfer	Aluminium	Kupfer	Aluminium	Kupfer	Aluminium	Kupfer	Aluminium
34,90	0,5	0,82	1	1	0,798	1,04	0,8	1,04	4,5	2,1
17,45	1,0	1,65	1	1	1,128	1,45	1,13	1,45	8,9	4,3
11,634	1,5	2,47	1	1	1,382	1,77	1,4	1,77	13,4	6,4
8,725	2,0	3,29	1	1	1,596	2,05	1,6	2,05	17,8	8,6
6,980	2,5	4,12	1	1	1,783	2,29	1,8	2,29	22,2	10,7
5,817	3,0	4,94	1	1	1,955	2,51	1,95	2,51	26,4	12,8
4,363	4,0	6,60	1	1	2,258	2,90	2,25	2,90	36,0	17,2
3,490	5,0	8,24	1	1	2,522	3,24	2,52	3,24	45,0	21,4
2,908	6,0	9,88	1	1	2,762	3,55	2,8	3,55	53,0	25,7
2,493	7,0	11,53	1	1	2,986	3,83	3,0	3,83	62,0	30,0
1,745	10,0	16,47	1	1	3,565	4,58	3,56	4,58	89,0	43,0
1,396	12,5	20,58	1	1	3,990	5,12	4,0	5,12	111,0	54,0
1,091	16,0	26,35	1	7	4,520	2,18	4,5	6,50	142,0	69,0
0,873	20,0	32,94	1	7	5,048	2,45	5,05	7,40	178,0	86,0
0,698	25,0	41,18	1	7	5,640	2,74	5,64	8,20	223,0	107,0
0,499	35,0	57,64	7	19	2,522	1,97	7,6	9,85	311,0	150,0
0,349	50,0	82,35	19	19	1,831	2,35	9,1	11,75	445,0	214,0
0,249	70,0	115,29	19	19	2,163	2,78	10,8	13,90	623,0	300,0
0,184	95,0	156,46	19	19	2,522	3,24	12,6	16,18	846,0	407,0
0,152	115,0	189,41	19	19	2,780	3,56	13,9	17,80	1023,0	492,0
0,145	120,0	197,64	19	19	2,840	3,64	14,2	18,20	1068,0	514,0
0,140	125,0	205,80	19	19	2,900	3,71	14,5	18,55	1113,0	535,0
0,134	130,0	214,10	19	19	2,960	3,79	14,8	18,95	1157,0	557,0
0,125	140,0	230,58	19	19	3,070	3,93	15,5	19,65	1246,0	600,0
0,116	150,0	247,05	19	19	3,180	4,74	16,0	20,35	1335,0	642,0

Kupfervoltameter besteht aus einem mit Kupfersulfat gefüllten Glasgefäß, in welches als Elektroden zwei Kupferplatten oder als Anode eine Kupferplatte, als Kathode eine Platinplatte tauchen. Die Lösung darf wegen etwaiger Ausscheidung von Kristallen bei Abkühlung oder Verdunstung nicht konzentriert sein (10—15 proz.). Vor dem Gebrauch wird die Platinplatte in verdünnter Salpetersäure abgekocht und durch Abspülung gereinigt. Beim Einschalten in einen Stromkreis wird Kupfer an der Kathode ausgeschieden. Die Gewichtszunahme der Kathode gibt die Menge des ausgeschiedenen Kupfers an, und berechnet sich die Stromstärke i in Ampere bei t Sekunden Stromdurchgangsdauer und Q mg niedergeschlagenem Kupfer nach der Formel $i = \frac{Q}{0{,}328 \times t}$.

Kupferwiderstand, Reduktion desselben auf 15° C.

T Cels.	Redukt.-Koeffiz. c	T Cels.	Redukt.-Koeffiz. c	T Cels.	Redukt.-Koeffiz. c	T Cels.	Redukt.-Koeffiz. c
30	0,940	22,5	0,970	15	1,0000	7,5	1,030
29,5	0,942	22	0,972	14,5	1,002	7	1,032
29	0,944	21,5	0,974	14	1,004	6,5	1,034
28,5	0,946	21	0,976	13,5	1,006	6	1,036
28	0,948	20,5	0,978	13	1,008	5,5	1,038
27,5	0,950	20	0,980	12,5	1,010	5	1,040
27	0,952	19,5	0,982	12	1,012	4,5	1,042
26,5	0,954	19	0,984	11,5	1,014	4	1,044
26	0,956	18,5	0,986	11	1,016	3,5	1,046
25,5	0,958	18	0,988	10,5	1,018	3	1,048
25	0,960	17,5	0,990	10	1,020	2,5	1,050
24,5	0,962	17	0,992	9,5	1,022	2	1,052
24	0,964	16,5	0,994	9	1,024	1,5	1,054
23,5	0,966	16	0,996	8,5	1,026	1,0	1,056
23	0,968	15,5	0,998	8	1,028	0,5	1,058
						0,00	1,060

Kuppelungen. Kuppelungen zwischen Antriebmaschinen und Stromerzeuger müssen isolierend sein. Fixe Kuppelungen sollen nicht angewendet werden. Flexible Kuppelungen sollen so beschaffen sein, daß die treibende und angetriebene Welle in gewissen Grenzen unabhängig voneinander gelagert werden können, so daß die Montage erleichtert wird und beide Wellen während des Betriebes der natürlichen Abnutzung der Lager folgen können. Sie haben die Aufgabe, auftretende Stöße, Geschwindigkeits- und Belastungsschwankungen durch die Nachgiebigkeit des elastischen Verbindungsgliedes (Leder-, Baumwolle-, Paragummiriemen) auszugleichen und gleichzeitig die treibende von der angetriebenen Maschine zu isolieren.

Die gebräuchlichste Kuppelung ist die flexible Kuppelung Patent Zoddel-Voith.

J. M. Voith, Heidenheim. | Escher, Wyß & Ko., Zürich.

Nicht ausrückbare flexible Kuppelungen.

Größe Nr.	Verhältnis der Pferdestärken zur Umdrehungszahl	Durchmesser	Normale Naben				Riemenmaße			Gewicht ca.	Preis
			Länge	Drehmess.	Bohrung	Abstand	Breite	Stärke	Länge	kg	ℳ
0,7	0,00087	70	30	40	15	25	15	1	320	1,2	*25*
0,9	0,0017	90	30	40	20	25	15	1	400	1,8	*35*
1,2	0,003	120	40	45	20	20	20	2	900	3,8	*45*
1,5	0,007	150	50	50	25	18	25	2	950	7,0	*45*
2	0,01	200	50	60	30	20	25	2	1450	13	*55*
3	0,03	300	75	80	40	20	40	3	2450	28	*85*
4	0,075	400	90	100	50	20	50	4	3450	55	*120*
5	0,15	500	115	120	60	20	50	4	4300	85	*160*
6	0,46	600	160	170	90	30	75	6	5350	170	*240*
8	1,12	800	220	220	120	30	100	7	6950	345	*390*
10	2,13	1000	260	260	140	40	120	8	8500	640	*550*
12	3,8	1200	300	310	170	40	120	8	11100	900	*720*
14	5,25	1400	330	360	200	50	140	8	12800	1300	*900*
16	8	1600	360	420	230	50	160	8	14700	1750	*1160*
18	10	1800	375	450	250	50	160	8	17400	2350	*1430*

Ausrückbare flexible Kuppelungen.

Größe Nr.	Verhältnis der Pferdestärken zur Umdrehungszahl	Durchmesser	Normale Naben					Riemenmaße			Gewicht	Preis
			Länge jeder Kuppelungshälfte		Abstand	Bohrung	Durchmesser	Breite	Stärke	Länge	kg	ℳ
1,2	0,003	120	40	90	35	20	40	20	2	500	7	*80*
1,5	0,007	150	50	120	50	25	50	25	2	650	14	*75*
2	0,01	200	75	140	52	30	60	25	2	850	24	*100*
3	0,03	300	90	210	95	40	80	40	3	1200	60	*155*
4	0,075	400	110	230	45	50	100	50	4	1800	110	*210*
5	0,15	500	115	260	50	60	120	50	4	1900	170	*265*
6	0,3	600	135	295	55	80	150	65	4,5	2500	260	*340*
7	0,4	700	160	300	65	90	165	65	5	3050	380	*420*
8	0,6	800	185	340	75	100	180	75	5	3250	520	*525*
9	0,9	900	210	320	85	110	200	75	6	3600	700	*625*
10	1,4	1000	230	360	100	130	240	90	7	4250	1000	*800*

Flexible Kuppelung für wechselnde Drehrichtung.

Größe Nr.	Verhältnis der Pferdestärken zur Umdrehungszahl	Durchmesser der beiden Wellen		Normale Naben				Riemenmaße			Gewicht	Preis
				Länge	Durchmesser	Bohrung	Abstand	Breite	Stärke	Länge	kg	M
1,2	0,003	120	—	40	40	20	24	20	2	940	5	*70*
1,5	0,007	150	—	50	50	25	25	25	2	950	8	*90*
2	0,01	200	—	75	60	30	26	25	2	1520	17	*80*
3	0,03	300	390	90	80	40	20	40	3	2550	70	*150*
4	0,075	400	510	110	100	50	20	50	4	3360	120	*210*
5	0,15	500	610	115	120	60	20	50	4	4320	180	*275*
6	0,3	600	720	135	150	80	30	65	5	5350	270	*350*
7	0,4	700	830	160	165	90	30	65	5	6240	380	*425*
8	0,6	800	930	185	180	100	30	75	6	7300	555	*520*
9	0,9	900	1030	210	200	110	30	75	7	8050	750	*630*
10	1,4	1000	1150	230	240	130	40	90	7	8900	1035	*780*

Kuppelung, indirekte (siehe **Induktive Kuppelung**).

Kuppelungsmuffen für Isolierröhren sind namentlich dort zu verwenden, wo die Leitungen bei Verlegungen auf den Verputz gemeinsam mit Rohren verlegt werden. Bei Verwendung von Kuppelungsmuffen ist man jederzeit imstande, einzelne Teile des Rohrnetzes oder der Leitungen auszuwechseln.

Kurbelumschalter.

Stromstärke in Ampere	Preise in Mark für							
	zwei Stromkreise				drei Stromkreise		vier Stromkreise	
	einpolig	zweipol.	dreipol	vierpol.	einpolig	zweipol.	einpolig	zweipol.
20	*7.—*	*15*	*25*	*40*	*13*	*28*	*15*	*32*
40	*13.—*	*28*	*42*	*70*	*24*	*50*	*27*	*57*
80	*17.50*	*38*	*60*	*100*	*32*	*70*	*36*	*76*
140	*21.—*	*45*	*75*	*130*	*40*	*85*	*45*	*90*
220	*40.—*	*90*	*140*	*200*	—	*95*	—	*120*
330	*55.—*	—	—	—	—	*130*	—	*160*
500	*62.—*	—	—	—	—	—	—	—

Dr. P. Meyer, A.-G., Berlin.

Kurbelwiderstand. Der Zuleitungsdraht führt zu einer Kurbel welche auf Metallknöpfen schleift, zwischen denen genau abgemessene Drahtlängen des Widerstandsmateriales angeordnet sind. Die Stromableitung ist am Ende des letzten Widerstandsdrahtes angeschlossen. Anforderungen an Kurbelwiderstände: Der Strom darf bei Verstellung der Kurbel von einem Knopf zum anderen nicht unterbrochen werden; die Federn zwischen Drehpunkt der Kurbel und den Knöpfen müssen guten Kontakt haben, um Lichtbogenbildungen zu vermeiden; die Widerstände müssen auf feuerfestem Material montiert sein; die Drahtquerschnitte müssen so bemessen sein, daß der Widerstand die höchste Stromstärke, die er bei normalem Betrieb bekommen kann, dauernd aushält; die Spiralen müssen gegen äußere Eingriffe geschützt sein, ohne daß die Abkühlung darunter leidet; der Kurbelgriff muß aus Isoliermaterial und so konstruiert sein, daß unbeabsichtigte Berührung der stromführenden Teile ausgeschlossen ist.

Kurve der Klemmenspannung (siehe **Charakteristik, Innere**).

Kurvenhalter für Bahnen, einseitige, *ℳ 5.50,* doppelte *ℳ 16.*
Albert Thode & Ko., Hamburg (*s. Inseratanh S 4*).

Kurzschließer dienen zum Abschalten überlasteter Stromverbrauchsstellen ohne Leitungsunterbrechung oder zum Kurzschließen der Magnetwickelungen bei Serienmaschinen oder zum Einschalten von Ersatzwiderständen bei Serienschaltung.

Kurzschluß ist die unmittelbare Verbindung zweier spannungführender Leiter, ohne daß ein genügender Widerstand im Stromkreise eingeschaltet ist.

Kurzschlußanker ist ein mit geschlossener Wickelung, d. h. mit zur Achse parallelen und beiderseits an den Enden leitend verbundenen Drähten oder Stäben, versehener Läufer eines Motors.

Kurzschlußanker mit ausgeprägten Polen besteht aus einer Reihe von Drähten, welche so miteinander verbunden sind, daß der Anker ebenso viel Pole erhält als der äußere feststehende Teil. Ein derartiger Anker wird auch Phasenanker genannt (siehe **Induktionsmotoren**).

Kurzschlußanker können ohne weitere Anlaßvorrichtungen dann verwendet werden, wenn eine reichlich bemessene Elektrizitätsquelle vorhanden ist und Spannungsschwankungen im Netze zulässig sind. Kurzschlußanker werden als reine Lochanker ausgeführt. Sie zeichnen sich durch einfache und solide Bauart aus und werden deshalb, trotz des Nachteiles einer größeren Schlüpfung und eines geringeren Wirkungsgrades, vielfach angewendet.

Kurzschlußanker-Motoren ziehen mit schwachem Feld und starkem Ankerstrom an. Bei größeren Motoren mit Kurzschlußanker werden, um ein zu starkes Anwachsen des Stromes zu verhindern, in den äußeren Teil der Wickelung Widerstände (Flüssigkeits- oder Drahtwiderstände) eingeschaltet. Will man ohne nachteilige Wirkung diese Widerstände vermeiden, so wird der Motor beim Anlaufen in Sternschaltung und dann durch einen besonderen Schalthebel in Dreieckschaltung verbunden. Motoren mit Kurzschlußanker eignen sich nur dort, wo die Motoren unter schwacher Belastung anzugehen haben. Ihr Vorteil liegt infolge des Entfallens der Schleifringe in der Einfachheit der Konstruktion.
Maschinenfabrik Oerlikon, Oerlikon bei Zürich (Schweiz).

Kurzschlußapparat mit Ersatzwiderstand für Bogenlampen. Derselbe wird zu der Lampe in Nebenschluß geschaltet. Erhöht sich aus irgend einem Grunde die Spannung wesentlich, so wird der Anker eines Elektromagneten durch die Nebenschlußspule angezogen, schließt den Kontakt und schaltet den Ersatzwiderstand und die Hauptstromspule ein, wodurch letztere vom Strom durchflossen wird und den Anker festhält, bis der Stromkreis durch Ausschalten unterbrochen wird. Der Anker geht dann selbsttätig in seine Ruhelage zurück. Preis pro Stück *ℳ 40.*

Kurzschlußkurve. Aufnahme derselben erfolgt, indem der Generator an seinen Hauptklemmen durch einen Strommesser kurzgeschlossen wird und bei normaler Umdrehungszahl eine Reihe zusammengehöriger Werte von Magnetstromstärken und Ankerstromstärken so weit durch allmähliches Steigen des Magnetstromes aufgenommen werden, daß man annähernd 150 % der normalen Ankerstromstärke erreicht.

Kurzschluß mit Ankerspulen. Erkennungszeichen: Die Maschine gibt selbst mit Fremderregung zu wenig Spannung, verbraucht dagegen unter gleichzeitiger Erregung des unbelasteten Ankers viel Kraft.

L.

Lacke für elektrolytische Zellen. Man mischt a) 8 Teile Harz, 20 Teile Guttapercha und 10 Teile gekochtes Leinöl, b) 150 Teile Burgunderpech, 25 Teile Guttapercha und 25 Teile pulverisierten Bimsstein. Der Bimsstein wird der geschmolzenen Guttaperchamasse zugesetzt und dann das Pech mit dem Ganzen gemischt. Mehrere Lagen des Lackes sind nötig. Die Oberfläche kann mit heißem Eisen geglättet werden. Für kleine elektrische Zellen ist ein Zelluloidlack angebracht, den man durch zwei- bis dreitägiges Macerieren von Zelluloidspänen in Azeton erhält.

Lackmuspapier gibt angefeuchtet und unter die Poldrähte gelegt einen roten Fleck am positiven Pol.

Lademaschine für Akkumulatorenladung. Am besten eignet sich hierzu eine Nebenschlußmaschine, welche eine Spannung gleich der 2,35 fachen Zellenzahl hat.

Lager. Im allgemeinen werden für elektrische Maschinen zylindrische Lager verwendet. Bergmann, E.-W., verwenden Kugellager.

Lagerbügel sind die am Gehäuse angegossenen Arme, welche das äußere Lager tragen, innerhalb welchem der Kollektor angeordnet ist.

Lagermetalle für elektrische Maschinen: Phosphorbronze, Siliziumbronze, Deltametall, Patricklegierung, Weißmetall (nur bei größeren Maschinen).

Lagerreibung. Bedeuten d und l den Durchmesser bzw. die Länge des Lagers, t die Lagertemperatur, K eine vom Schmiermaterial und dem Schalenmetall abhängige Konstante — den relativen Reibungskoeffizienten —, so berechnet sich die Lagerreibung R nach der Formel: $R = \frac{K}{t} \cdot \sqrt{v^3} \cdot d \cdot l$. K ist für Geschwindigkeiten bis zu 3 m pro Sekunde = 2,65. Für die verschiedenen Schmiermaterialien ermittelte Tower K bei 1,6 m Geschwindigkeit pro Sekunde für:

Mineralfett . . .	$K = 1{,}73$
Walrat	$K = 1{,}54$
Mineralöl	$K = 1{,}30$
Olivenöl	$K = 1{,}27$
Schmalzöl . . .	$K = 1{,}27$

Lalande-Element (siehe **Cupronelement**).

Lamellen (siehe **Kollektorlamellen**).
Albert Thode & Ko., Hamburg (*s. Inseratanh. S. 4*)

Lampenbatterie ist ein Kohlenrheostat, welcher aus einer Anzahl parallel geschalteter Glühlampen besteht, die gruppenweise oder einzeln aus- bzw. eingeschaltet werden.

Lampenfassung. Dieselbe hat die Aufgabe, den Strom der Lampe zuzuführen und den Sockel aufzunehmen. Sie muß leicht zu montieren und demontieren sein, guten Kontakt für die Zuführungsdrähte und den Lampensockel an zwei voneinander gut isolierten Stellen herstellen, sowie den Lampensockel fest umfassen; daher müssen die Gewinde von Fassung und Sockel ganz genau stimmen. Als Isolationsmaterial für die Zuführungsdrähte wird ein mit Gewinde versehener Porzellanzylinder verwendet. Die Fassung soll ferner einen Hahn zum Stromabschalten enthalten. Das Abschalten durch Ausdrehen der Lampen aus dem Lampenträger ist zu verwerfen, weil dadurch die Lampe leicht beschädigt werden kann.
Ehrich & Graetz, Berlin SO. 36.
Bergmann-Elektrizitätswerke, Aktiengesellsch. (Abt. J), Berlin N., Henningsdorferstr. 33. 34. 35 (*s. vordere innere Deckelseite*).

Lampenfuß (siehe **Lampensockel**).
Ehrich & Graetz, Berlin SO. 36.

Lampen, niederwattige, sind Glühlampen, deren Stromverbrauch 1,5 Watt oder weniger pro HE beträgt.

Lampenschirme aus gehärteter und lackierter Papiermasse.

Preis pro 100 Stück.

Größter Durchmesser in mm	Höhe in mm	ℳ	Größter Durchmesser in mm	Höhe in mm	ℳ
				75	*40*
	36	*35*		110	*54*
350	45	*47*	380	120	*58*
	50	*52*		130	*63*
	60	*63*		155	*78*
				170	*80*
	50	*37*		55	*37*
	65	*49*		75	*50*
415	72	*52*	400	85	*53*
	80	*55*		92	*57*
	96	*69*		110	*70*
	115	*84*		127	*84*

Ehrich & Graetz, Berlin SO. 36.
Bergmann-Elektrizitätswerke, Aktiengesellsch. (Abt. J), Berlin N., Henningsdorferstr. 33. 34. 35 (*s. vordere innere Deckelseite*).

Lampensockel. Jener Teil der Glühlampe, welcher aus zwei Metallkontakten besteht und an die beiden Enden des Kohlenfadens angeschlossen ist. Man unterscheidet zwei Hauptarten von Lampensockeln: 1. solche, bei denen die Kontaktstücke aus zwei konzentrisch angeordneten Teilen bestehen; 2. solche, bei denen dieselben symmetrisch angeordnet sind. Zur ersten Gruppe gehören der Edisonsockel und seine Variationen, zur zweiten die Konstruktion von Swan (siehe daselbst).
Ehrich & Graetz, Berlin SO. 36.

Lampenstundenzähler sind Zeitzähler, welche die Zeit angeben, innerhalb deren ein Lampenstromkreis eingeschaltet gewesen ist, ohne jedoch die verbrauchte Elektrizitätsmenge zu messen. Sie finden Anwendung dort, wo die Lampen eines bestimmten Stromkreises immer zusammen brennen, so daß die Beschaffung des teueren Wattstundenzählers in solchen Fällen vermieden wird. Diese Apparate bestehen aus einem Uhrwerk, welches beim Schließen des Stromschalters mit dem Zählwerk in Eingriff gebracht wird.
Allgem. El.-Ges. Berlin.

Lancashirekessel sind Zweiflammrohrkessel mit Innenfeuerung.

Längenmaße.

Geographische Meile, 15 auf 1° des Äquators	Englische Meile zu 5280 engl. Fuß	Russische Werst zu 3500 russ. Fuß	1 km zu 1000 m
1	4,6108	6,9555	7,4200
0,2169	1	1,5085	1,6093
0,1439	0,6629	1	1,0668
0,1348	0,6214	0,9374	1

Langsamschalter.

Preis für Lampen bis	32 NK	*M* 12
» » » von	32—100 »	» 15
» » » »	100—200 »	» 30

»Prometheus« G. m. b. H., Fabrik elektr. Koch- u. Heizapp., Frankfurt a. M.-Bockenheim (*s. Inseratanh. S. 20*).

Lauf — Bezeichnung für den feststehenden Teil eines Motors.

Läufer eines Drehstrommotors ist der drehbare, mit Wickelung versehene Eisenkern, welcher durch die Wirkung des Drehfeldes auf die Induktionsströme, die dasselbe in ihm hervorruft, in Bewegung gesetzt wird (siehe **Induktionsmotoren**).

Laufkrane, elektrisch betriebene. Es sind zwei Systeme — das Einmotoren- und das Dreimotorensystem — in Gebrauch. Ersteres hat den Vorzug der Billigkeit, jedoch den Nachteil, daß alle drei Kranbewegungen beim Defektwerden des Motors brachgelegt sind. Durch die Notwendigkeit einer großen Anzahl von Übersetzungsmechanismen wird der Wirkungsgrad beim Einmotorensystem sehr herabgedrückt, die Manipulation erschwert, die Betriebssicherheit vermindert. Bei dem Dreimotorensystem ist für jede der drei Kranbewegungen ein eigener Motor vorgesehen. Der Motor für die Hubbewegung und jener für die Windenbewegung werden auf der Kranwinde angebracht, während der Motor für die Kranlängsbewegung entweder in der Mitte der Kranbrücke oder an einem Ende derselben angeordnet wird. Die Übertragung der Motorenbewegungen auf die Kettennuß oder Seiltrommel sowie auf die Laufräder der Winde und des Kranträgers erfolgt meistens durch Schneckengetriebe oder durch Zahnräderübersetzungen. Als Tragorgan kommen Seile, Gliederketten und Gallsche Ketten zur Verwendung. Zur Verkürzung des frei herabhängenden Kettentrums werden mit der Kettennuß (Seiltrommel) zwangläufig verbundene Aufwindevorrichtungen vorgesehen. Die Stromzuführung zu den Motoren erfolgt von den längs der Laufbahn und der Kranbrücke gespannten Kontaktdrähten mittels Rollen- oder Schleifkontakten. Die Anlaß- und Regulierwiderstände sowie die Ausschalter der drei Motoren werden auf dem Führerstande, welcher unter der Kranbrücke, am besten seitlich, angeordnet wird, untergebracht. Außerdem soll ein Generalausschalter, der außerhalb des Kranes liegt, zum Stromlosmachen der Kontaktleitungen vorhanden sein. Zum Bremsen dienen mechanische Bremsen (Kniehebelbremsen), welche durch Fußtritt oder Handhebel vom Führerstande aus bedient werden, sowie elektrische und elektromagnetische Bremsen.

Kettenkrane

für Spannungen bis 380 Volt.

Tragkraft in Tonnen	Geschwindigkeiten in Metern pro Minute			Leistung der Motoren in PS bei voller Belastung			Preis des kompletten Kranes ohne Träger
	Hubbewegung m	Querbewegung m	Längsbewegung m	Hubbewegung PS	Querbewegung PS	Längsbewegung PS	ℳ
1,5	6	20	60	4	0,5	3	*5 200*
3	6	20	60	7	1,0	4	*5 800*
5	5	15	60	9	1,0	5	*6 400*
7,5	4,5	15	50	12	1,5	6	*7 300*
10	4	15	50	14	2,0	7	*8 500*
15	2,6	15	45	14	2,5	8	*9 500*
20	2,0	12	45	14	3	9	*11 400*
25	1,7	12	40	14	4	10	*12 500*
30	1,4	10	40	15	4	12	*13 600*
35	1,3	10	35	16	4	12	*14 500*
Seilkrane für Spannungen bis 380 Volt.							
3	15	20	60	15	1,0	4	*7 500*
5	9	20	60	15	1,5	5	*8 200*
7,5	9	20	50	23	2,0	6	*9 600*
10	7,5	15	50	25	2,0	7	*10 500*
15	6	15	45	30	2,5	8	*12 000*
20	5	12	45	35	3	9	*13 600*
25	5	12	40	40	4	10	*14 500*
30	4	10	40	40	4	12	*16 000*
35	3,5	10	35	40	4	12	*17 000*

Maschinenfabrik Oerlikon, Oerlikon bei Zürich (Schweiz). | Maschinenfabrik Eßlingen in Eßlingen.

Läutapparate mit Hartholzkästchen, Seidendrahtspulen, Platinkontakten je nach Ausführung und Durchmesser der Schalenglocke (60—120 mm) *ℳ 1.90—4.*

Ernst Pabst, Bellevue-Köpenick (*s. Inseratanh. S. 18*).

Lavalturbinen. Bei diesen Dampfturbinen gelangt der Dampf aus dem Dampfverteilungskanal, welcher das Turbinengehäuse ringförmig umschließt, in Dampfverteilungsdüsen, die ihn in das Innere des Turbinengehäuses und zu den Schaufeln des Turbinenrades leiten. In den mit konischen Öffnungen versehenen Dampfverteilungsdüsen expandiert der Dampf vollständig, verliert seine Spannung und erhöht seine Geschwindigkeit. Das Turbinenrad, welches auf einer horizontalen Welle gelagert ist, trägt auf seinem Umfang schaufelförmige Ansatzstücke, die einen geschlossenen Schaufelkranz bilden. Beim Durchströmen des Dampfes durch die Schaufeln gibt derselbe seine lebendige Kraft an dieselben ab. Die Turbinen können mit Auspuff oder Kondensation betrieben werden. Durch ein von der Turbinenwelle betätigtes Kegelrädergetriebe, welches mit einem Übersetzungsverhältnis von etwa 1 : 10 arbeitet, wird die Geschwindigkeit der Turbine auf eine praktisch anwendbare Umdrehungszahl vermindert. Der verwendete Dampfdruck beträgt bei normalen Ausführungen 2—20 Atm. Je höher der Dampfdruck und je höher die Dampfüberhitzung ist, desto ökonomischer arbeitet die Turbine.

Turbinen von PS	3—5	10	15—30	50—75	100—300	haben eine
Umdr.-Zahl von ca.	30000	24000	20000	16500	13000	pro Minute.

Dampfverbrauch pro eff. PS und Stunde bei einem Vakuum von 646 mm.

PS	Umdr. p. Min. der Vorgelegewelle	4 Atm.		6 Atm.		8 Atm.		10 Atm.		12 Atm.	
		Auspuff	Kondensat.	Auspuff	Kondensat.	Auspuff	Kondensat.	Auspuff	Kondensat.	Auspuff	Kondensat.
5	3000	30,0	18,0	24,0	16,8	22,1	16,0	20,5	15,3	19,5	14,9
10	2400	27,0	16,1	22,0	15,1	20,7	14,3	19,2	13,7	18,5	13,4
15	2400	25,0	14,5	20,9	13,7	19,4	13,0	18,2	12,5	17,6	12,1
20	2000	23,5	13,3	20,0	12,6	18,5	12,0	17,3	11,6	16,7	11,2
30	2000	22,0	12,3	19,3	11,7	17,8	11,2	16,7	10,8	16,1	10,5
40	2000	21,0	11,6	18,7	11,1	17,2	10,6	16,2	10,3	15,6	10,0
50	1500	20,0	11,0	18,2	10,5	16,7	10,1	15,7	9,8	15,1	9,5
75	1250	19,5	10,5	17,8	10,1	16,3	9,7	15,3	9,4	14,7	9,2
100	1050	19,2	10,2	17,5	9,8	16,0	9,5	15,0	9,3	14,3	9,1
200	750	17,6	9,8	16,4	9,3	15,3	9,0	14,4	8,9	13,9	8,8

Lebensdauer der einzelnen Teile von elektrischen Anlagen:

Gleichstromdynamos	20—25 Jahre
Drehstromgeneratoren	25—35 »
Transformatoren	30—35 »
Akkumulatoren	8—10 »
Unterirdische Leitungsnetze	20—25 »
Blanke Luftleitungen	12—16 »
Eiserne Maste	30—35 »
Hölzerne Maste	10—15 »
Dampfkessel	12—18 »
Dampfmaschinen	25—30 »
Pumpen	25—30 »
Turbinen	25—35 »
Gebäude, Kamine, Fundamente . . .	100—120 »

Leclanché-Element.

Höhe des Elementes in mm	280	170	120
Preis in Mark	*3.75*	*1.90*	*1.45*

Lederriemen. Preis pro m.

Breite mm	ℳ	Breite mm	ℳ	Breite mm	ℳ	Breite mm	ℳ
25	*1.—*	80	*4.05*	170	*10.50*	450	*33.75*
30	*1.25*	85	*4.35*	180	*11.25*	500	*37.50*
35	*1.50*	90	*4.65*	190	*12.—*	550	*41.25*
40	*1.75*	95	*4.95*	200	*12.75*	600	*45.—*
45	*2.—*	100	*5.25*	220	*14.25*	650	*48.75*
50	*2.25*	110	*6.—*	240	*15.75*	700	*52.50*
55	*2.55*	120	*6.75*	260	*18.—*	750	*56.25*
60	*2.85*	130	*7.50*	280	*20.25*	800	*60.—*
65	*3.15*	140	*8.25*	300	*22.50*	850	*63.75*
70	*3.45*	150	*9.—*	350	*26.25*	900	*67.50*
75	*3.75*	160	*9.75*	400	*30.—*	1000	*75.—*

Doppellederriemen sind 70% billiger.

Leerlaufgesetz von Transformatoren. Das Verhältnis der sekundären Klemmenspannung zur primären Klemmenspannung ist gleich dem Verhältnis der Windungszahl der sekundären Spule zur Windungszahl der primären Spule.

Leerstrom (siehe **Wattloser Strom**).

Leinwand, isolierte, in Bogen von ca. 700 × 1000 mm. Preis pro qm je nach Stärke ℳ *2—2.40*.

Leistung. Dieselbe wird bei Gleichstrom in Kilowatt, bei Wechselstrom in Kilowatt mit Angabe des Leistungsfaktors, bei mechanischer Leistung in Pferdestärken ausgedrückt.

Leistung eines Wechselstroms bei induktivem Widerstand ist das Produkt aus der effektiven Stromstärke und der effektiven Spannung mit dem Kosinus der Phasenverschiebung zwischen Strom und Spannung.

Leistung, elektrische, absolute Einheit derselben ist die von der absoluten elektrischen Arbeitseinheit in einer Sekunde verrichtete Arbeit.

Leistungsfaktor ist das Verhältnis der scheinbaren Leistung in Volt-Ampere zu der wirklichen Leistung in Watt. $\cos\varphi = \frac{W}{e \cdot i}$ worin W die vorhandene Energie (durch ein Wattmeter gemessen), i die effektive Stromstärke und e die Spannung bedeuten. Leistungsfaktor eines Wechselstroms ist der Kosinus des Produktes aus Stromstärke und Spannung ($\cos\varphi$).

Leiter. Man unterscheidet Leiter erster und zweiter Klasse. Erstere leiten die Elektrizität weiter, ohne eine chemische Änderung zu erfahren (Metalle, Kohle etc.), letztere erleiden eine chemische Veränderung beim Durchgang des Stromes (Salze, Säuren, Basen).

Leiter erster Klasse sind Leiter, welche während des Stromdurchganges in allen Teilen unverändert bleiben. Hierzu gehören die Metalle, Legierungen und die leitenden Modifikationen der Metalloide: Kohlenstoff, Silizium, Selen, Tellur usw.

Leiter, gute: Metalle, kalz. Kohle, Graphit, Säuren, Salzlösungen, Meer-, Quell-, Regen-, Schneewasser, lebende Pflanzen, tierische Organe, lösliche Salze, Leinen, Baumwolle.

Leiter, induktionsfreie, nennt man Leiter ohne Selbstinduktion, z. B. bifilar gewickelte Drahtspulen.

Leiter, schlechte: Trockene Metalloxyde, fette Öle, Asche, Eis unter 0° C, Phosphor, Lykopodium, Kautschuk, Kampfer, ätherische Öle, Porzellan, getrocknete Pflanzen, Leder, Pergament, trockenes Papier, Federn, Haare, Wolle, Seide, Edelsteine, Glimmer, Glas, Achat, Wachs, Harz, Bernstein, Schellack, Luft.

Leiter zweiter Klasse sind Leiter, welche während des Stromdurchganges chemische Änderungen erleiden (Elektrolyten). Hierzu gehören geschmolzene Salze, Lösungen der Salze in Wasser und andere Lösungsmittel.

Leitfähigkeit, äußere, eines Drahtes ist die Anzahl der Grammkalorien, welche ein 1 qcm seiner Oberfläche auf eine um 1° kältere Umgebung in einer Sekunde überträgt.

Leitfähigkeit, molekulare (siehe **Maſse, elektrische** und **Leitfähigkeit**).

Leitungen.

Preis pro 100 m Leitung.

Art der Leitung	Faktor, welche mit dem Querschnitt Q in qmm multipliz., den Preis in Mark angibt
Blanke Leitungen bei einem Kupferpreise von ℳ 2 pro kg	1,78 × Q
Gewöhnlich isolierte Leitungen für trockene Räume	2,5 × Q + 4
Gut isolierte Leitungen für feuchte und warme Räume	2,8 × Q + 6
Okonitkabel für Spannungen von ca. 500 Volt	5,0 × Q + 18
Unterirdische armierte Kabel für Spannungen von ca. 500 Volt	4,5 × Q + 60
Unterirdische, eisenbandarmierte, konzentrische Hochspannungs-Doppelkabel für Spannungen bis 1000 Volt	9,5 × Q + 195
Unterirdische, eisenbandarmierte Hochspannungskabel für Spannung bis 3000 Volt .	6,35 × Q + 335

Albert Thode & Ko., Hamburg (*s. Inseratanh. S. 4*).

Leitungsdrähte, englische, Reduktion derselben auf mm (siehe **Kabelquerschnitte, englische**).

Süddeutsche Kabelwerke A.-G., Mannheim.

Albert Thode & Ko., Hamburg (*s. Inseratanh. S.*).

Leitungsfähigkeit (siehe **Leitfähigkeit**) ist der reziproke Wert des spezifischen Widerstandes.

Leitungsfähigkeit, äquivalente, ist jene, welche gleich der Summe mehrerer Leitungsfähigkeiten ist.

Leitungskuppelungen für Bogenlampen haben die Aufgabe, eine feste Verlegung der Stromzuleitungen und gefahrlose Bedienung der Lampe zu ermöglichen, indem sie bewirken, daß sich die Lampe beim Herunterlassen selbsttätig von der Zuleitung abkuppelt.
J. W. Hofmann, Kötzschenbroda.

Leitungsnetz. Leitungsnetze müssen grundsätzlich so angeordnet werden, daß jede Stromverbrauchsstelle von zwei Seiten Strom bekommen kann, damit bei Betriebsstörungen in der einen Speiseleitung die Stromlieferung nicht unterbrochen wird. Man bildet deshalb die Verteilungsleitungen, an welche die zu den Konsumstellen führenden Leitungen angeschlossen sind, als Ringleitungen aus, die in gewissen Punkten durch die von der Kraftzentrale kommenden Speiseleitungen mit Strom versorgt werden. Die als Speiseleitungen dienenden Kabel werden mit einer besonderen Seele versehen, welche als Meßleitung dient und gestattet, die Spannung in den einzelnen Verteilungspunkten in der Kraftzentrale zu kontrollieren.

Leitungsnormalien (aufgestellt von der Draht- und Kabelkommission des Verbandes deutscher Elektrotechniker unter Mitwirkung der Vereinigung der Elektrizitätswerke).

1. Kupfernormalien.

§ 1. Der spezifische Widerstand des Leitungskupfers wird gegeben durch den in Ohm ausgedrückten Widerstand eines Stückes von 1 m Länge und 1 qmm Querschnitt bei 15° C. Kupferquerschnitte sind grundsätzlich durch Widerstandsmessung zu ermitteln.

§ 2. Als Leitfähigkeit des Kupfers gilt der reziproke Wert des durch § 1 festgesetzten spezifischen Widerstandes.

§ 3. Kupfer, dessen spezifischer Widerstand größer ist als 0,0175, oder dessen Leitfähigkeit kleiner ist als 57, ist als Leitungskupfer nicht annehmbar.

§ 4. Als Normalkupfer von 100 % Leitfähigkeit gilt ein Kupfer, dessen Leitfähigkeit 60 beträgt.

§ 5. Zur Umrechnung des spezifischen Widerstandes oder der Leitfähigkeit von anderen Temperaturen auf 15° C ist in allen Fällen, wo der Temperaturkoeffizient nicht besonders bestimmt wird, ein solcher von 0,4 % für 1° C anzunehmen.

2. Normalien für Gummiband- und Gummiaderleitungen.

I. Gummibandleitungen

(geeignet zur Verlegung in trockenen Räumen für Spannungen bis 250 Volt).

Gummibandleitungen sind mit massiven Leitern in Querschnitten von 1—16 qmm, mit mehrdrähtigen Leitern in Querschnitten von 1—150 qmm zulässig.

Die Kupferseele ist feuerverzinnt, mit Baumwolle umgeben und darüber mit unverfälschtem, technisch reinem, unvulkanisiertem Paraband umwickelt. Die Überlappung der Umwickelung muß mindestens 2 mm betragen.

Die Parabandhülle muß für 100 m einadriger Leitung folgende Gewichte aufweisen:

Kupferquerschnitt qmm	Gummigewicht g	Mindestzahl der Drähte bei mehrdrähtigen Leitern	Kupferquerschnitt qmm	Gummigewicht g	Mindestzahl der Drähte bei mehrdrähtigen Leitern
1,0	130	7	25,0	550	7
1,5	155	7	35,0	650	19
2,5	190	7	50,0	800	19
4,0	230	7	70,0	1000	19
6,0	280	7	95,0	1200	19
10,0	340	7	120,0	1400	19
16,0	420	7	150,0	1550	19

Über der Parabandhülle befindet sich eine Umwickelung mit Baumwolle und über dieser eine Umklöppelung aus Baumwolle, Hanf oder ähnlichem Material, welche in geeigneter Weise imprägniert ist.

Die Toleranz der Dimensionen und Gewichte beträgt 5 %.

Die so bezeichneten Leitungen werden einer Durchschlagsprobe nicht unterworfen.

Diese Leitungen können, wenn mehrdrähtig ausgeführt, als Mehrfachleiter beliebiger Anordnung benutzt werden und sind als solche in trockenem Zustande einer halbstündigen Durchschlagsprobe mit 500 Volt Wechselstrom zu unterziehen.

II. Gummiaderleitungen

(geeignet zur festen Verlegung für Spannungen bis 1000 Volt und zum Anschluß beweglicher Apparate bis 500 Volt).

Die Gummiaderleitungen sind mit massiven Leitern in Querschnitten von 0,75—16 qmm, mit mehrdrähtigen Leitern in Querschnitten von 0,75—1000 qmm zulässig.

Die Kupferseele ist feuerverzinnt und mit einer wasserdichten, vulkanisierten Gummihülle umgeben.

Die Beschaffenheit der Gummihülle muß eine derartige sein, daß die Leitungen nach 24-stündigem Liegen unter Wasser der halbstündigen Einwirkung eines Wechselstroms von 2000 Volt zwischen Kupferseele und Wasser, dessen Temperatur 25° C nicht übersteigen darf, widerstehen.

Die Wandstärke der Gummihülle soll betragen:

Kupferquerschnitt qmm	höchstens mm	mindestens mm	Mindestzahl der Drähte bei mehrdrähtigen Leitern
0,75	1,1	0,8	7
1,0	1,1	0,8	7
1,5	1,1	0,8	7
2,5	1,4	1,0	7
4,0	1,4	1,0	7
6,0	1,4	1,0	7
10,0	1,7	1,2	7
16,0	1,7	1,2	7
25,0	2,0	1,4	7
35,0	2,0	1,4	19

Kupferquerschnitt qmm	höchstens mm	mindestens mm	Mindestzahl der Drähte bei mehrdrähtigen Leitern
50,0	2,3	1,6	19
70,0	2,3	1,6	19
95,0	2,6	1,8	19
120,0	2,6	1,8	37
150,0	2,8	2,0	37
185,0	3,0	2,2	37
240,0	3,2	2,4	61
310,0	3,4	2,6	61
400,0	3,6	2,8	61
500,0	4,0	3,2	91
625,0	4,0	3,2	91
800,0	4,5	3,5	127
1000,0	4,5	3,5	127

Die Toleranz der Dimensionen beträgt 5 %.

Jede Leitung muß über dem Gummi von einer Hülle gummierten Bandes umgeben sein. Als Einzelleitung verwendet muß dieselbe außerdem eine imprägnierte Umklöppelung erhalten; bei Mehrfachleitungen kann die Umklöppelung gemeinsam sein.

3. Normalien für Gummiband- und Gummiaderschnüre.

I. Gummibandschnüre[1])

(geeignet zur Verlegung in trockenen Räumen f. Spannungen bis 125 V.).

Die Gummibandschnüre sind in Querschnitten von 1—4 qmm zulässig. Die Kupferseele besteht aus feuerverzinnten Kupferdrähten von höchstens 0,3 mm Durchmesser, welche miteinander verseilt sind. Die Kupferseele ist mit Baumwolle umsponnen und darüber mit unverfälschtem, technisch reinem, unvulkanisiertem Paraband umwickelt. Die Überlappung der Umwickelung muß mindestens 2 mm betragen. Das Gewicht der Parabandhülle muß für 100 m einadriger unverseilter Leitung

bei 1,0 qmm mindestens 130 g
» 1,5 » » 155 »
» 2,5 » » 190 »
» 4,0 » » 230 »

betragen.

Über der Parabandhülle jeder Einzelleitung befindet sich eine Umwickelung mit Baumwolle und über dieser eine Umklöppelung aus widerstandsfähigem Material, das nicht brennbarer sein darf als Seide oder Glanzgarn. Die Toleranz der Dimensionen und Gewichte beträgt 5 %. Die so bezeichneten Leitungen sind in trockenem Zustande einer halbstündigen Durchschlagsprobe mit 500 Volt Wechselstrom zu unterwerfen.

II. Gummiaderschnüre[1])

(geeignet zur festen Verlegung für Spannungen bis 1000 Volt und zum Anschluß beweglicher Apparate bis 500 Volt).

Gummiaderschnüre sind in Querschnitten von 0,75 — 6 qmm zulässig. Die Kupferseele besteht aus feuerverzinnten Kupferdrähten

[1]) Unter Schnüren sind im allgemeinen Doppelleitungen verstanden. Leitungen gleicher Konstruktion mit nur einer oder mehr als zwei Seelen sind durch den Zusatz »Einfach«, »Dreifach« usw. besonders zu bezeichnen.

von höchstens 0,3 mm Durchmesser, welche miteinander verseilt sind. Die Kupferseele ist mit Baumwolle umsponnen und darüber mit einer wasserdichten, vulkanisierten Gummihülle umgeben.

Die Beschaffenheit der Gummihülle muß eine derartige sein, daß die Gummiader nach 24-stündigem Liegen unter Wasser einer halbstündigen Einwirkung eines Wechselstroms von 2000 Volt zwischen Kupferseele und Wasser, dessen Temperatur 25° C nicht übersteigen darf, widersteht.

Die Wandstärke der Gummihülle soll betragen bei einem Querschnitt von

0,75 qmm	höchstens 1,1 mm,	mindestens	0,8 mm
1,0 »	» 1,1 »	»	0,8 »
1,5 »	» 1,1 »	»	0,8 »
2,5 »	» 1,4 »	»	1,0 »
4,0 »	» 1,4 »	»	1,0 »
6,0 »	» 1,4 »	»	1,0 »

Die Toleranz der Dimensionen beträgt 5 %.

Jede Einzelleitung muß über dem Gummi mit einer Schutzhülle umgeben sein, deren Art je nach dem Verwendungszweck zu wählen ist. Bewegliche Leitungen sind außerdem mit einer gemeinsamen geeigneten Umhüllung zu umgeben.

4. Normalien für einfache Gleichstromkabel mit und ohne Prüfdraht bis 700 Volt.

Toleranz 5 % für sämtliche Dimensionen mit Ausnahme der Länge, der Isolationsstärke und des im Leitungswiderstande oder der Leitungsfähigkeit ausgedrückten Querschnitts.

Effektiver Kupferquerschnitt	Zahl der Drähte, Kabel ohne Prüfdr., Minim.-Zahl	Zahl der Drähte, Kabel mit Prüfdr., Minim.-Zahl	Durchm. ein. jeden Draht. b. Kab. mit Prüfdraht	Prüfdr.-Querschn. der Kupferseele qmm	Isolierhülle: Konstruktion	Isolierhülle: Dicke Minim.-Deke Tol. 0,25mm	Bleimantel einfach (Gesamtdicke)	Bleimantel doppelt. (Gesamtdicke)	Bespinn. des Bleimantels: Konstr.	Bespinn. des Bleimantels: Dicke	Blechstärke der Armierung	Dicke d. Bewick. d. armiert. Kab. ca. mm	Auß. Durchmesser des fert. Kabels ohne Prüfdr.	Auß. Durchmesser des fert. Kabels mit Prüfdr.	Maxim.-Prüfungsspannung
16	7	3	2,60	1	Imprägnierte Faserisolation	2,0	1,5	2×0,9	Säurefreie imprägnierte Jute	2,0	2×0,5	2,0	23	24	120 Volt Wechselstrom
25	7	6	2,30			2,0	1,5	2×0,9		2,0	2×0,5	2,0	24	25	
35	7	6	2,73			2,0	1,6	2×0,9		2,0	2×0,8	2,0	25	26	
50	19	6	3,26			2,0	1,6	2×1,0		2,0	2×0,8	2,0	29	30	
70	19	13	2,60			2,0	1,7	2×1,0		2,0	2×0,8	2,0	31	32	
95	19	13	3,10			2,0	1,7	2×1,0		2,0	2×0,8	2,0	32	33	
120	19	13	3,42			2,0	1,8	2×1,1		2,0	2×1,0	2,0	35	36	
150	19	18	3,26			2,25	1,9	2×1,1		2,0	2×1,0	2,0	37	38	
185	37	26	3,00			2,25	2,0	2×1,1		2,5	2×1,0	2,0	40	41	
240	37	29	3,25			2,50	2,1	2×1,2		2,5	2×1,0	2,0	43	44	
310	37	36	3,31			2,50	2,2	2×1,2		2,5	2×1,0	2,0	46	47	
400	37	36	3,76			2,50	2,3	2×1,2		2,5	2×1,0	2,0	49	50	
500	37	36	4,20			2,75	2,4	2×1,3		3,0	2×1,0	2,0	54	55	
625	37	36	4,70			2,75	2,6	2×1,3		3,0	2×1,0	2,0	58	59	
800	37	36	5,32			3,0	2,8	2×1,4		3,0	2×1,0	2,0	63	64	
1000	37	36	5,95			3,0	3,0	2×1,5		3,0	2×1,0	2,0	67	68	

Der Isolationswiderstand der Kabel soll bei Abnahme im Werk mindestens 500 Megohm pro km bei einer Temperatur von 15° C betragen. Die Isolationsmessung bei Abnahme in der Fabrik soll auf Verlangen des Abnehmers mit 700 Volt vorgenommen werden. Auf Verlangen des Fabrikanten müssen hierbei die Oberflächenströme abgefangen werden.

5. Normalien für Fassungsadern (Bezeichnung FA)

(geeignet zur Installation von Beleuchtungskörpern).

Die Fassungsader besteht aus einem massiven oder mehrdrähtigen Leiter von 0,75 qmm Kupferquerschnitt.

Die Kupferseele ist feuerverzinnt und mit einer vulkanisierten Gummihülle umgeben, deren Wandstärke 0,6 mm betragen soll. Über dem Gummi befindet sich eine Umklöppelung aus Baumwolle, Hanf, Seide oder ähnlichem Material, welches auch in geeigneter Weise imprägniert sein kann, und darf der äußere Durchmesser der Ader 2,7 mm nicht übersteigen.

Die Toleranz der Dimensionen beträgt 5%.

Die so bezeichnete Ader ist, wenn 5 m lang, doppelt zusammengedreht, in trockenem Zustande einer halbstündigen Durchschlagsprobe mit 1000 Volt Wechselstrom zu unterziehen.

Fassungsdoppelader (Bezeichnung FA2)

(geeignet zur Installation von Beleuchtungskörpern).

Die Fassungsdoppelader besteht aus zwei nebeneinander liegenden nackten Fassungsadern, welche eine gemeinsame Umklöppelung aus Baumwolle, Hanf, Seide oder ähnlichem Material haben, die auch imprägniert sein kann.

Die äußersten Dimensionen dürfen 5,4 mm nicht übersteigen.

Die Toleranz der Dimensionen beträgt 5%.

Die so bezeichnete Fassungsdoppelader ist in trockenem Zustande einer halbstündigen Durchschlagsprobe mit 1000 Volt Wechselstrom zu unterziehen.

6. Normalien für Pendelschnur (Bezeichnung PL)

(geeignet zur Installation von Schnurzugpendeln).

Die Pendelschnur hat einen Kupferquerschnitt von 0,75 qmm. Die Kupferseele besteht aus feuerverzinnten Drähten von höchstens 0,3 mm Durchmesser, welche miteinander verseilt sind. Die Kupferseele ist mit Baumwolle umsponnen und darüber mit einer vulkanisierten Gummihülle von 0,6 mm Wandstärke umgeben. Zwei Adern sind mit einer Tragschnur oder einem Tragseilchen aus geeignetem Material zu verseilen und erhalten eine gemeinsame Umklöppelung aus Baumwolle, Hanf, Seide oder ähnlichem Material. Die Tragschnur oder das Tragseilchen können auch doppelt zu beiden Seiten der Adern angeordnet werden. Wenn das Tragseilchen aus Metall hergestellt ist, muß es umsponnen oder umklöppelt sein. Die gemeinsame Umklöppelung der Schnur kann wegfallen, doch müssen die Gummiadern dann einzeln umflochten werden.

Die so bezeichnete Fassungsschnur soll in trockenem Zustande einer Wechselspannung von 1000 Volt widerstehen.

7. Vorschläge für Normalien für die Konstruktion und Prüfung von Gummiaderleitungen für Hochspannung

(geeignet zur festen Verlegung).

Die Hochspannungsleitungen sind mit massiven oder mehrdrähtigen Leitern in Querschnitten von 1—500 qmm zulässig.

Die Kupferseele ist feuerverzinnt und mit einer wasserdichten, vulkanisierten Gummihülle zu umgeben. Dieselbe muß bei Spannungen von mehr als 1000 Volt aus mehreren Lagen Gummi hergestellt sein.

Die Beschaffenheit der Gummihülle muß eine derartige sein, daß die Leitungen nach 24-stündigem Liegen unter Wasser, dessen Temperatur 25° C nicht übersteigen darf, einer mindestens einstündigen Einwirkung eines Wechselstroms, dessen Spannung aus der nachstehenden Tabelle hervorgeht, widerstehen.

Die Prüfspannungen sollen betragen:

Betriebsspannung Volt	Prüfspannung Volt
1 000	2 000
2 000	4 000
3 000	6 000
4 000	8 000
5 000	9 000
6 000	10 000
7 000	12 000
8 000	13 000
10 000	15 000
12 000	18 000

Jede Leitung muß über dem Gummi von einer Hülle gummierten Bandes umgeben sein. Als Einzelleitung verwendet, muß dieselbe außerdem eine imprägnierte Umklöppelung erhalten. Bei Mehrfachleitungen kann die Umklöppelung gemeinsam sein und können Mehrfachleitungen auch eine gemeinsame Hülle von Metalldrähten (Geflecht, Umwickelung) erhalten.

Hochspannungsleitungen führen die Bezeichnung GA. Die für dieselben zulässige höchste Spannung ist als Index anzufügen.

8. Vorschlag für Normalien für konzentrische, bikonzentrische und verseilte Mehrleiterkabel mit und ohne Prüfdraht.

Toleranz 5% für sämtliche Dimensionen mit Ausnahme der Länge, der Isolationsstärke und der im Leitungswiderstand oder der Leitungsfähigkeit ausgedrückten Querschnitte.

Die Drähte der Außenleiter bei konzentrischen und bikonzentrischen Kabeln sind derart zu wählen, daß dieselben einen möglichst geschlossenen Leiter bilden. Schwächer als 0,8 mm Durchmesser dürfen die Drähte jedoch nicht sein.

Konzentrische und bikonzentrische Kabel sind nur für Spannungen bis 3000 Volt zulässig.

Die Prüfspannungen der Kabel werden wie folgt festgesetzt:

Die Spannung bei der Prüfung in der Fabrik soll das Doppelte, jene bei der Prüfung nach fertiger Verlegung das 1,25-fache der Betriebsspannung betragen.

Kupferquerschnitt der Einzelleiter	Mindestzahl der Drähte			Prüfdrähte	Isolierhülle für Kabel bis 700 Volt	
	des Innenleiters bei konzentrischen Kabeln Kabel ohne Prüfdrähte	des Innenleiters bei konzentrischen Kabeln Kabel mit Prüfdräht.	in jedem kreisförmigen Leiter bei den vers. Kabeln	Querschnitt der Kupferseele	Konstruktion	Mindeststärke zwischen den Leitern und zwisch. Leiter u. Blei (Toleranz 0,25 mm)
qmm				qmm		mm
1	—	—	1			2,3
1,5	—	—	1			2,3
2,5	—	—	1			2,3
4	—	—	1			2,3
6	—	—	1			2,3
10	1	—	1			2,3
16	1	—	7			2,3
25	7	6	7			2,3
35	7	6	7			2,3
50	19	6	19	1	Imprägnierte Papier- oder Faserisolation	2,3
70	19	13	19			2,3
95	19	13	19			2,3
120	19	13	19			2,3
150	19	18	37			2,3
185	37	26	37			2,5
240	37	29	37			2,5
310	37	36	61			2,8
400	37	36	—			2,8

Den Bedingungen ist genügt, wenn die Kabel in der Fabrik nach einhalbstündiger Spannung und im fertig verlegten Netz nach einstündiger Spannung mit den vorgeschriebenen Spannungen in Wechselstrom- bzw. bei den Dreifachkabeln in Drehstromschaltung nicht durchschlagen. Der Isolationswiderstand soll sich nach der Hochspannungsprobe nur so viel verändern, als etwaige Erwärmungen mit sich bringen.

Kupferwiderstand siehe Kupfernormalien des V. d. E.

Der Isolationswiderstand soll mindestens 500 Megohm pro km bei 15° C betragen und ist so zu verstehen, wenn ein Leiter gegen die anderen und Bleimantel bzw. Erde gemessen wird. Messungen bei anderer Temperatur als 15° C und Umdrehungen auf 15° C sind zulässig, solange die umzurechnenden Werte zwischen dem 0,5- bis 2-fachen der normalen Werte liegen. — Die Isolationsmessung bei Abnahme in der Fabrik soll auf Verlangen des Abnehmers mit 700 Volt vorgenommen werden. Auf Verlangen des Fabrikanten müssen hierbei die Oberflächenströme abgefangen werden.

Die Stärken der Isolationsschichten zwischen den Leitern unter sich und zwischen den Leitern und Blei werden bei den Kabeln höherer Spannungen, also über 700 Volt, dem Ermessen des Fabrikanten überlassen. Keinesfalls dürfen die Stärken geringer sein, als für die Kabel für 700 Volt festgelegt ist.

Die Stärken der Bleimäntel und der Eisenbandarmierung richten sich nach folgender Tabelle:

Durchmesser der Kabelseele unter dem Bleimantel mm	Bleimantel		Bespinnung des Bleimantels mm	Blechstärke der Armierung mm
	einfach mm	doppelt mm		
10	1,5	2×0,9	2	2×0,8
12	1,6	2×0,9	2	2×0,8
14	1,7	2×1,0	2	2×0,8
16	1,7	2×1,1	2	2×0,8
18	1,8	2×1,1	2	2×0,8
20	1,9	2×1,1	2,5	2×1,0
23	2,0	2×1,2	2,5	2×1,0
26	2,1	2×1,2	2,5	2×1,0
29	2,2	2×1,2	2,5	2×1,0
32	2,3	2×1,3	2,5	2×1,0
35	2,4	2×1,3	2,5	2×1,0
38	2,6	2×1,3	3	2×1,0
41	2,7	2×1,4	3	2×1,0
44	2,8	2×1,4	3	2×1,0
47	3,0	2×1,5	3	2×1,0
50	3,2	2×1,6	3	2×1,0
54	3,2	2×1,6	3	2×1,0
58	3,4	2×1,7	3	2×1,0
62	3,4	2×1,7	3	2×1,0
66	3,6	2×1,8	3	2×1,0
70	3,6	2×1,8	3	2×1,0

Die Bespinnung über der Armierung muß derart ausgeführt werden, daß eine gute Deckung vorhanden ist.

Normalien für Leitungsmaterial
des Schweizerischen Elektrotechnischen Vereins.

I. Allgemeine Bestimmungen.

§ 1. Die vorliegenden Bestimmungen sind keine obligatorischen Vorschriften im Sinne der Sicherheitsvorschriften des Vereins; sie bilden dagegen eine Ergänzung der letzteren im Sinne einer Wegleitung und Empfehlung und als Grundlage zur Beurteilung der Güte des Leitungsmaterials. Die Fabrikation und Verwendung von den Normalien entsprechendem Leitungsmaterial wird vom Verein angestrebt aus Gründen der Betriebssicherheit sowie der Vereinheitlichung der Materialien.

II. Normen für Leitungskupfer.

§ 2. Die Leitfähigkeit des für isolierte und blanke Drähte verwendeten Kupfers soll mindestens 95% derjenigen des »reinen Kupfers« betragen, von welchem 1 km Länge bei 1 qmm Querschnitt bei 15° C 16,67 internat. Ohm Widerstand hat, d. h. der Widerstand des Leitungskupfers soll pro km und qmm bei 15° C höchstens 17,55 Ohm betragen.

Der bei t° C gemessene Widerstand R_t ist nach der Formel $R_{15} = R_t\,[1 + 0{,}0040\,(15-t)]$ auf den Widerstand R_{15} bei 15° C zu reduzieren.

§ 3. Bei Drähten mit Durchmessern bis zu 8 mm, bzw. mit Querschnitten bis zu 50 qmm wird

als »weicher« Draht ein solcher bezeichnet, welcher eine Bruchfestigkeit bis zu 25 kg pro qmm besitzt und für Inneninstallationen verwendbar ist;

als »halbharter« Draht ein solcher von 30—35 kg Bruchfestigkeit, für gewöhnliche Freileitungen verwendbar;

als »harter« Draht ein solcher mit mehr als 35 kg Bruchfestigkeit, für Kontaktleitungen elektrischer Bahnen verwendbar.

Festsetzungen über die Dehnung sowie über Torsions- und Umschlagsproben bleiben vorbehalten.

§ 4. Der Kupferdraht soll eine glatte Oberfläche haben. Die wirklichen Querschnitte sollen bis auf 5 % genau ihrer Marktbezeichnung entsprechen. Dabei wird der Querschnitt grundsätzlich durch Widerstandsmessung bestimmt und derjenige Querschnitt als wirklich vorhandener bezeichnet, welcher einer Leitfähigkeit gleich derjenigen des reinen Kupfers nach § 2 entspricht.

III. Normen für isolierte Leiter für innere Installationen.

§ 5. Drähte mit Faserisolation für Niederspannung.

Die Kupferseele ist weicher Normaldraht. Dieselbe ist mit mindestens zwei Schichten aus Baumwollfaser oder ähnlichem isolierenden Material umwickelt, über welche eine mit geeigneter isolierender Imprägnierung versehene Umflechtung (Umklöppelung) aus Baumwolle oder ähnlichem Material fest anliegend angebracht ist.

Die äußere Umhüllung soll weniger leicht entzündlich (entflammbar) sein als eine mit Paraffin imprägnierte Baumwollumhüllung.

Die Verwendung von Paraffin oder Stearin oder ähnlich leicht entflammbarer und brüchiger Mittel für die Imprägnierung ist nicht gestattet.

Die Dicke der ganzen Isolierschicht, einfach (im Radius) gemessen, soll mindestens betragen:

Durchmesser des Kupferdrahtes (nackt) mm	Querschnitt des Kupferdrahtes (nackt) qmm	Dicke der Isolierschicht (einfach) mm
0,8—0,9	0,50—0,63	0,8
1,0	0,75	0,9
1,1—1,2	1,0—1,1	0,9
1,3	1,3	1,0
1,4	1,5	1,0
1,5	1,8	1,0
1,6	2,0	1,0
1,8	2,5	1,1
2,0	3,0—3,1	1,1
2,3	4,0	1,1
2,5	4,9—5,0	1,2
2,8	6,0	1,2
3,0	7,0—7,1	1,3

Durchmesser des Kupferdrahtes (nackt) mm	Querschnitt des Kupferdrahtes (nackt) qmm	Dicke der Isolierschicht (einfach) mm
3,5	9,0—10,0	1,3
4,0	12,5	1,4
4,5	16	1,5
5,0	20	1,5
5,5—5,7	24—25	1,6
6,0—6,2	28—30	1,7
6,5—6,7	33—35	1,8
7,2	40	1,9
7,5—7,6	44—45	1,9
8,0	50	2,0

Die Isolierschichten müssen die bei der Montage und beim Reinigen vorkommenden mechanischen Beanspruchungen aushalten und dieserhalb folgende Probe bestehen (Wickelungsprobe):

Der isolierte Draht wird um einen Zylinder vom zweifachen Eigendurchmesser des Drahtes, gemessen über die Isolierung, gewunden; die Umflechtung darf dabei nicht reißen oder brechen und deren Imprägnierung nicht ausbröckeln.

Nach Vornahme der vorgenannten Wickelungsprobe sollen die Drähte folgende Durchschlagsprobe bestehen:

Die durch das Aufwinden auf den Zylinder entstandene Spirale wird während 24 Stunden in Luft von 90 % Feuchtigkeitsgehalt aufbewahrt und sodann im Quecksilberbad während einer halben Stunde einer Wechselstromspannung von 500 Volt effektiv zwischen Kupferseele und Quecksilber ausgesetzt.

Diese Drähte sind als Mehrfachleiter oder in Ausführung als biegsame bewegliche Leiter nicht verwendbar.

§ 6. Leitungen mit Gummibandisolation für Niederspannung.

Die Kupferseele ist weicher, feuerverzinnter Normaldraht oder Litze aus solchen Drähten. Diese Seele ist mit einer Schicht Baumwolle umgeben; über dieselbe ist eine Umwickelung aus Gummiband angebracht, darüber eine zweite Umwickelung und hierüber eine fest anliegende Umflechtung (Umklöppelung) aus Baumwolle oder ähnlichem Material. Die äußerste Schicht ist mit einer geeigneten isolierenden Imprägnierung zu versehen, soweit nicht Rücksicht auf eine bestimmte Färbung dies untunlich macht.

Die äußere Umhüllung soll weniger leicht entzündlich (entflammbar) sein als eine mit Paraffin imprägnierte Baumwollumhüllung.

Die Verwendung von Paraffin oder Stearin oder ähnlich leicht entflammbarer und brüchiger Mittel für die Imprägnierung ist nicht gestattet.

Der für das Band verwendete Gummi soll entweder unverfälschter technisch reiner Paragummi oder lediglich mit Schwefel warm vulkanisierter Gummi von einem spez. Gewicht von nicht mehr als 1 sein. Mit Schwefelsäure u. dgl. in anderer Weise auf kaltem Wege vulkanisierter oder präparierter Gummi darf hierzu nicht verwendet werden.

Die Ränder des Gummibandes müssen sich mindestens 2 mm breit überdecken, bei Drähten von über 5 qmm mindestens 3 mm und bei solchen von über 20 qmm mindestens 4 mm. Dabei darf indessen die Überdeckung auch durch ein zweites Band geschehen.

Das Gummiband darf beim Aufwickeln nur mäßig und soweit für dichten Abschluß und Fabrikation nötig gespannt werden; der Draht muß dieserhalb folgende Probe bestehen:

Nach Entfernung der über dem Gummiband befindlichen Isolierschichten darf sich das erstere höchstens um 20 % der bloßgelegten Länge zurückziehen.

Das Gummiband soll pro 100 m einadriger Leitung mindestens folgendes Gewicht besitzen:

Durchmesser des Kupferdrahtes (nackt) mm	Querschnitt des Kupferdrahtes oder Kabels (nackt) qmm	Gewicht des Gummibandes pro 100 m Draht g
0,8—0,9	0,50—0,63	110
1,0	0,75	120
1,1—1,2	1,0—1,1	130
1,3	1,3	145
1,4	1,5	175
1,5	1,8	190
1,6	2,0	200
1,8	2,5	220
2,0	3,0—3,1	240
2,3	4,0	260
2,5	4,9—5,0	280
2,8	6,0	300
3,0	7,0—5,0	320
3,5	9,6—10	380
4,0	12,5	430
4,5	16	510
5,0	20	590
5,5—5,7	24—25	760
6,0—6,2	28—30	830
6,5—6,7	33—35	890
7,2	40	960
7,5—7,6	44—45	1000
8,0	50	1070
—	60.	1160
—	70	1250
—	80	1340
—	90	1410
—	95	1450
—	100	1490
—	120	1620
—	150	1800
—	175	1920
—	200	2060

Die Isolierschichten müssen die bei der Montage und beim Reinigen vorkommenden mechanischen Beanspruchungen aushalten und dieserhalb folgende Probe bestehen (Wickelungsprobe):

Der isolierte Draht wird um einen Zylinder vom zweifachen Eigendurchmesser des Drahtes, gemessen über die Isolierung, gewunden; die Umflechtung darf dabei nicht reißen oder brechen und deren Imprägnierung nicht ausbröckeln.

Nach Vornahme der vorgenannten Wickelungsprobe sollen die Drähte folgende Durchschlagsprobe bestehen:

Die durch das Aufwinden auf den Zylinder entstandene Spirale wird während 24 Stunden in Luft von 90 % Feuchtigkeitsgehalt aufbewahrt und sodann im Quecksilberbade während einer halben Stunde einer Wechselstromspannung von 2000 Volt effektiv zwischen Kupferseele und Quecksilber ausgesetzt.

Diese Leitungen können sowohl mit massiven Drähten als auch mit Litzen aus dünneren Drähten ausgeführt werden.

Sie können auch in beliebiger Zahl, parallel verlaufend oder verdrillt, zu Mehrfachleitern vereinigt werden. Dabei soll jeder einzelne Leiter die vorstehende Ausführung haben, jedoch kann die äußere Umflechtung, (Umklöppelung) bei den Einzelleitern auch wegfallen, wenn eine solche Umflechtung gemeinsam für alle Leiter vorhanden ist. Jeder einzelne Leiter soll dabei die vorstehend genannte Wickelungsprobe bestehen. Ferner soll der Mehrfachleiter die Wickelungsprobe auch als Ganzes, bei Umwickelung um einen Zylinder vom einfachen Durchmesser gleich dem äußern Totaldurchmesser der isolierten Mehrfachleitung, bestehen, sowie in diesem aufgewundenen Zustande die gleiche Durchschlagsprobe wie der Einzelleiter und zwar zwischen den unter sich verbundenen Seelen aller Leiter und dem Quecksilberbade.

Als »biegsame Schnüre mit Gummibandisolation« werden diese Leitungen als Einzel- oder Mehrfachleitungen zugelassen, in Ausführung mit der Kupferseele als Litze aus Drähten von höchstens 0,3 mm Durchmesser und von mindestens 0,5 und höchstens 0,4 qmm Querschnitt der Einzelleitung.

§ 7. Leitungen mit wasserdichter Gummiisolation für Niederspannung.

Die Kupferseele ist weicher, feuerverzinnter Normaldraht oder Litze aus solchen Drähten; diese Seele ist mit einer Schicht Baumwolle umgeben, und über dieselbe ist eine nahtlose, vollkommen wasserdichte Hülle aus vulkanisierter sog. Gummimischung angebracht. Über dieselbe soll eine fest anliegende Schutzhülle angebracht sein, welche aus einem gummierten oder gleichwertig imprägnierten Band oder aus einer mit geeigneter isolierender Imprägnierung versehenen Umflechtung (Umklöppelung) aus Baumwolle oder ähnlichem Material oder aus einem solchen Band und einer Umflechtung bestehen soll.

Die äußere Umhüllung soll weniger leicht entzündlich (entflammbar) sein als eine mit Paraffin imprägnierte Baumwollumhüllung.

Die Verwendung von Paraffin oder Stearin oder ähnlich leicht entflammbarer und brüchiger Mittel für die Imprägnierung ist nicht gestattet.

Die Dicke der wasserdichten vulkanisierten Schicht aus Gummimischung soll, einfach (im Radius) gemessen, mindestens betragen:

Durchmesser des Kupferdrahtes (nackt) mm	Querschnitt des Kupferdrahtes oder Kabels (nackt) qmm	Dicke der Gummischicht (einfach) mm
0,8—0,9	0,50—0,63	0,8
1,0	0,75	0,8
1,1—1,2	1,0—1,1	0,8
1,3	1,3	0,8
1,4	1,5	0,8
1,5	1,8	0,9
1,6	2,0	0,9
1,8	2,5	1,0
2,0	3,0—3,1	1,0
2,3	4,0	1,0
2,5	4,9—5,0	1,0
2,8	6,0	1,0
3,0	7,0—7,1	1,1
3,5	9,6—10	1,2
4,0	12,5	1,2
4,5	16	1,2
5,0	20	1,3
5,5—5,7	24—25	1,4
6,0—6,2	28—30	1,4
6,5—6,7	33—35	1,4
7,2	40	1,5
7,5—7,6	44—45	1,5
8,0	50	1,6
—	60	1,6
—	70	1,6
—	80	1,7
—	90	1,8
—	95	1,8
—	100	1,8
—	120	1,8
—	150	2,0
—	175	2,2
—	200	2,3

Die Isolierschichten müssen die bei der Montage und die beim Reinigen vorkommenden mechanischen Beanspruchungen aushalten und dieserhalb folgende Probe bestehen (Wickelungsprobe):

Der isolierte Draht wird um einen Zylinder vom zweifachen Eigendurchmesser des Drahtes, gemessen über die Isolierung, gewunden; die Umflechtung bzw. das Band darf dabei nicht reißen oder brechen und deren Imprägnierung nicht abbröckeln.

Nach der Vornahme der vorgenannten Wickelungsprobe sollen die Drähte nachstehende Isolationsprobe aushalten:

Die durch das Aufwinden auf den Zylinder entstandene Spirale wird während 24 Stunden in Wasser von nicht mehr als 24° C aufbewahrt, und sodann wird im Wasserbade von 24° C der Isolationswiderstand zwischen Kupferseele und Wasser bei trockenen Enden gemessen. Dieser Isolationswiderstand soll dabei mindestens 100 Megohm pro km betragen.

Nach Vornahme der vorgenannten Isolationsprobe sollen die Drähte folgende Durchschlagsprobe bestehen:

Die durch das Aufwinden auf den Zylinder entstandene Spirale wird während 24 Stunden in Wasser von nicht mehr als 24° C gelegt und sodann im Wasserbade von 24° C während einer halben Stunde einer Wechselstromspannung von 2000 Volt effektiv zwischen Kupferseele und Wasser ausgesetzt.

Diese Leitungen können sowohl mit massiven Drähten, als auch mit Kupferlitzen aus dünneren Drähten ausgeführt werden.

Sie können auch in beliebiger Zahl, parallel verlaufend oder verdrillt, zu Mehrfachleitern vereinigt werden. Dabei soll jeder einzelne Leiter die vorstehende Ausführung haben. Bei festverlegten Mehrfachleitern kann indessen die Umflechtung der Einzelleiter wegfallen, sofern eine gemeinsame äußere Umflechtung über den ganzen Mehrfachleiter angebracht wird. Jeder einzelne Leiter soll auch die vorstehend genannte Wickelungsprobe bestehen. Ferner soll der Mehrfachleiter die Wickelungsprobe auch als Ganzes, bei Umwickelung um einen Zylinder vom einfachen Durchmesser gleich dem äußeren Totaldurchmesser der isolierten Mehrfachleitung, bestehen, sowie in diesem aufgewundenen Zustande die gleiche Durchschlagsprobe und Isolationsprobe wie der Einzelleiter und zwar zwischen den unter sich verbundenen Seelen aller Leiter und dem Wasserbad.

Als »biegsame Schnüre mit wasserdichter Gummiisolation« werden diese Leitungen als »Einzel- oder Mehrfachleitungen« zugelassen in Ausführung mit der Kupferseele als Litze aus Drähten von höchstens 0,3 mm Durchmesser und von mindestens 0,5 und höchstens 6,0 qmm Querschnitt der Einzelleitung. In diesem Falle soll außer der Umflechtung der Einzelleiter auch der Mehrfachleiter als Ganzes eine gemeinsame äußere Schutzhülle erhalten, bestehend aus einer mit geeigneter isolierender Imprägnierung versehenen Umflechtung (Umklöppelung) aus Baumwolle o. dgl. Die äußere Schutzhülle soll weniger leicht entzündlich (entflammbar) sein als eine mit Paraffin imprägnierte Baumwollumhüllung.

§ 8. Leitungen mit wasserdichter Gummiisolation für Hochspannung.

Die Kupferseele ist weicher, feuerverzinnter Normaldraht oder Litze aus solchen Drähten; diese Seele ist mit einer Schicht Baumwolle umgeben, und über dieselbe sind zwei oder mehr nahtlose vollkommen wasserdichte Hüllen aus Gummi angebracht. Die innerste Schicht soll aus unverfälschtem, technisch reinem Paragummi von einem spezifischen Gewichte nicht größer als 1 hergestellt werden. Die äußeren Schichten bestehen aus vulkanisierter sog. Gummimischung. Über die Gummischichten soll eine fest anliegende Schutzhülle angebracht sein, welche aus einer mit geeigneter isolierender Imprägnierung versehenen Umflechtung (Umklöppelung) aus Baumwolle oder ähnlichem Material bestehen soll.

Die äußere Umhüllung soll weniger leicht entzündlich (entflammbar) sein als eine mit Paraffin imprägnierte Baumwollumhüllung. Die Verwendung von Paraffin oder Stearin oder ähnlich leicht entflammbarer und brüchiger Mittel für die Imprägnierung ist nicht gestattet.

Die Isolierschichten müssen die bei der Montage und beim Reinigen vorkommenden mechanischen Beanspruchungen aushalten und dieserhalb folgende Probe bestehen (Wickelungsprobe):

Der isolierte Draht wird um einen Zylinder vom zweiundeinhalbfachen Eigendurchmesser des Drahtes, gemessen über die Isolierung, gewunden; die Umflechtung darf dabei nicht reißen oder brechen und deren Imprägnierung nicht ausbröckeln.

Nach Vornahme der vorgenannten Wickelungsprobe sollen die Drähte nachstehende Isolationsprobe aushalten:

Die durch das Aufwinden auf den Zylinder entstandene Spirale wird während 24 Stunden in Wasser von nicht mehr als 24° C aufbewahrt, und sodann wird im Wasserbade von 24° C der Isolationswiderstand zwischen Kupferseele und Wasser bei trockenen Enden gemessen. Dieser Isolationswiderstand soll dabei mindestens 1000 Megohm pro km bei Draht für über 10000 Volt betragen.

Nach Vornahme der vorgenannten Isolationsprobe sollen die Drähte folgende Durchschlagsprobe bestehen:

Die durch das Aufwinden auf den Zylinder entstandene Spirale wird während 24 Stunden in Wasser von nicht mehr als 24° C gelegt und sodann im Wasserbade von 24° C während einer halben Stunde einer effektiven Wechselstromspannung gleich der doppelten Betriebsspannung, für welche der Draht dienen soll, zwischen Kupferseele und Wasser ausgesetzt.

Diese Leitungen können sowohl mit massiven Drähten, als auch mit Litzen aus dünneren Drähten ausgeführt werden, dagegen nicht als Mehrfachleiter.

Leitungsquerschnitt. Bedeuten i Stromstärke in Amp., l einfache Leitungslänge in Metern, e Spannungsdifferenz zwischen Stromquelle und Stromverbrauchsstelle, so berechnet sich der Querschnitt in qmm q nach der Formel $q = \frac{i \cdot l}{e \cdot K}$. K ist für Gleichstromanlagen und Wechselstromanlagen mit induktionsfreier Belastung = 27, für Drehstrom-Lichtbetrieb = 32, für Drehstrom-Kraftbetrieb = 40 (Vorschr. d. V. d. E.).

Leitungsschienen für Apparatenanlagen.

Querschnitt	Zulässige Beanspruch. in Amp.		Gewicht pro m in kg		Preis pro kg in Mark		Preis pro m in Mark	
qmm	Kupfer	Alumin.	Kupfer	Alumin.	Kupfer	Alumin.	Kupfer	Alumin.
60	150	100	0,54	0,16	*3*	*7.—*	*1.60*	*1.10*
100	220	150	0,9	0,27	*3*	*6.25*	*2.80*	*1.70*
200	370	300	1,8	0,54	*3*	*6.25*	*6.10*	*3.30*
300	520	450	2,7	0,81	*3*	*6.25*	*8.—*	*5.50*
450	700	600	4,05	1,12	*3*	*6.25*	*12.40*	*6.85*
600	900	750	5,4	1,62	*3*	*5.80*	*16.40*	*9.60*
900	1200	1000	8,1	2,48	*3*	*5.80*	*24.80*	*14.60*

Leitungsschließer werden speziell zur Unterbrechung von Sammelschienen konstruiert. Sie sollen nicht als Ausschalter in der Weise benutzt werden, daß zwischen ihren Kontakten bei Unterbrechung eine erhebliche Spannungsdifferenz besteht.

Für Ströme bis Amp.	Bis 1000 Volt		Bis 10 000 Volt		Bis 50 000 Volt auf Eisengestell ℳ
	auf Marmor ℳ	auf Eisengestell ℳ	auf Marmor ℳ	auf Eisengestell ℳ	
10	*25*	*32*	*40*	*48*	*120*
30	*28*	*36*	*44*	*52*	*120*
50	*32*	*40*	*48*	*56*	*120*
100	*40*	*48*	*56*	*64*	*120*
200	*65*	*72*	*80*	*88*	*120*
300	*100*	*110*	*120*	*130*	*160*
500	*160*	*170*	*170*	*185*	*215*
800	—	*250*	—	*270*	*290*
1200	—	*375*	—	*375*	*430*
2000	—	*390*	—	*390*	*410*
3000	—	*455*	—	*455*	*470*
5000	—	*560*	—	*560*	*435*

Maschinenfabrik Oerlikon, Schweiz. | Voigt & Haeffner, Frankfurt a. M.

Leitungsschnüre. Jede Ader besteht aus feinen Kupferfäden, ist von Längsbaumwollfäden umgeben, mit Gummiband bewickelt und nach verschiedenen Richtungen doppelt besponnen; das ganze Kabel ist mit Baumwolle beklöppelt.

Anzahl der Adern	Gesamtdurchmesser ca. mm	Gewicht pro lfd. m ca. kg	Länge pro kg ca. m	Preis pro m ℳ
3	5	0,028	36	*—.35*
4	6	0,031	32	*—.40*
5	7	0,043	23	*—.45*
6	7	0,046	22	*—.50*
7	8	0,051	19	*—.56*
8	8	0,060	16	*—.63*
9	8	0,060	16	*—.70*
10	9	0,067	15	*—.80*
11	9	0,086	12	*—.90*
12	10	0,095	10,5	*1.—*
13	10	0,099	10,1	*1.10*
14	10	0,100	10	*1.20*
15	11	0,120	9	*1.30*
16	11	0,125	8	*1.40*
17	11	0,130	7,7	*1.50*
18	11	0,135	7,4	*1.60*
19	12	0,140	7,2	*1.70*
20	12	0,145	7	*1.80*
21	12	0,150	6,6	*1.90*
22	12	0,155	6,5	*2.—*

Anzahl der Adern	Gesamt-durchmesser ca. mm	Gewicht pro lfd. m ca. kg	Länge pro kg ca. m	Preis pro m ℳ
23	13	0,160	6,2	*2.10*
24	13	0,165	6	*2.20*
25	13	0,170	5,8	*2.30*
26	13	0,180	5,5	*2.40*
27	14	0,190	5,2	*2.50*
28	14	0,200	5	*2.60*
29	14	0,210	4,8	*2.70*
30	15	0,220	4,6	*2.80*
31	15	0,230	4,3	*2.90*

Leitungsübergänge bezwecken die Überführung von Innenleitungen zu Freileitungen, von unterirdisch verlegten Kabelleitungen zu Luftleitungen. In letzterem Falle endet das Kabel in einem zugänglichen Kabelschuh, vor welchem die Verbindungsleitung im Innern einer Säule oder in einem Rohr verlegt zur Luftleitung führt. Das Kabel wird durch eine vor dem Kabelschuh eingeschaltete Blitzschutzvorrichtung gegen Blitzschläge gesichert.

Leitungsverlegung. Die Entfernung der einzelnen Leiter voneinander muß bei Spannungen bis 250 Volt mindestens 30 cm, bis 5000 Volt 40 cm, bis 10000 Volt 50 cm, darüber hinaus 60 bis 70 cm betragen.

Leitungsvermögentabelle (siehe **Widerstand, spezifischer, von Metallen**).

Leitvermögen, spezifisches, einer Lösung ist der reziproke Wert des Widerstandes einer Flüssigkeitssäule von 1 cm Länge und 1 cm Querschnitt.

Lenzsches Gesetz. Die Richtung des induzierten Stromes ist immer eine solche, daß er ein magnetisches Feld erzeugt, das sich der Änderung widersetzt, welche die Induktion erzeugt hat.

Leuchtkraft von Glühlampen nimmt nach 600 Brennstunden auch bei konstanter Spannung merklich ab. 1 % Spannungsänderung bringt bei der Normalspannung eine Änderung von ca. 6—7 % der Leuchtkraft hervor.

Leydner Flasche (siehe **Kondensator**) besteht aus einem Glasgefäße, welches innen und außen bis etwa ²/₃ seiner Höhe mit Stanniol beklebt ist, durch dessen Hals isoliert ein bis auf den Boden reichender Metallstab geht, der oben eine Metallkugel trägt. Die Ladung erfolgt durch Verbindung der Kugel mit einer Elektrisiermaschine.

Lichtbedarf, mittlerer.

Elegante Wohnungen		Bureauräume	
Salons	4—9 Kerz. pro qm	Hauptbureau .	5—6 Kerz. pro qm
Wohn- u. Speisezimmer . . .	3—3,5 » » »	Nebenbureau .	2—2,5 » » »
Schlafzimmer .	1,5—2 » » »	Personalbureau.	1,5—3 » » »
Nebenräume .	1—2 » » »		

Geschäftslokale		Hotels		
Verkaufsläden ohne Auslag.	4–7 Kerz. pro qm	Gesellsch.-Zimmer	5–7 Kerz.	pro qm
Kontor und Lagerräume .	2–2,5 » » »	Eleg. Hotelzimmer	3–4 »	
Schaufenster .	50–100 pro lfd. m	Einf. Hotelzimmer	2–3 »	
		Korridore und Nebenräume . .	1–1,5 »	
		Wirtschaftsräume .	1–2 »	
		Festraum	9–13 »	

Lichtbogen ist jene Lichterscheinung, welche dadurch entsteht, daß nach einer einmal eingeleiteten Funkenentladung (siehe daselbst) von einer Elektrode zur andern durch fortdauernde Zuführung großer Elektrizitätsmengen zu den Elektroden der Raum zwischen letzteren mit glühenden Elektrodenteilchen angefüllt bleibt.

Lichtbogenbildner ist die bei jeder Bogenlampe angeordnete Vorrichtung, welche die Kohlen so weit voneinander entfernt, daß der Lichtbogen entstehen kann. Meist ist es ein Hilfsmagnet, welcher, sobald er erregt wird, das Auseinanderziehen der Kohlen durch Überwindung einer Federkraft herbeiführt.

Lichtbogenlängen.

Dimensionen in mm				Stromstärke	Mittlere Spannung	Lichtbogen
positive Kohle		negative Kohle				
Länge	Durchmesser	Länge	Durchmesser	Amp.	Volt	mm
235	20	235	12	10	49,5	2,8—3,0
235	15	235	9	5	47,6	1,8—2,0
180	15	180	9	5	46,1	1,8—2,0
110	11	110	7	3	47,2	1,5—1,7
110	9	110	6	2	48,9	1,5—1,7

Tabelle der Abhängigkeit zwischen Lichtbogenlänge, Spannung und Stromstärke für günstigste Lichtausbeute.

Stromstärke Amp.	Spannung Volt	Lichtbg.-länge mm	Maximale Leuchtkraft HE	Stromstärke Amp.	Spannung Volt	Lichtbg.-länge mm	Maximale Leuchtkraft HE
2	40	0,8	120	12	46	3,5	2 000
4	42	1,5	250	15	47	4	2 600
6	43,5	2	700	20	48	4,5	4 000
8	44	2,5	1 000	25	49	5	5 500
10	45	3	1 500	30	50	5,5	7 200

Lichtbogen, sprechender. Ein an einen Transformator angeschlossener Bogenlampenstrom gibt die in ein Mikrophon, dessen Strom die andere Windungshälfte des Transformators durchfließt, gesprochenen Töne genau wieder, dadurch, daß die in dem Lichtbogen erzeugten Schwankungen der Jouleschen Wärme entsprechende Schwankungen des Flammenbogenvolumens erzeugen, welche sich in der umgebenden Luft als Schallwellen ausbreiten.

Lichtbogen von Bogenlampen besteht aus einem äußeren grünlichen und einem inneren violetten Teile, welche durch ein schwarzes Band getrennt sind. Der Lichtbogen trägt ca. 5 % zur leuchtenden Strahlung bei. Nach den Untersuchungen von Simon gibt ein elektrischer Lichtbogen, der seinen Strom von einer Akkumulatorenbatterie erhält, einen intensiven Ton von sich, wenn in einem benachbarten Raum ein Induktionsapparat funktioniert, dessen Primärleitung in geringem Abstande parallel zur Speiseleitung des Lichtbogens verläuft. Dieser Ton rührt von induzierten Strömen her, die infolge der Tätigkeit des mit dem Induktionsapparat verbundenen Unterbrechers in dem Stromkreis der elektrischen Lampe auftreten. Die weiteren Untersuchungen ergaben, daß der Lichtbogen Intensitätsschwankungen des Stromes in Schallwellen umsetzt, da durch die Induktion in dem Volumen der leitenden Gase des Lichtbogens periodische Schwankungen hervorgerufen werden, welche in der umgebenden Luft Schallwellen erzeugen. Wird der intermittierende Primärstrom des Induktionsapparats durch den veränderlichen Strom eines Mikrophons ersetzt, so gibt der Lichtbogen die Töne in Höhe und Klangfarbe getreulich wieder und können dieselben mittels eines Hörrohres, das zu einem vor der Lichtquelle aufgestellten Trichter führt, wahrgenommen werden. Um von dem Bogen intensive Töne zu gewinnen, muß man ihm die größtmögliche Länge geben (bis zu 10 cm Länge hat dies Dudell bei einer Potentialdifferenz von 200 Volt ausgeführt).

Lichtgeschwindigkeit = 300000000 m pro Sek.

Lichtkuppelungsdosen (siehe **Bremskuppelungsdosen**) für Überleitung des Lichtstromes vom Motorwagen zum Anhängewagen.

Lichtleistung ist das Produkt eines Lichtstromes mit der Zeit seines Bestehens (Lichtmenge).

Lichtmenge (siehe **Lichtleistung**).

Lichtquelle ist ein glühender Körper, der Strahlen aussendet, die vom menschlichen Auge wahrgenommen werden.

Lichtquellen.

Lichtart	Material Preis in Mark	Räumliche Lichtstärke pro HE und Stunde	
		Verbrauch	Pr. in Mark
Gasglühlicht . . .	1000 l = *—.13*	2 l	*—.026*
Petroleumglühlicht .	1000 g = *—.23*	1,3 g	*—.03*
Bremerlicht . . .	1000 W-Std. = *—.50*	0,4 W-Std.	*—.02*
		0,6 »	*—.03*
Bogenlicht ohne Glocke	1000 » = *—.50*	1 W-Std.	*—.05*
Azetylenglühlicht .	1000 l = *1.50*	0,4 l	*—.06*
Petroleum	1000 g = *—.23*	3 g	*—.07*
Spiritusglühlicht .	1000 g = *—.35*	2,5 g	*—.09*
Bogenl. m. Glocke .	1000 W-Std. = *—.50*	1,4 W-Std.	*—.07*
Nernstlampe . . .	1000 » = *—.50*	2 »	*—.10*
Glühlampe, gewöhnliche	1000 » = *—.50*	2,8—4 »	*—.14* bis *—.20*
Azetylenlicht . . .	1000 l = *1.50*	1 l	*—.15*
Gaslicht, Rundbr. .	1000 l = *—.13*	10 l	*—.13*
Gaslicht, Schnittbr.	1000 l = *—.13*	17 l	*—.21*

Kosten der Lichtquellen (nach Prof. Wedding).

Lichtquellen	Lichtstärke in der Praxis HK	Gemessen für	Stündlicher Verbrauch in Liter	Total aufgewendete Wärmemeng. in Kalorien	Pro Kerze aufgewendete Wärmemenge in Kalor.	Kosten für 100 Kerzenstunden ₰	Kosten für die Brennstunde ₰	Mittlere hemisphärische Lichtstärke, Kosten für 100 Kerzenstunden und pro Kerze aufgewendete Lichtmenge nach 300stündiger Brennzeit: unarmierte Lampe HK	unarmierte Lampe ₰	unarmierte Lampe Kalorien	Armierung	armierte Lampe HK	armierte Lampe ₰	armierte Lampe Kalorien
Leuchtgas (Schnittbrenner) . . .	30	horizontale Lichtstärke	399 (Leuchtgas)	1995,0	66,5	*21,3*	*6,4*	20	*32,0*	100,0	—	—	—	—
Leuchtgas (Rundbrenner) . . .	20	»	200 (Leuchtgas)	1000,0	50,0	*16,0*	*3,2*	13	*24,6*	77,0	Milchglasschirm	18	*17,8*	55,5
Leuchtgas (Regeneratorenbrenner) .	111	mittl. hemisph. Lichtstärke	408 (Leuchtgas)	2042,0	18,4	*5,86*	*6,5*	111	*5,86*	18,4	»	111	*5,86*	90,0
Leuchtgas (Glühlicht)	50	horizontale Lichtstärke	100 (Leuchtgas)	500,0	10,0	*3,20*	*1,6*	29	*5,56*	17,2	»	40	*4,0*	12,5
Spiritusglühlicht .	30	»	0,057 Spir.	318,0	10,6	*6,67*	*2,0*	15	*7,34*	21,2	»	21	*9,53*	15,2
Petroleum (vierzehnliniger Normalbrenner)	30	»	0,1077 (Petrol.)	960,0	32,0	*7,33*	*2,2*	20	*11,0*	48,0	»	28	*7,86*	34,3
Petroleum (Glühlicht)	40	»	0,05 (Petrol.)	550,0	13,75	*2,50*	*1,0*	20	*5,0*	27,50	»	28	*3,57*	19,6
Azetylen	60	»	36 Azetyl.	534,0	8,9	*9,0*	*5,4*	40	*13,5*	13,38	»	56	*9,64*	9,6
Elektrisches Glühlicht	16	mittl. räuml. Lichtstärke	48 (Watt)	41,4	2,59	*18,10*	*2,9*	14	*20,7*	2,95	»	20	*14,5*	2,1
Elektrisches Bogenlicht	460	mittl. hemisph. Lichtstärke	330 (Watt)	284,0	0,617	*4,30*	*19,8*	460	*4,3*	0,617	Alabasterkugel	390	*5,08*	0,73
Triplex-Bogenlicht .	420	»	220 (Watt)	189,3	0,45	*3,14*	*13,2*	420	*3,14*	0,45	»	360	*3,67*	0 53

Lichtstärke ist die Intensität einer punktförmigen Lichtquelle.

Lichtstärke-Einheiten. Platineinheit von Violle ist jene Lichtstärke, welche von 1 qcm geschmolzenen Platins bei der Erstarrungstemperatur senkrecht zur glühenden Fläche ausgesendet wird.

Hefnerkerze, Kerze (Pyr), angenommen vom V. d. E. (Hefner-Altenecksche Amylazetatlampe), ist die frei in reiner Luft brennende 40 mm hohe Flamme, welche sich aus dem horizontalen Querschnitt eines massiven, mit reinem Amylazetat gesättigten Dochtes erhebt.

Vergleichende Tabelle.

Einheit	Hefnerkerze	Deutsche Vereinskerze	Englische Normalkerze	Carcellampe
Hefnerkerze	1	0,861	0,869	0,091
Deutsche Vereinskerze .	1,162	1	1,009	0,107
Englische Normalkerze .	1,151	0,990	1	0,106
Carcellampe	10,9	9,38	9,47	1

Lichtstärke, hemisphärische, ist die auf die untere Hälfte der um den Lichtpunkt beschriebenen Kugel bezogene mittlere Lichtstärke.

Lichtstärke, sphärische, ist die auf die ganze um den Lichtpunkt beschriebene Kugel bezogene mittlere Lichtstärke.

Lichtstärkeverlust von Lampenglocken:

Alabasterglas	15 %
Opalglas	20 %
Milchglas	30—70 %

Lichtstrom ist die Erfüllung eines von einer punktförmigen Lichtquelle ausgehenden räumlichen Winkels mit Licht.

Lichttelephonie beruht darauf, daß eine Bogenflamme zum Sprechen gebracht wird, wenn der sie speisende Gleichstrom in geeigneter Weise durch Stromschwankungen überlagert wird, die durch das Sprechen in einem Mikrophon erzeugt werden. Das Sprechen des Flammenbogens ist eine Folge der durch die schwankende Stromintensität bedingten Temperaturänderung des Bogens und der dadurch hervorgerufenen Volumenänderung der Flamme (siehe **Lichtbogen**).

Lichttelephonie, System Ruhmer. Zur Erzeugung des sprechenden Lichtes befindet sich in der Sendestation ein nach jeder Richtung leicht einstellbarer Scheinwerfer mit Metall-Parabolreflektor von 32 cm Durchmesser. Die Lampe ist mit Handregulierung ausgerüstet. Der positive Krater kann leicht in den Brennpunkt des Parabolspiegels eingestellt werden, um ein möglichst paralleles Lichtbündel zu erhalten. Zum Betriebe des Scheinwerfers ist Gleichstrom, ca. 2—5 Amp. bei ca. 60—110 Volt, erforderlich. Der Flammenbogen der Scheinwerferlampe wird durch Überlagerung von Mikrophonströmen über den Speisestrom der Lampe zum Lichtsprechen gebracht.

In den Mikrophonstromkreis ist neben dem hochempfindlichen Kohlenkörnermikrophon mit auswechselbarer Mikrophonkapsel eine kleine Akkumulatorenbatterie von in Zelluloid eingebauten Zellen eingeschlossen. Nachdem der Scheinwerfer eingeschaltet und das parallele Lichtbündel auf den Empfangsspiegel eingestellt ist, braucht nur das Mikrophon eingeschaltet und in dasselbe in gewöhnlicher Weise gesprochen zu werden.

Der Empfangsapparat besteht aus einem eisernen, vernickelten Stativ, auf dem ein Neusilber-Parabolspiegel von 45 cm Durchmesser nach jeder Richtung hin leicht verstellbar angeordnet ist. In der Brennlinie des Spiegels befindet sich in einer Fassung eingeschraubt eine Ruhmersche zylinderförmige Selenzelle von hoher Empfindlichkeit, welche in eine evakuierte Glasbirne eingeschlossen und mit Edisonfassung versehen ist. Der Apparat ist ferner mit zwei hochempfindlichen Telephonen ausgestattet.

Licht, zerstreutes (siehe **Zerstreutes Licht**).

Liliput-Bogenlampe (System Siemens-Schuckertwerke).

Die Liliput-Bogenlampe ist eine Gleichstrom-Bogenlampe, bei der nach dem Prinzip der Dauerlampen der Luftzutritt beschränkt ist, die aber nur ein einziges Glas besitzt. Der Mechanismus der Lampe enthält kein Laufwerk, sondern nur einen sehr sicher wirkenden Klemmvorschub für die Kohlen, der durch Erschütterungen und selbst heftige Stöße nicht im geringsten beeinflußt wird.

Die Lampe brennt mit etwa 80 Volt Klemmenspannung und 2 Amp. Stromstärke und ergibt ohne Glocke eine mittlere hemisphärische Helligkeit von etwa 160 HK, mit Alabasterglasglocke eine solche von etwa 130 HK; es beträgt demnach der Energieverbrauch pro HK etwa 1 bzw. 1,2 Watt. Die Lampe kann in Einzelschaltung in Verbindung mit einem entsprechenden regulierbaren Vorschaltwiderstand in Netzen von 100—120 Volt verwendet werden.

Die Brenndauer hängt von der Häufigkeit des Ein- und Ausschaltens ab und beträgt 16—20 Stunden.

Die für die Lampe zu verwendenden Kohlen besitzen 5 mm Durchmesser. Die obere Kohle ist 190 mm, die untere 65 mm lang; der Rest der oberen Kohle kann, entsprechend verkürzt, als untere Kohle benutzt werden. Die Kosten für die Kohlen betragen pro Stunde etwa $^1/_4$ ₰. Preis der Lampe ohne Vorschaltwiderstand *ℳ 25*, mit Vorschaltwiderstand *ℳ 28*.

Lincolnscher Synchronisierapparat (siehe **Parallelschalten von Wechselstrommaschinen**).

Linienbatterie — die bei Telegraphenanlagen in der Aufgabestation befindliche Batterie, welche den Strom zur Zeichengebung liefert.

Linienschutz gegen Blitzgefahr wird erzielt durch Anordnung von Blitzschutzvorrichtungen an exponierten Stellen, durch Verwendung von Saugspitzen, Erdleitungsdraht und Erdplatten oder Erdspiralen und eventuell durch Verbindung der einzelnen Masten durch einen Draht.

Linienwähler — Schaltapparate für Fernsprechanlagen, welche in Form von Kurbel- oder Stöpselschalter die Einschaltung einzelner Linien gestatten. Während bei Telephonanlagen mit Zentralumschalter die einzelnen Stationen nur durch Vermittelung der Zentrale untereinander verkehren können, ermöglicht das Linienwählersystem den direkten Verkehr ohne jede Vermittelung. Bei Anwendung von Linienwählern müssen nach jeder Stelle so viel Drähte gelegt werden, als Stationen vorhanden sind, nach denen gesprochen werden soll, außerdem aber ist, wenn nicht die Erde zur Rückleitung benutzt werden soll, noch ein weiterer Draht anzubringen. Wegen der erforderlichen vielen Leitungen ist dieses System nur für kürzere Entfernungen empfehlenswert. Die Linienwähler werden als Wand- und Tischlinienwähler ausgeführt.

Preise von			
Wandlinienwähler		Tischlinienwähler	
Mit 1 Stöpselloch	*M* *3.30*	Mit 1 Stöpselloch	*M* *4.80*
» 2 Stöpsellöchern	» *3.60*	» 2 Stöpsellöchern	» *5.30*
» 3 »	» *4.15*	» 3 »	» *6.40*
» 4 »	» *4.75*	» 4 »	» *7.50*
» 5 »	» *5.40*	» 5 »	» *8.60*
» 6 »	» *6.—*	» 6 »	» *9.80*
» 7 »	» *6.60*	» 7 »	» *11.—*
» 8 »	» *7.20*	» 8 »	» *12.20*
» 10 »	» *8.20*	» 10 »	» *16.60*
» 12 »	» *9.20*	» 12 »	» *19.—*
» 14 »	» *10.20*	» 14 »	» *21.40*
» 16 »	» *12.20*	» 16 »	» *23.80*
» 20 »	» *14.20*	» 20 »	» *28.20*
» 22 »	» *15.20*	» 22 »	» *30.60*
» 24 »	» *16.—*	» 24 »	» *33.—*
» 26 »	» *17.—*	» 26 »	» *35.40*
» 30 »	» *18.—*	» 30 »	» *40.20*
» 40 »	» *22.—*	» 40 »	» *52.—*

Stöcker & Ko., Leipzig.

Linienwechsel des Morsesystems sind Apparate, welche dazu dienen, den Strom von einer Leitung auf eine andere zu übertragen, den Stromkreis durch direkte Erdverbindung zu kürzen oder die Apparate aus dem Stromkreis auszuschalten, ohne denselben zu unterbrechen. Die Linienwechsel sind Stöpselumschalter, welche aus einzelnen Messinglamellen bestehen, deren Anordnung von den beabsichtigten Schaltkombinationen abhängt.

Lochanker. Die Wickelung ist in axialen Löchern, welche so nahe als möglich an der Peripherie angeordnet sind, untergebracht. Vorteile: Entfall der Bandagen, magnetischen Tangentialkraft und Fliehkraftwirkung. Nachteile: Große Selbstinduktion, daher Funken und schwere Bedienung. Ankerbleche werden gestanzt.

Locharmatur (siehe **Lochanker**).

Löffelradturbinen (siehe **Peltonturbinen**).

Löffeltelephon. Die Polschuhe mit den Drahtrollen sind senkrecht zum Hufeisenmagneten gesetzt, so daß die Membran und die Hörmuschel parallel zum Griff, der den Magnet enthält, zu liegen kommen.

Lokalbatterie (siehe **Relais**).

Lokomobilen. Lokomobilen auf Tragfüßen finden für kleinere und mittlere Zentralen vielfach Anwendung, sei es als Reservemaschine, sei es als Hauptmaschine. Sie haben gegenüber den Dampfmaschinen mit getrenntem Kessel den Vorzug der Raumersparnis, leichteren Aufstellung ohne umfangreiche und teuere Fundamente sowie der bequemeren und schnelleren Auswechselung, falls eine größere Betriebskraft erforderlich wird. Die Kosten für Kesselarmierung, Rohrleitungen zwischen Kessel und Maschine, gemauerten Schornstein, der durch einen leichten Blechschornstein ersetzt wird, werden erspart. Die Lokomobile arbeitet, soweit es sich um erstklassiges Fabrikat handelt, sparsamer als eine Dampfmaschine, da Dampfverluste durch Kondensation in den Rohrleitungen unmöglich sind und überdies der Wirkungsgrad von Kessel und Maschine sehr hoch ist. R. Wolf, Magdeburg-Buckau, liefert Lokomobilen bis 200 PS, mit einer Maximalleistung von 360 PS. Der Dampfverbrauch solcher Maschinen beträgt 6,2—6,8 kg. Der Kohlenverbrauch beträgt 0,7—0,82 kg pro 1 PS-Std. bei 7500 Kal. Heizwert. Zum Zwecke leichter und gründlicher Reinigung werden die Lokomobilen mit ausziehbarem Röhrenkessel geliefert.

	Einzylindrige			Zweizylindrige		
PS	10	15	20	25	30	35
ℳ	*4200*	*5400*	*6000*	*8000*	*9000*	*10 000*

	Receiver-Compound					
PS	40	50	80	100	120	150
ℳ	*14 000*	*16 000*	*20 000*	*25 000*	*27 000*	*30 000*

Heinrich Lanz, Mannheim. | Garrett Smith & Ko., Magdeburg-Buckau.

Lokomotiven, elektrische (bezüglich Ausrüstung siehe **Motorwagen**).

Maschinenfabrik Oerlikon, Oerlikon bei Zürich (Schweiz).

Lombad-Gérinsches System der Stromzuführung von einer oberirdischen Kontaktleitung zu gleislosen Bahnen. Der auf der Oberleitung rollende Kontaktapparat besitzt einen separaten kleinen Motor, welcher mit dem Motor des Automobils stets mit derselben Geschwindigkeit, d. h. synchron, läuft, wodurch es möglich wird, daß der stromentnehmende Apparat stets vor dem Automobil, daher stets unter der Aufsicht des Wagenführers läuft. Der Motor des Kontaktapparats, der stets ein Drehstrommotor ist, erhält seinen Strom vom Wagenmotor. Die Motorwelle ist auf der Welle von zwei Kontaktrollen, die auf den beiden 8 mm starken Kontaktdrähten rollen, aufgehängt. Der Motor des Kontaktapparats kann durch Bremsschuhe, welche durch kleine Elektromagnete betätigt werden, gebremst werden. Die Stromzuführung erfolgt durch ein biegsames Kabel, das mittels der aus leichten Röhren gebildeten Cardanschen Aufhängung mit dem Kontaktapparat verbunden ist (siehe auch **Gleislose Bahnen**).

London spermaceti candle (siehe **Normalkerze, englische**).

Lösungsdruck, elektrolytischer. Metalle haben das Bestreben, in Ionenform (siehe **Ionen**) in Lösung überzugehen. Dieser Übertritt findet so lange statt, bis die Ionen in der Flüssigkeit eine gewisse Konzentration erreicht haben, einen gewissen osmotischen Druck ausüben, welcher elektrolytischer Lösungsdruck genannt wird.

Lösungstension, elektrolytische (siehe **Lösungsdruck**).

Lötkolben, elektrischer. Bei dem von der A. E.-G. konstruierten Lötkolben für Weichlötung wird der Lichtbogen zwischen einem Kohlenstift und einem Kupferkolben gebildet. Die Stromzuführung erfolgt mittels biegsamer Leitungsschnur. Die Entzündung wird durch Drücken auf einen Knopf herbeigeführt. Dem Lötkolben wird ein Beruhigungswiderstand vorgeschaltet.

»Prometheus« G. m. b. H., Fabrik elektr. Koch- u. Heizapp., Frankfurt a. M.-Bockenheim (*s. Inseratanh. S. 20*).

Albert Thode & Ko., Hamburg (*s. Inseratanh. S. 4*).

Lötverfahren, elektrisches (siehe **Schweifsverfahren, elektrisches**).

Luftdämpfung (siehe **Dämpfung**).

Luftdraht (siehe **Marconisches System**).

Luftleitungen (siehe **Freileitungen**).

Hackethaldraht-Gesellschaft m. b. H., Hannover.

Lufttemperatur ist nach den Vorschriften des V. d. E. die Temperatur der zuströmenden Luft oder, wenn keine entschiedene Luftströmung bemerkbar ist, die mittlere Temperatur der die Maschine umgebenden Luft in Höhe der Maschinenmitte, wobei in beiden Fällen in etwa 1 m Entfernung von der Maschine zu messen ist.

Luftweichen für Bahnen, Preis pro Stück *M 20.*

Albert Thode & Ko., Hamburg (*s. Inseratanh. S 4*).

Lumen ist der von der Kerze (siehe daselbst) in den räumlichen Winkel 1 entsandte Lichtstrom.

Lumenmeter — ein von Blondel konstruierter Apparat zur direkten Messung der mittleren sphärischen Intensität.

Lumensekunde ist das während einer Sekunde andauernde Lumen.

Lumenstunde ist das während einer Stunde andauernde Lumen.

Lux ist die Beleuchtung einer ebenen Fläche im Abstande von 1 m durch die Kerze oder die Beleuchtung eines Quadratmeters durch das Lumen.

M.

Magazin, magnetisches (siehe **Blättermagneten**).

Magnet ist ein Körper, der Anziehungskraft und Richtkraft besitzt. Durch erstere ist er imstande, Eisen (Nickel; Kobalt usw.) anzuziehen und festzuhalten, durch letztere, eine bestimmte Richtung (Nordsüdrichtung) anzunehmen, wenn er frei aufgehängt wird. Die Herstellung der Magnete erfolgt durch Bestreichen des zu magnetisierenden Eisen- oder Stahlstückes mittels eines Stahl- oder Elektromagneten, oder indem man um den Magnet eine Spule legt, durch welche elektrischer Strom gesendet wird.

Magnetbremsen. Bei Hebezeugen kommen Magnetbremsen zur Anwendung, welche aus einem Elektromagneten bestehen, der eine Backen- oder Bandbremse so lange in offener Stellung erhält, als Strom durch eine Spule fließt, d. h. so lange, als der Lastmotor läuft. Wird dieser unterbrochen, so spannen sich die Bremsen infolge Gewichtsbelastung selbsttätig.

Magnetelektrische Maschinen sind Maschinen mit permanenten Stahlmagneten. (Nunmehr nicht mehr in Gebrauch.)

Magnet, geschlossener — Magnet, dessen Pole durch ein Stück weiches Eisen (Anker) verbunden sind.

Magnete, permanente, sind solche, die den ihnen mitgeteilten Magnetismus festhalten und höchstens mit der Zeit einen Teil desselben verlieren (siehe **Stahlmagnete**).

Magnete, temporäre — Magnete, welche nur so lange magnetisch bleiben, als der induzierende magnetische Körper in der Nähe ist (siehe **Influenz, magnetische** und **Elektromagnete**).

Magnetische Sättigung. Bisher beobachtete höchste Werte von B:

H	*B*		
	Lowmoor-eisen	Schwedisches Eisen	Gußeisen
3 630	22 400	—	19 600
11 000	32 000	33 300	25 600
16 900	—	—	31270
18 900	38 000	37 600	—
24 500	45 350	—	—

Magnetisierung, Stärke derselben ist das Moment für die Volumeneinheit des Magneten.

Magnetisierung, innere (siehe **Induktion, magnetische, Stärke derselben**).

Magnetisierung, Stärke derselben ist der Quotient aus der Stärke des Magneten durch seinen Querschnitt.

Magnetisierungskurven stellen die magnetischen Eigenschaften eines Materials dar. Als Abszissen wird entweder die magnetomotorische Kraft oder die Amperewindungszahl pro cm, als Ordinate die Kraftliniendichte aufgetragen.

Magnetisierungsspule — eine mit Drahtwindungen versehene Spule, in deren Höhlung ein Stab aus weichem Eisen untergebracht ist. Letzterer wird, wenn die Windungen von Strom durchflossen werden, magnetisch (siehe **Elektromagnet**).

Magnetisierungsstärke ist die Polstärke für die Querschnittseinheit des Magneten.

Magnetisierungstabelle für Schmiedeeisen und Gußeisen.

Ausgeglühtes Gußeisen			Graues Gußeisen		
H	B	μ	H	B	μ
1,66	5 000	3000	5	4 000	800
4	9 000	2250	10	5 000	500
5	10 000	2000	21,5	6 000	279
6,5	11 000	1692	42	7 000	167
8,5	12 000	1412	80	8 000	100
12	13 000	1083	127	9 000	71
17	14 000	823	188	10 000	53
28,5	15 000	526	292	11 000	37
52	16 000	308			
105	17 000	161			
200	18 000	90			
350	19 000	54			

Magnetisierungswechsel ist eine einmalige Magnetisierung, bei welcher die magnetisierende Kraft von Null bis zu einem Maximalwert steigt und bis Null sinkt, hierauf die Richtung wechselt, in entgegengesetztem Sinne wieder bis zu einem Maximalwert ansteigt und hierauf bis Null sinkt.

Magnetismus, absoluter, Einheit desselben ist jene Menge Magnetismus, welche auf eine gleiche, von ihr im Abstande von 1 cm befindliche die Kraft von einem Dyne ausübt.

Magnetismus, freier, ist der an den Polen eines Magneten zur Wirkung kommende Magnetismus.

Magnetismus, remanenter, ist die im Eisen nach dem Aufhören der magnetisierenden Wirkung der Feldwindungen zurückbleibende Kraftliniendichte. Ist der remanente Magnetismus des Eisens zu groß, so leidet bei Compoundmaschinen die Compoundierung, da sie je nach der Be- und Entlastung der Maschine ausfällt; ist er zu klein, so ist das Angehen der Maschine schwierig, da namentlich bei Maschinen mit starken Eisenquerschnitten und geringer Liniendichte die remanente Spannung nicht genügt, um einen entsprechenden Anfangsstrom in der Magnetwickelung zu erzeugen. Der remanente Magnetismus ist größer, wenn der Magnetismus allmählich, als wenn er plötzlich verschwindet. Remanente Magnetisierung geht durch Erschütterungen leicht verloren und wird durch sprungweise Änderung der Feldstärke wie durch äußere Erschütterungen beeinflußt.

Magnetismus, spezifischer, ist das Verhältnis des magnetischen Momentes zur Masse des Magneten.

Magnetometer — Instrument zur Bestimmung der magnetischen Eigenschaften von Eisensorten.

Magnetomotorische Kraft — Gesamtzahl der Amperewindungen, welche Magnetismus erzeugen (siehe **Magnetisierungsspule**).

Magnetschenkel — jener Teil des Magnetgerippes, auf welchem die Erregerspulen aufgewickelt sind.

Magnetspulenerhitzung. Die Ursachen dieser Erscheinung sind: Zu niedrige Umdrehungszahl bei normaler Spannung oder zu hohe Spannung bei normaler Umdrehungszahl; Überbrükkung einer oder mehrerer Magnetspulen durch Schluß, durch Entfernen der Schlußstellen zu beheben.

Magnetspulen, runde, aus Vulkoasbest.

H. Weidmann, Rapperswyl.

Durchmesser des Kerns mm	Höhe zwischen den Flanschen mm	Flanschendurchmesser mm	Ungefährer Preis p. Stück ℳ	Durchmesser des Kerns mm	Höhe zwischen den Flanschen mm	Flanschendurchmesser mm	Ungefährer Preis p. Stück ℳ
42	89	72	*—.80*	20	55	70	*—.65*
50	85	95	*—.88*	44	32	120	*—.90*
61	50	154	*1.10*	60	135	100	*—.90*
75	46	115	*—.80*	81	50	112	*—.60*
81	55	162	*1.25*	92	56	185	*2.20*
90	138	150	*1.90*	100	92	175	*1.60*
124	95	214	*2.95*	132	120	214	*3.30*
140	19	252	*1.90*	156	76	186	*1.15*
159	77	280	*4.—*	167	120	320	*9.80*
185	130	345	*10.—*	170	21	278	*2.10*
194	29	328	*2.80*	232	88	410	*6.—*
220	206	250	*6.80*	236	358	325	*12.50*
235	228	275	*9.60*	200	200	340	*9.60*
201	323	260	*11.—*	190	265	250	*9.80*
282	170	415	*5.20*	320	153	404	*5.75*

Magnetstahl. Stahl von besonderen magnetischen und elektrischen Eigenschaften.

Heinrich Remy, Tiegelstahlwerk, Hagen i. W.

Magnetwickelung, falsch geschaltete, hat zur Folge, daß die Dynamo bei Selbsterregung keine Spannung gibt, bei Sondererregung jedoch sofort. Behebung: Vertauschen der beiden Enden der Magnetwickelung.

Manchestertypen sind Mantelmaschinen, bei denen die Magnetspulen nicht auf den Polen, sondern auf dem Mantel sitzen.

Manganin. Metallegierung aus Kupfer, Nickel und Mangan. Spezifischer Widerstand = 0,43, Temperaturkoeffizient = 0,00001 bis 0,00002. Wird als Widerstandsmaterial für genaue Messungen verwendet. (Hersteller: Isabellenhütte bei Dillenburg.)

Manganindraht.

Durchmesser mm	Querschnitt qmm	Gewicht pro m g	Widerstand pro m Ohm	Preis pro kg ℳ	Durchmesser mm	Querschnitt qmm	Gewicht pro m g	Widerstand pro m Ohm	Preis pro kg ℳ
0,05	0,0020	0,015	210	*48.—*	0,28	0,0616	0,545	6,82	*12.—*
0,08	0,0050	0,050	84	*29.—*	0,30	0,0707	0,620	5,94	*11.—*
0,10	0,0079	0,065	53,3	*23.—*	0,35	0,0962	0,800	4,46	*10.80*
0,11	0,0095	0,090	44	*23 —*	0,40	0,1260	1,100	3,32	*10.50*
0,12	0,0113	0,100	37	*20.—*	0,45	0,1590	1,410	2,64	*10.—*
0,13	0,0133	0,115	31,1	*20.—*	0,50	0,1960	1,735	2,14	*9.60*
0,14	0,0154	0,130	27	*17.50*	0,55	0,2370	2,110	1,77	*9.—*
0,15	0,0177	0,155	23,72	*17.50*	0,60	0,2830	2,500	1,48	*8.80*
0,16	0,0201	0,175	20,08	*15.75*	0,65	0,3320	2,950	1,26	*8 60*
0,17	0,0227	0,200	18,1	*15.70*	0,70	0,3850	3,420	1,09	*8.50*
0,18	0,0255	0,230	16,4	*14.—*	0,80	0,5030	4,460	0,84	*8.30*
0,19	0,0283	0,250	15	*14.—*	0,90	0,6360	5,560	0,66	*7.80*
0,20	0,0314	0,275	14,8	*13.50*	1,00	0,7850	7,020	0,53	*7.10*
0,22	0,0380	0,335	11	*13.25*	1,20	1,1310	10,900	0,37	*7.05*
0,25	0,0491	0,435	8,6	*13.—*	1,50	1,7670	15,300	0,23	*7.—*

Mannesmannrohrmasten.

Länge über Erde mm	Bei 700 mm in der Erde								
	Zuläss. horizontale Belastung kg	Gewicht mit Spitze ca. kg	Preis mit Spitze ℳ	Zuläss. horizontale Belastung kg	Gewicht mit Spitze ca. kg	Preis mit Spitze ℳ	Zuläss. horizontale Belastung kg	Gewicht mit Spitze ca. kg	Preis mit Spitze ℳ
4000	60	24	*19.95*	105	36	*29.60*	115	35	*29.02*
4200	58	25	*20.69*	100	37	*30.74*	109	37	*30.15*
4400	55	26	*21.43*	96	39	*31.88*	105	38	*31.29*
4600	52	27	*22.17*	91	40	*33.03*	100	40	*32.42*
4800	50	28	*22.91*	88	42	*34.18*	96	41	*33.56*
5000	48	28	*23.66*	84	43	*35.32*	92	42	*34.69*
5200	46	29	*24.40*	81	44	*36.47*	89	44	*35.82*
5400	45	30	*25.14*	78	46	*37.61*	85	45	*36.96*
5600	43	31	*25.88*	75	47	*38.76*	82	47	*38.09*
5800	42	32	*26.63*	73	49	*39.90*	80	48	*39.23*
6000	40	33	*27.35*	70	50	*41.05*	77	49	*40.36*
6200	39	34	*28.18*	68	51	*42.28*	74	51	*41.49*
6400	38	35	*29.—*	66	53	*43.50*	72	52	*42.63*
6600	37	36	*29.85*	64	54	*44.73*	70	54	*43.76*
6800	36	37	*30.72*	62	56	*45.96*	68	55	*44.90*
7000	35	38	*31.50*	60	57	*47.19*	66	56	*46.03*
7200	34	39	*32.40*	59	59	*48.41*	64	58	*47.16*
7400	33	40	*33.20*	57	60	*49.64*	62	59	*48.30*
7600	32	41	*34.05*	56	62	*50.87*	61	61	*49.43*
7800	31	42	*34.88*	54	63	*52.09*	59	62	*50.57*
8000	30	43	*35.70*	53	65	*53.32*	58	63	*51.70*
Je 100 mm tiefer i. d. Erde wieg.			0,54 kg	. . . . .		0,83 kg	. . . . .		0,8 kg
„ „ „ „ „ „ kost.			ℳ *—.45*	. . . . .		ℳ *—.65*	. . . . .		ℳ *—.65*

Maximale ganze Länge ca. 9 m.

Länge über Erde	Bei 700 mm in der Erde								
	Zuläss. horizontale Belastung	Gewicht mit Spitze	Preis mit Spitze	Zuläss. horizontale Belastung	Gewicht mit Spitze	Preis mit Spitze	Zuläss. horizontale Belastung	Gewicht mit Spitze	Preis mit Spitze
mm	kg	ca. kg	ℳ	kg	ca. kg	ℳ	kg	ca. kg	ℳ
4000	105	36	*29.60*	115	35	*29.02*	132	40	*33.07*
4200	100	37	*30.74*	109	37	*30.15*	126	42	*34.37*
4400	96	39	*31.88*	105	38	*31.29*	120	44	*35.66*
4600	91	40	*33.03*	100	40	*32.42*	115	45	*36.96*
4800	88	42	*34.18*	96	41	*33.56*	110	47	*38.25*
5000	84	43	*35.32*	92	42	*34.69*	106	48	*39.55*
5200	81	44	*36.47*	89	44	*35.82*	102	50	*40.85*
5400	78	46	*37.61*	85	45	*36.96*	99	52	*42.14*
5600	75	47	*38.76*	82	47	*38.09*	95	53	*43.44*
5800	73	49	*39.90*	80	48	*39.23*	92	55	*44.73*
6000	70	50	*41.05*	77	49	*40.36*	89	56	*46.03*
6200	68	51	*42.28*	74	51	*41.49*	86	58	*47.33*
6400	66	53	*43.50*	72	52	*42.63*	83	60	*48.62*
6600	64	54	*44.73*	70	54	*43.76*	81	61	*49.92*
6800	62	56	*45.96*	68	55	*44.90*	78	63	*51.21*
7000	60	57	*47.19*	66	56	*46.03*	76	64	*52.51*
7200	59	59	*48.41*	64	58	*47.16*	74	66	*53.81*
7400	57	60	*49.64*	62	59	*48.30*	72	68	*55.10*
7600	56	62	*50.87*	61	61	*49.43*	70	69	*56.40*
7800	54	63	*52.09*	59	62	*50.57*	68	71	*57.69*
8000	53	65	*53.32*	58	63	*51.70*	67	72	*58.99*
Je 100 mm tiefer i. d. Erde wieg.			0,83 kg	. . . . .		0,8 kg	. . . . .		0,92 kg
„ „ „ „ „ „ kost.			ℳ *—.65*	. . . . .		ℳ *—.65*	. . . . .		ℳ *—.80*
4000	170	45	*35.60*	191	50	*39.92*	215	55	*43.85*
4200	162	47	*37.—*	181	52	*41.49*	205	57	*45.58*
4400	155	49	*38.43*	173	54	*43.06*	196	60	*47.38*
4600	148	50	*39.84*	165	56	*44.63*	187	62	*49.10*
4800	142	52	*41.25*	159	58	*46.20*	179	64	*50.91*
5000	136	54	*42.66*	152	60	*47.77*	172	66	*52.64*
5200	131	56	*44.07*	147	62	*49.34*	165	69	*54.45*
5400	126	58	*45.49*	141	64	*50.91*	159	71	*56.17*
5600	122	59	*46.90*	136	66	*52.48*	153	73	*57.98*
5800	118	61	*48.31*	131	68	*54.05*	148	75	*59.70*
6000	114	63	*49.73*	127	70	*55.62*	143	78	*61.51*
6200	110	65	*51.14*	123	72	*57.19*	139	80	*63.24*
6400	107	67	*52.55*	119	74	*58.76*	134	82	*65.04*
6600	103	68	*53.97*	115	76	*60.33*	130	84	*66.77*
6800	100	70	*55.38*	112	78	*61.90*	127	87	*68.58*
7000	97	72	*56.79*	109	80	*63.47*	123	89	*70.30*
7200	95	74	*58.20*	106	82	*65.04*	120	91	*72.11*
7400	92	76	*59.62*	103	84	*66.61*	116	93	*73.84*
7600	90	77	*61.03*	100	86	*68.18*	113	96	*75.64*
7800	88	79	*62.44*	98	88	*69.75*	110	98	*77.37*
8000	85	81	*63.86*	95	90	*71.32*	107	100	*79.17*
Je 100 mm tiefer i. d. Erde wieg.			1,04 kg	. . . . .		1,17 kg	. . . . .		1,31 kg
„ „ „ „ „ „ kost.			ℳ *—.85*	. . . . .		ℳ *0.92*	. . . . .		ℳ *1.03*

Maximale ganze Länge ca. 9 m.

Stromzuführungsmasten (aus einem Stück gefertigt).

Länge über Erde mm	Durchbiegung D in mm bei einem Horizontalzug am oberen Ende von P kg									Bei 1,5 m in der Erde	
	P =	40	60	80	100	120	140	160	180	Gew. ca kg	Preis ℳ
5000	D =	27	39	51	62	74	86	98	110	94	*67.70*
5200	D =	31	44	59	71	85	98	113	127	97	*69.85*
5400	D =	34	49	67	80	96	111	128	144	100	*72.—*
5600	D =	38	54	75	90	108	125	144	162	103	*74.15*
5800	D =	42	60	83	100	120	140	160	180	105	*75.60*
6000	D =	47	66	91	100	132	154	175	198	108	*77.75*
6200	D =	51	72	99	120	144	168	190	216	111	*79.95*
6400	D =	55	79	108	130	156	182	205	235	114	*82.10*
6600	D =	59	86	116	140	170	198	220	255	117	*84.25*
6800	D =	64	94	125	154	185	126	242	280	119	*85.70*
7000	D =	69	102	137	169	202	235	266	305	122	*87.85*
7200	D =	75	101	149	184	220	255	290	330	125	*90.—*
7400	D =	81	119	161	199	238	275	315	355	128	*92.15*
7600	D =	87	128	173	214	257	296	340	385	131	*94.30*
7800	D =	93	138	185	229	276	318	365		134	*96.50*
8000	D =	100	148	197	245	295	340	390		137	*98.65*

Länge über Erde mm	Durchbiegung D in mm bei einem Horizontalzug am oberen Ende von P kg													Bis 1,5 m in der Erde	
	P =	100	150	200	250	300	350	400	450	500	600	700	800	Gew. ca. kg	Preis ℳ
5000	D =	15	22	28	34	41	47	54	60	66	80	92	105	195	*140.45*
5200	D =	16	24	31	38	45	53	60	68	75	89	103	117	201	*144.70*
5400	D =	18	27	35	43	50	59	67	76	84	99	115		207	*149.05*
5600	D =	20	30	39	48	56	65	75	84	93	110	128		213	*153.35*
5800	D =	22	33	43	53	62	72	83	92	102	122	142		219	*157.70*
6000	D =	24	36	47	58	68	80	91	101	112	135			225	*162.—*
6200	D =	27	39	51	64	75	88	100	112	124	150			231	*166.30*
6400	D =	30	43	56	70	83	97	110	123	136	165			237	*170.65*
6600	D =	33	47	61	76	91	106	120	135	149	180			243	*174.95*
6800	D =	36	51	67	83	99	116	131	147	163	195			249	*179.30*
7000	D =	39	55	73	90	107	126	142	159	177				255	*183.60*
7200	D =	42	60	79	98	117	136	154	173	192				261	*187.90*
7400	D =	45	65	86	107	127	147	167	189	209				267	*192.25*
7600	D =	48	70	93	116	137	159	181	205	227				273	*196.55*
7800	D =	51	75	100	125	148	172	196	222	246				279	*200.90*
8000	D =	55	81	108	134	159	186	212	239	265				285	*205.20*
8200	D =	59	87	116	144	172	200	228	256	285				291	*209.50*

Länge über Erde mm	Durchbiegung D in mm bei einem Horizontalzug am oberen Ende von P kg														Bei 1,5 m in der Erde	
	P =	100	200	300	400	500	600	700	800	900	1000	1100	1200	1300	Gew. ca. kg	Preis *M*
5000	D =	10	17	23	30	37	43	50	57	64	71	77	84	91	285	*205.20*
5200	D =	11	18	25	33	41	48	56	64	71	79	86	94		293	*210.95*
5400	D =	12	20	28	37	45	54	62	71	79	87	96	104		302	*217.45*
5600	D =	13	22	31	41	51	60	69	79	88	98	107			310	*223.20*
5800	D =	14	24	34	45	56	66	77	87	98	109	119			318	*228.95*
6000	D =	15	26	38	50	61	73	85	96	108	120	131			326	*234.70*
6200	D =	16	28	41	55	67	80	93	106	119	131				335	*241.20*
6400	D =	17	31	45	60	74	88	102	116	130	144				343	*246.95*
6600	D =	18	34	49	65	81	96	112	126	141	157				351	*252.70*
6800	D =	20	37	54	71	88	105	122	136	153					360	*259.20*
7000	D =	21	40	58	77	96	114	133	150	168					368	*264.95*
7200	D =	23	43	63	83	104	124	144	164	184					376	*270.70*
7400	D =	25	46	68	90	113	134	156	178						385	*277.20*
7600	D =	27	50	74	98	122	145	169	193						393	*282.95*
7800	D =	29	54	80	105	131	156	182	208						402	*289.45*
8000	D =	31	58	86	113	141	168	196	224						410	*295.20*

Stromzuführungsmasten (aus zwei Stücken gefertigt).

Länge über Erde mm	Durchbiegung D in mm bei einem Horizontalzug am oberen Ende von P kg													Bei 1,5 m in der Erde	
	P =	100	200	300	400	500	600	700	800	900	1000	1100	1200	Gew. ca.kg	Preis *M*
6200	D =	14	25	35	46	57	68	78	89	100	111	122	133	432	*317.55*
6400	D =	15	27	39	50	62	74	86	98	110	122	133	145	442	*324.85*
6600	D =	16	29	42	55	68	81	94	107	120	133	146	159	452	*332.25*
6800	D =	17	31	46	60	74	88	103	117	131	145	159		462	*339.60*
7000	D =	18	34	50	65	81	96	112	127	143	158	174		472	*346.90*
7200	D =	20	37	54	70	87	104	121	138	155	172	189		482	*354.30*
7400	D =	21	40	58	76	95	113	131	150	168	186			492	*361.65*
7600	D =	23	43	63	83	102	122	142	162	182	202			502	*369.—*
7800	D =	24	46	67	89	110	132	153	175	196	218			512	*376.35*
8000	D =	26	49	72	96	119	142	165	188	212	235			522	*383.70*
8200	D =	28	53	78	103	128	153	178	203	228				532	*391.—*
8400	D =	30	57	83	110	137	164	191	217	244				542	*398.40*
8600	D =	32	61	89	118	147	176	205	233	262				552	*405.75*
8800	D =	34	65	95	126	157	188	219	250					562	*413.10*
9000	D =	36	69	102	135	168	201	234	267					572	*420.40*

Länge über Erde mm	Durchbiegung D in mm bei einem Horizontalzug am oberen Ende von P kg									Bei 1,5 m in der Erde	
	P =	100	200	300	400	500	600	700	800	900	Gew. ca. kg	Preis *M*
5000	D =	8	13	18	23	27	32	37	42	47	433	*318.25*
5200	D =	9	14	19	25	30	36	41	47	52	445	*327.10*
5400	D =	9	15	21	27	34	40	46	52	58	457	*335.90*
5600	D =	10	17	23	30	37	44	51	58	65	469	*344.70*
5800	D =	10	18	26	33	41	49	56	64	72	480	*352.80*
6000	D =	11	20	28	37	45	54	62	71	79	492	*361.65*
6200	D =	12	22	31	40	50	59	68	77	86	504	*370.50*
6400	D =	13	23	34	44	54	64	74	84	95	516	*379.25*
6600	D =	14	25	37	48	58	70	81	93	104	528	*388.10*
6800	D =	15	27	40	52	64	76	88	101	113	540	*396.90*
7000	D =	16	30	43	56	70	83	97	110	123	551	*405.—*
7200	D =	17	32	47	61	75	90	105	119	133	563	*413.80*
7400	D =	19	35	50	66	82	98	113	129	145	575	*422.65*
7600	D =	20	37	54	71	89	106	123	140	157	587	*431.45*
7800	D =	21	40	58	77	95	114	132	151	169	599	*440.25*
8000	D =	23	43	63	83	103	123	143	163	183	610	*448.35*

Länge über Erde mm	Durchbiegung D in mm bei einem Horizontalzug am oberen Ende von P kg								Bei 1,5 m in der Erde	
	P =	1000	1100	1200	1300	1400	1500	1600	1700	Gew. ca. kg	Preis *M*
5000	D =	52	57	61	66	71	76	80	85	433	*318.25*
5200	D =	58	63	69	74	80	85	91	96	445	*327.10*
5400	D =	64	70	77	83	89	95	101	107	457	*335.90*
5600	D =	71	78	85	92	99	106	113		469	*344.70*
5800	D =	79	87	94	102	100	117	125		480	*352.80*
6000	D =	88	96	104	113	121	130			492	*361.65*
6200	D =	96	105	114	123	133	142			504	*370.50*
6400	D =	105	115	125	136	146				516	*379.25*
6600	D =	115	126	137	148	160				528	*388.10*
6800	D =	125	138	150	162					540	*396.90*
7000	D =	137	150	163	177					551	*405.—*
7200	D =	148	163	177						563	*413.80*
7400	D =	161	177	192						575	*422.65*
7600	D =	174	191	209						587	*431.45*
7800	D =	188	206							599	*440.25*
8000	D =	203	222							610	*448.35*

Mantelmagnete sind Elektromagnete, bei welchen der Anker im Innern der Stromspule liegt, während der Eisenmantel die Spule umhüllt (siehe **Topfmagnet, Zylindermagnet**).

Manteltransformatoren — Transformatoren, bei denen die beiden Windungssysteme außen mit einem Mantel umgeben sind.

Marchersches System (siehe **Gleislose Bahnen**).

Marconisches System (siehe **Funkentelegraphie**). Bei demselben werden die Apparate geerdet und isolierte senkrechte Luftdrähte (Sendedrähte, Empfangsdrähte) verwendet, von welchen der Kohärer durch besonders gewickelte Transformatoren vollständig getrennt ist. Die elektromotorische Kraft der Schwingungen wird durch einen hinter den Drosselspulen parallel zum Kohärer eingeschalteten Kondensator vergrößert.

Marienglas (siehe **Glimmer**).

Maschinencharakteristik (siehe **Charakteristik, statische**).

Maschinen, chemische, elektrische, sind Gleichstromdynamos, welche für hohe Stromstärken und verhältnismäßig niedrige Spannungen gebaut sind.

Maschinen, einpolige — solche mit einem magnetischen Feld.

Maschinen, mehrpolige — solche mit mehreren magnetischen Feldern.

Maschinen, multipolare, sind Maschinen mit mehrfachen magnetischen Feldern. Bipolare Maschinen sind solche, bei welchen die E. M. K. dadurch induziert wird, daß die Spulenflächen abwechselnd von Kraftlinien verschiedener Polarität durchdrungen werden, also Nord- und Südpole aufeinander folgen.

Maschinen, streuende (siehe **Magnetische Streuung**).

Maschinenschilder. Alle elektrischen Maschinen sollen mit Schildern versehen sein, welche folgende Aufschriften tragen müssen: Leistung (bei Gleichstrom in Kilowatt, bei Wechselstrom in Kilowatt mit Angabe des Leistungsfaktors, bei mechanischer Leistung in Pferdestärken), die minutliche Umdrehungszahl, die Spannung und Stromstärke. Die Leistungsangaben sollen ferner noch die Bezeichnung »Intermittierend«, »Für . . . Stunden« oder »Dauernd« als Zusatz erhalten. Die einzelnen Fälle, in welchen diese Bezeichnungen zu verwenden sind, siehe unter »**Betriebsarten**«.

Masse, aktive (siehe **Formierung**).

Masseplatten für Batterien sind solche Platten, welche ganz aus aktiver Masse, die durch einen Bleirahmen zusammengehalten wird, bestehen.

Maßeinheiten, elektrische (siehe **Elektrische Maſse**); Gesetz (deutsches), betreffend die elektrischen Maßeinheiten vom 1. Juni 1898.

§ 1. Die gesetzlichen Einheiten für elektrische Messungen sind das Ohm, das Ampere und das Volt.

§ 2. Das Ohm ist die Einheit des elektrischen Widerstandes. Es wird dargestellt durch den Widerstand einer Quecksilbersäule von der Temperatur des schmelzenden Eises, deren Länge bei durchweg gleichem, einem Quadratmillimeter gleich zu achtenden Querschnitt 106,3 cm und deren Masse 14,4521 g beträgt.

§ 3. Das Ampere ist die Einheit der elektrischen Stromstärke. Es wird dargestellt durch den unveränderlichen elektrischen Strom, welcher bei dem Durchgange durch eine wässerige Lösung von Silbernitrat in einer Sekunde 0,001118 g Silber niederschlägt.

§ 4. Das Volt ist die Einheit der elektromotorischen Kraft. Es wird dargestellt durch die elektromotorische Kraft, welche in einem Leiter, dessen Widerstand ein Ohm beträgt, einen elektrischen Strom von einem Ampere erzeugt.

§ 5. Der Bundesrat ist ermächtigt:

a) die Bedingungen festzusetzen, unter denen bei Darstellung des Ampere (§ 3) die Abscheidung des Silbers stattzufinden hat;

b) Bezeichnungen für die Einheiten der Elektrizitätsmenge, der elektrischen Arbeit und Leistung, der elektrischen Kapazität und der elektrischen Induktion festzusetzen;

c) Bezeichnungen für die Vielfachen und Teile der elektrischen Einheiten (§ 1, 5 b) vorzuschreiben;

d) zu bestimmen, in welcher Weise die Stärke, die elektromotorische Kraft, die Arbeit und Leistung der Wechselströme zu berechnen ist.

§ 6. Bei der gewerbsmäßigen Abgabe elektrischer Arbeit dürfen Meßwerkzeuge, sofern sie nach den Lieferungsbedingungen zur Bestimmung der Vergütung dienen sollen, nur verwendet werden, wenn ihre Angaben auf den gesetzlichen Einheiten beruhen. Der Gebrauch unrichtiger Meßgeräte ist verboten. Der Bundesrat hat nach Anhörung der Physikalisch-Technischen Reichsanstalt die äußersten Grenzen der zu duldenden Abweichungen von der Richtigkeit festzusetzen.

Der Bundesrat ist ermächtigt, Vorschriften darüber zu erlassen, inwieweit die in Absatz 1 bezeichneten Meßwerkzeuge amtlich beglaubigt oder einer wiederkehrenden amtlichen Überwachung unterworfen sein sollen.

§ 7. Die Physikalisch-Technische Reichsanstalt hat Quecksilbernormale des Ohm herzustellen und für deren Kontrolle und sichere Aufbewahrung an verschiedenen Orten zu sorgen. Der Widerstandswert von Normalen aus festen Metallen, welche zu den Beglaubigungsarbeiten dienen, ist durch alljährlich zu wiederholende Vergleichungen mit den Quecksilbernormalen sicher zu stellen.

§ 8. Die Physikalisch-Technische Reichsanstalt hat für die Ausgabe amtlich beglaubigter Widerstände und galvanischer Normalelemente zur Ermittelung der Stromstärken und Spannungen Sorge zu tragen.

§ 9. Die amtliche Prüfung und Beglaubigung elektrischer Meßgeräte erfolgt durch die Physikalisch-Technische Reichsanstalt. Der Reichskanzler kann die Befugnis hierzu auch anderen Stellen übertragen. Alle zur Ausführung der amtlichen Prüfung benutzten Normale und Normalgeräte müssen durch die Physikalisch-Technische Reichsanstalt beglaubigt sein.

§ 10. Die Physikalisch-Technische Reichsanstalt hat darüber zu wachen, daß bei der amtlichen Prüfung und Beglaubigung elektrischer Meßgeräte im ganzen Reichsgebiet nach übereinstimmenden Grundsätzen verfahren wird. Sie hat die technische Aufsicht über das Prüfungswesen zu führen und alle darauf bezüglichen technischen Vorschriften zu erlassen. Insbesondere liegt ihr ob, zu bestimmen, welche Arten von Meßgeräten zur amtlichen Beglaubigung zugelassen werden sollen, über Material, sonstige Beschaffenheit und Bezeichnung der Meßgeräte Bestimmungen zu treffen, das bei der Prüfung und Beglaubigung zu beobachtende Verfahren zu regeln sowie die zu erhebenden Gebühren und das bei den Beglaubigungen anzuwendende Stempelzeichen festzusetzen.

§ 11. Die nach Maßgabe dieses Gesetzes beglaubigten Meßgeräte können im ganzen Umfange des Reiches im Verkehr angewendet werden.

§ 12. Wer bei der gewerbsmäßigen Abgabe elektrischer Arbeit den Bestimmungen im § 6 oder den auf Grund derselben ergehenden Verordnungen zuwiderhandelt, wird mit Geldstrafe bis zu einhundert Mark oder mit Haft bis zu vier Wochen bestraft. Neben der Strafe kann auf Einziehung der vorschriftswidrigen oder unrichtigen Meßwerkzeuge erkannt werden.

§ 13. Dies Gesetz tritt mit den Bestimmungen in § 6 und 12 am 1. Januar 1902, im übrigen am Tage seiner Verkündigung in Kraft.

Maßsystem, absolutes, elektromagnetisches.

Einheit der magnet. Polintensität . . $M = C^{\frac{3}{2}} G^{\frac{1}{2}} S^{-1}$
» » » Felddichte . . $H = C^{-\frac{1}{2}} G^{\frac{1}{2}} S^{-1}$
» des elektrischen Stromes . . $J = C^{\frac{1}{2}} G^{\frac{1}{2}} S^{-1}$
» der Elektrizitätsmenge . . $Q = C^{\frac{1}{2}} G^{\frac{1}{2}}$
» » elektromotorischen Kraft $E = C^{\frac{3}{2}} G^{\frac{1}{2}} S^{-2}$
» des Widerstandes . . . . $W = CS^{-1}$
» der Kapazität . . . . . . $K = C^{-1} S^2$
» » Arbeit . . . . $\mathfrak{A} = C^2 GS^{-2}$
» des Effektes . . . . . . $\mathfrak{E} = C^2 GS^{-3}$
» » Induktionskoeffizienten . $L = C$

Maßsystem, praktisches (Pariser Kongreß 1881 und 1889).

Einheiten	Name	Verhältnis zur absoluten Einheit CGS
Elektrizitätsmenge . . .	Megacoulomb .	10^{5}
	Coulomb . . .	10^{-1}
	Mikrocoulomb .	10^{-7}
Stromstärke	Megampere . .	10^{5}
	Ampere . . .	10^{-1}
	Mikroampere .	10^{-7}
Widerstand	Megohm . . .	10^{15}
	Ohm	10^{9}
	Mikrohm . . .	10^{3}
Elektromotorische Kraft .	Megavolt . . .	10^{14}
	Volt	10^{8}
	Mikrovolt . . .	10^{2}
Elektrische Kapazität . .	Megafarad . .	10^{-3}
	Farad	10^{-9}
	Mikrofarad . .	10^{-15}
Arbeit	Joule	10^{7}
Leistung (Effekt) . . .	Watt	10^{7}
Induktionskoeffizient . .	Henry	10^{9}

Mastarmaturen für Röhrenmasten.

Mastspitzen.

Äußerer Mastdurchmesser mm	Spitzenhöhe mm	Gewicht kg	Preis pro Stück ℳ
76	240	7,25	*2.05*
83	240	7,25	*2.05*
89	240	7,3	*2.10*
95	240	7,4	*2.10*
102	240	7,5	*2.10*
108	300	9,0	*2.55*
114	300	9,1	*2.65*
121	300	9,12	*2.65*
127	300	9,25	*2.65*
146	300	9,3	*2.70*

Mastsockel.

Äußerer Mastdurchmesser mm	Höhe des Sockels mm	Gewicht des Sockels kg	Preis pro Stück ℳ
127	800	70	*19.95*
140	1000	89	*25.35*
152	1200	105	*29.85*
171	1300	121	*34.50*
191	1400	137	*39.—*
203	1400	144	*41.10*
216	1500	158	*45.—*
229	1500	165	*47.10*
241	1500	171	*48.75*
254	1500	178	*50.70*
279	1500	188	*53.55*
292	1500	197	*56.10*
305	1500	205	*58.50*

Mastringe.

Mast-durchmesser, größerer mm	Mast-durchmesser, kleinerer mm	Höhe mm	Gewicht kg	Preis pro Stück ℳ
102	76	108	3,8	*1.45*
108	83	108	4,1	*1.50*
114	89	108	4,2	*1.60*
121	95	108	4,4	*1.65*
127	102	108	4,6	*1.75*
133	108	108	4,9	*1.90*
140	108	108	5	*1.90*
140	114	108	5,2	*1.95*
146	121	120	5,8	*2.20*
152	114	120	5,8	*2.20*
159	127	120	6	*2.25*
159	133	120	6,2	*2.35*
165	127	120	6,3	*2.35*
165	146	120	6,6	*2.50*
171	146	132	7,1	*2.65*
178	133	132	7,1	*2.65*
191	140	132	7,3	*2.70*
191	159	132	7,6	*2.85*
203	165	132	7,9	*2.95*
216	178	132	8,5	*3.15*
229	191	132	8,9	*3.30*
241	203	132	9,5	*3.55*
254	203	145	10,5	*3.90*
254	229	145	10,9	*4.05*
279	229	145	11,3	*4.20*
305	279	145	12,5	*4.65*

Mastenentfernungen dürfen bei Leitungs-Gesamtquerschnitten bis 200 qmm ca. 45 m, bei 200—300 qmm ca. 40 m und darüber hinaus höchstens 35 m betragen. Bei Verwendung von Aluminium können größere Spannweiten verwendet werden.

Mastenimprägnierung. Mit Kupfervitriol: Die Holzmasten müssen entweder nach Ablauf von 8—10 Tagen nach ihrer Fällung der Imprägnierung unterzogen, oder bis zu derselben in Wasser gelegt werden. Die Lösung wird vom Stammende aus durch den ganzen Stamm durch eine 10 m hohe Flüssigkeitssäule während ca. 2 Wochen gedrückt. Imprägnierungslösung: 15 g Kupfervitriol auf 1 l Wasser. Preis pro cbm *ℳ 9—10.* Derart präparierte Masten haben eine Lebensdauer bis zu 15 Jahren.

Kyanisierung: Imprägnierungslösung besteht aus einem Gewichtsteil von ätzendem Sublimat (Doppel-Chlor-Quecksilber) und 150 Gewichtsteilen Wasser. Dauer der Imprägnierung, welche in lichtdicht abgedeckten Trögen vorgenommen wird, 7—8 Tage.

Mit kreosothaltigem Teeröl: Stangen in besonderen Kesseln durch Luft von 100° C getrocknet, hierauf in Zylindern während einer halben Stunde einem Luftdruck von 523 mm Quecksilbersäule ausgesetzt, nach welcher Zeit das kreosothaltige Teeröl in den Zylinder gefüllt und unter einem Druck von 6—7 Atm. während einer Dreiviertelstunde in das Holz gepreßt wird. Das Teeröl soll wenigstens 10% in Kali lösliche Öle enthalten. Lebensdauer ca. 20 Jahre.

Fischersches Verfahren besteht in Umhüllung der Masten mit Faltenpappe, in welche Kalkmilch eingegossen wird.

Imprägnierte Leitungsmasten: Otto Steinbeis & Consorten, Rosenheim, Oberbayern (*s. Inseratanh. S. 4*).

Materialauszug ist die für jeden Maschinentyp für das Materiallager nötige Zusammenstellung, welche die Benennung, Stückzahl, das Material, die Modell- und Zeichennummer sämtlicher Teile der betreffenden Maschine angibt.

Mauerbohrer dienen zur Anbringung von Dübeln. Sie werden aus Mannesmannrohr hergestellt.

Länge mm	Weite mm	Gewicht kg	Preis ℳ	Länge mm	Weite mm	Gewicht kg	Preis ℳ
200	10	0,04	*1.—*	500	50	2,86	*5.85*
200	50	1,4	*5.—*	600	50	3,43	*6.35*
300	30	0,6	*2.15*	700	50	4,0	*6.85*
300	50	1,7	*5.20*	800	50	4,57	*7.45*
400	30	0,8	*2.25*	900	50	5,14	*7.85*
400	50	2,3	*5.50*	1000	50	5,71	*8.65*
500	30	1,0	*2.35*				

H. Köttgen & Ko., Berg.-Gladbach.

Mauerdurchführungen finden Anwendung beim Durchführen von Leitungen durch Mauern, Fußböden usw. und werden aus Messing- oder Stahlisolierröhren hergestellt.

Lichte Weite der Röhren	Länge der Mauerdurchführungen							
	160 mm		300 mm		430 mm		560 mm	
mm	Gewicht pro 100 ca. kg	Preis Stück ℳ	Gewicht pro 100 ca. kg	Preis Stück ℳ	Gewicht pro 100 ca. kg	Preis Stück ℳ	Gewicht pro 100 ca. kg	Preis Stück ℳ
	aus Isolierröhren mit Messingüberzug							
9	1,8	*9.50*	3,5	*13.—*	5	*16.50*	6,5	*20.—*
11	3	*10.50*	4,5	*14.50*	7,5	*18.50*	10,5	*22.50*
16	4	*14.—*	6,5	*20.—*	12	*26.—*	14	*33.—*
23	6,5	*17.50*	11	*26.—*	14,5	*34.50*	22,5	*43.50*
29	10,5	*27.—*	18,5	*43.—*	24,5	*59.—*	32	*75.—*
	aus stahlarmierten Röhren							
9	7,8	*17.50*	14,8	*26*	21	*34.50*	27.5	*43*
11	11	*21.—*	22	*32*	31,5	*43.—*	41	*55*
16	15	*28.—*	28	*44*	40	*60.—*	52	*77*
21	19,5	*37.50*	36,5	*61*	52,5	*82.—*	68,5	*105*

Gustav Richter, Charlottenburg-Berlin. (*s. Inseratanh. S. 11*).

Mauerhaken zum Abspannen von Abspanndrähten *M* 2.50 pro Stück.

Mauerrosetten werden entweder für einen in ihrer Mitte befindlichen Haken oder zur beliebigen Anbringung von zwei und drei Haken ausgeführt. Mauerrosetten können nur dort verwendet werden, wo die Mauern eine Zugbeanspruchung, welche der im Abspanndraht herrschenden Zugspannung entspricht, aushalten können. Bei schwächeren Mauern, an denen eine Mauerrosette unbedingt angebracht werden muß, hilft man sich, indem man Rosetten mit großen Schraubenentfernungen verwendet, um auf diese Weise eine größere Mauerfläche zum Tragen herbeizuziehen.

Die Befestigung der Mauerrosettenschrauben erfolgt entweder durch Eingipsen oder Einzementieren (letzteres ist vorzuziehen) in Steinmauern oder mittels Keilverschraubung oder mittels Spiraldübels. Letztere Befestigungsart ist namentlich bei provisorischen Befestigungen vorzuziehen, da die Mauerrosette durch Lösen der Schrauben aus der durch die Drahtwindungen hergestellten Mutter leicht entfernt werden kann.

Um die Fortpflanzung der störenden Geräusche, die durch den Wind und durch Erschütterungen aller Art im Oberleitungsnetz hervorgerufen werden, in die Mauern bewohnter Häuser zu verhindern, werden entweder die Mauerrosetten mit dicken Einlagen aus Weichgummi versehen oder in den Abspanndraht zwischen Mauerrosetten und Isolatoren Schalldämpfer eingebaut. Die einfachste Schalldämpfervorrichtung besteht aus einer Anzahl scheibenförmiger Ringe aus Kork und Weichgummi, die wechselweise auf den hohlen Bolzen des Isolators aufgeschoben werden und so eine unmittelbare Berührung des Isolatorbolzens mit dem Gehäuse vermeiden.

Mauerrosetten zum Abspannen von Abspanndrähten, einfache *M 6.50*, mit Schalldämpfer *M 16* pro Stück.

Albert Thode & Ko., Hamburg (s. *Inseratanh. S. 4*).

Mauerwerk. Akkordpreis für Erstellung von:

Materialpreise nicht inbegriffen.

Fundamentmauerwerk pro cbm	*M 11.00—13.00*
Kellermauerwerk von 0,60—0,65 m Stärke pro cbm	» *12.00—14.00*
Fassadenmauerwerk aus Bruchsteinen von 0,65 m pro cbm mittlerer Stärke	» *12.00—14.00*
Fassadenmauerwerk aus Backsteinen pro qm	» *21.00—24.00*
Backsteinmauerwerk für Brandmauern pro qm	» *22.00—25.00*
Deckenkonstruktionen aus Beton bei Eisengebälk aus T-Balken, ca. 10 cm stark, pro qm	» *3.60— 4.00*
Verputzarbeiten pro qm	» *0.60— 0.80*
Zementsockel, glatt pro cbm	» *2.80— 3.20*

Maxakkumulatoren. Die Elektroden dieses transportablen Akkumulators sind aus zu Platten vereinigten, vertikal angeordneten Stäbchen zusammengesetzt, deren jedes aus einer mit aktiver Masse (Bleiglätte, Minium) überzogenen Bleiantimondrahtseele besteht und mit einem geflochtenen Asbestüberzug versehen ist. Die Stäbchen sind oben und unten an Bleiantimonplatten gelötet; durchlöcherte Ebonitplatten dienen als Führung und zur Isolation.

Diese zusammengesetzten Tafeln werden an Bleilamellen gelötet und in das Gefäß eingesetzt. Bei diesem Akkumulator kommt pro PS ein Gewicht von 35—40 kg.

Maximalausschalter. Maximalausschalter müssen folgenden Bedingungen genügen: Sie müssen nicht nur bei Überlastungen, sondern auch bei heftigen Kurzschlüssen sicher ausschalten und sofort wieder funktionsbereit sein; bei Kurzschlüssen muß der Funke so plötzlich abreißen, daß der Strom nicht erst eine gefahrdrohende Stärke erreicht und die Hauptkontakte beschädigt, weshalb der Apparat mit einem Nebenkontakt und einem kräftigen Funkenlöscher versehen sein muß; die Auslösung des Apparates muß so empfindlich sein, daß er stets bei derselben Stromstärke ausschaltet; falsche Bedienung muß ausgeschlossen sein, auch wenn der Apparat vor Beseitigung des Kurzschlusses wieder einschaltet; das Umherspritzen glühender Metallteilchen, durch welche der Bedienende verletzt werden könnte, muß ausgeschlossen sein.

Maximalausschalter (siehe **Ausschalter, automatische**) finden in Bahnbetrieben als Ersatz für Schmelzsicherungen Verwendung.

Maximalausschalter bis 300 Volt.

Gleichstrom			Wechselstrom		
Ampere	Gewicht kg	Preis ℳ	Ampere	Gewicht kg	Preis ℳ
30	2,5	*38*	30	2,75	*48*
50	4,2	*45*	50	4,5	*60*
100	5,8	*65*	100	6,1	*80*
200	8,0	*80*	200	8,3	*95*

Stromstärke Ampere minimal	normal	Dauernde Belastung Ampere	Maximalspannung Volt	Gewicht netto kg	Gewicht brutto kg	Preis ℳ
50—	100	100	650	17,5	25,5	*80*
100—	150	150	650	17,5	25,5	*90*
150—	250	250	650	17,2	25,5	*100*
50—	100	100	650	17,7	26,5	*85*
100—	150	150	650	18,5	26,5	*95*
150—	250	250	650	17,7	26,5	*105*
150—	300	300	650	54,0	90,0	*275*
300—	500	500	650	56,0	90,0	*300*
500—	800	800	650	56,5	93,0	*320*
800—	1200	1200	650	57,3	93,0	*330*
1200—	1800	1800	650	62,5	98,0	*350*

Union Elektr.-Ges., Berlin.

Maximalautomaten für Akkumulatorenbetrieb. Deren Installierung im Akkumulatorenstromkreise an Stelle eines Maximalautomaten im Dynamostromkreise empfiehlt sich, wenn die mittlere

Lade- bzw. Entladestromstärke der Batterie geringer ist als 30—40% derjenigen der ladenden Dynamo, und wenn die Beanspruchung der Dynamomaschine eine sehr ungleiche oder stark schwankende ist. Dadurch wird der Akkumulator vor Überlastung geschützt und der Übelstand vermieden, daß ein Minimalautomat ohne direkten Grund ausschaltet.

Preis:

Automaten mit Quecksilberkontakten	für Schwachstrom	*M* 25—150
	» Starkstrom	» 25
» » Federkontakten	für Schwachstrom	*M* 40—400
	» Starkstrom	» 40—125

Dr. P. Meyer, A.-G., Berlin.

Maxwellsches Gesetz. Die Dielektrizitätskonstante (siehe daselbst) eines Körpers ist gleich dem Quadrat des (optischen) Brechungsindex.

Mc. Intires Drahtverbindung besteht aus zwei nebeneinander gelöteten Kupferröhren, in welche die zu verbindenden Drahtenden geschoben werden, worauf die Vereinigungsstelle durch ein Spezialwerkzeug verdreht wird. (Hersteller: Arld, Nürnberg.)

Mega ist die millionenfache Größe einer Einheit (siehe **Elektrische Maße**).

Megohmit. Megohmitplatten (auch Mikanit, Mikalit, Preßglimmer etc. genannt), -leinen und -papier dienen zur allgemeinen Isolation elektrischer Maschinen und Apparate mit Ausnahme von Kollektoren. Die einzigen Bestandteile des Megohmits sind sehr dünne Glimmerplättchen einer metallreinen Qualität und ein Bindemittel, welches bei den harten Platten hauptsächlich aus einer Schellacklösung, bei den flexiblen aus einer Mischung verschiedener vegetabilischer Klebstoffe hergestellt wird; die flexible Platte mit einem Überzug japanischen Faserpapiers kommt als Mikapapier, mit einem solchen aus Leinen als Mikaleinen in den Handel. Das Material läßt sich auf Schlagscheren wie Papier oder ähnliche Stoffe entsprechender Dicke schneiden, die harten Platten können auch gesägt, gebohrt oder mit der Feile bearbeitet werden, Gewinde bröckeln indessen nach gewisser Zeit wieder aus.

Gegen alles flexible Material bieten die harten Platten den Vorteil, daß sie absolut unempfindlich gegen Feuchtigkeit sind, einem größeren mechanischen Drucke widerstehen und größere Durchschlagsfestigkeit und Isolierwiderstand besitzen. Die harten Platten werden bei ca. 80° C weich und biegsam; sie gewinnen jedoch bei der Erkaltung ihre ursprüngliche mechanische Festigkeit zurück, ohne daß ihr Isolier- und Durchschlagswiderstand beeinträchtigt wird.

Megohmit eignet sich besonders für Kollektorisolationen, doch müssen die Lamellen des Kollektors durch geeignete Vorrichtungen fest zusammengepreßt (-geschraubt) werden, um eine feste Lagerung der Megohmitschichten herbeizuführen.

Megohmitplatten müssen an einem trockenen, kühlen Ort flach liegend aufbewahrt werden. Gegenstände aus Megohmit können gefaltet und scharfkantig gebogen werden.

Platten von 0,3 mm Dicke bieten für 500 Volt-Maschinen eine hinreichende Sicherheit; eine Dicke von 0,5 mm wird in den allerseltensten Fällen überschritten. Die Verwendung von Papier oder anderen Isolationen zusammen mit Mika ist überflüssig, sie erfordert einen größeren Raum ohne merkbare Erhöhung der Durchschlagsfestigkeit. Nur die dünnste Sorte Mikapapier von 0,15 mm wird häufig zwischen zwei Lagen Preßspan oder ähnlichem Material verwandt. Bei Verwendung von einseitig mit Papier beklebtem Leinen legt man die mit Papier überzogene Fläche an das Eisen, das Leinen nach außen, da letzteres den Drähten einen höheren mechanischen Widerstand leistet.

Spezifisches Gewicht:

Hartes Megohmit . . .	2,5
Flexibles Megohmit . .	2,0
Mikapapier	1,5—1,9 je nach Dicke
Mikaleinen	1,2—1,8 » » »

Preis:

0,2—0,5 mm	dick	pro	kg	ℳ 8.25
0,55—1,5 »	»	»	»	» 7.50
1,55 und dicker		»	»	» 7.25

Mikapapier:

0,1—0,4 mm	dick	pro	kg	ℳ 8.—
0,45 mm und dicker	»	»	»	7.50

Mikaleinen:

0,2—0,3 mm	einseitig	pro	kg	ℳ 8.25
0,35—0,5 »	zweiseitig	»	»	» 8.—
0,55 mm und dicker		»	»	» 7.75

Megohmitleinen (siehe **Megohmit**).

Megohmitpapier (siehe **Megohmit**).

Megohmitplatten (siehe **Megohmit**).

Mehrfachtelegraphie (siehe **Diplex-** und **Duplexbetrieb**).

Mehrphasenstrom ist eine derartige Vereinigung zweier oder mehrerer Einphasenströme, daß ein sog. Drehfeld hervorgebracht wird. Je nach der Zahl und Phase der kombinierten Ströme unterscheidet man: Zweiphasenstrom, Dreiphasenstrom oder Drehstrom, Vierphasenstrom etc.

Mehrphasensystem, ausgeglichenes, ist jenes Mehrphasensystem, bei welchem die elektromotorischen Kräfte und bezüglichen Ströme so beschaffen sind, daß die Summe der Momentaneffekte der einzelnen Phasen unverändert bleibt.

Mehrphasensystem, unausgeglichenes, ist jenes, bei welchem der Energiefluß pulsiert.

Meidingerelement findet hauptsächlich für Ruhestrom-Läutwerke Verwendung. Das Standglas, welches in der oberen Hälfte weiter als in der unteren ist, enthält im oberen Teile einen Zinkzylinder, im unteren ein Einsatzglas, in welchem sich ein Kupferzylinder befindet. Von jedem der beiden Metallzylinder führt ein Leitungsdraht nach außen. In das große Standglas und den Zinkzylinder ragt ein, sich nach unten verengender und unten durch einen Kork verschlossener Glasballon. Im Korke steckt eine Glasröhre, welche bis unter den oberen Rand des Kupferzylinders reicht. Der untere Rand des Standglases ist mit Paraffin oder Ölfarbe gestrichen. Das Standglas ist mit Bittersalz, der Glasballon mit Kupfervitriolstücken, über welche Wasser gegossen ist, vollständig gefüllt. Das Ansetzen des Modelles der Reichstelegraphie erfolgt auf folgende Weise: Der Blei- resp. Kupferpol wird auf den Boden des Standglases gestellt, der Zinkpol eingehängt, Flußwasser, in dem 15 g Bittersalz resp. Zinkvitriol aufgelöst sind, eingegossen, so weit, daß die Lösung ca. 1 cm über dem oberen Rande des Zinkpols steht, und 75 g Kupfervitriol in Stücken von der Größe einer Haselnuß hineingeworfen. Allwöchentlich ist Nachfüllen von 2—3 Stücken Kupfervitriol nötig. Preis pro Element *ℳ 2.35.*

Keiser & Schmidt, Berlin.

Melsenssches System. Bei diesem Blitzableitersystem werden viele kurze Auffangstangen und eine große Anzahl von Gebäudeleitungen zur Verbindung mit den Erdleitungen verwendet.

Membran (siehe **Telephon**).

Meridian, magnetischer, ist der durch die magnetische NS.-Richtung einer Magnetnadel gelegt gedachte Meridian.

Meßbrücken dienen zur Messung von Widerständen und bestehen gewöhnlich aus einer Wheatstoneschen Brücke mit Kurbel- oder Stöpselschaltung, einem empfindlichen, aperiodischen Drehspulgalvanometer und einem Taster. Preis je nach der Anzahl der Widerstände *ℳ 320—450.*

Dr. Rudolf Franke & Ko., G. m. b. H., Hannover. | Hartmann & Braun, Frankfurt a. M.

Meßgeräte. Bekanntmachungen der Physikalisch-Technischen Reichsanstalt über die Prüfung elektrischer Meßgeräte.

A. Bestimmungen.

(Zentralblatt für das Deutsche Reich, 1889, Nr. 23, S. 390; 1893, Nr. 2, S. 3.)

Die zweite (technische) Abteilung der Physikalisch-Technischen Reichsanstalt übernimmt die Prüfung der zeitigen Werte von elektrischen Widerständen und Normalelementen sowie der Angaben von Strommessern und Spannungsmessern für Gleichstrom. Es bleibt der Reichsanstalt vorbehalten, vor der Zulassung zur Prüfung eine Untersuchung der Brauchbarkeit und Dauerhaftigkeit dieser Geräte eintreten zu lassen.

Untersuchungen anderer als der oben genannten elektrischen Geräte und Einrichtungen übernimmt die Reichsanstalt, soweit nach ihrem Ermessen ein allgemeines technisches oder wissenschaftliches

Interesse dabei vorliegt. Über den Umfang und die Ausführung solcher Untersuchungen findet eine besondere Vereinbarung mit den Beteiligten statt.

Die Prüfung elektrischer Meßgeräte wird nach Maßgabe folgender Bestimmungen ausgeführt und kann auf Verlangen mit einer Beglaubigung verbunden werden. Der Erlaß von Bestimmungen über die Prüfung hier nicht genannter Meßgeräte wird vorbehalten.

I. Widerstände.

§ 1. Material. Die Beglaubigung ist vorbehaltlich der Bestimmungen im § 3 Abs. 3 und § 5 nur zulässig für Einzelwiderstände und Widerstandssätze aus Platinsilber, Neusilber und ähnlichen Legierungen, deren Leitungsfähigkeit durch die Temperatur erheblich größere Veränderungen als die der vorgenannten Materialien nicht erfährt. Widerstände aus Graphit, Kohle und Elektrolyten sind von der Beglaubigung ausgeschlossen.

§ 2. Einrichtung. Die Einrichtung der zur Beglaubigung zuzulassenden Widerstände soll folgenden Anforderungen genügen:

1. Die Anlage und Ausführung soll hinreichende Sicherheit und Unveränderlichkeit der Werte gewährleisten.

2. Teile, deren Beschädigung oder willkürliche Veränderung leicht möglich und schwer wahrnehmbar ist, sollen in einem festen, bei der Einreichung abnehmbaren Gehäuse eingeschlossen sein, welches Einrichtungen für Aufnahme der durch die Reichsanstalt anzubringenden Sicherheitsverschlüsse trägt.

3. Auf jedem Meßgerät soll eine Geschäftsnummer und eine Geschäftsfirma vermerkt sein; die letztere kann durch ein amtlich eingetragenes Fabrikzeichen ersetzt werden.

4. Der Wert des Widerstandes soll unter Beifügung der Bezeichnung Ohm in dieser Einheit auf dem Meßgerät unzweideutig angegeben sein; auf Widerstandssätzen ist die vorgenannte Bezeichnung nur einmal erforderlich.

§ 3. Gebrauchswiderstände, Präzisionswiderstände und ihre Fehlergrenzen. Je nach dem Antrage der Beteiligten werden die Widerstände als Gebrauchswiderstände oder als Präzisionswiderstände geprüft und beglaubigt, und zwar werden beglaubigt:

1. als Gebrauchswiderstände solche Widerstände, deren Abweichung von den Normalen der Reichsanstalt bei $+ 15°$ des hundertteiligen Thermometers $\pm$ 0,005 des Sollwertes nicht überschreitet.
2. als Präzisionswiderstände solche Widerstände, welche bei der auf ihnen verzeichneten Temperatur von den Normalen der Reichsanstalt um nicht mehr als $\pm$ 0,001 des Sollwertes abweichen.

Bei Widerstandssätzen sollen diese Fehlergrenzen sowohl von jedem einzelnen Widerstand als von beliebigen Zusammenfassungen mehrerer Widerstände eingehalten werden.

Temperaturangabe bei Präzisionswiderständen. Die Angabe der Temperatur auf Präzisionswiderständen hat durch den Verfertiger zu erfolgen. Nur bei Glasröhren mit Quecksilberfüllung, deren Beglaubigung als Präzisionswiderstände statthaft ist, übernimmt die Reichsanstalt auf Wunsch der Beteiligten die Anbringung dieser sowie der nach § 2 Nr. 4 erforderlichen Bezeichnungen.

Prüfung. Die Prüfung von Gebrauchswiderständen erfolgt durch Vergleichung bei mittlerer Zimmertemperatur, diejenige von Präzisionswiderständen bei zwei verschiedenen, passend gewählten Temperaturen.

§ 4. Beglaubigung. Die Beglaubigung geschieht durch Aufbringen eines Stempels und einer Prüfungsnummer in der Nähe der Angabe des Prüfungswertes, durch Anlegung von Sicherungsverschlüssen am Gehäuse sowie durch Ausfertigung eines Beglaubigungsscheins. Bei Widerstandssätzen wird der Stempel in die Nähe eines der mittleren unter den angegebenen Widerstandswerten gesetzt. Die Stempel und die Verschlüsse zeigen das Bild des Reichsadlers und die Jahreszahl der Prüfung. Bei dem Stempel für Präzisionswiderstände tritt ein fünfstrahliger Stern hinzu.

Der den gestempelten Widerständen beigegebene Beglaubigungsschein bekundet bei Gebrauchswiderständen ihre Abweichung von den Normalen der Reichsanstalt bis auf $\pm$ 0,001, für Präzisionswiderstände auf zwei Temperaturen bis auf wenigstens $\pm$ 0,0001 ihres Sollwertes, doch wird bei kleineren Widerständen die Angabe der Abweichungen nur bis zu 0,000 001 Ω geführt. Hierbei ist anzugeben, daß das Ohm zu 1,063 Siemenseinheiten berechnet ist.

§ 5. Kupferwiderstände. Widerstände aus starken Kupferseilen, welche den Bestimmungen unter § 2 Nr. 1, 3 4 genügen, können ausnahmsweise zur Prüfung zugelassen werden. Ein solcher Widerstand wird bei der auf demselben angegebenen Temperatur oder, falls eine derartige Angabe fehlt, bei $+ 15^{0}$ mit den Normalen der Reichsanstalt verglichen und, wenn die Abweichungen $\pm$ 0,01 des Sollwertes nicht überschreiten, an den Abzweigungsstellen gestempelt. In der beigegebenen Prüfungsbescheinigung wird die Einhaltung der Fehlergrenzen bekundet und das Gewicht des Widerstandes aufgeführt.

II. Normalelemente.

§ 6. Einrichtung. Bis auf weiteres werden zur Prüfung und Beglaubigung nur Normalelemente nach L. Clark mit der Bezeichnung als solche zugelassen, sofern deren Einrichtung ein Umkehren gestattet, ohne daß das Zink mit dem Quecksilber in Berührung kommt. Auch sollen die Anforderungen unter § 2 Nr. 1 bis 3 erfüllt sein. Etwaige mit den Normalelementen fest verbundene Thermometer müssen vor ihrer Einfügung der Reichsanstalt zur Prüfung vorgelegen haben und deren Prüfungsstempel tragen.

§ 7. Prüfung und Beglaubigung. Die Prüfung eines Normalelementes erfolgt durch Vergleichung mit den Normalen der Reichsanstalt; ist die Abweichung nicht größer als $\pm$ 0,001 Volt, so wird das Element unter sinngemäßer Anwendung der Bestimmungen unter § 4 Abs. 1 gestempelt und in dem beigegebenen Beglaubigungsschein die Einhaltung der vorstehenden Fehlergrenze bekundet.

III. Strommesser und Spannungsmesser.

§ 8. Einrichtung. Zur Prüfung und Beglaubigung zugelassen werden bis auf weiteres Strommesser für Stromstärken bis zu 1000 Amp.

und Spannungsmesser für Spannungen bis zu 300 Volt, sofern dieselben den Anforderungen unter § 2 Nr. 1—3 genügen und sofern auf ihnen die Werte der Skalenteile unter Beifügung der Bezeichnung Ampere bzw. Volt in diesen Einheiten unzweideutig vermerkt sind.

Auf Meßgeräten, deren verbürgte Anwendung auf einen Teil der vorhandenen Skala eingeschränkt werden soll, sind die Grenzen ihres Anwendungsgebietes anzugeben, in der Form: »Strommesser richtig von . . . . . bis . . . . . Ampere« bzw. »Spannungsmesser richtig von . . . . . bis . . . . . Volt«. Hierbei soll das Anwendungsgebiet wenigstens zehn Skalenintervalle umfassen.

§ 9. Prüfung. Die Prüfung eines Strommessers oder eines Spannungsmessers erfolgt durch Vergleichung mit den Normalen der Reichsanstalt an wenigstens drei Skalenstellen und zwar bei steigender sowie bei fallender Stromstärke bzw. Spannung.

Bei der Prüfung von Spannungsmessern, welche nach unzweideutiger Aufschrift nur mit kurzer oder nur mit langdauernder Einschaltung gebraucht werden sollen, wird die Dauer der Einschaltung dementsprechend bemessen und zwar im ersten Falle auf höchstens eine Minute, im andern Falle auf wenigstens eine Stunde. Fehlt eine Angabe der Einschaltungsdauer, für welche ein Spannungsmesser bestimmt ist, so sollen die Fehlergrenzen für kurze und für dauernde Einschaltung eingehalten werden.

§ 10. Fehlergrenzen. Die Beglaubigung erfolgt bei Meßgeräten ohne Beschränkung des Anwendungsgebietes, wenn die gefundenen Fehler entweder nicht über $\pm$ 0,2 der die Prüfungsstelle enthaltenden bzw. ihr benachbarten Skalenintervalle oder nicht über $\pm$ 0,01 des Sollwertes hinausgehen; bei Geräten mit beschränkter Anwendung der Skale (§ 8 Abs. 2) soll der Fehler innerhalb des Anwendungsgebietes $\pm$ 0,01 des Sollwertes nicht übersteigen.

Beglaubigung. Die Stempelung eines Strommessers oder eines Spannungsmessers geschieht nach Maßgabe der Bestimmungen unter § 4 Abs. 1; der Stempel erhält seinen Platz nahe der Mitte des Anwendungsgebietes der Skala. Dem gestempelten Meßgerät wird ein Beglaubigungsschein beigegeben, welcher die gefundenen Fehler bekundet.

Charlottenburg, den 24. Mai 1889.

Physikalisch-Technische Reichsanstalt.
von Helmholtz.

B. Erläuterung zu vorstehenden Bestimmungen.

Zu den Aufgaben der Physikalisch-Technischen Reichsanstalt gehört es, elektrische Meßgeräte für technische Zwecke zu prüfen und auf Antrag der Beteiligten geeignetenfalls mit einer amtlichen Beglaubigung zu versehen. Die letztere soll nicht nur die Richtigkeit der Geräte zur Zeit der Prüfung, sondern auch in gewissen Grenzen die Unveränderlichkeit ihrer Angaben gewährleisten. Die Beglaubigung mußte daher vorläufig auf diejenigen wenigen Gattungen von Meßgeräten beschränkt werden, über welche bereits veilseitige und längere Erfahrungen vorliegen. Es ist aber in Aussicht genommen, später noch weitere Arten von Meßgeräten in den Bereich dieser Prüfungen zu ziehen. Namentlich sind in dieser Beziehung Kondensatoren sowie Strom- und Spannungsmesser für Wechselstrom ins Auge gefaßt. Stromzeitmesser (Elektrizitätszähler) werden vorläufig noch nicht gestempelt, weil bei den bisher gebräuchlichen Formen ein amtlicher Verschluß nicht angebracht werden kann. Sobald dies ermöglicht ist, wird die Zulassung dieser für das elektrische Gewerbe besonders wichtigen Apparate zur Stempelung in Erwägung gezogen werden.

Für jede besondere Form eines Meßgeräts ist zunächst die Dauerhaftigkeit und Sicherheit seiner Anzeigen zu untersuchen. Sollen daher Meßgeräte einer bestimmten, bis dahin noch nicht zur Beglaubigung zugelassenen Form von der Reichsanstalt geprüft und beglaubigt werden, so ist derselben zunächst ein auf Vornahme der Voruntersuchung gerichteter Antrag unter Beifügung eines oder mehrerer derartiger Instrumente einzuliefern. Unter Umständen werden hierbei auch Apparate, deren Zulässigkeit für schwächere Stromstärken bereits anerkannt ist, einer neuen Prüfung zu unterziehen sein, wenn sie für weit höhere Stromstärken gebraucht werden sollen.

Außerdem übernimmt die Reichsanstalt auch die Prüfung von solchen Meßgeräten, welche vorläufig zur Stempelung nicht zugelassen werden. Andere elektrische Geräte und Einrichtungen werden auf Wunsch der Beteiligten untersucht, sobald ein allgemeines Interesse dabei vorliegt.

Die Prüfung erfolgt in allen Fällen durch Vergleichung mit den Normalen der Reichsanstalt. Über die Einrichtung derselben sowie über die Ausführung der Prüfungen wird in der »Zeitschrift für Instrumentenkunde« sowie in elektrischen Fachblättern ausführlicher berichtet. Die Richtigkeit der Widerstandsnormale der Reichsanstalt wird durch Vergleichung mit Kopien der Normale anderer Staaten und der von hervorragenden Physikern hergestellten Widerstandseinheiten gesichert.

Die Reichsanstalt wird bestrebt sein, die Abfertigung der zur Prüfung eingereichten Meßgeräte in der Regel in spätestens drei Wochen, vom Tage des Eingangs an gerechnet, zu bewirken; nur die Abfertigung von Präzisionswiderständen und von solchen Strom- und Spannungsmessern, bei welchen eine Änderung der Angaben mit der Zeit zu befürchten ist, wird im allgemeinen eine Frist von zwei Monaten erfordern.

Zu I.

Die Anforderungen an die zur Stempelung zuzulassenden Widerstände schließen Gleitdrahtbrücken und ähnliche Einrichtungen aus, weil die Angaben derselben sich für einige Dauer nicht hinreichend verbürgen lassen. Bezüglich der Sicherheit und Unveränderlichkeit ist insbesondere auf starke Zuleitungen und sichere Verbindung der Widerstandsdrähte mit den Zuleitungen zu sehen.

Bei Präzisionswiderständen darf nach Erwärmung auf 50° eine Änderung des Widerstandes um 0,00005 seines Sollwertes nicht eintreten. Die Drähte sollen so befestigt sein, daß sie bei dem Gebrauche keinen Verbiegungen ausgesetzt sind. Auch ist es ratsam, Rollen von möglichst großem Durchmesser zu verwenden und überhaupt bei dem Wickeln des Drahtes erhebliche Gestaltsänderungen desselben zu vermeiden. Die Wickelung ist derartig anzuordnen, daß der Draht die Wärme schnell an die Umgebung abgeben kann. Endlich empfiehlt es sich, Vorkehrungen zur Einfügung von Thermometern in das Innere der Präzisionswiderstände vorzusehen, um die Ermittelung der Drahttemperatur zu erleichtern.

Zu II.

Das Quecksilbersulfatelement nach Latimer Clark ist bis jetzt das einzige Normalelement, welches in einer zur Versendung geeigneten Form hergestellt wird. Es ist nicht ausgeschlossen, die Beglaubigung später noch auf andere Normalelemente auszudehnen.

Zu III.

Das Zeigerwerk der Strom- und Spannungsmesser darf durch Erschütterungen infolge des Transportes oder plötzlicher Einschaltung des Stromes keine nachteiligen Veränderungen erfahren; auch sollen die Meßgeräte durch äußere magnetische Kräfte von mäßiger Stärke, wie solche im Betriebe nicht leicht zu vermeiden sind, in erheblichem Grade nicht beeinflußt werden.

Als Einstellung des Meßgerätes für eine bestimmte Stromstärke oder Spannung gilt in der Regel diejenige Lage des Zeigers, auf welcher derselbe ohne Beeinflussung seiner Schwingungen seitens des Beobachters zur Ruhe kommt. Nur auf ausdrückliches Verlangen des Beteiligten wird als Einstellung diejenige Lage des Zeigers angenommen, in welcher derselbe zurückbleibt, wenn man ihn mit der Hand hemmt und ihn so sich langsam aufwärts oder abwärts über die Skala bewegen läßt; in solchem Falle wird aber dem Beglaubigungsschein ein bezüglicher Vermerk eingefügt.

Bei Spannungsmessern erfolgt die auf wenigstens eine Stunde ausgedehnte Einschaltung mit der mittleren Spannung des Anwendungsgebietes, sofern ein solches auf der Skala abgegrenzt ist; andernfalls erfolgt die dauernde Einschaltung mit derjenigen Spannung, bei welcher das Meßgerät die größte Empfindlichkeit besitzt, oder, falls ein größeres Gebiet gleicher Empfindlichkeit vorhanden ist, mit der mittleren Spannung desselben. Im Beglaubigungsschein wird angegeben, mit welcher Spannung die langdauernde Einschaltung erfolgt ist. Beantragt der Beteiligte die letztere für mehr als eine Spannung, oder wird ein solches Verfahren seitens der Reichsanstalt für erforderlich erachtet, so werden für diese Mühewaltungen besondere Gebühren erhoben.

Strom- und Spannungsmesser, welche in ein plombierbares Gehäuse nicht eingeschlossen werden können, werden nach der Vorschrift in § 8 bzw. § 2 Nr. 2 nicht gestempelt. Die meisten derartigen Meßgeräte, z. B. die bisher gebräuchlichen Torsionsdynamometer und Torsionsgalvanometer, haben ihren Charakter als Laboratoriumsinstrumente im wesentlichen bewahrt. Wer mit solchen Geräten arbeitet, wird in der Regel mit elektrischen Messungen so weit vertraut sein, daß er die Prüfung ihrer Angaben mittels Widerstände und Normalelemente oder Silber- bzw. Kupfervoltameter selbst ausführen kann. Wird indessen die Untersuchung eines solchen Geräts gemäß Abs. 2 der Einleitung von der Reichsanstalt gewünscht, so wird sie nach besonderer Vereinbarung mit den Beteiligten übernommen werden.

Messingbleche. Die Grundpreise richten sich nach dem jeweiligen Stande der Rohmaterialienpreise. Zu denselben kommen die durch die Fabrikation bedingten Überpreise, welche in nachstehender Tabelle annähernd angegeben sind, als Zuschlag für 100 kg hinzu.

Überpreise	Schwarz ℳ	Gebeizt ℳ	Geschabt, geschliffen oder einseitig poliert ℳ	Zweiseitig poliert ℳ
bis inkl. 1 mm	Grundpreis	*3*	*20*	*37*
0,99 — 0,50	*5*	*10*	*30*	*50*
0,49 — 0,30	*10*	*15*	*40*	*65*
0,29 — 0,25	*15*	*20*	*50*	*80*
0,24 — 0,20	*20*	*25*	*60*	*95*
0,19 — 0,17	*25*	*30*	*70*	*110*
0,16 — 0,14	*35*	*45*	*90*	*135*
0,13 — 0,12	*45*	*55*	*110*	*165*
0,11 — 0,10	*55*	*65*	*130*	*195*

Rondelle unter 100 mm Durchmesser.

bis 1 mm ℳ	0,99 bis 0,30 mm ℳ	0,29 bis 0,25 mm ℳ	0,24 bis 0,20 mm ℳ	0,19 bis 0,17 mm ℳ	0,16 bis 0,15 mm ℳ	0,14 bis 0,12 mm ℳ	0,11 bis 0,10 mm ℳ
25	*30*	*25*	*40*	*50*	*60*	*70*	*80*

mehr als Bleche von entsprechender Stärke und Qualität.

Für auf Maß geschnittene Bleche kommt zu den vorstehenden Preisen noch ein Zuschlag von ℳ *5—25* hinzu. Für Bleche unter 150 mm Breite treten folgende Zuschläge auf die vorstehenden Preise hinzu:

Breite in mm	149,9—50	49,9—20	unter 20 mm
ℳ	*5*	*10*	*15*

Sächs. Kupfer- und Messingwerke F. A. Lange, Kupferhammer-Grünthal in Sachsen (*s. Inseratanh. S. 5*).

Messingdraht, verzinkt, für Ankerbandagen. Spez. Gewicht 8,3. Preis pro 100 kg ℳ *170*.

Messingdraht.

Nr.	Durchmesser mm	Gewicht pro lfd. m g	Nr.	Durchmesser mm	Gewicht pro lfd. m g	Nr.	Durchmesser mm	Gewicht pro lfd. m g	Nr.	Durchmesser mm	Gewicht pro lfd. m g
200	20	2688	100	10	672	25	2,5	42	3	0,30	0,60
180	18	2176	95	9,5	606	20	2	27	2/5	0,25	0,42
170	17	1941	90	9	544	17	1,7	19	2/4	0,24	0,39
160	16	1719	85	8,5	485	14	1,4	13	2/3	0,23	0,36
155	15,5	1613	80	8	430	11	1,1	8,13	2/2	0,22	0,33
150	15	1511	75	7,5	378	8	0,8	4,30	2/1	0,21	0,30
145	14,5	1412	70	7	329	7/5	0,75	3,78	2	0,20	0,27
140	14	1316	65	6,5	284	7	0,7	3,29	1/9	0,19	0,24
135	13,5	1224	60	6	242	6/5	0,65	2,44	1/8	0,18	0,218
130	13	1135	55	5,5	203	6	0,6	2,40	1/7	0,17	0,194
125	12,5	1049	50	5	168	5/5	0,55	2,03	1/6	0,16	0,172
120	12	967	45	4,5	136	5	0,5	1,68	1/5	0,15	0,151
115	11,5	888	40	4	107	4/5	0,45	1,36	1/4	0,14	0,132
110	11	813	35	3,5	82	4	0,4	1,07	1/2	0,12	0,10
105	10,5	740	30	3	60	3/5	0,35	0,82	1	0,10	0,07

Messingguß. Spez. Gewicht 8,3. Preis pro 100 kg ℳ *160* bis *175*, je nach Größe und Form des Gußstücks.

Messingisolierröhren sind Röhren aus imprägniertem Papier, die der ganzen Länge nach mit einem Überzug aus Messingblech umkleidet sind. Sie eignen sich besonders für Räume mit feuchten Dämpfen, auf Schiffen, in Theatern. Nachteil: Bei nicht unter Verputz verlegten Messingröhren platzt infolge des ungleichen Ausdehnungsverhältnisses zwischen Papierrohr und Messingüberzug ersteres bei strenger Kälte sehr oft auf.

Preis pro 100 m.

Lichte Weite mm	Mit gefalztem Überzug: Ohne Muffe ℳ	Mit gefalztem Überzug: Mit 1 Muffe ℳ	Mit nahtlosem Überzug: Ohne Muffe ℳ	Mit nahtlosem Überzug: Mit 1 Muffe ℳ
7	*26*	*29*	—	—
9	*28.5*	*31.5*	*47*	*50*
11	*32*	*35*	*51*	*54*
13	*40*	*44*	—	—
16	*49*	*53*	*72*	*76*
23	*67*	*73*	*115*	*121*
29	*126*	*137*	—	—

Messingmuffen für Isolierrohre:

Lichte Röhrenweite in mm:	7	9	11	13	16	23	29
Preis pro 100 Stück in ℳ:	*3.80*	*4.25*	*5*	*5.50*	*6.25*	*10.50*	*18*

Bergmann-Elektrizitätswerke, Aktiengesellsch.(Abt.J.), Berlin N., Henningsdorferstr. 33. 34. 35 (*s. vordere innere Deckelseite*).

Messingstangen. Die Grundpreise richten sich nach den Marktverhältnissen. Zu den Grundpreisen werden folgende Zuschlagspreise pro 100 kg berechnet:

Für runde Messingstangen bis 13 mm der Grundpreis
» » » von 12,9—6 » » » + *M* 5
» » » unter 6 » » » + » *10*

Flache, vierkantige oder halbrunde Messingstangen sowie andere Profile, ferner Stangen von einem bestimmten Längenmaß werden mit einem Zuschlag von *M 5* zu dem Grundpreis der entsprechenden Rundmessingstärke berechnet, wobei die kleinste Fläche für den Preis maßgebend ist. Für Triebdraht wird ein Grundpreiszuschlag von ca. *M 15* berechnet.

Kupferwerke Deutschland, Oberschöneweide.

Meßinstrumente. Bei der Verwendung elektromagnetischer Meßgeräte — welcher Konstruktion sie auch sein mögen — ist zu beachten, daß sie von Magneten, von Dynamomaschinen, besonders aber auch von stromführenden Leitungen je nach deren maximaler Belastung in entsprechender Entfernung montiert werden. Um solche Einwirkungen zu ermäßigen, wird bei den Hartmann-Braunschen Instrumenten der aktiven Spule eine möglichst große Amperewindungszahl — etwa 400 — gegeben; außerdem ist die Spule mit einem Stefan-Braunschen Schutzring aus weichem Eisen umgeben.

Die nachfolgenden Abstände stromführender Leitungen von der Zeigerachse des Instruments sind einzuhalten, wenn man einen Fehler von ½ bzw. 1% des Maximalskalenwertes als zulässig ansehen will:

Bei Einzelleitungen bis	100 Amp.	=	16	bzw.	8	cm	Abstand
» » »	200	»	=	26	»	15	»	»
» » »	300	»	=	35	»	20	»	»
» » »	400	»	=	42	»	25	»	»
» » »	500	»	=	48	»	30	»	»
» » »	1000	»	=	70	»	50	»	»
» » »	2000	»	=	110	»	80	»	»

Liegen Hin- und Rückleitung nahe beisammen, so kann der Abstand ungefähr halb so groß gewählt werden.

Dr. Rudolf Franke & Ko., G. m. b. H., Hannover. | Luxsche Industriewerke, A.-G., Ludwigshafen a. Rh. (*s. Inseratanh. S. 3*).

Meßinstrumente, integrierende. Dieselben summieren die jeweilig auftretenden elektrischen Größen.

Meßinstrumente mit absatzweiser Summierung. Bei denselben erfolgt die Summation der jeweilig auftretenden elektrischen Größen in gewissen Zeitabständen.

Meßinstrumente, registrierende. Dieselben zeichnen die jeweilig auftretenden elektrischen Größen auf.

Meßinstrumente, statische, besitzen vier im Kreise angeordnete Quadranten, zwischen welchen eine Aluminiumplatte leicht beweglich angeordnet ist. Je zwei gegenüberliegende Quadranten haben dasselbe Potential, so daß die Scheibe von dem einen Quadrantenpaar angezogen, von dem anderen abgestoßen wird. Als Gegenkraft wirkt eine Feder. Die Drehung der Scheibe ist das Maß der Potentialdifferenz. Nachteile: Empfindlich gegen Erschütterungen, nicht genau.

Meßtransformatoren sind kleine Transformatoren, welche die Hochspannung für die Voltmeter und die Spannungsspulen der Wattmeter in Niederspannung verwandeln.

Messung der Umdrehungszahl elektrischer Maschinen. Die Allgemeine Elektrizitätsgesellschaft wendet ein Verfahren an, das die Messung der Umdrehungszahl ohne Hilfsmaschine ermöglicht. Es sei zunächst angenommen, es handle sich um eine Betriebsmaschine mit konstanter Erregung. Da unterscheidet sich die elektromotorische Kraft von der Klemmenspannung nur durch den Spannungsabfall *iw*, wenn *i* den Betriebsstrom und *w* den Widerstand der Betriebsmaschine bedeuten. Schließt man nun ein Voltmeter an die Ankerklemmen an und versieht dasselbe mit einer geeigneten Kompensation, welche dem Betriebsstrom und dem inneren Widerstande proportional ist und die den Ausschlag des Voltmeters um so viel verkleinert, als der Spannungsabfall *iw* ausmacht, so gibt das Voltmeter nicht die Klemmenspannung, sondern die elektromotorische Kraft an, und da diese unter der gemachten Voraussetzung der Umdrehungszahl proportional ist, so kann das Instrument anstatt auf elektromotorische Kraft auf Umdrehungszahl geeicht werden. Handelt es sich nun um eine Maschine, die keine konstante Erregung hat, so bedarf es noch einer zweiten Kompensation, welche den Aufschlag des Voltmeters ebenso beeinflußt, wie eine Änderung der Erregung die elektromotorische Kraft. Die Kompensationen können in der Weise ausgeführt werden, daß man auf das betreffende Meßinstrument, dessen Angaben zunächst von der Klemmenspannung abhängen, zusätzliche magnetische oder elektrostatische Felder, Kräfte oder Ströme, magnetische Kräfte oder induzierte Ströme einwirken läßt. Das betreffende Meßinstrument braucht auch nicht ein Voltmeter zu sein, sondern kann eine durch die Klemmenspannung in Rotation versetzte Scheibe oder Trommel oder ein Zahnrad sein, auf welches dann ebenfalls eine geeignete Kompensation einwirkt.

Meßverfahren, photometrisches, ist die Lichtwertbestimmung in Abhängigkeit von einem Etalon durch einen Vergleich der Helligkeit der Lichteindrücke. Die Gleichheit der Lichteindrücke kann auf dem Einstellstück hervorgerufen werden entweder durch Verschiebung desselben nach dem Grundgesetz der quadratischen Abnahmen der Helligkeit mit wachsender Entfernung der Lichtquelle von dem Vergleichsstücke oder durch Einschiebung gekreuzter polarisierender Prismen, lichtabsorbierender Mittel oder rotierender Scheiben mit Sektorausschnitten in den Gang der Lichtstrahlen.

Metallbürsten sollen aus sehr feinen Blättern oder Geweben bestehen, geringen Widerstand besitzen, das Kollektormetall nicht angreifen und sich schnell mit ihrer Schleiffläche der Kollektorperipherie anpassen; um den Kollektor so wenig als möglich abzunutzen, mengt die Firma L. Patz in Dresden ihren Metallbürsten Stoffe bei, welche den Kollektor einfetten. Nach Prof. Arnold kann der Übergangswiderstand für Kupferbürsten mit ca. 0,01 Ohm pro qcm Auflagefläche angenommen werden. Reibungskoeffizient für Metallbürsten = 0,2. Die Metallbürsten liegen meistens unter einem Winkel von 45° auf. Ihre Dicke schwankt zwischen 3—10 mm, ihre Breite bei Starkstrommaschinen zwischen 25 und 50 mm.

Preis von Kupfergewebebürsten.

Breite mm	Stärke mm	Länge mm	Preis ℳ
30	6	180	2.—
	6	200	2.20
	6	240	2.60
	6	260	2.80
	7	150	1.95
	7	200	2.55
	7	300	3.70
	8	200	2.85
	9	150	2.45
	10	150	2.70
	10	200	3.50
	15	200	5.15
32	4	150	1.35
	4	200	1.65
	5	200	2.—
33	3	150	1.05
	3	220	1.45
	4	200	1.70
	5	200	2.05
34	3	180	1.30
	3	200	1.40
	3	220	1.50
	4	200	1.70
	4	250	2.10
	5	150	1.60
	5	190	2.—
	5	200	2.10
	5	300	3.05
	6	250	3.05
35	3	100	—.89
	3	120	—.95
	3	145	1.10
	3	180	1.30
	3	200	1.40
	3	220	1.55
	4	120	1.20
	4	180	1.60
	4	200	1.75
	4	220	1.90
	4	250	2.15
	4	300	2.55
	4	400	3.30
	5	150	1.65
	5	160	1.75
	5	200	2.15
	5	220	2.35
	8	200	3.30
	9	200	3.70
36	5	150	1.70
	5	200	2.20
	5	280	3.—
	6	200	2.60
	7	200	3.—
	8	200	3.40
37	4	200	1.85
	4	250	2.25
	5	200	2.25
	5	250	2.75
38	3	200	1.50
	4	200	1.90
	4	250	2.30
	5	150	1.80
	5	200	2.30
	5	240	2.75
	5	250	2.85
	5	300	3.35
	6	200	2.75
	6	220	3.—
39	3	200	1.55
	3	250	1.85
	3	300	2.15
	4	200	1.95
	4	220	2.10
	4	250	2.35
	4	300	2.80
	5	200	2.35
	5	220	2.60
	5	300	3.45
	6	200	2.80
	6	240	3.30
	6	260	3.55
	7	200	3.20
	10	200	4.50
40	3	180	1.45
	3	200	1.55
	3,5	200	1.75
	4	180	1.80
	4	200	2.—
	4	220	2.15
	4	250	2.40
	4	290	2.80
	4	300	2.85
	5	150	1.85
	5	200	2.40
	5	220	2.65
	5	250	2.95
	5	280	3.30
	5	300	3.50
	6	200	2.85
	6	240	3.40
	8	160	3.05
	8	180	3.40
	8	200	3.75
	8	250	4.60
	8	300	5.50
	10	220	5.—
41	3	200	1.60
	3	220	1.70
	4	200	2.05
	4	300	2.95
	5	200	2.50
42	3	200	1.60
	3	250	1.95
	4	200	2.05
	4	220	2.25
	5	150	1.95
	5	200	2.55
	5	220	2.75
	5	250	3.10
	6	200	3.—
	6	210	3.15
	6	220	3.25
	7	200	3.45
43	6	250	3.75
44	3	200	1.70
	4	200	2.15
	4	250	2.65
	4	300	3.15
	5	200	2.65
	5	250	3.25
	5	280	3.60
	5	300	3.85
	9	200	4.60
45	3	150	1.40
	3	200	1.70
	4	150	1.70
	4	180	2.—
	4	200	2.20
	4	220	2.40
	4	240	2.60
	4	350	2.70
	4	300	3.20
	5	150	2.10
	5	200	2.70
	6	150	2.45
	6	210	3.35
	6	230	3.65
	6	250	3.95
	6	300	4.70
	7	200	3.70
	7	220	4.05
46	4	250	2.75
	6	200	3.25
	6	220	3.55
47	3	150	1.45
	3	200	1.80
	4	200	2.30
	4	220	2.50
	4	240	2.70
	4	250	2.80
	4	300	3.35
	6	150	2.55
48	3	200	1.80
	4	200	2.35
	4	290	3.30
	5	250	3.50
	6	210	3.55
	6	250	4.20
	6	300	5.—
	8	250	5·50
50	3	200	1.85
	3	260	2.35
	4	200	2.40
	4	240	2.85
	4	250	2.95
	4	270	3.20
	5	150	2.30
	5	180	2.70
	5	200	2.95
	5	220	3.25
	5	240	3.50
	5	300	4.35
	6	150	2.70
	6	200	3.50

Breite mm	Stärke mm	Länge mm	Preis ℳ
50	6	230	4.—
	7	200	4.05
	8	200	4.60
52	4	200	2.50
	4	220	2.75
	4	240	2.95
	4	250	3.10
	5	200	3.10
	7	240	5.05
	8	200	4.80
	8	240	5.70
53	3	220	2.15
	4	200	2.55
	4	250	3.15
	4	300	3.70
	5	235	3.65
	6	200	3.70
	7	230	4.90
	7	300	6.35
	8,5	220	5.65
54	4	200	2.60
	4	240	3.05
	5	200	3.20
	5	240	3.80
	6	200	3.80
	6	240	4.50
	7	230	5.—
	8	240	5.95
55	4	200	2.65
	5	200	3.25
	5	230	3.70
	6	200	3.85
	7	200	4.45
	7	250	5.50
56	5	250	4.05
57	3	200	2.10
	4	200	2.75
	5	180	3.05
58	3	200	2.15
	3	210	2.25
	4	200	2.80
	5	200	3.40
	5	220	3.75
59	3	200	2.15
	3	250	2.65
59	4	200	2.80
	6	200	4.10
	6	260	5.30
60	3	200	2.20
	4	200	2.85
	4	210	3.—
	5	180	3.20
	5	200	3.50
	5	210	3.70
	5	220	3.85
	5	250	4.35
	5	300	5.15
	6	200	4.20
	6	220	4.60
	6	240	5.—
	7	150	3.70
	8	200	5.50
62	7	500	12.15
64	4	240	3.60
	5	200	3.75
65	3	200	2.35
	4	200	3.10
	4	220	3.35
	4,5	200	3.45
	5	170	3.25
	5	200	3.80
	5	210	4.—
	5	250	4.70
66	3	200	2.40
	5	200	4.75
	5	300	5.65
	6	200	4.60
67	3	200	2.45
	4	200	3.15
	5	210	4.10
	5	250	4.85
68	3	200	2.45
	3	220	2.70
	3	250	3.05
	3	300	3.60
	4	200	3.20
	4	210	3.35
	4	250	3.95
	4	300	4.70
68	5	200	3.95
	6	220	5.15
	7	300	8.10
69	4	200	3.25
70	3	200	2.55
	3	220	2.75
	4	200	3.30
	4	210	3.45
	4	250	4.05
	4	300	4.85
	5	200	4.05
	5	210	4.25
	5	220	4.45
	5	240	4.85
	6	200	4.85
	6	230	5.55
	6	240	5.75
	7	200	5.60
	7	220	6.15
72	4	210	3.55
73	4	250	4.25
74	4	200	3.50
	4	250	4.30
75	4	180	3.20
	4	200	3.50
	5	300	6.40
	6,5	250	6.95
	7	250	7.45
77	3	200	2.75
	3	220	3.—
78	3	200	2.80
	3	220	3.05
	4	200	3.65
	5	200	4.50
	5	220	4.95
	5	250	5.60
	6	210	5.65
	6	220	5.90
80	3	200	2.85
	3	220	3.15
	3	230	3.25
	3	300	4.20
	4	200	3.75
	4	220	4.10
80	5	200	4.60
	5	210	4.85
	5	220	5.05
	5	250	5.70
	5	300	6.80
	6	200	5.50
	6	250	6.80
	8	200	7.25
82	6	200	5.65
83	4	200	3.90
85	5	200	4.90
	5	220	5.35
	5	235	5.70
	5	250	6.05
	10	200	9.55
88	3	200	3.15
	5	200	5.05
	6	200	6.05
	6	230	6.90
	7	200	7.—
90	5	200	5.15
	5	240	6.15
	5	245	6.30
	6	200	6.15
	6	210	6.45
	6	220	6.75
	6	250	7.65
	6	260	7.95
	6	300	9.13
	7	200	7.15
	7	210	7.50
	8	200	8.15
	8	220	8.95
	8	300	12.10
95	8	200	8.60
98	6	280	9.30
	6,5	210	7.60
100	5	200	5.70
	5	210	6.—
	5	220	6.25
	6	200	6.80
	6	210	7.15
	10	250	13.95
130	5	180	6.65

Metallkontakte für Niederspannung müssen so bemessen sein, daß die Erwärmung bei Dosenausschaltern nicht 10° C, bei Hebelausschaltern nicht 50° über die Außentemperatur überschreitet.

Metallrohr-Anschneider dient zur Beseitigung des Messingüberzuges an den Isolierrohrenden bei der Herstellung der Muffenverbindungen (siehe **Isolierröhren**). Preis pro Stück *ℳ 3.50.*

Metallvoltameter (siehe **Kupfervoltameter, Silbervoltameter**).

Metallwiderstände (siehe **Widerstandsmetalle**).

Meterkerze ist die Beleuchtung eines Quadratmeters durch das Lumen (siehe **Lux**).

Meterkilogramm (mkg) = 2,35 g-Kal. = 9,806 Watt-Sek.

Meterquadratkerze ist die Flächenhelle einer Fläche von 1 qm, welche die Lichtstärke einer Kerze besitzt.

Metrisches Gewindesystem. Spitzenwinkel = 53° 8'. Die Gänge sind an den Spitzen und im Grunde um $^1/_8$ der theoretischen Gangtiefe, welche gleich der Steigung ist, gerade abgeschnitten.

Durchmesser mm	Ganghöhe mm	Schlüsselweite mm	Durchmesser mm	Ganghöhe mm	Schlüsselweite mm
6	1	12	33	3,5	50
7	1	13	36	4	54
8	1,25	15	39	4	58
9	1,25	16	42	4,5	63
10	1,5	18	45	4,5	67
11	1,5	19	48	5	71
12	1,75	21	52	5	77
14	2	23	56	5,5	82
16	2	26	60	5,5	88
18	2,5	29	64	6	94
20	2,5	32	68	6	100
22	2,5	35	72	6,5	105
24	3	38	76	6,5	110
27	3	42	80	7	116
30	3,5	46			

Mho — Einheit des Leitungsvermögens = reziproker Wert des spezifischen Leitungswiderstandes.

Mika (siehe **Glimmer**).

Mikalit (siehe **Megomit**).

Mikanit besteht aus kleinen, dünnen Plättchen, welche aus Naturglimmer gespalten, geschnitten und mittels einer minimalen Spur von bestisolierendem Klebestoff durch hohen hydraulischen Druck zu homogenen Platten von beliebiger Stärke gepreßt werden.

Es ist dem Glimmer insofern vorzuziehen, als die Klebstoffschichten nichtleitende Zwischenlagen zwischen den in den Glimmer eingesprengten Metalladern bilden.

Erfolgt die Pressung unter starkem Druck, so daß nur ein ganz geringer Prozentsatz des besonders präparierten Bindemittels in dem fertigen Fabrikate verbleibt, so zeigen die Tafeln eine weiße Farbe. Derartige Platten sind sehr fest und speziell für solche Verwendungszwecke geeignet, bei denen hohe Temperaturgrade in Frage kommen. Da diese weißen Mikanitplatten infolge ihres geringen Gehaltes an Klebstoff verhältnismäßig leicht abblättern, eignen sie sich nur für Streifen und Segmente, nicht für Ringe und gebogene Stücke.

Das normale braune Mikanit wird weniger stark ausgepreßt, so daß es einen höheren Prozentsatz Klebstoff behält. Es ist gegen Hitze etwas weniger widerstandsfähig als das weiße Material, läßt sich jedoch bei Erwärmung, wenn der Klebstoff anfängt weich zu werden, leicht biegen. Dagegen ist es fester als weißes Mikanit und blättert nicht so leicht auf, so daß man außer den oben genannten Segmenten auch Ringe aus Platten stanzen, sowie ferner Preßstücke der verschiedensten Art herstellen kann.

Mikanit ist für Kollektorisolation nicht empfehlenswert, da sich beim Warmlaufen des Kollektors der Lackgehalt ausscheidet.

Arten	Stärke in mm	Preis pro kg ℳ
Mikanit in Platten, hart oder flexibel	0,15—0,45 0,5—1,00 1,5 u. darüber	*5.60* *5.20* *4.80*
Mikanitleinwand, beiderseitig mit Leinwand überzogen	0,4—0,5 0,6 u. darüber	*6.40* *6.—*
Mikanitleinwand, einseitig mit Leinwand, auf der anderen Seite mit Seiden-Isolationspapier überzogen	0,4—0,5 0,6 u. darüber	*6.—* *5.60*
Mikanit-Japanpapier, beiderseitig mit feinstem japanischen Faserpapier überzogen	0,3—0,5 0,6 u. darüber	*5.60* *5.20*
Mikanitpapier, beiderseitig mit dünnstem Seiden-Isolationspapier überzogen	0,2—0,5 0,6 u. darüber	*5.60* *5.20*

Meirowsky & Ko., Köln-Ehrenfeld (*s. Inseratanh. S. 19*).
Persicaner & Ko., Berlin W., Bülowstraße 57.
Frankfurter Glimmerwarenfabr., Landsberg und Ollendorf, Frankfurt a. M.-Bockenheim.
H. Weidmann, Rapperswil.

Mikanitleinwand ist ein aus Mikanit hergestelltes Präparat, welches auf beiden Seiten Leinwandunterlagen besitzt (in anderer Ausführung auf einer Seite eine Unterlage aus Leinwand, auf der anderen eine solche aus japanischem Papier). Preis pro 100 kg *ℳ 500.*

Meirowsky & Ko., Köln-Ehrenfeld (*s. Inseratanh. S. 19*).
Frankfurter Glimmerwarenfabr., Landsberg und Ollendorf, Frankfurt a. M.-Bockenheim.

Mikanitpapier ist Mikanit mit beiderseitigen Unterlagen aus japanischem Papier.

Meirowsky & Ko., Köln-Ehrenfeld (*s. Inseratanh. S. 19*).
Frankfurter Glimmerwarenfabr., Landsberg und Ollendorf, Frankfurt a. M.-Bockenheim.

Mikarinnen, besonders für Nutenisolationen verwendet.

Rinnen Wandstärke mm	Wechselstrom-spannung Volt	Höchste konst. bleib. Erwärm. üb. Lufttemper. °C
0,3	3000	4
0,3	5000	21
0,4	4000	3,5
0,4	8000	36
0,5	4000	2
0,5	6000	14
0,5	8000	32

Preis pro lfd. m in Mark.

Außenumfang mm	Dicke in mm								
	0,3	0,4	0,5	0,6	0,7	0,8	1	1,5	2
25	*—.65*	*—.70*	*—.75*	*—.85*	*—.90*	*—.95*	—	—	—
30	*—.70*	*—.75*	*—.80*	*—.90*	*—.95*	*1.—*	—	—	—
35	*—.75*	*—.80*	*—.85*	*—.95*	*1.—*	*1.05*	*1.20*	—	—
40	*—.80*	*—.85*	*—.90*	*1.—*	*1.05*	*1.10*	*1.25*	*1.70*	*2.20*
45	*—.85*	*—.90*	*—.95*	*1.05*	*1.10*	*1.15*	*1.30*	*1.80*	*2.35*
50	*—.90*	*—.95*	*1.—*	*1.10*	*1.15*	*1.20*	*1.35*	*1.90*	*2.50*
55	*—.95*	*1.—*	*1.05*	*1.20*	*1.25*	*1.35*	*1.45*	*2.—*	*2.75*
60	*1.—*	*1.10*	*1.15*	*1.30*	*1.35*	*1.40*	*1.50*	*2.10*	*2.80*
65	*1.05*	*1.15*	*1.20*	*1.35*	*1.40*	*1.45*	*1.60*	*2.20*	*3.—*
70	*1.10*	*1.20*	*1.25*	*1.40*	*1.45*	*1.50*	*1.70*	*2.35*	*3.15*
75	*1.15*	*1.25*	*1.30*	*1.45*	*1.50*	*1.55*	*1.80*	*2.45*	*3.30*
80	*1.20*	*1.30*	*1.35*	*1.50*	*1.55*	*1.60*	*1.90*	*2.60*	*3.45*
85	*1.25*	*1.35*	*1.40*	*1.55*	*1.60*	*1.65*	*2.—*	*2.70*	*3.60*
90	*1.30*	*1.40*	*1.45*	*1.60*	*1.65*	*1.70*	*2.10*	*2.80*	*3.75*
95	*1.35*	*1.45*	*1.50*	*1.60*	*1.70*	*1.75*	*2.20*	*2.90*	*3.90*
100	*1.40*	*1.50*	*1.60*	*1.70*	*1.75*	*1.80*	*2.30*	*3.10*	*4.—*
110	—	*1.55*	*1.65*	*1.80*	*1.85*	*1.90*	*2.40*	*3.30*	*4.15*
120	—	*1.60*	*1.70*	*1.90*	*1.95*	*2.—*	*2.50*	*3.50*	*4.30*
130	—	—	*1.80*	*2.—*	*2.10*	*2.10*	*2.60*	*3.70*	*4.50*
140	—	—	*1.90*	*2.10*	*2.20*	*2.20*	*2.70*	*3.90*	*4.70*
150	—	—	*2.—*	*2.20*	*2.30*	*2.30*	*2.80*	*4.10*	*5.—*

Meirowsky & Ko., Köln-Ehrenfeld (s. *Inseratanh. S. 19*). | H. Weidmann, Rapperswyl.

Mikro ist der millionste Teil einer Einheit (siehe **Elektrische Maße**).

Mikrofarad ist der millionste Teil eines Farad.

Mikrophon. Die Übertragung der Sprache wird hier im Gegensatz zum Telephon, bei welchem die Tonschwingungen die elektrischen Ströme erst hervorrufen, dadurch bewirkt, daß durch Anwendung von variablen Kontakten Schwankungen der Stromstärke eines bereits vorhandenen Stromes hervorgerufen werden. Die Umwandlung der Schallwellen selbst in elektrische Ströme erfolgt vermittelst einer aus Tannenholz, Ebonit, Glimmer oder Metallblech hergestellten Blechplatte, welche mit einem veränderlichen, gewöhnlich aus mehreren Kohlenkörpern oder einem Platin- und einem Kohlenkörper bestehenden Kontakt in Verbindung gebracht wird. Letzterer und eine galvanische Batterie werden in die Leitung eingeschaltet. Die durch die Schallwellen hervorgerufenen Schwingungen der Sprechplatte vermehren oder vermindern den Widerstand der Kontaktstelle, infolgedessen der Batteriestrom Schwankungen erleidet. Die dadurch hervorgerufenen Stromwellen werden wieder im Empfangsapparat in Schallwellen umgewandelt. Einkontaktige Konstruktionen mit festen Kontakten von Blake, Hughes, mehrkontaktige mit festen Kontakten von Mix & Genest, Siemens-Schuckertwerke, Ader, Croßley u. a. m., mit veränderlichem Zwischenleiter (Kohlenschrot) von Mix & Genest, Hardegen, Deckert & Homolka, mit Kohlenpulver von Edison. Kohlenpulver-Mikrophone, Kohlenkörner-Mikrophone u. a. m.

Mikrotelephon-Apparat, bei welchem Telephon und Mikrophon ein Stück bilden, so daß z. B. das Telephon vor das Ohr und das Mikrophon gleichzeitig vor den Mund gehalten werden kann.

Benennung	ℳ
Mikrotelephon für direkte Schaltung, mit Einschalter, Taste, Aufhängeöse, 2 m langer 2adriger brauner Leitungsschnur	*10.—*
Mikrotelephon, Modell der Reichspostverwaltung mit 150 cm langer brauner 5adriger Leitungsschnur:	
mit Einschalter, ohne Morsetaste, ohne Aufhängeöse	*21.—*
do. » » » » mit »	*22.—*
do. mit Einschalter, mit Morsetaste, mit Aufhängeöse und 150 cm langer brauner 7adriger Leitungsschnur	*27.—*
Mikrotelephon für indirekte Schaltung, mit 150 cm langer brauner 4adriger Leitungsschnur	
ohne Einschalt., ohne Morsetaste, ohne Aufhängeöse	*13.—*
do. » » » » mit »	*13.30*
do. mit » » » ohne »	*14.70*
do. » » » » mit »	*15.—*
Mikrotelephon für indirekte Schaltung, mit 150 cm langer brauner 7adriger Leitungsschnur:	
mit Einschalter, mit Morsetaste, ohne Aufhängeöse	*19.70*
do. » » » » mit »	*20.—*

Minenzündung, elektrische, erfolgt entweder durch Funkenzündung, bei welcher zwischen den Enden zweier in den Sprengsatz eingeführter Leitungsdrähte ein Funke überspringt, oder durch Glühzündung, bei welcher ein durch den Sprengsatz geführter Leitungsdraht zum Glühen gebracht wird. Letztere Art ist kostspielig und erfordert große Elektrizitätsmengen, ermöglicht aber die vorhergehende Prüfung durch schwache Ströme. Letztere ist billiger, erfordert hohe Spannung, hat jedoch den Nachteil, daß Isolationsfehler von großem Einfluß auf den regelmäßigen Sprengprozeß sind. Als Stromquellen für Glühzündung werden Dynamos, Akkumulatoren oder eigene Zündbatterien von großer elektromotorischer Kraft und geringem inneren Widerstand (Leclanché- oder Chromsäure-Elemente), für Funkenzündung Reibungsmaschinen und Induktionsapparate verwendet.

Minimalausschalter sind Selbstschalter mit elektromagnetischer Zwangläufigkeit, bei den ein Elektromagnet einen Anker angezogen hält, welcher bei einem gewissen Minimalstrom abfällt. Die Fallbewegung führt die Auslösung des Schalters herbei.

Minimalausschalter bis 300 Volt.

Gleichstrom			Wechselstrom		
Amp.	Gewicht kg	Preis *M*	Amp.	Gewicht kg	Preis *M*
20	2,5	*35*	30	2,75	*45*
50	4,2	*42*	50	4,5	*57*
100	5,8	*60*	100	6,1	*75*
200	8,0	*75*	200	8,3	*90*

Minimalautomaten (siehe **Minimalausschalter**).

Mitisguß (amerikanische Bezeichnung für weichen Stahlguß) wird durch Umschmelzen von Schmiedeeisenabfällen mit einem Zuschlag von Aluminium in Tiegelöfen erhalten. Mitisguß gibt scharfe Formen, ist schmiedbar und von nahezu gleicher Festigkeit wie Stahl.

Mitsprechen der Leitungen bei Telephonanlagen wird durch Verdrillen der Drähte, durch Anwendung von Schleifenleitungen, bei benachbarten Starkstromleitungen durch Anordnung von metallischen Rückleitungen sowohl für die Telephon- wie für die Starkstromleitungen verhindert.

Mitteldruckventilatoren, Modell Sulzer, für Transformatoren für Kühlung durch bewegte Luft.

Effektbedarf PS	Luftmenge pro Minute cbm	Umdrehungen in der Minute	Gewicht ca. kg	Preis *M*
1,25	12	2000	38	*220*
2,5	65	1400	87	*335*
4,0	125	1000	178	*450*
7,0	350	900	277	*555*
10,0	485	800	439	*840*
16,0	620	600	810	*1100*
36,0	1070	500	1750	*1790*

Mittelleiter, geerdeter, ermöglicht eine verhältnismäßig billige Leitungsanlage und bietet den Vorteil, daß bei eintretenden Erdschlüssen im Leitungsnetze zwischen jeder Leitung und Erde nur die halbe Außenleiterspannung vorhanden ist (siehe **Edison-Hopkinsonsches Dreileitersystem**).

Mittelleitung (siehe **Dreileitersystem**).

Mittelspannungsanlagen sind nach den Vorschriften des V. d. E. jene Starkstromanlagen, bei welchen die effektive Spannung zwischen irgend zwei Leitungen oder einer Leitung und Erde über 250, aber unter 1000 Volt beträgt, mit Ausnahme elektrischer Bahnanlagen.

Mol ist die Anzahl Gramme, welche dem Molekulargewicht gleich ist.

Moment, magnetisches, ist das Produkt der in einem Magnetpole konzentriert gedachten magnetischen Quantität mit der Poldistanz (siehe **Stabmagnetismus**).

Moment, magnetisches, absolute Einheit desselben ist das Moment eines Magneten, welcher aus zwei um 1 cm voneinander entfernten Einheitspolen besteht.

Momentausschalter.

Preis in Mark.

Benutzbar bis zu 250 Volt.

Amp.	ohne Sicherung			mit Sicherung		
	einpolig ℳ	zweipolig ℳ	dreipolig ℳ	einpolig ℳ	zweipolig ℳ	dreipolig ℳ
60	*10*	*20*	*30*	*12*	*24*	*36*
100	*14*	*28*	*42*	*16*	*32*	*48*
200	*18*	*36*	*54*	*22*	*44*	*66*
	Benutzbar bis zu 550 Volt.					
30	*5.50*	*11*	*16.50*	*5*	*10*	*15*
60	*11.—*	*22*	*33.—*	*9*	*18*	*27*
100	*16.—*	*32*	*48.—*	*13*	*26*	*39*
200	*23.—*	*46*	*69.—*	*19*	*38*	*57*
330	*36.—*	*72*	*108.—*	*30*	*60*	*90*
450	*60.—*	*120*	*180.—*	*45*	*90*	*135*

Benutzbar bis 1000 Volt.

Amp.	einpolig ℳ	zweipolig ℳ	dreipolig ℳ
30	*13.50*	*27*	*39.50*
60	*19.—*	*38*	*57.—*
100	*30.—*	*60*	*90.—*
200	*42.—*	*84*	*130.—*
330	*58.—*	*116*	*175.—*
450	*1000.—*	*200*	*300.—*

Momentzünder sind elektrische Zündvorrichtungen für Sprengstoffe, welche im gleichen Augenblick explodieren, als die

Energiequelle zur Wirkung kommt (Anwendung bei Mehrzündung) (siehe **Zünder, elektrische**).

Monotelephone sind derart abgestimmte Telephone, daß sie nur bei einer ganz bestimmten Stromstärke tönen.

Monozyklisches System von Steinmetz ist die Anwendung der Scottschen Schaltung (siehe daselbst) auf Generatoren, welche eine Hilfswickelung erhalten, deren um 90° verschobene Spannung mit der Spannung der Hauptwickelung im Generator selbst zusammengesetzt ist. Beide Wickelungen haben denselben Leiterquerschnitt, die Hauptwickelung jedoch eine viermal so große Windungszahl als die Hilfswickelung.

Montagevorrichtungen bei Generatoren haben den Zweck, Armatur- und Magnetkörper zur Vornahme von Reparaturen leicht zugänglich zu machen. Dies wird erreicht entweder durch axiale Verschiebung des Armaturkörpers, oder indem der feststehende Anker mit seinem Gehäuse drehbar ausgeführt wird, zu welchem Zwecke der äußere Umfang des Ankergehäuses gezahnt ausgeführt ist und mittels einer Klinkvorrichtung gedreht werden kann. Beim Betriebe wird das Ankergehäuse durch eine Sperrvorrichtung festgehalten.

Mooresches Beleuchtungssystem besteht darin, daß der Innenraum luftleer gemachter Glasröhren durch einen hindurchgesendeten elektrischen Strom von hoher Spannung und großer Wechselzahl ähnlich wie in den Geißlerschen Röhren zum Leuchten gebracht wird. In einem Raum von 5,7 m Länge, 4,1 m Breite und 3,6 m Höhe, dessen Decke weiß ist, wurde eine derartige Beleuchtungsanlage in folgender Weise ausgeführt: Die luftleere Glasröhre von 48 mm Durchmesser läuft in horizontaler Lage in einer Höhe von 2,9 m vom Fußboden um den ganzen Raum herum und wird durch sechs Wandarme ungefähr 33 cm von den Wänden entfernt getragen; sie hat eine Länge von etwa 17 m. Die Röhre besteht aus einzelnen Stücken von 2,5 m Länge, die durch ganz besondere von Moore eigens für diesen Zweck erdachte Muffen und Kniestücke miteinander verbunden sind und die es ermöglichen, eine derartige Einrichtung in wenigen Stunden herzustellen. Die beiden Enden der Röhre reichen in einen nahe der Decke angebrachten Kasten, der einen Hochspannungstransformator enthält, hinein.

Der elektrische Strom wird geliefert durch einen Motorgenerator, bestehend aus einer Gleichstrommaschine von 3 PS, welche mit einer Wechselstrommaschine nach einer von Moore besonders erdachten Induktortype unmittelbar gekuppelt ist. Die Gleichstrommaschine entnimmt den Strom aus dem Edisonstraßennetz von 220 Volt und macht 175 Umdrehungen in der Minute. Die Wechselstrommaschine gibt einen Strom von 40—50 Volt Spannung bei 57 600 Wechseln in der Minute. Dieser Strom wird in dem mit der Glasröhre verbundenen Transformator auf eine Spannung von 4000—5000 Volt gebracht.

Mordeysche Schaltung (siehe **Ankerwickelung, parallel geschaltete**).

Morsealphabet.

Buchstaben:

a	—	h	· · · ·	q	— — · —
ä	· — · —	i	· ·	r	· — ·
á, å	· — — · —	j	· — — —	s	· · ·
b	— · · ·	k	— · —	t	—
c	— · — ·	l	· — · ·	u	· · —
ch	— — — —	m	— —	ü	· · — —
d	— · ·	n	— ·	v	· · · —
e	·	ñ	— — · — —	w	· — —
é	· · — · ·	o	— — —	x	— · · —
f	· · — ·	ö	— — — ·	y	— · — —
g	— — ·	p	· — — ·	z	— — · ·

Ziffern:

1	· — — — —	7	— — · · ·
2	· · — — —	8	— — — · ·
3	· · · — —	9	— — — — ·
4	· · · · —	0	— — — — —
5	· · · · ·	Bruchstrich	—— —— ——
6	— · · · ·		

Unterstreichungszeichen (vor und hinter die zu unterstreichenden Wörter oder Satzteile zu setzen) · · — — · —

Anruf (jeder Übermittelung vorangehend) — · — · —

Doppelstrich (Zeichen zur Trennung des Kopfes von der Aufschrift, der Aufschrift vom Text und des Textes von der Unterschrift) (=) — · · · —

Unterscheidungs- und andere Zeichen

Punkt	[.]	· · · · · ·
Semikolon	[;]	— · — · — ·
Komma	[,]	· — · — · —
Doppelpunkt	[:]	— — — · · ·
Fragezeichen oder Aufforderung zur Wiederholung einer nicht verstandenen Mitteilung	[?]	· · — — · ·
Ausrufungszeichen	[!]	— — · · — —
Apostroph	[']	· — — — — ·
Bindestrich	[-]	— · · · · —
Klammer (vor und nach den Wörtern)	[()]	— · — — · —
Anführungszeichen (vor und nach jedem Worte oder jeder Stelle, welche zwischen Anführungszeichen stehen)	[„“]	· — · · — ·

Abgekürzte Ziffern (nur im dienstlichen Eingang und bei der amtlichen Vergleichung zulässig):

1	· —
2	· · —
3	· · · —
4	· · · · —
5	· · · · ·
6	— · · · ·
7	— · · ·
8	— · ·
9	— ·
0	—
Bruchstrich	— —

Verstanden	· · · — ·
Irrung	· · · · · · · ·
Kreuz (Schluß der Übermittelung)	· — · — ·
Aufforderung zum Geben	— · —
Warten	· — · · ·
Beendete Aufnahme	· — · · — · · —

Morseapparat. Die Zeichengebung erfolgt durch kürzeres oder längeres Schließen des durch die beiden verbundenen Stationen hindurchfließenden Stromes. Ist letzterer geschlossen, so wird in der Empfangsstation ein Elektromagnet erregt und seinen Anker anziehen, der einen Stift trägt, welcher auf einem, an ihm vorbeiziehenden Papierstreifen Striche oder Punkte eindrückt.

Morseschlüssel (siehe **Taster**).

Morsesystem. Die bei demselben verwendeten Apparate sind:

Der Empfänger oder Schreibapparat (siehe daselbst),
der Zeichengeber oder Taster » »
das Relais oder der Übertrager » »
die Bussole oder der Stromerzeuger » »
der Linienwechsel oder Umschalter » »
die Blitzschutzvorrichtung » »

Moskowitzsches System der Waggonbeleuchtung. Die am Wagen befestigte Dynamo wird von einer Wagenachse mittels Friktionsscheiben angetrieben. Die Dynamo ist mit Differentialwickelung versehen, so daß die Spannung an den Bürsten bei Zuggeschwindigkeiten über ca. 30 km-Std. auf 40 Volt konstant bleibt. Parallel zur Dynamo ist eine Batterie von 30 Volt Betriebsspannung geschaltet. Die Lampenspannung beträgt ebenfalls 30 Volt. Bei Aufenthalten oder Geschwindigkeiten unter 30 km-Std. speist die Batterie allein die Lampen. Steigt die Dynamospannung infolge größerer Geschwindigkeit auf 40 Volt, so werden durch einen automatischen Schalter Dynamo und Batterie parallel und zugleich ein Widerstand vor die Lampen geschaltet, so daß letztere mit 30 Volt Spannung brennen, während die Batterie mit 40 Volt geladen wird. Ein polarisiertes Relais besorgt die Änderung der Stromrichtung beim Wechsel der Fahrtrichtung.

Motor, elektrischer, ist jede rotierende Maschine, die elektrische in mechanische Leistung verwandelt.

Motorgenerator ist eine Doppelmaschine, bestehend in der direkten mechanischen Kuppelung eines Motors mit einem Generator.
Maschinenfabrik Oerlikon, Oerlikon bei Zürich (Schweiz).

Motorwagen. Preis eines zweiachsigen Motorwagens für ca. 30 Personen, elegante Ausstattung, ca. *ℳ 10 000—12 000* mit einem Motor, mit zwei Motoren *ℳ 12 000—15 000,* eines vierachsigen Motorwagens für ca. 40 Personen und zwei Motoren ca. *ℳ 16 000—17 000,* eines offenen Anhängewagens ca. *ℳ 3000—3600.*

Energieverbrauch.

Anzahl der Haltestellen pro km	Energieverbrauch pro km eines zweimotorigen Wagens in KW	Energieverbrauch pro km eines einmotorigen Wagens in KW
1	5,2	4,3
2	5,7	5,3
3	6,2	6,3
4	6,8	7,3
5	7,3	8,3

Reparaturkosten: Dieselben betragen für das lebendige Triebwerk durchschnittlich 2,77 ₰, für das Untergestell 1,0 ₰ pro Wagen-km.

Elektrische Gesamtausrüstung eines normalen zweiachsigen Motorwagens:

2 Bahnmotoren mit Vorgelege und Schutzkasten,
2 Serien- und Parallel-Fahrschalter,
1 Rollen- oder Bügelstromabnehmer,
2 Maximalausschalter,
1 Vorschaltwiderstand,
1 Blitzschutzvorrichtung,
Stellringe, Verbindungs-, Erdanschluß-, Befestigungs- und Kabelbezeichnungsklemmen,
100 m Lichtleitung,
200 m Litzenkabel, 25 qmm,
20 m Gummischlauch 13 × 20 mm,
1 Lichtausschalter,
1 Lichtsicherung,
2 Reflektorlampen,
5 Deckenbeleuchtungskörper,
1 Lampenprüfer,
7 Glühlampen,
2 Motoraufhängungen,
25 m Hanfschlauch,
1 Hauptbleisicherung,
diverse kleinere Zubehörteile,
2 Wagenschutzvorrichtungen.

Motorwinden. Das Magnetgehäuse eines Kapselmotors trägt an seiner Oberseite drei Laufrollen, die den Untergurt eines I-Trägers fassen können. An der Unterseite des Magnetgehäuses sind zwei Bleche angeschraubt, in welchen eine Nußwelle für Gallsche Kette gelagert ist. Die Ankerwelle des Motors trägt lose drehbar zwei Stirngetriebe, die durch eine elektromagnetische Membrankuppelung abwechselnd mit dem Anker gekuppelt werden können. Von dem einen Getriebe aus wird mit zwei Paar Stirnrädern die Kettennuß, von dem anderen aus werden ebenfalls mit zwei Paar Stirnrädern die oben angeordneten Laufrollen angetrieben. Das Hubwerk ist mit einer Lastdruckbremse ausgerüstet, wobei der Lastdruck von einer der drei Laufrollen abgeleitet ist. Die lebendige Arbeit des Ankers wird durch eine elektromagnetische Membranbremse aufgefangen. Damit Irrtümer unmöglich sind, wird die Steuerung mit einem einzigen Griff ausgeführt, der in einem Führungsbock mit zwei Parallelschlitzen und einem Querschlitz beweglich ist. Die Einstellung des Griffes auf einen der beiden Parallelschlitze schaltet die eine der beiden Kuppelungen ein, die Auslage der Griffe in dem Parallelschlitz selbst schaltet den Anker ein.

Maschinenfabrik Eßlingen in Eßlingen. | Siemens-Schuckertwerke, Berlin.

Motorzähler, elektrodynamische und elektromagnetische sind Elektrizitätszähler, bei welchen ein Anker in ähnlicher Weise wie bei einer Gleichstrommaschine in einem Kraftlinienfelde, das durch permanente Magnete oder durch stromumflossene Spulen erzeugt wird, rotiert.

Albert Thode & Ko., Hamburg (*s. Inseratanh. S. 4*).

Muffen sind kleine gußeiserne Tröge, welche zur fixen Verbindung oder Abzweigung von Kabeln, oder kurze Rohrstücke, welche zur Verbindung von Isolierrohren dienen. Je nach ihrem Zwecke unterscheidet man Verbindungsmuffen für fortlaufende, Abzweigmuffen für in andere Richtung verlaufende Abzweigungen und Kreuzungsmuffen für kreuzende Leitungen.

H. Köttgen & Ko., Berg.-Gladbach.
Bergmann-Elektrizitätswerke, Aktiengesellsch. (Abt. J.), Berlin N., Henningsdorferstr. 33. 34. 35 (*s. vordere innere Deckelseite*).

Mulde (muldenförmiger Stromabnehmer), besonders dort geeignet, wo bei oberirdischer Stromzuführung für Bahnen ein äußerst sicherer Kontakt verlangt wird, namentlich bei elektrisch betriebenen Bergbahnen. Nachteil: Wegen der gleitenden Reibung starke Abnutzung des Fahrdrahtes (siehe **Stromabnehmer**).

Multiplikatoren sind Galvanoskope mit vielen Windungen (siehe **Galvanoskope**).

Munierapparat. Bei dem Apparat von J. Munier erfolgt die Übermittelung der Zeichen durch eine Kombination von negativen und positiven Stromstößen mittels einer über die verschiedenen Kontaktstücke schleifenden Bürste. Die Einrichtung ist so getroffen, daß die Geber durch einen synchron laufenden Verteiler auf eine Anzahl magnetischer Relais derart wirken, daß letztere durch einen aus konzentrisch und isoliert angeordneten Kontaktstücken mit darüber schleifender Bürste bestehenden Sammler die Ortsstrombatterie mit dem Druckapparate verbinden.

Muskovit — weißer kanadischer Glimmer.

N.

Nadelgalvanometer (siehe **Galvanometer**) ist weniger empfindlich gegen magnetische Störungen und gestattet leicht durchführbare Messungen.

Nebenschlußlampe. Der das Regulierwerk auslösende Elektromagnet liegt im Nebenschluß zum Hauptstromkreis der Lampe. Die Lampe reguliert auf konstante Klemmenspannung. Diese Lampe eignet sich sowohl für Einzelschaltung, wie auch als Gruppenschaltungslampe, d. h. in Parallelschaltung einer hintereinander geschalteten Gruppe von 2, 4 oder mehr Lampen.

Ehrich & Graetz, Berlin SO. 36.
Elektr.-Ges. Hansen, Leipzig.
Körting & Matthiesen, Leipzig.
»Anker«-Elektr.-Ges., Leipzig.
A. E.-G., Berlin.
Siemens-Schuckertwerke, Berlin.
Stralsunder Bogenlampenfabrik, Stralsund.

Preise von Nebenschlußbogenlampen für Wechselstrom, komplett mit Armatur.

Stromstärke in Ampere / Ungefähre Brenndauer in Stunden	Länge der Kohle mm	Preis ℳ
6, 8, 10, 12, 15 Amp. 7, 8,5, 11, 11, 15 Std.	200	65
6, 8, 10, 12, 15, 18 Amp. 9, 11,5 15, 15, 14,5 17 Std.	250	70
6, 8, 10, 12, 15, 18, 20 Amp. 11,5 15, 18,5 18,5 18,5 22, 23 Std.	300	75
6, 8, 10, 12, 15, 18, 20 Amp. 14, 18, 22, 22, 23, 26, 27 Std.	350	80

Nebenschlußmaschine. Der Magnet liegt im Nebenschluß an den Bürsten. Der Magnetismus ist von der Nutzspannung abhängig. Der Regulator ist im selben Stromkreise mit der Magnetwickelung. Die Maschine reguliert auf konstante Spannung bei veränderlicher Stromstärke. Vorteile: Die Maschine wird bei Kurzschluß stromlos, durch Rückstrom kann der Magnetismus nicht umgekehrt werden. Hauptanwendung für Glühlichtbeleuchtung, Akkumulatorenladung, elektrochemische Zwecke und dort, wo mehrere Maschinen parallel miteinander oder mit einer Akkumulatorenbatterie arbeiten sollen.

Nebenschlußmotoren sind dadurch charakterisiert, daß ihre Erregung nicht vom Strome abhängig ist, den sie aufnehmen, sondern von der Spannung, unter der sie arbeiten. Solange letztere konstant bleibt, ist auch die Erregung konstant. Die Magnete liegen im Nebenschluß zum Anker, d. h. sie sind von den Klemmen der Maschine abgezweigt.

Nebenschlußmotoren mit annähernd gesättigtem Schenkelfeld ändern ihre Umlaufszahl mit der Belastung weniger. Im allgemeinen nimmt der Nebenschlußmotor mit wachsender Belastung um einige Prozente in der Umlaufszahl ab. Um ihn selbstregulierend zu machen, gibt man ihm eine schwächende zusätzliche Reihenwickelung, welche beim Anlauf ausgeschaltet oder mit der Nebenschlußwickelung gleichsinnig geschaltet ist.

Die Umlaufszahl der Nebenschlußmotoren kann innerhalb gewisser Grenzen, welche durch die eintretende Feldschwächung und dadurch hervorgerufene Funkenbildung bestimmt sind, mittels des Nebenschlusses verändert werden. Diese Änderung kann bei normalen Motoren 25—50 % betragen. Größere Änderungen der Umdrehungszahl lassen sich durch Wahl größerer Motoren, als nötig sind, erreichen. Die Motoren mit Tourenregulierung müssen einen vielteiligen Kollektor und Kohlenbürsten haben.

Zum Anlassen sind Anlaßwiderstände erforderlich. Speziell für Hebezeuge wird der Nebenschlußmotor sich dann besonders eignen, wenn für alle Belastungen gleichbleibende Umdrehungszahl verlangt wird und das Anzugsmoment nicht besonders groß sein soll, oder wenn infolge Anwendung eines Gegengewichtes zum teilweisen Ausgleichen der Last die Belastung Null werden kann.

Nebenschlußmotoren, welche eine Transmission betätigen, sollen mit Amperemeter ausgestattet werden, um Überlastungen rechtzeitig zu bemerken.

Nebenschlußregulatoren werden in den Nebenschluß einer Nebenschlußmaschine eingeschaltet und dienen zur Regulierung der Spannung der letzteren.

Nebenschlußschaltung ist charakterisiert durch langsam abfallende Spannung bei zunehmender Stromstärke und wird bis zu Spannungen von 1000 Volt für Parallelbetrieb von Lampen und Motoren mit oder ohne Akkumulatoren verwendet.

Nebenuhren (siehe **Uhren, elektrische**).

Neefscher Hammer — ein mit Windungen umgebenes Eisenstück, das beim Durchfließen von Strom durch die Windungen magnetisch wird und hierdurch einen Anker anzieht, dessen Bewegung den Stromkreis unterbricht. Dadurch wird das Eisenstück unmagnetisch, der Anker kehrt in seine ursprüngliche Lage zurück, wodurch der Stromkreis wieder geschlossen wird usf.

Nernstlampe. Der Glühkörper wird erst nach Vorwärmung durch eine ihn umgebende Heizspirale leitungsfähig. Er hat die Form eines kleinen Stäbchens und wird aus den schwer schmelzbaren Oxyden seltener Erden hergestellt. Nach genügender Erwärmung wird der die Heizspirale durchfließende Strom mittels eines kleinen im Lampensockel befindlichen Elektromagneten, dessen Windungen mit dem leuchtenden Stäbchen in Reihe geschaltet sind, ausgeschaltet. Die Stromschwankungen, welche eine für den Leuchtkörper zu große Stromstärke herbeiführen könnten, werden durch einen, aus einem in luftdicht abgeschlossenem Glaszylinder befindlichen Eisendraht bestehenden Widerstand eliminiert. Lampenspannungen von 95—255 Volt, Stromstärken 0,25, 0,5 und 1 Amp. Modell A (große Form) mit bügelförmigem Leuchtkörper, Modell B

Vergleich zwischen Nernstlampe und gewöhnlicher Glühlampe.

Leuchtkraft	Betriebsspannung	Nernstlampen		Glühlampen		Ersparnis
		Energieverbrauch	Kosten für Strom und Ersatzlampen für 600 Betriebsstd.	Energieverbrauch	Kosten für Strom und Ersatzlampen für 600 Betriebsstd.	
Kerzen	Volt	Watt	*M*	Watt	*M*	%
16	115	28¾	9.49 2.— 11.49	50	16.50 —.50 17.—	33
32	110	55	18.15 2.— 20.15	100	33.— —.50 33.50	40
64	110	110	36.30 3.— 39.30	4 Lamp. à 16 NK 50 Watt 200	66.— 2.— 68.—	43
20	140	35	11.55 2.— 13.55	72	23.76 —.50 24.26	44
32	210	52,5	17.32 2.— 19.32	115	37.95 —.50 38.45	50
64	200	100	33.— 2.50 35.50	4 Lamp. à 16 NK 58 Watt 232	76.56 2.— 78.56	55
160	240	240	79.20 3.40 82.60	10 Lamp. à 16 NK 58 Watt 580	191.40 5.— 196.40	58

(kleine Form) mit geradem Leuchtkörper hergestellt. 400stündige Dauerprüfungen ergaben für:

Modell A bei 0,245 Amp. mittl. Stromstärke und 34,4 Kerzen mittl. Lichtstärke einen Energieverbrauch von 1,83 Watt pro Kerze,

Modell B bei 0,245 Amp. mittl. Stromstärke und 34,4 Kerzen mittl. Lichtstärke einen Energieverbrauch von 1,57 Watt pro Kerze.

Modell A	Gewicht pro Stück ca. g	Messing bronz. oder schwarz lackiert Preis pro Stück ℳ	Messing poliert oder vernickelt und poliert Preis pro Stück ℳ
Für 0,5 Amp. und 196—250 Volt		*12.25*	*15.—*
» 1,0 » » 96—150 »	1000	*12.50*	*15.25*
» 1,0 » » 196—250 »		*12.75*	*15.50*

Modell B	Gewicht pro Stück ca. g	Glasglocke klar oder geätzt	Glasglocke opal
Für 0,25 Amp. und 98—150 Volt			
» 0,25 » » 196—250 »	155	*3*	*3.25*
» 0,50 » » 96—150 »			

Allgem. Elektr.-Ges., Berlin.)

Neusilberblech (siehe **Widerstand, spezifischer**).

Dr. Geitners Argentanfabrik F. A. Lange, Auerhammer b. Aue i. Sachsen (*s. Inseratanh. S 5*).

Neusilberdraht (siehe **Widerstandsdrähte**).

Dr. Geitners Argentanfabrik F. A. Lange, Auerhammer bei Aue in Sachs., (*s. Inseratanh. S. 5*).

Nichtelektrolyte — Körper, welche bei der Lösung keine Ionen bilden.

Nickelbad, galvanisches — Lösung von 70 g schwefelsaures Nickeloxydul-Ammoniak in 1 l Wasser. Stomdichte: 0,3—0,6 Amp. pro qdm.

Nickelin.

Zulässige Strombelastung.

Nickelindraht Durchmesser mm	Nickelindraht Maximalbelastung Amp.	Nickelinstreifen 0,3 mm Stärke Breite mm	Nickelinstreifen Widerstand pro m Ohm	Nickelinstreifen Maximalbelastung Amp.
0,2	1,5	10	0,133	40
0,4	3	15	0,0889	60
0,6	5	20	0,0667	80
0,8	7	25	0,0533	95
1,0	10	30	0,0444	110
1,25	15	35	0,0381	130
1,50	23	40	0,0333	145
1,75	30	45	0,0296	160
2,0	38	50	0,0267	175

Dr. Geitners Argentanfabrik F. A. Lange, Auerhammer b. Aue i. Sachsen (*s. Inseratanh. S. 5*).

Albert Thode & Ko., Hamburg (*s. Inseratanh. S. 4*).

Niederspannungsanlagen sind nach den Vorschriften des V. d. E. jene Starkstromanlagen, bei welchen die effektive Gebrauchsspannung zwischen irgend zwei gegen Erde isolierten Leitungen 500 Volt nicht überschreitet und bei denen gleichzeitig die effektive Spannung zwischen irgend einer Leitung und Erde 250 Volt nicht überschreiten kann; ausgenommen jedoch sind unterirdische Leitungsnetze, elektrische Bahnen und elektrochemische Betriebsapparate. Bei Akkumulatoren ist die Entladespannung maßgebend.

Nietverbinder dienen als Ersatz der Wickellötstelle zur Verbindung von Leitungsdrähten. Bei dem Nietverbinder werden die Drähte mittels Nieten vereinigt, und derselbe besteht aus einer ovalen, aus nahtlosem Kupferrohr hergestellten Hülse, welche seitlich gegenüberliegende Ausbuchtungen sowie an den Breitseiten Löcher für die Nieten besitzt. In diese Hülse werden die zu verbindenden, an ihren Enden blank gemachten Drähte eingeschoben und sodann ein konischer Dorn in die Nietlöcher eingetrieben, wodurch die Drähte in die Ausbuchtungen gedrängt werden. Nach Entfernung des Dornes werden Nieten od. dgl. eingeführt, welche die Drähte in der ausgebogenen Lage erhalten und ihre Streckung verhindern. Der Kontakt wird einesteils durch die Nieten, welche sich beim Hämmern erheblich stauchen und zwischen die Drähte einkeilen, anderenteils durch die Hülse, an der die Drähte außerordentlich fest anliegen, vermittelt.

J. W. Hofmann, Kötzschenbroda.

Normalelemente sind galvanische Elemente mit konstanter elektromotorischer Kraft: Clarkelement, Westonelement, Kadmiumelement.

Normalien für Bewertung und Prüfung von elektrischen Maschinen und Transformatoren des V. d. E.

Definitionen.

Generator oder Dynamo ist jede rotierende Maschine, die mechanische in elektrische Leistung verwandelt.

Motor ist jede rotierende Maschine, die elektrische in mechanische Leistung verwandelt.

Motorgenerator ist eine Doppelmaschine, bestehend in der direkten mechanischen Kuppelung eines Motors mit einem Generator.

Umformer ist eine Maschine, bei welcher die Umformung des Stromes in einem gemeinsamen Anker stattfindet.

Wird im folgenden das Wort elektrische Maschine oder Maschine schlechthin gebraucht, so ist darunter, je nach dem Zusammenhang, einer der vorgenannten Gegenstände zu verstehen.

Anker ist bei elektrischen Maschinen derjenige Teil, in welchem durch die Einwirkungen eines magnetischen Feldes elektromotorische Kräfte erzeugt werden.

Transformator ist ein Apparat für Wechselströme ohne bewegte Teile zur Umwandlung elektrischer in elektrische Leistung.

Unter Spannung bei Drehstrom ist die verkettete effektive Spannung (Spannung zwischen je zwei der drei Hauptleitungen) zu verstehen.

Unter Sternspannung bei Drehstrom ist die Spannung zwischen dem Nullpunkt an je einem der drei Hauptleiter zu verstehen.

Unter Übersetzung bei Transformatoren ist das Verhältnis der Spannungen bei Leerlauf zu verstehen.

Unter Frequenz ist die Anzahl der vollen Perioden in der Sekunde zu verstehen.

Die für Wechselstrom gegebenen Vorschriften gelten sinngemäß auch für Mehrphasenstrom.

Allgemeine Bestimmung.

§ 1. Die folgenden Bestimmungen gelten nur insofern, als sie nicht durch ausdrücklich vereinbarte Lieferungsbedingungen abgeändert werden.

Ausgenommen hiervon sind die Vorschriften über die Leistungsschilder (vgl. § 4, 5, 6), die immer erfüllt sein müssen.

Maschinen oder Transformatoren ohne Leistungsschild oder mit einem anderen als dem weiter unten vorgeschriebenen Leistungsschild werden als diesen Normalien nicht entsprechend angesehen.

Leistung.

§ 2. Als Leistung gilt bei allen Maschinen und Transformatoren die abgegebene. Dieselbe ist anzugeben bei Gleichstrom in Kilowatt (KW), bei Wechselstrom in Kilowatt mit Angabe des Leistungsfaktors. Bei Abgabe von mechanischer Leistung ist dieselbe in Pferdestärken (PS) anzugeben.

Außerdem sind anzugeben und auf dem Leistungsschild (vgl. § 4, 5, 6) oder auf einem besonderen Schilde zu verzeichnen die normalen Werte von Tourenzahl bzw. Frequenz, Spannung oder Stromstärke.

§ 3. In bezug auf die Leistung sind folgende Betriebsarten zu unterscheiden:

a) der intermittierende Betrieb, bei dem nach Minuten zählende Arbeitsperioden und Ruhepausen abwechseln (z. B. Motoren für Krane, Aufzüge, Straßenbahnen u. dgl.);

b) der kurzzeitige Betrieb, bei dem die Arbeitsperiode kürzer ist als nötig, um die Endtemperatur zu erreichen, und die Ruhepause lang genug, damit die Temperatur wieder annähernd auf die Lufttemperatur sinken kann;

c) der Dauerbetrieb, bei dem die Arbeitsperiode so lang ist, daß die Endtemperatur erreicht wird.

§ 4. Als normale Leistung von Maschinen und Transformatoren für intermittierende Betriebe ist die Leistung zu verstehen und anzugeben, welche ohne Unterbrechung eine Stunde lang abgegeben werden kann, ohne daß die Temperaturzunahme den weiter unten als zulässig bezeichneten Wert überschreitet. Diese Leistung ist auf einem Schilde unter der Bezeichnung »intermittierend« anzugeben.

§ 5. Als normale Leistung von Maschinen und Transformatoren für kurzzeitigen Betrieb ist die Leistung zu verstehen und anzugeben, welche während der vereinbarten Betriebszeit abgegeben werden kann, ohne daß die Temperaturzunahme den weiter unten als zulässig bezeichneten Wert überschreitet. Diese Leistung ist unter der Bezeichnung »für . . . St.« auf einem Schilde anzugeben.

§ 6. Als normale Leistung von Maschinen und Transformatoren für Dauerbetrieb ist die Leistung zu verstehen und anzugeben, welche während beliebig langer Zeit abgegeben werden kann, ohne daß die Temperaturzunahme den weiter unten als zulässig angegebenen Wert überschreitet. Diese Leistung ist auf einem Schilde unter der Bezeichnung »dauernd« anzugeben.

§ 7. Die gleichzeitige Angabe der Leistung für verschiedene Betriebsarten ist zulässig.

§ 8. Bei Generatoren und Umformern mit veränderlicher Spannung genügt die Verzeichnung der normalen Werte von Spannung, Stromstärke und Tourenzahl auf dem Schilde; die zusammengehörigen Grenzwerte müssen jedoch in den Lieferungsbedingungen angegeben werden.

§ 9. Maschinen mit Kollektor müssen bei jeder Belastung innerhalb der zulässigen Grenzen bei günstigster Bürstenstellung und eingelaufenen Bürsten so weit funkenfrei laufen, daß ein Behandeln des Kollektors mit Glaspapier od. dgl. höchstens nach je 24 Betriebsstunden erforderlich ist.

Temperaturzunahme.

§ 10. Die Temperaturzunahme von Maschinen und Transformatoren ist bei normaler Leistung und unter Berücksichtigung der oben definierten Betriebsarten zu messen, nämlich:

1. bei intermittierenden Betrieben nach Ablauf eines ununterbrochenen Betriebes von einer Stunde;
2. bei kurzzeitigen Betrieben nach Ablauf eines ununterbrochenen Betriebes während der auf dem Leistungsschilde verzeichneten Betriebszeit;
3. bei Dauerbetrieben:
   a) bei Maschinen nach Ablauf von zehn Stunden;
   b) bei Transformatoren nach Ablauf jener Betriebszeit, welche nötig ist, um die stationäre Temperatur zu erreichen.

§ 11. Sofern für kleinere Maschinen unzweifelhaft feststeht, daß die stationäre Temperatur in weniger als zehn Stunden erreicht wird, so kann die Temperaturzunahme nach entsprechend kürzerer Zeit gemessen werden.

§ 12. Bei der Prüfung auf Temperaturzunahme dürfen die betriebsmäßig vorgesehenen Umhüllungen, Abdeckungen, Ummantelungen usw. von Maschinen und Transformatoren nicht entfernt, geöffnet oder erheblich verändert werden. Eine etwa durch den praktischen Betrieb hervorgerufene und bei der Konstruktion in Rechnung gezogene Kühlung kann im allgemeinen bei der Prüfung nachgeahmt werden, jedoch ist es nicht zulässig, bei Straßenbahnmotoren den durch die Fahrt erzeugten Luftzug bei der Prüfung künstlich herzustellen.

§ 13. Als Lufttemperatur gilt jene der zuströmenden Luft oder, wenn keine entschiedene Luftströmung bemerkbar ist, die mittlere Temperatur der die Maschine umgebenden Luft in Höhe der Maschinenmitte, wobei in beiden Fällen in etwa 1 m Entfernung von der Maschine zu messen ist. Die Lufttemperatur ist während des letzten Viertels der Versuchszeit in regelmäßigen Zeitabschnitten zu messen und daraus der Mittelwert zu nehmen.

§ 14. Wird ein Thermometer zur Messung der Temperatur verwendet, so muß eine möglichst gute Wärmeleitung zwischen diesem und dem zu messenden Maschinenteil herbeigeführt werden, z. B. durch Stanniolumhüllung. Zur Vermeidung von Wärmeverlusten wird die Kugel des Thermometers und die Meßstelle außerdem mit einem schlechten Wärmeleiter (trockener Putzwolle u. dgl.) überdeckt. Die Ablesung findet erst statt, nachdem das Thermometer nicht mehr steigt.

§ 15. Mit Ausnahme der mit Gleichstrom erregten Feldspulen und aller ruhenden Wickelungen werden alle Teile der Generatoren und Motoren mittels Thermometers auf ihre Temperaturzunahme untersucht.

Bei thermometrischen Messungen sind so weit wie möglich jeweilig die Punkte höchster Temperatur zu ermitteln, und die dort gemessenen Temperaturen sind maßgebend.

§ 16. Die Temperatur der mit Gleichstrom erregten Feldspulen und aller ruhenden Wickelungen bei Generatoren und Motoren ist aus der Widerstandszunahme zu bestimmen. Dabei ist, wenn der Temperaturkoeffizient des Kupfers nicht für jeden Fall besonders bestimmt wird, dieser Koeffizient als 0,004 anzunehmen.

§ 17. Bei Transformatoren wird die höchste an irgend einem Punkte vorkommende Temperatur der Wickelungen durch Thermometer gemessen. Bei Öltransformatoren wird die Temperatur der oberen Ölschichten gemessen.

§ 18. In gewöhnlichen Fällen und insofern die Lufttemperatur 35° C nicht übersteigt, darf die nach § 15—17 ermittelte Temperaturzunahme folgende Werte nicht übersteigen:

a) an isolierten Wickelungen und Schleifringen:

Bei Baumwollisolierung . . . . 50° C
» Papierisolierung . . . . 60° »
» Isolierung durch Glimmer, Asbest und deren Präparate 80° »

Für ruhende Wickelungen sind um 10° C höhere Werte zulässig.

b) an Kollektoren 60° C,

c) an Eisen von Generatoren und Motoren, in das Wickelungen eingebettet sind, je nach der Isolierung der Wickelung, die Werte unter a.

§ 19. Bei Straßenbahnmotoren darf die nach § 15 und 16 nach einstündigem ununterbrochenem Betrieb mit normaler Belastung im Versuchsraum ermittelte Temperaturzunahme folgende Werte nicht übersteigen:

a) Bei Baumwollisolierung . . . . 70° C
» Papierisolierung . . . . 80° »
» Isolierung durch Glimmer, Asbest und deren Präparate . . . . 100° »

Eine Erhöhung dieser Grenzen für ruhende Wickelungen ist nicht zulässig.

b) an Kollektoren . . . . 80° C

c) an Eisen, in das Wickelungen eingebettet sind, je nach der Isolierung der Wickelungen die Werte unter a.

§ 20. Bei kombinierten Isolierungen gilt die untere Grenze.

§ 21. Bei dauernd kurzgeschlossenen Wickelungen können vorstehende Grenzwerte überschritten werden.

Überlastung.

§ 22. Im praktischen Betriebe sollen Überlastungen nur so kurze Zeit oder bei solchem Temperaturzustand der Maschinen und Transformatoren vorkommen, daß die zulässige Temperaturzunahme dadurch nicht überschritten wird. Mit dieser Einschränkung müssen Maschinen und Transformatoren in den folgenden Grenzen überlastungsfähig sein:

Generatoren Motoren Umformer	25 % während ½ Stunde, wobei bei Wechselstromgeneratoren der Leistungsfaktor nicht unter dem auf dem Schilde verzeichneten Werte anzunehmen ist.
Motoren Umformer Transformatoren	40 % während 3 Minuten, wobei für Motoren die normale Klemmenspannung einzuhalten ist.

Der Kollektor der Gleichstrommaschinen und Umformer darf hierbei nicht so stark angegriffen werden, daß der Gang bei normaler Leistung dem § 9 nicht mehr genügt.

§ 23. Generatoren müssen bei konstanter Tourenzahl die Spannung bis zu 15 % Überlastung konstant halten können, wobei der Leistungsfaktor bei Wechselstromgeneratoren nicht unter dem auf dem Schilde verzeichneten Werte anzunehmen ist.

§ 24. Die Prüfung soll die mechanische und elektrische Überlastungsfähigkeit ohne Rücksicht auf Erwärmung feststellen und deshalb bei solcher Temperatur beginnen, daß die zulässige Temperaturzunahme nicht überschritten wird.

§ 25. Diese Vorschriften gelten auch für Generatoren mit veränderlicher Spannung, bei denen die Spannungsänderung durch annähernd proportionale Änderung der Tourenzahl erreicht wird. Bei Generatoren mit annähernd konstanter Tourenzahl (so daß sie bei normaler Spannung mit abgeschwächtem Felde arbeiten) ist von einer Überlastungsprobe abzusehen. Das gleiche gilt von Motoren, wenn sie mit abgeschwächtem Felde arbeiten.

Isolation.

§ 26. Die Messung des Isolationswiderstandes wird nicht vorgeschrieben, wohl aber eine Prüfung auf Isolierfestigkeit (Durchschlagsprobe), welche am Erzeugungsort, bei größeren Objekten auch vor Inbetriebsetzung am Aufstellungsort vorzunehmen ist. Maschinen und Transformatoren müssen imstande sein, eine solche Probe mit einer in nachfolgendem festgesetzten höheren Spannung, als die normale Betriebsspannung ist, ½ Stunde lang auszuhalten. Die Prüfung ist bei warmem Zustande der Maschine vorzunehmen und später nur ausnahmsweise zu wiederholen, damit die Gefahr einer späteren Beschädigung vermieden wird.

Maschinen und Transformatoren bis 5000 Volt sollen mit der doppelten Betriebsspannung, jedoch nicht mit weniger als 100 Volt geprüft werden. Maschinen und Transformatoren von 5000 bis 10000 Volt sind mit 5000 Volt Überspannung zu prüfen. Von 10000 Volt an beträgt die Prüfspannung das Eineinhalbfache der Betriebsspannung.

§ 27. Diese Prüfspannungen beziehen sich auf Isolation von Wickelungen gegen das Gestell, sowie bei elektrisch getrennten Wickelungen gegeneinander. Im letzteren Falle ist bei Wickelungen verschiedener Spannung immer die höchste sich ergebende Prüfspannung anzuwenden.

§ 28. Zwei elektrisch verbundene Wickelungen verschiedener Spannung sind gleichfalls mit der der Wickelung höchster Spannung entsprechenden Prüfspannung gegen Gestell zu prüfen.

§ 29. Sind Maschinen oder Transformatoren in Serie geschaltet, so sind, außer obiger Prüfung, die verbundenen Wickelungen mit einer der Spannung des ganzen Systems entsprechenden Prüfspannung gegen Erde zu prüfen.

§ 30. Obige Angaben über die Prüfspannung gelten unter der Annahme, daß die Prüfung mit gleicher Stromart vorgenommen wird, mit welcher die Wickelungen im Betriebe benutzt werden. Sollte dagegen eine betriebsmäßig von Gleichstrom durchflossene Wickelung mit Wechselstrom geprüft werden, so braucht nur der 0,7fache Wert der vorgenannten Prüfspannung angewendet zu werden. Wird umgekehrt eine betriebsmäßig von Wechselstrom durchflossene Wickelung mit Gleichstrom geprüft, so muß die Prüfspannung 1,4mal so hoch genommen werden, wie oben angegeben.

§ 31. Ist eine Wickelung betriebsmäßig mit dem Gestell leitend verbunden, so ist diese Verbindung für die Prüfung auf Isolierfestigkeit zu unterbrechen. Die Prüfspannung einer solchen Wickelung gegen Gestell richtet sich dann aber auch nur nach der größten Spannung, welche zwischen irgend einem Punkte der Wickelung und des Gestelles im Betriebe auftreten kann.

§ 32. Für Magnetspulen mit Fremderregung ist die Prüfspannung das Dreifache der Erregerspannung, jedoch mindestens 100 Volt.

§ 33. Die Wickelung des Sekundärankers asynchroner Motoren ist mit der doppelten Anlaufspannung zu prüfen, jedoch mindestens mit 100 Volt. Kurzschlußanker brauchen nicht geprüft zu werden.

Wirkungsgrad.

§ 34. Der Wirkungsgrad ist das Verhältnis der abgegebenen zur zugeführten Leistung. Er kann durch direkte Messung der Leistungen oder indirekt durch Messung der Verluste bestimmt werden. Die indirekten Methoden sind leichter durchzuführen, durch Beobachtungsfehler weniger beeinflußt und aus diesen Gründen in der Regel vorzuziehen. Bei Angabe des Wirkungsgrades ist die Methode zu nennen, nach welcher er bestimmt werden soll bzw. bestimmt wurde, wozu ein Hinweis auf den entsprechenden Paragraphen dieser Normalien genügt.

Die Angabe des Wirkungsgrades soll sich stets auf die dem normalen Betriebe entsprechende Erwärmung beziehen.

Der Wirkungsgrad ist unter Berücksichtigung der Betriebsart (vgl. § 4, 5, 6) anzugeben. Der Wirkungsgrad ohne besondere Angabe der Belastung bezieht sich auf die normale Belastung.

Die für Felderregung nötige und im Feldrheostat verlorene Leistung ist als Verlust in Rechnung zu ziehen.

§ 35. Für Generatoren, synchrone Motoren und Transformatoren ist der Wirkungsgrad unter Voraussetzung von Phasengleichheit zwischen Strom und Spannung anzugeben.

§ 36. Bei Maschinen mit besonderen Erregermaschinen ist der Wirkungsgrad beider Maschinen getrennt anzugeben.

Methoden zur Bestimmung des Wirkungsgrades.

§ 37. Die direkte elektrische Methode: Diese Methode kann angewendet werden bei Motorgeneratoren, Umformern und Transformatoren, indem man die abgegebene sowie zugeführte Leistung durch elektrische Messungen ermittelt. Zwecks Verwendung gleichartiger Meßinstrumente empfiehlt es sich bei dieser Methode, gleichartige Maschinen oder Transformatoren paarweise zu prüfen.

§ 38. Die indirekte elektrische Methode: Sind zwei Maschinen gleicher Leistung, Type und Stromart vorhanden, so werden sie mechanisch und elektrisch derart gekuppelt, daß die eine als Generator, die andere als Motor läuft. Der Betrieb des Systemes erfolgt durch Stromzuführung von einer äußeren Stromquelle aus in der Weise, daß nur die zur Deckung der Verluste nötige Leistung zugeführt und gemessen wird. Der Betriebszustand der beiden Maschinen ist so einzuregulieren, daß der Mittelwert zwischen der dem Motor zugeführten und der vom Generator abgegebenen Leistung so nahe als möglich gleich ist der normalen Leistung der einzelnen Maschine. Dieser Mittelwert wird durch Messung bestimmt. Die zur Deckung der Verluste nötige Leistung kann auch mechanisch zugeführt und elektrisch gemessen werden. Ist bei diesen Messungen Riemenübertragung nicht zu vermeiden, so sind die dadurch verursachten Verluste entsprechend zu berücksichtigen.

Die vorstehend beschriebene Methode ist auch bei Transformatoren anwendbar, sofern dieselben in bezug auf Leistung, Spannung und Frequenz identisch sind. Der in etwaigen Hilfsapparaten entstehende Verlust ist sinngemäß zu berücksichtigen.

§ 39. Die direkte Bremsmethode: Diese Methode ist im allgemeinen bei kleineren Motoren brauchbar, kann aber für einen kleineren Generator, der sich als Motor betreiben läßt, auch verwendet werden; doch müssen dann die Verhältnisse so gewählt werden, daß die magnetische und mechanische Beanspruchung, Tourenzahl und Leistung während der Prüfung möglichst wenig von den entsprechenden Größen bei der Benutzung als Generator abweichen.

§ 40. Die indirekte Bremsmethode: Ist ein Generator bzw. Motor von entsprechender Leistung vorhanden, dessen Wirkungsgrad bei verschiedenen Belastungen genau bekannt ist, so kann dieser als Bremse bzw. Antriebsmotor benutzt werden.

Wird hierbei ev. eine Riemenübertragung verwendet, so ist der dadurch entstehende Verlust zu berücksichtigen.

§ 41. Leerlaufsmethode: Bei Leerlauf als Motor wird der Verlust, welcher zum Betriebe der Maschine bei normaler Tourenzahl und Feldstärke in eingelaufenem Zustande auftritt, bestimmt. Dieser stellt den durch Luft-, Lager- und Bürstenreibung, Hysteresis und Wirbelströme bedingten Verlust dar, dessen Änderung mit der Belastung nicht berücksichtigt wird. Durch elektrische Messungen und Umrechnungen wird der Verlust durch Stromwärme in Feld-, Anker-, Bürsten- und Übergangswiderstand bei entsprechender Belastung ermittelt, wobei bezüglich des letzteren auf die Bewegung und die richtige Stromstärke, bezüglich der ersteren auf den warmen

Zustand der Maschine Rücksicht zu nehmen ist. Bei asynchronen Motoren können die Verluste im Sekundäranker anstatt durch Widerstandsmessungen durch Messung der Schlüpfung bestimmt werden. Ein etwaiger bei normalem Betriebe in einem Vorschaltwiderstande für die Feldwickelung auftretender Verlust ist mit in Rechnung zu ziehen. Diese Methode ist auch sinngemäß für Transformatoren verwendbar.

Die Summe der vorstehend erwähnten Verluste wird als »meßbarer Verlust« bezeichnet. Als Wirkungsgrad wird angesehen das Verhältnis der Leistung zur Summe von Leistung und »meßbarem Verlust«.

§ 42. Hilfsmotormethode: Stellen sich der direkten Ermittelung des Verlustes für Luft-, Lager- und Bürstenreibung sowie Hysteresis und Wirbelströme in gewissen Fällen Schwierigkeiten entgegen, oder ist eine gleichartige Stromquelle, wie die zu untersuchende Maschine nötig hat, nicht vorhanden, so kann der Verlust für Luft- und Lagerreibung sowie für Hysteresis und Wirbelströme durch einen Hilfsmotor festgestellt werden. Die Feststellung des Verlustes für Luft-, Lager- und Bürstenreibung sowie Hysteresis und Wirbelströme der zu untersuchenden Maschine hat dann dadurch zu geschehen, daß man die dem antreibenden Motor zugeführte Leistung bei normaler Erregung der zu untersuchenden Maschine feststellt und davon die im Hilfsmotor sowie die in der ev. Riemenübertragung entstehenden Verluste abzieht. Die Verluste im Hilfsmotor sind durch Leerlauf des Hilfsmotors bei gleicher Tourenzahl und Spannung wie während des ersten Versuches festzustellen, sowie durch die Belastung hinzukommende Verluste in Feld, Anker, Bürsten und Übergangswiderstand durch elektrische Messungen entsprechend den Angaben unter § 41 zu bestimmen. Im übrigen ist bezüglich der zu untersuchenden Maschine genau wie in § 41 zu verfahren und ist auch der Wirkungsgrad in gleicher Weise definiert.

Als Hilfsmotor kann auch die Antriebsdampfmaschine verwendet werden, wenn sie von der Dynamo abkuppelbar ist. Die Ermittelung muß dann in der Weise vorgenommen werden, daß zuerst die Dampfmaschine einschließlich unbelastetem Generator mit normaler Tourenzahl und Erregung und dann, wieder nachdem die Kuppelung gelöst ist, die Dampfmaschine allein indiziert wird. Die Differenz zwischen beiden ist als Leerlaufsverlust für Luft-, Lager- und Bürstenreibung sowie für Hysteresis und Wirbelströme zu betrachten, wobei auf etwaige gleichzeitig von der Dampfmaschine erzeugte Erregung Rücksicht zu nehmen ist. Wegen der den Leerlaufsdiagrammen anhaftenden Ungenauigkeit ist diese Methode mit besonderer Vorsicht zu verwenden.

§ 43. Indikatormethode. Wird der Generator durch eine Dampfmaschine direkt angetrieben und ist er nicht abkuppelbar, so ist der Wirkungsgrad ohne Rücksicht auf Reibung zu bestimmen. Die bei Leerlauf auftretenden Hyteresis- und Wirbelstromverluste sind bei normaler Tourenzahl und Klemmenspannung mit Indikatordiagrammen derart zu bestimmen, daß die Dampfmaschine bei erregtem und unerregtem Felde indiziert wird. Wird die Erregung von der gleichen Dampfmaschine geliefert, so ist die dafür benötigte Leistung in Abzug zu bringen. Die verbleibende Differenz wird als der durch

Hysteresis und Wirbelstrom bei Leerlauf erzeugte Verlust angesehen, dessen Änderung mit der Belastung nicht berücksichtigt wird. Durch elektrische Messungen und Umrechnungen wird der Verlust durch Stromwärme in Feld, Anker, Bürsten und deren Übergangswiderstand bei Belastung ermittelt, wobei bezüglich des letzteren auf die Bewegung und die richtige Stromstärke, bezüglich der ersteren auf den warmen Zustand der Maschine Rücksicht zu nehmen ist. Ein etwaiger bei normalem Betriebe in einem Vorschaltwiderstande für die Feldwickelung auftretender Verlust ist mit in Rechnung zu ziehen. Die Summe der vorstehend erwähnten Verluste wird als »meßbarer Verlust« bezeichnet. Als Wirkungsgrad wird das Verhältnis der Leistung zur Summe von Leistung und »meßbarem Verlust« angesehen. Wegen der den Leerlaufsdiagrammen anhaftenden Ungenauigkeit ist diese Methode mit besonderer Vorsicht zu verwenden.

§ 44. Trennungsmethode: Bei Maschinen, die nur unter Benutzung von fremden Lagern arbeiten können, ist der Wirkungsgrad ohne Rücksicht auf Reibung in folgender Weise zu bestimmen: Der Verlust für Hysteresis und Wirbelströme wird elektrisch festgestellt dadurch, daß die Maschine in ähnlicher Weise wie bei der Leerlaufsmethode, als Motor laufend, untersucht wird. Um den Verlust für Luft-, Lager- und Bürstenreibung von dem Verluste für Hysteresis und Wirbelströme trennen zu können, ist in folgender Weise zu verfahren: Die Maschine muß bei mehreren verschiedenen Spannungen mit normaler Tourenzahl in eingelaufenem Zustande untersucht werden, und zwar soll man mit der Spannung so weit wie möglich nach unten gehen, jedoch auch Beobachtungswerte bei normaler Spannung und wenn möglich bei 25 % höherer Spannung aufnehmen. Diese Beobachtungswerte sind graphisch aufzutragen, und es ist die erhaltene Kurve so zu verlängern, daß der bei der Spannung »Null« auftretende Verlust ermittelt werden kann. Dieser Wert gibt den Reibungsverlust an und ist von dem bei normaler Spannung beobachteten Leerlaufsverlust in Abzug zu bringen. Der Rest ist als Verlust für Hysteresis und Wirbelströme anzusehen, dessen Änderung mit der Belastung nicht berücksichtigt wird. Die übrigen Verluste sind entsprechend § 41 elektrisch zu ermitteln. Die Summe von Hysteresis- und Wirbelstromverlust sowie die Verluste durch Stromwärme in Feld, Anker, Bürsten und deren Übergangswiderstand bei Belastung werden als »meßbarer Verlust« bezeichnet und wird als der Wirkungsgrad das Verhältnis der Leistung zur Summe von Leistung und »meßbarem Verlust« angesehen.

Die Ermittelung des Hysteresis- und Wirbelstromverlustes kann auch mittels Hilfsmotors vorgenommen werden.

Spannungsänderung.

§ 45. Unter Spannungsänderung des Wechselstromgenerators ist die Änderung der Spannung zu verstehen, welche eintritt, wenn man bei normaler Klemmenspannung den höchsten auf dem Leistungsschilde verzeichneten Ankerstrom abschaltet, ohne Tourenzahl und ohne Erregerstrom zu ändern.

§ 46. Bei Maschinen, welche nur für induktionslose Belastung bestimmt sind, genügt die Angabe der Spannungsänderung für letztere. Bei Maschinen, welche für induktive Belastung bestimmt sind, ist außer der Spannungsänderung für induktionslose Belastung noch die Spannungsänderung anzugeben bei einer induktiven Belastung, deren Leistungsfaktor 0,8 ist. Die Angabe der Spannungsänderung für einen anderen Leistungsfaktor ist außerdem zulässig.

§ 47. Sollen Gleichstrommaschinen auf Spannungsänderung geprüft werden, so gilt folgendes: Gleichstrommaschinen mit Nebenschlußerregung, mit gemischter Erregung und mit Fremderregung werden ohne Nachregulierung der Erregung von Vollbelastung bei normaler Spannung bis hinab auf Leerlauf bei gleichbleibender normaler Tourenzahl in wenigstens vier annähernd gleichen Abstufungen der Belastung geprüft. Der Unterschied zwischen der größten und der kleinsten beobachteten Spannung gilt als Sannungsänderung. Bezüglich Verstellung der Bürsten gilt das für den Betrieb Vereinbarte.

§ 48. Bei Transformatoren ist sowohl der Ohmsche Spannungsverlust, als auch die Kurzschlußspannung bei normaler Stromstärke anzugeben, beides auf den Sekundärkreis bezogen. Der Ohmsche Spannungsverlust gilt als Spannungsänderung bei induktionsloser Belastung, die Kurzschlußspannung als Spannungsänderung bei induktiver Belastung.

Es ist zulässig, den Versuch bei einer von der normalen nicht allzusehr abweichenden Stromstärke zu machen; die Spannungsänderungen müssen dann aber auf normale Stromstärke proportional umgerechnet werden.

Anhang.

Es empfiehlt sich, bei Neuanlagen und in Preislisten die folgenden Werte für Frequenz, Tourenzahl und Spannung möglichst zu berücksichtigen. Die Frequenz soll 25 oder 50 sein.

Die Tourenzahl bei Wechselstrom- und Drehstrommaschinen soll nach folgender Tabelle abgestuft werden:

Polzahl	Tourenzahl des Generators, Synchromotors oder leer laufenden Asynchromotors bei Frequenz von	
	25	50
2	1500	3000
4	750	1500
6	500	1000
8	375	750
10	300	600
12	250	500
16	187,5	375
20	150	300
24	125	250
28	107	214
32	94	188
36	83	166
40	75	150
48	—	125
56	—	107
64	—	94
72	—	83
80	—	75

Die Spannung soll folgenden Tabellen entsprechen:

a) Gleichstrom.

Motor	Generator
110 Volt	115 Volt
220 »	230 »
440 »	470 »
500 »	550 »

b) Wechselstrom bzw. Drehstrom.

Motor oder Primärklemmen des Transformators	Generator oder Sekundärklemmen des Transformators
110 Volt	115 Volt
220 »	230 »
500 »	525 »
1000 »	1050 »
2000 »	2100 »
3000 »	3150 »
5000 »	5250 »

Bei Gleichstromgeneratoren für veränderliche Spannung (mit Ausnahme von Zusatzmaschinen) soll folgendes gelten:

a) Für Spannungserhöhung.

Wenn ein und derselbe Gleichstromgenerator bei konstanter Tourenzahl eine erhöhte Spannung geben soll, so kann dies durch Verstärkung der Erregung geschehen, sofern dabei die Leistung nicht erhöht wird. Im allgemeinen ist die so erzielte Erhöhung der Spannung nicht weiter als um 30 % von der Normalspannung auszudehnen. Weitere Erhöhung der Spannung ist durch Steigerung der Tourenzahl zu bewirken.

b) Für Spannungserniedrigung.

Wenn ein und derselbe Gleichstromgenerator bei konstanter Tourenzahl eine erniedrigte Spannung geben soll, so kann dies durch Schwächung der Erregung geschehen, sofern dabei die Leistung im gleichen Verhältnisse wie die Spannung vermindert wird. Im allgemeinen ist die so erzielte Verminderung der Spannung nicht weiter als um 20 % von der Normalspannung auszudehnen. Eine weitergehende Verminderung der Spannung ist durch Herabsetzung der Tourenzahl zu bewirken.

c) Für Erhöhung und Erniedrigung der Spannung in ein und derselben Maschine.

Wenn ein und derselbe Gleichstromgenerator bei konstanter Tourenzahl eine geringere und zeitweise auch eine höhere Spannung als die normale Spannung abgeben soll, so kann dies durch Veränderung der Erregung geschehen, sofern bei der höheren Spannung die Leistung und bei der niederen Spannung die Stromstärke nicht erhöht wird und die Differenz zwischen höchster und niedrigster Spannung 45 % der letzteren nicht überschreitet. Eine weitergehende Veränderung der Spannung ist durch Änderung der Tourenzahl zu erzielen.

Wird ein Gleichstromgenerator für veränderliche Spannung verlangt, so muß diese Bedingung in der Bestellung besonders zum Ausdruck kommen.

Normalkerze, deutsche, ist die Leuchtkraft einer Paraffinkerze von 20 mm Durchmesser und 50 mm Flammenhöhe. Die Normalkerze verhält sich zur Hefnerkerze wie 1 : 0,8.

Normalkerze, englische, ist eine Walratkerze, welche bei einer Flammenhöhe von 43—45 mm 7,77 g in einer Stunde verbrennt (siehe **Lichtstärke-Einheiten**).

Normalkerzenstunden, Preise derselben.

Für *M 1* liefern Normalkerzenstunden:

Wachs	33	Reginalampe	970
Stearin	77	Ölgas	1660
Rüböl	150	Wassergas + Benzol	1666
Leuchtgas + Azetylen	435	Invertbrenner	1890
Elektr. Glühlicht	440	Millionlampe	2222
Leuchtgas i. Schnittbr.	625	Bogenlicht	2232
Leuchtgas i. Argandbr.	695	Petr. Gaslampe v. Schülke	2250
Azetylen + Luft, Schnittbr.	716	Auerlicht, Leuchtgas	2300
Kosmosbrenner	833	Dürrlicht	3333
Prometheusbrenner	923	Auerlicht, Wassergas	4350

Normalkondensator der Siemens-Schuckertwerke (siehe **Kondensatoren**) werden durch ein System von übereinanderliegenden Metallscheiben gebildet, welches gut isoliert in einem luftdicht verschlossenen Kasten untergebracht ist. Durch letzteren wird während des Gebrauches trockene Luft von 20° C geblasen.

Normallampe ist eine 16kerzige Glühlampe.

Normallichtstärken für Glühlampen sind 5, 10, 16, 25, 32, 50 NK.

Normalspur. Die Spurweite von Vollbahnen beträgt 1,435 m (in Rußland 1,524 m).

Normaluhren (siehe **Uhren, elektrische**).

Nulleiter (siehe **Edison-Hopkinsonsches Dreileitersystem**).

Nuten. Bei Gleichstromankern sind ganz geschlossene Nuten verwerflich wegen der eintretenden Streuung, Feldverschiebung und Funkenbildung. Ganz geschlossene Nuten sind bei Wechselstrommaschinen empfehlenswert, da sie den Querschnitt des Luftraumes vergrößern und zu einer gleichmäßigen Verteilung der Kraftlinien über die ganze Polschuhfläche beitragen. Offene und halboffene Nuten bei Gleichstromankern gebräuchlich. Halboffene Nuten für Wechselstrommaschinen, nur für Schablonenankerspulen verwendet, werden durch Holz- oder Fiberkeile, bei Hochspannung durch Glimmerkeile verschlossen.

Die Nuten werden in den meisten Fabriken gestanzt (A. E.-G., Oerlikon, Kolben, Ganz & Ko., Bergmann), seltener gefräst (Brown, Boveri & Ko.).

Preis pro 1000 Nutenschnitte für Ankerbleche.

Nutenbreite mm	Nutentiefe 10 mm	15 mm	20 mm	25 mm	30 mm	35 mm
	ℳ	ℳ	ℳ	ℳ	ℳ	ℳ
3	*—.80*	*—.85*	*—.90*	*1.—*	—	—
4	*—.90*	*—.95*	*1.—*	*1.05*	*1.10*	—
5	*—.95*	*1.—*	*1.05*	*1.10*	*1.15*	—
6	*1.—*	*1.05*	*1.10*	*1.15*	*1.20*	*1.25*
7	*1.05*	*1.10*	*1.15*	*1.20*	*1.25*	*1.30*
8	*1.10*	*1.15*	*1.20*	*1.25*	*1.30*	*1.35*
9	*1.15*	*1.20*	*1.25*	*1.30*	*1.35*	*1.40*
10	*1.20*	*1.25*	*1.30*	*1.35*	*1.40*	*1.45*
11	*1.25*	*1.30*	*1.35*	*1.40*	*1.45*	*1.50*
12	*1.30*	*1.35*	*1.40*	*1.45*	*1.50*	*1.55*
13	*1.35*	*1.40*	*1.45*	*1.50*	*1.55*	*1.60*
14	*1.40*	*1.45*	*1.50*	*1.55*	*1.60*	*1.65*
15	*1.45*	*1.50*	*1.55*	*1.60*	*1.65*	*1.70*

Für Einzelnuten, Keilnuten, Kreuznuten, Schraub- oder Luftlöcher wird für 100 Scheiben, wenn mit

	1	2	3	4	6	8	Schnitt pro Scheibe,
ℳ	*—.50*	*—.90*	*1.05*	*1.20*	*1.50*	*1.60*	mehr berechnet.

G. Fuhrmanns Sohn, Jessen-Halle a. S.

Nutenanker sind Anker, bei denen die Drahtwickelung in Nuten eingelegt wird. Man unterscheidet Anker mit offenen und geschlossenen Nuten.

Vorteile: Auch bei dicken Ankerdrähten werden keine Wirbelströme erzeugt, da die Nuten selbst nur sehr gering von Kraftlinien durchsetzt sind, nachdem letztere um die Ankerdrähte herum durch das Eisen verlaufen (Verwendung von unzerteilten Kupferstäben, bessere Ausnutzung des vorgesehenen Querschnittes); die Amperewindungszahl ist bei Nutenankern geringer als bei glatten Ankern; die Ankerdrähte sind besser gelagert als bei glatten Ankern, gegen äußere Beschädigung, Wirkung der Zentrifugalkraft und Tangentialkräfte besser geschützt als bei jenen.

Nutenformen für Induktionsmotoren. Halboffene verwendet: Ganz & Ko., Oerlikon, Lahmeyer, Kolben, Bergmann; geschlossene: Bismarckwerke u. Brown, Boveri & Ko.

Nutengrundzahl ist das Produkt aus der Phasenzahl und der Polzahl. Unter die Nutengrundzahl darf bei Verwendung einer regelmäßigen Wickelung nicht heruntergegangen werden. Mit Rücksicht auf die Ankerrückwirkung wird bei Mehrphasenmaschinen das Doppelte, Drei- und Vierfache der Grundzahl genommen.

Nutzbrenndauer (von den Glühlampenfabriken immer angegeben) ist jene Brenndauer in Stunden, innerhalb welcher die Lampe bei ihrer verzeichneten Normalspannung um 20% von der auf ihr verzeichneten Leuchtkraft abgenommen hat.

Nutzeffekt, relativer, einer Turbine ist das Verhältnis der an der Turbinenwelle mittels Bremsung ermittelten Leistung zu der theoretischen Leistungsfähigkeit der von der Höhe des wirksamen Gefälles herabfallenden Wassermenge des Aufschlagwassers.

O.

Oberbund — der Leitungsdraht ruht in der Kopfrille des Isolators.

Oberflächeneffekt (siehe **Skineffekt**).

Obturateur (siehe **Schlüpfungsmesser** von A. Meynier).

Öfen, elektrisch heizbare und regulierbare, System Helberger, beruhen auf zwei Heizeffekten: Abgabe eines warmen Luftstromes und Erzeugung strahlender Wärme durch Verwendung rohrförmiger Heizelemente, welche an beiden Enden offen sind. Die Heizkörper sind mattschwarz gestrichen und mit einem perforierten Mantel umgeben. Die Regulierung erfolgt durch einen Handradschalter mit fünf Regulierstufen. Größe 100 × 35 × 30 cm, für 100—110 Volt und 10 bis 50 Amp., Gewicht 25 kg, Preis *ℳ 120—160.*

»Elektra«, Fabriken elektrischer Heiz- u. Kochapparate, Wädensweil (Schweiz) Lindau i. B., Bregenz (Österreich).
Albert Thode & Ko., Hamburg (*s. Inseratanh. S. 4*).
Hummel & Helberger, München.

Öffnungsfunken. Derselbe entsteht bei der Unterbrechung eines elektrischen Stromes. Seine Intensität hängt von der Selbstinduktion des geöffneten Stromkreises ab. Seine Wirkung ist um so kräftiger, je höher die Spannung und je größer die Stromstärke ist. Mittel zur Schwächung und Vermeidung seiner Wirkungen sind: Schnelles Ausschalten, Ausblasen durch Bläsermagnete oder Magnetspulen, Unterteilen des Lichtbogens.

Ohm (siehe **Elektrische Maſse**).

Ohmmeter sind Isolationsprüfungs-Instrumente, welche gestatten, den Isolationswiderstand während des Betriebes mit voller Netzspannung vorzunehmen. Der Widerstand wird direkt an der Skala abgelesen. Preis ca. *ℳ 180.*

Dr. Rudolf Franke & Ko., G. m. b. H., Hannover.
Weston, Elektr.-Instr.-Ko., Berlin.
Hartmann & Braun, A.-G., Frankfurt a. M.

Ohmscher Widerstand ist der Widerstand eines Leiters ohne Selbstinduktion (siehe **Resistanz**).

Ohmsches Gesetz. In jedem einfachen Stromkreise ist die Stromstärke gleich der elektromotorischen Kraft, dividiert durch den ganzen Widerstand $\left(i = \frac{e}{w}\right)$.

Ohmzentimeter (siehe **Elektrische Maſse**).

Tabelle zur Umrechnung von Ohm in Siemenseinheiten.

	0	1	2	3	4	5	6	7	8	9
10	10,63	11,69	12,76	13,82	14,88	15,95	17,01	18,07	19,13	20,20
20	21,26	22,32	23,39	24,45	25,51	26,58	27,64	28,70	29,76	30,83
30	31,89	32,95	34,02	35,08	36,14	37,21	38,27	39,33	40,39	41,46
40	42,52	43,38	44,65	45,71	46,77	47,84	48,90	49,96	51,02	52,09
50	53,15	54,21	55,28	56,34	57,40	58,47	59,53	60,59	61,65	62,72
60	63,78	64,84	65,91	66,97	68,03	69,10	70,16	71,22	72,28	73,35
70	74,41	75,47	76,54	77,60	78,66	79,73	80,79	81,85	82,91	83,98
80	85,04	86,10	87,17	88,23	89,29	90,36	91,42	92,48	93,54	94,61
90	95,67	96,73	97,80	98,86	99,92	100,99	102,05	103,11	104,17	105,24

Ökonomie des Lichtes ist die zur Erzeugung einer Hefnereinheit erforderliche Wattzahl.

Ökonomie einer Lampe ist das Verhältnis zwischen Lichtstrom und aufgewendeten Watt oder der spezifische Energieverbrauch.

O'K-Zähler besteht in seinem Prinzip aus einem magnetelektrischen Motor, dessen Anker an die Klemmen eines fixen Widerstandes angeschlossen ist, welcher von dem gesamten zu messenden Strom durchflossen ist. Der Feldmagnet des Motors besteht aus einem starken Magneten; der Anker ist mit Trommelwickelung versehen. Der Widerstand besteht aus Nickelin oder Neusilber. Der maximale Spannungsverlust ist 0,5 Volt bei Zählern für 5 Amp. und 0,35 Volt bei Zählern für 3 Amp. maximale Stromstärke.

Ölausschalter. Bei denselben sind die Kontakte in ein mit Öl gefülltes Gefäß eingetaucht. Die Schalter müssen gegen unbeabsichtigtes Ausschalten durch Erschütterungen gesichert sein.

Stromstärke bis Ampere	Spannung Volt	Bezeichnung	Preis ℳ
60	500	zweipolige Ausschalter	*55*
60	500	dreipolige Ausschalter	*65*
60	500	zweipolige Umschalter	*95*
60	500	dreipolige Umschalter	*110*
100	15 000	dreipoliger Hoch-	*410*
250	7 000	spannungs-Ölausschalter	*410*
600	2 500	dreipoliger Hoch-	*635*
750	1 200	spannungs-Ölausschalter	*635*
1200	2 500	dreipoliger Hoch-	*1000*
1500	1 200	spannungs-Ölausschalter	*1000*

Ölisolatoren werden dort angewendet, wo es sich um eine besonders hohe Isolation der Leitungen handelt. Sie werden aus Porzellan in solcher Form hergestellt, daß ihr unterer Rand zu einer gegen innen liegenden Rinne aufgebogen ist, in welche Öl von hoher Isolation eingefüllt wird. Diese Isolatoren haben ein Isolationsvermögen von ca. 510000 · 10^6 Ω.

Meirowsky & Ko., Köln-Ehrenfeld (*s. Inseratanh. S. 19*).

Ölschläger-Schrottkesche Blitzschutzvorrichtung. Bei derselben wird der Lichtbogen durch seine Eigenwirkung verlöscht. Das Prinzip dieses Apparates besteht darin, daß zwei aufrecht stehende, nach oben hörnerförmig abgebogene Drähte sich in ihrem untersten Teile bis auf eine bestimmte minimale Entfernung nähern. Der einer, an dieser engsten Stelle übergehenden atmosphärischen Entladung nachfolgende Lichtbogen erzeugt eine so starke Hitze, daß ein heißer Luftstrom nach oben geht, den Lichtbogen mitnimmt, bis derselbe infolge der hörnerförmigen Abbiegung eine solche Länge erreicht, bei der ihn die Betriebsspannung nicht mehr erhalten kann, so daß er erlischt. In der Ausführung besteht der Apparat aus zwei linearen, hörnerförmig nach oben abgebogenen Leitern, welche auf isolierenden Stützen befestigt sind. Unten wird an den einen die Fernleitung, an den anderen die Erdleitung angeschlossen.
Siemens-Schuckertwerke, Berlin.

Öltransformatoren (siehe **Transformatoren**).

Örsteds Gesetz. Geht ein elektrischer Strom an einer Magnetnadel vorbei, so lenkt er die Magnetnadel aus dem magnetischen Meridian ab nach einer zur Stromrichtung mehr oder minder senkrechten Richtung. Die Stromstärke ist der trigonometrischen Tangente des Ablenkungswinkels proportional.

Ortsbatterie (siehe **Lokalbatterie** und **Relais**).

Ösenknöpfe dienen dazu, eine zweite Kontaktvorrichtung (Kontaktbirne, Glühlampe) mittels einer beweglichen Leitungsschnur vorübergehend anzuschließen. Zu diesem Zwecke sind die Ösenknöpfe mit zwei oben sichtbaren Stöpselbüchsen versehen, die mit den inneren Kontaktfedern verbunden sind. Zur Verbindung mit einem weiteren Kontakte dient ein Doppelstöpsel mit zwei Leitungsstiften, welche in die Stöpselbüchsen passen.

Osmiumlampe. Statt der Kohlenfäden, die den Nachteil haben, daß sie bei gegebener Energiemenge verhältnismäßig wenig Licht liefern, weil sie nicht auf so hohe Temperaturen gebracht werden können wie z. B. die Bogenlichtkohlen, verwendet Dr. Auer zur Fabrikation der Fäden das am allerschwersten schmelzbare Metall Osmium. Zur Herstellung der Osmiumfäden werden zehn Gewichtsteile fein verteiltes Osmium mit einem Teile Ruß innig gemischt und alsdann eine Lösung aus gleichen Teilen Rohrzucker, Fruchtzucker und Gummiarabikum derart zugesetzt, daß das Ganze eine zähe Paste gibt, die durch Düsen zu sehr feinen Fäden gepreßt wird. Letztere werden auf eine verbrennbare organische Unterlage aufgewickelt, welche durch gelindes Erhitzen verflüchtigt wird. Der nach kurzem Lagern an der Luft etwas dehnbar gewordene Faden wird nunmehr in die gewünschte Form gebracht, kurze Zeit unter Luftabschluß bis über helle Rotglut erhitzt und schließlich durch den elektrischen Strom in einem Wasserdampf enthaltenden reduzierenden Gase ausgeglüht. Die gleiche Leitfähigkeit des Fadens wird dadurch erreicht, daß er in einem Osmiumsäuredämpfe und reduzierende Gase enthaltenden Gemisch durch den elektrischen Strom erhitzt wird. Dann werden die Fäden wie die gewöhnlichen Kohlenfäden in luftleere Glasbirnen eingeschmolzen.

Der Stromverbrauch der Osmiumlampe, welche sich durch lange Lebensdauer, Beständigkeit der Leuchtkraft und geringe Empfindlichkeit gegen Belastungsschwankungen auszeichnet, beträgt 1,4 bis 1,5 Watt. Nachteile der Osmiumlampe: Verwendung von nur geringen Spannungen (25—30 Volt für 25 NK, bis zu 44 Volt für 32 NK). Benutzung der Lampen nur in hängender Lage. Preis pro Lampe ℳ 5, von welchem für gut erhaltene, innerhalb 1½ Jahren zurückgestellte Lampen 75 ₰ in Abzug gebracht werden. Durchschnittliche garantierte Brenndauer 500 Stunden.

Osmoregulierung — Methode zur Erhöhung der Lebensdauer von Röntgenröhren, welche ihr Vakuum erhöhen und dadurch zugrunde gehen. Sie beruht darauf, daß dem Innern der Röhre durch Erhitzen eines eingeschmolzenen Palladiumröhrchens Wasserstoff zugeführt wird.

Oszillatoren sind Systeme von Leitern, in denen oszillatorische Entladungen stattfinden. Die Hertzschen Oszillatoren zur Erzielung kurzer Wellen bestehen aus zwei Messingzylindern, die an den einander zugewendeten Enden Messingkugeln von 2 cm Radius tragen. Die Form der Oszillatoren ist mannigfaltig. Um die Nachteile zu vermeiden, welche dadurch entstehen, daß die überspringenden Funken die Oberfläche der Kugeln mit der Zeit verändern, wodurch auch die oszillatorische Wirkung der Apparate beeinträchtigt wird, lassen Sarazin und De la Rive den Entladungsfunken in gewöhnlichem Öl überspringen, wodurch erreicht wird, daß der Oszillator längere Zeit regelmäßig funktioniert. Der Lodgeoszillator besteht aus einer größeren isolierten Metallkugel, der zwei kleinere Kugeln zu beiden Seiten diametral gegenüberstehen. Die kleineren Kugeln bilden die Enden zweier Leiter, welche mit der Elektrizitätsquelle in Verbindung stehen.

Oszillierende Zähler sind Wattstundenzähler, bei denen das Dynamometerprinzip zur Erzeugung von Schwingungsbewegungen verwendet wird.

Oszillographen sind Apparate zur Aufzeichnung und Analysierung der raschen Änderungen elektrischer Ströme.

Ozonglimmerröhren (System Siemens-Schuckertwerke) zur Herstellung von Ozon in großen Mengen mittels des elektrischen Stromes: Über eine oben und unten abgeschlossene Metallröhre, durch welche Kühlwasser geleitet wird, das durch zwei Rohransätze oben bzw. unten zu- bzw. abfließt, ist eine metallbelegte Glimmerröhre geschoben und durch Verschraubung mit der Metallröhre fest verbunden. Die durch eine Lochreihe oben eintretende Luft gelangt in den zwischen beiden Röhren befindlichen Zwischenraum, wird daselbst durch elektrische Entladungen ozonisiert und strömt durch untere Lochreihen ab. Eine größere Anzahl solcher Röhren wird zu einem Lochgitter zusammengestellt. Zum Betriebe werden hochgespannte Wechselströme verwendet.

(*s. Inseratanh. S. 19*).

P.

Pachytrop (siehe **Stromwender**).

Pantelegraph — eine Art Kopiertelegraph.

Panzerröhren (siehe **Stahlarmierte Röhren**).

Dr. Heinr. Traun & Söhne, vorm. Harburger Gummi-Kamm Ko., Hamburg (*s. Inseratanh. letzte Seite*).

Bergmann-Elektrizitätswerke, Aktiengesellsch. (Abt.J.), BerlinN., Henningsdorferstr. 33. 34. 35 (*s. vordere innere Deckelseite*).

Papierblitzableiter bestehen aus zwei Metallplatten, welche durch ein dünnes, paraffiniertes Papier getrennt sind.

Papierkabel. Die einzelnen Leiter werden mit mehreren Papierlagen hohl umsponnen, hierauf konzentrisch verseilt und mit Bleimantel umpreßt.

Papierröhren (siehe **Isolierröhren**).

Albert Thode & Ko., Hamburg (*s. Inseratanh. S. 4*).

Bergmann-Elektrizitätswerke, Aktiengesellsch.(Abt.J.), Berlin N., Henningsdorferstr. 33. 34. 35 (*s. vordere innere Deckelseite*).

Paraffin — ein durch trockene Destillation aus Braunkohle oder Torf erhaltenes Isolationsmaterial von grauweißer Farbe, durchscheinend, dessen Schmelzpunkt zwischen 45° und 65° C liegt.

Paragummibänder. Preis pro kg *ℳ 15.*

Albert Thode & Ko., Hamburg (*s. Inseratanh. S. 4*).

Bergmann-Elektrizitätswerke, Aktiengesellsch. (Abt.J.), Berlin N., Henningsdorferstr. 33. 34. 35 (*s. vordere innere Deckelseite*).

Parallelbetrieb mehrerer Maschinen ist ein derartiges Zusammenarbeiten derselben, daß sie gleichzeitig Strom und Leistung in ein gemeinsames Netz abgeben.

Parallelschalten von Compoundmaschinen. Dasselbe unterscheidet sich von der weiter unten behandelten Parallelschaltung von Nebenschlußmaschinen dadurch, daß zur Verhütung des leicht eintretenden Umpolarisierens einer Maschine eine Ausgleichsleitung angeordnet wird. Wird eine Compoundmaschine mit einer Nebenschlußmaschine parallel geschaltet, so ist ebenfalls eine Ausgleichsleitung nötig, welche von einer Bürstenklemme zur anderen führt, außerdem aber noch ein Zusatzwiderstand, welcher der Nebenschlußmaschine vorgeschaltet wird und der Hauptstromwickelung der Compoundmaschine entspricht.

Parallelschalten von Gleichstrommaschinen. Vorbedingung ist, daß die positiven und negativen Pole beider Maschinen an dieselben Sammelschienen angeschlossen sind. Hierauf bringt man die parallel zu schaltende Maschine auf eine Klemmenspannung, welche nahezu gleich jener der bereits in Betrieb befindlichen ist. Herrscht die gleiche Spannung, was durch Prüfvoltmeter oder Glühlampen (Phasenlampen) erkennbar ist, so kann die Maschine der bereits in Betrieb befindlichen Maschine zugeschaltet, d. h. mit ihr parallel geschaltet werden. Um die Übertragung der Belastung von der in Betrieb befindlichen auf die parallel geschaltete Maschine zu bewerkstelligen, ohne die Netzspannung zu ändern, wird die Spannung der ersteren Maschine etwas erniedrigt, jene der letzteren etwas erhöht, wodurch eine Übertragung stattfindet. Dies wird abwechselnd so lange fortgesetzt, bis der gewünschte Zustand erreicht ist oder die zugeschaltete Machine ev. die ganze Belastung übernommen hat, worauf die erstere Maschine ev. abgeschaltet werden kann.

Parallelschalten von Nebenschlußmaschinen. Sollen zwei Nebenschlußmaschinen parallel geschaltet werden, so erfolgt dies mit gleichen Polen, wenn sie gleiche Spannung haben. Die parallel zu schaltende Maschine wird auf die gleiche Spannung wie die bereits in Betrieb befindliche gebracht und, sobald die Spannungsdifferenz nahezu Null ist, eingeschaltet. Die elektromotorische Kraft der zugeschalteten Maschine, welche anfangs keinen Strom gibt, wird dann durch Regulierung des Magnetisierungsstromes nach und nach so weit erhöht, bis die Maschine entsprechend zur Stromlieferung beiträgt.

Parallelschalten von Wechselstrommaschinen. Es müssen hierzu folgende Bedingungen eingehalten werden: Gleiche Drehfeldrichtungen, gleiche Spannungen, gleiche Umdrehungszahlen und gleiche Phasenstellung.

Zum Parallelschalten werden beide Maschinen auf möglichst gleiche Polgeschwindigkeit gebracht und dann so erregt, daß ihre Spannungen gleich sind, was man an den Phasenvoltmetern und Phasenlampen bzw. dem Schweben der letzteren erkennen kann. Sind die Maschinen in Tritt, so wird der Schalthebel eingeschaltet. Zur Belastungsverteilung muß die Antriebsmaschine der zugeschalteten Maschine (Dampfmaschine, Turbine) in ihrem Regulator so beeinflußt werden, daß eine Dampfzufuhr bzw. Kraftwasserzufuhr stattfindet, während gleichzeitig die Erregung entsprechend gesteigert wird. Durch fortgesetztes abwechselndes Steigern der Dampf- bzw. Kraftwasserzufuhr und Erregung kann die Belastung nach und nach auf die zugeschaltete Maschine ganz übertragen und die entlastete Maschine hierauf ausgeschaltet werden, nachdem ihre Erregung und Dampf- bzw. Kraftwasserzufuhr entsprechend vermindert wurde, bis Stromstärke und Leistung nahezu Null geworden sind.

Wechselstrom- und Drehstrommaschinen, welche parallel arbeiten, können nicht durch Handhabung der Erregerregulatoren wie bei Gleichstrommaschinen be- oder entlastet werden. Beim Inbetriebsetzen oder Abstellen einer Maschine kann die Belastung derselben auf eine andere nur durch Veränderung der Kraftzufuhr seitens der Antriebsmaschine erfolgen. Durch Veränderung der Erregung wird bei parallel laufenden Wechsel- und Drehstrommaschinen nicht eine Veränderung der Leistung, sondern nur das Auftreten von Ausgleichströmen zwischen den Maschinen bewirkt. Diese Ströme belasten die Generatoren zwecklos mit Strom, wodurch letztere unnötig erwärmt werden. Aus diesem Grunde muß auch während des Ganges die Kraftzufuhr leicht und in kleinen Beträgen von Hand verstellbar bzw. änderbar sein.

Zum Parallelschalten von Wechselstrommaschinen bzw. Drehstromgeneratoren eignet sich sehr gut die Körtingsche Schwungradbremse, welche aus einem aus Gußeisen oder Stahl hergestellten Elektromagneten besteht, der vor dem Schwungrade befestigt ist und durch Gleichstrom erregt wird. Letzterer erzeugt in dem Kranz des Schwungrades starke Foucaultströme, so daß die abgebremste Arbeit direkt in Wärme umgesetzt wird, ohne Zuhilfenahme einer mechanischen Reibung. Durch einen kleinen Regulierwiderstand kann jeder beliebige Belastungsgrad der Maschine erreicht werden. Zum Parallelschalten zweier Wechselstrommaschinen werden die Regulatoren ihrer Antriebsmaschinen so eingestellt, daß ihre Umdrehungszahl bei Leerlauf und bei Vollast gleich ist. Soll nun die zweite Maschine zugeschaltet werden, so erregt man die Schwungradbremse so stark, daß die Betriebsmaschine der zweiten Wechselstrommaschine annähernd ebenso stark belastet ist wie die der ersten Maschine. Dann werden nicht nur die Tourenzahlen beider Maschinen gleich sein, sondern auch die Ungleichförmigkeitsgrade derselben. Es wird also der Verlauf der beiden Wechselspannungen genau der gleiche sein, so daß beim Zusammenschalten der Maschinen ein Ausgleichstrom entweder überhaupt nicht vorhanden oder aber sehr gering ist. Nimmt man nun die Erregung der Bremse allmählich hinweg, so wird in demselben Maße die zweite Maschine die Stromlieferung übernehmen, so daß bei ausgeschalteter Bremse die Verteilung der Leistung auf beide Maschinen genau die gleiche sein wird. Zum Auseinanderschalten erregt man die abzuschaltende Maschine etwas schwächer und schaltet dann die Spule der Schwungradbremse allmählich ein; in demselben Maße wird die von der Wechselstrommaschine abgegebene Stromstärke zurückgehen, und man kann auf diese Weise die abzuschaltende Maschine fast vollständig stromlos bekommen. An die Antriebmaschinen, welche mit Wechselstromgeneratoren direkt gekuppelt sind, sollen nach E. M. Tingley folgende Anforderungen gestellt werden: Die durch den Ungleichförmigkeitsgrad verursachte Verschiebung eines Punktes auf dem Schwungrad gegen die Lage, die er bei absolut gleichmäßiger Bewegung einnehmen würde, darf nicht größer als $^1/_{16}$ des Abstandes von Polmitte bis Polmitte sein, wobei die Verschiebung in jedem Sinne von der idealen Mittellage nur $\pm$ $^1/_{32}$ sein darf. Dies gilt für jede Last bis zu 25 % Überlast. Die für verschiedene Polzahlen zulässige Verschiebung ist in nachstehender Tabelle verzeichnet.

Polzahl	Winkelgrade	% des Umfanges	Polzahl	Winkelgrade	% des Umfanges
4	1,500	0,41666	48	0,136	0,0378
6	1,000	0,27777	52	0,125	0,0347
8	0,750	0,20833	56	0,115	0,0320
12	0,500	0,13888	60	0,107	0,0297
16	0,375	0,1041	64	0,100	0,0278
20	0,300	0,0833	68	0,094	0,0260
24	0,250	0,0693	72	0,088	0,0245
28	0,214	0,0594	76	0,083	0,0231
32	0,187	0,0520	80	0,079	0,0219
36	0,167	0,0462	—	0,075	0,0208
40	0,150	0,0416	—	—	—

Allen Maschinen muß bei gleicher Lastschwankung die gleiche Änderung der Drehzahl entsprechen; der Regulator muß während des Ganges einstellbar sein.

Der Ungleichförmigkeitsgrad für parallel geschaltete Wechselstrommaschinen ist mit 1 : 250 anzunehmen.

Parallelschaltung, reine, von Bogenlampen ist jene Schaltung, bei welcher mehrere Stromzweige aus einer Stromquelle bzw. aus einer Leitung gespeist werden, wobei jedoch in jeden einzelnen Stromzweig nur eine Bogenlampe eingeschaltet ist. Bei dieser Schaltung wird konstante Klemmenspannung angewendet und ist mit dem Lichtbogen in denselben Stromzweig noch ein Vorschaltwiderstand während des Brennens dauernd eingeschaltet. Wird die Leitungsspannung gleich der Lampenspannung gewählt, so kann der Vorschaltwiderstand fortgelassen werden und tritt an seine Stelle eine Sicherung oder ein selbsttätiger Ausschalter, um die Bogenlampe bei übermäßigem Anwachsen der Stromstärke auszuschalten; doch muß dann ein Anlaßwiderstand verwendet werden. Im allgemeinen wird jedoch bei Parallelschaltung ein Vorschaltwiderstand verwendet.

Paramagnetismus — Eigenschaft der magnetischen Körper, sich axial zu den Magnetpolen zu stellen.

Parsonsturbine besteht aus der Laufspindel, welche eine große Anzahl von Schaufeln, die in einzelnen Kränzen befestigt sind, trägt, dem diese Laufspindel umgebenden Zylinder, der seinerseits die feststehenden Leitschaufeln enthält, der Vorrichtung zur Abdichtung des Dampfes an den beiden Wellenenden und den Turbinenwellenlagern, welche durch eine Pumpe unter Öl gehalten werden. Bei dem Durchströmen des Dampfes durch die Leitschaufeln von einem Kranz nach dem anderen nimmt der Dampfdruck fortwährend ab. Diese Dampfturbinen werden mit und ohne Kondensation gebaut.

Die Regulierung findet in der Weise statt, daß durch einen, von einem Zentrifugalregulator beeinflußten, hin und her schwingenden Hebelmechanismus der Dampf mit indulierendem Druck in den ersten Schaufelsatz gelangt.

Leistung in eff. PS	600	450	300	165
Leistung in eff. KW	400	300	200	100
Dampfverbrauch pro KW-St. in kg . .	10,50	11,27	12,80	17,35

Partialturbinen sind Turbinen, bei welchen das Aufschlagwasser nur auf Teile des Radumfanges wirkt.

Pascal-Marino-Akkumulator. Derselbe besitzt als aktive Materialien Bleischwamm und Bleisuperoxyd, als Elektrolyten Phosphorsäure. Die Platten bestehen aus dünnen, horizontal angeordneten Blechen und sind durch einen Rahmen eingefaßt, innerhalb welchem die aktive Masse oben und unten angeordnet und mit dem Blei in Kontakt gebracht ist. Zwischen den einzelnen Platten sind dünne und sehr poröse Trennschichten vorgesehen. Die Platten werden vertikal von Kohlekanälen durchzogen, welche die Gasabfuhr vermitteln. Zur Formierung der Platten wird Schwefelsäure benutzt und nach Vollendung derselben durch Phosphorsäurelösung ersetzt.

Patentgesetze. (Siehe folgende Seiten.)

Staat	Find. Vorprüfung auf Neuheit statt?	Patentobjekt	Dauer des Haupt- Patentes in Jahren	Dauer des Zusatz- Patentes in Jahren	Ausführungszeit binnen Jahren	Unterlagen	Patentgebühren für Haupt- Patente	Patentgebühren für Zusatz- Patente
Argentinien	ja	Nur eine einzige Erfindung, alle Mittel zur Erreichung eines industriell. Zweckes, alle neuen industriellen Erzeugn.	5, 10 u. 15	10	2	Gesuch, zwei spanische Beschreibungen, zwei Satz Zeichnungen, ev. zwei Modelle, konsularisch beglaubigte Vollmacht	5 jähr. Pes. *80* 10 » » *200* 15 » » *350* Jahresgebühr.: für 5 jähr. Pesos *8* » 10 » Pesos *10* » 15 » Pesos *11*	$^1/_4$ f. Inh., $^1/_2$ f. and. des Hauptpatentes
Belgien	nein	Eine Erfindung, die zur Zeit der Anmeldung von einem Dritten in Belgien nicht angewendet oder ausgeführt und noch nicht publiziert worden ist	20	20	1	Zwei Gesuche mit Angabe des belgischen Vertreters, zwei französische Beschreibungen, zwei Satz Zeichnungen, Verzeichnis der Unterlagen, Modelle, Quittung über Frs. *10*, Vollmacht	F. d. 1. J. Frs. *10* » » 2. » » *20* » » 3. » » *30* für jedes folg. Frs. *10* mehr bis zu Frs. *200*.	Keine, wenn das Hauptpatent d. Patentsucher gehört
Bolivia	—	Neue Verfahren u. Mittel zur Vervollkommnung jeder Fabrikation oder jedes Gewerbes	10—15	wird nicht erteilt	—	Spanisches Gesuch mit Beschreibung, Zeichnungen, Modelle, Vollmacht	Bei Erteilung Bolivianos *100*, ferner Boliv. *100*, *200*, *300* für 3-, 6-, 10 jähr. Patent	—

Brasilien	nein	Nur eine einzige Erfindung, Vorrichtungen, Apparate, mechan. und chem. Verfahren, industr. Erzeugnisse, Anwendung bekannter Mittel zur Erlangung ein. neuen Produkts	14 Verlängerung auf weitere 7 Jahre	wird nicht erteilt	nicht erforderlich	Gesuch, englische Beschreibung, eidliche Versicherung, der erste Erfinder zu sein, Zeichnung, Vollmacht, Doll. *25*	Doll. *25* bei Anmeldung, Doll. *70* bei Einreichung, Doll. *100* vor dem Ablauf des 7. Jahres, Doll. *150* für Verlängerg.	—
Chile	ja	Jede nützliche, in Chile unbekannte Erfindung	10	wird nicht erteilt	von d. Behörde zu bestimmen	Gesuch persönlich abzugeben, spanische Beschreibung, ein Satz Zeichnungen, Modell, Angabe, ob Erfindung im Auslande bereits bekannt	Für das Gesuch Pesos *3*, für das Patent Pesos *50*	—
Dänemark	ja	Erfindungen, welche sich verwert. lassen, deren Erstellung Gegenstand eines industriellen Gewerbes sein kann	15	läuft mit dem Hauptpatente ab		Zwei Gesuche, zwei dänische Beschreibgn., zwei Satz Zeichnungen. Anmeldegebühr Kr. *20*, Vollmacht (für Ausländer Vertreter nötig)	Anmeld. Kr. *20*, Patentausfertigung Kr. *10*, 1. Jahr Kr. *25* 2. » » *25* 3. » » *25* 4.—6. J. je Kr. *50* 7.—10. » » » *100* 11.—15. » » » *200*	—

Staat	Find. Vorprüfung auf Neuheit statt?	Patentobjekt	Dauer des Haupt- Patentes in Jahren	Dauer des Zusatz- Patentes in Jahren	Ausführungszeit binnen Jahren	Unterlagen	Patentgebühren für Haupt- Patente	Patentgebühren für Zusatz- Patente
Deutschland	ja	Eine einzige, einheitliche Erfindung, welche gewerblich verwertbar ist	15	läuft mit dem Hauptpatente ab	3	Gesuch, zwei deutsche Beschreibungen, ein Satz Hauptzeichnungn., ein Satz Nebenzeichnungen, Vollmacht	Anmeldg. ℳ *20* Erteilung » *30* für 2. Jahr » *50* » 3. » » *100* je um ℳ *50* pro Jahr steigend bis ℳ *700*	wie Hauptpt. (Anmeldg., Erteilung) nichts (Jahresgebühren)
Frankreich	nein	Neue Erzeugnisse, mechan. und chem. Verfahren	5, 10 u. 15	läuft mit dem Hauptpatente ab	—	Gesuch mit Zeitdauerangabe des Patentes, zwei französische Beschreibungen, ein Satz Haupt-, ein Satz Nebenzeichnungen, Verzeichnis, Frs. *100*, Vollmacht	Frs. *100* pro Jahr	Frs. *20*
Griechenland	—	besitzt kein Patentges., Zustimm. d. Volksvertretung erforderl.					ca. ℳ *1000*	—
Großbritannien und Irland	nein	Vorrichtungen und Apparate, mech. u. chem. Verfahren u. Produkte, industr. Erzeugnisse, Anwendung eines bekannten Mittels zur Erlangung neuer Erzeugnisse	14	wird nicht erteilt	nicht vorgeschrieben	Versicherung, der erste Erfinder zu sein, zwei engl. Beschreibungen, zwei Satz Zeichnungen, Vollmacht, Gebühr von £ *1* bei Anmeldung, £ *2* 9 Monate später	Außer den bereits erwähnten Gebühren vor Ende d. vierten Jahres £ *1*, jed. folgende Jahr £ *1—14*	—

Guatemala	nein	Jede Erfindung auf dem Gebiete der Kunst u. Industrie	5—15	—	1	Persönl. Gesuchsüberreichung, eine spanisch. Beschreibung, ein Satz Zeichnungen, Vollm.	Jährlich Piast. *30*	—
Italien	nein	Eine einzige, einheitliche Erfindung, Maschinen, Instrumente, Werkzeuge, Verfahren, technische Anwendung eines wissenschaftlichen Prinzipes	bis 15	läuft mit dem Hauptpatente ab	1	Gesuch, drei italienische oder französische Beschreibgn., drei Satz Zeichnungen, Modell, Quittung über erste Jahresgebühr, Vollm., Verzeichnis der eingereichten Stücke	Stempel Lire *1*, so vielm. Lire *10*, als das Patent Jahre läuft, fern. erste Jahresgeb. Lire *40*, dann vor Ablauf des 2., 3. J. je Lr. *40* 4., 5., 6. » » » *65* 7., 8., 9. » » » *90* 10., 11., » 12. » » » *115* 13., 14., 15. » » » *140*	Gebühr bei Einreichung Lire *3* und einmalige Abgabe von Lire *20*
Japan	—	Verfahren, Masch., Erzeugnisse, die für industrielle Zwecke gewerblich verwertbar sind	15	läuft mit dem Hauptpatente ab	3	Gesuch mit Zeitdauerangabe, zwei japan. Eingaben, drei japan. Beschreibungen, drei Zeichnungen, ein Mod. auf Verlangen, Patentgebühr	Jährliche Taxe von Yen *10*, welche alle 3 Jahre um Yen *5* erhöht wird	—

Staat	Find. Vorprüfung auf Neuheit statt?	Patentobjekt	Dauer des Haupt- Patentes in Jahren	Dauer des Zusatz- Patentes in Jahren	Ausführungszeit binnen Jahren	Unterlagen	Patentgebühren für Haupt-Patente	Patentgebühren für Zusatz-Patente
Kanada	ja	Einheitliche Erfindung, neues Verfahren, Werkzeug, Erzeugnis, neue nützl. Verbesserung	15	wird nicht erteilt	2	Gesuch, eidliche Versicherung, der erste Erfinder zu sein, zwei englische Beschreibgn., drei Satz Zeichnungen	5jähr. Doll. *20* 10 » » *40* 15 » » *20* Verlängerung v. 5 auf 10 J. Doll. *20* 5 » 15 » Doll. *40* 10 » 15 » Doll. *20*	—
Kongostaat	nein	Jede Erfindung und Verbesserung, die als Gewerbe- oder Handelsgegenstand verwertet werden kann	20	läuft mit dem Hauptpat. ab	nicht erforderlich	Gesuch, zwei französ. Beschreibungen, zwei Satz Zeichnungen, Vollmacht und Patentgebühr	Frs. *100*	—
Luxemburg	nein	Eine einzige, einheitliche Erfindung, welche neu und gewerblich verwertbar ist	15	läuft mit d. Hauptpat. ab	3	Gesuch, zwei deutsche Beschreibungen, zwei Satz Zeichnungen, Vollmacht, Quittung für erste Jahresgebühr	1. Jahr Frs. *10* 2. » » *20* 3. » » *30* für jedes folg. Jahr Frs. *10* mehr	Frs. *10*

Mexiko	nein	Einheitliche Erfindung, industrielles neues Erzeugnis, neues Erzeugnismittel, Anwendung bekannter Mittel zur Erstellung eines neuen Erzeugnisses, chem. Erzeugnisse	20	läuft mit dem Hauptpatente ab	5	Gesuch, zwei spanische Beschreibungen, zwei Satz Zeichnung., zwei Modelle oder Muster, Vollmacht	Einmalige Zahl. von Pes. *50–100*, bei fünfjähriger Verlängerung gleiche Abgabe	—
Neu-Seeland (Australien)	—	Einheitliche Erfindung, Vorrichtung., Apparate, mech. u. chem. Verfahren, industrielle Erzeugnisse, Anwendung bekannter Mittel z. Erstellung neuer Erzeugnisse	14	wrid nicht erteilt	nicht erforderlich	Gesuch, zwei englische Beschreibungen, zwei Satz Zeichnungen	*2* £ *30* sh. Vor Ablauf des viert. Jahres £ *5*, vor Ablauf des siebent. Jahres £ *10*	—
Norwegen	nein	Neue Erfindungen, welche für die Industrie nutzbar gemacht werden könn.	15	läuft mit dem Hauptpatente ab	eventuell 3	Gesuch und zwei Beschreibungen in norwegischer Sprache, ein Satz Haupt-, ein Satz Nebenzeichnungen, Modelle, Muster, Vollm., Gebühr für erstes Jahr	1. Jahr Kr. *30* 2. » » *10* 3. » » *15* 4. » » *20* jedes folg. Jahr Kr. *5* mehr	Kr. *30*

Staat	Find. Vorprüfung auf Neuheit statt?	Patentobjekt	Dauer des Haupt- Patentes in Jahren	Dauer des Zusatz- Patentes in Jahren	Ausführungszeit binnen Jahren	Unterlagen	Patentgebühren für Haupt-Patente	Patentgebühren für Zusatz-Patente
Österreich	ja	Neue Erfindung, Entdeckung oder Verbesserung	15	läuft mit dem Hauptpatente ab	—	Zwei Beschreibungen, deutsch, zwei Zeichnungen, Vollmacht	Jahr fl. Jahr fl. 1. *20* 9. *120* 2. *25* 10. *140* 3. *30* 11. *180* 4. *40* 12. *220* 5. *50* 13. *260* 6. *60* 14. *300* 7. *80* 15. *340* 8. *100*	fl. *25*
Portugal	ja	Eine einzige, einheitliche Erfindung, neue Erzeugnisse, Verbindungen, Anwendungen, Verfahren, Verbesserungen	15	läuft mit dem Hauptpatente ab	2	Zwei portugiesische Beschreibungen, zwei Satz Zeichnungen, Vollm. beglaubigt, Urkunde d. Ursprungslandes, Patentdauerangabe, Name, Wohnung	pro Jahr Milr. *3*	einmal Milr. *30*
Rußland	ja	Jede neue Erfindung, welche gewerblich verwertbar ist, mech. u. chem. Verfahren	15	läuft mit dem Hauptpatente ab	5	Gesuch und Beschreib. in russischer Sprache, Gebührenquittung, beglaubigte Vollmacht, beglaubigte Abschrift des Auslandspatentes	Jahr Rub. Jahr Rub. 1. *15* 6. *50* 2. *20* 7. *75* 3. *25* 8. *100* 4. *30* 9. *125* 5. *40* 10. *150* jed. flg. J. Rub. *50* mehr. Anmeld.-Gebühr Rub *30*.	einmal Rub. *20*

Schweden	ja	Eine einzige Erfindung, neue Erfind. für industrielle Erzeugnisse, Verfahr. zur Herstellung derselben	15	läuft mit dem Hauptpatente ab	3	Gesuch, beglaub., zwei Beschreibung., schwed. oder beglaubigt ins Schwedische übersetzt, zwei Satz Zeichnungen, Vollmacht, Kr. *20*	Außer der Geb. von Kr. *20* für das 2.—5. Jahr je Kr. *25*, für das 6.—10. Jahr je Kr. *50*, für das 11.—15. Jahr je Kr. *75*	einmal Kr. *20*
Schweiz	nein	Nur eine einzige Erfindung, welche gewerblich verwertet und durch Modelle dargestellt werden kann	15	läuft mit dem Hauptpatente ab	3	Gesuch, zwei Beschreib. in einer der drei Landessprachen, zwei Satz Zeichnungen, Frs. *50*, Vollmacht, Berechtigungsnachweis für Nichterfinder, Modelle, Verzeichnis der eingereichten Materialien	Frs. *50* Anmeld. 2. Jahr Frs. *30* 3. » » *40* 4. » » *50* jedes folgende Jahr Frs. *10* mehr	einmal Frs. *20*
Spanien	nein	Eine einzige, einheitliche Erfindung, Maschinen, Instrumente, mech. und chem. Verfahren	20	läuft mit dem Hauptpatente ab	2	Spanisches Gesuch u. zwei spanische Beschreibungen, Vollm., zwei Satz Zeichnungen, Pesetas *10*, Verzeichn. aller Stücke	Anm. Peset. *10* 2. Jahr Peset. *20* 3. » » *30* 4. » » *40* jedes folg. Jahr Peset. *10* mehr	einmal Peset. *25*

Staat	Find. Vorprüfung auf Neuheit statt?	Patentobjekt	Dauer des Haupt- Patentes in Jahren	Dauer des Zusatz- Patentes in Jahren	Ausführungszeit binnen Jahren	Unterlagen	Patentgebühren für Haupt-Patente	Patentgebühren für Zusatz-Patente
Türkei	nein (bedingt)	Erfindung, Entdeck. Verbesser., das Gewerbe oder die Industrie betreffend	5, 10 u. 20	läuft mit d. Hauptpatente ab	2	Zwei türkische Beschreibungen, zwei Satz Zeichnungen, konsularisch beglaub. Vollm.	5 Jahre türk. Liras *10* 10 » türk. Liras *20* 15 » türk. Liras *30*	—
Ungarn	nein	Jede neue gewerblich verwertbare Erfindung	15	läuft mit dem Hauptpatente ab	3	Gesuch, Anmeldegeb., zwei Beschreibgn., ein Satz Haupt-, ein Satz Nebenzeichnungen, Modelle, beglaubigte Vollmacht	Anmeld. K *20* 1. Jahr K *40* 2.–5. J. je *10* mehr 6.–9. » » *20* mehr 10. » » *40* mehr 11.–14. » » *50* mehr 15. » » *500* mehr	Anmeld. K *20*, sonst nichts
Vereinigte Staaten von Amerika	ja	Eine einzige Erfindung oder Entdeckung, Verfahren, Werkzeug, Erzeugnis, Stoffverbindung, Verbesserung	17	wird nicht erteilt	nicht vorgeschrieben	Gesuch, englische Beschreibung, ein Satz Zeichnungen, ein Modell, Probe der Bestandteile oder Mischungen, Eid über Richtigkeit, der erste Erfinder zu sein, Vollm., Doll. *15*	Anmeldung Doll. *15*, bei Erteilung Doll. *20*	—
Vereinigte Staaten von Brasilien	nein	Eine einheitliche Erfindung, industriell. Erzeugnis, Verfahr., Vervollkommnung einer Erfindung	15	läuft mit d. Hauptpatente ab	3	Gesuch, zwei portug. Beschreibungen, drei Satz Zeichnungen, Vollmacht, beglaubigte Abschrift d. Auslandspat.	Anmeldung Doll. *80—130*, 1. Jahr Doll. *4*, jedes folg. Jahr Doll. *1* mehr	Jene Gebühr, die im betreffend. Jahr für das Hauptpat. zu zahl. ist

Auszug aus dem deutschen Patentgesetze.
(7. Juni 1891.)

Patentrecht.

§ 1. Patente werden erteilt für neue Erfindungen, welche eine gewerbliche Verwertung gestatten.

Ausgenommen sind:

1. Erfindungen, deren Verwertung den Gesetzen oder guten Sitten zuwiderlaufen würde;
2. Erfindungen von Nahrungs-, Genuß- und Arzneimitteln sowie von Stoffen, welche auf chemischem Wege hergestellt werden, soweit die Erfindungen nicht ein bestimmtes Verfahren zur Herstellung der Gegenstände betreffen.

§ 2. Eine Erfindung gilt nicht als neu, wenn sie zur Zeit der auf Grund dieses Gesetzes erfolgten Anmeldung in öffentlichen Druckschriften aus den letzten hundert Jahren bereits derart beschrieben oder im Inlande bereits so offenkundig benutzt ist, daß danach die Benutzung durch andere Sachverständige möglich erscheint.

Die im Auslande amtlich herausgegebenen Patentbeschreibungen stehen den öffentlichen Druckschriften erst nach Ablauf von drei Monaten seit dem Tage der Herausgabe gleich, sofern das Patent von demjenigen, welcher die Erfindung im Auslande angemeldet hat, oder von seinem Rechtsnachfolger nachgesucht wird. Diese Begünstigung erstreckt sich jedoch nur auf die amtlichen Patentbeschreibungen derjenigen Staaten, in welchen nach einer im Reichsgesetzblatt enthaltenen Bekanntmachung die Gegenseitigkeit verbürgt ist.

§ 3. Auf die Erteilung des Patentes hat derjenige Anspruch, welcher die Erfindung zuerst nach Maßgabe dieses Gesetzes angemeldet hat. Eine spätere Anmeldung kann den Anspruch auf ein Patent nicht begründen, wenn die Erfindung Gegenstand des Patentes des früheren Anmelders ist. Trifft diese Voraussetzung teilweise zu, so hat der spätere Anmelder nur Anspruch auf Erteilung eines Patentes in entsprechender Beschränkung.

Ein Anspruch des Patentsuchers auf Erteilung des Patentes findet nicht statt, wenn der wesentliche Inhalt seiner Anmeldung den Beschreibungen, Zeichnungen, Modellen, Gerätschaften oder Einrichtungen eines anderen oder einem von diesem angewendeten Verfahren ohne Einwilligung desselben entnommen und von dem letzteren aus diesem Grunde Einspruch erhoben ist. Hat der Einspruch die Zurücknahme oder Zurückweisung der Anmeldung zur Folge, so kann der Einsprechende, falls er innerhalb eines Monats seit Mitteilung des hierauf bezüglichen Bescheides des Patentamtes die Erfindung seinerseits anmeldet, verlangen, daß als Tag seiner Anmeldung der Tag vor Bekanntmachung der früheren Anmeldung festgesetzt werde.

§ 4. Das Patent hat die Wirkung, daß der Patentinhaber ausschließlich befugt ist, gewerbsmäßig den Gegenstand der Erfindung herzustellen, in Verkehr zu bringen, feilzuhalten oder zu gebrauchen.

Ist das Patent für ein Verfahren erteilt, so erstreckt sich die Wirkung auch auf die durch das Verfahren unmittelbar hergestellten Erzeugnisse.

§ 5. Die Wirkung des Patentes tritt gegen denjenigen nicht ein, welcher zur Zeit der Anmeldung bereits im Inlande die Erfindung in Benutzung genommen oder die zur Benutzung erforderlichen Veranstaltungen getroffen hatte. Derselbe ist befugt, die Erfindung für die Bedürfnisse seines eigenen Betriebes in eigenen oder fremden Werkstätten auszunutzen. Diese Befugnis kann nur zusammen mit dem Betriebe vererbt oder veräußert werden.

§ 6. Die Wirkung des Patentes tritt ferner insoweit nicht ein, als die Erfindung nach Bestimmung des Reichskanzlers für das Heer oder für die Flotte oder sonst im Interesse der öffentlichen Wohlfahrt benutzt werden soll. Doch hat der Patentinhaber in diesem Falle gegenüber dem Reiche oder dem Staate, welcher in seinem besonderen Interesse die Beschränkung des Patentes beantragt hat, Anspruch auf angemessene Vergütung, welche in Ermangelung einer Verständigung im Rechtswege festgesetzt wird.

Auf Einrichtungen an Fahrzeugen, welche nur vorübergehend in das Inland gelangen, erstreckt sich die Wirkung des Patentes nicht.

§ 7. Die Dauer des Patentes ist fünfzehn Jahre; der Lauf dieser Zeit beginnt mit dem auf die Anmeldung der Erfindung folgenden Tage. Bezweckt eine Erfindung die Verbesserung oder sonstige weitere Ausbildung einer anderen, zugunsten des Patentsuchers durch ein Patent geschützten Erfindung, so kann dieser die Erteilung eines Zusatzpatentes nachsuchen, welches mit dem Patente für die ältere Erfindung sein Ende erreicht.

Wird durch die Erklärung der Nichtigkeit des Hauptpatentes ein Zusatzpatent zu einem selbständigen Patente, so bestimmt sich dessen Dauer und der Fälligkeitstag der Gebühren nach dem Anfangstage des Hauptpatentes. Für den Jahrestag der Gebühren ist der Anfangstag des Zusatzpatentes maßgebend. Dabei gilt als erstes Patentjahr der Zeitabschnitt zwischen dem Tage der Anmeldung des Zusatzpatentes und dem demnächst folgenden Jahrestage am Anfange des Hauptpatentes.

§ 8. Für jedes Patent ist vor der Erteilung eine Gebühr von *ℳ 30* zu entrichten (§ 24 Abs. 1).

Mit Ausnahme der Zusatzpatente (§ 7) ist außerdem für jedes Patent mit Beginn des zweiten und jedes folgenden Jahres der Dauer eine Gebühr zu entrichten, welche das erste Mal *ℳ 50* beträgt und weiterhin jedes Jahr um *ℳ 50* steigt. Diese Gebühr (Abs. 2) ist innerhalb sechs Wochen nach der Fälligkeit zu entrichten. Nach Ablauf der Frist kann die Zahlung nur unter Zuschlag einer Gebühr von *ℳ 10* innerhalb weiterer 6 Wochen erfolgen. Einem Patentinhaber, welcher seine Bedürftigkeit nachweist, können die Gebühren für das erste und zweite Jahr der Dauer des Patentes bis zum dritten Jahre gestundet und, wenn das Patent im dritten Jahre erlischt, erlassen werden.

Die Zahlung der Gebühren kann vor Eintritt der Fälligkeit erfolgen; wird auf das Patent verzichtet oder dasselbe für nichtig erklärt oder zurückgenommen, so erfolgt die Rückzahlung der nicht fällig gewordenen Gebühren.

§ 9. Das Patent erlischt, wenn der Patentinhaber auf dasselbe verzichtet, oder wenn die Gebühren nicht rechtzeitig bei der Kasse des Patentamtes oder zur Überweisung an dieselbe bei einer Postanstalt im Gebiete des Deutschen Reichs eingezahlt sind.

§ 10. Das Patent wird für nichtig erklärt, wenn sich ergibt:

1. daß die Erfindung nach § 1 und 2 nicht patentfähig war;

2. daß die Erfindung Gegenstand des Patentes eines früheren Anmelders ist;

3. daß der wesentliche Inhalt der Anmeldung den Beschreibungen, Zeichnungen, Modellen, Gerätschaften oder Einrichtungen eines anderen oder einem von diesem angewendeten Verfahren ohne Einwilligung desselben entnommen war.

Trifft eine dieser Voraussetzungen (1—3) nur teilweise zu, so erfolgt die Erklärung der Nichtigkeit durch entsprechende Beschränkung des Patentes.

§ 20. Die Anmeldung einer Erfindung behufs Erteilung eines Patentes geschieht schriftlich bei dem Patentamte.

Gleichzeitig mit der Anmeldung sind für die Kosten des Verfahrens *M 20* zu zahlen.

§ 23. Erachtet das Patentamt die Anmeldung für gehörig erfolgt und die Erteilung eines Patentes nicht für ausgeschlossen, so verfügt es die Bekanntmachung der Anmeldung. Mit der Bekanntmachung treten für den Gegenstand der Anmeldung zugunsten des Patentsuchers einstweilen die gesetzlichen Wirkungen des Patentes ein (§ 4, 5).

Gleichzeitig ist die Anmeldung mit sämtlichen Beilagen bei dem Patentamte zur Einsicht für jedermann auszulegen.

§ 24. Innerhalb der Frist von zwei Monaten nach der Veröffentlichung (§ 25) ist die erste Jahresgebühr (§ 8 Abs. 1) einzuzahlen. Erfolgt die Einzahlung nicht binnen dieser Frist, so gilt die Anmeldung als zurückgenommen.

Innerhalb der gleichen Frist kann gegen die Erteilung des Patentes Einspruch erhoben werden. Der Einspruch muß schriftlich erfolgen und mit Gründen versehen sein. Er kann nur auf die Behauptung gestützt werden, daß der Gegenstand nach § 1 und 2 nicht patentfähig sei, oder daß dem Patentsucher ein Anspruch auf das Patent nach § 3 nicht zustehe. Im Falle des § 3 Abs. 2 ist nur der Verletzte zum Einspruch berechtigt.

Nach Ablauf der Frist hat das Patentamt über die Erteilung des Patentes Beschluß zu fassen.

§ 26. Gegen den Beschluß, durch welchen die Anmeldung zurückgewiesen wird, kann der Patentsucher, und gegen den Beschluß, durch welchen über die Erteilung des Patentes entschieden wird, der Patentsucher oder der Einsprechende innerhalb eines Monates nach der Zustellung Beschwerde einlegen. Mit der Einlegung der Beschwerde sind für die Kosten des Beschwerdeverfahrens *M 20* zu zahlen; erfolgt die Zahlung nicht, so gilt die Beschwerde als nicht erhoben.

Das Patentamt kann nach freiem Ermessen bestimmen, inwieweit einem Beteiligten im Falle des Unterliegens die Kosten des Beschwerdeverfahrens zur Last fallen, sowie anordnen, daß dem Beteiligten, dessen Beschwerde für gerechtfertigt befunden ist, die Gebühr (Abs. 1) zurückgezahlt wird.

§ 27. Ist die Erteilung des Patentes endgültig beschlossen, so erläßt das Patentamt darüber durch den Reichsanzeiger eine Bekanntmachung und fertigt demnächst für den Patentinhaber eine Urkunde aus.

Wird die Anmeldung nach der Veröffentlichung (§ 23) zurückgenommen, oder wird das Patent versagt, so ist dies ebenfalls bekannt zu machen. Die eingezahlte Jahresgebühr wird in diesen Fällen erstattet. Mit der Versagung des Patentes gelten die Wirkungen des einstweiligen Schutzes als nicht eingetreten.

§ 33. Gegen die Entscheidungen des Patentamts ist die Berufung zulässig. Die Berufung geht an das Reichsgericht. Sie ist binnen sechs Wochen nach der Zustellung bei dem Patentamt schriftlich anzumelden und zu begründen.

Bestimmungen über die Anmeldung von Erfindungen.

Auf Grund des § 20 Abs. 2 des Patentgesetzes vom 7. April 1891 (R.-G.-Bl. S. 79) werden die nachfolgenden Bestimmungen über die Erfordernisse einer Patentanmeldung erlassen. Die Bestimmungen treten am 1. Januar 1899 in Kraft.

§ 1. Die Anmeldung einer Erfindung behufs Erteilung eines Patentes geschieht in der Form eines schriftlichen Gesuches, dem die sonst erforderlichen Stücke als Anlagen beizufügen sind.

§ 2. Das Gesuch muß enthalten:

a) die Angabe des Namens und des Wohnortes oder der Hauptniederlassung des Anmelders;
b) eine für die Veröffentlichung (§ 23 Abs. 2 des Patentgesetzes) geeignete Benennung der Erfindung;
c) die Erklärung, daß für die Erfindung ein Patent nachgesucht werde. Bei Zusatzanmeldungen ist die Angabe des Hauptpatentes nach Gegenstand und Nummer oder der Hauptanmeldung nach Gegenstand und Aktenzeichen erforderlich;
d) die Erklärung, daß die gesetzliche Gebühr von ℳ 20 an die Kasse des Kaiserlichen Patentamtes gezahlt worden sei oder gleichzeitig mit der Anmeldung gezahlt werde;
e) die Aufführung der Anlagen unter Angabe ihrer Nummern und ihres Inhaltes;
f) falls der Anmelder einen Vertreter bestellt hat, die Angabe der Person, der Berufsstellung und des Wohnorts des Vertreters; als Anlage ist eine Vollmacht beizufügen (§ 28 der Kaiserlichen Verordnung vom 11. Juli 1891);
g) die Unterschrift des Anmelders oder seines Vertreters.

§ 3. Die Beschreibung ist in zwei Ausfertigungen einzureichen. Dasselbe gilt für alle Nachträge. Die Schriftstücke, welche die Beschreibung bilden, müssen sowohl am Rande, als auch zwischen den Zeilen ausreichenden Raum für Zusätze und Änderungen freilassen.

Maße, Gewichte sowie elektrische Einheiten müssen nach den gesetzlichen Vorschriften, Temperaturen nach Celsius angegeben werden. Bei chemischen Formeln sind die in Deutschland üblichen Atomgewichtszeichen und Molekularformeln anzuwenden.

Die Einfügung von Figuren in die Beschreibung ist nicht zulässig.

§ 4. Die für die Veranschaulichung der Erfindung bestimmten Zeichnungen sind auf das zur Klarstellung der Erfindung Erforderliche zu beschränken. Sie sind in zwei Ausfertigungen einzureichen.

a) Für die Hauptzeichnung ist weißes, starkes und glattes Zeichenpapier, sog. Kartonpapier, für die Nebenzeichnung Zeichenleinwand zu verwenden.

Das Blatt der Hauptzeichnung soll 33 cm hoch und 21 cm breit sein. In Ausnahmefällen ist, falls die Deutlichkeit es erfordert, ein Blatt in der Höhe von 33 cm und in der Breite von 42 cm zulässig. Die Nebenzeichnung muß bei beliebiger Breite 33 cm hoch sein. Für die Hauptzeichnung wie für die Nebenzeichnung ist die Verwendung mehrerer Blätter zulässig.

b) Die Figuren und Schriftzeichen sind in tiefschwarzen, kräftigen, scharf begrenzten Linien auszuführen. Auf der Hauptzeichnung sind Querschnitte entweder tiefschwarz anzulegen oder durch Schrägstriche in tiefschwarzen Linien zum Ausdruck zu bringen. Ist zur Darstellung unebener Flächen ausnahmsweise eine Schattierung erforderlich, so darf sie ebenfalls nur in tiefschwarzen Linien ausgeführt werden. Die Anwendung bunter Farben ist bei der Hauptzeichnung unzulässig.

Alle auf den Zeichnungen angebrachten Schriftzeichen müssen einfach und deutlich sein. Die Hauptzeichnung muß sich zur photographischen Verkleinerung eignen.

Die einzelnen Figuren müssen durch einen angemessenen Zwischenraum voneinander getrennt sein.

c) Die Figuren sind nach ihrer Stellung fortlaufend und ohne Rücksicht auf die Anzahl der Blätter mit Zahlen zu versehen.

d) Erläuterungen sind in die Zeichnung nicht aufzunehmen. Ausgenommen sind kurze Angaben, wie »Wasser«, »Dampf«, »Schnitt nach AB (Fig. 3)«, sowie Inschriften, die auf den dargestellten Gegenständen angebracht werden sollen, z. B. »offen«, »zu«.

e) In der rechten unteren Ecke jedes Blattes ist der Name des Anmelders anzugeben.

f) Die Hauptzeichnungen dürfen weder gefaltet noch gerollt werden, sondern sind in glattem Zustande vorzulegen.

§ 5. Die für die Veranschaulichung der Erfindung bestimmten Modelle und Probestücke brauchen nur in einer Ausführung eingereicht zu werden.

Proben sind stets einzureichen zu den Anmeldungen, welche die Herstellung neuer chemischer Stoffe betreffen. Ausgenommen sind explosive und leicht entzündliche Stoffe, deren Einsendung nur auf besondere Aufforderung zulässig ist.

Bildet ein chemisches Verfahren von allgemeiner Anwendbarkeit, nach dem ganze Gruppen von Stoffen hergestellt werden können, den Gegenstand der Anmeldung, so sind Proben der typischen Vertreter der Gruppen einzureichen. Werden jedoch besondere Ausführungsformen eines chemischen Verfahrens unter Aufzählung der einzelnen nach ihnen entstehenden Stoffe beansprucht, so sind die Stoffe sämtlich mit Proben zu belegen. Bei Farbstoffen sind außerdem Ausfärbungen auf Wolle, Seide oder Baumwolle in je einer Ausführung beizufügen.

Über die Beschaffenheit der Modelle und Probestücke gilt folgendes:

a) Modelle und Probestücke, die leicht beschädigt werden können, sind in festen Hüllen einzureichen. Gegenstände von kleinem Umfange sind auf steifem Papier zu befestigen.

b) Proben von giftigen, ätzenden, explosiven oder leicht entzündlichen Stoffen sind auf der Umhüllung und, soweit möglich, auf dem Gegenstande selbst durch eine deutliche Aufschrift als solche zu kennzeichnen.

c) Proben chemischer Stoffe sind in Glasflaschen ohne vorspringenden Fuß von etwa 3 cm äußerem Durchmesser und 8 cm Gesamthöhe einzureichen; die Flaschen sind mit einem haltbaren Siegel zu verschließen und mit einer dauerhaft befestigten Inhaltsangabe zu versehen. Den Proben ist ein nach der Beschreibung oder dem Patentanspruche geordnetes Verzeichnis beizulegen.

d) Ausfärbungen müssen möglichst flach auf steifem Papier von 33 cm Höhe und 21 cm Breite dauerhaft befestigt und mit genauen, den Angaben der Beschreibung entsprechenden Aufschriften versehen sein. Den Ausfärbungen ist eine Beschreibung des angewendeten Färbeverfahrens beizulegen mit genauen Angaben über den Gehalt der Flotte an Farbstoff, die etwa gebrauchten Beizen, die Temperaturen usw. sowie auch darüber, ob die gebrauchte Flotte erschöpft war oder erheblichere Mengen von Farbstoff zurückgehalten hat.

§ 6. Die Anlagen des Gesuches müssen mit einer ihre Zugehörigkeit zur Anmeldung kennzeichnenden Aufschrift versehen sein. Dasselbe gilt für Modelle und Probestücke.

Schriftstücke, die zur Mitteilung an andere Personen bestimmt sind, sind in der dazu erforderlichen Zahl einzureichen.

Zu allen Schriftstücken ist dauerhaftes, nicht durchscheinendes, weißes Papier, zu Schriftstücken, die Anträge enthalten oder zur Beschreibung der Erfindung gehören, Papier in der Seitengröße von 33 cm zu 21 cm zu verwenden.

Alle Schriftstücke müssen leicht lesbar sein. Die Schriftzüge müssen in dunkler Farbe ausgeführt sein. Schriftstücke, die mittels der Schreibmaschine hergestellt sind, müssen deutliche Druckzeichen und zwischen den einzelnen Buchstaben, Worten und Zeilen einen angemessenen Zwischenraum aufweisen.

Auf den später eingereichten Anmeldestücken ist der Name des Anmelders und das Aktenzeichen anzugeben.

Berlin, den 22. November 1898.

Kaiserliches Patentamt.

von Huber.

Gebrauchsmusterschutz.

a) Deutsches Gesetz vom 1. Juni 1891.

§ 1. Modelle von Arbeitsgerätschaften oder Gebrauchsgegenständen oder von Teilen derselben werden, insoweit sie dem Arbeits- oder Gebrauchszwecke durch eine neue Gestaltung, Anordnung oder Vorrichtung dienen sollen, als Gebrauchsmuster nach Maßgabe dieses Gesetzes geschützt.

Modelle gelten insoweit nicht als neu, als sie zur Zeit der auf Grund dieses Gesetzes erfolgten Anmeldung bereits in öffentlichen Druckschriften beschrieben oder im Inlande offenkundig benutzt sind.

§ 2. Modelle, für welche der Schutz als Gebrauchsmuster verlangt wird, sind bei dem Patentamte schriftlich anzumelden.

Die Anmeldung muß angeben, unter welcher Bezeichnung das Modell eingetragen werden und welche neue Gestaltung oder Vorrichtung dem Arbeits- oder Gebrauchszwecke dienen soll.

Jeder Anmeldung ist eine Nach- oder Abbildung des Modells beizufügen.[1])

Über die sonstigen Erfordernisse der Anmeldung trifft das Patentamt Bestimmung.

Gleichzeitig mit der Anmeldung ist für jedes angemeldete Modell eine Gebühr von *M 15* einzuzahlen.

§ 3 Entspricht die Anmeldung den Anforderungen des § 2, so verfügt das Patentamt die Eintragung in die Rolle für Gebrauchsmuster.

Die Eintragung muß den Namen und Wohnsitz des Anmelders sowie die Zeit der Anmeldung angeben.

Die Eintragungen sind durch den »Reichsanzeiger« in bestimmten Fristen bekannt zu machen.

Änderungen in der Person des Eingetragenen werden auf Antrag in der Rolle vermerkt.

Die Einsicht der Rolle sowie der Anmeldungen, auf Grund deren die Eintragungen erfolgt sind, steht jedermann frei.

§ 4. Die Eintragung eines Gebrauchsmusters im Sinne des § 1 hat die Wirkung, daß dem Eingetragenen ausschließlich das Recht zusteht, gewerbsmäßig das Muster nachzubilden, die durch Nachbildung hervorgebrachten Gerätschaften und Gegenstände in Verkehr zu bringen, feilzuhalten oder zu gebrauchen.

Das durch eine spätere Anmeldung begründete Recht darf, soweit es in das Recht des auf Grund früherer Anmeldung Eingetragenen eingreift, ohne Erlaubnis des letzteren nicht ausgeübt werden.

Wenn der wesentliche Inhalt der Eintragungen den Beschreibungen, Zeichnungen, Modellen, Gerätschaften oder Einrichtungen eines anderen ohne Einwilligung desselben entnommen ist, so tritt dem Verletzten gegenüber der Schutz des Gesetzes nicht ein.

§ 5. Soweit ein nach § 4 begründetes Recht in ein Patent eingreift, dessen Anmeldung vor der Anmeldung des Modells erfolgt ist, darf der Eingetragene das Recht ohne Erlaubnis des Patentinhabers nicht ausüben.

Ingleichen darf, soweit in ein nach § 4 begründetes Recht durch ein später angemeldetes Patent eingegriffen wird, das Recht aus diesem Patent ohne Erlaubnis des Eingetragenen nicht ausgeübt werden.

§ 6. Liegen die Erfordernisse des § 1 nicht vor, so hat jedermann gegen den Eingetragenen Anspruch auf Löschung des Gebrauchsmusters.

Im Falle des § 4 Abs. 3 steht dem Verletzten ein Anspruch auf Löschung zu.

---

[1]) Seit 1893 Zeichnung und Beschreibung in duplo.

§ 7. Das durch die Eintragung begründete Recht geht auf die Erben über und kann beschränkt oder unbeschränkt durch Vertrag oder Verfügung von Todes wegen auf andere übertragen werden.

§ 8. Die Dauer des Schutzes ist drei Jahre, der Lauf dieser Zeit beginnt mit dem auf die Anmeldung folgenden Tage. Bei Zahlung einer weiteren Gebühr von *M* 60 vor Ablauf der Zeit tritt eine Verlängerung der Schutzfrist um drei Jahre ein. Die Verlängerung wird in der Rolle vermerkt.

Wenn der Eingetragene während der Dauer der Frist auf den Schutz Verzicht leistet, so wird die Eintragung gelöscht.

Die nicht infolge von Ablauf der Frist stattfindenden Löschungen von Eintragungen sind durch den Reichsanzeiger in bestimmten Fristen bekannt zu machen.

§ 9. Wer wissentlich oder aus grober Fahrlässigkeit den Bestimmungen der § 4 und 5 zuwider ein Gebrauchsmuster in Benutzung nimmt, ist dem Verletzten zur Entschädigung verpflichtet.

Die Klagen wegen Verletzung des Schutzrechts verjähren rücksichtlich jeder einzelnen dieselbe begründenden Handlung in drei Jahren.

§ 10. Wer wissentlich den Bestimmungen der § 4 und 5 zuwider ein Gebrauchsmuster in Benutzung nimmt, wird mit Geldstrafe bis zu *M* 5000 oder mit Gefängnis bis zu einem Jahre bestraft.

Die Strafverfolgung tritt nur auf Antrag ein. Die Zurücknahme des Antrages ist zulässig.

Wird auf Strafe erkannt, so ist zugleich dem Verletzten die Befugnis zuzusprechen, die Verurteilung auf Kosten des Verurteilten öffentlich bekannt zu machen. Die Art der Bekanntmachung sowie die Frist zu derselben ist im Urteil zu bestimmen.

§ 11. Statt jeder aus diesem Gesetze entspringenden Entschädigung kann auf Verlangen des Beschädigten neben der Strafe auf eine an ihn zu erlegende Buße bis zum Betrage von *M 10000* erkannt werden. Für diese Buße haften die zu derselben Verurteilten als Gesamtschuldner.

Eine erkannte Buße schließt die Geltendmachung eines weiteren Entschädigungsanspruchs aus.

§ 12. In bürgerlichen Rechtsstreitigkeiten, in welchen durch Klage oder Widerklage ein Anspruch auf Grund der Bestimmungen dieses Gesetzes geltend gemacht ist, wird die Verhandlung und Entscheidung letzter Instanz im Sinne des § 8 des Einführungsgesetzes zum Gerichtsverfassungsgesetz dem Reichsgericht zugewiesen.

b) Bestimmungen über die Anmeldung von Gebrauchsmustern.

Auf Grund des § 2 Abs. 4 des Gesetzes, betreffend den Schutz von Gebrauchsmustern, vom 1. Juni 1891 (R.-G.-Bl. S. 290) werden die nachfolgenden Bestimmungen über die Erfordernisse einer Gebrauchsmusteranmeldung erlassen. Die Bestimmungen treten am 1. Januar 1899 in Kraft.

§ 1. Die Anmeldung eines Modelles behufs Eintragung in die Rolle für Gebrauchsmuster geschieht in der Form eines schriftlichen Gesuches, dem die sonst erforderlichen Stücke als Anlagen beizufügen sind.

Für jedes Modell ist eine besondere Anmeldung erforderlich.

§ 2. Das Gesuch muß enthalten:

a) die Angabe des Namens und des Wohnortes oder der Hauptniederlassung des Anmelders;
b) eine für die Eintragung und Veröffentlichung geeignete Bezeichnung, welche die besondere Eigentümlichkeit des Modelles in kurzer Form zum Ausdruck bringt;
c) die Angabe, welche neue Gestaltung oder Vorrichtung dem Arbeits- oder Gebrauchszweck dienen soll;
d) den Antrag, daß das Modell in die Rolle für Gebrauchsmuster eingetragen werde;
e) die Erklärung, daß die gesetzliche Gebühr von *ℳ 15* an die Kasse des Kaiserlichen Patentamtes gezahlt worden sei oder gleichzeitig mit der Anmeldung gezahlt werde;
f) die Aufführung der Anlagen unter Angabe ihrer Nummern und ihres Inhaltes;
g) falls der Anmelder einen Vertreter bestellt hat, die Angabe der Person, der Berufsstellung und des Wohnorts der Vertreters; als Anlage ist eine Vollmacht beizufügen (§ 28 der Kaiserlichen Verordnung vom 11. Juli 1891);
h) die Unterschrift des Anmelders oder seines Vertreters.

§ 3. Erachtet der Anmelder eine Beschreibung des Modelles für erforderlich, so ist sie entweder in das Gesuch aufzunehmen oder als Anlage beizufügen.

§ 4. Dem Gesuche ist eine Abbildung oder eine Nachbildung des Modelles beizufügen.

a) Die Abbildung ist in zwei Ausfertigungen einzureichen.

Für die Abbildung ist weißes, starkes und glattes Zeichenpapier, sog. Kartonpapier, oder Zeichenleinwand zu verwenden. Das Blatt der Abbildung auf Kartonpapier muß 33 cm hoch und 21 cm breit sein. Das Blatt der Abbildung auf Zeichenleinwand muß bei beliebiger Breite 33 cm hoch sein.

Die Figuren und Schriftzeichen sind in tiefschwarzen, kräftigen, scharf begrenzten Linien auszuführen.

b) Die Nachbildung braucht nur in einer Ausführung eingereicht zu werden.

Sie muß sauber und dauerhaft sein und darf in Höhe, Breite und Tiefe 50 cm nicht überschreiten.

Nachbildungen, die leicht beschädigt werden können, sind in festen Hüllen einzureichen. Gegenstände von kleinem Umfange sind auf steifem Papier zu befestigen.

§ 5. Die Anlagen des Gesuches müssen mit einer ihre Zugehörigkeit zur Anmeldung kennzeichnenden Aufschrift versehen sein. Dasselbe gilt für die Nachbildungen.

Zu allen Schriftstücken ist dauerhaftes, nicht durchscheinendes, weißes Papier, zu Schriftstücken, die Anträge enthalten oder die Anmeldung selbst betreffen, Papier in der Seitengröße von 33 cm zu 21 cm zu verwenden.

Alle Schriftstücke müssen leicht lesbar sein. Die Schriftzüge müssen in dunkler Farbe ausgeführt sein. Schriftstücke, die mittels der Schreibmaschine hergestellt sind, müssen deutliche Druckzeichen und zwischen den einzelnen Buchstaben, Worten und Zeilen einen angemessenen Zwischenraum aufweisen.

§ 6. Die die Anmeldung bildenden Schriftstücke müssen in doppelter Ausfertigung eingereicht werden. Auf den nachträglich eingereichten Anmeldestücken ist der Name des Anmelders und das Aktenzeichen anzugeben.

Berlin, den 22. November 1898.

Kaiserliches Patentamt.

von Huber.

Patronensicherungen haben die Aufgabe, eine irrtümliche Verwendung von Patronen für zu große Schmelzstärke mechanisch auszuschließen. Bei den Patronensicherungen der Siemens-Schuckertwerke wird die Unverwechselbarkeit dadurch erzielt, daß der untere Kontakt der Patronen je nach der Stromstärke verschiedenen Durchmesser hat, und daß in dem Sockel der Sicherung ein Einsatzring angebracht ist, dessen Lochdurchmesser dem Durchmesser des Patronenkontaktes entspricht. Die Einsatzringe können durch besondere Vorkehrungen so in dem Sockel befestigt werden, daß ein unbefugtes Herausnehmen hinangehalten ist.

Normalstromstärke Amp.	Für Spannungen bis Volt	Entsprechender Leitungsquerschnitt mm	Nettogewicht pro Stück kg	Preis pro 100 Stück ℳ
0,5	250	0,75	0,013	*20.—*
1	250	0,75	0,013	*20.—*
2	250	0,75	0,013	*20.—*
4	250	0,75	0,013	*20.—*
6	250	1	0,013	*20.—*
10	250	1,5	0,013	*20.—*
0,5	500	0,75	0,013	*31.—*
1	500	0,75	0,013	*31.—*
2	500	0,75	0,013	*31.—*
4	500	0,75	0,013	*31.—*
6	500	1	0,013	*31.—*
4	1200	0,75	0,15	*47.—*
6	1000	1	0,15	*47.—*
10	1000	1,5	0,15	*47.—*
15	750	2,5	0,15	*47.—*
20	750	4	0,15	*47.—*
30	500	6	0,15	*47.—*
30	500	6	0,155	*1.15*
40	500	10	0,155	*1.20*
60	500	16	0,155	*1.30*
80	500	25	0,155	*1.60*
100	500	50	0,155	*1.85*

Peltonturbinen sind Aktionsturbinen mit freiem Strahl. Die Schaufeln (Löffel) sind am Umfange des Laufrades angeordnet und werden von dem Wasserstrahl in tangentialer Richtung getroffen. Diese Turbinen eignen sich besonders gut für ganz hohe Gefälle und wechselnde Wassermengen.

Pendel aus Isolierrohr zum Aufhängen von Beleuchtungskörpern, Preis pro Stück *M 1.20—1.50.*

H. Kottgen & Ko., Berg.-Gladbach. Bergmann-Elektrizitätswerke, Aktiengesellsch. (Abt J.), Berlin N., Henningsdorferstr. 33, 34, 35 (*s. vordere innere Deckelseite*).

Pendelklappen dienen zur Bezeichnung der Rufstelle bei Hausinstallationen. Durch Einschalten des Stromes wird ein vor einem Elektromagneten befindlicher, leicht beweglich gelagerter Anker angezogen und bei Stromunterbrechung wieder freigelassen. Eine die Rufstelle näher bezeichnende Papierscheibe macht die pendelnde Bewegung des Ankers mit.

Tableaus mit Pendelklappen ohne Abstellung.

Anzahl der Klapp.	Anzahl der Reihen	Rückwand Breite mm	Rückwand Höhe mm	Dübelabst. horiz. mm	Dübelabst. vertik. mm	Preis M
1	eine	245	200	175	—	*4.—*
2	»	245	200	175	—	*4.80*
3	»	310	200	235	—	*5.80*
4	»	370	200	290	—	*7.—*
5	»	430	200	350	—	*8.30*
6	zwei	365	275	290	—	*9.60*
7	eine	560	200	480	—	*11.—*
8	zwei	420	270	335	205	*12.40*
9	drei	360	355	285	280	*13.80*
10	zwei	485	270	400	205	*15.20*
11	»	540	270	460	205	*16.60*
12	»	540	270	460	205	*18.—*
13	»	610	270	530	205	*19.50*
14	»	610	270	530	205	*21.—*
15	drei	485	355	410	285	*22.50*
16	zwei	665	270	585	205	*24.—*
17	drei	555	365	475	285	*25.50*
18	»	555	365	475	285	*27.—*
19	vier	485	415	410	350	*28.50*
20	»	485	415	410	350	*30.—*
21	drei	610	365	530	285	*31.50*
22	»	675	365	595	285	*33.—*
23	»	675	365	595	285	*34.50*
24	»	675	365	595	285	*36.—*
25	fünf	495	495	420	420	*37.—*
26	drei	750	365	665	285	*38.50*
27	»	750	365	665	285	*40.—*
28	vier	625	435	540	350	*41.50*
29	drei	810	370	725	285	*43.—*
30	»	810	370	725	285	*44.50*

Ernst Pabst, Bellevue-Köpenick (*s. Inseratanh. S. 18*). Mix & Genest, Berlin.

Pendeln von synchronen Maschinen ist nichts anderes als eine Oszillation um die normale Geschwindigkeit. Um das Pendeln zu verhindern, muß die Armaturmasse so klein als möglich gemacht oder die synchronisierende Kraft verstärkt werden. Ein weiteres Gegenmittel gegen das Pendeln ist die Anwendung des Schwungrades, das die mechanischen Fluktuationen ausgleicht und verhindert, daß dieselben als elektrische Fluktuationen wieder erscheinen. Ferner kann das Pendeln dadurch vermieden werden, daß man die Konstruktion der Maschine so durchführt, daß, sobald das Pendeln entsteht, eine Reibungskraft erzeugt wird, welche die Oszillation vernichtet. Eine derartige Reibungskraft kann durch elektrische Reibung hervorgerufen werden, dadurch, daß man die Pole mit Kupferbändern umgibt oder Kupferplatten in die Nähe der Polspitzen bzw. -ränder schraubt. Auch mit massiven Polen hat man gute Erfolge erzielt. Das Pendeln parallel geschalteter Maschinen hängt ab von der Resonanz der Eigenschwingungen der Dynamos mit der natürlichen Schwingungsperiode der Dampfmaschinen, vom Trägheitsmoment der rotierenden Massen, von der durch Wirbelströme in den Dynamopolschuhen hervorgerufenen Dämpfung der Schwingungen und von der Torsion der Welle.

Pendelschnur.

Süddeutsche Kabelwerke A.-G., Mannheim.

Normalien für Pendelschnur
(Bezeichnung PL)
(geeignet zur Installation von Schnurzugpendeln).

Die Pendelschnur hat einen Kupferquerschnitt von 0,75 qmm. Die Kupferseele besteht aus feuerverzinnten Drähten von höchstens 0,3 mm Durchmesser, welche miteinander verseilt sind. Die Kupferseele ist mit Baumwolle umsponnen und darüber mit einer vulkanisierten Gummihülle von 0,6 mm Wandstärke umgeben. Zwei Adern sind mit einer Tragschnur oder einem Tragseilchen aus geeignetem Material zu verseilen und erhalten eine gemeinsame Umklöppelung aus Baumwolle, Hanf, Seide oder ähnlichem Material. Die Tragschnur oder das Tragseilchen können auch doppelt zu beiden Seiten der Adern angeordnet werden. Wenn das Tragseilchen aus Metall hergestellt ist, muß es umsponnen oder umklöppelt sein. Die gemeinsame Umklöppelung der Schnur kann wegfallen, doch müssen die Gummiadern dann einzeln umflochten werden.

Die so bezeichnete Pendelschnur soll in trockenem Zustande einer Wechselspannung von 1000 Volt widerstehen.

Pendelzähler sind Elektrizitätszähler, bei welchen die Schwingungsdauer eines Uhrpendels durch den Verbrauchsstrom reguliert wird.

Periode — zwei Wechsel (siehe **Wechsel, Wechselzahl**). Hohe Periodenzahlen gestatten eine bessere Ausnutzung des Eisenmaterials und dadurch die Anwendung kleinerer Maschinen oder geringerer Polquerschnitte. 50—60 Perioden pro Sekunde entsprechen den Anforderungen an eine ökonomische Anlage mit gutem Wirkungsgrad und großer Betriebssicherheit. Lampen, welche mit Wechselstrom gespeist werden, erfordern, um ruhig zu brennen, mindestens 80 Wechsel pro Sekunde. In England geht man bis zu 100, in Amerika bis zu 130 Perioden pro Sekunde.

Periodenanzeiger, System Löwy. Dieser zur Bestimmung der Periodenzahl eines Wechselstromes dienende Apparat beruht im wesentlichen darauf, daß eine Saite aus Weicheisen oder Messingdraht durch Einwirkung eines Wechselstromes in Schwingungen versetzt wird, deren Übereinstimmung mit der Eigenschwingungszahl sich leicht durch Veränderung ihrer Länge oder Spannung erzielen und durch Auge und Ohr erkennen läßt. Die Saite wird über zwei Messingsaiten gespannt, von denen die eine fest und isoliert, die andere an einem, auf einem Holzsockel angeschraubten Messinglineal direkt verschiebbar angeordnet ist. Auf dem Messinglineal befindet sich ein Elektromagnet, dessen Spulenenden durch zwei Klemmen mit den beiden Säulen verbunden sind, wobei die Verbindung zwischen verschiebbarer Säule und zugehöriger Klemme durch einen Ausschalter unterbrochen werden kann. (Bei Verwendung von Messingdraht tritt an Stelle des Elektromagneten ein permanenter Magnet. In diesem Falle wird der Ausschalter, der bei Verwendung von Eisendraht offen ist, geschlossen.) Das freie Drahtende trägt, nachdem es die feste Säule und eine Laufrolle passiert hat, ein kleines Gefäß zur Aufnahme von Schrot als Belastungsgewicht. Der Wechselstrom wird durch den Draht gesendet und die Länge des Drahtes so lange geändert, bis dieser vollständig gleichmäßig als Ganzes schwingt. Nach der Formel $P = C\sqrt{\frac{p}{l}}$, worin P die Periodenzahl des Wechselstromes, p die Spannung und l die Länge der Saite sowie C eine Konstante, welche von der Beschaffenheit des Drahtes abhängig und für die Eichung des Apparates bestimmt ist, bedeuten, wird die Skala auf dem Lineal geeicht. Diese Eichung kann auch so durchgeführt werden, daß die Umdrehungszahl sofort abgelesen werden kann. Eine Messung der Periodenzahl nach dieser Methode erfordert etwa eine Minute.

Dr. Rudolf Franke & Ko., G. m. b. H., Hannover.

Periodenzahlbestimmung (siehe **Wechselzahlbestimmung**).

Permeabilität (μ) ist das Verhältnis der Kraftliniendichte im Eisen zur Kraftliniendichte an der gleichen Stelle in Luft. Der bisher gefundene Maximalwert betrug für fast reines Eisen bei $B = 9000$ $\mu = 5500$. Für Schmiedeeisen schwankt $\mu_{max.}$ zwischen 2500—3500 bei $B = 4000$—11000, für Gußeisen ist $\mu_{max.} = 300$ bis 800 bei $B = 2000$—6000. Die Permeabilität von Stahlguß ist etwas kleiner wie jene von Schmiedeeisen, jene von schmiedbarem Guß etwas besser als Gußeisen, jedoch schlechter als Stahl. Ausglühen verbessert im allgemeinen die Permeabilität; Hämmern, Walzen und Ausziehen verringern sie unter Umständen, ebenso zunehmender Gehalt an Kohlenstoff, Mangan, Silizium, Antimon, Nickel und Chrom. Bei hohen Temperaturen zwischen 690° — 870° C wird die Permeabilität plötzlich = 1.

Permeameter (System Lamb & Walker). Die Bestimmung der Permeabilität erfolgt durch die Vergleichung des magnetischen Widerstandes des Versuchsstückes mit dem magnetischen Widerstand einer Luftstrecke, welcher bei konstantem Querschnitt nur von ihrer Länge abhängt. Der Versuchsstab wird in das Innere einer Magnetisierungsspule eingebracht, die mit einer zweiten

Spule von größerem Innendurchmesser in Serie geschaltet ist. Im Innern der letzteren läßt sich ein eiserner Zylinder verschieben; die Verschiebung wird an einer Skala abgelesen. Das Probestück wird, nachdem es in den Apparat eingespannt ist, entmagnetisiert; hierauf wird die Messung mit einem niedrigen Wert des Magnetisierungsstromes begonnen und der angeschlossene Regulierwiderstand so gestellt, bis eine kleine Magnetnadel, welche den magnetischen Zustand anzeigt, keinen Ausschlag gibt. Dasselbe wird hierauf mit umgekehrter Stromrichtung durchgeführt und das Mittel aus den beiden Ablesungen an der Verschiebungsskala als Permeabilität angesetzt. Der wahre Wert derselben wird dann dieser Ablesung entsprechend aus der Eichungskurve des Instrumentes entnommen.

Permeameter von Picon. Das Probestück wird zwischen zwei Eisenblöcke gepreßt , welche gleiche Spulen tragen. Letztere werden derart geschaltet, daß die Blöcke magnetisch in Serie liegen und daher durch das Probestück keine Kraftlinien gehen. Zur Erzeugung eines gewissen Kraftflusses in den Blöcken ist ein Strom in den Spulen notwendig. Der magnetische Kreis enthält außer den Blöcken noch vier Luftspalten. Hierauf wird der Apparat auseinandergenommen, auf das Probestück eine dritte Spule gesetzt und die Stromrichtung in einer der Blockspulen umgekehrt, wodurch eine magnetische Parallelschaltung mit dem Probestab als Brücke hergestellt wird. Der Strom in der Spule des Probestabes wird nun durch einen geeigneten Rheostaten auf einen Wert abgeglichen, bei welchem in den Blockspulen dieselbe magnetische Induktion wie beim ersten Versuche erzeugt wird. Die Messung des Kraftflusses in den Blöcken erfolgt entweder durch Induktion oder ballistisches Galvanometer.

Permeation (siehe **Induktion, magnetische, Stärke derselben**).

Peschels Stahlrohrsystem wird ohne isolierende Auskleidung verwendet, wobei die Stahlrohre entweder nur als Schutzrohre verwendet werden (in diesem Falle ist für die Hin- und Rückleitung je ein Draht eingezogen) oder in Dreileiteranlagen an Stelle des blank verlegten Mittelleiters treten und geerdet werden, während der Außenleiter in das Rohr eingezogen wird. Die Rohre werden durch Federung miteinander verbunden. Für Hausinstallationen genügt der Rohrquerschnitt für die vorkommenden Stromstärken, während bei Steigleitungen zur Verstärkung oft noch ein Kupferdraht parallel verlegt wird.

Dimensionierung und zulässige Strombelastung der Peschel-Stahlrohre.

Lichte Weite mm	Äußerer Durchmesser ca. mm	Material-querschnitt ca. qmm	Widerstand pro 100 m Ohm	Zulässige Strombelastung Ampere
8	10	25	5,34	15
12	14	35	4,34	18
16	18	50	2,68	24
21	23	70	1,71	30
26	28,5	95	1,46	40

Pferdekraft (PS) = 736 Watt = 75 $\frac{\text{mkg}}{\text{Sek.}}$ = 0,987 HP (engl.).

Pferdekraft (engl.) (HP) = 746 Watt = 76 $\frac{\text{mkg}}{\text{Sek.}}$ = 1,013 PS = 550 $\frac{\text{Fußpfund}}{\text{Sekunde}}$.

Pflasterarbeiten nach erfolgter Kabelverlegung unter Verwendung des brauchbaren Altmateriales, Preis pro qm in Mark:

Makadam	*M* 1.20
Kleine Steinpflaster	» 2.—
Granitpflaster in Sandbettung	» 3.—
» » » mit Mastixausguß	» 6.30
Zementtrottoir	» 7.50
Asphalttrottoir	» 5.20
Klinkerpflaster in Zementmörtel mit Betonunterlage	» 4.20
» » » ohne	» 2.—

Plückerröhren, zur Untersuchung der Spektren von Gasen dienend, sind Vakuumröhren, deren Endbirnen durch eine Kapillarröhre verbunden sind.

Phasenanker (siehe **Kurzschlußanker**) mit ausgeprägten Polen.

Phasenanzeiger haben die Aufgabe, anzuzeigen, ob zwei parallel zu schaltende Wechselstrommaschinen gleiche Polwechselzahl und gleiche Phasenstellung haben. Als Phasenindikatoren verwendet man entweder zwei Glühlampen und schaltet in dem Momente ein, wo sie gleiche Helligkeit erreicht haben. Besser ist jedoch die Verwendung zweier Transformatoren, welche die Spannung auf 50—100 Volt reduzieren und von denen der eine mit seiner primären Wickelung an die im Gang befindliche, die primäre Wickelung des anderen an die parallel zu schaltende Maschine angeschlossen sind, während die sekundären Wickelungen je mit einem etwas gedämpften, leicht beweglichen Voltmeter verbunden und zwei Leitungen der Transformatoren so vereinigt werden, daß sich bei gleicher Phasenstellung der Maschinen die Momentanspannungen beider Sekundärwickelungen summieren.

Der Phasenanzeiger von Dolivo-Dobrowolski besteht aus einer drehbaren kreisrunden eisernen Scheibe, welche auf ihrer Achse einen auf einer Teilung spielenden Zeiger dreht. Um die Scheibe sind unter rechtem Winkel zwei mit den Maschinenklemmen in Verbindung stehende Spulen gelegt. Bei Phasenverschiedenheit kommt die Scheibe in Drehung, welcher eine Spiralfeder entgegenwirkt. Die Größe des Ablenkungswinkels des Zeigers ist der Phasenverschiebung proportional.

Der Synchronismus von Maschinen mit rotierenden Polen, welche in einer Flucht stehen, läßt sich daran erkennen, daß die Pole, wenn man in einer zur Rotationsebene senkrechten Richtung gegen die Maschinen blickt, still zu stehen scheinen.

Auch das Telephon kann als Phasenanzeiger verwendet werden. In die Verbindung der gleichnamigen Pole der parallel zu schaltenden Maschinen wird ein Widerstand und in den von letzterem abzweigenden Stromkreis ein Telephon eingeschaltet. Bei Phasenunterschied wird im Telephon ein Brummen vernehmbar sein, das bei einem Phasenunterschied von 180° am stärksten, bei Synchronismus aber nicht mehr wahrnehmbar ist.

Der Phasenanzeiger von Moler & Bedell besteht aus Scheiben, welche auf den Wellen der beiden parallel zu schaltenden Maschinen angeordnet sind. Diese Scheiben sind mit halb so viel gekrümmten Schlitzen versehen, als die Maschine Pole hat. Hinter den Schlitzen befindet sich eine leuchtende Fläche. Sind beide in Bewegung befindlichen Maschinen noch nicht im Tritt, so wandern die Lichtpunkte, die jedesmal da entstehen, wo zwei Schlitze sich schneiden, von außen nach innen oder umgekehrt. Das Auge sieht dann vom oder zum Zentrum laufende Lichtringe, die erst dann ruhig bleiben, bis Synchronismus vorhanden ist.

Phasenindikator (siehe **Phasenanzeiger**).

Phasenmeter geben den Wert der wattlosen Komponente des Stromes ($J \sin \varphi$) in Ampere an, wobei φ den Winkel der Phasenverschiebung zwischen Strom und Klemmenspannung bedeutet. Bei Drehstrom muß, wenn eine Neutrale nicht vorhanden ist, an welche die Phasenmeter anzuschließen sind, eine solche durch einen Nullpunktwiderstand geschaffen werden.

Wenn die Belastung der Maschinen eine induktionsfreie ist, zeigen diese Instrumente direkt die Größe des Ausgleichsstromes zweier parallel zu schaltenden Generatoren an. Zum Parallelschalten ist so zu regulieren, daß die Phasenmeter auf Null zeigen.

Für Stromstärken bis Amp.	Für Spannungen bis Volt							
	250	550	1000	2000	3000	4000	5000	6000
	Preise in Mark							
15	*90*	*112*	*208*	*244*	*264*	*290*	*320*	*360*
25	*94*	*115*	*208*	*244*	*264*	*290*	*320*	*360*
50	*97*	*118*	*212*	*248*	*268*	*294*	*324*	*364*
100	*98*	*120*	*212*	*248*	*268*	*294*	*324*	*364*
150	*105*	*125*	*216*	*252*	*272*	*296*	*328*	*368*
250	*116*	*137*	*236*	*272*	*292*	*316*	*348*	*388*
500	*140*	*160*	—	—	—	—	—	—
1000	*157*	*178*	—	—	—	—	—	—

Der Phasenmeter von Dolivo-Dobrowolski besteht aus einer zwischen zwei senkrecht zueinander stehenden, je in einer Reihe verbundenen Spulenpaaren, von denen das eine aus dicken, das andere aus dünnen Drähten besteht, drehbaren dünnen Eisenscheibe, welche mit einem Zeiger in Verbindung steht. Eine Spiralfeder sucht die Scheibe auf Null zu stellen. Das dickdrähtige Spulenpaar ist direkt in den Stromkreis, das dünndrähtige mit Vorschaltwiderstand in Nebenschluß geschaltet.

Phasenspannung beim Drehstrom ist gleich der verketteten Spannung, dividiert durch $\sqrt{3}$.

Phasenverschiebung ist das Vorauseilen der Selbstinduktionsspannung vor der Stromstärke, welche durch die Selbstinduktion bewirkt wird, wenn ein Strom einen induktiven Widerstand durchfließt. Das Zurückbleiben des Stromes hinter der Spannung kann nie mehr als $\varphi = 90^{\circ}$ betragen (siehe **Leistungsfaktor**).

Phasenverschiebungswinkel. Die Tangente des Phasenverschiebungswinkels ist das Verhältnis der Reaktanz zum Widerstande; sein Kosinus ist das Verhältnis des Widerstandes zur Impedanz; sein Sinus das Verhältnis der Reaktanz zur Impedanz.

Pherophon ist ein kleines, lautstarkes Mikrotelephon für Wohnungstelephonanlagen, für direkte Schaltung (ohne Induktionsspule). Es besteht aus einem Dosentelephon, einem Kohlenkörnermikrophon und einem selbsttätigen Umschalter, der als Aufhängehaken ausgebildet ist und dessen Kontaktteile im Gehäuse des Telephons eingebaut sind, während der bewegliche Aufhängehaken aus dem Gehäuse herausragt. Das Telephon enthält einen aus dünnen Eisenblechen gebildeten Elektromagneten, welcher während des Sprechens dauernd von dem bei direkter Schaltung im Sprechstromkreise fließenden Gleichstrom erregt wird. Preis *ℳ 8 — 15.*
Telegraphenwerke C. Lorenz, Berlin.

Phologit — gelbgefärbter kanadischer Glimmer.

Phonophor — Drahtkondensator, welcher in Verbindung mit Fernsprechapparaten und Induktionsspulen in Telegraphenleitungen eingeschaltet wird, um eine telegraphische oder telephonische Verständigung zu ermöglichen.

Photo-Elektrizität — die bei der Belichtung gewisser Substanzen auftretende Elektrizität.

Photographophon. Auf einer schnell bewegten photographischen Platte werden die Lichtintensitätsänderungen des sprechenden Lichtbogens (siehe daselbst) aufgezeichnet. Hierauf wird diese Platte vor einer empfindlichen Selenzelle vorbeigezogen und die Selenzelle durch die Platte hindurch belichtet. Durch ein an die Selenzelle angeschlossenes Telephon wird das auf der Platte verzeichnete Gespräch wiedergegeben.

Photometer — Instrumente zur Messung der Helligkeit elektrischer Bogen- und Glühlampen, je nach Ausstattung für Bogenlampen *ℳ 360—455,* für Glühlampen *ℳ 150—255.*
A. Krüß, Hamburg.

Das Photometer von Bunsen besteht aus einem mit einem Fettfleck versehenen Papiere, welches von den beiden zu vergleichenden Lichtquellen von beiden Seiten beleuchtet wird. Wenn der Fettfleck von beiden Seiten gleich stark beleuchtet erscheint, so ist die Beleuchtungsstärke beider Lichtquellen gleich groß. Durch Verwendung von Spiegeln ist es möglich, beide Seiten des Fettfleckes gleichzeitig zu sehen. Bei dem Photometer von Lummer und Brodhun tritt an Stelle des Fettfleckes ein Prismenpaar, welches durch zwei aneinandergepreßte rechtwinklige Prismen gebildet wird. Das Photometer von L. Weber besteht aus zwei innen geschwärzten Röhren, die aufeinander senkrecht stehen und von denen die eine fest, die andere um die Achse der feststehenden Röhre gedreht werden kann. In den Röhren sind Milchglasplatten.

Jene der festen Röhre ist verschiebbar und wird durch eine Benzinflamme beleuchtet, während die andere, von der zu messenden Lichtquelle beleuchtete Milchglasplatte am Ende der beweglichen Röhre angeordnet ist. Letztere ist deshalb beweglich, um unter jedem Winkel messen zu können. Die Vergleichung erfolgt durch direktes Beschauen der feststehenden Platte, während das Bild der anderen Milchglasplatte in einem reflektierenden Prisma erscheint. Andere Photometersysteme sind jene von Blondel & Broca, Grosse, Bouquer, Lambert u. m. a.

Tabelle des Verhältnisses der bekannten (auf Null der Photometerbank befindlichen) Lichtquelle zu der (auf 300 rechts stehenden) zu messenden Lichtquelle für die Einstellungen des Photometerschirmes.

	0	1	2	3	4	5	6	7	8	9
50	25,0	23,8	22,7	21,7	20,8	19,8	19,0	18,2	17,4	16,7
60	16,0	15,4	14,7	14,2	13,6	13,1	12,6	12,1	11,6	11,2
70	10,8	10,4	10,0	9,7	9,3	9,0	8,69	8,39	8,10	7,83
80	7,56	7,31	7,07	6,84	6,61	6,40	6,19	5,99	5,80	5,62
90	5,44	5,27	5,11	4,95	4,80	4,66	4,52	4,38	4,25	4,12
100	4,00	3,88	3,77	3,66	3,55	3,45	3,35	3,25	3,16	3,07
110	2,98	2,90	2,82	2,74	2,66	2,59	2,52	2,45	2,38	2,31
120	2,25	2,19	2,13	2,07	2,01	1,96	1,91	1,85	1,80	1,76
130	1,71	1,66	1,62	1,58	1,53	1,49	1,45	1,42	1,38	1,34
140	1,306	1,271	1,238	1,205	1,173	1,142	1,113	1,083	1,055	1,027
150	1,000	0,974	0,948	0,923	0,899	0,875	0,852	0,830	0,808	0,787
160	0,765	0,745	0,726	0,706	0,688	0,669	0,652	0,634	0,617	0,601
170	0,585	0,569	0,554	0,539	0,524	0,510	0,496	0,483	0,470	0,457
180	0,444	0,432	0,420	0,409	0,397	0,386	0,376	0,365	0,355	0,345
190	0,335	0,326	0,316	0,307	0,289	0,290	0,282	0,273	0,265	0,258
200	0,250	0,243	0,235	0,228	0,221	0,215	0,208	0,202	0,196	0,190
210	0,184	0,178	0,172	0,167	0,161	0,156	0,151	0,146	0,141	0,137
220	0,132	0,128	0,123	0,119	0,115	0,111	0,107	0,104	0,100	0,096
230	0,093	0,089	0,086	0,083	0,080	0,076	0,074	0,071	0,068	0,065
240	0,063	0,060	0,057	0,055	0,053	0,050	0,048	0,046	0,044	0,042

Photometrische Einheiten, internationale.

Größe		Name der Einheit	Definitionsgleichung	Dimension
Französisch	Deutsch			
Intensité	Lichtstärke	Bougie décimale, Dezimalkerze	I	I
Flux	Lichtstrom	Lumen, Kerze und Steradian	$\Phi = I\sigma$	I
Éclairement, Raisonnement	Beleuchtung	Lux. Lumen: qm	$E = \frac{\Phi}{S}$	IL^{-2}
Éclat	Erhellung	Kerze pro qm	$e = \frac{I}{S}$	IL^{-2}
Éclairage	Lichtleistung	Lumen-heure	$Q = \Phi T$	IT

σ = angle solide (fester Raumwinkel). S = surface (Fläche).

Photophon. Dasselbe besteht in seiner Hauptsache aus einer Selenzelle, deren Widerstand sich je nach der Belichtungsstärke ändert, wobei diese Änderungen durch ein Telephon wahrgenommen werden können, d. h. es können Schallwellen mit Hilfe des Lichtes übertragen werden.

Plantésches Verfahren. Bei demselben erfolgt das »Formieren« — Umwandlung des metallischen Bleies in Bleischwamm (fein zerteiltes metallisches Blei) und Superoxyd — durch abwechselndes Umkehren der Richtung des eingeleiteten Stromes, wobei nach jeder Ladung eine Pause eintritt, die mit fortschreitender Formierung ebenso wie die Ladung länger dauert.

Plastit (ein Isoliermaterial) wird aus dem bei der Destillation des Steinkohlenteers zurückbleibenden Material durch Zusatz von Kautschuk bis zu 20—25 % hergestellt. Besitzt große Härte und Festigkeit, geringe Elastizität, ist außerordentlich brüchig.

Plattenblitzableiter für Fernsprechanlagen bestehen aus nahe übereinanderliegenden, jedoch voneinander isolierten Metallplatten oder Kohlenplatten. Die eine Platte ist mit der Fernleitung und den Apparaten, die andere mit letzteren und der Erde leitend verbunden. Der in die Fernleitung einschlagende Blitz vermeidet den langen Weg durch die Apparate, welche ihm mit ihren vielfachen feinen Windungen bedeutenden Widerstand verursachen würden, und springt direkt von der mit der Fernleitung verbundenen Platte zu der mit der Erdleitung verbundenen über.

Poggendorfelement. Ein amalgamierter Zinkzylinder taucht in verdünnte Schwefelsäure, ein Kohlenprisma in Kaliumbichromatlösung, welche sich in einem Tonbecher befindet. Elektromotorische Kraft 2 Volt.

Polabstand eines Magneten ist gleich $^5/_6$ der Länge eines stabförmigen, bzw. des Durchmessers eines kreis- oder ringförmigen Magneten.

Polarisation ist der bei jeder elektrolytischen Zersetzung veränderte Zustand der Elektroden, welcher bewirkt, daß sie gegeneinander elektromotorisch wirksam sind, oder die Erscheinung, daß in einer elektrolytischen Zelle an den Elektroden eine elektromotorische Kraft entsteht, welche der äußeren elektromotorischen Kraft entgegenwirkt und dadurch dieselbe schwächt (siehe **Gegenkraft, elektromotorische** und **Polarisationsspannung**).

Polarisationsspannung ist die in einer elektrolytischen Zelle entstehende elektromotorische Kraft.

Polarisationsstrom. Bei der Zersetzung eines Elektrolyten sammeln sich auf den Elektroden Gase, welche bei Kurzschluß der Zersetzungszelle bestrebt sind, wieder in den Ionenzustand überzugehen, und dabei einen entgegengesetzten Strom erzeugen. Dieser sog. Polarisationsstrom schwächt die elektromotorische Kraft der elektrolytischen Zelle, in welcher also eine elektromotorische Gegenkraft oder Polarisationsspannung auftritt.

Polarisationstabelle.

Flüssigkeit	Elektroden	Elektrom. Kraft d. Polarisation Volt
Salpetersäure	Platinplatten	1,22
Schwefelsäure (6 Vol. auf 100 H_2O)	»	2,70
do.	Amalgam. Zinkplatten . .	0,50
do.	Kupferplatten	1,08
do.	Zinkplatten	0,71
do. (verdünnt wie oben)	Eisenplatten	0,16
Konzentr. Salpetersäure .	Graphitplatten	0,63
Kupfervitriollösung . . .	Kupferplatten	0,032
Salpetersäure	Amalgam. Zink	0,016
Salpetersäure	Kupfer	0,0043

Polbestimmung erfolgt mittels des Wilkeschen Polreagenzpapiers (siehe daselbst) oder durch den Berghausenschen Polsucher (siehe daselbst). Tauchen die mit den beiden Polen einer Gleichstromdynamo verbundenen kupfernen Leitungsenden in verdünnte Schwefelsäure, so färbt sich das positive Leitungsende schwarz; beim Eintauchen beider Enden in Kochsalzlösung färbt sich die Flüssigkeit am positiven Leitungsende bläulichgrün.

Pole — die beiden Stellen eines Magneten, welche die größte Anziehungskraft besitzen — die beiden Enden eines Stromleiters.

Pole, magnetische, sind diejenigen Stellen eines magnetischen Feldes, welche der scheinbare Sitz von in die Ferne wirkenden Zentralkräften sind.

Pollak-Viràgscher Schnelltelegraph. Eine aufzugebende Depesche ist ein nach Art einer Webekarte mit unzähligen Lochungen übersäter schmaler Papierstreifen, der von einer schnell umlaufenden Walze unter metallischen Bürsten hindurchgezogen wird. Die Walze einerseits, die Bürsten anderseits bilden die Pole von Stromquellen, die durch den nicht leitenden Stoff des Papieres elektrisch getrennt gehalten werden, aber dadurch, daß die Bürsten an den durchlochten Stellen auf die Walze treffen, unzählige Stromstöße in die Leitung schicken. Am Empfangsorte setzen sich diese Stromstöße um in die Schwingungen zweier Telephonmembranen, und diese wiederum übertragen sich auf ein gewissermaßen als Schreibspiegel anzusehendes Spiegelchen, durch dessen Bewegungen mittels Widerscheines eines Lichtpunktes die Depesche in einer Dunkelkammer auf lichtempfindliches Papier geschrieben wird, das alsdann in Gestalt des fertig entwickelten Telegrammes aus dem Apparate tritt. Nach der Form der Schriftzüge sind Stärke, Dauer und Zeitfolge der in die Leitung zu sendenden Stromstöße und danach wiederum die Kraft und Schaltung der Stromquellen sowie die Art der Lochungen in dem abzutelegraphierenden Papierstreifen und die Zusammensetzung der Walze, über die das Lochband geführt wird, zu bestimmen. Die Herstellung des Lochstreifens erfolgt mit einer in gewöhnlicher Weise zu bedienenden Schreibmaschine (Perforator).

Polloser Kurzschlußanker ist ein ohne ausgeprägte Pole gewickelter Anker eines Induktionsmotors (siehe daselbst), bei welchem die Leiterstäbe in den Löchern des Ankers stecken und auf beiden Seiten durch eingelegte Kupferringe miteinander verbunden sind.

Polreagenzpapier von Wilke gibt angefeuchtet und unter die Poldrähte gelegt einen roten Fleck am negativen Pol.

Polschritt ist jene Zahl, welche angibt, wie viele Polpaare der Wickelungsschritt umfaßt.

Polschuhe — die Verbreiterungen der Magnoten an der Austritts- und Eintrittsstelle der Kraftlinien. Polschuhe werden aus Gußeisen, Stahlguß und schmiedeeisernen Blechen hergestellt.

Polwechselzahl = der doppelten Periodenzahl.

Polwechsler (siehe **Stromwender**).

Polygonschaltung (siehe **Ringschaltung**).

Polyzyklische Systeme sind jene, bei welchen der Ausgleichfaktor Null oder negativ ist.

Poncelet (siehe **Elektrische Maße**).

Porzellan für elektrotechnische Zwecke. Porzellan ist ein keramisches Produkt, bestehend aus Porzellanmasse und einer dieselbe an der Oberfläche bedeckenden Glasur. Die Porzellanmasse besteht aus der Porzellanerde (Kaolin) — einem im Feuer schmelzbaren, weißen Ton —, die der Masse die Formbarkeit verleiht, und aus zwei im Feuer schmelzbaren Substanzen, dem Quarz und Feldspat. Wird eine innige Mischung dieser drei Substanzen in feingemahlenem Zustande geschmolzen, so kommen die Quarz- und Feldspatteilchen in Fluß und dienen als Kitt für die Kaolinteilchen. Das Produkt, dessen Poren infolgedessen ausgefüllt sind, ist hart und klingend und zeigt einen muscheligen Bauch. Die Porzellanmasse ist um so isolierfähiger, je feuerfester der Kaolingehalt, je größer der Feldspatgehalt, je feiner die Mahlung und je höher die Brenntemperatur war. Die Glasur ist ein Kali-Kalk-Tonerdeglas, welche aus Kaolin, Quarz, Feldspat nebst Kalk zusammengesetzt ist, wobei jedoch Feldspat und Kalk überwiegen, damit bei derselben Temperatur, bei welcher die Masse bloß erweicht, die Glasurbestandteile vollkommen flüssig werden und die Masse mit einer gleichmäßigen, glasigen Decke überziehen. Die Glasur muß hart und von solcher Zusammensetzung sein, daß sie allen Witterungseinflüssen widersteht.

Porzellaneinführungen.

Länge des Halses mm	Lichte Weite des Halses mm	Äußerer Durchmesser mm	Pro 100 Stück Nettogewicht kg	Pro 100 Stück Preis ℳ
250	23	30	19,0	*31.—*
110	26	36	11,0	*22.—*
75	16	22	5,5	*10.50*
80	18	24	8,0	*11.—*
60	12	20	3,5	*9.50*

Porzellanisolatoren, Widerstand derselben. Er beträgt für gutes, hartflüssiges und silikatarmes Porzellan ca. 9000 · 10^6 Ω, geht bei heftigem Regen auf 1 · 10^6 Ω herunter, steigt aber nach Aufhören des Regens bald wieder.

Gustav Richter, Charlottenburg-Berlin (s. *Inseratanh. S. 11*).

Porzellanrollen.

Für Niederspannung.

Für Leitungsquerschnitte bis qmm	Höhe mm	Größter Durchmesser mm	Nettogewicht pro 100 Stück kg	Preis pro 100 Stück ℳ
70	42	45	9,3	*3.80*
35	36	36	4,7	*2.40*
16	28	29	2,5	*1.30*
6	23	25	1,2	*1.—*

Für Mittelspannung.

Für Leitungsquerschnitte bis qmm	Spannung bis Volt	Höhe mm	Nettogewicht pro 100 Stück kg	Preis pro 100 Stück ℳ
25	500	62	12,6	*11.50*
16	500	48	5,3	*6.—*
10	250	40	2,3	*3.50*

H. Köttgen & Ko., Berg.-Gladbach.

Gustav Richter, Charlottenburg-Berlin (s. *Inseratanh. S. 11*)

Potential ist die jeweilige Spannung der Elektrizität an einem bestimmten Punkte.

Potentialdifferenz (siehe **Elektrische Kraft**).

Pratzenbremsen für Motorwagen bestehen aus Schuhen, welche auf ihrer unteren Fläche gezahnt sind und durch einen Hebelmechanismus vom Wagenführer in Holzbalken gepreßt werden, die neben den Schienen verlegt sind.

Preßglimmer (siehe **Megomit**).

Meirowsky & Ko., Köln-Ehrenfeld (s. *Inseratanh. S. 19*).

Frankfurter Glimmerwarenfabrik, Landsberg & Ollendorf, Frankfurt a. M.-Bockenheim.

Preßkohle (Briketts), aus Kohlenstaub in Ziegelform hergestellt. 1 cbm wiegt 1000—1100 kg, eine 10-Tonnenladung faßt 9—10 cbm.

Preßspäne. Spez. Gewicht ca. 1,25 kg, geölt und paraffiniert nach besonderer Vereinbarung.

Keller & Schmidt, Wildenau b. Schwarzenberg i. Sachsen.
Meirowsky & Ko., Köln-Ehrenfeld (s. *Inseratanh. S. 19*).

Albert Thode & Ko., Hamburg (s. *Inseratanh. S. 4*).
H. Weidmann, Rapperswyl.

Durchschlagsresultate.

Probestück		Widerstand zwischen den Elektroden bei einer Meßspannung von			Durchschlagsspannung
Nr.	Durchmesser	300 Volt	700 Volt	1000 Volt	
	mm	Megohm	Megohm	Megohm	Volt Gleichspannung
1	0,1	2500	930	335	1500
2	0,1	4600	1154	394	1500
3	0,1	3340	1020	332	1500
1	0,2	6000	752	224	4000
2	0,2	4350	517	131	4000
3	0,2	4800	496	138	4000
1	0,3	2400	205	29	5500
2	0,3	3800	378	86	6500
3	0,3	6850	458	144	5500
1	0,4	2150	517	183	6500
2	0,4	1540	495	193	7000
3	0,4	2300	610	252	8000

Preis pro 100 Bogen. Bogengröſse 700 × 900 mm.

Stärke	Approx. Gewicht pro 100 Tafeln	Qualität Nr. 130 ffee extra präpariert	Qualität Nr. 131 a	Qualität Nr. 135 a	Qualität Nr. 120 f
mm	kg	ℳ	ℳ	ℳ	ℳ
0,10	8	*21.—*	—	—	—
0,15	14	*25.20*	—	—	—
0,20	17½	*29.40*	*26.88*	—	—
0,25	20	*32.—*	*29.40*	—	—
0,3	25	*36.80*	*33.60*	—	—
0,4	32	*43.20*	*43.20*	—	—
0,5	40	*52.—*	*47.20*	*37.40*	—
0,6	47	*60.80*	*55.20*	*44.—*	—
0,7	55	*71.40*	*64.80*	*50.80*	—
0,8	64	*80.80*	*72.80*	*58.—*	—
0,9	75	*94.40*	*85.60*	*68.—*	—
1	84	*100.40*	*91.60*	*74.—*	*81.20*
1,25	105	*123.60*	*111.20*	*93.60*	*98.40*
1,5	125	*144.—*	*130.40*	*110.40*	*116.—*
2	160	*182.40*	*165.60*	*136.80*	*146.40*
2,5	200	*225.60*	*203.20*	*171.20*	*180.80*
3	236	*261.60*	*238.20*	*198.40*	*208.80*
3,5	275	*300.80*	*276.80*	*231.20*	*240.—*
4	315	*364.—*	*312.—*	*260.80*	*274.40*
4,5	354	*386.40*	*351.20*	*291.20*	*303.20*
5	393	*428.—*	*389.60*	*317.60*	*337.60*
6	472	*516.40*	*454.40*	*381.60*	*396.—*
7	550	*602.40*	*545.60*	*438.40*	*461.60*

Qualität Nr. 131a in Breite von 700 mm in endlosen Rollen in Stärke von 0,2—0,35 mm pro kg *ℳ 1.30*
» » » 0,4—0,5 » » » » *1.20*

Preßspan
einseitig mikanisiert mit $^1/_{10}$ mm dicker Glimmerauflage pro kg *ℳ 2.40*
zweiseitig » » je $^1/_{10}$ » » » » » » *3.20*
mit Mikazwischenlage $^1/_{10}$ » dick . . . . » » » *2.40*
» » $^2/_{10}$ » » . . . . » » » *3.20*

Preßspan, isolackierter, in Bogen von ca. 700×900 mm.

Stärke in mm	0,2	0,25	0,30	0,35	0,40	0,50
Mark pro qm	*1.80*	*1.90*	*2.—*	*2.10*	*22.60*	*24.—*

Meirowsky & Ko., Köln-Ehrenfeld (*s. Inseratanh. S. 19*).

Primärelemente (siehe **Elemente, galvanische**).

Profildrähte. Dieselben kommen in neuerer Zeit für Kontaktleitungen der Straßenbahnen in Verwendung. Ihre Vorteile sind: Breite Flächen für die Kontaktgebung, dadurch geringe Abnutzung von Draht und Kontakt; Stabilität in vertikaler und horizontaler Profilachse durch Wahl des I-förmigen Querschnitts; Vermeiden von Ecken und Einknickungen der Schleiffläche und des Drahtes überhaupt; leichte und in der Lenkachse nachgiebige Befestigung des Fahrdrahtes; bequeme Anbringung von Schutzvorrichtungen.

Albert Thode & Ko., Hamburg (*s. Inseratanh. S. 4*).

Profilmeßinstrumente (Edgewisesystem). Diese Instrumente verdanken ihre Entstehung der Notwendigkeit, die Apparatenanlagen größerer elektrischer Kraftzentralen auf eine möglichst geringe Ausdehnung zu beschränken, um Raum zu ersparen. Zu diesem Zwecke bewegt sich der Zeiger der nach allen Seiten drehbar eingerichteten Instrumente auf einer gegen den Beschauer zu konvex gekrümmten Skala in einer Vertikalebene senkrecht zur Schalttafelfläche. Preis je nach Meßbereich *ℳ 164—220*.

Weston-Elektr.-Instr. Ko., Berlin.

Pronyscher Bremszaun. Die maximale Bremsleistung eines Motors in PS $= \frac{\pi \cdot l \cdot n \cdot g}{2250}$, worin l die Länge des Hebelarmes, n die minutliche Umdrehungszahl und g das Bremsgewicht bedeuten.

Prüfdrähte, gewöhnlich schon im Kabel vorhanden, dienen zur Spannungsmessung an bestimmten Punkten des Netzes. Sie werden an einen Umschalter angeschlossen, durch den sie mit einem Voltmeter verbunden werden können.

Pufferbatterien sind Akkumulatorenbatterien, welche beim Straßenbahnbetrieb dazu dienen, die entstehenden Spannungsschwankungen auszugleichen. Die wirtschaftlichen Vorteile der Pufferbatterien sind: Ersparnis an Brennmaterial (10—25 %); Verkürzung der Betriebszeit, indem morgens die ersten Wagen und abends die letzten Wagen bei Stillstand der Betriebsmaschinen von der Batterie gespeist werden können; die Spannungsschwankungen werden auf 25—50 Volt, die Stromschwankungen auf 50 Amp. herabgesetzt; geringere Reparaturen der Betriebsmaschinen infolge ihrer gleichmäßigeren Beanspruchung; Vorhandensein einer Momentreserve, da der Akkumulator jederzeit, ohne daß irgendwie eine Verrichtung dazu nötig wäre, sofort den ganzen Betrieb während einer entsprechenden Zeit übernimmt, wenn die Betriebsmaschinen aus irgend einem Grunde außer Tätigkeit kommen; größere Betriebssicherheit. Der Wert der Pufferbatterien liegt nicht nur in ihren wirtschaftlichen Vorteilen, sondern auch in ihrem Einfluß auf die Vereinfachung der Bedienung der Kraftzentralen. Bei dem Vorhandensein von Pufferbatterien kann einerseits der plötzliche Leerlauf unsicher regulierender Maschinen keine nachteiligen Folgen hervorrufen, während anderseits bei plötzlichen Belastungen die Gefahr von Wasserschlägen (bei Turbinen) ausgeschlossen ist. Die Beschickung der Feuerung wird gleichmäßiger, die Regulierung des Rauchschiebers erfolgt seltener, der Heizerdienst wird übersichtlicher und weniger anstrengend. Als Faustregeln können gelten: Je größer der Akkumulator, desto gleichmäßiger und günstiger ist der Betrieb; der einstündige Entladestrom des Akkumulators darf niemals kleiner als die normale, d. i. mittlere Maschinenleistung sein.

Pumpen (siehe **Kolbenpumpen** und **Zentrifugalpumpen**).

Pupinsches System der telephonischen Fernleitung. Die Dämpfung der Sprache, wie sie in längeren Leitungen auftritt, ist eine Funktion von Widerstand, Kapazität und Selbstinduktion und wird dargestellt durch einen Bruch, dessen Zähler Widerstand und Kapazität, dessen Nenner die Selbstinduktion enthält. Pupins Erfindung besteht darin, daß er, auf dem eben genannten Prinzip der Erhöhung der Selbstinduktion fußend, nachgewiesen hat, wie ein wirklich brauchbares Ergebnis zu erzielen ist: Die räumlichen Abstände zwischen den Spulen müssen dem Bruchteil der kürzesten Wellenlänge entsprechen, welche über die Leitung übertragen werden soll, und die Konstruktion der Spulen selbst muß derartig sein, daß bei gegebener Stromfrequenz und Stromstärke das Verhältnis von Widerstand und Reaktanz in der Spule ein möglichst kleines, praktisch zu vernachlässigendes wird.

Pyr (siehe **Lichtstärke-Einheiten**).

Pyrometer, thermoelektrisches (Instrument zum Messen von Temperaturen) besteht im wesentlichen aus einem Thermoelement und einem Galvanometer. Seine Anwendung zur Temperaturmessung beruht auf der Erscheinung, daß ein mit dem Temperaturgefälle gleichsinniger, elektrischer Strom in zwei verschiedenen Metallen entsteht, wenn man die Stelle erwärmt, an der sie miteinander durch Berührung oder Lötung verbunden sind. Die durch diese Erwärmung entstehende elektromotorische Kraft steht in einer bestimmten Abhängigkeit von der Natur der beiden Metalle einerseits und anderseits von der Temperatur der Lötstelle. Durch Messung der elektromotorischen Kraft bzw. der durch dieselbe hervorgerufenen Potentialdifferenz erhält man dann die gewünschten Temperaturangaben. Aus Zweckmäßigkeitsgründen gibt man den Thermoelementen die Form dünner Drähte, deren eine Enden miteinander verlötet werden. Diese Lötstelle wird an die Stelle geführt, deren Temperatur gemessen werden soll, während die anderen beiden, freien Enden entweder direkt mit den Klemmen eines Galvanometers verbunden oder aber an besondere Zuleitungsdrähte angelötet werden; die so erhaltenen Messungsergebnisse entsprechen dann der Temperaturdifferenz der Lötstelle und der beiden freien bzw. an die Zuleitungsdrähte gelöteten Enden. Für Messung sehr hoher Temperaturen bis etwa 1600° C verwendet man am besten das Le Chateliersche Thermoelement, das aus Platin und einer Legierung von 90% Platin und 10% Rhodium besteht; für den Temperaturbereich von — 190° bis etwa + 400° C ist hingegen das Kupfer-Konstantan-Element vorzuziehen, das eine bedeutend größere elektromotorische Kraft besitzt. Auch bietet das Thermoelement aus Kupfer-Konstantan vor dem aus Eisen-Konstantan den Vorzug, daß Kupfer den chemischen Veränderungen durch Rosten nicht so sehr ausgesetzt ist wie Eisen.

Siemens-Schuckertwerke, Berlin.

Q.

Quadrantenelektrometer dienen zur Messung des Unterschiedes zweier Spannungen. Sie bestehen aus vier Quadranten, innerhalb welcher eine Nadel schwingt. Die Quadranten sind isoliert. Je zwei gegenüberliegende Quadranten sind miteinander leitend verbunden. Die Nadel ist durch einen dünnen Platindraht mit einem mit 60% Schwefelsäure gefüllten, unten angeordneten Gefäße leitend verbunden, von den Quadranten selbst aber isoliert (siehe **Elektrometer**).

Quadrate (siehe **Kreisdurchmesser etc.**).

Quadratkupfer (siehe **Kupfer**).

Quadrat- und Rundeisen. Gewicht pro lfd. m in Kilogramm.

Stärke resp. Durchm. mm	□ eisen	○ eisen	Stärke resp. Durchm. mm	□ eisen	○ eisen	Stärke resp. Durchm. mm	□ eisen	○ eisen	Stärke resp. Durchm. mm	□ eisen	○ eisen
5	0,195	0,153	24	4,481	3,520	43	14,39	11,30	110	93,14	73,94
6	0,280	0,220	25	4,863	3,819	44	14,90	11,83	115	102,9	80,81
7	0,381	0,299	26	5,259	4,131	45	15,75	12,37	120	112,0	88,00
8	0,498	0,391	27	5,672	4,455	46	16,46	12,93	125	121,6	95,48
9	0,630	0,495	28	6,100	4,791	47	17,19	13,50	130	131,5	103,3
10	0,778	0,611	29	6,543	5,139	48	17,93	14,08	135	141,8	111,4
11	0,931	0,739	30	7,002	5,499	49	18,68	14,67	140	152,5	119,8
12	1,120	0,880	31	7,477	5,872	50	19,45	15,28	145	163,6	128,5
13	1,315	1,033	32	7,967	6,257	55	23,28	18,48	150	175,1	137,5
14	1,525	1,198	33	8,382	6,654	60	28,01	22,00	155	186,9	146,8
15	1,751	1,375	34	8,994	7,064	65	32,87	25,82	160	199,2	156,4
16	1,992	1,564	35	9,531	7,485	70	38,12	29,94	165	209,6	166,4
17	2,248	1,766	36	10,08	7,919	75	43,76	34,37	170	224,8	176,6
18	2,521	1,980	37	10,65	8,365	80	49,79	39,11	175	238,3	187,1
19	2,809	2,206	38	11,23	8,823	85	56,21	44,15	180	252,1	198,0
20	3,112	2,444	39	11,83	9,294	90	63,02	49,49	185	266,3	209,1
21	3,422	2,695	40	12,45	9,776	95	70,21	55,15	190	280,9	220,6
22	3,726	2,957	41	13,08	10,27	100	77,80	61,10	195	295,9	232,3
23	4,116	3,232	42	13,69	10,78	105	85,55	67,37	200	311,2	244,3

Quadratwurzeln (siehe **Kreisdurchmesser etc.**).

Quadruplexbetrieb ist ein Telegraphenbetrieb, bei welchem in gleicher und in entgegengesetzter Richtung mehrfach gesprochen werden kann (siehe **Doppelgegensprechen**).

Quadruplexmaschine (siehe **Dampfmaschine**)

Quecksilber. Tabelle der Dampfdichten.

Temperatur in ° C	80	160	240	320
Dampfdichte	0,000 0007	0,000 0302	0,000 3754	0,001 9879

Quecksilberausschalter (Helios, A.-G.) für Spannungen über 3000 Volt und große Stromstärken. Er besteht aus vier mit Hartgummi umkleideten, auf einer Hartgummiplatte montierten Metallgefäßen, welche teilweise mit Quecksilber gefüllt sind. In dieselben können durch Bewegung einer Kurbel vier Stahlzapfen tauchen, von denen je zwei einem Pole angehören. Durch die untere Gummiplatte reichen die Anschlußstücke hindurch, welche mit federnden Überwurfmuttern versehen sind.

Quecksilberdampflampe (siehe **Hewittlampe**).

Quecksilber-Turbinenunterbrecher arbeitet gewöhnlich mit 100 Unterbrechungen in der Minute, doch kann er für Unterbrechungszahlen von 1000—1500 in der Sekunde gebaut werden. Er besteht in der Hauptsache aus einem Gefäße, welches mit Quecksilber gefüllt ist, das mit Weingeist bedeckt ist. In das Quecksilber taucht ein rechtwinklig gebogenes Rohr, dessen horizontaler Schenkel noch vom Weingeist bedeckt ist und welches mittels Schnurantriebes von einem Elektromotor in drehende Bewegung versetzt wird. Dadurch wird das Quecksilber infolge der Fliehkraft aufgesaugt, so daß es mittels eines kräftigen Strahles aus dem horizontalen Schenkel gegen einen Metallring gespritzt wird. Letzterer ist so gezahnt, daß der Strahl entweder auf die Zähne trifft, oder zwischen ihnen durchspritzt. Das Quecksilber ist mit dem einen Pol einer Batterie, der Metallring mit dem anderen verbunden. Preis *M 160-230.*
Allg. Elektr.-Ges., Berlin.

Quecksilberunterbrecher. Das Prinzip derselben ist folgendes: Entweder spritzt das Quecksilber aus einer feststehenden Düse gegen rotierende Kontaktstücke, oder aus einer rotierenden Düse gegen ruhende Kontaktstücke, oder aus feststehender Düse gegen ein feststehendes Kontaktstück, und die Unterbrechung erfolgt dadurch, daß rotierende Isolierstücke den Quecksilberdraht zeitweilig hindern, auf das Kontaktstück aufzutreffen.

Quetschtaster aus Holz pro 100 Stück *M 45—55.*

R.

Radanker von Fritsche besitzt keinen eigentlichen Ankerstern. Die Ankerleiter bestehen aus nackten Ankerblechen oder Ankerstäben.

Radialbürsten sollen bei größeren Maschinen 10—25 mm, bei kleineren Bürsten 10—15 mm über die tiefste Blechkante des sie umfassenden Bürstenhalters vorstehen. Die Maschine darf nur bei aufgehobenen Radialbürsten nach rückwärts gehen.

Radialturbinen. Bei denselben tritt das Wasser in der Richtung des Halbmessers in das Laufrad ein.

Radiokonduktoren sind verschiedenartige Anordnungen von Leitern, die an einer oder an mehreren Stellen durch unvollkommene Kontakte oder durch dünne Schichten isolierender Substanzen unterbrochen sind. Der Widerstand, den derartige Anordnungen dem Durchgange eines Stromes entgegensetzen, erleidet, wenn derselbe von elektrischen Wellen getroffen wird, eine mehr oder minder starke Änderung, welche in einigen Fällen mit dem Aufhören der Einwirkung der elektrischen Wellen verschwindet, in anderen Fällen aber so lange bestehen bleibt, bis sie durch äußere Einflüsse aufgehoben wird.

Rapidunterbrecher von Ernecke ist ein Quecksilberunterbrecher, der aus einem isoliert befestigten Elektromotor besteht, auf dessen Welle zwei um 180° versetzte Wellen aufgekeilt sind, welche bei ihrer Bewegung zwei Kupferstäbe zum abwechselnden Eintauchen in Quecksilbergefäße bringen, so daß bei einmaliger Umdrehung des Motors der Strom zweimal geschlossen und unterbrochen wird. Preis *ℳ 130.*

Rateauturbine. Die Dampfturbine, System Rateau, ist eine mehrzellige Aktionsturbine, deren Laufräder aufeinanderfolgend auf derselben Welle aufgekeilt sind und deren jedes sich in einer eigenen Radkammer befindet. Die Trennungen zwischen den Radkammern sind durch scheibenförmige Zwischenwände gebildet. Die Leitapparate sind am Umfange der letzteren eingebaut. Bei der Rateauturbine fehlt jeglicher Spaltdruck. Die Laufräder tragen kleine Schaufeln, welche zwischen Laufradscheibe und Umfassungsband angeordnet sind.

Maßtabelle für Rateauturbinen.

Leistung KW	Umdrehungen pro Minute ca.	Größte Länge ca. mm	Größte Breite ca. mm	Größte Höhe über Boden ca. mm
100	3000	5 000	1100	900
200	3000	5 500	1350	1100
300	3000	5 900	1550	1250
400	3000	6 300	1700	1350
500	3000	6 500	1800	1450
600	3000	6 700	1900	1520
800	1500	7 000	2000	1600
1000	1500	7 200	2100	1700
1250	1500	7 800	2200	1780
1500	1500	8 400	2300	1850
1750	1500	9 000	2400	1930
2000	1500	9 500	2500	2000
2500	1000	10 500	2750	2200
3000	1000	11 500	3000	2400
3500	1000	12 500	3250	2600
4000	1000	13 500	3500	2800

Maschinenfabrik Oerlikon, Oerlikon bei Zürich (Schweiz).

Reaktanz ist die durch Selbstinduktion hervorgerufene Gegenkraft (Rückwirkung). Sie ist das Produkt aus der in Henry ausgedrückten Induktanz, der sekundlichen Periodenzahl und 2 π.

Reaktanzfaktor ist das Verhältnis der Reaktanz zum Widerstand.

Reaktionsturbinen. Bei denselben wirkt das Wasser durch Pressung auf die Schaufeln. Der Wasserdruck wird nur zum Teil in Geschwindigkeit umgesetzt, und diese wird wieder durch das Laufrad dem Wasser entzogen. Außerdem wirkt noch der Spaltdruck.

Maschinenfabrik Geislingen i. Geislingen, Württemberg (*s. Inseratanh. S. 19*).

Reduktionsfaktor der Tangentenbussole ist der Quotient aus dem Produkte der horizontalen Intensität des Erdmagnetismus und dem Radius der die Nadel umgebenden Windungen, dividiert durch das doppelte Produkt der Anzahl dieser Windungen und der Ludolfischen Zahl.

Reduktionsmuffen gestatten eine Verwendung von Isolierrohren geringeren Durchmessers mit Rohren oder Paßstücken von größerem Durchmesser. Sie sind so ausgeführt, daß die eine Hälfte der Muffe zum Einschieben und die andere Hälfte zum Überschieben über den nächst kleineren Durchmesser geeignet ist.

H. Köttgen & Ko., Berg.-Gladbach.
Bergmann-Elektrizitätswerke, Aktiengesellsch. (Abt. J.), Berlin N., Hennigsdorferstr. 33. 34. 35 (*s. vordere innere Deckelseite*).

Reflektoren haben die Aufgabe, die eigentliche Lichtquelle vom Auge fernzuhalten und eine geringe Schattenbildung zu erzielen, indem das Licht gegen eine diffus reflektierende Fläche geworfen wird und von dieser erst zu dem beleuchtenden Gegenstande gelangt (siehe **Beleuchtung, indirekte**).

Reflektoren, doppelwandige, aus Silberglas. Dieselben erhöhen die Lichtstärke, erzielen ein intensiv weißes Licht und ermöglichen große Stromersparnis.

	Durchmesser		Preis pro Stück
Glockenform mit Reflexionswellen	8—12 cm	. .	ℳ *3.—*
Kegelform » »	14—15 »	. .	» *4.50*
Flache Form » »	13—14 »	f. Decken-beleuchtg.	» *4.—*
» » » »	19—21 »		» *6.25*
» » » »	21—26 »		» *7.50*
» » » »	26—30 »		» *9.75*

Albert Thode & Ko., Hamburg (*s. Inseratanh. S. 4*).
Pfister & Ko., Bonn a. Rh.

Reflexionsvermögen verschiedener Oberflächen:

Weißes Löschpapier . .	82 %	Braune Tapete	13 %
Gewöhnliches Schreibpapier	70 »	Reine Holzbekleidung	40—50 »
Zeitungspapier . .	50—70 »	Schmutzige » . .	20 »
Gelbe Tapete	40 »	Gelbgetünchte Wand, rein	40 »
Blaue »	25 »	Desgl., schmutzig . . .	20 »
Tiefschokoladenfarbene Tapete	4 »	Schwarzes Tuch	1,2 »
		Schwarzer Samt . . .	0,4 »

Reginabogenlampe. Bei derselben befinden sich die Kohlen ihrer ganzen Länge nach in einem luftdicht verschlossenen Raum, welcher durch die den Bogen einschließende Glasglocke und die Lampenhülle gebildet wird. Dieser Raum steht mit der äußeren Luft durch ein enges Röhrchen in Verbindung, welches unten offen ist und oben etwas oberhalb des Lichtbogens in ihn mündet. Da die heißen Gase expandieren, kann kein Sauerstoff zum Innern der Lampe zutreten.

Regina-Bogenlampenfabrik, G. m. b. H., Köln-Sülz (*s. Inseratanh. S 18*).

Registrierinstrumente zeichnen den jeweiligen Energie- oder Stromverbrauch bzw. die Spannung fortlaufend auf einem, durch ein Uhrwerk vorwärts bewegten Papierstreifen auf. Die Fläche unter der markierten Kurve stellt dann den Gesamtwatt- und Stromverbrauch dar und zwar je nach dem Maßstab in Wattstunden, Kilowattstunden oder Amperestunden. Die Kurve wird, um die Reibung zu vermindern, durch eine mit Tinte gefüllte Feder oder durch einen leichten Heber oder durch ein mit Tinte getränktes, poröses Rädchen aufgezeichnet. Die Genauigkeit wird durch die sog. Punktschreiber erhöht, bei welchen der Schreibstift nicht fortwährend, sondern nur in kurzen Zwischenräumen mit dem Papier in Verbindung steht, so daß eine aus Punkten gebildete Kurve entsteht. Gewöhnlich werden die Registrierinstrumente so ausgeführt, daß sie auch eine direkte Ablesung des augenblicklichen Strom- oder Energieverbrauches gestatten. Sie bieten gegenüber den nur anzeigenden folgende Vorteile, deren Erreichung das Verwendungsgebiet dieser Instrumente bestimmt: Die aufgeschriebenen Kurven ermöglichen einen nachträglichen Einblick in die gemessenen Vorgänge, so daß Vorgänge, die zu verschiedenen Zeiten und an verschiedenen Orten aufgezeichnet sind, miteinander verglichen werden können. Die schreibenden Meßgeräte gestatten daher eine Kontrolle des Bedienungspersonals von Maschinen und Anlagen, was namentlich bei Unglücksfällen oder Betriebsstörungen von rechtlicher Bedeutung ist. Bei Meinungsverschiedenheiten zwischen Unternehmer und Abnehmer über Arbeitsleistung, Stromverbrauch usw. geben die Apparate die nötigen zusammenhängenden und über einen bestimmten Zeitraum sich erstreckenden Beobachtungen. Die schreibenden Meßgeräte befreien von subjektiven Beobachtungsfehlern, wie sie bei plötzlichen Betriebsstörungen und Unglücksfällen leicht vorkommen können. Das Diagramm gibt ein Gesamtbild des Verlaufes der gemessenen Größen und läßt nach dem mehr oder minder regelmäßigen bzw. periodischen Verlauf der Kurve auf etwaige Unregelmäßigkeiten im Betriebe schließen. Meßgeräte, die ein Planimetrieren der aufgeschriebenen Kurve gestatten, können zur Kontrolle von nur zählenden Apparaten sowie zur Bestimmung des Nutzeffekts von Maschinen, Batterien usw. benutzt werden.

Regulatoren. Die Regulatoren für Gleichstrommaschinen werden auch automatisch wirkend, und zwar mit mechanischem oder elektrischem Antrieb ausgeführt. Bei ersterem erfolgt der Antrieb durch eine Schnurscheibe, welche von einer Transmissions- oder Stromerzeugerwelle betätigt wird. Diese Regulatoren sind im allgemeinen nicht ausschaltbar, und muß bei Fremderregung für die Ausschaltung der Magnetwickelung ein Magnetausschalter vorgesehen werden. Letztere Bedingung gilt auch für den elektrischen Antrieb, bei dem die Betätigung des Schaltwerkes durch einen Hilfsmotor erfolgt, der mit dem Widerstand gewöhnlich zu einem Apparat ve einigt ist.

Regulatoren der Bogenlampen, welche auf mechanischem oder elektrischem Wege betätigt werden, haben die Aufgabe, die beiden Kohlen so weit zu nähern, daß der Lichtbogen entstehen kann und trotz des fortschreitenden Abbrandes der Kohlen aufrecht erhalten bleibt.

Regulieranlasser dienen zur dauernden Regulierung der Umdrehungszahl. Sie bestehen aus einem Rahmen, welcher die Drahtspiralen und die Regulierplatte trägt. Die Widerstände werden durch perforiertes Blech abgedeckt und oft mit Luftkühlung versehen.

Normale Leistung des Motors bis PS	Herabregulierung der normalen Umdrehungszahl bei voller Zugkraft um			
	20% Preis ℳ	40% Preis ℳ	60% Preis ℳ	80% Preis ℳ
3	110	120	150	160
5	170	180	200	220
7	300	320	330	350
9	340	360	380	415
12	400	430	460	510
15	460	490	530	600
17	490	540	580	660
20	540	600	650	740
25	620	690	750	870
28	670	740	810	950
35	770	860	950	1120
43	860	970	1100	1280
50	930	1070	1220	1420
60	1030	1200	1380	1620

Maschinenfabrik Oerlikon, Oerlikon bei Zürich (Schweiz).

Regulierschalter für Motorwagen (siehe **Kontroller**).

Maschinenfabrik Oerlikon, Oerlikon bei Zürich (Schweiz).

Regulierung bei Bogenlampen hat die Aufgabe, die durch den Kohlenbrand sich vergrößernde Lichtbogenlänge durch Einandernäherrücken der Kohlenstifte möglichst konstant zu halten, um ein konstantes Licht durch den Lichtbogen zu erhalten. Die selbsttätige Regulierung, welche die Aufgabe hat, entweder auf konstante Spannung zu regulieren, wenn die Stromstärke konstant ist (bei Reihenschaltung), oder auf konstante Stromstärke zu regulieren, wenn die Spannung konstant ist (bei Parallelschaltung), wird durch eine oder mehrere Drahtspulen bewirkt, die so zum Lichtbogen geschaltet werden, daß der sie durchfließende Strom unmittelbar durch die Veränderungen im Lichtbogen beeinflußt wird. Das hierbei entstehende magnetische Feld bewirkt die Bewegung von Eisenkernen, Ankern etc. und durch diese die Bewegung des Reguliermechanismus.

Regulierwiderstände dienen bei Generatoren im allgemeinen zur Veränderung der Spannung, bei Motoren zur Änderung der Drehgeschwindigkeit.

»Elektra«, Fabriken elektrischer Heiz- u. Kochapparate, Wädensweil (Schweiz) Lindau i. B., Bregenz (Österreich).

»Prometheus« G. m. b. H., Fabrik elektr. Koch- u. Heizapp., Frankfurt a. M.-Bockenheim (s. *Inseratanh. S. 20*).

Reibung. Die rollende Reibung ist gleich dem Produkte aus Reibungskoeffizienten und Normaldruck, geteilt durch den Radius des rollenden Zylinders.

Reibung ist die bei der Bewegung zweier aufeinanderdrückender Körper entstehende Kraft, welche der Bewegung entgegengesetzt wirkt. Die Größe der Reibung hängt ab von der Geschwindigkeit der Bewegungen, dem Material der sich berührenden Oberflächen, dem auf den Quadratzentimeter wirkenden Druck und der Temperatur. Man unterscheidet rollende, gleitende und ruhende Reibung.

Bedeuten l Länge des Lagers, d Lagerdurchmesser, beide in Zentimetern, n die Umdrehungszahl pro Minute, r eine vom Schmiermittel und der Lagertemperatur abhängige Konstante (im Mittel 0,01414), so beträgt die für die Reibung aufzuwendende Leistung in Watt $W = 0{,}000\,588\ r\,l\,d^2\,\sqrt{d}\,\sqrt{n^3}$

Reibung, magnetische (siehe **Hysteresis**).

Reibungsarbeit für Dynamowellen = 1 kg pro qcm.

Reibungselektrizität (siehe **Reibzeuge**).

Reibungskoeffizient ist das Verhältnis der Reibung zu dem normal herrschenden Drucke.

Reibungskoeffizient für Kohlenbürsten 0,1—0,3 (Mittelwert 0,227).

Reibungskoeffizient für Dynamowellen = 0,06 für Wellengeschwindigkeiten von 2,5—3 m.

Bei Verwendung von Lagerschmierölen nimmt der Reibungskoeffizient bei Geschwindigkeiten über ∾ 0,25—0,5 m pro Sekunde mit der Quadratwurzel der Geschwindigkeit ab, ist bei Verwendung von Mineralöl dem spezifischen Lagerdruck bis zu 44 kg pro qcm umgekehrt proportional und für Temperaturen von 15—49° C der Lagertemperatur proportional.

Reibende Körper	Zustand der Oberfläche	Gleitende Reibung der Bewegung	Gleitende Reibung der Ruhe	Zapfenreibung
Gußeisen auf Gußeisen oder Bronze	geschmiert	—	—	0,07
Schmiedeeisen auf Gußeisen oder Bronze	mit Öl oder Talg	—	—	0,075
Bronze auf Gußeisen	mit Öl oder Talg	—	—	0,075
Schmiedeeisen auf Pockholz	fettig	—	—	0,19
	geschmiert	—	—	0,11
Lederriemen auf Gußeisen	trocken	0,26	0,28	—
Lederriemen auf Eichentrommel	trocken	0,27	0,47	—

Für rollende Reibung bei 1 m Raddurchmesser:

Auf schlechten Chausseen	ca. 1/15
» guten »	» 1/40
» Pflaster	» 1/30
» sehr gutem Pflaster	» 1/40—1/50
» Trambahnschienen	» 1/100
» Eisenbahnstahlschienen	» 1/200

Ungefähre Geschwindigkeit		Reibungskoeffizienten für gleitende Reibung	
pro Sekunde m	pro Stunde km	Stahlrad auf Schiene	Eisenrad auf Schiene
Auslaufen		0,242	0,247
0,3048	10,95	0,088	0,095
6,096	21,90	0,072	0,073
12,192	43,95	0,070	—
15,24	54,90	0,065	0,070
18,288	65,85	0,057	—
21,236	76,80	0,040	0,060
24,384	87,75	0,038	—
26,822	96,60	0,027	—

Reibungsreihe. Die in derselben angeführten Körper werden, wenn je zwei derselben gegeneinander gerieben werden, elektrisch, und zwar der vorstehende positiv, der folgende negativ.

Haare — Wolle (Seide, Baumwolle) — Glas —
Holz — Lack — Metalle — Schwefel.

Reibzeuge für Elektrisiermaschinen sind jene Teile derselben, zwischen welchen sich die drehende Glasscheibe bewegt, so daß Reibungselektrizität entsteht. Die Reibzeuge werden entweder mit einem Belag von gepulvertem Braunstein und Zinndisulfid ($Sn\,S_2$) oder mit einer Quecksilberverbindung von 5 Teilen Zink, 3 Teilen Zinn und 9 Teilen Quecksilber versehen. Von diesem Belage wird negative Elektrizität weggeleitet, während das Glas positiv elektrisch wird.

Reihenmaschine (siehe **Hauptschlußmaschine**).

Reihenschaltung von Bogenlampen. Bei derselben wird eine einzige Gruppe (ein unverzweigter Stromkreis) von der Stromquelle gespeist. Damit einzelne Bogenlampen einer Reihe ausgeschaltet werden können, ohne daß die anderen Lampen verlöschen, werden sie mit einer Kurzschlußvorrichtung (zumeist automatisch wirkend) versehen. Brennt eine geringere Anzahl von Lampen in einer Reihe als die normale, so müssen die ausfallenden Lampen durch Widerstände ersetzt, oder die Spannung der Stromquelle muß entsprechend reduziert werden.

Reihenwickelung (siehe **Serienwickelung**).

Relais — automatisch wirkender Taster — ist ein aus einem Elektromagneten bestehender Apparat, welcher durch den von der Aufgabestation kommenden Strom, der durch den Widerstand der großen Entfernungen sehr geschwächt ist, erregt wird und dadurch den Strom einer Lokalbatterie (Ortsbatterie) entsprechend der in der Aufgabestation erfolgenden Zeichengebung schließt oder öffnet. Dieser Lokalstrom erst betätigt den Telegraphenapparat in der Empfangsstation.

Arbeitsstromrelais wirken dann, wenn ein Strom durch die Spulen derselben gesandt wird. Sie finden hauptsächlich Verwendung, wenn Läutwerke auf größere Entfernungen kräftig anschlagen sollen. Auch benutzt man sie mit Vorteil dort, wo eine größere Anzahl Läutwerke gleichzeitig arbeiten sollen, wie dies häufig in Fabriken, Schulen etc. der Fall ist. Kleine Apparate *M 4*, große *M 7.50—10*.

Ruhestrom-Relais treten dann in Wirkung, wenn der Linienstrom unterbrochen wird. Man gebraucht diese Relais für Sicherheitsanlagen, Feuermelder etc. Kleine Apparate *M 4.—*, große *M 7.50* bis *10*.

Relaisklappen, als welche Fallklappen, Pendelklappen und Stromwechselklappen (siehe daselbst) verwendet werden können, bewirken, daß bei Auslösung des Ankers ein zweiter Stromkreis geschlossen wird. Relaisklappen werden für Fernsprechanlagen in einem Gehäuse vereinigt (Klappenschränke).

Relais, polarisiertes. Bei demselben wird der Magnet durch den Linienstrom nicht erregt, sondern es sind permanente Magnetpole vorhanden, welche durch den Linienstrom nur verstärkt oder geschwächt werden.

Relugit — ein aus einer mit Graphitpulver durchsetzten Asbestmasse bestehendes Widerstandsmaterial von hohem Widerstandswert.

Repulsionsmotor besteht aus einem unterteilten Feldmagneten mit Polstücken, dessen Wickelungen von einem Wechselstrom durchflossen werden, und einem Gleichstromdynamoanker, auf dessen Kollektor die miteinander verbunden Bürsten schleifen.

Residuum (siehe **Rückstand, elektrischer**).

Resistan (hergestellt von der A. E.-G., Berlin) ist ein dem Stabilit ähnliches Isoliermaterial. Durchschlagswiderstand bei 1 mm starken Platten 10000—15000 Volt, mechanische Festigkeit ca. 2,8 kg pro qmm, spezifischer Widerstand ca. 100 Millionen Megohmzentimeter. Resistan läßt sich drehen (höchstens 1 mm-Span nehmen), bohren, schleifen, sägen, polieren etc.

Resistanz ist der in einem Stromkreis neben dem wattlosen Widerstand auftretende, Wärme entwickelnde Widerstand (Ohmscher Widerstand).

Resonanz ist der Zustand, in welchem sich die Wirkungen der Selbstinduktion und Kapazität gegenseitig aufheben.

Resonator, elektrischer, ist ein Stromkreis mit Selbstinduktion und Kapazität, aber geringem Widerstande, in welchem sich schwache elektromotorische Kräfte, die man mit der Frequenz auf den Stromkreis wirken läßt, summieren und in demselben elektrische Schwingungen von derselben Periode erzeugen.

Responder ist ein aus zwei Metallelektroden bestehender Antikohärer, welcher bei der Wellentelegraphie, System de Forest & Smythe, als Empfänger dient.

Retardation ist die Erscheinung, daß der durch Selbstinduktion erzeugte Strom, wenn er eine dem vorhandenen Strom entgegengesetzte Richtung besitzt, die Stromstärke verringert und das Entstehen und Anwachsen des Stromes verzögert.

Reversierwalze (siehe **Umschaltwalze**).

Rheostat (siehe **Regulierwiderstand**).

Gesamt-widerstand in Ohm	In Serien von Ohm	Preis ℳ
10	0,1 — 10	*70*
100	0,1 — 100	*120*
100	1 — 100	*70*
1 000	0,1 — 1000	*150*
1 000	1 — 1000	*120*
10 000	0,1 — 10000	*200*
10 000	1 — 10000	*180*
50 000	0,1 — 50000	*275*
50 000	1 — 50000	*235*
100 000	0,1 — 100000	*300*
100 000	1 — 100000	*275*
1	0,1 — 1	*48*
10	1 — 10	*45*
100	10 — 100	*45*
1 000	100 — 1000	*45*
10 000	1000 — 10000	*52*
100 000	10000 — 100000	*75*

»Elektra«, Fabriken elektrischer Heiz- u. Kochapparate, Wädensweil (Schweiz) Lindau i. B., Bregenz (Österreich).

Richtmagnete sind starke, bei Meßinstrumenten angewendete Magnete, welche die Aufgabe haben, Meßinstrumente gegen äußere magnetische Einflüsse unempfindlich zu machen.

Richtungswiderstand (siehe **Impedanz**).

Riemen. Dynamolederriemen sollen aus Mittelrückenbahnen des Lederkernstückes (kenntlich durch eine dunklere Linie) hergestellt werden. Die Riemen müssen stoßfrei geleimt werden; die Drehrichtung soll so gewählt werden, daß das untere Trum das ziehende ist. Die Durchsenkung auf der schlaffen Strecke soll bei Riemenbreiten von

100 mm,	200 mm,	500 mm	
70 »	125 »	200 »	betragen.

Scheibenentfernung $\geqq$ 1,2 $(D + d)$; Scheibenverhältnis nicht kleiner als 1 : 5; Kraftverlust = 2—4 % der Gesamtübertragung; Gleitungsverlust = 2—5 %; Riemengeschwindigkeit normal 10 — 20 m, maximal 30 m.

Bezeichnen b = Riemenbreite, d = Riemendicke (in cm),
N = Anzahl der zu übertragenden Pferdekräfte,
n = Umdrehungen pro Minute, so ist

$$b \cdot d = \frac{75\,N}{k \cdot n},$$

worin für k = 10—12,5 zu nehmen ist.

1 qcm Riemenquerschnitt überträgt bei 1 m Riemengeschwindigkeit ca. 1,5 PS.

$$N = \frac{P \cdot v}{75},$$

worin P die Kraftübertragung pro qcm und v die sekundliche Riemengeschwindigkeit in m bedeuten.

Riemenbreite in mm	Riemendicke in mm	Gew. d. Riemens pro lfd. m	Zu übertragend. Kraft in kg	Anzahl der übertragenen Pferdekräfte für v (in m) =								
				7	10	12	16	20	24	26	28	30
50	4	0,25	25	2,3	3,3	4,0	5,3	6,7	8,0	8,7	9,3	10,0
60	4	0,30	30	2,8	4,0	4,8	6,4	8,0	9,6	10,4	11,2	12,0
70	5	0,35	43	4,0	5,7	6,9	9,2	11,5	13,8	14,9	16,0	17,2
80	5	0,45	50	4,7	6,7	8,0	10,7	13,3	16,0	17,3	18,7	20,0
90	5	0,53	56	5,2	7,5	9	11,9	14,9	17,9	19,4	20,9	22,4
100	6	0,60	75	7	10	12	16	20	24	26	28	30
110	6	0,66	82	7,6	10,9	13,1	17,5	21,9	26,2	28,4	30,6	32,8
120	6	0,73	90	8,4	12,0	14,4	19,2	24,0	28,8	31,2	33,6	36,0
130	6	0,83	97	9,0	12,9	15,5	20,7	25,9	31,0	33,6	36,2	38,8
140	7	0,90	122	11,4	16,3	19,5	26,0	32,5	39,0	42,3	45,5	48,8
160	7	1,15	140	13,1	18,7	22,4	29,9	37,3	44,8	48,5	52	56,0
180	7	1,25	157	14,6	20,9	25,1	33,5	41,9	50,2	54,4	59,0	63,8
200	7	1,50	175	16,3	23,3	28,0	37,3	46,7	56,0	61	65,3	70,0
250	7	1,63	220	20,5	29,3	35,2	46,9	59	70	76	82	88,0
300	8	2,34	300	28	40	48	64	80	96	104	112	120
400	8	2,98	400	37,3	53	64	85	107	128	139	149	160
500	8	3,72	500	46,7	67	80	107	133	160	173	187	200

Doppelriemen sollen für Riemenscheibendurchmesser unter 2 m nicht angewendet werden. Lebensdauer der Riemen ca. 15 Jahre. Riemenverbindungen durch Nähte oder Riemenschlösser dürfen nicht verwendet werden, da sonst starkes Zucken der Glühlampen und starke Abnutzung der Lager auftritt.

Preis pro m Länge. (Für Doppel- bzw. dreifache Riemen ist der doppelte bzw. der dreifache Preis zu setzen.)

Breite mm	Lederstärke					Breite mm	Lederstärke				
	4 mm	5 mm	6 mm	7 mm	8 mm		4 mm	5 mm	6 mm	7 mm	8 mm
20	*0.80*	*0.95*	*1.10*	—	—	60	*2.40*	*2.85*	*3.30*	*3.90*	—
25	*1.—*	*1.20*	*1.40*	—	—	65	*2.60*	*3.05*	*3.60*	*4.25*	—
30	*1.20*	*1.40*	*1.65*	—	—	70	*2.80*	*3.30*	*3.85*	*4.55*	—
35	*1.40*	*1.65*	*1.95*	—	—	75	*3.—*	*3.55*	*4.15*	*4.90*	—
40	*1.60*	*1.90*	*2.20*	—	—	80	*3.20*	*3.75*	*4.40*	*5.20*	—
45	*1.80*	*2.10*	*2.50*	—	—	85	—	*4.—*	*4.70*	*5.55*	—
50	*2.—*	*2.35*	*2.75*	*3.25*	—	90	—	*4.25*	*4.95*	*5.85*	—
55	*2.20*	*2.60*	*3.05*	*3.60*	—	95	—	*4.45*	*5.25*	*6.20*	—

Breite mm	Lederstärke					Breite mm	Lederstärke			
	4 mm	5 mm	6 mm	7 mm	8 mm		5 mm	6 mm	7 mm	8 mm
100	—	4.70	5.50	6.50	—	280	13.20	15.40	18.20	21.20
105	—	4.95	5.80	6.85	—	290	13.60	16.—	18.90	22.—
110	—	5.20	6.05	7.15	—	300	14.10	16.50	19.50	22.80
115	—	5.40	6.35	7.50	—	310	14.60	17.10	20.10	23.60
120	—	5.65	6.60	7.80	—	320	15.10	17.60	20.80	24.40
125	—	5.90	6.90	8.15	—	330	15.50	18.20	21.40	25.—
130	—	6.10	7.15	8.45	—	340	16.—	18.70	22.10	25.80
135	—	6.35	7.45	8.80	—	350	16.50	19.30	22.80	26.60
140	—	6.60	7.70	9.10	—	360	17.—	19.80	23.40	27.30
145	—	6.80	8.—	9.45	—	370	17.50	20.40	24.—	28.—
150	—	7.05	8.25	9.75	11.30	380	18.—	20.90	24.70	28.70
155	—	7.30	8.55	10.05	11.60	390	18.50	21.50	25.40	29.50
160	—	7.55	8.80	10.40	12.—	400	19.—	22.—	26.—	30.70
165	—	7.75	9.10	10.70	12.35	410	19.50	22.60	26.50	31.50
170	—	8.—	9.35	11.05	12.80	420	20.—	23.20	27.30	32.20
175	—	8.25	9.65	11.40	13.20	430	20.50	24.—	28.—	33.—
180	—	8.50	9.90	11.70	13.55	440	21.—	24.50	28.70	33.80
185	—	8.75	10.20	12.—	13.85	450	21.50	25.20	29.40	35.50
190	—	9.—	10.45	12.35	14.30	460	22.—	26.—	30.—	36.20
195	—	9.25	10.75	12.70	14.70	470	22.50	26.60	30.80	37.—
200	—	9.50	11.—	13.—	15.20	480	23.—	27.40	31.60	37.80
210	—	10.—	11.55	13.65	15.75	490	23.50	28.10	32.20	38.80
220	—	10.40	12.10	14.30	16.50	500	24.—	29.—	33.—	40.—
230	—	10.80	12.70	15.—	17.50	600	31.—	37.—	41.—	48.50
240	—	11.30	13.20	15.60	18.—	700	39.—	46.—	50.—	58.—
250	—	11.80	13.80	16.30	19.—	800	47.—	56.—	60.—	69.—
260	—	12.20	14.30	16.90	19.50	900	55.—	67.—	72.—	81.50
270	—	12.70	14.90	17.60	20.50	1000	66.—	78.—	83.—	95.—

Reiche & Halberstam, Berlin.

Riemenantrieb, zulässig für kleinere Maschinen bis zu 100 PS bei einer sekundlichen Riemengeschwindigkeit von 12—24 m, für größere Maschinen bis zu 200 PS nur dann, wenn keine oder nur in ganz geringem Maße und allmählich auftretende Belastungsschwankungen vorkommen oder dieselben durch eine Pufferbatterie aufgenommen werden. Für größere Maschinen ist direkte Kuppelung mit der Antriebsmaschine zu verwenden (siehe **Kuppelungen**).

Riemenscheiben. Die Entfernung zwischen den Wellen der Riemenscheiben der antreibenden Maschine (Dampfmaschine, Gasmotor, Turbine) und der Dynamo soll mindestens 3 m betragen. Die treibende Riemenscheibe soll zylindrisch, die getriebene gewölbt ausgeführt sein.

Maschinenfabrik Geislingen i Geislingen, Württemberg (*s. Inseratanh. S. 19*).

Scheiben-durchm. mm	Scheibenbreite in mm								
	100	150	200	250	300	350	400	450	500
200	8	12	15	18	25	29	33	—	—
250	10	14	18	21	29	33	38	—	—
300	11,5	16	21	26	33	38	43	—	—
350	13	18	24	28	37	43	50	—	—
400	15	21	28	32	42	49	58	—	—
450	17	23	31	35	47	56	65	71	81
500	19	27	35	40	54	64	73	83	93
550	21	29	39	45	62	72	83	94	105
600	25	34	43	50	70	82	83	105	117
650	28	38	48	56	77	92	104	118	130
700	30	42	53	62	85	102	115	130	143
750	34	46	58	68	93	112	126	142	157
800	38	50	64	76	102	122	130	156	173
850	42	55	70	84	112	135	154	172	191
900	46	61	75	92	122	147	168	188	210
950	50	67	82	100	135	158	184	205	230
1000	55	75	90	110	148	172	220	248	270
1100	63	85	106	127	172	200	255	285	295
1200	70	100	121	145	195	230	293	325	350
1300	—	112	138	162	221	258	330	368	400
1400	—	123	154	185	245	286	370	410	440
1500	—	135	170	205	275	315	410	460	520
1600	—	155	188	230	305	355	460	510	580
1700	—	170	208	255	340	390	500	560	630
1800	—	185	228	275	370	425	550	610	700
1900	—	200	248	300	410	465	600	660	800
2000	—	—	268	325	440	510	650	720	860
2250	—	—	330	385	520	610	780	870	1020
2500	—	—	390	455	610	720	910	1020	1190
2750	—	—	460	550	720	850	1070	1190	1400
3000	—	—	560	650	840	990	1250	1400	1630

Riemenspannschlitten haben bei allen mittels Seiles oder Riemens angetriebenen elektrischen Maschinen die Aufgabe, bei eintretender Längung dieser Übertragungsmittel ein regelmäßiges Nachspannen derselben zu ermöglichen.

Rillenschienenprofile, System Phönix.

Profil Nr.	J	W	Gewicht pro lfd. m Schiene kg	Gewicht pro lfd. m Geleise kg	Anmerkung
8	1600,00	189,35	37,0	82	Stumpfstoß
8 A	1272,00	172,40	38,0	83,65	»
8 A	1172,00	172,40	38,0	84,28	Halbstoß
9 C	1028,00	135,30	38,5	87,24	Stumpfstoß
12 a	2234,00	258,56	41,0	92,79	»
12 b	2288,00	258,60	43,0	96,79	»
13 F	2883,00	333,70	47,0	103,30	»
13 F	2883,00	333,70	47,0	104,26	Halbstoß
13 F_1	2943,00	342,20	47,5	106,46	Stumpfstoß
13 G	3200,00	376,00	48,0	111,57	beiderseit. Fußlaschen mit Halbstoß
14	1111,00	143,00	40,0	86,86	Stumpfstoß
14 A	1738,00	185,00	42,0	93,80	»
14 B	1687,00	215,00	42,4	93,11	»
14 B	1687,00	215,00	42,4	95,44	» mit einseitiger Fußlasche
14 B	1720,00	230,00	42,4	97,76	Stumpfstoß m. beiderseitiger Fußlasche
14 C	1738,00	185,00	42,0	94,6	Stumpfstoß
14 C	1738,00	185,00	42,0	105,55	Halbstoß mit beiderseitiger Fußlasche
14 E	1687,00	215,00	42,4	94,11	Stumpfstoß
14 F	2096,00	234,50	51,0	110,57	»
17	1790,00	240,00	44,5	99,41	»
17 A	1841,00	224,50	45.0	103,34	» mit beiderseitiger Fußlasche
17 B	1914,00	239,00	53,0	119,04	Blattstoß mit beiderseitiger Fußlasche
18 C	2264,00	264,20	49,5	109,18	Stumpfstoß
23 A	2104,00	257,50	50,0	108,15	»
25 A	2450,00	255,20	42,0	96,85	» mit Fußlasche
30 B	2966,00	326,00	50,5	119,69	Stumpfstoß
35 A	4980,00	374,50	53,5	122,09	»
37	3083,00	310,00	58,0	130,00	»

Ringanker — ein mit Ringwickelung versehener Anker. Der Ringanker ist bei Maschinen mit hoher Spannung dem Trommelanker vorzuziehen, da er eine bessere Isolation ermöglicht. Die Wickelung ist der Wirkung der Zentrifugalkraft weniger ausgesetzt, eine gute Ankerlüftung ist leicht durchführbar. Die Ausbesserung schadhafter Wickelungen ist ebenfalls leicht durchführbar.

Ringisolatoren (siehe **Innenleitungen**) bestehen aus kleinen Porzellanringen, welche in einem hakenförmig gekrümmten eisernen Stift eingesetzt werden und durch deren Höhlung die Leitungen gezogen werden. Hartmann & Braun, A.-G.

Meirowsky & Ko., Köln-Ehrenfeld (*s. Inseratanh. S. 19*). | Albert Thode & Ko., Hamburg (*s. Inseratanh. S. 4*).

Ringschmierlager, automatische, müssen Ölringe aus unmagnetischem Metall besitzen; der Ölring darf nicht zu tief eintauchen, damit nicht durch die Reibung in Öl die Ölzufuhr vermindert wird; ferner müssen die Lagerschalen auswechselbar, die ganze Vorrichtung zugänglich, die Ölmenge von außen kontrollierbar (Ölstandsanzeiger) und ein großer Ölraum vorhanden sein.

Ringschmierung für Generatoren- und Motorenlager hauptsächlich verwendet. Das Schmieröl wird bei den Ringschmierlagern durch einen oder mehrere auf dem Wellenzapfen hängende Flachringe, deren Durchmesser so groß ist, daß ihre untere Seite stets in das, im Lagerfuß befindliche Ölbad hineinragt, verteilt, indem das an dem Ringe haftende Öl bei dessen Drehung auf die obere Zapfenfläche gelangt, von wo es in Nuten über das ganze Lager geführt wird, während der Überschuß in das Ölbad zurückfließt.

Preis in Mark für

Breite mm	Teilung	3 π							4 π	
	Zähnezahl	16	17	18	19	20	21	22	16	17
30	ohne Scheiben	*5.15*	*5.55*	*6.—*	*6.30*	*6.75*	*7.15*	*7.55*	—	—
	mit Scheiben	*10.70*	*11.30*	*11.85*	*12.30*	*12.90*	*13.40*	*14.—*	—	—
40	ohne Scheiben	*6.45*	*7.—*	*7.55*	*8.15*	*8.55*	*9.15*	*9.70*	*9.—*	*9.50*
	mit Scheiben	*12.—*	*12.70*	*13.40*	*14.10*	*14.85*	*15.40*	*16.10*	*14.70*	*15.35*
50	ohne Scheiben	*7.85*	*8.50*	*9.15*	*9.80*	*10.40*	*11.10*	*11.80*	*11.—*	*11.65*
	mit Scheiben	*13.55*	*14.30*	*15.15*	*15.90*	*16.70*	*17.45*	*18.40*	*16.70*	*17.50*
60	ohne Scheiben	*9.45*	*10.15*	*10.85*	*11.55*	*12.30*	*13.—*	*13.70*	*12.70*	*13.50*
	mit Scheiben	*15·15*	*16.—*	*16.85*	*17.70*	*18.55*	*19.40*	*20.30*	*18.40*	*19.35*
70	ohne Scheiben	—	—	—	—	—	—	—	*15.—*	*15.85*
	mit Scheiben	—	—	—	—	—	—	—	*20.70*	*21.70*
80	ohne Scheiben	—	—	—	—	—	—	—	*17.10*	*18.10*
	mit Scheiben	—	—	—	—	—	—	—	*22.80*	*23.95*
90	ohne Scheiben	—	—	—	—	—	—	—	—	—
	mit Scheiben	—	—	—	—	—	—	—	—	—
100	ohne Scheiben	—	—	—	—	—	—	—	—	—
	mit Scheiben	—	—	—	—	—	—	—	—	—

Ringtelegraphen. Der Hufeisenmagnet ist ringförmig gebogen und dient direkt als Griff für das Telephon.

Ringwickelung. Der zu bewickelnde Körper (Anker) besitzt eine Bohrung, durch welche man einen Verbindungsdraht jedesmal von dem hinteren Ende des einen Drahtes zu dem vorderen Ende des danebenliegenden Drahtes führt, wobei die Wickelung um das ganze Ankereisen herum fortgeführt wird.

Vorteile: Zwei benachbarte Drähte haben eine Spannungsdifferenz gleich der in einem Leiter erzeugten Spannung. Bei Reparaturen muß nur ein Teil der Wickelung entfernt werden, ohne die anderen Teile zugleich abnehmen zu müssen. Die schadhafte Stelle ist sofort zu erkennen.

Nachteile: Größerer Drahtverbrauch gegenüber der Trommelwickelung. Die Verbindungsdrähte erhöhen den Widerstand und vergrößern das Kupfergewicht. Größere Ankerabmessungen als die Trommelwickelung bei gleichen Leistungen.

Rippenisolatoren. Preis pro 100 Stück *ℳ 64—80* für Niederspannung; für Hochspannung bis 30000 Volt Preis pro 100 Stück *ℳ 700.*

Ritzel (Kolben), Bezeichnung für die auf der Motorwelle aufgekeilten kleinen Zahnräder.

Rohhauträder.

fertige Rohhauträder.

4 π					5 π						
18	19	20	21	22	16	17	18	19	20	21	22
—	—	—	—	—	—	—	—	—	—	—	—
—	—	—	—	—	—	—	—	—	—	—	—
10.—	*10.50*	*11.—*	*11.50*	*12.—*	—	—	—	—	—	—	—
16.—	*16.65*	*17.30*	*17.95*	*18.60*	—	—	—	—	—	—	—
12.30	*12.95*	*13.60*	*14.25*	*14.90*	*13.65*	*14.45*	*15.25*	*16.05*	*16.85*	*17.65*	*18.45*
18.30	*19.10*	*19.90*	*20.70*	*21.50*	*21.—*	*21.95*	*22.90*	*23.85*	*24.80*	*25.75*	*26.70*
14.30	*15.10*	*15.90*	*16.70*	*17.50*	*15.—*	*15.95*	*16.90*	*17.85*	*18.80*	*19.75*	*20.70*
20.20	*21.15*	*22.10*	*23.05*	*24.—*	*22.20*	*23.30*	*24.40*	*25.50*	*26.60*	*27.70*	*28.80*
16.70	*17.55*	*18.40*	*19.25*	*20.10*	*17.25*	*18.40*	*19.55*	*20.70*	*21.85*	*23.—*	*24.15*
22.70	*23.70*	*24.70*	*25.70*	*26.70*	*24.30*	*25.60*	*26.90*	*28.20*	*29.50*	*30.80*	*32.10*
19.10	*20.10*	*21.10*	*22.10*	*23.10*	*20.30*	*21.55*	*22.70*	*23.95*	*25.20*	*26.45*	*27.70*
25.10	*26.25*	*27.40*	*28.55*	*29.70*	*27.40*	*28.70*	*30.—*	*31.30*	*32.60*	*33.90*	*35.20*
—	—	—	—	—	*22.—*	*23.45*	*24.90*	*26.35*	*27.80*	*29.25*	*30.70*
—	—	—	—	—	*29.—*	*30.60*	*32.20*	*33.80*	*35.40*	*37.—*	*38.60*
—	—	—	—	—	*23.50*	*25.10*	*26.70*	*28.30*	*29.90*	*31.50*	*33.10*
—	—	—	—	—	*31.—*	*32.70*	*34.40*	*36.10*	*37.80*	*39.50*	*41.20*

Breite mm	Teilung	6 π							7 π	
	Zähnezahl	16	17	18	19	20	21	22	16	17
60	ohne Scheiben	*18.—*	*19.30*	*20.60*	*21.90*	*23.20*	*24.50*	*25.80*	*22.—*	*23.90*
	mit Scheiben	*26.60*	*28.05*	*29.50*	*30.95*	*32.40*	*33.85*	*35.20*	*32.—*	*34.—*
70	ohne Scheiben	*21.—*	*22.45*	*23.90*	*25.35*	*26.80*	*28.25*	*29.70*	*26.—*	*28.10*
	mit Scheiben	*29.60*	*31.20*	*32.80*	*34.40*	*36.—*	*37.60*	*39.20*	*36.—*	*38.25*
80	ohne Scheiben	*23.80*	*25.50*	*27.20*	*28.90*	*30.60*	*32.30*	*34.—*	*29.—*	*31.40*
	mit Scheiben	*32.50*	*34.40*	*36.30*	*38.20*	*40.10*	*42.—*	*43.90*	*39.—*	*41.50*
90	ohne Scheiben	*26.50*	*28.40*	*30.30*	*32.20*	*34.10*	*36.—*	*37.90*	*33.—*	*37.70*
	mit Scheiben	*35.50*	*37.50*	*39.50*	*41.50*	*43.50*	*45.50*	*47.50*	*42.50*	*45.40*
100	ohne Scheiben	*29.50*	*31.60*	*33.70*	*35.80*	*37.90*	*40.—*	*42.10*	*36.—*	*39.10*
	mit Scheiben	*38.—*	*40.25*	*42.50*	*44.75*	*47.—*	*49.25*	*51.50*	*46.—*	*49.20*
110	ohne Scheiben	*32.—*	*34.30*	*36.60*	*38.90*	*41.20*	*43.50*	*45.80*	*39.50*	*42.80*
	mit Scheiben	*41.—*	*43.45*	*45.90*	*48.35*	*50.80*	*53.25*	*55.70*	*49.50*	*52.95*
120	ohne Scheiben	*35.—*	*37.50*	*40.—*	*42.50*	*45.—*	*47.50*	*50.—*	*42.50*	*46.10*
	mit Scheiben	*43.50*	*46.15*	*48.80*	*51.45*	*54.—*	*56.75*	*59.40*	*53.—*	*56.70*
130	ohne Scheiben	—	—	—	—	—	—	—	*46.—*	*49.85*
	mit Scheiben	—	—	—	—	—	—	—	*56.50*	*60.50*
140	ohne Scheiben	—	—	—	—	—	—	—	*50.—*	*54.15*
	mit Scheiben	—	—	—	—	—	—	—	*60.—*	*64.30*
150	ohne Scheiben	—	—	—	—	—	—	—	—	—
	mit Scheiben	—	—	—	—	—	—	—	—	—
160	ohne Scheiben	—	—	—	—	—	—	—	—	—
	mit Scheiben	—	—	—	—	—	—	—	—	—

Albert Thode & Ko., Hamburg (*s. Inseratanh. S. 4*).

Rohranfräser sind Handfräser, welche zum inneren und äußeren Abrunden der Enden von Isolierröhren dienen. Preis *ℳ 1.50.*

Bergmann-Elektrizitätswerke, Aktiengesellsch.(Abt.J.), BerlinN., Henningsdorferstr. 33. 34. 35 (*s. vordere innere Deckelseite*).

Rohrbiegeisen zu Herstellung von Bogen aus geraden Isolierröhren. Das Instrument erzeugt in fortlaufender Reihe Kerben am Rohre. Je näher letztere aneinander sind, desto kleiner wird der Krümmungsradius.

Für Röhren von mm		7	9	11	13	16	23	29
Preis pro Stück	*ℳ*	*3.25*	*3.50*	*3.75*	*4.25*	*4.50*	*5.50*	*6.—*

Gebr. Adt, Ensheim.
Allgem. Elektrizitäts-Ges., Berlin.
Siemens-Schuckertwerke, Berlin.
Bergmann-Elektrizitätswerke, Aktiengesellsch.(Abt.J.), Berlin N., Henningsdorferstr. 33. 34. 35 (*s. vordere innere Deckelseite*).

Röhrensicherungen für Hochspannung. Bei denselben sind die Schmelzdrähte in isolierenden Röhren, welche an beiden Enden offen sind, untergebracht. Beim Abschmelzen dringen die Verbrennungsgase mit großer Heftigkeit aus den Enden der Röhren und löschen die Lichtbogen sofort nach dem Entstehen aus. Da die Verbrennungsgase ungehinderten Austritt haben, so wird eine Zertrümmerung des ganzen Einsatzes bei Kurzschlüssen fast immer vermieden, so daß nur die Schmelzdrähte ersetzt werden müssen.

7 л					8 л						
18	19	20	21	22	16	17	18	19	20	21	22
25.80	*27.70*	*29.60*	*31.50*	*33.40*	—	—	—	—	—	—	—
36.—	*38.—*	*40.—*	*42.—*	*44.—*	—	—	—	—	—	—	—
30.20	*32.30*	*34.40*	*36.50*	*38.60*	—	—	—	—	—	—	—
40.50	*42.75*	*45.—*	*47.25*	*49.50*	—	—	—	—	—	—	—
33.80	*36.20*	*38.60*	*41.—*	*43.40*	*33.50*	*37.50*	*41.50*	*45.50*	*49.50*	*53.50*	*57.50*
44.—	*46.50*	*49.—*	*51.50*	*54.—*	*45.—*	*49.30*	*53.60*	*57.90*	*62.20*	*66.50*	*70.80*
38.40	*41.10*	*43.80*	*46.50*	*49.20*	*37.—*	*41.50*	*46.—*	*50.50*	*55.—*	*59.50*	*64.—*
48.30	*51.20*	*54.10*	*57.—*	*59.90*	*49.—*	*53.70*	*58.40*	*63.10*	*67.80*	*72.50*	*77.20*
42.20	*45.30*	*48.40*	*51.50*	*54.60*	*41.50*	*46.30*	*51.10*	*55.90*	*60.70*	*65.50*	*70.30*
52.40	*55.60*	*58.80*	*62.—*	*65.20*	*53.—*	*58.10*	*63.20*	*68.30*	*73.40*	*78.50*	*83.60*
46.10	*49.40*	*52.70*	*56.—*	*59.30*	*46.—*	*51.20*	*56.40*	*61.60*	*66.80*	*72.—*	*77.20*
56.40	*59.85*	*63.30*	*66.75*	*70.20*	*57.—*	*62.50*	*68.—*	*73.50*	*79.—*	*84.50*	*90.—*
49.70	*53.30*	*56.90*	*60.50*	*64.10*	*50.—*	*55.80*	*61.60*	*67.40*	*73.20*	*79.—*	*84.80*
60.40	*64.10*	*67.80*	*71.50*	*75.20*	*61.—*	*67.10*	*73.20*	*79.30*	*85.40*	*91.50*	*97.60*
53.70	*57.55*	*61.40*	*65.25*	*69.10*	*53.50*	*59.80*	*66.10*	*72.40*	*78.70*	*85.—*	*91.30*
64.50	*68.50*	*72.50*	*76.50*	*80.50*	*65.—*	*71.60*	*78.20*	*84.80*	*91.40*	*98.—*	*104.60*
58.30	*62.45*	*66.60*	*70.75*	*74.90*	*57.50*	*64.30*	*71.10*	*77.90*	*84.70*	*91.50*	*98.30*
68.60	*72.90*	*77.20*	*81.50*	*85.80*	*70.—*	*77.10*	*84.20*	*91.30*	*98.40*	*105.50*	*112.60*
—	—	—	—	—	*62.—*	*69.20*	*76.40*	*83.60*	*90.80*	*98.—*	*105.20*
—	—	—	—	—	*73.—*	*80.50*	*88.—*	*95.50*	*103.—*	*110.50*	*118.—*
—	—	—	—	—	*66.—*	*74.—*	*82.—*	*90.—*	*98.—*	*106.—*	*114.—*
—	—	—	—	—	*78.—*	*86.30*	*94.60*	*102.90*	*111.20*	*119.50*	*127.80*

Die geringste Entfernung der Sicherungen voneinander soll 200 mm bei Spannungen bis 6000 Volt und 250 mm bei höheren Spannungen betragen.

Albert Thode & Ko., Hamburg (*s. Inseratanh. S. 4*).

Voigt & Haeffner, Frankfurt a. M.

Röhren, stahlarmierte, sind Isolierröhren, die von einem schräg (nicht stumpf) gelöteten Stahlmantel von 1,35—1,75 mm Wandstärke umgeben sind, so daß solche Röhen mechanische

Innerer Durchmesser	Preis der Rohre mit einer angeschlossenen Muffe pro 100 m
mm	*M*
7	*55*
9	*65*
11	*85*
16	*120*
21	*170*
29	*220*
36	*350*

Allgem. Elektrizitäts-Ges., Berlin.
Gebr. Adt, Ensheim
Siemens-Schuckertwerke, Berlin.

Bergmann-Elektrizitätswerke, Aktiengesellsch. (Abt J.), Berlin N., Hennigsdorferstr. 33. 34. 35 (*s. vordere innere Deckelseite*).

Festigkeit wie Gasleitungen besitzen. Außen werden die Röhren zum Schutz gegen Rost asphaltiert. Bei stahlarmierten Röhren müssen sämtliche zu einem Stromkreis gehörenden Leitungen im gleichen Rohre verlegt werden.

Rohrgitter zur Ozonerzeugung (siehe **Ozonglimmerröhren**).

Rohrhaken dienen zur Befestigung von Isolierröhren mit Stahlarmierung. Preis je nach Rohrdurchmesser pro 100 Stück verzinkt *M 5.50—9*, unverzinkt *M 4—7*.

Rohrleitungen für Dampfanlagen. Es sollen immer Doppelleitungen für die Hochdruckdampfleitung verlegt werden, so daß jeder Kessel mit jeder Maschine durch zwei Rohrstränge verbunden ist. Um Anlagekosten zu sparen, verwendet man die Ringleitung. Geschwindigkeit für gesättigten Dampf 20—30 m, für überhitzten Dampf 30—40 m. Jeder Kessel sowie lange Rohrstränge sind durch Rohrbruchventile zu sichern. Jeder Kessel, jede Maschine und jede Zweigleitung müssen durch besondere Absperrventile ausschaltbar sein. Jeder Teil der Dampfleitung muß entwässerbar sein. Als Rohrisolationsmasse verwendet man feuerfesten Asbestkieselgur oder Lagen von Tuffstein. Die Pumpenleitungen werden ebenfalls als Doppelleitungen der Ringleitungen ausgeführt. Größere Abzweigungen müssen absperrbar sein. Die Abdampfleitungen sind mit Entwässerungen und Schalldämpfern zu versehen. Vakuumleitungen sind mit Entlüftungen und Sicherheitsklappen auszurüsten. Wird der Abdampf zu Heizzwecken verwendet, so sind die Abdampfleitungen zu isolieren. Die Speisehochdruckleitungen sind doppelt anzulegen und mit Sicherheitsventilen und Manometern zu versehen. Kesselablaßleitungen sind mit Rückschlagventilen auszustatten. Kondensationswasserleitungen sind zu isolieren.

Rohrmasten (siehe **Mannesmannröhren**). Zur Vermeidung von Transportschwierigkeiten werden die Masten aus einzelnen Schüssen hergestellt, welche an Ort und Stelle mittels Keilverbindungen zusammengesetzt werden. Die Fundamentierung der Röhrenmasten besteht aus Portlandzement mit Zwischenlagen von rein gewaschenem Kies und größeren Kieselsteinen. Die Fundamentdimensionen sind für

Masten bis	Fundamenttiefe	oberer Durchm.	unterer Durchm.
300 kg Gewicht	1600 mm	700 mm	500 mm
750 » »	1800 »	1000 »	700 »

Rohrschellen zum offenen Verlegen von Isolierröhren an der Wand werden aus verzinktem Eisen oder Messing hergestellt.

Eiserne Rohrschellen zum Befestigen von Stahlröhren.

Rohrdurchmesser mm	Preis pro 100 Stück in Mark		
	für 1 Rohr	für 2 Röhren	für 3 Röhren
7	*1.10*	*1.80*	*2.50*
9	*1.25*	*2.—*	*3.—*
11	*1.50*	*2.50*	*4.—*
16	*2.—*	*4.25*	*6.50*
21	*3.25*	*5.25*	*7.75*
29	*4.50*	*7.—*	*9.75*
36	*5.75*	*8.50*	*11.25*

Rohrschellen z. Befestigen von schwarzem oder messingenem Isolierrohr.

Rohr-durch-messer mm	Preis pro 100 Stück Rohrschellen in Mark					
	für 1 Rohr		für 2 Röhren		für 3 Röhren	
	eisernen	messingen	eisernen	messingen	eisernen	messingen
7	—.55	1.15	—.85	1.70	1.—	2.85
9	—.60	1.25	—.90	1.85	1.10	3.10
11	—.65	1.55	1.05	2.55	1.40	3.85
13	—.85	2.05	1.30	3.50	1.75	4.75
16	1.10	2.55	1.50	4.10	2.10	6.—
23	1.80	4.75	2.60	8.—	3.80	11.40
29	2.55	8.25	5.30	15.—	7.20	22.—
36	5.—	14.—	—	—	7.60	23.50
48	15.—	—	—	—	—	—

Allgem. Elektrizitäts-Ges., Berlin.
Gebr. Adt, A.-G., Ensheim.
Siemens-Schuckertwerke, Berlin.
H. Köttgen & Ko., Berg.-Gladbach.
Bergmann-Elektrizitätswerke, Aktiengesellsch.(Abt.J.), Berlin N., Henningsdorferstr. 33. 34. 35 (*s. vordere innere Deckelseite*).

Rohrschlingen dienen zur Verlegung von Isolierröhren unter Putz. Preis pro 100 Stück *ℳ 2—2.50.*

Rohrständer dienen zur Führung von Leitungen über Dächer. Sie werden aus schmiedeeisernen, nach oben zu konischen Röhren hergestellt, welche aus zwei ineinandergeschraubten Stücken bestehen, und mittels eiserner Platte, die einen Bügel zur Aufnahme des Ständers trägt, auf das Dach angeschraubt. Jeder Rohrständer ist mit einem Blitzableiterseil auszurüsten.

Rollenkontakt (siehe Trolley).

Röntgeneinrichtungen für Kriegszwecke (System Dr. M. Levy, Berlin) bestehen aus drei übereinander stellbaren transportablen Kasten, von denen der unterste zur Aufnahme einer Batterie, der mittlere zur Aufnahme des Induktors und der oberste zur Aufnahme des Kondensators, Motorquecksilberunterbrechers, Stromwenders, der Sicherung, des Regulierwiderstandes für den Induktor sowie des Volt- und Amperemeters dienen. Preis komplett *ℳ 1575.*

Dr. Rudolf Franke & Ko., G. m. b. H., Hannover.
Fabr.elektr.App.Dr.Max Levy, Berlin N 4.

Röntgenstrahlen. Nach der Theorie von Stokes bestehen diese Strahlen aus unregelmäßigen Wellen, welche durch den Stoß von Kathodenpartikelchen erzeugt werden. Dem Unterschied zwischen Röntgenstrahlen und Licht entspricht der Unterschied zwischen Geräusch und Musik, wie solche von Schallwellen hervorgerufen werden. Die Röntgenstrahlen trennen die Luftmoleküle auf ihrem Wege und machen diesen dadurch besser leitend. Die Geschwindigkeit der Röntgenstrahlen ist gleich der Geschwindigkeit Hertzscher Wellen in Drähten, welch letztere jene des Lichtes ist.

Rostfläche, freie, ist die Summe aller Spaltenflächen, welche zwischen den Stäben das Durchströmen der Luft ermöglichen. Sie beträgt für Steinkohlen und Koks $^1/_4$—$^1/_2$, für Braunkohlen $^1/_5$—$^1/_3$, für Holz und Torf $^1/_7$—$^1/_5$ der totalen Rostfläche.

Rostflächengröße, totale, ist der gesamte Flächenraum des eingebauten Rostes. (Tabelle siehe nächste Seite.)

Größe der totalen Rostfläche in qm.

Brennmaterial	Pro 100 kg stündlich zu verfeuerndes Brennmaterial qm	Kesselheizfläche qm	Pro eff. PS Maschinenleistung qm
Steinkohlen. .	1,3—1,67	0,03—0,05	0,06—0,075
Braunkohlen .	1,2—1,4	0,05—0,08	0,08—0,12
Torf	1,0—1,3	0,04—0,07	—
Trockenes Holz	1,0—1,3	0,04—0,07	0,12—0,15
Koks	1,6—1,8	0,03—0,04	—

Rotationsdampfmaschine (siehe **Hultmotor**).

Rotguß. Spez. Gewicht 8,5. Preis pro 100 kg *ℳ 180—250*, je nach Größe und Form des Gußstückes.

Rotierendes Magnetfeld (siehe **Drehfeld**).

Rotor (siehe **Induktionsmotoren**).

Rowlandtelegraph. Bei diesem Apparat, welcher eine achtfache Depeschenübertragung gestattet, wird ein Typenrad mit am Umfange gleichmäßig verteilten Typen an der Empfangsstelle gedreht und, wenn ein Zeichen gedruckt werden soll, ein Druckhebel an der Empfangsstelle durch einen von der Gebestelle ausgehenden Stromstoß in dem Augenblicke bewegt, wo die gewünschte Type des Typenrades sich in der Druckstellung befindet. Die zum Abdruck gelangende Type wird durch die Lage der vom Geber ausgehenden abgeänderten Stromstöße in der Gruppe bestimmt. Vorausgesetzt ist, daß ein solcher Apparat mit Wechselstrom als Ruhestrom betrieben wird, derart, daß während einer Umdrehung des Typenrades eine bestimmte Anzahl von Stromstößen (halben Wellen) wechselnder Richtung durch die Linie geht. Die Arbeit mit dem Rowlandtelegraphen ist nicht so anstrengend wie mit dem gewöhnlichen Typendrucker, sie kann außerdem am Geber jederzeit angefangen oder abgebrochen werden, und ferner können an einem Empfänger gleichzeitig bis zu vier Telegrammabschriften durch Einziehen von Papierstreifen und Unterlegen von Durchschreibpapier gewonnen werden, und längere Telegramme können in mehrere Teile geteilt und bis zu vier Teilen gleichzeitig über eine Leitung gesandt werden.

Rückleitungsdynamos (s. **Spannungserhöhungsmaschinen**).

Rückschläge (siehe **Funkenentladungen**).

Rückstand, elektrischer — Bezeichnung für die nach der Entladung von Kondensatoren in denselben zurückbleibende Elektrizitätsmenge.

Rückstromausschalter werden bei Hochspannungsanlagen verwendet, wenn von einer Kraftzentrale aus große Unterstationen der Sicherheit halber mit doppelten, untereinander verbundenen Linien gespeist werden, um zu verhindern, daß ein Kurzschluß in der einen Linie auch auf die durch Querverbindungen zusammenhängenden anderen Linien oder Unterstationen zur Wirkung kommt. Die Rückstromausschalter werden in die Querverbindungen eingebaut.

Rückstromautomaten sind selbsttätige Ausschalter, welche erst bei eintretendem Rückstrom auslösen. Die Auslösung wird dadurch erzielt, daß der auslösende Magnet zwei Wickelungen erhält, eine Spannungswickelung und eine Hauptstromwickelung. Bei eintretendem Rückstrom summieren sich die elektromagnetischen Wirkungen beider Wickelungen, und die Auslösung tritt ein, sobald die kritische Amperewindungszahl für die Anziehung des Ankers erreicht ist.

Rückwirkung (siehe **Reaktanz**).

Ruhestrom — jener Strom der Linienbatterie, welcher dauernd durch die Linie geht und nur zur Zeichengebung beim Telegraphieren unterbrochen wird.

Ruhestromelemente sind jene, welche im Augenblick ihrer Verwendung (Wirkung) keine Arbeit leisten. Dieselben kommen dort zur Verwendung, wo absolut sicheres Fungieren der Leitungsanlage gefordert wird (z.B. Feuerwehrtelegraphen). (S. **Meidingerelemente**.)

Ruhestromrelais (siehe **Relais**).

Ruhmkorffscher Induktor dient zur Erzeugung von elektrischen Wellen; seine Wirkung beruht auf Induktion. Der Apparat umfaßt zwei Stromkreise. Der eine derselben, in welchem eine Stromquelle (Batterie) eingeschaltet ist, wird in kurz aufeinander folgenden Zwischenräumen unterbrochen und wieder geschlossen, wodurch in dem anderen Stromkreise jedesmal eine elektromotorische Kraft der Induktion entsteht, welche bei jeder Schließung des Primärstromes einen Strom von entgegengesetzter Richtung wie dieser, bei jeder Unterbrechung einen gleichgerichteten Strom erzeugt. Der induzierende Stromkreis besteht aus einem kurzen, mehrere Millimeter dicken Draht, der in Form einer Spule auf einem Bündel von Eisendrähten aufgewickelt ist, so daß ein Elektromagnet gebildet wird, um welchen der den induzierten Stromkreis bildende dünne Draht in einer großen Anzahl von Lagen gewickelt ist. Der Apparat liefert bei jeder Unterbrechung des induzierenden Stromes, welche durch Unterbrecher (siehe daselbst) bewirkt werden, einen Funken.

Rundeisen.

Durchmesser mm	Gewicht p. l. m. kg	Durchmesser mm	Gewicht p. l. m. kg
5	0,153	18	1,979
6	0,220	19	2,205
7	0,299	20	2,443
8	0,391	21	2,693
9	0,495	22	2,956
10	0,611	23	3,231
11	0,739	24	3,518
12	0,879	25	3,817
13	1,032	26	4,129
14	1,197	27	4,452
15	1,374	28	4,788
16	1,563	29	5,136
17	1,765	30	5,497

Rundmessing (siehe **Messingstangen**).

Rundröhren.

Außendurchmesser mm	Preis in Mark pro lfd. m für Mikanitrundröhren					Preis in Mark pro lfd. m für Preßspanrundröhren				
	1 mm	2 mm	3 mm	4 mm	5 mm	1 mm	2 mm	3 mm	4 mm	5 mm
	Wandstärke					Wandstärke				
8	*2.—*	*2.20*	—	—	—	*-.95*	*1.10*	*1.25*	—	—
10	*2.15*	*2.40*	*2.70*	—	--	*1.05*	*1.20*	*1.35*	*1.50*	—
12	*2.30*	*2.80*	*3.—*	*3.60*	—	*1.10*	*1.25*	*1.40*	*1.60*	*1.90*
14	*2.50*	*3.—*	*3.30*	*3.90*	—	*1.20*	*1.35*	*1.50*	*1.70*	*2.—*
16	*2.80*	*3.20*	*3.50*	*4.20*	*4.95*	*1.25*	*1.40*	*1.60*	*1.80*	*2.10*
18	*3.10*	*3.40*	*3.70*	*4.40*	*5.35*	*1.35*	*1.50*	*1.70*	*1.85*	*2.15*
20	*3.30*	*3.60*	*3.80*	*4.60*	*5.65*	*1.40*	*1.60*	*1.75*	*1.90*	*2.30*
22	*3.50*	*3.80*	*4.—*	*4.80*	*5.90*	*1.50*	*1.70*	*1.80*	*2.10*	*2.40*
24	*3.70*	*3.90*	*4.20*	*5.—*	*6.20*	*1.60*	*1.75*	*1.90*	*2.20*	*2.50*
26	*3.80*	*4.—*	*4.50*	*5.30*	*6.40*	*1.70*	*1.80*	*2.10*	*2.40*	*2.70*
28	*4.—*	*4.10*	*5.—*	*5.80*	*6.80*	*1.75*	*1.90*	*2.20*	*2.50*	*2.80*
30	*4.15*	*4.30*	*6.40*	*6.40*	*7.35*	*1.80*	*2.10*	*2.40*	*2.70*	*3.05*
32	—	*4.40*	*5.80*	*6.90*	*8.—*	*2.—*	*2.20*	*2.50*	*2.80*	*3.20*
34	—	*4.60*	*6.20*	*7.40*	*8.40*	*2.15*	*2.40*	*2.70*	*3.05*	*3.30*
36	—	*4.70*	*6.30*	*7.70*	*8.90*	*2.30*	*2.50*	*2.80*	*3.20*	*3.50*
38	—	*4.85*	*5.40*	*8.—*	*9.20*	*2.40*	*2.70*	*3.05*	*3.30*	*3.70*
40	—	*5.—*	*6.60*	*8.15*	*9.45*	*2.50*	*2.80*	*3.20*	*3.50*	*3.80*
42	—	*5.10*	*6.80*	*8.25*	*9.15*	*2.70*	*3.05*	*3.30*	*3.70*	*4.—*
44	—	*5.30*	*7.—*	*8.40*	*10.70*	*2.80*	*3.20*	*3.50*	*3.80*	*4.15*
46	—	*5.50*	*7.20*	*8.60*	*10.30*	*3.05*	*3.30*	*3.70*	*4.—*	*4.30*
48	—	*5.80*	*7.50*	*8.90*	*10.60*	*3.20*	*3.50*	*3.80*	*4.15*	*4.50*
50	—	*6.—*	*7.80*	*9.20*	*11.—*	*3.30*	*3.70*	*4.—*	*4.30*	*4.60*

Meirowsky & Ko., Köln-Ehrenfeld (*s. Inseratanh. S. 19*).

S.

Sammelschienen sind die in der Apparatenanlage angeordneten Verbindungsleitungen der einzelnen Maschinen untereinander und mit den Leitungsanschlüssen. Infolge des notwendigen großen Querschnittes werden dieselben mit viereckigem Querschnitt hergestellt. Material Kupfer, in neuerer Zeit Aluminium. Um einzelne Teile der Apparatenanlage während des Betriebes stromlos machen zu können, werden in die Sammelschienen Trennschalter oder Leitungsschließer, welche einen intermittierenden Bestandteil der Sammelschienen bilden, eingeschaltet.

Bergmann-Elektrizitätswerke, Aktiengesellsch. (Abt. J.), Berlin N., Henningsdorferstr. 33. 34. 35 (*s. vordere innere Deckelseite*).

Sammelschienenunterbrecher (siehe **Leitungsschließer**).

Sammler (siehe **Akkumulatoren**).

Sammlerbatterie, Güteverhältnis derslben, ist das Verhältnis der bei der Ladung aufgewendeten und der bei der Entladung wieder zurückerstatteten, in Amperestunden gemessenen Elektrizitätsmengen.

Samuelsonsche Schellen (siehe **Blitzableiter**).

Sättigung ist das Verhältnis der in einem bestimmten Magnetisierungszustande im Eisen vorhandenen Gesamtkraftlinienzahl zur größten Kraftlinienzahl, die im vollen Sättigungsgrade erreichbar ist.

Sättigungsgrad eines Magnetstabes ist der Quotient des magnetischen Momentes durch den höchsten Wert, den das magnetische Moment dieses Stabes bei bis ins Unendliche gesteigerter magnetisierender Kraft haben würde.

Saugspitzen werden auf Masten angeordnet, um eine leichte Entladung der an den Masten geführten Leitungen bei Blitzschlägen zu ermöglichen. Die Saugspitzen bestehen aus einer gußeisernen Klemme, durch welche ein Kupferdraht durchgesteckt und in einer Entfernung von 15 bis 20 mm vom Leitungsdraht, resp. von der am Drahte an dieser Stelle anzubringenden Klemme, horizontal befestigt wird. Damit ein eventuell zwischen dieser Spitze und dem Leitungsdraht auftretender Lichtbogen rasch erlischt, ist die Spitze aus Zink hergestellt. Die Saugspitze muß mit einer Erdleitung versehen sein. Saugspitzen für Holzmasten mit Deckkappe Preis ca. *ℳ 5—7*.

Sauggasgenerator-Kraftanlagen.

Leitende Gesichtspunkte, betreffend die Einrichtung und den Betrieb von Sauggas-Kraftanlagen.

1. Die Vorrichtungen zur Darstellung und Reinigung des Gases sind in besonders hohen Räumen aufzustellen, welche reichlich und in solcher Art gelüftet sind, daß eine Ansammlung von Gasen darin ausgeschlossen ist.

2. In Kellerräumen ist die Aufstellung nur dann zulässig, wenn der lichte Raum zwischen Oberkante der Füllöffnung (Einschütttrichter) des Vergasers oder Gaserzeugers und Decke mindestens 1,5 m beträgt, und wenn eine wirksame Entlüftung des Raumes (natürliche oder auf mechanischem Wege) gewährleistet ist. Bei Anlagen, in welchen der Füllschacht (Einschüttöffnung) durch die Decke geführt ist, so daß die Beschickung von einem anderen, ebenfalls gut gelüfteten Raum erfolgt, kann von dem vorbezeichneten Spielraum von 1,5 m abgesehen werden.

Unzulässig ist die Aufstellung in Kellern, welche kein direktes Tageslicht oder weniger als 3 m lichte Höhe haben oder unter Durchfahrten liegen.

3. Die Betriebsräume der Gaserzeugungsanlage müssen so groß sein, daß die einzelnen Apparate, Leitungen oder sonstigen Ausrüstungsgegenstände bequem und sicher erreicht und bedient werden können. Insbesondere sind die Rohrleitungen so zu verlegen, daß durch sie der Verkehr und die Zugänglichkeit der Apparate nicht beeinträchtigt wird.

Sauggenerator-Gasmotorenanlagen der Gasmotorenfabrik Deutz, Köln-Deutz.

Größe	Einzylindermotoren					Zwillingsmotoren			
	50 PS	60 PS	70 PS	80 PS	100 PS	150 PS	200 PS	250 PS	300 PS
Ungefährer Preis:									
Motor ($^1/_{70}$ Ungl.) *M*	*12 000*	*13 100*	*14 250*	*15 350*	*18 350*	auf besondere Anfrage			
Sauggasanlage . „	3 300	3 300	3 800	3 800	4 600				
Gewicht:									
Motor . . . kg	8 200	8 600	10 200	11 300	14 500	26 000	34 000	38 000	56 000
Sauggasanlage „	3 200	3 200	5 200	5 200	6 000	7 000	8 500	10 006	11 500
Raumbedarf:									
Motor . . . m	7,0 × 4,2	7,0 × 4,2	7,6 × 4,6	7,6 × 4,6	8,2 × 6,5	9,4 × 5,8	9,5 × 7,5	10,0 × 7,5	11,3 × 8,0
Sauggasanlage „	3,6 × 2,6	3,6 × 2,6	4,0 × 4,0	4,0 × 4,0	4,5 × 4,1	5,2 × 4,2	5,4 × 4,7	5,5 × 5,5	8,5 × 6,0

4. Ein Zusammenhang dieser Betriebsräume mit Wohnräumen ist nicht zulässig. Ebenso ist zu hindern, daß etwa über der Kraftgasanlage liegende Wohn- und Arbeitsräume durch heiße Luft oder Dünste belästigt werden.

5. Die während der Anheizperiode, ebenso auch die während des Stillstandes der Gasmaschine entstehenden Verbrennungsprodukte des Gaserzeugers sind durch ein genügend weites Rohr oder durch einen gut ziehenden Schornstein bis über die Dachfirst der benachbarten Gebäude hinauszuführen.

Dasselbe gilt von den Auspuffgasen der Gasmaschine, welche geräuschlos abzuführen sind.

6. Es sind Einrichtungen zu treffen, welche während der Anheizperiode und während des Stillstandes der Maschine den Eintritt von Gasen aus dem Gaserzeuger in die Kühl- und Reinigungsapparate (Wäscher, Reiniger u. dgl.) verhindern.

7. Ebenso sind Vorkehrungen zu schaffen, welche bei Fehlzündungen oder bei anderen Störungen den Rücktritt von Explosivgasen aus der Gasmaschine in die Gaszuleitung unmöglich machen.

8. Ferner sind Vorkehrungen zu treffen, welche die Belästigungen während des Reinigens der Gaserzeugerfeuerung (Ascheziehen, Ausschlacken) auf das Mindestmaß herabdrücken. Gebotenenfalls sind die heißen Dämpfe und Gase an den Räumungsöffnungen abzufangen und fortzuleiten.

9. Die Gas-, Wasch- und Reinigungsapparate, ebenso die Gasleitungen sind mit Vorrichtungen auszustatten, welche den jeweiligen Druck erkennen lassen.

Brennstoffverbrauch der Deutzschen Sauggenerator-Gasanlagen.

Anlagen von	6—10	12—20	30—50,	60—100	über 100 PS
ca.	0,55	0,5	0,45	0,40	0,35 kg Anthrazit
»	0,70	0,60	0,0	0,55	0,45 » Koks

pro eff. PS-Std. Hierzu kommt noch ein Zuschlag für Abbrand in den Betriebspausen, welcher z. B. bei 10stündigem Tagesbetrieb und 14stündiger Nacht rund 10% des Tageskonsums beträgt.

Maschinenfabrik Eßlingen in Eßlingen.

Schablonenwickelung. Bei derselben wird die Ankerbewickelung auf Schablonen hergestellt und dann auf den Ankerkern aufgeschoben. Vorteile: Billige Herstellungskosten, leichte Reparatur, schneller Ersatz beschädigter Bewickelungen.

Schäferscher Kohärer (siehe **Funkentelegraphie**) besteht aus einer Glasplatte mit Stanniolbelag, welche durch einen mikroskopisch feinen Schnitt in zwei voneinander isolierte Teile getrennt ist. Dieser Kohärer benötigt keinen Dekohärer.

Schalldämpfer sind Konstruktionen, welche in die Abspanndrähte von Fahrdrahtleitungen eingebaut werden, um die Fortpflanzung des summenden Geräusches in die Häuser, an welche die die Abspanndrähte tragenden Mauerrosetten befestigt sind, zu verhindern. Sie enthalten in einem kleinen Gehäuse Gummifilzasbest- oder Korkscheiben. Preise je nach Art des schalldämpfenden Mittels und der Ausführung pro Stück *M 6.50—8*.

Albert Thode & Ko., Hamburg (*s. Inseratanh. S. 4*).

Schalldämpfervorrichtungen (siehe **Mauerrosetten**).

Schallgeschwindigkeit bei 0° in trockener Luft = 330 m pro Sekunde.

Schaltbrett (siehe **Schalttafel**).

Schalter (siehe **Ausschalter**).

Schalter. Die Prüfung der Schalter erstreckt sich auf jene der Güte der Kontakte durch tagelang fortgesetztes Ein- und Ausschalten mit Hilfe von Kurbel und Riementrieb und auf Isolationsprüfung, welche mit $1^1/_2$—2facher Gebrauchsspannung zu erfolgen hat.

Sächs. Serpentinstein-Gesellschaft zu Zöblitz, G. m. b. H., Zöblitz i. Sachs. (*s. Inseratanh. S. 19*).
Aktiengesellschaft für automatische Zünd- und Löschapparate, Zürich.
Bergmann-Elektrizitätswerke, Aktiengesellsch. (Abt. J.), Berlin N., Henningsdorferstr. 33. 34. 35 (*s. vordere innere Deckelseite*).

Schalter, automatische (siehe **Selbstschalter**).

Aktiengesellschaft für automatische Zünd- und Löschapparate, Zürich.
Paul Firchow Nachfolger, Berlin W. 57, Potsdamerstr. 92.

Schalttafeln für Hausinstallationen haben die Aufgabe, die Sicherungen möglichst zu zentralisieren. Sie müssen feuersicher, aus gut isolierendem Material hergestellt, leicht zugänglich sein, wenig Raum beanspruchen und keine Feuchtigkeitsniederschläge durch Kondensation ermöglichen. Preise pro Schalttafel je nach Anzahl der Abzweigungen für Zweileitersystem auf Schiefer *M 9—22*, auf Marmor *M 13—30*, für Dreileitersystem auf Schiefer *M 23—30*, auf Marmor *M 16—45*.

Sächs. Serpentinstein-Gesellschaft zu Zöblitz, G. m. b. H., Zöblitz i. Sachs. (*s. Inseratanh. S. 19*).
Bergmann-Elektrizitätswerke, Aktiengesellsch. (Abt. J.), Berlin N., Henningsdorferstr. 33. 34. 35 (*s. vordere innere Deckelseite*).

Schaltung, gemischte, ist eine Vereinigung der Reihen- und Parallelschaltung.

Schaltung, geschlossene (siehe **Verkettete Schaltung**).

Schaltung, geschlossene, verkettete (siehe **Verkettete Schaltung**).

Schaltung, offene, von Mehrphasenströmen ist jene, bei welcher die einzelnen Phasenwickelungen voneinander elektrisch unabhängig sind.

Schaltung, offene, verkettete (siehe **Verkettete Schaltung**).

Schaltung, verkettete, von Mehrphasenströmen ist jene, bei welcher die einzelnen Phasenwickelungen miteinander in elektrischer Verbindung stehen. Offen verkettet ist die Schaltung dann, wenn sämtliche Phasenwickelungen mit einem Ende zu einem Stern vereinigt sind, auch Sternschaltung genannt. Geschlossen verkettete Schaltung oder geschlossene Schaltung ist jene, bei welcher das Ende der einen Phasenwickelung den Anfang der nächsten bildet. Diese Schaltung wird bei Drehstrom Dreieckschaltung genannt.

Schaltwalzen (siehe **Kontroller**).

Scheibenanker. Das Charakteristische derselben besteht darin, daß sich die Ankerstäbe in steter Aufeinanderfolge zwischen zwei gegenüberstehenden Polen entgegengesetzter Polarität bewegen, während die Ebene der Spulen senkrecht zur Richtung der magnetischen Strömung bleibt. Scheibenanker werden meist für mehrpolige Maschinen gebaut.

Scheibenbremsen für Motorwagen bestehen aus zwei koachsialen Scheiben aus gut magnetischem Material. Die eine Scheibe wird auf die zu bremsende Achse aufgekeilt und rotiert mit der Achse, die zweite Scheibe, die das Magnetsystem trägt, wird ihr koachsial gegenüber angeordnet. Durch die Kraftwirkungen des erzeugten magnetischen Feldes werden beide Scheiben gegeneinander gepreßt, so daß zwischen ihnen mechanische und elektrische (Wirbelströme) Reibung entsteht.

Albert Thode & Ko., Hamburg (*s. Inseratanh. S. 4*).

Scheinbare Leistung einer Wechselstrommaschine (siehe **Induktive Belastung**).

Scheinigstoß ist eine Schienenverbindung, bei deren Anwendung jede elektrische Schienenverbindung zur Stromrückleitung der Schienen bei elektrisch betriebenen Bahnen und Straßenbahnen entfällt. Diese Verbindung bildet einen Schienenschuh, welcher aus drei Teilen besteht, von denen der größte auf einer Seite mittels einer Nase den Schienenfuß übergreift, während der zweite Teil, der innerhalb des ersteren zu liegen kommt, den Schienenschuh auf der anderen Seite nutenförmig umfaßt und durch den keilartigen dritten Teil, der zwischen die beiden anderen Teile eingepreßt wird, festgehalten wird, so daß eine starre Verbindung der beiden Schienenenden ohne Anwendung von Schrauben erzielt wird. Diese Schienenschuhe werden in Längen von 160—240 mm erzeugt und wiegen 14—26 kg. Preis der Schuhe *M 8.50—13.*

Schiebependel für Glühlampen je nach Ausführung *M 1.10* bis *M 2.*

Schienenverbindungen, elektrische. Dieselben haben die Aufgabe, den Übergangswiderstand von Schiene zu Schiene zu vermindern. Sie werden entweder außerhalb der Lasche oder zwischen derselben und dem Schienensteg angeordnet. Die gewöhnlichen Schienenverbindungen bestehen aus einem Kupferdraht oder Kupferseil, dessen Enden bolzenförmig ausgebildet und mit den Schienen vernietet werden. Bei der Schienenverbindung Bryans sind zwei oder vier Bolzen vorhanden, welche mittels Klemmplatten die stromführenden Kupferdrähte innig mit dem Schienensteg verbinden. Bei der Edison-Brownschen Verbindung wird der Strom durch eine flüssige Amalgammasse, die zwischen dem Steg und der Lasche mittels einer passenden Korkplatte festgehalten wird und welche mit Schiene und Lasche in inniger Verbindung steht, durch die Vermittelung der Leitungsfähigkeit der Laschen über den Schienenstoß geleitet.

Albert Thode & Ko., Hamburg (*s. Inseratanh. S. 4*).

Schienenwiderstandsprüfer zum Messen des Widerstandes der Schienenverbindungen elektrischer Bahnen von Lord Kelvin. An einem Maßstab sitzen zwei voneinander isolierte Stahlspitzen, die fest gegen die Schienen auf beiden Seiten der Verbindungsstellen gedrückt werden. Von jeder Spitze führt eine Leitung nach einem Voltmeter mit niedrigem Widerstand, das zusammen mit einer Batterie in einem umhängbaren Kasten untergebracht ist. Der Ausschlag des Voltmeters zeigt direkt den Widerstand an.

Schiffsbeleuchtung, elektrische. Mit Rücksicht auf den Tiefgang der Schiffe müssen die Beleuchtungsdynamos sehr leicht sein. Bei größeren Schiffen werden zwei Maschinensätze (für die dauernd und zeitweilig brennenden Lampen) verwendet. Die Dynamos sollen in den tiefsten Teilen des Schiffsraumes Aufstellung finden, so daß die Entfernung des Aufstellungsraumes von den Kompassen möglichst groß ist. Bei Gleichstrom muß eigene Hin- und Rückleitung verwendet werden, während bei Wechselstrom der Schiffskörper als Rückleitung dienen kann.

Maschinenfabrik Eßlingen in Eßlingen.
Ehrich & Graetz, Berlin SO. 36.
Albert Thode & Ko., Hamburg (*s. Inseratanh. S. 4*).

Schirmwirkung. Dieselbe steht in engem Zusammenhange mit der Selbstinduktion bzw. mit deren induktiver Dämpfung. Es lassen sich folgende Arten von Schirmwirkung unterscheiden:

1. Um einen durch Wechselstrom durchflossenen Leiter entsteht ein zirkuläres Wechselfeld, das mit dem Abstand vom Leitermittelpunkt abnimmt und deswegen die Stromlinien aus dem Innern des Leiters nach außen drängt.

2. Umschließt man einen Leiter in einem magnetischen Felde mit Eisen, so wird der Leiter selbst mehr oder weniger vor dem magnetischen Felde geschützt, d. h. die ihn treffende Felddichte wird reduziert.

3. Bringt man in ein Wechselfeld eine Scheibe oder eine kurzgeschlossene Spule aus leitendem Material, so entstehen darin dämpfende Amperewindungen, die bewirken, daß das Feld hinter der Scheibe wesentlich abgeschwächt wird.

Schlagweite (siehe **Funkenlängen**).

Schleifenwickelung ist jene, bei welcher der Wickelungsschritt (bei der Trommelwickelung) auf der Vorderseite des Ankers und auf seiner Rückseite nach entgegengesetzten Richtungen gemacht wird, d. h. die Schleifenwickelung entsteht, wenn man bei der Verbindung der Ankerleiter den Richtungssinn regelmäßig wechselt.

Schleifringe sind die stromabgebenden Teile der Wechselstrommaschinen. Die Schleifringe sitzen auf einer isolierenden Büchse, welche von einer Büchse aus Gußeisen, die auf der Achse vor dem Anker sitzt, getragen wird. Die Zuführung des Stromes von der Ankerwickelung zu den Schleifringen erfolgt durch stark isolierte Drähte, die durch Bohrungen der Ringe isoliert hindurchgezogen und mit dem zugehörigen Ringe verschraubt werden.

Schleifringmaterial — harte Bronze, in neuerer Zeit aus Stahl (Bergmann, E.-W), in seltenen Fällen (Jungfraubahn) aus Gußeisen verfertigt.

Schleifringmotoren laufen mit starkem Felde und schwachem Ankerstrom an. Sie eignen sich besonders für starken, regulierbaren Anlauf. Sie besitzen einen Anlaßwiderstand, welcher mit Hilfe der Schleifringe in die Ankerstromkreise eingeschaltet wird, wodurch die Stromaufnahme beim Anlauf geregelt werden kann. Mit abnehmender Umdrehungszahl sinkt entsprechend die Leistung des Motors, wobei jedoch die Zugkraft konstant bleibt.

Schlipf (siehe **Schlüpfung**).

Schlitzkanalsystem. Bei diesem unterirdischen Stromzuführungssystem für elektrisch betriebene Straßenbahnen wird der Betriebsstrom durch eine oder zwei Kontaktschienen, welche innerhalb oder seitlich vom Geleise in einem unterirdischen Kanal angeordnet sind, zugeführt. Gewöhnlich sind es zwei gegenüberstehende, isoliert angeordnete Schienen, zwischen denen der Stromabnehmer gleitet. Die wichtigsten Bedingungen für derartige Anlagen sind: Geringe Abnutzung aller der Reibung oder den Witterungseinflüssen ausgesetzten Teile; das Eintreten von Kurzschlüssen muß ausgeschlossen sein; Schmutz, Unrat, Regenwasser und Schnee müssen leicht beseitigt werden können; Hindernisse im Schlitz oder Kanal müssen während der Fahrt vom Motorwagen leicht entfernt werden können; die Stromverluste sollen nicht größer sein als bei Oberleitung; Weichen und Kreuzungen müssen einfache Konstruktion aufweisen und leicht funktionieren. Bei allen unterirdischen Stromzuführungssystemen muß für eine genügende Entwässerung der Leitungskanäle gesorgt werden, da sonst bei ungewöhnlich ungünstigen Witterungsverhältnissen große Verkehrsstörungen eintreten können. Die wichtigsten Systeme sind jene der Siemens-Schuckertwerke, von Griffen, Lachmann, Bentley-Knight New-Yorker Metropolitan Traction, Conalt u. a. m.

Schlüpfung eines Ankers ist das Verhältnis aus der Differenz der Umlaufszahl des Drehfeldes und der Umlaufszahl des Ankers zur Umlaufszahl des Drehfeldes.

Schlüpfung eines Asynchronmotors ist das Verhältnis aus der Differenz zwischen synchroner Umlaufszahl (siehe daselbst) und seiner wirklichen Umlaufszahl zur ersteren.

Schlüpfungsmesser von A. Meynier. Ein kleiner Synchronmotor, welcher eine halbkreisförmige Scheibe — den Obturateur — trägt, wird so aufgestellt, daß seine Achse in die Richtung der Achse des Induktionsmotors fällt. Letzterer, von dem vorausgesetzt wird, daß er dieselbe Polzahl wie der Synchronmotor hat, trägt eine zweite kreisförmige Scheibe, die in zwei gleiche, schwarze und weiße, Sektoren geteilt ist. Blickt man in axialer Richtung gegen die Motoren und nimmt man an, daß die Drehrichtung derselben im gleichen Sinne erfolgt, so wird, wenn die Umlaufszahlen der Motoren etwas verschieden sind, auf einen Moment, in dem der Obturateur das weiße Feld verdeckt, ein Augenblick folgen, in welchem die geteilte Scheibe in normaler Form erscheint. Zwischen je zwei Verdunkelungen liegt eine ganze Umdrehung. Man hat dann nur diese Verdunkelungen pro Minute zu zählen, um die Schlüpfung zu erhalten. Bei Leerlauf, wo die Schlüpfung sehr gering ist, hilft man sich, indem man die ganze Scheibe in 2 *n* Sektoren, den Obturateur in *n* Sektoren teilt, dann kommen *n* Verdunkelungen auf eine Umdrehung.

Die Schlüpfungsbestimmung kann auf mechanischem Wege direkt erfolgen, indem man zwischen Maschine und Motor ein Differentialräderwerk schaltet, oder indem man mit dem Motor, dessen Schlüpfung gemessen werden soll, einen Synchronmotor nach derselben Richtung mitlaufen läßt und zwischen beiden einen Umdrehungszähler mit Differentialrädern und biegsamer Welle anbringt. Dann gibt der zwischengeschaltete Zähler die Differenz der beiden Umdrehungszahlen, d. h. direkt die Schlüpfung, an. Auf optischem Wege kann die Schlüpfung bis ungefähr 20 Umdrehungen pro Minute durch einen Synchronmotor mit aufgesetzter Scheibe und Bogenlichtbeleuchtung von derselben Quelle bestimmt werden. Die indirekte Methode verwendet zwei Umdrehungszähler oder zwei Tachometer oder je eines dieser beiden Instrumente zusammen. Bedingung aller guten Schlüpfungszähler ist, daß die Mitnahme des Zählers vollkommen zwangläufig und das Zählen selbst ohne merklichen Kraftverbrauch erfolgt.

Schmalspur bei elektrisch betriebenen Straßenbahnen und Kleinbahnen 1,0 m, 0,75 m, 0,6 m.

Schmelzeinsätze (siehe **Sicherungen**).

Schmelzlamellen (siehe **Sicherungen**).

Schmelzofen, elektrischer (von Moissan), besteht aus einem dreiteiligen Block aus Magnesit oder Schamotte, wobei der oberste Teil den Deckel bildet. Die beiden Kohlen, welche den Lichtbogen erzeugen, sind horizontal in den zweiten Block eingeführt, in welchem sich die schmelzende Substanz je nach der zu erzielenden Temperatur in einem Tiegel aus Kohle oder Magnesit oder geschmolzener Magnesia befindet. An die Kohlen werden seitlich die Zuleitungskabel von der Stromquelle befestigt.

Schmelzsicherungen (siehe **Sicherungen**).

Schmiedbares Eisen, Schmelzpunkt 1400 — 1600°, wird aus weißem Roheisen in flüssigem oder festem Zustande hergestellt; entsprechend diesen verschiedenen Herstellungsarten unterscheidet man: Schweißeisen (spez. Gew. = 7,80), Flußeisen (spez. Gew. = 7,85), Schweißstahl oder Flußstahl (spez. Gew. = 7,86). Je kohlenstoffreicher das Eisen ist, desto feinkörniger und härter ist es. Stark phosphorhaltiges Eisen hat grobkörniges Gefüge, schwefelhaltiges Eisen hat kurzschniges Gefüge, kohlenstoffarmes Eisen langschniges Gefüge.

Schmiedeeisen und Stahl können durch Auftragung von einigen Tropfen Salpetersäure voneinander unterschieden werden. Nach darauffolgender Abspülung mit reinem Wasser zeigt Schmiedeeisen an den benetzten Stellen weißgraue Flecken, Stahl schwarze Flecken, welche von der Ausscheidung von Kohlenstoff herrühren.

Schmieden, elektrisches (siehe **Schweißverfahren, elektrisches**).

Schnarrer sind Läutwerke ohne Glocke und Hammerstiel.

Schneckengetriebe. Der theoretische Wirkungsgrad eines Schneckengetriebes ist durch den Ausdruck $\frac{tg\,\alpha}{tg\,(\alpha+\varphi)}$ gegeben, worin α den Steigungswinkel und $tg\,\varphi$ den Reibungskoeffizienten bedeuten. Der Wirkungsgrad nimmt mit wachsendem Steigungswinkel zu bis zu einem Steigungswinkel von $\alpha = 45^0 - \frac{\varphi}{2}$, für welchen Wert das Maximum erreicht wird. Ferner wird der Wirkungsgrad um so größer, je kleiner der Reibungskoeffizient wird. In der nachstehenden Tabelle sind eine Anzahl Werte des Wirkungsgrades für verschiedene zusammengehörende Werte des Steigungswinkels und Reibungskoeffizienten zusammengestellt.

Schneckengetriebe werden für direkten Antrieb als Verbindungsglied zwischen Elektromotor und Kran-, Förder- und Aufzugswinden, Spille, Schiebebühne, Walzwerken, Transmissionen, Pumpen, Werkzeugmaschinen usw. verwendet. Die günstigsten Übersetzungsverhältnisse liegen ungefähr zwischen 1 : 10 und 1 : 20; bei großen Schneckengetrieben kann man noch bedeutend mehr übersetzen.

Reibgs.-koeffiz. $tg\,\varphi$	Steigungswinkel α								
	5°	10°	15°	20°	25°	30°	35°	40°	45°
0,01	0,887	0,945	0,961	0,970	0,974	0,977	0,979	0,980	0,980
0,02	0,813	0,895	0,926	0,941	0,950	0,955	0,959	0,960	0,961
0,03	0,743	0,850	0,892	0,914	0,927	0,934	0,939	0,941	0,942
0,04	0,684	0,809	0,861	0,888	0,904	0,914	0,920	0,922	0,923
0,05	0,634	0,772	0,831	0,863	0,882	0,894	0,901	0,904	0,905
0,06	0,590	0,738	0,804	0,840	0,861	0,875	0,882	0,886	0,887
0,07	0,552	0,707	0,778	0,817	0,841	0,856	0,864	0,869	0,869
0,08	0,519	0,678	0,754	0,796	0,822	0,838	0,847	0,852	0,852
0,09	0,489	0,652	0,731	0,776	0,803	0,820	0,830	0,835	0,835
0,10	0,463	0,627	0,105	0,756	0,785	0,803	0,814	0,819	0,818

Schneckengetriebe werden für einen möglichst hohen Wirkungsgrad (92 % und mehr) konstruiert. Die Schnecke wird aus Stahl, der Kranz des Schneckenrades gewöhnlich aus Phosphorbronze hergestellt. Beide werden in einem gemeinsamen, mit Öl gefüllten Gehäuse untergebracht. Die axialen Drucke der Schnecke werden durch Kugelanlaufscheiben aufgenommen. Vorteile der Schneckengetriebe: Einfache Anordnung des Betriebes, geringster Raumbedarf, größte Betriebssicherheit, ruhiger, geräuschloser Gang, geringer Energieverbrauch, leichte Wartung, geringe Unterhaltungskosten.

Maschinenfabrik Oerlikon, Oerlikon bei Zürich (Schweiz.) | Albert Thode & Ko., Hamburg (*s. Inseratanh. S. 4*).

Schneebelastung der Drähte. Um den Draht bildet sich in Maximum eine Schneeschicht von 100 mm Durchmesser mit 0,5 mittl. spez. Gewicht.

Schnelltelegraph von Pollak und Virág. Als Empfänger dient ein Telephon, dessen Membran einen kleinen Spiegel trägt, welcher die Lichtstrahlen einer Glühlampe reflektiert. Die reflektierten Strahlen verzeichnen die Morseschrift auf photographischem Papier. Sprechgeschwindigkeit: 1000 Worte pro Minute.

Schnurleitungen, gepanzerte, bestehen aus zwei oder mehreren isolierten Schnüren, die mit einer gemeinsamen Hülle und darüber mit einer starken Metallumklöppelung versehen sind. Gepanzerte Schnurleitungen können bezüglich der offenen Verlegung den armierten Bleikabeln gleichgestellt werden.

Schnurpendel mit biegsamer Leitungsschnur sind nur dann zulässig, wenn das Gewicht der Lampe nebst Schirm von einer besonderen Tragschnur getragen wird, die mit der Schnur verflochten sein kann. Sowohl an der Aufhängestelle, als auch an der Fassung müssen die Leitungsdrähte länger sein als die Tragschnur, damit kein Zug auf die Verbindungsstelle ausgeübt wird.

Ehrich & Graetz, Berlin SO. 36.

Schornsteine. Anlauf der Schornsteine 1 : 40 bis 1 : 70. Die Höhe der Schornsteine richtet sich nach der Gesamtheizfläche *H*

Höhe	Oberer lichter Durchmesser	Anzug pro m	Oberer äußerer Durchmesser	Unterer äußerer Durchmesser	Kubikinhalt	Preis
mm	m	mm	m	m	cbm	ℳ
20	0,50	18	0,80	1,34	17,01	*800*
20	0,70	18	1,00	1,54	20,89	*950*
25	0,60	20	0,90	1,73	33,12	*1 250*
25	0,60	20	1,10	1,93	39,13	*1 450*
30	0,80	20	1,10	2,22	61,60	*2 000*
30	1,20	20	1,50	2,62	78,77	*2 500*
35	1,00	22	1,30	2,75	106,10	*3 350*
35	1,20	22	1,50	2,95	117,94	*3 750*
40	1,20	22	1,70	3,37	171,04	*5 500*
45	1,20	25	1,50	3,65	236,54	*7 500*
50	1,20	25	1,50	3,90	300,27	*9 600*
60	1,20	25	1,50	4,40	458,04	*14 500*

der mit dem Schornstein verbundenen Kessel und beträgt $5{,}5\sqrt[3]{H}$ bis $6\sqrt[3]{H}$. Der lichte obere Durchmesser richtet sich nach der Art des Brennmaterials und der stündlich verbrannten Brennstoffmenge. Beträgt letztere K kg, so ist der obere lichte Durchmesser d in m für

Braunkohlenfeuerung: $d = 0{,}09\ K^{0,4}$,
Steinkohlenfeuerung: $d = 0{,}1\ K^{0,4}$.

Der Schornstein ist so anzulegen, daß die Einmündungsöffnung im Sockel, welcher gewöhnlich aus Beton hergestellt wird, nicht zu tief zu liegen kommt, da sonst der Fuchs Fall gegen den Schornstein zu bekommt, was die Zugwirkung beeinträchtigt.

Schraubenstützen sind hakenförmig gebogene Isolatorstützen (siehe daselbst).

Albert Thode & Ko., Hamburg (*s. Inseratanh. S. 4*).

Schraubenventilatoren mit elektrischem Antrieb. Das Flügelrad ist auf der Motorwelle direkt aufgekeilt. Bei Tischventilatoren ist das Flügelrad fliegend angeordnet, bei eingemauerten Ventilatoren bewegt es sich gewöhnlich in einem gußeisernen Gehäuse, das gleichzeitig als Mauerkasten dient. Das Gehäuse ist gewöhnlich noch mit einer verstellbaren Regulierklappe versehen.

Spannung Volt	Ungefähre Tourenzahl pro Minute	Ungefährer Energieverbrauch Watt	Durchmesser des Fächers Zoll (engl.)	Durchmesser des Fächers mm	Bewegte Luft pro Minute cbm	Preis ℳ
65	1000	160	18	457	70	*320*
65	750	310	24	609	130	*470*
65	650	500	30	762	225	*670*
65	600	860	36	914	350	*875*
65	500	1300	42	1067	500	*1110*
65	500	2320	48	1219	700	*1380*
110	1000	160	18	457	70	*320*
110	750	310	24	609	130	*470*
110	650	500	30	762	225	*670*
110	600	860	36	914	350	*875*
110	500	1300	42	1067	500	*1110*
110	500	2320	48	1219	700	*1380*
220	1000	160	18	457	70	*320*
220	750	310	24	609	130	*470*
220	650	500	30	762	225	*670*
220	600	860	36	914	350	*875*
220	500	1300	42	1067	500	*1110*
220	500	2320	48	1219	700	*1380*
500	1000	160	18	457	70	*320*
500	750	310	24	609	130	*470*
500	650	500	30	762	225	*670*
500	600	860	36	914	350	*875*
500	500	1300	42	1067	500	*1110*
500	500	2320	48	1219	700	*1380*

C. u. E. Fein, Stuttgart.
Siemens-Schuckertwerke, Berlin.
Allgem. Elektr.-Ges., Berlin.
Maschinenfabrik Oerlikon.

Das Ab- und Einschalten kleinerer Modelle erfolgt durch einfache Ausschalter, während bei den größeren Anlaßwiderstände verwendet werden. Mit Hilfe eines Regulierwiderstandes kann die Wirkung der Regulatoren veränderlich gestaltet werden.

Wandventilatoren von Dr. M. Levy, Berlin.

Spannungen ca. Volt	Flügel- durchmesser	Flügel- anzahl	Höchste Umdrehungszahl pro Minute ca.	Bewegte Luft in der Minute ca. cbm	Watt-verbrauch ca.	Preise des kompletten Ventilators schwarz lackiert mit Goldlinien ℳ	Preis eines Regulierwiderstandes ohne Schutzkappe ℳ	Preis eines Regulierwiderstandes mit Schutzkappe ℳ
			Gleichstrom.					
8, 65, 110, 150, 220	240	4	1400	8	25	*39*	*9.50*	*12*
	240	4	1400	8	25	*44*	*9.50*	*12*
	300	4	1400	20	55	*55*	*9.50*	*12*
65, 110, 150, 220	360	6	1200	40	110	*75*	*13.—*	*16*
	360	6	600	20	60	*75*	*9.50*	*12*
	450	6	1000	70	175	*140*	—	*25*
	450	6	900	80	200	*225*	—	*25*
			Wechselstrom (Drehstrom).					
100—120 200—220 Volt 80—120 Polwechs.	240	4	1200	7	30	*49*	*9.50*	*12*
	300	4	1400	20	70	*75*	*13.—*	*16*
	360	6	1200	40	140	*95*	*13.—*	*16*

Tischventilatoren von Dr. M. Levy, Berlin.

Spannungen ca. Volt	Flügel- durchmesser	Flügel- anzahl	Höchste Umdrehungszahl pro Minute ca.	Bewegte Luft in der Minute ca. cbm	Watt-verbrauch ca.	Preis des kompletten Ventilators schwarz lackiert mit Goldlinien ℳ	Preis des kompletten Ventilators vernickelt ℳ
8, 65, 110, 150, 220	240	4	1400	8	25	*37*	*43*
	240	4	1400	8	25	*42*	*48*
65, 110, 150, 220	300	4	1400	20	55	*55*	*66*
	360	6	1200	40	110	*75*	*90*
	360	6	600	20	60	*75*	*90*

Schreibapparat des Morsesystems. Man unterscheidet Reliefschreiber, bei denen die Schrift durch Eindrücke eines Stahlstiftes in den Papierstreifen hervorgerufen werden, und Farbschreiber. Jeder Schreibapparat besteht aus dem Elektromagneten, der durch zwei mit einem Querstück zu einem Hufeisenmagneten verbundenen zylindrischen Eisenkernen, welche die Magnetisierungsspulen tragen, gebildet wird, aus der Schreibvorrichtung, d. i. ein dreiarmiger Hebel, der einerseits den Anker für den Elektromagneten, am gegenüberliegenden Arme den Schreibstift und am dritten Arme die Abreiß- oder Regulierfeder trägt, und endlich aus der Papierführung, welche aus einem durch ein Uhrwerk betätigten Walzenmechanismus besteht, durch den der Papierstreifen vor dem Schreibstift gleichmäßig vorbeigezogen wird. Die Farbschreiber haben statt des Schreibstiftes ein Farbrädchen.

Schreibtelegraphen — Telegraphenapparate, welche die telegraphierten Worte in Telegraphenschrift wiedergeben.

Schutzabdeckungen für Kabel (siehe **Kabelverlegung**)

Schutzdrähte (siehe **Sicherheitsvorschriften**).

Schutzkappen zum Abdecken der stromführenden Teile der Abzweigscheiben bei offener Verlegung aus Isoliermaterial hergestellt. Preis pro 100 Stück *M 12* und *M 16*.

Schutzkleidung gegen Hochspannung von Artemieff. Dieselbe besteht aus einem feinen, biegsamen Metallgewebe, welches den hochgespannten Strom hindert, in den menschlichen Körper einzutreten. Bei Berührung eines unter Strom stehenden Teiles wird dieser durch das Gewebe an Erde gelegt und der menschliche Körper kurzgeschlossen, so daß nur ein verschwindender Bruchteil durch den Körper geht, der einen Nebenschluß von ca. 2000 Ω zu dem Gewebe von ca. 0,002 Ohm bildet. Der sichere Schutz durch diese Kleidung wurde bei Berührungen von Spannungen bis zu 150000 Volt erprobt.

Schutzmaßregeln in elektrischen Anlagen (siehe **Sicherheitsvorschriften**).

Schutznetze. Dieselben werden bei Kreuzungen von Schwach- und Starkstromleitungen verwendet und haben die Aufgabe, bei Drahtbruch ein Übertreten des Starkstromes in die Niederspannungsleitung zu verhindern. Die Längsdrähte der Schutznetze werden aus 5—6 mm, die Querdrähte aus 2—3 mm starkem, vernickeltem Stahldraht hergestellt. (Bezüglich Erdung und Isolierung der Schutznetze siehe **Sicherheitsvorschriften**.)

Schutzrohre (siehe **Isolierrohre, Kabelverlegung**).

Schutztüllen, mit einem am oberen Ende angebrachten Wulstring versehene Rohrstücke, dienen als Schutz der Leitungsdrähte an den Austrittsöffnungen der Isolierrohrenden. Preis je nach Durchmesser *M 2.20—3.20*.

Schutzverkleidungen (siehe **Sicherheitsvorschriften**).

Schwarzwerden der Glaswandungen von Glühlampen. Zu Anfang der Brenndauer werden auf die Birne Kohlenteilchen niedergeschlagen. Ursache: Das Glas widersteht dem Atmosphärendruck nicht vollständig, so daß, namentlich an den Einschmelzstellen der Stromzuführungsdrähte, Luft in das Lampeninnere eindringt. Die infolge der hohen Temperatur herbeigeführte Verdampfung der Kohle führt einen schwärzenden Niederschlag herbei. Die statische Ladung des Kohlenbügels hat ebenfalls einen Niederschlag zur Folge, der auf den vom Kohlenfaden am wenigsten entfernten Wandungen stärker (bei Gleichstromlampen am negativen Schenkel stärker) auftritt.

Schwefelsäure. Prozentgehalt und spezifisches Gewicht der Schwefelsäure bei 15 ° C:

%	Spez. Gew.	%	Spez. Gew.	%	Spez. Gew.	%	Spez. Gew.
1	1,006	26	1,190	52	1,418	78	1,710
2	1,013	28	1,206	54	1,438	80	1,734
4	1,025	30	1,223	56	1,458	82	1,756
6	1,039	32	1,239	58	1,480	84	1,777
8	1,053	34	1,256	60	1,501	86	1,794
10	1,068	36	1,272	62	1,523	88	1,809
12	1,083	38	1,289	64	1,545	90	1,822
14	1,098	40	1,306	66	1,568	92	1,831
16	1,113	42	1,324	68	1,592	94	1,835
18	1,129	44	1,361	70	1,615	96	1,838
20	1,144	46	1,376	72	1,639	98	1,841
22	1,159	48	1,398	74	1,663	100	1,842
24	1,174	50	1,418	76	1,686		

Schweißeisen (siehe **Schmiedbares Eisen**).

Schweißstahl (siehe **Schmiedbares Eisen**).

Schweißverfahren, elektrisches, von Thomson. Die beiden stumpf aneinander zu schweißenden Stücke werden je in eine Backe eingeschraubt, welche durch Schrauben oder hydraulische Pressen gegeneinander bewegt werden können. Die beiden zu verschweißenden Stücke erhalten den Strom durch die isolierten Backen zugeführt. An der Berührungsstelle der beiden Stücke ist der Widerstand am größten; infolgedessen tritt dort die größte Wärmeentwickelung ein, so daß die Berührungsstellen zur Weißglut kommen. Der zum Schweißen nötige Druck wird durch Nähern der Backen hervorgebracht. Bei dem von Benardos herrührenden Verfahren wird die Stelle, an welcher die beiden Werkstücke, die auf mechanischem Wege zusammengepreßt werden, durch einen Lichtbogen zum Schmelzen gebracht. Den negativen Pol des Lichtbogens bildet das Werkstück, den positiven ein Kohlenstück. Letzteres wird bei dem Verfahren von Slawianoff durch einen aus dem zu schmelzenden Metall hergestellten Stab ersetzt. Bei dem Zernerschen Verfahren wird zwischen zwei gegen das Werkstück divergierenden Kohlenstäben der Lichtbogen erzeugt und ein Stahlmagnet gegen die Schweißstelle in Form einer Stichflamme getrieben.

Schweizerisches Bundesgesetz, betreffend die elektrischen Schwach- und Starkstromanlagen, vom 24. Juni 1902.

Die Bundesversammlung der schweizerischen Eidgenossenschaft, in Anwendung von Art. 23, 26, 36, 64 und 64bis der Bundesverfassung, nach Einsicht einer Botschaft des Bundesrates vom 5. Juni 1899, beschließt:

I. Allgemeine Bestimmungen.

Art. 1. Die Erstellung und der Betrieb der in Art. 4 und 13 bezeichneten elektrischen Schwach- und Starkstromanlagen wird der Oberaufsicht des Bundes unterstellt, und es sind für dieselben die vom Bundesrate erlassenen Vorschriften maßgebend.

Art. 2. Als Schwachstromanlagen werden solche angesehen, bei welchen normalerweise keine Ströme auftreten können, die für Personen oder Sachen gefährlich sind.

Als Starkstromanlagen werden solche angesehen, bei welchen Ströme benutzt werden oder auftreten, die unter Umständen für Personen oder Sachen gefährlich sind.

Wenn Zweifel bestehen, ob eine elektrische Anlage als Starkstrom- oder als Schwachstromanlage im Sinne dieses Gesetzes anzusehen sei, so entscheidet darüber der Bundesrat endgültig.

Art. 3. Der Bundesrat wird die erforderlichen Vorschriften aufstellen zu tunlichster Vermeidung derjenigen Gefahren und Schädigungen, welche aus dem Bestande der Starkstromanlagen überhaupt und aus deren Zusammentreffen mit Schwachstromanlagen entstehen.

Diese Vorschriften haben zu regeln:

a) die Erstellung und Instandhaltung sowohl der Schwachstrom- als der Starkstromanlagen;

b) die Maßnahmen, die bei der Parallelführung und bei der Kreuzung elektrischer Leitungen unter sich und bei der Parallelführung und der Kreuzung elektrischer Leitungen mit Eisenbahnen zu treffen sind;

c) die Erstellung und Instandhaltung elektrischer Bahnen.

Der Bundesrat hat bei Aufstellung und Ausführung dieser Vorschriften auf Wahrung des Fabriksgeheimnisses Bedacht zu nehmen.

Diese Vorschriften sind bei der Erstellung neuer elektrischer Anlagen im ganzen Umfange zur Anwendung zu bringen. Für die Durchführung derselben gegenüber bereits bestehenden Anlagen kann der Bundesrat angemessene Fristen bestimmen und Modifikationen bewilligen.

II. Schwachstromanlagen.

Art. 4. Unter die Bestimmungen dieses Gesetzes fallen alle Schwachstromanlagen, welche öffentlichen Grund und Boden oder Eisenbahngebiet benutzen oder zufolge der Nähe von Starkstromanlagen zu Betriebsstörungen oder Gefährdungen Veranlassung geben können.

Die Schwachstromanlagen dürfen die Erde als Leitung benutzen, mit Ausnahme der öffentlichen Telephonleitungen, sofern zufolge Vorhandenseins von Starkstromanlagen Störungen des Telephonbetriebes oder Gefährdungen eintreten können.

Art. 5. Der Bund ist berechtigt, für die Erstellung von oberirdischen und unterirdischen Telegraphen- und Telephonlinien öffentliche Plätze, Straßen, Fahr- und Fußwege sowie auch öffentliche Kanäle, Flüsse, Seen und deren Ufer, soweit diese dem öffentlichen Verkehre dienen, unentgeltlich in Anspruch zu nehmen, immerhin unter Wahrung der Zwecke, für welche das in Anspruch genommene öffentliche Gut bestimmt ist, und gegen Ersatz des durch den Bau und Unterhalt allfällig entstehenden Schadens.

Art. 6. In gleicher Weise ist der Bund berechtigt, auch über Privateigentum den Luftraum durch Ziehen von Telegraphen- und Telephondrähten ohne Entschädigungsleistung in Anspruch zu nehmen, insofern dadurch die zweckentsprechende Benutzung der betreffenden Grundstücke oder Gebäude nicht beeinträchtigt wird.

Art. 7. Die eidgenössische Verwaltung ist verpflichtet, sich vor dem Bau derartiger Linien (Art. 5 und 6) mit den betreffenden Behörden oder Privaten über alle für sie in Betracht kommenden Verhältnisse ins Einvernehmen zu setzen und ihren Begehren so weit entgegenzukommen, als die zweckentsprechende Ausführung der Linien es erlaubt. Auf bestehende unterirdische Kanäle und Leitungen ist möglichst Rücksicht zu nehmen.

Kann eine Verständigung über die Art der Ausführung der Linie nicht erzielt werden, so entscheidet innert der in den Artikeln 5 und 6 gezogenen Schranken der Bundesrat.

Art. 8. Sofern der Eigentümer über das gemäß Art. 5 und 6 in Anspruch genommene Eigentum eine Verfügung treffen will, die eine Änderung oder Beseitigung der errichteten Linie nötig macht, so hat er die Aufforderung hierzu schriftlich an die eidgenössische Verwaltung zu richten, welche die Änderung oder Beseitigung der Linie vorzunehmen hat.

Wird die angekündigte Verfügung des Eigentümers nicht binnen eines Jahres, von der Änderung oder Beseitigung der Linie an gerechnet, ins Werk gesetzt, so bleibt der eidgenössischen Verwaltung das Recht auf Ersatz der veranlaßten Ausgaben vorbehalten.

Art. 9. Der Bund ist berechtigt, auf dem zu Bahnzwecken verwendeten Gebiete der Bahngesellschaften unentgeltlich Telegraphen- und Telephonlinien zu erstellen oder an bestehenden staatlichen Telegraphenlinien Telephondrähte anzubringen, insoweit dies ohne Beeinträchtigung des Bahnbetriebes und der sonstigen Benutzung des Bahngebietes geschehen kann.

Der Bund trägt den Schaden, welcher einer Bahngesellschaft durch den Bau oder Unterhalt einer öffentlichen Telegraphen- oder Telephonanlage erwächst.

Art. 10. Sobald die öffentlichen Telegraphen- oder Telephonanlagen sich der Erstellung neuer oder der Veränderung bestehender bahndienstlicher Einrichtungen hinderlich erweisen, so hat die eidgenössische Verwaltung die nötige Verlegung ihrer Anlagen in eigenen Kosten vorzunehmen.

Art. 11. Streitigkeiten, welche bei Anwendung der Art. 5 bis und mit 10 dieses Gesetzes entstehen, sind, soweit diese Artikel die Erledigung nicht einer anderen Behörde übertragen, nach Maßgabe des Bundesgesetzes über die Organisation der Bundesrechtspflege vom 22. März 1893 (Art. 50, Ziffer 15) durch das Bundesgericht erst- und letztinstanzlich zu entscheiden.

Art. 12. Werden vom Bund für die Erstellung von Telegraphen- und Telephonlinien weitere als die in dem vorliegenden Gesetze bezeichneten Rechte in Anspruch genommen, so finden die Bestimmungen der Bundesgesetzgebung über die Expropriation Anwendung.

III. Starkstromanlagen.

Art. 13. Unter die Bestimmungen dieses Gesetzes fallen alle Starkstromanlagen.

Einzelanlagen auf eigenem Grund und Boden, welche die für Hausinstallationen zulässige Maximalspannung nicht überschreiten und die nicht zufolge der Nähe anderer elektrischer Anlagen Betriebsstörungen oder Gefährdungen veranlassen können, werden den Hausinstallationen (Art. 15, 16, 17, 26 und 41) gleichgehalten.

Art. 14. Der Bundesrat wird über die Stärke der für die verschiedenen Arten von Starkstrombetrieben zulässigen Spannungen ein Reglement erlassen.

Art. 15. Für die Ausführung der Stromleitungen elektrischer Eisenbahnen, für die Kreuzungen der Bahnen durch Starkstromleitungen und die Längsführung solcher neben Eisenbahnen (Art. 21, Ziffer 2) sind durch die betreffenden Bahnverwaltungen dem Post- und Eisenbahndepartement Vorlagen zur Genehmigung einzureichen.

Für die Ausführung anderweitiger neuer Starkstromanlagen (Art. 21, Ziffer 3) sind die Vorlagen dem Starkstrominspektorate zur Genehmigung einzureichen. Das Starkstrominspektorat hat einen Bericht der Telegraphendirektion sowie in wichtigen Fällen die Vernehmlassungen der Regierungen der beteiligten Kantone einzuholen.

Der Bundesrat wird Vorschriften über die erforderlichen Planvorlagen erlassen.

Die Verpflichtung zur Einreichung von Vorlagen besteht nicht bezüglich der Hausinstallationen.

Art. 16. Hausinstallationen im Sinne dieses Gesetzes sind solche elektrische Einrichtungen in Häusern, Nebengebäuden und anderen zugehörigen Räumen, bei denen die vom Bundesrate gemäß Art. 14 hierfür als zulässig erklärten elektrischen Spannungen zur Verwendung kommen.

Art. 17. Die in Art. 3 vorgesehenen Vorschriften werden insbesondere die beim Zusammentreffen von Starkstromleitungen und Schwachstromleitungen oder von Starkstromleitungen unter sich erforderlichen technischen Sicherungsmaßnahmen bezeichnen.

Die Durchführung der letzteren soll im einzelnen Falle in der für die Gesamtheit der zusammentreffenden Anlagen zweckmäßigsten Weise erfolgen. Wird keine Verständigung über die zu treffenden Maßnahmen erzielt, so entscheidet der Bundesrat nach Einholung des Gutachtens der in Art. 19 vorgesehenen Kommission.

Die zur Ausführung dieser Sicherungsmaßnahmen aufzuwendenden Kosten mit Inbegriff derjenigen für notwendig werdende Verlegung von öffentlichen oberirdischen Telephonleitungen sind von den zusammentreffenden Unternehmungen gemeinsam zut ragen.

Für die Verteilung der bezüglichen Kosten ist es unerheblich, welche Leitung zuerst bestanden hat und an welcher Leitung die Schutzvorrichtungen oder Änderungen anzubringen sind. Die Kostenverteilung ist vielmehr nach folgenden Grundsätzen vorzunehmen:

1. Wenn öffentliche und bahndienstliche Schwachstromleitungen einzeln oder zusammen mit einer anderen elektrischen Leitung zusammentreffen, fallen $^2/_3$ der Kosten zu Lasten der letzteren und $^1/_3$ zu Lasten der ersteren.

2. Wenn zwei oder mehrere Starkstromleitungen unter sich oder mit privaten Schwachstromleitungen zusammentreffen, werden die Kosten im Verhältnis der wirtschaftlichen Bedeutung dieser Anlagen verteilt.

Die Anbringung von Doppeldrähten und überhaupt von Rückleitungen, die von Erde isoliert sind, an öffentlichen Telephonleitungen fällt ausschließlich zu Lasten des Bundes.

Wenn unter den Beteiligten eine Verständigung über den Umfang der gemeinsam zu tragenden Kosten und über deren Verteilung nicht erzielt wird, entscheidet das Bundesgericht erst- und letztinstanzlich.

Die Bestimmungen dieses Artikels beziehen sich nicht auf Hausinstallationen.

Art. 18. Die Erteilung von Konzessionen gemäß Art. 20—22 des Bundesgesetzes, betreffend das Telephonwesen, vom 27. Juni 1889 für Telephonleitungen, welche für den Betrieb von Starkstromleitungen notwendig sind, erfolgt kostenfrei.

IV. Kontrolle.

Art. 19. Der Bundesrat wählt auf die ordentliche Amtsdauer eine Kommission für elektrische Anlagen von sieben Mitgliedern. In derselben soll die elektrische Wissenschaft sowie die Schwach- und Starkstromtechnik angemessen vertreten sein.

Die Kommission begutachtet die vom Bundesrat zu erlassenden Vorschriften für die Erstellung und die Instandhaltung der elektrischen Anlagen sowie die Angelegenheiten, über welche der Bundesrat gemäß den Art. 2, 3, 7, 14, 15, Al. 3, 17, Al. 2, 23, 24, 46, 52 und 60 dieses Gesetzes zu entscheiden hat.

Art. 20. Die Beaufsichtigung der elektrischen Anlagen und die Überwachung ihres guten Zustandes ist Sache der Betriebsinhaber (Eigentümer, Pächter usw.).

Auch die Beaufsichtigung und der Unterhalt der elektrischen Leitungen, welche sich auf Bahngebiet befinden, sind vom Betriebsinhaber zu besorgen, und es ist daher ihm und seinen Beauftragten zu diesem Zwecke das Betreten des Bahngebietes unter Voranzeige an die Bahnorgane gestattet.

Art. 21. Die Kontrolle über Ausführung der in Art. 3 erwähnten Vorschriften wird übertragen:

1. für die Schwachstromanlagen, mit Ausnahme der den Starkstromanlagen dienenden privaten Schwachstromleitungen, und für die Kreuzung der Schwachstromanlagen mit Starkstromanlagen, welche nicht zu einer elektrischen Eisenbahn gehören, dem Post- und Eisenbahndepartement (Telegraphenabteilung);

2. für die elektrischen Eisenbahnen mit Inbegriff der Bahnkreuzungen durch elektrische Starkstromleitungen und der Längsführung solcher neben Eisenbahnen sowie für Kreuzung elektrischer Bahnen durch Schwachstromleitungen dem Post- und Eisenbahndepartement (Eisenbahnabteilung);

3. für die übrigen Starkstromanlagen mit Inbegriff der elektrischen Maschinen einem vom Bundesrate zu bezeichnenden Inspektorate für Starkstromanlagen.

Art. 22. Die Bundesversammlung kann auf Antrag des Bundesrates am Platze der drei Kontrollstellen (Art. 21) die Schaffung eines einheitlichen Inspektorates beschließen.

Art. 23. Gegen die Verfügungen und Weisungen der in Art. 21 genannten Kontrollstellen kann innerhalb 30 Tagen Rekurs ergriffen werden, und zwar bei Ziffer 1 und 2 an den Bundesrat, bei Ziffer 3 an das Post- und Eisenbahndepartement und gegen dessen Entscheid binnen 30 Tagen an den Bundesrat.

Sollte nach Art. 22 ein einheitliches Inspektorat eingesetzt werden, so kann gegen dessen Entscheidungen innerhalb 30 Tagen beim Bundesrat Rekurs ergriffen werden.

Art. 24. Allfällige Differenzen zwischen den in Art. 21 genannten Kontrollstellen werden vom Bundesrate entschieden.

Art. 25. Die Starkstromanlagen haben dem Starkstrominspektorate das statistische Material technischer Natur zu liefern, welches für die Erstellung einer einheitlichen Statistik erforderlich ist.

Art. 26. Die in Abschnitt IV vorgesehene Kontrolle erstreckt sich nicht auf die Hausinstallationen. Dagegen wird derjenige, welcher elektrische Kraft an Hausinstallationen abgibt, verpflichtet, sich über die Ausübung einer solchen Kontrolle beim Starkstrominspektorate auszuweisen, und es kann diese Kontrolle einer Nachprüfung unterzogen werden.

V. Haftpflichtbestimmungen.

Art. 27. Wenn durch den Betrieb einer privaten oder öffentlichen Schwach- oder Starkstromanlage eine Person getötet oder körperlich verletzt wird, so haftet der Betriebsinhaber für den entstandenen Schaden, wenn er nicht beweist, daß der Unfall durch höhere Gewalt oder durch Verschulden oder Versehen Dritter oder durch grobes Verschulden des Getöteten oder Verletzten verursacht wurde.

In gleicher Weise besteht die Haftpflicht für Schädigung an Sachen, jedoch nicht für Störungen im Geschäftsbetrieb.

Art. 28. Besteht die elektrische Anlage aus mehreren Teilen mit verschiedenen Betriebsinhabern, so haftet dem Beschädigten:

a) wenn der Schaden in dem gleichen Teil der Anlage zugefügt und verursacht wird, der Inhaber dieses Teiles der Anlage;

b) wenn der Schaden in dem einen Teile zugefügt, in einem anderen verursacht wird, die Inhaber des einen und des anderen Teiles solidarisch.

Wird der Inhaber des Teiles, welcher den Schaden zugefügt hat, für denselben belangt, so hat er das Rückgriffsrecht auf den Inhaber des Teiles der Anlage, welcher den Schaden verursacht hat.

Art. 29. In Fällen von Sachbeschädigung infolge eines durch den Betrieb einer elektrischen Anlage verursachten Brandes gelten die Bestimmungen des Obligationenrechtes.

Art. 30. Wenn Schädigungen zufolge des Zusammentreffens von verschiedenen elektrischen Leitungen entstehen, so haben die beteiligten Unternehmungen den Schaden gegenüber dem Geschädigten unter Solidarhaft zu tragen; unter sich, soweit nicht das Verschulden der einen Anlage nachgewiesen werden kann oder anderweitige Verständigungen getroffen werden, zu gleichen Teilen. Solche Verständigungen können auch im voraus getroffen werden.

Art. 31. Wenn elektrische Anlagen sich gegenseitig schädigen, so ist der Schaden, sofern nicht das Verschulden der einen Anlage nachgewiesen werden kann, unter Würdigung der sämtlichen Verhältnisse in angemessener, billiger Weise unter dieselben zu verteilen.

Art. 32. Der Betriebsinhaber der Stark- oder Schwachstromanlage ist verpflichtet, von jeder vorgefallenen erheblichen Personenbeschädigung sowie von jeder erheblichen Sachenbeschädigung gegenüber Dritten sofort der nach Art. 4 des Bundesgesetzes, betreffend die Arbeit in den Fabriken, vom 23. März 1877 zuständig erklärten Lokalbehörde Anzeige zu machen.

Diese leitet über die Ursache und die Folgen der ihr bekannt gewordenen erheblichen Unfälle ungesäumt und in wichtigeren Fällen unter Zuzug von Sachverständigen eine amtliche Untersuchung ein und gibt der kantonalen Regierung, zu Händen des Post- und Eisenbahndepartements, vom Vorfalle Kenntnis.

Art. 33. Die Einrede der höheren Gewalt im Sinne dieses Gesetzes kann nicht geltend gemacht werden bei Schädigungen, die durch Einrichtungen, welche den gemäß Art. 3 zu erlassenden Vorschriften entsprechen, hätten abgewendet werden können.

Art. 34. Die Betriebsinhaber der elektrischen Anlagen haften für alle Personen, deren sie sich zum Betrieb der elektrischen Anlagen bedienen.

Das Rückgriffsrecht auf diese Personen bleibt im Falle deren Verschuldens den haftpflichtigen Betriebsinhabern elektrischer Anlagen vorbehalten.

Art. 35. Wenn nachgewiesen werden kann, daß der Getötete oder Verletzte oder der an seinem Eigentum Geschädigte sich durch eine widerrechtliche Handlung oder mit wissentlicher Übertretung von bekannt gegebenen Schutzvorschriften, Warnungen u. dgl. mit der elektrischen Anlage in Berührung gebracht hat, so kann kein Schadenersatz im Sinne der Art. 27 und 28 dieses Gesetzes gefordert werden, selbst wenn der Unfall auch ohne Verschulden des Geschädigten eingetreten ist.

Art. 36. Für die Bemessung der Entschädigungen sind die Bestimmungen des Obligationenrechtes maßgebend.

Bei Personenbeschädigungen ist als Ersatz für den zukünftigen Unterhalt oder Erwerb nach dem Ermessen des Gerichtes entweder eine Kapitalsumme oder eine jährliche Rente zuzusprechen.

Wenn im Momente der Urteilsfällung die Folgen einer Körperverletzung noch nicht genügend klar vorliegen, so kann der Richter ausnahmsweise sowohl für den Fall des nachfolgenden Todes oder einer Verschlimmerung, als auch im Falle einer Verbesserung des Gesundheitszustandes des Verletzten eine spätere Berichtigung des Urteils vorbehalten. Ein bezügliches Begehren muß längstens innerhalb Jahresfrist nach Ausfällung des Urteils gestellt werden.

Art. 37. Die in diesem Gesetze erwähnten Schadenersatz-Ansprüche für Personen und Sachen verjähren in zwei Jahren von dem Tage an, an welchem die Schädigung stattgefunden hat. Für die Unterbrechung der Verjährung gelten die Bestimmungen des O.-R.[1])

Art. 38. Bei Streitigkeiten über solche Schadenersatzansprüche haben die Gerichte über die Wahrheit der tatsächlichen Behauptungen und über die Höhe des Schadenersatzes nach freier Würdigung des gesamten Inhaltes der Verhandlungen zu entscheiden, ohne an die Beweisgrundsätze der einschlagenden Prozeßgesetze gebunden zu sein.

Art. 39. Reglemente, Publikationen oder spezielle Vereinbarungen, durch welche die Haftpflicht nach den Bestimmungen dieses Gesetzes zum voraus wegbedungen oder beschränkt wird, haben keine rechtliche Wirkung.

Art. 40. Für die Beziehungen zwischen den Betriebsinhabern der elektrischen Anlagen und ihren Angestellten und Arbeitern bleiben die Bestimmungen der Haftpflichtgesetze (Bundesgesetz, betreffend die Haftpflicht der Eisenbahn- und Dampfschiffunternehmungen, vom 1. Juli 1875 und Bundesgesetze, betreffend die Haftpflicht aus Fabrikbetrieb, vom 25. Juni 1881 und 26. April 1887) unverändert in Kraft.

Art. 41. Die Haftpflichtbestimmungen des Abschnitts V finden keine Anwendung auf elektrische Hausinstallationen.

---

[1]) Obligationenrechtes.

VI. Expropriation.

Art. 42. Für das Expropriationsrecht der eidgenössischen Telegraphen- und Telephonverwaltung gelten die Bestimmungen des Art. 12 dieses Gesetzes. Anderen Schwachstromanlagen, welche öffentlichen Zwecken dienen, wird das durch Art. 43 den Starkstromanlagen gewährte Expropriationsrecht eingeräumt.

Art. 43. Den Eigentümern von elektrischen Starkstromanlagen und den Bezügern von elektrischer Energie kann der Bundesrat das Recht der Expropriation für die Einrichtungen zur Fortleitung und Verteilung der elektrischen Energie sowie für die Erstellung der zu deren Betrieb notwendigen Schwachstromanlagen gemäß den Bestimmungen der Bundesgesetzgebung über die Expropriation und den besonderen Vorschriften des gegenwärtigen Gesetzes gewähren.

Art. 44. Baumäste, durch welche eine bestehende Schwach- oder Starkstromleitung gefährdet oder gestört wird, sind vom Eigentümer auf Verlangen der betreffenden Anlage gegen Entschädigung zu beseitigen.

Wenn der Eigentümer die Berechtigung des Verlangens bestreitet, oder wenn die beiden Parteien sich über die Höhe der Entschädigung nicht einigen können, so entscheidet endgültig eine durch die Kantonsregierung bezeichnete Lokalbehörde innerhalb längstens acht Tagen; diese wird nötigenfalls auch für Ausführung ihres Urteils besorgt sein. Die Kosten sind durch die Unternehmung zu tragen.

Art. 45. Als Einrichtungen zur Fortleitung und Verteilung der elektrischen Energie werden angesehen:

1. Die Erstellung von elektrischen Leitungen (oberirdischen und unterirdischen) mit ihren Zubehörden;
2. die Anlagen von Transformationsstationen mit ihren Zubehörden.

Art. 46. Das Expropriationsrecht kann geltend gemacht werden gegenüber dem Privateigentum und dem Areal der Eisenbahnen, gegenüber letzterem aber nur, insofern der Bahnbetrieb durch den Bestand einer Starkstromleitung nicht gestört oder gefährdet und die Anbringung der für den Bahnbetrieb notwendigen Leitungen sowie der Leitungen der Telegraphen- und Telephonverwaltung nicht gehindert wird.

Für die Einrichtungen zur Fortleitung, zur Verteilung und zur Abgabe der elektrischen Energie wird auch gegenüber dem öffentlichen Eigentum eines Kantons oder einer Gemeinde das Recht der Mitbenutzung auf dem Expropriationswege eingeräumt.

Dagegen können, soweit es sich nicht um den elektrischen Betrieb von Eisenbahnen handelt, Gemeinden zum Schutze ihrer berechtigten Interessen das Recht zur Mitbenutzung ihres öffentlichen Eigentums für Einrichtungen zur Abgabe elektrischer Energie innerhalb der Gemeinde verweigern oder an beschränkende Bestimmungen knüpfen.

Gegen solche Schlußnahmen kann binnen 20 Tagen an die kantonale Regierung rekurriert werden. Gegen deren Entscheid ist binnen weitern 20 Tagen der Rekurs an den Bundesrat statthaft, welcher endgültig entscheidet.

Die Inanspruchnahme öffentlichen Areals für die Mitbenutzung durch die elektrischen Anlagen darf nur stattfinden unter Wahrung der anderen Zwecke, für welche das in Anspruch genommene Gebiet bestimmt ist.

Art. 47. Die Expropriation kann vom Eigentümer der elektrischen Starkstromanlage bzw. vom Bezüger elektrischer Energie sowohl für die Übertragung des Eigentums, wie auch für die Bestellung einer Servitut, und zwar für letztere dauernd oder bloß zeitweise beansprucht werden.

Art. 48. Die zu entrichtende Entschädigung soll je nach Umständen in einer Kapitalabfindung oder in einer jährlichen Leistung bestehen.

In die Entschädigung kann mit Zustimmung beider Teile die Abfindung für Kulturschaden und anderen Schaden, welcher bei Vornahme von Änderungen und Reparaturen an den erstellten elektrischen Leitungen entsteht, einbezogen werden. Wenn diese Zustimmung nicht vorliegt, so werden die Entschädigungsansprüche, welche sich im Verlauf des Betriebes ergeben sollten, im Falle der Bestreitung nach dem ordentlichen Prozeßverfahren erledigt.

Art. 49. Das Expropriationsrecht findet gemäß den Bestimmungen des Bundesgesetzes, betreffend die Verbindlichkeit zur Abtretung von Privatrechten, vom 1. Mai 1850 statt, unter Vorbehalt der in den Art. 50 bis und mit 54 des gegenwärtigen Gesetzes festgesetzten Ausnahmen.

Art. 50. Wenn das Expropriationsrecht für eine elektrische Anlage beansprucht wird, so ist das Tracé der projektierten Leitung, soweit das Expropriationsrecht nachgesucht wird, in einer Eingabe und Planvorlage an das Starkstrominspektorat bestimmt zu bezeichnen.

Das Expropriationsrecht ist vom Bundesrat zu bewilligen, insoweit innert der Frist von 30 Tagen nach Kenntnisgabe der Pläne (Art. 51) keine Einsprache erfolgt ist. Sind Einsprachen eingereicht worden, so ist das Expropriationsrecht gegen die Einsprecher nur zu bewilligen, wenn eine Änderung des Tracés ohne erhebliche technische Inkonvenienzien oder unverhältnismäßige Mehrkosten oder eine Gefährdung der öffentlichen Sicherheit nicht möglich ist.

Falls nach Erstellung von elektrischen Anlagen die Änderung einer Anlage durch die Umstände geboten erscheint, so kann auf Verlangen des Exproprianten oder des Expropriaten ein neues Expropriationsverfahren bewilligt und durchgeführt werden.

Art. 51. Gleichzeitig mit der Planvorlage an das Starkstrominspektorat zu Händen des Bundesrates hat die Planauflage in den Gemeinden zur Einsichtnahme durch die Interessenten zu erfolgen. Die Planauflage und das Expropriationsbegehren sind sowohl zu publizieren, als auch den Interessenten persönlich bekannt zu geben.

Wenn das Expropriationsrecht nur gegenüber einzelnen Grundbesitzern beansprucht wird, findet das außerordentliche Expropriationsverfahren (Art. 18 und folgende des Expropriationsgesetzes von 1850) statt.

Art. 52. Nach Erledigung allfälliger Einsprachen gegen die Planvorlage durch den Bundesrat und nach deren Genehmigung ist auf Verlangen einer Partei die Schätzungskommission (Art. 54) zur Behandlung der Entschädigungsansprüche einzuberufen.

Art. 53. Nach erfolgter Plangenehmigung kann mit der Erstellung der elektrischen Leitung begonnen werden, auch wenn das Schätzungsverfahren noch nicht beendigt ist und die Entschädigungen noch nicht ausbezahlt sind. Immerhin ist für richtige Auszahlung der letzteren Sicherheit zu bestellen; die Höhe dieser Sicherheit wird im Streitfalle von der Schätzungskommission festgesetzt.

Art. 54. Für jeden Kanton wird eine Schätzungskommission von drei Mitgliedern ernannt, von welchen je eines durch das Bundesgericht, den Bundesrat und die betreffende Kantonsregierung zu wählen ist. Für jedes Mitglied werden von den zur Wahl Berechtigten zwei Ersatzmänner bezeichnet.

Gegen den Entscheid der Schätzungskommission ist der Rekurs an das Bundesgericht zulässig, nach Maßgabe des Bundesgesetzes, betreffend die Verbindlichkeit zur Abtragung von Privatrechten, vom 1. Mai 1850.

VII. Strafbestimmungen.

Art. 55. Wer durch eine Handlung oder Unterlassung vorsätzlich eine elektrische Anlage beschädigt oder gefährdet, wird bestraft:

a) wenn dadurch Personen oder Sachen einer erheblichen Gefahr ausgesetzt waren, mit Gefängnis;
b) wenn beträchtlicher Schaden an Sachen entstanden ist, mit Gefängnis oder Zuchthaus bis auf zehn Jahre;
c) wenn eine Person bedeutend verletzt oder getötet worden ist, mit Gefängnis oder Zuchthaus.

Art. 56. Wer in fahrlässiger Weise durch eine Handlung oder Unterlassung eine solche Schädigung oder Gefahr herbeiführt, wird bestraft:

im Falle der litt. a des Art. 55 mit Geldbuße bis auf Frs. *500* oder mit Gefängnis bis auf sechs Monate;

im Falle der litt. b des Art. 55 mit Geldbuße bis auf Frs. *1000* oder mit Gefängnis bis auf ein Jahr;

im Falle der litt. c des Art. 55 mit Geldbuße bis auf Frs. *3000* oder mit Gefängnis bis auf drei Jahre.

In allen drei Fällen kann mit Gefängnisstrafe Geldbuße verbunden werden.

Art. 57. Wer durch vorsätzliche oder grob fahrlässige Handlungen die Benutzung der Telegraphen- oder Telephonanlagen oder der Starkstromanlagen zu ihren Zwecken hindert oder stört, wird mit Geldbuße bis auf Frs. *1000* oder mit Gefängnis bis auf ein Jahr bestraft.

Wenn infolge der betreffenden Handlung eine Person bedeutend verletzt oder getötet oder sonst ein erheblicher Schaden gestiftet worden ist, ist auf Geldbuße bis auf Frs. *3000* oder Gefängnis oder Zuchthaus zu erkennen. Mit der Freiheitsstrafe kann auch Geldbuße verbunden werden.

Art. 58. Wer in der Absicht, sich oder anderen einen rechtswidrigen Vorteil zu verschaffen, einer elektrischen Anlage Kraft entzieht, wird mit Geldbuße bis auf Frs. *3000* oder mit Gefängnis bis auf ein Jahr bestraft. Mit der Freiheitsstrafe kann auch Geldbuße verbunden werden.

Art. 59. Die strafrechtliche Verfolgung der in den Art. 55, 56, 57 und 58 bezeichneten Verbrechen und Vergehen findet gemäß den Vorschriften des Bundesgesetzes über das Bundesstrafrecht vom 4. Februar 1853 statt. Dessen Vorschriften sind auch mit Bezug auf die Verjährung maßgebend.

Art. 60. Wer Weisungen des Starkstrominspektorates, die auf Grund der vom Bundesrate gemäß Art. 3 dieses Gesetzes erlassenen Vorschriften erteilt werden, nicht befolgt, kann vom Bundesrate mit einer Buße bis auf Frs. *1000* bestraft werden.

Vorbehalten bleiben außerdem die Strafbestimmungen der Art. 55, 56 und 57.

VIII. Schlußbestimmungen.

Art. 61. Das Bundesgesetz, betreffend die Erstellung von Telegraphen- und Telephonlinien, vom 26. Juni 1889 und der Art. 66 des Bundesstrafrechtes vom 4. Hornung 1853 werden mit dem Inkrafttreten des gegenwärtigen Gesetzes aufgehoben.

Art. 62. Der Bundesrat wird beauftragt, auf Grundlage der Bestimmungen des Bundesgesetzes vom 17. Juni 1874, betreffend die Volksabstimmung über Bundesgesetze und Bundesbeschlüsse, die Bekanntmachung dieses Gesetzes zu veranstalten und den Beginn der Wirksamkeit desselben festzusetzen.

Also beschlossen vom Ständerate

Bern, den 23. Juni 1902.

Der Präsident: Casimir von Arx.
Der Protokollführer: Schatzmann.

Also beschlossen vom Nationalrate,

Bern, den 24. Juni 1902.

Der Präsident: Dr. Iten.
Der Protokollführer: Ringier.

Der schweizerische Bundesrat beschließt:
Veröffentlichung des vorstehenden Bundesgesetzes.

Bern, den 14. Juli 1902.

Im Namen des schweiz. Bundesrates,
Der Bundespräsident:
Zemp.
Der Kanzler der Eidgenossenschaft:
Ringier.

Schwindmaße.

Blei	0,0109	Gußeisen	0,0103	Zinn	0,0080
Bronze	0,0160	Stabeisen	0,0180		
Flußstahl	0,0159	Stahlguß	0,0200		

Schwingungsgalvanometer (siehe **Galvanometer, ballistisches**).

Schwungradmaschinen haben die Aufgabe, das zur Erzielung eines bestimmten Ungleichförmigkeitsgrades nötige Schwungrad bei Dampfmaschinen dadurch überflüssig zu machen, daß das notwendige Schwunggewicht in den rotierenden Teil der Dynamomaschine verlegt wird. Schwungradmaschinen besitzen großen Durchmesser und geringe Breite. Vorteil: Große Raumersparung. Nachteil: Höherer Preis.

Scottsche Schaltung bietet den Vorteil, daß die Stromerzeugung und Stromverteilung zweiphasig, die Übertragung dreiphasig erfolgt, d. h. Zweiphasenstrom in Drehstrom und umgekehrt umgewandelt wird. Diese Umwandlung erfolgt durch zwei Einphasentransformatoren, deren Primärspulen an je einen der beiden Stromkreise des Zweiphasensystems angeschlossen sind, während von den beiden Sekundärspulen die eine in der Mitte der anderen angeschlossen ist, so daß die drei freibleibenden Enden der Sekundärspulen ein Drehstromsystem bilden.

Seelenplatten für Batterien sind solche Platten, welche eine mit wirksamer Masse bedeckte Bleiseele enthalten (Formierung von Planté und Faure).

Seidenpapier für Blechscheibenisolation in Rollen, Preis pro 100 kg *ℳ 200.*

Seilscheiben für Hanfseile. Neigung der Rillenflächen gegeneinander = 40—45°. Höhe der Rillenwände über Seilmitte = $^2/_3$ bis $^3/_4$ Seildurchmesser. Kleinster Scheibendurchmesser nicht unter 50fachem Seildurchmesser. Zahl der Rillen nicht über 12.

Für Hanfseile von 50 mm Durchmesser.

Scheiben-durchm. mm	Gewichte in kg für Rillenzahl:									
	1	2	3	4	5	6	7	8	9	10
1000	110	160	200	250	300	350	420	470	530	570
1200	135	190	250	305	370	430	520	580	650	700
1500	240	340	450	540	650	760	930	1030	1150	1260
1750	290	400	525	640	770	890	1100	1230	1360	1485
2000	345	480	620	765	890	1040	1300	1460	1600	1750
2250	410	560	730	880	1030	1210	1550	1680	1850	2040
2500	480	660	840	1030	1220	1380	1780	1950	2130	2340
2750	560	775	980	1200	1400	1600	2050	2250	2470	2700
3000	650	880	1130	1350	1600	1850	2350	2580	2850	3100

Für Drahtseile.

Scheiben-durchmesser mm	Seil-durchmesser mm	Gewicht kg
1000	10 — 12	90
1200	10 — 12	110
1400	11 — 13	130
1600	14 — 16	190
1800	14 — 16	210
2000	14 — 16	240
2200	17 — 20	310
2400	17 — 20	375
2600	17 — 20	445
2800	17 — 20	540
3000	17 — 20	—

Seilschlösser für Bogenlampen dienen zum Anschluß der Laterne an das Drahtseil ohne Spleißung. Bei Lampen von mehr als 220 Volt Netzspannung und bei solchen, wo die Laterne gegen die Lampe nicht isoliert aufgehängt ist, werden isolierende Seilschlösser verwendet.

Seitenbund — der Leitungsdraht ruht in der Halsrille des Isolators.

Seitentrolley (siehe **Trolley**).

Sekohm (siehe **Henry**).

Sektionsschalter (siehe **Leitungsschliefser**).

Sekundenkilogrammeter — mechanische Arbeitseinheit — jene Arbeit, die nötig ist, um der Masse von 1 kg die Geschwindigkeit von 1 m pro Sekunde zu erteilen.

Selbstfahrer, elektrischer (siehe **Automobile, elektrische**).

Selbstinduktion ist die induzierende Rückwirkung eines veränderlichen Stromes auf sich selbst.

Selbstinduktionsgesetz lautet: Die von einem Betriebsstrom in einer Drahtspule erzeugten Kraftlinien rufen eine elektromotorische Kraft in der Spule hervor, die ihren größten Wert zu der Zeit erreicht, wo der Betriebsstrom selbst durch den Nullwert geht.

Selbstinduktionskoeffizient, absolute Einheit desselben ist die elektromotorische Kraft, welche induziert wird, wenn die Stromstärke in einer Sekunde um die absolute Einheit wächst.

Selbstinduktionsspule (siehe **Drosselspule**).

Selbstschalter sind Schalter, welche bei einer bestimmten Änderung der Stromstärke oder Spannung den Stromkreis selbsttätig unterbrechen.

Selektorsystem bezweckt die an eine gemeinschaftliche Hauptleitung angeschlossenen Verbrauchsstromkreise oder Verbrauchsapparate von einer Zentralstelle aus nach Belieben einzeln ein- oder ausschalten zu können. In der Zentrale befindet sich ein Geber, von dem aus eine Leitung nach den in Reihe geschalteten Empfangsapparaten oder Selektoren der einzelnen Verbrauchsstromkreise führt. Die Selektoren dienen dazu, einen elektromagnetischen Schalter mit der Signalleitung zu verbinden, so daß dieser durch den von der Zentrale kommenden Strom betätigt werden kann und seinen zugehörigen Verbrauchsstromkreis ein- oder ausschaltet. Jeder Selektor reagiert nur auf eine bestimmte Reihenfolge von Stromimpulsen. Der drehbar angeordnete Elektromagnet des Selektors steht den beiden Polen eines Dauermagneten gegenüber und dreht sich nach dem einen oder anderen Sinne, je nachdem aus der Leitung ein positiver oder negativer Stromstoß ankommt. Die Bewegung des Elektromagneten wird durch ein Zahnräder- und Sperrklinkensystem auf ein Relais, welches vorübergehend in den Stromkreis eingeschaltet wird, so daß es seinen zugehörigen Verbrauchsstromkreis in den Hauptstromkreis einschaltet, betätigt. Das Selektorsystem kann sowohl in Beleuchtungs- und Kraftübertragungs-Anlagen, wie in Fernsprech-, Telegraphen- und Eisenbahnsignal-Anlagen Verwendung finden. (Hersteller: Electric Selector and Signal Company, New York.)

Selen. Das graue metallische Selen besitzt die Eigenschaft, seinen Widerstand unter Einfluß des Lichtes zu ändern. Diese Widerstandsänderung kann, wenn die Selenschichte (Selenzelle) zwischen zwei Leitungsklemmen angeordnet wird, mit Hilfe eines Galvanometers oder Telephons nachgewiesen werden, (siehe **Photophon**).

Sendedraht (siehe **Marconisches System**).

Sendestation bei der Funkentelegraphie besteht aus einem Induktor von 30—40 cm Funkenlänge, aus dem Erreger elektrischer Wellen und aus der Funkenstrecke, die durch einen Righisender in Verbindung mit einem Hertzschen Isolator gebildet wird.

Serienlampen werden in derselben Weise wie die für Parallelschaltung verwendeten Glühlampen ausgeführt für 5, 10 und 25 Volt. Sie werden auf Stromstärke beim Sortieren geprüft. Edison und Swan konstruieren Serienlampen von 6, 8 und 10 Amp. Stromstärke.

Serienmaschine (siehe **Hauptschlufsmaschine**).

Serienmotor (siehe **Hauptstrommotor**).

Maschinenfabrik Efslingen in Efslingen.

Serienschalter sind Ausschalter, welche mehrere Kontakte besitzen, so daß man je nach ihrer Stellung eine bestimmte Anzahl der von ihnen bedienten Lampen einschalten kann.

Bergmann-Elektrizitätswerke, Aktiengesellsch. (Abt. J), Berlin N., Henningsdorferstr. 33. 34. 35 (*s. vordere innere Deckelseite*).

Serienschaltung (siehe **Hauptstromschaltung**).

Serienwickelung. Die Drähte, welche unter gleichnamigen Polen liegen, sind hintereinander geschaltet, so daß sich die unter den einzelnen Polschuhen erzeugten Spannungen addieren.

Shatterton-Compound in Platten oder Stangen, je nach Qualität *ℳ 4.50—8.80* pro kg.

Süddeutsche Kabelwerke, A.-G., Mannheim. | Albert Thode & Ko., Hamburg (*s. Inseratanh. S. 4*).

Shunt sind Abzweigleitungen von bekanntem Widerstandsverhältnisse, welche von den Hauptleitungen zu den Strommessern geführt werden, wenn der zu messende Strom nicht ungeteilt durch das Instrument geleitet werden darf.

Sicherheitsventile für Dampfkessel müssen laut Vorschrift bei einem Überdruck von

1	2	3	4	5	6	7	8	9	10	11	12	13	14	15 Atm.

einen freien Querschnitt pro qm Heizfläche von

449	263	188	147	119	102	89	78	71	63	59	54	50	48	45 qmm haben.

Sicherheitsvorschriften (herausgegeben vom V. d. E.).

1. Sicherheitsvorschriften für elektrische Bahnanlagen.

Die im folgenden gegebenen Vorschriften gelten für die elektrischen Einrichtungen von Bahnanlagen mit oberirdischer Zuleitung sowie mit Akkumulatoren in den Wagen, soweit die Betriebsspannung zwischen 250 und 1000 Volt liegt.

Ergänzende Vorschriften für andere Systeme bleiben vorbehalten.

Diejenigen Teile von Bahnanlagen, welche mit mehr als 1000 Volt betrieben werden, fallen unter die Hochspannungsvorschriften.

I. Zentralen und Kraftstationen.

§ 1. Für die Kraftstationen, welche dem elektrischen Bahnbetrieb dienen, gelten die Sicherheitsvorschriften für elektrische Mittelspannungsanlagen (siehe daselbst).

Wagenschuppen sind als Betriebsräume im Sinne der Mittelspannungsvorschriften anzusehen.

II. Leitungsanlagen.

Auch für die Leitungsanlagen elektrischer Bahnen gelten die Sicherheitsvorschriften für elektrische Mittelspannungsanlagen, jedoch mit folgenden Ausnahmen:

§ 2. An Stelle des § 9 der Vorschriften für Mittelspannung treten folgende Bestimmungen:

a) Für Bahnen sind wetterbeständig isolierte Freileitungen zulässig.

b) Fahrdrähte und Speiseleitungen, welche nicht auf Porzellandoppelglocken verlegt sind, müssen gegen Erde doppelt isoliert sein.

c) Die Höhe der Leitungen über öffentlichen Straßen darf auf offener Strecke nicht unter 5 m betragen. Eine geringere Höhe ist bei Unterführungen zulässig, wenn geeignete Vorsichtsmaßregeln getroffen oder Warnungstafeln angebracht werden.

d) Bei elektrischen Bahnen auf besonderem Bahnkörper, soweit dieser dem Publikum nicht zugänglich ist, können die Leitungen in beliebiger Höhe verlegt werden, wenn bei der gewählten Verlegungsart die Strecke von instruiertem Personal ohne Gefahr begangen werden kann. An Haltestellen und Übergängen sind die Leitungen gegen zufällige Berührung durch das Publikum zu schützen und Warnungstafeln anzubringen.

e) Spannweite und Durchhang müssen derart bemessen werden, daß Gestänge aus Holz eine zehnfache und aus Eisen eine vierfache Sicherheit, Leitungen bei minus 20° C eine fünffache Sicherheit (bei Leitungen aus hartgezogenem Metall eine dreifache Sicherheit) dauernd bieten. Dabei ist der Winddruck mit 125 kg für 1 qm senkrecht getroffener Fläche in Rechnung zu bringen.

f) Den örtlichen Verhältnissen entsprechend sind Freileitungen durch Blitzschutzvorrichtungen zu sichern, die auch bei wiederholten Blitzschlägen wirksam bleiben. Es ist dabei auf eine gute Erdleitung Bedacht zu nehmen, die unter möglichster Vermeidung von Krümmungen auszuführen ist. Fahrschienen können als Erdleitung benutzt werden.

g) Alle blanken oberirdischen Leitungen in bebauten Straßen müssen streckenweise ausschaltbar sein.

h) Bezüglich der Sicherung vorhandener Telephon- und Telegraphenleitungen gegen Störungen durch elektrische Bahnen wird auf § 12 [1]) des Telegraphengesetzes vom 6. April 1892 verwiesen.

§ 3. Fahrdrähte unterliegen nicht der Bestimmung, daß ihre Anschluß- und Abzweigstellen vom Zuge entlastet sein müssen; dieselben müssen aber an den Unterbrechungen verankert werden.

§ 4. An die Stelle des § 24 b der Mittelspannungsvorschriften tritt folgende Bestimmung: Der Isolationswiderstand von oberirdischen Bahnleitungen muß bei Regenwetter und mit der Betriebsspannung gemessen mindestens 50000 Ohm pro km einfacher Länge betragen.

In mindestens halbjährigen Zwischenräumen sollen besondere Kontrollmessungen vorgenommen werden, bei denen jede Speiseleitung mit dem zugehörigen Teile des Arbeitsdrahtes als besonderer Meßkreis gilt. Über den Befund der Messungen ist Buch zu führen.

In mindestens halbjährigem Turnus sind die einzelnen Isolationspunkte durchzumessen.

§ 5. An Stelle des § 26 a Abs. 1 der Mittelspannungsvorschriften tritt folgende Bestimmung: Das Arbeiten an stromführenden Fahrdrähten und Speiseleitungen ist gestattet, wenn es von instruierten Arbeitern geschieht, die auf einem isolierenden Turmwagen oder einer isolierenden Leiter stehen. Zum Zwecke gegenseitiger Hilfeleistung sollen stets zwei Arbeiter gemeinschaftlich arbeiten.

§ 6. Bei Bahnen, deren Schienen als Leitung dienen, ist der negative Pol der Dynamomaschine durch isolierte Leitungen mit der Gleisanlage zu verbinden.

III. Fahrzeuge.

Für Motorwagen und für Anhängewagen, soweit die letzteren mit Starkstromleitung ausgerüstet sind, gelten die sämtlichen im folgenden aufgeführten Bestimmungen und nur diese.

§ 7. Bezeichnungen. a) Isolation. Eine Isolation gilt als genügend, wenn die Isolierstoffe in solcher Stärke verwendet werden, daß sie bei den im Betrieb vorkommenden Temperaturen von einer Spannung, welche die Betriebsspannung um 1000 Volt überschreitet, nicht durchschlagen werden. Außerdem muß das Isoliermaterial derartig gestaltet und bemessen sein, daß ein merklicher Stromübergang über die Oberfläche (Oberflächenleitung) unter normalen Verhältnissen nicht eintreten kann.

Bei Steuerapparaten (Kontrollern) ist imprägniertes Holz als Isolationsmaterial zulässig.

b) Erdung. Als genügende Erdung für Fahrzeuge gilt die leitende Verbindung mit den Radreifen durch das Untergestell.

c) Isolierte Leitungen. Als isolierte Leitungen gelten umhüllte Leitungen, die nach 24 stündigem Liegen im Wasser eine Überspannung von 1000 Volt gegen das Wasser eine Stunde lang aushalten.

---

[1]) Siehe Telegraphenwesengesetz.

d) Feuersichere Gegenstände. Als feuersicher gilt ein Gegenstand, der nicht entzündet werden kann oder nach Entzündung nicht von selbst weiterbrennt.

§ 8. Generatoren, Motoren und Transformatoren. Die Gestelle von zugänglich aufgestellten Generatoren, Motoren und Transformatoren müssen dauernd geerdet sein. Durch die Art der Aufstellung oder durch besondere Geländer muß dafür gesorgt sein, daß Personen auch bei Schleudern des Wagens nicht in Berührung mit blanken stromführenden oder sich bewegenden Teilen gelangen können. Die Aufstellung ist derart auszuführen, daß etwaige im Betriebe auftretende Feuererscheinungen keine Entzündung von brennbaren Stoffen hervorrufen können.

§ 9. Akkumulatoren. Akkumulatoren elektrischer Fahrzeuge können auf Holz montiert werden, wobei einmalige Isolation durch nicht hygroskopische Zwischenlagen ausreicht. Soweit nur instruiertes Personal in Betracht kommt, braucht die Möglichkeit, daß eine Person Teile verschiedener Spannung gleichzeitig berührt, nicht ausgeschlossen sein. Während des normalen Betriebes dürfen die Akkumulatoren dem Publikum nicht zugänglich sein.

Zelluloid ist zur Verwendung als Kasten und außerhalb des Elektrolyten unzulässig.

§ 10. Schalttafeln. Schalttafeln in oder an Fahrzeugen dürfen Holz nur als Konstruktionsmaterial enthalten. Stromführende blanke Metallteile und solche Apparate, welche betriebsmäßig Funken erzeugen, müssen auf feuersicherer Unterlage montiert und müssen derart angeordnet sein, daß die Feuererscheinungen weder Personen noch brennbare Stoffe gefährden können. Blanke stromführende Metallteile müssen gegen zufällige Berührung geschützt sein.

§ 11. Leitungen. a) Der Querschnitt aller Leitungsdrähte innerhalb des Fahrzeuges mit Ausnahme der Fahrstromleitungen ist nach der Normalstromstärke der vorgeschalteten Sicherung laut folgender Tabelle oder stärker zu bemessen:

Querschnitt qmm	Normalstromstärke der Sicherung Amp.	Querschnitt qmm	Normalstromstärke der Sicherung Amp.
0,75	4	35	90
1	6	50	100
1,5	10	70	130
2,5	15	95	165
4	20	120	200
6	30	150	235
10	40	185	275
16	60	200	330
25	80		

Die Normalstromstärke der Sicherungen für Fahrstromleitungen darf um 50% höher sein, als in vorstehender Tabelle angegeben.

Drähte für Bremsstrom sind mindestens von gleicher Stärke wie die Fahrstromleitungen zu wählen.

b) Isolierte Leitungen müssen eine Gummiisolierung in Form einer ununterbrochenen nahtlosen und vollkommen wasserdichten Hülle besitzen. Die Gummiisolierung muß durch eine Umhüllung aus faserigem Material noch besonders geschützt sein.

c) Mehrfachleitungen sind zulässig, wenn jeder Leiter nach b) isoliert ist. Es ist hierbei statthaft, die isolierten Leitungen anstatt einzeln auch durch gemeinsame Umhüllung aus faserigem Material zu schützen.

d) Wenn vulkanisierte Gummiisolierung verwendet wird, muß der Leiter verzinnt sein.

e) Blanke Leitungen sind nur als Verbindungsglieder zwischen Batteriezellen oder Widerstandselementen und nur dann zulässig, wenn sie sicher isoliert verlegt und gegen Berührung geschützt sind.

f) Isolierte Leitungen in Fahrzeugen müssen so geführt werden, daß die Isolierung nicht durch die Wärme benachbarter Widerstände gefährdet werden kann.

g) Alle festverlegten Leitungen sind derart anzubringen, daß sie nur dem instruierten Personal, nicht aber dem Publikum zugänglich sind.

h) Leitungsdrähte dürfen nur durch Verlöten, Verschrauben oder auf eine gleichwertige Verbindungsart miteinander verbunden werden. Drähte durch einfaches Umeinanderschlingen der Drahtenden zu verbinden, ist unzulässig. Zur Herstellung von Lötstellen dürfen Lötmittel, welche das Metall angreifen, nicht verwendet werden. Die fertige Verbindungsstelle ist entsprechend der Art der betreffenden Leitungen sorgfältig zu isolieren.

i) Die Verbindung der Leitungen mit den Apparaten ist mittels gesicherter Schrauben oder durch Lötung auszuführen. Drahtseile bis zu 6 qmm und Drähte bis zu 25 qmm Kupferquerschnitt müssen mit Kabelschuhen oder einem gleichwertigen Verbindungsmittel versehen sein. Drahtseile von geringerem Querschnitt müssen, wenn sie nicht gleichfalls Kabelschuhe erhalten, an den Enden verlötet werden.

k) Nebeneinander verlaufende isolierte Leitungen müssen entweder zu Mehrfachleitungen mit einer gemeinsamen wasserdichten Schutzhülle zusammengefaßt werden, derart, daß ein Verschieben und Reiben der Einzelleitungen ausgeschlossen ist; dabei ist die Isolierhülle an den Austrittsstellen von Leitungen gegen Wasser abzudichten; oder die Leitungen sind getrennt mittels Isolierkörper zu verlegen und, wo sie Wände oder Fußböden durchsetzen, durch Isoliertüllen so zu führen, daß sie sich an diesen Stellen nicht scheuern können.

l) Isolierte Drähte können direkt auf Holz verlegt werden, und Holzleisten können zur Verkleidung derselben benutzt werden.

m) Verbindungsleitungen zwischen Motorwagen und Anhängewagen sollen so angebracht sein, daß das Publikum nicht in die Lage gesetzt wird, sie zufällig zu berühren. Bewegliche Kuppelungsstücke sollen so mit Isoliermaterial bekleidet sein, daß auch die ausgelösten Kontaktteile beim etwaigen Niederfallen keine leitende Berührung machen können.

n) Leitungen, die einer Verbiegung oder Verdrehung ausgesetzt sind, müssen aus leicht biegsamen Seilen hergestellt und über der Isolierung mit einem wasserdichten Schlauch versehen sein.

o) In unmittelbarer Nähe von Metallteilen sind die Leitungen über der Isolierung noch mit einem besonderen feuchtigkeitsbeständigen Isolierrohr oder Schlauch zu überziehen; alsdann ist die Erdung und Verbindung der Metallteile nicht erforderlich.

p) Krampen sind nur zur Befestigung von blanken Leitungen, die mit dem Wagengestell dauernd in leitender Verbindung sind, zulässig.

q) Rohre können zur Verlegung isolierter Leitungen in und auf Wänden, Decken und Fußböden verwendet werden, sofern sie die Leitungen gegen die Wirkungen von Feuchtigkeit schützen. Sie können aus Metall oder feuchtigkeitsbeständigem Isolierstoff oder aus Metall mit isolierender Auskleidung bestehen. Bei Verwendung eiserner Rohre für Ein- oder Mehrphasenstromleitungen müssen sämtliche zu einem Stromkreise gehörigen Leitungen in demselben Rohre verlegt werden. Drahtverbindungen dürfen nicht innerhalb der Rohre, sondern nur in Verbindungsdosen ausgeführt werden, die jederzeit leicht geöffnet werden können.

Die Rohre sind so herzurichten, daß die Isolierung der Leitungen durch vorstehende Teile oder scharfe Kanten nicht verletzt werden kann; die Stoßstellen müssen sicher abgedichtet sein. Metallrohre sind leitend zu verbinden und zu erden. Die Rohre sind so zu verlegen, daß sich an keiner Stelle Wasser ansammeln kann.

Apparate.

§ 12. Die stromführenden Teile von Apparaten müssen, soweit sie der zufälligen Berührung zugänglich sind, mit Schutzkasten umgeben sein.

Die Kontakte sind derart zu bemessen, daß im regelrechten Betriebe keine Erwärmung von mehr als 50° C über Lufttemperatur eintreten kann.

§ 13. Steuerapparate. Die Kurbeln der Steuerapparate müssen, und zwar nur in ausgeschalteter Stellung, abnehmbar sein.

Die Achsen der Steuerapparate müssen geerdet sein.

§ 14. Sicherungen. a) Jeder Motorwagen muß mindestens eine Abschmelz-Hauptsicherung für die motorischen Teile haben. Die Lichtleitung und die Heizleitung müssen besonders gesichert sein, ebenso sind Akkumulatorenstromkreise zu sichern.

Der Stromkreis einer Kurzschlußbremse darf keine Sicherung enthalten.

b) Die Abschmelzsicherungen sowohl wie die Automaten müssen derart konstruiert sein, daß beim Funktionieren derselben (selbst bei Kurzschluß) ein etwa entstehender Lichtbogen sofort erlischt. Bei Abschmelzsicherungen darf der Kontakt nicht unmittelbar durch weiche plastische Metalle und Legierungen vermittelt werden, sondern, wenn die Sicherung aus weichem Metall besteht, müssen die Schmelzdrähte oder Schmelzstreifen in Kontaktstücke aus Kupfer oder gleichgeeignetem Metall eingelötet sein.

Abschmelzsicherungen für Fahrstromleitungen müssen derart konstruiert sein, daß sie, vom kalten Zustande aus plötzlich mit der doppelten Normalstromstärke belastet, in längstens fünf Minuten abschmelzen.

Bei den Abschmelzsicherungen für andere Stromkreise ist die Abschmelzzeit auf zwei Minuten beschränkt.

Die Maximalspannung und die Normalstromstärke sollen auf dem auswechselbaren Einsatz der Sicherung verzeichnet sein.

c) Sicherungen und Automaten müssen so angebracht sein, daß sie beim Funktionieren weder das Publikum gefährden oder belästigen, noch für benachbarte brennbare Gegenstände eine Feuersgefahr herbeiführen.

§ 15. Ausschalter. Der Lampenkreis, der etwaige Heizkreis und der etwaige Akkumulatorenkreis müssen selbständig ausschaltbar sein. Die Schalter müssen so konstruiert sein, daß sich kein dauernder Lichtbogen bilden kann und daß man erkennen kann, ob der Stromkreis geschlossen oder offen ist.

Metallkontakte sollen Schleifkontakte sein.

Die Schalter müssen so angebracht bzw. geschützt sein, daß sie weder das Publikum noch benachbarte brennbare Teile gefährden können.

Griffe und Gehäuse sind tunlichst aus Isoliermaterial herzustellen.

§ 16. Widerstände. Widerstands- und Heizapparate sind derart anzuordnen, daß eine Berührung zwischen den wärmeentwickelnden Teilen und entzündlichen Stoffen sowie eine feuergefährliche Erwärmung der letzteren nicht vorkommen kann.

Die stromführenden Teile derselben dürfen während des normalen Betriebes dem Publikum nicht zugänglich sein.

Lampen und Zubehör.

§ 17. Die unter Spannung stehenden Teile von Lampen nebst Zubehör müssen, soweit sie ohne besondere Hilfsmittel erreichbar sind, mit einer Schutzhülle aus Isoliermaterial versehen sein.

Die stromführenden Teile der Fassungen müssen auf feuersicherer Unterlage montiert und durch feuersichere Umhüllung vor Berührung geschützt sein. Stoffe, die in der Wärme entzündlich sind oder Formveränderungen erleiden, sind als Bestandteile im Innern der Fassungen ausgeschlossen.

Fassungen mit Ausschalter (Hahnfassungen) sind verboten.

Für Bogenlampen gelten die allgemeinen Mittelspannungsvorschriften.

§ 18. Der Verband deutscher Elektrotechniker behält sich vor, Abänderungen und Erweiterungen dieser Vorschriften nach Bedürfnis herauszugeben.

2. Sicherheitsvorschriften für die Errichtung elektrischer Starkstromanlagen,

festgesetzt nach den Beschlüssen der Sicherheitskommission zu Jena vom 12. bis 15. Januar 1903.

I. Niederspannung.

Die hierunter stehenden Vorschriften gelten für elektrische Starkstromanlagen bzw. diejenigen Teile derselben, deren effektive Gebrauchsspannung zwischen irgend zwei gegen Erde isolierten

Leitungen 500 Volt nicht überschreitet und bei denen gleichzeitig die effektive Spannung zwischen irgend einer Leitung und Erde 250 Volt nicht überschreiten kann; ausgenommen sind jedoch unterirdische Leitungsnetze, elektrische Bahnen und elektrochemische Betriebsapparate. Bei Akkumulatoren ist die Entladespannung maßgebend.

A. Allgemeines.

§ 1.
Pläne.

Für jede Starkstromanlage sollen bei Fertigstellung ein Plan und ein Schaltungsschema hergestellt werden.

Der Plan soll enthalten:

a) Bezeichnung der Räume nach Lage und Verwendung. Besonders hervorzuheben sind feuchte oder durchtränkte Räume und solche, in welchen ätzende oder leicht entzündliche Stoffe oder explosible Gase vorkommen.

b) Lage, Querschnitt und Isolierungsart der Leitungen. Der Querschnitt wird in Quadratmillimetern ausgedrückt neben die Leitungslinien gesetzt. Die Isolierungsart wird durch die unten angeführten Buchstaben bezeichnet.

c) Art der Verlegung (Isolierglocken, Rollen, Ringe, Rohre usw.); hierfür sind ebenfalls nachstehende Bezeichnungen angegeben.

d) Lage der Apparate und Sicherungen.

e) Lage und Art der Lampen, Elektromotoren und sonstigen Stromverbraucher.

Das Schaltungsschema soll enthalten:

Querschnitte der Hauptleitungen und Abzweigungen von den Schalttafeln mit Angabe der Belastung in Ampere.

Bei elektrischen Betriebsanlagen ist auch das Schaltungsschema der Stromerzeugungsanlage beizulegen.

Die Vorschriften dieses Paragraphen gelten auch für alle Abänderungen und Erweiterungen.

Der Plan und das Schaltungsschema sind von dem Besitzer der Anlage aufzubewahren.

Für die Pläne sind folgende Bezeichnungen anzuwenden:

╳ = Feste Glühlampe.

× = Bewegliche Glühlampe.

⊗ 5 = Fester Lampenträger mit Lampenzahl (5).

⊗ 3 = Beweglicher Lampenträger mit Lampenzahl (3).

Obige Zeichen gelten für Glühlampen jeder Kerzenstärke sowie für Fassungen mit und ohne Hahn.

⊙ 6 = Bogenlampe mit Angabe der Stromstärke (6 A).

⊙ $^{6}_{D}$ = Dauerbrandlampe mit Angabe der Stromstärke (6 A).

 = Dynamomaschine bzw. Elektromotor jeder Stromart mit Angabe der höchsten zulässigen Beanspruchung in Kilowatt.

 = Akkumulatoren.

 = Wandfassung, Anschlußdose mit Angabe der Stromstärke (6 A).

 = Einpoliger bzw. zweipoliger bzw. dreipoliger Ausschalter mit Angabe der höchsten zulässigen Stromstärke (6 A).

 = Umschalter, desgl.

 = Sicherung (an der Abzweigstelle).

 = Widerstand, Heizapparate u. dgl. mit Angabe der höchsten zulässigen Stromstärke (10 A).

 = Desgl., beweglich angeschlossen.

 = Transformator mit Angabe der Leistung in Kilowatt (7,5).

 = Drosselspule.

 = Blitzschutzvorrichtung.

 = Spannungssicherung.

 = Erdung.

 = Blitzpfeil.

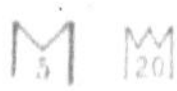 = Zweileiter- bzw. Dreileiter- oder Drehstromzähler mit Angabe des Meßbereichs (5 bzw. 20 KW).

 = Zweileiter-Schalttafel.

 = Dreileiter-Schalttafel oder Schalttafel für mehrphasigen Wechselstrom.

 = Einzelleitung.

 = Hin- und Rückleitung.

 = Dreileiter- oder Drehstromleitung.

 = Fest verlegte Mehrfachleitung jeder Art.

 = Nach oben führende Steigleitung.

 = Nach unten führende Steigleitung.

 = Holzmast.

 = Eisenmast.

B C Blanker Kupferdraht.
B E Blanker Eisendraht.
G B Gummibandleitung.
G A Gummiaderleitung.
M B Mehrfach-Gummibandleitung.

M A Mehrfach-Gummiaderleitung.
P A Panzerader.
F A Fassungsader.
S B Gummibandschnur.
S A Gummiaderschnur.
P L Pendelschnur.
K B Blanke Kabel.
K A Asphaltierte Kabel.
K E Armierte asphaltierte Kabel.
(g) Verlegung auf Isolierglocken.
(r) Verlegung auf Rollen oder Ringen.
(k) Verlegung auf Klemmen.
(o) Verlegung in Rohren.
(f) Schutz durch Eisen.
(l) Schutz durch isolierende Verkleidung.
(n) Schutznetz.
(e) Schutz durch Erdung.

§ 2.

Isolation.

a) Vor Inbetriebsetzung einer Anlage ist durch Isolationsprüfung, womöglich mit der Betriebsspannung, mindestens aber mit 100 Volt, festzustellen, ob Isolationsfehler vorhanden sind. Das gleiche gilt von jeder Erweiterung der Anlage.

b) Bei diesen Messungen muß nicht nur die Isolation zwischen den Leitungen und der Erde, sondern auch die Isolation je zweier Leitungen verschiedenen Potentiales gegeneinander gemessen werden; im letzteren Falle müssen alle Glühlampen, Bogenlampen, Motoren oder andere Strom verbrauchende Apparate von ihren Leitungen abgetrennt, dagegen alle vorhandenen Beleuchtungskörper angeschlossen, alle Sicherungen eingesetzt und alle Schalter geschlossen sein. Reihenstromkreise dürfen jedoch nur an einer einzigen Stelle geöffnet werden, die möglichst nahe der Mitte zu wählen ist. Dabei müssen die Isolationswiderstände den Bedingungen des Absatzes d) genügen.

c) Bei Isolationsmessung durch Gleichstrom gegen Erde soll, wenn möglich, der negative Pol der Stromquelle an die zu messende Leitung gelegt werden, und die Messung soll erst erfolgen, nachdem die Leitung während zwei Minuten der Spannung ausgesetzt war.

d) Der Isolationszustand einer Anlage, mit Ausnahme der Teile unter e) und f), soll derart sein, daß der Stromverlust auf jeder Teilstrecke zwischen zwei Sicherungen oder hinter der letzten Sicherung bei der Betriebsspannung ein Milliampere nicht überschreitet. Der Isolationswert einer derartigen Leitungsstrecke muß hiernach wenigstens betragen: 1000 Ω multipliziert mit der Voltzahl der Betriebsspannung (z. B. 220 000 Ω für 220 Volt Betriebsspannung).

e) Diejenigen Teile von Anlagen, welche in feuchten Räumen, z. B. in Brauereien, Färbereien, Gerbereien usw., installiert sind, brauchen der Vorschrift des Absatzes d) nicht zu genügen, sollen aber mit möglichster Sorgfalt isoliert sein. Wo eine größere Anlage feuchte Teile enthält, müssen dieselben bei der Messung nach b) und c) abgeschaltet sein, und die trockenen Teile müssen der Vorschrift unter d) genügen.

f) Der Isolationswiderstand von Freileitungen muß bei feuchtem Wetter mindestens 20000 Ω pro km einfacher Länge betragen.

§ 3.

Definitionen.

a) Vakat.

b) Erdung. Einen Gegenstand im Sinne dieser Vorschrift erden, heißt ihn mit der Erde derart leitend verbinden, daß er eine für unisoliert stehende Personen gefährliche Spannung nicht annehmen kann.

c) Feuersichere Gegenstände. Als feuersicher gilt ein Gegenstand, der nicht entzündet werden kann oder nach Entzündung nicht von selbst weiter brennt.

d) Freileitungen. Als Freileitungen gelten alle oberirdischen Leitungen außerhalb von Gebäuden, die weder metallische Umhüllung noch Schutzverkleidung haben. Schutznetze, Schutzleisten und Schutzdrähte gelten nicht als Verkleidung.

e) Elektrische Betriebsräume. Als elektrische Betriebsräume gelten Räume, welche wesentlich zur Erzeugung, Umformung oder Verteilung elektrischer Ströme dienen und in der Regel nur instruiertem Personal zugänglich sind.

f) Betriebsstätten. Im Gegensatz zu den elektrischen Betriebsräumen werden als Betriebsstätten alle diejenigen Räume bezeichnet, in welchen andere als elektrische Betriebsarbeiten normalerweise vorgenommen werden.

g) Feuergefährliche Betriebsstätten und Lagerräume. Als feuergefährliche Betriebsstätten und Lagerräume gelten Räume, in welchen leicht entzündliche Gegenstände erzeugt oder angehäuft werden.

h) Explosionsgefährliche Betriebsstätten und Lagerräume. Als explosionsgefährlich gelten Räume, in denen explosible Stoffe aufgespeichert werden, oder in denen sich betriebsmäßig explosible Gemische von Gasen, Staub oder Fasern bilden oder anhäufen können.

B. Beschaffenheit des zu verwendenden Materials.

Alles zu verwendende Material muß, soweit nicht in folgendem Ausnahmen gemacht sind, den Normalien des Verbandes entsprechen.[1])

§ 4.

Schalt und Verteilungstafeln.

a) Für den Aufbau von Schalt- und Verteilungstafeln darf im allgemeinen Holz nicht verwendet werden; nur für Verteilungstafeln bis 0,5 cm ist es als Konstruktions-, nicht aber als Isolationsmaterial zulässig; zur Umrahmung darf es überall benutzt werden. Schalter und alle Apparate, in denen betriebsmäßig Stromunterbrechung stattfindet, müssen derart angeordnet sein, daß etwa im Betriebe der elektrischen Einrichtungen auftretende Feuererscheinungen nicht

[1]) Die hier in Betracht kommenden Normalien sind:

1. Normen über einheitliche Kontaktgrößen und Schrauben.
2. Normalien und Kaliberlehren für Lampenfüße und Fassungen mit Edisongewinde.
3. Vorschriften für die Konstruktion und Prüfung von Installationsmaterial.
4. Normalien für elektrische Maschinen und Transformatoren.
5. Normalien für Leitungen (einschließlich Kupfernormalien).

zündend auf die Nachbarschaft wirken und keine Kurz- oder Erdschlüsse herbeiführen können.

b) Bei Schalttafeln, die betriebsmäßig auf der Rückseite zugänglich sind, darf die Entfernung zwischen ungeschützten, stromführenden Teilen der Schalttafel und der gegenüberliegenden Wand nicht weniger als 1 m betragen. Sind an der letzteren ungeschützte stromführende Teile in erreichbarer Höhe vorhanden, so muß die horizontale Entfernung bis zu denselben 2 m betragen und der Zwischenraum durch Geländer geteilt sein.

c) Die Kreuzung stromführender Teile an Schalt- und Verteilungstafeln ist möglichst zu vermeiden. Ist dies nicht erreichbar, so sind die stromführenden Teile durch Isolierung voneinander zu trennen oder derart in genügendem Abstand voneinander zu befestigen, daß Berührung ausgeschlossen ist.

d) Die Polarität bzw. Phase von Leitungsschienen, die hinter der Schalttafel liegen, ist durch farbigen Anstrich kenntlich zu machen.

e) An Verteilungstafeln, welche nicht von der Rückseite aus zugänglich sind, müssen die Leitungen nach Befestigung der Tafel angeschlossen und die Anschlüsse jederzeit von vorn kontrolliert und gelöst werden können.

f) Die Sicherungen auf den Verteilungstafeln sind mit Bezeichnungen zu versehen, aus denen hervorgeht, zu welchen Räumen bzw. Gruppen von Stromverbrauchern sie gehören.

g) Im übrigen wird bezüglich der Ausrüstung der Schalt- und Verteilungstafeln auf die § 10—14 verwiesen.

Leitungsmaterial.

§ 5.

Beschaffenheit und Belastung des Leitungskupfers.

a) Leitungskupfer muß den Normalien des Verbandes deutscher Elektrotechniker entsprechen. Ausnahmen hiervon sind bei Drähten zulässig, die für Freileitungen bestimmt sind.

b) Isolierte Kupferleitungen und nicht unterirdisch verlegte Kabel dürfen höchstens mit den in nachstehender Tabelle verzeichneten Stromstärken dauernd belastet werden.

Querschnitt qmm	Betriebsstromstärke Amp.	Querschnitt qmm	Betriebsstromstärke Amp.
0,75	4	95	165
1	6	120	200
1,5	10	150	235
2,5	15	185	275
4	20	240	330
6	30	310	400
10	40	400	500
16	60	500	600
25	80	625	700
35	90	800	850
50	100	1000	1000
70	130		

Blanke Kupferleitungen bis zu 50 qmm unterliegen gleichfalls den Vorschriften der vorstehenden Tabelle, blanke Kupferleitungen über 50 und unter 100 qmm Querschnitt können mit 2 Amp. pro qmm belastet werden. Auf Freileitungen finden die vorstehenden Zahlenbestimmungen keine Anwendung.

Bei intermittierendem Betriebe ist eine Erhöhung der Belastung über die Tabellenwerte zulässig, sofern dadurch keine größere Erwärmung als bei der der Tabelle entsprechenden Dauerbelastung entsteht.

c) Der geringste zulässige Querschnitt für isolierte Kupferleitungen ist 1 qmm, an und in Beleuchtungskörpern $^3/_4$ qmm. Der geringste zulässige Querschnitt von offen verlegten blanken Kupferleitungen in Gebäuden ist 4 qmm, bei Freileitungen 6 qmm.

d) Bei Verwendung von Leitern aus anderen Metallen müssen die Querschnitte so gewählt werden, daß sowohl Festigkeit wie Erwärmung durch den Strom den im vorigen für Kupfer gegebenen Querschnitten entspricht.

§ 6.

Leitungen.

a) Im nächstfolgenden werden behandelt: Drahtleitungen, Schnurleitungen und Kabel.

b) Drahtmaterialien für Maschinen und Apparate unterliegen den Bestimmungen dieser Vorschriften nicht.

§ 7.

Drahtleitungen.

a) Blanke Leitungen. Hierher gehören blanker Kupferdraht, verzinnter Kupferdraht, verbleiter Kupferdraht, verzinkter oder verzinnter Eisendraht, Aluminiumdraht, Draht von Siliziumbronze usw. Für andere als Kupferdrähte vgl. § 5 d).

b) Gummibanddrähte
c) Gummiaderdrähte
d) Mehrfachdrahtleitungen
e) Fassungsadern
} siehe Normalien für Leitungen.

f) Gepanzerte Drahtleitungen bestehen aus je 2 oder mehreren nach c) isolierten Drähten, die mit einer gemeinsamen Hülle und darüber mit einer dichten Metallumklöppelung versehen sind. Gepanzerte Leitungen dürfen nicht direkt in die Erde verlegt werden, sind aber im übrigen den armierten Bleikabeln gleichgestellt.

g) Drahtleitungen anderer Art dürfen nur verwendet werden, wenn sie der in den Normalien für Gummiaderdrähte beschriebenen Wasserprobe, ev. unter sinngemäßer Modifikation der Bedingungen genügen.

§ 8.

Schnüre (biegsame Leitungen).

a) Gummibandschnüre
b) Gummiaderschnüre
c) Pendelschnüre
} siehe Normalien für Leitungen.

d) Gepanzerte Schnurleitungen bestehen aus je 2 oder mehreren nach 8 b) isolierten Schnüren, die mit einer gemeinsamen Hülle und darüber mit einer dichten Metallumklöppelung versehen sind.

Gepanzerte Schnurleitungen dürfen nicht direkt in Erde verlegt werden, sind aber im übrigen den armierten Bleikabeln gleichgestellt.

§ 9.

Kabel.

a) Blanke Bleikabel (Bezeichnung KB) bestehen aus einer oder mehreren Kupferseelen, starken Isolierschichten und einem wasserdichten einfachen oder mehrfachen Bleimantel. Sie sind nur zu verwenden, wenn sie gegen mechanische und gegen chemische Beschädigungen geschützt sind.

b) Asphaltierte Bleikabel (Bezeichnung KA) wie die vorigen, aber mit asphaltiertem Faserstoff umwickelt; sie müssen gegen mechanische Beschädigungen geschützt sein.

c) Armierte asphaltierte Bleikabel (Bezeichnung KE) wie die vorigen und mit Eisenband oder -draht armiert.

d) Bei eisenarmierten Kabeln für Ein- oder Mehrphasenstrom müssen sämtliche zu einem Stromkreis gehörigen Leitungen in demselben Kabel enthalten sein.

Apparate.

§ 10.

Allgemeines.

a) Die äußeren stromführenden Teile sämtlicher Apparate (Ausnahme siehe § 12) müssen auf feuersicheren und, soweit sie nicht betriebsmäßig geerdet sind, auf in dem Verwendungsraum isolierenden Unterlagen montiert sein.

b) Apparate sind derart zu bemessen, daß sie durch den stärksten normal vorkommenden Betriebsstrom keine für den Betrieb oder die Umgebung bedenkliche Temperatur annehmen können.

c) Die Verbindung der Leitungen mit den Apparaten ist durch Schrauben oder gleichwertige Mittel auszuführen.

Schnüre oder Drahtseile bis zu 6 qmm und Einzeldrähte bis zu 25 qmm Kupferquerschnitt können mit angebogenen Ösen an die Apparate befestigt werden. Drahtseile über 6 qmm sowie Drähte über 25 qmm Kupferquerschnitt müssen mit Kabelschuhen oder gleichwertigen Verbindungsmitteln versehen sein. Schnüre und Drahtseile von weniger als 6 qmm Querschnitt müssen, wenn sie nicht gleichfalls Kabelschuhe oder gleichwertige Verbindungsmittel erhalten, an den Enden verlötet sein; zum Löten darf die offene Flamme nicht verwendet werden.

d) Apparate müssen so konstruiert sein, daß der für die anzuschließenden Drähte vorgeschriebene Abstand von der Wand auch an den Einführungsstellen gewahrt werden kann.

e) Alle Apparate müssen derart konstruiert und angebracht sein, daß eine Verletzung von Personen durch Splitter, Funken und geschmolzenes Material ausgeschlossen ist.

§ 11.

Ausschalter und Umschalter.

a) Alle Schalter, welche außerhalb elektrischer Betriebsräume verwendet werden sollen, müssen Momentschalter sein, die so konstruiert sind, daß beim Öffnen unter normalem Betriebsstrom kein dauernder Lichtbogen entstehen kann.

b) Metallkontakte sind so zu bemessen, daß bei normalem Betriebsstrom keine ungehörige Erwärmung eintritt. Die Erwärmung gilt als ungehörig:

1. bei Dosenausschaltern, wenn die Übertemperatur der Dose 10° C überschreitet:
2. bei Hebelausschaltern, wenn die Übertemperatur der Kontakte 50° C überschreitet.

c) Schalter außerhalb elektrischer Betriebsräume müssen Gehäuse haben. Gehäuse, soweit sie der Berührung zugänglich sind, und Griffe müssen aus nicht leitendem Material bestehen oder mit einer haltbaren Isolierschicht überzogen sein. Für Griffe und Kuppelungsstangen ist Holz zulässig.

d) Die normale Betriebsstromstärke und Spannung, für die ein Schalter gebaut ist, sind auf dem festen Teil zu vermerken.

e) Wegen der zulässigen Größenstufen siehe die Vorschriften für die Konstruktion und Prüfung von Installationsmaterialien.

Ausgenommen von den Bestimmungen unter c) und d) sind die Ausschalter in elektrischen Betriebsräumen sowie diejenigen, welche im Freien in unzulänglicher Lage angebracht sind (vgl. § 23).

§ 12.

Steckkontakte u. dgl.

a) Stecker und verwandte Vorrichtungen zum Anschluß beweglicher Leitungen müssen so konstruiert sein, daß sie nicht in Kontakte für höhere Stromstärken passen.

Die normale Betriebsstromstärke und Spannung sind auf dem Stecker sichtbar zu vermerken.

b) Kontaktvorrichtungen zum Anschluß beweglicher Leitungen müssen, wenn sie Sicherungen enthalten, konstruktionsmäßig allpolig gesichert sein (siehe § 32 b).

c) Bei Steckern, welche für trockene Räume bestimmt sind, darf Hartgummi als Isoliermaterial verwendet werden.

§ 13.

Widerstände und Heizapparate.

a) Die stromführenden Teile von Widerständen und Heizapparaten sind auf feuersicherer, gut isolierender Unterlage zu montieren und, soweit sie nicht für elektrische Betriebsräume bestimmt sind, mit einer Schutzhülle aus feuersicherem Material zu verkleiden.

b) Widerstände sind so zu bemessen, daß sie im normalen Betriebe keine für den Betrieb oder die Umgebung bedenkliche Temperatur annehmen.

§ 14.

Schmelzsicherungen.

a) Die Abschmelzstromstärke einer Sicherung soll das Doppelte ihrer Normalstromstärke sein. Sicherungen bis einschließlich 50 Amp. Normalstromstärke müssen mindestens den $1\frac{1}{4}$-fachen Normalstrom dauernd tragen können; vom kalten Zustande aus plötzlich mit der doppelten Normalstromstärke belastet, müssen sie in längstens 2 Minuten abschmelzen.

b) Die Sicherungen müssen einzeln bei der Betriebsspannung sicher funktionieren, solche, die für Strom bis zu 30 Amp. bestimmt sind, auch bei der um 10 % erhöhten Betriebsspannung. Zur Sicherheit der Funktion gehört, daß sie abschmilzt, ohne einen dauernden Lichtbogen zu erzeugen, und daß die etwaigen Explosionserscheinungen ungefährlich verlaufen (vgl. die Vorschriften für die Konstruktion und Prüfung von Installationsmaterial).

c) Bei Sicherungen dürfen weiche, plastische Metalle und Legierungen nicht unmittelbar den Kontakt vermitteln, sondern die Schmelzdrähte oder Schmelzstreifen müssen in Kontaktstücke aus Kupfer oder gleichgeeignetem Metall eingelötet sein.

d) Sicherungen von 6—30 Amp. müssen in dem Sinne unverwechselbar sein, daß die fahrlässige oder irrtümliche Verwendung von Einsätzen für zu hohe Stromstärken ausgeschlossen ist.

e) Die Normalstromstärke und die Maximalspannung sind auf dem Einsatz der Sicherung zu verzeichnen.

Isolier- und Befestigungskörper.

§ 15.

Holzleisten sind verboten, Krampen sind nur zur Befestigung von betriebsmäßig geerdeten Leitungen zulässig, sofern dafür gesorgt ist, daß der Leiter weder mechanisch noch chemisch durch die Art der Befestigung geschädigt wird.

§ 16.

Isolierglocken, -rollen und -ringe.

a) Isolierglocken, -rollen und -ringe sollen aus Porzellan, Glas oder gleichwertigem Material bestehen.

b) Sie müssen so geformt sein, daß die an ihnen zu befestigenden Leitungen in genügendem Abstand von den Befestigungsflächen gehalten werden können (vgl. § 29).

§ 17.

Klemmen.

a) Klemmen müssen, soweit sie nicht für Bleikabel bestimmt sind, aus hartem Isoliermaterial oder entsprechend isoliertem Metall bestehen.

b) Sie müssen so geformt sein, daß die an ihnen zu befestigenden Leitungen in genügendem Abstand von den Befestigungsflächen gehalten werden können.

§ 18.

Rohre.

a) Bei Metall- und Isolierrohren, in denen Leitungen verlegt werden sollen, muß die lichte Weite sowie die Anzahl und der Radius der Krümmungen so gewählt werden, daß man die Drähte jederzeit leicht einziehen und entfernen kann. Die Rohre müssen ferner so eingerichtet sein, daß die Isolierung der Leitungen durch vorstehende Teile und scharfe Kanten nicht verletzt werden kann.

b) Rohre, die für mehr als einen Draht bestimmt sind, müssen mindestens 11 mm lichte Weite haben.

Lampen und Zubehör.

§ 19.

Glühlampen und Fassungen.

a) Die stromführenden Teile der Fassungen müssen auf feuersicherer Unterlage montiert und durch feuersichere Umhüllung, die jedoch nicht unter Spannung gegen Erde stehen darf, vor Berührung geschützt sein.

b) Materialien, die entzündlich oder hygroskopisch sind oder in der Wärme Formveränderungen erleiden, dürfen nicht als Bestandteile von Fassungen verwendet werden.

c) Fassungen für Spannungen über 250 Volt dürfen keine Ausschalter haben.

Die Ausschalter an Fassungen für niedrigere Spannungen müssen den Bedingungen des § 11 Abs. a) genügen.

d) Die unter Spannung stehenden Teile der Lampen müssen der zufälligen Berührung entzogen sein.

e) Glühlampen, die in der Nähe von entzündlichen Stoffen angebracht werden sollen, müssen mit Schalen, Schirmen, Schutzgläsern oder Drahtgittern versehen sein, durch welche die Berührung der Lampen mit den entzündlichen Stoffen verhindert wird.

§ 20.

Bogenlampen.

a) Bogenlampen dürfen ohne Vorrichtungen, die ein Herausfallen glühender Kohleteilchen verhindern, nicht verwendet werden. Bei Bogenlampen mit eingeschlossenem Lichtbogen (Dauerbrandlampen) sind keine besonderen Vorrichtungen hierfür erforderlich.

b) Die Bogenlampen sind gut isoliert in die Laternen (Gehänge, Armaturen) einzusetzen und diese, sofern sie aufgehängt sind, von Erde zu isolieren.

c) Lampen und Laternen müssen so gebaut sein, daß sich in ihnen kein Wasser ansammeln kann, insbesondere müssen die Einführungsöffnungen für die Leitungen so beschaffen sein, daß die Isolierhüllen nicht verletzt werden und daß sie kein Wasser eindringen lassen.

d) Soweit die Zuleitungsdrähte in den Gebrauchslagen der Lampe der Berührung zugänglich sind, müssen sie isoliert sein.

e) Sollen die Zuleitungsdrähte zugleich als Aufhängevorrichtung dienen, so dürfen die Anschlußstellen der Drähte nicht durch Zug beansprucht und die Drähte nicht verdrillt werden.

§ 21.

Beleuchtungskörper, auch Schnurpendel.

a) Die zur Aufnahme von Drähten bestimmten Hohlräume von Beleuchtungskörpern müssen im Lichten so weit bemessen und von Grat frei sein, daß die einzuführenden Drähte sicher ohne Verletzung der Isolierung durchgezogen werden können; die engsten für zwei Drähte bestimmten Rohre müssen wenigstens 6 mm im Lichten haben.

b) In und an Beleuchtungskörpern darf nur Gummiader, mindestens sog. Fassungsader, nach den für diesen Zweck ausgearbeiteten Normalien des Verbandes deutscher Elektrotechniker benutzt werden.

c) Abzweigstellen in Beleuchtungskörpern müssen tunlichst zentralisiert werden.

d) Schnurpendel mit biegsamer Leitungsschnur sind nur dann zulässig, wenn das Gewicht der Lampe nebst Schirm von einer besonderen Tragschnur getragen wird, die mit der Schnur verflochten sein kann. Sowohl an der Aufhängestelle als auch an der Fassung müssen die Leitungsdrähte länger sein als die Tragschnur, damit kein Zug auf die Verbindungsstelle ausgeübt wird.

C. Verlegungsvorschriften.

1. Erdung.

§ 22.

a) Alle Verbindungen in Erdungsleitungen müssen durch Verlötung hergestellt sein, doch kann der Anschluß an Erdungsschalter und an den zu erdenden Gegenstand auch durch Verschrauben hergestellt sein.

b) Der Querschnitt der Erdungsleitungen ist mit Rücksicht auf die zu erwartenden Erdschlußstromstärken zu bemessen. Die Erdungsleitungen müssen gegen mechanische und chemische Beschädigungen geschützt werden.

c) Es ist für möglichst geringen Erdungswiderstand Sorge zu tragen.

Als Elektroden dienen Platten, Drahtnetze, Gitterwerk u. dgl.

Rohrleitungen können zur Erdung mitbenutzt werden, dürfen aber nicht als ausschließliche Erdung dienen.

d) Die in einem Gebäude befindlichen Erdungsleitungen müssen sämtlich unter sich gut leitend verbunden sein.

e) Es ist verboten, Strecken einer geerdeten Betriebsleitung durch Erde allein zu ersetzen.

f) Der neutrale Mittelleiter von Gleichstrom-Dreileitersystemen muß geerdet sein.

2. Freileitungen.

§ 23.

a) Bei Freileitungen kann, wenn die Festigkeitsrücksichten es wünschenswert machen, Kupfer verwendet werden, welches den Normalien des V. d. E. nicht entspricht.

b) Der geringste zulässige Metallquerschnitt von blanken oder isolierten Freileitungen aus Kupfer ist 6 qmm.

c) Freileitungen können mit größeren Stromstärken belastet werden, als der Tabelle in § 5 entspricht.

d) Freileitungen dürfen nur auf Porzellanglocken oder gleichwertigen Isoliervorrichtungen verlegt werden, wobei die Glocken in aufrechter Stellung zu befestigen sind.

e) Freileitungen müssen mindestens 5 m von der Erdoberfläche entfernt sein.

f) Den örtlichen Verhältnissen entsprechend sind Freileitungen durch Blitzschutzvorrichtungen zu sichern, die auch bei wiederholten Entladungen wirksam bleiben.

g) Freileitungen sowie Apparate an Freileitungen sind so anzubringen, daß sie ohne besondere Hilfsmittel nicht zugänglich sind

h) Sofern in Freileitungen Transformatoren vorkommen, ist die Vorschrift § 25 b) zu befolgen.

i) Bezüglich der Sicherung vorhandener Telephon- und Telegraphenleitungen wird auf das Reichstelegraphengesetz vom 18. Dezember 1899 verwiesen.

3. Einführung von Freileitungen in Gebäude.

§ 24.

Bei Einführung von Freileitungen aus dem Freien in Gebäude sind entweder die Drähte frei und straff durchzuspannen, oder es muß für jede Leitung ein isolierendes und feuersicheres Einführungsrohr verwendet werden, welches auf der Außenseite des Gebäudes eine trichterförmig nach unten gerichtete Mündung hat.

4. Anlagen in Gebäuden.

4a. Gebäude im allgemeinen.

§ 25.

Aufstellung von Generatoren, Motoren und Transformatoren.

a) Generatoren, Motoren, rotierende Umformer usw. sind so aufzustellen, daß etwaige im Betriebe der elektrischen Einrichtung auftretende Feuererscheinungen keine Entzündung von brennbaren Stoffen hervorrufen können.

b) Der Übertritt höherer Spannung in Stromkreise für niedrigere Spannung sowie das Entstehen hoher Spannung in den letzteren muß verhindert bzw. ungefährlich gemacht werden, z. B. durch erdende oder durch kurzschließende oder abtrennende Sicherungen oder dauernde Erdung geeigneter Punkte.

§ 26.

Leitungen im allgemeinen.

a) Alle Leitungen müssen so verlegt werden, daß sie nach Bedarf geprüft und ausgewechselt werden können.

Für unterirdisch verlegte Kabel gilt diese Vorschrift nur bezüglich der Prüfung.

b) Soweit festverlegte Leitungen der mechanischen Beschädigung ausgesetzt sind, oder soweit sie im Handbereich liegen, müssen sie durch Verkleidungen geschützt werden, die so hergestellt sein sollen, daß die Luft frei durchstreichen kann. Rohre gelten als Schutzverkleidung. Armierte Bleikabel und metallumhüllte Leitungen in elektrischen Betriebsräumen unterliegen dieser Vorschrift nicht.

c) Bewegliche biegsame Leitungen dürfen an festverlegte Leitungen nur mittels lösbarer Kontakte, § 12, angeschlossen werden.

d) Die Verbindung von Leitungen untereinander sowie die Abzweigung von Leitungen geschieht mittels Lötung, Verschraubung oder gleichwertiger Verbindung.

Abzweigungen von festverlegten Mehrfachleitungen nach § 8 müssen mit Abzweigklemmen auf isolierender Unterlage ausgeführt werden.

e) Zum Löten dürfen keine Lötmittel verwendet werden, welche das Metall angreifen.

f) Bei Verbindungen oder Abzweigungen von isolierten Leitungen ist die Verbindungsstelle in einer der sonstigen Isolierung möglichst gleichwertigen Weise zu isolieren. Die Anschluß- und Abzweigstellen müssen von Zug entlastet sein.

g) Kreuzungen von stromführenden Leitungen unter sich und mit sonstigen Metallteilen sind so auszuführen, daß Berührung ausgeschlossen ist. Kann kein genügender Abstand eingehalten werden, so sollen isolierende Rohre übergeschoben oder isolierende Platten dazwischen gelegt werden, um die Berührung zu verhindern. Rohre und Platten sind sorgfältig zu befestigen und gegen Lageveränderung zu schützen.

h) Bei Einrichtungen, bei denen ein Zusammenlegen von mehr als drei Leitungen unvermeidlich ist (z. B. Reguliervorrichtungen), dürfen Gummiaderleitungen so verlegt werden, daß sie sich berühren, wenn eine Lageveränderung ausgeschlossen ist.

§ 27.

Wand- und Deckendurchführungen.

a) Durch Wände und Decken sind die Leitungen entweder der in den betr. Räumen gewählten Verlegungsart entsprechend hindurchzuführen, oder es sind haltbare Rohre aus Isoliermaterial zu verwenden, und zwar für jede einzeln verlegte Leitung und für jede Mehrfachleitung je ein Rohr.

Diese Durchführungsrohre müssen an den Enden mit Tüllen aus feuersicherem Isoliermaterial versehen und so weit sein, daß die Drähte leicht darin bewegt werden können.

In feuchten Räumen sind entweder Porzellanrohre zu verwenden, deren Enden nach Art der Isolierglocken ausgebildet sind, oder die Leitungen sind frei durch genügend weite Kanäle zu führen.

Über Fußböden müssen die Rohre mindestens 10 cm vorstehen und gegen mechanische Beschädigungen sorgfältig geschützt sein.

b) Armierte Bleikabel, metallumhüllte Leitungen sowie betriebsmäßig geerdete Leitungen fallen nicht unter die Bestimmungen dieses Paragraphen, sind aber gegen die Einflüsse der Mauerfeuchtigkeit zu schützen, z. B. durch Anstrich.

§ 28.

Blanke Leitungen in Gebäuden.

a) Offen verlegte blanke Leitungen aus Kupfer oder anderen Metallen von mindestens gleicher Bruchfestigkeit müssen einen Minimalquerschnitt von 4 qmm haben.

b) Sie dürfen nur auf Isolierglocken oder gleichwertigen Vorrichtungen verlegt werden und müssen, soweit sie nicht unausschaltbare Parallelzweige sind, bei Spannungen von mehr als 6 m mindestens 20 cm, bei Spannweiten von 4—6 cm mindestens 15 cm und bei kleineren Spannweiten mindestens 10 cm voneinander, in allen Fällen aber mindestens 10 cm von der Wand bzw. von Gebäudeteilen entfernt sein.

Bei Verbindungsleitungen zwischen Akkumulatoren, Maschinen und Schalttafeln bei Zellenschalterleitungen und bei parallel geführten Speise-, Steig- und Verteilungsleitungen können starke Kupferschienen sowie starke Kupferdrähte in kleineren Abständen voneinander verlegt werden.

c) Blanke Leitungen außerhalb elektrischer Betriebs- und Akkumulatorenräume sind gegen zufällige Berührung zu schützen.

d) Betriebsmäßig geerdete blanke Leitungen fallen nicht unter die Bestimmungen b) und c) dieses Paragraphen, müssen aber gegen die bei normaler Benutzung des betr. Raumes vorauszusetzenden Beschädigungen geschützt sein.

Isolierte Drähte und Schnurleitungen.

§ 29.

Verlegung mit Glocken, Rollen, Ringen und Klemmen.

a) Glocken sollen nur in aufrechter Stellung bzw., wenn eine Neigung nicht zu vermeiden ist, so angebracht werden, daß sich kein Wasser in ihnen ansammeln kann.

b) Glocken, Rollen, Ringe und Klemmen, die zur Verlegung von Draht- und Schnurleitungen dienen, müssen so angebracht werden, daß sie die Leitungen mindestens 10 mm von der Wand entfernt halten.

c) Bei Führung der Leitungen auf Rollen längs der Wand muß auf höchstens 80 cm eine Befestigungsstelle kommen. Bei Führung an der Decke können den örtlichen Verhältnissen entsprechend größere Abstände ausnahmsweise gewählt werden.

d) Mehrfachleitungen dürfen nicht so befestigt werden, daß ihre Einzelleiter aufeinandergepreßt werden. Metallene Bindedrähte sind bei ungepanzerten Mehrfachleitungen unzulässig. Für Führung der Leitung auf Rollen gilt die Vorschrift unter b).

e) Mehrfachleitungen dürfen nicht zur Aufhängung von Lampen usw. benutzt werden, soweit sie nicht eine besondere Tragschnur enthalten (vgl. § 21 d).

§ 30.

Verlegung in Rohren.

a) Papierrohre ohne Metallüberzug dürfen nicht unter Putz verl gt werden.

b) Drahtverbindungen innerhalb der Rohre sind nicht statthaft.

c) Die lichte Weite der Rohre, die Zahl und der Radius der Krümmungen sowie die Anzahl und Lage der Verbindungsdosen müssen so gewählt sein, daß man die Drähte leicht einziehen und entfernen kann.

d) Leitungen, welche Wechsel- oder Mehrphasenstrom führen, müssen, wenn sie in metallenen oder metallüberzogenen Rohren liegen, so zusammengelegt werden, daß die Summe der durch das Rohr gehenden Ströme Null ist. Im übrigen ist es gestattet, drei Drähte bis zu 6 qmm Kupferquerschnitt in ein einziges Rohr zu verlegen (vgl. außerdem § 26 h).

e) Rohre für mehr als einen Draht müssen mindestens 11 mm lichte Weite haben.

f) In Metallrohren, auch solchen mit Längsschlitz, ohne isolierende Auskleidung, müssen die Drähte mindestens nach § 7 c) isoliert sein.

g) Die Rohre sind so herzurichten, daß die Isolierung der Leitungen durch vorstehende Teile und scharfe Kanten nicht verletzt werden kann.

h) Die Rohre sind so zu verlegen, daß sich an keiner Stelle Wasser ansammeln kann.

§ 31.

Verlegung von Kabeln.

a) Bleikabel jeder Art dürfen nur mit Endverschlüssen, Muffen oder gleichwertigen Vorkehrungen, welche das Eindringen von Feuchtigkeit verhindern und gleichzeitig einen guten elektrischen Anschluß gestatten, verwendet werden.

b) Blanke und asphaltierte Bleikabel dürfen nur da verlegt werden, wo sie gegen die im normalen Betriebe zu erwartenden mechanischen Beschädigungen geschützt sind.

Bei blanken Bleikabeln ist außerdem besondere Vorsicht gegen chemische Einflüsse geboten.

c) An den Befestigungsstellen ist darauf zu achten, daß der Bleimantel nicht eingedrückt oder verletzt wird. Rohrhaken sind daher nur bei armierten Kabeln und Panzerleitungen als Befestigungsmittel zulässig.

Anbringung von Sicherungen, Schaltern und anderen Apparaten.

§ 32.

Anbringung der Sicherungen.

a) Die neutralen oder Nulleitungen bei Mehrleiter- oder Mehrphasensystemen sowie alle betriebsmäßig geerdeten und als solche gekennzeichneten Leitungen dürfen keine Sicherungen enthalten; dagegen sind alle übrigen Leitungen, welche von der Schalttafel nach den Verbrauchsstellen führen, durch Abschmelzsicherungen oder andere selbsttätige Stromunterbrecher zu schützen.

b) Mit einziger Ausnahme der Fälle c) und f) sind Sicherungen an Stellen anzubringen, wo sich der Querschnitt der Leitungen in der Richtung nach der Verbrauchsstelle hin vermindert.

Außerdem sind lösbare Kontakte am festen Teil allpolig zu sichern.

c) Bei Verjüngungsstellen und Abzweigungen kann das Anschlußleitungsstück von der Hauptleitung zur Sicherung, wenn seine einfache Länge nicht mehr als 1 m beträgt, von geringerem Querschnitt sein als die Hauptleitung; es ist aber in diesem Falle von entzündlichen Gegenständen feuersicher zu trennen und darf nicht aus Mehrfachleitungen hergestellt sein. Beträgt die einfache Länge mehr als 1 m, so muß das Anschlußleitungsstück bis zur Sicherung den gleichen Querschnitt haben wie die unmittelbar vorangehende Hauptleitung.

d) Die Stärke der zu verwendenden Sicherung ist der Betriebsstromstärke der zu schützenden Leitung anzupassen.

e) Mehrere Verteilungsleitungen können eine gemeinsame Sicherung von höchstens 6 Amp. Normalstromstärke erhalten. Querschnittsverminderungen oder Abzweigungen jenseits dieser Sicherung brauchen in diesem Falle nicht weiter gesichert zu werden. Bei größeren Beleuchtungskörpern können ausnahmsweise gemeinsame Sicherungen für höchstens die doppelte Stromstärke zugelassen werden, wenn die Spannung nicht mehr als 130 Volt beträgt.

f) Bei Querschnittsverkleinerungen sind in den Fällen, wo die vorhergehende Sicherung den schwächeren Querschnitt schützt, weitere Sicherungen nicht mehr erforderlich.

g) Die Sicherungen sind möglichst zu zentralisieren und in handlicher Höhe anzubringen.

h) Wegen Abzweigung biegsamer Leiter zum Anschluß beweglicher Lampen, Motoren und Apparate siehe § 26c) und oben Absatz b).

§ 33.

Anbringung von Ausschaltern.

a) Nulleiter und betriebsmäßig geerdete Leitungen dürfen außerhalb elektrischer Betriebsräume entweder gar nicht oder nur zwangläufig zusammen mit den zugehörigen Außenleitern ausschaltbar sein.

b) Alle Ausschalter mit Ausnahme derjenigen in einzelnen Glühlampenstromkreisen müssen, wenn sie geöffnet werden, ihren Stromkreis spannungslos machen.

§ 34.

Anbringung von Apparaten, insbesondere auch von Widerständen und fest montierten Heizapparaten.

a) Die stromführenden Teile aller in eine Leitung eingeschalteten Apparate müssen bei Verwendung außerhalb elektrischer Betriebsräume derart geschützt sein, daß sie sowohl der Berührung durch Unbefugte entzogen, als auch von brennbaren Gegenständen feuersicher getrennt sind.

b) Bei Einführung von Leitungen muß der für die Leitung vorgeschriebene Abstand von der Wand gewahrt werden.

c) Widerstände sind auf feuersicherem, gut isolierendem Material zu montieren und mit einer Schutzhülle aus feuersicherem Material zu umkleiden. Sie dürfen nur auf feuersicherer Unterlage, und zwar freistehend, oder an feuersicheren Wänden angebracht werden.

d) Fest montierte Heizapparate und solche Widerstände, bei denen eine Erwärmung auf mehr als Handwärme eintreten kann, sind derart anzuordnen, daß eine Berührung zwischen den wärmeentwickelnden Teilen und entzündlichen Materialien sowie eine feuergefährliche Erwärmung derartiger Materialien nicht stattfinden kann.

§ 35.

Anbringung von Beleuchtungskörpern.

a) An und in Beleuchtungskörpern darf nur Draht verwendet werden, der mindestens den Normalien des Verbandes entspricht.

b) Wird die Leitung an der Außenseite des Beleuchtungskörpers geführt, so muß sie so befestigt sein, daß sie sich nicht verschieben kann.

c) Beleuchtungskörper müssen so angebracht werden, daß die Zuführungsdrähte nicht durch Drehen des Körpers verletzt werden können.

4b. Die Behandlung verschiedenartiger Räume.

§ 36.

Elektrische Betriebsräume.

a) In elektrischen Betriebsräumen sind Leitungen jeder Art, auch blanke Leitungen zulässig, letztere besonders in Form von Kupferschienen oder massivem Kupferdraht mit Anstrich, welcher die Polarität oder Phase kenntlich macht.

b) Sicherungen, Ausschalter und sonstige Apparate dürfen auch ohne Schutzkasten verwendet werden, doch ist in allen Fällen dafür Sorge zu tragen, daß durch etwaige beim Betrieb auftretende Feuererscheinungen weder Menschen noch brennbare Stoffe gefährdet werden.

c) Leitungen bedürfen keiner Verkleidung.

d) Aus- und Umschalter brauchen nicht Momentschalter zu sein.

§ 37.

Akkumulatorenräume.

a) In Akkumulatorenräumen ist für Lüftung zu sorgen.

b) Die einzelnen Zellen sind gegen das Gestell und letzteres ist gegen Erde durch Glas, Porzellan oder ähnliche nicht hygroskopische Unterlagen zu isolieren. Es müssen Vorkehrungen getroffen werden, um beim Auslaufen von Säure eine Gefährdung des Gebäudes zu vermeiden.

c) Zur Beleuchtung von Akkumulatorenräumen darf nur elektrisches Glühlicht verwendet werden.

d) Die Batterien müssen derart angeordnet werden, daß bei der Bedienung eine zufällige gleichzeitige Berührung von Punkten, zwischen denen eine Spannung von mehr als 250 Volt herrscht, nicht erfolgen kann.

§ 38.

Trockene Räume ohne leicht entzündlichen Inhalt.

a) In trockenen Räumen sind alle Arten von Leitungen zulässig, wobei sämtliche Vorschriften der § 25—35 zu beachten sind.

In bewohnten Räumen darf jedoch mit Ausnahme von betriebsmäßig geerdeten Leitern kein blanker Draht benutzt werden.

b) Für Drähte ist in Anlagen von mehr als 250 Volt Gebrauchsspannung nur Isolation nach § 7c) zulässig.

c) Gummiaderschnur darf sowohl fest verlegt, als auch zum Anschluß beweglicher Stromverbraucher verwendet werden. Bei fester Verlegung ist die Schnur im Handbereich und an gefährdeten Stellen nach § 26 b) zu schützen.

d) Gummibandschnur darf nicht unter Putz und nicht für Spannungen von mehr als 125 Volt fest verlegt werden; als Anschlußleiter für bewegliche Stromverbraucher ist sie nicht zu verwenden.

e) Bei Schnüren jeder Art müssen die Anschluß- und Verbindungsstellen vom Zug entlastet und es müssen die einzelnen Drähte jedes Leiters, wenn sie nicht Kabelschuhe oder gleichwertige Verbindungsmittel erhalten, an den Enden miteinander verlötet sein. Verbindungen von solchen Schnüren unter sich oder zwischen

Schnüren und anderen Leitungen dürfen nicht durch Verlötung, sondern müssen durch Verschraubung auf isolierender Unterlage hergestellt sein.

§ 39.

Feuergefährliche Betriebsstätten.

a) Die Umgebung von Dynamomaschinen, Elektromotoren, Transformatoren, rotierenden Umformern, Widerständen usw. muß von entzündlichem Material frei gehalten werden können.

b) Bei Anordnung von Sicherungen, Schaltern und ähnlichen Apparaten, in denen betriebsmäßig Stromunterbrechung stattfindet, ist besonders auf sichere Schutzhüllen aus isolierendem Material zu achten.

c) Bogenlampen mit offenem Lichtbogen müssen metallene Aschenteller haben, welche im Betriebe in ihrer Lage festgehalten sind.

d) Für festverlegte Leitungen sind nur Leitungen nach § 7 b) bis g), über 250 Volt Gebrauchsspannung nur solche nach § 7 c) und f) sowie Kabel zulässig. Die Drahtleitungen müssen in Rohren verlegt werden.

e) Für bewegliche Leitungen ist nur biegsame Mehrfachleitung nach § 8 b) und d) zulässig.

§ 40.

Explosionsgefährliche Betriebsstätten und Lagerräume

mit Ausnahme von Schlagwettergruben.

a) In solchen Räumen dürfen Dynamomaschinen, Elektromotoren, Transformatoren, Umformer und Widerstände nur in besonderen luft- und staubdichten Schutzkasten aufgestellt werden.

b) Ausschalter und Sicherungen dürfen in denselben nicht angebracht werden.

c) Blanke Leitungen und Mehrfachleitungen sind unzulässig.

d) Drahtleitungen müssen Isolierung nach § 7 c) haben und in Rohre eingeschlossen sein.

e) Es sind nur Glühlampen zulässig, welche im luftleeren Raume brennen. Dieselben müssen mit dicht schließenden Überglocken, welche auch die Fassung dicht einschließen, verwendet werden.

§ 41.

Feuchte Räume

mit Ausnahme von Bergwerken.

a) Die nach feuchten Räumen führenden Leitungen müssen abschaltbar sein.

b) Blanke Leitungen müssen in einem Abstand von mindestens 10 cm voneinander und 10 cm von der Wand auf Porzellanglocken oder auf gleichwertigen Isolatoren verlegt werden. Sie sollen mit einem in der Feuchtigkeit haftenden und haltbaren Anstrich versehen sein.

c) Isolierte Drahtleitungen müssen eine Isolierung nach § 7 c) haben.

d) Bei beweglichen Lampen muß die Doppelleitung durch eine starke, schmiegsame Umhüllung gegen Beschädigung geschützt sein.

e) Apparate sind nach Möglichkeit nicht in feuchten Räumen unterzubringen; läßt sich dies nicht vermeiden, so sind dieselben gleichwertig wie die Leitungen zu isolieren.

f) Bei offen verlegten Leitungen für Gebrauchsspannungen über 250 Volt ist der Schutz gegen Berührung besonders zu beachten.

§ 42.

Räume mit ätzenden Dünsten.

In Räumen, in welchen ätzende Dünste auftreten, sollen außer Kabeln nur blanke Leitungen verwendet werden, die durch einen geeigneten Überzug (Verkleidung oder Anstrich z. B. mit Porzellan-Emaillelack) gegen chemische Beschädigung geschützt sind. Auch die Kabel sind je nach der Art der Dünste gegen chemische Angriffe zu schützen.

§ 43.

Durchtränkte Räume.

Diejenigen Teile von industriellen und gewerblichen Betrieben, in denen erfahrungsgemäß durch ungewöhnlich starke oder gutleitende Feuchtigkeit die dauernde Erhaltung normaler Isolation erschwert und der Widerstand des Körpers der darin beschäftigten Personen gegen Erde erheblich vermindert wird, werden abgekürzt als durchtränkte Räume bezeichnet.

a) Für durchtränkte Räume gelten die Vorschriften des § 41 und außerdem die folgenden Zusatzbestimmungen:

b) An geeigneten Stellen sind Tafeln anzubringen, welche in deutlich erkennbarer Schrift vor der Berührung der elektrischen Leitungen warnen.

c) Lampen, die ohne besondere Hilfsmittel zugänglich sind, müssen isolierende und feuchtigkeitsbeständige Armaturen haben. Hahnfassungen sind verboten.

d) Bogenlampen müssen während des Betriebes unzugänglich sein und dürfen während der Bedienung nicht unter Spannung stehen.

§ 44.

Schaufenster, Warenhäuser und ähnliche Räume, in welchen leicht entzündliche Stoffe aufgestapelt sind.

a) Für Beleuchtungen, welche ihren Standort nicht wechseln, müssen die Leitungen, soweit sie mit den leicht entzündlichen Stoffen in Berührung kommen können, bis in die Lampenträger bzw. Anschlußdosen vollständig durch Rohre geschützt sein.

b) Beleuchtungskörper, welche ihren Standort wechseln, sind entweder

1. mit metallumhüllter Mehrfachleitung oder
2. mittels besonders geschützter Mehrfachleitung ohne Metallmantel abzuzweigen.

Im Falle 1 ist das eine Ende der Metallumhüllung mit dem Metallmantel der Fassung leitend zu verbinden, das andere Ende ist mittels Hilfskontaktes an eine geerdete Hilfsleitung anzuschließen. Dieser Kontakt muß so beschaffen sein, daß er beim Einschalten früher als die Stromkontakte geschlossen wird. Die drei Kontakte müssen gegeneinander unverwechselbar sein.

Die metallenen Gebäudeteile und Lampenträger des betreffenden Raumes sind mit der Hilfsleitung ebenfalls leitend zu verbinden. Der Querschnitt der Hilfsleitung muß mindestens gleich dem der betreffenden Abzweigleiter sein. Die Hilfsleitung darf keine Sicherung enthalten und muß geerdet sein.

In Anlagen mit einem geerdeten Leiter gilt die Verbindung mit diesem als Erde.

Im Falle 2 sind nur Leitungen mit einer Isolierung mindestens nach § 8 b) dieser Vorschriften zulässig. Diese müssen ferner zum Schutze gegen mechanische Beschädigung mit einem Überzug aus widerstandsfähigem Material (z. B. Segeltuch, Leder, Hanfschnurumklöppelung) versehen sein.

c) Sämtliche Schalter, Anschlußdosen und Sicherungen müssen an solchen Plätzen fest montiert sein, an welchen sie vor der Berührung mit leicht entzündlichen Stoffen sicher geschützt sind, und müssen mit widerstandsfähigen Schutzkasten umgeben sein.

d) Mit einer beweglichen Leitung darf nur je ein Beleuchtungskörper angeschlossen werden.

e) In Schaufenstern ist Bogenlichtbeleuchtung ohne besonderen Schutz nicht zulässig, es müssen vielmehr die Bogenlampen entweder außerhalb der Schaufenster angebracht werden oder durch Glasplatten, Glaswände od. dgl. von den Auslagen derart getrennt sein, daß etwa herabfallende Kohlenteilchen die ausgestellten Gegenstände nicht erreichen können.

f) Die Aschenteller der Bogenlampen mit offenem Lichtbogen müssen aus Metall bestehen und im Betriebe in ihrer Lage festgehalten sein.

§ 45.

Theater.

Für Theaterinstallationen gelten die Vorschriften der Abteilung »I. Niederspannungsanlagen«, soweit diese nicht durch die nachfolgenden Sonderbestimmungen abgeändert werden.

I. Allgemeine Bestimmungen.

a) Die elektrischen Leitungsanlagen sind von der Hauptschalttafel ab in Gruppen zu unterteilen. Dreileiteranlagen sind, soweit tunlich, von den Hauptschalttafeln ab in Zweileiterzweige, bestehend aus Mittel- und Außenleiter, zu unterteilen.

b) In Räumen, die mehr als drei Lampen erhalten, sowie in sämtlichen Korridoren, Treppenhäusern und Ausgängen sind die Lampen an mindestens zwei getrennt gesicherte Zweigleitungen anzuschließen. Die Schalter und Sicherungen sind möglichst zu zentralisieren und dürfen dem Publikum nicht zugänglich sein.

c) Falls eine elektrische Notbeleuchtung eingerichtet wird, müssen deren Lampen an eine oder mehrere räumlich und elektrisch von der Hauptanlage unabhängige Stromquellen angeschlossen werden.

II. Bestimmungen für das Bühnenhaus.

Für die Installationen des Bühnenhauses (Bühne, Untermaschinerien, Arbeitsgalerien und Schnürboden, Garderoben und sonstige Bühnennebenräume) gelten außer den vorerwähnten allgemeinen noch die folgenden Zusatzbestimmungen:

a) Schalttafeln und Bühnenregulatoren sind derart anzuordnen, daß eine unbeabsichtigte Berührung durch Unbefugte ausgeschlossen ist.

b) Bei Zuleitungen zu Beleuchtungskörpern mit Farbenwechseln genügt für die Bemessung der gemeinschaftlichen Rückleitung der $1^1/_2$-fache Querschnitt einer Leitung für eine Farbe.

c) Ungeerdete blanke Leitungen sind (abgesehen von m 4) nicht zulässig. Flugdrähte u. dgl. dürfen zur Stromführung nicht benutzt werden.

d) Fest verlegte Draht- und Schnurleitungen sind nur zulässig, wenn sie in Metallrohren oder in Isolierrohren mit Metallüberzug verlegt werden.

e) Mehrfachleitungen zum Anschluß beweglicher Bühnenbeleuchtungskörper müssen aus Gummiaderlitzen bestehen und durch eine starke, schmiegsame, nicht metallische Umhüllung gegen mechanische Beschädigungen geschützt sein.

Die Befestigung der biegsamen Leitungen an ihren Kontaktstücken ist derart auszuführen, daß auch bei roher Behandlung an der Anschlußstelle ein Bruch nicht zu befürchten ist.

Die Anschlußstücke sind mit der Schutzumhüllung so zu verbinden, daß die Kupferseelen an der Anschlußstelle von Zug entlastet sind. Steckkontakte müssen innerhalb widerstandsfähiger, nicht stromführender Hüllen liegen und so angeordnet sein, daß zufällige Berührung der stromführenden Teile verhindert wird.

f) Mit einer beweglichen Leitung darf nur je ein Beleuchtungskörper angeschlossen werden.

g) Für vorübergehend gebrauchte Szenerieinstallationen kann von der Erfüllung der Allgemeinen Vorschriften für die Verlegung von Leitungen ausnahmsweise abgesehen werden, wenn Gummiaderdraht verwendet wird, die Verlegungsart jegliche Verletzung der Isolierung ausschließt und diese Installation während des Gebrauches unter besonderer Aufsicht steht. In diesem Falle sind Drahtschellen für Einzelleitungen zulässig und Durchführungstüllen entbehrlich.

h) Die stromführenden Teile sämtlicher Apparate im Bühnenraum (Bühne, Untermaschinerien, Arbeitsgalerien und Schnürboden) brauchen nur gegen zufällige Berührung geschützt zu sein. Blanke Stromführungs-Kontaktplatten sind zulässig, müssen aber, solange sie unter Spannung stehen, bewacht und nach Gebrauch sofort ausgeschaltet werden.

i) Die Sicherungen der Anschlußleitungen für Bühnenbeleuchtungskörper (Oberlichter, Kulissen, Rampen, Versatz- und Effektbeleuchtung) sind im fest verlegten Teil der Leitung anzubringen; in diesem Falle genügt für jeden Körper je eine Sicherung für alle Lampen einer Farbe. In den Beleuchtungskörpern selbst sind Sicherungen nicht zulässig.

k) Bei Regulierwiderständen, die an besonderen, nur dem Bedienungspersonal zugänglichen Stellen angebracht sind, ist eine Schutzhülle aus feuersicherem Material entbehrlich.

l) Sämtliche Glühlampen in Arbeitsräumen, Werkstätten, Garderoben, Treppen und Korridoren müssen mit Schutzkörben oder Schutzgläsern versehen sein, welche nicht an der Fassung, sondern an den Lampenträgern befestigt sind.

m) Die Bühnenbeleuchtungskörper und deren Anschlüsse (Oberlichter, Kulissen, Rampen, Effekt- und Versatzbeleuchtungen) müssen folgenden Bedingungen entsprechen:

1. Die Spannung zwischen irgend zwei Leitern eines Beleuchtungskörpers darf 250 Volt nicht übersteigen.
2. Holz ist weder als Isolier- noch als Konstruktionsmaterial zulässig.
3. Die Beleuchtungskörper sind mit einem Schutzgitter zu versehen.
4. Innerhalb der Beleuchtungskörper sind blanke Körper dann zulässig, wenn sie gegen zufällige Berührungen geschützt sind.
5. Die Oberlichter sind isoliert aufzuhängen.
6. Bühnenscheinwerfer und Projektionsapparate sind mit einer Vorrichtung zu versehen, welche das Herabfallen glühender Kohlenteilchen verhindert.

§ 46.

Bergwerke.

Für die unter Tage liegenden Teile elektrischer Bergwerksanlagen gelten die der verwendeten Spannung entsprechenden allgemeinen Vorschriften für elektrische Starkstromanlagen, sofern sie nicht durch die nachstehenden Bestimmungen abgeändert werden.

Allgemeines.

Für die Ausführung der Anlage ist zwischen schlagwetterfreien und Schlagwettergruben zu unterscheiden. Als Schlagwettergruben werden diejenigen Gruben angesehen, die von der zuständigen Bergbehörde als solche bezeichnet sind. Nicht durch Schlagwetter gefährdete Teile von Schlagwettergruben sind unter Vorbehalt der Genehmigung durch die Bergbehörde zu behandeln wie schlagwetterfreie Gruben.

Für schlagwetterfreie elektrische Betriebsräume[1]) finden nur die allgemeinen Vorschriften, nicht aber die folgenden besonderen Bestimmungen Anwendung.

Schlagwetterfreie Gruben.

Leitungen.

Schächte und einfallende Strecken von mehr als 45° Neigung.

a) Es sind nur armierte Kabel zulässig, bei denen die Armatur aus verzinkten Eisen- oder Stahldrähten besteht. Die Drahtarmatur muß genügende Zugfestigkeit haben, um beim Einhängen das Kabel in einer Fabrikationslänge frei tragen zu können.

Es sind auch Kabel ohne inneren Bleimantel zulässig, vorausgesetzt, daß die den Bleimantel vertretende Hülle diesem an Widerstandsfähigkeit mindestens gleichkommt.

Wenn die Tropfwasser oder die Grubenwetter die Umhüllung stark angreifende Bestandteile enthalten, so müssen die Kabel einen äußeren Bleimantel oder einen anderen geeigneten Schutz gegen die betreffenden chemischen Einflüsse erhalten.

---

[1]) Als elektrische Betriebsräume gelten Räume, welche wesentlich zur Erzeugung, Umformung oder Verteilung elektrischer Ströme dienen und in der Regel nur instruiertem Personal zugänglich sind (vgl. § 3e).

Die Befestigung des Kabels erfolgt außer in Bohrlöchern mittels breiter Schellen aus imprägniertem Holze in Abständen von nicht mehr als 6 m.

Auf die beim Abteufen und für provisorische Zwecke verwendeten Leitungen finden die obigen Bestimmungen keine Anwendung.

Horizontale und einfallende Strecken von weniger als 45° Neigung.

b) Blanke Leitungen. Es sind blanke Leitungen, soweit sie nicht betriebsmäßig geerdet sind, nur als Fahrleitungen für elektrische Bahnen zulässig. Wird die Bahnstrecke auch von der Mannschaft befahren, so darf der Fahrdraht der zufälligen Berührung nicht zugänglich sein.

c) Isolierte Drahtleitungen. Isolierte Drahtleitungen dürfen nur verwendet werden bis zu Spannungen von 250 Volt gegen Erde und 500 Volt gegeneinander. Sie müssen eine Isolierung nach § 7c der Abteilung I Niederspannung haben. Bei Spannungen von mehr als 125 Volt gegen Erde muß der Abstand der Leitung von der Sohle mindestens 3 m betragen. Bei geringerer Spannung als 125 Volt gegen Erde ist Verlegung in geringerer Höhe zulässig, sofern die Leitung gegen Berührung ausreichend geschützt ist.

Die Leitungen müssen auf Isolierglocken oder gleichwertigen Isolatoren (Mantelrollen usw.) verlegt werden und bei Spannweiten

von mehr als 6 m mindestens 20 cm
» 4—6 » » 15 »
» 2—4 » » 10 »
» höchstens 1 » » 5 »

voneinander und in allen Fällen mindestens 5 cm von der Seitenwand bzw. Firste entfernt sein.

Die Leitungen sind nach der Verlegung mit einem feuchtigkeitsbeständigen, die Isolierung konservierenden Anstrich zu versehen. Der Anstrich ist jährlich zu erneuern.

Außer der vorstehend angegebenen offenen Verlegung ist bei Spannungen bis 250 Volt gegen Erde auch eine solche in nach Möglichkeit geerdeten Eisen- oder Stahlröhren zulässig, wobei die obigen Vorschriften über Abstand der Leitungen usw. nicht zu berücksichtigen sind. Die Stoßstellen der Rohre sind elektrisch leitend anzuordnen oder elektrisch leitend zu überbrücken. In feuchten Räumen ist für entsprechend gute Abdichtung der Rohre Sorge zu tragen.

d) Kabel. Bei einer Spannung von 125—500 Volt zwischen zwei Leitungen und geringerer Höhenlage der Leitung als 3 m sowie bei höherer Spannung als 500 Volt und beliebiger Höhenlage sind armierte Kabel zu verwenden. Das Kabel muß entweder asphaltiertes Bleikabel sein, oder es muß eine in bezug auf chemische Einflüsse gleich widerstandsfähige Umhüllung haben. Bei Befestigung der Kabel ist darauf zu achten, daß das Kabel nicht beschädigt oder verdrückt wird. Soweit es sich um Befestigung an Seitenwänden oder Firsten handelt, dürfen die Abstände der Befestigungspunkte voneinander höchstens 3 m betragen. In Strecken, die unter einem starken Gebirgsdruck stehen, ist eine bewegliche Aufhängung der Kabel zulässig, die so beschaffen sein muß, daß dadurch Beschädigungen der Kabel nicht verursacht werden. Die Armatur der Kabel ist nach Möglichkeit zu erden.

Es ist unzulässig, stationäre Kabel ungeschützt direkt auf der Sohle zu verlegen.

e) Biegsame Leitungen.

Biegsame Leitungen zum Anschluß beweglicher Apparate dürfen nur bei Spannungen bis 500 Volt zwischen zwei Leitungen Verwendung finden und müssen den Forderungen des § 8c (gepanzerte Stromleitungen) der Abteilung I Niederspannung genügen oder eine mindestens gleichwertige Umhüllung erhalten. Werden solche Leitungen auf Trommeln aufgewickelt, so ist der Durchmesser der Trommeln so groß zu wählen, daß die Umhüllung auch bei häufigem Auf- und Abwickeln nicht beschädigt wird.

Schalttafeln und Apparate.

f) Schalttafeln.

1. Die Schalttafeln einschließlich des Gerüstes und der Umrahmung müssen aus feuersicherem, nicht hygroskopischem Material bestehen. Wenn Tropfwasser auftritt, müssen die Apparate in geeigneter Weise dagegen geschützt werden.

2. Für Schalttafeln bis zu einer Spannung von 500 Volt zwischen zwei Leitungen, wenn sie nicht in besonderen Betriebsräumen liegen, gelten die Vorschriften für höhere Spannungen bis 1000 Volt.

3. Die Abzweigungen von den Hauptkabeln haben möglichst an Verteilungstafeln zu erfolgen; jede Abzweigung ist in allen Polen zu sichern und abschaltbar zu machen.

Elektrische Maschinen und Zubehör.

g) Elektrische Maschinen.

1. Die Maschinen müssen eine gegen Feuchtigkeit besonders widerstandsfähige Isolation erhalten. (Nach längerem Stillstand mit Strom austrocknen.)

Wenn die Spannung eines Poles gegen Erde mehr als 250 Volt beträgt, so sind alle stromführenden Teile gegen Berührung zu schützen.

Maschinenräume sind möglichst trocken zu halten, insbesondere sind Pumpenkammern vom Sumpf möglichst abzuschließen.

2. Wo Tropf- oder Spritzwasser auftreten, sind die Maschinen und Zubehör dagegen ausreichend zu schützen.

3. Haben die Maschinenkammern den Charakter von durchtränkten Räumen (§ 43 der Abteilung I Niederspannung), so sind dort die Maschinen mit einem isolierenden Bedienungsgang zu umgeben.

Beleuchtungsanlagen.

h) Glühlampen.

1. Glühlampen dürfen nur mit dicht schließenden Überglocken, die auch die Fassung umschließen, verwendet werden. Wo die Entfernung bis zur Sohle weniger als 2 m beträgt, müssen die Überglocken noch durch einen Schutzkorb aus Drahtgeflecht gegen mechanische Beschädigung geschützt sein.

2. Die Leitungseinführungen an den Beleuchtungskörpern sind so abzudichten, daß Feuchtigkeit ins Innere der Überglocken nicht eindringen kann.

3. Die Verwendung einer höheren Spannung gegen Erde als 250 Volt durch Hintereinanderschaltung von Glühlampen ist nur

bei solchen Stromkreisen zulässig, welche ihren Lichtstrom von einer Bahnleitung entnehmen; dabei muß der Schutzkorb geerdet sein und die Lampen dürfen nicht unter Spannung ausgewechselt werden.

4. Schnurpendel sind unzulässig.

i) Bogenlampen.

Bogenlampen dürfen nicht an ihren Stromzuleitungen aufgehängt werden. Sie müssen während des Betriebes der zufälligen Berührung entzogen sein und dürfen während der Bedienung nicht unter Spannung stehen.

Schlagwettergruben.

Zu den für schlagwetterfreie Gruben vorstehend angegebenen Vorschriften treten für Schlagwettergruben nachfolgende Bestimmungen:

Leitungen.

k) Blanke Leitungen sind nur zulässig, wenn sie betriebsmäßig geerdet sind und nicht zur Stromabnahme durch schleifende oder rollende Kontakte dienen.

l) Isolierte Drahtleitungen, wie in c) erwähnt, dürfen fest verlegt nur in Eisen- oder Stahlrohren Verwendung finden (vgl. c) Abs. 4).

m) Kabel der in d) beschriebenen Art sind als festverlegte Leitungen in allen nicht unter k) und l) genannten Fällen zu verwerden; Verlegung nach d).

Schalttafeln und Apparate.

n) Die Verteilungstafeln sind nach Möglichkeit in den frischen Wetterstrom zu legen.

o) Die Ausschalter, Umschalter und Sicherungen sind luftdicht in kräftige Gehäuse einzukapseln.

Die Einkapselung der Sicherungen muß so erfolgen, daß durch das Abschmelzen einer Sicherung keine andere gefährdet und das Herausschlagen eines Flammenbogens mit Sicherheit verhindert wird.

p) Steckkontakte sind mit einer Verriegelung zu versehen, welche das Einstecken und das Herausziehen verhindert, so lange die Kontaktstelle unter Strom steht.

Elektrische Maschinen und Zubehör.

q) Elektrische Maschinen müssen schlagwettersicher gebaut oder schlagwettersicher, z. B. im einziehenden Wetterstrom, aufgestellt sein.

Die Kontaktapparate von Anlassern sind wettersicher einzukapseln und zwar so, daß die eingeschlossene Luftmenge möglichst gering ist.

r) Es empfiehlt sich, Motoren und Zubehör möglichst nahe der Sohle aufzustellen.

Beleuchtungsanlagen.

s) Es sind nur Glühlampen zulässig, welche im luftleeren Raum brennen. Dieselben müssen, einerlei in welcher Höhe sie angebracht sind, außer der Überglocke (h) noch einen Schutzkorb aus starkem Drahtgeflecht besitzen.

§ 47.

Inkrafttreten dieser Vorschriften.

a) Diese Vorschriften gelten für Anlagen oder Erweiterungen, welche nach dem 1. Januar 1904 fertig gestellt werden. Sie haben keine rückwirkende Kraft.

b) Der Verband deutscher Elektrotechniker behält sich vor, dieselben den Fortschritten und Bedürfnissen der Technik entsprechend abzuändern.

Die vorstehenden Vorschriften sind von der Kommission des V. D. E. einstimmig angenommen worden und haben daher in Gemäßheit des Verbandsbeschlusses vom 13. Juni 1902 als Verbandsvorschriften zu gelten.

Der Vorsitzende der Kommission.
Budde.

Sicherheitsvorschriften für die Errichtung elektrischer Starkstromanlagen,

festgesetzt nach den Beschlüssen der Sicherheitskommission zu Jena vom 12. bis 15. Januar 1903.

II. Hochspannung.

Die hierunter stehenden Bestimmungen gelten für elektrische Starkstromanlagen bzw. diejenigen Teile derselben, bei denen die effektive Spannung zwischen irgend einer Leitung und Erde mehr als 250 Volt beträgt bzw. im Falle eines Erdschlusses betragen kann; ausgenommen sind jedoch unterirdische Leitungsnetze und elektrische Bahnen. Bei Akkumulatoren ist die Entladespannung maßgebend.

A. Allgemeines.

§ 1.

Pläne.

Für jede Starkstromanlage soll bei Fertigstellung ein Plan und ein Schaltungsschema hergestellt werden.

Der Plan soll enthalten:

a) Bezeichnung der Räume nach Lage und Verwendung. Besonders hervorzuheben sind feuchte oder durchtränkte Räume und solche, in welchen ätzende oder leicht entzündliche Stoffe vorkommen.

Für Fernleitungen und Leitungsnetze muß die Lage der Unterstationen, Transformatoren, Hausanschlüsse, Streckenausschalter, Sicherungen und Blitzschutzvorrichtungen angegeben sein.

b) Lage, Querschnitt und Isolierungsart der Leitungen. Der Querschnitt wird in Quadratmillimetern ausgedrückt neben die Leitungslinien gesetzt. Die Isolierungsart wird durch die unten angeführten Buchstaben bezeichnet.

c) Art der Verlegung (Isolierglocken, Rollen, Rohre usw.) und Art des Schutzes; hierfür sind ebenfalls nachstehend Bezeichnungen angegeben.

d) Lage der Apparate und Sicherungen.

e) Lage und Art der Lampen, Elektromotoren und sonstigen Stromverbraucher.

f) Für die Verbrauchsstellen müssen Pläne verwendet sein, auf welche ein großer roter Blitzpfeil eingezeichnet ist und die Spannungen vermerkt sind.

Sind in einem Plan Hoch- und Niederspannungsleitungen eingezeichnet, so sind die Hochspannungsleitungen mindestens am Anfang und Ende durch Blitzpfeil zu kennzeichnen.

g) Sämtliche im Plan eingezeichneten Stangen müssen mit ihren Nummern bezeichnet sein.

Das Schaltungsschema soll enthalten:

Querschnitte der Hauptleitungen und Abzweigungen von den Schalttafeln mit Angabe der Belastung in Ampere.

Bei elektrischen Betriebsanlagen ist auch das Schaltungsschema der Stromerzeugungsanlage beizulegen.

Die Vorschriften dieses Paragraphen gelten auch für alle Abänderungen und Erweiterungen.

Der Plan und das Schaltungsschema sind von dem Besitzer der Anlage aufzubewahren.

Für die Pläne sind folgende Bezeichnungen anzuwenden:

 = Feste Glühlampe.

 = Bewegliche Glühlampe.

 = Fester Lampenträger mit Lampenzahl (5).

 = Beweglicher Lampenträger mit Lampenzahl (3).

Obige Zeichen gelten für Glühlampen jeder Kerzenstärke sowie für Fassungen mit und ohne Hahn.

 = Bogenlampe mit Angabe der Stromstärke (6 A).

 = Dauerbrandlampe mit Angabe der Stromstärke (6 A).

 = Dynamomaschine bzw. Elektromotor jeder Stromart mit Angabe der höchsten zulässigen Beanspruchung in KW.

 = Akkumulatoren.

 = Wandfassung, Anschlußdose mit Angabe der Stromstärke (6 A).

 = Einpoliger bzw. zweipoliger bzw. dreipoliger Ausschalter mit Angabe der höchsten zulässigen Stromstärke (6 A).

 = Umschalter, desgl.

 = Sicherung an der (Abzweigstelle).

 = Widerstand, Heizapparate u. dgl. mit Angabe der höchsten zulässigen Stromstärke (10 A).

 = Desgl., beweglich angeschlossen.

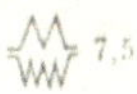 = Transformator mit Angabe der Leistung in KW (7,5).

 = Drosselspule.

 = Blitzschutzvorrichtung.

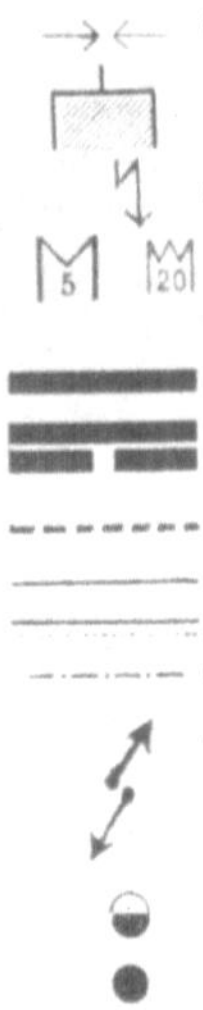

= Spannungssicherung.
= Erdung.
= Blitzpfeil.
= Zweileiter- bzw. Dreileiter- oder Drehstromzähler mit Angabe des Meßbereiches (5 bzw. 20 KW).
= Zweileiterschalttafel.
= Dreileiterschalttafel oder Schalttafel für mehrphasigen Wechselstrom.
= Einzelleitung.
= Hin- und Rückleitung.
= Dreileiter- oder Drehstromleitung.
= Fest verlegte Mehrfachleitung jeder Art.
= Nach oben führende Steigleitung.
= Nach unten führende Steigleitung.
= Holzmast.
= Eisenmast.

B C Blanker Kupferdraht.
B E Blanker Eisendraht.
G A Gummiaderleitung.
S G A 3000 Spezialgummiaderleitung mit Angabe der Betriebsspannung (3000 V).
M A Mehrfachgummiaderleitung.
S M A 1500 Mehrfach-Spezialgummiaderleitung mit Angabe der Betriebsspannung (1500 V).
P A Panzerader.
S P A 3000 Spezialpanzerader mit Angabe der Betriebsspannung (3000 V).
S A Gummiaderschnur.
K B Blanke Kabel.
K A Asphaltierte Kabel.
K E Armierte asphaltierte Kabel.
(g) Verlegung auf Isolierglocken.
(r) Verlegung auf Rollen oder Ringen.
(k) Verlegung auf Klemmen.
(o) Verlegung in Rohren.
(f) Schutz durch Eisen.
(l) Schutz durch isolierende Verkleidung.
(n) Schutznetz.
(e) Schutz durch Erdung.

§ 2.

Isolation.

a) Vor Inbetriebsetzung einer Anlage ist durch Isolationsprüfung, womöglich mit der Betriebsspannung, mindestens aber mit 100 Volt, festzustellen, ob Isolationsfehler vorhanden sind. Das gleiche gilt von jeder Erweiterung der Anlage.

b) Bei diesen Messungen muß nicht nur die Isolation zwischen den Leitungen und der Erde, sondern auch die Isolation je zweier Leitungen verschiedenen Potentiales gegeneinander gemessen werden; im letzteren Falle müssen alle Glühlampen, Bogenlampen, Motoren oder andere Strom verbrauchenden Apparate von ihren Leitungen abgeschaltet, dagegen alle vorhandenen Beleuchtungskörper angeschlossen, alle Sicherungen eingesetzt und alle Schalter angeschlossen sein. Reihenstromkreise dürfen jedoch nur an einer einzigen Stelle geöffnet werden, die möglichst nahe der Mitte zu wählen ist. Dabei müssen die Isolationswiderstände den Bedingungen des Absatzes d) genügen.

c) Bei Isolationsmessung durch Gleichstrom gegen Erde soll, wenn möglich, der negative Pol der Stromquelle an die zu messende Leitung gelegt werden und die Messung soll erst erfolgen, nachdem die Leitung während zwei Minuten der Spannung ausgesetzt war.

d) Der Isolationszustand einer Anlage, mit Ausnahme der Teile unter e) und f), soll derart sein, daß jede Teilstrecke zwischen zwei Sicherungen oder hinter der letzten Sicherung bei

250	bis 300	Volt	mindestens	250000	Ω
300	» 400	»	»	280000	»
400	» 500	»	»	330000	»
500	» 600	»	»	375000	»
600	» 700	»	»	410000	»
700	» 800	»	»	440000	»
800	» 900	»	»	460000	»
900	» 1000	»	»	480000	»

hat. Von 1000 Volt an soll der Widerstand mindestens 500 Ω für das Volt betragen.

e) Diejenigen Teile von Anlagen, welche in feuchten Räumen, z. B. in Brauereien, Färbereien, Gerbereien usw., installiert sind, brauchen der Vorschrift des Absatzes d) nicht zu genügen, sollen aber mit möglichster Sorgfalt isoliert sein. Wo eine größere Anlage feuchte Teile enthält, müssen dieselben bei der Messung nach b) und c) abgeschaltet sein und die trockenen Teile müssen der Vorschrift unter d) genügen (vgl. auch § 41).

f) Der Isolationswiderstand von Freileitungen muß bei feuchtem Wetter mindestens 80 Ω für das Volt und Kilometer einfacher Länge betragen, braucht aber $1^1/_2$ Mill. Ω nicht zu überschreiten.

g) In Stromerzeugungsanlagen sind Vorrichtungen vorzusehen, durch welche der Isolationszustand auch während des Betriebes kontrolliert werden kann.

§ 3.

Definitionen.

a) Isolierstoffe. Als isolierend gelten faserige oder poröse Isolierstoffe, die mit geeigneter Isoliermasse getränkt sind, ferner feste Isolierstoffe, die nicht hygroskopisch sind. Diese Stoffe sollen in solcher Stärke verwendet werden, daß sie bei den im Betriebe vorkommenden Temperaturen

bis zu 5000 Volt	das Doppelte der Betriebsspannung,
von 5000 — 10000 Volt	eine Überspannung von 5000 Volt,
über 10000 Volt	das $1^1/_2$-fache der Betriebsspannung

eine halbe Stunde lang aushalten, ohne durchschlagen zu werden. (Ausnahme siehe § 11 c.)

Material wie Holz und Fieber darf nur unter Öl und nur mit geeigneter Isoliermasse imprägniert als Isoliermaterial angewendet werden. Steinplatten sollen keine leitenden Adern enthalten, nur ihre nicht polierten Flächen sind durch einen geeigneten Anstrich gegen Feuchtigkeit zu schützen.

Das Isoliermaterial muß derart gestaltet und bemessen sein, daß ein merklicher Stromübergang über die Oberfläche (Oberflächenleitung) unter normalen Umständen nicht eintreten kann.

b) Erdung. Einen Gegenstand im Sinne dieser Vorschriften erden heißt ihn mit Erde derart leitend verbinden, daß er eine für unisoliert stehende Personen gefährliche Spannung nicht annehmen kann.

c) Feuersichere Gegenstände. Als feuersicher gilt ein Gegenstand, der nicht entzündet werden kann oder nach Entzündung nicht selbst weiterbrennt.

d) Freileitungen. Als Freileitungen gelten alle oberirdischen Leitungen außerhalb von Gebäuden, die weder metallische Umhüllung, noch Schutzverkleidung haben. Schutznetze, Schutzleisten und Schutzdrähte gelten nicht als Verkleidung.

e) Elektrische Betriebsräume. Als elektrische Betriebsräume gelten Räume, welche wesentlich zur Erzeugung, Umformung oder Verteilung elektrischer Ströme dienen und in der Regel nur instruiertem Personal zugänglich sind.

f) Betriebsstätten. Im Gegensatz zu den elektrischen Betriebsräumen werden als Betriebsstätten alle diejenigen Räume bezeichnet, in welchen andere als elektrische Betriebsarbeiten normalerweise vorgenommen werden.

g) Feuergefährliche Betriebsstätten und Lagerräume. Als feuergefährliche Betriebsstätten und Lagerräume gelten Räume, in welchen leicht entzündliche Gegenstände erzeugt oder angehäuft werden.

h) Explosionsgefährliche Betriebsstätten und Lagerräume. Als explosionsgefährlich gelten Räume, in denen explosible Stoffe aufgespeichert werden, oder in denen sich betriebsmäßig explosible Gemische von Gasen, Staub oder Fasern bilden oder anhäufen können.

B. Beschaffenheit des zu verwendenden Materiales.

Alles zu verwendende Material muß, soweit nicht im folgenden ausdrücklich Ausnahmen gemacht sind, den Normalien des Verbandes entsprechen.[1])

§ 4.

Schalt- und Verteilungstafeln.

a) Schalt- und Verteilungstafeln müssen aus feuersicherem Material bestehen. Holz ist nur als Umrahmung zulässig.

---

[1]) Die hier in Betracht kommenden Normalien sind:

1. Normen über einheitliche Kontaktgrößen und Schrauben.
2) Normalien und Kaliberlehren für Lampenfüße und Fassungen mit Edisongewinde.
3. Vorschriften für die Konstruktion und Prüfung von Installationsmaterial.
4. Normalien für elektrische Maschinen und Transformatoren.
5. Normalien für Leitungen (einschließlich Kupfernormalien).

Schalter und alle Apparate, in denen betriebsmäßig Stromunterbrechung stattfindet, müssen derart angeordnet sein, daß etwa im Betriebe der elektrischen Einrichtungen auftretende Feuererscheinungen nicht zündend auf die Nachbarschaft wirken und keine Kurz- oder Erdschlüsse herbeiführen können.

b) Schalttafeln müssen entweder mit einem isolierenden Bedienungsgang umgeben sein, und, soweit sie für nicht instruiertes Personal zugänglich sind, müssen sämtliche Teile, die unter Spannung gegen Erde stehen, auf der Bedienungsseite durch Gehäuse vor Berührung geschützt sein. Die gleiche Vorschrift gilt auch für die Rückseite der Schalttafeln, sofern dieselbe überhaupt begehbar ist.

Oder es müssen sämtliche stromführenden Teile, z. B. auch diejenigen der Meßinstrumente, Sicherungen und Schalter, sofern sie nicht geerdet sind, der Berührung unzugänglich angeordnet sein; die zugänglichen, nicht stromführenden Metallteile dieser Apparate und des Gerüstes müssen geerdet und, soweit der Fußboden in der Nähe des Gerüstes leitet, mit diesem leitend verbunden sein.

Bei Schalttafeln, die betriebsmäßig auf der Rückseite zugänglich sind, darf die Entfernung zwischen ungeschützten stromführenden Teilen der Schalttafel und der gegenüberliegenden Wand nicht weniger als 1 m betragen. Sind auf der letzteren ungeschützte stromführende Teile in erreichbarer Höhe vorhanden, so muß die horizontale Entfernung bis zu denselben 2 m betragen und der Zwischenraum durch Geländer geteilt sein. In dem so geschaffenen Gange dürfen bis zur Höhe von 2 m vom Fußboden weder stromführende Teile, noch sonstige die freie Bewegung störende Gegenstände vorhanden sein.

c) Die Kreuzung stromführender Teile an Schalt- und Verteilungstafeln ist möglichst zu vermeiden. Ist dies nicht erreichbar, so sind die stromführenden Teile durch Isolierung voneinander zu trennen oder derart in genügendem Abstand voneinander zu befestigen, daß Berührung ausgeschlossen ist.

d) Die Polarität bzw. Phase von Leitungsschienen, die hinter der Schalttafel liegen, ist durch farbigen Anstrich kenntlich zu machen.

e) An Verteilungstafeln, welche nicht von der Rückseite zugänglich sind, müssen die Leitungen nach Befestigung der Tafel angeschlossen und die Anschlüsse jederzeit von vorn kontrolliert und gelöst werden können.

f) Die Sicherungen auf den Verteilungstafeln sind mit Bezeichnungen zu versehen, aus denen hervorgeht, zu welchen Räumen bzw. Gruppen von Stromverbrauchern sie gehören.

g) Im übrigen wird bezüglich der Ausrüstung der Schalt- und Verteilungstafeln auf die § 10—14 verwiesen.

Leitungsmaterial.

§ 5.

Beschaffenheit und Belastung des Leitungskupfers.

a) Leitungskupfer muß den Normalien des V. d. E. entsprechen. Ausnahmen hiervon sind bei Drähten zulässig, die für Freileitungen bestimmt sind.

b) Isolierte Kupferleitungen und nicht unterirdisch verlegte Kabel dürfen höchstens mit den in nachstehender Tabelle verzeichneten Stromstärken dauernd belastet werden.

Querschnitt qmm	Betriebsstromstärke Amp.	Querschnitt qmm	Betriebsstromstärke Amp.
0,75	4	95	165
1	6	120	200
1,5	10	150	235
2,5	15	185	275
4	20	240	330
6	30	310	400
10	40	400	500
16	60	500	600
25	80	625	700
35	90	800	850
50	100	1000	1000
70	130		

Blanke Kupferleitungen bis zu 50 qmm unterliegen gleichfalls den Vorschriften der vorstehenden Tabelle, blanke Kupferleitungen über 50 und unter 1000 qmm Querschnitt können mit 1 Amp. pro qmm belastet werden. Auf Freileitungen finden die vorstehenden Zahlenbestimmungen keine Anwendung.

Bei intermittierendem Betriebe ist eine Erhöhung der Belastung über die Tabellenwerte zulässig, sofern dadurch keine größere Erwärmung als bei der der Tabelle entsprechenden Dauerbelastung entsteht.

c) Der geringste zulässige Querschnitt für isolierte Kupferleitungen ist 1 qmm, an und in Beleuchtungskörpern $^3/_4$ qmm. Der geringste zulässige Querschnitt von offen verlegten blanken Kupferleitungen in Gebäuden ist 4 qmm, bei Freileitungen 10 qmm.

d) Bei Verwendung von Leitern aus anderen Metallen müssen die Querschnitte so gewählt werden, daß sowohl Festigkeit wie Erwärmung durch den Strom den im vorigen für Kupfer gegebenen Querschnitten entspricht.

§ 6.

Leitungen.

a) Im nächstfolgenden werden behandelt: Drahtleitungen, Schnurleitungen und Kabel.

b) Drahtmaterialien für Maschinen und Apparate unterliegen den Bestimmungen dieser Vorschriften nicht.

§ 7.

Drahtleitungen.

a) Blanke Leitungen. Hierher gehören blanker Kupferdraht, verzinnter Kupferdraht, verbleiter Kupferdraht, verzinkter oder verzinnter Eisendraht, Aluminiumdraht, Draht von Siliziumbronze usw. Für andere als Kupferdrähte vgl. § 5 d.)

b) Gummibandleitung ist unzulässig.

c) Gummiaderleitung (Draht oder Seil) ist zur festen Verlegung geeignet für Gebrauchsspannungen bis zu 1000 Volt und zum Anschluß beweglicher Apparate bis 500 Volt (siehe Normalien für Leitungen).

d) Spezialgummiaderleitung (Draht oder Seil) gilt als isolierte Leitung, wenn sie beweglich verlegt ist, bis 1500 Volt, bei fester Verlegung bis 5000 Volt und, wenn mit einer luftdicht schließenden Metallumhüllung versehen, bis 12000 Volt (siehe Normalien für Leitungen).

Sie darf fest verlegt auch ohne Metallumhüllung über 5000 Volt verwendet werden, ist aber dann wie blanke Leitung zu behandeln.

e) Mehrfachleitung (Draht oder Seil) muß bis 1000 Volt wenigstens aus Gummiaderleitungen, von 1000—1500 Volt aus Spezialgummiaderleitungen bestehen, und die in h) erwähnte Schutzhülle kann gemeinsam sein.

f) Fassungsader ist nicht zulässig.

g) Drahtleitungen anderer Art, welche als isolierte Leitungen gelten sollen, müssen eine luftbeständige Isolierung haben und nach 24-stündigem Liegen im Wasser die doppelte Betriebsspannung, mindestens aber 3000 Volt, gegen das Wasser eine Stunde lang aushalten.

h) Bewegliche Einzel- und Mehrfachleitungen sind zulässig bis zu Gebrauchsspannungen von 1500 Volt, wenn sie den Bedingungen der Normalien für Leitungen genügen; sie müssen aber dann noch eine gegen mechanische Verletzung schützende Hülle (z. B. Drahtumhüllung, Metallschlauch, Leder) besitzen.

Bei Gebrauchsspannungen von mehr als 1500 Volt sind bewegliche Leitungen nicht gestattet.

§ 8.

Schnüre (biegsame Leitungen).

a) Gummibandschnüre sind nicht zulässig.

b) Gummiaderschnüre können bis zu Gebrauchsspannungen von 1000 Volt fest verlegt und zum Anschluß beweglicher Apparate bis 500 Volt benutzt werden.

c) Pendelschnüre sind nicht zulässig.

d) Bewegliche Einzel- und Mehrfachschnurleitungen sind zulässig bis zu Gebrauchsspannungen von 1000 Volt, wenn sie der in § 7 f) angegebenen Wasserprobe genügen. Sie müssen aber dann noch eine gegen mechanische Verletzung schützende Hülle (z. B. Drahtumhüllung, Metallschlauch, Leder) besitzen.

Bei Gebrauchsspannungen von mehr als 1000 Volt sind bewegliche Schnurleitungen nicht gestattet.

§ 9.

Kabel.

a) Blanke Bleikabel (Bezeichnung KB) bestehen aus einer oder mehreren Kupferseelen, starken Isolierschichten und einem wasserdichten einfachen oder mehrfachen Bleimantel. Sie sind nur zu verwenden, wenn sie gegen mechanische und gegen chemische Beschädigungen geschützt sind.

b) Asphaltierte Bleikabel (Bezeichnung KA) wie die vorigen, aber mit asphaltiertem Faserstoff umwickelt; sie müssen gegen mechanische Beschädigungen geschützt sein.

c) Armierte asphaltierte Bleikabel (Bezeichnung KE) wie die vorigen und mit Eisenband oder -draht armiert.

d) Bei eisenarmierten Kabeln für Ein- oder Mehrphasenstrom müssen sämtliche zu einem Stromkreis gehörigen Leitungen in demselben Kabel enthalten sein. Entsprechendes gilt für Panzerleitungen.

Apparate.

§ 10.

Allgemeines.

a) Die äußeren stromführenden Teile sämtlicher Apparate (Ausnahme siehe § 12) müssen auf feuersicheren und, soweit sie nicht betriebsmäßig geerdet sind, auf in dem Verwendungsraum isolierenden Unterlagen montiert sein.

b) Apparate sind derart zu bemessen, daß sie durch den stärksten normal vorkommenden Betriebsstrom keine für den Betrieb oder die Umgebung bedenkliche Temperatur annehmen können.

c) Die Verbindung der Leitungen mit den Apparaten ist durch Schrauben oder gleichwertige Mittel auszuführen.

Schnüre oder Drahtseile bis zu 6 qmm und Einzeldrähte bis zu 25 qmm Kupferquerschnitt können mit angebogenen Ösen an die Apparate befestigt werden. Drahtseile über 6 qmm sowie Drähte über 25 qmm Kupferquerschnitt müssen mit Kabelschuhen oder gleichwertigen Verbindungsmitteln versehen sein. Schnüre und Drahtseile von weniger als 6 qmm Querschnitt müssen, wenn sie nicht gleichfalls Kabelschuhe oder gleichwertige Verbindungsmittel erhalten, an den Enden verlötet sein; zum Löten darf die offene Flamme nicht verwendet werden.

d) Apparate müssen so konstruiert sein, daß der für die anzuschließenden Drähte vorgeschriebene Abstand von der Wand (vgl. § 29 b) auch an den Einführungsstellen gewahrt werden kann.

e) Alle Apparate müssen derart konstruiert und angebracht sein, daß eine Verletzung von Personen durch Splitter, Funken und geschmolzenes Material ausgeschlossen ist.

§ 11.

Ausschalter und Umschalter.

a) Alle Schalter, welche zur Stromunterbrechung dienen, müssen so konstruiert sein, daß beim vollen Öffnen unter normalem Betriebsstrom kein Lichtbogen bestehen bleibt.

Außerdem ist bei allen Schaltern darauf zu achten, daß die Kapazität des Ausschalters in geöffneter Stellung nicht zu gefährlichen Ladungsströmen Veranlassung gibt.

b) Metallkontakte sind so zu bemessen, daß bei normalem Betriebsstrom keine ungehörige Erwärmung eintritt. Die Erwärmung gilt als ungehörig, wenn die Übertemperatur der Kontakte mehr als 50° beträgt.

c) Schalter müssen so gebaut sein, daß ihre spannungführenden Teile nach der Montage der zufälligen Berührung entzogen sind. Für Griffe und Kuppelungsstangen ist Holz zulässig, wenn es mit

Isoliermasse imprägniert ist. Bei Spannungen über 1000 Volt müssen die Griffe so eingerichtet sein, daß sich zwischen der bedienenden Person und den spannungführenden Teilen eine isolierende Strecke, in diesem Falle kein Holz, und eine geerdete Stelle befinden.

d) Die normale Betriebsstromstärke und Spannung, für die ein Schalter gebaut ist, sowie die maximale Stromstärke, bei der er unter der Betriebsspannung ausgeschaltet werden kann, sind auf dem festen Teil zu vermerken.

§ 12.

Steckkontakte u. dgl.

a) Stecker und verwandte Vorrichtungen zum Anschluß beweglicher Leitungen müssen so konstruiert sein, daß sie nicht in Kontakte für höhere Stromstärken passen.

Die normale Betriebsstromstärke und Spannung sind auf dem festen Teil und auf dem Stecker sichtbar zu vermerken.

b) Kontaktvorrichtungen zum Anschluß beweglicher Leitungen müssen, wenn sie Sicherungen enthalten, konstruktionsmäßig allpolig gesichert sein; bei Spannungen von mehr als 500 Volt müssen die Sicherungen außerhalb der Kontaktvorrichtungen angeordnet werden (siehe § 32 b).

c) Steckkontakte müssen innerhalb widerstandsfähiger, nicht stromführender Hüllen liegen und so angeordnet sein, daß zufällige Berührung stromführender Teile verhindert wird.

d) Steckkontakte zum Anschluß beweglicher Leitungen sind nur bis zu Spannungen von 1500 Volt zulässig.

e) Wenn die Kontaktvorrichtung nicht so beschaffen oder angebracht ist, daß sie entsprechend den Betriebsbedürfnissen ohne Funkengefahr bedient werden kann, so müssen bezüglich der in § 33 erwähnten Ausschalter Vorkehrungen getroffen sein, welche das Einstecken und Ausziehen des Steckers unmöglich machen, so lange die Ausschalter geschlossen sind.

f) Bei Steckern, welche für trockene Räume mit Spannungen bis 5000 Volt bestimmt sind, darf Hartgummi als Isoliermaterial verwendet werden.

§ 13.

Widerstände und Heizapparate.

a) Die stromführenden Teile von Widerständen und Heizapparaten sind auf feuersicherer, gut isolierender Unterlage zu montieren und, soweit sie nicht für elektrische Betriebsräume bestimmt sind, mit einer Schutzhülle aus feuersicherem Material zu verkleiden. Soweit diese Schutzhülle aus Metall besteht, muß sie geerdet werden.

b) Widerstände sind so zu bemessen, daß sie im normalen Betriebe keine für den Betrieb oder die Umgebung bedenkliche Temperatur annehmen.

c) Heizapparate für mehr als 750 Volt sind nicht zulässig.

§ 14.

Schmelzsicherungen.

a) Die Abschmelzstromstärke einer Sicherung soll das Doppelte ihrer Normalstromstärke sein. Sicherungen bis einschließlich

50 Amp. Normalstromstärke müssen mindestens den $1^1/_4$-fachen Normalstrom dauernd tragen können. Vom kalten Zustande aus plötzlich mit der doppelten Normalstromstärke belastet, müssen sie in längstens 2 Minuten abschmelzen.

b) Die Sicherungen müssen einzeln, auch bei der um 10% erhöhten Betriebsspannung, sicher funktionieren. Zur Sicherheit der Funktion gehört, daß sie abschmelzen, ohne einen dauernden Lichtbogen zu erzeugen, und daß die etwaigen Explosionserscheinungen ungefährlich verlaufen (vgl. hierzu die Vorschriften für die Konstruktion und Prüfung von Installationsmaterial).

c) Bei Sicherungen dürfen weiche plastische Metalle und Legierungen nicht unmittelbar den Kontakt vermitteln, sondern die Schmelzdrähte oder Schmelzstreifen müssen in Kontaktstücke aus Kupfer oder gleichgeeignetem Metall eingelötet sein.

d) Nicht ausschaltbare Sicherungen müssen derart konstruiert oder angeordnet sein, daß sie auch unter Spannung mittels geeigneter Werkzeuge gefahrlos ausgewechselt werden können.

e) Die Normalstromstärke und Maximalspannung sind auf dem Einsatz der Sicherung zu verzeichnen.

Isolier- und Befestigungskörper.

§ 15.

Holzleisten sind verboten. Krampen sind nur zur Befestigung von betriebsmäßig geerdeten Leitungen zulässig, sofern dafür gesorgt ist, daß der Leiter weder mechanisch noch chemisch durch die Art der Befestigung geschädigt wird.

§ 16.

Isolierglocken, -rollen und -ringe.

a) Isolierglocken, -rollen und -ringe müssen aus Porzellan, Glas oder gleichwertigem Material bestehen. Ringe sind nur gestattet, wenn sie durch Form und Größe eine sichere Isolation verbürgen.

b) Die Glocken, Rollen und Ringe müssen so geformt sein, daß die an ihnen zu befestigenden Leitungen in genügendem Abstand von den Befestigungsflächen gehalten werden können (vgl. § 29).

c) Sie müssen, soweit sie für Gebrauchsspannungen von 2000 Volt oder mehr dienen sollen, in der Fabrik mit mindestens der doppelten Betriebsspannung geprüft sein.

§ 17.

Klemmen.

Klemmen (nur bedingt zu verwenden, vgl. § 29) müssen entweder durch eine Glocke oder Rolle gestützt oder so ausgebildet sein, daß merkliche Oberflächenleitung ausgeschlossen ist.

§ 18.

Rohre.

a) Bei Metall- und Isolierrohren, in denen Leitungen verlegt werden sollen, muß die lichte Weite sowie die Anzahl und der Radius der Krümmungen so gewählt sein, daß man die Drähte jederzeit leicht einziehen und entfernen kann. Die Rohre müssen ferner so eingerichtet sein, daß die Isolierung der Leitungen durch vorstehende Teile und scharfe Kanten nicht verletzt werden kann.

b) Rohre, die für mehr als einen Draht bestimmt sind, müssen mindestens 15 mm lichte Weite haben.

c) Verbindungsdosen müssen genügend weit und so eingerichtet sein, daß jeder ungehörige Spannungs- oder Stromübergang ausgeschlossen ist.

d) Rohre dienen wesentlich als mechanischer Schutz; sie müssen dementsprechend aus widerstandsfähigem Material von genügender Stärke bestehen (vgl § 30 a).

Lampen und Zubehör.

§ 19.

Glühlampen und Fassungen.

a) Die stromführenden Teile der Fassungen müssen auf feuersicherer Unterlage montiert und durch feuersichere Umhüllung, die jedoch nicht unter Spannung gegen Erde stehen darf, vor Berührung geschützt sein.

b) Materialien, die entzündlich oder hygroskopisch sind oder in der Wärme Formveränderungen erleiden, dürfen nicht als Bestandteile von Fassungen verwendet werden.

c) Fassungen dürfen keine Ausschalter enthalten.

d) Die unter Spannung stehenden Teile der Lampen müssen der zufälligen Berührung entzogen sein (vgl. § 35).

§ 20.

Bogenlampen.

a) Bogenlampen dürfen ohne Vorrichtungen, die ein Herausfallen glühender Kohlenteilchen verhindern, nicht verwendet werden. Bei Bogenlampen mit eingeschlossenem Lichtbogen (Dauerbrandlampen) sind keine besonderen Vorrichtungen hierfür erforderlich.

b) Die Bogenlampen sind gut isoliert in die Laternen (Gehänge, Armaturen) einzusetzen und diese, sofern sie aufgehängt sind, von Erde zu isolieren.

(Wegen Aufhängevorrichtungen vgl. § 35 b.)

c) Lampen und Laternen müssen so gebaut sein, daß sich in ihnen kein Wasser ansammeln kann, insbesondere müssen die Einführungsöffnungen für die Leitungen so beschaffen sein, daß die Isolierhüllen nicht verletzt werden und daß sie kein Wasser eindringen lassen.

d) Soweit die Zuleitungsdrähte in den Gebrauchslagen der Lampe der Berührung zugänglich sind, müssen sie isoliert sein.

e) Die Zuleitungsdrähte dürfen nicht als Aufhängevorrichtung dienen.

§ 21.

Beleuchtungskörper.

a) Die zur Aufnahme von Drähten bestimmten Hohlräume von Beleuchtungskörpern müssen im Lichten so weit bemessen und von Grat frei sein, daß die einzuführenden Drähte sicher ohne Verletzung der Isolierung durchgezogen werden können; die engsten für zwei Drähte bestimmten Rohre müssen wenigstens 12 mm im Lichten haben.

b) In und an Beleuchtungskörpern muß mindestens Gummiaderleitung verwendet werden. Fassungsader ist ausgeschlossen.

Für Reihenschalter kann Gummiaderleitung auch bei einer Maschinenspannung von mehr als 1000 Volt verwendet werden, soweit zwischen zwei benachbarten Gummiaderleitungen eine geringere Spannung als 1000 Volt herrscht und die Beleuchtungskörper durch die ganze Art der Montage für die höchste in Betracht kommende Spannung dauernd gegen Erde isoliert und unzugänglich angebracht werden.

c) Abzweig- und Verbindungsstellen in Beleuchtungskörpern sind nicht zulässig.

d) Schnurpendeln sind unzulässig.

C. Verlegungsvorschriften.

1. Erdung.

§ 22.

a) Alle Verbindungen in Erdungsleitungen müssen durch Verlötung hergestellt sein, doch kann der Anschluß an Erdungsschalter und an dem zu erdenden Gegenstand auch durch Verschrauben hergestellt sein.

b) Der Querschnitt der Erdungsleitungen ist mit Rücksicht auf die zu erwartenden Erdschlußstromstärken zu bemessen. Die Erdungsleitungen müssen gegen mechanische und chemische Beschädigungen geschützt werden.

c) Es ist für möglichst geringen Erdungswiderstand Sorge zu tragen.

Als Erdelektroden dienen Platten, Drahtnetze, Gitterwerk u. dgl. Rohrleitungen können zur Erdung mitbenutzt werden, dürfen aber nicht als ausschließliche Erdung dienen.

d) Die in einem Gebäude befindlichen Erdungsleitungen müssen sämtlich unter sich gut leitend verbunden sein.

e) Es ist verboten, Strecken einer geerdeten Betriebsleitung durch Erde allein zu ersetzen.

2. Freileitungen.

§ 23.

a) Träger und Schutzverkleidungen von Leitungen, welche mehr als 500 Volt gegen Erde führen, müssen durch einen deutlich sichtbaren roten Zickzackpfeil (Blitzpfeil) gekennzeichnet sein.

b) Für Freileitungen müssen blanke Leitungen verwendet werden.

Wo ätzende Dünste zu befürchten sind, ist ein schützender Anstrich gestattet.

c) Bei Freileitungen kann, wenn Festigkeitsrücksichten es wünschenswert machen, Kupfer verwendet werden, welches den Normalien des V. d. E. nicht entspricht.

d) Der geringste zulässige Metallquerschnitt von Freileitungen aus hartgezogenem Kupfer oder anderem Material von mindestens gleich großer Zugfestigkeit müssen einen entsprechend größeren Querschnitt haben.

e) Auf Zug beanspruchte Verbindungen zwischen Leitungen müssen so ausgeführt werden, daß die Verbindungsstelle mindestens die gleiche Zugfestigkeit besitzt wie die Leitung selbst.

f) Freileitungen können mit größeren Stromstärken belastet werden, als der Tabelle in § 5 entspricht, sofern dadurch ihre Festigkeit nicht merklich leidet.

g) Freileitungen dürfen nur auf Porzellanglocken, Rillenisolatoren oder gleichwertigen Isoliervorrichtungen verlegt werden, wobei die Glocken in aufrechter Stellung zu befestigen sind.

Es ist darauf zu achten, daß die Leitungsdrähte an den Isolatoren sicher und unverrückbar befestigt werden und daß die Befestigungsstücke keine scheuernde oder schneidende Wirkung auf sie üben.

h) Freileitungen müssen mit ihren tiefsten Punkten mindestens 6 m, bei Wegübergängen mindestens 7 m von der Erde entfernt sein.

i) Spannweite und Durchhang müssen so bemessen werden, daß Gestänge aus Holz mit zehnfacher und aus Eisen mit fünffacher Sicherheit und Leitungen bei minus 20° C mit fünffacher Sicherheit (bei Leitungen aus hartgezogenem Metall mit dreifacher Sicherheit) beansprucht sind. Dabei ist der Winddruck mit 125 kg pro 1 qm senkrecht getroffener Fläche in Rechnung zu bringen.

k) Freileitungen sowie Apparate an Freileitungen sind so anzubringen, daß sie ohne besondere Hilfsmittel nicht zugänglich sind.

l) Freileitungen in Ortschaften müssen während des Betriebes streckenweise ausschaltbar sein.

m) Wenn eine Leitung über Ortschaften und bewohnte Grundstücke geführt wird, oder wenn sie sich einer Fahrstraße so weit nähert, daß die Vorüberkommenden durch Draht- oder Mastbrüche gefährdet werden können, müssen die Leitungsdrähte entweder so hoch angebracht werden, daß im Falle eines Drahtbruches die herabhängenden Enden mindestens 3 m vom Erdboden entfernt sind, oder es müssen Vorrichtungen angebracht werden, welche das Herabfallen der Leitungen verhindern, oder es müssen andere Vorrichtungen vorhanden sein, welche die herabgefallenen Teile selbst spannungslos machen.

n) Sofern in Freileitungen Transformatoren vorkommen, sind die Vorschriften des § 25 zu beachten.

o) Den örtlichen Verhältnissen entsprechend, sind Freileitungen mit besonderer Rücksicht auf die mit ihnen verbundenen Generatoren, Motoren und Transformatoren durch Blitzschutzvorrichtungen zu sichern, die auch bei wiederholten Entladungen wirksam bleiben.

Wenn verschiedene Phasen oder Polaritäten durch benachbarte Blitzableiter gesichert werden, ist darauf zu achten, daß die Erdplatten keine gefährliche Spannung im Boden zwischenliegender Wege oder sonstiger von Menschen begangener Stellen erzeugen.

p) Schutznetze dürfen sowohl offen wie geschlossen konstruiert sein. In beiden Fällen jedoch muß durch ihre Form und ihre Lage den Leitungsdrähten gegenüber dafür gesorgt sein, daß erstens eine zufällige Berührung zwischen dem Netz und den intakten Leitungsdrähten verhindert wird, und daß zweitens ein gebrochener Draht auch bei starkem Winde sicher abgefangen wird.

Schutznetze müssen, wo sie nicht gut geerdet werden können, isoliert sein.

q) Bei Winkelpunkten sind Fangbügel anzubringen, welche beim Bruch von Isolatoren das Herabfallen der Leitungen verhindern.

r) Bei Freileitungen, die 1000 Volt oder mehr führen, müssen Ankerdrähte in einer Höhe von mindestens 3 m mit Abspannisolatoren versehen sein; Eisenmaste müssen, falls sie nicht gut geerdet werden können, bis 2 m Höhe mit einer abstehenden Schutzverkleidung (z. B. aus Holz) versehen sein; die Erdleitungen der Blitzableiter müssen bis 2 m Höhe gegen Berührung geschützt sein.

s) Wenn Freileitungen parallel mit anderen Leitungen verlaufen, ist die Führung der Drähte so einzurichten, oder es sind solche Vorkehrungen zu treffen, daß eine Berührung der beiden Arten von Leitungen miteinander verhütet oder ungefährlich gemacht wird.

Bei Kreuzungen mit anderen Leitungen sind Schutznetze oder Schutzdrähte zu verwenden, sofern nicht durch besondere Hilfsmittel eine gegenseitige Berührung auch im Falle eines Drahtbruches verhindert oder ungefährlich gemacht wird.

t) Wenn Niederspannungsleitungen an einem Gestänge für Hochspannung geführt werden, so sind Vorrichtungen anzubringen, die bei Bruch der Leitungen oder der Isolatoren die Berührung der verschiedenen Leitungen mit einander bzw. das Übertreten hoher Spannung in die Niederspannungsleitungen verhindern oder ungefährlich machen.

u) Wenn Telephonleitungen an einem Freileitungsgestänge für Starkstrom hoher Spannung geführt sind, so müssen die Telephonstationen so eingerichtet sein, daß auch bei eventueller Berührung zwischen den beiderseitigen Leitungen eine Gefahr für die Sprechenden ausgeschlossen ist.

v) Bezüglich der Sicherung vorhandener Telephon- und Telegraphenleitungen wird auf das Reichs-Telegraphengesetz vom 6. April 1892 und auf das Telegraphenwegegesetz vom 18. Dezember 1899 verwiesen.

3. Einführung von Freileitungen in Gebäude.

§ 24.

Bei Einführung von Freileitungen aus dem Freien in Gebäude sind entweder die Drähte frei und straff durchzuspannen, oder es muß für jede Leitung ein isolierendes und feuersicheres Einführungsrohr verwendet werden, welches auf der Außenseite des Gebäudes eine trichterförmige nach unten gerichtete Mündung hat (vgl. hierzu § 27 a) Abs. 5).

4. Anlagen in Gebäuden.

4a. Gebäude im allgemeinen.

§ 25.

Aufstellung von Generatoren, Motoren und Transformatoren.

a) Generatoren, Motoren, rotierende Umformer usw. sind so aufzustellen, daß etwaige im Betriebe der elektrischen Einrichtung auftretende Feuererscheinungen keine Entzündung von brennbaren Stoffen hervorrufen können.

b) Der Übertritt höherer Spannung in Stromkreise für niedrigere Spannung sowie das Entstehen hoher Spannung in den letzteren muß verhindert bzw. ungefährlich gemacht werden, z. B. durch erdende oder kurzschließende oder abtrennende Sicherungen oder durch dauernde Erdung geeigneter Punkte.

c) Generatoren und Motoren müssen entweder gut isoliert und in diesem Falle mit einem gut isolierenden Bedienungsgange umgeben sein.

Oder sie sollen geerdet und, soweit der Fußboden in ihrer Nähe leitend ist, mit demselben leitend verbunden sein. Zur Erdung und zur Verbindung mit dem Fußboden sollen Kupferdrähte von mindestens 25 qmm Querschnitt benutzt werden, die gegen schädliche mechanische oder chemische Eingriffe geschützt sind.

In beiden Fällen sollen ihre stromführenden Teile während des Betriebes der zufälligen Berührung entzogen sein.

d) Transformatoren außerhalb elektrischer Betriebsräume müssen entweder allseitig in geerdete Metallgehäuse eingeschlossen oder in besonderen Schutzverschlägen untergebracht sein. Ausgenommen von dieser Vorschrift sind Transformatoren, welche in Freileitungen unzugänglich angebracht sind.

e) An jedem Transformator mit Ausnahme von Meßtransformatoren sollen Vorrichtungen angebracht sein, welche gestatten, das Gestell desselben gefahrlos zu erden.

f) Bei Reihenschaltung von Transformatoren muß dafür gesorgt sein, daß bei Unterbrechung des sekundären Stromkreises eine gefährliche Erhitzung des Transformators nicht eintreten kann.

§ 26.

Leitungen im allgemeinen.

a) Alle Leitungen müssen so verlegt werden, daß sie nach Bedarf geprüft und ausgewechselt werden können.

Für unterirdisch verlegte Kabel gilt diese Vorschrift nur bezüglich der Prüfung.

b) Soweit festverlegte Leitungen der mechanischen Beschädigung ausgesetzt sind, oder soweit sie im Handbereich liegen, müssen sie durch Verkleidungen geschützt werden, die so hergestellt sein sollen, daß die Luft frei durchstreichen kann. Armierte Bleikabel und metallumhüllte Leitungen sowie sämtliche Leitungen in elektrischen Betriebsräumen unterliegen dieser Vorschrift nicht. (Über Rohre siehe § 30.)

c) Bewegliche Leitungen dürfen an festverlegte Leitungen nur mittels lösbarer Kontakte angeschlossen werden (vgl. hierzu die § 7, 8 und 12).

d) Die Verbindung von Leitungen untereinander sowie die Abzweigung von Leitungen geschieht mittels Lötung, Verschraubung oder gleichwertiger Verbindung.

e) Zum Löten dürfen keine Lötmittel verwendet werden, welche das Metall angreifen.

f) Bei Verbindungen oder Abzweigungen von isolierten Leitungen ist die Verbindungsstelle in einer der sonstigen Isolierung möglichst gleichwertigen Weise zu isolieren. Die Anschluß- und Abzweigstellen müssen von Zug entlastet sein.

g) Kreuzungen von stromführenden Leitungen unter sich und mit sonstigen Metallteilen sind so auszuführen, daß Berührung ausgeschlossen ist.

h) Ist das Zusammenlegen von mehreren Leitungen unvermeidlich, so sind oberhalb 1000 Volt Spezialgummiaderleitungen oder Kabel zu verwenden.

i) Alle nicht betriebsmäßig geerdeten Leitungen, mit Ausnahme von Kabeln, in und an Gebäuden müssen durch Schutzverkleidung gegen Berührung und Beschädigung gesichert sein. Diese Schutzverkleidung muß die in § 27—29 vorgeschriebenen Abstände haben und, soweit sie der Berührung durch Personen zugänglich ist, aus feuchtigkeitsbeständigem Isoliermaterial (mit Isoliermasse imprägniertes Holz ist zulässig) oder aus geerdetem Metall bestehen. Netze müssen in diesem Fall höchstens 5 cm Maschenweite und wenigstens $1^1/_2$ mm Drahtdicke haben.

k) Wenn die äußere Metallhülle von Kabeln und Panzerleitungen zuverlässig geerdet werden kann, so genügt diese Erdung. Andernfalls müssen sie, soweit sie der Berührung zugänglich sind, durch eine Verkleidung geschützt werden, welche entweder isolierend ist oder aus geerdetem Metall besteht.

l) Wenn eine Leitung an der Außenseite eines Gebäudes geführt ist, so darf, einerlei ob sie blank oder isoliert ist, ihr Abstand von der äußeren Gebäudewand oder der Schutzverkleidung an keiner Stelle weniger als 2 cm für je 1000 Volt, muß aber mindestens 10 cm betragen.

§ 27.

Wand- und Deckendurchführungen.

a) Durch Wände und Decken sind die Leitungen entweder der in den betreffenden Räumen gewählten Verlegungsart entsprechend hindurchzuführen, oder es sind haltbare Rohre aus Isoliermaterial zu verwenden, und zwar für jede einzeln verlegte Leitung und für jede Mehrfachleitung je ein Rohr.

Diese Durchführungsrohre müssen an den Enden mit Tüllen aus feuersicherem Isoliermaterial versehen und so weit sein, daß die Drähte leicht darin bewegt werden können.

In feuchten Räumen sind entweder Porzellanrohre zu verwenden, deren Enden nach Art der Isolierglocken ausgebildet sind, oder die Leitungen sind frei durch genügend weite Kanäle zu führen.

Über Fußböden müssen die Rohre mindestens 10 cm, über Decken und Wandflächen mindestens 5 cm vorstehen und müssen gegen mechanische Beschädigungen sorgfältig geschützt sein.

Für Spannungen über 1000 Volt muß entweder unter Innehaltung einer Entfernung von 2 cm für je 1000 Volt, mindestens aber von 5 cm zwischen Wand und Leitung ein Kanal hergestellt werden, welcher die Durchführung der Leitung von Isolierglocken aus gestattet, oder es sind Porzellan- oder gleichwertige Isolierrohre zu verwenden, deren Enden mindestens 5 cm aus der Wand hervorragen, nach außen und nach feuchten Räumen hin aber als Isolierglocken ausgebildet sein müssen. Für jede Leitung ist, abgesehen von Mehrfachleitungen, ein besonderes Rohr vorzusehen.

b) Armierte Bleikabel und betriebsmäßig geerdete Leitungen fallen nicht unter die Bestimmungen dieses Paragraphen, sind aber gegen die Einflüsse der Mauerfeuchtigkeit zu schützen, z. B. durch Anstrich.

§ 28.

Blanke Leitungen in Gebäuden.

a) Blanke Leitungen außerhalb elektrischer Betriebs- und Akkumulatorenräume sind nur als Kontaktleitungen, und zwar nur bis zu 1000 Volt gestattet. Bei mehr als 1000 Volt sind sie nur in elektrischen Betriebs- und Akkumulatorenräumen zulässig.

b) Sie dürfen nur auf Isolierglocken oder gleichwertigen Vorrichtungen verlegt werden und müssen, soweit sie nicht unausschaltbare Parallelzweige sind, voneinander, von der Wand oder anderen Gebäudeteilen und von der eigenen Schutzverkleidung nicht weniger als 1 cm für je 1000 Volt, mindestens aber 10 cm entfernt sein. Die Spannweite der Leitungen soll, wo nicht besondere Verhältnisse eine Abweichung bedingen, nicht mehr als 3 m betragen.

Bei Verbindungsleitungen zwischen Akkumulatoren, Maschinen und Schalttafeln, bei Zellenschalterleitungen und bei parallel geführten Speise-, Steig- und Verteilungsleitungen können starke Kupferschienen sowie starke Kupferdrähte in kleineren Abständen voneinander verlegt werden.

c) Betriebsmäßig geerdete blanke Leitungen fallen nicht unter die Bestimmungen dieses Paragraphen, müssen aber gegen die bei normaler Benutzung des betreffenden Raumes vorauszusetzenden Beschädigungen geschützt sein.

Isolierte Drähte und Schnurleitungen.

§ 29.

Verlegung mit Glocken, Rollen usw.

a) Wegen des zu verwendenden Materials vgl. die § 16 und 17.

b) Glocken, Rollen usw., die zur Verlegung von Leitungen dienen, müssen so angebracht werden, daß sie die Leitungen bis 500 Volt mindestens 1 cm, bis 1000 Volt mindestens 2 cm, oberhalb 1000 Volt mindestens 1 cm für je 1000 Volt, zum wenigsten aber 5 cm von der Wand entfernt halten.

Isolierende Schutzverkleidungen müssen von den Leitungen mindestens 5 cm abstehen.

c) Es ist unzulässig, zwei oder mehr Drähte von verschiedener Polarität oder Phase in eine Klemme zu legen.

d) Bei Führung der Leitungen auf gewöhnlichen Rollen längs der Wand muß auf höchstens 80 cm eine Befestigungsstelle kommen. Bei Führung an der Decke können den örtlichen Verhältnissen entsprechend größere Abstände ausnahmsweise gewählt werden.

e) Mehrfachleitungen dürfen nicht so befestigt werden, daß ihre Einzelleiter aufeinander gepreßt werden. Metallene Bindedrähte sind bei Mehrfachleitungen unzulässig. Für Führung von Mehrfachleitungen auf Rollen gilt die unter b) gegebene Abstandsvorschrift.

f) Mehrfachleitungen dürfen nur dann zur Aufhängung von Bogenlampen und Glühlampen benutzt werden, wenn sie eine besondere Tragschnur enthalten.

§ 30.

Verlegung in Rohren.

a) Rohre dürfen nur für Spannungen bis 500 Volt unter Putz verlegt werden. Alle Rohre sollen einen metallenen Körper oder Überzug haben, der so stark ist, daß er den nach den Ortsverhältnissen zu erwartenden mechanischen Angriffen sicher widersteht.

b) Drahtverbindungen innerhalb der Rohre sind nicht statthaft.

c) Die lichte Weite der Rohre, die Zahl und der Radius der Krümmungen sowie die Anzahl und Lage der Verbindungsdosen müssen so gewählt sein, daß man die Drähte leicht einziehen und entfernen kann.

d) Leitungen, welche Wechsel- oder Mehrphasenstrom führen, müssen so zusammengelegt werden, daß die Summe der durch das Rohr gehenden Ströme Null ist (vgl. auch § 26 h).

e) Rohre für mehr als eine Leitung müssen mindestens 15 mm lichte Weite haben.

f) Jede Leitung, die in ein Rohr eingezogen werden soll, muß für sich die der Spannung entsprechende Isolierung haben.

g) Die Rohre sind so herzurichten, daß die Isolierung der Leitungen durch vorstehende Teile und scharfe Kanten nicht verletzt werden kann.

h) Die Rohre sind so zu verlegen, daß sich an keiner Stelle Wasser ansammeln kann.

i) Die Stoßstellen der Rohre sind metallisch zu verbinden, und die Rohre sind zu erden.

§ 31.

Verlegung von Kabeln.

a) Bleikabel jeder Art dürfen nur mit Endverschlüssen, Muffen oder gleichwertigen Vorkehrungen, welche das Eindringen von Feuchtigkeit verhindern und gleichzeitig einen guten elektrischen Anschluß gestatten, verwendet werden.

b) Blanke und asphaltierte Bleikabel dürfen nur da verlegt werden, wo sie gegen die im normalen Betriebe zu erwartenden mechanischen Beschädigungen geschützt sind.

Bei blanken Bleikabeln ist außerdem besondere Vorsicht gegen chemische Einflüsse geboten.

c) An den Befestigungsstellen ist darauf zu achten, daß der Bleimantel nicht eingedrückt oder verletzt wird; Rohrhaken sind daher nur bei armierten Kabeln und Panzerleitungen als Befestigungsmittel zulässig (vgl. hierzu § 26 k).

d) Prüfdrähte sind so anzuschließen, daß sie nur zu Messungen am eigenen Kabel dienen.

Anbringung von Sicherungen, Schaltern und anderen Apparaten.

§ 32.

Anbringung von Sicherungen.

a) Alle betriebsmäßig geerdeten Leitungen dürfen keine Sicherungen enthalten; dagegen sind alle übrigen Leitungen, welche von der Schalttafel nach den Verbrauchsstellen führen, durch Abschmelzsicherungen oder andere selbsttätige Stromunterbrecher zu schützen.

b) Mit einziger Ausnahme des Falles f) sind Sicherungen an allen Stellen anzubringen, wo sich der Querschnitt der Leitungen in der Richtung nach der Verbrauchsstelle hin vermindert.

Außerdem sind lösbare Kontakte (vgl. § 12) am festen Teil allpolig zu sichern.

c) Wenn eine Verjüngung eintritt, muß die Sicherung unmittelbar an der Verjüngungsstelle liegen; bei Abzweigungen muß das Anschlußleitungsstück bis zur Sicherung hin den Querschnitt der Hauptleitung haben.

d) Die Stärke der zu verwendenden Sicherung ist der Betriebsstromstärke der zu schützenden Leitung anzupassen.

e) Bei der Anbringung von Schmelzsicherungen ist darauf zu achten, daß das Durchbrennen derselben keinen Kurz- oder Erdschluß zwischen benachbarten Leitern untereinander oder mit leitenden Gebäudeteilen veranlaßt.

f) Bei Querschnittverkleinerungen sind in den Fällen, wo die vorhergehende Sicherung den schwächeren Querschnitt schützt, weitere Sicherungen nicht mehr erforderlich.

§ 33.

Anbringung von Ausschaltern.

a) Nulleiter und betriebsmäßig geerdete Leitungen dürfen außerhalb elektrischer Betriebsräume entweder gar nicht oder nur zwangläufig zusammen mit den übrigen zugehörigen Leitern ausschaltbar sein.

b) Ausschalter für Stromverbraucher müssen, wenn sie geöffnet werden, ihren Stromkreis allpolig abschalten.

c) Bei Spannungen von mehr als 1000 Volt muß zwischen der bedienenden Person und dem die Kontakte tragenden Teil des Schalters sich ein isolierendes Zwischenstück und eine geerdete Stelle befinden.

d) Steckkontakte zum Anschluß beweglicher Leitungen müssen mittels besonderer Ausschalter abschaltbar sein.

§ 34.

Anbringung von Apparaten, insbesondere auch Widerständen und fest montierten Heizapparaten.

a) Die stromführenden Teile aller in eine Leitung eingeschalteten Apparate müssen derart geschützt sein, daß sie sowohl der Berührung durch Unbefugte entzogen, als auch von brennbaren Gegenständen feuersicher getrennt sind.

Meßapparate, deren Gehäuse nicht an sich gegen die Betriebsspannung sicher isolieren, müssen geerdete Gehäuse haben oder von Schutzkasten umgeben oder hinter Glasplatten verlegt sein, so daß auch ihre Gehäuse gegen Berührung geschützt sind. Auch die an Meßtransformatoren angeschlossenen Meßgeräte unterliegen dieser Vorschrift, wenn nicht die Meßtransformatoren selbst eine Isolationsprüfung zwischen Hoch- und Niederspannungswickelung, entsprechend den Bedingungen in § 3, bestanden haben.

Bei Sicherungen, Schaltern und anderen Hilfsapparaten müssen alle Teile, welche Spannung annehmen können, soweit sie im Handbereich sind, durch einzelne Schutzkasten oder gemeinsamen

Abschluß (z. B. Anbringung hinter einer Schalttafel) gegen Berührung geschützt sein. Diese Bestimmung gilt nicht für Apparate und deren Zuleitungen, soweit sie in besonders dafür bestimmten abgeschlossenen Räumen oder an unzugänglichen Stellen angebracht sind (vgl. hierzu § 4 b).

b) Bei Einführung von Leitungen muß der für die Leitungen vorgeschriebene Abstand von Gebäudeteilen gewahrt werden.

c) Widerstände sind auf feuersicherem, gut isolierendem Material zu montieren und mit einer Schutzhülle aus feuersicherem Material zu umkleiden. Sie dürfen nur auf feuersicherer Unterlage, und zwar freistehend, oder an feuersicheren Wänden angebracht werden.

d) Heizapparate (nur bis 750 Volt, vgl. § 13 c) und solche Widerstände, bei denen eine Erwärmung auf mehr als Handwärme eintreten kann, sind derart anzuordnen, daß eine Berührung zwischen Wärme entwickelnden Teilen und entzündlichen Materialien sowie eine feuergefährliche Erwärmung derartiger Materialien nicht stattfinden kann.

§ 35.

Anbringung von Bogen- und Glühlampen sowie auch Beleuchtungskörpern.

a) Die Laternen (Gehänge, Armaturen) von Bogenlampen sind, sofern sie aufgehängt sind, von Erde zu isolieren.

b) Die Lampe muß entweder gegen das Aufzugsseil und, wenn Metallmasten benutzt sind, auch gegen den Mast doppelt isoliert sein, oder Seil und Mast sind zu erden. Bei Spannungen von mehr als 1000 Volt müssen diese beiden Vorschriften gleichzeitig befolgt werden. Stromführende Teile von Bogenlampenkuppelungen müssen gegen den Mast doppelt isoliert und gegen Regen geschützt sein.

c) Bogenlampen müssen während des Betriebes unzugänglich und müssen von Abschaltvorrichtungen abhängig sein, welche gestatten, sie für den Zweck der Bedienung spannungslos zu machen.

d) Die etwa vorhandenen metallischen Außenteile von Glühlampenarmaturen müssen geerdet oder so angebracht sein, daß sie nur mittels besonderer Hilfsmittel, wie Leitern usw., zugänglich sind.

e) Bei Serienbeleuchtungen muß in oder neben jeder Lampe, einerlei ob Bogen- oder Glühlampe, eine Vorrichtung angebracht sein, welche, im Falle die Lampe erlischt, dafür sorgt, daß an den Zuführungskontakten der Lampe selbst keine Spannungszunahme von mehr als 100 % auftritt.

f) Transportable Beleuchtungskörper sind nicht gestattet.

g) An und in Beleuchtungskörpern muß mindestens Gummiaderleitung verwendet werden.

h) Bei zugänglichen Beleuchtungskörpern dürfen die Leitungen nur innen geführt werden.

i) Beleuchtungskörper müssen so angebracht werden, daß die Zuführungsdrähte nicht durch Drehen des Körpers verletzt werden können.

k) Zugängliche Beleuchtungskörper sind nur bis 600 Volt gestattet Ihre Metallkörper müssen geerdet sein. Es ist nicht gestattet, ein- und denselben Beleuchtungskörper für Gas und Elektrizität zu benutzen.

4b. Die Behandlung verschiedenartiger Räume.

§ 36.

Elektrische Betriebsräume.

a) In elektrischen Betriebsräumen sind blanke Leitungen zulässig, besonders in Form von Schienen oder massivem Draht mit Anstrich, welcher die Polarität oder Phase kenntlich macht.

b) Isolierte Leitungen für Spannungen unter 1000 Volt bedürfen keiner Verkleidung. Isolierte Leitungen für Spannungen über 1000 Volt und blanke Leitungen für jede Spannung müssen entweder der Berührung unzugänglich angeordnet oder durch Abschluß in besonderen Räumen oder durch Verkleidung vor Berührung geschützt sein.

§ 37.

Akkumulatorenräume.

a) In Akkumulatorenräumen ist für Lüftung zu sorgen.

b) Die einzelnen Zellen sind gegen das Gestell und letzteres ist gegen Erde durch Glas, Porzellan oder ähnliche nicht hygroskopische Unterlagen zu isolieren. Es müssen Vorkehrungen getroffen werden, um beim Auslaufen von Säure eine Gefährdung des Gebäudes zu vermeiden.

c) Zur Beleuchtung von Akkumulatorenräumen darf nur elektrisches Glühlicht verwendet werden.

d) Die Batterien müssen mit einem isolierenden Bedienungsgang umgeben und so angeordnet sein, daß bei der Bedienung eine zufällige gleichzeitige Berührung von Punkten, zwischen denen eine Spannung von mehr als 250 Volt herrscht, nicht erfolgen kann.

Die Bestimmungen c) und d) finden keine Anwendung auf die sog. Hochspannungsbatterien von Laboratorien.

§ 38.

Trockene Räume ohne leicht entzündlichen Inhalt.

a) In trockenen Räumen sind alle in § 7—9 der Vorschriften für höhere Spannung zugelassenen Leitungsmaterialien verwendbar, wobei sämtliche Vorschriften der § 25—35 zu beachten sind.

b) In Wohnräumen dürfen Lampen und Konsumapparate im Anschluß an Netze oder Maschinen von mehr als 600 Volt überhaupt nicht angebracht werden. Etwa durchgehende Hochspannungsleitungen müssen außer Handbereich liegen und außerdem durch Verkleidungen geschützt sein.

§ 39.

Feuergefährliche Betriebsstätten.

a) Spannungen über 1000 Volt sind in feuergefährlichen Betriebsstätten nicht zulässig.

Die Umgebung von Dynamomaschinen, Elektromotoren, Transformatoren, rotierenden Umformern, Widerständen usw muß von entzündlichem Material freigehalten werden können.

b) Bei Anordnung von Sicherungen, Schaltern und ähnlichen Apparaten, in denen betriebsmäßig Stromunterbrechung stattfindet, ist besonders auf sichere Schutzhüllen aus isolierendem Material zu achten.

c) Bogenlampen mit offenem Lichtbogen müssen metallene Aschenteller haben, welche im Betriebe in ihrer Lage festgehalten sind.

d) Es sind nur Leitungen nach § 7 c), d), e), g) und h) (darunter auch Panzeradern) und Kabel zulässig.

Fest verlegte Drahtleitungen müssen in Rohren verlegt sein.

§ 40.

Explosionsgefährliche Betriebsstätten und Lagerräume.

In solchen Räumen ist Hochspannung nicht zulässig.

§ 41.

Feuchte Räume mit Ausnahme von Bergwerken.

a) Die nach feuchten Räumen führenden Leitungen müssen abschaltbar sein.

b) Blanke Leitungen dürfen nicht verwendet werden. Oberhalb 1000 Volt sind nur Kabel zulässig.

c) Die in § 29 b) vorgeschriebenen Wandabstände sind für feuchte Räume zu verdoppeln.

d) Apparate sind nach Möglichkeit nicht in feuchten Räumen unterzubringen; läßt sich dies nicht vermeiden, so sollen sie gleichwertig wie die Leitungen vom Gebäude isoliert sein.

e) Der Schutz gegen Berührung (vgl. § 26 b) und i) ist besonders zu beachten.

§ 42.

Räume mit ätzenden Dünsten.

Spannungen über 1000 Volt sind nicht zulässig.

Unter 1000 Volt sind nur Kabel zulässig, welche je nach Art der Dünste gegen chemische Angriffe geschützt sein müssen.

§ 43.

Durchtränkte Räume.

In durchtränkten Räumen ist Hochspannung nicht zulässig.

§ 44.

Schaufenster, Warenhäuser und ähnliche Räume, in welchen leicht entzündliche Stoffe aufgestapelt sind.

In Schaufenstern, Warenhäusern und ähnlichen Räumen, in welchen leicht entzündliche Stoffe aufgestapelt sind, ist Hochspannung nicht zulässig.

§ 45.

Theater.

In Theatern ist Hochspannung nicht zulässig.

§ 46.

Bergwerke.

Für die unter Tage liegenden Teile elektrischer Bergwerksanlagen gelten die der verwendeten Spannung entsprechenden allgemeinen Vorschriften für elektrische Starkstromanlagen, sofern sie nicht durch die nachstehenden Bestimmungen abgeändert werden.

Allgemeines.

Für die Ausführung der Anlage ist zwischen schlagwetterfreien und Schlagwetter-Gruben zu unterscheiden. Als Schlagwettergruben werden diejenigen Gruben angesehen, die von der ständigen Bergbehörde als solche bezeichnet sind. Nicht durch Schlagwetter gefährdete Teile von Schlagwettergruben sind unter Vorbehalt der Genehmigung durch die Bergbehörde zu behandeln wie schlagwetterfreie Gruben.

Für schlagwetterfreie elektrische Betriebsräume[1]) finden nur die allgemeinen Vorschriften, nicht aber die folgenden besonderen Bestimmungen Anwendung.

Schlagwetterfreie Gruben.

Leitungen. Schächte und einfallende Strecken von mehr als 45° Neigung.

a) Es sind nur armierte Kabel zulässig, bei denen die Armatur aus verzinkten Eisen- oder Stahldrähten besteht. Die Drahtarmatur muß genügende Zugfestigkeit haben, um beim Einhängen des Kabels in einer Fabrikationslänge frei tragen zu können.

Es sind auch Kabel ohne inneren Bleimantel zulässig, vorausgesetzt, daß die den Bleimantel vertretende Hülle diesem an Widerstandsfähigkeit mindestens gleichkommt.

Wenn die Tropfwasser oder die Grubenwetter die Umhüllung stark angreifende Bestandteile enthalten, so müssen die Kabel einen äußeren Bleimantel oder einen anderen geeigneten Schutz gegen die betreffenden chemischen Einflüsse erhalten.

Die Befestigung des Kabels erfolgt außer in Bohrlöchern mittels breiter Schellen aus imprägniertem Holze in Abständen von nicht mehr als 6 m.

Auf die beim Abteufen und für provisorische Zwecke verwendeten Leitungen finden die obigen Bestimmungen keine Anwendung.

Horizontale und einfallende Strecken von weniger als 45° Neigung.

b) Blanke Leitungen. Es sind blanke Leitungen, soweit sie nicht betriebsmäßig geerdet sind, nur als Fahrleitungen für elektrische Bahnen zulässig. Wird die Bahnstrecke auch von der Mannschaft befahren, so darf der Fahrdraht der zufälligen Berührung nicht zugänglich sein.

c) Isolierte Drahtleitungen. Isolierte Drahtleitungen dürfen nur verwendet werden bis zu Spannungen von 250 Volt gegen Erde und 500 Volt gegeneinander. Sie müssen eine Isolierung nach § 7c) der Abteilung I Niederspannung haben. Bei Spannungen von mehr als 125 Volt gegen Erde muß der Abstand der Leitung von der Sohle mindestens 3 m betragen. Bei geringerer Spannung als 125 Volt gegen Erde ist Verlegung in geringerer Höhe zulässig, sofern die Leitung gegen Berührung ausreichend geschützt ist.

---

[1]) Als elektrische Betriebsräume gelten Räume, welche wesentlich zur Erzeugung, Umformung oder Verteilung elektrischer Ströme dienen und in der Regel nur instruiertem Personal zugänglich sind (vgl. § 3e).

Die Leitungen müssen auf Isolierglocken oder gleichwertigen Isolatoren (Mantelrollen usw.) verlegt werden und bei Spannungen

von mehr als 6 m	mindestens	20 cm
» 4—6 »	»	15 »
» 2—4 »	»	10 »
» höchstens 1 »	»	5 »

voneinander und in allen Fällen mindestens 5 cm von der Seitenwand bzw. Firste entfernt sein.

Die Leitungen sind nach der Verlegung mit einem feuchtigkeitsbeständigen, die Isolierung konservierenden Anstrich zu versehen. Der Anstrich ist jährlich zu erneuern.

Außer der vorstehend angegebenen offenen Verlegung ist bei Spannungen bis 250 Volt gegen Erde auch eine solche in nach Möglichkeit geerdeten Eisen- oder Stahlröhren zulässig, wobei die obigen Vorschriften über Abstand der Leitungen usw. nicht zu berücksichtigen sind. Die Stoßstellen der Rohre sind elektrisch leitend anzuordnen oder elektrisch leitend zu überbrücken. In feuchten Räumen ist für entsprechend gute Abdichtung der Rohre Sorge zu tragen.

d) Kabel. Bei einer Spannung von 125—500 Volt zwischen zwei Leitungen und geringerer Höhenlage der Leitung als 3 m sowie bei höherer Spannung als 500 Volt und beliebiger Höhenlage sind armierte Kabel zu verwenden. Das Kabel muß entweder asphaltiertes Bleikabel sein oder, es muß eine in bezug auf chemische Einflüsse gleich widerstandsfähige Umhüllung haben. Bei Befestigung der Kabel ist darauf zu achten, daß das Kabel nicht beschädigt oder verdrückt wird. Soweit es sich um Befestigung an Seitenwänden oder Firsten handelt, dürfen die Abstände der Befestigungspunkte voneinander höchstens 3 m betragen. In Strecken, die unter einem starken Gebirgsdruck stehen, ist eine bewegliche Aufhängung der Kabel zulässig, die so beschaffen sein muß, daß dadurch Beschädigungen der Kabel nicht verursacht werden. Die Armatur der Kabel ist nach Möglichkeit zu erden.

Es ist unzulässig, stationäre Kabel ungeschützt direkt auf der Sohle zu verlegen.

e) Biegsame Leitungen.

Biegsame Leitungen zum Anschluß beweglicher Apparate dürfen nur bei Spannungen bis 500 Volt zwischen zwei Leitungen Verwendung finden und müssen den Forderungen des § 8c (gepanzerte Stromleitungen) der Abteilung I Niederspannung genügen oder eine mindestens gleichwertige Umhüllung erhalten. Werden solche Leitungen auf Trommeln aufgewickelt, so ist der Durchmesser der Trommeln so groß zu wählen, daß die Umhüllung auch bei häufigem Auf- und Abwickeln nicht beschädigt wird.

Schalttafeln und Apparate.

f) Schalttafeln.

1. Die Schalttafeln einschließlich des Gerüstes und der Umrahmung müssen aus feuersicherem, nicht hygroskopischem Material bestehen. Wenn Tropfwasser auftritt, müssen die Apparate in geeigneter Weise dagegen geschützt werden.

2. Für Schalttafeln bis zu einer Spannung von 500 Volt zwischen zwei Leitungen, wenn sie nicht in besonderen Betriebsräumen liegen, gelten die Vorschriften für höhere Spannungen bis 1000 Volt.

3. Die Abzweigungen von den Hauptkabeln haben möglichst an Verteilungstafeln zu erfolgen; jede Abzweigung ist in allen Polen zu sichern und abschaltbar zu machen.

Elektrische Maschinen und Zubehör.

g) Elektrische Maschinen.

1. Die Maschinen müssen eine gegen Feuchtigkeit besonders widerstandsfähige Isolation erhalten. (Nach längerem Stillstand mit Strom austrocknen.)

Wenn die Spannung eines Poles gegen Erde mehr als 250 Volt beträgt, so sind alle stromführenden Teile gegen Berührung zu schützen.

Maschinenräume sind möglichst trocken zu halten, insbesondere sind Pumpenkammern vom Sumpf möglichst abzuschließen.

2. Wo Tropf- oder Spritzwasser auftreten, sind die Maschinen und Zubehör dagegen ausreichend zu schützen.

3. Haben die Maschinenkammern den Charakter von durchtränkten Räumen (§ 43 der Abteilung I Niederspannung), so sind dort die Maschinen mit einem isolierenden Bedienungsgang zu umgeben.

Beleuchtungsanlagen.

h) Glühlampen.

1. Glühlampen dürfen nur mit dicht schließenden Überglocken, die auch die Fassung umschließen, verwendet werden. Wo die Entfernung bis zur Sohle weniger als 2 m beträgt, müssen die Überglocken noch durch einen Schutzkorb aus Drahtgeflecht gegen mechanische Beschädigung geschützt sein.

2. Die Leitungseinführungen an den Beleuchtungskörpern sind so abzudichten, daß Feuchtigkeit ins Innere der Überglocken nicht eindringen kann.

3. Die Verwendung einer höheren Spannung gegen Erde als 250 Volt durch Hintereinanderschaltung von Glühlampen ist nur bei solchen Stromkreisen zulässig, welche ihren Lichtstrom von einer Bahnleitung entnehmen; dabei muß der Schutzkorb geerdet sein und die Lampen dürfen nicht unter Spannung ausgewechselt werden.

4. Schnurpendel sind unzulässig.

i) Bogenlampen.

Bogenlampen dürfen nicht an ihren Stromzuleitungen aufgehängt werden. Sie müssen während des Betriebes der zufälligen Berührung entzogen sein und dürfen während der Bedienung nicht unter Spannung stehen.

Schlagwettergruben.

Zu den für schlagwetterfreien Gruben vorstehend angegebenen Vorschriften treten für Schlagwettergruben nachfolgende Bestimmungen:

Leitungen.

k) Blanke Leitungen sind nur zulässig, wenn sie betriebsmäßig geerdet sind und nicht zur Stromabnahme durch schleifende oder rollende Kontakte dienen.

l) Isolierte Drahtleitungen, wie in c) erwähnt, dürfen fest verlegt nur in Eisen- oder Stahlrohren Verwendung finden. (vgl. e, Abs. 4).

m) Kabel der in d) beschriebenen Art sind als festverlegte Leitungen in allen nicht unter k) und l) genannten Fällen zu verwenden; Verlegung nach d).

Schalttafeln und Apparate.

n) Die Verteilungstafeln sind nach Möglichkeit in den frischen Wetterstrom zu legen.

o) Die Ausschalter, Umschalter und Sicherungen sind luftdicht in kräftige Gehäuse einzukapseln.

Die Einkapselung der Sicherungen muß so erfolgen, daß durch das Abschmelzen einer Sicherung keine andere gefährdet und das Herausschlagen eines Flammenbogens mit Sicherheit verhindert wird.

p) Steckkontakte sind mit einer Verriegelung zu versehen, welche das Einstecken und das Herausziehen verhindert, solange die Kontaktstelle unter Strom steht.

Elektrische Maschinen und Zubehör.

q) Elektrische Maschinen müssen schlagwettersicher gebaut oder schlagwettersicher, z. B. im einziehenden Wetterstrom, aufgestellt sein.

Die Kontaktapparate von Anlassern sind wettersicher einzukapseln und zwar so, daß die eingeschlossene Luftmenge möglichst gering ist.

r) Es empfieht sich, Motoren und Zubehör möglichst nahe der Sohle aufzustellen.

Beleuchtungsanlagen.

s) Es sind nur Glühlampen zulässig, welche im luftleeren Raum brennen. Dieselben müssen, einerlei in welcher Höhe sie angebracht sind, außer der Überglocke (h) noch einen Schutzkorb aus starkem Drahtgeflecht besitzen.

§ 47.

Inkrafttreten dieser Vorschriften.

a) Diese Vorschriften gelten für Anlagen oder Erweiterungen, welche nach dem 1. Januar 1904 fertig gestellt werden. Sie haben keine rückwirkende Kraft.

b) Der V. d. E. behält sich vor, dieselben den Fortschritten und Bedürfnissen der Technik entsprechend abzuändern.

Die vorstehenden Vorschriften sind von der Kommission des V. d. E. einstimmig angenommen worden und haben daher in Gemäßheit des Verbandsbeschlusses vom 13. Juni 1902 als Verbandsvorschriften zu gelten.

Der Vorsitzende der Kommission.

Budde.

3. Sicherheitsvorschriften für den Betrieb elektrischer Starkstromanlagen.

I. Allgemeine Betriebsvorschriften für Elektrizitätswerke und andere Stromerzeugungsanlagen.

§ 1. Vorschriften, Warnungstafeln und Pläne.

In jedem Betriebe sollen an einer geeigneten und jedem Arbeiter zugänglichen Stelle angebracht sein:

a) Die Vorschriften der zuständigen Berufsgenossenschaft einschließlich der Vorschrift über die erste Hilfeleistung bei Unglücksfällen.

b) Warnungstafeln, welche auf die Gefahr der Berührung aufmerksam machen.

Diese Warnungstafeln müssen, wenn die Leitungen oder sonstige zugängliche Betriebsmittel Hochspannung führen, den roten Blitzpfeil tragen. Das kleinste zulässige Format für Warnungstafeln beträgt 20 × 10 cm. Die Warnungstafeln sind außerdem noch an besonders gefährlichen Stellen anzubringen.

Es sollen ferner in jedem Betriebe für jeden Angestellten leicht erreichbar untergebracht sein:

a) Das Schaltungsschema der Anlage,

b) die in Frage kommenden Sicherheitsvorschriften des V. d. E., e. V.,

c) diese Betriebsvorschriften.

Die Betriebsleitung hat darauf zu achten, daß Änderungen in der Anlage im Schaltungsschema fortlaufend nachgetragen werden.

§ 2. Personal.

a) Jeder im Betriebe Beschäftigte hat von den angeschlagenen sowie den zur Einsichtnahme bereit liegenden Vorschriften Kenntnis zu nehmen und denselben in allen Punkten nachzukommen. Insbesondere sind die bereit gestellten Schutzmittel nach Vorschrift in Gebrauch zu nehmen.

b) Die Arbeiter müssen eng anschließende Kleidung tragen.

c) Jeder im Betriebe Beschäftigte hat von allen Vorkommnissen und Zuständen, welche nach seiner Meinung eine Gefahr für die Anlage oder für Personen im Gefolge haben können, seinem Vorgesetzten unverzüglich Anzeige zu machen.

§ 3. Betriebsmittel und Betriebsräume.

a) Betriebsräume müssen, solange Personen sich darin aufhalten, hinreichend beleuchtet sein.

b) Alle Betriebsmittel sind mit den vorgeschriebenen Schutzvorrichtungen zu versehen.

c) Die Bedienungsgänge sind stets frei zu halten.

d) Die Betriebsmittel und Schutzvorrichtungen sowie alle Betriebsräume sind in gutem Zustande und rein zu erhalten. Unter Spannung befindliche Betriebsmittel dürfen nur unter Beachtung besonderer Verhaltungsvorschriften gereinigt werden. Vorschriften und Warnungstafeln sind stets in leserlichem Zustande zu erhalten.

e) Entzündliche Gegenstände dürfen nicht in gefährlicher Nähe elektrischer Maschinen, Apparate und Leitungen aufbewahrt werden. Putzwolle ist in besonderen Metallkasten unterzubringen.

f) Zum Löschen eines etwa entstehenden Brandes sind geeignete Löschmittel, wie z. B. trockener Sand, an passenden Stellen bereit zu halten. Das Anspritzen von unter Spannung stehenden Teilen ist zu unterlassen.

g) Maschinen, Apparate und Leitungen sind nach längerer Außerbetriebsetzung, besonders wenn dieselben in feuchten Räumen sich befinden, vor der Inbetriebnahme auf Isolation zu prüfen, und letztere ist erforderlichenfalls wieder herzustellen.

h) Arbeiten an Spannung führenden Teilen sind nur unter Beachtung der im nachfolgenden angegebenen sowie etwaiger, vom Betriebsleiter erlassenen Sicherheitsvorschriften statthaft. In explosionsgefährlichen oder durchtränkten Räumen dürfen Arbeiten an Spannung führenden Teilen unter keinen Umständen ausgeführt werden.

i) Der Austausch durchgebrannter Sicherungen hat mit Vorsicht zu erfolgen und darf nur durch instruiertes Personal vorgenommen werden.

§ 4. Revisionen.

a) Alle Betriebsmittel müssen in angemessenen Zwischenräumen revidiert werden, wobei den zum Schutze des Personals und des Publikums eingeführten Schutzvorrichtungen besondere Aufmerksamkeit zu schenken ist. Dabei ist auch der Isolationszustand der Betriebsmittel und der Zustand der Erdungsleitungen zu kontrollieren.

b) Das Resultat der Revision ist in ein Buch einzutragen, welches nur diesem Zwecke dient; die erfolgte Beseitigung etwaiger Mängel ist darin ebenfalls zu vermerken.

II. Betriebsvorschriften für Freileitungen.

§ 5.

a) Der erforderliche Abstand zwischen Freileitungen und Bäumen oder Gebäudeteilen muß durch entsprechende Maßnahmen aufrecht erhalten werden.

b) Leitungsanlagen sind jährlich mindestens einmal einer Revision zu unterwerfen. Dabei sind gefahrdrohende Mängel zu beseitigen.

c) Die an den Freileitungen angebrachten Schutznetze, Blitzableiter und Erdungsstellen sind in gutem Zustande zu erhalten.

III. Betriebsvorschriften für elektrische Installationen und Stromverbraucher, welche mit Niederspannung betätigt werden.

§ 6. Zustand der Anlagen.

Die elektrischen Anlagen sind den »Sicherheitsvorschriften für die Errichtung elektrischer Starkstromanlagen« des V. d. E. entsprechend in ordnungsmäßigem Zustande zu erhalten. Insbesondere ist den folgenden Punkten Aufmerksamkeit zuzuwenden:

a) Der Zugang zu Maschinen und Apparaten, insbesondere Schalt- und Verteilungstafeln, muß stets frei gehalten werden.

b) Schutzkasten und Schutzhüllen jeder Art müssen in brauchbarem Zustande erhalten werden.

c) Warnungsschilder, Bedienungsvorschriften usw., soweit vorgeschrieben, sind in leserlichem Zustande zu erhalten.

§ 7. Revisionen.

a) Zur Kontrolle ihres ordnungsmäßigen Zustandes sind alle Angaben zunächst vor Inbetriebsetzung und sodann in angemessenen Zwischenräumen zu revidieren, wobei den vorgeschriebenen Schutzvorrichtungen besondere Aufmerksamkeit zu schenken ist. Hierbei ist auch der Isolationszustand der Anlagen zu kontrollieren. Erhebliche Erweiterungen sind wie Neuanlagen zu behandeln.

b) Werden bei der Revision Fehler entdeckt, so sind dieselben in angemessener Frist zu beseitigen.

c) Über jede Revision ist ein Protokoll aufzunehmen, in das die etwa vorgefundenen Fehler und die zu ihrer Beseitigung empfohlenen Maßnahmen einzutragen sind.

d) Die Revisionen haben stattzufinden: In Warenhäusern, Theatern sowie feuergefährlichen und durchtränkten Räumen jährlich mindestens einmal; in gewöhnlichen Läden, Betriebsräumen und Bureaus alle drei Jahre einmal; in Wohnungen alle fünf Jahre einmal.

§ 8. Arbeiten im Betriebe.

a) Jede unnötige Berührung von ungeschützten stromführenden Leitungen sowie Teilen von Maschinen, Apparaten und Lampen ist verboten.

b) Installationsarbeiten an unter Spannung stehenden Leitungen und Apparaten sind nach Möglichkeit zu vermeiden.

c) Betriebsarbeiten (Reinigungs- und Instandhaltungsarbeiten) dürfen nur durch instruiertes Personal ausgeführt werden, und zwar, wenn irgend angängig, nur im spannungslosen Zustande der Leitungen. Sämtliche Betriebsarbeiten dürfen nur bei ausreichender Beleuchtung vorgenommen werden.

d) In explosionsgefährlichen oder durchtränkten Räumen sind Arbeiten unter Spannung verboten.

e) Wenn Arbeiten unter Spannung vorgenommen werden müssen, so sind bei deren Ausführung die folgenden Bestimmungen zu beachten:

1. Nach Möglichkeit müssen an den betreffenden Apparaten, Schalttafeln usw. alle ungeschützten unter Spannung stehenden Teile so weit abgedeckt werden, daß die gleichzeitige Berührung verschiedener Polaritäten oder Phasen für den Arbeitenden ausgeschlossen ist.
2. Es dürfen nur Werkzeuge benutzt werden, deren Metallteile, sofern ihre Handhabung es zuläßt, mit Isoliermaterial überzogen sind.
3. Der Arbeitende hat sich auf eine isolierende Unterlage zu stellen und dabei die Berührung unisoliert stehender Personen und leitender Gegenstände zu vermeiden.

IV. Betriebsvorschriften für Akkumulatorenanlagen.

§ 9.

a) Akkumulatorenräume müssen während der Ladung gut gelüftet werden. Offene Flammen und glühende Körper dürfen während der Überladung nur bei Reparaturen und dann nur bei Anwendung entsprechender Vorsichtsmaßregeln in denselben geduldet werden.

b) Die Gebäudeteile und Betriebsmittel einschließlich der Leitungen sowie die isolierenden Bedienungsgänge sind vor schädlicher Einwirkung der Säure zu schützen und von Zeit zu Zeit auf gute Beschaffenheit zu untersuchen.

c) Verschüttete Säure ist tunlichst bald unschädlich zu machen.

d) Für die in Akkumulatorenanlagen beschäftigten Arbeiter sind erforderlichenfalls entsprechende Schutzmittel bereit zu halten.

e) Essen, Trinken und Rauchen in Akkumulatorenräumen ist verboten. Die Akkumulatorenwärter sind zur Reinlichkeit anzuhalten und auf die Gefahren, welche Säure und Bleisalze mit sich bringen, aufmerksam zu machen. Für ausreichende Wascheinrichtungen und Waschmittel ist Sorge zu tragen.

V. Betriebsvorschriften für Hochspannungsanlagen.

§ 10.

Räume, in welchen Hochspannung führende Teile ungeschützt (d. h. zufälliger Berührung zugänglich) angebracht sind, sind durch Warnungstafeln zu kennzeichnen und verschlossen zu halten. Sie dürfen während des Betriebes zur Vornahme von Arbeiten nur von mindestens zwei Personen, die speziell dazu ermächtigt und eingehend instruiert sind, betreten werden. Eine Berührung Hochspannung führender Leitungen und Apparate ist wegen der damit verbundenen Lebensgefahr verboten.

§ 11.

Diejenigen Vorsichtsmaßregeln, welche für Arbeiten unter Spannung gelten, sind zu beachten:

1. wenn die Erdung und Kurzschließung an der Arbeitsstelle selbst nicht ausführbar ist (z. B. Demontage von Kabelmuffen;
2. wenn der mit der Ausführung Beauftragte nicht selbst in der Lage ist, sich davon zu überzeugen, daß die Abschaltung, Erdung und Kurzschließung an geeigneter Stelle (wie Station, Schalthaus, Säule) vorgenommen ist;
3. wenn eine Unsicherheit darüber besteht, ob das Kabel, an welchem gearbeitet werden soll, mit dem abgeschalteten und kurzgeschlossenen wirklich identisch ist.

a) An elektrischen Maschinen, Apparaten und Teilen des Leitungsnetzes darf nur nach vorheriger Ausschaltung und einer unmittelbar an der Arbeitsstelle vorgenommenen Erdung und Kurzschließung der zur Stromleitung dienenden Teile gearbeitet werden. Zur Erdung und Kurzschließung[1]) dürfen Leitungen unter 10 qmm nicht verwendet werden.

---

[1]) Die Kurzschließung und Erdung bezwecken, dem Personal ein Berühren der betreffenden Leiterteile ohne Gefährdung zu ermöglichen. Die Kurzschließung soll dabei unter anderem bewirken, daß bei irrtümlicher Einschaltung derjenigen

b) Um behufs Ausführung der verlangten Arbeiten die erforderlichen Abschaltungen der entsprechenden Hochspannungskabel mit Sicherheit vornehmen zu können, ist in jeder Schalt- und Transformatorenstation ein schematischer Übersichtsplan niederzulegen, in welchem die vorzunehmenden Ausschaltungen sowie, falls erforderlich, deren Reihenfolge bezeichnet sind.

c) Ist aus dringenden Betriebsrücksichten eine Abschaltung desjenigen Teiles der Anlage, an welchem selbst oder in dessen unmittelbarer Nähe gearbeitet werden soll, nicht möglich, so sind folgende Vorsichtsmaßregeln zu erfüllen:

1. Diese Arbeiten dürfen nur in Gegenwart des Betriebsleiters oder eines von ihm besonders Beauftragten ausgeführt werden.
2. Die Arbeiter müssen gegen die Einwirkung der Hochspannung geschützt sein. Die gute Beschaffenheit der Schutzmittel ist vom Arbeiter vor jedesmaligem Gebrauch zu prüfen.
3. Es sind die erforderlichen Maßnahmen zu treffen, um ein unabsichtliches, mit Gefahr verbundenes Berühren Hochspannung führender Metallteile zu verhindern.

d) Sicherungen und Unterbrechungsstücke, die nicht so konstruiert sind, daß man sie ohne weiteres gefahrlos handhaben kann, müssen mit isolierender Zange eingesetzt und herausgenommen werden.

e) Eine Unterbrechung des Stromkreises mittels Sicherung, Unterbrechungsstückes oder Steckkontaktes darf nur erfolgen, wenn schädliche Lichtbogenbildung dabei nicht auftreten kann.

f) Sind bei Betriebsstörungen oder zur Vornahme von Arbeiten Teile des Leitungsnetzes oder der sonstigen Betriebsmittel oder die ganze Zentrale ausgeschaltet worden, so darf die Wiedereinschaltung erst dann erfolgen, wenn der Betriebsleiter oder ein von ihm besonders Beauftragter sich davon überzeugt hat, daß das gesamte Personal von den Arbeitsstellen zurückgezogen bzw. jeder einzelnen in Betracht kommenden Person von der beabsichtigten Einschaltung rechtzeitig Kenntnis gegeben ist. Die Meldungen sind auch durch Telephon zulässig. Eine vorherige Vereinbarung der Wiederinbetriebsetzung auf einen bestimmten Zeitpunkt genügt allein nicht. Außerdem hat sich der Betriebsleiter oder ein von ihm besonders Beauftragter zu überzeugen, daß alle Schaltungen und Verbindungen in richtiger Weise ordnungsmäßig wiederhergestellt sind und keine Verbindungen bestehen, durch welche ein Übertritt der Hochspannung in außer Betrieb bleibende Teile verursacht werden kann.

g) Das gleiche gilt von neu in Betrieb zu setzenden Leitungen und Apparaten usw.; jedoch hat in diesem Falle der Betriebsleiter oder der von ihm Beauftragte außerdem die Pflicht, sich durch Inaugenscheinnahme aller zugänglichen Stellen, allenfalls auch durch Vornahme entsprechender Prüfungen, davon zu überzeugen,

---

Leiterteile, an welchen gearbeitet wird, die zugehörigen Sicherungen abschmelzen und die Leitung dadurch stromlos wird. Da hierbei jedoch die Schmelzsicherung einer Leitung (eines Poles) unversehrt bleiben und letztere somit die Hochspannung gegen Erde behalten kann, so ist die betreffende Leitung außerdem noch zu erden. Durch diese Erdverbindung kann unter Umständen ein derartig starker Strom fließen, daß auch die letzte Sicherung der geerdeten Leitung funktioniert. Deshalb ist die Erdungsverbindung so herzustellen, daß sie genügende Leitungsfähigkeit besitzt.

daß durch die Inbetriebsetzung eine Gefährdung von Menschenleben ausgeschlossen ist.

§ 12.

Jeder im Hochspannungsbetrieb Beschäftigte hat alle wahrgenommenen außergewöhnlichen Vorkommnisse und Störungen sofort dem nächsten Vorgesetzten zu melden und ist verpflichtet, alle zu seinem Arbeitsbereich gehörigen Maßnahmen zu treffen, welche nach der erhaltenen Instruktion geeignet erscheinen, Gefahren für Personen und für den Betrieb zu verhindern oder zu beseitigen.

VI. Zustand der Anlagen und Revisionen.

§ 13.

Die Vorschriften der §§ 6 und 7 finden auch für Hochspannungsanlagen sinngemäße Anwendung.

VII. Inkrafttreten dieser Vorschriften.

§ 14.

a) Diese Vorschriften treten mit dem 1. März 1903 in Kraft.

b) Der V. d. E. behält sich vor, sie den Fortschritten und Bedürfnissen der Technik entsprechend abzuändern.

Anhang

zu den

Vorschriften für die Errichtung von elektrischen Starkstromanlagen.

Theater.

Für Theaterinstallationen gelten die Vorschriften der Abteilung »I. Niederspannungsanlagen«, soweit diese nicht durch die nachfolgenden Sonderbestimmungen abgeändert werden.

I. Allgemeine Bestimmungen.

a) Die elektrischen Leitungsanlagen sind von der Hauptschalttafel ab in Gruppen zu unterteilen. Dreileiteranlagen sind, soweit tunlich, von den Hauptschalttafeln ab in Zweileiterzweige, bestehend aus Mittel- und Außenleiter, zu unterteilen.

b) In Räumen, die mehr als drei Lampen erhalten, sowie in sämtlichen Korridoren, Treppenhäusern und Ausgängen sind die Lampen an mindestens zwei getrennt gesicherte Zweigleitungen anzuschließen. Die Schalter und Sicherungen sind möglichst zu zentralisieren und dürfen dem Publikum nicht zugänglich sein.

c) Falls eine elektrische Notbeleuchtung eingerichtet wird, müssen deren Lampen an eine oder mehrere räumlich und elektrisch von der Hauptanlage unabhängige Stromquellen angeschlossen werden.

II. Bestimmungen für das Bühnenhaus.

Für die Installationen des Bühnenhauses (Bühne, Untermaschinerien, Arbeitsgalerien und Schnürboden, Garderoben und sonstige Bühnennebenräume) gelten außer den vorerwähnten allgemeinen noch die folgenden Zusatzbestimmungen:

a) Schalttafeln und Bühnenregulatoren sind derart anzuordnen, daß eine unbeabsichtigte Berührung durch Unbefugte ausgeschlossen ist.

b) Bei Zuleitungen zu Beleuchtungskörpern mit Farbenwechsel genügt für die Bemessung der gemeinschaftlichen Rückleitung der $1^{1}/_{2}$-fache Querschnitt einer Leitung für eine Farbe.

c) Ungeerdete blanke Leitungen sind (abgesehen von m 4) nicht zulässig. Flugdrähte u. dgl. dürfen zur Stromführung nicht benutzt werden.

d) Fest verlegte Draht- und Schnurleitungen sind nur zulässig, wenn sie in Metallrohren oder in Isolierrohren mit Metallüberzug verlegt werden.

e) Mehrfachleitungen zum Anschluß beweglicher Bühnenbeleuchtungskörper müssen aus Gummiaderlitzen bestehen und durch eine starke, schmiegsame, nicht metallische Umhüllung gegen mechanische Beschädigung geschützt sein.

Die Befestigung der biegsamen Leitungen an ihren Kontaktstücken ist derart auszuführen, daß auch bei roher Behandlung an der Anschlußstelle ein Bruch nicht zu befürchten ist.

Die Anschlußstücke sind mit der Schutzumhüllung so zu verbinden, daß die Kupferseelen an der Anschlußstelle von Zug entlastet sind. Steckkontakte müssen innerhalb widerstandsfähiger, nicht stromführender Hüllen liegen und so angeordnet sein, daß zufällige Berührung der stromführenden Teile verhindert wird.

f) Mit einer beweglichen Leitung darf nur je ein Beleuchtungskörper angeschlossen werden.

g) Für vorübergehend gebrauchte Szenerie-Installationen kann von der Erfüllung der Allgemeinen Vorschriften für die Verlegung von Leitungen ausnahmsweise abgesehen werden, wenn Gummiaderdraht verwendet wird, die Verlegungsart jegliche Verletzung der Isolierung ausschließt und diese Installation während des Gebrauches unter besonderer Aufsicht steht. In diesem Falle sind Drahtschellen für Einzelleitungen zulässig und Durchführungstüllen entbehrlich.

h) Die stromführenden Teile sämtlicher Apparate im Bühnenraum (Bühne, Untermaschinerien, Arbeitsgalerien und Schnürboden) brauchen nur gegen zufällige Berührung geschützt zu sein. Blanke Stromführungs-Kontaktplatten sind zulässig, müssen aber, solange sie unter Spannung stehen, bewacht und nach Gebrauch sofort ausgeschaltet werden.

i) Die Sicherungen der Anschlußleitungen für Bühnenbeleuchtungskörper (Oberlichter, Kulissen, Rampen, Versatz- und Effektbeleuchtung) sind im fest verlegten Teile der Leitung anzubringen; in diesem Falle genügt für jeden Körper je eine Sicherung für alle Lampen einer Farbe. In den Beleuchtungskörpern selbst sind Sicherungen nicht zulässig.

k) Bei Regulierwiderständen, die an besonderen, nur dem Bedienungspersonal zugänglichen Stellen angebracht sind, ist eine Schutzhülle aus feuersicherem Material entbehrlich.

l) Sämtliche Glühlampen in Arbeitsräumen, Werkstätten, Garderoben, Treppen und Korridoren müssen mit Schutzkörben oder Schutzgläsern versehen sein, welche nicht an der Fassung, sondern an den Lampenträgern befestigt sind.

m) Die Bühnenbeleuchtungskörper und deren Anschlüsse (Oberlichter, Kulissen, Rampen, Effekt- und Versatzbeleuchtung) müssen folgenden Bedingungen entsprechen:

1. Die Spannung zwischen irgend zwei Leitern eines Beleuchtungskörpers darf 250 Volt nicht übersteigen.
2. Holz ist weder als Isolier- noch als Konstruktionsmaterial zulässig.
3. Die Beleuchtungskörper sind mit einem Schutzgitter zu versehen.
4. Innerhalb der Beleuchtungskörper sind blanke Leiter dann zulässig, wenn sie gegen zufällige Berührung geschützt sind.
5. Die Oberlichter sind isoliert aufzuhängen.
6. Bühnenscheinwerfer und Projektionsapparate sind mit einer Vorrichtung zu versehen, welche das Herabfallen glühender Kohlenteilchen verhindert.

Sicherungen müssen folgende Eigenschaften haben: Hohe elektrische Leitungsfähigkeit, einen tief gelegenen Schmelzpunkt, eine geeignete, die Hitze ausstrahlende Oberfläche und eine niedrige oder hohe spezifische Wärme, je nachdem die Sicherung bei den vorhandenen Belastungsverhältnissen empfindlich sein oder eine gewisse Trägheit aufweisen soll. Neben verschiedenen anderen Eigenschaften darf das verwendete Material nicht oxydierbar sein. Die Bleisicherungen überziehen sich nach kurzer Zeit mit einer Oxydschicht, welche schwer schmelzbar, nicht leitend ist und eine Art Schlauch bildet, in dem das geschmolzene Blei gehalten wird. Es werden deshalb in neuerer Zeit auf die Abschmelzstreifen kleine Gewichte aufgeklemmt, welche den Bleifaden beim Durchschmelzen abreißen. Um die Bildung der Oxydhaut zu verhindern, verwendet man vernickelte Bleidrähte und Bleilegierungen. Für ganz kleine Stromstärken werden als Schmelzdrähte ganz feine Kupfer-, Silber- oder Platinsilberdrähte verwendet. Die Form der Schmelzdrähte wird so gewählt, daß die Auflageflächen größer sind als der Teil, welcher abschmelzen soll, um eine genügend große Auflagefläche zur Vermeidung von Übergangswiderständen zu erhalten. In Räumen mit leicht entzündlichen Gasen (Bergwerken, Kohlengruben) dürfen keine Sicherungen verwendet werden. In feuchten Räumen müssen die Sicherungen sorgfältig isoliert werden. Unter keinen Umständen darf eine Sicherung durch eine stärkere, als es der Durchmesser des zu sichernden Drahtes fordert, ersetzt werden.

Für Hochspannungen sind die Sicherungen so einzurichten, daß sie ohne jede Gefahr während des Betriebes mit einem einzigen Handgriff aus der Leitung entfernt werden können. Die Hochspannungssicherungen müssen also mit isolierten Handhaben versehen sein. Hochspannungssicherungen müssen so konstruiert sein, daß die beim Abschmelzen des Drahtes entstehenden Gase unter die Glühtemperatur abgekühlt werden, bevor sie das Sicherungsgehäuse verlassen.

Bei Bahnanlagen werden die Sicherungen durch automatische Maximalausschalter ersetzt.

Die Sicherungen untersucht man auf ihre Schmelzstromstärke, indem man einen stufenweise zu steigernden Strom je eine Minute einschaltet unter Beobachtung der auftretenden Erscheinungen und Messung des Voltverbrauchs der Sicherung.

Ernst Pabst, Bellevue-Köpenick (*s. Inseratanh. S. 18*).
Thiemig & Streubel, Leipzig, Berlinerstraße 20 (*s. Inseratanh. S. 18*).
Dr. P. Meyer, A.-G., Berlin.
Bergmann-Elektrizitätswerke, Aktiengesellsch. (Abt. J.), Berlin N., Henningsdorferstr. 33, 34, 35 (*s. vordere innere Deckelseite*).

Die höchste zulässige Abschmelzstromstärke bestimmt sich nach den vom V. d. E. herausgegebenen Sicherheitsvorschriften (siehe daselbst).

Tabelle von Bleisicherungen aus 1 mm Blech (Siemens-Schuckertwerke).

Ampere	Breite des Bleistreifens mm	Länge des Bleistreifens mm	Ampere	Länge des Bleistreifens mm	Breite des Bleistreifens mm
6	1,0	45	84	14	65
9	1,5	45	90	15	65
12	2,0	45	96	16	65
15	2,5	45	102	17	65
18	3,0	45	108	18	65
21	3,5	45	114	19	65
24	4,0	45	120	20	65
27	4,5	45	130	2 × 11	65
30	5,0	45	140	2 × 12	65
33	5,5	45	150	2 × 13	65
36	6,0	45	160	2 × 14	65
39	6,5	45	170	2 × 14,5	65
42	7,0	45	180	3 × 10	65
45	7,5	60	190	3 × 11	65
48	8,0	60	200	3 × 11,5	65
51	8,5	60	210	3 × 12	65
54	9,0	60	220	3 × 12,5	65
57	9,5	60	230	3 × 13	65
60	10	60	240	3 × 13,5	65
66	11	60	250	3 × 14	65
72	12	60	260	3 × 14,5	65
78	13	60	270	3 × 15	65

Komplette Sicherungen auf Schieferplatten.

	Für stehende Schmelzeinsätze		Für liegende Schmelzeinsätze	
	ohne	mit	ohne	mit
	Schutzkasten je nach Stromstärke			
	M	*M*	*M*	*M*
Einpolig	*1.50—10.—*	*1.70—13.—*	*1.50—22.—*	*1.85—28.—*
Zweipolig	*2.30—20.—*	*3—24.50*	*2.60—44.—*	*3.25—54.—*
Dreipolig	*3.50—30.—*	*4.30—37.—*	*3.90—66.—*	*4.75—81.—*

Silberschmelzstreifen für Spannungen bis 250 Volt für Schalttafeln, Sicherungenschalter, Schalthebel etc.

Preis pro 100 Stück.

Entfernung von Lochmitte zu Lochmitte mm	Stromstärke Amp.	Preis ℳ	Entfernung von Lochmitte zu Lochmitte mm	Stromstärke Amp.	Preis ℳ
40	10	*12*	95	80	*45*
	15	*12*		100	*50*
	20	*12*		125	*55*
55	10	*12*		150	*60*
	20	*12*		175	*65*
	30	*13*		200	*70*
	40	*14*	100	225	*80*
80	20	*15*		250	*90*
	30	*20*		275	*110*
	40	*20*		300	*130*
	50	*22*	110	325	*135*
	60	*25*		350	*150*
	70	*25*		375	*160*
	80	*32*		400	*165*
	100	*38*	120	425	*200*
95	20	*25*		450	*220*
	30	*30*		475	*240*
	40	*35*		500	*250*
	50	*38*	130	525	*320*
	60	*40*		550	*350*
				575	*360*
				600	*380*

Sicherungen für Innenleitungs-Abzweigdosen, Preis pro 100 Stück ℳ *90—120*. Schmelzlamellen hierzu pro 100 Stück ℳ *2*.

Siemenseinheit ist der Widerstand eines Quecksilberfadens von 1 qmm Querschnitt und 1 m Länge = 0,9407 Ohm. 1 Ohm = 1,063 Siemenseinheiten (siehe **Elektrische Maße**).

Tabelle zur Umrechnung von Siemenseinheiten in Ohm.

	0	1	2	3	4	5	6	7	8	9
10	9,41	10,35	11,29	12,23	13,17	14,11	15,05	15,99	16,93	17,87
20	18,82	19,76	20,70	21,64	22,58	23,52	24,46	25,40	26,34	27,28
30	28,22	29,16	30,10	31,04	31,99	32,93	33,87	34,81	35,75	36,69
40	37,63	38,57	39,51	40,45	41,39	42,33	43,27	44,21	45,16	46,10
50	47,04	47,98	48,92	49,86	50,80	51,74	52,68	53,62	54,56	55,50
60	56,44	57,39	58,33	59,27	60,21	61,15	62,09	63,03	63,97	64,91
70	65,85	66,79	67,73	68,67	69,61	70,56	71,50	72,44	73,38	74,32
80	75,26	76,20	77,14	78,08	79,02	79,96	80,90	81,84	82,78	83,73
90	84,67	85,61	86,55	87,49	88,43	89,37	90,31	91,25	92,19	93,13

Siemensfassung. Bei derselben wird der Kontakt zwischen beiden Leitungszuführungen der Glühlampe durch zwei voneinander isolierten Metallohren hergestellt, welche in die Fassung je in einen federnden Kontakt eingreifen.

Siemenszähler. Der auf einer Skala spielende Zeiger wird alle drei Sekunden durch einen Mitnehmer auf Null zurückgeführt, wobei gleichzeitig das Zählrad um einen entsprechenden Winkel weitergedreht wird. Der Mitnehmer selbst wird durch eine schwere, auf Kugeln gelagerte Unruhe bewegt. Letztere wird durch einen mit umsteuerbaren Kontakten versehenen Elektromagneten betätigt. Die Instrumente, deren Ausschläge auf diese Weise periodisch integriert werden, sind nach dem Deprez-D'Arsonvalschen Prinzip gebaut. Das elektromagnetische Feld wird durch Elektromagnete erzeugt, die von einem der Spannung proportionalen Strome durchflossen werden; die dabei erforderlichen Vorschaltwiderstände sind zickzackförmig außen an der Grundplatte angebracht. Bei den Dreileiterzählern ist die im Felde bewegliche Spule in zwei Teile gespalten, die von einem dem Hauptstrome proportionalen Teilstrome durchflossen werden. Diese Teilströme werden dem beweglichen Teile durch Federn zugeführt. (Hersteller: Siemens-Schuckertwerke.)

Signalapparate sind akustische und optische elektrisch betätigte Apparate. Besondere Spezialapparate für Eisenbahnbetrieb, welche gleichzeitig zur selbsttätigen Streckensperrung dienen.

Silber. Unter Annahme der Leitungsfähigkeit von Quecksilber = 1 ist bei

Feingehalt	0,963	die Leitungsfähigkeit	51,52
»	0,900	» »	47,53
»	0,857	» »	42,21
»	0,747	» »	38,82

Silberbad, galvanisches. Lösung von 150 g salpetersaurem Silber und 250 g Cyankalium in 10 l Wasser. Stromdichte: 0,15—0,25 Amp. pro qdm.

Silbervoltameter werden als Ersatz für Kupfervoltameter (siehe daselbst) zur Messung schwächerer Ströme und zur Vornahme besonders genauer Messungen verwendet. Das Silbervoltameter besitzt als Elektrolyten chemisch reine Silbernitratlösung, als Anode einen Silberstab, als Kathode einen Platin- oder Silbertiegel. Ein Ampere scheidet in einer Sekunde 0,001118 g Silber aus.

Sinusbussole. Bei derselben ergibt sich die Stromstärke aus dem Produkt einer für jedes Instrument angegebenen Konstanten und dem Sinus des Ablenkungswinkels. Im wesentlichen besteht dieses Instrument aus einem um eine senkrechte Achse drehbaren Multiplikatorrahmen, innerhalb dessen eine um die gleiche Achse drehbare Magnetnadel angeordnet ist (siehe **Galvanometer**).

Skineffekt ist die Erscheinung, daß das in einem, von einem Wechselstrom durchflossenen Leiter entstehende Feld den Strom von den inneren Leiterteilen nach seiner Oberfläche drängt (siehe **Oberflächeneffekt**).

Slaby-Arcosches System (siehe **Funkentelegraphie**). Bei demselben sind die Sende- und Empfangsdrähte geerdet (siehe **Marconisches System**), wodurch Blitzableiter, Schornsteine etc. für die Geber und Empfänger benutzt werden können. Die geerdeten Sender besitzen zur Regulierung des Grundtones eine Spule, um beliebige Wellenlängen zu erzeugen. Die gleichzeitige Abnahme mehrerer Telegramme von ein und demselben Empfangsdraht wird durch elektrische Abstimmung ermöglicht. Die Sender- und Empfangsdrähte besitzen störend wirkende hohe Selbstinduktion, weshalb sie oft durch flache oder zylindrische Drahtnetze ersetzt werden.

Smee-Element besitzt als Elektroden Zink- und platiniertes Silberblech, als Elektrolyten verdünnte Schwefelsäure (siehe **Voltasche Säule**).

Solenoid — eine von Strom durchflossene Drahtschleife (Drahtspirale).

Solidin — eine sehr haltbare, wetterbeständige, vulkanisierte Gummimischung.

Soondie — eine Guttaperchasorte von der »Bagan goolie« von Borneo gewonnen.

Spaltglühzünder (siehe **Zünder, elektrische**).

Spannschrauben, nicht isolierte, kleine *ℳ —.80*, große *ℳ 3.20.*

Albert Thode & Ko., Hamburg (*s. Inseratanh. S. 4*).

Spannung. Gleichstromanlagen: Für ganz kleine Anlagen 110 Volt (Klemmenspannung 120 Volt), für mittlere Anlagen 220 Volt (Klemmenspannung 250 Volt), für gemeinschaftliche Beleuchtungs- und Straßenbahnanlage 2 × 220 = 440 Volt (Klemmenspannung 500 Volt). Drehstromanlagen: 1000—40000 Volt.

Nach den Vorschriften des V. d. E. sollen folgende Spannungswerte gewählt werden:

Für Wechselstrom und Drehstrom:

Motor oder Primärklemmen des Transformators	Generator oder Sekundärklemmen des Transformators
110 Volt	115 Volt
220 »	230 »
500 »	525 »
1000 »	1050 »
2000 »	2100 »
3000 »	3150 »
5000 »	5250 »

Für Gleichstrom:

Motor	Generator
110 Volt	115 Volt
220 »	230 »
440 »	470 »
500 »	550 »

Spannungen, zulässige, für Baukonstruktionen in kg pro qcm (Vorschr. d. Berliner Baupolizei und d. Bautenabteilung d. preuß. Ministeriums d. öffentl. Arbeiten).

Material	Zug	Druck	Schub
Schweiß- und Flußeisen	750	750	600
Gewölbtes Eisenblech	500	500	—
Eisendraht	1200	—	—
Gußeisen	250	500	200
Zinkblech	200	200	—
Eichen- und Buchenholz	100	80	20
Tannenholz	60	50	—
Bruchsteinmauerwerk in Kalkmörtel .	—	7	—
Ziegelmauerwerk in Kalkmörtel . . .	—	12	—
Klinker in Zementmörtel	—	14—20	—
Beton, bester	bis 1	20—35	—
Guter Baugrund	—	2,5—5	—

Spannungsanzeiger von Gavotti und Senni-Guidotti besteht aus einem vernickelten Eisendraht, der unten zu einem Haken gebogen und oben zu einer Öse geformt ist, in welcher sich um eine horizontale Achse ein kleiner Aluminiumflügel dreht. Wird der Apparat mit einer Leitung in Berührung gebracht und führt dieselbe Strom, so stellt sich der Flügel infolge der elektrostatischen Kraft horizontal, während er bei stromloser Leitung vertikal steht. Der Apparat kann für Spannungen bis zu 2000 Volt verwendet werden.

Spannungseinheit, absolute (siehe **Elektromotorische Kraft, absolute Einheit derselben**).

Spannungserhöhungsmaschinen haben die Aufgabe, die durch die Rückleitungen bei Bahnen hervorgerufenen Anlagekosten zu verringern. Bei Anwendung dieser Rückleitungsdynamos brauchen die Rückleitungen gerade nur einen so großen Querschnitt haben, daß sie ohne übergroße Erhitzung den Maximalstrom leiten können. Durch Anwendung dieser Maschinen wird der Spannungsverlust bedeutend reduziert.

Spannungskurven von Wechselstrommaschinen sind Kurven, be welchen die Spannung als Funktion der Zeit entwickelt wird, d. h. die Ordinaten, die Spannung und die Abszissen Teile einer Periode darstellen.

Spannungsmesser (siehe **Voltmeter**).

Spannungsreihe von Ritter. Wenn zwei verschiedenartige elektrische Leiter in angesäuertes Wasser getaucht und außerhalb der Flüssigkeit durch einen Draht verbunden werden, so geht der Strom vom vorstehenden Leiter zum nachfolgenden: Zink, Blei, Zinn, Eisen, Wismut, Kobalt, Arsen, Kupfer, Antimon, Platingold, Quecksilber, Silber, Kohle, Bleiglanz, Kupfernickel, Schwefelkies, Arsenkies, Palladium, Graphit, Braunstein.

Spannungsresonanz ist der Zustand, in welchem sich die Wirkungen der in Serie geschalteten Selbstinduktion und Kapazität aufheben.

Spannungssicherungen, unter welche Kategorie von Apparaten sowohl die sog. Blitzschutzapparate (siehe daselbst), als auch die im engeren Sinne mit dem Namen Spannungssicherungen belegten Apparate gehören, haben den Zweck, die in den Leitern einer Anlage infolge atmosphärischer Entladungen, leitende Verbindung mit Stromkreisen von wesentlich verschiedener Spannung o. dgl. auftretenden Spannungserhöhungen unschädlich zu machen. Die Spannungssicherung wird ähnlich wie die Stromsicherung (siehe daselbst) zwischen diejenigen Teile einer Anlage unter sich oder gegen Erde eingeschaltet, in denen das Auftreten einer Spannungserhöhung befürchtet wird. Die Spannungssicherung besteht in der Hauptsache aus einer Funkenstrecke.

Spannungsteiler werden verwendet, um eine Dreileiteranlage mit einer Dynamomaschine ohne Akkumulatorenbatterie betreiben zu können. Zu diesem Zwecke wird der Nullleiter an den Spannungsteiler, welcher die Form eines Wechselstromtransformators hat, angeschlossen.

Spannungstransformatoren dienen zum Anschluß von Voltmetern und der Nebenschlußspulen von Wattmetern.

Periodenzahl	Spannung primär bis Volt	Preis ℳ
50	3 000	*85*
50	4 000	*115*
50	5 000	*130*
50	6 000	*140*
50	7 000	*150*
50	8 000	*180*
50	10 000	*215*

Spannungsverlust. Als Spannungsverlust ist im allgemeinen zulässig für Verteilungsleitungen 1—2%, für Speiseleitungen bis 10%. Für Gleichstrom ist der Spannungsverlust gleich dem Produkte aus Stromstärke und Widerstand, für Drehstrom-Lichtbetrieb gleich diesem Produkte mal 1,73, für Drehstrom-Kraftbetrieb gleich dem zuletzt erwähnten Produkte mal 0,8.

Spannungsverluste in Leitungen. Bedeuten l Länge der Hin- und Rückleitung, i Maximalstromstärke in Amp., q Leitungsquerschnitt in qmm, so berechnet sich der Spannungsverlust v nach der Formel $v = 0{,}035 \frac{l \cdot i}{q}$ und $q = 0{,}035 \frac{l \cdot i}{v}$.

Tabelle der Kupferquerschnitte bei verschiedenen Spannungsverlusten.

Spann.-Verlust Volt	Werte des Produktes aus Leitungslänge (Hin- und Rückleitung) × Stromstärke																	
	100	110	120	130	140	150	160	170	180	190	200	210	220	230	240	250	260	270
0,1	18,5	20,4	22,2	24,1	25,9	27,8	29,6	31,4	33,3	35,2	37,0	38,8	40,7	42,5	44,4	46,2	48,1	49,9
0,2	9,25	10,2	11,1	12,0	12,9	13,9	14,8	15,7	16,7	17,6	18,5	19,4	20,4	21,3	22,2	23,1	24,1	25,0
0,3	6,16	6,80	7,40	8,01	8,64	9,25	9,87	10,5	11,1	11,7	12,3	12,9	13,6	14,2	14,8	15,4	16,0	16,7
0,4	4,63	5,08	5,55	6,01	6,47	6,94	7,40	7,85	8,32	8,79	9,25	9,70	10,2	10,6	11,1	11,6	12,0	12,5
0,5	4,70	3,07	4,44	4,81	5,17	5,55	5,93	6,28	6,66	7,02	7,40	7,76	8,13	8,50	8,88	9,25	9,62	9,98
0,6	3,08	3,39	3,70	4,01	4,32	4,63	4,93	5,24	5,55	5,86	6,16	6,47	6,78	7,08	7,40	7,70	8,02	8,32
0,7	2,64	2,91	3,17	3,44	3,70	3,96	4,23	4,49	4,76	5,02	5,29	5,54	5,81	6,08	6,35	6,60	6,87	7,13
0,8	2,31	2,54	2,77	3,01	3,24	3,47	3,70	3,93	4,16	3,39	4,62	4,85	5,08	5,32	5,55	5,78	6,01	6,23
0,9	2,05	2,26	2,47	2,67	2,88	3,08	3,29	3,49	3,70	4,90	4,11	4,32	4,42	4,73	4,93	5,13	5,34	5,54
1,0	1,85	2,04	2,22	2,41	2,59	2,78	2,96	3,14	3,33	3,52	3,70	3,88	4,07	4,25	4,44	4,62	4,81	4,99
1,1	1,68	1,85	2,02	2,19	2,35	2,52	2,69	2,86	3,03	3,19	3,36	3,53	3,70	3,87	4,04	4,20	4,37	4,54
1,2	1,54	1,70	1,85	2,01	2,16	2,31	2,47	2,62	2,78	2,93	3,08	3,23	3,39	3,55	3,70	3,85	4,01	4,16
1,3	1,42	1,57	1,71	1,85	1,99	2,14	2,28	2,42	2,56	2,70	2,85	2,98	3,13	3,28	3,42	3,56	3,70	3,84
1,4	1,32	1,45	1,59	1,73	1,85	1,96	2,12	2,24	2,38	2,51	2,64	2,77	2,91	3,04	3,17	3,30	3,44	3,56
1,5	1,23	1,36	1,48	1,61	1,73	1,85	1,97	2,10	2,22	2,34	2,47	2,59	2,71	2,84	2,96	3,08	3,21	3,33
1,6	1,16	1,27	1,39	1,51	1,62	1,73	1,85	1,96	2,08	2,20	2,31	2,43	2,54	2,66	2,78	2,89	3,01	3,12
1,7	1,09	1,20	1,31	1,43	1,52	1,63	1,74	1,85	1,96	2,07	2,18	2,29	2,39	2,50	2,61	2,72	2,83	2,94
1,8	1,03	1,13	1,23	1,34	1,44	1,54	1,65	1,75	1,85	1,95	2,06	2,16	2,26	2,36	2,47	2,57	2,67	2,78
1,9	0,97	1,07	1,17	1,27	1,36	1,46	1,65	1,65	1,75	1,85	1,95	2,05	2,14	2,24	2,34	2,43	2,53	2,63
2,0	0,93	1,02	1,11	1,20	1,29	1,39	1,48	1,57	1,68	1,76	1,85	1,94	2,03	2,13	2,22	2,31	2,41	2,50
2,5	0,74	0,81	0,89	0,96	1,04	1,11	1,18	1,26	1,33	1,41	1,48	1,55	1,63	1,70	1,78	1,85	1,92	2,00
3,0	0,62	0,68	0,74	0,80	0,86	0,93	0,99	1,05	1,11	1,17	1,23	1,49	1,36	1,42	1,48	1,54	1,60	1,66
3,5	0,53	0,58	0,63	0,69	0,74	0,79	0,85	0,90	0,95	1,01	1,06	1,11	1,16	1,22	1,27	1,32	1,37	1,43
4,0	0,463	0,51	0,56	0,60	0,65	0,69	0,74	0,79	0,83	0,88	0,93	0,97	1,02	1,06	1,11	1,16	1,20	1,25
4,5	0,412	0,45	0,49	0,53	0,57	0,62	0,66	0,70	0,74	0,78	0,82	0,86	0,90	0,94	0,99	1,03	1,07	1,11
5,0	0,370	0,41	0,44	0,48	0,52	0,55	0,59	0,63	0,67	0,70	0,74	0,78	0,81	0,85	0,89	0,92	0,96	1,00

Tabelle der Kupferquerschnitte bei verschiedenen Spannungsverlusten.

Spann.-Verlust	Werte des Produktes aus Leitungslänge (Hin- und Rückleitung) × Stromstärke																
Volt	280	290	300	350	400	450	500	550	600	650	700	750	800	850	900	950	1000
0,1	51,8	53,6	55,4	64,7	74,0	83,3	92,5	101,7	111,0	120,2	129,5	138,7	148,0	157,2	166,5	175,7	185,0
0,2	25,9	27,8	27,8	32,4	37,0	41,7	46,3	50,8	55,5	60,2	64,8	69,4	74,0	78,6	83,3	87,9	92,5
0,3	17,3	18,5	18,5	21,6	24,7	27,8	30,8	33,9	37,0	40,1	43,2	46,3	49,3	52,4	55,5	58,6	61,6
0,4	12,9	13,9	13,9	16,2	18,5	20,8	23,1	25,4	27,7	30,1	32,4	34,7	37,0	39,3	41,7	43,9	46,3
0,5	10,4	11,1	11,1	12,9	14,8	16,7	18,5	20,4	22,2	24,1	25,9	27,7	29,6	31,5	33,3	35,2	37,0
0,6	8,63	8,93	9,24	10,8	12,3	13,9	15,4	17,0	18,5	20,0	21,6	23,1	24,7	26,2	27,7	29,3	30,8
0,7	7,39	7,66	7,92	9,24	10,6	11,9	13,2	14,5	15,9	17,2	18,5	19,8	21,1	22,4	23,8	25,1	26,4
0,8	6,47	6,70	6,93	8,09	9,25	10,4	11,6	12,7	13,9	15,0	16,2	17,3	18,5	19,7	20,8	22,0	23,1
0,9	5,75	5,96	6,16	7,19	8,22	9,25	10,3	11,3	12,3	13,4	14,4	15,4	16,4	17,5	18,5	19,5	20,5
1,0	5,18	5,36	5,54	6,47	7,40	8,33	9,25	10,17	11,1	12,0	12,9	13,9	14,8	15,7	16,6	17,6	18,5
1,1	4,71	4,87	5,04	5,88	6,73	7,57	8,41	9,25	10,1	10,9	11,8	12,6	13,5	14,3	15,1	16,0	16,8
1,2	4,32	4,47	4,62	5,39	6,17	6,94	7,70	8,48	9,25	10,0	10,8	11,6	12,3	13,1	13,9	14,7	15,4
1,3	3,98	4,13	4,27	4,98	5,69	6,11	7,15	7,83	8,54	9,24	9,95	10,7	11,4	12,1	12,8	13,5	13,2
1,4	3,70	3,83	3,96	4,62	5,28	5,95	6,60	7,27	7,92	8,59	9,25	9,91	10,6	11,2	11,9	12,6	12,2
1,5	3,45	3,58	3,70	4,32	4,93	5,55	6,17	6,78	7,40	8,02	8,63	9,25	9,87	10,5	11,1	11,7	12,3
1,6	3,24	3,35	3,47	4,04	4,63	5,21	5,78	6,36	6,94	7,52	8,10	8,67	9,25	9,83	10,4	11,0	11,6
1,7	3,05	3,15	3,27	3,81	4,35	4,90	5,44	5,98	6,53	7,08	7,62	8,16	8,70	9,25	9,80	10,3	10,9
1,8	2,88	2,98	3,08	3,59	4,12	4,63	5,14	5,65	6,17	6,68	7,19	7,71	8,22	8,73	9,25	9,77	10,3
1,9	2,73	2,82	2,92	3,41	3,89	4,38	4,87	5,36	5,84	6,33	6,82	7,30	7,79	8,27	8,77	9,25	9,74
2,0	2,59	2,68	2,78	3,24	3,70	4,17	4,63	5,08	5,55	6,02	6,48	6,94	7,40	7,86	8,33	8,79	9,26
2,5	2,07	2,15	2,22	2,59	2,96	3,33	3,70	4,07	4,44	4,82	5,18	5,55	5,02	6,29	6,66	7,03	7,40
3,0	1,73	1,79	1,85	2,16	2,47	2,78	3,08	3,39	3,70	4,01	4,32	4,63	4,93	5,24	5,55	5,86	6,17
3,5	1,48	1,53	1,59	1,85	2,11	2,38	2,64	2,91	3,17	3,44	3,70	3,97	4,23	4,49	4,76	5,02	5,29
4,0	1,29	1,34	1,39	1,62	1,85	2,08	2,31	2,54	2,77	3,01	3,24	3,47	3,70	3,93	4,17	4,39	4,63
4,5	1,15	1,19	1,23	1,44	1,65	1,85	2,05	2,26	2,47	2,67	2,88	3,08	3,29	3,50	3,70	3,91	4,12
5,0	1,04	1,07	1,11	1,29	1,48	1,67	1,85	2,04	2,22	2,41	2,59	2,77	2,96	3,15	3,33	3,52	3,70

Spannungswecker haben die Aufgabe, beim Über- oder Unterschreiten der Betriebsspannung ein optisches oder akustisches Signal zu geben. Ein Eisenkern wird je nach der Spannungshöhe von einer Stromspule mehr oder weniger angezogen und bewegt dadurch einen zwischen zwei Kontakten schwingenden Hebel, mit welchem er, je nachdem die Stromspannung zu hoch oder zu niedrig ist, den Stromkreis schließt, wodurch eine Glühlampe zum Leuchten oder ein Läutwerk zum Ertönen gebracht wird. Die Schaltung der Spannungswecker, welche mit einem automatischen Regulator kombiniert werden können, erfolgt im Nebenschluß zur Maschine.

Spannweite (siehe **Mastenentfernung**).

Sparlampen sind Glühlampen, in deren Gestell Sparschalter (siehe daselbst) eingebaut sind. Preis *M* *25—30*, je nach Ausführung.

Sparschalter für Nebenschluß - Gleichstrom - Bogenlampen haben den Zweck, Bogenlampen beliebig und ohne jede Regulierung an den Lampen mit einer Variation von mehreren Ampere brennen zu lassen. Sparschalter bestehen aus einem Widerstand, an welchem eine Kontaktvorrichtung schleift. Der Widerstand ist in Form einer Spirale radial aufgewickelt und auf einer isolierenden Unterlage befestigt. Der ganze Mechanismus ist in einer dosenförmigen Umhüllung untergebracht. Infolge der zahlreichen Stufen läßt sich ein allmähliches Regulieren der Lampe erreichen. Durch Anwendung eines derartigen Schalters ist der Stromverbrauch, natürlich bei verminderter Leuchtkraft, bedeutend geringer.

Preis:			
Für 2—4 Amp.	*M* *20*	Für 9—12 Amp.	*M* *23*
» 5—8 »	» *21*	» 13—16 »	» *25*

(siehe **Dunkelschalter**).

»Elektra« Fabriken elektrischer Heiz- u. Kochapparate, Wädensweil (Schweiz), Lindau i. B., Bregenz (Österr.).

Spermacetikerze (alte englische Kerzeneinheit), welche bei 44,5 mm Flammenhöhe 7,7 g Colzaöl pro Stunde benötigt.

Spezifische Gewichte.

A. Elemente.

Aluminium, gegossen	2,56	Didym	6,54
» gewalzt	2,66	Eisen	7,86
» gehämmert	2,67	Gallium	5,95
» käuflich	2,75	Germanium	5,47
» rein	2,583	Gold, gegossen	19,32
Antimon	6,71	» gehämmert	19,5—19,6
Argon	20,6	Indium	7,42
Arsen	5,63	Iridium	22,42
» amorph	4,71	Jod	4,95
Barium	4,0	Kadmium	8,60
Beryllium	2,1	Kalium	0,865
Blei	11,3	Kalzium	1,5
Bor	2,68	Kobalt	8,957
Brom	3,15	Kohlenstoff, Diamant	3,52
Caesium	1,88	» Graphit	2,33
Cer	6,68	Kupfer, geh.	8,958
Chlor, flüssig	1,33	» elektrolyt.	8,88—8,95
Chrom	6,50	Lanthan	6,1

Lithium 0,594
Magnesium 1,74
Mangan 8,03
Molybdän 8,56
Natrium 0,980
Nickel . . . . 8,4—9,5
Niobium . . . . . . 6,67—7,37
Osmium 22,48
Palladium 11,40
Phosphor 1,83
» roter 2,20
Platin 21,50
Quecksilber 13,55
Rhodium, gegossen . . . 12,1
Rubidium 1,516
Ruthenium 12,26
Schwefel, rhombisch . . 2,07
Schwefel, amorph. 1,96
Selen, amorph. 4,28
» krist. 4,80
Silber, gegossen 10,53
Silizium 2,39
Strontium 2,54
Tantal 10,40
Tellur 6,4
Thallium 11,85
Thorium 11,00
Uran 18,7
Vanadium 5,5
Wismut 9,80
Wolfram . . . . . 17,1—19,26
Zink . . . . 7,13—7,37
Zinn 7,29
Zirkonium 4,15

B. Verschiedene feste Körper.

Achat 2,59
Alabaster . . . . . 2,5—2,88
Aluminiumbronze . . . 7,7
Anthrazit . . . . . 1,4—1,7
Asbest . . . . . . 2,10—2,80
Asphalt . . . . . . 1,07—1,16
Basalt . . . . 2,7—3,2
Bleioxyd . . . . . 9,2—9,5
Bleisuperoxyd 8,9
Braunstein 5,03
Bronze 8,8
Diamant . . . . . 3,49—3,53
Eis von 0° 0,9167
Eisen, reines . . . 7,85—7,88
» gezogen . . 7,6—7,75
» geschmiedet 7,6—7,89
» gegossen . . 7,0—7,7
Eisenvitriol 1,88
Glas: Spiegel- 2,46
grünes 2,65
Kristall- 2,90
Flint- . . . . . . 3,33—3,72
Glimmer . . . . . 2,78—3,15
Granit . . . . . . 2,50—2,90
Gummi arab. . . . 1,31—1,45
Guttapercha . . . . 0,97—0,98
Hartgummi 1,15
Harz (Fichten) 1,07
Holz, lufttrocken
Ahorn- 0,75
Birken- 0,74
Buchen- 0,75
Eben- 1,19
Eichen- . . . . . 0,62—0,85
Fichten- 0,47
Kiefer- 0,55
Kork- 0,24
Lärchen- . . . . . 0,44—0,5
Linden- 0,56
Nußbaum- 0,66
Pappel- 0,36
Tannen- 0,56
Holzkohle, in Stücken . . 0,38
» zerstoßen 1,45—1,5
Kautschuk 0,93
Kohlenfäden (Glühlicht) 1,25—2,1
Kohlenstäbe 1,6
Kupfer, elektrolyt. . 8,884—8,952
Kupferdraht, ausgeglüht . 8,86
» hart gezogen 8,96
Kupfervitriol 2,2
Marmor 2,65
Mennig 9,07
Messing, gegossen 8,44
» gewalzt 8,56
» gezogen 8,70
Neusilber (26,3 Cu + 36,8 Zn + 88,8 Ni) 8,30
Nickelin . . . . . . 8,63—8,77
Paraffin 0,87
Pech 1,07
Porzellan . . . . . 2,15—2,35
Retortenkohle 1,9
Schiefer 2,8
Selen, amorph. 4,2
Stahl . . . . 7,62—7,81
Steinkohle 1,37
Vulkanfiber 1,28
Zinkvitriol 2,02

Spezifischer Energieverbrauch von Glühlampen (Verhältnis zwischen Lichtintensität und aufgewendeten Watt) hängt vom Vakuum der Birne und der Beanspruchung des Kohlenfadens ab.

Spezifischer Widerstand eines Materials ist der Widerstand eines aus diesem Material geformten Prismas oder Zylinders von der Länge eines Meters und des Querschnittes eines Quadratmillimeters, ausgedrückt in Ohm.

Spiegelgalvanometer (siehe **Galvanometer**) — für sehr genaue Messungen verwendete Instrumente, bei welchen die Ablesungen mit Hilfe eines Spiegels erfolgen. Preis je nach Ausführung *ℳ 360—420.*

Spiraldübel sind Dübel, welche durch eine doppelte Drahtspirale gebildet werden und mit eingesetzter Schraube eingegipst werden (siehe **Dübel**).

Spiralwickelung ist die regelmäßig fortlaufende Wickelung des einfachen Grammschen Ringes.

Spiritusmotoren für elektrischen Betrieb.

Pferdestärken	Preise ℳ	Nettogewicht kg	Norm. Umdrehungszahl pro Minute	Länge	Breite	Höhe	Durchm. d. Schwungrades mm
				des Motors mm			
2	*2350*	620	260	1540	740	1400	1220
3	*2550*	770	260	1670	805	1450	1320
4	*2900*	1050	240	1820	945	1500	1440
6	*3250*	1300	240	1970	1025	1570	1540
8	*3800*	2150	220	2185	1595	1695	1850
10	*4200*	2570	220	2440	1716	1860	1960
12	*5050*	3280	200	2700	1940	1930	2160
14	*5450*	3900	200	2870	2035	2000	2390
16	*5800*	4160	200	3075	2110	2050	2390
20	*6850*	4890	190	3300	2250	2115	2530
25	*7450*	5650	190	3460	2350	2130	2580
30	*8650*	6775	170	3760	2440	2240	2760

Gebrüder Körting, Körtingsdorf.

Spitzenblitzschutzvorrichtungen bestehen aus zwei isolierten Teilen, von denen der eine, mit der Leitung verbundene, verstellbare Zinkspitzen, der andere, mit der Erde verbundene Teil eine fixe Zinkplatte besitzt, welche auf der den Zinkspitzen zugekehrten Seite gezahnt ist. Die Zinkspitzen werden in eine kreisförmig gebogene Linie so eingestellt, daß die mittleren Zinkspitzen von der Zinkplatte 10 mm entfernt sind. Zink wird deshalb gewählt, weil bei diesem Metall geringste Funkenbildung auftritt. Eine aus der Leitung in die Spitzen gelangende atmosphärische Entladung wird den Luftraum zur Zinkplatte überspringen und von letzterer zur Erde abgeleitet werden.

Sprechfähigkeit einer Leitung oder eines Kabels ist um so besser, je kleiner das Produkt aus Widerstand und Kapazität ist.

Sprechgeschwindigkeit für Telegraphenanlagen.

In Luftleitungen	Worte von 5 Buchstaben pro Minute
Morse { simplex	25
Morse { duplex	45
Hughes { simplex	60
Hughes { duplex	110
Meyer mit Taster	25
Baudet » »	40
Wheatstone { simplex	350
Wheatstone { duplex	600
Grays harmonischer Telegraph	35
Footes Rapid	1000
In kurzen Kabeln:	
Reflexgalvanometer { simplex	30
Reflexgalvanometer { duplex	50
Siphon-Rekorder { simplex	25
Siphon-Rekorder { duplex	50

In längeren Kabeln beträgt nach Sabine, wenn C die Kapazität des Kabels in Mi und W seinen Widerstand in Ω bedeuten, die Zeit t für ein Signal mit dem

$$\text{Morseapparat: } t = \frac{414}{10^9} C W,$$

$$\text{Hughesapparat: } t = \frac{105}{10^9} C W,$$

$$\text{Galvanometer: } t = \frac{47}{10^9} C W.$$

Sprechplatte (siehe **Telephon**).

Spule, induktionsfreie (siehe **Bifilare Spule**).

Spulenblitzableiter, System Siemens-Schuckertwerke. Der Apparat, dessen Elektromagnet einen Kern aus unterteiltem Eisen hat, so daß der Blitzableiter für Gleich- und Wechselstromanlagen verwendet werden kann, besitzt zwei hintereinander geschaltete Funkenstrecken, die zwischen drei Metallstücken gebildet werden. Diese Funkenstrecken liegen im Felde des oben erwähnten Elektromagneten, dessen erregende Spule parallel zu einer der Funkenstrecken geschaltet ist.

Während nun der Blitz auf dem geraden Wege zur Erde gelangen kann, teilt sich ein etwa nachfolgender Maschinenstrom in zwei Teile, von denen der eine die Funkenstrecke zwischen dem mittleren Metallstück und der Klemme, der andere die Magnetspule durchfließt. Der dadurch entstehende Magnetismus bläst den Lichtbogen in beiden Funkenstrecken aus und unterbricht dadurch den Maschinenstrom. Um zu verhindern, daß durch einen Lichtbogen, der zwischen den beiden äußeren Metallstücken direkt überschlägt, die Magnetspule ausgeschlossen wird, ist eine leicht auswechselbare Kappe aus feuersicherem Material angeordnet, welche beide Funkenstrecken durch eine Scheidewand trennt und gleichzeitig den Sockel vor Feuer schützt.

Spurerweiterung ist in Kurven von weniger als 500 mm Radius bei Vollbahnen erforderlich bis max. 30 mm, bei Schmalspur (elektrischen Straßenbahnen von 1 m Spurweite) gewöhnlich 3 mm.

Stabilit (hergestellt von der A. E.-G., Berlin) hat bei 1 mm Plattenstärke eine Durchschlagsfestigkeit von 10000—15000 Volt, eine mechanische Festigkeit von ca. 2,8 kg pro qmm und einen spezifischen Widerstand in Megohm (15° C) pro ccm:

In trockenem Zustande 8 Tage lang einer Temperatur von 30° C ausgesetzt 10000
24 Stunden der Zimmerluft ausgesetzt 9000
Konstant bleibender Wert nach 4 Wochen in feuchter Luft 8500
Preis ca. *M 5* pro kg.

Stabmagnetismus eines Magneten ist das Produkt aus der Stärke des Magnetismus des Stabes und des Abstandes seiner Pole.

Stabwickelung wird zur Bewickelung von Ankern angewendet, wenn die Stromstärke pro Armaturzweig größer als ca. 50 Amp. wird.

Ständer ist der ringförmige, feststehende Teil eines Drehstrommotors, dessen vom äußeren Strom gespeiste Spulen in seinem Innenraum das Drehfeld hervorrufen.

Stahl ist ein schmiedbares Eisen von hohem spezifischen Gewichte, großer Festigkeit und Härtbarkeit, welche sich durch Zusatz von Wolfram und Chrom bedeutend steigern läßt (Chrom- und Wolframstahl). Die Härtegrade des Stahles sind durch die Anlauffarben erkennbar.

Stahlband zum Einziehen der Leitungen in Isolierröhren (siehe daselbst). Preis pro 20 m Länge *M 2.50.*

Stahldrahtkrampen zur Befestigung von Isolierröhren. Preis pro 100 Stück *M 2.30.*

Stahldraht mit Kupfermantel (siehe **Bimetalldraht**).

Stahldübel mit Scherflächen je nach Länge pro 100 Stück *M 4.50—6* (siehe **Dübel**).

Stahlguß wird durch Gattierung von gutem Roheisen und Stahlabfällen erhalten. Bruchfestigkeit = 5000—6000 kg pro qcm; Schwindmaß = rd. $^1/_{500}$; spez. Gew. 7,8. Preis *M 40—75* pro 100 kg je nach Größe und Form des Gußstückes.

Stahlseil (siehe **Stahlband**).

Stammleitung — Bezeichnung für die einzige Steigleitung einer Hausinstallation in einem mehrstöckigen Gebäude.

Stampfbeton besteht aus 5—6 Raumteilen Kies, 1 Raumteil Zement und 2,5—3 Teilen Sand. Gewicht pro cbm ca. 2000 kg. Zulässige Belastung 10—15 kg pro qcm.

Stangenblitzableiter, d. h. Auffangspitzen mit Erdleitungen an den Stangen, scheinen an besonderen Stellen, wo erfahrungsgemäß öfters Blitzschläge zur Erde niedergehen, von Nutzen zu sein, indem sie Zersplittern und Niederwerfen von Stangen verhüten oder vermindern; ob sie dagegen hinsichtlich Blitzschutz allgemein nützlich seien, erscheint fraglich. In Anbetracht der mit Erdleitungen an Stangen, namentlich bei Spannungen von ca. 3000 Volt an aufwärts verbundenen Nachteile erscheint es ratsam, solche Erdleitungen tunlichst zu reduzieren. Diese Nachteile bestehen darin, daß bei allfälligen Defekten an Isolatoren durch Erdleitungen an Stangen die Entstehung von Stangenbränden befördert und ebenso das Durchbrennen von Leitungsdrähten begünstigt wird,

Mit Bezug auf den Zusammenhang zwischen der Höhe der Betriebsspannung und der Sicherheit von Hochspannungsfreileitungen kann aus dem, was bisher von vielen Seiten beobachtet und in Erfahrung gebracht wurde, gefolgert werden, daß Leitungen unter Spannungen bis etwa 4000 Volt sicher sind gegen Bruch oder Durchbrennen zufolge von Defekten an Isolatoren, wenn an den Stangen keine Erdleitungen vorkommen.

Stangentransformatoren. Die Stangentransformatoren ermöglichen, unter Umgehung jeglicher Transformatorengebäude, die Erstellung von Transformatorenstationen auf billige Art. Die Transformatoren werden zu diesem Zwecke zwischen den Masten eines Doppelgestänges eingebaut. Primär- und Sekundärausschalter können durch Hebel oder Zugseil von unten aus bedient werden. Das Auswechseln der Sicherungen erfolgt durch mechanische Vorrichtungen (Sicherungszangen) ebenfalls von unten aus.

Stangentransformatoren der Maschinenfabrik Oerlikon (Schweiz).

Einphasen-Wechselstrom-Stangentransformatoren

inkl. Ölfüllung und Sicherungen mit Schmelzeinsätzen, von 1000—10000 Volt Spannung, bei Leistungen von 0,5—10 KV-Amp.

Leistung in KV-Amp. bei primärer Spannung von Volt					Wirkungsgrad bei 2000 Volt %		Totalgew. inkl. Öl u. Sicherung.	Preis in Mark pro Transformator mit Ölfüllung und Sicherungen mit Schmelzeinsatz für Volt				
1000	2000	3000	5000	10 000	b. Volllast	b. Halblast	ca. kg	1000	2000	3000	5000	10 000
1,0	0,5	0,5	0,5	—	90	84	120	*345*	*360*	*375*	—	—
2,0	1,5	1,5	1,0	0,5	90	84	140	*400*	*415*	*440*	*460*	*480*
3,0	2	2	2	1	92	87	190	*455*	*480*	*495*	*505*	*520*
5,0	5	4	4	2	92	87	250	*530*	*550*	*570*	*580*	*600*
7,5	7,5	7,5	6	4	94	89	300	*610*	*630*	*655*	*680*	*720*
10	10	10	8	6	95	90	350	*720*	*745*	*760*	*775*	*800*

Drehstrom-Stangentransformatoren

inkl. Ölfüllung und Sicherungen mit Schmelzeinsätzen, von 1000—10 000 Volt Spannung, bei Leistungen von 0,75—15 KV-Amp.

Leistung in KV-Amp. bei primärer Spannung in Volt					Wirkungsgrad bei 2000 Volt %		Totalgew. inkl. Öl u. Sicherung.	Preis in Mark pro Transformator mit Ölfüllung und Sicherungen mit Schmelzeinsatz für Volt				
1000	2000	3000	5000	10 000	b. Volllast	b. Halblast	ca. kg	1000	2000	3000	5000	10 000
1,5	0,75	0,75	0,75	—	90	84	160	*465*	*490*	*495*	*530*	—
3	2	2	1,5	0,75	90	84	190	*540*	*560*	*595*	*605*	*650*
4,5	3	3	3	1,5	92	87	260	*615*	*650*	*670*	*685*	*700*
7,5	7,5	6	6	3	92	87	330	*710*	*745*	*770*	*775*	*810*
11	11	11	9	6	94	89	400	*820*	*860*	*890*	*920*	*970*
15	15	15	12	9	95	90	475	*970*	*995*	*1010*	*1025*	*1080*

Stanniollamellen. Preis pro 1000 Stück:

Einfache Lamellen		Doppelt belegte Lamellen	
Amp.	ℳ	Amp.	ℳ
1	*4.75*	1	*7.—*
2	*5.—*	1,5	*7.—*
3	*5.—*	2	*8.—*
5	*7.—*	2,5	*9.—*
6	*7.25*	3	*9.—*
8	*7.50*	4	*9.25*
10	*8.25*	5	*9.25*
12	*9.—*	6	*9.50*
15	*9.75*	7	*10.—*
20	*10.25*	8	*10.—*
25	*11.—*	9	*10.50*
30	*12.—*	10	*11.—*
—	—	15	*11.50*
—	—	20	*12.50*

C. Sachs, Eppstein i. T.

Stator (siehe **Ständer**).

Steckkontakte sind so zu konstruieren, daß sie nicht in Kontakte für höhere Stromstärken passen.

Steigleitungen sind die von der Einführungsstelle der unterirdisch verlegten Verteilungsleitung in die einzelnen Stockwerke führenden Leitungen, welche die einzelnen Stockwerksleitungen speisen.

Steigungen, zulässige, für elektrischen Bahnbetrieb normal 1 : 8, maximal 1 : 11.

Steinkohlen. Man unterscheidet: Magere oder Sandkohlen, Sinterkohlen, welche ohne Verstopfung des Rostes zusammensintert, weich wird, ohne zu schmelzen, und mit langer Flamme verbrennt, am besten für Kesselfeuerung geeignet; ferner fette oder Back kohle, verstopft leicht den Rost, wird daher mit Sinterkohle vermischt. Je größer der Aschengehalt, desto schlechter ist die Kohle; je größer ihr Wasserstoffgehalt, desto länger sind die bei der Verbrennung entstehenden Flammen.

Kohlenart	1 cbm wiegt kg	Eine 10 Tonnen-Ladung wiegt cbm
Ruhrkohle	800—860	11,6—12,5
Saarkohle	720—800	12,5—13,9
Niederschles. Kohle .	820—870	11,5—12,2
Oberschles. » .	760—800	12,5—13,2
Zwickauer » .	770—800	12,5—13,0

Steinschrauben.

Länge des Vierkantes = 5—6 facher Schraubendurchm.
Oberer Durchm. » » = 1,2 » »
Unterer » » » = 1,8 » »
Obere Lochweite = 2 » »
Untere » = 2,5 » »

Als Ausgießmaterial eignet sich am besten Zement, unter gewissen Verhältnissen auch Schwefel und Gips.

Stellweichen für Bahnen mit oberirdischer Stromzuführung *M 60*.

St. Elmsfeuer — das in der Natur vorkommende Büschellicht (siehe daselbst).

Stephansches Prinzip der kleinsten magnetischen Arbeit lautet: Jeder veränderliche Strom hat das Bestreben, möglichst wenig magnetische Arbeit zu leisten, wenn der induktive Widerstand groß genug ist gegenüber dem Ohmschen.

Sternschaltung (siehe **Verkettete Schaltung**).

Stiftschreiber — Telegraphenapparate, bei denen der zeichengebende Stift die Zeichen in das vorbeiziehende Papier eindrückt.

Stonebeleuchtung. Bei diesem zur Beleuchtung von Eisenbahnwaggons dienenden System ist am Wagenuntergestell eine Dynamo, welche von einer Wagenachse mittels Riemen angetrieben wird, pendelnd aufgehängt. Die Spannung des Riemens kann durch Handrad vom Wageninnern aus reguliert werden. Am Wagenuntergestelle befinden sich ferner noch die Akkumulatoren, an welche die Glühlampen während der Aufenthalte, oder so lange der Wagen die bestimmte Geschwindigkeit nicht erreicht hat, angeschlossen sind. Bei letzterer, bei welcher die Spannung der Dynamo gleich jener der Batterie ist, wird durch einen auf der Achse der Dynamomaschine sitzenden Zentrifugalregulator ein Ausschalter betätigt und der äußere Stromkreis geschlossen. Bei weiterer Steigerung der Spannung ladet die Maschine die Batterie und speist gleichzeitig die Lampen, wobei in den Lampenstromkreis ein kleiner Widerstand geschaltet wird. Steigt die Geschwindigkeit des Wagens über eine gewisse Grenze, wodurch die Spannung der Maschine für die Batterie und die Lampen zu hoch wird, so wird die Dynamo infolge ihrer exzentrischen Aufhängung aus ihrer Ruhelage gebracht und nähert sich der Riemenscheibe, wodurch der Riemen zu gleiten beginnt und die Spannung der Maschine konstant bleibt. Durch einen Umschalter werden beim Wechsel der Fahrtrichtung die Pole der Dynamo vertauscht.

Maschinenfabrik Oerlikon, Oerlikon bei Zürich (Schweiz.)

Stöpselkontakte — Kontaktvorrichtungen, bei welchen die beiden Kontaktflächen durch einen Hohl- und einen Massivzylinder, die ineinander gesteckt werden und an welche die betreffenden Leitungen angeschlossen sind, gebildet werden.

Albert Thode & Ko., Hamburg (s. *Inseratanh. S. 4*).

Stöpselrheostaten. Die isolierten Meßdrähte von bestimmter Länge werden zur Vermeidung von Selbstinduktion bifilar auf Zylinder aufgewickelt und ihre Enden so an Messingklötzchen gelegt, daß jeder Draht zwei von ihnen verbindet. Die in Reihen gelegten Klötzchen erhalten kegelförmige Ausbuchtungen. DurchEinsetzen von Stöpseln in letztere werden je zwei benachbarte Klötzchen miteinander verbunden. Stöpselrheostaten eignen sich nicht für starke Ströme, für welche Kurbelrheostaten (siehe daselbst) vorzuziehen sind.

Dr. Rudolf Franke & Ko., G. m. b. H., Hannover.

Störungen, allgemeine, an elektrischen Maschinen. Das Heißwerden der Lager wird behoben durch Verwendung geeigneten Öles in genügender Menge, Reinigen der Lager, durch weniger straffes Spannen des Riemens. Die Überlastung der Maschine hat ihre Ursache in zu hoher Erwärmung und in Funkenbildung. Ursache zur Störung gibt auch Abschluß der Luftzufuhr und Auslaufen von Öl, das die Wickelung beschmutzt. Letzteres wird behoben durch Einlegen von Papier- oder Lederscheiben in die Lagertrennfuge oder durch warmes Aufziehen von Spritzringen.

Straßenbahnmotoren (siehe **Bahnmotoren**).

Albert Thode & Ko., Hamburg (s. *Inseratanh. S. 4*).

Straßenbahnwecker (siehe **Wecker**).

Straßenbeleuchtung. Bogenlampen werden in der Regel mit einer Stromstärke von 10—16 Amp. benutzt. Entfernung der Lampen 35—60 m, Höhe über Boden 6—9 m. Lampen in einer oder zwei Reihen alternierend angeordnet.

Glühlampen auf Ständern oder Wandarmen befestigt. Stärke normal 16 NK, Höhe vom Fußboden 3,3—3,6 m, Entfernung der Lampen 20—30 m (40—50 Lampen pro km Straßenlänge). In Städten eine öffentliche Lampe auf 100—50, in Badeorten auf 20 Einwohner.

H. Köttgen & Ko., Berg.-Gladbach. | Ehrich & Graetz, Berlin SO. 36.

Streckenausrüstung mit eisernen Masten und elegantem komplettem Zubehör für

einfaches Geleise ℳ *10000—20000* pro km,
doppeltes » » *15000—30000* » »

mit hölzernen Masten und einfachem komplettem Zubehör für

einfaches Geleise ℳ *5000—10000* pro km,
doppeltes » » *11000—17000* » »

Albert Thode & Ko., Hamburg (s. *Inseratanh. S. 4*).

Streckenisolatoren für Bahnen mit oberirdischer Stromzuführung, Preis pro Stück *M 37—55.*

Albert Thode & Ko., Hamburg (*s. Inseratanh. S. 4*). | Dr. Heinr. Traun & Söhne vorm. Harburger Gummi-Kamm Ko., Hamburg (*s. Inseratanh. letzte Seite*).

Streckenschalter mit Gußkasten für Bahnen mit oberirdischer Stromzuführung *M 180—200.*

Aktiengesellschaft für automatische Zünd- und Löschapparate, Zürich. | Albert Thode & Ko., Hamburg (*s. Inseratanh. S. 4*).

Streufaktor (siehe **Streuungskoeffizient**).

Streulinien (siehe **Magnetische Streuung**).

Streuspannung ist die elektromotorische Kraft des Streufeldes.

Streuung ist die Erscheinung, daß die in den Magneten erzeugten Kraftlinien nur zum Teile ihren Weg durch den Anker finden, während ein Teil derselben sich durch die Luft schließt, also gewissermaßen einen magnetischen Nebenschluß bildet.

Streuungskoeffizient ist nach Heyland das Verhältnis der streuenden Kraftlinien (des Streufeldes) zu den nützlichen Kraftlinien. Hopkinson bezeichnet als Streuungskoeffizienten das Verhältnis der gesamten vorhandenen Kraftlinien zu den nützlichen. Derselbe hängt ab von dem Sättigungsgrad (je größer derselbe ist, desto mehr Kraftlinien gehen durch die Luft), von der Form des Magnetgestelles (günstigste Form jene, welche aus großen Eisenmassen besteht und den Kraftlinien einen kurzen, geraden Weg ohne plötzliche Richtungsänderungen bietet) und von der Größe der Maschine (der Streuungskoeffizient nimmt mit zunehmenden Größenverhältnissen ab).

Streuungskoeffizient für Manchestermaschine = 1,49
» » Edison Standard = 1,30
» » Lahmeyersmaschine = 1,18
» » A. E.-G., Type NG = 1,10

Stromabgeber (siehe **Kollektor**).

Stromabnehmer für Straßenbahn-Motorwagen bei oberirdischer Stromzuführung. Die derzeit in Betracht kommenden Stromabnehmer für oberirdische Zuleitung sind das Bügelsystem, der muldenförmige Abnehmer, das zentrale Rollensystem sowie das Dickinsonsche und das Goenagasche System für seitliche Stromzuführung.

Vorteile des Bügelkontaktes:

- Sicherer Kontakt (Kontaktlinie),
- Einfachere Fahrdrahtabspannungen,
- Entfall der Luftweichen,
- Guter Kontakt,
- Geringe Entgleisungsgefahr,
- Große seitliche Bewegung,
- Selbsttätige Umkehrung bei Änderung der Fahrrichtung,
- Geringerer Druck gegen den Fahrdraht (3,5 kg).

Nachteile des Bügelkontaktes:

- Unschöne Form,
- Gleitende Reibung,
- Schwere Konstruktion der Befestigung am Wagendach,
- Nachspannvorrichtungen in der Fahrdrahtleitung,
- Nötiges großes Luftprofil, was in Alleen ein Stutzen der Bäume erfordert.

Vorteile des Rollenkontaktes:
Leichte Konstruktion,
Rollende Reibung,
Schönes Aussehen,
Geringes Luftprofil.
Nachteile des Rollenkontaktes:
Geringer Kontakt (Kontaktpunkt),
Notwendigkeit von Luftweichen,
Leichtere Entgleisbarkeit,
Größerer Druck gegen den Fahrdraht (5—12 kg),
Großer seitlicher Druck gegen den Fahrdraht.
Vorteile des Dickinsonschen und Goenagaschen Systems:
Große seitliche Ausweichung,
Geringere Zahl der Kurvenabspannpunkte.
Vorteil des muldenförmigen Abnehmers:
Besserer Kontakt als bei der Rolle.
Nachteil des muldenförmigen Abnehmers:
Starker seitlicher Druck gegen den Fahrdraht.

Strombelastung, zulässige, der Leitungen (Norm. d. V. d. E.).

Querschnitt qmm	Querschnitt qmm	Durchmesser mm	Querschnitt qmm	Stromstärke Amp.	Stromstärke Amp.
0,25	1,0 M[1])	4	70	10,9 V[2])	130
1,00	1,1	6	95	12,6	165
1,5	1,4	10	120	14,5	200
2,5	1,8	15	150	15,8	235
4,0	2,3	20	185	17,6	275
6,0	2,8	30	240	20,4	330
10	3,6	40	310	22,8	400
16	4,5	60	400	26,3	500
25	5,6	80	500	29,4	600
35	7,7	90	625	32,9	700
50	9,2	100	800	37,2	850
—	—	—	1000	41,6	1000

[1]) M = Massiver Kupferdraht, [2]) V = Verseilter Kupferdraht.

Strombedarf für Telegraphie. Nach Krämer beträgt derselbe für Arbeitsstromlinien 0,012 Amp., für Ruhestromlinien 0,0074 Amp. Pro Tag sind 500—1200 Cb zu rechnen, was einem Kupferniederschlag von 0,2—0,4 g entspricht.

Stromdichte (siehe **Amperelelter**).

Stromdichtigkeit. Beim elektrolytischen Prozeß bezeichnet man als Stromdichtigkeit das Verhältnis der Stromstärke zur Größe der Anodenfläche. Sie wird gewöhnlich als Zahl der Ampere pro qmm Anodenfläche angegeben.

Stromindikatoren. Um in der Kraftzentrale erkennen zu können, ob in entfernten Räumen befindliche, eingeschaltete Bogenlampen auch tatsächlich brennen, werden in die einzelnen Bogenlicht-Stromkreise an der Apparatenanlage Stromindikatoren eingeschaltet. Der Stromindikator besitzt einen kleinen Elektromagneten, der bei Erregung durch den Strom einen drehbaren Anker anzieht und dadurch dem Maschinisten anzeigt, daß die Bogenlampen brennen.

Stromintensität (siehe **Stromstärke**).

Stromkurve (von Frölich) stellt die Abhängigkeit der Stromstärke im äußeren Schließungskreise vom Verhältnis der Umdrehungszahl zum Gesamtwiderstande dar.

Strommesser (siehe **Amperemeter**).

Dr. Rudolf Franke & Ko., G. m. b. H., Hannover.

Stromrichtungsanzeiger, hauptsächlich bei Akkumulatorenbetrieb und Gleichstrom-Bogenlampenbetrieb zur Beobachtung der Stromrichtung verwendet, bestehen in der Hauptsache aus einem um eine Achse drehbaren, vor einem Leiterstücke angeordneten Magnetstäbchen, welches bei Stromdurchgang aus seiner Gleichgewichtslage abgelenkt wird und einen Zeiger mitnimmt. Stromrichtungsanzeiger müssen auch für kleinste Ströme sehr empfindlich sein und dürfen auch durch stärkste Ströme nicht umpolarisiert werden. Preis je nach Durchmessergröße ℳ *6.50—10.*

Stromsicherung (siehe **Sicherungen**) hat die Aufgabe, durch Abschmelzen den Stromkreis zu unterbrechen, wenn die gewünschte Stromstärke überschritten wird.

Stromstärke ist die Elektrizitätsmenge, welche in einer Sekunde durch irgend einen Querschnitt des Stromes hindurchfließt. Sie wird durch das Ampere gemessen (siehe **Elektrische Maße**).

Stromstärke eines Wechselstromes ist die mittlere Stromstärke während der Dauer einer Periode.

Stromstärke, absolute Einheit derselben ist jene Stromstärke, welche beim Durchlaufen eines Kreisbogens von 1 cm Länge und 1 cm Radius auf einen in der Entfernung von 1 cm befindlichen Einheitspol die Kraft von einem Dyne ausübt.

Stromtransformatoren haben die Aufgabe, für Amperemeter und für die Hauptstromspulen von Wattmetern niedrige Stromstärken zu liefern, um jede metallische Verbindung zwischen Hochspannungsleitung und den Instrumenten zu vermeiden.

Period.-Zahl	Stromstärke b. Amp. sec.	Übersetzungs-Verhältnis	Preis ℳ	Period.-Zahl	Stromstärke b. Amp. sec.	Übersetzungs-Verhältnis	Preis ℳ
50	10	1 : 1	*55*	50	10	25 : 1	*55*
50	10	1,5 : 1	*55*	50	10	30 : 1	*55*
50	10	2 : 1	*55*	50	10	40 : 1	*55*
50	10	3 : 1	*55*	50	10	50 : 1	*55*
50	10	5 : 1	*55*	50	10	60 : 1	*55*
50	10	7,5 : 1	*55*	50	10	70 : 1	*55*
50	10	10 : 1	*55*	50	10	80 : 1	*75*
50	10	15 : 1	*55*	50	10	90 : 1	*75*
50	10	20 : 1	*55*	50	10	100 : 1	*75*

Stromverbrauch der verschiedenen Beleuchtungsarten:

Elektrische Glühlampe . . .	Stromverbrauch	3	Watt pro HK
Nernstlicht und Osmiumlampe	»	1,5	» » »
Bogenlicht-Wechselstrom . .	»	0,8	» » »
» Gleichstrom . . .	»	0,5	» » »
Elektrolytbogenlicht	»	0,25	» » »

Stromverbrauch von Straßenbahnen. Bei ebener Bahn und gutem Geleise etwa 280 Wattstunden, bei Steigungen bis zu 5 % ca. 400 bis 600 Wattstunden, bei größten Steigungen immer noch unter 1000 Wattstunden.

Stromwechsel (siehe **Wechselzahl**).

Stromwechselklappen. Dieselben dienen zur Bezeichnung der Rufstelle bei Hausinstallationen. Zwischen zwei auf einer isolierenden Grundplatte senkrecht angeordneten Elektromagneten befindet sich ein mit einer, die Rufstellenbezeichnung tragenden Papierscheibe fest verbundener Winkelmagnet, welcher in der Ruhelage mit seinen Polen an einem Elektromagneten anliegt, bei Stromschluß jedoch zum zweiten Elektromagneten hinbewegt wird, wodurch die Papierscheibe sichtbar wird. Bei Unterbrechung des Stromes, der den zweiten Elektromagneten bedient, kehrt der Winkelmagnet in seine Ruhelage zurück und die Papierscheibe verschwindet.

Stromwender (siehe **Kollektor**).

Stufenanker sind Anker mit zwei Wickelungen, von denen die eine mit hohem Widerstande (sei es durch einfachen Stromschluß oder unter Verwendung von Widerständen im äußeren Stromkreise) das Anlaufen des Motors erleichtert, während die zweite Wickelung erst nach erfolgtem Anlaufen mittels eines Kurzschlußhebels in Tätigkeit gesetzt wird.

Sturmisolatoren bezwecken eine doppelte Befestigung des Leitungsdrahtes durch Anordnung einer zweiten, den Isolatorkopf schraubenförmig einschneidenden Rille. Der Leitungsdraht erhält zunächst den üblichen Bund und dann einen zweiten Bund, welcher durch einen in die schraubenförmige Rille eingepreßten Tragdraht gebildet wird, dessen beide, an dem Leitungsdraht anliegenden Enden scharf umgebogen und mit ersterem durch Umwindung von Bindedraht verbunden werden, so daß ein Doppelbund entsteht.

Substitutionsmethode, welche hauptsächlich zum Messen großer Widerstände verwendet wird, beruht darauf, daß zwei nacheinander in denselben Stromkreis eingeschaltete Widerstände den gleichen Galvanometerausschlag ergeben. Bei dem Vorhandensein bekannter Widerstände läßt sich also durch Substituierung des zu messenden Widerstandes durch gleichwertige bekannte Widerstände seine Größe leicht ermitteln.

Suspetanz — Aufnahmefähigkeit.

Suszeptibilität ist der Quotient aus der Magnetisierungsstärke und der Felddichte.

Swanfassung. Dieselbe besitzt einen Bajonettverschluß, in welchen die beiden Stifte des Glühlampensockels eingreifen, wodurch zwei voneinander isolierte Kontaktplättchen gegen im Innern der Fassung angebrachte federnde Metallstifte gedrückt werden, so daß der Kontakt zwischen Zuleitung und Kohlenfaden hergestellt wird.

Preis je nach Ausführung und Fasson pro 100 Stück:

Normale Ausführung	*M 65—100*	Schwarz	*M 70—110*
Gebeizt	» *64—98*	Verkupfert	» *80—125*
Geschliffen	» *65—100*	Verzinnt	» *80—125*
Poliert	» *70—110*	Vernickelt	» *85—130*

Ehrich & Graetz, Berlin SO. 36.
Bergmann-Elektrizitätswerke, Aktiengesellsch. (Abt. J.), Berlin N, Henningsdorferstr. 33, 34, 35 (s. *vordere innere Deckelseite*).

Swanscher Sockel. Bei demselben sind die Kontakte durch einfache Platinösen oder Metallösen gebildet, in welche die Fassung mittels Häkchen befestigt und die mittels Spiralfedern angedrückt werden.

Siemens-Schuckertwerke, Berlin. | Swan Ltd. Co.

Swinburnescher Transformator. Der Eisenkern ist aus Draht gebildet, welcher über die Spulen vorsteht, wobei die Drähte auseinander gebogen sind, so daß sie wie die Stacheln eines Igels frei in der Luft endigen (Igeltransformator).

Synchrone Einphasenmotoren können nicht von selbst angehen (siehe **Synchronmotoren**).

Synchrone Umlaufszahl (siehe **Synchronmotoren**).

Synchroniseur (siehe **Phasenanzeiger**).

Synchronisierapparat von Lincoln ist nach Art eines Motors gebaut und besitzt ein feststehendes Wechselstromfeld sowie auf der Achse zwei aufeinander senkrecht stehende Spulen, in denen um 90° phasenverschobene Ströme fließen. Die Achse ist mit einem Zeiger verbunden, der vor einer Skala rotiert, und ist die Einrichtung so getroffen, daß der mechanische Winkel zwischen der feststehenden Feldrichtung und dem Zeiger gleich ist dem Phasenwinkel zwischen dem ruhenden Felde und dem Strome in jeder der Spulen.

Synchron laufen zwei Wechselstrommaschinen dann, wenn sie Ströme von genau gleicher Periodenzahl liefern und diese sich genau decken, d. h. die Nullpunkte und Scheitelwerte beider zusammenfallen. Die Maschinen sind dann im Tritt.

Synchronmotoren erfordern wie die Wechselstromgeneratoren, da sie die gleiche Bauart wie diese haben, eine besondere Gleichstromerregung. Ihre Umlaufzahl n (synchrone Umlaufzahl) bestimmt sich aus der Formel $n = \frac{120\,p}{P}$, worin P die Polzahl des Synchronmotors und p die sekundliche Periodenzahl des zugeleiteten Wechelstromes bedeuten. Überlastete Synchronmotoren behalten konstante Umdrehungszahl, fallen aber bei zu großer Überlastung aus dem Tritt und bleiben stehen. Synchronmotoren werden entweder gleichzeitig mit dem zugehörigen Generator oder durch eine Antriebsmaschine oder, falls sie mit einer Gleichstromdynamo, welche von einer Akkumulatorenbatterie gespeist werden kann, gekuppelt sind (Wechselstrom-Gleichstromumformer), durch diese Gleichstromdynamo angelassen. Sonst wird zum Anlassen ein kleiner Asynchronmotor verwendet.

Leistung PS	Umdrehungen pro Minute ca.	Gewicht ca. kg	Preis ca. M	Leistung PS	Umdrehungen pro Minute ca.	Gewicht ca. kg	Preis ca. M
Drehstrom-Synchronmotoren:				Einphasen-Synchronmotoren:			
10	1500	850	*900*	10	1500	450	*1 250*
20	1500	550	*1 500*	20	1000	900	*2 400*
50	750	1 200	*3 500*	50	750	1 500	*4 200*
75	750	1 500	*4 200*	75	600	2 300	*6 400*
100	600	2 200	*6 200*	100	600	2 600	*6 700*
150	600	2 800	*7 500*	150	300	8 500	*13 500*
200	500	4 500	*10 000*	200	300	10 000	*16 500*
300	375	7 500	*13 000*	300	300	14 500	*20 500*
400	250	10 500	*19 000*				
500	215	23 000	*35 000*				

Allg. Elektr.-Ges., Berlin.
Berliner Maschb.-A.-G.
Braunschweig. Maschb.-Ges.
Brown, Boveri & Ko., Baden, Schweiz.
Deutsche Elektr.-Werke, Aachen.
Lahmeyer & Ko., Frankfurt a. M.
Maschinenfabrik Oerlikon, Schweiz.
Siemens-Schuckertwerke Berlin.
Union E.-G., Berlin.

Syntonie — Übereinstimmung zwischen den Schwingungszeiten zweier Apparate oder zweier Stromkreise.

T.

Tableaus für Läutanlagen in Innenräumen.

Mit Fallklappen und mechanischer Abstellung		Mit Wechselstromklappen und elektrischer Abstellung	
Anzahl der Klappen	M	Anzahl der Klappen	M
1	*4.80*	1	*6.—*
2	*5.90*	2	*8.—*
3	*7.30*	3	*10.—*
4	*8.80*	4	*12.—*
5	*10.30*	5	*14.—*
6	*11.80*	6	*16.—*
8	*14.80*	8	*20.40*
10	*18.20*	10	*25.—*
12	*21.80*	12	*29.80*
14	*25.40*	14	*34.60*
16	*29.—*	16	*39.40*
18	*32.60*	18	*44.20*

Ernst Pabst, Bellevue-Köpenick (*s. Inseratanh. S. 18*).

Tachographen sind Tourenzähler, welche die Geschwindigkeitsänderungen in einem Diagramm aufzeichnen (siehe auch **Tachometer**).

Tachometer sind Tourenzähler, welche direkt die sekundliche Umdrehungszahl ablesen lassen. Gewöhnlich mit der Maschine direkt oder durch Riemenübertragung verbunden.

Über einem Zifferblatt spielt ein Zeiger, der bei wachsender Geschwindigkeit vorrückt, bei abnehmender zurückgeht und bei gleichbleibender Geschwindigkeit auf einem bestimmten Strich stehen bleibt. Die zum Strich gehörige Zahl gibt unmittelbar die Umlaufzahl der zu prüfenden Welle in Umdrehungen pro Minute an. Tachometer, welche die Geschwindigkeiten und ihre Änderungen graphisch aufzeichnen, heißen Tachographen. Mit Hilfe dieser Instrumente können auch der Ungleichförmigkeitsgrad von Instrumenten geprüft, das Gleiten von Riemen und sonstige Unregelmäßigkeiten sowie die Fahrgeschwindigkeit von Straßenbahnwagen festgestellt werden.

Das Prinzip dieser Instrumente besteht darin, daß sich um eine Achse Schwungmassen drehen, die mit ihr so verbunden sind, daß sie sich mit wachsender Fliehkraft von ihr entfernen können. Als Gegenkraft zur Fliehkraft der Schwungmassen dienen Gewichte oder Federn (Gewichts- oder Federtachometer). Alle Tachometer müssen mit einer Dämpfung für das Zeigerwerk ausgestattet sein, so daß kleine Schwankungen der Geschwindigkeit, die durch Ungenauigkeiten des Antriebes entstehen, nicht durch den Zeiger markiert werden; doch darf diese Dämpfung nur den Zeiger beruhigen, nicht aber die Schärfe seiner Einstellung beeinträchtigen. (Hersteller: Dr. Th. Horn, Leipzig-Großzschocher.)

Talk (siehe **Glimmer**).

Tangentenbussole besteht aus einer auf einem Kokonfaden aufgehängten oder auf einer Stahlspitze spielenden Magnetnadel, welche sich innerhalb eines aus Drahtwindungen (kreisförmigen Kupferbügels) gebildeten Kreises oberhalb einer Kreisteilung bewegt. Für jede Bussole muß der Reduktionsfaktor angegeben sein, der in Ampere ausgedrückt wird, wenn man ihn mit 10 multipliziert (siehe **Galvanometer, elektromagnetische**).

Tangentialbürsten. Dieselben sollen 5 mm über die Berührungsstelle vorstehen. Wenn sie bis auf ein Drittel ihrer Dicke abgeschliffen sind, werden sie umgedreht, und wenn auch diese Seite auf das vorher erwähnte Maß abgeschliffen ist, so wird das abgenutzte Ende abgeschnitten.

Taster — Apparat, durch welchen beim Telegraphieren der Strom der in der Aufgabestation befindlichen Batterie den zu gebenden Zeichen entsprechend geöffnet und geschlossen wird.

Taster des Morsesystems (siehe **Zeichengeber**).

Tauchelement (siehe **Chromsäure-Element**).

Teerbänder. Preis pro kg *M 2.50.*

Teilleitersystem für Straßenbahnen. Dieselben sind dadurch charakterisiert, daß der Strom mittels am Wagen befestigter

Schienen von Kontaktflächen abgenommen wird, die in Abständen von einigen Metern längs der Linie in das Straßenniveau eingebaut sind. Die Nachteile dieser Systeme liegen vor allem in ihrer schweren Kontrollierbarkeit, in der umständlichen Behebung von Defekten und in ihren hohen Anlagekosten. Die wichtigsten Systeme sind jene von Cirla, Thompson & Walker, Diatto, Lorain Steel Company u. a. m.

Teilungsmethode zur Auffindung von Erdschlüssen in einem unterirdischen Verteilungsnetze besteht darin, das Kabel in Abschnitte zu zerschneiden und die einzelnen Abschnitte zu untersuchen, bis man den Erdschluß zwischen zwei benachbarten Einsteigschächten festgestellt hat. Diese Methode ist nur im Notfalle anzuwenden, da sie sehr teuer ist. (Pro Kabelverbindung eines dreifachen Hochspannungskabels sind *M 20—40* und ein halber Arbeitstag zu rechnen.)

T-Eisen.

Normalprofile.

Schenkellänge	Dicke	Gewicht pr. lfd. m kg	Schenkellänge	Dicke	Gewicht pr. lfd. m kg
25 × 25	3,5	1,3	140 × 140	15	31,0
30 × 30	4	1,7	60 × 30	5,5	3,6
35 × 35	4,5	2,3	70 × 35	6	4,6
40 × 40	5	2,9	80 × 40	7	6,2
45 × 45	5,5	3,6	90 × 45	8	7,9
50 × 50	6	4,4	100 × 50	8,5	9,4
60 × 60	7	6,2	120 × 60	10	13,3
70 × 70	8	8,2	140 × 70	11,5	17,8
80 × 80	9	10,6	160 × 80	13	23,0
90 × 90	10	13,3	180 × 90	14,5	28,9
100 × 100	11	16,2	200 × 100	16	35,4
120 × 120	13	23,0			

Telagrophon (System Paulson) ist eine besondere Art von Phonographen, bei denen das Beschreiben der Walze durch Vermittelung einer Telephonleitung auf elektrischem Wege erfolgt. Die Wirkungsweise dieses Apparates, welcher im wesentlichen aus einem kleinen Elektromagneten und einem an demselben vorbeizuführenden Stahlbande besteht, ist folgende: Wenn durch die Windungen des Elektromagneten Telephondrähte gesendet werden und gleichzeitig ein Stahlband ganz nahe an dessen Polen vorbeigeführt wird, werden die aufeinanderfolgenden Stellen der Oberfläche dieses Stahlbandes entsprechend den magnetischen Schwankungen in den Elektromagnetkernen, also auch entsprechend den Änderungen des Telephonsprechstromes, in größerem oder geringerem Maße magnetisiert. Wenn dann das auf diese Weise präparierte Stahlband wieder in derselben Richtung wie früher vor den Polen desselben oder auch eines anderen gleichartigen Elektromagneten vorbeigeführt wird und die Windungen dieses letzteren zu einem Telephon geführt werden, so werden entsprechend den ungleich stark remanent magnetischen Stellen des Stahlbandes auch Ströme von in genau gleicher Art wechselnder Stärke in den Windungen des Elektromagneten hervorgerufen, welche in dem Telephon die auf dem Stahlbande früher fixierten Töne wiedergeben, und zwar so oft, als das Stahlband in gleicher Weise an den Magnetpolen vorbeigeführt wird. Soll die gleiche Nachricht einer größeren Anzahl von Abonnenten mitgeteilt werden, so wird das Stahlband wie eine Bandsäge ohne Ende angeordnet und geführt. Längs des Bandes ist eine Anzahl kleiner Elektromagnete angeordnet, von denen der erste mit einem Transmitter, die übrigen aber mit den zu den einzelnen Abonnenten führenden Leitungen verbunden werden. Das Gespräch wird von dem Stahlbande beim Passieren des mit dem Transmitter verbundenen ersten Elektromagneten aufgenommen, bei seinem darauffolgenden Vorbeigange an den übrigen Elektromagneten an die mit diesen verbundenen Telephonstationen sofort abgegeben und nach dem Passieren des letzten Elektromagneten durch einen Magnet gleich beseitigt.

Telautograph (siehe **Kopiertelegraph**).

Telegrammvermerke.

Dienstliche:

S Staatstelegramm,
A für ein gebührenfreies Diensttelegramm oder eine gebührenfreie Dienstnotiz,
SR für eine gebührenpflichtige Dienstnotiz, betr. die Wiederholung einer als falsch vorausgesetzten Übermittelung,
ST für eine andere gebührenpflichtige Dienstnotiz,
D für ein dringendes Telegramm,
CR für eine Empfangsanzeige,
Z für ein Zeitungstelegramm.

Gebührenpflichtige:

(D) dringend,
(RP) Antwort bezahlt,
(RPx) » » x Wörter,
(RPD) dringende Antwort bezahlt,
(RPDx) » » » x Wörter,
(TC) Vergleichung,
(PC) Telegramm mit telegraphischer Empfangsanzeige,
(PCP) » » Empfangsanzeige durch die Post,
(FS) nachsenden,
(PR) Post eingeschrieben,
(xP) Eilbote bezahlt,
(RxP) Antwort und Bote bezahlt,
(Ro) offen zu bestellen,
(MP) eigenhändig zu bestellen,
(TR) telegraphenlagernd,
(PG) postlagernd,
(PGR) postlagernd eingeschrieben,
(TMx) x Aufschriften,
(Tages) d. i. von 10 Uhr abends bis 6 Uhr morgens nicht zu bestellen.

Telegraphenerdleitungen. In Städten werden die Erdleitungen durch Verbindung mit den Gas- und Wasserrohren hergestellt, doch soll der Anschluß hinter den Gas- oder Wassermessern vorgenommen werden. Wo eine derartige Erdleitung nicht herzustellen ist, wird die Erdleitung zu einem von lockeren Koksstücken umgebenen festen Kokesstück geführt und durch eingegossenes Blei und Wachsimprägnierung gegen Erdfeuchtigkeit geschützt. Sehr zu empfehlen ist die Verwendung von Patentbleikabeln.

Telegraphenisolatoren. Hierzu eignen sich am besten sog. Doppelglockenisolatoren (siehe **Isolatoren und Isolatorenprüfung**).

Telegraphenleitungsdrähte: Bronzene Telegraphenleitungsdrähte. Der elektrische Leitungswiderstand hängt von der Menge des Phosphor- oder Siliziumgehaltes ab und beträgt für Festigkeiten von 110—115 kg pro qmm 20—22%, für Festigkeiten von 40—45 kg 97—99% der Leitungsfähigkeit des reinen Kupfers. Die Festigkeit des Drahtes hängt von dem Silizium- und Phosphorgehalt ab. Bei Drähten bis zu 50 kg Bruchlast pro qmm beträgt die Ausdehnung bis zum Bruche ca. 1,5%, bei den härteren Drähten 1%. Der Draht wird in Bunden von ca. 60 kg Gewicht und 400 bis 600 mm Durchmesser geliefert. Nachstehende, aus Uppenborn, Kal. f. Elektr. entnommene Tabelle liefert nähere Daten über die für Telegraphen- und Telephonleitungen gebräuchlichen Bronzedrähte.

Durchmesser	Ungefähres Gewicht pro km	Bruchlast pro qmm	Absolute Festigkeit	Anzahl der Biegungen über einen Biegungsradius von		Leitungswiderstand pro km
		kg	kg	10 mm	5 mm	Ohm
mm	kg	Minimum				Maximum
5,0	178	50	981	6	—	0,96
		60	1178	5	—	2,59
4,5	142	46	730	—	—	1,11
		50	795	6	—	1,19
4,0	112	46	578	—	—	1,40
		51	640	7	—	1,51
		49,7	620	7	—	1,50
		60	753	5	—	4,04
3,0	63	46	325	—	—	2,49
		52,6	372	—	7	2,67
		52,6	350	—	9	2,64
		70	494	—	5	7,17
2,5	44	46	226	—	—	3,49
		52,6	258	—	—	3,83
		70	345	—	9	5,50
2,0	28	46	144	—	—	5,60
		52,6	170	—	10	6,02
		65	205	—	10	7,83
		70	219	—	9	16,21
1,5	16	46	82	—	—	9,94
		70	120	—	15	14,43
		70	120	—	20	13,96
		80	142	—	—	31,90
1,4	13,75	70	108	—	—	18,34
		80	123	—	—	36,60

Durchmesser mm	Ungefähres Gewicht pro kg kg	Bruchlast pro qmm kg	Absolute Festigkeit kg	Anzahl der Biegungen über einen Biegungsradius von 10 mm	5 mm	Leitungswiderstand pro km Ohm
		Minimum				Maximum
1,3	11,8	70	93	—	—	21,25
		80	106	—	—	42,50
1,2	10,0	70	79	—	—	25,—
		80	90	—	—	49,9
1,1	8,5	70	67	—	—	29,7
		80	76	—	—	59,46
1,0	7,0	70	55	—	—	35,97
		80	63	—	—	71,8

Eiserne Telegraphenleitungsdrähte. Hierzu werden stark verzinkte Eisendrähte von 2,7—7 mm Durchmesser verwendet. Der Zinküberzug muß glatt und so beschaffen sein, daß er der in der unten angegebenen Tabelle (Uppenborn, Kal. f. Elektr.) angegebenen Anzahl von Eintauchungen in eine Kupfervitriollösung (5 Gewichtsteile Wasser und 1 Gewichtsteil Kupfervitriol), welche je 1 Minute dauern, ausgesetzt werden kann, ohne sich mit einer Kupferhaut zu überziehen. Ferner muß sich der verzinkte Draht um einen Zylinder von seinem zehnfachen Durchmesser fest umwickeln lassen, ohne daß der Zinküberzug Risse bekommt oder abspringt. Die in der Tabelle angegebenen Biegungen sind so zu verstehen, daß der Draht bei einer Biegung über eine mit einem Radius von 10 bzw. 5 mm abgerundete Backe um 90° gebogen und in seine frühere Lage zurückgebogen wird, wobei die Biegungen abwechselnd nach rechts und links durchzuführen sind. Die angegebenen Torsionen muß der Draht auf eine freie Länge von 15 cm aushalten, ohne zu brechen.

Tabelle der gebräuchl. Sorten von eisernen Telegraphenleitungsdrähten.

Durchmesser mm	Ungefähres Gewicht pro 1000 m kg	Absolute Festigkeit kg	Anzahl der Biegungen über einen Biegungsradius von 10 mm	5 mm	Anzahl der Torsionen	Leitungswiderstand pro km bei 15° Ohm	Anzahl der Eintauchungen
		Maximum	Minimum			Maximum	
6,0	216	1130	6	—	16	4,66	8
5,0	150	785	7	—	19	6,73	8
	150	785	7	—	19	6,50	8
4,5	122	635	8	—	21	8,00	7
4,0	96	502	8	—	23	10,49	7
3,0	54	282	—	8	28	18,63	7
	54	282	—	8	28	18,00	7
2,5	37,5	196	—	10	30	28,06	6
2,0	24	125	—	14	32	43,80	6
1,7	17,3	90	—	16	38	60,00	6

Telegraphenleitungsstangen. Material: Fichte, Tanne, Kiefer, Lärche, Eiche, Kastanie. Aussehen: Gerader Wuchs, glattes Holz, frei von Astlöchern und -Rissen, gesunder Stamm aus geschlossenen Beständen. Fällungszeit: Winter. Stammende in Form eines Kegelstumpfes von einer Höhe gleich dem halben Stammdurchmesser. Abmessungen: 7, 8,5 und 10 m mit 12—15 cm Zopfstärke. Preis *M 25—35* pro cbm je nach Qualität und Entfernung des Fällungsortes vom Verwendungsorte (Berliner Holzkontor, Berlin). Konservierung der Holzmasten (siehe **Mastenimprägnierung**). Nicht imprägnierte Masten haben eine Lebensdauer von höchstens fünf Jahren. Befestigung: Direktes Eingraben 1—1,5 m tief und Verankern mit Holzstreben oder Drahtseilen.

Eiserne Telegraphenstangen werden aus Fassoneisen (L-, T- und I-Eisen) als Gittermaste oder aus Röhren hergestellt. Befestigung auf Beton- oder Quaderfundamenten mittels Steinschrauben. Die Befestigung soll lösbar sein, um die eiserne Telegraphenstange, wenn nötig, leicht versetzen zu können. Stangen aus Röhren (siehe **Rohrmaste**). Eiserne Stangen sind mit wetterbeständigem, doppeltem Ölfarbenanstrich zu versehen.

Telegraphenwegegesetz, deutsches.

§ 1. Die Telegraphenverwaltung ist befugt, die Verkehrswege für ihre zu öffentlichen Zwecken dienenden Telegraphenlinien zu benutzen, soweit nicht dadurch der Gemeingebrauch der Verkehrswege dauernd beschränkt wird. Als Verkehrswege im Sinne des Gesetzes gelten, mit Einschluß des Luftraumes und des Erdkörpers, die öffentlichen Wege, Plätze, Brücken und die öffentlichen Gewässer nebst deren dem öffentlichen Gebrauche dienenden Ufern. Unter Telegraphenlinien sind die Fernsprechlinien mitbegriffen.

§ 2. Bei der Benutzung der Verkehrswege ist eine Erschwerung ihrer Unterhaltung und eine vorübergehende Beschränkung ihres Gemeingebrauches nach Möglichkeit zu vermeiden.

Wird die Unterhaltung erschwert, so hat die Telegraphenverwaltung dem Unterhaltungspflichtigen die aus der Erschwerung erwachsenden Kosten zu ersetzen.

Nach Beendigung der Arbeiten an der Telegraphenlinie hat die Telegraphenverwaltung den Verkehrsweg sobald als möglich wieder instand zu setzen, sofern nicht der Unterhaltungspflichtige erklärt hat, die Instandsetzung selbst vornehmen zu wollen. Die Telegraphenverwaltung hat dem Unterhaltungspflichtigen die Auslagen für die von ihm vorgenommene Instandsetzung zu vergüten und den durch die Arbeiten an der Telegraphenlinie entstandenen Schaden zu ersetzen.

§ 3. Ergibt sich nach der Errichtung einer Telegraphenlinie, daß sie den Gemeingebrauch eines Verkehrsweges, und zwar nicht nur vorübergehend, beschränkt oder die Vornahme der zu seiner Unterhaltung erforderlichen Arbeiten verhindert oder der Ausführung einer von dem Unterhaltungspflichtigen beabsichtigten Änderung des Verkehrsweges entgegensteht, so ist die Telegraphenlinie soweit erforderlich abzuändern oder gänzlich zu beseitigen.

Soweit ein Verkehrsweg eingezogen wird, erlischt die Befugnis der Telegraphenverwaltung zu seiner Benutzung.

In allen diesen Fällen hat die Telegraphenverwaltung die gebotenen Änderungen an der Telegraphenlinie auf ihre Kosten zu bewirken.

§ 4. Die Baumpflanzungen auf und an den Verkehrswegen sind nach Möglichkeit zu schonen, auf das Wachstum der Bäume ist tunlichst Rücksicht zu nehmen. Ausästungen können nur insoweit verlangt werden, als sie zur Herstellung der Telegraphenlinien oder zur Verhütung von Betriebsstörungen erforderlich sind; sie sind auf das unbedingt notwendige Maß zu beschränken.

Die Telegraphenverwaltung hat dem Besitzer der Baumpflanzungen eine angemessene Frist zu setzen, innerhalb welcher er die Ausästungen selbst vornehmen kann. Sind die Ausästungen innerhalb der Frist nicht oder nicht genügend vorgenommen, so bewirkt die Telegraphenverwaltung die Ausästungen. Dazu ist sie auch berechtigt, wenn es sich um die dringliche Verhütung oder Beseitigung einer Störung handelt.

Die Telegraphenverwaltung ersetzt den an den Baumpflanzungen verursachten Schaden und die Kosten der auf ihr Verlangen vorgenommenen Ausästungen.

§ 5. Die Telegraphenlinien sind so auszuführen, daß sie vorhandene besondere Anlagen (der Wegeunterhaltung dienende Einrichtungen, Kanalisations-, Wasser-, Gasleitungen, Schienenbahnen, elektrische Anlagen u. dgl.) nicht störend beeinflussen. Die aus der Herstellung erforderlicher Schutzvorkehrungen erwachsenden Kosten hat die Telegraphenverwaltung zu tragen.

Die Verlegung oder Veränderung vorhandener besonderer Anlagen kann nur gegen Entschädigung und nur dann verlangt werden, wenn die Benutzung des Verkehrsweges für die Telegraphenlinie sonst unterbleiben müßte und die besondere Anlage anderweit ihrem Zwecke entsprechend untergebracht werden kann.

Auch beim Vorhandensein dieser Voraussetzungen hat die Benutzung des Verkehrsweges für die Telegraphenlinie zu unterbleiben, wenn der aus der Verlegung oder Veränderung der besonderen Anlage entstehende Schaden gegenüber den Kosten, welche der Telegraphenverwaltung aus der Benutzung eines anderen ihr zur Verfügung stehenden Verkehrsweges erwachsen, unverhältnismäßig groß ist.

Diese Vorschriften finden auf solche in der Vorbereitung befindlichen besonderen Anlagen, deren Herstellung im öffentlichen Interesse liegt, entsprechende Anwendung. Eine Entschädigung auf Grund des Absatzes 2 wird nur bis zu dem Betrage der Aufwendungen gewährt, die durch die Vorbereitung entstanden sind. Als in der Vorbereitung begriffen gelten Anlagen, sobald sie auf Grund eines im einzelnen ausgearbeiteten Planes die Genehmigung des Auftraggebers und, soweit erforderlich, die Genehmigungen der zuständigen Behörden und des Eigentümers oder des sonstigen Nutzungsberechtigten des in Anspruch genommenen Weges erhalten haben.

§ 6. Spätere besondere Anlagen sind nach Möglichkeit so auszuführen, daß sie die vorhandenen Telegraphenlinien nicht störend beeinflussen.

Dem Verlangen der Verlegung oder Veränderung einer Telegraphenlinie muß auf Kosten der Telegraphenverwaltung stattgegeben werden, wenn sonst die Herstellung einer späteren besonderen Anlage unterbleiben müßte oder wesentlich erschwert werden würde, welche aus Gründen des öffentlichen Interesses, insbesondere aus volkswirtschaftlichen oder Verkehrsrücksichten, von den Wege-Unterhaltungspflichtigen oder unter überwiegender Beteiligung eines oder mehrerer derselben zur Ausführung gebracht werden soll. Die Verlegung einer nicht lediglich dem Orts-, Vororts- oder Nachbarortsverkehre dienenden Telegraphenlinie kann nur dann verlangt werden, wenn die Telegraphenlinie ohne Aufwendung unverhältnismäßig hoher Kosten anderweitig ihrem Zwecke entsprechend untergebracht werden kann.

Muß wegen einer solchen späteren besonderen Anlage die schon vorhandene Telegraphenlinie mit Schutzvorkehrungen versehen werden, so sind die dadurch entstehenden Kosten von der Telegraphenverwaltung zu tragen.

Überläßt ein Wege-Unterhaltungspflichtiger seinen Anteil einem nichtunterhaltungspflichtigen Dritten, so sind der Telegraphenverwaltung die durch die Verlegung oder Veränderung oder durch die Herstellung der Schutzvorkehrungen erwachsenen Kosten, soweit sie auf dessen Anteil fallen, zu erstatten.

Die Unternehmer anderer als der in Absatz 2 bezeichneten besonderen Anlagen haben die aus der Verlegung oder Veränderung der vorhandenen Telegraphenlinen oder aus der Herstellung der erforderlichen Schutzvorkehrungen an solchen erwachsenden Kosten zu tragen.

Auf spätere Änderungen vorhandener besonderer Anlagen finden die Vorschriften der Absätze 1—5 entsprechende Anwendung.

§ 7. Vor der Benutzung eines Verkehrsweges zur Ausführung neuer Telegraphenlinien oder wesentlicher Änderungen vorhandener Telegraphenlinien hat die Telegraphenverwaltung einen Plan aufzustellen. Der Plan soll die in Aussicht genommene Richtungslinie, den Raum, welcher für die oberirdischen oder unterirdischen Leitungen in Anspruch genommen wird, bei oberirdischen Linien auch die Entfernung der Stangen voneinander und deren Höhe, soweit dies möglich ist, angeben.

Der Plan ist, sofern die Unterhaltungspflicht an dem Verkehrswege einem Bundesstaat, einem Kommunalverband oder einer anderen Körperschaft des öffentlichen Rechtes obliegt, dem Unterhaltungspflichtigen, andernfalls der unteren Verwaltungsbehörde mitzuteilen; diese hat, soweit tunlich, die Unterhaltungspflichtigen von dem Eingange des Planes zu benachrichtigen. Der Plan ist in allen Fällen, in denen die Verlegung oder Veränderung einer der im § 5 bezeichneten Anlagen verlangt wird oder die Störung einer solchen Anlage zu erwarten ist, dem Unternehmer der Anlage mitzuteilen.

Außerdem ist der Plan bei den Post- oder Telegraphenämtern, soweit die Telegraphenlinie deren Bezirke berührt, auf die Dauer von vier Wochen öffentlich auszulegen. Die Zeit der Auslegung soll mindestens in einer der Zeitungen, welche im betreffenden Bezirke zu den Veröffentlichungen der unteren Verwaltungsbehörden dienen, bekannt gemacht werden. Die Auslegung kann unterbleiben, soweit es sich lediglich um die Führung von Telegraphenlinien durch den Luftraum über den Verkehrswegen handelt.

§ 8. Die Telegraphenverwaltung ist zur Ausführung des Planes befugt, wenn nicht gegen diesen von den Beteiligten binnen vier Wochen bei der Behörde, welche den Plan ausgelegt hat, Einspruch erhoben wird.

Die Einspruchsfrist beginnt für diejenigen, denen der Plan gemäß den Vorschriften des § 7 Abs. 2 mitgeteilt ist, mit der Zustellung, für andere Beteiligte mit der öffentlichen Auslegung.

Der Einspruch kann nur darauf gestützt werden, daß der Plan eine Verletzung der Vorschriften der § 1—5 dieses Gesetzes oder der auf Grund des § 18 erlassenen Anordnungen enthält.

Über den Einspruch entscheidet die höhere Verwaltungsbehörde. Gegen die Entscheidung findet, sofern die höhere Verwaltungsbehörde nicht zugleich Landeszentralbehörde ist, binnen einer Frist von zwei Wochen nach der Zustellung die Beschwerde an die Landeszentralbehörde statt. Die Landeszentralbehörde hat in allen Fällen vor der Entscheidung die Zentraltelegraphenbehörde zu hören. Auf Antrag der Telegraphenverwaltung kann die Entscheidung der höheren Verwaltungsbehörde für vorläufig vollstreckbar erklärt werden. Wird eine für vorläufig vollstreckbar erklärte Entscheidung aufgehoben oder abgeändert, so ist die Telegraphenverwaltung zum Ersatze des Schadens verpflichtet, der dem Gegner durch die Ausführung der Telegraphenlinie entstanden ist.

§ 9. Auf Verlangen einer Landeszentralbehörde ist den von ihr bezeichneten öffentlichen Behörden Kenntnis von dem Plane durch Mitteilung einer Abschrift zu geben.

§ 10. Wird ohne wesentliche Änderung vorhandener Telegraphenlinien die Überschreitung des in dem ursprünglichen Plane für die Leitungen in Anspruch genommenen Raumes beabsichtigt und ist davon eine weitere Beeinträchtigung der Baumpflanzungen durch Ausästungen zu befürchten, so ist den Eigentümern der Baumpflanzungen vor der Ausführung Gelegenheit zur Wahrnehmung ihrer Interessen zu geben.

§ 11. Die Reichstelegraphenverwaltung kann die Straßenbau- und Polizeibeamten mit der Beaufsichtigung und vorläufigen Wiederherstellung der Telegraphenleitungen nach näherer Anweisung der Landeszentralbehörde beauftragen; sie hat dafür den Beamten im Einvernehmen mit der ihnen vorgesetzten Behörde eine besondere Vergütung zu zahlen.

§ 12. Die Telegraphenverwaltung ist befugt, Telegraphenlinien durch den Luftraum über Grundstücken, die nicht Verkehrswege im Sinne des Gesetzes sind, zu führen, soweit nicht dadurch die Benutzung des Grundstückes nach den zur Zeit der Herstellung der Anlage bestehenden Verhältnissen wesentlich beeinträchtigt wird. Tritt später eine solche Beeinträchtigung ein, so hat die Telegraphenverwaltung auf ihre Kosten die Leitungen zu beseitigen.

Beeinträchtigungen in der Benutzung eines Grundstückes, welche ihrer Natur nach lediglich vorübergehend sind, stehen der Führung der Telegraphenlinien durch den Luftraum nicht entgegen, doch ist der entstehende Schaden zu ersetzen. Ebenso ist für Beschädigungen des Grundstückes und seines Zubehörs, die infolge der Führung der Telegraphenlinien durch den Luftraum eintreten, Ersatz zu leisten.

Die Beamten und Beauftragten der Telegraphenverwaltung, welche sich als solche ausweisen, sind befugt, zur Vornahme notwendiger Arbeiten an Telegraphenlinien, insbesondere zur Verhütung und Beseitigung von Störungen, die Grundstücke nebst den darauf befindlichen Baulichkeiten und deren Dächern mit Ausnahme der abgeschlossenen Wohnräume während der Tagesstunden nach vorheriger schriftlicher Ankündigung zu betreten. Der dadurch entstehende Schaden ist zu ersetzen.

§ 13. Die auf den Vorschriften dieses Gesetzes beruhenden Ersatzansprüche verjähren in zwei Jahren. Die Verjährung beginnt mit dem Schlusse des Jahres, in welchem der Anspruch entstanden ist.

Ersatzansprüche aus den § 2, 4, 5 und 6 sind bei der von der Landeszentralbehörde bestimmten Verwaltungsbehörde geltend zu machen. Diese setzt die Entschädigung vorläufig fest.

Gegen die Entscheidung der Verwaltungsbehörde steht binnen einer Frist von einem Monate nach der Zustellung des Bescheides die gerichtliche Klage zu.

Für alle anderen Ansprüche steht der Rechtsweg sofort offen.

§ 14. Die Bestimmung darüber, welche Behörden in jedem Bundesstaat untere und höhere Verwaltungsbehörden im Sinne dieses Gesetzes sind, steht der Landeszentralbehörde zu.

§ 15. Die bestehenden Vorschriften und Vereinbarungen über die Rechte der Telegraphenverwaltung zur Benutzung des Eisenbahngeländes werden durch dieses Gesetz nicht berührt.

§ 16. Telegraphenverwaltung im Sinne dieses Gesetzes ist die Reichstelegraphenverwaltung, die Kgl. Bayerische und die Kgl. Württembergische Telegraphenverwaltung.

§ 17. Die Vorschriften dieses Gesetzes finden auf Telegraphenlinien, welche die Militärverwaltung oder Marineverwaltung für ihre Zwecke herstellen läßt, entsprechende Anwendung.

§ 18. Unter Zustimmung des Bundesrates kann der Reichskanzler Anordnungen treffen:

1. über das Maß der Ausästungen;
2. darüber, welche Änderungen der Telegraphenlinien im Sinne des § 7 Abs. 1 als wesentlich anzusehen sind;
3. über die Anforderungen, welche an den Plan auf Grund des § 7 Abs. 1 im einzelnen zu stellen sind;
4. über die unter Zuziehung der Beteiligten vorzunehmenden Ortsbesichtigungen und über die dabei entstehenden Kosten;
5. über das Einspruchsverfahren und die dabei entstehenden Kosten;
6. über die Höhe der den Straßenbau- und Polizeibeamten zu gewährenden Vergütungen für die im Interesse der Reichstelegraphenverwaltung geforderten Dienstleistungen.

§ 19. Dieses Gesetz tritt am 1. Januar 1900 in Kraft.

Auf die vorhandenen, zu öffentlichen Zwecken dienenden Linien der Telegraphenverwaltung (§ 16 und 17) findet dieses Gesetz Anwendung, soweit nicht entgegenstehende besondere Vereinbarungen getroffen sind.

Telegraphenwesengesetz des Deutschen Reiches.

Vom 6. April 1892.

Reichsgesetzblatt S. 467. — Ausgegeben zu Berlin am 12. April 1892.

§ 1. Das Recht, Telegraphenanlagen für die Vermittelung von Nachrichten zu errichten und zu betreiben, steht ausschließlich dem Reiche zu. Unter Telegraphenanlagen sind die Fernsprechanlagen mit begriffen.

§ 2. Die Ausübung des im § 1 bezeichneten Rechtes kann für einzelne Strecken oder Bezirke an Privatunternehmer und muß an Gemeinden für den Verkehr innerhalb des Gemeindebezirkes verliehen werden, wenn die nachsuchende Gemeinde die genügende Sicherheit für einen ordnungsmäßigen Betrieb bietet und das Reich eine solche Anlage weder errichtet hat, noch sich zur Errichtung und zum Betriebe einer solchen bereit erklärt.

Die Verleihung erfolgt durch den Reichskanzler oder die von ihm hierzu ermächtigten Behörden.

Die Bedingungen zur Verleihung sind in der Verleihungsurkunde festzustellen.

§ 3. Ohne Genehmigung des Reiches können errichtet und betrieben werden:

1. Telegraphenanlagen, welche ausschließlich dem inneren Dienste von Landes- oder Kommunalbehörden, Deichkorporationen, Siel- und Entwässerungsverbänden gewidmet sind;
2. Telegraphenanlagen, welche von Transportanstalten auf ihren Linien ausschließlich zu Zwecken ihres Betriebes oder für die Vermittelung von Nachrichten innerhalb der bisherigen Grenzen benutzt werden;
3. Telegraphenanlagen
   a) innerhalb der Grenzen eines Grundstücks,
   b) zwischen mehreren, einem Besitzer gehörigen oder zu einem Betriebe vereinigten Grundstücken, deren keines von dem anderen über 25 km in der Luftlinie entfernt ist, wenn diese Anlagen ausschließlich für den der Benutzung die Grundstücke entsprechenden unentgeltlichen Verkehr bestimmt sind.

§ 4. Durch die Landeszentralbehörde wird, vorbehaltlich der Reichsaufsicht (Art. 4 Ziff. 10 der Reichsverfassung) die Kontrolle darüber geführt, daß die Errichtung und der Betrieb der in § 3 bezeichneten Telegraphenanlagen sich innerhalb der gesetzlichen Grenzen halten.

§ 5. Jedermann hat gegen Zahlung der Gebühren das Recht auf Beförderung von ordnungsmäßigen Telegrammen und auf Zulassung zu einer ordnungsmäßigen telephonischen Unterhaltung durch die für den öffentlichen Verkehr bestimmten Anlagen.

Vorrechte bei der Benutzung der dem öffentlichen Verkehr dienenden Anlagen und Ausschließungen von der Benutzung sind nur aus Gründen des öffentlichen Interesses zulässig.

§ 6. Sind an einem Orte Telegraphenlinien für den Ortsverkehr, sei es von der Reichstelegraphenverwaltung, sei es von der Gemeindeverwaltung oder von einem anderen Unternehmer zur Benutzung gegen Entgelt errichtet, so kann jeder Eigentümer eines Grundstückes gegen Erfüllung der von jenen zu erlassenden und öffentlich bekannt zu machenden Bedingungen den Anschluß an das Lokalnetz verlangen.

Die Benutzung solcher Privatstellen durch Unbefugte gegen Entgelt ist unzulässig.

§ 7. Die für die Benutzung von Reichstelegraphen- und Fernsprechanlagen bestehenden Gebühren können nur auf Grund eines

Gesetzes erhöht werden. Ebenso ist eine Ausdehnung der gegenwärtig bestehenden Befreiungen von solchen Gebühren nur auf Grund eines Gesetzes zulässig.

§ 8. Das Telegraphengeheimnis ist unverletzlich, vorbehaltlich der gesetzlich für strafgerichtliche Untersuchungen, im Konkurse und in zivilprozessualischen Fällen oder sonst durch Reichsgesetz festgestellten Ausnahmen. Dasselbe erstreckt sich auch darauf, ob und zwischen welchen Personen telegraphische Mitteilungen stattgefunden haben.

§ 9. Mit Geldstrafe bis zu *ℳ 1500* oder mit Haft oder mit Gefängnis bis zu sechs Monaten wird bestraft, wer vorsätzlich entgegen den Bestimmungen dieses Gesetzes eine Telegraphenanlage errichtet oder betreibt.

§ 10. Mit Geldstrafe bis zu *ℳ 150* wird bestraft, wer den in Gemäßheit des § 4 erlassenen Kontrollvorschriften zuwiderhandelt.

§ 11. Die unbefugt errichteten oder betriebenen Anlagen sind außer Betrieb zu setzen oder zu beseitigen. Den Antrag auf Einleitung des hierzu nach Maßgabe der Landesgesetzgebung erforderlichen Zwangsverfahrens stellt der Reichskanzler oder die vom Reichskanzler dazu ermächtigten Behörden.

Der Rechtsweg bleibt vorbehalten.

§ 12. Elektrische Anlagen sind, wenn eine Störung des Betriebes der einen Leitung durch die andere eingetreten oder zu befürchten ist, auf Kosten desjenigen Teils, welcher durch eine spätere Anlage oder durch eine später eintretende Änderung seiner bestehenden Anlage diese Störung oder die Gefahr derselben veranlaßt, nach Möglichkeit so auszuführen, daß sie sich nicht störend beeinflussen.

§ 13. Die auf Grund der vorstehenden Bestimmung entstehenden Streitigkeiten gehören vor die ordentlichen Gerichte.

Das gerichtliche Verfahren ist zu beschleunigen (§ 198, 202 bis 204 der Reichs-Zivilprozeßordnung). Der Rechtsstreit gilt als Feriensache (§ 202 des Gerichtsverfassungsgesetzes, § 201 der Reichs-Zivilprozeßordnung).

§ 14. Das Reich erlangt durch dieses Gesetz keine weitergehenden als die bisher bestehenden Ansprüche auf die Verfügung über fremden Grund und Boden, insbesondere über öffentliche Wege und Straßen.

§ 15. Die Bestimmungen dieses Gesetzes gelten für Bayern und Württemberg mit der Maßgabe, daß für ihre Gebiete die für das Reich festgestellten Rechte diesen Bundesstaaten zustehen, und daß die Bestimmungen des § 7 auf den inneren Verkehr dieser Bundesstaaten keine Anwendung finden.

Telegraphieren mit Arbeitsstrom (siehe **Arbeitsstrom**)

Telegraphieren mit Ruhestrom (siehe **Ruhestrom**).

Telephon. Es besteht aus einem Stahlmagneten, dessen Pole eiserne Polschuhe tragen, die von dünndrähtigen Kupferspulen umgeben sind. Vor dem Magneten ist eine runde, am Rande fest eingespannte Sprechplatte oder Membran, die aus Eisenblech hergestellt ist, angeordnet. Vor ihr selbst befindet sich das Mundstück. Die Schallwellen erzeugen im Sender Schwingungen der Membran, welche im Eisenkern Magnetismusänderungen hervorbringen. Diese haben Induktionsströme zur Folge, die in dem, in der Empfangsstelle befindlichen Telephon den umgekehrten Vorgang herbeiführen.

Benennung	ℳ
Telephon, mit Stabmagnet, mit zweiadriger Leitungsschnur	*4.—*
» » mit dicker Wickelung	*4.—*
» mit Hufeisenmagnet und mit zweiadriger Leitungsschnur	*5.70*
» » ohne Leitungsschnur . .	*7.—*
» » mit Aufhänger	*7.25*
Dosentelephon, doppelpolig, mit einem Magnet, vernickelter Kapsel und zweiadriger Leitungsschnur .	*4.—*
» doppelpolig, mit einem Magnet, vernickelter Kapsel und mit dicker Wickelung . . .	*4.—*
Telephon, doppelpolig, mit zwei Magneten, vernickelter Kapsel und zweiadriger Leitungsschnur . . .	*4.75*
» doppelpolig, mit zwei Magneten, vernickelter Kapsel und mit dicker Wickelung	*4.75*
» doppelpolig, mit drei Magneten, vernickelter Metallkapsel und zweiadriger Leitungsschnur .	*6.50*
Löffeltelephon, Modell der Reichspost, mit Hufeisenmagnet, lackierter Messingkapsel, Nußbaumholzmundstück und zweiadriger Leitungsschnur	*11.50*
Löffeltelephon, mit Kontakthebel am Handgriff z. Schließen des Mikrophonstromkreises (bei Klappenschränken für zwei Ferndoppelleitungen (Modell der Reichspost) und vieradriger Leitungsschnur	*17.—*
Kopftelephon, mit drei Klemmen zum Anschluß der Leitungsschnur des Brustmikrophons	*12.—*

Preis von Mikrotelephonen mit Kohlenkernmikrophon ℳ *22—38* für Lokalbetrieb; für Fernbetrieb ℳ *60—100*.

Telephonie ist die Übertragung der Sprache auf elektrischem Wege, indem die am Sprechorte erzeugten Schallwellen in elektrische Ströme im Mikrophon umgewandelt und diese elektrischen Ströme an der Empfangsstelle wieder in Schallwellen im Telephon verwandelt werden.

Telephonleitungen für Starkstromanlagen. Dieselben sollen immer als Doppelleitungen ausgeführt werden und dort, wo mit den Anlagekosten nicht sehr gespart werden muß, auf eigenem Gestänge, auf anderer Route als die Hochspannungsleitungen verlegt werden. Sind die Telephonleitungen auf dem Hochspannungsgestänge gezogen, so soll ihre Entfernung von den Hochspannungsdrähten wenigstens 1 m betragen und müssen sie zum Schutze gegen Induktionswirkungen verdrillt werden.

Um eine Berührung der Hochspannungsleitung mit der Telephonleitung für den Sprechenden gefahrlos zu machen, müssen besondere Spezialsprechapparate verwendet werden.

Telephonleitungsdrähte. Gewöhnlich Bronzedraht verwendet. Bei 3 mm Stärke ist derselbe in Bunden von 30 kg, bei größeren Stärken in Bunden von 45 kg ohne Löt- oder Schweißstelle zu liefern. Der früher übliche verzinkte Gußstahldraht ist für längere Telephonleitungen wegen seiner hohen Selbstinduktion und seines relativ hohen Widerstandes zu verwerfen (siehe **Bronzene Telegraphenleitungsdrähte**).

Süddeutsche Kabelwerke A.-G., Mannheim.

Sächs. Kupfer- und Messingwerke F. A. Lange, Kupferhammer Grünthal i. S. (s. *Inseratanh. S. 5*).

Telephonleitungsstangen (s. **Telegraphenleitungsstangen**).

Telephon-Schutzleisten. Bei Kreuzungen von Fahrdrahtleitungen mit Schwachstromleitungen werden auf ersteren Holzleisten angeordnet, um beim Herunterfallen der Schwachstromleitungen zu verhindern, daß dieselben Strom aus der Fahrdrahtleitung erhalten. Der Querschnitt dieser Holzleisten ist gewöhnlich quadratisch. Ihre Befestigung auf dem Fahrdrahte erfolgt durch Hohlkehlen oder eiserne Klammern, welche in den Fahrdraht eingeschraubt werden. Preis pro 100 m: Pitch-Pineholz *M 20*, deutsche Kiefer *M 15*, Weißpappel *M 14*. Imprägnierte Schutzleisten kosten *M 2*, imprägnierte und dann mit Isolierlack gestrichene Leisten *M 3.50* pro100 m mehr.

Albert Thode & Ko., Hamburg (s. *Inseratanh. S. 4*).

Telephonsicherungen. Zum Schutze gegen Starkstrom werden bei den Sprechstellen, Kabelenden und Telephonzentralen Abschmelzsicherungen eingebaut.

Telephonstationen für Hausbetrieb, betriebsfertige, bestehend aus einem Kohlenkörnermikrophon, Telephon, Umschalter, Anruftaster, Induktionsspule, Läutwerk mit Batteriekasten mit zwei Elementen, alles auf einen Apparat montiert, je nach Ausführung *M 16—30*. In ähnlicher Zusammensetzung für Stadt- und Fernbetrieb je nach Ausführung *M 22—100*.

Ernst Pabst, Bellevue-Köpenick (s. *Inseratanh. S. 18*).
Stöcker & Ko., Leipzig.

Aktiengesellschaft Mix & Genest, Berlin W., Bülowstr. 63—67 (s. *Inseratanhang S. 15*).

Telephontransmitter, Patent Meritt Gally, besitzt keine Elektroden im Sinne der gewöhnlich gebräuchlichen. Anstatt durch Elektroden, zwischen denen sich das den Stromschluß herstellende Kohlenklein veränderlichen Widerstandes befindet, wird der Stromschluß des Mikrophonstromkreises durch ein festes Stück eines Leiters von hohem Widerstande, z. B. Kohle, gebildet, welches an dem Rahmen der Membran isoliert befestigt ist und auch diese nicht berührt. Auf diesem Leiter mit hohem Widerstande ruht mit dem Eigengewichte ein kurzes Stück eines besseren Leiters, z. B. ein Metallstück, lose auf, das mit ihm keinerlei andere elektrische Verbindung besitzt, außer in der Berührungsfläche beider Körper. Dieses Metallstück bildet zu dem schlechten Leiter einen Nebenschluß, dessen Widerstandsgröße von der Beschaffenheit des Kontaktes zwischen beiden Leitern abhängig ist. Die durch die Tonwellen hervorgerufenen Schwingungen der Membran werden dem lose liegenden Leiter vermittelst zweier, von der Rückseite der Membran ausgehenden Vorsprünge mitgeteilt. Nur die Bewegung des losen Leiters auf dem unbeweglichen allein bewirkt Veränderungen in der Beschaffenheit des Kontaktes und ruft demgemäß Veränderungen in der Stärke des durch die Primärwickelung der Induktionsspule fließenden Stromes hervor.

Die Empfindlichkeit dieses Mikrophons ist sehr bedeutend. Mit einem einzigen Trockenelement als Mikrophonbatterie übermittelt es das leiseste Geflüster in ganz deutlicher Weise, sowie auch das schwache Ticken einer Taschenuhr vollkommen deutlich. Anderseits ist es unmöglich, durch noch so lautes Schreien in den Transmitter die Übermittelung zu unterbrechen oder zu stören.

Telephonwecker der A.-G. Mix & Genest, Berlin.

Telephonwecker für Hausbetrieb.

Widerstand ca. 10 Ohm.

Schalendurchmesser cm	Metallschale vernickelt g	ℳ	Schalmeyglocke Durchmesser cm	g	ℳ	Russenglocke Durchmesser cm	g	ℳ
6	340	*2.10*	5,5	400	*2.20*	5,5	380	*2.20*
7	500	*2.30*	6,0	550	*2.50*	6,0	530	*2.50*
8	550	*2.50*	6,5	600	*2.80*	6,5	570	*2.80*
9	700	*2.75*	7,0	750	*3.10*	7,0	690	*3.10*
10	850	*3.20*	8,0	900	*3.60*	8,0	840	*3.60*
	Bronzeschale pol.							
12	1300	*4.60*	9,0	1250	*4.80*	9,0	1170	*4.80*
15	1700	*6.—*	10,0	1560	*7.—*	10,0	1500	*7.—*
18	3000	*12.—*	11,0	2650	*13.—*	12,0	2540	*13.—*
20	3560	*16.—*	12,0	3350	*14.50*	15,0	3340	*14.50*
25	4860	*20.50*	15,0	4150	*17.—*	18,0	4880	*17.—*

Telephonwecker für Stadtbetrieb.

Widerstand ca. 40 Ohm.

Schalendurchmesser cm	Metallschale vernickelt g	ℳ	Schalmeyglocke Durchm.	g	ℳ
7	500	*2.50*	6,0	550	*2.70*
8	550	*2.70*	6,5	600	*3.—*
9	700	*3.—*	7,0	750	*3.35*
10	850	*3.50*	8,0	900	*3.90*
	Bronzeschale poliert				
12	1300	*5.20*	9,0	1250	*5.40*
15	1700	*6.80*	10,0	1560	*7.80*

Telephonwecker für Fernbetrieb.

Widerstand ca. 120 Ohm.

Schalendurchmesser cm	Metallschale vernickelt g	ℳ	Schalmeyglocke Durchm.	g	ℳ
8	550	*2.90*	6,5	600	*3.20*
9	700	*3.15*	7,0	750	*3.50*
10	850	*3.70*	8,0	900	*4.10*
	Bronzeschale poliert				
12	1300	*5.55*	9,0	1250	*5.75*
15	1700	*7.20*	10,0	1560	*8.20*

Telpher ist eine Art elektrischer Drahtseilbahn, die aus einem kleinen Fahrzeuge besteht, das seinen eigenen Motor hat und das den Strom durch Rollen von einer Trolleyleitung entnimmt, die zum Laufseil parallel in einer Entfernung von 40 cm gespannt ist. Die Linie besteht aus einem Laufseile, das mittels gekrümmter eiserner Hänger an einem stählernen Tragseile befestigt ist. Das Tragseil ist in geeigneten Abständen an Masten angeordnet. Die Isolatoren für den Fahrdraht sind an den Hänger montiert. Das Laufseil hat als Seele ein gewöhnliches Drahtseil, um welches Drähte von eigenartig geformtem Querschnitt so angeordnet sind, daß sich eine glatte Zylinderfläche als Lauffläche ergibt. Der Durchmesser des stärksten verwendeten Kabels beträgt ca. 90 mm bei 50 kg Gewicht pro lfd. m. Wird die Belastung noch größer, so ersetzt man das Kabel durch einen Träger, der oft bloß aus einem auf Hochkant gestellten Flacheisen besteht. Die Stromleitung ist (übers Kreuz) so geführt, daß in der einen Linie der erste, dritte, fünfte Abschnitt (durch die Stützen getrennt) mit dem positiven Pol der Maschine, der zweite, vierte, sechste mit dem negativen Pol verbunden ist, während es auf der anderen Linie umgekehrt ist. Eine kleine elektrische Lokomotive zieht mehrere Wagen und ist mit dem letzten derselben durch einen Kupferdraht verbunden. Die Länge des ganzen Zuges inkl. Lokomotive ist stets etwas größer als der Stützenabstand, so daß immer die Lokomotive auf einem positiven, der letzte Wagen auf einem negativen Abschnitte sich befinden oder umgekehrt. Der positive Strom tritt also z. B. aus dem Drahtseile direkt in den Lokomotivenmotor, geht durch den Verbindungskupferdraht in den letzten Wagen und von diesem in die Maschine zurück. Bei der Drehung des Motors bewegt sich die Maschine mit den angehängten Wagen durch Reibung auf dem Stahlseile weiter.

Die Konstruktion des Fahrzeuges muß leicht, doch dabei kräftig und so gehalten sein, daß transversale Schwingungen der Last vermieden werden. Man unterscheidet »single-unit« Telpher und »double-unit« Telpher. Ersterer hat nur ein Paar Motoren, die so angeordnet sind, daß die Nutrolle, welche auf dem Drahtseil läuft, unmittelbar auf der gemeinsamen Achse der Motoren sitzt. Außerdem besitzt dieser Telpher noch eine kleine Laufrolle. Der »double-unit« Telpher besitzt zwei Motorsätze, hat daher keine Laufrolle. Gewöhnlich kommen Gleichstrom-Seriemotoren, welche eingekapselt sind, zur Anwendung. Alle Schaltapparate sind vollkommen eingeschaltet. Die Bedienung erfolgt durch Schnüre, welche vom Telpher herabhängen. An der Tragkonstruktion ist gewöhnlich ein Hebezeug angehängt.

United Telpherage Company, New York.

Telpherage — Transportsystem zum Fortschaffen von Lasten von Kleinmaterial auf elektrischem Wege durch Unterteilung derselben auf einem Luftseil (siehe **Telpher**).

Temperaturen. Nach den Vorschriften des V. d. E. darf die Temperaturzunahme an elektrischen Maschinen in gewöhnlichen Fällen, und wenn die Außentemperatur nicht 35° C übersteigt, folgende Werte nicht übersteigen:

44*

1. An isolierten Wickelungen und Schleifringen: bei Baumwollisolierung 50° C, bei Papierisolierung 60° C, bei Isolierung durch Glimmer, Asbest und deren Präparate 80° C.

Für ruhende Wickelungen sind um 10° C höhere Werte zulässig.

2. An Kollektoren 60° C.

3. An Eisen von Generatoren und Motoren, in das Wickelungen eingebettet sind, je nach der Art der Isolierung der Wickelung die unter 1. genannten Werte.

Bei Straßenbahnmotoren darf die nach einstündigem ununterbrochenem Betriebe mit normaler Belastung im Versuchsraum ermittelte Temperaturzunahme folgende Werte nicht übersteigen:

1. An isolierten Wickelungen und Schleifringen: bei Baumwollisolierung 70° C, bei Papierisolierung 80° C, bei Isolierung durch Glimmer, Asbest und deren Präparate 100° C.

Eine Erhöhung dieser Grenzen für ruhende Wickelungen ist nicht zulässig.

2. An Kollektoren 80° C.

3. An Eisen, in das Wickelungen eingebettet sind, je nach der Art der Isolierung der Wickelung die unter 1. genannten Werte.

Bei kombinierten Wickelungen gilt die untere Grenze, während bei dauernd kurzgeschlossenen Wickelungen vorstehende Grenzwerte überschritten werden können.

Temperaturkoeffizient ist die prozentuale Änderung eines Widerstandes bei einer Temperaturänderung um 1° C.

Temperaturregler, automatischer, dient dazu, nach Erreichung der gewünschten Temperatur den die elektrischen Heizkörper speisenden Strom auszuschalten bzw. zu regulieren. Der Apparat besteht aus einem metallenen Kontaktthermometer mit verstellbarem Maximal- und Minimalkontakt, in Verbindung mit einem einfachen, sicher wirkenden Schaltmechanismus, durch welchen, sobald die Temperatur die beliebig gewählte Maximalgrenze erreicht, der Ofen ausgeschaltet wird und infolge des durch das allmähliche Sinken der Temperatur bewirkten Berührens des ebenso beliebig eingestellten Minimalkontaktes ebenso automatisch wieder eingeschaltet wird.

Fabrik für elektr. Heizung, G. m. b. H., Berlin.

Temperaturzunahme von Ankern. (Formel von Fischer-Hinnen) für offene Maschinen:

$$T = 225 \times \frac{\text{Wattverlust}}{\text{Oberfläche}},$$

(Formel von Schulz) für eingekapselte Maschinen:

$$T = 450 \times \frac{\text{Wattverlust}}{\text{Oberfläche}}.$$

Temperaturzunahme von Magnetspulen. (Formel von Fischer-Hinnen) für offene Maschinen:

$$T = 335 \times \frac{\text{Wattverlust}}{\text{Oberfläche}},$$

(Formel von Schulz) für eingekapselte Maschinen:

$$T = 670 \times \frac{\text{Wattverlust}}{\text{Oberfläche}}.$$

Temperguß wird durch andauerndes Glühen der Gußstücke in Eisenerzpulver und verschiedenen anderen Beischlägen in besonderen Tiegelöfen erhalten.

Teslalampen sind durch Wechselströme hoher Frequenz und Spannung gespeiste elektrodenlose Vakuumlampen.

Teslaströme — hochgespannte Wechselströme von hoher Frequenz.

Thermoelektrische Kräfte. Tabelle der thermoelektrischen Kräfte in Mikrovolt pro 1° C, bezogen auf Blei bei einer mittleren Temperatur von 20° C:

Wismut, Draht	+ 97,0
» rein Draht	+ 89,0
» kristallisiert längs der Achse	+ 65,0
» do. normal auf die Achse	+ 45,0
Kobalt	+ 22,0
Neusilber	+ 11,75
Quecksilber	+ 0,418
Blei	0
Zinn	— 0,1
Kupfer, gewöhnliches	— 0,1
Platin	— 0,9
Gold	— 1,2
Antimon, rein, Draht	— 2,8
Silber	— 3,0
Zink	— 3,7
Kupfer, galvanoplastisches	— 3,8
Antimon, gewöhnliches	— 6,0
Arsenik	— 13,56
Eisen, Klavierdraht	— 17,50
Antimon, krist. längs der Achse	— 22,60
» normal zur Achse	— 26,40
Phosphor, rot	— 29,70
Tellur	— 500,00
Selen	— 805,00

Thermoelektrischer Strom entsteht, wenn eine oder mehrere Berührungsstellen zwischen verschiedenartigen Leitern erwärmt oder abgekühlt werden.

Thermoelemente. Die Thermoelemente werden wegen ihrer geringen elektromotorischen Kraft in einer größeren Anzahl hintereinander und dann diese Reihen parallel geschaltet.

Thermoketten sind Apparate, bei denen die durch Verbrennung der Kohle erhaltene Wärme ohne weiteres in Elektrizität umgesetzt wird (siehe **Thermosäule von Gülcher**).

Thermometerskalen. Der absolute Nullpunkt der Temperatur ist $-273°$.

	Reaumur	Celsius	Fahrenheit
Reaumur .	t	$\frac{5}{4}t$	$\frac{9}{4}t+32$
Celsius .	$0{,}8 \cdot t$	t	$1{,}8t+32$
Fahrenheit	$\frac{4}{9}(t-32)$	$\frac{5}{9}(t-32)$	t

Vergleichende Tabelle der Thermometerskalen.

Reaumur	Fahrenheit	Celsius	Reaumur	Fahrenheit	Celsius
+ 80	+ 212	+ 100	+ 65	+ 178,25	+ 81,25
+ 79	+ 209,75	+ 98,75	+ 64	+ 176	+ 80
+ 78	+ 207,50	+ 97,50	+ 63	+ 173,75	+ 78,75
+ 77	+ 205,25	+ 96,25	+ 62	+ 171,50	+ 77,50
+ 76	+ 203	+ 95	+ 61	+ 169,25	+ 76,25
+ 75	+ 200,75	+ 93,75	+ 60	+ 167	+ 75
+ 74	+ 198,50	+ 92,50	+ 59	+ 164,75	+ 73,75
+ 73	+ 196,25	+ 91,25	+ 58	+ 162,50	+ 72,50
+ 72	+ 194	+ 90	+ 57	+ 160,25	+ 71,25
+ 71	+ 191,75	+ 88,75	+ 56	+ 158	+ 70
+ 70	+ 189,50	+ 87,50	+ 55	+ 155,75	+ 68,75
+ 69	+ 187,25	+ 86,25	+ 54	+ 153,50	+ 67,50
+ 68	+ 185	+ 85	+ 53	+ 151,25	+ 66,25
+ 67	+ 182,75	+ 83,75	+ 52	+ 149	+ 65
+ 66	+ 180,50	+ 82,50	+ 51	+ 146,75	+ 63,75
+ 50	+ 144,50	+ 62,50	+ 8	+ 50	+ 10
+ 49	+ 142,25	+ 61,25	+ 7	+ 47,75	+ 8,75
+ 48	+ 140	+ 60	+ 6	+ 45,50	+ 7,50
+ 47	+ 137,75	+ 58,75	+ 5	+ 43,25	+ 6,25
+ 46	+ 135,50	+ 57,50	+ 4	+ 41	+ 5
+ 45	+ 133,25	+ 56,25	+ 3	+ 38,75	+ 3,75
+ 44	+ 131	+ 55	+ 2	+ 36,50	+ 2,50
+ 43	+ 128,75	+ 53,75	+ 1	+ 34,25	+ 1,25
+ 42	+ 126,50	+ 52,50	+ 0	+ 32	+ 0
+ 41	+ 124,25	+ 51,25	— 1	+ 29,75	— 1,25
+ 40	+ 122	+ 50	— 2	+ 27,50	— 2,50
+ 39	+ 119,75	+ 48,75	— 3	+ 22,25	— 3,75
+ 38	+ 117,50	+ 47,50	— 4	+ 23	— 5
+ 37	+ 115,25	+ 46,25	— 5	+ 20,75	— 6,25
+ 36	+ 113	+ 45	— 6	+ 18,50	— 7,50
+ 35	+ 110,75	+ 43,75	— 7	+ 16,25	— 8,75
+ 34	+ 108,50	+ 42,50	— 8	+ 14	— 10
+ 33	+ 106,25	+ 41,25	— 9	+ 11,75	— 11,25
+ 32	+ 104	+ 40	— 10	+ 9,50	— 12,50
+ 31	+ 101,75	+ 38,75	— 11	+ 7,25	— 13,75
+ 30	+ 99,50	+ 37,50	— 12	+ 5	— 15
+ 29	+ 97,25	+ 36,25	— 13	+ 2,75	— 16,25
+ 28	+ 95	+ 35	— 14	+ 0,50	— 17,50

Reaumur	Fahrenheit	Celsius	Reaumur	Fahrenheit	Celsius
+ 27	+ 92,75	+ 33,75	− 15	− 1,75	− 18,75
+ 26	+ 90,50	+ 32,50	− 16	− 4	− 20
+ 25	+ 88,25	+ 31,25	− 17	− 6,25	− 21,25
+ 24	+ 86	+ 30	− 18	− 8,50	− 22,50
+ 23	+ 83,75	+ 28,75	− 19	− 10,75	− 23,75
+ 22	+ 81,50	+ 27,50	− 20	− 13	− 25
+ 21	+ 79,25	+ 26,25	− 21	− 15,25	− 26,25
+ 20	+ 77	+ 25	− 22	− 17,50	− 27,50
+ 19	+ 74,75	+ 23,75	− 23	− 19,75	− 28,75
+ 18	+ 72,50	+ 22,50	− 24	− 22	− 30
+ 17	+ 70,25	+ 21,25	− 25	− 24,25	− 31,25
+ 16	+ 68	+ 20	− 26	− 26,50	− 32,50
+ 15	+ 65,75	+ 18,75	− 27	− 28,75	− 33,75
+ 14	+ 63,50	+ 17,50	− 28	− 31	− 35
+ 13	+ 61,25	+ 16,25	− 29	− 33,25	− 36,25
+ 12	+ 59	+ 15	− 30	− 35,50	− 37,50
+ 11	+ 56,75	+ 13,75	− 31	− 37,75	− 38,75
+ 10	+ 54,50	+ 12,50	− 32	− 40	− 40
+ 9	+ 52,25	+ 11,25			

Thermosäule von Gülcher. Die Elemente sind in Form von Hohlkörpern hergestellt. Die hohle, positive Elektrode besteht aus reinem Nickel. Diese Elektroden sind in zwei Reihen auf einer Schieferplatte befestigt, welche einen Kanal von U-förmigem Querschnitt für die Gaszuführung bildet. Das Gas tritt durch Röhrchen aus und erwärmt ein aus einer kreisförmigen Messingplatte bestehendes Verbindungsstück der beiden Elektroden. Die negative Elektrode besteht aus einer antimonhaltigen Legierung. Die elektromotorische Kraft ist abhängig von der Zahl der zwischengeschalteten Lötstellen.

Zahl der Elemente	Spannung Volt	Widerstand Ohm	Maximalleistung Amp.	Gasverbrauch pro Stunde l
26	1,5	0,25	3	70
50	3	0,5	3	130
66	4	0,65	3	170

J. Pintsch, Berlin.

Thermosäule von Noe. Auf einem isolierten Ring sind die mit Heizstiften versehenen Stäbchen, welche die Elektroden bilden, so angeordnet, daß die Heizstifte gegen den Mittelpunkt des Ringes divergieren. Dei Heizung erfolgt durch Bunsenbrenner. Die positiven Elektrodenstäbchen sind aus einer Legierung von Antimon und Zinn hergestellt, während die negativen Elektroden aus einem mit der Legierung vergossenen Bündel von Neusilberdrähten bestehen.

Thomson-Houston-Umformer (s. Umformer, rotierende).

Thomsonsche Blitzschutzvorrichtung. Bei derselben wird der Lichtbogen durch ein magnetisches Gebläse ausgelöscht. Dieser Apparat besteht aus zwei hörnerartig auseinandergehenden, zwischen den Polen eines Hufeisenmagneten befindlichen Metallplatten, welche unten, wo ihr Abstand am kleinsten ist, die Funkenstrecke bilden. Die eine Platte ist mit der Fernleitung, die andere mit der Wickelung des Elektromagneten und über dieser mit der Erde verbunden. Die Schaltung ist so durchgeführt, daß der an der Funkenstrecke entstandene Lichtbogen nach oben getrieben und verlöscht wird.

Thomsonzähler eignet sich sowohl für Gleich- wie für Wechselstrom. Der Zähler besitzt einen kleinen Elektromotor, welcher weder in den Magneten, noch in der Trommel Eisen besitzt. Letztere ist auf einer vertikalen Welle aufgekeilt und besitzt acht Sektoren. Als elektrische Bremse dient eine zwischen permanenten Magneten laufende Kupferscheibe. Der Kollektor des Ankers und die von ihm stromabnehmenden Bürsten sind aus Silber hergestellt. Vor dem Anker ist ein großer induktionsfreier Widerstand vorgeschaltet, der die Spannung reduziert, um ein Funken hintanzuhalten und welcher ferner den Eigenverbrauch des Zählers herabsetzt.

Thuryregulator. Dieser Apparat ermöglicht die Aufrechthaltung einer konstanten elektromotorischen Kraft in seinem Stromkreise, und zwar: indem er den Widerstand des Erregerstromes einer Shuntmaschine oder einer mit separatem Erreger versehenen Dynamo verändert; indem er den Widerstand des äußeren Stromkreises bei Anwendung einer Feederverteilung verändert; indem er die Transformationsverhältnisse in einer Wechselstromverteilung durch Transformatoren verändert; indem er die Anzahl der Elemente einer Akkumulatorenbatterie variiert oder wechselnde Widerstände in ihren Entladungsstromkreis einschaltet. Er ermöglicht die Aufrechterhaltung einer konstanten Stromstärke bei Serienverteilung für Bogenlichtbeleuchtung oder Kraftverteilung, indem er in den Erregerstromkreis eines Seriendynamo mehr oder weniger Nebenschluß einschaltet, indem er die Bürsten in gegebenen Grenzen verstellt. indem er wechselnde Widerstände in den Verteilungsstromkreis einschaltet. Anstatt bei elektrischen Generatoren kann man die Regulatoren auch zum Regulieren der Geschwindigkeit bei Dampf- oder hydraulischen Maschinen, die erstere betätigen, verwenden.

Der Apparat besteht aus einem Meßapparat (Voltmeter oder Amperemeter) mit sehr geringem Ausschlag und einer Schaltvorrichtung zur Übertragung der Kraft und der Bewegung auf den Regulierrheostaten oder auf irgend ein anderes Regulierorgan. Eine besondere Anordnung des elektromagnetischen Meßapparates entspricht dem Gleichstrom, während ein thermischer Meßapparat für den Wechselstrom vorgesehen ist. Die Meßvorrichtung des Gleichstromregulators besteht aus einem Induktor mit magnetisch geschlossenem Felde mit Ausnahme eines einzigen ringförmigen Luftraumes, in welchem sich eine, in einer Zweigleitung des zu regulierenden Stromes eingeschaltete Spule bewegt, welche derart konstruiert ist, daß der Apparat aperiodisch wirkt; diese Spule ist auf einem zweiarmigen Hebel angebracht, der sich in der Mitte um einen Zapfen dreht und an einem Ende eine Regulierfeder, an dem anderen Ende einen Anschlag aus gehärtetem Stahl trägt.

In dem Wechselstromregulator verändert dieser Hebel je nach der Spannung oder Zusammenziehung eines der Einwirkung des Stromes ausgesetzten Platindrahtes seine Stellung. Geht durch den Nebenschluß, der durch die bewegliche Spule gebildet wird, und gleichzeitig durch die Induktionswindungen ein normaler Strom, so kommt die Spule durch die Spannung der Feder in eine Gleichgewichtslage in Übereinstimmung zur Normalstellung des Hebels. Überschreitet jedoch der Strom das normale Maß, so wird die Spule durch die magnetische Einwirkung aufgehoben und der auf dem Hebel befindliche Anschlag nimmt seine niedrigste Stellung ein. Erreicht hingegen der Strom das normale Maß nicht, so befindet sich dieser Anschlag in seiner obersten Stellung. Die verschiedenen Stellungen des Anschlages dienen zur Herbeiführung der Regulierung. Um letztere zu bewerkstelligen, wird ein auf der Achse des Regulators angeordnetes Zahnrad von der Schaltvorrichtung mit genommen. Der Hauptvorteil des Apparates besteht in der von der zum Regulierprozeß nötigen Kraft ganz unabhängigen Regulierung. Preis des Apparates je nach Ausführung und Zahl der Kontakte *M 250—500.*

H. Cuénod, Genf.

Tiroler Glocken (siehe **Wecker**).

Tonempfänger — Teil des Sprechapparates, in welchem die elektrischen Wellen in Schallwellen umgewandelt werden.

Tönen der Drähte bei Telephonanlagen wird verhindert, durch Wahl größerer Entfernungen von bewohnten Gebäuden, durch Wahl eines reichlichen Durchhanges, durch Filz- und Bleiunterlagen zwischen Träger und Isolatorschellen, durch Ausfüllen der Rohrständer mit Sand, durch Aufschieben eines aufgeschlitzten Gummizylinders auf die Drähte.

Tonsender — Teil des Sprechapparates, in welchem die Schallwellen in elektrische Wellen umgesetzt werden.

Tonzellen.

300 mm	hoch,	80 mm	weit	pro 100 Stück *M 30*
300 »	»	75 »	»	
240 »	»	70 »	»	pro 100 Stück *M 25*
240 »	»	75 »	»	
230 »	»	70 »	»	
220 »	»	70 »	»	
200 »	»	70 »	»	
180 »	»	70 »	»	

160 mm hoch, 65 mm weit	pro 100 Stück *M* 20	
150 » » 65 » »		
140 » » 65 » »		
130 » » 45 » »		
120 » » 50 » »	pro 100 Stück *M* 15	
100 » » 55 » »		
65 » » 35 » »		

Torf wird sowohl als roher Torf wie als Torfkohle und Preßtorf zur Kesselfeuerung verwendet.

1 cbm lufttrockener Torf wiegt 325—410 kg, eine 10-Tonnenladung faßt 24,4—30,8 cbm; 1 cbm feuchter Torf wiegt 550—650 kg, eine 10-Tonnenladung faßt 15,4—18,2 cbm.

Topfmagnet (siehe **Mantelmagnet**).

Torsionsgalvanometer. Bei demselben wird die Magnetnadel nach der Ablenkung durch die Wirkung einer Torsionsfeder zurückgeführt (siehe **Galvanometer**).

Tourenregulierung. Dieselbe kann bei Gleich- und Drehstrommotoren durch Änderung der Polzahl, durch Verwendung von Doppelmotoren, welche verschieden geschaltet werden, und bei den Drehstrommotoren durch Änderung der Periodenzahl erreicht werden. Bei Gleichstrom gibt man im vorletzten Falle dem Motor zwei Kollektoren mit je einer Ankerwickelung, die sich beliebig einzeln oder gruppenweise verwenden lassen. Durch Verstellung der Bürsten kann die elektromotorische Kraft der einen Wickelung so verändert werden, daß sie die elektromotorische Kraft der anderen Wickelung ergänzt oder sich von ihr abzieht. Oder es kann eine Tourenregulierung auch dadurch herbeigeführt werden, daß auf einer Achse zwei Anker mit verschiedenen Wickelungen angeordnet werden und das über den Anker passende Feld verschiebbar angeordnet wird. Eine weitere Tourenregulierung erhält man durch gruppenweise Änderung der Spannung am Anker und an den Erregerklemmen vermittelst einer Mehrleiteranlage sowie durch Veränderung der Bürstenstellung oder des Luftzwischenraumes. Schließlich kommen auch mechanische Regulierungen durch Friktionsscheiben in Anwendung (siehe ferner **Hauptstrommotoren, Nebenschlufsmotoren** und **Drehstrommotoren**).

Torsionsmeßinstrumente beruhen auf der dynamischen gegenseitigen Wirkung zweier gegeneinander verdrehbarer stromdurchflossener Spulen, deren Drehung eine Federkraft entgegenwirkt.

Tourenverlust — Bezeichnung für die Geschwindigkeitsverringerung, welche dadurch eintritt, daß bei zunehmender Belastung die Umlaufszahl bei Nebenschluß- und Drehstrommotoren unter die kritische sinkt. Jede Erhöhung des Ankerwiderstandes bei gleichbleibender Zugkraft zieht eine Erhöhung des Tourenverlustes nach sich. Zugkraft und Stromverbrauch sind bei gleichbleibendem Widerstande und Kraftlinienverlust dem Tourenverlust unmittelbar proportional.

Träger. (Tabellen siehe Seiten 700—705.)

Trägheit, magnetische (siehe **Hysteresis**).

Transformator ist ein Apparat für Wechselströme ohne bewegte Teile zur Umwandlung elektrischer in elektrische Leistung.

Bei gegebener Leistung und gegebenem Totalverlust eines Transformators erhält man die beste Ausnutzung des Materiales, wenn die Kupferverluste nur gleich 80 % der Eisenverluste gewählt werden.

Die Temperatur eines Transformators soll 60° nicht übersteigen. Für Transformatorenblech ist ein etwas unreines Eisen am günstigsten, weil der spezifische Ohmsche Widerstand zur Dämpfung der Wirbelströme größer ist.

Die Wirkungsgrade der Transformatoren schwanken je nach der Leistung derselben zwischen 91 % und 97,5 % bei induktionsfreier Belastung und zwischen 88 % und 96,5 % bei induktiver Belastung.

Transformatoren für Bogenlampen werden verwendet, um Wechselstrom-Bogenlampen an ein Leitungsnetz von 110—120 Volt anzuschließen, wodurch gegenüber den Drosselspulen eine geringere Belastung des Leitungsnetzes und fast keine Phasenverschiebung erzielt wird.

Leistungsfähigkeit in Lampen	Kosten der Transformatoren ℳ	Zinsen der Kosten bei 5 % ℳ	Entwertung 10 %	Verlust		Kosten der Verluste bei 0,1 % pro Lampenstd. 55 Watt ℳ	Gesamtkost. pro Jahr bei 24 stünd. Arbeitsz. ℳ
				Watt	Wattstunden pro Jahr		
10	*18*	*—.90*	*1.80*	29	254,0	*4.62*	*7.32*
15	*22*	*1.10*	*2.20*	30	262,1	*4.78*	*8.08*
20	*26*	*1.30*	*2.60*	32	280,0	*5.10*	*9.—*
30	*32*	*1.60*	*3.20*	35	306,4	*5.58*	*10.38*
40	*39*	*1.95*	*3.90*	37	324,0	*5.88*	*11.73*
50	*47*	*2.35*	*4.70*	51	446,0	*8.10*	*15.15*
75	*68*	*3.40*	*6.80*	65	569,0	*10.33*	*20.53*
100	*80*	*4.—*	*8.—*	77	674,5	*12.25*	*24.25*
150	*112*	*5.62*	*11.25*	85	744,0	*13.50*	*30.38*
200	*150*	*7.50*	*15.—*	125	1093,0	*19.90*	*42.40*
300	*225*	*11.25*	*22.50*	150	1312,0	*23.85*	*57.60*
400	*300*	*15.—*	*30.—*	160	1400,0	*25.—*	*40.—*
500	*375*	*18.75*	*37.50*	170	1488,0	*27.05*	*83.30*

(Fortsetzung Seite 706.)

Abmessungen, Querschnitte, Gewichte, Trägheitsmomente, Wider-

Die Durchbiegungen in mm bei gleichmäßig verteilter

Profil Nr.	Abmessungen der Profile mm	Querschnitt qcm	Gewicht pro lfd. m kg	Trägheitsmoment bezogen auf cm	Widerstandsmoment bezogen auf cm	Max.-Bieg.-Spannung pro qcm kg	Durchbiegung mm 1,00	Tragfähigkeiten 1,00	1,50	2,00
						800	1,041	1254	836	627
8	42 / 80 / 3,9	7,61	6,0	78,4	19,6	1000	1,302	1568	1045	784
						1350	1,757	2116	1411	1058
						800	0,925	1676	1117	838
9	46 / 90 / 4,2	9,05	7,1	118	26,2	1000	1,157	2096	1397	1048
						1350	1,562	2830	1887	1415
						800	0,833	2200	1467	1100
10	50 / 100 / 4,5	10,69	8,3	172	34,4	1000	1,042	2752	1835	1376
						1350	1,406	3716	2477	1858
						800	0,757	2804	1869	1402
11	54 / 110 / 4,8	12,36	9,6	241	43,8	1000	0,947	3504	2336	1752
						1350	1,278	4730	3153	2365
						800	0,694	3526	2351	1763
12	58 / 120 / 5,1	14,27	11,1	331	55,1	1000	0,868	4408	2939	2204
						1350	1,171	5950	3967	2975
						800	0,641	4340	2893	2170
13	62 / 130 / 5,4	16,19	12,6	441	67,8	1000	0,802	5424	3616	2712
						1350	1,081	7322	4881	3661
						800	0,595	5292	3528	2646
14	66 / 140 / 5,7	18,35	14,3	579	82,7	1000	0,744	6616	4410	3308
						1350	1,004	8932	5955	4466
						800	0,555	6336	4224	3168
15	70 / 150 / 6,0	20,5	16,0	743	99	1000	0,695	7920	5280	3960
						1350	0,937	10692	7128	5346
						800	0,520	7552	5035	3776
16	74 / 160 / 6,3	22,4	17,9	945	118	1000	0,651	9440	6293	4720
						1350	0,878	12744	8496	6372
						800	0,490	8896	5931	4448
17	78 / 170 / 6,6	25,4	19,8	1177	139	1000	0,613	11120	7413	5560
						1350	0,827	15012	10008	7506
						800	0,463	10368	6912	5184
18	82 / 180 / 6,9	28,0	21,9	1460	162	1000	0,579	12960	8640	6480
						1350	0,781	17496	11664	8748
						800	0,438	11968	7979	5984
19	86 / 190 / 7,2	30,7	24,0	1779	187	1000	0,548	14960	9973	7480
						1350	0,740	20196	13464	10098
						800	0,416	13824	9216	6912
20	90 / 200 / 7,5	33,7	26,2	2162	216	1000	0,521	17280	11520	8640
						1350	0,703	23328	15552	11664
						800	0,397	15744	10496	7872
21	94 / 210 / 7,8	36,6	28,5	2587	246	1000	0,496	19860	13120	9840
						1350	0,669	26568	17712	13284

standsmomente, Durchbiegungen und Tragfähigkeiten der I-Eisen.

Belastung und einer Entfernung der Stützpunkte von 1 mm.

in kg bei gleichmäßig verteilter Belastung und einer Entfernung der Stützpunkte von m

2,50	3,00	3,50	4,00	4,50	5,00	6,00	7,00	8,00	9,00	10,00	11,00	12,00
502	418	358	314	279	251	209	179	157	139	125	114	105
627	523	448	392	349	314	261	224	196	174	157	143	131
846	705	605	529	470	423	353	302	265	235	212	192	176
670	559	479	419	372	335	279	239	210	186	168	152	140
838	699	599	524	466	419	349	299	262	233	210	190	175
1132	943	809	708	629	566	472	404	354	314	283	257	236
880	733	629	550	489	440	367	314	275	244	220	200	183
1101	917	786	688	611	550	459	393	344	306	275	250	229
1486	1239	1062	929	826	743	619	531	465	413	372	338	310
1122	935	801	701	623	561	467	401	351	312	280	255	234
1402	1168	1001	876	779	701	584	501	438	389	350	319	292
1892	1577	1351	1183	1051	946	788	676	591	526	473	430	394
1410	1175	1007	882	784	705	588	504	441	392	353	320	294
1763	1469	1259	1102	979	881	735	630	551	490	411	401	367
2380	1983	1700	1488	1322	1190	992	850	744	661	595	541	496
1736	1447	1240	1085	964	868	723	620	543	482	434	394	362
2169	1808	1550	1356	1206	1085	904	775	678	603	542	493	452
2929	2441	2092	1831	1627	1464	1220	1046	915	814	732	666	610
2116	1764	1512	1323	1176	1058	882	756	662	588	529	481	441
2646	2205	1890	1654	1470	1323	1103	945	827	735	662	601	551
3573	2977	2552	2233	1985	1786	1488	1276	1117	992	893	812	774
2534	2112	1810	1584	1408	1267	1056	905	792	704	633	576	528
3168	2640	2263	1980	1760	1584	1320	1131	990	880	792	720	660
4277	3564	3055	2673	2376	2138	1782	1527	1337	1188	1069	972	891
3021	2517	2158	1888	1678	1510	1259	1079	944	839	755	686	629
3776	3147	2697	2360	2098	1888	1573	1349	1180	1049	944	858	787
5098	4248	3641	3186	2832	2549	2124	1821	1593	1416	1274	1158	1062
3558	2965	2542	2224	1977	1779	1483	1271	1112	988	890	809	741
4448	3707	3177	2780	2471	2224	1853	1589	1390	1236	1112	1011	927
6005	5004	4289	3753	3336	3002	2502	2145	1877	1668	1501	1365	1251
4147	3456	2962	2592	2304	2074	1728	1481	1296	1152	1037	942	864
5184	4320	3703	3240	2880	2592	2160	1851	1620	1440	1296	1178	1080
6998	5832	4999	4374	3888	3499	2916	2499	2187	1944	1750	1590	1458
4787	3989	3419	2992	2660	2394	1995	1710	1496	1330	1197	1088	997
5984	4987	4274	3740	3324	2992	2493	2137	1870	1662	1496	1360	1247
8078	6732	5770	5049	4488	4039	3366	2885	2525	2244	2020	1836	1683
5530	4608	3950	3456	3072	2765	2304	1975	1728	1536	1382	1257	1152
6912	5760	4937	4320	3840	3456	2880	2469	2160	1920	1728	1571	1440
9331	7776	6665	5832	5184	4666	3888	3333	2916	2592	2333	2121	1944
6298	5248	4498	3936	3499	3149	2624	2249	1968	1749	1574	1431	1312
7872	6560	5623	4920	4373	3936	3280	2811	2460	2187	1968	1789	1640
10627	8856	7591	6642	5904	5314	4428	3795	3321	2952	2657	2415	2214

Profil Nr.	Abmessungen der Profile mm	Querschnitt qcm	Gewicht pro lfd. m kg	Trägheitsmoment bezogen auf cm	Widerstandsmoment bezogen auf cm	Max.-Bieg.-Spannung pro qcm kg	Durchbiegung mm 1,00	Tragfähigkeiten 1,00	1,50	2,00	2,50
						800	0,378	17984	11989	8992	7194
22	220; 98; 8,1	39,8	31,0	3090	281	1000	0,474	22480	14987	11240	8992
						1350	0,639	30348	20232	15174	12139
						800	0,362	20288	13525	10144	8115
23	230; 102; 8,4	42,9	33,5	3642	317	1000	0,453	25360	16907	12680	10144
						1350	0,611	34236	22824	17118	13694
						800	0,347	22848	15232	11424	9139
24	240; 106; 8,7	46,4	36,2	4288	357	1000	0,434	28560	19040	14280	11424
						1350	0,586	38556	25704	19278	15422
						800	0,320	28544	19029	14272	11418
26	260; 113; 9,4	53,7	41,9	5798	446	1000	0,400	35680	23787	17840	14272
						1350	0,540	48168	32112	24084	19267
						800	0,297	35008	23339	17504	14003
28	280; 119; 10,1	61,4	47,9	7658	547	1000	0,372	43760	29173	21880	17504
						1350	0,502	59076	39384	29538	23630
						800	0,278	42176	28117	21088	16870
30	300; 125; 10,8	69,4	54,1	9888	659	1000	0,347	52720	35147	26360	21088
						1350	0,469	71172	47488	35586	28469
						800	0,260	50496	33664	25248	20198
32	320; 131; 11,5	78,2	61,0	12622	789	1000	0,326	63120	42080	31560	25248
						1350	0,439	85212	56808	42606	34085
						800	0,245	59584	39723	29792	23834
34	340; 137; 12,2	87,2	68,0	15827	931	1000	0,306	74480	49653	37240	29792
						1350	0,413	100548	67032	50274	40219
						800	0,231	70272	46848	35136	28109
36	360; 143; 13,0	97,5	76,1	19766	1098	1000	0,289	87840	58560	43920	35136
						1350	0,390	118584	79056	59292	47434
						800	0,219	81536	54357	40768	32614
38	380; 149; 13,7	107,5	83,9	24208	1274	1000	0,274	101920	67947	50960	40768
						1350	0,370	137592	91728	68796	55037
						800	0,208	94208	62805	47104	37683
40	400; 155; 14,4	118,3	92,3	29446	1472	1000	0,260	117760	78507	58880	47104
						1350	0,351	158976	105984	79488	63590
						800	0,196	112256	74837	56128	44902
42½	425; 163; 15,3	133	103,7	37266	1754	1000	0,245	140320	93547	70160	56128
						1350	0,331	189432	126288	94716	75772
						800	0,185	131456	87637	65728	52582
45	450; 170; 16,2	147,7	115,2	46204	2054	1000	0,232	164320	109547	82160	65728
						1350	0,312	221832	147888	110916	88732
						800	0,175	153344	102229	76672	61338
47½	475; 178; 17,1	163,6	127,6	56912	2396	1000	0,219	191680	127787	95840	76672
						1350	0,296	258768	172512	129384	103507
						800	0,166	177280	118186	88640	70912
50	500; 185; 18	180,2	140,5	69245	2770	1000	0,208	221600	147733	110800	88640
						1350	0,281	299160	199440	149580	119664

in kg bei gleichmäßig verteilter Belastung und einer Entfernung der Stützpunkte von m

3,00	3,50	4,00	4,50	5,00	6,00	7,00	8,00	9,00	10,00	11,00	12,00
5995	5138	4496	3996	3597	2997	2569	2248	1998	1798	1635	1499
7493	6423	5620	4996	4496	3747	3211	2810	2498	2248	2044	1873
10116	8671	7587	6744	6069	5058	4335	3794	3372	3035	2759	2529
6763	5797	5072	4509	4058	3381	2898	2536	2254	2029	1844	1691
8453	7246	6340	5636	5072	4227	3623	3170	2818	2536	2305	2113
11412	9782	8559	7608	6847	5706	4891	4279	3804	3424	3112	2853
7616	6528	5712	5077	4569	3808	3264	2856	2538	2285	2077	1904
9520	8160	7140	6347	5712	4760	4080	3570	3173	2856	2596	2380
12852	11016	9639	8568	7711	6426	5508	4819	4284	3856	3505	3213
9515	8155	7136	6343	5709	4757	4078	3568	3172	2854	2595	2379
11893	10194	8920	7929	7136	5947	5097	4460	3964	3568	3244	2973
16056	13762	12042	10704	9634	8028	6881	6021	5352	4817	4379	4014
11669	10002	8752	7779	7002	5835	5001	4376	3889	3501	3182	2917
14587	12503	10940	9724	8752	7293	6251	5470	4862	4376	3978	3647
19692	16879	14769	13128	11815	9846	8439	7385	6564	5908	5370	4923
14059	12050	10544	9372	8435	7029	6025	5272	4686	4218	3834	3515
17573	15063	13180	11716	10544	8787	7531	6590	5858	5272	4793	4393
23724	20335	17793	15816	14234	11862	10167	8897	7908	7117	6470	5931
16832	14427	12624	11221	10099	8416	7214	6312	5611	5050	4590	4208
21040	18034	15780	14027	12624	10520	9017	7890	7013	6312	5738	5260
28404	24346	21303	18936	17042	14202	12173	10652	9468	8521	7747	7101
19861	17024	14896	13241	11917	9931	8512	7448	6620	5958	5417	4965
24827	21280	18620	16551	14896	12413	10640	9310	8276	7448	6771	6207
33516	28728	25137	22344	20110	16758	14364	12568	11172	10055	9141	8379
23424	20078	17568	15616	14054	11712	10039	8784	7808	7027	6388	5856
29280	25097	21960	19520	17568	14640	12549	10980	9760	8784	7985	7320
39528	33881	29646	26352	23717	19764	16941	14823	13176	11858	10780	9882
27178	23296	20384	18119	16307	13589	11648	10192	9059	8154	7412	6795
33973	29120	25480	22649	20384	16987	14560	12740	11324	10192	9265	8493
45864	39312	34398	30577	27518	22932	19656	17199	15288	13759	12508	11466
31403	26916	23552	20935	18842	15701	13458	11776	10468	9421	8564	7851
39253	33646	29440	26169	23552	19627	16823	14720	13084	11776	10705	9813
52992	45422	39744	35328	31795	26496	22711	19872	17664	15898	14452	13248
37419	32073	28064	24946	22451	18709	16037	14032	12473	11226	10205	9355
46773	40091	35080	31182	28064	23387	20046	17540	15591	14032	12756	11693
63144	54124	47358	42096	37886	31572	27062	23679	21048	18943	17221	15786
43819	37558	32864	29212	26291	21909	18779	16432	14606	13146	11951	10955
54773	46949	41080	36516	32864	27387	23474	20540	18258	16432	14938	13693
73944	63380	55458	49296	44366	36972	31690	27729	24648	22183	20167	18486
51115	43812	38336	34076	30669	25557	21906	19168	17038	15334	13940	12779
63893	54766	47920	42596	38336	31947	27383	23960	21298	19168	17425	15973
86256	73934	64692	57504	51754	43128	36967	32346	28752	25877	23524	21564
59093	50652	44320	39395	35456	29547	25326	22160	19698	17728	16116	14773
73867	63314	55400	49244	44320	36933	31657	27700	24622	22160	20145	18467
99720	85474	74790	66480	59832	49860	42737	37395	33240	29916	27196	24930

Abmessungen, Querschnitte, Gewichte, Trägheitsmomente, Wider-

Die Durchbiegungen in mm bei gleichmäßig verteilter

Profil Nr.	Abmessungen der Profile mm	Querschnitt qcm	Gewicht pro lfd. m kg	Trägheitsmoment bezogen auf cm	Widerstandsmoment bezogen auf cm	Max.-Bieg.-Spannung pro qcm kg	Durchbiegung mm 1,00	Tragfähigkeiten 1,00	1,50	2,00
6¹/₂	42 / 5,5 / 65	9,05	7,1	58,2	17,9	800	1,281	1146	764	573
						1000	1,603	1432	955	716
						1350	2,163	1934	1289	967
8	45 / 6 / 80	11,04	8,6	107	26,7	800	1,041	1708	1139	854
						1000	1,302	2136	1424	1068
						1350	1,757	2884	1923	1442
10	50 / 6 / 100	13,5	10,5	207	41,4	800	0,833	2650	1766	1325
						1000	1,042	3312	2208	1656
						1350	1,406	4472	2981	2236
12	55 / 7 / 120	17	13,3	367,5	61,3	800	0,694	3924	2616	1962
						1000	0,868	4904	3269	2452
						1350	1,171	6620	4413	3310
14	60 / 7 / 160	20,4	15,9	608,8	87,0	800	0,595	5568	3712	2784
						1000	0,744	6960	4640	3480
						1350	1,004	9396	6264	4698
16	65 / 7,5 / 160	24,1	18,8	931,8	117	800	0,520	7488	4992	3744
						1000	0,651	9360	6240	4680
						1350	0,878	12636	8424	6318
18	70 / 8 / 180	28,0	21,9	1364,1	152	800	0,463	9728	6485	4864
						1000	0,579	12160	8107	6080
						1350	0,781	16416	10944	8208
20	75 / 8,5 / 200	32,3	25,2	1927	193	800	0,416	12352	8235	6176
						1000	0,521	15440	10293	7720
						1350	0,703	20844	13896	10422
22	80 / 9 / 220	37,6	29,3	2711,5	247	800	0,378	15808	10539	7904
						1000	0,474	19760	13173	9880
						1350	0,639	26676	17784	13338
23¹/₂	90 / 10 / 235	42,7	33,3	3514	295	800	0,354	18880	12587	9440
						1000	0,443	23600	15733	11800
						1350	0,598	31860	21240	15930
26	90 / 10 / 260	48,4	37,8	4857	374	800	0,320	23936	15957	11968
						1000	0,400	29920	19947	14960
						1350	0,540	40392	26928	20196
26W	90 / 10 / 260	42,0	32,8	3965	305	800	0,320	19520	13013	9760
						1000	0,400	24400	16267	12200
						1350	0,540	32940	21960	16470
30	100 / 10 / 300	58,8	45,9	8064	538	800	0,278	34432	22955	17216
						1000	0,347	43040	28693	21520
						1350	0,469	58104	38763	29052
30W	78 / 10 / 300	48,4	37,2	5893	393	800	0,278	25536	17024	12768
						1000	0,347	31920	21280	15960
						1350	0,469	43092	28728	21546

standsmomente, Durchbiegungen und Tragfähigkeiten der [-Eisen.

Belastung und einer Entfernung der Stützpunkte von 1 mm.

in kg bei gleichmäßig verteilter Belastung und einer Entfernung der Stützpunkte von m												
2,50	3,00	3,50	4,00	4,50	5,00	6,00	7,00	8,00	9,00	10,00	11,00	12,00
458	382	327	286	254	229	191	163	143	127	115	104	95
573	477	409	358	318	286	238	205	179	159	143	130	119
773	644	552	483	430	387	322	276	242	215	193	176	161
683	569	488	427	379	341	284	244	213	190	171	155	142
854	712	610	534	474	427	356	305	267	237	213	194	178
1153	961	824	721	640	567	481	412	360	320	288	262	240
1060	883	757	662	588	530	442	378	331	294	265	241	221
1324	1104	946	828	736	662	552	473	414	368	331	301	276
1788	1491	1277	1118	993	894	745	639	559	497	447	406	372
1569	1308	1120	981	872	784	654	560	490	436	392	357	327
1961	1634	1401	1226	1089	980	817	700	613	545	490	446	408
2648	2206	1890	1655	1470	1324	1103	945	827	735	662	602	552
2227	1856	1590	1392	1237	1113	928	795	696	618	557	506	464
2784	2320	1989	1740	1546	1392	1160	994	870	773	696	632	580
3758	3132	2684	2349	2088	1879	1566	1342	1174	1044	939	854	783
2995	2496	2138	1872	1664	1497	1248	1069	936	832	748	681	624
3744	3120	2674	2340	2080	1872	1560	1337	1170	1040	936	851	780
5054	4212	3610	3159	2808	2527	2106	1805	1579	1404	1263	1149	1053
3891	3243	2779	2432	2162	1946	1621	1390	1216	1081	973	884	811
4864	4053	3474	3040	2702	2432	2027	1737	1520	1351	1216	1105	1013
6566	5472	4690	4104	3648	3283	2736	2345	2052	1824	1642	1492	1368
4941	4117	3529	3088	2745	2470	2059	1765	1544	1372	1235	1123	1029
6176	5146	4411	3860	3431	3088	2573	2206	1930	1715	1544	1404	1287
8338	6948	5955	5211	4632	4169	3474	2978	2605	2316	2084	1895	1737
6323	5269	4516	3952	3513	3162	2635	2258	1976	1756	1581	1437	1317
7904	6587	5646	4940	4391	3952	3293	2823	2470	2195	1976	1797	1647
10670	8892	7622	6669	5927	5335	4446	3811	3334	2964	2668	2425	2223
7552	6293	5394	4720	4196	3776	3147	2697	2360	2098	1888	1716	1573
9440	7867	6743	5900	5245	4720	3933	3371	2950	2622	2360	2145	1967
12744	10620	9103	7965	7080	6372	5310	4551	3982	3540	3186	2896	2655
9574	7979	6838	5984	5319	4787	3989	3419	2992	2659	2394	2176	1995
11968	9973	8548	7480	6648	5984	4987	4274	3740	3324	2992	2720	2493
16157	13464	11540	10098	8976	8078	6732	5770	5049	4488	4039	3672	3366
7808	6506	5577	4880	4338	3904	3253	2789	2440	2169	1952	1775	1627
9760	8133	6971	6100	5422	4880	4067	3486	3050	2711	2440	2218	2033
13176	10980	9411	8235	7320	6588	5490	4706	4117	3660	3294	2994	2745
13773	11477	9838	8608	7652	6886	5739	4919	4304	3826	3443	3130	2869
17216	14346	12298	10760	9564	8608	7173	6149	5380	4782	4304	3913	3587
23242	19368	16602	14526	12912	11621	9684	8301	7263	6456	5810	5282	4842
10214	8512	7296	6384	5674	5107	4256	3648	3192	2837	2553	2321	2128
12768	10640	9120	7980	7092	6384	5320	4560	3990	3546	3192	2902	2660
17237	14364	12312	10773	9576	8618	7182	6156	5386	4788	4309	3917	3591

Tabellen der Raumabmessungen von

Drehstromtransformatoren.

Leistung in KV-Amp. bei einer Primärspannung bis zu 5000 V	Länge mm	Breite mm	Höhe mm
6	860	300	594
9	970	330	628
15	1040	360	665
30	1220	400	810
45	1280	460	900
75	1490	720	920
110	1680	770	1190
150	1840	810	1250
230	1910	820	1440
300	2050	880	1589
450	2210	920	1840
600	2250	920	2090

Einph.-Wechselstr.-Transformat.

Leistung in KV-Amp. bei einer Primärspannung bis zu 10 000 V	Länge mm	Breite mm	Höhe mm
2	560	300	490
4	580	300	594
6	650	330	625
10	700	360	670
20	830	440	827
30	870	460	907
50	1020	690	920
75	1140	740	1052
100	1240	780	1275
150	1300	800	1430
200	1385	840	1580
300	1500	920	1840
400	1500	920	2090

Leistung	Wechselstrom		Drehstrom	
KW	Gewicht ca. kg.	Preis ca. ℳ	Gewicht ca. kg	Preis ca. ℳ
1	70	*270*	90	*400*
2	110	*320*	125	*450*
3,5	140	*400*	175	*550*
5	180	*460*	225	*650*
7,5	225	*570*	300	*800*
10	280	*670*	350	*960*
15	350	*880*	450	*1270*
20	450	*1100*	560	*1550*
25	550	*1300*	670	*1850*
30	650	*1500*	770	*2200*
40	850	*1950*	1000	*2750*
50	1050	*2400*	1200	*3250*
60	1300	*2800*	1400	*3750*
80	1750	*3600*	1800	*4700*
100	2200	*4400*	2250	*5500*
125	—	—	2800	*6300*
150	—	—	3250	*7100*
200	—	—	4300	*8300*

Drehstromtransformatoren für Selbstkühlung mit Ölisolation mit Wellblechkessel.

Leistung	Spannung		Wirkungsgrad bei induktionsfreier Vollbelastung	Preis	Preis des zugehör. Kessels mit Öl	Gewicht netto
	Primär	Sekundär				
KV-A.	Volt	Volt	%	ℳ	ℳ	kg
85	1 000— 5 000	40— 70	96,1	*2950*	*1500*	3000
95	1 000— 5 000	70— 500	96,5	*3150*		
95	5 000— 7 000	70— 500	96,5	*3150*		
85	7 000—10 000	70— 500	96,1	*2900*		
115	1 000— 5 000	50— 90	96,6	*3750*	*1700*	3700
125	1 000— 5 000	90— 500	96,8	*3950*		
115	5 000— 7 000	90—3000	96,6	*3700*		
100	7 000—10 000	90—3000	96,1	*3350*		
205	1 000— 4 500	80— 140	97,1	*5200*	*2280*	4300
190	4 500— 7 000	80— 140	96,9	*4900*		
180	7 000— 8 700	80— 140	96,8	*4600*		
210	1 000— 7 000	140—3000	97,2	*5100*		
180	7 000—11 500	140—3000	96,8	*4560*		
150	11 500—15 000	140—3000	96,2	*4400*		
255	1 000— 7 000	88— 155	97,2	*5850*	*2800*	7100
235	7 000—11 500	88—155	97,0	*5400*		
270	1 000— 7 000	155—3000	97,4	*5750*		
250	7 000—11 500	155—3000	97,2	*5500*		
225	11 500—15 000	155—3000	96,9	*5000*		
200	15 000—20 000	155—3000	96,5	*4500*		
320	1 000— 7 000	95— 165	97,6	*6700*	*3050*	7200
300	7 000—11 500	95— 165	97,4	*6250*		
310	1 000— 7 000	165—3000	97,5	*6400*		
305	7 000—11 500	165—3000	97,4	*6350*		
280	11 500—15 000	165—3000	97,2	*5860*		
255	15 000—20 000	165—3000	97,0	*5300*		
390	1 000— 7 000	105— 180	97,7	*7400*	*3100*	7770
370	7 000—11 500	105— 180	97,6	*7000*		
385	1 000— 7 000	180—3000	97,7	*7100*		
380	7 000—11 500	180—3000	97,6	*7000*		
350	11 500—15 000	180—3000	97,4	*6450*		
320	15 000—20 000	180—3000	97,2	*6000*		
525	1 000— 7 000	135— 230	97,9	*9550*	*3750*	1020
490	7 000—11 500	135— 230	97,8	*8800*		
530	1 000— 7 000	230—3000	98,0	*9100*		
530	7 000—11 500	230—3000	98,0	*9100*		
485	11 500—15 000	230—3000	97,8	*8250*		
455	15 000—20 000	230—3000	97,6	*7900*		
655	1 000— 7 000	150— 260	98,0	*11000*	*4450*	11100
650	7 000—11 500	150— 260	98,0	*10900*		
680	1 000— 7 000	260—3000	98,1	*11100*		
660	7 000—11 500	260—3000	98,1	*10700*		
635	11 500—15 000	260—3000	98,0	*10300*		
605	15 000—20 000	260—3000	97,9	*9700*		

Drehstr.-Transformat. m. Wasserkühlung, Ölisolation m. glattem Kessel.

Leistung	Spannung		Wirkungsgrad bei induktionsfreier Vollbelastung	Preis	Preis des zugehör. Kessels mit Öl	Wasserbedarf pro Stunde	Gewicht netto
	Primär	Sekundär					
KV-A	Volt	Volt	%	*M*	*M*	cbm	kg
97	1000— 5000	40— 70	96,3	*2950*	*630*	1,38	2000
108	1000— 5000	70— 500	96,65	*3150*			
108	5000— 7000	70— 500	96,65	*3150*			
97	7000—10000	70— 500	96,3	*2900*			
167	1000— 5000	50— 90	96,6	*3750*	*750*	1,47	2500
181	1000— 5000	90— 500	96,8	*3950*			
167	5000— 7000	90—3000	96,6	*3700*			
145	7000—10000	90—3000	96,1	*3350*			
289	1000— 4500	80— 140	97,2	*5200*	*1050*	1,67	3440
268	4500— 7000	80— 140	97,05	*4900*			
254	7000— 8700	80— 140	96,9	*4600*			
296	1000— 7000	140—3000	97,3	*5100*			
254	7000—11500	140—3000	96,9	*4560*			
212	11500—15000	140—3000	96,4	*4400*			
336	1000— 7000	88— 155	97,3	*5850*	*1300*	1,73	4300
310	7000—11500	88— 155	97,1	*5400*			
356	1000— 7000	155—3000	97,45	*5750*			
330	7000—11500	155—3000	97,3	*5500*			
297	11500—15000	155—3000	96,95	*5000*			
264	15000—20000	155—3000	96,55	*4500*			
422	1000— 7000	95— 165	97,5	*6700*	*1500*	1,77	4920
395	7000—11500	95— 165	97,5	*6250*			
408	1000— 7000	165—3000	97,55	*6400*			
402	7000—11500	165—3000	97,55	*6350*			
369	11500—15000	165—3000	97,3	*5860*			
336	15000—20000	165—3000	97,05	*5300*			
502	1000— 7000	105— 180	97,7	*7400*	*1650*	1,81	5630
475	7000—11500	105— 180	97,65	*7000*			
495	1000— 7000	180—3000	97,7	*7100*			
488	7000—11500	180—3000	97,65	*7000*			
450	11500—15000	180—3000	97,5	*6450*			
412	15000—20000	180—3000	97,3	*6000*			
645	1000— 7000	135— 230	97,9	*9550*	*2000*	1,91	6850
603	7000—11500	135— 230	97,8	*8800*			
652	1000— 7000	230—3000	97,9	*9100*			
652	7000—11500	230—3000	97,9	*9100*			
597	11500—15000	230—3000	97,8	*8250*			
560	15000—20000	230—3000	97,7	*7900*			
774	1000— 7000	150— 260	98,0	*11000*	*2200*	1,98	7605
767	7000—11500	150— 260	98,0	*10900*			
803	1000— 7000	260—3000	98,1	*11100*			
780	7000—11500	260—3000	98,1	*10700*			
750	11500—15000	260—3000	98,0	*10300*			
715	15000—20000	260—3000	97,9	*9700*			

Allg. Elektrizitäts-Ges., Berlin.
Berliner Maschinenbau-A.-G.
Braunschweiger Maschinenbau-Ges.
Brown, Boveri & Ko., Baden, Schweiz.
Deutsche Elektr.-Werke, Aachen.
Lahmeyer & Ko., Stuttgart.
Maschinenfabrik Oerlikon, Oerlikon
Siemens-Schuckertwerke, Berlin.
Union E.-G., Berlin.

Drehstromtransformatoren der Berliner Maschinenbau-A.-G. vorm. L. Schwartzkopff, Berlin.

Scheinbare sekundäre Leistung KW	Ungefährer Wirkungsgrad bei			Gewicht des Transformators		Preis des Transformators kompl. ℳ
	1/2-Belastung %	3/4-Belastung %	Voll-Belastung %	unverpackt kg	verpackt kg	
1	88,9	90,9	91,4	90	135	400
2	90,2	92,0	92,5	125	170	450
3,5	91,6	93,1	93,5	175	225	550
5	92,5	93,9	94,2	225	285	650
7,5	93,7	94,8	95,1	300	360	800
10	94,5	95,3	95,5	350	420	960
15	95,1	95,9	96,1	450	530	1270
20	95,4	96,1	96,3	560	660	1550
25	95,7	96,3	96,5	670	770	1850
30	96	96,5	96,6	770	870	2200
40	96,1	96,6	96,7	1000	1140	2750
50	96,3	96,7	96,8	1200	1360	3250
60	96,4	96,8	96,9	1420	1610	3750
80	96,5	97	97	1840	2080	4700
100	96,7	97,2	97,2	2250	2520	5500
125	96,8	97,3	97,3	2800	3100	6300
150	97,1	97,5	97,5	3250	3600	7100
200	97,1	97,5	97,5	4300	4750	8300

Wechselstromtransformatoren der Maschinenbau-A.-G. vorm. L. Schwartzkopff, Berlin.

Scheinbare sekundäre Leistung KW	Ungefährer Wirkungsgrad in %			Gewicht des Transformators in kg	Preis des Transformators kompl. ℳ
	1/2-Belastung	3/4-Belastung	Vollbelastung		
1	89,3	91,4	92	70	270
2	91,2	92,8	93,2	110	320
3,5	92,7	94,1	94,4	140	400
5	93,7	94,8	95,1	180	460
7,5	94,7	95,5	95,7	225	570
10	95,1	95,9	96,1	280	670
15	95,5	96,2	96,4	360	880
20	96	96,5	96,6	450	1100
25	96,1	96,6	96,7	550	1300
30	96,3	96,7	96,8	650	1520
40	96,5	97	97	850	1950
50	96,6	97,1	97,1	1075	2400
60	96,7	97,2	97,2	1300	2800
80	97	97,4	97,4	1750	3600
100	97,1	97,5	97,5	2200	4400

Drehstromtransformatoren der Siemens-Schuckertwerke.

Leistung	bei cos $\varphi = 1$ Wirkungsgrad bei voller Belastung	bei dreiviertel Belastung	bei halber Belastung	Gewicht netto	Gewicht brutto	Preis bei Unterspannungen von 110, 120, 200 oder 220 Volt für Oberspannungen: von 500 Volt	über 500 bis 3000 Volt	über 3000 bis 5000 Volt	über 5000 bis 10 000 Volt
KW	ca. %	ca. %	ca. %	kg	kg	ℳ	ℳ	ℳ	ℳ
Drehstromtransformatoren für Aufstellung in trockenen Räumen.									
2,5	92	90,5	88,5	100	130	*460*	*540*	*660*	—
5	93,5	92,5	90	130	190	*560*	*650*	*710*	*870*
7,5	94,5	94	92	175	230	*680*	*770*	*880*	*1000*
12,5	95	94,5	93	250	320	*870*	*970*	*1100*	*1250*
20	96	95,5	95	370	460	*1300*	*1400*	*1450*	*1650*
30	96,5	96	95	520	620	*1750*	*1850*	*2000*	*2150*
40	96,5	96	95	640	750	*2150*	*2300*	*2500*	*2600*
50	96,7	96,5	96	830	950	*2750*	*2900*	*3100*	*3150*
70	97	97	96,5	1140	1270	*3500*	*3700*	*3850*	*3950*
100	97	97	97	1660	1800	*4600*	*4800*	*4900*	*5000*
150	97,5	97,5	97	2600	2900	*6000*	*6300*	*6400*	*6600*
Drehstromtransformatoren für Aufstellung in feuchten Räumen und im Freien.									
2,5	92	90,5	88,5	160	200	*620*	*710*	*820*	—
5	93,5	92,5	90	200	250	*710*	*800*	*870*	*1000*
10	95	95	94	290	350	*950*	*1050*	*1100*	*1250*
15	95,5	95	94	370	450	*1100*	*1250*	*1300*	*1450*
25	96	96	95,5	470	560	*1550*	*1650*	*1700*	*1750*
40	96,5	96,5	95,5	620	710	*2000*	*2150*	*2200*	*2300*
55	96,5	96,5	96	800	900	*2500*	*2650*	*2800*	*2900*
70	97	96,5	96	1100	1250	*3050*	*3200*	*3250*	*3400*
100	97	97	96	1250	1400	*4000*	*4200*	*4250*	*4300*
150	97,5	97	96,5	1850	2000	*5400*	*5700*	*5800*	*5900*
200	98	97,5	97	3000	3300	*7000*	*7300*	*7500*	*7600*

Wechselstromtransformatoren der Siemens-Schuckertwerke.

Wechselstromtransformatoren für Aufstellung in trockenen Räumen.

Leistung KW	bei voller ca. %	bei dreiviertel ca. %	bei halber ca. %	netto kg	brutto kg	von 500 Volt ℳ	über 500 bis 3000 Volt ℳ	über 3000 bis 5000 Volt ℳ	über 5000 bis 10 000 Volt ℳ
2,5	93,5	93	91,5	70	100	*370*	*430*	—	—
5	94	93,5	92,5	100	130	*450*	*510*	—	—
7,5	95	94,5	93	130	170	*560*	*620*	*720*	—
10	95,5	95	93,5	160	200	*630*	*710*	*770*	*830*
15	96	96	94,5	240	300	*880*	*930*	*960*	*1000*
20	96,5	96,5	95,5	320	400	*1100*	*1150*	*1250*	*1300*
30	96,5	96,5	95,5	460	560	*1450*	*1550*	*1700*	*1750*
50	97	97	97	680	800	*2150*	*2250*	*2400*	*2500*
70	97,5	97,5	97,5	900	1050	*2800*	*2900*	*3000*	*3200*
100	98	98	98	1200	1400	*3550*	*3800*	*3900*	*4000*
150	98	98	98	1700	2000	*4800*	*5000*	*5100*	*5200*

Leistung	bei cos φ = 1: Wirkungsgrad bei voller Belastung	bei dreiviertel Belastung	bei halber Belastung	Gewicht netto	Gewicht brutto	Preis bei Unterspannungen von 110, 120, 200 oder 220 Volt für Oberspannungen: von 500 Volt	über 500 bis 3000 Volt	über 3000 bis 5000 Volt	über 5000 bis 10000 Volt
KW	ca. %	ca. %	ca. %	kg	kg	*M*	*M*	*M*	*M*
Wechselstromtransformatoren für Aufstellung in feuchten Räumen und im Freien.									
2,5	93,5	93	91,5	110	140	*430*	*510*	—	—
5	94	93,5	92,5	150	190	*570*	*630*	—	—
7,5	95	95	93,5	180	230	*650*	*730*	*790*	—
12,5	95,5	95,5	94,5	220	280	*790*	*880*	*910*	*970*
20	96	96	94,5	300	380	*1100*	*1150*	*1200*	*1250*
30	96,5	96,5	95,5	400	500	*1350*	*1450*	*1500*	*1550*
50	97	96,5	96	650	770	*2000*	*2100*	*2150*	*2250*
70	97,5	97	96,5	850	1000	*2450*	*2600*	*2700*	*2800*
100	97,8	97,5	97	1150	1350	*3250*	*3500*	*3550*	*3650*
150	98	98	97	1650	1950	*4250*	*4550*	*4700*	*4900*
200	98	98	97	1850	2200	*4950*	*5250*	*5400*	*5600*

Transmissionswellen. Wellendurchmesser in mm:

PS	Umdrehungen in der Minute: 40	60	80	100	120	140	160	180	200	250	300	350
1	50	45	45	40	40	35	35	35	35	35	30	30
2	60	55	50	50	45	45	40	40	40	40	35	35
3	65	60	55	50	50	50	45	45	45	40	40	40
4	70	65	60	55	55	50	50	50	50	45	45	40
6	75	70	65	60	60	55	55	55	50	50	50	45
8	80	75	70	65	65	60	60	55	55	55	50	50
10	85	80	75	70	65	65	60	60	60	55	55	50
15	95	85	80	75	75	70	70	65	65	60	60	55
20	105	95	85	85	80	75	75	70	70	65	65	60
25	110	100	90	85	85	80	80	75	75	70	65	65
30	115	105	95	90	85	85	80	80	75	75	70	65
40	120	110	105	100	95	90	85	85	85	80	75	70
50	130	115	110	105	100	95	90	90	85	85	80	75
60	135	120	115	110	105	100	95	95	90	85	85	80
70	140	125	120	110	105	105	100	95	95	90	85	85
80	145	130	120	115	110	105	105	100	100	95	90	85
90	150	135	125	120	115	110	105	105	100	95	90	90
100	155	140	130	120	115	115	110	105	105	100	95	90

Transmitter [siehe **Tonsender**).

Trennschalter (siehe **Leitungsschliesser** und **Sammelschienen**).

Tribelhorn-Tellerakkumulatoren. Der Tribelhornakkumulator hat die Form eines Tellers, dessen Innenseite die positive und dessen Außenseite die negative Elektrode vorstellt. Diese Teller sind innen und außen mit Rillen versehen, welche zur Aufnahme des aktiven Materiales dienen. Die Isolation der einzelnen Teller untereinander beim Aufbau zu einer Säule erfolgt durch Glaskugeln. Die Zahl der zu einer Säule vereinigten Teller hängt von ihrer Größe ab und beträgt bei solchen mit 700—800 mm Durchmesser und 60 bis 70 kg pro Teller gewöhnlich 20—25 Stück. Die Säule wird auf Holzklötzen, deren Zahl jener der Kugelspitzen entspricht, aufgebaut. Die Holzklötze tragen zweiteilige Isolatoren, welche eine Ölrinne besitzen und deren oberer Teil eine Vertiefung hat, in die der Zapfen eines darauf zu stellenden Bleiuntersatzes eingreift. Letzterer dient zur Aufnahme der Glaskugeln, die das unterste Element tragen, auf dem, ebenfalls durch Glaskugeln unterstützt, die anderen Teller aufgebaut werden. Die Verbindung der Fahnen erfolgt ohne Löten nur durch Keilverschlüsse.

Die Vorteile der Tellerakkumulatoren lassen sich kurz folgendermaßen charakterisieren: Einfache und schnelle Montage infolge Wegfalles der Lötstellen, große Raumersparnis, Stromdurchgang auf der ganzen Fläche, da die ganze negative Fläche direkt mit der positiven verbunden ist. Der Wirkungsgrad in Amp.-Std. ist im Mittel 90—92 %; er erhöht sich bei Unterbrechung bis auf 97 %.

(Tabelle siehe gegenüberstehende Seite.)

Trinidadasphalt wird verwendet als Anstrich von Zementboden in Akkumulatorenräumen. In den Asphalt werden säurebeständige Mettlacher Platten eingelassen, auf welche die Füße der Holzgestelle für die Elemente zu stehen kommen.

Triplexlampe ist eine Differentiallampe in Dreieckschaltung. Hauptzweck: Bei einer Betriebsspannung von 110 Volt statt zwei ev. drei Bogenlampen hintereinander schalten zu können. An Stelle des Vorschaltwiderstandes tritt dann ein Anlaßwiderstand, welcher beim Einschalten der Lampengruppe allmählich kurzgeschlossen wird, so daß die Lampen normal ohne vorgeschalteten Widerstand brennen. Die Triplexlampen, die bei 110 Volt Spannung in Stromstärken bis höchstens 8 Amp. betrieben werrden können, können bei 220 Volt Betriebsspannung auch zu sechs in Serie geschaltet werden.

Triplexmaschine (siehe **Dampfmaschine**).

Tritt. Zwei Wechselstrommaschinen sind im Tritt, wenn sie synchron laufen (siehe daselbst).

Trockenelemente. Dieselben bestehen gewöhnlich aus einem Zinkbehälter, welcher als Elektrode dient und an der Spitze mit einer Klemmschraube versehen ist. In der Mitte des Zinkbehälters befindet sich, ohne dessen Boden zu berühren eine Kohlenplatte, die ebenfalls eine Klemmschraube trägt. Zwischen Zinkbehälter und Kohlenplatte befindet sich ein aus paraffiniertem oder Wachstuchpapier hergestelltes Diaphragma, das in Form einer Paste die Erregermasse enthält, welche Salze enthält, die auch in nassen Elementen

Tabelle über Tribelhorn-Tellerakkumulatoren.

Typen			Mikro	00	0	1	2	3	4	5	6	7	8
Garantierte Kapazität und Entladestrom	in 3 Stunden	Kapazität in Amperestunden	1,5	3	6,6	15	36	66	93	117	159	204	261
		Entladestrom in Ampere . .	0,5	1	2,2	5	12	22	31	39	53	68	87
	in 5 Stunden	Kapazität in Amperestunden	2	4	8	20	45	80	115	150	200	255	325
		Entladestrom in Ampere . .	0,4	0,8	1,6	4	9	16	23	30	40	51	65
	in 7 Stunden	Kapazität in Amperestunden	2,1	4,5	9	24	49	91	127	161	217	280	357
		Entladestrom in Ampere . .	0,3	0,6	1,3	3,5	7	13	20	23	31	40	51
	in 10 Stunden	Kapazität in Amperestunden	2,6	5	10	26	55	95	135	170	230	300	380
		Entladestrom in Ampere . .	0,26	0,55	1	2,6	5,5	9,5	13,5	17	23	30	38
Ladestrom in Ampere . .		Normal	0,3	0,7	1,4	2,7	6	11,5	17	21	28	36	46
		Zulässige Ausnahme .	0,6	1,4	2,8	5,4	12	23	34	42	56	72	92
Raumbedarf für eine Batterie von 110 Volt (Bedienungsraum inbegriffen) Type 1—5 in 2 Säulen montiert Type 6—8 in 3 Säulen montiert		Länge m .	1,2 (Batterie 500 Volt)	0,6	0,9	1,2	1,3	2,1	2,2	2,4	3,5	3,8	4
		Breite m .	0,2	0,2	0,2	0,8	1,3	1,6	1,7	2	2,2	2,3	2,5
		Höhe m .	1,8	0,6	1	1,5	1,8	1,8	2	2	2	2	2
Durchmesser eines Elementes in cm			10	13	17	25	35	45	51	57	65	73	80
Gewicht pro Element inkl. Verpackung in kg . .			1	2	3,5	5,5	15	30	38	54	65	85	110
Füllsäure		pro Element Liter . .	0,05	0,15	0,25	0,75	1,5	3,5	5	6	10,5	12	15
		pro 60 Elemente Liter	4	10	15	50	100	210	300	360	630	750	900

verwendet werden. Die Zusammensetzung dieser Pasten wird in den meisten Fällen geheim gehalten. Das ganze Element ist oben mit Pech oder Wachs zugedeckt. Die elektromotorische Kraft der Trockenelemente schwankt zwischen 1,30—1,60 Volt, die Stromstärke ja nach der Größe bis zu 12 Amp.

Trolley (siehe **Stromabnehmer**) besteht aus dem Trolleybock, welcher auf dem Wagendache befestigt und mit einer Federvorrichtung versehen ist, durch die das Trolley gegen den Fahrdraht gepreßt wird, der Trolleystange und dem Trolleykopf mit der Kontaktrolle. Trolleys, deren Kopf auch um eine vertikale Achse drehbar ist, gestatten große seitliche Ausladungen (siehe **Seitentrolleys, Dickinsonsche Rolle**). Preis eines Trolleys, komplett, *ℳ 300—400.*

Trolleybock — unterer Teil der Trolleyvorrichtung, mit welchem dieselbe auf dem Wagendache gelagert ist.

Trolleyfänger sind selbsttätige Vorrichtungen, welche beim Entgleisen der Kontaktrolle dieselbe arretieren, so daß ein Herunterreißen des Fahrdrahts verhindert wird. Es sind gewöhnlich Sperrklinken- oder selbsttätige Ratschenkonstruktionen. Preis pro Stück *ℳ 14—20.*

Trommelanker. Die wirksame Drahtlänge ist beim Trommelanker größer als beim Ringanker, ebenso die radiale Tiefe des Ankereisens, was auf die Stärke des magnetischen Feldes günstig einwirkt. Die Befestigung der Wickelung ist schwieriger als beim Ringanker, die nachteilige Einwirkung der Zentrifugalkraft größer als bei letzterem. Der Ankerwiderstand ist geringer als beim Ringanker.

Trommelwickelung. Bei derselben werden jedesmal zwei ungefähr gegenüberliegende Drähte an den Stirnseiten des Ankers verbunden. Nachteile: Da sich die beiden Drähte, zwischen denen höchste Spannungsdifferenz herrscht, unmittelbar auf der Rückseite kreuzen, ist leicht ein Durchschlagen der Isolation möglich, daher hohe Isolation nötig. Bei Isolationsfehlern muß zur Reparatur die ganze Wickelung heruntergenommen werden, da an den Stirnseiten Wulste entstehen, deren Inneres unzugänglich ist. Vorteile: Die Länge des unwirksamen Leiters ist im Verhältnis zur Ringwickelung geringer, da die Verbindungsdrähte nur auf den Stirnseiten liegen. Geringerer Drahtverbrauch.

Tudorsches Verfahren. Auf die Bleiplatten wird eine dünne Schicht Mennige aufgetragen, formiert, dann wieder Mennige aufgetragen, formiert usf., bis die genügende Stärke erreicht ist (siehe **Akkumulatorenplatten**).

Tunnelsystem ist ein Verlegungssystem von unterirdischen Leitungen, bei welchem letztere auf Porzellan montiert in schliefbaren Kanälen verlegt werden. Anwendung für Lichtleitungen von beschränkter Ausdehnung dort, wo ihre Zahl von vornherein nicht bestimmbar ist. Diese Verlegungsart ist sehr teuer und wird gewöhnlich nur dort angewendet, wo schliefbare Kanäle vorhanden sind.

Turbinen. Die Leistung L in PS berechnet sich aus der Formel:

$$\frac{Q \cdot H \cdot \eta}{75} = L,$$

worin Q die Zahl der Sekundenliter, H das wirksame Gefälle und η den Wirkungsgrad der Turbine bedeuten.

Die Umdrehungszahl n berechnet sich aus der Formel:

$$n = c\sqrt{\frac{1000 \cdot H\sqrt{H}}{Q}}$$

wobei c für gewöhnliche Turbinen = 40—50
» Francis- » = 50—60
» Konus- » = 60—70.

Reaktionsturbinen (Francis- und Jonvalturbinen) sind für veränderliche Gefälle unter Anwendung von Jonvalsaugröhren verwendbar. Vorteile dieser Anordnung sind die Ausnützung des geasmten wirksamen Gefälles, horizontale Anordnung der Turbinenachse (dadurch direkte Kuppelung mit den Generatoren); Nachteil, daß der Wirkungsgrad bei Wassermangel um 8—10% fällt. Wirkungsgrad 75—83%.

Tabelle der Umdrehungszahlen von Hochdruckturbinen.
(Escher, Wyß & Ko., Zürich) bei Gefällen von 10–100 m.

Nettogefälle m	Umdrehungszahl pro Minute des Motors Nr.						
	6	7	8	9	10	11	12
10	225	190	170	150	135	125	120
15	275	225	205	185	165	150	135
20	315	275	240	210	190	175	155
25	350	305	265	230	210	195	175
30	385	330	290	255	230	210	190
35	415	360	315	280	250	225	205
40	445	385	335	300	270	245	225
50	500	425	375	330	300	270	250
60	545	465	410	360	325	300	270
70	590	505	445	390	355	325	295
80	625	540	470	420	380	345	315
90	665	575	500	445	400	365	335
100	705	605	530	470	425	385	350
110	740	635	555	495	445	400	370
120	775	660	580	515	465	420	385
130	805	690	605	535	485	440	400
140	835	715	625	555	500	455	415
150	865	740	650	575	520	470	430
160	890	765	670	595	535	485	445
170	920	790	690	615	550	500	460
180	950	815	710	635	570	515	475
190	975	835	730	650	585	530	485
200	1000	855	750	665	600	545	500

Aktionsturbinen (Girard- und Partialturbinen) müssen mit ihrer Laufradunterkante mindestens 50 mm über dem mittleren Unterwasserspiegel liegen. Die Aktionsturbinen haben den Vorteil eines nahezu konstanten Wirkungsgrades auch bei wechselnder Beaufschlagung, den Nachteil der Gefällsverluste (über 100 mm) bei Niederwasserstand. Wirkungsgrad 75—80%.

Partialturbinen für Gefälle über 20 m. Wirkungsgrad bis 78%.

Als wirksames Gefälle wird betrachtet:

1. Wenn das Laufrad über Wasser arbeitet: Der Abstand des Oberwasserspiegels unmittelbar über der Turbine bis zur horizontalen Ebene, welche man sich durch die Schwerpunkte der Ausflußöffnungen der Laufradzellen gelegt denkt;
2. wenn das Laufrad über Wasser arbeitet und mit Saugrohr versehen ist: Der Abstand des Oberwasserspiegels direkt über der Turbine bis zum Unterwasserspiegel;
3. wenn das Laufrad im Unterwasser arbeitet: Der Abstand des Oberwasserspiegels bis zum Unterwasserspiegel.

Tabelle über regulierbare Francisturbinen mit Saugrohr.

Von J. M. Voith, Heidenheim (Württ.)

Liegende oder stehende Welle. Im offenen Schacht oder als Spiralturbinen. Größte sekundl. Wassermengen. Wassermengen, Leistungen und Umdrehungszahlen pro Minute für 1 m im Gefälle.

Größennummern	Wassermenge cbm	Leistung PS	Umdrehung pro Min.	Größennummern	Wassermenge cbm	Leistung PS	Umdrehung pro Min.
5	0,15	1,5	105	16	2,10	19,5	32,9
6	0,24	2,4	87	17	2,35	22,5	31,0
7	0,32	3,2	75	18	2,70	25,0	29,3
8	0,44	4,4	65,5	19	3,00	28,5	27,7
9	0,57	5,7	58	20	3,30	31,5	26,4
10	0,73	7,3	52,5	21	3,50	33,5	25,1
11	0,90	8,9	47,8	22	3,70	37,0	24,0
12	1,10	11,0	43,8	23	4,00	40,0	22,9
13	1,30	13,0	40,5	24	4,50	45,0	22,0
14	1,55	15,5	37,6	25	4,90	49,0	21,1
15	1,80	18,0	35,1				

Bei Anfragen über Turbinenlieferungen sind im allgemeinen folgende Fragen zu beantworten:

1. Was hat die Turbinenanlage zu betreiben?
2. Wie groß ist das Gefälle?
3. Kommt Sauggefälle in Betracht oder nicht? Eventuell wie groß soll dieses sein.
4. Wie viel Kraft soll ausgenutzt werden?
5. Werden eine oder mehrere Turbinen für die Ausnutzung der ganzen Kraft gewünscht? Für welche Maximaleinzelleistung und Umdrehungszahl?
6. Ist die Wassermenge konstant oder variabel?
7. Wie groß ist die normale Wassermenge in Sekundenliter? Durch wieviel Tage im Jahre?
8. Wie groß ist die maximale Wassermenge in Sekundenliter? Durch wieviel Tage im Jahre?
9. Wie groß ist die minimale Wassermenge in Sekundenliter? Durch wieviel Tage im Jahre?
10. Ist der Oberwasserspiegel konstant oder nicht? Wie groß sind dessen Veränderungen?

11. Ist der Unterwasserspiegel konstant oder nicht? Wie groß sind dessen Veränderungen?
12. Wie ist das Betriebswasser? Rein oder unrein? Im Winter eisfrei oder Grundeis führend? Kommen vielfach Laub oder andere mechanische Verunreinigungen im Wasser vor?
13. Welche minutliche Umdrehungszahl haben die anzutreibenden Generatoren?
14. Wird direkte Kuppelung gewünscht? Feste oder elastische? Isolierende?
15. Soll die Turbinenwelle horizontal oder vertikal sein?
16. Wie hoch liegt die Generatorwelle über dem normalen Unterwasserspiegel?
17. Ist bei der Projektierung auf Hochwasser Rücksicht zu nehmen?
18. Welche Umdrehungsrichtung soll die Turbine haben?
19. Wird das Kraftwasser in offenem Kanale oder in Röhrenleitung zugeführt?
20. Welchen Querschnitt hat der Kanal? Welches normale, maximale und minimale Gefälle ist vorhanden? Durch wie viel Tage im Jahr?
21. Durchmesser der Rohrleitung? Welches normale, maximale und minimale Gefälle ist vorhanden? Durch wieviel Tage im Jahre? Wieviel Rohrleitungen sind vorhanden?
22. Welches Gefälle soll zugrunde gelegt werden? Soll die Kraftleistung mit Minimalgefälle so groß sein wie mit Normalgefälle?
23. Ist ein Reservoir zur Wasseraufsparung vorhanden? Wie groß ist dessen Inhalt?

Turboalternator ist ein Wechsel- oder Drehstromgenerator, welcher mit einer Dampfturbine direkt gekuppelt ist.

Tür- und Fensterkontakte.

Benennung	g	*M*
Tür- und Fensterkontakt (zum Einlassen) . . .	30	*—.50*
do. nur beim Öffnen der Tür wirkend . . .	75	*1.—*
do. mit Ausschaltvorrichtung, lang	48	*—.80*
do. rund	25	*—.95*
Streichkontakt, rund	25	*1.15*
do. winkelartig	27	*—.60*
Streichkontakt	80	*—.70*
do. mit Doppelfedern	65	*1.50*
Jalousiekontakt, einfach (auch Türkontakt für Ruhestrom)	35	*1.40*
do. mit Rolle	105	*3.—*
do. mit Rolle, für umgekehrte Wirkung wie Nr. 2667	105	*3.—*
Fadenkontakt zur Sicherung von Geldschränken etc.	45	*1.50*
do. für Ruhestrom	50	*2.50*
Türkontakt, nur beim Schließen der Tür wirkend	120	*1.80*

U.

Überdruckturbine (siehe **Reaktionsturbine**).

Überführungstürme (siehe **Hochspannungsleitungen**).

Überführungszahl des Anions ist das Verhältnis der Zahl der Anionen, die zur Anode wandern, zur Gesamtzahl der ausgeschiedenen Ionen, jene des Kations das Verhältnis der wandernden Kationen zur Gesamtzahl.

Übergangsbogen für Isolierröhren.

Preis pro 100 Stück.

Innerer Durchmesser mm	Bogenhöhe mm	Ohne Muffen ℳ	Mit 2 Muffen aus Isoliermat. ℳ	Mit 2 Messingmuffen ℳ
7	20	*13.50*	*21.50*	*31*
9	22	*15.—*	*23.50*	*33*
11	23	*16.50*	*25.50*	*35*
13	24	*18.—*	*28.—*	*40*
16	27	*21.—*	*33.—*	*45*
23	35	*29.—*	*44.—*	*60*
29	40	*38.—*	*58.—*	*84*

Überglocken für Glühlampen (siehe **Sicherheitsvorschriften**).

Überhitzer (siehe **Dampfüberhitzer**).

Überlastung. Unter der Voraussetzung, daß die zulässigen Temperaturwerte (siehe **Temperaturen**) nicht überschritten werden, müssen Generatoren, Motoren und Umformer um 25% während einer halben Stunde (wobei bei Wechselstromtemperaturen cos φ nicht unter dem an der Maschine angegebenen Werte angenommen werden darf), Motoren, Umformer und Transformatoren um 40% während drei Minuten (wobei bei Motoren die normale Klemmenspannung einzuhalten ist) überlastungsfähig sein. Außerdem müssen Generatoren bei konstanter Umdrehungszahl die Spannung bis zu 15% Überlastung konstant halten können, wobei für Wechselstromgeneratoren das vorher Gesagte gilt.

Überlastungsfaktor eines Motors ist das Verhältnis des größten Drehmomentes zum normalen Drehmoment oder das Verhältnis der größten Leistung zur Normalleistung.

Übersetzungsverhältnis eines Transformators ist das Verhältnis der primären zur sekundären elektromotorischen Kraft.

Überspannungen (siehe **Bogenlampen-Aufhängematerial**).

Übertrager des Morsesystems (siehe **Relais**).

Überwachung von elektrischen Anlagen (siehe **Sicherheitsvorschriften**).

Uhren, elektrisch betriebene. Selbständige Uhren: Bei denselben wird die Antriebskraft des Laufgewichtes oder der Feder auf das Pendel durch die Wirkung des elektrischen Stromes ersetzt. Bei der Hippschen Uhr trägt das Pendel unten einen Anker, auf den ein Elektromagnet dann einwirkt, wenn durch Verlangsamung der Pendelschwingungen ein Kontakt geschlossen wird.

Eine zweite Art von elektrisch betriebenen Uhren sind die von einer Normaluhr (Hauptuhr) betätigten Nebenuhren, auf welche die Bewegung des Ankers eines Elektromagneten so einwirkt, daß die Zeiger um Sekunden bzw. Minuten weiterrücken. Bei dem Uhrensystem der Siemens-Schuckertwerke besitzen die Hauptuhren (Regulatoren) elektrischen Antrieb.

Das große Steigrad, welches auf der Sekundenzeigerachse sitzt, wird bei jeder Pendelschwingung um einen Zahn vorwärts geschoben und macht in einer Minute eine halbe Umdrehung. Auf derselben Achse sitzen zwei voneinander isolierte Arme mit Platinstiften, die je mit einem Pole der Batterie verbunden sind. Nach Verlauf einer Minute kommen die beiden Arme jeweilen mit den oberen Rückleitungs- bzw. unteren Linienlamellen in Berührung. Der Schlußkontakt erfolgt dabei auf den unteren Lamellen und zwar in drei Stadien: Auflaufen des Platinstiftes auf die Nasen der unteren Lamellen, dann während einer Pendelschwingung Stromschluß; nächste Pendelschwingung: Verlassen der Lamellen, wobei durch eine speziell angeordnete Lamelle der Induktions- oder Rückstrom sowie der Unterbrechungsfunke in einen Widerstand geleitet werden und dadurch die Kontaktstelle vor Verbrennen geschützt wird, so daß ein jahrelanger Betrieb erreicht wird. In der nächsten Minute haben die Arme eine halbe Umdrehung vollzogen, wodurch der Strom in umgekehrter Richtung in die Leitung fließt; diese Arme dienen mithin als Kontaktschließer und gleichzeitig als Stromwender. Der Kontaktdruck selbst ist durch das Übergewicht der Lamellen bestimmt, bleibt somit immer konstant. Die Länge des Kontaktes ist von der Pendellänge abhängig und beträgt bei normaler Ausführung 1,2 Sekunden. Durch einen kleinen Stift auf der Sekundenzeigerachse wird nach jeder Minute das kleine Steigrad auf der Zeigerachse um einen Zahn vorwärts geschoben, wodurch der große Zeiger um eine Minute vorrückt; auf derselben Achse sind der Stundenzeiger und die Übersetzung desselben angebracht. Gegen Rückgang ist das große Steigrad durch eine leichte Exzenterbremse in jeder Stellung gesperrt. Das Kontaktwerk wird durch eine Schraube oben an einen im Regulatorgehäuse befindlichen Winkel festgeklemmt und die Uhrenleitungen an den zwei Klemmen befestigt; die Stromzuführung ist bereits durch Körper und eine Feder hergestellt.

Zum Betriebe eines Regulators reichen drei gute Trockenelemente ca. $1^1/_2$—2 Jahre; außerdem wird bei Betrieb von Nebenuhren der Regulator an die Uhrenbatterie angeschlossen.

Die Nebenuhren haben ein Werk mit polarisiertem Anker, welch letzterer aus weichem Eisenblech gebogen ist und einen sehr großen Weg beschreibt, wodurch die Bewegungen von selbst sehr großen Zeigern absolut sicher erfolgen. Die Bewegungen des Ankers werden durch zwei Klinken ohne weitere Zwischenhebel direkt auf das Minutensteigrad übertragen.

Der Weg des Ankers ist beiderseits durch dämpfende Anschläge begrenzt, so daß mit diesen Werken ein nahezu geräuschloser Gang der Uhren erzielt wird. Der Stromverbrauch dieser Uhren ist so minimal, daß auf eine Linie bis zu 40 Uhren angeschlossen werden können, wobei der Kontakt noch sicher funktioniert und keiner Reinigung bedarf.

Als Stromquelle für kleinere Uhrenanlagen können sog. Trockenelemente verwendet werden, ohne daß die Betriebssicherheit der Anlage leidet, da die Konstruktion der Trockenelemente nunmehr derart vervollkommnet ist, daß sie $1\,^1/_2$—2 Jahre im Betriebe bleiben können, während welcher Zeit keine Wartung oder Reinigung nötig ist, wie bei nassen Elementen.

Sollen die Uhren mit Starkstrom (Gleichstrom) betrieben werden und ist derselbe nur bei Tage vorhanden, dann empfiehlt es sich, Akkumulatoren für konstante Ladung anzuwenden, was besonders für größere Uhrenanlagen von Vorteil ist.

Diese Akkumulatoren, welche speziell für diese Zwecke gebaut sind, werden durch Vorschalten eines hohen regulierbaren Widerstandes an Gleichstrom von 65, 110 oder 220 Volt angeschlossen und dauernd mit $^1/_{10}$ Amp. geladen, was für den Betrieb einer Uhrenanlage ausreicht, so daß auch hier weiter keine Wartung nötig ist, also auch kein Ein- und Ausschalten der Ladung.

Die Nachteile der Nebenuhren, welche in der Verlegung eines großen Leitungsnetzes und der dadurch ermöglichten leichten Störungen zu suchen sind, entfallen bei den sog. unabhängigen, elektrisch betriebenen Uhren, bei denen Trockenelemente einem Elektromagneten Strom zuführen und eine Bewegung seines Ankers hervorrufen, durch welche eine das Schaltrad betätigende Feder immerwährend gespannt wird (System David Perret).

Die an eine unabhängige, elektrisch betriebene Uhr zu stellenden Anforderungen sind:

1. Die Uhr muß sich selbsttätig aufziehen.
2. Die Inbetriebsetzung und Inbetriebhaltung darf nur einen ganz schwachen Strom erfordern.
3. Die jeweilige Zeitdauer des Stromes muß ein Minimum sein, um mit
4. kleinen Trockenelementen auskommen zu können und um
5. einen Ersatz der Elemente durch mehrere Jahre hindurch überflüssig zu machen, wobei
6. die Elemente leicht und rasch auswechselbar sein müssen.
7. Der elektrische Teil der Uhr muß von dem eigentlichen Uhrwerke vollständig isoliert sein und darf der Strom, um ein Oxydieren der beweglichen Teile hintanzuhalten, nicht in dieselben gelangen können.
8. Die Kontakte müssen so durchgeführt sein, daß eine Oxydierung unmöglich und eine Reinigung unnötig sind.
9. Konstante Betriebskraft und dadurch bedingte sichere Regulierung.
10. Größte Einfachheit.

Uhrenzähler (siehe **Pendelzähler, Aronzähler**).

Umdrehungszahl von Wechselstrom- oder Drehstrommaschinen soll nach den Vorschriften des V. d. E. nach folgender Tabelle abgestuft sein:

Polzahl	Umdrehungszahl des Generators, Synchronmotors oder leerlaufd. Asynchronmot. bei Frequenz. von	
	25	50
2	1500	3000
4	750	1500
6	500	1000
8	375	750
10	300	600
12	250	500
16	187,5	375
20	150	300
24	125	250
28	107	214
32	94	188
36	83	166
40	75	150
48	—	125
56	—	107
64	—	94
72	—	83
80	—	75

Umfangselement — Bezeichnung für die zwischen zwei Kollektorsegmenten liegenden Windungen des Ankers (kommt nur bei kleineren Maschinen vor).

Umfangsgeschwindigkeit in der Sekunde für den Halbmesser = 1 bei gegebener minutlicher Umdrehungszahl = *n*.

n	0	1	2	3	4	5	6	7	8	9
00	0,000	0,105	0,209	0,314	0,419	0,524	0,628	0,733	0,838	0,943
10	1,047	1,512	1,257	1,361	1,466	1,571	1,676	1,780	1,885	1,990
20	2,094	2,199	2,304	2,409	2,513	2,618	2,723	2,827	2,932	3,037
30	3,142	3,246	3,351	3,456	3,561	3,665	3,770	3,875	3,979	4,084
40	4,189	4,294	4,398	4,503	4,608	4,712	4,817	4,922	5,027	5,131
50	5,236	5,341	5,445	5,550	5,655	5,760	5,864	5,969	6,074	6,179
60	6,283	6,388	6,493	6,597	6,702	6,807	6,912	7,016	7,121	7,226
70	7,330	7,435	7,540	7,645	7,749	7,854	7,959	8,063	8,168	8,273
80	8,378	8,482	8,587	8,692	8,797	8,901	9,006	9,111	9,215	9,320
90	9,425	9,529	9,634	9,739	9,844	9,948	10,053	10,158	10,263	10,367
100	10,472	10,577	10,681	10,786	10,891	10,996	11,100	11,205	11,310	11,414
110	11,519	11,624	11,729	11,833	11,938	12,043	12,147	12,252	12,357	12,462
120	12,566	12,671	12,776	12,881	12,985	13,090	13,195	13,299	13,404	13,509
130	13,614	13,718	13,823	13,928	14,032	14,137	14,242	14,347	14,451	14,556
140	14,661	14,765	14,870	14,975	15,080	15,184	15,289	15,394	15,499	15,603
150	15,708	15,813	15,917	16,022	16,127	16,232	16,336	16,441	16,546	16,650
160	16,755	16,860	16,965	17,069	17,174	17,279	17,383	17,488	17,593	17,698

n	0	1	2	3	4	5	6	7	8	9
170	17,802	17,907	18,012	18,117	18,221	18,326	18,431	18,535	18,640	18,745
180	18,850	18,954	19,059	19,164	19,268	19,323	19,478	19,583	19,687	19,792
190	19,897	20,001	20,106	20,211	20,316	20,420	20,525	20,630	20,735	20,839
200	20,944	21,049	21,153	21,258	21,363	21,468	21,572	21,677	21,782	21,886
210	21,991	22,096	22,201	22,203	22,410	22,515	22,619	22,724	22,829	22,934
220	23,038	23,143	23,248	23,353	23,457	23,562	23,667	23,771	23,876	23,981
230	24,086	24,190	24,295	24,400	24,504	24,609	24,714	24,819	24,923	25,028
240	25,133	25,237	25,342	25,447	25,552	25,650	25,761	25,866	25,970	26,075
250	26,180	26,285	26,389	26,494	26,599	26,704	26,808	26,918	27,018	27,122
260	27,227	27,332	27,437	27,541	27,646	27,751	27,855	27,960	28,065	28,170
270	28,274	28,379	28,484	28,588	28,693	28,798	28,903	29,007	29,112	29,217
280	29,322	29,426	29,531	29,636	29,740	29,845	29,950	30,055	30,159	30,264
290	30,369	30,473	30,578	30,683	30,788	30,892	30,997	31,102	31,206	31,311
300	31,416	31,521	31,625	31,730	31,835	31,940	32,044	32,149	32,254	32,358
310	32,463	32,568	32,672	32,777	32,882	32,987	33,091	33,196	33,301	33,406
320	33,510	33,615	33,720	33,824	33,929	34,034	34,139	34,243	34,348	34,453
330	34,558	34,662	34,767	34,872	34,976	35,081	35,186	35,291	35,395	35,500
340	35,605	35,709	35,814	35,919	36,024	36,128	36,233	36,338	36,442	36,547
350	36,652	36,757	36,861	36,966	37,071	37,176	37,280	37,385	37,490	37,594
360	37,699	37,804	37,909	38,013	38,118	38,223	38,327	38,432	38,537	38,642
370	38,746	38,851	38,956	39,060	39,165	39,270	39,375	39,479	39,584	39,689
380	39,794	39,898	40,003	40,108	40,212	40,317	40,422	40,527	40,631	40,736
390	40,841	40,945	41,050	41,155	41,260	41,364	41,469	41,574	41,678	41,783
400	41,888	41,993	42,097	42,202	42,307	42,412	42,516	42,621	42,726	42,830
410	42,935	43,040	43,145	43,249	43,354	43,459	43,563	43,668	43,773	43,878
420	43,982	44,087	44,192	44,296	44,401	44,506	44,611	44,715	44,820	44,925
430	45,029	45,134	45,239	45,344	45,448	45,553	45,658	45,763	45,867	45,972
440	46,077	46,181	46,286	46,391	46,496	46,600	46,705	46,810	46,914	47,019
450	47,124	47,229	47,333	47,438	47,543	47,647	47,752	47,857	47,962	48,066
460	48,171	48,276	48,381	48,485	48,590	48,695	48,799	48,904	49,009	49,114
470	49,218	49,323	49,428	49,532	49,637	49,742	49,847	49,951	50,056	50,161
480	50,265	50,370	50,475	50,580	50,684	50,789	50,894	50,999	51,103	51,208
490	51,313	51,417	51,522	51,627	51,732	51,836	51,941	52,046	52,150	52,255
500	52,360	52,465	52,569	52,674	52,779	52,884	52,988	53,093	53,198	53,302

Umformer ist eine Maschine, bei welcher die Umformung des Stromes in einem gemeinsamen Anker stattfindet (Norm. des V. d. E.). Umformer werden verwendet, um die Spannung in einem Teile des Netzes zu erhöhen oder zu erniedrigen, um Gleichstrom in Drehstrom oder Wechselstrom oder umgekehrt Drehstrom in Gleichstrom, Wechselstrom in Gleichstrom zu verwandeln. Der Umformer der Thomson-Houston-Komp. besitzt ein zweipoliges, durch Gleichstrom erregtes Außenfeld, während der Anker zwei Wickelungen trägt. Der einen Wickelung wird direkt der hochgespannte Wechselstrom zugeführt, der ein Drehfeld erzeugt, das durch die Wirkung des Gleichstromfeldes seine Richtung unverändert beibehält, während der Anker rotiert. Durch die Rotation wird in der zweiten Ankerwickelung ein Wechselstrom induziert, welcher durch den Kommutator, mit dem diese Wickelung verbunden ist, und durch Bürsten in Gleichstrom verwandelt wird.

Der Umformer von Ball, welcher als Gleichstrom-Gleichstrom- und auch als Drehstrom-Gleichstromumformer dient, besteht aus einem mit einem Kollektor verbundenen Grammering, der von einem Eisenmantel umgeben ist und der mechanisch angetrieben wird. Der Gleichstrom wird dem Ringe an zwei gegenüberliegenden Punkten durch Bürsten zugeführt, wodurch im Ringe ein ruhendes Feld entsteht, in welchem die Armatur rotiert, so daß mittels zweier weiterer in einem Durchmesser des Ringes angeordneten Bürsten ein Gleichstrom abgenommen werden kann, dessen Spannung von dem Winkel abhängt, den die stromabnehmenden Bürsten mit den stromzuführenden Bürsten einschließen. Wenn dem Ringe Drehstrom zugeführt wird, dann wird das Drehfeld dadurch in ein ruhendes verwandelt, daß die Armatur von einem Synchronmotor ebenso rasch, aber entgegengesetzt gedreht wird, als das Feld rotiert.

Statischer Umformer von Cooper-Hewitt dient zur Umformung von Wechselströmen in Gleichströme durch die Ausnutzung besonderer Eigenschaften der Elektroden, welche in ein Gefäß eingeschmolzen sind, das bis zu einem gewissen Grade verdünnte Dämpfe enthält. Unter diesen Bedingungen wirken die Elektroden als elektrische Ventile, die einen Teil der Wechselstromquelle durchlassen und einen anderen Teil unterdrücken. Ein statischer Umformer besteht aus einer Glasbirne, an deren breiten Kopfseite im Inneren vier becherförmige Eisenelektroden an Stielen eingeschmolzen sind. Eine dieser Elektroden wird nur beim »Angehen« benutzt, während die drei anderen zum Anschlusse an die drei Leitungen eines Drehstromnetzes bestimmt sind. Am schmalen Fußende der Birne befindet sich die Quecksilberelektrode, die mit einer Leitung des Betriebsstromkreises verbunden wird, dessen anderer Zweig an dem neutralen Punkt des Dreiphasensystemes liegt. Der Betriebsstromkreis erhält in Parallelschaltung eine Glühlampe, einen Gleichstrommotor und eine Sammlerbatterie. Die vierte Elektrode wird nur beim Angehen für sehr kurze Zeit mit einem Stromkreise verbunden, in dem sich eine Induktionsspule befindet, weil hierfür gewöhnlich eine höhere als die normale Spannung benötigt wird. Diese Spannung wird vom Hilfsstromkreise für die sehr kurze Zeit beigestellt, die dazu nötig ist, um in der Birne diejenigen Bedingungen zu schaffen, welche eine Entladung mit der normalen Spannung ermöglichen. Ein Umformer für 200 Lampen ist z. B. nur wenig größer als eine 100-kerzige Glühlampe.

Gleichstrom-Einphasenstrom- oder Gleichstrom-Mehrphasenstrom-umformer oder umgekehrt.

Gleichstrom-spannung Volt	Umdrehungen pro Minute	Gewicht kg	Preis ℳ
220	1500	400	*1900*
330	1000	680	*2700*
330	1000	950	*3400*
330	1000	1200	*4250*
500	750	1500	*5700*

Maschinenfabrik Oerlikon, Oerlikon bei Zürich (Schweiz).

Umkehranlasser (siehe **Anlasser**).

Maschinenfabrik Oerlikon, Oerlikon bei Zürich (Schweiz).

Umlaufszahl, synchrone, eines Asynchronmotors ist seine Umdrehungszahl im Leerlauf. Sie ist gleich dem 120-fachen Verhältnis der sekundlichen Periodenzahl zur Polzahl des Motors.

Umschalter dienen dazu, einen Stromkreis mit einem oder mehreren Polen auf den zweiten, dritten usw. Stromkreis zu schalten oder die Stromrichtung in einem Stromkreise zu ändern. Sie bestehen aus einem Kontakthebel, welcher je nach der Zahl der angeschlossenen Leitungen auf die einzelnen Kontakte gestellt werden kann, wodurch der Strom in die an den betreffenden Kontakt angeschlossene Leitung gesendet wird.

Einpolige Umschalter für Spannungen bis 250 Volt.

Zulässige Stromstärke in Amp.	15	50	100	200	300	500	1000	1500
Preis in Mark	*10*	*20*	*30*	*38*	*55*	*70*	*110*	*175*

Umschalter für Spannungen bis 500 Volt.

Zulässige Stromstärke Amp.	Preis in Mark einpolig	zweipolig	dreipolig
50	*10*	*20*	*30*
100	*15*	*30*	*40*
200	*20*	*45*	*65*
400	*35*	*75*	*110*

Umschalter für Spannungen bis 1000 Volt.

Zulässige Stromstärke Amp.	Preis in Mark einpolig	zweipolig	dreipolig
50	*20*	*40*	*60*
100	*30*	*60*	*90*
200	*55*	*110*	*170*
400	*75*	*150*	*220*
700	*125*	*250*	*350*
1000	*170*	*350*	*520*
1500	*230*	*450*	*700*
2000	*350*	*700*	*1000*

Die Konstruktion der wasserdichten Umschalter ist die gleiche wie jene der wasserdichten Ausschalter (siehe **Ausschalter, wasserdichte**).

Nähere Bezeichnung	Stromstärke bei 125 V Amp.	Stromstärke bei 250 V Amp.	Preis pro Stück ℳ
Einp. Umschalter mit 11 mm Rohranschluß . . .	4	2	2.95
do. mit Mauerdübel	4	2	3.25
Einp. Umschalter für 3 Gruppen mit zwei 11 mm Rohranschlüssen	4	2	3.20
do. mit Mauerdübel	4	2	3.50
Einp. Umschalter mit 11 mm Rohranschluß . . .	6	4	3.60
do. mit Mauerdübel	6	4	3.95
Einp. Umschalter mit zwei 11 mm Rohranschlüssen	6	4	3.65
do. mit Mauerdübel	6	4	4.—
Einp. Wechselschalter mit 11 mm Rohranschluß .	3	1,5	2.95
do. mit Mauerdübel	3	1,5	3.25
Einp. Wechselschalter mit 11 mm Rohranschluß .	6	4	3.60
do. mit Mauerdübel	6	4	3.95
Einp. Wechselschalter mit zwei 11 mm Rohranschl.	6	4	3.65
do. mit Mauerdübel	6	4	4.—
Einp. Wechselschalter mit zwei 11 mm Rohranschl.	10	6	7.20
do. mit Mauerdübel	10	6	7.70
Einp. Wechselschalter mit zwei 16 mm Rohranschl.	10	6	7.30
do. mit Mauerdübel	10	6	7.80
Einp. Kreuzungsschalter mit zwei 11 mm Rohranschl.	3	1,5	3.25
do. mit Mauerdübel	3	1,5	3.55
Einp. Kreuzungsschalter mit 11 mm Rohranschluß	6	4	4.—
do. mit Mauerdübel	6	4	4.35
Einp. Kreuzungsschalter mit zwei 11 mm Rohranschl.	6	4	4.05
do. mit Mauerdübel	6	4	4.40
Einp. Kreuzungsschalter mit zwei 11 mm Rohranschl.	10	6	7.45
do. mit Mauerdübel	10	6	7.95
Einp. Kreuzungsschalter mit zwei 16 mm Rohranschl.	10	6	7.55
do. mit Mauerdübel	10	6	8.05
Einp. Gruppenschalter mit 11 mm Rohranschluß .	6	4	3.60
do. mit Mauerdübel	6	4	3.95
Einp. Gruppenschalter mit zwei 11 mm Rohranschl.	6	4	3.65
do. mit Mauerdübel	6	4	4.—
Einp. Gruppenschalter mit 11 mm Rohranschluß .	4	2	2.95
do. mit Mauerdübel	4	2	3.25
Einp. Gruppenschalter mit 11 mm Rohranschluß .	6	4	3.60
do. mit Mauerdübel	6	4	3.95
Einp. Gruppenschalter mit zwei 11 mm Rohranschl.	6	4	3.65
do. mit Mauerdübel	6	4	4.—
Einp. Gruppenschalter für 3 Gruppen mit zwei 11 mm Rohranschlüssen	6	4	4.10
do. mit Mauerdübel	6	4	4.45
Zweip. Gruppenschalter mit drei 11 mm Rohranschl.	10	6	8.25
do. mit Mauerdübel	10	6	8.75
Zweip. Gruppenschalter mit drei 16 mm Rohranschl.	10	6	8.40
do. mit Mauerdübel	10	6	8.90

Allgem. Elektr.-Ges., Berlin.
Maschinenfabrik Oerlikon, Schweiz.
Siemens-Schuckertwerke, Berlin.
Voigt & Haeffner, Frankfurt a. M.

Bergmann - Elektrizitätswerke, Aktiengesellsch.(Abt.J.), Berlin N., Henningsdorferstr. 33. 34. 35 (*s. vordere innere Deckelseite*).

Umschalter des Morsesystemes (siehe Linienwechsel).

Umschalterwalze — jene Walze eines Anlaßapparates, durch deren Betätigung die Drehrichtung des Elektromotors umgekehrt werden kann.

Undurchlässigkeit (siehe Impedanz).

Ungleichförmigkeitsgrad. Derselbe beträgt für Gleichstrom und Einzelbetrieb von Wechselstrom 1:150, bei Parallelschaltung von Wechselstrommaschinen 1:250.

Für Gasmotoren unter 35 PS soll der Ungleichförmigkeitsgrad bei Gleichstrom ca. 1:60, über 35 PS ca. 1:70, für Wechselstrom und Drehstrom ca. 1:125 bis 1:160 (wobei Parallelbetrieb der Generatoren noch möglich ist) betragen.

Zur Messung des Ungleichförmigkeitsgrades dient der Mixsche Apparat, dessen Prinzip dadurch gekennzeichnet ist, daß von dem Schwungrad der zu untersuchenden Maschine aus mittels Friktionsscheibe, Kegelräder und elastischer Kuppelung einer Scheibe von großem Trägheitsmoment eine praktisch konstante Umdrehungsgeschwindigkeit erteilt wird. Dieser Scheibe gegenüber steht eine zweite sehr leichte Scheibe, die mit den Kegelrädern starr gekuppelt ist und so allen Variationen der Umlaufsgeschwindigkeit des Schwungrades folgt. Die Scheiben haben Achsen, welche in eine Linie zusammenfallen, und besitzen in der Nähe ihrer Peripherie radiale, sich genau gegenüberstehende Schlitze. Rotieren beide Scheiben mit genau gleicher, aber entgegengesetzter Geschwindigkeit, so begegnen sich die Schlitze stets an derselben Stelle. Ändert sich indessen die Umdrehungsgeschwindigkeit einer Scheibe, so verschiebt sich der Begegnungspunkt der Schlitze nach der einen oder anderen Richtung, je nachdem diese Scheibe schneller oder langsamer rotiert. Stellt man auf eine Seite der beiden Scheiben eine Lichtquelle und einen matten Schirm auf die andere, so wird der Lichtspalt, welcher dem Begegnungspunkte entspricht, auf dem Schirm sichtbar und kann leicht beobachtet werden. Läßt man nun die leichtere Scheibe mit einer z. B. 50 mal so großen Geschwindigkeit rotieren, als die des Schwungrades beträgt, welches beobachtet werden soll, so wird auch die Winkelgeschwindigkeit der schweren Scheibe 50 mal so groß sein als die mittlere Geschwindigkeit des Schwungrades. Der Schein auf dem Schirm wird dann einen Winkel bestreichen, der 50 mal so groß ist als der, dem die Veränderlichkeit der Winkelgeschwindigkeit des Schwungrades entspricht.

Unipolar — einpolig.

Unipolare Maschinen sind solche, bei denen elektromotorische Kraft dadurch induziert wird, daß die Spulenflächen nur von Kraftlinien gleicher Polarität durchdrungen werden, also gleichnamige Pole aufeinander folgen.

Universalgalvanometer der Siemens-Schuckertwerke. Zwei aus nicht magnetischem Metall hergestellte Spiralfedern, die zugleich als Stromzuführungsorgane für einen Kupferrahmen dienen, trachten den letzteren in der Nullage zu erhalten. Der einen Zeiger tragende Kupferrahmen, welcher zugleich magnetische Dämpfung bewirkt, schwingt in einem magnetischen Felde. Der Zeiger spielt unter einem Schlitz auf der auf letzterem befindlichen Skala. Das die Messungen ermöglichende Galvanometer ruht auf einer mit Teilung versehenen kreisrunden Schieferplatte. In den Rand der Schieferplatte ist eine Rille von halbkreisförmigem Querschnitt eingedreht, in welcher der mit seinen Enden an Backen angelötete Platinmeßdraht eingelegt ist. Die Widerstandsdrähte (Spulen) sind unter der Schieferplatte angeordnet. Als Meßschieber dient ein Platinröllchen, das auf einem um die Mitte der Schieferplatte drehbaren Hebel aufsitzt und durch eine Feder gegen den Meßdraht gepreßt wird. Dieses Platinröllchen wird so lange verschoben, bis das Galvanometer keinen Ausschlag mehr zeigt. Je nach den verschiedenen Schaltungskombinationen, welche das Instrument ermöglicht, können Widerstände, Spannungen und Stromstärken gemessen werden. Die verschiedenen Schaltungen erfolgen durch Stöpselung.

Universalmeßbrücke von Kohlrausch. Sie besitzt als Hauptbestandteil einen über eine Papierskala gespannten Meßdraht aus Neusilber, zu dem parallel ein Messingstab angeordnet ist, auf welchem verschiebbar ein Zeiger angeordnet ist, der auf dem Meßdrahte aufliegt. Ferner besitzt dieser Apparat einen Rheostatenkasten mit den durch Metallstöpsel aus- oder einzuschaltenden Widerständen von 1, 10, 100 und 1000 Ω und einen kleinen Induktionsapparat mit Kurbel. Sämtliche Teile sind so angeordnet, daß sie mit der Wheatstoneschen Brücke übereinstimmen. Mit dem Apparat, mit welchem auch ein kleines Telephon und ein Galvanometer verbunden sind, können Widerstände von Drähten und Flüssigkeiten gemessen werden. Zu diesem Zwecke wird nach erfolgter Einschaltung des zu messenden Drahtes (Flüssigkeit) ein Widerstand eingeschaltet und der Zeiger auf dem Meßdrahte so lange verschoben, bis sich die Galvanometernadel auf den Nullpunkt stellt oder das summende Geräusch im Telephon verstummt. Die abgelesene Zahl multipliziert man mit der vor dem offenen Stöpselloch stehenden und erhält dadurch den Widerstand in Ohm ausgedrückt.

Unterbrecher sind Apparate, welche selbsttätig die regelmäßige Unterbrechung und Schließung eines Stromkreises bewirken.

Unterbrecher, statischer, ist die Kombination einer Drosselspule mit einem Kondensator, welche so verbunden sind, daß sie die Wirkung der Drosselspule auf die statischen Wellen erhöhen, ohne eine merkliche Störung im Normalbetriebe des Stromkreises zu verursachen.

Unterführungsisolatoren für Bahnen ℳ 8.

Unterirdische Stromzuführung für elektrisch betriebene Straßenbahnen (siehe **Schlitzkanalsystem, Teilleitersystem**).

Dr. Heinr. Traun & Söhne vorm. Harburger Gummi-Kamm-Ko., Hamburg (*s. Inseratanh. letzte Seite*).

Unterlagsscheiben.

Meirowsky & Ko., Köln-Ehrenfeld.

Bergmann - Elektrizitätswerke, Aktiengesellsch.(Abt.J.), Berlin N., Henningsdorferstr. 33. 34. 35 (*s. vordere innere Deckelseite*).

Preis pro 100 Stück Unterlagsscheiben aus Glimmer.

Außerer Durchmesser mm	1 mm Dicke ℳ	2 mm Dicke ℳ	3 mm Dicke ℳ	4 mm Dicke ℳ	5 mm Dicke ℳ
14	2.90	5.40	8.15	10.80	13.70
16	3.—	5.45	8.20	10.90	13.75
18	3.—	5.50	8.30	11.—	13.80
20	3.10	5.60	8.35	11.10	13.90
22	3.10	5.70	8.40	11.20	14.—
24	3.15	5.75	8.50	11.30	14.20
26	3.20	5.80	8.65	11.60	14.40
28	3.25	5.90	8.80	11.70	14.70
30	3.30	6.—	8.85	11.80	14.80
32	3.30	6.10	9.05	12.10	15.10
34	3.35	6.15	9.20	12.30	15.20
36	3.35	6.25	9.35	12.50	15.50
38	3.40	6.40	9.55	12.60	15.70
40	3.50	6.50	9.60	12.90	16.10
42	3.55	6.60	9.80	13.—	16.40
44	3.60	6.70	10.—	13.20	16.60
46	3.70	6.80	10.20	13.50	17.—
48	3.75	6.95	10.40	13.80	17.30
50	3.80	7.05	10.60	14.—	17.60
52	4.—	7.20	10.80	14.20	18.—
54	4.10	7.30	11.—	14.65	18.35
56	4.40	7.90	11.80	15.80	19.80
58	4.60	8.20	12.40	16.20	20.70
60	4.90	8.80	13.20	17.20	22.05
65	5.60	10.20	15.—	20.20	25.20
70	6.50	11.70	17.60	23.40	28.20
75	7.60	13.60	20.10	27.—	33.20
80	8.60	16.50	21.80	30.90	38.80
85	9.80	17.—	27.20	37.40	44.20
90	11.20	20.—	30.60	40.—	50.—
95	12.40	22.—	32.—	44.50	55.20
100	13.80	24.90	37.20	49.60	62.10

Preis pro 100 Stück Unterlagsscheiben aus Preßspan.

Äußerer Durchmesser mm	1 mm Dicke ℳ	2 mm Dicke ℳ	3 mm Dicke ℳ	4 mm Dicke ℳ	5 mm Dicke ℳ
14	1.05	1.90	3.05	4.—	5.20
16	1.10	2.—	3.20	4.10	5.30
18	1.20	2.10	3.30	4.15	5.40
20	1.30	2.20	3.35	4.20	5.50
22	1.40	2.25	3.45	4.30	5.60
24	1.60	2.40	3.50	4.40	5.70
26	1.70	2.50	3.60	4.55	5.80
28	1.75	2.55	3.70	4.60	5.90
30	1.80	2.60	3.80	4.70	6.—
32	1.90	2.70	3.90	4.80	6.10
34	2.—	2.80	4.—	4.90	6.20
36	2.10	2.90	4.10	5.—	6.30
38	2.20	3.—	4.30	5.10	6.40
40	2.40	3.20	4.40	5.20	6.50
42	2.45	3.30	4.50	5.30	6.60
44	2.50	3.35	4.60	5.35	6.70
46	2.60	3.40	4.65	5.45	6.80
48	2.70	3.50	4.70	5.60	6.90
50	2.80	3.60	4.80	5.70	6.95
52	2.90	3.70	4.90	5.80	7.—
54	2.95	3.75	4.95	5.90	7.10
56	3.05	3.80	5.05	6.—	7.20
58	3.10	3.90	5.10	6.10	7.30
60	3.20	4.—	5.20	6.20	7.40
62	3.30	4.10	5.30	6.40	7.50
64	3.35	4.20	5.35	6.50	7.60
66	3.40	4.25	5.40	6.60	7.70
68	3.50	4.30	5.50	6.70	7.75
70	3.60	4.40	5.60	6.80	7.80
75	3.70	4.50	5.70	6.85	9.60
80	4.40	5.20	5.80	8.—	10.25
85	4.80	5.60	6.70	8.55	11.20
90	5.20	6.—	7.20	9.20	12.40
95	5.60	6.40	7.60	9.60	13.60
100	6.—	6.80	8.—	10.—	14.80

V.

Vagabundierende Ströme. Die elektrolytischen Wirkungen, die als Begleiterscheinungen bei allen Straßenbahnen mit Rückleitung des Stromes durch die Schienen auftreten, machen sich in gepflasterten Straßen am meisten dort bemerkbar, wo tiefliegende Schienen benutzt werden und diese mit der Erde eine beträchtliche Kontaktfläche haben. Wo die Schienen auf Zement liegen oder durch Anwendung von Asphalt oder anderen Pflasterungsmethoden der darunter befindliche Boden gegen das von den Straßen herkommende Tageswasser geschützt wird, ist der Widerstand, den diese Erdströme zu überwinden haben, ein höherer. Der Erdwiderstand schwankt zwischen 0,8 Ω und 1 Megohm pro cbm, je nach der Menge des Wassers und der lösenden Salze. In Berlin darf an keiner Stelle des Geleises mehr als 10 Amp. an dem Strome fehlen, welchen das Geleise ohne Stromentweichung zu führen hat. Messungen von vagabundierenden Strömen in Gas- und Wasserrohren ergaben, daß der vagabundierende Strom (bei guten Schienenverbindungen) an der Mitte der Linie pro Wagen ca. 10 %, am Endpunkte der Linie ca. 15 % des Fahrstromes beträgt und der ganze vagabundierende Strom wie auch die Rohrströme dem Fahrstrom proportional sind.

Nach dem Berichte der vom Elektrotechnischen Verein eingesetzten Kommission für die Untersuchung der Erdrückströme elektrischer Bahnen waren von den rund 90 Städten Deutschlands, die gegen Ende 1899 elektrische Bahnen besaßen, nur in zwei oder drei Fällen Zerstörungen von in der Erde liegenden Metallkonstruktionen konstatiert worden, die auf Erdrückströme zurückzuführen sind.

Vakuumtrockenapparate (E. Paßburg, Berlin) haben die Aufgabe, frisch gewickelte Anker und Spulen, anstatt des gewöhnlichen Unterstromsetzens, welches zeitraubend und teuer ist, durch Einführung derselben in einen mittels Dampfheizung erhitzten, luftverdünnten Raum zu trocknen. Dampfverbrauch zirka 1,2 kg Heizdampf für Verdampfung von 1 kg Wasser aus den zu trocknenden Substanzen.

Vektoren sind physikalische Größen, welche außer ihrer numerischen Größe noch durch eine bestimmte Richtung gekennzeichnet sind (z. B. die Kräfte).

Ventilatoren werden mit ebenen oder schraubenförmigen Flügeln ausgestattet. Das Flügelrad saugt durch axiale Öffnungen des Gehäuses Luft und preßt dieselbe in das vom Umfang abgehende Auslaufrohr. Große Ventilatoren werden ganz aus Eisenblech hergestellt. Hochdruckventilatoren besitzen meist ebene Flügel. Schraubenventilatoren werden meist zur Förderung großer Luftmengen bei geringer Pressung (bis zu 7,5 mm Wassersäule) verwendet.

Ventilationskanäle für Armaturen wirken, in radialer Richtung ausgeführt, durch die Vergrößerung der abkühlenden Oberfläche und Verringerung der Wirbelströme sehr günstig.

Verankerung von Masten wird mittels Drahtseiles oder verzinkter Eisendrähte bewirkt, welche an einen in den Mast eingeschraubten Haken angreifen, mit ihrem anderen Ende um ein Rundholz oder einen großen Stein gewickelt sind, der ca. 1 m tief in der Erde gelagert wird. An Stelle des verankerten Seiles wird oft eine hölzerne Strebe verwendet.

Verbindungskitt zur Verbindung der Anschlußdosen mit den Isolierröhren kommt in Büchsen- oder Stangenform in den Handel. Vor dem Gebrauche ist derselbe zu erwärmen. Preis pro kg ℳ *2.*

Bergmann-Elektrizitätswerke, Aktiengesellsch.(Abt.J.), Berlin N., Henningsdorferstr. 33. 34. 35 (*s. vordere innere Deckelseite*).

Verbindungsmuffen (siehe **Muffen**).

Verbindungsmuffen aus Isoliermaterial kommen für Isolierrohre in solchen Räumen ausschließlich zur Verwendung, wo eine schädliche Einwirkung durch Säuredämpfe u. dgl. zu befürchten ist, so daß Messingmuffen nicht verwendet werden können.

Lichte Röhrenweite in mm:	7	9	11	13	16	23	29	36	48
Preis pro 100 Stück in ℳ:	*1.70*	*1.90*	*2.10*	*2.50*	*3.40*	*5*	*6.75*	*8.50*	*10*

Allgem. Elektrizitäts-Ges., Berlin.
Gebr. Adt, A.-G., Ensheim.
Siemens-Schuckertwerke, Berlin.
H. Köttgen & Ko., Berg.-Gladbach.
J. W. Hofmann, Kötzschenbroda.
Bergmann-Elektrizitätswerke, Aktiengesellsch.(Abt.J.), Berlin N., Henningsdorferstr. 33. 34. 35 (*s. vordere innere Deckelseite*).

Verbindungsmuffen für Kabel.

Für Einfachkabel.

Kupferquerschnitt qmm	Gewicht kg	Preis ℳ	Kupferquerschnitt qmm	Gewicht kg	Preis ℳ
1—2,5	2,8	*5.50*	201—300	15	*19.25*
4—24	3,6	*7.15*	301—400	19,5	*24.75*
25—50	6,0	*9.35*	401—600	26,2	*29.70*
51—100	6,3	*10.45*	601—800	27,8	*36.30*
101—200	13,6	*17.60*	801—1000	32,7	*40.70*

Für konzentrische Doppelkabel.

Kupferquerschnitt qmm 2×	Gewicht kg	Preis ℳ	Kupferquerschnitt qmm 2×	Gewicht kg	Preis ℳ
10—24	11,3	*21.—*	151—250	29	*51.—*
25—50	15	*25.50*	251—350	40	*69.—*
51—100	18	*31.—*	351—500	50	*80.—*
101—150	24	*40.—*			

Für verseilte Dreifachkabel.

Kupferquerschnitt qmm 3×	Gewicht kg	Niederspannung ℳ	Hochspannung ℳ
10—24	8	30.—	32.—
25—50	14	34.50	40.—
51—100	18	44.—	48.50
101—120	21	52.—	61.—

Verbindungswärmen.

Metalle	Verbindung mit Sauerstoff: Reaktion in Atomgewicht g	Verbindung mit Sauerstoff: Wärmetönung g-Kal	Verbindung mit Sauerstoff: E. M. K Volt	Verbindung mit Chlor: Reaktion in Atomgewicht g	Verbindung mit Chlor: Wärmetönung g-Kal.	Verbindung mit Chlor: E. M. K Volt	Verbindung mit Chlor: Reakt. in wässer. Lösung g-Kal.	Verbindung mit Chlor: E. M. K Volt	Verbindung mit Schwefel: Reaktion in Atomgewicht g	Verbindung mit Schwefel: Wärmetönung g-Kal.	Verbindung mit Schwefel: E. M. K Volt
Kalium . .	Ka_2, O, aq	164 560	3,56	Ka_2, Cl_2	211 220	4,57	202 340	4,38	Ka_2, S, aq	113 260	—
Natrium . .	Na_2, O, aq	155 260	3,36	Na_2, Cl_2	195 380	4,23	193 020	4,18	Na_2, S, aq	103 960	—
Kalzium . .	Ca, O, aq	149 460	3,23	Ca, Cl_2	169 820	3,67	187 230	4,05	Ca, S, aq	98 330	—
Magnesium.	Mg, O, H_2O	148 960	—	Mg, Cl_2	151 010	3,27	186 930	4,04	Mg, S	79 600	—
Aluminium.	Al_2, O_3, aq	388 800	—	Al_2, Cl_6	321 870	2,35	475 560	3,46	Al_2, S_3	124 400	—
Mangan . .	Mn, O, H_2O	94 770	—	Mn, Cl_2	111 990	2,42	128 000	2,77	Mn, S, aq	46 400	—
» . .	Mn, O_2, H_2O	116 280	—	—	—	—	—	—	—	—	—
Zink . . .	Zn, O, H_2O	82 680	—	Zn, Cl_2	97 210	2,10	112 840	2,44	Zn, S, aq	41 580	—
Eisen . . .	Fe, O, H_2O	68 280	—	Fe, Cl_2	82 050	1,77	99 950	2,16	Fe, S, aq	23 780	—
» . . .	Fe_2, O_3, aq	191 130	—	Fe_2, Cl_6	192 080	1,38	255 420	1,84	—	—	—
Kobalt . .	Co, O, H_2O	63 400	—	Co, Cl_2	76 480	1,65	94 820	2,05	Co, S, aq	21 740	—
» . .	Co_2, O_3, aq	149 300	—	—	—	—	—	—	—	—	—
Nickel . .	Ni, O, H_2O	60 840	—	Ni, Cl_2	74 530	1,61	93 700	2,03	Ni, S, aq	19 400	—
» . .	Ni_2 O_3, aq	120 380	—	—	—	—	—	—	—	—	—
Kupfer . .	Cu, O, H_2O	7 520	—	—	—	—	—	—	—	—	—
» . .	Cu, O	37 160	0,803	Cu, Cl_2	51 630	1,12	62 710	1,35	Cu_2, S	20 270	0,438
» . .	Cu_2, O	40 810	0,882	Cu_2 Cl_2	65 750	1,42	—	—	—	—	—
Blei . . .	Pb, O	50 300	1,09	Pb, Cl_2	98 770	1,79	75 970	1,64	Pb, S	20 430	0,442
Zinn . . .	Sn, O, H_2O	68 090	—	Sn, Cl_2	82 790	1,75	81 140	1,75	—	—	—
» . . .	Sn, O_2, H_2O	133 490	—	Sn, Cl_4	127 250	1,37	157 170	1,29	—	—	—
Quecksilber	Hg, O	30 670	0,663	Hg, Cl_2	63 160	1,36	59 860	1,70	Hg, S	16 890	0,365
»	Hg_2, O	42 200	0,913	Hg_2, Cl_2	82 550	1,78	—	—	—	—	—
Silber . . .	Ag_2, O	5 900	0,128	Ag_2, Cl_2	58 760	1,27	—	—	Ag_2, S	5 340	0,116
Gold . . .	Au_2, O_3, aq	13 190	—	Au, Cl_3	22 810	0,394	27 270	0,39	—	—	—
				Au_2, Cl_2	11 620	0,251	—	—	—	—	—

Metalle	Verbindung mit Schwefelsäure			Verbindung mit Salpetersäure		
	Reaktion in Atomgewicht g	Wärmetönung g-Kal.	E. M. K. Volt	Reaktion in Atomgewicht g	Wärmetönung g-Kal.	E. M. K. Volt
Kalium . .	Ka_2, O, SO_3aq	195 850	4,24	Ka_2,O,N_2O_5aq	192 100	4,16
Natrium . .	Na_2, O, SO_3aq	186 640	4,04	Na_2,O,N_2O_5aq	182 620	3,95
Kalcium . .	Ca, O, SO_3aq	180 600	3,91	Ca, O, N_2O_5aq	177 360	3,83
Magnesium .	Mg, O, SO_3aq	180 180	3,90	Mg,O, N_2O_5aq	176 480	3,82
Aluminium .	Al_2, O_3, $3SO_3aq$	150 630	3,26	—	—	—
Mangan . .	Mn, O, SO_3aq	121 250	2,62	Mn,O,N_2O_5aq	117 720	2,54
Zink . . .	Zn, O, SO_3aq	106 090	2,30	Zn, O, N_2O_5aq	102 510	2,21
Eisen . . .	Fe, O, SO_3aq	74 990	1,62	Fe, O, N_2O_5aq	89 670	1,94
» . . .	Fe_2, O_3, $3SO_3aq$	224 880	1,68	—	—	—
Kobalt . .	Co, O, SO_3 aq	88 070	1,90	Co, O, N_2O_5aq	84 540	1,83
Nickel . . .	Ni, O, So_3aq	86 950	1,88	Ni, O, N_2O_5aq	83 420	1,80
Kupfer . .	Cu, O, SO_3aq	55 960	1,21	Cu, O, N_2O_5aq	52 410	1,23
Blei . . .	Pb, O, SO_3aq	73 800	1,59	Pb, O, N_2O_5aq	68 070	1,47
Quecksilber .	—	—	—	Hg, O, N_2O_5aq	37 320	0,81
» .	—	—	—	Hg_2,O, N_2O_5aq	47 990	1,04
Silber . . .	Ag_2 O, SO_3aq	20 390	0,44	Ag_2O, N_2O_5aq	16 780	0,36

Einige andere Verbindungen	Reaktion in Atomgewicht g	Wärmetönung g-Kal.	E. M. K. Volt	Verbindung in Wasser Wärmetönung g-Kal	E. M. K. Volt
Wasserstoff mit Sauerstoff . .	2H, O	58 200	1,25	78 020	1,48
Stickstoff mit Sauerstoff . .	N_2O_5	—	—	72 970	0,791
	N_2O, O_4	—	—	48 140	1,04
	N, O_2, H	41 510	0,89	49 090	1,06
	NO, O_2, H	63 085	1,36	70 665	1,53
	NO_2, OH	43 515	0,94	51 095	1,10
	N_2O_4, O, H_2O	18 670	0,404	—	—
Stickstoff mit Wasserstoff . .	N, H_3	11 890	0,178	20 330	0,219
	$2NH_3$ SO_4, H_2	65 250	1,41	28 150	0,61
	NH_3, HCl	41 910	0,90	12 270	0,26
Chromsäure . .	N, H_4, Cl	75 800	1,64	—	—
Chlorwasserstoff-	Cr_2O_3, O_3, aq	—	—	18 900	0,41
säure	HClaq	22 000	0,952	39 315	1,70

Einige andere Verbindungen	Reaktion in Atomgewicht g	Valenz	Wärmetönung g-Kal	E.M.K. Volt
Unterchlorige Säure .	Cl_2, O, aq	2	—8 490	—0,184
Chlorsäure	$Cl\,OH, aq, O_2$	4	—5 990	—0,065
Chlorsaures Kali . .	$Cl\,OK\,aq. O_2$	4	—2 210	—0,024
Bromwasserstoffsäure	H, Br, aq	1	28 380	1,230
Jodwasserstoffsäure .	H, J, aq	1	13 170	0,571
Schwefelwasserstoff .	H^2, S, aq	2	9 300	0,202
Schweflige Säure . .	S, O_2, aq	4	78 780	0,854
Schwefelsäure . . .				
H^2SO_4	SO_2, O, H^2O	2	53 480	1,159
H^2SO_4	SO_3, H^2O	1	21 320	0,924
$SO_3\,aq$	SO_2, O, aq	2	71 330	1,546
$SO_3\,aq$	SO_2, aq, O	2	63 630	1,379
Kohlenoxyd	C, O	2	29 000	0,6286
Kohlensäure	C, O_2	4	96 960	1,051
»	CO, O	2	73 840	1,601
Silber-Kaliumcyanür .	$Ag^2, Cy^2, 2KCy, aq$	2	15 780	0,342
Silbercyanür	Ag^2, Cy^2	2	53 400	1,158
Cyankalium	K_2, Cy_2	2	130 700	2,833

Verbindungszangen dienen zum Würgen der Verbindungsmuffen von Isolierröhren. Preis je nach Rohrweite *ℳ 2.25—3.*

Verbrauch eines Transformators (die vom Transformator aufgenommene Leistung) ist gleich dem Produkte aus Wattkomponente und Spannung.

Verbrauchsmesser (siehe **Zähler**).

Verbrauchszähler (siehe **Wattstundenzähler**).

Verbundmaschine (siehe **Compoundmaschine, Dampfmaschine**).

Verdrillung von Leitungen wird angewendet, um Telegraphen- oder Telephonleitungen gegen Induktionswirkungen, welche benachbarte Stark- oder Schwachstromleitungen ausüben, zu schützen. Zu diesem Zwecke werden letztere so an den Masten befestigt, daß sich die Drähte zwischen zwei Masten oder in gewissen gleichbleibenden Abständen abwechselnd kreuzen.

Vereinskerze, deutsche, ist eine Paraffinkerze von 20 mm Durchmesser, von denen zwölf auf ein Kilogramm gehen ((siehe **Lichtstärke-Einheiten**).

Verluste im Eisenblech. Der durch Hysteresis und Wirbelströme hervorgerufene Verlust im Eisenblech wird bestimmt, indem man aus den Probeblechen einen Kerntransformator mit nur primärer Spule bildet und den Verlust bei einer bestimmten Kraftliniendichte mittels Wattmeter ermittelt. (Die Kraftliniendichte kann aus der Polwechselzahl, Windungszahl, zugeführten Spannung und dem Transformatorquerschnitt gemessen werden.) Es werden vier Kerne von je 500 mm Länge, 30 mm Breite und mindestens 2,5 kg Gewicht zu einem Quadrate so formiert, daß sie an den Stoßstellen durch Preßspan von 0,15 mm getrennt sind. Die Magnetisierungsspulen bestehen aus Preßspanhülsen von 38 × 38 mm lichter Weite und 435 mm Länge. Sie enthalten 150 Windungen von 14 qmm Querschnitt.

Verlust, Ohmscher, ist das Produkt aus der Stromstärke und dem Widerstande des Leiters.

Verlustziffer ist die Zahl, die den Gesamtverlust für $B_{max.} = 10000$ und 50 Perioden in Watt pro kg Eisenblech angibt. Eine Zurückweisung der Eisenbleche an das liefernde Werk ist zulässig, wenn bei 0,5 mm Blechen die Verlustziffer den Wert 4,4 übersteigt.

Verriegelungssysteme sind Vorrichtungen, welche in Apparatenanlagen angeordnet werden und zwangläufig die Bewegungen der einzelnen Apparate so kombinieren, einleiten und arretieren, daß eine falsche Schaltmanipulation ausgeschlossen ist (siehe **Kraftzentralen**).

Verteilung, magnetische, ist die Erscheinung, daß ein Stahl- oder Eisenstück bei seiner Annäherung an oder Berührung mit einem Magneten selbst magnetisch wird, wobei das einem Magnetpol zugewendete Ende des Stahl- oder Eisenstückes entgegengesetzt magnetisch wird.

Verteilungskasten sind Konstruktionen von Kabelverbindungen, welche mehrere Abzweigungen so ermöglichen, daß dieselben leicht zugänglich sind und unterbrochen werden können. Verwendung an Knotenpunkten.

Verteilungsringe. Die Verteilungsringe ermöglichen schnelle und bequeme Montage bei Verzweigung von Freileitungen in beliebiger Richtung und Überführung von Kabeln in Freileitungen. Die Ringe sind zweiteilig, können daher an beliebiger Stelle um den Mast gelegt und vermittelst der Verbindungsschrauben festgeklemmt werden. Am Umfange besitzen sie einen ringförmigen Schlitz zur Aufnahme der Isolatorenstützen und ermöglichen somit eine Befestigung der Isolatoren an beliebiger Stelle des Umfanges je nach der Richtung der abzweigenden Leitung.

Zur Verbindung der an den Isolatoren abgespannten Leitungen untereinander dienen dehnbare Verbindungsbleche.

Durchm. der Bohrung mm	Gewicht ca.		Preis ℳ	Durchm. der Bohrung mm	Gewicht ca.		Preis ℳ
	netto kg	brutto kg			netto kg	brutto kg	
75	17,0	25,0	*20.50*	150	16,5	25,0	*19.25*
90	17,0	25,0	*20.50*	160	16,5	25,0	*19.25*
100	17,0	25,0	*20.50*	170	16,0	24,0	*18.—*
110	17,0	25,0	*20.50*	180	16,0	24,0	*18.—*
120	17,0	25,0	*20.50*	190	16,0	24,0	*18.—*
140	16,5	25,0	*19.25*	200	16,0	24,0	*18.—*
145	16,5	25,0	*19.25*				

Verteilungssysteme, indirekte. Hierzu gehören: Das Drehstrom-Gleichstromtransformatorensystem, das Wechselstromtransformatorensystem, das Drehstromtransformatorensystem und die verschiedenen Wechselstromverteilungssysteme für Licht und Kraft.

Verteilungszahl (siehe **Dielektrizitätskonstante**).

Vicarinosches System der Waggonbeleuchtung. Dasselbe ist im Prinzipe dem Moskowitzschen System (siehe daselbst) gleich, nur wird der Polwechsel der Dynamo bei Änderung der Fahrtrichtung dadurch vorgenommen, daß dann die Bürsten automatisch um 180° verschoben werden. Dies wird durch eine Scheibe bewirkt, auf der die Bürsten isoliert befestigt sind und welche durch die Ankerwelle jedesmal im Sinne der Drehrichtung mitgenommen wird, bis sie mit einer ihrer Nasen an einen Anschlag stößt.

Vielfachtelegraphie. Alle Vielfachtelegraphenapparate beruhen darauf, daß für jeden Buchstaben über eine einzige Leitung eine Reihe elektrischer Stromstöße gesendet werden, von denen einige negativ, die anderen positiv sind und deren Kombination für jeden Buchstaben eine andere ist (siehe **Rowlandtelegraph, Muniertelegraph, Baudotscher Telegraph**).

Vielfachumschalter haben die Aufgabe, eine Stromquelle auf verschiedene Stromkreise zu schalten. Solche Umschalter sind gewöhnlich mit kreisförmig angeordneten Kontakten und zwischen letzteren befindlichen Unterbrechungskontakten versehen. Der Umschalthebel trägt auf der den Kontakten zugewendeten Seite die Schleifbürste. Preis je nach Zahl der Kontakte (2 × 3 bis 2 × 7) *M 300—400.*

Vielfachumschalter für Fernsprechnetze. Bei denselben durchläuft jede Teilnehmerschaltung sämtliche Umschalter und ist an jeden einzeln eine bestimmte Klinke angeschlossen. Dadurch ist die Möglichkeit gegeben, daß an jedem Vielfachumschalter die Klinken sämtlicher Teilnehmerleitungen derart angeordnet werden können, daß an jedem Arbeitsplatze der Umschalter jede gewünschte Verbindung direkt und unabhängig von den benachbarten Umschaltern herstellen kann. Je nachdem das Klinkenfeld vertikal oder horizontal angeordnet ist, unterscheidet man Schrank- oder Tisch-Vielfachumschalter. Das Vielfachumschaltersystem der Western Electric Co. ist gekennzeichnet durch eine selbsthebende Anruf- und Schlußklappe, welche auf elektromagnetischem Wege betätigt wird. Dieser Konstruktionsteil besteht aus einem Elektromagnetenpaar, von dem der eine — der Linienelektromagnet — von der Teilnehmerleitung, der andere — der Aufrichteelektromagnet — von dem Lokalstrom durchflossen werden. Wird ersterer durch den Rufstrom des Teilnehmers erregt, so zieht letzterer seinen Anker an, der durch eine Hebelübersetzung die Nummernklappe aufschlägt. Durch einen Steckkontakt wird Strom aus einer lokalen Batterie durch den Aufrichteelektromagneten gesendet und dadurch die Klappe wieder gesenkt. An Stelle der Klappen werden in neuerer Zeit Glühlampen verwendet, System O'Connell. Der Springzeichenanruf, System Siemens-Schuckertwerke, stellt eine Vereinigung von Abfrageklinke und Anrufsignal in der Weise dar, daß sich in jeder Klinke ein Stift befindet, welcher bei

Erregung der Windungen eines Halteelektromagneten durch den Anrufstrom des Teilnehmers infolge Freigabe aus einem magnetischen Zwangszustand in der Klinkeröffnung sichtbar wird.

Vierbundmaschine = Quadruplexmaschine (siehe **Dampfmaschine**).

Viertaktmaschinen (siehe **Gasmotoren**).

Viollesche Platineinheit — jene Lichtmenge, welche 1 qcm der Oberfläche von geschmolzenem Platin bei der Erstarrungstemperatur (1775° C) in normaler Richtung ausstrahlt (siehe **Lichtstärke-Einheiten**).

Vollbahnbetrieb mit Akkumulatoren auf Linien vorteilhaft, welche zu bestimmten Tageszeiten angemessenen Personenverkehr haben, der jedoch nicht ausreicht, einen kompletten Bahnzug zu füllen. Der Akkumulator ist im Wagen, der zur Personenaufnahme eingerichtet ist, selbst untergebracht. (Ausgeführt auf den Strecken Ludwigshafen—Neustadt, Neustadt—Dürkheim, Friedrichshafen—Ravensburg u. a. m.)

Vollbahnbetrieb mit Drehstrom. Vorteile: Verwendung hochgespannter Ströme, Ersparung an Kupfer, große Geschwindigkeiten. Nachteile: Gefährlichkeit, unsichere Stromabnahme, Notwendigkeit mehrerer Kontaktvorrichtungen, schwierige Isolierung. Ausführung: Transformierung des hochgespannten Stromes in Transformatorenstationen (Jungfraubahn: Primärstrom 7000 Volt, Betriebsstrom 500 Volt, gebaut von der Maschinenfabrik Oerlikon; Burgdorf-Thun-Bahn: Primärstrom 16000 Volt, Betriebsstrom 750 Volt, gebaut von Brown, Boveri & Ko., A.-G.; Lecco—Sindrio und Collico—Chiavenna: Primärstrom 20000 Volt, Betriebsstrom 2000 Volt, gebaut von Siemens-Schuckertwerke), Transformierung des hochgespannten Stromes auf dem Fahrzeuge selbst (Versuchsbahn Berlin—Zossen, gebaut von der Allg. Elektr.-Ges. und Siemens-Schuckertwerke).

Vollbahnbetrieb mit Einphasenwechselstrom. System der Maschinenfabrik Oerlikon, vereinigt die Vorteile des Drehstromsystemes (siehe daselbst) mit jenen des Gleichstromsystemes, benötigt nur eine Stromabnahmevorrichtung. Hochgespannter Strom wird auf der Lokomotive transformiert, durch rotierende Umformer in Gleichstrom verwandelt und den Axentriebmotoren zugeführt, oder der hochgespannte Einphasenwechselstrom wird auf der Lokomotive transformiert und dann den Axentriebmotoren zugeführt. Stromabnahme erfolgt durch eine Kontaktrute. (Bahn Oerlikon—Wettingen in Ausführung begriffen.)

Vollspur (siehe **Normalspur**).

Vollturbinen sind Turbinen, bei denen das Aufschlagwasser auf den ganzen Radumfang wirkt.

Volt (siehe **Elektrische Maße**).

Voltameter, elektrolytische, dienen zur Bestimmung der Stromstärke aus dem Gewichte des in einer gewissen Zeit durch den Strom aus einer Metallsalzlösung niedergeschlagenen Metalles. Nach Dr. Neuenburger zersetzt oder scheidet ein Strom von 1 Amp. aus:

	Silber mg	Kupfer mg	Wasserstoff mg	Wasser mg	Knallgas von 0° u. 760 mm Druck ccm
in 1 Sekunde	1,1181	0,3284	0,01039	0,0933	0,1740
in 1 Minute	67,09	19,70	0,623	5,60	10,44
in 1 Stunde	4025	1182	37,41	336	626

Voltampere (siehe **Elektrische Maße**).

Voltamperezähler (siehe **Wattzähler**).

Luxsche Industriewerke, A.-G., Ludwigshafen a. Rh. (s. *Inseratanh. S. 3*).

Voltcoulomb — Wattsekunde.

Voltcoulombzähler (siehe **Wattstundenzähler**).

Luxsche Industriewerke, A.-G., Ludwigshafen a. Rh. (s. *Inseratanh. S. 3*).

Voltasche Säule besteht aus Zink einerseits, aus Kupfer oder Silber anderseits, welche in Schwefelsäure oder Kochsalzlösung tauchen und außerhalb des Elektrolyten durch einen Draht verbunden sind. Moderne Anordnung der Voltaschen Säule ist das Smee-Element (siehe daselbst).

Voltite ist ein aus einer Mischung von Gelatine, Harzöl, oxydiertem Leinsamenöl, Harz und Paraffin hergestelltes Isoliermaterial.

Voltmeter. Voltmeter werden in Nebenschluß geschaltet; bei höheren Spannungen wird hinter dem Voltmeter noch ein Widerstand geschaltet.

Voltmeter mit elektromagnetischem System.

Alle Meßbereiche bis max. Volt	Durchmesser der Grundplatte in mm: 110	160	200	250
	Preis in Mark			
30	*18*	*23*	*28*	*31*
120	*20*	*23*	*29*	*32*
180	*21*	*24*	*30*	*33*
250	—	*26*	*32*	*35*
350	—	—	*34*	*37*
600	—	—	*46*	*49*
750	—	—	*52*	*55*
1000	—	—	—	*90*

Aperiodische Präzisionsvoltmeter mit einem Meßbereich.

Alle Meßbereiche bis max. Volt	Für Schalttafeln: Durchmesser der Grundplatte in mm: 160	200	400	500	Für Montage: in Kästchen transportabel
	Preis in Mark				
120	*50*	*60*	*165*	*245*	*76*
250	*55*	*65*	*165*	*245*	*78*
350	—	*75*	*175*	*255*	*84*
600	—	*90*	*190*	*270*	*90*
1000	—	*110*	*210*	*290*	*150*

Aperiodische Präzisionsvoltmeter mit mehreren Meßbereichen.

Meßbereich bis Volt	Für Schalttafeln: Durchmesser der Grundplatte 200 mm ℳ	Für Montage: in Kästchen transportabel ℳ
0 — 1 + 3	65	80
0 — 3 + 6	65	80
0 — 2,5 + 5	65	80
0 — 5 + 10	65	80
0 — 10 + 20	65	80
0 — 15 + 30	65	80
0 — 25 + 50	65	80
0 — 3 + 120	65	80
0 — 15 + 150	70	85
0 — 125 + 250	70	85
0 — 150 + 300	80	95
0 — 2,5 + 5 + 10	70	85
0 — 3 + 30 + 120	70	85
0 — 3 + 15 + 150	75	90
0 — 3 + 120 + 240	75	90
0 — 150 + 300 + 600	100	115
0 — 3 + 120 + 600	100	115
0 — 125 + 250 + 500	100	115

Hitzdrahtvoltmeter.

Alle Meßbereiche bis max. Volt	Durchmesser der Grundplatte in mm		Viereckig in Holzkästchen
	200	250	
	Preis in Mark		
200	70	75	90
300	85	90	110
400	90	95	125
500	105	115	135
600	110	125	145
750	125	135	155
1000	135	145	165
1200	145	155	175

Registrierende Voltmeter.

Alle Meßbereiche bis max. Volt	Stationäre	Transportable
	Preis in Mark	
250	350—450	400—500
500	400—500	425—525
600	425—525	450—550

Weston-Voltmeter je nach dem Umfange des Meßbereiches *ℳ 150—230.* Tragbare Normal-Weston-Voltmeter *ℳ 240—280.* Vorschaltwiderstände zu denselben: Für Spannungen von

60—1200	Volt	ℳ	*20—90*
bis 1500	»	»	*90*
» 2400	»	»	*150*
» 3000	»	»	*180*
» 4000	»	»	*230*
» 5000	»	»	*280*
» 6000	»	»	*320*
» 7500	»	»	*390*
» 8000	»	»	*420*
» 9000	»	»	*450*

Universal-Volt- und Amperemeter *ℳ 275.*

Hartmann & Braun, Frankfurt a. M.
Gans & Goldschmidt, Berlin.
Keiser & Schmidt, Berlin.
Union Elektr.-Ges., Berlin.

Voltmeterumschalter haben die Aufgabe, den Stromkreis eines Voltmeters an zwei oder mehrere Energiequellen zu schalten. Diese Umschalter werden meist zweipolig und nur für Nieder- und Mittelspannung gebaut.

Preis je nach der Zahl der Stromkreise *ℳ 6—33.*

Voltrolle (siehe **Wattstundenzähler** nach Aron).

Vorschaltwiderstand von Bogenlampen hat den Zweck, bei etwaiger Berührung der Kohlenstifte infolge mangelhaften Funktionierens der Bogenlampe einen direkten Kurzschluß zu verhindern. Er ist nötig zur Erzielung eines ruhigen und gleichmäßigen Lichtes. Nach praktischen Erfahrungen werden im Vorschaltwiderstande 15—20 Volt vernichtet, so daß für einzeln geschaltete Bogenlampen von 45 Volt mittlerer Klemmenspannung eine Betriebsspannung von 65 Volt, für zwei in Serie geschaltete 45 Volt-Bogenlampen eine solche von 110 Volt nötig ist.

Vulkanakkumulator, System Tribelhorn. Die negativen Platten haben eine walmdachförmige Form und werden durch Zapfen an den Endspitzen zu einem festen Gerüste zusammengefügt, in dessen Zwischenräumen die positiven Platten durch Isolierungen gelagert sind. Durch den Schacht in der Mitte der Platten werden die Gase abgeleitet, wodurch die Gasblasen auch von den Platten in den Schacht hineingezogen werden, was ein fortwährendes Kreisen der Schwefelsäure zur Folge hat und jede Konzentration der Säure verhindert. Die gewalzten Ableitungen werden durch Keile sowohl miteinander als von Element zu Element verbunden.

Vulkanasbest (hergestellt von der A. E.-G. Berlin) ist eine vulkanisierte Mischung von Gummi und Asbest, schwer brennbar, wenig hygroskopisch und von zäher Struktur. Dient hauptsächlich zur Herstellung von Magnetspulen.

Albert Thode & Ko., Hamburg *(s. Inseratenh. S. 4).*

Vulkanasbestspulen. Je nach Größe pro 100 kg *ℳ 200—500* plus Formkosten ca. *ℳ 100* für mittlere Modelle. Modellkosten entfallen bei großen Quantitäten.

Vulkanfiber. Dieses Isoliermaterial wird aus Pflanzenfasern unter hohem Drucke hergestellt, hat eine rotbraune Farbe und ist hygroskopisch; spezif. Gewicht 2,5.

Preis von harter, flexibler Vulkanfiber, rot, schwarz, grau oder weiß.

Platten:

von ca. 1000—1700 mm Länge:

von 6$^1/_2$— 8	mm Durchm.	à *M* 11.50	pro kg
über 8 —12$^1/_2$	»	» 10.—	» »
» 12$^1/_2$—24	»	» 9.—	» »
» 24 —31$^1/_2$	»	» 10.—	» »
» 31$^1/_2$—38	»	» 11.50	» »

Rundstäbe:

ca. 1700 mm lang, ca. 1000 mm breit:

unter 0,6 mm Stärke	. . .	*M* 4.—	pro kg
von 0.6 — 1$^1/_2$	mm Stärke	» 3.50	» »
über 1$^1/_2$—12$^1/_2$	» »	» 2.50	» »
» 12$^1/_2$—19	» »	» 3.50	» »
» 19 —25$^1/_2$	» »	» 4.—	» »
» 25$^1/_2$—31$^1/_2$	» »	» 5.—	» »
» 31$^1/_2$—38	» »	» 8.—	» »

Röhren:

von ca. 56—80 cm Länge:

von mindest. 9,6 mm inn. Durchm. u. mind. 1.6 mm Wand à *M* 8.— pro kg
» » 9,6 » » » » » 1,6 » » » » 11.50 » »
unter » 9,6 » » » » » 1,6 » » » » 11.50 » »

Amerikan Hard Fibre Company, Newark. Persicaner & Ko., Berlin W., Bülowstr. 57. | Albert Thode & Ko., Hamburg (s. *Inseratanh. S. 4*).

W.

Wachsdrähte dürfen nur in trockenen Räumen verwendet werden.

Einfache Wachsdrähte; Kupferdraht mit Baumwolle umsponnen und gewachst.

Durchmesser des Kupferdrahtes mm	Gesamtdurchmesser ca. mm	Gewicht pro 100 m ca. kg	Länge pro kg ca. m	Preis pro kg *M*
0,8	1,5	0,590	170	2.50
0,9	1,7	0,715	140	2.50
1,0	1,8	0,910	110	2.50

Doppelte Wachsdrähte; zwei Kupferdrähte, je einzeln und als flaches Kabel zusammen umsponnen und gewachst.

Durchmesser des Kupferdrahtes	Gesamt-durchmesser	Gewicht pro 100 m	Länge pro kg	Preis pro kg
mm	ca. mm	ca. kg	ca. m	ℳ
je 0,8	2,2 × 3,7	1,430	70	*2.75*
» 0,9	2,3 × 3,8	1,670	60	*2.75*
» 1,0	2,5 × 4,0	2,000	50	*2.75*

Süddeutsche Kabelwerke, A.-G., Mannheim.

Wagenadhäsion ist der Widerstand, welcher sich dem »Insgleitenkommen« der Räder entgegenstellt.

Wagen (Montage-). Ein Montagewagen, der allgemein verwendbar sein soll, hat folgende Bedingungen zu erfüllen: Er muß sich der wechselnden Höhe des Fahrdrahtes leicht anpassen lassen, zu welchem Zwecke sich die obere Bühne auf- und niederbewegen lassen muß. Die Arbeitsbühne muß in jeder Lage arretierbar sein. Der Wagen muß so stabil sein, daß selbst bei der höchsten Lage der Plattform und starkem Wind Umstürzen ausgeschlossen ist.

Der Montagewagen für Straßenbahnen soll nicht nur beim Bau, sondern auch für die während des Betriebes vorzunehmenden Revisionen, ohne daß hierbei der Betrieb gestört wird, verwendbar sein. Zu diesem Zwecke muß der Montagewagen eine ausladende Plattform besitzen, welche die halbe Dachbreite des Mortorwagens überragt, so daß bei Rollenkontakt die Kontaktrute noch vorbeikann. Beim Bügelkontakt ist diese Ausladung nur zulässig, wenn die Plattform zur Seite gedreht werden kann, so daß der Motorwagen mit seinem Bügel ungehindert vorbeifahren kann. Die Plattform eines Montagewagens muß entweder drehbar oder seitlich aufklappbar sein.

Das Umklappen oder Drehen der Plattform erfolgt mittels Schraubenspindeln, Kegelrädern und Kurbeln.

Bei den Montagewagen dürfen keine von oben nach unten durchgehenden Eisenteile angebracht werden, da sonst der an dem Fahrdraht arbeitende Monteur der Gefahr elektrischer Schläge ausgesetzt ist. Als Material für Montagewagen ist Holz zu verwenden, welches gut mit Ölfarbe gestrichen sein soll. Die Plattform muß vom Wagengestell gut isoliert sein.

Das Gerüst, welches die Plattform trägt, muß steif sein und darf nicht federn. Jeder Montagewagen soll sowohl auf den Straßen wie durch Einfügung von Spurrädern auf den Geleisen fahrbar sein.

Walratkerze englische Normalkerze, 44,5 mm hoch, bei einem Verbrauch von 7,77 g in der Stunde = 0,886 deutsche Vereinskerze.

Walzenblitzableiter der Siemens-Schuckertwerke besteht aus drei auf einem Porzellanfuße aufgestellten Metallwalzen aus Legierung mit geriffelten Oberflächen. Dieselben sind nur für Wechselstrom verwendbar.

Walzenkessel (siehe **Dampfkessel**).

Wandarme für Glühlampen:

mit zwei Gelenken . . . . ℳ 3.—
» einem Kugelgelenk . . . . » 2.50
zum Hoch- und Niedrigstellen . . . » 5.—
» » » » mit Auszug » 6.—

In neuerer Zeit werden die Wandarme aus gebogenen Stahlpanzerrohren hergestellt, welche in dem Deckel einer Anschlußdose sitzen. Letztere ist zur Befestigung an der Wand eingerichtet. Zur Erzielung eines wasserdichten Abschlusses ist die Auflagefläche für den Deckel abgefraist und zwischen letzteren und die Dichtungsfläche eine Gummischeibe gelegt.

Nähere Bezeichnung	Preis pro Stück ℳ	Durchmesser der Rosette mm	Ausladung des Wandarmes mm
Wasserd. Wandarm mit 1 Anschluß für 11 mm Stahlpanzerrohr . .	3.25	100	325
Wasserd. Wandarm m. 2 Anschlüssen wie Dose Nr. 9 für 11 mm Stahlpanzerrohr	3.40	100	325
Wasserd. Wandarm m. 2 Anschlüssen wie Dose Nr. 9 für 9 mm Stahlpanzerrohr	3.40	100	325

H. Köttgen & Ko., Berg.-Gladbach.
Ehrich & Graetz, Berlin SO. 36.
Bergmann-Elektrizitätswerke, Aktiengesellsch. (Abt. J.), Berlin N., Henningsdorferstr. 33. 34. 35 (*s. vordere innere Deckelseite*).

Wanddurchführungen für Steinwände aus Porzellan für Spannungen bis 10000 Volt (siehe **Deckendurchführungen**).

	Steinstärke der Wand mm	Nettogewicht kg	Preis ℳ
Offene Wanddurchführung . .	$^1/_2$ = 120	1,57	2.50
» » . .	1 = 250	2,45	4.50
» » . .	$1^1/_2$ = 380	3,33	6.50
» » . .	2 = 510	4,21	7.50
Wanddurchführung mit Einführungstrichter	$^1/_2$ = 120	2,66	8.50
Wanddurchführung mit Einführungstrichter	1 = 250	3,54	10.—
Wanddurchführung mit Einführungstrichter	$1^1/_2$ = 380	4,42	11.50
Wanddurchführung mit Einführungstrichter	2 = 510	5,30	13.50

Bergmann-Elektrizitätswerke, Aktiengesellsch. (Abt. J.), Berlin N., Henningsdorferstr. 33. 34. 35 (*s. vordere innere Deckelseite*).

Wandkontakte dienen zur Vereinigung mehrerer Druckkontakte und deren Befestigung an Wänden.

Benennung	g	M
Wandplatte mit 2 Drückern, exkl. Schildchen	90	*3.70*
» » 3 »	115	*4.40*
» » 4 »	145	*5.15*
» » 5 »	170	*5.90*
» » 6 »	210	*6.70*
» » 7 »	240	*7.50*
» » 8 »	270	*8.30*
» » 9 »	300	*9.10*
» » 10 »	325	*9.90*
» » 11 »	355	*10.70*
» » 12 »	385	*11.50*

Für jeden weiteren Drücker Mehrpreis von *M —.75.*

Warenzeichen.

Bestimmungen für Deutschland über die Anmeldung von Warenzeichen.

§ 1. Die Anmeldung eines Warenzeichens geschieht in der Form eines schriftlichen Gesuches, dem die sonst erforderlichen Stücke als Anlagen beizufügen sind.

Für jedes Zeichen ist eine besondere Anmeldung erforderlich.

§ 2. Das Gesuch ist in einer Ausfertigung einzureichen und muß enthalten:

a) Die Angabe des Namens und des Wohnortes oder der Hauptniederlassung des Anmelders;
b) die Angabe des Geschäftsbetriebes, in dem das Zeichen verwendet werden soll;
c) den Antrag, daß das Warenzeichen in die Zeichenrolle eingetragen werde;
d) ein Erklärung, daß die gesetzliche Gebühr von *M 30* an die Kasse des Kaiserl. Patentamtes gezahlt worden sei oder gleichzeitig mit der Anmeldung gezahlt werde;
e) die Aufführung der Anlagen unter Angabe ihrer Nummer und ihres Inhalts;
f) falls der Anmelder einen Vertreter bestellt hat, die Angabe der Person, der Berufsstellung und des Wohnortes des Vertreters; als Anlage ist eine Vollmacht beizufügen;
g) die Unterschrift des Anmelders oder seines Vertreters.

§ 3. Dem Gesuch ist eine Darstellung des Zeichens in zwölf Ausführungen beizufügen. Zwei davon sind derart auf zwei mit Heftrand versehenen halben Bogen anzubringen, daß jeder der beiden halben Bogen nur eine Ausführung aufweist.

Die Ausführungen müssen sauber und dauerhaft sein und die wesentlichen Bestandteile des Zeichens deutlich erkennen lassen. Wird die Darstellung im Laufe des Verfahrens verändert, so sind vor der Eintragung neue Ausführungen einzureichen, oder es ist zu erklären, daß der Abdruck des Druckstockes als Darstellung gelten soll.

Die Größe der Darstellung darf 33 cm in der Höhe und 25 cm in der Breite nicht übersteigen. Größere Darstellungen, wie Plakate u. dgl., werden als Probestücke behandelt. In diesem Falle sind entweder Ausführungen in kleinerem Maßstabe einzureichen, oder es ist zu erklären, daß der Abdruck des Druckstockes als Darstellung gelten soll.

Die Darstellung darf nur einseitig bedruckt sein.

Bei Zeichen, die ausschließlich in Wörtern bestehen, kann die Beifügung der Darstellung durch Aufnahme des Wortes in das Gesuch und die Erklärung gesetzt werden, daß der Abdruck des Druckstockes als Darstellung gelten soll.

§ 4. Dem Gesuche ist ein Verzeichnis der Waren, für die das Zeichen bestimmt ist, in zwei Ausfertigungen beizufügen. Ist das Verzeichnis von geringem Umfang, so kann es in das Gesuch aufgenommen werden.

Das Warenverzeichnis darf nur die in den beteiligten Verkehrskreisen gebräuchlicheu Warennamen aufführen.

§ 5. Eine Beschreibung des Zeichens ist, wenn der Anmelder sie für erforderlich hält, oder wenn das Patentamt sie erfordert, dem Gesuche in zwei Ausfertigungen beizufügen.

§ 6. Unter der gleichen Voraussetzung sind Modelle und Probestücke der mit dem Zeichen versehenen Ware sowie Nachbildungen des Zeichens in der Form, wie es im Verkehre verwendet wird, und zwar in einer Ausführung vorzulegen. Gegenstände, die leicht beschädigt werden können, sind in festen Hüllen einzureichen. Gegenstände von kleinerem Umfange sind auf steifem Papier zu befestigen.

§ 7. Zugleich mit der Anmeldung oder auf spätere Aufforderung ist ein für die Vervielfältigung des Zeichens bestimmter Druckstock einzureichen, der das Zeichen in allen wesentlichen Teilen, einschließlich der Inschriften, deutlich und sauber wiedergibt. Auch bei Zeichen, die ausschließlich in Wörtern bestehen, ist ein Druckstock erforderlich.

Der Druckstock muß ein Holzschnitt, eine Zinkätzung oder ein Galvano sein und eine Schrifthöhe von 2,4 cm besitzen.

Seine Größe darf 6,5 cm in Höhe und Breite nicht übersteigen. In Ausnahmefällen kann, falls die Deutlichkeit es nach dem Ermessen des Patentamtes erfordert, eine größere Ausführung zugelassen werden.

Der Druckstock muß in allen Fällen aus einem Stück bestehen.

Soll ein Zeichen mehrfach eingetragen werden, so ist für jede Eintragung ein besonderer Druckstock einzureichen.

Auf Antrag kann die Anfertigung des Druckstockes oder die Nachbildung eines schon vorhandenen Druckstockes auf Kosten des Anmelders durch das Patentamt veranlaßt werden.

Ein mittels des Druckstockes gefertigter Abdruck des Zeichens ist in zwei Ausfertigungen beizufügen.

§ 8. Die Anlagen des Gesuches, insbesondere auch Modelle, Probestücke, Nachbildungen und der Druckstock, müssen mit einer ihre Zugehörigkeit zur Anmeldung kennzeichnenden Aufschrift versehen sein.

Schriftstücke, die zur Mitteilung an andere Personen bestimmt sind, sind in der dazu erforderlichen Zahl von Ausfertigungen einzureichen.

Zu allen Schriftstücken ist dauerhaftes, nicht durchscheinendes weißes Papier, zu Schriftstücken, die Anträge enthalten oder die Anmeldung selbst betreffen, Papier in der Seitengröße von 33 cm zu 21 cm zu verwenden.

Alle Schrifstücke müssen leicht lesbar sein. Die Schriftzüge müssen in dunkler Farbe ausgeführt sein. Schriftstücke, die mittels der Schreibmaschine hergestellt sind, müssen deutliche Druckzeichen und zwischen den einzelnen Buchstaben, Worten und Zeilen einen angemessenen Zwischenraum aufweisen.

Auf den später eingereichten Anmeldestücken ist der Name des Anmelders und das Aktenzeichen anzugeben.

Berlin, den 22. November 1898.

Kaiserliches Patentamt.
von Huber.

Deutsches Gesetz zum Schutze der Warenbezeichnungen vom 12. Mai 1894.

§ 1.

Wer in seinem Geschäftsbetriebe zur Unterscheidung seiner Waren von den Waren anderer eines Warenzeichens sich bedienen will, kann dieses Zeichen zur Eintragung in die Zeichenrolle anmelden.

§ 2.

Die Zeichenrolle wird bei dem Patentamt geführt. Die Anmeldung eines Warenzeichens hat schriftlich bei dem Patentamt zu erfolgen. Jeder Anmeldung muß die Bezeichnung des Geschäftsbetriebes, in welchem das Zeichen verwendet werden soll, ein Verzeichnis der Waren, für welche es bestimmt ist, sowie eine deutliche Darstellung und, soweit erforderlich, eine Beschreibung des Zeichens beigefügt sein.

Das Patentamt erläßt Bestimmungen über die sonstigen Erfordernisse der Anmeldung.

Für jedes Zeichen ist bei der Anmeldung eine Gebühr von *M 30*, bei jeder Erneuerung der Anmeldung eine Gebühr von *M 10* zu entrichten. Führt die erste Anmeldung nicht zur Eintragung, so werden von der Gebühr *M 20* erstattet.

§ 3.

Die Zeichenrolle soll enthalten:

1. den Zeitpunkt des Einganges der Anmeldung;
2. die nach § 2 Abs. 1 der Anmeldung beizufügenden Angaben;
3. Namen und Wohnort des Zeicheninhabers und seines etwaigen Vertreters sowie Änderungen in der Person, im Namen oder im Wohnorte des Inhabers oder des Vertreters;
4. den Zeitpunkt einer Erneuerung der Anmeldung;
5. den Zeitpunkt der Löschung des Zeichens.

Die Einsicht der Zeichenrolle steht jedermann frei.

Jede Eintragung und jede Löschung wird amtlich bekannt gemacht. Das Patentamt veröffentlicht in regelmäßiger Wiederholung Übersichten über die in der Zwischenzeit eingetragenen und gelöschten Zeichen.

§ 4.

Die Eintragung in die Rolle ist zu versagen für Freizeichen sowie für Warenzeichen,

1. welche ausschließlich in Zahlen, Buchstaben oder solchen Wörtern bestehen, die Angaben über Art, Zeit und Ort der Herstellung, über die Beschaffenheit, über die Bestimmung, über Preis-, Mengen- oder Gewichtsverhältnisse der Ware enthalten;
2. welche in- oder ausländische Staatswappen oder Wappen eines inländischen Ortes, eines inländischen Gemeinde- oder weiteren Kommunalverbandes enthalten;
3. welche Ärgernis erregende Darstellungen oder solche Angaben enthalten, die ersichtlich den tatsächlichen Verhältnissen nicht entsprechen und die Gefahr einer Täuschung begründen.

Zeichen, welche gelöscht sind, dürfen für die Waren, für welche sie eingetragen waren, oder für gleichartige Waren zugunsten eines anderen als des letzten Inhabers, erst nach Ablauf von zwei Jahren seit dem Tage der Löschung von neuem eingetragen werden.

§ 5.

Erachtet das Patentamt, daß ein zur Anmeldung gebrachtes Warenzeichen mit einem anderen, für dieselben oder für gleichartige Waren auf Grund des Gesetzes über Markenschutz vom 30. November 1874 (Reichsgesetzbl. S. 143) oder auf Grund des gegenwärtigen Gesetzes früher angemeldeten Zeichen übereinstimmt, so macht es dem Inhaber des Zeichens hiervon Mitteilung. Erhebt derselbe nicht innerhalb eines Monats nach der Zustellung Widerspruch gegen die Eintragung des neu gemeldeten Zeichens, so ist das Zeichen einzutragen. Im anderen Falle entscheidet das Patentamt durch Beschluß, ob die Zeichen übereinstimmen.

Aus dem Unterbleiben der im ersten Absatze vorgesehenen Mitteilung erwächst ein Ersatzanspruch nicht.

§ 6.

Wird durch den Beschluß (§ 5 Abs. I) die Übereinstimmung der Zeichen verneint, so ist das neu angemeldete Zeichen einzutragen.

Wird durch den Beschluß die Übereinstimmung der Zeichen festgestellt, so ist die Eintragung zu versagen. Sofern der Anmelder geltend machen will, daß ihm ungeachtet der durch die Entscheidung des Patentamtes festgestellten Übereinstimmung ein Anspruch auf die Eintragung zustehe, hat er diesen Anspruch im Wege der Klage gegenüber dem Widersprechenden zur Anerkennung zu bringen. Die Eintragung auf Grund einer zu seinen Gunsten ergehenden Entscheidung wird unter dem Zeitpunkte der ursprünglichen Anmeldung bewirkt.

§ 7.

Das durch die Anmeldung oder Eintragung eines Warenzeichens begründete Recht geht auf die Erben über und kann durch Vertrag oder durch Verfügung von Todes wegen auf andere übertragen werden. Das Recht kann jedoch nur mit dem Geschäftsbetriebe, zu welchem das Warenzeichen gehört, auf einen anderen übergehen. Der Übergang wird auf Antrag des Rechtsnachfolgers in der Zeichenrolle vermerkt, sofern die Einwilligung des Berechtigten in beweisender Form beigebracht wird. Ist der Berechtigte verstorben, so ist der Nachweis der Rechtsnachfolge zu führen.

Solange der Übergang in der Zeichenrolle nicht vermerkt ist, kann der Rechtsnachfolger sein Recht aus der Eintragung des Warenzeichens nicht geltend machen.

Verfügungen und Beschlüsse des Patentamtes, welche einer Zustellung an den Inhaber des Zeichens bedürfen, sind stets an den eingetragenen Inhaber zu richten. Ergibt sich, daß derselbe verstorben ist, so kann das Patentamt nach seinem Ermessen die Zustellung als bewirkt ansehen oder zum Zwecke der Zustellung an die Erben deren Ermittelung veranlassen.

§ 8.

Auf Antrag des Inhabers wird das Zeichen jederzeit in der Rolle gelöscht.

Von Amts wegen erfolgt die Löschung:

1. wenn seit der Anmeldung des Zeichens oder seit ihrer Erneuerung zehn Jahre verflossen sind;
2. wenn die Eintragung des Zeichens hätte versagt werden müssen.

Soll die Löschung ohne Antrag des Inhabers erfolgen, so gibt das Patentamt diesem zuvor Nachricht. Widerspricht er innerhalb eines Monats nach der Zustellung nicht, so erfolgt die Löschung. Widerspricht er, so faßt das Patentamt Beschluß. Soll infolge Ablaufes der zehnjährigen Frist die Löschung erfolgen, so ist von derselben abzusehen, wenn der Inhaber des Zeichens bis zum Ablauf eines Monates nach der Zustellung unter Zahlung einer Gebühr von *ℳ 10* neben der Erneuerungsgebühr die Erneuerung der Anmeldung nachholt; die Erneuerung gilt dann als an dem Tage des Ablaufes der früheren Frist geschehen.

§ 9.

Ein Dritter kann die Löschung eines Warenzeichens beantragen:

1. wenn das Zeichen für ihn auf Grund einer früheren Anmeldung für dieselben oder für gleichartige Waren in der Zeichenrolle oder in den nach Maßgabe des Gesetzes über den Markenschutz vom 30. November 1874 geführten Zeichenregistern eingetragen steht;
2. wenn der Geschäftsbetrieb, zu welchem das Warenzeichen gehört, von dem eingetragenen Inhaber nicht mehr fortgesetzt wird;
3. wenn Umstände vorliegen, aus denen sich ergibt, daß der Inhalt des Warenzeichens den tatsächlichen Verhältnissen nicht entspricht und die Gefahr einer Täuschung begründet.

Hat ein nach dem Gesetze über Markenschutz vom 30. November 1874 von der Eintragung ausgeschlossenes Warenzeichen bis zum Erlasse des gegenwärtigen Gesetzes innerhalb beteiligter Verkehrskreise als Kennzeichen der Waren eines bestimmten Geschäftsbetriebs gegolten, so kann der Inhaber des letzteren, falls das Zeichen nach Maßgabe des gegenwärtigen Gesetzes für einen anderen in die Zeichenrolle eingetragen wird, bis zum 1. Oktober 1895 die Löschung beantragen. Wird dem Antrage stattgegeben, so darf das Zeichen für den Antragsteller schon vor Ablauf der im § 4 Abs. 2 bestimmten Frist in die Zeichenrolle eingetragen werden.

Der Antrag auf Löschung ist im Wege der Klage geltend zu machen und gegen den eingetragenen Inhaber oder, wenn dieser gestorben, gegen dessen Erben zu richten.

Hat vor oder nach Erhebung der Klage ein Übergang des Warenzeichens auf einen anderen stattgefunden, so ist die Entscheidung in Ansehung der Sache auch gegen den Rechtsnachfolger wirksam und vollstreckbar. Auf die Befugnis des Rechtsnachfolgers, in den Rechtsstreit einzutreten, finden die Bestimmungen der § 63—66 und 73 der Zivilprozeßordnung entsprechende Anwendung.

In den Fällen des Abs. I Nr. 2 kann der Antrag auf Löschung zunächst bei dem Patentamte angebracht werden. Das Patentamt gibt dem als Inhaber des Warenzeichens Eingetragenen davon Nachricht. Widerspricht derselbe innerhalb eines Monates nach der Zustellung nicht, so erfolgt die Löschung. Widerspricht er, so wird dem Antragsteller anheimgegeben, den Anspruch auf Löschung im Wege der Klage zu verfolgen.

§ 10.

Anmeldungen von Warenzeichen, Anträge auf Übertragung und Widersprüche gegen die Löschung derselben werden in dem für Patentangelegenheiten maßgebenden Verfahren durch Vorbescheid und Beschluß erledigt. In den Fällen des § 5 Abs. I wird ein Vorbescheid nicht erlassen.

Gegen den Beschluß, durch welchen ein Antrag zurückgewiesen wird, kann der Antragsteller, und gegen den Beschluß, durch welchen Widerspruches ungeachtet die Löschung angeordnet wird, der Inhaber des Zeichens innerhalb eines Monats nach der Zustellung bei dem Patentamte Beschwerde einlegen.

Zustellungen, welche die Eintragung, die Übertragung oder die Löschung eines Warenzeichens betreffen, erfolgen mittels eingeschriebenen Briefes. Kann eine Zustellung im Inlande nicht erfolgen, so wird sie durch Aufgabe zur Post nach Maßgabe der § 161, 175 der Zivilprozeßordnung bewirkt.

§ 11.

Das Patentamt ist verpflichtet, auf Ersuchen der Gerichte über Fragen, welche eingetragene Warenzeichen betreffen, Gutachten abzugeben, sofern in dem gerichtlichen Verfahren voneinander abweichende Gutachten mehrerer Sachverständigen vorliegen.

§ 12.

Die Eintragung eines Warenzeichens hat die Wirkung, daß dem Eingetragenen ausschließlich das Recht zusteht, Waren der angemeldeten Art oder deren Verpackung oder Umhüllung mit dem Warenzeichen zu versehen, die so bezeichneten Waren in Verkehr zu setzen sowie auf Ankündigungen, Preislisten, Geschäftsbriefen, Empfehlungen, Rechnungen od. dgl. das Zeichen anzubringen.

Im Falle der Löschung können für die Zeit, in welcher ein Rechtsgrund für die Löschung früher bereits vorgelegen hat, Rechte aus der Eintragung nicht mehr geltend gemacht werden.

§ 13.

Durch die Eintragung eines Warenzeichens wird niemand gehindert, seinen Namen, seine Firma, seine Wohnung sowie Angaben über Art, Zeit und Ort der Herstellung, über die Beschaffenheit, über die Bestimmungen, über Preis-, Mengen- oder Gewichtsverhältnisse von Waren, sei es auch in abgekürzter Gestalt, auf Waren, auf deren Verpackung oder Umhüllung anzubringen und derartige Angaben im Geschäftsverkehr zu gebrauchen.

§ 14.

Wer wissentlich oder aus grober Fahrlässigkeit Waren oder deren Verpackung oder Umhüllung oder Ankündigungen, Preislisten, Geschäftsbriefe, Empfehlungen, Rechnungen od. dgl. mit dem Namen oder der Firma eines anderen oder mit einem nach Maßgabe dieses Gesetzes geschützten Warenzeichen widerrechtlich versieht od. dgl. widerrechtlich gekennzeichnete Waren in Verkehr bringt oder feilhält, ist dem Verletzten zur Entschädigung verpflichtet.

Hat er die Handlung wissentlich begangen, so wird er außerdem mit Geldstrafe von *ℳ 150—5000* oder mit Gefängnis bis zu sechs Monaten bestraft. Die Strafverfolgung tritt nur auf Antrag ein. Die Zurücknahme des Antrages ist zulässig.

§ 15.

Wer zum Zwecke der Täuschung in Handel und Verkehr Waren oder deren Verpackung oder Umhüllung oder Ankündigungen, Preislisten, Geschäftsbriefe, Empfehlungen, Rechnungen od. dgl. mit einer Ausstattung, welche innerhalb beteiligter Verkehrskreise als Kennzeichen gleichartiger Waren eines anderen gilt, ohne dessen Genehmigung versieht, oder wer zu dem gleichen Zwecke derartig gekennzeichnete Waren in Verkehr bringt oder feilhält, ist dem Verletzten zur Entschädigung verpflichtet und wird mit Geldstrafe von *ℳ 100—3000* oder mit Gefängnis bis zu drei Monaten bestraft. Die Strafverfolgung tritt nur auf Antrag ein. Die Zurücknahme des Antrages ist zulässig.

§ 16.

Wer Waren oder deren Verpackung oder Umhüllung oder Ankündigungen, Preislisten, Geschäftsbriefe, Empfehlungen, Rechnungen od. dgl. fälschlich mit einem Staatswappen oder mit dem Namen oder Wappen eines Ortes, eines Gemeinde- oder weiteren

Kommunalverbandes zu dem Zwecke versieht, über Beschaffenheit und Wert der Waren einen Irrtum zu erregen, oder wer zu dem gleichen Zwecke derartig bezeichnete Waren in Verkehr bringt oder feilhält, wird mit Geldstrafe von *ℳ 150—5000* oder mit Gefängnis bis zu sechs Monaten bestraft.

Die Verwendung von Namen, welche nach Handelsgebrauch zur Benennung gewisser Waren dienen, ohne deren Herkunft bezeichnen zu sollen, fällt unter diese Bestimmung nicht.

§ 17.

Ausländische Waren, welche mit einer deutschen Firma und Ortsbezeichnung oder mit einem in die Zeichenrolle eingetragenen Warenzeichen widerrechtlich versehen sind, unterliegen bei ihrem Eingange nach Deutschland zur Einfuhr oder Durchfuhr auf Antrag des Verletzten und gegen Sicherheitsleistung der Beschlagnahme und Einziehung. Die Beschlagnahme erfolgt durch die Zoll- und Steuerbehörden; die Festsetzung der Einziehung durch Strafbescheid der Verwaltungsbehörden (§ 459 der Strafprozeßordnung).

§ 18.

Statt jeder aus diesem Gesetze entspringenden Entschädigung kann auf Verlangen des Beschädigten neben der Strafe auf eine an ihn zu erlegende Buße bis zum Betrage von *ℳ 10000* erkannt werden. Für diese Buße haften die zu derselben Verurteilten als Gesamtschuldner.

Eine erkannte Buße schließt die Geltendmachung eines weiteren Entschädigungsanspruches aus.

§ 19.

Erfolgt eine Verurteilung auf Grund der § 14—16, 18, so ist bezüglich der im Besitze des Verurteilten befindlichen Gegenstände auf Beseitigung der widerrechtlichen Kennzeichnung oder, wenn die Beseitigung in anderer Weise nicht möglich ist, auf Vernichtung der damit versehenen Gegenstände zu erkennen.

Erfolgt die Verurteilung im Strafverfahren, so ist in den Fällen der § 14 und 15 dem Verletzten die Befugnis zuzusprechen, die Verurteilung auf Kosten des Verurteilten öffentlich bekannt zu machen. Die Art der Bekanntmachung sowie die Frist zu derselben ist in dem Urteil zu bestimmen.

§ 20.

Die Anwendung der Bestimmungen dieses Gesetzes wird durch Abweichungen nicht ausgeschlossen, mit denen fremde Namen, Firmen, Zeichen, Wappen und sonstige Kennzeichnungen von Waren wiedergegeben werden, sofern ungeachtet dieser Abweichungen die Gefahr einer Verwechselung im Verkehre vorliegt.

§ 21.

In bürgerlichen Rechtsstreitigkeiten, in welchen durch Klage oder Widerklage ein Anspruch auf Grund dieses Gesetzes geltend gemacht ist, wird die Verhandlung und Entscheidung letzter Instanz im Sinne des § 8 des Einführungsgesetzes zum Gerichtsverfassungsgesetze dem Reichsgerichte zugewiesen.

§ 22.

Wenn deutsche Waren im Auslande bei der Einfuhr oder Durchfuhr der Verpflichtung unterliegen, eine Bezeichnung zu tragen, welche ihre deutsche Herkunft erkennen läßt, oder wenn dieselben bei der Zollabfertigung in Beziehung auf die Warenbezeichnungen ungünstiger als die Waren anderer Länder behandelt werden, so ist der Bundesrat ermächtigt, den fremden Waren bei ihrem Eingange nach Deutschland zur Einfuhr oder Durchfuhr eine entsprechende Auflage zu machen und anzuordnen, daß für den Fall der Zuwiderhandlung die Beschlagnahme und Einziehung der Ware erfolge. Die Beschlagnahme erfolgt durch die Zoll- und Steuerbehörden, die Festsetzung der Einziehung durch Strafbescheid der Verwaltungsbehörden (§ 459 der Strafprozeßordnung).

§ 23.

Wer im Auslande eine Niederlassung nicht besitzt, hat auf den Schutz dieses Gesetzes nur Anspruch, wenn in dem Staate, in welchem seine Niederlassung sich befindet, nach einer im Reichsgesetzblatt enthaltenen Bekanntmachung deutsche Warenbezeichnungen in gleichem Umfange wie inländische Warenbezeichnungen zum gesetzlichen Schutze zugelassen werden.

Der Anspruch auf Schutz eines Warenzeichens und das durch die Eintragung begründete Recht können nur durch einen im Inlande bestellten Vertreter geltend gemacht werden. Der letztere ist zur Vertretung in dem nach Maßgabe dieses Gesetzes vor dem Patentamte stattfindenden Verfahren sowie in den das Zeichen betreffenden bürgerlichen Rechtsstreitigkeiten und zur Stellung von Strafanträgen befugt. Für die das Zeichen betreffenden Klagen gegen den eingetragenen Inhaber ist das Gericht zuständig, in dessen Bezirk der Vertreter seinen Wohnsitz hat, in dessen Ermangelung das Gericht, in dessen Bezirk das Patentamt seinen Sitz hat.

Wer ein ausländisches Warenzeichen zur Anmeldung bringt, hat damit den Nachweis zu verbinden, daß er in dem Staate, in welchem seine Niederlassung sich befindet, für dies Zeichen den Markenschutz nachgesucht und erhalten hat. Die Eintragung ist, soweit nicht Staatsverträge ein anderes bestimmen, nur dann zulässig, wenn das Zeichen den Anforderungen dieses Gesetzes entspricht.

§ 24.

Auf die in Gemäßheit des Gesetzes über Markenschutz vom 30. November 1874 in die Zeichenregister eingetragenen Warenzeichen finden bis zum 1. Oktober 1898 die Bestimmungen jenes Gesetzes noch ferner Anwendung. Die Zeichen können bis zum 1. Oktober 1898 jederzeit zur Eintragung in die Zeichenrolle nach Maßgabe des gegenwärtigen Gesetzes angemeldet werden und unterliegen alsdann dessen Bestimmungen. Die Eintragung darf nicht versagt werden hinsichtlich derjenigen Zeichen, welche auf Grund eines älteren landesgesetzlichen Schutzes in die Zeichenregister eingetragen worden sind. Die Eintragung geschieht unentgeltlich und unter dem Zeitpunkte der ersten Anmeldung. Über den Inhalt der ersten Eintragung ist ein Zeugnis der bisherigen Registerbehörde beizubringen.

Mit der Eintragung in die Zeichenrolle oder, sofern eine solche nicht erfolgt ist, mit dem 1. Oktober 1898 erlischt der den Warenzeichen bis dahin gewährte Schutz.

§ 25.

Die zur Ausführung dieses Gesetzes erforderlichen Bestimmungen über die Einrichtung und den Geschäftsgang des Patentamtes sowie über das Verfahren vor demselben werden durch kaiserliche Verordnung unter Zustimmung des Bundesrates getroffen.

§ 26.

Dieses Gesetz tritt mit dem 1. Oktober 1894 in Kraft.

Von dem gleichen Zeitpunkte ab werden Anmeldungen von Warenzeichen auf Grund des Gesetzes über Markenschutz vom 30. November 1874 nicht mehr angenommen.

Wärmeäquivalent, mechanisches. Dasselbe beträgt

nach Dieterici	424,36	mkg
» Jahn . .	423,1	»
» Sahulka .	426,262	»
» Miculescu	426,7	»

Wärme, spezifische.

a) Feste Körper.

Aluminium b. 0—100°	0,218	Neusilber: Berliner II	0,0971
Antimon b. 0—100°	0,0495	» » III	0,0956
Blei b. 0—100°	0,0315	» Chinesisch	0,1010
Eis	0,502	Nickel b. 14—97°	0,1092
Eisen b. 0—10°	0,113	Osmium b. 19—98°	0,03113
Gips	0,1127	Palladium b. 0—100°	0,0592
Glas	0,1935	Phosphor b. 13—36°	0,202
Gold, rein, b. 0—100°	0,0316	Platin bei 0—100°	0,0323
Graphit b. 10,8°	0,1604	» » 0—1000°	0,0377
Holzkohle b. 0—99°	0,1935	» » 0—1300°	0,03854
Jod b. 9—98°	0,0541	» » 0—1400°	0,03896
Kadmium b. 0—100°	0,0548	» » 0—1600°	0,03980
Kalium —78,5—23°	0,1662	Schwefel b. 15—97°	0,1844
Kalkspat	0,206	Selen, amorph., b. 18—38°	0,09533
Kobalt b. 9—97°	0,1067	Silber b. 21,6°	0,0559
Kupfer b. 0—100°	0,09332	Stahl	0,1184
Lithium b. 27—99°	0,9408	Wismut b. 20—84°	0,0305
Magnesium b. 20—51°	0,245	Wolfram 6—15°	0,035
Marmor	0,2099	Ziegelstein	0,2150
Messing	0,0939	Zink b. 0—100°	0,0983
Natrium b. —28—6°	0,2934	Zinn b. 0—100°	0,0559
Neusilber: Berliner I.	0,0988		

b) Flüssigkeiten.

Äther	0,5207	Quecksilber b. 5—36°	0,0333
Alkohol b. 16—30°	0,6019	Schwefelkohlenstoff	0,2206
Anilin	0,49	Schwefelsäure, konz.	0,33
Brom b. 13—45°	0,1071	Terpentinöl	0,43
Chloroform	0,23	Toluol	0,40
Holzgeist	0,6009	Wasser bei 0° C	1,0000

c) Gase.

Bei konstantem Druck.

Ammoniak b. 23—100°	0,5202	Schwefelwasserstoff b. 20 bis 206°	0,2451
Chlor b. 13—202°	0,1241	Schwefl. Säure. b. 16—202	0,1544
Chlorwasserstoff b. 13 bis 100°	0,1940	Stickoxyd b. 13—172°	0,2317
Kohlenoxyd b. 23—99°	0,2425	Stickoxydul b. 16—103°	0,2126
Kohlensäure b. 15—100°	0,2025	Stickstoff b. 0—200°	0,2435
Luft b. 0—100°	0,2374	Wasserdampf b. 128—217°	0,4805
Sauerstoff b. 13—207°	0,2175	Wasserstoff b. 21—100°	3,4090

Wärmetönungen (siehe **Verbindungswärmen**).

Wasserdampf, Spannkraft desselben, ausgedrückt in Quecksilberhöhen bei 0°, Dichte des Quecksilbers 13,59593 in 45° geogr. Br. und im Meeresniveau.

t	mm	*t*	mm	*t*	mm	*t*	mm
— 19	1,0288	2	5,2719	23	20,8576	44	67,7568
— 18	1,1202	3	5,6582	24	22,1524	45	71,3619
— 17	1,2187	4	6,0693	25	23,5174	46	75,1314
— 16	1,3248	5	6,5067	26	24,9556	47	79,0714
— 15	1,4390	6	6,9718	27	26,4705	48	83,1883
— 14	1,5618	7	7,4660	28	28,0654	49	87,4882
— 13	1,6939	8	7,9909	29	29,7439	50	91,9780
— 12	1,8357	9	8,5484	30	31,5096	60	148,8848
— 11	1,9880	10	9,1398	31	33,3664	70	233,3079
— 10	2,1514	11	9,7671	32	35,3181	80	354,8730
— 9	2,3266	12	10,4322	33	37,3689	90	525,4646
— 8	2,5143	13	11,1370	34	39,5228	100	760,0000
— 7	2,7153	14	11,8835	35	41,7842	110	1075,370
— 6	2,9304	15	12,6739	36	44,1577	120	1491,280
— 5	3,1605	16	13,5103	37	46,6477	130	2030,28
— 4	3,4065	17	14,3950	38	49,2590	140	2717,63
— 3	3,6693	18	15,3304	39	51,9965	150	3581,23
— 2	3,9499	19	16,3189	40	54,8651	200	11688,96
— 1	4,2493	20	17,3632	41	57,8700	—	—
0	4,5687	21	18,4659	42	61,0167	—	—
+ 1	4,9091	22	19,6297	43	64,3104	—	—

Bei Benutzung nachstehender Tabelle ist die Wärmemenge des Speisewassers (z. B. bei 15° C, 20 kg-Kal.) zu subtrahieren.

Gesamtwärme, welche erforderlich ist, um 1 kg Wasser von 0° in Dampf zu verwandeln.

Druck pro qcm kg	Temperatur °C	Gesamtwärme kg-Kal.	Druck pro qcm kg	Temperatur °C	Gesamtwärme kg-Kal.
0,1	45,68	620,4	6,5	161,1	655,6
0,5	80,90	631,2	7,0	164,0	656,5
1,0	99,1	636,7	7,5	166,8	657,4
1,5	110,8	640,3	8,0	169,5	658,2
2,0	119,6	643,0	8,5	171,9	658,9
2,5	126,7	645,2	9,0	174,4	659,6
3,0	132,8	647,0	9,5	176,7	660,4
3,5	138,1	648,6	10,0	178,9	661,1
4,0	142,8	650,1	10,5	181,0	661,7
4,5	147,1	651,4	11,0	183,1	662,3
5,0	151,0	652,6	11,5	185,0	662,9
5,5	154,6	653,7	12,0	186,9	663,5
6,0	157,9	654,7	12,5	188,8	664,1

Wassermengenberechnung für eine hydroelektrische Anlage. Zahl der Sekundenliter, welche unter Druck durch eine Schützenöffnung von 1 m lichter Breite bei verschiedenen lichten Höhen und verschiedenen Druckhöhen durchfließen.

Druckhöhe mm	Lichte Schützenhöhe in m									
	0,16	0,17	0,18	0,19	0,2	0,22	0,24	0,26	0,28	0,3
0,65	384	—	—	—	—	—	—	—	—	—
0,7	397	422	—	—	—	—	—	—	—	—
0,75	412	438	464	—	—	—	—	—	—	—
0,8	426	447	480	505	532	—	—	—	—	—
0,85	440	456	494	520	550	—	—	—	—	—
0,9	452	474	506	535	565	620	—	—	—	—
0,95	464	493	522	552	579	640	—	—	—	—
1,0	475	506	534	565	595	655	715	—	—	—
1,1	500	529	562	594	623	685	750	812	—	—
1,2	522	555	585	620	652	718	782	845	912	978
1,3	543	577	610	644	678	746	815	882	950	1020
1,4	562	598	632	668	702	772	842	912	982	1050
1,5	582	620	655	690	730	800	874	948	1020	1090
1,6	600	640	675	715	750	825	900	975	1050	1125
1,7	620	660	700	738	775	853	930	1010	1085	1160
1,8	640	678	718	756	796	878	955	1035	1115	1195
1,9	657	697	730	780	820	900	985	1065	1150	1230
2,0	672	715	755	800	840	925	1010	1090	1175	1260
2,1	692	735	780	820	865	950	1040	1125	1210	1300
2,2	705	750	795	840	882	970	1060	1145	1235	1320
2,3	720	765	810	855	900	990	1080	1170	1260	1350
2,4	735	780	830	875	920	1010	1100	1200	1290	1380

Wasserröhrenkessel (siehe **Dampfkessel**).

Wasserzersetzungsapparat (siehe **Elektrolyseur**).

Maschinenfabrik Oerlikon, Oerlikon bei Zürich (Schweiz).

Watt (siehe **Elektrische Maße**).

Wattkomponente des Stromes (siehe **Wattstrom**).

Wattloser Strom ist ein Wechselstrom (dessen Stromstärke eine Phasendifferenz von 90° gegen die äußere Spannung hat, die ihn erzeugt), dessen Effekt gleich Null ist.

Wattmesser (siehe **Wattmeter**).

Wattmeter. Bei Drehstrom werden die Wattmeter an die Neutrale angeschlossen. Ist eine solche nicht vorhanden, so muß ein neutraler Punkt (durch einen Nullpunktwiderstand) geschaffen werden.

Dr. Rudolf Franke & Ko., G. m. b. H., Hannover.

Wattmeter, System Hartmann & Braun. Das ihnen zugrunde liegende Konstruktionsprinzip ist das dynamometrische, d. h. eine fest angeordnete Starkstromspule wirkt drehend auf eine bewegliche Spannungsspule. Dieses Prinzip bietet für Wattmessungen sowohl bei Gleichstrom wie bei Wechselstrom die größtmögliche Verwendbarkeit; alle anderen Methoden, wie sie bei Induktionswattmetern, Hitzdrahtwattmetern (diese letzteren werden besonders von der Kurvenform beeinflußt) usw. zur Anwendung kommen, sind von den verschiedensten Größen abhängig, wodurch solche Instrumente, wenn nicht beträchtliche Fehler bei der Messung auftreten sollen, nur in beschränktem Maße benutzt werden können. Die dynamometrischen Wattmeter dagegen sind sowohl von der Kurvenform wie von der Polwechselzahl vollkommen unabhängig. Die Starkstromspule ist aus Kupferband von geringer Dicke hergestellt; je nach der Stromstärke werden mehrere solcher Bänder parallel geschaltet, wodurch selbst bei stärkeren Strömen die Bildung von Wirbelströmen und davon herrührende Fehler in den Angaben vermieden werden. Der Widerstand der Spannungsspule beträgt bei jedem Instrumente ca. 100 Ohm, und darf dieselbe nicht höher als mit 0,05 Amp. max. belastet werden. Die Spannungsspule ist auf einer Stahlachse, deren feine, gut gehärtete Spitzen in auspolierten Edelsteinen gelagert sind, befestigt, so daß der Reibungswiderstand auf das geringste mögliche Maß reduziert ist. Die Achse trägt ferner die beiden Zuleitungsfedern, welche gleichzeitig zur Torsion des Systemes verwendet werden, den Zeiger und diesem gegenüber den Dämpferflügel für die Luftdämpfung. Durch symmetrische Anordnung dieser Teile wird das Gewicht des ganzen Systemes möglichst gleichmäßig verteilt und die zur Ausbalancierung dienenden kleinen Laufgewichte und mithin das ganze System auf eine möglichst geringe Schwere gebracht.

Schalttafelinstrument.

<table>
<tr><td>Maximale Stromstärke Amp.</td><td>2,5</td><td>5</td><td>6</td><td>8</td><td>10</td><td>12</td><td>15</td><td>20</td><td>25</td><td>30</td><td>35</td><td>40</td><td>50</td><td>60</td><td>75</td><td>80</td><td>100</td><td>150</td><td>200</td><td>400</td></tr>
<tr><td>Preis M</td><td colspan="13">je *50*</td><td colspan="3">je *60*</td><td>*170*</td><td>*180*</td><td>*190*</td><td>*220*</td></tr>
</table>

Aperiodische registrierende Wattmeter.

Maximale Stromstärke Amp.	5	10	15	25	50	75	100	125	150	200
Preis *M*	*425*	*425*	*430*	*435*	*440*	*445*	*450*	*450*	*455*	*460*

Wattsekunde = 0,24014 g-Kal. (1 Joule) = 0,10198 mkg.

Wattstrom. Man kann den durch die resultierende elektromotorische Kraft in einer Spule mit Selbstinduktion erregten Strom in zwei Komponenten mit einer Phasenverschiebung von 90° zerlegen. Die eine derselben entwickelt eine einer gewissen Anzahl Watt äquivalente Wärmemenge — Wattstrom (Strom mit dem Leistungsfaktor + 1), Wattkomponente des Stromes —, die andere dient dazu, das magnetische Feld zu erregen — wattloser oder Erregerstrom (Strom mit dem Leistungsfaktor 0).

Wattstunde = 3600 Joule = 864,5 g-Kal. = 367,1 mkg (siehe **Elektrische Maſse**).

Wattstundenzähler sind Instrumente, welche die in jeder Sekunde vom Strom geleitete bzw. zugleich die vom Konsumenten verbrauchte elektrische Energie abgeben.

Der Wattstundenzähler von Aron besteht aus einem Differentialuhrwerke mit zwei Pendeln von gleicher Schwingungsdauer. Die Linse des einen Pendels ist durch eine Voltrolle (Rolle mit dünnem

Für Gleichstrom				Für Einphasenwechselstrom	Für Drehstrom	
Zweileitersystem		Dreileitersystem				
Benutzbar bis Amp.	*M*	Benutzbar bis Amp.	*M*	*M*	Benutzbar bis Amp.	*M*
6	*135*	2 × 6	*165*	*135*	3 × 6	*165*
15	*148*	2 × 15	*185*	*148*	3 × 15	*185*
30	*160*	2 × 30	*200*	*160*	3 × 30	*200*
50	*175*	2 × 50	*220*	*175*	3 × 50	*220*
75	*190*	2 × 75	*250*	*190*	3 × 75	*250*
100	*205*	2 × 100	*275*	*205*	3 × 100	*275*
150	*225*	2 × 150	*325*	*225*	3 × 150	*325*
200	*250*	2 × 200	*375*	*250*	3 × 200	*375*
300	*300*	2 × 300	*400*	*300*	3 × 300	*400*
400	*350*	2 × 400	*500*	*350*	3 × 400	*500*
500	*400*	2 × 500	*600*	*400*	3 × 500	*600*
600	*450*	2 × 600	*650*	*450*	3 × 600	*650*
700	*500*	2 × 700	*700*	*500*	3 × 700	*700*
800	*550*	2 × 800	*750*	*550*	3 × 800	*750*
900	*600*	2 × 900	*800*	*600*	3 × 900	*800*
1000	*650*	2 × 1000	*850*	*650*	3 × 1000	*850*
1200	*700*	2 × 1200	*900*	*700*	3 × 1200	*900*
1500	*775*	2 × 1500	*975*	*775*	3 × 1500	*975*
2000	*900*	2 × 2000	*1100*	*900*	3 × 2000	*1100*

H. Aron, Elektrizitätszählerfabrik, Charlottenburg.

Luxsche Industriewerke, A.-G., Ludwigshafen a. Rh. (s. *Inseratanh. S. 3*).

Draht), welche in einer Ampererolle (Rolle mit dickem Draht) schwingt, ersetzt. Die Hauptrolle ist direkt in den Stromkreis, die andere in Nebenschluß geschaltet. Der Stromverbrauch ergibt sich aus einer Multiplikation der Zählerablesung mit der Konstanten des Zählers.

Webstuhlmotoren mit elastischer Aufhängung.

Leistung PS	Umdrehungen pro Minute	Preis ℳ
$^1/_5$—$^1/_4$	1400	*135*
$^1/_3$	1400	*150*
$^1/_2$	1400	*170*
1	1400	*190*

Maschinenfabrik Eßlingen in Eßlingen.

Wechsel (siehe **Wechselzahl**).

Wechselpoltypen sind Wechselstrommaschinen, bei denen sich entweder die Feldmagnete oder die Spulen um eine Achse drehen.

Wechselströme sind elektrische Ströme, deren Intensitäten periodische Funktionen der Zeit sind, oder deren Richtung beständig wechselt, oder die abwechselnd positive und negative Werte annehmen.

Wechselstrom-Bogenlampe. Nach Wedding bestehen für eine Wechselstrom-Bogenlampe folgende Beziehungen:

E = 27,4	27,78	28,7	29,3	30,3	31,6	33,2	35,0	Volt
W = 553	559	578	591	612	638	671	707	Watt

Mittlere Lichtstärke für die untere Halbkugel ohne Reflektor:

Lm = 457	497	536	541	553	554	569	570	NK
W = 1,21	1,13	1,08	1,09	1,11	1,15	1,18	1,31	Wattkerze.

Tabellen für Wechselstrom-Bogenlampen.

Stromstärke Amp.	Spannung Volt	Lichtbogenlänge mm	Maxim. Lichtstärke mit Reflektor HE	Kohlendurchmesser mm
6	27	1,5	220	9
8	28	1,6	330	10
10	28	1,7	450	11
12	28	1,8	590	12
14	29	1,9	740	14
16	29	2,0	900	14.
18	30	2,2	1050	16
20	30	2,3	1220	16
25	30	2,4	1630	18
30	32	2,5	2070	20

Stromstärke Amp.	Kohlendimensionen bei		
	8 Stunden	12 Stunden	16 Stunden
	200 mm lang	280 mm lang	360 mm lang
6	9	—	—
8	10	10	—
10	11	11	—
12	12	12	14
14	—	14	16
16	—	14	16
18	—	14	16
20	—	—	18
25	—	—	18
30	—	—	20

Wechselstromgeneratoren.

Tabelle der Raumabmessungen von Wechselstromgeneratoren mit Riemenscheibe.

Leistung PS	Größte Länge ca. mm	Größte Höhe ca. mm	Fundamentplatte ca. mm × mm	Höhe der Wellenmitte vom Fußboden mm
50	1500	1 000	1300 × 800	500
70	1700	1 000	1300 × 800	500
90	1800	1 000	1300 × 900	500
120	1900	11 000	1600 × 900	600
180	2000	11 000	1600 × 1000	600
220	2200	11 000	1600 × 1000	600
260	2300	1 300	1900 × 1100	700
350	2400	1 300	1900 × 1100	700
400	2400	1 500	1900 × 1200	900
500	2400	2 000	1900 × 1200	950

Maschinenfabrik Oerlikon, Oerlikon bei Zürich (Schweiz).

Wechselstrom-Heizkörper beruhen auf der Erwärmung der Metallmassen durch Wirbelströme mit Unterstützung der Hysteresis. Die Ausführung erfolgt z. B. als homogenes eisernes Ofengestell in Form der eisernen Lokalöfen, deren eiserner Boden eine zylindrische Erhöhung besitzt, um welche die Drahtspule gelegt wird. Der Stromleiter, die Heizspule, bleibt hier nahezu wärmelos, so daß also durch Wärmeleitung kein Wärmeverlust entsteht. Nachteile: Schwere Konstruktion, großes Raumerfordernis, Nichtregulierbarkeit, langsame Erwärmung, Abhängigkeit vom Strom.

Wechselstromklappen (siehe **Fallscheibenapparate**).

Ernst Pabst, Bellevue-Köpenick (*s. Inseratanh. S. 18*).

Wechselstromleistung ist gleich dem Produkte aus effektiver Spannung und effektiver Stromstärke, multipliziert mit dem Kosinus des Phasenverschiebungswinkels zwischen Spannung und Strom.

Wechselstrommaschinen, Störungen an denselben: Gibt die Erregerdynamo keine Spannung, so hat der Anker eine andere Drehrichtung als bei der Fabrikprobe, oder die Magnetwickelung oder der Regulierwiderstand sind unterbrochen, oder die Spulen sind gegeneinander geschaltet, oder eine bzw. mehrere Ankerspulen haben Kurzschluß. Abhilfe erfolgt in ersterem Falle durch Vertauschen der Nebenschlußenden miteinander, in den anderen Fällen durch Reparatur. Gibt die Erregerdynamo Spannung, ohne daß der Generator Magnetstrom erhält, so ist die Magnetwickelung oder der Regulator des Generators unterbrochen. Gibt die Ankerwickelung des Generators nicht einmal mehr die remanente Spannung (ca. 2—4% der normalen), so ist in der Ankerwickelung eine Unterbrechung. Gibt der Generator nicht die volle Spannung, wobei die Maschine stark brummt und eine oder mehrere Ankerspulen sich in kurzer Zeit stark erhitzen, so sind letztere verbrannt oder in sich kurzgeschlossen. Abhilfe erfolgt durch Ausschalten der defekten Spule, deren Windungen aber sämtlich durchschnitten werden müssen, um den Kurzschluß aufzuheben. Eine andere Ursache dieser Erscheinung kann auch darin liegen, daß eine oder mehrere Anker- und Magnetspulen gegen die übrigen falsch geschaltet sind, so daß sie schwächend wirken. Das Heulen der Maschine läßt sich durch Abflachen oder Abschrägen der Polschuhe beheben. Hat die Maschine schlechte Spannungsregulierung, so kann dies durch Ausbohren oder Abschalten einer oder einiger Windungen pro Phase oder durch Bohren von Löchern in die Pole verbessert werden.

Wechselstrommotoren (siehe **Einphasenmotoren** und **Drehstrommotoren**).

Maschinenfabrik Oerlikon, Oerlikon bei Zürich (Schweiz).

Wechselstromschalter (siehe **Umschalter, wasserdichte**).

Wechselstrom-Transformatorensystem. Für Hochspannungen von 2000—12000 Volt. Das Beleuchtungsterrain wird nur mit einem Primärnetz versehen und eine bestimmte Anzahl von Häusern zu einem Beleuchtungsblock vereinigt, welcher mit einem oder mehreren Transformatoren versehen wird, die die Hochspannung auf die Beleuchtungsspannung heruntertransformieren.

Wechselstromtypen sind Wechselstrommaschinen, bei welchen sich entweder die Feldmagnete oder die Spulen um eine Achse drehen.

Wechselstromwiderstand (siehe **Widerstand, scheinbarer**).

Wechselwirkung, elektrische. Körper mit gleichnamiger elektrischer Ladung stoßen einander ab, solche mit ungleichnamiger elektrischer Ladung ziehen einander an. Zwei Körper, von denen der eine elektrisch, der andere unelektrisch ist, ziehen einander an.

Wechselwirkung, magnetische. Gleichnamige Pole stoßen einander ab, ungleichnamige Pole ziehen einander an.

Wechselzahl ist die Zahl der in einer Sekunde in dem Leiter auftretenden Wechselströme.

Wechselzahlbestimmung. Auf der Welle eines kleinen Elektromotors ist eine Scheibe aufgekeilt, welche einen schwarzen

Sektor trägt. Der Wechselstrom, dessen Frequenz zu messen ist, wird durch eine Bogenlampe geleitet, die so oft aufleuchtet, als der Strom seine Richtung ändert. Dreht sich die Scheibe, so wird sie, wenn ihre Umdrehungszahl in einem bestimmten Verhältnis zur Wechselzahl steht, bei Wechselstromlicht einen oder mehrere Sektoren sehen lassen. Bedeuten: n = Umdrehungen pro Minute, s = Zahl der sichtbaren Sektoren, so ist die Wechselzahl $= \frac{n \cdot s}{60}$ und die Periodenzahl $= \frac{n \cdot s}{120}$.

Wecker — akustischer, elektrisch betätigter Signalapparat.

Normalwecker der A.-G. Mix & Genest, Berlin.

Schalen-durchm. cm	Metallschale vernickelt g	Metallschale vernickelt ℳ	Schalmeyglocke Durchm. cm	Schalmeyglocke g	Schalmeyglocke ℳ	Russenglocke Durchm. cm	Russenglocke g	Russenglocke ℳ
6	340	*2.—*	5,5	400	*2.10*	5,5	400	*2.10*
7	500	*2.20*	6,0	550	*2.40*	6,0	570	*2.40*
8	550	*2.40*	6,5	600	*2.70*	6,5	660	*2.70*
9	700	*2.65*	7,0	750	*3.—*	7,0	830	*3.—*
10	850	*3.10*	8,0	900	*3.50*	8,0	1130	*3.50*

Eiserne Wecker mit wasserdichtem Gehäuse der A.-G. Mix & Genest, Berlin.

Schalen-durch-messer cm	Wider-stand Ohm	mit Hartgußschale ca. g	mit Hartgußschale ℳ	mit Bronzeschale ca. g	mit Bronzeschale ℳ	mit Schalmeyglocke Durchmesser cm	mit Schalmeyglocke ℳ	mit Russenschale Durchmesser cm	mit Russenschale ℳ
12	10	2300	*16*	2 350	*17*	10	*18.50*	10	*18.50*
15	10	2450	*17*	2 700	*18*	11	*20.—*	11	*20.—*
20	15	5700	*24*	6 500	*26*	15	*27.50*	15	*27.50*
25	30	9500	*30*	10 500	*35*	—	—	—	—

Tiroler Glocken für Schwachstrom der A.-G. Mix & Genest, Berlin.

Benennung	Durchmesser cm	g	ℳ
Tiroler Glocke (ohne Konsole) aus Bronze .	9	430	*3.70*
» » » » » » .	12	850	*5.—*
» » » » » » .	15	1 220	*6.60*
Tiroler Weitschläger (ohn. Konsole) aus Bronze	10	470	*5.50*
» » » » » »	12	1 050	*7.—*
» » » » » »	15	1 850	*9.—*
» » » » » »	18	2 950	*15.—*
» » » » » »	30	12 000	*120.—*
» » » » aus Stahlguß	30	16 000	*95.—*

Tiroler Glocken für Starkstrom der A.-G. Mix & Genest, Berlin.

Schalendurchmesser cm	Schale aus	g	Für 110 Volt ℳ	Für 220 Volt ℳ
30	Hartguß	—	*130*	*135*
30	Bronze	—	*160*	*165*
40	Hartguß	—	*165*	*175*
40	Bronze	—	*250*	*260*
50	Hartguß	—	*230*	*250*
50	Bronze	—	*350*	*370*

Straßenbahnwecker der A.-G. Mix & Genest, Berlin.

Widerstand 15 Ohm.

Benennung	g	ℳ
Straßenbahnwecker mit 7½ cm vernickelter Bronzegußschale auf Eisensockel, paraffinierten Spulen und Sicherungen an der Schalenbefestigung sowie an der Kontaktschraube (erforderliche Stromstärke ca. 0,09 Ampere)	255	*3.—*
Straßenbahnwecker mit 10 cm vernickelter Bronzegußschale (ca. 0,1 Ampere), sonst wie zuvor . .	600	*6.50*

Wegemaße.

1 englische Meile = 1760 Yards	=	1,609 km
1 Seemeile aller Nationen ($^1/_{60}$ eines durchschnittlichen Meridiangrades	=	1.852 »
1 französische See-Lieue = 3 Seemeilen	=	5,556 »
1 russische Werst = 1500 Archinen	=	1,067 »
1 norwegische Meile = 18000 norwegische Ellen .	=	11,295 »
1 schwedische Meile = 36000 schwedische Fuß . .	=	10,688 »
1 dänische Meile	=	7,532 »
1 geographische Meile (= $^1/_{15}$ Äquatorgrad)	=	7,420 »
1 Äquatorgrad	=	111,307 »
1 durchschnittlicher Meridiangrad ($^1/_{90}$ Meridianquadr.)	=	111,120 »

Wehneltscher Unterbrecher (siehe **Elektrolytische Unterbrecher**).

Weichenisolatoren. Preis pro Stück ℳ *4—5.50.*

Weichlot für Kupfer und Messing wird aus 2 Teilen Blei und 1 Teil Zinn hergestellt. Schmelztemperatur 225—230°. Als Flußmittel wird Lötwasser oder Kolophonium verwendet.

Wellblech.

Mittlere Wellenhöhe mm	Halbe Wellenbreite mm	Blechdicke mm	Gewicht pro qm kg	Tragfähigkeit pro qm bei 1 m Spannweite u. gleichmäßig verteilte Last kg
15	15	1	12,5	332
20	20	1	12,5	450
25	25	1	12,5	566
30	30	1	12,5	684
45	45	1	12,5	1 035
50	50	1	12,5	1 154
50	50	2	25,0	1 628
60	45	1	15,0	3 213
60	45	2	30,0	3 213
70	45	1	16,6	2 084
70	42	2	33,2	4 119
80	50	2	34,0	4 800
80	50	3	51,0	7 116
90	50	2	37,0	5 808
90	50	3	55,5	8 642
90	50	4	74,0	11 412
100	50	2	40,5	6 913
100	50	3	60,0	10 260
100	50	4	80,0	13 548
110	60	2	36,2	7 384
110	60	3	56,3	10 540
110	60	4	75,0	14 437
120	80	3	48,5	10 246
120	80	4	64,6	13 751
120	80	5	80,8	17 073
150	80	3	54,2	14 254
150	80	4	72,6	18 934
150	80	5	91,2	23 584

Wellen. Die approximative Anzahl der Wellen in der Sekunde beträgt:

In der Luft:

Höchster wahrnehmbarer Ton . . .	33 000	Billionen
» musikalischer Ton	4 000	»
» Sopran	2 000	»
Normale Sprache	150—500	»
Niederster musikalischer Ton . . .	32	»
» wahrnehmbarer Ton . . .	16	»

Fortpflanzungsgeschwindigkeit des Schalles 340 m in der Sekunde.

Im Äther:

Röntgenstrahlen, unbestimmbar, über	10 000	Billionen
Aktinische Strahlen (ultraviolett) . .	10 000	»
Violette Strahlen	8 000	»
Grüne »	5 500	»
Rote »	2 800— 4 000	»
Strahlende Wärme	1 000— 2 000	»
Hertzsche Wellen	50 000— 2 000	»

Fortpflanzungsgeschwindigkeit des Lichtes (elektrischen Stromes) 300 000 km in der Sekunde.

Wellenindikatoren (siehe **Indikatoren**).

Wellen, schmiedeeiserne.

Durchmesser der Wellen mm	Gewicht pro lfd. m kg	Werte von $\frac{N}{n}$ Schwere Wellen	Werte von $\frac{N}{n}$ Leichte Wellen	Durchmesser der Wellen mm	Gewicht pro lfd. m kg	Werte von $\frac{N}{n}$ Schwere Wellen	Werte von $\frac{N}{n}$ Leichte Wellen
30	5,50	0,0015	0,004	110	74,00	0,393	0,706
35	7,49	0,002	0,007	120	88,10	0,482	1,000
40	9,78	0,003	0,012	130	103,30	0,706	1,272
45	12,38	0,004	0,020	140	119,90	1,000	1,588
50	15,30	0,007	0,030	150	137,66	1,272	1,953
55	18,50	0,012	0,044	160	156,65	1,588	2,370
60	22,00	0,020	0,063	170	176,80	1,953	2,843
65	25,82	0,030	0,085	180	198,20	2,370	3,375
70	29,95	0,044	0,115	190	220,82	2,843	3.969
75	34,40	0,063	0,152	200	244,78	3,375	4,630
80	39,15	0,085	0,197	210	269,75	3,969	5,360
85	44,20	0,115	0,252	220	296,12	4,630	6,162
90	49,50	0,152	0,317	230	323,66	5,360	7,041
95	55,20	0,197	0,393	240	352,41	6,162	8,000
100	61,15	0,252	0,482	250	382,39	7,041	9,042

N = zu übertragende PS, n = Umdrehungen pro Minute.

Wellenstahl. Spez. Gew. 7,7. Preis *ℳ 25—40* pro 100 kg. Der Preis steigt mit dem Wellendurchmesser.

Wellentelegraphie ist die Übertragung von sichtbaren Morsezeichen auf große Entfernungen ohne Leitungsdraht mittels elektrischer Wellen von hoher Wechselzahl. Systeme: Marconisches, Slaby-Arcosches, Braunsches, Bullsches, Lodge-Muirheadsches. Der Vorgang bei derselben ist folgender: Wird in der Sendestation der Telegraphentaster niedergedrückt, so tritt der Induktionsapparat in Tätigkeit; die Entladungen desselben erzeugen elektrische Wellen, die, wenn der Sekundärdraht zu einer Antenne führt, von dieser nach allen Richtungen ausgestrahlt werden. Ein Teil dieser Wellen wird von der Antenne des Empfängers aufgefangen. Die nun den Kohärer treffenden Wellen verringern dessen Widerstand, wodurch im Stromkreise des Kohärers ein Strom zu stande kommt, der ein Relais in Tätigkeit setzt. Dadurch wird die Lokalbatterie geschlossen und schickt einen entsprechend starken Strom durch den Elektromagneten des Telegraphenapparates, der seinen Anker anzieht und ein Zeichen zu geben beginnt. Der Kohärer ist nun mit einem Klöppel ausgestattet, welcher gleichzeitig durch den ihn betätigenden Magnet angezogen wird und einen leichten Schlag gegen den Kohärer ausübt, wodurch demselben sein Widerstand zurückgegeben wird. Infolgedessen verschwindet der Strom im Relais, und damit wird auch der Lokalstrom unterbrochen, der den Telegraphenempfänger und den Klöppel in Tätigkeit versetzt hatte.

Der Strom für den Induktor wird gewöhnlich von einer Akkumulatorenbatterie oder einer Lichtleitung entnommen. Als Unterbrecher werden Deprez-, Wehnelt- und Quecksilberturbinen-Unterbrecher verwendet (siehe daselbst).

Bei dem Marconisystem wird der Kohärer unter Anwendung besonders gewickelter Transformatoren von dem vertikalen Sendedraht vollständig isoliert, während bei dem Slaby-Arcosystem der Sendedraht geerdet ist und statt der einzelnen Sende- und Empfangsdrähte flache und zylindrische Drahtnetze verwendet werden.

Wellentelegraphie, System Andreas Bull, kennzeichnet sich durch mechanische Abstimmung von Geber- und Empfangsapparaten und sicht von einer elektrischen Abstimmung ab. Anstatt einfache Wellenimpulse bei der Übermittelung von Nachrichten auf drahtlosem Wege zu benutzen, verwendet Bull eine bestimmte Anzahl von Wellenimpulsen, die einander in vorher bestimmten kurzen Zwischenräumen folgen. Hierdurch wird es möglich, den Signalen eines jeden Gebers eine besondere Gestalt zu geben. Die Umformung der Morsezeichen in Serien von Stromimpulsen bei der gebenden Station und die Rückbildung der Serien in Punkte und Striche am Empfänger wird automatisch durch zwei Apparate ausgeführt, die Bull Disperer (Verteiler) und Kollektor (Sammler) nennt. Die Zeichengebung wird in gewöhnlicher Weise durch kürzeres oder längeres Niederdrücken der Tasten bewirkt.

Lodge-Muirheadsystem. Der Lodge-Muirheadempfänger besteht aus einer Stahlscheibe mit scharfem Rande, welche durch ein Uhrwerk über einer Quecksilberkuppe in Umdrehung erhalten wird. Sie ist jedoch von dem Quecksilber durch eine dünne Ölschichte getrennt. Die Scheibe ist durch eine Kuppelung aus Ebonit mit einem Uhrwerk verbunden. Die auf dem Quecksilber lagernde Ölschichte verhält sich wie ein Isolator und verhindert, daß der Strom in den Lokalstromkreis übergeht Durch die Oszillationen, welche auf der Senderstation bewirkt werden, soll die Ölschichte durchbrochen und so unter Herstellung des Kontaktes zwischen Stahlscheibe und Quecksilber der Stromkreis des Empfängerapparates geschlossen werden. Da der Kohärer selbsttätig dekohäriert, ist kein Klopfer erforderlich und ebenso auch kein Relais, da der Strom zur Betätigung des Muirhead-Siphonrecorders stark genug ist. Das Uhrwerk treibt auch den Papierstreifen weiter, auf dem die Telegramme verzeichnet werden. Um größere Entfernungen überbrücken zu können, ist an dem Luftdraht eine Vorrichtung angebracht, welche aus vier zu steifen Windungen gewickelten Kupferdrähten mit einer Kupferkugel darüber besteht. Das eine Drahtende ist zu einem Kondensator und weiter durch eine Induktionsrolle zu dem Dache geleitet. Die Sekundärspule des Transformators ist mit dem Kohärer verbunden. Durch diesen fließt der Strom über einen regulierbaren Kondensator zu dem Muirhead-Siphonrecorders. Der übrige Apparat der Empfängerstation besteht aus einer Lokalbatterie und einem Potentiometer, durch welches die Spannung des Kohärers geregelt werden kann.

Der Apparat auf der Senderstation besteht aus einer Lokalbatterie von 10 Volt Spannung, einem Senderschlüssel und einem Unterbrecher des Lokalstromkreises. Die Senderbatterie kann eine Spannung von 14—20 Volt besitzen. Ferner kommt zur Anwendung ein Buzzer (Ohrenbläser), d. h. ein Paar von gegenseitig sich beeinflussenden Telegraphensendern, welche einen Quecksilberunterbrecher für den 25 cm Funkeninduktor betätigen. An dem einen Sender ist eine Aluminiumnadel befestigt, die in Quecksilber eintaucht und so einen handlichen und leicht einstellbaren Unterbrecher für die Induktorrolle darstellt. Dieser Unterbrecher gestattet eine vollkommene Kontrolle über die Häufigkeit der Funken und beseitigt ferner die Möglichkeit, daß Stöße auftreten, wie es bei direkter Unterbrechung der primären Induktionsspule der Fall ist. Der Strom wird, nachdem er die Induktorspule durchflossen hat, zu zwei kleinen Messingstäben geführt, zwischen denen dann die Funken überspringen.

Wellenwickelung ist jene, bei welcher der Wickelungsschritt auf der Vorder- und Rückseite des Ankers stets nach derselben Richtung gemacht wird, d. h. jene, bei welcher die Verbindung der Ankerleiter in gleichem Sinne fortschreitet.

Wendeanlasser sind zwangläufige Verbindungen von Anlasser und Umschalter.

Maschinenfabrik Oerlikon, Oerlikon bei Zürich (Schweiz).

Wendeanlasser der Deutschen Elektrizitätswerke, vorm. Garbe, Lahmeyer & Ko., Aachen.

Für Gleichstrommotoren.

Für Motoren bis PS	Spannung Volt	Preis ℳ	Für Motoren bis PS	Spannung Volt	Preis ℳ
1	110	*169*	10	110	*350*
	220	*167*		220	*345*
2	110	*175*	15	110	*370*
	220	*173*		220	*365*
3	110	*187*	20	110	*455*
	220	*185*		220	*445*
5	110	*255*	25	110	*485*
	220	*250*		220	*475*
$7^1/_2$	110	*285*	30	110	*515*
	220	*280*		220	*505*

Für Drehstrommotoren.

Für Motoren bis PS	Preis ℳ	Für Motoren bis PS	Preis ℳ
1	—	55	*640*
2	*140*	65	*760*
3	*145*	75	*950*
5	*149*	85	*1080*
6	*151*	90	*1150*
9	*260*	100	*1280*
12	*270*	120	*1530*
16	*280*	125	*1600*
18	*285*	140	*1800*
25	*380*	170	*2180*
35	*390*	180	*2300*
40	*400*	210	*2700*
45	*430*	220	*2800*
50	*580*	260	*3300*

Wendeanlasser der Union Elektrizitätsgesellschaft, Berlin, für Hauptstrom- und Nebenschlußmotoren bei Anlauf mit voller Last.

Leistung des Motors PS	Art des Motors	Preis in Mark	
		110—220 Volt	400—500 Volt
1,5	Hauptstrom	*220*	*245*
	Nebenschluß	*235*	*260*
3,0	Hauptstrom	*260*	*280*
	Nebenschluß	*270*	*300*
5,0	Hauptstrom	*290*	*315*
	Nebenschluß	*300*	*330*
7,0	Hauptstrom	*320*	*345*
	Nebenschluß	*330*	*360*
10,0	Hauptstrom	*390*	*425*
	Nebenschluß	*410*	*450*
14,0	Hauptstrom	*440*	*480*
	Nebenschluß	*460*	*510*
20,0	Hauptstrom	*560*	—
	Nebenschluß	*590*	—
28,0	Hauptstrom	*660*	—
	Nebenschluß	*690*	—

Wendeanlasser für Handbetrieb von Dr. M. Levy, Berlin.

Motor PS	ca. 110 Volt ℳ	ca. 220 Volt ℳ	ca. 440 Volt ℳ
1/2	*95*	*95*	*95*
1	*105*	*105*	*110*
2	*125*	*125*	*135*
3	*175*	*175*	*190*
4	*190*	*190*	*200*
5	*210*	*210*	*230*
6	*220*	*220*	*250*

Wendeschalter (siehe **Kontroller**).

Wendeschalter für Hebezeuge, System Siemens-Schuckertwerke. Die Wendeschalter bestehen aus dem eigentlichen Schaltapparat und dem Widerstandsgehäuse. Der Schaltapparat enthält für den Primärstrom einen doppelpoligen Umschalter mit Funkenlöschung an allen Kontakten und einen Widerstandsschaltapparat für den Sekundärstromkreis. Die einzelnen Widerstandsstufen werden durch einen besonderen Stufenschalter aus- und eingeschaltet. Die festen Kontakte der Stufenschalter sind in einem Kreise konzentrisch zur Achse angeordnet, die beweglichen Kontakte sind mit der Achse verbunden.

Zur Unterbringung des Widerstandsmateriales dient ein eisernes Gehäuse, das zugleich Sockel für den Wendeschalter ist.

Die Widerstände bestehen aus festen Paketen, die gegen mechanische Erschütterungen vollständig unempfindlich sind.

Der Widerstand ist so bemessen, daß die Tourenzahl des Motors bei allen vorkommenden Drehmomenten, nämlich bis herab zu $^1/_5$ des normalen Drehmomentes, bis auf Null vermindert werden kann.

Werkzeuge zur Montage von Telegraphen- und Telephonanlagen.

Benennung	ℳ
Flaschenzug, bestehend aus 2 Flaschen mit je 2 oder 3 nebeneinander liegenden Messingrollen und zirka 18 m Hanfseil	*11.—*
do. bestehend aus 2 Flaschen mit 2 hinter einander liegenden Messingrollen und zirka 18 m Hanfseil	*12.50*
Hanfseil . . . . das lfd. m	*—.10*
Sicherheitsgürtel mit Tasche	*13.—*
Klappsteigeisen mit Stahlbügel und Fußplatten das Paar	*30.—*
Handdrahtspanner mit Bronzebacken für Bronzedrähte.	*8.—*
Froschklemme für Eisen- und Stahldrähte von 1—3 mm Durchmesser	*3.50*
do. von 2—6 mm Durchmesser	*4.—*
Feilkloben, 13 cm lang	*2.50*
Hammer aus Gußstahl mit Hickoryholzstiel, 750 g schwer	*1.70*
Flachzange mit vorn eingelegter Schneide, 18 cm lang.	*1.75*
Flachzange mit angeschmiedeter Schneide, 18 cm lang.	*2.40*
Kleine Rundzange, 13 cm lang	*1.—*
Kleine Beißzange, 13 cm lang	*1.80*
Schwere Beißzange, 16 cm lang	*2.10*
Kneifzange, 21 cm lang	*1.35*
Linienzange mit Radschneider, 17,5 cm lang	*2.80*
Universalzange mit Seiten- und Radschneider, 21 cm lang	*4.60*
Schraubenzieher mit Klinge zum Umstecken, 19 cm lang	*—.75*
Spirituslötlampe mit Kessel und Sicherheitsventil . .	*4.10*
Benzinlötlampe mit regulierbarer Stichflamme	*15.30*
Lötkolben von Kupfer, 800 g	*3.10*
Erdbohrer, 26 cm Durchmesser, 1,5 m lang, mit Vorrichtung zum Einsetzen von Verlängerungsstangen . .	*15.50*
Verlängerungsstange für Erdbohrer, 1,5 m lang . . .	*4.30*
Schneckenbohrer mit Auge für Isolatorstützen	*—.65*

Benennung	ℳ
Rohrbohrer aus Stahl, 10 mm Durchmesser, 400 mm lang	2.—
do. » » 14 » » 500 » »	2.40
do. » » 20 » » 600 » »	2.50
Werkzeugtaschen für Haustelegraphen u. Telephonanlag.	35.—
» » Telephonrevisoren	42.—
Kleiner Werkzeugkoffer für Monteure	150.—
Großer » » »	600.—

Bergmann-Elektrizitätswerke, Aktiengesellsch.(Abt.J.). Berlin N., Henningsdorferstr. 33. 34. 35 (*s. vordere innere Deckelseite*).

Werkzeugkasten. Für die Ausrüstung von Elektromonteuren empfiehlt Gaisberg einen Werkzeugkasten mit folgender Ausrüstung (nach Frhr. v. Gaisberg):

1 vollständiger Flaschenzug, bestehend aus 2 eisernen Flaschenzugskloben mit je 3 Rollen von 50 mm Durchmesser, 2 Froschklemmen für Leitungen bis 35 qmm Querschnitt,
1 Hanfleine von 25 m Länge und 8 mm Durchmesser,
2 mittlere Kettenfroschklemmen für Leitungen bis 70 qmm Querschnitt,
2 große Kettenfroschklemmen für Leitungen bis 120 qmm Querschnitt,
1 Reservehanfleine von 25 m Länge und 8 mm Durchmesser,
1 Schlägel, 1,5 kg schwer, mit Stiel,
1 Bankhammer, 1 kg schwer, mit Stiel,
1 Handhammer, 0,5 kg schwer, mit Stiel,
1 Niethammer, 0,15 kg schwer, mit Stiel,
1 Patentholzhammer mit Stiel,
2 Reserveeinsätze für den Patentholzsammer,
1 Kupferhammer, 3 kg schwer, mit Stiel
4 Lötkolben mit Stiel und Heft, 1,5, 1,0, 0,5 und 0,25 kg schwer,
3 Steinmeißel, 300, 400 und 500 mm lang,
1 Hartmeißel, 250 mm lang,
1 Kreuzmeißel, 200 mm lang,
2 Kronen- und Rohrbohrer, 1" Durchmesser, 300 und 500 mm lang,
2 Kronen- und Rohrbohrer, $^3/_4$" Durchmesser, 300 und 500 mm lang,
3 Kronen- und Rohrbohrer, $^1/_4$", $^3/_8$", $^1/_2$" Durchmesser, 250 mm lang,
1 eiserne Brustleier,
8 Zentrumbohrer von 7, 10, 13, 16, 20, 25, 30 und 34 mm Durchmesser,
8 amerikan. Schlangenbohrer von 7, 10, 13, 16, 20, 23, 26 und 30 mm Durchmesser,
mehrere verschieden starke amerikan. Spiralbohrer für Metall,
6 verschiedene Nagelbohrer,
6 Lattenbohrer von 7, 10, 13, 16, 20 und 25 mm Durchmesser,
1 Krauskopf von 16 mm Durchmesser (für Metall),
8 Schraubenzieher mit Heften von 2, 4, 8, 10, 16 mm Breite,
3 Schraubenzieher für Brustleiern, groß, mittel, klein,
3 Winkelschraubenzieher, groß, mittel, klein.
2 engl. Mutterschlüssel von 20 und 27$^1/_2$ cm Länge,
1 Winkel aus Stahl, Schenkellänge 400 × 200 mm,
1 Anschlagwinkel aus Stahl, Schenkellänge 310 × 200 mm,

1 Metallsägebogen mit zwei Blättern, 10" lang,
1 Fuchsschwanzsäge,
1 Stichsäge,
6 Flachzangen mit Seitenschneide, je eine von 9 und 8" Länge, 2 von 6 und 4" Länge,
6 Rundzangen, je 2 von 8, 6 und 4" Länge,
1 Gasbrennerzange, 9" lang,
1 Kneifzange, 8" lang,
1 Durchschlag,
1 Körner,
2 Kabelmesser,
4 Vorfeilen, 250 mm lang, ohne Hefte, flach, rund, halbrund und dreikantig,
4 Schlichtfeilen, 250 mm lang, ohne Hefte, flach, rund, halbrund und dreikantig,
3 Holzraspeln, 250 mm lang, ohne Hefte, flach, rund und halbrund,
1 Sägenfeile,
6 Feilenhefte, 5 mittlere, 1 kleines,
1 Ligroinlötlampe in Kasten mit Zubehör,
5 Stechbeutel mit Heften, 1/4, 3/8, 1/2, 3/4 und 1" breit,
1 Federzirkel, 5" lang,
1 Federtaster, 5" lang,
1 Borstenpinsel,
1 Stielbürste,
1 Feilenbürste,
1 eisernes Senklot, 0,5 kg schwer, mit Schnur,
1 Feilkloben, 5" lang,
1 Bandmaß, 15 m lang,
1 eiserne Wasserwage, 250 mm lang, in Kasten,
1 Maßstab,
1 Schublehre,
1 Drahtlehre für Normalleitungen,
1 Umdrehungszähler,
1 amerikan. Handbohrmaschine mit großem Brustbrett,
1 vollständige Gaskluppe in Kasten mit Backen, Bohrern, Windeeisen nebst Stellstift für Gewinde von 1/4, 3/8 und 1/2",
1 Whitworthkluppe mit je ein Paar Backen, je 1 Satz = 3 Stück Gewindebohrer, 2 Windeeisen und 1 Stellstift für Gewinde von 1/4, 5/16, 3/8, 7/16 und 1/2",
1 Bohrknarre, 16" lang,
1 verstellbarer Bohrwinkel aus Schmiedeeisen,
1 schmiedeeiserne Schraubzwinge von 200 mm Spannweite,
8 Knarrenbohrer von 1/4, 5/16, 3/8, 1/2, 5/8, 3/4, 7/8 und 1" Durchmesser,
1 Rauchglasbrille in Etui,
2 Stellstifte für Kreuzlochschrauben,
Schmirgelleinwand und Glaspapier, fein- und grobkörnig,
Isolierband,
1 Verbandskasten, enthaltend: 1/2 l Sublimatlösung 1‰, 10 g Salmiakgeist, 10 g Hoffmannstropfen, 50 g Verbandwatte, 1 Cambricbinde, 5 m lang, 4 cm breit, 1 Cambricbinde, 8 m lang, 8 cm breit, 1 Verbandschere, 1 Drainagerohr zum Blutstillen,
Sicherheitsvorschriften des Verbandes deutscher Elektrotechniker.

Werkzeugmaschinen, Kraftbedarf derselben. Bedeuten G das Gewicht des in einer Stunde abgedrehten Materiales, die Zahl der Umdrehungen der Körnerspindel (des Werkstückes) n, so beträgt für mittlere Drehbänke je nach der Anzahl der Räderübersetzungen zwischen Antriebswelle und Leitspindel die Leerlaufarbeit in PS $L = 0{,}1 + 0{,}0023\ n$ bis $0{,}13 + 0{,}11\ n$, für schwere Drehbänke $0{,}25 + 0{,}0041\ n$ bis $0{,}25 + 0{,}18\ n$, die Nutzarbeit in PS für Gußeisen $N = 0{,}069\ G$, für Schmiedeeisen $N = 0{,}072\ G$, für Stahl $N = 0{,}104\ G$, für Holz pro cbm Drehspäne und Stunde $\sim$ 10 PS. Der mittlere Wirkungsgrad ist $\eta = 0{,}67$. Für einfache Bohrmaschinen ist die Leerlaufarbeit in PS: $L = 0{,}0006\ n_1 + 0{,}0008\ n_2$, für Radialbohrmaschinen $L = 0{,}0006\ n_1 + 0{,}001\ n_2$, wenn n_1 die minutliche Umdrehungszahl der Vorgelegewelle und n_2 jene der Bohrspindel bedeuten. Ist V das Spanvolumen in ccm und d der Durchmesser des Bohrers, so ist die erforderliche Nutzarbeit in PS für Gußeisen $N = \left(0{,}001 + \frac{0{,}001}{d}\right) V$, für Schmiedeeisen $N = \left(0{,}001 + \frac{0{,}04}{d}\right) V$, der Wirkungsgrad für einfache Bohrmaschinen $\eta = 0{,}80$, für Radialbohrmaschinen $\eta = 0{,}6$. Für Fräsmaschinen ist die Leerlaufarbeit $L = 0{,}1 - 0{,}5$ PS, die Nutzarbeit in PS $N = 0{,}23\ G$ bis $0{,}26\ G$. Für Hobelmaschinen ist die Nutzarbeit in PS für Gußeisen $N = 0{,}113\ G$, für Schmiedeeisen $N = 0{,}114\ G$, für Stahl $N = 0{,}246\ G$, für Bronce $N = 0{,}028\ G$; die Leerlaufarbeit ist gleich 0,81 der Nutzarbeit, der Wirkungsgrad $\eta = 0{,}55$.

Westinghouse-Newellbremse besteht aus einem Elektromagneten, der auf den Schienen gleitet, einem an zwei Punkten des Wagenuntergestelles aufgehängten Hebelsysteme, aus den Radbremsklötzen und einem zwischen den Hebeln der letzteren und dem Schienenschuh befindlichen Verbindungsstücke. Der Hufeisenmagnet wird in seinem unteren Teile von einer Spule umschlossen, durch welche bei der Bremsung der Strom der als Generatoren arbeitenden Wagenmotoren geschickt wird. Dieser Bremsschuh ist mittels Federn am Untergestelle derart befestigt, daß er im unerregten Zustande über den Schienen schwebt. Das Zwischenstück ist ausziehbar, so daß durch dasselbe keine Zugspannung übertragen werden kann. Zwei solche Schienenschuhe bilden die normale Ausrüstung für einen zweiachsigen Wagen, während vierachsige Wagen mit der doppelten Ausrüstung versehen sind. Die Wirkungsweise ist folgende: Wird unter der Voraussetzung, daß die Fahrschalter, wie üblich, mit Bremskontakten versehen sind, die Fahrschalterkurbel auf die Bremsstellung gestellt, so wird der Motor von der Oberleitung abgeschaltet, und seine Klemmen liegen nun an einem Stromkreise, der von der Schienenmagnetspule und den Vorschaltwiderständen geschlossen ist. Die lebendige Kraft des Wagens treibt dann die Motoren als Generatoren, welche Strom durch die Magnetspule senden, so daß ein kräftiges Magnetfeld entsteht. Infolgedessen wird sich durch die magnetische Anziehung der Schienenschuh unter Spannung der Federn auf die Schienen legen. Es entsteht eine gleitende Reibung zwischen Schienenschuh und Schienen, durch welche Reibung der Schienenschuh einen horizontalen Druck entgegengesetzt der Fahrrichtung erfährt. Dieser Druck wird durch das Hebelsystem auf die Radklötze übertragen, die sich ihrerseits fest an die Randbandagen legen und einen weiteren Bremseffekt an den Rädern bewirken.

Westonelement (siehe **Normalelemente**) besitzt als positive Elektrode metallisches Quecksilber, welches durch eine aus Quecksilberoxydulsulfat, metallischem Quecksilber und konzentrierter Kadmiumsulfatlösung hergestellten Paste bedeckt ist. Die negative Elektrode besteht aus einem von einem Teile Kadmium und sechs Teilen Quecksilber hergestellten Amalgam, das von einer Schichte Kadmiumsulfatkristalle bedeckt ist. Über letzterer und der früher erwähnten Paste befindet sich eine Lösung von Kadmiumsulfat, welche nach oben durch eine Paraffinschichte und darüber gelegte Korkplatte abgeschlossen ist. Das ganze Element wird mit Siegellack verkittet. Für transportable Elemente wird das Quecksilber durch amalgamiertes Platin ersetzt. Die elektromotorische Kraft dieses Elementes beträgt bei 20° C 1,0916—1,0204 Volt.

Wickellötstelle wird hergestellt, indem man die beiden Leiterenden mit einem Bindedraht umwickelt, worauf verlötet und die Enden der Leitungsstücke aufgebogen werden.

Wickelung, induktionsfreie (siehe **Bifilar gewickelte Drahtspule**).

Wickelung, offene, ist jene, bei welcher die freien Enden der aus zwei oder drei Gruppen bestehenden Polwickelung zu Schleifringen geführt sind.

Wickelungselement bilden jene Armaturdrähte oder -stäbe, welche zwischen zwei im Wickelungsschema aufeinanderfolgenden Kollektorlamellen liegen. Die Zahl der Wickelungselemente ist gleich der Zahl der Kollektorlamellen.

Wickelungsschritt — Anzahl der Umfangselemente (bei der Trommelwickelung), um die man bei der Wickelung vorwärts schreitet, bis man zu jenem Elemente gelangt, mit welchem man die Verbindung herstellt.

Wickelungsschritt, resultierender, ist jene Strecke, welche zurückgelegt werden muß, um den Anfang des einen Wickelungselementes mit dem Anfange des im Schema folgenden zu verbinden.

Widerstand, absolute Einheit desselben ist jener Widerstand, in welchem die absolute Einheit der elektromotorischen Kraft die absolute Einheit der Stromstärke erzeugt.

Widerstand, effektiver, ist ein Maß für den gesamten Energieverbrauch. Er hängt vom Strome und der Periodenzahl ab und ist um ca. 8—10% größer als der Ohmsche Widerstand.

Widerstand eines Leiters von gleichförmigem Querschnitt $w = c \frac{l}{q} \Omega$, worin w Widerstand in Ohm (Ω), c Widerstandskoeffizient, l Länge in cm und q Querschnitt in qcm bedeuten.

Widerstand, induktiver, ist der durch Selbstinduktion hervorgebrachte scheinbare Widerstand (siehe **Induktanz**).

Widerstand, Ohmscher eines Stromkreises ist das Verhältnis der Klemmenspannung und der Stärke eines Gleichstromes (siehe **Elektrischer Widerstand**).

Widerstand, relativer (siehe **Widerstand, spezifischer, von Metallen**).

Widerstand, scheinbarer, ist jener Faktor, mit dem die wirksame Stromstärke multipliziert werden muß, um die wirksame elektromotorische Kraft zu erhalten.

Widerstand, spezifischer, von Metallen und Legierungen:

Silber, ausgeglüht	0,01937
» hart	0,02103
Kupfer, ausgeglüht	0,02057
» hart	0,02104
Gold, ausgeglüht	0,02650
» hart	0,02697
Aluminium	0,03751
Zink	0,07244
Platin, geglüht	0,1166
Eisen	0,1251
Nickel	0,1604
Zinn, gepreßt	0,1701
Blei	0,2526
Antimon	0,4571
Wismut	1,689
Quecksilber	1,2247
Legierung: 2 Teile Ag, 2 Teile Pt	0,314
Neusilber	0,2695

Tabelle der Widerstandskoeffizienten, der Widerstandszunahme mit der Temperatur, des relativen Widerstandes und des Leitungsvermögens für feste Körper.

Substanz	Leitungswiderstand bei 1 m Länge und 1 qmm Querschnitt		Temperaturkoeffizient für 1° C	Relativer Widerstand, bezogen auf Kupfer	Relatives Leitungsvermögen bezog.		Leitungsvermög. oder Länge eines Ohm bei 1 mm Querschnitt
	Siem.-Einheiten	Ohm			auf Quecksilber v. 0° C=1	auf Kupfer = 100	m
Aluminium . . .	0,029	0,027	0,00364	1,85	32,2	54	37,1
Blei	0,199	0,188	0,00386	12,50	4,7	8	5,3
Eisen	0,099	0,093	0,0973	6,20	9,7	16	10,8
Gaskohle	40	38	—	2700	—	—	0,025
Gold	0,021	0,019	0,00367	1,31	46	76	52,6
Graphit, sibirisch.	12	11	—	750	—	—	0,083
Kupfer	0,016	0,015	0,00387	1	60	100	66,7

Substanz	Leitungswiderstand bei 1 m Länge und 1 qmm Querschnitt		Temperaturkoeffizient für 1° C	Relativer Widerstand, bezogn auf Kupfer	Relatives Leitungsvermögen bezog.		Leitungsvermög. oder Länge eines Ohm bei 1 mm Querschnitt
	Siem.-Einheiten	Ohm			auf Quecksilber v. 0° C = 1	auf Kupfer = 100	m
Messing	0,051	0,048	—	3,19	—	—	20,9
Mangankupfer . . [70 Cu, 30 Mn]	1,007	0,95	0,00004	—	0,996	1,66	—
Mangannickelkupf. [73 Cu, 24 Mn, 3 Ni]	0,495	0,45	0,00003	—	2,1	3,5	—
Neusilber . . . . [60,16 Cu, 25,77 Zn, 14,03 Ni, 0,30 Fe]	0,297	0,28	0,00036	13,30	3,4	6,0	5,0
Nickel	0,124	0,117	0,0036	7,72	7,6	12,5	8,5
Nickelin . . . . [55—62 Cu, 20 Zn, 18—25 Ni, 0,5 Fe, 0,3 Mn]	0,328	0,31-0,42	0,0003	—	2,2—3,0	4—5	—
Patentnickel . . [75 Cu, 0,5 Zn, 24 Ni, 0,7 Fe, 0,2 Mn]	0,328	0,31	0,0002	—	3,0	5	—
Platin	0,092	0,087	0,0033	5,77	10,4	17	11,5
Platiniridium . .	—	—	0,00126	—	—	—	—
Platinsilber . . . [1 Pt, 2 Ag]	0,262	0,247	0,00032	—	3,8	6,3	—
Quecksilber . . .	1,000	0,944	—	63,00	1,0	1,67	1,06
Silber	0,015	0,014	0,00383	0,96	62,5	104	71,4
Zink	0,057	0,054	0,00370	3,58	16,6	28	18,5
Zinn	0,134	1,127	0,0036	8,46	7,2	12	7,9

Spezifischer Widerstand einer Flüssigkeit ist der Widerstand eines Würfels von 10 mm Seitenlänge, gemessen zwischen zwei einander gegenüberliegenden Flächen.

Widerstand, virtueller (siehe **Impedanz**).

Widerstand von Kohlenstäben von Carré (Paris).

Durchmesser mm	Widerstand pro m Ohm
1	50
2	12,5
3	5,5
4	3,1
5	2,0
10	0,50

Widerstandsdrähte.

Widerstand von Kupfer- und Aluminiumdrähten.

(Vergleichende Tabelle der A. E.-G.)

Querschnitt Kupfer qmm	Querschnitt Aluminium qmm	Leitungswiderstand pro 1000 m bei 15° Ohm	Anzahl der einzeln. Drähte Kupfer	Anzahl der einzeln. Drähte Aluminium	Durchm. der einzelnen Drähte Kupfer mm	Durchm. der einzelnen Drähte Aluminium mm	Gesamtdurchmesser Kupfer ca. mm	Gesamtdurchmesser Aluminium ca. mm	Nettogewicht pro 1000 m Kupfer ca. kg	Nettogewicht pro 1000 m Aluminium ca. kg
0,5	0,82	34,90	1	1	0,798	1,04	0,8	1,04	4,5	2,13
1,0	1,65	17,45	1	1	1,128	1,45	1,13	1,45	8,9	4,3
1,5	2,47	11,634	1	1	1,382	1,77	1,4	1,77	13,4	6,4
2,0	3,29	8,725	1	1	1,596	2,05	1,6	2,05	17,8	8,6
2,5	4,12	6,980	1	1	1,783	2,29	1,8	2,29	22,2	10,7
3,0	4,94	5,817	1	1	1,955	2,51	1,95	2,51	26,4	12,8
4,0	6,60	4,363	1	1	2,258	2,90	2,25	2,90	36,0	17,2
5,0	8,24	3,490	1	1	2,522	3,24	2,52	3,24	45,0	21,4
6,0	9,88	2,908	1	1	2,768	3,55	2,8	3,55	53,0	25,7
7,0	11,53	2,493	1	1	2,986	3,83	3,0	3,83	62,0	30,0
10,0	16,47	1,745	1	1	3,565	4,58	3,56	4,58	89,0	43,0
12,5	20,58	1,396	1	1	3,990	5,12	4,0	5,12	111,0	54,0
16,0	26,35	1,091	1	7	4,520	2,18	4,5	6,50	142,0	69,0
20,0	32,94	0,873	1	7	5,048	2,45	5,05	7,40	178,0	86,0
25,0	41,18	0,698	1	7	5,640	2,74	5,64	8,20	223,0	107,0
35,0	57,64	0,499	7	19	2,522	1,97	7,6	9,85	311,0	150,0
50,0	82,35	0,349	19	19	1,831	2,35	9,1	11,75	445,0	214,0
70,0	115,29	0,249	19	19	2,163	2,78	10,8	13,90	623,0	300,0
95,0	156,46	0,184	19	19	2,522	3,24	12,6	16,18	846,0	407,0
115,0	189,41	0,152	19	19	2,780	3,56	13,9	17,80	1023,0	492,0
120,0	197,64	0,145	19	19	2,840	3,64	14,2	18,20	1068,0	514,0
125,0	205,80	0,140	19	19	2,900	3,71	14,5	18,55	1113,0	535,0
130,0	214,10	0,134	19	19	2,960	3,79	14,8	18,95	1157,0	557,0
140,0	230,58	0,125	19	19	3,070	3,93	15,5	19,65	1246,0	600,0
150,0	247,05	0,116	19	19	3,180	4,07	16,0	20,35	1335,0	642,0

Widerstand pro m Länge und qmm Querschnitt Temperaturkoeffizient pro 1° C		Nickelin 0,40 Ohm + 0,022 %	Rheotan 0,473 Ohm + 0,023 %	Extra-Prima 0,300 Ohm + 0,035 %
		Abgerundeter Widerstand pro m Draht		
Durchmesser mm	Querschnitt qmm	Nickelin Ohm	Rheotan Ohm	Extra-Prima Ohm
0,10	0,008	51	60	38
0,15	0,018	22	26	17
0,20	0,031	13	15	10
0,25	0,049	8	9,5	6
0,30	0,071	5,6	6,7	4,2
0,35	0,096	4,1	4,9	3,4
0,40	0,126	3,2	3,7	2,4
0,45	0,159	2,5	2,9	1,9
0,50	0,196	2,0	2,4	1,5
0,55	0,238	1,68	1,99	1,26
0,60	0,283	1,41	1,67	1,06
0,65	0,332	1,20	1,42	0,90
0,70	0,385	1,04	1,23	0,78
0,75	0,441	0,90	1,07	0,68
0,80	0,503	0,79	0,94	0,59
0,85	0,568	0,70	0,83	0,53
0,90	0,636	0,63	0,74	0,47
0,95	0,709	0,56	0,66	0,42
1,00	0,785	0,51	0,60	0,38
1,1	0,950	0,42	0,50	0,32
1,2	1,131	0,35	0,42	0,26
1,3	1,328	0,30	0,35	0,23
1,4	1,539	0,26	0,31	0,20
1,5	1,767	0,23	0,27	0,17
1,6	2,009	0,199	0,235	0,149
1,7	2,270	0,176	0,208	0,132
1,8	2,545	0,157	0,186	0,118
1,9	2,835	0,141	0,167	0,106
2,0	3,142	0,127	0,150	0,095
2,1	3,464	0,115	0,137	0,086
2,2	3,801	0,105	0,124	0,079
2,3	4,155	0,096	0,114	0,072
2,4	4,524	0,088	0,105	0,066
2,5	4,909	0,081	0,096	0,061
2,6	5,309	0,075	0,089	0,056
2,7	5,725	0,070	0,082	0,053
2,8	6,158	0,065	0,077	0,049
2,9	6,605	0,061	0,072	0,046
3,0	7,069	0,057	0,067	0,043

Dr. Geitners Argentanfabrik F. A. Lange, Auerhammer bei Aue in Sachsen (*s. Inseratanh. S. 5*).

Widerstandsdrähte von dem Westfälischen Nickelwalzwerk Fleitmann, Witte & Ko. in Schwerte (Ruhr).

Marke	Widerstandskoeffizient bei 20° C in Mikrohm-cm	Änderung des Widerstandes durch 1° Temperaturerhöhung	Abgerundeter Widerstand pro m Draht, ausgerechnet für folgende Drahtstärken				
	gemäß Attest der Phys.-Techn. Reichsanstalt Charlottenburg		mm Durchmesser				
			0,2	0,4	0,6	0,8	1
			qmm Querschnitt				
			0,031	0,126	0,283	0,503	0,785
	durchschnittl.	durchschnittl.	Ohm	Ohm	Ohm	Ohm	Ohm
Superior . . .	86,0	+0,00072	27,07	6,80	3,04	1,70	1,09
Widerst.-Dr. I. I.	50,2	−0,000011	16,13	4,00	1,79	1,00	0,64
Nickelin I. . .	43,6	+0,000076	14,20	3,58	1,56	0,87	0,56
Nickelin II. . .	33,9	+0,000168	10,99	2,70	1,20	0,67	0,46
Neusilberdraht .	38,8	+0,000187	12,59	3,10	1,38	0,77	0,50

Qualität	Maximalbelastung in Ampere bei mm Durchmesser					
	0,5	0,76	1,00	1,50	2,00	2,50
	Amp.	Amp.	Amp.	Amp.	Amp.	Amp.
Superiordraht	2,2	4,8	7,0	12,0	18,0	27,9
Widerstandsdraht I. I. .	5,7	7,8	9,9	14,5	24,5	38,0
Nickelindraht I.	6,4	8,8	11,0	16,0	27,0	44,0
Neusilberdraht	5,9	9,0	12,5	19,0	27,5	39,0

Tabelle des elektrischen Widerstandes von Konstantandrähten.

Durchmesser mm	Querschnitt qmm	Annähernder Widerstand für 1 m Länge Konstantan Ohm	Annähernder Widerstand für 1 m Länge Nickelin Ohm	Durchmesser mm	Querschnitt qmm	Annähernder Widerstand für 1 m Länge Konstantan Ohm
0,10	0,008	61,	54	0,90	0,636	0,770
0,15	0,018	27,11	24	0,95	0,709	0,690
0,20	0,031	15,74	13,97	1,00	0,785	0,620
0,25	0,049	9,95	8,84	1,10	0,950	0,510
0,30	0,071	6,87	6,10	1,20	1,131	0,430
0,35	0,096	5,08	4,51	1,30	1,328	0,370
0,40	0,126	3,87	3,44	1,40	1,539	0,320
0,45	0,159	3,07	2,72	1,50	1,767	0,280
0,50	0,196	2,49	2,21	1,60	2,011	0,240
0,55	0,238	2,05	1,82	1,70	2,270	0,210
0,60	0,283	1,72	1,53	1,80	2,545	0,192
0,65	0,332	1,47	1,30	1,90	2,835	0,172
0,70	0,385	1,27	1,12	2,00	3,141	0,155
0,75	0,442	1,10	0,98	2,50	4,909	0,099
0,80	0,503	0,97	0,86	3,00	7,069	0,069
0,85	0,568	0,86	0,76	3,50	9,621	0,051

Bezeichnung der Komposition	Konstantan
Widerstand von 1 cm Länge und 1 qcm Querschnitt bei 15° C in milliontel Ohm	48,8
Temperaturkoeffizient für 1° C Temperaturerhöhung	— 0,000 005

Belastungsgrenze von Konstantandrähten in Ampere.

Bezeichnung der Komposition	Durchmesser des Drahtes in mm							
	0,50	0,75	1,00	1,25	1,50	1,75	2,00	2,50
Konstantan	5,5	9,2	13,1	17,0	18,0	23,75	30,0	44,0

Basse & Salve, Altena.

Preis von Kupferwiderstandsdrähten.

Durchmesser	Preis pro kg in Mark					
	mit Seide		mit Zwirn		mit Wolle	
mm	einfach umsponnen	doppelt umsponnen	einfach umsponnen	doppelt umsponnen	einfach umsponnen	doppelt umsponnen
0,10	*19.—*	um 50% höher	*15.50*	um 25% höher	*13.70*	um 10% höher
0,11	*17.—*		*15.—*		*12.50*	
0,12	*16.—*		*13.—*		*12.—*	
0,13	*15.—*		*12.—*		*11.90*	
0,14	*14.—*		*11.50*		*11.20*	
0,15	*13.—*		*10.50*		*10.80*	
0,16	*12.—*		*9.—*		*9.70*	
0,17	*11.—*		*8.90*		*9.20*	
0,18	*10.50*		*8.80*		*8.70*	
0,19	*10.—*		*8.—*		*8.—*	
0,20	*9.50*		*7.50*		*7.50*	
0,22	*9.—*		*6.50*		*7.20*	
0,24	*7.50*		*6.—*		*6.80*	
0,26	*7.—*		*5.80*		*6.40*	
0,28	*6.50*		*5.20*		*6.10*	
0,31	*6.—*		*5.—*		*5.60*	
0,34	*5.50*		*4.90*		*5.—*	
0,37	*5.—*		*4.80*		*4.60*	
0,40	*4.80*		*4.70*		*4.30*	
0,45	*4.50*		*4.50*		*4.20*	
0,50	*4.30*		*4.—*		*3.70*	
0,55	*4.20*		*3.80*		*3.60*	
0,60	*4.10*		*3.70*		*3.30*	
0,70	*4.—*		*3.60*		*3.20*	
0,80			*3.50*		*3.10*	
0,90	*3.90*		*3.40*		*3.10*	
1,00			*3.40*		*2.80*	

Fr. Tobisch, Wien.
Südd. Kabelwerke, A.-G., Mannheim.

C. J. Vogel, Berlin.
Dr. Cassierer & Ko., Berlin.

Widerstandseinheiten.

1 Ω = 1,063 SE.; log 1,063 = 0,0265333
1 SE. = 0,94073 Ω; log 0,94073 = 9,9734667—10
1 Ω = 1,01356 B.A.U.; log 1,01356 = 0,0058497
1 B.A.U. = 0,98662 Ω; log 0,98662 = 9,9941502—10

Widerstandsfaktor eines Rotors ist das Verhältnis des gesamten Widerstandes der Lamellenverbindungen (von den Bürsten aus gemessen) zu dem Widerstande der Wickelung.

Widerstandskasten finden Verwendung bei Straßenbahnen. Sie bestehen aus einem gußeisernen Rahmen, welcher in isolierenden Zwischenlagen die Widerstände enthält. Sie werden gewöhnlich unter den Plattformen montiert.

Preis für Widerstandskasten:

Mit Widerständen	für 2	Motoren	von je	20	PS	*M* *300—400*
» »	» 2	»	» »	35	»	» *900—1000*
» »	» 4	»	» »	20	»	» *900—1000*
» »	» 4	»	» »	35	»	» *1400—1500*

Dr. Rudolf Franke & Ko., G. m. b. H., Hannover.

Widerstandskoeffizient — reziproke Wert des Leitungsvermögens.

Einheiten: Ohmzentimeter . = $10^9 \cdot C^2 S^{-1}$,
Megohmzentimeter = $10^{15} \cdot C^2 S^{-1}$,
Mikrohmzentimeter = $10^3 \cdot C^2 S^{-1}$.

Widerstandskoeffizienten-Tabelle (siehe **Widerstand, spezifischer, von Metallen**).

Widerstandsmessungen. Nach dem Ohmschen Gesetz: wenn Stromstärke und Spannung an den beiden Enden des zu messenden Leiters bestimmt werden können, aus der Formel $w = \frac{e}{i}$.

Brückenmethode: Bekannter und zu messender Widerstand werden in Serie und beide zusammen parallel zu einem Leiter von gleichbleibendem Querschnitt geschaltet. Die Verbindungsstelle beider Widerstände werden mit einer Klemme eines Galvanometers verbunden, dessen andere Klemme mit einem auf dem parallel geschalteten Leiter verschiebbaren Kontakt verbunden ist. Durch beide Leitungsstränge wird Strom gesendet und der bewegliche Kontakt so lange verschoben, bis das Galvanometer keinen Ausschlag gibt. Der zu messende und bekannte Widerstand ist proportional den entsprechenden Längenabschnitten des parallel geschalteten Leiters.

Widerstandsmetalle. (Siehe Tabelle Seite 780/781,)

Widerstandsoperator (siehe **Impedanz**).

Wilkesches Polreagenzpapier wird zur Polbestimmung verwendet, indem es angefeuchtet auf beide Pole gepreßt wird, wobei der negative Pol durch einen roten Fleck angezeigt wird.

Winddruck für Freileitungen Ist laut Vorschriften des V. d. E. mit 125 kg pro qm senkrecht getroffener Fläche einzusetzen.

Widerstands-

Durchmesser des Drahtes	Annäherndes Gewicht (angenommen 8,5 g pro cbm): m pro kg	g pro m	Annähernder Wattverbrauch bei Erhöhung der Temp. um 50° C bei normalem Strom	Innerer Durchmesser der Drahtspirale	Länge der Spirale (100 Windungen) bei dicht geschlossener Wickelung	Länge der auseinandergezogenen Spirale (100 Windungen) bei gleichen Abständen zwischen den einzelnen Windungen	Länge des Drahtes einer Spirale, 100 Windungen dicht gewickelt	Galvanisiertes Eisen: Widerstand bei 15° C: Ohm pro m	Ohm pro kg	Ohm v. 100 Windungen einer Spirale	Stromstärke: Normaler Strom im Eisenrahmen	Stromstärke b. kurzer Beanspruchung (1 Minute)
mm			Watt	mm	mm	mm	m				Amp.	Amp
0,457	684	1,49	0,54	9,5	46	91	3,07	0,706	481	2,16	0,75	1,5
0,508	553	1,73	0,8	9,5	51	102	3,12	0,570	314	1,77	1,0	2,0
0,559	459	1,98	0,9	9,5	56	112	3,15	0,472	204	1,49	1,5	3,0
0,635	354	2,48	1,09	9,5	63	127	3,17	0,367	122	1,16	1,75	3,5
0,711	282	3,47	1,3	9,5	71	143	3,19	0,291	77	0,93	2,0	4,0
0,813	217	4,47	1,5	9,5	81	162	3,23	0,223	45,4	0,725	2,5	5,0
0,889	181	5,36	1,6	12,7	89	178	4,24	0,134	31,8	0,575	3,5	7,0
1,067	125	7,35	1,9	12,7	107	213	4,32	0,129	15,3	0,581	3,75	7,5
1,245	92	10,43	2,19	12,7	124	249	4,35	0,095	8,30	0,415	4,5	9,0
1,473	67	15,39	2,4	12,7	147	295	4,44	0,068	4,22	0,302	5,75	11,5
1,65	52	18,39	2,8	15,8	165	230	5,49	0,052	2,68	0,290	7,5	15,0
1,83	42	20,86	3,1	15,8	183	366	5,55	0,045	1,779	0,250	8,0	16,0
2,11	32	28,81	3,7	15,8	211	422	5,65	0,038	1,009	0,217	10,0	20,0
2,41	24	40,73	4,2	18,8	241	483	6,71	0,027	0,706	0,184	12,5	25,0
2,77	20	48,68	4,8	18,8	277	554	6,84	0,019	0,435	0,135	16	32
3,05	15	64,57	5,2	18,8	305	609	6,93	0,015	0,260	0,106	18,5	37,0
3,40	13	74,01	5,7	22,2	340	681	8,01	0,012	0,189	0,097	21	42,0
3,76	10	99,34	6,4	22,2	376	752	8,13	0,011	0,125	0,089	23	46,0
4,19	8	115,23	7,1	25,4	419	838	9,22	0,0087	0,077	0,080	28	56,0
4,57	6	146,52	7,8	25,4	457	914	9,39	0,0065	0,050	0,065	33	66,0
5,16	5	188,24	8,5	31,7	516	1031	11,58	0,0056	0,033	0,066	40	80,0
5,59	4,5	218,55	9,3	31,7	559	1120	11,68	0,0051	0,022	0,060	44	88,0

metalle.

Mangania					Neusilber					Platinoid				
Widerstand b. 15° C			Stromstärke		Widerstand b. 15° C			Stromstärke		Widerstand b. 15° C			Stromstärke	
Ohm pro m	Ohm pro kg	Ohm v. 100 Windungen einer Spirale	Normaler Strom im Eisenrahmen Amp	Stromstärke b. kurzer Beanspruchung (1 Minute) Amp.	Ohm pro m	Ohm pro kg	Ohm v. 100 Windungen einer Spirale	Normaler Strom im Eisenrahmen Amp.	Stromstärke b. kurzer Beanspruchung (1 Minute) Amp.	Ohm pro m	Ohm pro kg	Ohm v. 100 Windungen einer Spirale	Normaler Strom im Eisenrahmen Amp.	Stromstärke b. kurzer Beanspruchung (1 Minute) Amp.
2,52	1722	7,75	0,5	1,0	1,52	975,3	4,35	0,5	1,0	2,10	1435	6,5	0,5	1,0
2,03	1126	6,33	0,6	1,2	1,22	639,8	3,59	0,75	1,5	1,68	927	5,25	0,6	1,2
1,68	874	5,3	0,7	1,4	0,955	437	3,00	1,0	2,0	1,39	640	4,41	0,7	1,4
1,31	640	4,1	0,8	1,6	0,740	262,1	2,34	1,25	2,5	1,08	470	3,43	0,8	1,6
1,02	334	3,3	1,0	2,0	0,591	166,5	1,88	1,5	3,0	0,86	243	2,74	0,95	1,9
0,784	193	2,5	1,25	2,5	0,449	97,6	1,46	1,75	3,5	0,66	148	2,54	1,25	2,5
0,476	137	2,0	1,5	3,0	0,378	68,5	1,61	2,25	4,5	0,52	89,2	2,22	1,5	3,0
0,455	66	1,96	1,75	3,5	0,264	32,9	1,14	2,5	5,0	0,38	61,4	1,66	1,75	3,5
0,333	35,5	1,45	2,25	4,5	0,192	17,7	0,835	3,0	6,0	0,29	28,2	1,27	2,25	4,5
0,238	18,0	1,05	2,75	5,5	0,136	9,05	0,604	4,0	8,0	0,205	15,2	0,91	2,75	5,5
0,182	11,4	1,02	3,5	7,0	0,109	5,74	0,602	5,0	10,0	0,164	8,9	0,90	3,5	7,0
0,160	7,6	0,88	4,0	8,0	0,090	3,79	0,500	5,5	11,0	0,130	7,3	0,73	4,0	8,0
0,119	4,3	0,675	4,75	9,5	0,066	2,16	0,378	7,0	14,0	0,105	3,6	0,59	4,75	9,5
0,092	2,2	0,622	6,0	12,0	0,057	1,38	0,382	8,5	17,0	0,074	2,2	0,50	6,0	12,0
0,069	1,39	0,474	7,75	15,5	0,041	0,85	0,290	11,0	22,0	0,061	1,28	0,43	7,75	15,5
0,052	0,79	0,37	9,0	18,0	0,033	0,51	0,226	12,5	23,0	0,047	0,79	0,33	9,0	18,0
0,044	0,59	0,35	10,0	20,0	0,027	0,37	0,216	14	28,0	0,040	0,55	0,30	10,0	20,0
0,039	0,97	0,325	11,0	22,0	0,024	0,25	0,200	15	30,0	0,030	0,39	0,25	11,0	22,0
0,030	0,26	0,28	13,5	27,0	0,018	0,15	0,172	19	38,0	0,026	0,22	0,243	13,5	27,0
0,024	0,16	0,228	16	32,0	0,015	0,101	0,140	23	46,0	0,020	0,15	0,196	16	32
0,019	0,103	0,23	19	38,0	0,012	0,064	0,142	27	54,0	0,016	0,101	0,90	19	38
0,015	0,068	0,187	21	42,0	0,009	0,044	0,115	30	60,0	0,014	0,070	0,166	21	42

Winddruck bei Straßenbahnwagen.

Fahrgeschwindigkeit km-Std.	Winddruck bei Motorwagen kg	Anhängewagen kg
4	0,96	0,37
6	2,16	0,83
8	3,84	1,74
10	6,00	2,30
12	8,65	3,32
14	11,75	4,50
16	15,33	5,88
18	19,45	7,45
20	24,00	9,20
22	29,00	11,10
24	34,55	13,25
26	40,50	15,53
28	47,00	18,02
30	54,00	20,70
35	73,50	28,20
40	96,00	36,80
50	150,00	57,50

Windmotoren bestehen im wesentlichen aus einem Flügelrade, dessen Welle auf Kugellager läuft. Die Regulierung erfolgt je nach der Windstärke durch Verstellen der einzelnen Flügel. Die Bewegungsübertragung erfolgt durch Gestänge. Gut verwendbar zum Antrieb von Elektromotoren bis zu 14 PS. Besonders geeignet sind die »Herkulesmotoren«, welche auf einem 3 m langen Stahlrohr ein in Kugeln gelagertes, fest vernietetes Flügelrad ohne bewegliche Teile tragen, wodurch die Abnutzung auf ein Minimum reduziert wird.

Herkulesmotoren der Deutschen Windturbinenwerke Dresden.

Raddurchmesser	Leistung bei einer Windstärke von 4—5 m pro Sek. ca. PS	von 6—7 m pro Sek. ca. PS	von 8 m pro Sek. ca. PS	Preis ℳ
3 m oder 10 Fuß engl.	1/4	3/4	1	*350*
3 1/2 » » 12 » »	1/3	1	1 1/4	*440*
4 » » 13 » »	1/2	1 1/2	2	*500*
4 1/2 » » 14 » »	3/4	2	3	*650*
5 » » 16 » »	1	2 1/2	4	*800*
5 1/2 » » 18 » »	1 1/4	3	5	*950*
6 » » 20 » »	1 1/2	4	6	*1200*
6 1/2 » » 21 » »	1 3/4	4 1/2	7	*1400*
7 » » 22 » »	2	5	8	*1600*
7 1/2 » » 24 » »	2 1/4	5 1/2	9	*1800*
8 » » 25 » »	2 1/2	6	10	*2000*
8 1/2 » » 26 » »	2 3/4	6 1/2	11	*2300*
9 » » 30 » »	3	7	12	*2700*
10 » » 32 » »	4	8	14	*3200*

Deutsche Windmotorenwerke, Rudolf Brauns, Dresden.

Windungszahl ist die Anzahl der Windungen pro qcm.

Winkeleisen.

Gleichschenklige Winkeleisen.

(Normalprofile.)

Schenkellänge	Dicke	Gewicht pro lfd. m kg	Schenkellänge	Dicke	Gewicht pro lfd. m kg	Schenkellänge	Dicke	Gewicht pro lfd. m kg
30	4	1,75	60	10	8,5	100	14	20,3
30	6	2,53	65	7	6,7	110	10	16,4
35	4	2,06	65	9	8,5	110	12	19,5
35	6	3,00	65	11	10,2	110	14	22,5
40	4	2,37	70	7	7,3	120	11	19,7
40	6	3,46	70	9	9,2	120	13	23,0
40	8	4,49	70	11	11,1	120	15	26,3
45	5	3,32	75	8	8,9	130	12	23,2
45	7	4,53	75	10	10,9	130	14	26,9
45	9	5,69	75	12	12,9	130	10	30,5
50	5	3,7	80	8	9,5	140	13	27,1
50	7	5,1	80	10	11,7	140	15	31,0
50	9	6,4	80	12	13,9	140	17	34,9
55	6	4,9	80	9	12,0	150	14	31,2
55	8	6,4	90	11	14,5	150	16	35,4
55	10	7,8	90	13	16,9	150	18	39,5
60	6	5,3	100	10	14,8	160	15	35,7
60	8	7,0	100	12	17,6	160	17	40,2

Ungleichschenklige Winkeleisen.

(Normalprofile.)

Schenkellänge	Dicke	Gewicht pro lfd. m kg	Schenkellänge	Dicke	Gewicht pro lfd. m kg
30 × 45	4	2,22	80 × 120	10	14,8
30 × 45	5	2,73	80 × 120	12	17,6
30 × 60	5	3,32	65 × 130	10	14,4
30 × 60	7	4,53	65 × 130	12	17,1
40 × 60	5	3,71	100 × 150	12	22,3
40 × 60	7	5,08	100 × 150	14	25,8
50 × 75	7	6,4	80 × 160	12	21,3
50 × 75	9	8,1	80 × 160	14	24,7
40 × 80	6	5,34	100 × 200	14	31,2
40 × 80	8	7,0	100 × 200	16	35,4
50 × 100	10	10,9			

Winkelkasten haben bei Verlegung von Isolierröhren die Aufgabe, die Umgehung von rechten Winkeln zu ermöglichen. Der Winkel wird hierbei innen, außen und oben durch einen Deckel abgeschlossen.

Wirbelstrombremse. Dieselbe besteht aus einem Elektromagnetsystem und einem eisernen Anker, welche beide auf der Wagenachse sitzen, wobei ersteres mit dem Wagengestelle fest verbunden ist, also nicht rotiert. Die Wickelung der Spulen des Elektromagnetsystemes ist derart, daß abwechselnd Nord- und Südpole entstehen, wenn Strom durch die Spulen geschickt wird. Der Anker ist auf der Achse so aufgekeilt, daß er mit derselben rotiert, sich aber gleichzeitig in axialer Richtung verschieben kann. Auf der Ankernabe sitzt, verdrehbar gegen dieselbe, ein zweiteiliger Ring, welcher durch einen Hebelmechanismus mit Schwungmassen verbunden ist.

Bei sich ändernder Geschwindigkeit des Wagens verändern infolge der Zentrifugalkraft die beweglich angeordneten Schwungmassen ihren Abstand von der Achse und erteilen dem Ringe eine Drehung, wodurch der Anker in axialer Richtung verschoben wird. Bei abnehmender Geschwindigkeit nähert sich infolge dieser Anordnung der Anker den Bremsmagneten, bei zunehmender Geschwindigkeit entfernt er sich von ihnen. Mit dieser, durch mechanische Mittel hervorgebrachten Verschiebung vereinigt sich während der Bremsung ein starker, von den Polschuhen auf den Anker ausgeübter elektromagnetischer Zug, der also bei abnehmender Geschwindigkeit im Sinne der Richtung der Verschiebung, bei zunehmender Geschwindigkeit des Wagens entgegen dem Sinne der Verschiebung wirkt. Die Bremsmagnete erhalten während der Bremsung ihren Erregerstrom von dem als Generator geschalteten Motor. Dadurch werden beide Achsen gebremst, die eine durch den als Generator wirkenden Motor, die andere durch die im Anker der Bremse erzeugten Wirbelströme. Bei beginnender Bremsung, also großer Geschwindigkeit des Wagens, ist die vom Motor als Generator gelieferte Spannung, also auch der Erregerstrom, für die Bremsmagnete verhältnismäßig groß. Mit der abnehmenden Geschwindigkeit im Verlaufe der Bremsung wird der Erregerstrom kleiner. Gleichzeitig wird aber der Anker den Polschuhen genähert; der Luftzwischenraum zwischen Achsen und Magneten, also auch der magnetische Widerstand, wird verringert, so daß die Bremskraft gegen die frühere, bei der größeren Geschwindigkeit herrschende, keine Abnahme erfahren hat. Gegen Ende der Bremsung, wo infolge der langsamen Bewegung der Erregerstrom für die Magnete und die erzeugten Wirbelströme sehr gering sind, wird der Anker gegen die Bremsmagnete gepreßt, und es wirkt außer den Wirbelströmen noch die mechanische Reibung hemmend auf die Bewegung ein. Die Bremse ist zum Schutze gegen eindringenden Schmutz und Feuchtigkeit mit einer Blechverschalung versehen.

Union E.-A.-G., Berlin.

Wirbelströme entstehen, wenn über einen massiven Eisenkern eine von Wechselstrom durchflossene Spule geschoben wird. Diese in dem Eisenkern induzierten Ströme, deren Stromfläche senkrecht zu den Kraftlinien ist, verlaufen in sich selbst, sind dem induzierenden Strom nahezu entgegengesetzt und vermindern, wenn die Stromstärke in der Spule konstant ist, das magnetische Feld. Gleichzeitig entwickeln sie eine Wärmemenge, welche eine

Erhitzung des Eisens und einen Stromverlust zur Folge hat, da das Äquivalent dieser Wärmemenge in Form von elektrischer Leistung von der Stromquelle geliefert werden muß. Die Wirbelströme werden durch weitgehende Unterteilung des Eisenkörpers durch isolierende Zwischenlagen umsomehr beseitigt, je dünner die Eisenunterteilungen (Bleche) sind.

Wirkungsgrad einer Dynamomaschine ist das Verhältnis der von ihr abgegebenen elektrischen Leistung zu der von ihr an ihrer Welle aufgenommenen mechanischen Leistung.

Wirkungsgrad einer zusammengesetzten Maschine ist gleich dem Produkte aus den Wirkungsgraden ihrer einzelnen Teile.

Wirkungsgrade mechanischer und elektrischer Kraftübertragungen, Vergleichstabelle.[1])

(Tabelle siehe nächste Seite.)

Wirkungsgrade, relative, von Lichtquellen.

Lichtquelle	Relativer Wirkungsgrad
Leuchtgas, Argandbrenner .	1,61
Elektrisches Glühlicht . . .	6,00
Bogenlicht	10,04
Azetylen	16,50
Geißlerröhre.	32,00
Quecksilberlichtbogen . . .	40,90—47,90

Wirkungsgrad, praktischer, einer Lichtquelle ist das Verhältnis der zur Hervorbringung des Lichtes aufgewendeten Energie zu der nützlich verwendeten.

Wirkungsgrad, theoretischer einer Lichtquelle ist das Verhältnis der leuchtenden Strahlung zur gesamten Strahlung. Er beträgt bei Glühlampen 3—5 %, bei Bogenlampen durchschnittlich 10 %. Er hängt bei Glühlampen, ebenso wie der praktische Wirkungsgrad vom Vakuum, beim Lichtbogen von der Kohlenqualität ab.

Wirkungsgrad von Akkumulatoren in Wattstunden ca. 75 %, in Amperestunden ca. 90°.

Wirkungsgrad von Transformatoren. Hierfür gibt Uppenborn folgende Tabelle:

KW	0,5	1	5	10	20	50	100	200	500
η in %	89	92	95	96	96,5	97	97,5	97,5	98

[1]) Allgem. Elektr.-Ges., Berlin, Elektr. Kraftübertragung.

No.	1	2	3	4	
Besetzung der Wellen	schwach	gut	voll	gut	
1. Mechan. Übertragungen					
Wirkungsgrad der I. Stufe [1]	0,395	0,860	0,930		
» » II. » [2]	0,683	0,835	0,915		
» » III. » [3]	0,762	0,840	0,775		
Gesamtwirkungsgrad					
2 stufig	0,521	0,700	0,710	0,68	Bei Vollbelastung
	im Mittel 0,644				
3 stufig	0,206	0,605	0,660		Bei Vollbelastung
	im Mittel 0,490				
2 stufig	0,465	0,640	0,645		Bei ¾ der Vollbelastg.
	im Mittel 0,583				
2 stufig	0,433	0,607	0,620		Bei ⅔ der Vollbelastg.
	im Mittel 0,553				
Mittlere Entfernung der Riemscheiben	m 2,08	m 0,55	m 0,375		

2. Mittel- und Grenzwerte	Mechan. Übertragung	Elektr. Übertragung	Ersparnisse d. elektr. Übertrag. in %	
a) Mittelwerte:				
Wirkungsgrade bei				
2 Stufen	0,644	0,73	11,8	Bei Vollbelastung
3 Stufen	0,490	0,73	32,9	Bei Vollbelastung
2 Stufen	0,583	0,70	16,7	Bei ¾ der Vollbelastg.
2 Stufen	0,553	0,68	18,7	Bei ⅔ der Vollbelastg.
b) Grenzwerte:				
Wirkungsgrade bei				
2 Stufen	0,521—0,710	0,73	28,6—2,7	Bei Vollbelastung
3 Stufen	0,206—0,660	0,73	71,8—9,6	Bei Vollbelastung
2 Stufen	0,465—0,645	0,70	33,5—7,9	Bei ¾ der Vollbelastg.
2 Stufen	0,433—0,620	0,68	36,3—5,9	Bei ⅔ der Vollbelastg.

3. Dampfbetriebe	Kleine Hochdruckmaschinen mit Zentraldampfleitung	Große Zentraldampfdynamo mit elektrischer Übertragung	Ersparnisse bei elektr. Übertragung %
Stündlich. Dampfverbrauch pro geleistete PS kg	10—16	5—8	ca. 50

[1]) I. Stufe ist der Riemen zwischen Vorgelege und anzutreibender Maschine.
[2]) II. Stufe ist die Vorgelegewelle.
[3]) III. Stufe ist die Primärtransmission samt Antriebsriemen.

Withworth-Gewindesystem.

Äußerer Schraubendurchmesser Zoll engl.	Äußerer Schraubendurchmesser mm	Bolzendurchmesser mm	Kerndurchmesser mm	Länge auf 1 Zoll engl.	Höhe d. Kopfes mm	Höhe d. Mutter mm	Schlüsselweite mm	Unterlagsscheibe Durchmesser mm	Unterlagsscheibe Dicke mm	Gewicht des Kopfes kg	Gewicht d. Mutter u. Unterlagsscheibe kg	Zulässige Belastung kg
1/4	6,3	7	4,72	20	4	6	13	20	1,5	0,008	0,01	85
5/16	7,9	8	6,09	18	6	8	16	21	1,5	0,01	0,01	140
3/8	9,5	10	7,36	16	7	10	19	25	2	0,02	0,02	210
7/16	11,1	12	8,64	14	8	11	21	29	2	0,03	0,04	290
1/2	12,7	13	9,91	12	9	13	23	32	2,5	0,04	0,06	375
5/8	15,9	16	12,92	11	11	16	27	35	3	0,06	0,10	630
3/4	19	20	15,74	10	13	19	33	43	4	0,11	0,18	940
7/8	22,2	23	18,54	9	15	22	36	50	4	0,18	0,28	1 305
1	25,4	26	21,33	8	18	25	40	55	4	0,25	0,37	1 715
1 1/8	28,6	29	23,87	7	20	29	45	58	4	0,32	0,47	2 160
1 1/4	31,7	32	26,92	7	22	32	50	65	5	0,42	0,65	2 770
1 3/8	34,9	35	29,46	6	24	34	54	70	5	0,55	0,87	3 280
1 1/2	38,1	39	32,68	6	27	38	58	78	6	0,75	1,16	4 030
1 5/8	41,3	42	35,28	5	29	41	63	84	6	0,95	1,41	4 560
1 3/4	44,4	45	37,84	5	32	44	67	88	7	1,15	1,66	5 430
1 7/8	47,6	48	40,38	4,5	34	48	72	93	7	1,37	2,04	6 150
2	50,8	51	43,43	4,5	36	51	76	98	8	1,62	2,45	7 160
2 1/4	57,1	58	49,02	4	40	56	85	110	9	2,30	3,55	9 060
2 1/2	63,5	64	55,37	4	45	64	94	121	9	3,10	4,72	11 560
2 3/4	69,8	70	60,45	3,5	49	70	103	134	10	4,08	6,12	13 820
3	76,2	77	66,80	3,5	53	76	112	145	12	5,32	8,98	16 870

Woolfsche Maschine (siehe **Dampfmaschine**).

Wurtssche Blitzschutzvorrichtung besteht für Spannungen bis 1200 Volt aus sieben Messingwalzen von 19 mm Durchmesser und 40 mm Höhe mit jeweiligem Luftzwischenraum von 1 mm. Bei 2400 Volt Netzspannung werden zwei solcher Apparate verwendet, jedoch einpolige, wobei die Funkenstrecke eines Poles 6 mm beträgt. Bei höheren Spannungen werden die einzelnen Elemente in Kaskadenschaltung mit Zwischenschaltung von Drosselspulen verwendet.

Angaben über die Wurtssche Blitzschutzvorrichtung.

Betriebsspannung Volt	Funkenstrecke eines Poles mm	Auf einen Luftzwischenraum von 1 mm entfallende Betriebsspannung Volt
1 200	3	200
2 400	6	200
3 000	9	170
5 000	15	170
8 000	24	170
10 000	30	170
15 000	42	180

Westinghouse Elektr.-Akt.-Ges.

Z.

Zackenwickelung. Bei derselben werden die Wickelungen in Form von Spulen auf vorspringenden Zacken des Ankerkernes angeordnet.

Zähler. Je nachdem dieselben den zeitlichen Verlauf des Produktes aus Stromstärke, Spannung und Leistungsfaktor aufzeichnen oder durch ein Zählwerk die unterbrochene oder fortlaufende Summierung besorgen, unterscheidet man registrierende bzw. integrierende Zähler.

Elektrizitätszähler können ihren Zweck, den Verbrauch an elektrischer Energie zu registrieren, nur dann in gehöriger Weise erfüllen, wenn:

1. die Messung bei allen Stärken des Verbrauches genau ist, d. h. die praktisch zulässigen Fehlergrenzen nicht überschritten werden; wenn 2. diese Genauigkeit nicht bloß an der Eichungsstelle vorhanden ist, sondern auch an jedem beliebigen Aufstellungsorte dauernd erhalten bleibt; wenn 3. die Messung nicht von der prompten Überwachung oder Bedienung abhängt, und wenn 4. der eigene Stromverbrauch des Zählers nicht von Belang ist. 5. Die Angaben eines Elektrizitätszählers dürfen innerhalb seines gesamten Meßbereiches nur um wenige Prozent von der wirklich zu messenden Größe abweichen. 6. Die Angaben dürfen sich weder durch längeren Verbrauch noch durch etwaiges Verschmutzen ändern. 7. Die Zähler müssen auch den kleinsten Stromverbrauch registrieren oder wenigstens bei $^1/_{50}$ des Kapazitätsmaximums mit Sicherheit anzeigen.

Zähler, dynamometrische, sind auf dem dynamometrischen Prinzip beruhende Zähler (siehe **Dynamometer, elektrisches**).

Zähler, integrierende (siehe **Elektrizitätszähler**).

Zähler, oszillierende, sind Verbrauchsmesser, bei welchen im Felde fester, vom Verbrauchsstrom durchflossener Spulen eine oder mehrere Spannungsspulen hin und her schwingen, deren Strom zwecks Aufrechthaltung der Bewegung durch besondere Vorrichtungen, wie Relais, am Ende jeder Schwingung umgekehrt wird.

Zähler, registrierende (siehe **Elektrizitätszähler**).

Zahnanker mit Zähnen von gleichbleibendem Querschnitte, bei denen die Drähte in offene Nuten eingelegt sind, haben den Vorteil eines geringen magnetischen Widerstandes. Nuten in den einzelnen Ankerblechen werden gestanzt oder bei zusammengesetztem Anker gefräst.

Zahnanker mit Zähnen von nach oben verbreitertem Querschnitte, also mit halb geschlossenen Nuten, haben folgende Vorteile: Verringerung des magnetischen Widerstandes der Luft, Bandagen entbehrlich, da die Wickelung durch eingeschobene Isolationskeile festgehalten wird (siehe **Nutenanker**).

Zahnräder für Straßenbahnmotoren sollen aus zähem und hartem Stahlguß hergestellt sein und geräuschlos laufen. Die auf der Motorwelle aufgekeilten Zahnräder (Kolben) werden oft aus Rohhaut oder Metall hergestellt.

Albert Thode & Ko., Hamburg (*s. Inseratanh. S. 4*).

Zahnräderübersetzung für elektrisch betriebene Motorwagen: 1 : 4 bis 1 : 7. Das Rädervorgelege wird staubsicher eingeschlossen und mit automatischer Schmiervorrichtung versehen.

Maschinenfabrik Geislingen i. Geislingen, Württemberg (*s. Inseratanh. S. 19*).

Zahnradschmiere. Für Eisen auf Eisen eignet sich eine Mischung von 1 Teil Flockengraphit und 4 Teilen Talg mit Tropföl angerührt.

Zahnradschutzkasten für Straßenbahnwagen werden aus Stahlguß oder nahtlosem Stahlblech hergestellt. Sie müssen staubdicht schließen, leicht abnehmbar eingerichtet, sehr leicht und sehr klein sein. Preis pro Stück *ℳ 70—90*.

Albert Thode & Ko., Hamburg (*s. Inseratanh. S. 4*).

Zeichengeber des Morsesystemes hat den Zweck, die telegraphischen Zeichen in den Empfangsapparaten der Telegraphenstationen zu erregen. Er besteht aus einem zweiarmigen Hebel, dessen einer Arm den Griffknopf, dessen anderer Arm eine Kontaktschraube trägt, welche in der durch eine Feder bedingten Ruhelage des Hebels auf dem Kontaktpunkte des Untergestelles aufliegt. Am ersteren Arm zwischen Drehpunkt und Griffknopf befindet sich unten noch ein zweiter Kontaktpunkt, der beim Niederdrücken des Hebels mit einem gegenüberliegenden, am Untergestelle befindlichen Kontakte in Berührung kommt. Letzterer Kontakt heißt Arbeitskontakt, die Kontaktschraube Ruhekontakt. Bei Arbeiten mit Ruhestrom wird nur mit letzterem gearbeitet, und wird in diesem Falle der Arbeitskontakt am Taster gewöhnlich weggelassen. Beim Arbeiten mit Ruhestrom erfolgt die Zeichengebung durch Unterbrechung des Stromes, beim Arbeiten mit Arbeitsstrom durch Schließen des Stromes.

Zeitkonstante nennt man das Verhältnis der Selbstinduktion eines Leiters zu seinem Widerstande.

Zeitkonstante der Selbstinduktion stellt die Stromstärke als Funktion der Zeit dar und ergibt den Zusammenhang zwischen Stromstoßstärke und elektromotorischer Kraft.

Zeitschalter — Schalter, welche, durch ein Uhrwerk beeinflußt, nach einem bestimmten Zeitraume den Stromkreis öffnen bzw. schließen. Anwendung zum selbsttätigen Ein- und Ausschalten von Beleuchtungskörpern.

Paul Firchow Nachfolger, Berlin W. 57, Potsdamerstr. 92.

Zeitzähler sind Elektrizitätszähler, welche dort Anwendung finden können, wo stets die gleiche Elektrizitätsmenge bezogen wird. Diese Instrumente besitzen ein in den zu messenden Stromkreis eingeschaltetes Uhrwerk, das bei Stromunterbrechung mechanisch gehemmt ist, während die Schließung des Stromkreises die mechanische Hemmung des Uhrwerkes aufhebt.

Zeitzähler geben nicht direkt die verbrauchte Energie an, sondern nur die Zeitdauer, während welcher in der Installation Lampen eingeschaltet sind. Zur Berechnung des Stromverbrauches können Zeitzähler nur dann verwendet werden, wenn die Zahl der gleichzeitig brennenden Lampen stets ein und dieselbe und deren Wattverbrauch bekannt ist (Anwendung nur bei Installationen mit geringer Lampenzahl).

Luxsche Industriewerke, A.-G., Ludwigshafen a. Rh. (*s. Inseratanh. S. 3*).

Zeitzünder sind elektrische Zündvorrichtungen für Sprengstoffe, deren Explosion erst eine bestimmte Zeit nach Schließung des Stromkreises erfolgt (siehe **Zünder, elektrische**).

Zellenprüfung von Akkumulatorenbatterien. Fehlerhafte Zellen erkennt man an dem Zurückbleiben des Elementes in der Gasentwickelung. Die Prüfung der Zellen erfolgt durch einen Spannungsmesser und durch das Aräometer.

Zellenschalter dienen zum Ab- oder Zuschalten der Zusatzzellen beim Laden der Batterie. Sie werden als einfache und Doppelzellenschalter für Handbetätigung oder automatische Wirkung gebaut. Die einzelnen Kontakte sind durch isolierende Zwischenstücke getrennt. Alle Zellenschalter werden mit Arretierungen versehen, um die Feststellung der Schaltkurbel auf einem Kontakt zu sichern. Die größeren Typen der Zellenschalter werden mit Abbrennbürsten und Abbrennkontakten ausgerüstet, um die Hauptkontaktstellen vor Zerstörung zu schützen. Die selbsttätigen Ausschalter werden mit Quecksilberkontakten oder mit Federkontakten gebaut. In Anlagen mit Gasmotorenbetrieb, bei denen der Gasmotor mittels der Dynamo angelassen wird, werden für höhere Stromstärken Spindelzellenschalter angewendet.

Sächs. Serpentinstein-Gesellschaft zu Zöblitz, G. m. b. H., Zöblitz i. Sachs. (*s. Inseratanh. S 19*),
Dr. P. Meyer, A.-G., Berlin.
Voigt & Haeffner, Frankfurt a. M.
Siemens-Schuckertwerke, Berlin.
Allgem. Elektr.-Ges., Berlin.
Union Elektr.-A.-G., Berlin.
Maschinenfabr. Oerlikon, Schweiz.

Preis: Einfachzellenschalter *ℳ 27—175*, Doppelzellenschalter *ℳ 54—360*, Spindeldoppelzellenschalter *ℳ 270—2700*; Doppelzellenschalter mit Handrad *ℳ 140*.

Betriebsspannung Volt	Anzahl der Elemente	Höchste Ladespannung Volt	Anzahl der Kontakte für den Doppel- Zellenschalter	Einfach- Zellenschalter
65	36	97	12	6
110	60	162	19	8
120	66	178	22	9
220	120	324	38	18

Einfachzellenschalter für Handbetrieb.

Runde Anordnung				Gestreckte Anordnung			
Amp.	Zellenzahl	Gewicht kg	Preis ℳ	Amp.	Zellenzahl	Gewicht kg	Preis ℳ
30	5	5	38	275	25	76	535
	7	5,1	40	300	28	82	590
	12	5,5	45		33	91	675
	21	6,2	66	350	12	60	355
50	5	7	45		22	85	575
	7	7,3	48	375	25	92	640
	12	7,9	60	400	28	100	725
	21	9,1	82		33	113	825
100	5	9,6	70	450	12	72	485
	7	10	76		22	102	725
	12	11	90	500	25	110	795
	21	12,9	120	600	28	120	865
200	5	18,9	95		33	136	940
	7	19,6	105	650	12	80	625
	12	21,7	125		22	116	920
	21	24,6	160	700	25	125	985
250	12	51	330	800	28	136	1050
	22	70	490		33	154	1175

Doppelzellenschalter für Handbetrieb.

Runde Anordnung				Gestreckte Anordnung			
Amp.	Zellenzahl	Gewicht kg	Preis ℳ	Amp.	Zellenzahl	Gewicht kg	Preis ℳ
30	10	12	90	300	28	128	1020
	13	12,5	96		33	145	1150
	21	14,5	125	350	12	98	590
50	10	16	98		22	138	965
	13	16,5	105	375	25	149	1100
	21	18	138	400	28	160	1250
100	10	26	148		33	180	1375
	13	27,2	175	450	12	125	866
	21	29,5	210		22	177	1275
200	10	50,5	215	500	25	191	1390
	13	52	265	600	28	208	1480
	21	55,5	315		33	235	1650
250	12	83	550	650	12	135	1075
	22	113	825		22	193	1550
275	25	121	925	700	25	210	1650
				800	28	227	1775
					33	258	1950

Für Amp.	Kontaktzahl	Einfach- Handzellenschalter Nettogewicht ca. kg	Einfach- Preis ca. ℳ	Doppel- Handzellenschalter Nettogewicht ca. kg	Doppel- Preis ca. ℳ
500	12	87	*670*	166	*1300*
	16	105	*770*	198	*1500*
	20	123	*870*	230	*1700*
	24	140	*970*	262	*1900*
	30	170	*1120*	310	*2200*
700	12	123	*880*	234	*1700*
	16	150	*1020*	282	*1960*
	20	175	*1160*	330	*2220*
	24	200	*1300*	378	*2480*
	30	240	*1510*	450	*2870*
1000	12	193	*1130*	370	*2220*
	16	235	*1330*	450	*2600*
	20	277	*1530*	530	*2980*
	24	320	*1730*	605	*3360*
	30	382	*2030*	725	*3930*
1500	12	290	*1530*	560	*2940*
	16	353	*1810*	680	*3480*
	20	415	*2090*	800	*4020*
	24	477	*2370*	920	*4560*
	30	570	*2790*	1100	*5370*

Für Amp.	Kontaktzahl	Einfach- Automatische Zellenschalter Nettogewicht ca. kg	Einfach- Preis ca. ℳ	Doppel- Automatische Zellenschalter Nettogewicht ca. kg	Doppel- Preis ca. ℳ
500	12	90	*740*	170	*1370*
	16	108	*840*	193	*1570*
	20	126	*940*	225	*1770*
	24	144	*1040*	257	*1970*
	30	175	*1190*	290	*2270*
700	12	126	*950*	240	*1770*
	16	152	*1090*	287	*2030*
	20	178	*1230*	335	*2290*
	24	204	*1370*	383	*2550*
	30	243	*1580*	455	*2940*
1000	12	196	*1200*	275	*2290*
	16	238	*1400*	352	*2670*
	20	280	*1600*	430	*3050*
	24	325	*1800*	510	*3430*
	30	385	*2100*	620	*4000*
1500	12	296	*1600*	570	*3010*
	16	358	*1880*	685	*3550*
	20	420	*2160*	800	*4090*
	24	482	*2440*	915	*4630*
	30	575	*2860*	1090	*5440*

Doppelzellenschalter mit Spindelbewegung der Union Elektrizitätsgesellschaft, Berlin.

Stromstärke bis Amp.	Anzahl der Kontakte	Gewicht netto ca. kg	Preis ℳ
80	21	40	300
80	23	41	315
80	25	42	325
80	27	44	335
80	29	46	345
80	31	50	360
80	33	54	370
80	35	59	380
80	37	63	390
80	39	67	405
80	41	71	415
80	43	75	425
80	45	80	450
140	21	53	405
140	23	54	415
140	25	55	425
140	27	58	440
140	29	60	460
140	31	65	475
140	33	70	500
140	35	75	525
140	37	80	560
220	21	80	470
220	23	82	515
220	25	85	535
220	27	88	560
220	29	95	590
220	31	100	615
220	33	105	650
220	35	115	695
360	21	130	815
360	23	135	840
360	25	140	895
360	27	145	950
360	29	150	1010
360	31	155	1065
360	33	160	1120
360	35	175	1210
500	21	210	1290
500	23	220	1320
500	25	230	1375
500	27	240	1455
500	29	250	1545
500	31	—	1625
600	21	270	1510
600	23	280	1570
600	25	296	1645
600	27	310	1770
600	29	330	1880
600	31	—	2015
850	21	370	2015
850	23	390	2105
850	25	410	2195
850	27	430	2285
850	29	450	2375
850	31	—	2465

Zellenspannung. Die Ruhespannung einer Akkumulatorenzelle = 2 Volt, sinkt während der Entladung bei einstündiger Entladung auf 1,75 Volt, bei drei- bis zehnstündiger Entladung auf 1,83 Volt; gleichzeitig sinkt die Säuredichte. Die Ladespannung steigt bis 2,7 Volt (mittlere Ladespannung ca. 2,3 Volt). Mit fortschreitender Ladung steigt die Säuredichte.

Zellenzahl einer Akkumulatorenbatterie. Dieselbe erhält man für drei- bis zehnstündige Entladung, wenn man die Lampenspannung durch 1,83, für einstündige Entladung, wenn man die Lampenspannung durch 1,75, für Pufferbatterien durch 2,05 dividiert, wobei dem Spannungsverlust in den Zellenschalterleitungen entsprechend die Zahl der Zellen erhöht werden muß.

Lampenspannung Volt	Zellenzahl für eine	
	Lichtbatterie	Pufferbatterie
65	36	—
100	54	—
110	60	—
220	120	107
550	300	267

Die Anzahl der abzuschaltenden Zellen ist bei Anwendung eines Einfachzellenschalters gleich der Differenz aus der totalen Zellenzahl und dem Quotienten aus der Lampenspannung und 2,1, bei Anwendung eines Doppelzellenschalters gleich der Differenz aus der totalen Zellenzahl und dem 2,7. Teil der Lampenspannung.

Lampenspannung Volt	Zahl der abzuschaltenden Zellen für Lichtbatt. bei	
	Einfachzellenschalt.	Doppelzellenschalt.
65	5	12
100	7	17
110	8	20
220	16	40
550	40	100

Zentralstation — Hauptvermittelungsämter der Telephonanlagen.

Zentratoren sind Elektromotoren, die mit Zentratorkuppelungen in einem Gehäuse zusammengebaut sind.

Zentratorkuppelung. Dieselbe ermöglicht, ohne Riemen, Zahnräder oder Zwischenvorgelege von rasch laufenden Wellen Arbeit direkt auf langsam laufende zu übertragen und eignet sich daher besonders zur Kuppelung von Elektromotoren mit Arbeitsmaschinen und Transmissionswellen. Sie zeichnet sich durch geräuschlosen Betrieb, rollende Reibung, minimale Abnutzung, geringen Raumbedarf und hohen Wirkungsgrad aus. Die Konstruktion ist im wesentlichen folgende: Auf die Elektromotorenwelle ist eine Stahlbüchse (Rolle) geschoben, an welcher symmetrisech gruppiert drei oder vier federnde Stahlringe anliegen. Die Bewegung der letzteren wird unmittelbar auf Leitrollen und von diesen durch ihre Bolzen auf eine Mitnehmerscheibe übertragen, von der die Bewegung der langsam laufenden Welle mitgeteilt wird.

Leistung PS	Spannung Volt	Wattverbrauch ca.	Touren pro Minute	Preis des kompl. Zentrators ℳ
0,5	110	520	150	*325.—*
	220		155	*325.—*
	440		160	*342.50*
0,35	110	380	105	*325.—*
	120		115	*325.—*
0,25	110	290	72	*320.—*
	220		73	*320.—*
1	110	950	140	*440.—*
	220		145	*440.—*
	440		150	*455.—*
0,7	110	700	100	*440.—*
	220		105	*440.—*
0,5	110	530	68	*435.—*
	220		68	*435.—*
2	110	1900	130	*600.—*
	220		132	*600.—*
	440		138	*643.—*
1,5	110	1400	95	*600.—*
	220		95	*600.—*
1	110	1050	62	*590.—*
	220		64	*590.—*
3	110	2850	155	*755.—*
	220		155	*755.—*
	440		160	*780.—*
2	110	2100	115	*740.—*
	220		120	*740.—*
1,5	110	1500	75	*735.—*
	220		80	*735.—*

Walter, El.- und Hebezeugwerke, A.-G.

Type	Leistung PS	Spannung Volt	Wattverbrauch ca.	Touren pro Minute	Preis des kompl. Zentrat. ℳ
C G M 5	5	110	4400	145	*885*
		220		145	*885*
		440		150	*935*
	4	110	3600	115	*870*
		220		115	*870*
	3,3	110	3050	100	*865*
		220		100	*865*
	2,5	110	2370	70	*850*
		220		75	*850*
C G M 7,5	7,5	110	6400	220	*1185*
		220		220	*1185*
		440		210	*1285*
	3,75	110	3500	105	*1145*
		220		105	*1145*
C G M 10	10	110	8500	190	*1305*
		220		190	*1305*
		440		190	*1455*
	6,8	110	6000	125	*1280*
	7,5	220	6300	150	*1285*
	5	110	4600	95	*1260*
		220		95	*1260*

Maschinenfabrik Oerlikon, Schweiz.

Zentrifugalpumpen, geeignet für große oder unreine Wassermengen bei geringer Förderhöhe. Saughöhe bis max. 6 m, Druckhöhe bis max. 15 m.

Zerographen — Telegraphenapparate, welche die Depeschen direkt in Druckschrift wiedergeben.

Zerstreutes Licht. Zur Innenbeleuchtung mittels zerstreuten Lichtes verwendet man entweder Lampen mit aufrechtem Lichtbogen oder Lampen mit umgekehrtem Lichtbogen. Bei ersteren sind die Kohlenstäbe wie gewöhnlich angeordnet: die positive oder Dochtkohle oben. Hierbei gelangt ein geringer Bruchteil des Lichtes direkt nach der Decke, während die vom Krater der positiven Kohle nach unten ausströmende Hauptmenge des Lichtes durch den unterhalb der Lampe angebrachten, emaillierten Blechreflektor nach oben zurückgeworfen wird. Die Laterne ist entweder offen oder geschlossen und mit hellem Glase bzw. (zur Erzielung einer größeren Streuung) mit Opalglas eingedeckt. Für Räume, in denen keine

Schatten an der Decke auftreten dürfen, ist das letztere — die Verglasung der Laterne mit Opalglas — zu wählen; für Räume, bei denen diese Anforderung nicht gestellt wird, kann helles Deckglas verwendet werden; in zug- und staubfreien Räumen endlich ist keine geschlossene Laterne erforderlich, die Lampe brennt alsdann frei mit oben offenem Reflektor. Bei den Lampen mit umgekehrtem Lichtbogen sind die Pole vertauscht: die positive oder Dochtkohle befindet sich unten, die negative oder homogene Kohle oben. Dadurch gelangt die Hauptmenge des Lichtes vom Krater direkt nach der Decke; der nach unten ausgestrahlte geringe Bruchteil des Lichtes wird durch einen unten angebrachten Halbkugelreflektor ebenfalls nach der Decke geworfen. Für solche Räume, in denen eine Entzündung von Staub usw. eintreten kann, wird zwischen Reflektor und Lampenkörper eine Laterne eingesetzt, die den Lichtbogen umschließt; diese Laterne wird entweder mit klarem oder mit mattem Glase eingedeckt.

Bei der umgekehrten Anordnung der Kohlenstäbe ist ein so ruhiges Brennen, wie bei der gewöhnlichen Kohlenstellung, nicht zu erzielen. Immerhin ist das Licht ruhig genug, um in Spinnereien, Webereien und Werkstätten verschiedenster Art mit Vorteil verwendet werden zu können. Preis der Lampen *M 55—80.*

Ziegelmauerwerk.

Material	Mittl. Druckfestigkeit der unvermauerten Steine in kg pro qcm	Zulässige Belast. d. Verbandmauerwerk in kg pro qcm b. Mörtel bestehend aus:			
		1 Teil Kalk 2 Teilen Sand 4,4%	7 Teilen Kalk 1 Teil Zement 16 Teil. Sand 4,8%	1 Teil Zement 6 Teilen Sand 5,5%	1 Teil Zement 3 Teilen Sand 6,3%
Gewöhnliche Hintermauerungssteine .	206	9,1	9,8	11,3	13
Bessere Steine (Mittelbrand)	258	11,4	12,4	14,2	16,3
Klinkersteine . . .	379	16,7	18,2	20,8	24
Poröse Vollsteine . .	184	8,1	8,8	10,1	11,6
Poröse Lochsteine .	84	3,7	3	4,6	5,3
Lochsteine	194	8,5	9,3	10,7	12

Ziegelsteine. Normalfasson 25 × 12 × 6,5 cm, Normalgewicht 3,3 kg. Gewicht pro 1 m gut getrocknetes Ziegelmauerwerk 1423 kg. Pro cbm Mauerwerk sind 400 Normalziegel, 0,15 cbm Kalk oder Zement und 0,3 cbm Sand nötig. Auf 1 m Mauerhöhe entfallen 13 Schichten bei 12 mm Lagerfugen.

Für 10 mm Stoßfugen ergeben sich folgende Wandstärken:

1/2 Stein	= 12 cm	3 1/2 Steine	= 90 cm
1 »	= 25 »	4 »	= 103 »
1 1/2 Steine	= 38 »	4 1/2 »	= 116 »
2 »	= 51 »	5 »	= 129 »
2 1/2 »	= 64 »	5 1/2 »	= 142 »
3 »	= 77 »	6 »	= 155 »

Zinkvoltameter von Edison besteht aus einem hohlen Zinkzylinder, welcher in einer 25 % Zinksulfatlösung zwischen zwei Zinkelektroden drehbar aufgehängt ist. Durch die elektrolytische Wirkung des Stromes wird Zink von der Anode auf den Zylinder und von diesem auf die Kathode gehen, so daß der Zinkzylinder vor letzterer schwerer, vor ersterer leichter wird und sich zu drehen beginnt. Die drehende Bewegung wird durch einen mitgenommenen Zeiger auf einer Teilung angezeigt.

Zolltarife. Auszug aus denselben, Maschinen betreffend.

I. Europa.

Belgien. Zollsatz pro 100 kg in Francs:

Maschinen, mechanische Vorrichtungen, einzelne Teile oder Stücke derselben, Eisenbahnwagen	aus Gußeisen	*2*
	» Schmiedeeisen oder Stahl	*4*
	» Kupfer	*12*

Bulgarien.

Maschinen	frei

Dänemark.

Maschinen	1 % vom Wert
Lokomotiven pro Stück	*500* Reichstaler
Wagen zur Personenbeförderung pro Stück	*150* »
» sonstige für Geleise	*50* »

Deutschland. Zollsatz in % vom Wert:

Lokomotiven, Lokomobilen	8
Maschinen, überwiegend aus Holz	3
» » » Gußeisen	3
» » » schmiedbarem Eisen	5
» » » anderen unedlen Metallen	8

Bei zusammengesetzten Maschinen wird der Zollsatz nach Maßgabe des überwiegenden Materiales bestimmt.

Finnland. Zollsatz pro 100 kg in finnl. Mark:

Maschinen, Motoren und Apparate außer den nachfolgend angeführten	*14.7*
Maschinen, Motoren und Apparate aus Kupfer und anderen unedlen Metallen	*58.8*
Elektrische Maschinen, Apparate und Teile derselben	*47.1*
Instrumente, mathematische, physikalische	*105.9*
Schienenwagen I. u. II. Kl., Postwagen pro Stück	*1000.—*
» III. »	*800.—*
» gedeckte Güterwagen	*400.—*
» offene »	*400.—*

Frankreich. Minimaltarif, pro 100 kg, in Francs:

Dampf-, Gas-, Petrolmaschinen, feststehende, unter 250 kg	*12*
» » » » über » »	*20*
Lokomobilen	*13*
Dampflokomotiven für Normalspur	*15*
» » Schmalspur	*18*
Turbinen unter 250 kg	*15*
» über » »	*25*

Dynamo, elektr., bis 1000 kg und darüber *30*
» » von 50—1000 kg *45*
» » » 10—50 kg *100*
» » » 5000 kg und darüber, wenigstens 50% Guß enthaltend *12*
» » » 5000 kg und darüber, weniger als 50% Guß enthaltend *20*
» » » 2000—5000 kg, wenigstens 50% Guß enthaltend *18*
» » » 2000—5000 kg, weniger als 50% Guß enthaltend *20*
Indukte für dynamo-elektr. Maschinen (Spulen etc.) über 2000 kg *35*
Indukte für dynamo-elektr. Maschinen (Spulen etc.) von 1000—2000 kg *40*
Indukte für dynamo-elektr. Maschinen (Spulen etc.) von 200—1000 . . . . *45*
Indukte für dynamo-elektr. Maschinen (Spulen etc.) von 1—200 . . . . *60*
Indukte für dynamo-elektr. Maschinen (Spulen etc.) unter 1 kg *75*
Elektrische Akkumulatoren *16.50*
Maschinenteile aus Gußeisen von 1000 kg und mehr . . *12*
» » » » 200—1000 kg *15*
» » » » weniger als 200 kg . . *20*
» » Schmiedeeisen oder Stahlguß von 1000 kg und mehr *12*
Maschinenteile aus Schmiedeeisen oder Stahlguß von 200 bis 1000 kg *15*
Maschinenteile aus Schmiedeeisen oder Stahlguß von weniger als 200 kg *25*

Griechenland.
Motoren, Dampfkessel, Dynamos, Maschinenteile außer den nachfolgend angeführten . . . . frei
Telephone, Mikrophone, elektr. Glocken, Druckknöpfe, elektr. Klingeln, Telegraphen- und Telephonapparate, Absender- und Empfangsapparate sowie einzelne Teile derselben pro 100 Oka Drachmen. *6*
Eisenbahnwagen . . . . vom Wert 10%

Großbritannien.
Alles unter Kategorie Maschinen und Maschinenteile Gehörende . . . . frei

Italien. Zollsatz pro 100 kg in Lire:
Röhrenkessel *14*
Feststehende Dampfmaschinen ohne Kessel *12*
Halbfeste » mit » *12*
Turbinen *10*
Lokomotiven ohne Tender *14*
Lokomobilen *12*
Dynamo-elektr. Maschinen *30*
Elektr. Akkumulatoren *8*
Bestandteile von elektr. Maschinen *25*

Bleiplatten für Akkumulatoren	*75*
Instrumente mit Grad- oder Längenteilung	*125*
» ohne » » »	*75*
Personenwagen für Schienen I. Kl.	*19*
» » » II. »	*16*
» » » III. »	*14*
Güterwagen » »	*10*

Niederlande.

Instrumente . . . vom Wert	5 %
Maschinen, Kessel	frei
Eisenbahnwagen	5 %

Norwegen. Minimalzollsatz pro kg in Kronen:

Transformatoren, Akkumulatoren, Kabel, Tressen	frei
Telephon- und Telegraphenapparate: Zentral-, Multiplextische	*—.35*
Telephon- und Telegraphenapparate; andere Multiplextische	*—.70*
Alle Arten von Dampf-, Gas-, Petrolmotoren, Dynamos, elektr. Motoren . . . vom Wert	5 %
Lokomobilen, Krane	frei

Instrumente werden wie das verarbeitete Material verzollt.

Österreich-Ungarn. Zollsatz pro 100 kg, Gulden:

Lokomotiven, Lokomobilen, Tender	*8.5*
Dynamomaschinen	*5*
Akkumulatoren	*18*
Präzisionsinstrumente	frei
Eisenbahnfahrzeuge und Straßenbahnwagen: Güterwagen	*7*
» » » Ungepolsterte Personenwagen	*8*
» » » Gepolsterte	*9*

Portugal. Zollsatz pro kg in Reis:

Elektr. Apparate und Maschinen . . . vom Wert	30 %
Apparate u. Maschinen jed. Art im Gew. bis 50 kg	*60*
» » » » » » » » 50—100 kg	*50*
» » » » » » » » 100—500 kg	*40*
» » » » » » » » 500—1000 kg	*30*
» » » » » » » » über 1000 kg	*20*
Dampfkessel	*50*
Dampf-, Gas-, Heißluftmaschinen bis 30 PS nom.	*50*
» » » von 30—100 PS nom.	*30*
» » » » über 100 PS nom.	*20*
Elektr. Instrumente . . . vom Wert	15 %
Wagen für Schienen, amerik. System oder System Ripert, geschlossen pro Stück	*30000*
Wagen für Schienen, amerik. System oder System Ripert, geschlossen pro Stück	*15000*
Automobile, amerik. System oder System Ripert, pro Stück	*12000*

Rumänien. Zollsatz pro 100 kg in Lei:

Maschinen, Maschinenteile und Zubehör aus Gußeisen	*6*
» » » » » Schmiedeeisen und Stahl	*12*

Maschinen aller Art mit Dampf-, elektrischen und Gasbetrieb . . . . frei
Elektr. Klingeln, Läutwerke und Lampen 50
Instrumente und Apparate zu wissenschaftlichen Zwecken frei
Personenwagen, tapeziert, I. u. II. Kl. pro Stück 480
» III. Kl. und Güterwagen pro Stück . . . 208

Rußland. Zollsatz pro Pud in Rubel Gold:
Dynamo-elektr. Maschinen jeder Art 7.20
Gas, kalorische Maschinen, Lokomobilen 2.55
Lokomotiven 3
Instrumente, Apparate für Telegraphen-, Telephonwesen, elektr. Beleuchtung 12
Personenwagen auf Schienen: III. Kl. und Gepäckwagen pro Achse . 450
» » » II. u. III. Kl. » » . 495
» » » II. Kl. » » . 532
» » » I. u. II. Kl. » » . 615
» » » I. Kl. » » . 697.50

Schweden. Zollsatz pro kg in Kronen:
Maschinen oder Teile davon 10
Elektrometer 10
Instrumente 10
Lokomotiven 10
Eisenbahnwagen 15

Schweiz. Zollsatz pro 100 kg in Franken:
Dampfkessel 4
Dynamo-elektr. Maschinen 4
Lokomotiven 10
Instrumente 16
Elektr. Apparate aller Art, Akkumulatoren, Batterien, Lampen, Telephon-, Telegraphenapparate, Akkumulatorenplatten 6
Personenwagen für Normalbahnen 9
» » andere Bahnen 12
Güterwagen für Normalbahnen 5
» » andere Bahnen 8

Serbien. Zollsatz pro 100 kg in Dinar:
Maschinen und deren Teile . . . . . frei
Instrumente und Apparate 60
Eisenbahnfahrzeuge . . . . . frei

Spanien. Zollsatz pro 100 kg Pesetas:
Motoren jeder Art mit und ohne Kessel, brutto kg . . . 12.60
Lokomotiven, Lokomobilen 33.60
Maschinen aus Kupfer und dessen Legierungen, Teile davon 57.20
Glühlampen mit und ohne Ausrüstung pro Stück . . . . —.25
Bogenlampen, Zähler, Schalter, Unterbrecher und ähnliche Apparate, netto kg 2.40
Telephonapparate und Teile davon 1.80
Instrumente 2.50
Personenwagen für Schienen 47
Güterwagen » » 30

Türkei. Zollsatz in Goldpiaster:

Maschinen für erste Einrichtung von Fabriken	frei
Alles andere, Wertzoll	8 %

II. Amerika.

Argentinien. Wertzoll in %:

Maschinen für öffentliche Elektrizitäts-, Gas-, Wasser- und Kanalisationswerke	5
Maschinen im allgemeinen und deren Teile von 100 Pesos an	10
Motoren, Lokomobilen, für sich allein gehend, mechanische Fortbewegungsmittel	5
Nicht besonders genannte Artikel	25

Bolivien.

Maschinen für Gewerbe, Künste und Wissenschaft, Batterien, Telephone	frei

Brasilien. Prozentsatz in Reis:

Pumpen	50
Krane, Winden	15
Dynamos, elektr. Motoren, elektr. Apparate u. Instrumente, Lokomotiven, Lokomobilen, Turbinen	15
Wagen für Schienen	30

Kanada. Zollsatz vom Wert in %:

Dampfmaschinen, Kessel	25
Elektr. Maschinen, Apparate, Batterien, Instrumente	25
Maschinen für Schmelzzwecke	frei
Wagen	frei

Chile. Zollsatz vom Wert in %:

Maschinen und Apparate für elektr. Anlagen	frei
Personenwagen auf Schienen	5

Columbia. Zollsatz pro kg in Pesos:

Maschinen zur Ausübung von Gewerben und Industrien	—.075
» deren Gewicht über 1000 kg beträgt	—.015
Motoren jeder Art und Kraft	—.0375
Eisenbahnwagen	frei

Mexiko. Zollsatz pro kg in Pesos:

Dampfmaschinen und deren Teile, Aufzüge, Krane und sonstige Maschinen, wenn sie nicht zum Betriebe mit Kurbel, Pedal oder Hebel bestimmt sind	0.01
Elektr. Batterien	frei

Vereinigte Staaten.

Physikalische und naturwissenschaftliche Apparate	frei
Alles andere, ganz oder teilweise fertiggestellt, vom Werte	45 %

III. Asien.

Britisch-Ostindien. Zollsatz vom Werte:

Maschinen, Motoren für Dampf-, elektr., Gas- oder anderen Kraftbetrieb	frei
Instrumente und Apparate	5
Eisenbahnmaterial für Oberbau und Fahrbetriebsmittel	frei

China.

Maschinen, vom Wertsatz	5%

Französisch-Hinterindien.

Zollsatz wie in Frankreich.

Japan. Zollsatz vom Wert in %:

Maschinen, Apparate aller Art und Teile davon	10
Eisenbahn-, Straßenbahnwagen und Teile davon	10

Philippinen. Zollsatz pro 100 kg in Dollar:

Kessel, brutto	*—.50*
Lokomotiven, Lokomotivkessel, brutto	*1.—*
Hebezeuge, brutto	*—.30*
Elektr. Apparate, netto	*3.—*
Elektr. Meßinstrumente, netto	*25.—*
Sammelbatterien, netto	*25.—*
Dynamos, Generatoren, Motoren für elektr. Zwecke, netto	*5.—*
Eisenbahnwagen pro Stück	*100.—*
Straßenbahnwagen	*45.—*

IV. Afrika.

Ägypten. Wertzoll für alles	8%

Deutsch-Ostafrika.

Transportmittel	frei
Alles andere Wertzoll 5% und Umschlagsabgaben	5%

V. Australien.

Britisch-Neu-Guinea. Zollsatz vom Wert:

Dampfkessel, Dampfmaschinen, Gasmaschinen	frei
Alles andere Wertzoll	5%

Neu-Seeland. Zollsatz vom Wert in %:

Dampfkessel	20
Dampfmaschinen und deren Teile für Bergbau- und Meiereizwecke	5
Alle anderen Dampfmaschinen und deren Teile	20
Hebezeuge (außer hydraulischen)	20
Elektr. Maschinen	10

Zoreseisen (siehe **Kabelverlegung**).

Zugaugen sind ösenförmige Konstruktionsteile, welche zum Transportieren der elektrischen Maschinen mittels Hebezeuge dienen. Bei kleineren Maschinen werden sie an den Magnetkörper (wenn er aus Stahlguß ist) angegossen, bei größeren geschmiedet und in denselben mittels Gewinde eingeschraubt oder durch Gegenmutter festgehalten.

Zugkraft, magnetische (P), welche zwischen den beiden Hälften eines in der Mitte durchschnittenen, aus weichem Eisen hergestellten, gleichmäßig magnetisierten Zylinders herrscht, $P = \frac{B^2 Q}{24\,643}$ Gramm, worin B Induktion und Q Querschnitt des Zylinders bedeuten. Für gut gehärteten Stahl $P = 4000\, Q$ Gramm.

Zünder, elektrische, für Gasmotoren. Am meisten gebräuchlich sind jene Zündvorrichtungen, bei welchen die Zündung durch den Sekundärfunken eines mit Selbstunterbrecher ausgestatteten Induktionsapparates erfolgt. Die Einschaltung des Primärstromes wird durch einen sperradähnlichen Kontaktmechanismus bewirkt, der gewöhnlich mit der halben Umlaufszahl des Motors angetrieben wird.

Zünder, elektrische, für Sprengstoffe beruhen darauf, daß die in Wärme umgesetzte elektrische Energie zuerst auf eine leicht explosible Masse wirkt, die etwas Knallquecksilber zum Explodieren bringt, welche Explosion jene des Sprengstoffes zur Folge hat. Die Zündung kann durch Funkenzündung, bei der die Drahtspitzen in der explosiblen Masse liegen, oder durch Glühzündung, bei welcher ein dünner Draht in der explosiblen Masse liegt, erfolgen. Bei den Spaltglühzündern ist der dünne Draht durch eine auf Isoliermaterial aufgetragene Kohlen- oder Graphitlinie ersetzt. Man unterscheidet Momentzünder und Zeitzünder (siehe daselbst).

Zündung bei Bogenlampen hat die Aufgabe, die Kohlen wieder in Berührung zu bringen, damit sich der Lichtbogen neu bildet.

Zündinduktoren (siehe **Induktoren**).

Paul Kröplin, Werkstatt f. Präzisionsmechanik u. Elektrotechnik, Bützow i. M.

Zusatzmaschine. Dieselbe hat die Aufgabe, für einzelne längere Fernleitungen eine erhöhte Spannung zu erzeugen, damit in diesen Leitungen ein erhöhter Spannungsverlust entstehen kann. Dadurch können kleinere Leitungsquerschnitte (geringere Anlagekosten) erzielt werden. Bei der Aufladung von Pufferbatterien spielen die Zusatzmaschinen eine große Rolle, da man mit ihnen in der Lage ist, die Aufladung während des Betriebes durchzuführen.

Zusatzmaschinen sind Gleichstrom-Gleichstromumformer, die zum Laden von Akkumulatoren verwendet und zu diesem Behufe mit der ladenden Maschine in Serie geschaltet werden, wodurch sich die Spannungen beider Maschinen für den Ladestromkreis addieren. Bei Gebrauch einer Zusatzmaschine können kleinere Dynamos gewählt werden, da, während die Hauptdynamo während der Ladezeit mit der konstanten Betriebsspannung arbeitet, die Zusatzmaschine für die Differenz zwischen Dynamospannung und Batteriespannung, welche mit fortschreitender Ladung steigt, aufkommt.

Maschinenfabrik Eßlingen in Eßlingen. | Maschinenfabrik Oerlikon, Oerlikon bei Zürich (Schweiz).

Zwecken (siehe **Innenleitungen**).

Zweiflammrohrkessel werden bis zu 8 Atm. Überdruck und bis zu 100 cbm Heizfläche verwendet. Länge nicht über 15 m.

Zweileitersystem. Geeignet für einen Umkreis von zirka 1 km Durchmesser. Die einzelnen Stromkonsumstellen sind voneinander unabhängig.

Zweiphasenmotoren sind charakterisiert durch Speisung des primären Teiles mit zwei um 90° gegeneinander verschobenen Wechselströmen. Die Stromzuführung erfolgt durch vier oder drei Zuleitungen. Der Anlauf ist unter Last ohne besondere Hilfsvorrichtung möglich (siehe **Induktionsmotoren**).

Maschinenfabrik Oerlikon, Oerlikon bei Zürich (Schweiz).

Zweiphasenstrom ist die Vereinigung zweier einfacher Wechselströme mit einem Phasenunterschied von 90° oder einer Zeitfolge von $^1/_4$ Periode (auch offenes Zweiphasensystem genannt). Geschlossenes Zweiphasensystem (Vierphasensystem) unterscheidet sich vom offenen dadurch, daß die Stromverbrauchskörper zwischen den benachbarten anstatt zwischen den gegenüberliegenden Leitungen eingeschaltet sind.

Zweiphasenwechselstrom-Übertragung. Nachteil: Ungünstige Ausnutzung der Leitungen. Nicht zu empfehlen.

Zweitaktmaschinen (siehe **Gasmotoren**).

Zwillingsleiter bestehen aus zwei Litzen von feuerverzinnten Kupferdrähten, welche mit vulkanisiertem Gummi nahtlos umpreßt, hierauf mit gummiertem Bande umwickelt, zusammen mit Baumwollgarn umflochten, schließlich imprägniert und talkumiert werden.

Querschnitt jeder Ader in mm:	1,0	1,5	2,5	4,0	6,0	10,0
Gewicht von 100 m in kg ca:	55	70	110	152	200	316
Preis pro 100 m in ℳ:	*267*	*340*	*516*	*660*	*870*	*1260*

Süddeutsche Kabelwerke, A.-G., Mannheim.
Bergmann-Elektrizitätswerke, Aktiengesellsch.(Abt.J.), Berlin N., Henningsdorferstr. 33. 34. 35 (*s. vordere innere Deckelseite*).

Zylindermagnet (siehe **Mantelmagnet**).

Zylinderringanker sind Ringanker, deren Länge parallel zur Achse gemessen, größer als die radiale Tiefe ist.

Verwendete Literatur.

Bücher:

Arldt C., Funkentelegraphie.
Barbillon L. und Griffish G., Traité Pratique de Traction Électrique.
Bell L., Stromverteilung für elektr. Bahnen.
Benischke G., Elektrotechnik in Einzeldarstellungen.
Berkitz P., Induktionsmotoren.
Biscan W., Wechselstrom und Wechselstrommaschinen.
Corsepius M., Elektr. Bahnen.
Danneel H., Handbuch der Elektrochemie.

Ernst A., Schneckengetriebe.
Feltone E., Isoliermaterialien.
Förster Fr., Dynamoelektr. Maschinen und Akkumulatoren.
Förster Fr., Elektr. Lampen und elektr. Anlagen.
Gerdes P., Einführung in die Elektrochemie.
Gerland E., Lehrbuch der Elektrotechnik.
Graetz L., Elektrizität und ihre Anwendungen.
Grimshaw R., Besondere Verfahren im Maschinenbau.
Guilbert C., Les Générateurs D'Électricité.
Heilbrun R., Elementare Vorlesungen über Telegraphie und Telephonie.
Herrick A., Practical Electric Railway Hand Book.
Herzog J. und Feldmann C., Berechnung elektr. Leitungsnetze.
Herzog J. und Feldmann C., Handbuch der elektr. Beleuchtung.
Hirschfeld E., Schaltungsschemata für elektr. Starkstromanlagen.
Hirsch-Wilking, Elektroingenieur-Kalender.
Hospitalier E., Formulaire de l'Électricien.
Jehnke M., Handbuch für Installateure.
Jenisch P., Haustelegraphie.
Kapp G., Elektr. Kraftübertragung.
Königswerter A., Elektrizitätszähler.
Kübler W., Drehstrommotor als Eisenbahnmotor.
Krause R., Anlasser und Regler für elektr. Motoren und Generatoren.
Loppé F., Transport de L'Énergie à Grandes Distances.
Lorenz H., Technische Mechanik.
Lorenz R., Elektrochemisches Praktikum.
Marcher Th., Gleislose elektr. Bahnen mit Oberleitung.
Mix und Genest, Haustelegraphen und Telephonanlagen.
Monnier D., Electricité Industrielle.
Monographien über angewandte Elektrochemie.
Neuburger A., Kalender für Elektrochemiker.
Niethammer F., Elektrotechn. Praktikum.
Peschl A., Hilfsbuch für die Montage elektr. Leitungen zu Beleuchtungszwecken.
Pierard E., Principes d'Électrotechnie.
Prasch A., Elektr. Einrichtungen der Eisenbahnen.
Reichel W., Verwendung des Drehstroms für den Betrieb elektr. Bahnen.
Righi A. und Dessau B., Telegraphie ohne Draht.
Rosenberg E., Elektr. Starkstromtechnik.
Sarazin C., Cours D'Électricité.
Schiemann M., Elektr. Bahnen.
Schmidt-Ulm G., Gleichstromdynamos und -motoren.
Slaby A, Funkentelegraphie.
Stöckhardt E., Lehrbuch der Elektrotechnik.
Strecker K., Hilfsbuch der Elektrotechnik.
Thomälen A., Kurzes Lehrbuch der Elektrotechnik.
Thompson P. S., Mehrphasige elektr. Ströme.
Uppenborn F., Kalender für Elektrotechniker.
Vivarez H., Les Phénomènes Électriques.
Voit E., Sammlung elektrotechnischer Vorlesungen.
Waltenhofer A., Internationale absolute Maße.
Weiler W., Galvanische Induktionsapparate.
Weiler W., Schaltungsbuch.

Zeitschriften:

Éclairage Électrique.
Electrical Engineer.
Elektrotechniker.
Elektrotechnische Zeitschrift.
Elektrotechnischer Anzeiger.
Elektrizität.
Génie Civile.
Schweiz. Elektrotechnische Blätter.
Street Railway Journal.
Zeitschrift des Vereins deutscher Ingenieure.
Zeitschrift für das Straßenbahnwesen.
Zeitschrift für Elektrotechnik.
Zeitschrift für Kleinbahnen.

Kataloge, Preislisten und Broschüren von:

Allgemeine Elektrizitätsgesellschaft, Berlin.
Ambroinwerke, A.-G.
Aron, Elektr.-Ges., Pankow, Berlin.
Asbest- und Gummiwerke, Hamburg.
Basse & Sohn, Altena.
Bergmann, Elektr.-Werke.
Berliner Holzkontor.
Boecker & Ko., Johannisthal.
Braunschweiger Maschinenfabrik.
Brown, Boveri & Ko., Baden, Schweiz.
Compagnie de l'Industrie Électrique.
Prof. Edelmann, München.
Felten & Guilleaume, Mülheim.
Gans & Goldschmidt, Berlin.
Ganz & Ko., Budapest.
Garbe, Lahmeyer & Ko., Aachen.
Gebr. Adt, Ensheim.
Gebr. Burgdorf, Altona.
Gebr. Körting, Körtingsdorf.
Haarburger Gummifabriken.
Hansen, Elektr.-Ges., Leipzig.
Hartmann & Braun, A.-G., Frankfurt a. M.
Heddernheimer Kupferwerke.
Helios, A.-G., Köln.
v. der Heyde, Berlin, u. m. a.
Kabelwerke Duisburg.
Kolben & Ko., Prag.
Lahmeyer & Ko., Frankfurt a. M.
Mannesmann-Röhrenfabrik, Düsseldorf.
Maschinenfabrik Eßlingen.
Maschinenfabrik Oerlikon, Schweiz.
Mix & Genest, Berlin.
Pollak, Akkumulatoren-A.-G., Frankfurt a. M.
Schwartzkopff, Berlin.
Siemens-Schuckertwerke.
Union Elektrizitäts-A.-G., Berlin.

Anhang.

Maſs- und Gewichtstabellen.

I. Metrisches Maſs.

Das Meter, welches eigentlich der zehnmillionste Teil eines Meridianquadranten der Erde sein sollte, ist nach Bessels Untersuchungen um zirka 0,1 mm gegen diesen zu klein. Normale werden in Paris und Berlin aufbewahrt. Die Einteilung des Meters und aller anderen deutschen Maße ist dezimal. Der hundertste Teil des Meters, das Zentimeter, wurde von dem Internationalen Elektrikerkongreß in Paris 1881 als Längeneinheit des absoluten Maßsystemes angenommen und bildet eine der drei Fundamentaleinheiten. Die zweite Fundamentaleinheit, das Gramm, ist die Masse (nicht der Druck auf seine Unterlage) eines Kubikzentimeters Wasser von 4° C unter einem Drucke von 760 mm Hg.

Die offiziellen internationalen Bezeichnungen[1]) der metrischen Maße sind die folgenden:

km = Kilometer	= 10^5 cm	mm = Millimeter	= 10^{-1} cm
m = Meter	= 10^2 cm	(μ = Mikron[2])	= 10^{-3} mm)
cm = Zentimeter	= 1 cm	($\mu\mu$ = 0,001 Mikron	= 10^{-6} mm)

km²	= Quadratkilometer	= 10^{10} cm²
ha	= Hektar	= 10^8 cm²
a	= Ar	= 10^6 cm²
m²	= Quadratmeter	= 10^4 cm²
cm²	= Quadratzentimeter	= 1 cm²
mm²	= Quadratmillimeter	= 10^{-2} cm²
m³	= Kubikmeter	= 10^6 cm³
hl	= Hektoliter	= 10^5 cm³
l	= Liter	= 10^3 cm³
cm³	= Kubikzentimenter	= 1 cm³
mm³	= Kubikmillimeter	= 10^{-3} cm³
t	= Tonne	= 10^6 g
kg	= Kilogramm	= 10^3 g
g	= Gramm	= 1 g
mg	= Milligramm	= 10^{-3} g

Bei dem Gebrauche der vorstehenden Bezeichnungen werden den betreffenden Buchstaben keine Schlußpunkte beigefügt. Bei Dezimalbrüchen werden die Benennungen hinter den ganzen Dezimalbruch und nicht neben oder über das Komma gesetzt, z. B. 2,25 cm und nicht 2,^{cm} 25. In Deutschland sind weniger zweckmäßige Bezeichnungen gebräuchlich, nämlich qm statt m², cbm statt m³, die aber in der technischen Literatur durch die internationalen Bezeichnungen nach und nach verdrängt werden.

---

[1]) Angenommen vom Comité international des Poids et Mesures.
[2]) In der Physik und Mikroskopie gebraucht.

2. Englisches Mafs.

1 Fuß = 12 Zoll = $^1/_3$ Yard = 0,30479 m
1″ = 1000 mils = 25,4 mm 1 mm = 0,0394″ = 39,4 mils
1 □″ = 645,1 mm² 1 mm² = 0,000550 □″
1 Kubikfuß = 0,028315 m³ 1 m³ = 35,3165 Kubikfuß
1 Rute (pole, rod) = $5^1/_2$ Yards = 5,02909 m.
1 Meile = 1760 Yards = 8 Furlongs = 1609,2 m.
1 Seemeile = 1851 m.
1 Acker = 160 □ Ruten = 40,467 a.
1 Gallon = 4,5435 Liter.
1 Quarter = 8 Bushels = 32 Pecks = 64 Gallons = 256 Quarts = 512 Pints = 290,7813 Liter.
1 Bushel = 8 Gallons = 36,348 l.
1 Last = 5 Quarters = 40 Bushels = 14,5392 hl.

Avoir du pois-Gewicht:
1 ton = 20 cwts = 80 qrs = 2240 lbs.
1 lb = 16 oz = 256 drams.
1 ton = 1016,048 kg, 1 lb = 453,59 g.
1 dram = 1,771846 g.

Troy-Gewicht:
1 lb = 12 oz = 240 dwts = 5760 grains.
1 lb = 373, 242g, 1 grain = 0,0648 g.

3. Russisches Mafs.

1 Fuß = 1 englischer Fuß = 135,114 Pariser Linien = 0,3048 m.
1 Arschine = 4 Tschetwert = 16 Werschock = 28 englische Zoll.
1 Werst = 3500 Fuß = 500 Saschehn = 1066,78 m.
1 Saschehn = 3 Arschine = 7 Fuß = 48 Werkschock = 84 Zoll = 2,1336 m.
2 Dessätine = 2400 Quadrat-Saschehn.
1 Wedro = 620,019 par. = 750,668 russ. Kubikzoll = 10 Kruschki oder Stoof.
1 Tschetwert = 1322,71 par. = 1601,212 russ. Kubikzoll = 2 Osmini = 4 Pajok = 8 Tschetwerik = 32 Tschetwerka = 64 Garnez = 206,902 Liter.
1 Pfund = 32 Lot = 96 Solotnik = 409,52 Gramm.
1 Berkowrzt (Schiffspfund) = 10 Pud à 40 Pfund à 96 Solotnik à 96 Doll.

Schweden und Norwegen, Dänemark, die Schweiz, Belgien, die Niederlande, Frankreich, Italien haben Metermaß. Neuerdings ist auch in England und Rußland im amtlichen Verkehr metrisches Maß und Gewicht zugelassen.

4. Reduktion verschiedener Mafse.

a) des Metermaßes auf englisches Maß.

m qm cbm	Fuß	Zoll	Quadr.-Fuß	Quadr.-Zoll	Kubik-fuß	Kubik-zoll
1	3,2809	39,371	10,764	1550,1	35,317	61 026
2	6,5618	78,742	21,529	3100,1	70,633	122 052
3	9,8427	118,112	32,293	4650,2	105,950	183 078
4	13,1236	157,483	43,057	6200,2	141,266	244 103
5	16,4045	196,854	53,822	7750,3	176,583	305 129
6	19,6854	236,225	64,586	9300,4	211,899	366 155
7	22,9663	275,596	75,360	10850,4	247,216	427 183
8	26,2472	314,966	86,114	12400,5	282,533	488 201
9	29,5281	354,337	96,879	13950,5	317,849	549 237

β) des englischen Maßes auf Metermaß.

Fuß Quadr.-F. Kubikfuß	m	qm	cbm	Zoll Quadr.-Z. Kub.-Zoll	cm	qcm	ccm
1	0,304796	0,0929	0,02831	1	2,5400	6,451	16,386
2	0,609589	0,1858	0,05663	2	5,0799	12,902	32,773
3	0,914383	0,2787	0,08494	3	7,6199	19,354	49,159
4	1,219178	0,3716	0,11326	4	10,1599	25,805	65,546
5	1,523972	0,4645	0,14157	5	12,6998	32,257	81,932
6	1,828767	0,5574	0,16989	6	15,2398	38,708	98,318
7	2,133561	0,6503	0,19821	7	17,7798	45,160	114,705
8	2,438356	0,7432	0,22652	8	20,3197	51,611	131,091
9	2,743150	0,8361	0,25484	9	22,8597	58,062	147,478
10	3,047945	0,9290	0,28315	10	25,3997	64,514	163,864
11	3,352739	1,0219	0,31147	11	27,9396	74,966	180,250

γ) von Millimetern auf englische Zoll.

	0	1	2	3	4	5	6	7	8	9
0	0,00	0,04	0,08	0,12	0,16	0,20	0,24	0,28	0,31	0,35
1	0,39	0,43	0,47	0,51	0,55	0,59	0,63	0,69	0,71	0,75
2	0,79	0,83	0,87	0,91	0,94	0,98	1,02	1,06	1,10	1,14
3	1,18	1,22	1,26	1,30	1,34	1,38	1,42	1,46	1,50	1,54
4	1,57	1,61	1,65	1,69	1,73	1,77	1,81	1,85	1,89	1,93
5	1,97	2,01	2,05	2,09	2,13	2,17	2,20	2,24	2,28	2,32
6	2,36	2,40	2,44	2,48	2,52	2,56	2,60	2,64	2,68	2,72
7	2,76	2,80	2,83	2,87	2,91	2,95	2,99	3,03	3,07	3,11
8	3,15	3,19	3,23	3,27	3,31	3,35	3,39	3,43	3,46	3,50
9	3,54	3,58	3,62	3,66	3,70	3,74	3,78	3,82	3,86	3,90
10	3,94	3,98	4,02	4,06	4,09	4,13	4,17	4,21	4,25	4,29
11	4,33	4,37	4,41	4,45	4,49	4,53	4,57	4,61	4,65	4,69
12	4,72	4,76	4,80	4,84	4,88	4,92	4,96	5,00	5,04	5,08
13	5,12	5,16	5,20	5,24	5,28	5,32	5,35	5,39	5,43	5,47
14	5,51	5,55	5,59	5,63	5,67	5,71	5,75	5,79	5,83	5,87
15	5,91	5,94	5,98	6,02	6,06	6,10	6,14	6,18	6,22	6,26
16	6,30	6,34	6,38	6,42	6,46	6,50	6,54	6,57	6,61	6,65
17	6,69	3,73	6,77	6,81	6,85	6,89	6,93	6,97	7,01	7,05
18	7,09	7,13	7,17	7,20	7,24	7,28	7,32	7,36	7,40	7,44
19	7,48	7,52	7,56	7,60	7,64	7,68	7,72	7,76	7,80	7,84
20	7,87	7,91	7,95	7,99	8,03	8,07	8,11	8,15	8,19	8,23
21	8,27	8,31	8,35	8,39	8,43	8,46	8,50	8,54	8,58	8,62
22	8,66	8,70	8,74	8,78	8,82	8,86	8,90	8,94	8,98	9,02
23	9,06	9,09	9,13	9,17	9,21	9,25	9,29	9,33	9,37	9,41
24	9,45	9,49	9,53	9,57	9,61	9,65	9,69	9,72	9,76	9,80
25	9,84	9,88	9,92	9,96	10,00	10,04	10,08	10,11	10,16	10,20
26	10,24	10,28	10,32	10,35	10,39	10,43	10,47	10,51	10,55	10,59
27	10,63	10,67	10,71	10,75	10,79	10,83	10,87	10,91	10,94	10,98
28	11,02	11,06	11,10	11,14	11,18	11,22	11,26	11,30	11,34	11,38
29	11,42	11,46	11,50	11,54	11,57	11,61	11,65	11,69	11,73	11,77
30	11,81	11,85	11,89	11,93	11,97	12,01	12,05	12,09	12,13	12,17

	0	1	2	3	4	5	6	7	8	9
31	12,20	12,24	12,28	12,32	12,36	12,40	12,44	12,48	12,52	12,56
32	12,60	12,64	12,68	12,72	12,76	12,80	12,83	12,87	12,91	12,95
33	12,99	13,03	13,07	13,11	13,15	13,19	13,23	13,27	13,31	13,35
34	13,39	13,43	13,46	13,50	13,54	13,58	13,62	13,66	13,70	13,74
35	13,78	13,82	13,86	13,90	13,94	13,98	14,02	14,06	14,09	14,13
36	14,17	14,21	14,25	14,29	14,33	14,37	14,41	14,45	14,49	14,53
37	14,57	14,61	14,65	14,69	14,72	14,76	14,80	14,84	14,88	14,92
38	14,96	15,00	15,04	15,08	15,12	15,16	15,20	15,24	15,28	15,32
39	15,35	15,39	15,43	15,47	15,51	15,55	15,59	15,63	15,67	15,71
40	15,75	15,79	15,83	15,87	15,91	15,95	15,98	16,02	16,06	16,18
41	16,14	16,18	16,22	16,26	16,30	16,34	16,38	16,42	16,46	16,58
42	16,54	16,58	16,61	16,65	16,69	16,73	16,78	16,81	16,85	16,87
43	16,93	16,97	17,01	17,05	17,09	17,13	17,27	17,20	17,24	17,25
44	17,32	17,36	17,40	17,44	17,48	17,52	17,56	17,60	17,64	17,66
45	17,72	17,76	17,80	17,83	17,87	17,91	17,96	17,99	18,03	18,09
46	18,11	18,15	18,19	18,23	18,27	18,31	18,35	18,39	18,43	18,46
47	18,50	18,54	18,58	18,62	18,66	18,70	18,74	18,78	18,82	18,80
48	18,90	18,94	18,98	19,02	19,05	19,09	19,14	19,17	19,21	19,20
49	19,29	19,33	19,37	19,41	19,45	19,49	19,53	19,57	19,61	19,65

δ) der englischen Zoll und Zehntelzoll auf Millimeter.

Zoll	0	1	2	3	4	5	6	7	8	9
0		2,540	5,079	7,619	10,159	12,699	15,238	17,778	20,318	22,858
1	25,40	27,94	30,48	33,02	35,56	38,10	40,64	43,18	45,72	48,26
2	50,79	53,33	55,87	58,41	60,95	63,49	66,03	68,57	71,11	73,65
3	76,19	78,73	81,27	83,81	86,35	88,89	91,43	93,97	96,51	99,05
4	101,59	104,13	106,67	109,21	111,75	114,29	116,83	119,37	121,91	124,45
5	126,99	129,53	132,07	134,61	137,15	139,69	142,23	144,76	147,30	149,84
6	152,38	154,92	157,46	160,00	162,45	165,08	167,62	170,16	172,70	175,24
7	177,78	180,32	182,86	185,40	187,94	190,48	193,02	195,56	198,10	200,64
8	203,18	205,72	208,26	210,80	213,34	215,88	218,42	220,96	223,50	226,04
9	228,58	231,12	233,66	236,20	238,74	241,28	243,81	246,35	248,98	251,43
10	253,97	256,51	259,05	261,59	264,13	266,67	269,21	271,75	274,29	276,83
11	279,37	281,91	284,45	286,99	289,53	292,07	294,61	297,15	299,69	302,23
12	304,77	307,31	309,85	312,39	314,93	317,47	320,01	322,55	325,09	327,63
13	330,17	332,71	335,25	337,78	340,32	342,86	345,40	347,94	350,48	353,02
14	355,56	358,10	360,64	363,18	365,72	368,26	370,80	373,34	375,88	378,42
15	380,96	383,50	386,04	388,58	391,12	393,66	396,20	398,74	401,28	403,82
16	406,36	408,90	411,44	413,98	416,52	419,06	421,60	424,14	426,68	429,22
17	431,76	434,30	436,84	439,38	441,92	444,46	446,99	449,53	452,07	454,61
18	457,15	459,69	462,23	464,75	467,31	469,85	472,39	474,93	477,47	480,01
19	482,55	485,09	487,63	490,17	492,71	495,25	497,79	500,33	502,87	505,41
20	507,95	510,49	513,03	515,57	518,11	520,65	523,19	525,73	528,27	530,81
21	533,35	535,88	538,42	540,96	543,50	546,04	548,58	551,12	553,66	556,20
22	558,74	561,28	563,82	566,36	568,90	571,44	573,98	576,52	579,06	581,60
23	584,14	586,68	589,22	591,76	594,30	596,84	599,38	601,92	604,46	606,99
24	609,54	612,08	614,62	617,16	619,70	622,24	624,78	627,32	629,86	632,39

Gesetzlicher Goldgehalt wichtiger Münzen.

(1 kg feines Gold = ℳ 2790. — 1 Karat = 212 Milligramm.)

Land	Münze	Gewicht
Deutsches Reich	*10*-Markstück	3,584 g
Frankreich, Italien, Belgien, Schweiz	*20*-Francstück	5,806 g
Spanien	*20*-Pesetastück	
Finnland	*20*-Markstück	
Serbien	*20*-Dinarstück	
Rumänien, Bulgarien	*20*-Leistück	
Griechenland	*20*-Drachmenstück	
Niederlande	*10*-Guldenstück	6,048 g
Österr.-Ungarn	*20*-Kronenstück	6,098 g
Türkei	*1* Medjidie	6,615 g
Großbritannien	*1* Sovereign	7,322 g
Peru	*1* Pfund Peruan	7,322 g
Ägypten	*1* Sequin	7,437 g
Japan	*10*-Gold-Yenstücke	7,500 g
Dänemark, Schweden, Norwegen	*20*-Kronenstück	8,065 g
Ostindien	*1* Gold-Mohur	10,692 g
Rußland	*1* Imperial (*15* Rub.)	11,613 g
Nordamerika	*10*-Dollarst. (Eagle)	15,046 g
Portugal	*10*-Milreisst. (Krone)	16,257 g
Brasilien	*20*-Milreisstück	16,432 g

Münztabelle.

Münzsorten	Deutsche ℳ	Deutsche ₰
Ägypten. 1 Piaster à 40 Para à 3 Courant Asper	—	*21*
1 Beutel à 500 Piaster	*106*	—
Belgien. (Wie Frankreich.)		
Brasilien. 1 Milreïs à 1000 Reïs	*2*	*34*
Dänemark. 1 Krone à 100 Öre	*1*	*12,5*
Deutsches Reich. 1 Mark à 100 Pfennig	*1*	—
2790 Mark = 1 kg feines Gold.		
1 kg Gold = 15 kg Silber.		
1 Krone (Gold) à 10 Mark.		
1 Doppelkrone (Gold) à 20 Mark.		
England. 1 Pfund Sterling Gold gerechnet à 20 Shilling à 12 Pence	*20*	*40*
1 Shilling Silber	*1*	—
Frankreich. 1 Franc à 100 Centimes	—	*80*
Griechenland. 1 Drachme à 100 Lepta	—	*80*
Italien. 1 Lire = 100 Centesimi	—	*80*
1 Ducato = 10 Carlini à 10 Grani	*3*	*44*
Mexiko. 1 Peso à 8 Reales à 4 Quartillos	*4*	*33*
1 Unze Gold = 16 Peso	*66*	*11*

Münzsorten	Deutsche ℳ	₰
Niederlande. 1 Gulden à 100 Cents	1	70
1 Goldstück à 10 Gulden	16	88
Österreich. 1 Krone à 100 Heller	—	85
Goldmünzen à 8 fl. = 20 Frs., 4 fl. = 10 Frs.		
Portugal. 1 Goldkrone (Corõa) = 10 Milreïs	44	70
1 Stostao = 500 Reïs	2	7
1 Milreïs à 1000 Reïs	4	50
Rumänien. 1 Piaster (Lei) = 100 Ban Para	—	80
Rußland. 1 Silber-Rubel à 100 Kopeken	3	22
3 Rubel Goldmünze	9	67
1/2 Imperial Gold à 5 Rubel	16	74
(Finnland 1 Marka = 100 Pfenni)	—	80
Schweden und Norwegen.		
Goldmünzen à 20 Kronen	22	50
1 Krone à 100 Öre	1	12,5
Schweiz. (Wie Frankreich.)		
Serbien. 1 Dinar à 100 Para	—	80
Spanien. 1 Peseta = 100 Cents	—	80
1 Escudo (Coronna) à 10 Reales à 10 Decima	2	10
1 Gold Doblon de Isabel = 10 Escudos	21	34
(Gerechnet wird meist nach Duros, peso fuerte, à 20 Reales à 34 Maravedis)	4	14
Türkei. 1 Piaster à 40 Para à 3 Courant Asper	—	19
1 Medjidié Goldmünze = 100 Piaster	18	48
1 Medjidié Silbermünze = 20 Piaster	3	60
1 Beutel = 5 Goldmedjidié.		
Vereinigte Staaten von Nordamerika.		
1 Golddollar à 100 Cents	4	20
1/2 Silberdollar	2	—
1 Eagle à 10 Dollar	41	96
Zentralamerika. 1 Piaster à 100 Centavos	4	—
1 Condor Gold à 2 Doblons	37	80

Zinsdivisorentafel

zur Ermittelung der Zinsen bei Berechnung von 1/8—12 1/2 % für das Jahr von 360 Tagen (den Monat zu 30 Tagen gerechnet).

Man findet das Zinsprodrukt, indem man das Kapital mit der Zeit (den Tagen) multipliziert und durch den Divisor des Zinsfußes teilt.

%	Divisor	%	Divisor	%	Divisor	%	Divisor
1/8	288 000	2 1/2	14 400	6	6 000	9 1/2	3 790
1/4	144 000	3	12 000	6 1/2	5 538	10	3 600
1/2	72 000	3 1/2	10 286	7	5 143	10 1/2	3 429
3/4	48 000	4	9 000	7 1/2	4 800	11	3 273
1	36 000	4 1/2	8 000	8	4 500	11 1/2	3 131
1 1/2	24 000	5	7 200	8 1/2	4 235	12	3 000
2	18 000	5 1/2	6 546	9	4 000	12 1/2	2 880

Zinseszinstabelle. Ein Kapital von *ℳ 100 000* auf Zinseszins wächst an

nach Jahren	bei 1% auf ℳ	bei 3% auf ℳ	bei 3,5% auf ℳ	bei 4% auf ℳ	bei 5% auf ℳ
1	101 000.—	103 500.—	103 000.—	104 000.—	105 000.—
2	102 010.—	106 090.—	107 122.50	108 160.—	110 250.—
3	103 030.10	109 272.70	110 871.79	112 486.40	115 762.50
4	104 060.40	112 550.88	114 752.30	116 985.86	121 550.62
5	105 101.01	115 927.41	118 768.63	121 665.29	127 628.16
6	106 152.02	119 405.23	122 925.53	126 531.90	134 009.56
7	107 213.54	122 987.39	127 227.93	131 593.18	140 710.04
8	108 285.67	126 677.01	131 680.90	136 856.91	147 745.54
9	109 368.53	130 477.32	136 289.74	142 331.18	155 132.82
10	110 462.21	134 391.64	141 059.88	148 024.43	162 889.46
11	111 566.83	138 423.39	145 996.97	153 945.41	171 033.94
12	112 682.50	142 576.09	151 106.87	100 103.22	179 585.63
13	113 809.33	146 853.37	156 395.62	166 507.35	188 564.91
14	114 947.42	151 258.97	161 869.46	173 167.64	197 993.16
15	116 096.89	155 796.74	167 534.89	180 094.35	207 892.82
16	117 257.86	160 470.64	173 398.62	187 298.12	218 287.46
17	118 430.44	165 284.76	179 467.57	194 790.05	229 201.83
18	119 614.75	170 243.31	185 748.93	202 581.65	240 661.92
19	120 810.89	175 350.61	192 250.14	210 684.92	252 695.02
20	122 019.—	180 611.12	198 978.90	219 112.31	265 329.77
21	123 238.19	186 029.46	205 943.16	227 876.81	278 596.26
22	124 471.58	191 610.34	213 151.17	236 991.88	292 526.07
23	125 716.30	197 358.65	220 611.46	246 471.55	307 152.38
24	126 973.46	203 279.41	228 332.86	256 330.42	322 509.99
25	128 243.20	209 377.79	236 324.51	266 583.63	338 635.49
26	129 525.63	215 659.13	244 595.87	277 246.98	355 567.27
27	130 820 89	222 128.90	253 156.73	288 336.86	373 345.63
28	132 129.—	228 792.77	262 017.21	299 870.33	392 011.91
29	133 450.39	235 656.55	271 187.81	311 865.15	411 612.51
30	134 784.89	242 726.25	280 679.39	324 339.75	432 194.24
31	136 132.74	250 008.03	290 503.17	337 313.34	453 803.95
32	137 494.07	257 508.28	300 670.78	350 805.87	476 494.15
33	138 869.01	265 233.52	311 194.26	364 838.11	500 318.85
34	140 257.70	273 190.53	322 086.05	379 431.63	525 334.80
35	141 660.27	281 386.25	333 359.07	394 608.90	551 601.54
36	143 076.88	289 827.83	345 026.63	410 392.55	579 181.61
37	144 507.65	298 522.67	357 102.57	426 808.99	608 140.69
38	145 952.72	307 478.35	369 601.16	443 881.35	638 547.73
39	147 412.25	316 602.70	382 537.20	461 636.60	670 475.11
40	148 886.37	326 203.78	395 926.—	480 102.06	703 998.87
41	150 375.23	335 989.89	409 783.41	499 306.15	739 198.81
42	151 878.99	346 069.59	424 125.83	519 278.39	776 158.75
43	153 397.78	356 451.69	438 970.23	540 049.53	814 966.69
44	154 931.75	367 145.24	454 334.19	561 651.51	855 715.03
45	156 481.07	378 159.59	470 235.89	584 117.57	898 500.78
46	158 045.88	389 504.38	486 694.14	607 482.27	943 425.82
47	159 626.34	401 189.51	503 728.43	631 781.56	990 597.11
48	161 222.61	413 225.20	521 358.92	657 052.82	1 040 126.96
49	162 834.83	425 621.96	539 606.49	683 334.94	1 092 133.31
50	164 463.18	438 390.61	558 492.75	710 668.33	1 146 739.95

Zinseszinstabelle,

wenn die Geldeinheit jährlich am gleichen Termine in gleicher Höhe eingezahlt wird.

Nach Jahren	zu 3%	zu 3½%	zu 4%	zu 4½%	zu 5%	zu 6%
1	1,030	1,035	1,040	1,045	1,050	1,060
2	2,091	2,106	2,122	2,137	2,153	2,184
3	3,184	3,215	3,246	3,278	3,310	3,375
4	4,309	4,362	4,416	4,471	4,526	4,637
5	5,468	5,550	5,633	5,717	5,802	5,975
6	6,662	6,779	6,898	7,019	7,142	7,394
7	7,892	8,052	8,214	8,380	8,549	8,897
8	9,159	9,368	9,583	9,802	10,027	10,491
9	10,464	10,731	11,006	11,288	11,578	12,181
10	11,808	12,142	12,486	12,841	13,207	13,972
15	19,157	19,971	20,825	21,719	22,657	24,673
20	27,676	29,269	30,969	32,783	34,719	38,993
25	37,553	40,313	43,312	46,571	50,113	58,156
30	49,003	53,429	58,328	63,752	69,761	83,802
40	77,663	87,510	98,827	111,847	126,840	164,048
50	116,181	135,583	158,774	186,537	219,815	307,756

Amortisationstabelle für ein Kapital $a =$ ℳ 100 000

bei einem Zinsfuß von p% berechnet nach der Formel

$$t = a\frac{q-1}{q^n-1}, \text{ worin } q = 1 + \frac{p}{100}.$$

Anzahl der Jahre	Jährlicher Betrag der Tilgungsquote in Mark bei				
	1%	3%	3,5%	4%	5%
50	1 551.27	886.55	763.37	655.02	477.67
49	1 591.47	921.31	796.17	685.71	503.96
48	1 633.38	957.78	830.65	718.06	531.84
47	1 677.11	996.05	866.92	752.19	561.42
46	1 722.78	1 036.25	905.11	788.21	592.82
45	1 770.50	1 078.51	945.34	826.25	626.16
44	1 820.44	1 122.99	987.77	860.44	661.66
43	1 872.74	1 169.81	1 032.54	908.99	699.33
42	1 927.56	1 219.17	1 079.83	954.02	739.47
41	1 985.10	1 271.24	1 129.82	1 001.74	782.23
40	2 045.56	1 326.24	1 182.73	1 052.35	827.84
39	2 109.16	1 385.02	1 238.78	1 106.08	876.46
38	2 176.15	1 445.93	1 298.21	1 163.20	928.42
37	2 246.81	1 511.16	1 361.32	1 223.96	983.93
36	2 321.43	1 580.38	1 428.42	1 288.69	1 043.45
35	2 400.37	1 653.93	1 499.83	1 357.73	1 107.17
34	2 484.—	1 732.20	1 575.97	1 431.48	1 175.54
33	2 572.75	1 815.61	1 657.24	1 510.36	1 248.72
32	2 667.09	1 901.90	1 744.15	1 594.86	1 328.04
31	2 767.58	1 999.89	1 837.24	1 685.54	1 413.21
30	2 874.81	2 101.93	1 937.13	1 783.01	1 505.14
29	2 989.50	2 211.47	2 014.54	1 888.—	1 600.56

Anzahl der Jahre	Jährlicher Betrag der Tilgungsquote in Mark bei				
	1%	3%	3,5%	4%	5%
28	*3 112.45*	*2 329.32*	*2 160.26*	*2 001.30*	*1 716.20*
27	*3 244.55*	*2 456.42*	*2 285.24*	*2 123.85*	*1 829.19*
26	*3 386.89*	*2 593.83*	*2 420.54*	*2 256.74*	*1 956.43*
25	*3 540.68*	*2 742.79*	*2 567.40*	*2 401.20*	*2 095.25*
24	*3 707.35*	*2 904.74*	*2 727.28*	*2 564.58*	*2 247.08*
23	*3 888.59*	*3 081.39*	*2 901.88*	*2 724.62*	*2 413.68*
22	*4 086.37*	*3 274.74*	*3 093.21*	*2 919.88*	*2 597.05*
21	*4 303.08*	*3 487.18*	*3 303.97*	*3 128.01*	*2 799.61*
20	*4 541.53*	*3 721.57*	*3 536.11*	*3 358.18*	*3 017.30*
19	*4 805.18*	*3 981.39*	*3 794.03*	*3 613.86*	*3 274.50*
18	*5 098.21*	*4 270.87*	*4 081.68*	*3 899.33*	*3 554.62*
17	*5 425.81*	*4 595.25*	*4 404.31*	*4 219.85*	*3 869.92*
16	*5 794.46*	*4 961.09*	*4 768.48*	*4 582.—*	*4 226.99*
15	*6 212.38*	*5 376.66*	*5 182.50*	*4 994.11*	*4 634.23*
14	*6 690.12*	*5 852.64*	*5 657.07*	*5 466.90*	*5 102.40*
13	*7 241.48*	*6 402.96*	*6 206.15*	*6 014.37*	*5 645.58*
12	*7 884.88*	*7 046.21*	*6 848.39*	*6 655.22*	*6 282.54*
11	*8 645.41*	*7 807.74*	*7 609.20*	*7 414.90*	*7 038.90*
10	*9 558.21*	*8 723.05*	*8 524.14*	*8 329.09*	*7 950.46*
9	*10 674.03*	*9 843.39*	*9 644.60*	*9 449.30*	*9 069.01*
8	*12 069.03*	*11 245.64*	*11 047.66*	*10 852.78*	*10 472.18*
7	*13 862.82*	*13 050.63*	*12 854.45*	*12 660.99*	*12 282.—*
6	*16 254.82*	*15 460.10*	*15 266.82*	*15 076.19*	*14 701.75*
5	*19 603.96*	*18 835.45*	*18 648.13*	*18 462.71*	*18 097.48*
4	*24 628.12*	*23 902.71*	*23 725.11*	*23 549.01*	*23 201.19*
3	*33 002.20*	*32 353.04*	*32 194.19*	*32 034.86*	*31 720.85*
2	*49 751.24*	*49 261.09*	*49 140.03*	*49 019.60*	*48 780.48*

Wechselstempeltarif.

Bis *M* 200 . . . 10 ₰	Bis *M* 600 . . . 30 ₰	Bis *M* 1000 . . 50 ₰
M 400 . . . 20 ₰	» *M* 800 . . . 40 ₰	» *M* 2000 . . 100 ₰

Stempelfrei sind:

1. vom Auslande auf das Ausland gezogene, nur im Auslande zahlbare Wechsel;
2. vom Inlande auf das Ausland gezogene, nur im Auslande und zwar auf Sicht oder spätestens innerhalb 10 Tagen nach dem Tage der Ausstellung zahlbare Wechsel, sofern sie vom Aussteller direkt in das Ausland gesandt werden;
3. Checks und Platzanweisungen ohne Akzept mit dem Zusatze »aus meinem Guthaben«.

Die Wechselstempelmarken sind auf der Rückseite der Urkunde, und zwar, wenn die Rückseite noch unbeschrieben ist, unmittelbar an einem Rande derselben, andernfalls unter dem letzten Vermerke (Indossament usw.) auf einer mit Buchstaben und Ziffern nicht beschriebenen oder bedruckten Stelle aufzukleben.

Die Nichterfüllung der Verpflichtung zur Entrichtung der Stempelabgabe (hierzu gehören auch die unrichtige Verwendung des Stempels, Durchstreichungen Rasuren usw. auf demselben) wird mit einer Geldbuße bestraft, welche dem fünfzigfachen Betrage der hinterzogenen Abgabe gleichkommt. Diese Strafe trifft jeden Wechselinhaber, welcher der ihm obliegenden Verpflichtung nicht rechtzeitig genügt.

Feste, durch das Gesetz vorgeschriebene Umrechnungskurse für in fremder Währung ausgestellte Wechsel: 1 Franc = 80 ₰; 1 österr. Krone = 85 ₰; 1 £ = 2040 ₰; 1 dän. Krone = 112½ ₰; 1 amerik. Dollar = 425 ₰; 1 russ. Rubel = 216 ₰; 1 russ. alter Goldrubel = 320 ₰; 1 deutsch-ostafr. oder indische Rupie = 135 ₰; 1 türk. Piaster = 18 ₰; 1 Goldpeso = 400 ₰.

Auszug aus der Allgemeinen Deutschen Wechselordnung.

Art. 4. Die wesentlichen Erfordernisse eines gezogenen Wechsels sind:

1. die in den Wechsel selbst aufzunehmende Bezeichnung als Wechsel;
2. die Angabe der zu zahlenden Geldsumme;
3. der Name der Person oder Firma, an welche oder an deren Order gezahlt werden soll;
4. die Angabe der Zeit, zu welcher gezahlt werden soll;
5. die Unterschrift des Ausstellers;
6. die Angabe des Ortes, Monatstages und Jahres der Ausstellung;
7. die Angabe der Person oder der Firma, welche die Zahlung leisten soll;
8. die Angabe des Ortes, wo die Zahlung geschehen soll.

Es empfiehlt sich also folgendes Formular, das alle gesetzlichen Angaben enthält und auch von der Reichsbank anerkannt wird.

Fällig am .... (Datum .... 19 .... in .... (Ort) ....
.... (Ausstellungsort) .... den .... (Datum) .... 19 .... ℳ ....
Am .... (Datum) .... zahlen Sie an .... (Name) .... gegen diesen Wechsel
Mark .... (in Buchstaben) ....
Herr .... (Name) ....
in .... (Zahlungsort) .... (Unterschrift des Ausstellers) ....

Andere Angaben sind nicht notwendig.

Art. 8 und 14. Der Aussteller sowie jeder Indossant haftet für die Annahme und Zahlung des Wechsels wechselmäßig.

Art. 18. Der Inhaber eines Wechsels ist berechtigt, den Wechsel dem Bezogenen sofort zur Annahme zu präsentieren und in Ermangelung der Annahme Protest erheben zu lassen.

Art. 19. Eine Verpflichtung des Inhabers, den Wechsel zur Annahme zu präsentieren, findet nur bei Wechseln statt, welche auf eine bestimmte Zeit nach Sicht laufen.

Art. 30. Ist in dem Wechsel ein bestimmter Tag als Zahlungstag angegeben, so tritt die Verfallzeit an diesem Tage ein. Unter Mitte des Monats ist der 15., unter Anfang der 1. und unter Ende der letzte Tag des Monats zu verstehen.

Art. 31. Ein auf Sicht gestellter Wechsel ist bei der Vorzeigung fällig. Ein solcher Wechsel muß bei Verlust des wechselmäßigen Anspruches gegen die Indossanten und den Aussteller nach Maßgabe der besonderen im Wechsel enthaltenen Bestimmung und in Ermangelung derselben binnen zwei Jahren nach der Ausstellung zur Zahlung präsentiert werden. Hat ein Indossant auf einem Wechsel dieser Art seinem Indossamente eine besondere Präsentationsfrist hinzugefügt, so erlischt seine wechselmäßige Verpflichtung, wenn der Wechsel nicht innerhalb dieser Frist präsentiert worden ist.

Art. 41. Zur Ausübung des bei nicht erlangter Zahlung statthaften Regresses gegen den Aussteller und die Indossanten ist erforderlich:

1. daß der Wechsel zur Zahlung präsentiert worden ist, und
2. daß sowohl diese Präsentation, als auch die Nichterlangung der Zahlung durch einen rechtzeitig darüber aufgenommenen Protest dargetan wird.

Die Erhebung des Protestes ist am Zahlungstage (zwischen 9 Uhr vormittags und 6 Uhr abends) zulässig, sie muß aber spätestens am zweiten Werktage (Sonn- und Festtage werden nicht mitgezählt) nach dem Zahlungstage geschehen.

Art. 42. Die Aufforderung, keinen Protest erheben zu lassen (»ohne Protest«, »ohne Kosten« usw.) gilt als Erlaß des Protestes, nicht aber als Erlaß der Pflicht zur rechtzeitigen Präsentation. Gegen die Pflicht zum Ersatze der Protestkosten schützt jene Aufforderung nicht.

Art. 45. Der Inhaber eines mangels Zahlung protestierten Wechsels ist verpflichtet, seinen unmittelbaren Vormann innerhalb zweier Tage nach dem Tage der Protesterhebung von der Nichtzahlung des Wechsels schriftlich zu benachrichtigen, zu welchem Zwecke es genügt, wenn das Benachrichtigungsschreiben innerhalb dieser Frist zur Post gegeben ist. Jeder benachrichtigte Vormann muß binnen derselben, vom Tage des empfangenen Berichts zu berechnenden Frist seinen nächsten Vormann in gleicher Weise benachrichtigen.

Art. 50. Die Regreßansprüche des Inhabers, welcher den Wechsel mangels Zahlung hat protestieren lassen, bzw. Indossanten, beschränken sich auf:

1. die nicht bezahlte Wechselsumme nebst sechs Prozent jährlicher Zinsen vom Verfalltage, beim Indossanten vom Tage der Einlösung ab;
2. die Protestkosten und anderen Auslagen;
3. eine Provision von ein drittel Prozent.

Art. 77. Der wechselmäßige Anspruch gegen den Akzeptanten verjährt in drei Jahren vom Verfalltage des Wechsels an gerechnet.

Art. 78 und 79. Die Regreßansprüche des Inhabers bzw. des Indossanten gegen den Aussteller und die übrigen Vormänner verjähren:

1. in 3 Monaten, wenn der Wechsel in Europa, mit Ausnahme von Island und den Faröern, zahlbar war, bzw. wenn der Regreßnehmer dort wohnt;
2. in 6 Monaten, wenn der Wechsel in den Küstenländern von Asien und Afrika längs des Mittelländischen und Schwarzen Meeres oder in den dazu gehörigen Inseln dieser Meere zahlbar war, bzw. wenn der Regreßnehmer dort wohnt;
3. in 18 Monaten, wenn der Wechsel in einem anderen außereuropäischen Lande oder in Island oder den Faröern zahlbar war, bzw. wenn der Regreßnehmer dort wohnt.

Die Verjährung beginnt gegen den Inhaber mit dem Tage des erhobenen Protestes, gegen den Indossanten läuft die Frist, wenn er, ehe eine Wechselklage gegen ihn angestellt worden, gezahlt hat, vom Tage der Zahlung, in allen übrigen Fällen aber vom Tage der ihm geschehenen Behändigung der Klage oder Ladung.

Verzeichnis der Reichsbankplätze nebst Angabe der Postzonen, Transportdauer und Frachtsätze für Güter ab Hamburg sowie der Einwohnerzahlen.

1. Es bedeutet: Rh = Reichsbankhauptstelle. R = Reichsbankstelle. Rn = Reichsbanknebenstelle. 2. Postgebühren s. S. 826. 3. Wird mit Schnellzügen befördert, die Zeitdauer ist annähernd und für direkte Anschlüsse berechnet. 4. Bei der Frachtenberechnung wird ein Gewicht bis zu 20 kg für 20 kg gerechnet, und im übrigen wird stets auf volle 10 kg nach oben abgerundet. 5. Die Sätze sind annähernd. Sie richten sich nach der Gepäckfracht der verschiedenen Bahnverwaltungen. Bei der Berechnung wird das Gewicht stets auf volle 10 kg nach oben abgerundet.

Ort	1. Reichsbank	2. Postzone	Tarifkilometer ab Hamburg	Transportdauer: Frachtgut Tage	Transportdauer: 3. Passagiergut Stdn.	Sätze pro 100 kg ab Hamburg: 4. Frachtgut in Pfg.	Sätze pro 100 kg ab Hamburg: 5. Passagiergut in Pfg.	Einwohnerzahl in 1000
Aachen	R	4	464	3	12	*440*	*2320*	135
Alfeld (Leine)	Rn	3	224	2	5	*247*	*1120*	5,4
Allenstein (Ostpr.)	R	4	808	5	24	*650*	*4040*	25
Alsfeld (Hessen)	Rn	3	465	3	12	*441*	*2330*	4,4
Altena (Westf.)	»	3	370	3	9	*371*	*1850*	13
Altenburg (S.-A.)	»	3	413	3	10	*404*	*2070*	37
Altona (Elbe)	R	1	9	1	—	*20*	*50*	162
Andernach (Rhpr.)	Rn	3	498	3	14	*464*	*2490*	8
Anklam (Pomm.)	»	3	326	3	8	*336*	*1630*	15
Apenrade (S.-H.)	»	3	221	2	5	*244*	*1110*	6
Apolda (Thür.)	»	3	408	3	10	*401*	*2040*	21
Arnswalde (Brand.)	»	3	422	3	10	*410*	*2110*	9
Aschaffenburg	»	4	530	4	14	*483*	*2650*	25
Aschersleben	»	3	306	3	7	*320*	*1530*	27
Aue (Erzgeb.)	»	3	490	3	12	*458*	*2450*	15,5
Auerbach (Vogtl.)	»	3	494	3	14	*461*	*2470*	9,8
Augsburg (Bayern)	R	4	757	5	22	*619*	*3790*	90
Backnang (Württ.)	Rn	4	700	4	20	*585*	*3500*	7,7
Bamberg (Bayern)	»	4	583	4	16	*515*	*2920*	42
Barmen	R	3	377	3	9	*377*	*1890*	142
Barth (Pomm.)	Rn	3	254	2	6	*274*	*1270*	7
Bautzen (Sachsen)	»	4	505	4	14	*468*	*2530*	26,5
Bayreuth (Bayern)	»	4	587	4	16	*517*	*2940*	30
Belgard (Persante)	»	4	498	3	14	*464*	*2490*	8,5
Berlin	—	3	279	2	7	*296*	*1400*	2523
Bernburg (Anhalt)	Rn	3	302	3	7	*317*	*1510*	35
Beuthen (Oberschl.)	»	4	773	5	22	*629*	*3870*	52
Biebrich (Hessen)	»	4	566	4	15	*505*	*2830*	15
Bielefeld (Westf.)	R	3	278	2	7	*295*	*1390*	63
Bingen (Rheinpr.)	Rn	4	576	4	15	*511*	*2880*	9,2
Bocholt (Westf.)	»	3	374	3	9	*374*	*1870*	22
Bochum (Westf.)	R	3	348	3	8	*353*	*1740*	66
Bonn (Rheinpr.)	Rn	3	457	3	12	*435*	*2290*	51
Brandenburg (Hav.)	R	3	331	3	8	*340*	*1660*	50
Braunsberg (Ostpr.)	Rn	4	780	5	22	*633*	*3900*	13
Braunschweig	R	2	209	2	5	*233*	*1050*	128
Bremen	Rh	2	115	2	3	*140*	*580*	164

Eilgut erfordert etwa die Hälfte der Zeit.

Für Eilgut doppelte, für Expreßeilgut vierfache Sätze.

Ort	1. Reichsbank	2. Postzone	Tarifkilometer ab Hamburg	3. Transportdauer: Frachtgut Tage	3. Transportdauer: Pass.-Gut Stdn.	Sätze pro 100 kg ab Hamburg: 4. Frachtgut in Pfg.	Sätze pro 100 kg ab Hamburg: 5. Passagiergut in Pfg.	Einwohnerzahl in 1000
Breslau (Schl.) . . .	Rh	4	607	4	16	*529*	*3040*	423
Brieg (Bez. Breslau) .	Rn	4	650	4	18	*555*	*3250*	24,5
Bromberg (Posen) .	R	4	617	4	18	*535*	*3090*	55
Bruchsal (Baden) . .	Rn	4	645	4	18	*552*	*3230*	14
Buchholz (Sachsen) .	»	4	508	4	14	*470*	*2540*	9
Bünde (Westf.) . .	»	3	260	2	6	*279*	*1300*	5
Bütow (Pomm.) . .	»	4	626	4	18	*541*	*3130*	7
Bunzlau (Schles.) . .	»	4	521	4	14	*478*	*2610*	15
Mit dem K-Laute beginnende Worte siehe unter K.								
Celle (Hann.)	»	2	137	2	3	*162*	*690*	21
Charlottenburg (Bd.)	»	3	(Stat. Berlin)		—	—	—	189
Chemnitz (Sachsen) .	R	3	450	3	12	*430*	*2250*	207
Danzig (Westpr.) . .	Rh	4	711	5	20	*592*	*3560*	141
Darmstadt	R	4	552	4	15	*496*	*2760*	73
Demmin (Pomm.) .	Rn	3	300	2	7	*315*	*1500*	12,5
Dessau (Anhalt) . .	»	3	11	3	7	*324*	*1560*	52
Deutsch-Eylau . .	»	4	739	5	22	*608*	*3700*	8,5
Deutsch-Krone . .	»	4	497	3	14	*463*	*2490*	7,5
Dillenburg (Hessen).	»	3	505	4	14	*468*	*2530*	5
Döbeln (Sachsen) .	»	3	433	3	12	*418*	*2170*	18
Dortmund (Westf.) .	Rh	3	337	3	8	*345*	*1690*	143
Dresden (Sachsen) .	R	3	462	3	12	*438*	*2310*	396
Düren (Rheinpr.) . .	Rn	3	444	3	9	*426*	*2220*	28
Düsseldorf (Rheinpr.)	R	3	384	3	9	*382*	*1920*	214
Duisburg (Rheinpr.) .	»	3	362	3	9	*365*	*1810*	98
Eberswalde (Brand.)	Rn	3	324	3	8	*334*	*1620*	22
Eckernförde (SchlH)	»	2	147	2	3	*172*	*740*	7
Eisenach (Thür.) . .	»	3	408	3	10	*401*	*2040*	32
Elberfeld (Rheinpr.) .	R	3	382	3	9	*381*	*1910*	158
Elbing (Westpr.) . .	»	4	725	5	20	*660*	*3630*	53
Emden (Hann.) . .	»	3	240	2	6	*261*	*1200*	17
Erfurt (Pr. Sachsen) .	»	3	392	3	9	*389*	*1960*	86
Eschwege (Hessen) .	Rn	3	331	3	8	*340*	*1660*	11,5
Eschweiler (Rheinpr.)	»	4	462	3	12	*438*	*2310*	22
Essen (Ruhr) . . .	R	3	356	3	8	*360*	*1780*	182
Eßlingen (Württ.) .	Rn	4	711	5	20	*592*	*3560*	28
Eupen (Rheinpr.) .	»	4	485	3	12	*455*	*2430*	15
Finsterwalde (Bdbg.)	»	3	394	3	9	*390*	*1970*	12
Flensburg (Schl.-H.) .	R	2	180	2	4	*205*	*900*	49
Forst (Lausitz) . . .	Rn	3	425	3	10	*413*	*2130*	33
Frankenthal (Pfalz) .	»	4	658	4	16	*530*	*3040*	18
Frankfurt a. M. . .	Rh	3	525	4	14	*480*	*2630*	288
Frankfurt a. Oder .	R	3	366	3	9	*368*	*1830*	62
Freiberg (Sachsen) .	Rn	3	476	3	12	*448*	*2380*	31
Freiburg (Breisgau) .	R	4	490	5	22	*639*	*3950*	62

Eilgut erfordert etwa die Hälfte der Zeit.

Für Eilgut doppelte, für Expreßeilgut vierfache Sätze.

Ort	1. Reichsbank	2. Postzone	Tarifkilometer ab Hamburg	Transportdauer: Frachtgut Tage	Transportdauer: 3. Pass.-Gut Stdn.	Sätze pro 100 kg ab Hamburg: 4. Frachtgut in Pfg.	Sätze pro 100 kg ab Hamburg: 5. Passagiergut in Pfg.	Einwohnerzahl in 1000
Friedberg (Hessen) .	Rn	3	502	4	14	*466*	*2510*	8,5
Fürstenwalde (Spree)	»	3	332	3	8	*341*	*1660*	18
Fürth (Bayern) . .	»	4	626	4	18	*541*	*3130*	55
Fulda (Hessen) . .	R	3	419	3	10	*408*	*2100*	17
Geestemünde (Hann.)	Rn	2	161	2	4	*186*	*810*	21
Gelnhausen (Hess.) .	»	3	485	3	12	*455*	*2430*	5
Gelsenkirchen (Wf.) .	»	3	344	3	8	*350*	*1720*	38
Gera (Reuß) . . .	R	3	428	3	10	*415*	*2140*	47
Gevelsberg (Westf.) .	Rn	3	363	3	9	*365*	*1820*	15
Gießen (Hessen) . .	»	3	471	3	12	*445*	*2360*	26
Glatz (Schles.) . . .	»	4	667	4	18	*565*	*3340*	16
Glauchau (Sachsen) .	»	3	447	3	12	*428*	*2240*	27
Gleiwitz (Schles.) . .	R	4	761	5	22	*622*	*3810*	54
Glogau (Schles.) . .	»	4	511	4	14	*472*	*2560*	24
Gmünd, Schwäb. . .	Rn	4	706	5	20	*589*	*3530*	20
Gnesen (Posen) . .	»	4	590	4	16	*519*	*2950*	23
Goch (Rheinpr.) . .	»	3	394	3	9	*390*	*1970*	10
Göppingen (Württ.) .	»	4	739	5	22	*608*	*3700*	21
Görlitz (Schlesien) .	R	4	493	3	14	*460*	*2470*	83
Göttingen (Hann.) .	Rn	3	282	2	7	*299*	*1410*	32
Gotha (Thür.) . . .	»	3	400	3	9	*395*	*2000*	36
Graudenz (Westpr.) .	R	4	673	4	20	*569*	*3370*	35
Greifswald (Pomm.) .	Rn	3	292	2	7	*308*	*1460*	25
Greiz (Reuß ä. L.) .	»	3	461	3	12	*438*	*2310*	24
Grünberg (Schles.) .	»	4	457	3	12	*435*	*2290*	22
Guben (Brand.) . .	»	3	414	3	10	*405*	*2070*	35
Gütersloh (Westf.) .	»	3	287	2	7	*303*	*1440*	8
Gumbinnen (Ostpr.) .	»	5	958	6	28	*740*	*4790*	15
Gummersbach (Rhpr.)	»	3	410	3	10	*402*	*2050*	13
Hadersleben (S.-H.) .	»	3	246	2	6	*266*	*1230*	11
Hagen (Westf.) . .	»	3	353	3	8	*357*	*1770*	52
Halberstadt (Pr. Sa.)	»	3	283	2	7	*300*	*1420*	44
Halle a. Saale . . .	R	3	337	3	8	*345*	*1690*	157
Hamburg	Rh	1	—	—	—	—	—	706
Hameln (Hann.) . .	Rn	3	234	2	6	*256*	*1170*	20
Hamm Westf.) . .	»	3	306	3	7	*320*	*1530*	32
Hanau (Hessen) . .	»	3	506	4	14	*469*	*2530*	31
Hannover	Rh	2	181	2	4	*206*	*910*	236
Harburg (Elbe) . .	Rn	1	11	1	1	*23*	*60*	50
Heide (Holstein) . .	»	2	127	2	3	*152*	*640*	9
Heidelberg (Baden) .	»	4	613	4	18	*533*	*3070*	41
Heidenheim (Brenz.)	»	4	704	5	20	*587*	*3520*	11
Heilbronn (Württ.) .	»	4	645	4	18	*552*	*3230*	39
Helmstedt (Brschwg.)	»	3	229	2	5	*251*	*1150*	15
Herford (Westf.) . .	»	3	276	2	7	*293*	*1380*	26
Herne (Westf.) . .	»	3	343	3	8	*349*	*1720*	29
Hersfeld (Hessen) .	»	3	376	3	9	*376*	*1880*	8,5

Eilgut erfordert etwa die Hälfte der Zeit.

Für Eilgut doppelte, für Expreßeilgut vierfache Sätze.

Ort	1. Reichsbank	2. Postzone	Tarif-kilometer ab Hamburg	Transportdauer: Frachtgut Tage	Transportdauer: 3. Pass.-Gut Stdn.	Sätze pro 100 kg ab Hamburg: 4. Frachtgut in Pfg.	Sätze pro 100 kg ab Hamburg: 5. Passagiergut in Pfg.	Einwohnerzahl in 1000
Hilden (Rheinpr.) .	Rn	3	397	3	9	*393*	*1990*	12
Hildesheim (Hann.) .	R	2	189	2	4	*214*	*950*	45
Hirschberg (Schles.) .	Rn	4	569	4	15	*506*	*2850*	19
Hof (Bayern) . . .	»	3	513	4	14	*473*	*2570*	34
Hohenlimburg (Wf.) .	»	3	357	3	8	*361*	*1790*	8,5
Holzminden (Brsch.)	»	3	288	2	7	*304*	*1440*	11
Husum (Schl.-Holst.)	»	2	162	2	4	*187*	*810*	9
Inowrazlaw (Posen) .	»	4	646	4	18	*553*	*3230*	27
Insterburg (Ostpr.) .	»	5	932	6	28	*724*	*4660*	29
Iserlohn (Westf.) . .	»	3	366	3	9	*368*	*1830*	28
Jena (Thür.)	»	3	421	3	10	*410*	*2110*	22
Kaiserslautern (Pfalz)	»	4	652	4	18	*556*	*3260*	49
Karlsruhe (Baden) .	R	4	656	4	18	*559*	*3280*	99
Kassel (Pr. Hessen) .	»	3	340	3	8	*347*	*1700*	106
Kattowitz (Schles.) .	Rn	4	788	5	22	*638*	*3940*	33
Kaufbeuren (Bayern)	»	4	818	5	24	*656*	*4090*	9
Kempten (Bayern) .	»	4	842	5	24	*670*	*4210*	20
Kiel (Schl.-Holst.) .	Rh	2	115	2	3	*140*	*580*	108
Kitzingen (Bayern) .	Rn	4	554	4	15	*497*	*2770*	9
Koblenz (Rheinpr.) .	R	4	513	4	14	*473*	*2570*	46
Köln a. Rh. . . .	Rh	3	427	3	10	*414*	*2140*	372
Königsberg (Ostpr.) .	»	4	842	5	24	*670*	*4210*	188
Königshütte (Schles.)	Rn	4	781	5	22	*634*	*3910*	59
Köslin (Pomm.) . .	R	4	523	4	14	*479*	*2620*	21
Kolberg (Pomm.) . .	Rn	3	485	3	12	*455*	*2430*	21
Kolmar (Elsaß) . .	»	4	809	5	24	*650*	*4050*	38
Konitz (Westpr.) . .	»	4	581	4	16	*514*	*2910*	12
Konstanz (Baden) .	»	4	899	5	26	*704*	*4500*	22
Kottbus (Brand.) . .	R	3	403	3	10	*397*	*2020*	40
Krefeld (Rheinpr.) .	»	3	383	3	9	*381*	*1920*	110
Kreuznach (Rhpr.) .	Rn	4	590	4	16	*519*	*2950*	23
Krimmitschau (Sa.) .	»	3	440	3	12	*423*	*2200*	24
Krotoschin (Posen) .	»	4	602	4	16	*526*	*3010*	13
Küstrin (Brand.) . .	»	3	367	3	9	*369*	*1840*	17
Kulm (Westpr.) . .	»	4	694	4	20	*581*	*3470*	12
Kulmbach (Bayern) .	»	4	565	4	15	*504*	*2830*	11
Labiau (Ostpr.) . .	»	4	892	5	26	*700*	*4460*	5
Lahr (Baden) . . .	»	4	753	5	22	*617*	*3770*	14
Landau (Pfalz) . .	»	4	667	4	18	*565*	*3340*	17
Landeshut (Schles.) .	»	4	602	4	16	*526*	*3010*	9
Landsberg a. Warthe	R	3	413	3	10	*404*	*2070*	35
Landshut (Bayern) .	Rn	4	755	5	22	*618*	*3780*	22
Langenberg (Rheinl.)	»	3	372	3	9	*373*	*1860*	10
Lauban (Schlesien) .	»	4	517	4	14	*475*	*2590*	14
Lauenburg (Pomm.) .	»	4	641	4	18	*550*	*3210*	11
Lauterbach (Hessen)	»	3	446	3	12	*427*	*2230*	4
Leer (Ostfriesl.) . .	»	3	215	2	5	*239*	*1080*	13

Eilgut erfordert etwa die Hälfte der Zeit.

Für Eilgut doppelte, für Expreßeilgut vierfache Sätze.

Ort	1. Reichsbank	2. Postzone	Tarifkilometer ab Hamburg	Transportdauer: Frachtgut Tage	Transportdauer: 3. Pass.-Gut Stdn.	Sätze pro 100 kg ab Hamburg: 4. Frachtgut in Pfg.	Sätze pro 100 kg ab Hamburg: 5. Passagiergut in Pfg.	Einwohnerzahl in 1000
Leipzig (Sachsen) .	Rh	3	368	3	9	*369*	*1840*	455
Leisnig (Sachsen) .	Rn	3	420	3	10	*409*	*2100*	8,5
Lennep (Rheinpr.) .	»	3	388	3	9	*385*	*1940*	10
Liegnitz (Schlesien) .	R	4	547	4	14	*493*	*2740*	55
Limburg a. Lahn . .	Rn	3	533	4	14	*485*	*2670*	9
Lindau (Bodensee) .	»	4	858	5	25	*680*	*4290*	6
Linden-Hannover .	»	2	187	2	4	*212*	*940*	50
Lippstadt (Westf.) .	»	3	319	3	7	*330*	*1600*	13
Lissa (Posen) . . .	»	4	534	4	14	*485*	*2670*	15
Lörrach (Baden) . .	»	4	855	5	25	*678*	*4280*	11
Luckenwalde (Brand.)	»	3	330	3	8	*339*	*1650*	22
Ludwigshafen (Pfalz)	»	4	619	4	18	*536*	*3100*	62
Lübeck	R	1	63	1	1	*84*	*320*	83
Lüdenscheid (Westf.)	Rn	3	385	3	9	*383*	*1930*	26
Lüneburg (Hann.) .	»	1	49	1	1	*68*	*250*	25
Lyck (Ostpr.) . . .	»	5	966	6	28	*745*	*4830*	12
Magdeburg (Pr. Sa.) .	Rh	3	251	2	6	*271*	*1260*	230
Mainz (Hessen) . .	R	4	561	4	15	*502*	*2810*	85
Mannheim (Baden) .	Rh	4	608	4	16	*530*	*3040*	141
Marburg (Hessen) .	Rn	3	441	3	12	*424*	*2210*	18
Marienburg (Westpr.)	»	4	696	4	20	*583*	*3480*	11
Marienwerder »	»	4	711	5	20	*592*	*3560*	11
Markneukirchen (Sa.)	»	4	518	4	14	*476*	*2590*	8,5
Markt-Redwitz (Bay.)	»	4	555	4	15	*498*	*2780*	4
Meerane (Sachsen) .	»	3	436	3	12	*420*	*2180*	25
Meiderich (Rheinpr.)	»	3	360	3	8	*363*	*1500*	34
Meißen (Sachsen) .	»	3	454	3	12	*433*	*2270*	21
Memel (Ostpr.) . .	R	5	1060	6	30	*801*	*5300*	21
Memmingen (Bayern)	Rn	4	807	5	24	*649*	*4040*	12
Meseritz (Posen) . .	»	4	454	3	12	*433*	*2270*	6
Metz (Lothr.) . . .	R	4	707	5	20	*589*	*3540*	59
Minden (Westf.) . .	»	2	245	2	6	*266*	*1230*	25
Mittweida (Sachsen) .	Rn	3	456	3	12	*434*	*2280*	17
Mühlhausen (Thür.) .	»	3	360	3	8	*363*	*1800*	34
Mülhausen (Elsaß) .	R	4	852	5	25	*676*	*4260*	90
Mülheim (Rhein) . .	Rn	3	419	3	10	*408*	*2100*	46
Mülheim (Ruhr) . .	R	3	360	3	8	*363*	*1800*	39
München (Bayern) .	Rh	4	808	5	24	*650*	*4040*	500
M.-Gladbach (Rhpr.)	Rn	3	406	3	10	*399*	*2030*	59
Münster (Westf.) . .	R	3	271	2	7	*289*	*1360*	64
Muskau (Schlesien) .	Rn	4	453	3	12	*432*	*2270*	4
Nauheim (Bad.) . .	»	3	499	3	14	*464*	*2500*	5
Naumburg a. Saale .	»	3	382	3	9	*381*	*1910*	24
Neiße a. N. (Schles.)	»	4	692	4	20	*580*	*3460*	25
Neubrandenburg . .	»	3	258	2	6	*277*	*1290*	11,5
Neumünster (Holst.)	»	1	83	1	2	*106*	*420*	28

Eilgut erfordert etwa die Hälfte der Zeit.

Für Eilgut doppelte, für Expreßeilgut vierfache Sätze.

Ort	1. Reichsbank	2. Postzone	Tarifkilometer ab Hamburg	Transportdauer: Frachtgut Tage	Transportdauer: 3. Pass.-Gut Stdn.	Sätze pro 100 kg ab Hamburg: 4. Frachtgut in Pfg.	Sätze pro 100 kg ab Hamburg: 5. Passagiergut in Pfg.	Einwohnerzahl in 1000
Neunkirchen (Bezirk Trier)	Rn	4	696	4	20	*583*	*3480*	29
Neuß (Rheinpr.) . .	›	3	395	3	9	*391*	*1980*	29
Neustadt a. Haardt .	›	4	648	4	18	*554*	*3240*	19
Neustettin (Pomm.) .	›	4	520	4	14	*477*	*2600*	11
Neuwied (Rheinpr.) .	›	3	495	3	14	*462*	*2480*	12
Norden (Hann.) . .	›	3	267	2	6	*285*	*1340*	7,5
Nordhausen a. Harz.	R	3	312	3	7	*325*	*1560*	30
Nördlingen (Bayern)	›	4	687	4	20	*577*	*3440*	9
Nürnberg (Bayern) .	›	4	634	4	18	*545*	*3170*	261
Oberhausen (Rhpr.) .	Rn	3	355	3	8	*359*	*1780*	43
Oberlahnstein(Hess.)	›	4	518	4	14	*476*	*2590*	8,5
Offenbach a. M. . .	›	4	519	4	14	*476*	*2600*	51
Offenburg (Baden) .	›	4	727	5	20	*601*	*3640*	14
Ohligs (Rheinpr.). .	›	3	398	3	9	*393*	*1990*	21
Olpe (Westf.) . . .	›	3	425	3	10	*413*	*2130*	4
Ölsnitz (Vogtl.) . .	›	3	500	3	14	*465*	*2500*	14
Oppeln (Schlesien) .	›	4	691	4	20	*580*	*3460*	31
Oschatz (Sachsen) .	›	3	420	3	10	*409*	*2100*	11
Osnabrück (Hann.) .	R	3	221	2	5	*244*	*1110*	52
Osterode (Ostpr.) . .	Rn	4	769	5	22	*626*	*3850*	14
Ostrowo (Posen) . .	›	4	631	4	18	*544*	*3160*	12
Paderborn (Westf.) .	›	3	309	3	7	*322*	*1550*	24
Passau (Bayern) . .	›	4	810	5	24	*651*	*4050*	19
Peine (Hann.) . . .	›	2	184	2	4	*209*	*920*	16
Pforzheim (Baden) .	›	4	687	4	20	*577*	*3440*	44
Pillkallen (Ostpr.) .	›	5	1001	6	30	*766*	*5010*	4
Pirmasens (Bayern) .	›	4	722	5	20	*598*	*3610*	31
Plauen (Vogtl.) . .	R	3	487	3	12	*456*	*2440*	75
Pleschen (Posen). .	Rn	4	622	4	18	*538*	*3110*	7
Pößneck (Thür.) . .	›	3	462	3	12	*438*	*2310*	13
Posen	Rh	4	539	4	14	*488*	*2700*	117
Potsdam (Brand.) .	Rn	3	295	2	7	*311*	*1480*	62
Prenzlau (Brand.) .	›	3	335	3	8	*343*	*1680*	21
Preuß. Stargard . .	›	4	654	4	18	*557*	*3270*	10
Quedlinburg (Pr. Sa.)	›	4	302	3	7	*317*	*1510*	24
Rastenburg (Ostpr.) .	›	4	898	5	26	*704*	*4490*	11
Ratibor	›	4	764	5	22	*623*	*3820*	26
Ratingen (Rheinpr.).	›	3	378	3	9	*377*	*1890*	11
Ravensburg (Württ.)	›	4	838	5	24	*668*	*4190*	14
Rawitsch (Posen) .	›	4	567	4	15	*505*	*2840*	12,5
Recklinghausen (Wf.)	›	3	328	3	8	*337*	*1640*	35
Regensburg (Bayern)	›	4	693	4	20	*581*	*3470*	46
Reichenbach(Schles.)	›	4	622	4	18	*538*	*3110*	16
Reichenbach (Vogtl.)	›	3	468	3	12	*443*	*2340*	26
Remscheid (Rhpr.) .	›	3	393	3	9	*389*	*1970*	59
Rendsburg (Schl.-H.)	›	2	117	2	3	*142*	*590*	16

Eilgut erfordert etwa die Hälfte der Zeit.

Für Eilgut doppelte, für Expreßeilgut vierfache Sätze.

Ort	1. Reichsbank	2. Postzone	Tarif-kilometer ab Hamburg	Transportdauer: Frachtgut Tage	Transportdauer: 3. Pass.-Gut Stdn.	Sätze pro 100 kg ab Hamburg: 4. Frachtgut in Pfg.	Sätze pro 100 kg ab Hamburg: 5. Passagiergut in Pfg.	Einwohnerzahl in 1000
Reutlingen (Württ.) .	Rn	4	755	5	22	*618*	*3780*	22
Rheydt (Rheinpr.) .	»	3	407	3	10	*400*	*2040*	35
Riesa (Sachsen) . .	»	3	427	3	10	*414*	*2140*	14
Rosenheim (Bayern)	»	4	868	5	25	*686*	*4340*	15
Rostock (Mecklenb.)	»	3	189	2	4	*214*	*950*	56
Rottweil (Württ.) . .	»	4	800	5	24	*645*	*4000*	8,5
Rüdesheim a. Rh. .	»	4	574	4	15	*509*	*2870*	5
Rügenwalde (Pomm.)	»	4	582	4	16	*514*	*2910*	6,5
Ruhrort (Rheinpr.) .	»	3	362	3	9	*365*	*1810*	13
Ruß (Ostpr.) . . .	»	5	Stat. Heydekrug			—	—	2,3
Saarbrücken (Rhpr.)	»	4	693	4	20	*581*	*3470*	24
Säckingen (Baden) .	»	4	884	5	26	*695*	*4420*	4,4
Sagan (Schlesien) .	»	4	472	3	12	*445*	*2360*	14
Schleswig (Schl.-H.) .	»	2	147	2	3	*172*	*740*	18
Schneidemühl (Pos.)	»	4	530	4	14	*483*	*2650*	21
Schwedt (Brand.) . .	»	3	373	3	9	*373*	*1870*	10
Schweidnitz (Schles.)	R	4	604	4	16	*527*	*3020*	29
Schweinfurt (Bayern)	Rn	4	545	4	14	*402*	*2730*	16
Schwelm (Westf.). .	»	3	370	3	9	*371*	*1850*	18
Schwiebus (Brand.) .	»	4	441	3	12	*424*	*2210*	9
Siegen (Westf.) . .	R	3	446	3	12	*427*	*2230*	23
Soest (Westf.) . . .	Rn	3	331	3	8	*340*	*1660*	17
Solingen (Rheinpr.) .	»	3	399	3	9	*394*	*2000*	46
Sommerfeld (Brand.)	»	4	442	3	12	*424*	*2210*	13
Sonderburg (Schl.-H.)	»	3	232	2	6	*254*	*1160*	6
Sorau (Brand.). . .	»	4	459	3	12	*436*	*2300*	17
Speyer (Pfalz) . . .	»	4	641	4	18	*550*	*3210*	22
Spremberg (Brand.) .	»	3	427	3	10	*414*	*2140*	12
Stallupönen (Ostpr.).	»	5	983	6	30	*755*	*4920*	5,5
Stargard (Pomm.) .	»	3	387	3	9	*385*	*1940*	28
Stettin (Pomm.) . .	Rh	3	354	3	8	*355*	*1770*	211
Stolberg (Rheinl.) .	Rn	4	464	3	12	*440*	*2320*	15
Stolp (Pomm.) . . .	R	4	590	4	16	*519*	*2950*	28
Stralsund (Pomm.) .	»	3	261	2	6	*280*	*1310*	32
Straßburg (Elsaß) . .	Rh	4	744	5	22	*611*	*3720*	151
Striegau (Schles) . .	Rn	4	584	4	16	*515*	*2920*	13
Stuttgart (Württ.). .	Rh	4	697	4	20	*583*	*3490*	176
Suhl (Thür.) . . .	Rn	3	456	3	12	*434*	*2280*	13
Thorn (Westpr.) . .	R	4	667	4	18	*565*	*3340*	30
Tilsit (Ostpr.) . . .	»	5	967	6	28	*745*	*4840*	35
Tondern (Schl.-H.) .	Rn	3	219	2	5	*242*	*1100*	4
Traben (Rheinpr.) .	»	4	587	4	16	*517*	*2940*	2,8
Triberg (Baden) . .	»	4	783	5	22	*635*	*3920*	3,9
Trier (Rheinpr.) . .	»	4	604	4	16	*527*	*3020*	44
Uerdingen (Rheinpr.)	»	3	376	3	9	*376*	*1880*	7
Ulm a. D. (Württ.) .	R	4	754	5	22	*617*	*3770*	44
Unna (Westf.). . .	Rn	3	324	3	8	*334*	*1620*	15

Eilgut erfordert etwa die Hälfte der Zeit.

Für Eilgut doppelte, für Expreßeilgut vierfache Sätze.

Ort	1. Reichsbank	2. Postzone	Tarif-kilometer ab Hamburg	Transportdauer: Frachtgut Tage	Transportdauer: 3. Pass.-Gut Stdn.	Sätze pro 100 kg ab Hamburg: 4. Frachtgut in Pfg.	Sätze pro 100 kg ab Hamburg: 5. Passagiergut in Pfg.	Einwohnerzahl in 1000
Velbert (Rheinpr.) .	Rn	3	399	3	9	*394*	*2000*	18
Viersen (Rheinpr.) .	»	3	398	3	9	*393*	*1990*	25
Waldenburg (Schles.)	»	4	617	4	18	*535*	*3090*	16
Waldkirch (Baden) .	»	4	789	5	22	*638*	*3950*	5,5
Weimar (Thür.) . .	»	3	413	3	10	*404*	*2070*	29
Weinheim (Baden) .	»	4	588	4	16	*518*	*2940*	12
Weißenfels (Pr. Sa.).	»	3	369	3	9	*370*	*1850*	29
Werdau (Sachsen) .	»	3	451	3	12	*431*	*2260*	20
Werden a. d. Ruhr .	»	3	364	3	9	*366*	*1820*	12
Wermelskirchen(Rh.)	»	3	397	3	9	*393*	*1990*	17
Wesel (Rheinpr.). .	»	3	354	3	8	*358*	*1770*	23
Wetzlar (Rheinpr.) .	»	3	481	3	12	*452*	*2410*	9,5
Wiesbaden (Hessen)	R	4	569	4	15	*506*	*2850*	88
Wilhelmshaven . .	Rn	2	212	2	5	*236*	*1060*	23
Witten a. d. Ruhr .	»	3	352	3	8	*357*	*1760*	34
Wolgast (Pommern).	»	3	328	3	8	*337*	*1640*	9
Worms (Hessen) . .	»	4	597	4	16	*523*	*2990*	42
Würzburg (Bayern) .	R	4	531	4	14	*484*	*2660*	77
Wurzen (Sachsen) .	Rn	3	393	3	9	*389*	*1970*	17
Zabern (Elsaß) . .	»	4	771	5	22	*628*	*3860*	9
Zeitz (Pr. Sachsen) .	»	3	403	3	10	*397*	*2020*	28
Zittau (Sachsen) . .	»	4	530	4	14	*483*	*2650*	32
Zweibrücken (Bay.) .	»	4	698	4	20	*584*	*3490*	14
Zwickau (Sachsen) .	»	3	460	3	12	*437*	*2300*	56

Eilgut erfordert etwa die Hälfte der Zeit.

Für Eilgut doppelte, für Expreßeilgut vierfache Sätze.

Gerichtskosten.

Gebühren in bürgerlichen Rechtsstreitigkeiten werden nach dem Werte des Streitgegenstandes erhoben und betragen:

1. bis	ℳ *20* einschl.	. . . .	ℳ *1.—*
2. über »	*20— 60* einschl.	. .	» *2.40*
3. »	» *60— 120*	» . .	» *4.60*
4. »	» *120— 200*	» . .	» *7.50*
5. »	» *200— 300*	» . .	» *11.—*
6. »	» *300— 450*	» . .	» *15.—*
7. »	» *450— 650*	» . .	» *20.—*
8. »	» *650— 900*	» . .	» *26.—*
9. »	» *900— 1200*	» . .	» *32.—*
10. »	» *1200— 1600*	» . .	» *38.—*
11. »	» *1600— 2100*	» . .	» *44.—*
12. »	» *2100— 2700*	» . .	» *50.—*
13. »	» *2700— 3400*	» . .	» *56.—*
14. »	» *3400— 4300*	» . .	» *62.—*
15. »	» *4300— 5400*	» . .	» *68.—*
16. »	» *5400— 6700*	» . .	» *74.—*
17. »	» *6700— 8200*	» . .	» *81.—*
18. »	» *8200—10000*	» . .	» *90.—*

Die ferneren Wertklassen steigen um je *M 2000* und die Gebühren um je *M 10.* Außerdem werden erhoben die baren Auslagen für Schreibgebühren, Porti, Insertionskosten, Zeugengebühren etc.

Anwaltskosten.

In bürgerlichen Rechtsstreitigkeiten beträgt der Gebührensatz bei Gegenständen im Werte von:

1. bis	*M*	*20* einschl.	*M*	*2.—*
2. über	»	*20— 60* einschl. .	»	*3.—*
3. »	»	*60— 120* » .	»	*4.—*
4. »	»	*120— 200* » .	»	*7.—*
5. »	»	*200— 300* » .	»	*10.—*
6. »	»	*300— 450* » .	»	*14.—*
7. »	»	*450— 650* » .	»	*19.—*
8. »	»	*650— 900* » .	»	*24.—*
9. »	»	*900— 1200* » .	»	*28.—*
10. »	»	*1200— 1600* » .	»	*32.—*
11. »	»	*1600— 2100* » .	»	*36.—*
12. »	»	*2100— 2700* » .	»	*40.—*
13. »	»	*2700— 3400* » .	»	*44.—*
14. »	»	*3400— 4300* » .	»	*48.—*
15. »	»	*4300— 5400* » .	»	*52.—*
16. »	»	*5400— 6700* » .	»	*56.—*
17. »	»	*6700— 8200* » .	»	*60.—*
18. »	»	*8200—10000* » .	»	*64.—*

Die ferneren Wertklassen steigen um je *M 2000* und die Gebührensätze in den Klassen bis *M 50000* einschließlich um je *M 4*, bis *M 100000* einschließlich um je *M 3* und darüber hinaus um je *M 2.* Außerdem werden die Auslagen erhoben.

Postgebühren.

I. Portotarif für Deutschland und Österreich-Ungarn.

Briefe: bis 20 g *10* ₰, von mehr als 20—250 g *20* ₰.
Ortsverkehr: bis 250 g *5* ₰, unfrankiert *10* ₰.
Maßgrenze: Briefe mit Pappkästchen usw. dürfen höchstens 20 cm lang, 10 cm breit und 5 cm hoch sein.

Postkarten *5* ₰, mit bezahlter Antwort *10* ₰.
Ortsverkehr: Postkarten *2* ₰, mit bezahlter Antwort *4* ₰.

Drucksachen, höchst zulässiges Format in Rollenform 75 cm lang, 10 cm Durchmesser. Meistgewicht für Deutschland und nach Österreich-Ungarn 1 kg, nach dem Ausland 2 kg.

bis	50 g	100 g	250 g	500 g	1000 g
	3 ₰	*5* ₰	*10* ₰	*20* ₰	*30* ₰
Ortsverkehr:	*2* ₰	*3* ₰	*5* ₰	*10* ₰	*15* ₰

Warenproben: bis 250 g *10* ₰, 250—350 g *20* ₰
Ortsverkehr: » » » *5* ₰, » » » *10* ₰
Meistgewicht ist 350 g.
Maßgrenze: 30 cm Länge, 20 cm Breite, 10 cm Höhe.

Geschäftspapiere: Maß wie bei Drucksachen,

	bis 250 g	500 g	1000 g
	10 ₰	*20* ₰	*30* ₰
Ortsverkehr:	*5* ₰	*10* ₰	*15* ₰

Einschreibegebühr außer dem Porto . . . . *20* ₰
Rückscheingebühr . . . . *20* »
Eilbestellgeld für Briefe, Postanweisungen und Wertbriefe nach Postorten *25* ₰, nach Orten ohne Postanstalt bei Vorausbezahlung . . . . *60* »
für Pakete nach Postorten . . . . *40* »
nach Orten ohne Postanstalt . . . . *90* »
Wertbriefe (Wertangabe unbeschränkt):
bis 10 geograph. Meilen . . . . *20* »
über 10 geograph. Meilen . . . . *40* »
ohne Unterschied des Gewichtes über 20—250 g Versicherungsgebühr: *5* ₰ für je ℳ *300* oder einen Teil von ℳ *300*, mindestens aber . . . . *10* »
Postanweisungen (bis ℳ *800*): Porto

bis ℳ *5*	ℳ *100*	ℳ *200*	ℳ *400*	ℳ *600*	ℳ *800*
10 ₰	*20* ₰	*30* ₰	*40* ₰	*50* ₰	*60* ₰

(Nach Österreich-Ungarn *10* ₰ für je ℳ *20*, mindestens *20* ₰.)

Pakettaxe: 1. bis zum Gewichte von 5 kg:
bis zu 10 geograph. Meilen . . . . *25* ₰
auf weitere Entfernungen: . . . . *50* »
2. bei mehr als 5 kg Gewicht für jedes weitere kg:
bis 10 Meilen . . . . *5* ₰
über 10—20 Meilen . . . . *10* »
» 20—50 » . . . . *20* »
» 50—100 » . . . . *30* »
» 100—150 » . . . . *40* »
» 150 » . . . . *50* »

Wertpakete: Porto wie Pakete ohne Wert. Versicherungsgebühr wie für Wertbriefe.

Postaufträge: 1. Taxe bei Einziehung von Geldbeträgen bis ℳ *800* . . . . *30* »
2. desgleichen mit Wechselakzepten . . . *30* »
bei letzteren außerdem noch Vorzeigungsgebühr . . . . *10* »
und Einschreibgebühr . . . . *30* »

Nach Österreich-Ungarn Meistbetrag *1000* Kronen österr. Währung, Porto bis 20 g *10* ₰, über 20 g *20* ₰, Einschreibegebühr *20* ₰.
Bei Aufträgen nach Ungarn sind die Namen mit lateinischen Buchstaben zu schreiben.
Wechselproteste werden nicht vermittelt.

Postnachnahme: 1. Gewöhnliches Brief- bzw. Paketporto.
2. Vorzeigegebühr *10* ₰.
3. Für die Rückübermittelung der eingehobenen

Beträge:				
bis ℳ *5* . . .	*10* ₰		über ℳ *200—400* .	*40* ₰
über » *5—100* .	*20* »		» » *400—600* .	*50* »
» » *100—200*	*30* »		» » *600—800* .	*80* »

Die Vorzeigegebühr kommt auch bei nicht erfolgter Einlösung zur Erhebung.

2. Portotarif für die deutschen Kolonien.

Briefe, Postkarten, Drucksachen und Warenproben zu den gleichen Sätzen wie in Deutschland.

Postanweisungen (bis *ℳ 800* zulässig) *10* ₰ für je *ℳ 20,* mindestens jedoch *20* ₰.

3. Portotarif für den Weltpostverein und das Ausland.

a) Weltpostverein.

Porto für unfrankierte Briefe für je 15 g	.	*40* ₰
» » frankierte » » » 15 »	.	*20* »
Postkarten	. . . .	*10* »
» mit bezahlter Antwort	. . .	*20* »

Drucksachen, Geschäftspapiere und Warenproben *5* ₰ für je 50 g, mindestens jedoch *20* ₰ für Geschäftspapiere und *10* ₰ für Warenproben. (Meistgewicht für Drucksachen 2 kg, für Warenproben 350 g.)

Einschreibegebühr	*20* ₰
Rückscheingebühr	*20* »

b) Vereinsausland

d. h. Länder, welche noch nicht zum Weltpostverein gehören. Das Porto beträgt:

für frankierte Briefe *20* ₰,
für unfrankierte Briefe *40* ₰ für je 15 g (ohne Meistgewicht),
für Drucksachen und Warenproben *5* ₰ für je 50 g,
für Warenproben mindestens *10* ₰.

Postkarten und Geschäftspapiere sind zulässig. Schiffsbriefe, d. h. gewöhnliche Briefe, welche mit Privatschiffen befördert werden sollen, unterliegen, wenn die Schiffe aus deutschen Häfen ausgehen, ohne Rücksicht darauf, ob der Bestimmungsort im Weltpostverein gelegen ist oder nicht, der Vereinstaxe. Diese Briefe müssen frankiert sein.

Telegraphentarif.

Jedes zur Berechnung kommende Wort — Taxwort — darf nicht mehr als 15 (nach außereuropäischen Ländern 10) Buchstaben enthalten. Bei mehrstelligen Zahlen gelten je 5 bzw. 3 Ziffern als Taxwort. Unterscheidungszeichen, Bindestriche, Apostrophe, Anführungszeichen, Klammern werden nicht gezählt; Punkte, Kommata und Bruchstriche, zur Bildung von Zahlen benutzt, gelten als je eine Ziffer. Das einzelne Wort wird innerhalb Deutschland mit *5* ₰ berechnet. Als Mindestbetrag für ein gewöhnliches Telegramm werden *50* ₰ erhoben. Für Stadttelegramme ermäßigt sich diese Gebühr auf *30* ₰ bis zu 10 Worten.

Dringende Telegramme, welche vor den übrigen Telegrammen befördert werden, können gegen Entrichtung der dreifachen Gebühr aufgegeben werden. Dieselben sind vor der Aufschrift mit (*D*) zu bezeichnen.

Die Antwort kann vorausbezahlt werden, wenn der Aufgeber den Vermerk (*RP*) vor die Aufschrift setzt. Der Vermerk ohne nähere Angabe gilt für die Vorausbezahlung von 10 Worten. Wird eine andere Wortzahl verlangt, so ist sie im Vermerk anzugeben (z. B. *RP 18*). Die Vorausbezahlung darf die Gebühr eines gewöhnlichen Telegramms von 30 Worten für denselben Weg nicht überschreiten.

Die Namen der Bestimmungsanstalt und des Bestimmungslandes werden sowohl für den Verkehr des europäischen, als auch des außereuropäischen Vorschriftenbereiches ohne Rücksicht auf die Zahl der gebrauchten Buchstaben in der Telegrammaufschrift fortan nur als ein Wort gezählt, z. B. Reußgreiz, Frankfurtmain, Riodejaneiro, Newsouthwales.

Für die Vergleichung eines Telegrammes (*TC*) ist ein Viertel der Gebühr eines gewöhnlichen Telegrammes von gleicher Wortzahl, für die Empfangsanzeige (*PC*) die Gebühr eines gewöhnlichen Telegrammes von 10 Worten zu entrichten.

Telegramme können auf Wunsch des Aufgebers innerhalb der Grenzen Europas nachgesandt werden (*FS*). Die volle Gebühr für die Nachsendung wird vom Empfänger erhoben.

Die Gebühr für jede einzelne Vervielfältigung eines Telegrammes beträgt für je 100 Wörter oder einen Teil derselben *40* ₰, bei dringenden Telegrammen *80* ₰; das Telegramm wird, alle Adressen eingerechnet, als ein einziges Telegramm taxiert. Im Verkehr mit Amerika sind zu vervielfältigende Telegramme unzulässig.

Telegraphische Meldung von der Unbestellbarkeit eines Telegrammes wird übermittelt gegen die Zahlung einer Gebühr von *30* ₰. Eine Quittung über die entrichteten Gebühren wird dem Aufgeber eines Telegrammes nur auf Verlangen gegen Zahlung eines Zuschlags von *20* ₰ erteilt.

Für jedes Telegramm, welches vom Aufgeber einem Telegraphenboten oder Landbriefträger zur Beförderung an das Telegraphenamt mitgegeben wird, kommt eine Zuschlagsgebühr von *10* ₰ zur Erhebung.

Telegraphische Abkürzungen

gelten für ein Wort.

PC = telegraphische Empfangsanzeige; *PCP* = Telegramm mit Empfangsanzeige durch die Post; *D* = dringendes Telegramm; *FS* = nachzusenden; *RO* = offen bestellen; *RP* = Antwort bezahlt; *RP 18* = 18 Wörter Antwort bezahlt; *RPD* = dringende Antwort bezahlt; *RXP* = Antwort und Bote bezahlt; *TC* = verglichenes Telegramm; *XP* = Eilbote bezahlt; *PR* = Post eingeschrieben; *MP* = eigenhändig zu bestellen; *TR* = telegraphenlagernd; *PG* = postlagernd; *PGR* = postlagernd eingeschrieben; *TM 15* = 15 Aufschriften.

Telegraphische Postanweisungen

sind innerhalb des Deutschen Reiches, dann nach Belgien, Helgoland und Luxemburg bis zum Meistbetrage, nach der Schweiz nur bis Frcs. *200* zulässig. Der Absender hat zu entrichten: a) die Postanweisungsgebühr, b) die Gebühr für das Telegramm, c) das Eilbestellgeld von *25* ₰.

Gebühren für Telegramme.

Abkürzungen: (*D*) = dringende Telegramme zulässig; (*RO*) = offen zu bestellende Telegramme zulässig; (*MP*) = eigenhändig zu bestellende Telegramme zulässig.

	Worttaxe
Deutschland, einschließlich Helgoland (innerer Verkehr (*D*) (*RO*) (*MP*)	*5* ₰
(Stadtverkehr)	*3* »
Algerien und Tunis (*D*) (*RO*) (*MP*)	*20* »

Belgien (*D*) (*RO*) (*MP*) . . . . *10* ₰
Bosnien-Herzegowina (*D*) (*RO*) (*MP*) . . . . . . *20* »
Bulgarien (*D*) (*RO*) (*MP*) . . . . *20* »
Dänemark (*D*) (*RO*) (*MP*) . . . . *10* »
Frankreich (*D*) (*RO*) (*MP*) . . . . *12* »
Gibraltar (*D*) (*RO*) (*MP*) . . . . *25* »
Griechenland (*D*) (*RO*) (*MP*) . . . . *30* »
Großbritannien und Irland . . . . *15* »
Italien (*D*) (*RO*) (*MP*) . . . . *15* »
Luxemburg (*D*) (*RO*) (*MP*) . . . . *5* »
Malta (*D*) . . . . *40* »
Montenegro . . . . *20* »
Niederlande (*D*) (*RO*) (*MP*) . . . . *10* »
Norwegen (*D*) (*RO*) (*MP*) . . . . *15* »
Österreich-Ungarn (*D*) (*RO*) (*MP*) . . . . *5* »
Ostrumelien (*D*) (*RO*) (*MP*) . . . . *20* »
Portugal (*D*) (*RO*) (*MP*) . . . . *20* »
Rumänien (*D*) (*RO*) (*MP*) . . . . *15* »
Rußland, europäisches und kaukasisches (*D*) (*MP*) *20* »
Schweden (*D*) (*RO*) (*MP*) . . . . *15* »
Schweiz (*RO*) (*MP*) . . . . *10* »
Serbien (*D*) (*RO*) (*MP*) . . . . *20* »
Spanien (*D*) (*RO*) . . . . *20* »
Türkei (*D*) (*RO*) . . . . *45* »

Allgemeine Kilometer-Tariftabelle.

Frachtsatz pro 100 kg in Mark für Frachtgut (Stückgut), Eilgut das Doppelte.

km	ℳ	km	ℳ	km	ℳ	km	ℳ	km	ℳ	km	ℳ	km	ℳ	km	ℳ
1	*0.12*	25	*0.40*	49	*0.68*	73	*0.95*	97	*1.21*	121	*1.46*	145	*1.70*	169	*1.94*
2	*0.12*	26	*0.41*	50	*0.69*	74	*0.96*	98	*1.22*	122	*1.47*	146	*1.71*	170	*1.95*
3	*0.13*	27	*0.42*	51	*0.71*	75	*0.97*	99	*1.23*	123	*1.48*	147	*1.72*	171	*1.96*
4	*0.14*	28	*0.43*	52	*0.72*	76	*0.98*	100	*1.24*	124	*1.49*	148	*1.73*	172	*1.97*
5	*0.16*	29	*0.44*	53	*0.73*	77	*0.99*	101	*1.26*	125	*1.50*	149	*1.74*	173	*1.98*
6	*0.17*	30	*0.45*	54	*0.74*	78	*1.—*	102	*1.27*	126	*1.51*	150	*1.75*	174	*1.99*
7	*0.18*	31	*0.47*	55	*0.75*	79	*1.01*	103	*1.28*	127	*1.52*	151	*1.76*	175	*2.—*
8	*0.19*	32	*0.48*	56	*0.76*	80	*1.02*	104	*1.29*	128	*1.53*	152	*1.77*	176	*2.01*
9	*0.20*	33	*0.49*	57	*0.77*	81	*1.04*	105	*1.30*	129	*1.54*	153	*1.78*	177	*2.02*
10	*0.21*	34	*0.50*	58	*0.78*	82	*1.04*	106	*1.31*	130	*1.55*	154	*1.79*	178	*2.03*
11	*0.23*	35	*0.52*	59	*0.79*	83	*1.06*	107	*1.32*	131	*1.56*	155	*1.80*	179	*2.04*
12	*0.24*	36	*0.53*	60	*0.80*	84	*1.07*	108	*1.33*	132	*1.57*	156	*1.81*	180	*2.05*
13	*0.25*	37	*0.54*	61	*0.82*	85	*1.08*	109	*1.34*	133	*1.58*	157	*1.82*	181	*2.06*
14	*0.26*	38	*0.55*	62	*0.83*	86	*1.09*	110	*1.35*	134	*1.59*	158	*1.83*	182	*2.07*
15	*0.28*	39	*0.56*	63	*0.84*	87	*1.10*	111	*1.36*	135	*1.60*	159	*1.84*	183	*2.08*
16	*0.29*	40	*0.57*	64	*0.85*	88	*1.11*	112	*1.37*	136	*1.61*	160	*1.85*	184	*2.09*
17	*0.30*	41	*0.59*	65	*0.86*	89	*1.12*	113	*1.38*	137	*1.62*	161	*1.86*	185	*2.10*
18	*0.31*	42	*0.60*	66	*0.87*	90	*1.13*	114	*1.39*	138	*1.63*	162	*1.87*	186	*2.11*
19	*0.32*	43	*0.61*	67	*0.88*	91	*1.15*	115	*1.40*	139	*1.64*	163	*1.88*	187	*2.12*
20	*0.33*	44	*0·62*	68	*0.89*	92	*1.16*	116	*1.41*	140	*1.65*	164	*1.89*	188	*2.13*
21	*0.35*	45	*0.64*	69	*0.90*	93	*1.17*	117	*1.42*	141	*1.66*	165	*1.90*	189	*2.14*
22	*0.36*	46	*0.65*	70	*0.91*	94	*1.18*	118	*1.43*	142	*1·67*	166	*1.91*	190	*2.15*
23	*0.37*	47	*0.66*	71	*0.93*	95	*1.19*	119	*1.44*	143	*1.68*	167	*1.92*	191	*2.16*
24	*0.38*	48	*0.67*	72	*0.94*	96	*1.20*	120	*1.45*	144	*1.69*	168	*1.93*	192	*2.17*

km	ℳ	km	ℳ	km	ℳ	km	ℳ	km	ℳ	km	ℳ	km	ℳ	km	ℳ
193	*2.18*	244	*2.65*	295	*3.11*	346	*3.52*	397	*3.93*	448	*4.29*	499	*4.64*	550	*4.95*
194	*2.19*	245	*2.66*	296	*3.11*	347	*3.53*	398	*3.93*	449	*4.29*	500	*4.65*	551	*4.96*
195	*2.20*	246	*2.66*	297	*3.12*	348	*3.53*	399	*3.94*	450	*4.30*	501	*4.66*	552	*4.96*
196	*2.21*	247	*2.67*	298	*3.13*	349	*3.54*	400	*3.95*	451	*4.31*	502	*4.66*	553	*4.97*
197	*2.22*	248	*2.68*	299	*3.14*	350	*3.55*	401	*3.96*	452	*4.31*	503	*4.67*	554	*4.97*
198	*2.23*	249	*2.69*	300	*3.15*	351	*3.56*	402	*3.96*	453	*4.32*	504	*4.67*	555	*4.98*
199	*2.24*	250	*2.70*	301	*3.16*	352	*3.57*	403	*3.97*	454	*4.33*	505	*4.68*	556	*4.99*
200	*2.25*	251	*2.71*	302	*3.17*	353	*3.57*	404	*3.98*	455	*4.34*	506	*4.69*	557	*4.99*
201	*2.26*	252	*2.72*	303	*3.17*	354	*3.58*	405	*3.99*	456	*4.34*	507	*4.69*	558	*5.—*
202	*2.27*	253	*2.73*	304	*3.18*	355	*3.59*	406	*3.99*	457	*4.35*	508	*4.70*	559	*5.—*
203	*2.28*	254	*2.74*	305	*3.19*	356	*3.60*	407	*4.—*	458	*4.36*	509	*4.70*	560	*5.01*
204	*2.29*	255	*2.75*	306	*3.20*	357	*3.61*	408	*4.01*	459	*4.36*	510	*4.71*	561	*5.02*
205	*2.30*	256	*2.75*	307	*3.21*	358	*3.61*	409	*4.01*	460	*4.37*	511	*4.72*	562	*5.92*
206	*2.30*	257	*2.76*	308	*3.21*	359	*3.62*	410	*4.02*	461	*4.38*	512	*4.72*	563	*5.03*
207	*2.31*	258	*2.77*	309	*3.22*	360	*3.63*	411	*4.03*	462	*4.38*	513	*4.73*	564	*5.03*
208	*2.32*	259	*2.78*	310	*3.23*	361	*3.64*	412	*4.03*	463	*4.39*	514	*4.73*	565	*5.04*
209	*2.33*	260	*2.79*	311	*3.24*	362	*3.65*	413	*4.04*	464	*4.40*	515	*4.74*	566	*5.05*
210	*2.34*	261	*2.80*	312	*3.25*	363	*3.65*	414	*4.05*	465	*4.41*	516	*4.75*	567	*5.05*
211	*2.35*	262	*2.81*	313	*3.25*	364	*3.66*	415	*4.06*	466	*4.41*	517	*4.75*	568	*5.06*
212	*2.36*	263	*2.82*	314	*3.26*	365	*3.67*	416	*4.06*	467	*4.42*	518	*4.76*	569	*5.06*
213	*2.37*	264	*2.83*	315	*3.27*	366	*3.68*	417	*4.07*	468	*4.43*	519	*4.76*	570	*5.07*
214	*2.38*	265	*2.84*	316	*3.28*	367	*3.69*	418	*4.08*	469	*4.43*	520	*4.77*	571	*5.08*
215	*2.39*	266	*2.84*	317	*3.29*	368	*3.69*	419	*4.08*	470	*4.44*	521	*4.78*	572	*5.08*
216	*2.39*	267	*2.85*	318	*3.29*	369	*3.70*	420	*4.09*	471	*4.45*	522	*4.78*	573	*5.09*
217	*2.40*	268	*2.86*	319	*3.30*	370	*3.71*	421	*4.10*	472	*4.45*	523	*4.79*	574	*5.09*
218	*2.41*	269	*2.87*	320	*3.31*	371	*3.72*	422	*4.10*	473	*4.46*	524	*4.79*	575	*5.10*
219	*2.42*	270	*2.88*	321	*3.32*	372	*3.73*	423	*4.11*	474	*4.47*	525	*4.80*	576	*5.11*
220	*2.43*	271	*2.89*	322	*3.33*	373	*3.73*	424	*4.12*	475	*4.48*	526	*4.81*	577	*5.11*
221	*2.44*	272	*2.90*	323	*3.33*	374	*3.74*	425	*4.13*	476	*4.48*	527	*4.81*	578	*5.12*
222	*2.45*	273	*2.91*	324	*3.34*	375	*3.75*	426	*4.13*	377	*4.49*	528	*4.82*	579	*5.12*
223	*2.46*	274	*2.92*	325	*3.35*	376	*3.76*	427	*4.14*	478	*4.50*	529	*4.82*	580	*5.13*
224	*2.47*	275	*2.93*	326	*3.36*	377	*3.77*	428	*4.15*	479	*4.50*	530	*4.83*	581	*5.14*
225	*2.48*	276	*2.93*	327	*3.37*	378	*3.77*	429	*4.15*	480	*4.51*	531	*4.84*	582	*5.14*
226	*2.48*	277	*2.94*	328	*3.37*	379	*3.78*	430	*4.16*	481	*4.52*	532	*4.84*	583	*5.15*
227	*2.49*	278	*2.95*	329	*3.38*	380	*3.79*	431	*4.17*	482	*4.52*	533	*4.85*	584	*5.15*
228	*2.50*	279	*2.96*	330	*3.39*	381	*3.80*	432	*4.17*	483	*4.53*	534	*4.85*	585	*5.16*
229	*2.51*	280	*2.97*	331	*3.40*	382	*3.81*	433	*4.18*	484	*4.54*	535	*4.86*	586	*5.17*
230	*2.52*	281	*2.98*	332	*3.41*	383	*3.81*	434	*4.19*	485	*4.55*	536	*4·87*	587	*5.17*
231	*2.53*	282	*2.99*	333	*3.41*	384	*3.82*	435	*4.20*	486	*4.55*	537	*4.87*	588	*5.18*
232	*2.54*	283	*3.—*	334	*3.42*	385	*3.83*	436	*4.20*	487	*4.56*	538	*4.88*	589	*5.18*
233	*2.55*	284	*3.01*	335	*3.43*	386	*3.84*	437	*4.21*	488	*4.57*	539	*4.88*	590	*5.19*
234	*2.56*	285	*3.02*	336	*3.44*	387	*3.85*	438	*4.22*	489	*4.57*	540	*4.89*	591	*5.20*
235	*2.57*	286	*3.02*	337	*3.45*	388	*3.85*	439	*4.22*	490	*4.58*	541	*4.90*	592	*5.20*
236	*2.57*	287	*3.03*	338	*3.45*	389	*3.86*	440	*4.23*	491	*4.59*	542	*4.90*	593	*5.21*
237	*2.58*	288	*3.04*	339	*3.46*	390	*3.87*	441	*4.24*	492	*4.59*	543	*4.91*	594	*5.21*
238	*2.59*	289	*3.05*	340	*3.47*	391	*3.88*	442	*4.24*	493	*4.60*	544	*4.91*	595	*5.22*
239	*2.60*	290	*3.06*	341	*3.48*	392	*3.89*	443	*4.25*	494	*4.61*	545	*4.92*	596	*5.23*
240	*2.61*	291	*3.07*	342	*3.49*	393	*3.89*	444	*4.26*	495	*4.62*	546	*4.93*	597	*5.23*
241	*2.62*	292	*3.08*	343	*3.49*	394	*3.90*	445	*4.27*	496	*4.62*	547	*4.93*	598	*5.24*
242	*2.63*	293	*3.09*	344	*3.50*	395	*3.91*	446	*4.27*	497	*4.63*	548	*4.94*	599	*5.25*
243	*2.64*	294	*3.10*	345	*3.51*	396	*3.92*	447	*4.28*	498	*4.64*	549	*4.94*	600	*5.26*

Städte mit mehr als 100000 Einwohnern.

(Zahlen in Tausenden.)

Ägypten:

1.	Kairo	570
2.	Alexandria	320

Argent. Republik:

1.	Buenos-Aires	800
2.	Rosario	126

Belgien:

1.	Brüssel	210
	mit Vororten	560
2.	Antwerpen	282
3.	Lüttich	169
4.	Gent	163

Brasilien:

1.	Rio de Janeiro	523
	mi Vororten	800
2.	Bahia	200
3.	Pernambuco	190
4.	Sao Paulo	100

Chile:

1.	Santiago	321
2.	Valparaiso	143

China:

1.	Chanton	2500
2.	Peking	1600
3.	Siangtan	1000
4.	Tschantschou	1000
5.	Singan	1000
6.	Tientsin	1000
7.	Hankou	850
8.	Hangtschou	700
9.	Futschou	650
10.	Schanghai	615
11.	Nanking	500
12.	Sutschou	500
13.	Tschunking	300
14.	Ningpo	255
15.	Taiwan	250
16.	Tschingkiang	140
17.	Tamsui	100
	In der Mandschurei:	
18.	Mukden	170
19.	Kirin	120

Colombia:

Bogota	110

Dänemark:

Kopenhagen	378
mit Vororten	490

Deutsches Reich:

1.	Berlin	1884
	mit Vororten	2523
2.	Hamburg	706
3.	München	500
4.	Leipzig	455
5.	Breslau	423
6.	Dresden	395
7.	Köln	372
8.	Frankfurt a. M.	288
9.	Nürnberg	261
10.	Hannover	236
11.	Magdeburg	230
12.	Düsseldorf	214
13.	Stettin	211
14.	Chemnitz	207
15.	Charlottenburg	189
16.	Königsberg	188
17.	Stuttgart	176
18.	Bremen	163
19.	Altona	162
20.	Elberfeld	157
21.	Halle	157
22.	Straßburg	150
23.	Barmen	142
24.	Dortmund	142
25.	Danzig	141
26.	Mannheim	140
27.	Aachen	135
28.	Braunschweig	128
29.	Essen	119
30.	Posen	117
31.	Kiel	108
32.	Krefeld	107
33.	Kassel	106

Frankreich:

1.	Paris	2714
2.	Lyon	466
	mit Vororten	481
3.	Marseille	447
4.	Bordeaux	257
5.	Lille	216
6.	Toulouse	150
7.	St. Etienne	136
8.	Roubaix	125
9.	Nantes	124
10.	Havre	119
11.	Rouen	113
12.	Reims	108

Besitzungen:

1. Tunis 170
2. Hanoi (Tonkin) 150
3. Tananarivo (Madagaskar) 100

Griechenland:

Athen 111

Großbritannien:

1. London 4589
   mit Vororten . . . 6528
2. Glasgow 784
   mit Vororten 855
3. Liverpool 635
4. Manchester 549
5. Birmingham 520
6. Leeds 431
7. Sheffield 366
8. Belfast 348
9. Bristol 324
10. Westham 314
11. Edinburg 299
12. Bradford 292
13. Dublin 255
14. Nottingham 243
15. Kingston up. Hull . . . 239
16. Newcastle 234
71. Salford 220
18. Leicester 219
19. Portsmouth 195
20. Cardiff 194
21. Dundee 166
22. Bolton 165
23. Oldham 153
24. Sunderland 147
25. Aberdeen 143
26. Blackburn 135
27. Croydon 131
28. Brighton 124
29. Preston 119
30. Birkenhead 117
31. Burnley 117
32. Norwich 115
33. Gateshead 109
34. Derby 108
35. Swansea 105
36. Huddersfield 104
37. Plymouth 102
38. Halifax 101

Kolonien: Indien:

1. Kalkutta 862
2. Bombay 822
3. Madras 453
4. Haidarabad 415
5. Lucknow 273
6. Benares 219
7. Delhi 193
8. Mandalay 189
9. Cawnpur 189
10. Bangalur 180
11. Rangun 180
12. Lahore 177
13. Allahabad 175
14. Agra 169
15. Patna 165
16. Puna 161
17. Jaipur 159
18. Ahmedabad 148
19. Amritsar 137
20. Bareli 121
21. Mirut 119
22. Nagpur 117
23. Howrah 117
24. Baroda 116
25. Surat 109
26. Karachi 105
27. Laskar 104

Andere Kolonien:

28. Srinagar (Kaschmir) . . 191
29. Colombo (Ceylon) . . . 127
30. Singapore (Straits) . . . 184
31. Viktoria (Hongkong) . . 102
32. Montreal (Kanada) . . . 217
33. Toronto (Kanada) . . . 181
34. Melbourne (Australien) . 470
35. Sydney (Australien) . . 427
36. Adelaide (Australien) . . 148
37. Brisbane (Australien) . . 108
38. Johannisburg (Afrika) . 103

Japan:

1. Tokio 1440
2. Osaka 821
3. Kioto 353
4. Nagoy7 244
5. Kobe 216
6. Yokohama 194
7. Hiroshima 121
8. Nagasaki 107

Italien:

1. Neapel 544
2. Rom 512
3. Mailand 492
4. Turin 359
5. Palermo 293
6. Genua 237

7. Florenz 216
8. Venedig 159
9. Bologna 158
10. Messina 157
11. Catania 135
12. Livorno 106

Korea: Söul 201

Marokko:

Fes 150

Mexiko:

Mexiko (Stadt) 340

Niederlande

1. Amsterdam 511
2. Rotterdam 318
3. Haag 206
4. Utrecht 102
5. Sœrabaja (Java) 143
6. Batavia (Java) 116

Österreich-Ungarn

1. Wien 1675
2. Budapest 713
3. Prag 204
   mit Vororten 406
4. Lemberg 160
5. Graz 138
6. Triest 133
   mit Vororten 179
7. Brünn 109
8. Szegedin 101

Persien

1. Teheran 210
2. Täbris 180

Peru

Lima 113

Portugal

1. Lissabon 308
2. Oporto 140

Rumänien

Bukarest 282

Rußland

1. St. Petersburg
   mit Vororten 1439
2. Moskau
   mit Vororten 1036
3. Warschau 638
4. Odessa 405
5. Lodz 315
6. Riga mit Vororten . . . 283
7. Kiew 247
8. Charkow 175
9. Wilna 160
10. Ssaratow 137
11. Kasan 132
12. Jekaterinoslaw 121
13. Rostow 120
14. Astrachan 113
15. Tula 111
16. Kischinew 109

Nebenländer:

1. Tiflis (Kaukasus) 161
2. Baku (Kaukasus) 112
3. Taschkent (Zentralasien) 156

Schweden-Norwegen

1. Stockholm 302
2. Christiania 226
3. Gothenburg 127

Schweiz

1. Zürich 151
2. Basel 109

Siam

Bangkok 200

Spanien

1. Madrid 512
2. Barcelona 510
3. Valencia 205
4. Sevilla 146
5. Malaga 126
6. Murcia 108

Türkei

1. Konstantinopel . . . 1125
2. Smyrna 201
3. Bagdad 145
4. Damaskus 140
5. Aleppo 127
6. Beirut 119
7. Saloniki 105
8. Skutari 100

Uruguay

Montevideo 200

Vereinigte Staaten von Amerika

1. New York 3437
2. Chicago 1699
3. Philadelphia 1294
4. St. Louis 575

5. Boston 561
6. Baltimore 509
7. Cleveland 382
8. Buffalo 352
9. San Francisco 343
10. Cincinnati 326
11. Pittsburg 322
12. New Orleans 287
13. Detroit 286
14. Milwaukee 285
15. Washington 280
16. Newark 246
17. Jersey City 206
18. Louisville 193
19. Minneapolis 165
20. Omaha 140
21. Rochester 134
22. Saint Paul. 133
23. Kansas City 133
24. Providence 132
25. Denver 107
26. Allegheny 105
27. Indianapolis 105

Nebenländer:

Habana (Cuba) 236

Normen für die Berechnung des Honorares für elektrotechnische und Ingenieurarbeiten.

Auszug aus der Gebührenordnung der Architekten und Ingenieure (1901 Ernst Toeche, Berlin).

1. Für nach der Zeit zu vergütende Arbeiten sind zu berechnen:

für die erste Stunde *M 20*,
für jede fernere Stunde » *5*.

2. Für Reisen im Inlande sind außer den Gebühren *M 30* für den Tag zu vergüten. Dieser Satz kommt auch für Teile eines Tages voll in Ansatz; jedoch kann er für einen Tag nur einmal angesetzt und soll nach Verhältnis verteilt werden, wenn gleichzeitig mehrere Auftraggeber beteiligt sind. Neben diesem Tagessatze sind die Auslagen für Fahrten, Gepäckbeförderung und Arbeiter zu erstatten.

Die Leistungen von Gehilfen werden deren Stellung entsprechend in Rechnung gestellt.

3. Gebührensätze für Arbeiten, welche nach der Bausumme vergütet werden.

Bauklasse 1.

Anlagen zur Fortleitung und Verteilung der Elektrizität. Rohrleitungen ohne Abzweige. Einfache feste Wehre.

Bauklasse 2.

Einfache Anschlußgeleise und Bahnhöfe mit mehr als 2 Nebengeleisen für jedes Hauptgeleis. Fabrikgebäude mit maschineller Einrichtung. Installationen für Elektrizität. Wasserbauten für Kraftgewinnungsanlagen. Einfache bewegliche Wehre. Schwierige feste Wehre.

Bauklasse 3.

Schwierige Anschlußgeleise und Bahnhöfe. Oberirdische Behälter für Gase und Flüssigkeiten. Große Talsperren. Schwierige bewegliche Wehre.

Bauklasse 4.

Maschinentechnische Anlagen aller Art, insbesondere Dampfanlagen, Dampfkessel, Dampfmaschinen, Dampfleitungen, Dampfüberhitzer usw. Anlagen zur Erzeugung, Aufspeicherung und Umformung des elektrischen Stromes. Karbidfabriken. Ladevorrichtungen. Maschinenfabriken. Öfen für technische Zwecke. Pumpwerke. Transmissionen. Transportvorrichtungen. Trockenanstalten. Wasserkraftanlagen. Windkraftmaschinen.

42. Die Gebührensätze für diese vier Bauklassen sind nach der folgenden Zusammenstellung in Hundertsteln der Bausumme zu berechnen. Die Bausumme wird nach der nächst unteren Stufe abgerundet, solange die Gebühr dadurch höher ausfällt.

Gebühren der Ingenieure in Hundertsteln der Bausumme.

Bausumme	Bauklasse				Bausumme	Bauklasse			
ℳ	1	2	3	4	ℳ	1	2	3	4
5 000	8,0	12,0	16,0	16,0	*200 000*	3,4	5,2	7,5	5,5
10 000	6,7	10,5	13,4	13,4	*300 000*	3,2	4,8	6,8	4,9
20 000	5,8	8,7	11,7	11,7	*400 000*	3,2	4,6	6,4	4,6
30 000	5,3	7,9	10,6	10,6	*500 000*	3,2	4,4	6,0	4,4
40 000	4,9	7,4	9,9	9,9	*600 000*	3,2	4,3	5,6	4,3
50 000	4,7	7,0	9,5	9,3	*700 000*	3,1	4,2	5,3	4,2
60 000	4,5	6,8	9,2	8,8	*800 000*	3,1	4,1	5,2	4,1
70 000	4,3	6,5	9,0	8,4	*900 000*	3,0	4,1	5,1	4,1
80 000	4,1	6,3	8,8	8,0	*1 000 000*	3,0	4,0	5,0	4,0
90 000	4,0	6,2	8,6	7,7	*2 000 000*	2,7	3,6	4,5	3,6
100 000	3,9	6,0	8,5	7,3	*3 000 000*	2,4	3,2	4,0	3,2
150 000	3,5	5,6	7,9	6,2					

Promotionsordnung für Doktoringenieure.

Die hauptsächlichsten Punkte derselben lauten:

§ 1. Die Promotion zum Doktoringenieur ist an folgende, vom Bewerber zu erfüllende Bedingungen geknüpft: 1. Die Beibringung des Reifezeugnisses eines deutschen Gymnasiums oder Realgymnasiums oder einer deutschen Oberrealschule. Welche Reifezeugnisse noch sonst als gleichwertig mit den vorbezeichneten Reifezeugnissen zuzulassen sind, bleibt der Entschließung des vorgeordneten Ministeriums vorbehalten. 2. Den Ausweis über die Erlangung des Grades eines Diplomingenieurs nach Maßgabe der Bestimmungen, welche das vorgeordnete Ministerium hierüber erlassen wird. 3. Die Einreichung einer in deutscher Sprache abgefaßten wissenschaftlichen Abhandlung (Dissertation), welche die Befähigung des Bewerbers zum selbständigen wissenschaftlichen Arbeiten auf technischem Gebiete dartut. Dieselbe muß einem Zweige der technischen Wissenschaften angehören, für den eine Diplomprüfung an der Technischen Hochschule besteht. Die Diplomarbeit kann nicht als Doktordissertation verwendet werden. 4. Die Ablegung einer mündlichen Prüfung. 5. Die Entrichtung einer Prüfungsgebühr im Betrage von ℳ *240*.

§ 2. Das Gesuch um Verleihung der Würde eines Doktoringenieurs ist schriftlich an Rektor und Senat zu richten. Dem Gesuche sind beizufügen: a) Ein Abriß des Lebens- und Bildungsganges des Bewerbers. b) Die Schriftstücke in Urschrift, durch welche der Nachweis der Erfüllung der in § 1 Ziff. 1 und 2 genannten Bedingungen zu erbringen ist. c) Die Dissertation mit einer eidesstattlichen Erklärung, daß der Bewerber sie, abgesehen von den von ihm zu bezeichnenden Hilfsmitteln, selbständig verfaßt hat. d) Ein amtliches Führungszeugnis. Gleichzeitig ist die Hälfte der Prüfungsgebühr als erster Teilbetrag an die Kasse der Hochschule einzuzahlen.

§ 3. Rektor und Senat überweisen das Gesuch, falls sich keine Bedenken ergeben, an das Kollegium derjenigen Abteilung, in deren Lehrgebiet der in der Dissertation behandelte Gegenstand vorzugsweise einschlägt, mit dem Auftrage, aus seiner Mitte eine Prüfungskommission mit einem Vorsitzenden, einem Referenten und einem Korreferenten zu bestellen. In besonderen Fällen kann auch ein Dozent, der dem Abteilungskollegium nicht angehört, oder ein Professor oder Dozent einer anderen Abteilung in die Kommission berufen werden.

§ 4. Nach Prüfung der Vorlagen durch die Kommission erstattet der Vorsitzende an das Abteilungskollegium einen schriftlichen Bericht, welcher nebst der Dissertation und den von dem Referenten und Korreferenten abgefaßten Gutachten über dieselbe bei sämtlichen Mitgliedern des Abteilungskollegiums in Umlauf zu setzen ist. Hierauf entscheidet das Kollegium in einer Sitzung über die Annahme der Dissertation und bestimmt bei günstigem Ausfalle die Zeit für die mündliche Prüfung. Der Restbetrag der Prüfungsgebühr ist vor der mündlichen Prüfung zu entrichten.

§ 5. Zu der mündlichen Prüfung sind einzuladen: Das vorgeordnete Ministerium bzw. dessen ständiger Kommissar, Rektor und Senat sowie sämtliche Professoren und Dozenten der beteiligten Abteilung. Außerdem hat jeder Lehrer an einer deutschen Technischen Hochschule oder Universität zu derselben Zutritt. Die mündliche Prüfung, die mit jedem Bewerber einzeln vorzunehmen ist, wird von dem Vorsitzenden geleitet. Sie muß mindestens eine Stunde dauern und erstreckt sich, ausgehend von dem in der Dissertation behandelten Gegenstand, über das betreffende Fachgebiet.

§ 6. Unmittelbar nach beendeter Prüfung entscheidet das Abteilungskollegium auf den Bericht der Prüfungskommission in einer Sitzung darüber, ob und mit welchem der drei Prädikate: »Bestanden«, »Gut bestanden«, »Mit Auszeichnung bestanden« der Bewerber als bestanden zu erklären und die Erteilung der Würde eines Doktoringenieurs an ihn bei Rektor und Senat zu beantragen ist. Der Senat faßt in seiner nächsten Sitzung über den Antrag des Abteilungskollegiums Beschluß.

§ 7. Der Beschluß des Senates wird dem Bewerber durch den Rektor mitgeteilt. Das Doktoringenieurdiplom wird ihm jedoch erst ausgehändigt, nachdem er 200 Abdrücke der als Dissertation anerkannten Schrift eingereicht hat. Vor der Aushändigung des Diplomes hat er nicht das Recht, sich Doktoringenieur zu nennen.

Die eingereichten Abdrücke müssen ein besonderes Titelblatt tragen, auf dem die Abhandlung unter Nennung der Namen des Referenten und des Korreferenten ausdrücklich bezeichnet ist als: von der Technischen Hochschule zu . . . zur Erlangung der Würde eines Doktoringenieurs genehmigte Dissertation . . . . .

§ 10. Bedürftigen und besonders würdigen Bewerbern kann der zweite Teilbetrag (§ 4 letzter Absatz) der Prüfungsgebühr auf Vorschlag der Abteilung vom Senat erlassen werden.

§ 11. Von dem Nichtbestehen der Prüfung oder von der Abweisung eines Bewerbers ist sämtlichen deutschen Technischen Hochschulen vertrauliche Mitteilung zu machen. Eine abermalige Bewerbung ist nur einmal und nicht vor Ablauf eines Jahres zulässig. Dies gilt auch, wenn die erste erfolglose Bewerbung an einer anderen Hochschule stattgefunden hat. War die erste Bewerbung an der nämlichen Hochschule erfolgt, und war bei derselben die Dissertation angenommen worden, aber die mündliche Prüfung ungünstig ausgefallen, so ist nur die letztere zu wiederholen und nur der zweite Teilbetrag der Prüfungsgebühr nochmals zu entrichten.

§ 12. In Anerkennung hervorragender Verdienste um die Förderung der technischen Wissenschaften kann auf einstimmigen Antrag einer Abteilung durch Beschluß von Rektor und Senat unter Benachrichtigung der übrigen deutschen Technischen Hochschulen die Würde eines Doktoringenieurs ehrenhalber als seltene Auszeichnung verliehen werden.

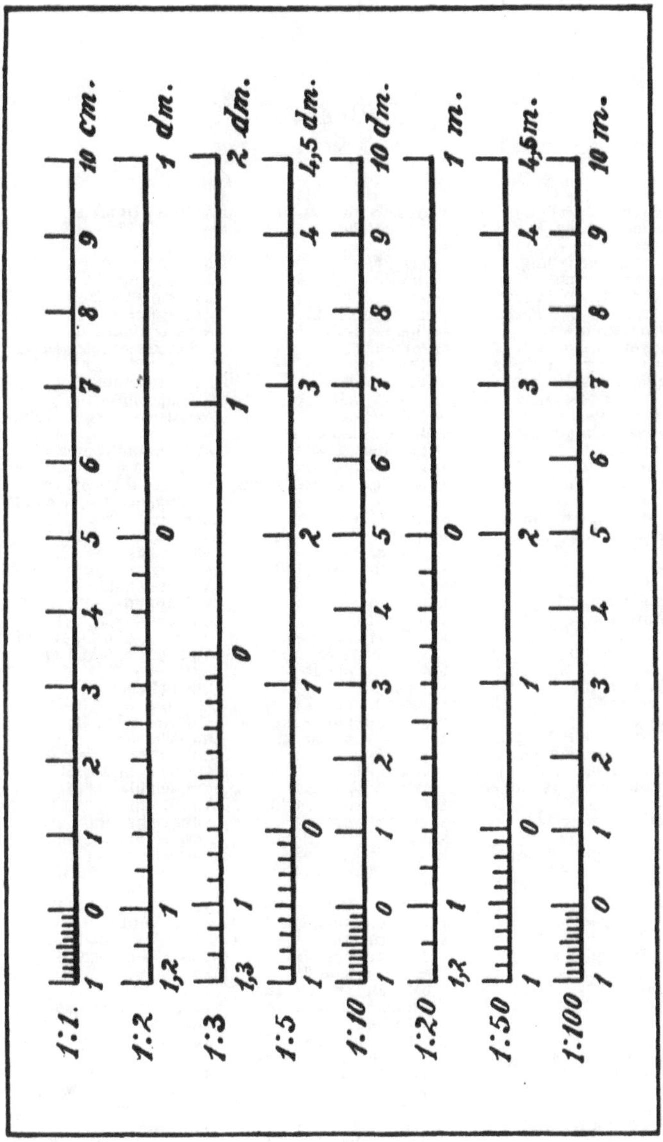

Maßstäbe.

Inhaltsverzeichnis.

Schrift einen unparteiischen Wegweiser in dieser Vielgestaltigkeit der modernen Betriebskräfte bilden soll.

Der mitten in der Praxis stehende Verfasser gibt darin unter Berücksichtigung selbst der neuesten Erfahrungen in kurzer, gedrängter Form und vom objektivsten Standpunkte aus eine Übersicht über die Vor- und Nachteile sowie eine Zusammenstellung der Betriebsausgaben aller gegenwärtig in Betracht kommenden Kraftmaschinensysteme, jedem seinen Platz zuweisend, im übrigen aber dem Leser überlassend, sich seine Ansicht über das für ihn unter Berücksichtigung der speziellen Verhältnisse vorteilhafteste System selbst zu bilden.

Eine derartige Zusammenstellung wird zweifellos einem in den weitesten Kreisen empfundenen Bedürfnisse entgegenkommen, zumal man es hier nicht mit einer oberflächlich gebildeten Ansicht, sondern mit sorgfältig gegeneinander abgewogenen Prüfungsergebnissen zu tun hat.

Während daher diese Schrift die Möglichkeit bietet, mit leichter Mühe die Kosten für irgend einen Betrieb **selbst** zusammenzustellen, enthält die früher von demselben Verfasser erschienene Arbeit:

Kosten der Betriebskräfte

bei 1—24stündiger Arbeitszeit täglich und unter Berücksichtigung des Aufwandes für die Heizung.

Preis M. 2.50

für die weniger Geübten, sowie für diejenigen, die sich einen raschen Überblick verschaffen wollen, gleich die fertigen Resultate für alle möglichen Brennstoffe und Betriebszeiten, allerdings nur für Gas- und Elektromotoren, sowie für Sattdampfmaschinen, doch sind die heutigen Anlagen in der Hauptsache ja immer noch auf eine dieser Betriebsarten begründet. Alle einschlägigen Fragen, vor allem der Heizwert des Abdampfes, haben hierbei Berücksichtigung gefunden und kann dies Büchlein gewissermafsen als eine Einleitung zu dem an erster Stelle angekündigten betrachtet werden, obschon jedes der beiden für sich ein durchaus selbständiges Ganzes bildet und unabhängig von dem anderen Verwendung finden kann.

Beide Schriften sind zweifellos ein hervorragend wertvolles Mittel, um rasch und leicht ein möglichst umfassendes Bild über die wirtschaftlichen Verhältnisse der verschiedenartigsten Betriebskräfte sich zu verschaffen.

Aktien-Gesellschaft
Mix & Genest
TELEPHON- & TELEGRAPHEN WERKE
BERLIN·W·
Ill. Preislisten nur an Wiederverkäufer und Installateure
FILIALEN: HAMBURG, KÖLN, LONDON AMSTERDAM

(65)

Regina-Bogenlampen

— Absolut feuersicher. —
Lichtverteilung in die Breite.
Überall gleichmässiges Licht.

300 Stunden Brenndauer.

Überall einzeln zu schalten. (53)

Grosse Stromersparnis. Einfachste Bedienung.

Auf Wunsch ausführl. Prospekte und feinste Referenzen.

Regina-Bogenlampenfabrik Köln-Sülz.

(13)

Thiemig & Streubel, Leipzig

Tel. 4572. **Berliner Strasse 20.** Tel. 4572.

Elektrotechnische Bedarfsartikel en gros.

Reichhaltiges Lager aller kuranten Artikel für elektr. Kraft-, Licht-, Telephon-, Klingel-, Blitzableiter-Anlagen.

(63)

Mit Preislisten und Mustern stehen gern zu Diensten.

Betriebsführung und des **Rechnungswesens**, kurze **Berichterstattung über allgemein interessierende Vorgänge** in der in- und ausländischen Praxis, über die wesentlichen **Erscheinungen der Fachliteratur**, der **Statistik** usw.

Bei Gründung der Zeitschrift (etwa Mitte 1903) war in Aussicht genommen, sie in 12 Monatsheften zu je 20 Seiten (4°) Umfang erscheinen zu lassen. Die im Jahre 1903 noch ausgegebenen 4 Bände holten diesen gesamten, für einen Jahrgang projektierten Umfang nach.

Das Programm der Zeitschrift, welches das gesamte elektrische Beförderungswesen, also nicht nur das ganze Gebiet **elektrischer Bahnen** (insbesondere auch der **Vollbahnen**), sondern auch die **Massengüterbewältigung, Hebezeuge, Selbstfahrer, Boote** etc., umfassen soll, ist jedoch ein so ausgedehntes und von so grofser Bedeutung, dafs dieser ursprünglich beabsichtigte Umfang auf die Dauer nicht zur Unterbringung alles Stoffes genügen konnte und im ersten Jahrgange fast ausschliefslich nur die Berücksichtigung der **eigentlichen Bahnen** zuliefs. Wir haben uns daher entschlossen, die Zeitschrift **statt in 12 Monatsheften** zu 20 Seiten ab 1. Januar 1904 **halbmonatlich,** also in **24 Heften** à 16 Seiten, erscheinen zu lassen. Dies bedeutet

eine Umfangvermehrung von 60%,

die wir

ohne Preiserhöhung

eintreten lassen. Die Zeitschrift kostet daher für den kompletten Jahrgang 1904 wie früher

M. 16.—.

www.ingramcontent.com/pod-product-compliance
Lightning Source LLC
LaVergne TN
LVHW092118300926
849161LV00002B/171